Nota

Mathematica agit [illegible] sicut Mechanica [illegible]
physica agit [illegible] [illegible]
Nullus motus est immutabilis seu immanens

Nulla extensio est immutabilis seu [illegible]

Mathematica versatur circa mensurabile, contingens autem [illegible] quod tempus, motus, [illegible]
Mensurare est notare quoties et quot vicibus
repetita extensio aequat aliam.

mensurabile seu notabile { generatim de toto, parte, plus minus / aequale et aeque [illegible] de [illegible] de lineis / [illegible] [illegible] notabili / specialiter { situatum seu magnitudo }

Magnitudo { generatim [illegible] / specialiter { una determinatio / duae determinationes / tres determinationes quae ad [illegible] } }

Nota seu mensurae [illegible]

superficies colorata [illegible] radiis { visus / optica { recto / refracto / reflexo } }

Magnitudo mundana { caelestis { astronomia [illegible] et [illegible] astronomia / astrologia } / terraquea geographia { generalis et sphaerica / particularis et singularis } }

figura recta [illegible]
[illegible] de [illegible]
circa [illegible] mensura.

quod duae lineae aequales est linea [illegible]
et quod magis aequale quam linea [illegible].

A est aequale τῷ A et quae [illegible] ideis [illegible]
[illegible] idealiter.

CVRSVS MATHEMATICVS,

NOVA, BREVI, ET CLARA METHODO DEMONSTRATVS,

Per NOTAS reales & vniuerſales, citra vſum cuiuſcunque idiomatis intellectu faciles.

COVRS MATHEMATIQVE,

DEMONSTRE' D'VNE NOVVELLE, BRIEFVE, ET CLAIRE METHODE,

Par NOTES reelles & vniuerſelles, qui peuuent eſtre entenduës facilement ſans l'vſage d'aucune langue.

Par PIERRE HERIGONE, Mathematicien.

A PARIS, M. DC. XXXIV.

Chez l'Autheur, en l'Iſle du Palais, à l'enſeigne de l'Anguille, &

Chez HENRY LE GRAS, au troiſieſme pilier de la grande Salle du Palais.

Auec Priuilege du Roy.

CVRSVS MATHEMATICI TOMVS PRIMVS,

Continens

EVCLIDIS ELEMENTORVM LIB. XV.
APPENDICEM GEOMETRIÆ PLANORVM.
DATA EVCLIDIS.
APOLLONII PERGEI DE LOCO RESOLVTO, LIB. V.
DOCTRINAM ANGVLARIVM SECTIONVM.

TOME PREMIER DV COVRS MATHEMATIQVE,

Contenant

LES XV. Liures des Elements d'Euclide.
VN APPENDIX de la Geometrie des Plans.
LES DATES d'Euclide.
CINQ LIVRES d'Apollonius Pergeus du lieu resolu.
LA DOCTRINE de la Section des Angles.

ILLVSTRISSIMO VIRO
FRANCISCO BASSOMPETREO,
MARCHIONI A HAROVEL,

Libero Sacri Romani Imperij Baroni, Franciæ Polemarcho Generali, Heluetiorum Rhætorumque Præfecto.

NEQVE labori meo patrocinium quæro, neque splendori nominis tui (VIR MAXIME) quidquam lucis additum existimo, quòd huius operis fronti præfigatur: nam quæ bono publico nata sunt, ipſius poſteritatis intereſt excipere benigniter; tua verò fama ſublimior eſt quàm vt hæc minuta donaria reſpiciat. Te primum inter mortales noſtra Matheſis ſalutat, quia non alium agnoſcit qui vniuerſæ huius conſtructionis arbiter eſſe poſſit, non alium quem colat impenſius. Hoc ego fœlicior multis, qui ſurdis numinibus vota nuncupant, & tabellas appendunt, quarum nequidem titulos dij ſui legere poſſunt; in te vno inuenio cui & voluntatem offeram & ingenium credam. Viam nouam ingreſſus perfeci quod nullus tentauerat in ſcientia vaſtiſſimi ambitus, & per multa volumina diſſipata. Quid præſtauerim, expecto à iudicio tuo, iam ſecurus æſtimationis eorum qui opera cenſent ex claritate nominis authorum: ignari Scriptores ideo viuere obſcuros, vt in otio & tenebris clariſsima meditentur. Non peccabo hic aliorum exemplo, qui & libros & encomia ſimul ingerunt. Tu tibi, tu Regibus, & Populis probatiſsimus, non expectas à Mathematico panegyricum, & ab eo præſertim, qui Matheſim ipſam tibi proponit elinguem. Ars noſtra rerum ferax, verborum ſterilis eſt, neque ſi abundaremus tu indiges: Magnam enim illam mentem tuam, quam Gallia noſtra ſuſpicit: fortitudinem, quam omnes noſtræ gentis hoſtes experti ſunt, in hiſtoria temporum mirabuntur nepotes, & agnoſcent inſertas trophæis Ludouici Iuſti, has ipſas virtutes tuas, quas nos hodie veneramur. Vale. Lutetiæ Pariſiorum, ineunte Anno à ſalutifero partu CIↃ IↃC XXXIV.

Excellentiæ tuæ addictiſſimus,
PETRVS HERIGONVS.

AD LECTOREM.

QVI cum Callimacho apud Athenæum existimant μέγα βιβλίον μέγα κακὸν (Amice Lector) & meminere Heraclitum à veteribus per contemptum σκοτεινὸν cognomento appellatum, quod de industria stilum obscuraret, mihi videntur sentire, eos qui sibi scribendi munus imponunt in duabus rebus maximè elaborare debere, scilicet vt nihil superfluum, vel redundans, quod animo nauseam pariat, nihil difficile & obscurum, quod menti tenebras offundere possit in scriptis eorum reperiatur. Nam extra controuersiam est, optimam methodum tradendi scientias, esse eam, in qua breuitas perspicuitati coniungitur, sed vtramque assequi hoc opus hic labor est, præsertim in Mathematis

AV LECTEVR.

CEVX *qui auec Callimachus dans Athenée estiment (Amy Lecteur) qu'vn grand Liure est vn grand mal, & qui sçauent que Heraclite par mespris a esté surnommé le Tenebreux, à cause qu'à dessein il rendoit son stile obscur, me semblent estre d'auis, que ceux qui entreprennent de mettre des Liures en lumiere, doiuent bien prendre garde à deux choses; à sçauoir qu'il ne se trouue en leurs escrits rien de superflu, qui apporte du dégoust, ny rien de difficile & obscur, qui rebute le Lecteur. Car on ne doute point, que la meilleure methode d'enseigner les sciences est celle, en laquelle la briefueté se trouue conjoincte auec la facilité: mais il n'est pas aisé de pouuoir obtenir l'vne & l'autre, principalement aux Mathematiques, lesquelles* disciplinis, quæ teste Cicerone, in maxima versantur difficultate. Quæ cum animo perpenderem, perspectumque haberem, difficultates quæ in erudito Mathematicorum puluere plus negotij facessunt, consistere in demonstrationibus, ex quarum intelligentia Mathematicarum disciplinarum omnis omnino pendet cognitio : excogitaui nouam methodum demonstrandi breuem, & citra vllius idiomatis vsum intellectu facilem. Breuem esse, nec vllo idiomate indigere, vel prima fronte intuenti apparebit. Intellectu verò facilem, perspicuum erit iis, qui perspectas, planeque cognitas habebunt NOTAS nostras : & vnam aut alteram propositionem earum adminiculo demonstratam intellexerint. Intellectu quoque faciliorem esse, quàm vulgaris ratio demonstrandi, non dubium est : cùm in hac methodo

comme tesmoigne Ciceron, sont grandement obscures. Ce que considerant en moy-mesme, & voyant que les plus grandes difficultez estoiēt aux demonstrations, de l'intelligence desquelles dépend la cognoissance de toutes les parties des Mathematiques : i'ay inuenté vne nouuelle methode de faire les demonstratiōs, briefue & intelligible, sans l'vsage d'aucune langue. Qu'elle soit briefue & intelligible sans l'vsage d'aucune langue, il appert à l'ouuerture du liure. Qu'elle soit bien intelligible, il sera manifeste à ceux qui auront l'intelligence de mes NOTES, & qui auront entendu quelques demonstrations faites par le moyen d'icelles. Il n'y a point de doute aussi qu'elle ne soit plus intelligible que la methode ordinaire, veu qu'en ceste methode on n'affirme rien qu'il ne soit confirmé par quelque citation : ce que les autres autheurs n'obseruent pas exactement, mais chacun mesurant la necessité des citations, nihil asseratur, nisi aliqua citatione corroboretur, quod cæteri authores non exactè obseruant, sed ex iis quæ sibi apperta aut obscura videntur, citationum necessitatem metientes, pluribus vtuntur consequentiis absque vllis citationibus, quas tamen rudioribus, & parùm exercitatis, magno esse adiumento nemo nescit. Huc etiam accedit, quòd in vulgari & communi docendi ratione, plurima proferantur vocabula, & axiomata absque vlla illorum in præmissis explicatione: sed in hac methodo nihil adfertur, nisi fuerit in præmissis explicatum & concessum. Quum etiam longiores occurrunt demonstrationes, quæ iam in serie demonstrationis sunt probata, litteris Græcis citantur. Et quoniam singulæ consequentiæ ex propositionibus allegatis immediatè pendent, demonstratio ab initio ad finem, serie continua,

par ce qui leur est manifeste, ou obscur, vsent de beaucoup de consequences sans citations, qui neantmoins seroiēt necessaires à ceux qui sont moins aduancez. Ioint aussi qu'en la methode ordinaire on se sert de beaucoup de mots & d'axiomes sans les auoir premierement expliquez, mais en ceste methode on ne dit rien qui n'aye esté expliqué & concedé aux premices: mesme aux demonstrations, qui sont quelque peu longues, on cite par lettres Grecques, ce qui a esté demonstré en la suite de la demonstration. Et parce que chaque consequence depend immediatement de la proposition citée, la demonstration s'entretient depuis son commencemēt iusques à la conclusion, par vne suite continue de consequences legitimes, necessaires & immediates, contenues chacune en vne petite ligne, lesquelles se peuuent resoudre facilement en syllogismes, à cause qu'en la proposition citée, & en celle qui correspond à la citation, se legitimarũ, necessariarumque consecutionum immediatarum, singulis lineolis comprensarum aptè cohæret: quarum vnaquæque nullo negotio in syllogismum potest conuerti, quòd in propositione citata, & in ea quæ citationi respondet, omnes syllogismi partes reperiãtur: vt videre est in prima libri primi demonstratione, quæ in syllogismos est conuersa. Præterea distinctio propositionis in sua membra, scilicet in hypothesin, explicationem quæsiti, constructionem, vel præparationem, & demonstrationem non parum iuuat quoque memoriam, & ad intelligendam demonstrationem multùm prodest. Atquæ hæc sunt commoda, quæ in hac noua methodo demonstrandi reperiuntur. Quid autem in singulis huius Cursus partibus præstiterim, iudicabunt studiosi, quibus opto hunc meum laborem vtilem esse. Vale.

trouuent toutes les parties du syllogisme: comme on peut voir en la premiere demonstration du premier liure, qui a esté reduicte en syllogismes. La distinction de la proposition en ses membres, sçauoir en l'hypothese, l'explication du requis, la construction, ou preparation, & la demonstration, soulage aussi la memoire, & sert grandement à l'intelligence de la demonstration. Voila les principales commoditez qui se trouuent en nostre nouuelle methode de demonstrer. Ceux qui aiment ces diuines sciences iugeront ce que i'ay apporté du mien en chacune partie de ce Cours, que ie souhaite qu'il leur soit vtile & profitable. Adieu.

De diuisione Mathematicarum disciplinarum.

De la diuision des Mathematiques.

PYthagorei, qui Mathematicarum disciplinarum primi inuentores crediti sunt, earum in vniuersum quatuor partes fecerunt, nempe Arithmeticam, Geometriam, Astronomiam, & Musicam.

Alij subtilius, Mathematicum genus in duas species diuiserunt, Puram scilicet & Mixtam, quarũ illa quantitatem ab omni materia abstractam contemplatur: & quia sunt duo genera quantitatis, nimirùm continuæ & discretæ, Mathematica pura ab obiecto diuisa est in Geometriam & Arithmeticam.

Mixta verò, quantitatem rebus immersam & materiæ inuolutam considerat, subdiuiditurque in Opticam, Mechanicam, Astronomiam, & Musicam.

LES Pythagoriciens, qu'on estime estre les premiers inuenteurs des Mathematiques, les ont toutes diuisées en quatre parties, sçauoir en l'Arithmetique, la Geometrie, l'Astronomie, & la Musique.

D'autres diuisent plus subtilement tout le corps Mathematique en deux especes, sçauoir en Pure & Mixte, dont celle-là considere la quantité separée de toute matiere: & parce qu'il y a deux genres de quantité, sçauoir la continuë & discrete, la Mathematique pure à raison de son object est diuisée en la Geometrie & Arithmetique.

La Mathematique mixte considere la quantité conjointe & meslée auec la matiere, & se subdiuise en l'Optique, la Mechanique, l'Astronomie & la Musique.

Nos autem, vt quam quisque partem sibi necessariam ducit, seorsim habere possit, partiemur hunc Cursum Mathematicum in quinque tomos, in quorum prioribus traduntur partes, quæ ad intelligentiam posteriorum sunt necessariæ, vt ordo doctrinæ postulat, in singulisque tomis continentur cognatæ partes, eadem serie qua addiscendæ sunt, videlicet hoc ordine.

Primus tomus continet Euclidis Elementorum lib. xv. Appendicem Geometriæ planorum : Euclidis Data : Apollonij Pergei de loco resoluto lib. v. Doctrinam angularium Sectionum.

Secundus complectitur Arithmeticam practicam : Computum Ecclesiasticū : Algebram, tum vulgarem, tum speciosam, vnà cum ratione componendi ac demonstrandi per regressum seu repetitionem vestigiorum analyseos.

Mais nous partirons ce Cours en cinq tomes, afin que chacun puisse auoir separément la partie qu'il iugera luy estre necessaire, aux premiers desquels sont contenuës les parties qui sont necessaires à l'intelligence de celles qui sont aux suiuans, comme requiert l'ordre de doctrine, & sont contenuës en chaque tome les parties qui ont plus d'affinité & rapport, en mesme ordre qu'on les doit apprendre, comme s'ensuit.

Le premier tome contient les quinze liures des Elements d'Euclide : vn Appendix de la Geometrie des Plans : les Dates d'Euclide : cinq liures d'Apollonius Pergeus du lieu resolu : la Doctrine de la Section des angles.

Le second comprend l'Arithmetique practique : le Calcul Ecclesiastique : l'Algebre, tant vulgaire que specieuse, auec la methode de composer & faire les demonstrations par le retour & repetition des vestiges de l'analyse.

Tertius, constructionem ac vsum Canonis sinuum & logarithmorum: Geometriam practicam : Artem muniendi : Militiam : & Mechanicas.

Le troisiesme, la construction & vsage des Tables des sinus & logarithmes : la Geometrie practique : les Fortifications : la Milice : & les Mechaniques.

Quartus, Sphæræ mundi doctrinam : Geographiam : & Artem nauigãdi.

Le quatriesme, la Doctrine de la Sphere du monde : la Geographie : & l'Art de nauiger.

Quintus, Opticam : Catoptricam : Dioptricam : Perspectiuam : Theodosij Sphæricorum lib. III. vnà cum tractatu de dimensione triangulorum Sphæricorum : Theoricam Planetarum : Gnomonicam : & Musicam.

Le cinquiesme, l'Optique : la Catoptrique : la Dioptrique : la Perspectiue : Trois liures des Spheriques de Theodose, auec vn traicté de la mesure des Triangles Spheriques : la Theorie des Planetes : la Gnomonique : & la Musique.

Hæ sunt omnes Mathematicarum disciplinarum partes, quas in lucem edendas in hoc Cursu proposuimus.

Voila toutes les parties des Mathematiques, que nous esperons mettre en lumiere en ce Cours.

Diuisio Elementorum Euclidis.

Diuision des Elements d'Euclide.

TOTUM hoc volumen Elementorum Geometricorum quindecim libris comprehensum (quo-

TOUT ce volume des Elements Geometriques comprins en quinze liures, (dont les treize premiers sont rum quidem priores tredecim, sine vlla controuersia Euclidi ascribuntur ab omnibus; posteriores verò duo à nonnullis Hypsiclis Alexandrini esse creduntur) secari rectè poterit in quatuor partes, quarum prima pars contenta sex prioribus libris agit de planis.

Secunda, tres sequentes complectens, passiones numerorum perscrutatur.

Tertia, quam solus decimus constituit liber, de lineis commensurabilibus, incommensurabilibusque disputat.

Quarta denique, reliquis quinque libris absoluta sciẽtiam solidorum siue corporum complectitur.

Prima pars rursum triplex est, nam in prioribus quatuor libris agitur de planis absolutè, inuestigando eorum æqualitatem & inæqualitatem. In quinto verò libro de proportionibus magnitudinum in genere disputatur: in sexto denique

attribuez à Euclide sans-aucune controuerse; mais les deux derniers sont estimez par quelques-vns estre à Hypsile Alexandrin) pourra estre diuisé en quatre parties, dont la premiere contiendra les six premiers Liures qui traictent des plans.

La seconde, les trois suiuants laquelle recherche les passions & proprietez des nombres.

La troisiesme, contenant le dixiesme liure seulement, dispute des lignes commensurables & incommensurables.

La quatriesme finalement, composée des cinq derniers liures, contient la science des solides ou corps.

La premiere partie est diuisée derechef en trois, car aux quatre premiers liures est traicté des plans absolument, recherchant leur egalité ou inegalité. Au cinquiesme est disputé des proportions des grandeurs en general: & au sixiéme finalement les proportions

propor-

proportiones figurarum planarum discutiuntur.

des figures planes sont examinées.

De principiis Mathematicis.

Des principes des Mathematiques.

PRincipia sunt fontes ac origines omnis cognitionis, neque probationem recipiunt, sed probationum sunt fundamenta: Horum in Mathematicis triplex est genus.

In primo genere reponuntur omnes definitiones, quas nonnulli suppositiones appellant: his autem vocabula artis explicantur, ne in tractatione ipsa nominum ambiguitate, aut obscuritate circumuenti, in paralogismos incidamus.

Secundum genus complectitur petitiones siue postulata, quæ quidem adeo clara sunt & perspicua in hac sciencia, vt nulla indigeant confirmatione: sed auditoris duntaxat ascen-

LES principes sont les sources & origines de toute cognoissance, & ne reçoiuent point de preuue, mais ils sont les fondemens de toutes preuues: Il y en a de trois genres aux Mathematiques.

Au premier, se trouuent toutes les definitions, que quelques-vns appellent suppositions, par icelles sont expliquées les termes de l'art, afin qu'au traicté de la science ne soyons trompez par l'ambiguité & obscurité des noms, & ne tombions en des parallogismes.

Au second genre sont les petitions ou demandes, lesquelles sont tellement claires & manifestes en ceste science qu'elles n'ont besoin d'aucune preuue: mais demandent seulemẽt le consentement de l'auditeur, sum exposcant, ne vlla sit in demonstrando hæsitatio, aut difficultas.

Ad tertium genus referuntur axiomata, seu communes animi notiones, quæ non solùm in scientia proposita, sed etiam in omnibus aliis ita manifesta sunt & euidentia, vt ab eis nulla ratione dissentire queat is, qui ipsa vocabula rectè perceperit.

Porrò in huiusmodi principiis tradendis hic ordo ab Euclide seruatur, vt in ipso quidem introitu scientiæ proponat principia toti Geometriæ communia, in aliis autem deinde libris, vbi res postulat, ea exponat principia, quæ propriè, & peculiari quadam ratione, ad materiam illorum subiectam videntur spectare.

Neque verò omnia principia Geometrica ab Euclide in his elementis sunt explicata, sed plurima sunt pronuntiata, quibus Eucli-

afin qu'il n'y ait aucune hesitation ou difficulté en la demonstration.

Au troisieme sont les axiomes ou maximes & communes notions de l'esprit, lesquelles non seulement en la science proposée, mais aussi en toutes les autres, sont tellement manifestes & euidentes, que celuy qui entendra bien les termes, ne pourra en aucune façon douter de leur verité.

Or Euclide en la tradition de ces principes a obserué cét ordre, qu'il met en l'entrée de la science les principes communs à toute la Geometrie, puis aux commencements des autres liures, selon que la chose requiert, il explique les principes, lesquels proprement & pour certaine raison particuliere, semblent appartenir à la matiere dont il s'agist en iceux.

Or Euclide n'a pas expliqué en ces Elements tous les principes Geometriques, ains il y a beaucoup d'autres axiomes, desquels Euclide & ses Inter-

des eiusque Interpretes, absque vlla ipsorum in præmissis explicatione vtuntur, quæ nisi concederentur, nihil illorum demonstrationes probarent. Nostra verò methodus, in qua nihil dici potest, nisi fuerit in præmissis explicatum, nihilque asseritur, nisi ex prius explicatorum & concessorum citatione confirmetur, postulat, vt præmittantur ea omnia ex quibus deducenda est demonstrationis conclusio. Itaque quamuis ex iis quæ tradita sunt ab Euclide, cætera axiomata facilè percipi ac intelligi possint: & sint pleraque ipsorum quæ desunt manifestiora quàm vlla explicatione indigeant, nihilominus, omnia axiomata, quæ in demonstrationibus Euclidis, eiusque Interpretum, absque vlla præmissa explicatione, tanquam conspicua & per se nota assumuntur, in ordinem axiomatum redegi-

pretes se seruent sans les auoir expliqué aux premices, lesquels s'ils n'estoient concedé, leurs demonstrations ne prouueroiét rien. Mais nostre methode, en laquelle on ne peut rien dire qu'il n'aye esté expliqué aux premices, ny rien affirmer qu'il ne soit confirmé par la citation de ce qui a esté expliqué & concedé auparauant, requiert que tous les principes dont on se veut seruir aux demonstrations soient premierement expliquez: partant, encore que les autres axiomes se puissent entendre facilement de ceux qu'a expliqué Euclide, & que la pluspart d'iceux sont si manifestes, qu'ils n'ont besoin d'aucune explication, neantmoins nous auons mis au rang des axiomes afin de les pouuoir citer au besoin, tous ceux dont Euclide & ses Interpretes se seruent comme de choses manifestes sans les auoir premierement expliqué: Et afin de ne changer point l'ordre des axiomes d'Euclide, ceux que nous auons adjousté, hors-

mus, vt possint citari vbi opus erit: & ne series axiomatum Euclidis mutaretur, quæ adiunximus axiomata, præter vltimum, subiecimus iis, cum quibus habent maiorem cognitionem, cum litteris alphabeti, vt distinguantur ab aliis quæ sunt Euclidis, vel adiecta à Clauio, cuius translationem & ordinem secuti sumus.

mis le dernier, nous les auons mis en suite de ceux auec lesquels ils ont plus d'affinité & similitude auec des lettres de l'alphabet, pour les distinguer des autres, qui sont d'Euclide, ou adjoustez par Clauius, la version & ordre duquel nous auons suiui.

Explicatio Notarum.
Explication des Notes.

add. adde, *adjoustez.*
æquiang. æquiangulum, *equiangle.*
æquilat. æquilaterum, *equilateral.*
aggreg. aggregatum, *aggregé.*
alt. altitudo, *hauteur.*
arbitr. arbitrarium, *arbitraire.*
arithm. arithmetica, *arithmetique.*
bas. basis, *base.*
capa. capax, *capable.*
cas. casus, *cas.*
centr. centrum, *centre.*
circscr. circumscripta, *circonscripte.*
c. me. communis mensura, *commune mesure.*

comm. commenſurabilis, *commenſurable*.
commun. communis, *commune*.
complem. complementum, *le complement*.
compoſ. compoſitus, *composé*.
concl. concluſio, *concluſion*.
conſtr. conſtructio, *conſtruction*.
contact. contactus, *le contact ou attouchement*.
conti. continet, *contient*.
contin. continuè, *continuëment*.
contr. contrà, *contraire*.
conunt. conueniunt vel congruunt, *conuiennent*.
D. datum, *donné*.
definit. definitio, *definition*.
demonſtr. demonſtratio, *demonſtration*.
denom. denominatus, *denommé*.
diamet. diameter, *diametre*.
differen. differentia, *difference*.
diſſml. diſſimilis, *diſſemblable*.
diuidend. diuidendus, *diuidende*.
diuidu. diuiduus, *le diuidu*.
diuiſ. diuiſio, *diuiſion*.
elem. elementa, *elements*.
exempl. exemplum, *exemple*.
explicat. explicatio, *explication*.
expo. exponens, *l'expoſant*.
expoſ. expoſita, *expoſee*.
extr. extrà, *externe ou hors*.
fa. facit, *faict*.
fa. faciendum, *faire*.
figur. figura, *figure*.
gen. genus, *genre*.

EXPLICATIO NOTARVM.

geometr. geometrica, *geometrique.*
gnom. gnomon, *gnomon.*
homolog. homologus, *homologue.*
hypoth. hyp. hypothesis, *hypothese.*
impa. impar, *impair.*
impa. pa. impariter par, *impairemet pair.*
impa. impa. impariter impariter, *impairement impair.*
incomm. incommensurabilis, *incommensurable.*
infin. infinita, *infinie.*
infr. infrà, *inferieur.*
inscri. inscripta, *inscripte.*
intersect. intersectio, *intersection.*
inuent. inuentio, *inuention.*
inuers. inuersa, *inuerse.*
irrat. irrationalis, *irrationelle.*
iust. iustum, *iuste.*
ma. c. diuid. { maximus communis diuiduus, *le plus grand commun diuidu.*
ma. c. me. { maxima communis mensura, *la plus grande commune mesure.*
magd. magnitudo, *magnitude ou grandeur.*
mair. maior, *majeure, ou plus grande.*
medi. medium, *medial.*
minr. minor, *mineure, moindre.*
mi. c. diuidu. { minimus communis diuiduus, *le moindre commun diuidu.*
msur. mensura, *la mesure.*
msur: mensurat, *mesure.*
multd. multitudo, *multitude.*
multipl. multiplex, *multiple.*
ñ. n. non, *non.*

Explication des Notes.

nr. numerus, *le nombre.*

o, in regula trium significat numerum ignotum siue quæsitum.

o, *en la reigle de trois signifie le nombre incognü ou le requis.*

operat. operatio, *l'operation.*

p per, *par.*

pa. par, *pair.*

pa.pa. pariter par, *pairement pair.*

pa. impa. pariter impar, *pairement impair.*

par. pars, *partie.*

part. partes, *parties.*

pfct. perfectus, *parfaict.*

plan. planum, *vn plan.*

polyg. polygonum, *vn polygone*

pr. primus, *premier.*

pra. praxis, *practique.*

præceden. præcedens, *la precedente.*

præpar. præparatio, *preparation.*

progress. progressio, *progression.*

proport. proportio, *proportion.*

propos. propositio, *proposition.*

propos. proposita, *proposée.*

q quàm, *que.*

quotien. quotiens, *le quotient.*

raõ. rao. ratio, *raison.*

ration. rationalis, *rationelle.*

recipro. reciproca, *reciproque.*

rectili. rectilinea, *rectiligne.*

reg. regula, *reigle.*

regul. regularis, *reguliere.*

req. requiſitum, *le requis.*
reſid. reſiduum, *le reſidu ou reſte.*
rhomb. rhombus, *rhombe.*
ſecan. ſecans, *la ſecante.*
ſecat: ſecat, *couppe.*
ſchol. ſcholium, *ſcholie,*
ſectr. ſector, *ſecteur.*
ſegm. ſementum, *ſegment.*
ſemic. ſemicirculus, *demy-cercle.*
ſemidiamet. ſemidiameter, *demidiametre.*
ſignifi. ſignificat, *ſignifie.*
ſml. ſimilis, *ſemblable.*
ſnt ſunt, *ſont.*
ſolid. ſolidum, *ſolide.*
ſpec. ſpecies, *eſpece.*
ſphær. ſphæra, *ſphere.*
ſub. ſub, *ſoubs.*
ſubtenſ. ſubtenſa, *la ſubtendante.*
ſuperfic. ſuperficies, *ſuperficie.*
ſuperparticul. ſuperparticularis, *ſuperparticuliere.*
ſuppoſ ſuppoſitio, *ſuppoſition.*
ſupr. ſupra, *ſus ou ſur.*
ſymp. ſymperaſma, *ſymperaſme.*
tab. tabula, *table.*
tangen. tangens, *la tangente.*
tang: tangit, *elle touche.*
term. terminus, *terme.*
vn. vna, *vne.*
vnit. vnitas, *vnité.*
vnits. vnitates, *vnitez.*
+ plus, *plus.*

EXPLICATION DES NOTES.

~ minus, *moins.*

.~: differentia, *difference.*

ꝗe inter ſe, *entr'elles.*

ꝗn, in, *en.*

ꝗntr. inter, *entre.*

ıı, vel, *ou.*

π; ad, *à.*

5< pentagonum, *pentagone.*

6< hexagonum, *hexagone, &c.*

ν.4< latus quadrati, *le coſté d'vn quarré.*

ν.5< latus pentagoni, *le coſté d'vn pentagone.*

a2 A quadratum, *le quarré de A.*

a3 A cubus, *le cube de A.*

a4 A quadrato-quadratū, *le quarré-quarré de A.*

Et ſic infinitum, *& ainſi à l'infini.*

═ parallela, *parallele.*

⊥ perpendicularis, *perpendiculaire.*

.. eſt nota genitiui, *ſignifie (de)*

; eſt nota numeri pluralis, *ſignifie le plurier.*

2|2 æqualis, *egale.*

3|2 maior, *plus grande.*

2|3 minor, *plus petite.*

$\frac{1}{3}$ tertia pars, *le tiers.*

$\frac{1}{4}$ quarta pars, *le quart*

$\frac{2}{3}$ duæ tertiæ, *deux tiers.*

EXPLICATIO NOTARUM.

a,b, ⊔ ab { rectangulum quod ſit ductu A in B.
le rectangle qui ſe fait en multipliāt A par B.

• eſt punctum, *eſt un poinct.*

— eſt recta linea, *eſt une ligne droicte.*

<, ∠ eſt angulus, *eſt un angle.*

⌋ eſt angulus rectus, *eſt un angle droict.*

⊙ eſt circulus, *eſt un cercle.*

◠, ◡ { eſt pars circumferentiæ circuli.
eſt une partie de la circonference du cercle.

◗, ◡ eſt ſegmentū circuli, *eſt un ſegment de cercle.*

△ eſt triangulum, *eſt un triangle.*

□ eſt quadratum, *eſt un quarré.*

▭ eſt rectangulum, *eſt un rectangle.*

◊ eſt parallelogrammum, *eſt un parallelogramme.*

◊*piped.* eſt parallelepipedum, *eſt un parallelipipede.*

Exempla. *Exemples.*

a 2|2 b { A eſt æqualis B.
A eſt égal à B.

a 3|2 b { A eſt maior B.
A eſt plus grand que B.

a 2|3 b { A eſt minor B.
A eſt plus petit que B.

a 2|2 5b { A eſt æqualis 5b, vel eſt quintupla B.
A eſt egal à 5b, ou elle eſt quintuple de B.

a 2|2 $\frac{1}{2}$b { A eſt æqualis ſemiſſi B.
A eſt égal à la moitié de B.

a 2|2 $\frac{2}{3}$b { A eſt æqualis duabus tertiis B.
A eſt égale aux deux tiers de B.

▭.a,b, 2|2 ▭.ab { Numerus planus qui fit ductu A in B.
Le nombre plan qui s'engendre en multipliant A par B.

ſolid. abc { Numerus ſolidus qui gignitur ex continua multiplicatione numerorum A, B, C.
Le nombre ſolide qui s'engendre en multipliant continuëmẽt les nõbres A, B, C, l'vn par l'autre.

a & b *ſnt* 2|2 *ïe* { A & B ſunt æquales inter ſe.
A & B ſont égales entr'elles.

Req. π. fa. { Requiſitum, vel quæſitum ad faciendum.
Requis à faire.

a π b 2|2 c π d { A eſt ad B vt C ad D.
A eſt à B comme C à D.

a π b 2|2 c π d { vt A ad B ita C ad D.
comme A eſt à B ainſi C eſt à D.

Vel ſic, *ou ainſi.*

a π	b	A eſt ad B vt C ad D.
c π	d	*A eſt à B comme C à D.*

a π b 3|2 c π d { A ad B habet maiorem rationem quàm C ad D.
A à B a plus grande raiſon que C à D.

a π b 2|3 c π d { A ad B habet minorem rationem quàm C ad D.
A à B a plus petite raiſon que C à D.

4 π 6 2|2 10 π 15 { 4 eſt ad 6 vt 10 ad 15.
4 eſt à 6 comme 10 à 15.

Explicatio Citationvm.

raõ.▭.fg, k π ▭.dc,l 2|2 *raõ.*k π cd, + *raõ.*fg π l.

Ratio rectanguli FG in K ad rectangulum DC in L, est æqualis, siue eadem rationi K ad CD, & rationi FG ad L.

La raison du rectangle contenu sous FG & K au rectangle contenu sous DC & L, est egale à la raison de K à CD, plus à la raison de FG à L.

ag & gb *snt part..* ab 2|2 *part..* cd.

AG & GB sunt partes numeri AB, æquales partibus numeri CD; id est, AG & GB sunt omnes partes inter se æquales numeri AB, nimirum semisses, quarum vtraque est æqualis singulis partibus numeri CD in plures partes æquales diuisi.

AG & GB sont parties du nombre AB, égales aux parties du nombre CD: c'est à dire, que AG & GB sont toutes les parties égales entr'elles du nombre AB, sçauoir les moitiés, chacune desquelles est égale à chaque partie du nombre CD diuisé en plusieurs parties égales entr'elles.

Explicatio Citationum.

Explication des Citations.

15.d.1 { Decima quinta definitio libri primi.
Quinziesme definition du premier liure.

10.d.3 { Decima definitio libri tertij.
Dixiesme definition du troisiesme liure.

EXPLICATION DES CITATIONS.

5d 48.10 { Quinta definitio quadragesimæ octauæ decimi libri.
Cinquiesme definition de la quarante-huictiesme du dixiesme liure.

1.d.d. { Prima definitio datorum.
Premiere definition des dates.

2. d. { Secunda propositio datorum.
Seconde proposition des dates.

1.p.1 { Primum postulatum primi libri.
Premier postulat du premier liure.

1. a. 1 { Primum axioma primi libri.
Premier axiome du premier liure.

3. a. 1 { Tertium axioma primi.
Troisiesme axiome du premier.

3. 1 { Tertia primi.
Troisiesme du premier.

c.17.1 { Corollarium decimæ septimæ primi.
Corollaire de la dix-septiesme du premier.

c.15d7 { Corollarium 15 definitionis 7 libri.
Corollaire de la 15 definition du 7 liure.

2c.15.1 { Secundum corollarium decimæ quintæ primi.
Second corollaire de la quinziesme du premier.

s.26.3 { Scholium 26 tertij.
Scholie de la 26 du troisiéme.

3s.1d.2 { Tertium scholium primæ definitionis secundi.
Troisiesme scholie de la premiere definition du second.

38 app. { Trigesima octaua appendicis.
Trente-huictiesme de l'appendix.

l.54.10 { Lemma quinquagesimæ quartæ decimi.
Lemme de la cinquante-quatriesme du dixiesme.

EXPLICATIO CITATIONVM.

c.l.60.10	Corollarium lemmatis ſexageſimæ decimi. *Corollaire du lemme de la ſoixantiéme du dixiéme.*
2.ſe.det.	Secunda de ſectione determinata. *Seconde de la ſection determinée.*
1ſec.ſpa.	Prima de ſectione ſpatij. *Premiere de la ſection de l'eſpace.*
1.ſec.pr.	Prima de ſectione proportionis. *Premiere de la ſection de la proportion.*
2.incli.	Secunda de inclinatione. *La ſeconde d'inclination*
8. t.	Octaua tactionum. *Huictieſme des attouchements.*
l.9.t.	Lemma nonæ tactionum. *Lemme de la neufieſme des attouchements.*
2.ang.	Secunda angularium ſectionum. *Seconde de la ſection des angles.*
conſtr.	Conſtructio, id eſt, per conſtructionem. *Conſtruction, c'eſt à dire, par la conſtruction.*
ſymp.	Symperaſma, *ſymperaſme.*

Symperaſma eſt finis conſtructionis, qua peracta, aſſerimus conſtructum aut inuentum eſſe quod iubet problema, itaque in ſymperaſmate loquimur ſic.

Symperaſme eſt la fin de la conſtruction, laquelle eſtant acheuée, on affirme qu'on a conſtruict ou inuenté ce que demande le probleme, partant au ſymperaſme on parle ainſi.

Propoſ. 1. libr. 1.

ſymp. | $\triangle$abc *eſt æquilat.*

Dico triangulum ABC eſſe æquilaterum.

Ie dis que le triangle ABC eſt equilateral.

Propos. 2. libr. 1.

symp. | ac 2|2 bc.

Dico rectam AC esse æqualem rectæ BC : & sic in aliis.	*Ie dis que la ligne droicte AC est égale à la ligne droicte BC : & ainsi aux autres.*

suppos. Suppositio, *supposition.*

arbitr. Arbitrarium, *arbitraire.*

ↄ.34.1 { Conuersa trigesimæ quartæ primi. *Conuerse de la trente-quatriesme du premier.*

concl. Conclusio, *conclusion.*

d.α { Eadem demonstratione qua probata est conclusio α. *Par la mesme demonstration qu'a esté prouuée la conclusion α.*

α { Est citatio alicuius conclusionis quæ in eadem propositione iam demonstrata est. *Est la citation de quelque conclusion qu'on aura desia demonstré en la mesme proposition.*

EVCLIDIS ELEMENTORVM LIBER PRIMVS.

PREMIER LIVRE DES ELEMENTS D'EVCLIDE.

DEFINITIONES.

I.

PVNCTVM est, cuius pars nulla est.

Duplex est punctum, Physicum & Mathematicum.

Physicum est minimum obiectum sensui oculorum, vt cuspis tenuissimæ acus.

Mathematicum est minimum obiectum intelle-

DEFINITIONS.

I.

LE poinct est, ce qui n'a aucune partie.

Il y a deux sortes de poincts, à sçauoir le Physique & le Mathematique.

Le poinct Physique est le moindre object de la veuë, comme la pointe d'vne aiguille tres-pointuë.

Le poinct Mathematique est le moindre objet de l'intel-

ctui,

ctui, non est magnitudo, sed initium omnis magnitudinis.

Punctum in aliquibus quadrat cum vnitate, in aliquibus discrepat : Nam vt illa est principium omnis numeri, ita punctum est principium omnis magnitudinis : sed in hoc discrimen est, quod vnitas est pars numeri, punctum verò, quamuis sit initium & finis lineæ, non tamen est pars lineæ. Differunt etiam in eo, quod vnitas nullam positionem aut situm postulet, punctum verò habeat situm & positionem in magnitudine.

Punctum est quoque simile, sono in musica, instanti in tempore, & mutato esse in motu.

Mathematici verò, cùm magnitudines ab omni materia abstractas considerent, non possunt eas ob oculos ponere, nisi physicè : vt in

lect, ce n'est pas vne grandeur, mais il est commencement de toute grandeur.

Le poinct conuient auec l'vnité en quelques choses, & differe en d'autres : Car comme l'vnité est le principe & commencement de tout nombre, ainsi le poinct est le principe de toute grandeur : mais ils different aussi en ce que, l'vnité est partie du nombre, mais le poinct, encore qu'il soit le commencement & la fin de la ligne, il n'est pas neantmoins partie de la ligne. Ils different aussi en ce que l'vnité ne requiert aucune position ny situation au nombre, mais le poinct a sa situation & position en la grandeur.

Le poinct a quelque similitude, auec le son en la musique, auec l'instant au temps, auec le changement de lieu au mouuement.

Or les Mathematiciens, qui considerent les grandeurs separées de toute matiere, ne les peuuent exposer à la veuë que physiquement : comme en hac definitione, punctum Mathematicum designant per punctum Physicum, quale est punctum A.

ceste definition, ils representẽt le poinct Mathematique par le poinct Physique, tel qu'est le poinct A.

• A

II.

Linea verò, longitudo latitudinis expers.

La ligne est vne longueur sans largeur.

Definitur quoque linea fluxus puncti, quia nullam habet crassitudinem.

La ligne se definit aussi estre le flus ou coulement d'vn poinct, parce qu'elle n'a aucune grosseur.

III.

Lineæ autem termini sunt puncta.

Les extremitez de la ligne sont poincts.

Omnis linea, vt omnis magnitudo, est finita actu, nec vlla magnitudo consideratur à Mathematico nisi quatenus est terminata, cùm verò Euclides dicit, lineam infinitam, intelligit indeterminatam & habentem quamcunque libuerit longitudinem.

Toute ligne, & toute grandeur, est terminée actuellemẽt, & le Mathematicien ne considere aucune quantité qu'elle ne soit terminée, & quand Euclide parle de la ligne infinie, il entend qu'elle n'est point terminée, & qu'elle a telle longueur qu'on voudra.

IV.

Recta linea est, quæ ex æquo sua interiacet puncta.

La ligne droite est, celle qui est egalement estenduë entre ses poincts.

AB est recta linea.
CD est curua linea.

Triplex est linea apud Mathematicos recta, circularis siue curua, & mixta siue composita, ex his describit hoc loco Euclides lineam rectam, in qua nihil flexuosum reperitur, neque est hic humilior illic altior, sed est breuissima ex vno puncto in aliud extensio.

AB est vne ligne droite.
CD est vne ligne courbe.

Les Mathematiciens considerent trois sortes de lignes, la droite, la circulaire ou courbe, & la mixte, qui est composée de l'vne & de l'autre: Euclide descrit en ce lieu la droite, en laquelle il n'y a rien de courbe, & n'est point plus abaißé ou esleué en vn endroit qu'en vn autre, mais elle est le plus court chemin d'vn poinct à l'autre.

V.

Superficies est, quæ longitudinem, latitudinemque tantùm habet, vt ABCD.

La superficie est, ce qui a tant seulement longueur & largeur, côme ABCD.

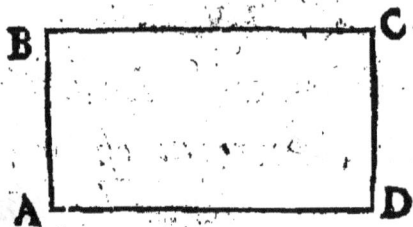

B C
A D

VI.

Superficiei autem extrema ſunt lineæ.

Mais les extremitez de la ſuperficie ſont lignes.

VII.

Plana ſuperficies eſt, quæ ex æquo ſuas interiacet lineas.

Superficie plane, eſt celle qui eſt egalement eſtenduë entre ſes lignes.

VIII.

Planus verò angulus, eſt duarum linearum in plano ſe mutuò tangentium, & non in directum iacentium, alterius ad alteram inclinatio.

Angle plan eſt l'inclination de deux lignes, leſquelles ſe touchent l'vne l'autre en vn plan, & ne ſe rencontrent directement.

Anguli cuiuſcũque quantitas conſiſtit in ſola inclinatione, non in longitudine linearum, lineæ enim longiùs excurrentes non augent ſuam inclinationem,

La quantité de tout angle conſiſte en la ſeule inclination, & non en la longueur des lignes, car le prolongement des lignes n'augmente point leur inclination, ny par conſe-

igitur neque anguli magnitudinem.

quent la quantité de l'angle.

IX.

Cùm autem, quæ angulum continent lineæ, rectæ fuerint, rectilineus ille angulus appellatur.

Or quand les lignes, qui comprennent l'angle, sont droictes, l'angle s'appelle rectiligne.

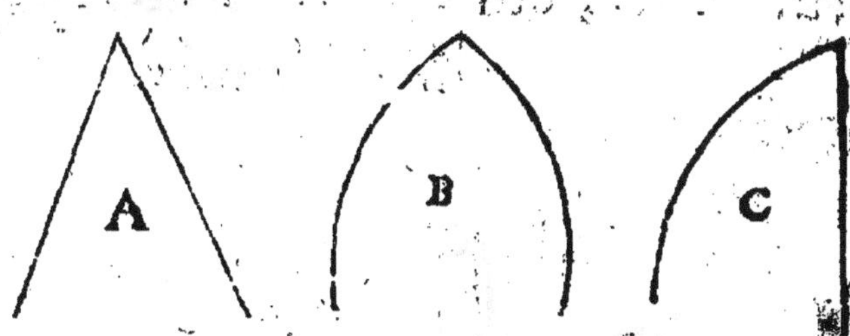

Omnis angulus planus conficitur aut ex duabus lineis rectis, qui rectilineus est, de quo solùm hic agit Euclides: aut ex duabus curuis, quem curuilineum vocare licet: aut ex vna curua & altera recta, qui mixtus appellatur.
Angulus A est rectilineus,
B curuilineus,
C mixtus.

Tout angle plan est faict, ou de deux lignes droites, & est appellé angle rectiligne, & d'iceluy traicte seulement icy Euclide: ou de deux lignes courbes, qui peut estre appellé curuiligne: ou d'vne ligne droite & d'vne courbe, qui s'appelle mixtiligne.
L'angle A est droict.
B curuiligne.
C mixtiligne.

X.

Cùm verò recta linea

Quand vne ligne droicte

super rectam consistens lineam eos, qui sunt deinceps angulos æquales inter se fecerit, rectus est vterque æqualium angulorum, & quæ insistit recta linea, perpendicularis vocatur eius, cui insistit.

tombant sur vne autre ligne droicte, fait les angles de suite, ou d'vne part & d'autre, egaux entre eux, l'vn & l'autre d'iceux angles egaux est droict: & la ligne droite tombante est dite perpendiculaire à celle-là sur laquelle elle tombe.

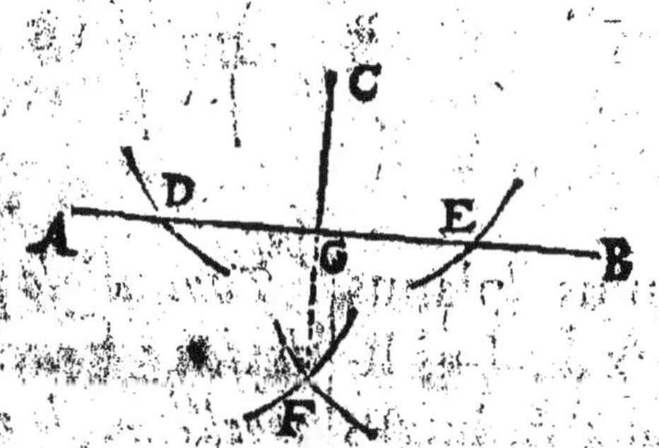

Recti sunt anguli, cùm recta linea super rectam consistens, non magis inclinat, ac vergit in vnam partem quam in alteram; vt si recta linea CG, non magis inclinat in B quam in A, vocabitur vterque angulus CGA & CGB rectus, & recta CG perpendicularis rectæ AB cui insistit.

Les angles sont droits, quand vne ligne droite tombante sur vne autre ligne droite, n'incline pas dauantage d'vne part que de l'autre: comme si la ligne droite CG, n'incline pas dauantage vers B que vers A, vn chacun des angles CGA & CGB sera droit, & la ligne CG est dite perpendiculaire à la ligne AB sur laquelle elle tombe.

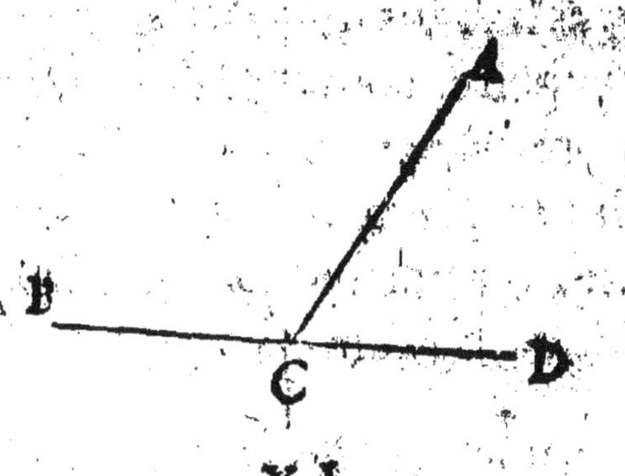

XI.

Obtusus angulus est, qui recto maior est, vt ACB.

L'angle obtus est, celuy qui est plus grand qu'vn droict, comme ACB.

XII.

Acutus verò, qui minor est recto, vt ACD.

Mais l'aigu est, celuy qui est plus petit qu'vn droict, comme ACD.

XIII.

Terminus est, quod alicuius extremum est.

Terme, est l'extremité de quelque chose.

Tres sunt termini iuxta hanc definitionem: punctum enim est terminus, seu extremum lineæ: linea superficiei: & superficies corporis: corpus autem terminare, amplius nihil potest, quòd non reperiatur alia

Il y a trois sortes de termes selon ceste definition: car le poinct est le terme ou l'extremité de la ligne: la ligne est le terme de la superficie du corps: mais le corps ne peut rien terminer, d'autant qu'il ne se trouue aucune quantité

quantitas plures habens dimensiones quam tres : omne siquidem terminatum superat terminum suum vna dimensione, vt perspicuum est ex adductis exemplis.

qui ait plus de trois dimensions : & toute chose terminée excede son terme d'vne dimension, comme il est manifesté par les exemples proposez.

XIV.

Figura est, quæ sub aliquo, vel aliquibus terminis comprehenditur.

Figure est, ce qui est contenu sous vn ou plusieurs termes.

Non omnis quantitas terminos possidens figura dici potest, sed eæ solùm magnitudines quæ à suis terminis ambiuntur : ac proinde linea, duobus punctis terminata, non dicitur figura, cùm puncta lineam non ambiant : superficies quoque infinita, vel etiam corpus, cum nullis terminis comprehendatur, figura vocari nulla ratione potest. Figuræ vnico comprehenso termino sunt, circulus, ellipsis, sphæra, sphæroïdes, & aliæ huiusmodi : pluribus verò terminis inclusæ figu-

Toute quantité terminée ne peut pas estre appellée figure, mais seulement les grandeurs qui sont enuironnées de leurs termes : partant la ligne qui est terminée par deux poincts, n'est pas vne figure, à cause que les poincts n'enuironnent pas la ligne : aussi les superficies infinies, ou les corps infinis, n'estant enclos d'aucun terme, ne doiuent aucunement estre appellez figures. Les figures contenuës d'vn seul terme sont le cercle, l'ellipse, la sphere, la spheroïde, & autres semblables : & les figures encloses de plusieurs termes, sont ræ ſunt, triangulum, quadratum, cubus, pyramis, &c.

le triangle, le quarré, le cube, la pyramide, &c.

XV.

Circulus eſt figura plana, ſub vna linea comprehenſa, quæ peripheria appellatur, ad quam ab vno puncto eorum, quæ intra figuram ſunt poſita, cadentes omnes rectæ lineæ inter ſe ſunt æquales.

Le cercle eſt vne figure plane, contenuë ſous vne ſeule ligne, appellee circonference, à laquelle toutes les lignes droictes menees d'vn ſeul poinct, de ceux qui ſont poſez au dedans de la figure, ſont egales entr'elles.

COROLL.

Ex hac definitione ſequitur, ea quorum diſtantia à centro circuli eſt æqualis ſemidiametro, eſſe in circunferentia circuli, quorum minor in circulo, quorum maior extra circulum, dummodo ſint in eodem plano cum circulo.

De ceſte definition s'enſuit, que ce qui eſt eſloigné du centre du cercle de la quantité du ſemidiametre eſt en la circonference, ſi moins dans le cercle, ſi plus hors du cercle, pourueu qu'ils ſoient en meſme plan que le cercle.

XVI.

Hoc verò punctum, centrum circuli appellatur.

Mais ce poinct eſt appellé centre du cercle.

XVII.

Diameter autem circuli, eſt recta quædam linea per centrum ducta, & ex vtraque parte in circuli peripheriam terminata, quæ circulum bifariam ſecat.

Le diametre du cercle eſt vne ligne droicte menee par le centre, & terminé de part & d'autre à la circonference du cercle, laquelle diuiſe le cercle en deux egalement.

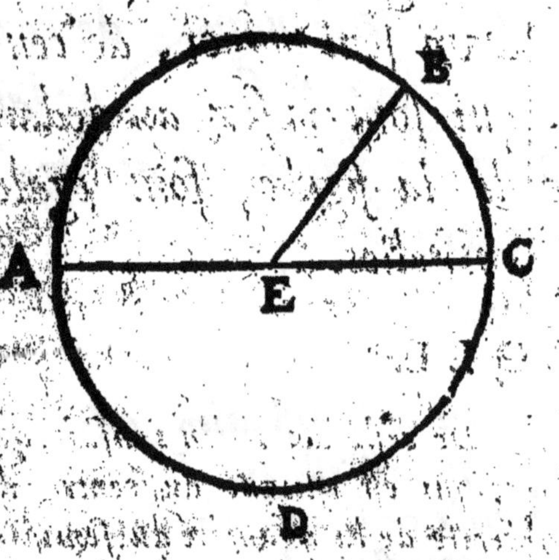

ABCD eſt circulus.
E centrum circuli.
AC diameter circuli.

ABCD eſt vn cercle.
E eſt le centre du cercle.
AC eſt le diametre du cercle.

XVIII.

Semicirculus verò eſt figura, quæ continetur ſub diametro, & ſub ea linea, quæ de circuli peripheria aufertur.

Le demy cercle eſt vne figure, contenuë ſous le diametre, & ſous la ligne retranchée de la circonference du cercle.

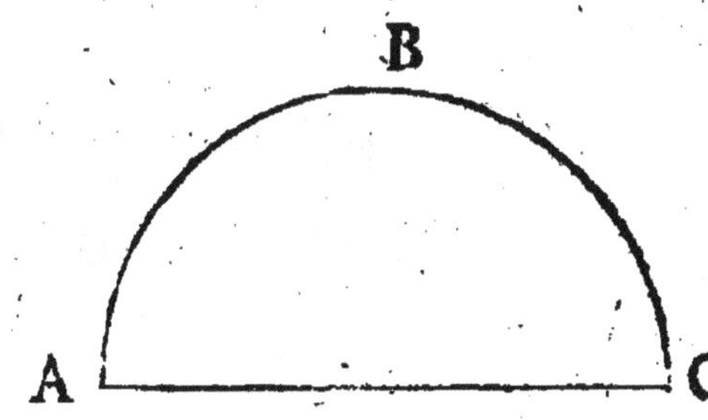

ABC est semicirculus.

ABC est vn demy cercle.

XIX.

Rectilineæ figuræ sunt, quæ sub rectis lineis continentur.

Figures rectilignes sont celles qui sont contenuës sous des lignes droictes.

Omnes figuræ planæ, quæ vndique rectis clauduntur lineis rectilineæ nuncupantur, ex quo perspicuum est figuras planas curuis lineis comprehensas, dici curuilineas: eas verò, quæ partim curuis, partim rectis circumscribuntur, appellari mixtas.

Toutes les figures planes encloses de tous costez de lignes droites, sont appellées figures rectilignes: d'où il appert que les figures planes enuironnées des lignes courbes sont appellées curuilignes: mais celles qui sont circonscriptes en partie de lignes droictes & en partie de courbes sont appellées mixtes.

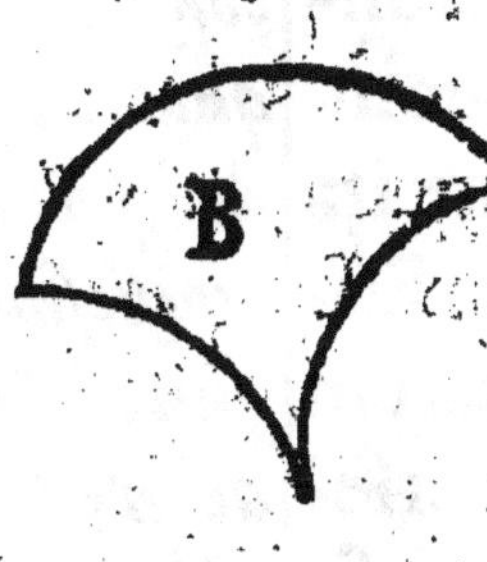

XX.

Trilateræ quidem, quæ ſub tribus.

Figures trilateres ſont celles qui ſont contenuës ſous trois coſtez.

XXI.

Quadrilateræ verò, quæ ſub quatuor.

Les figures quadrilateres ſont celles qui ſont contenues ſous trois coſtez.

XXII.

Multilateræ autem, quæ ſub pluribus quàm quatuor rectis lineis comprehenduntur.

Les figures multilateres ou de pluſieurs coſtez, ſont celles qui ſont cõtenuës ſous plus de quatre lignes droites.

Species figurarum rectilinearum ſunt innumerabiles: nam tres rectæ lineæ claudentes figuram, efficiunt primam ſpeciem, quatuor conſtituunt ſecundam, quinque tertiam componunt ſpeciem, atque ita deinceps in infinitum. Euclides verò ne infinitatem figurarum cogeretur perſequi, vocat omnes alias fi-

Les eſpeces des figures rectilignes ſont innumerables, à cauſe du progrez infini des nombres: car trois lignes droites enuironnant vne figure, conſtituent la premiere eſpece, quatre lignes droites la seconde eſpece, cinq lignes droites la troiſieſme eſpece, & ainſi de ſuite à l'infini. Or Euclide afin de n'eſtre contraint de pourſuiure ceſte infinité, il appelle guras rectilineas, quæ pluribus quam quatuor rectis lineis circumſcribuntur generali vocabulo multilateras.

toutes autres figures rectilignes, circonſcriptes de plus de quatre lignes, d'vn nom general multilateres.

XXIII.

Trilaterarum autem figurarum, æquilaterum eſt triangulum, quod tria latera habet æqualia, vt A.

Or des figures trilateres, celle qui a trois coſtez egaux, s'appelle triangle equilateral, comme A.

Triangulorum ſpecies, vel è laterum vel ex angulorum differentiis emergunt.

Les eſpeces des triangles ſe prennent des differences des coſtez ou angles.

Habita ratione laterum, triangulum eſt æquilaterum, iſoſceles ſiue æquicrurum, & ſcalenum.

A raiſon des coſtez le triangle eſt equilateral, iſoſcele, & ſcalene.

Habita verò ratione angulorum, triangulum eſt rectāgulum, amblygonium ſiue obtuſangulum, & oxygonium ſiue acutangulum.

A raiſon des angles, le triangle eſt rectangle, amblygone ou obtuſangle, & oxygone ou aiguangle.

XXIV.

Isosceles autem est, quod duo tantùm æqualia habet latera, vt triangulum B.

Mais le triangle Isoscele est, celuy qui a seulement deux costez égaux, comme le triangle B.

XXV.

Scalenum verò, quod tria inæqualia habet latera, vt triangulum C.

Et le scalene qui a les trois costez inegaux, comme le triangle C.

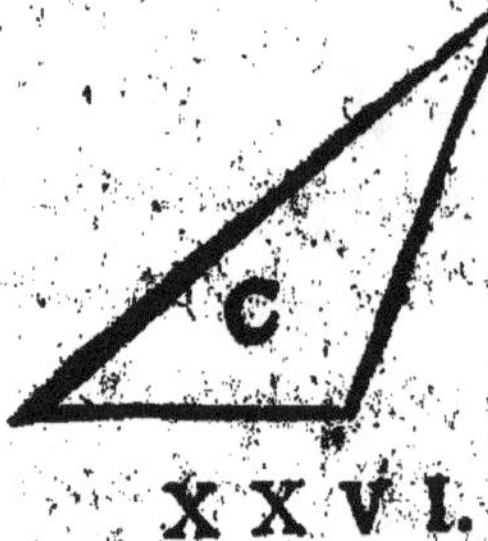

XXVI.

Adhæc etiam trilaterarum figurarum rectangulum quidem triangulum est, quod rectum angulum habet, vt triangulum A.

Au surplus des figures trilateres, le triangle ortogone ou rectangle est celuy qui a vn angle droict, comme le triangle A.

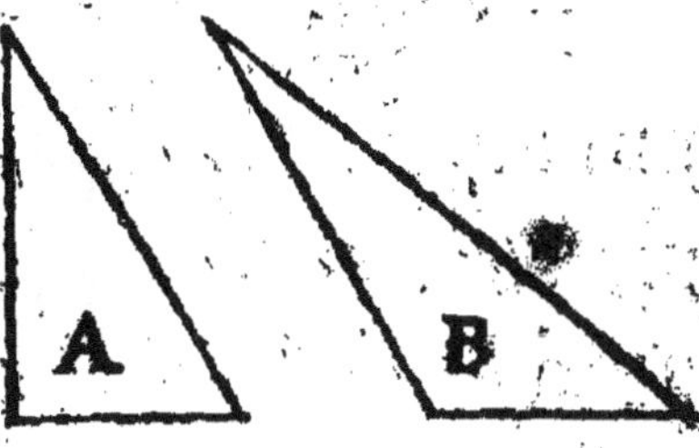

XXVII.

Amblygonium autem quod obtusum angulum habet, vt triangulum B.

L'amblygone est celuy qui a vn angle obtus ou mousſu, comme le triãgle B.

XXVIII.

Oxygonium verò, quod tres habet acutos angulos, vt triangulũ C.

L'oxygone est celuy qui a tous les trois angles aigus, comme le triangle C.

Figura æquiangula est, cuius omnes anguli sunt inter se æquales: Duæ verò figuræ æquiangulæ sunt, si singuli anguli vnius singulis angulis alterius sint æquales.

Vne figure est equiangle, si tous ses angles sont egaux entr'eux: Mais deux figures sont equiangles, si chaque angle de l'vne est egal à chaque angle de l'autre.

XXIX.

Quadrilaterarum autem figurarum, quadratum quidem est, quod & æquilaterum & rectangulum est, vt ABCD.

Or des figures quadrilateres, le quarré est celuy qui est equilatere & rectangle, comme ABCD.

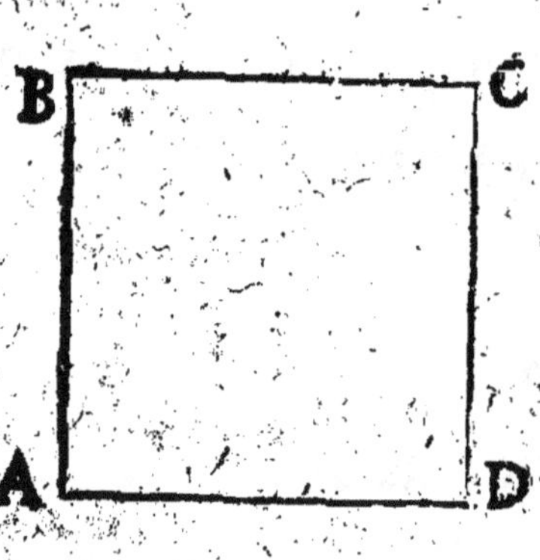

XXX.

Altera verò parte longior figura est, quæ rectangula quidem, at æquilatera non est, vt ABCD.

Le quarré long ou rectangle est, vne figure qui a les angles droits, mais qui n'est pas equilateral, comme ABCD.

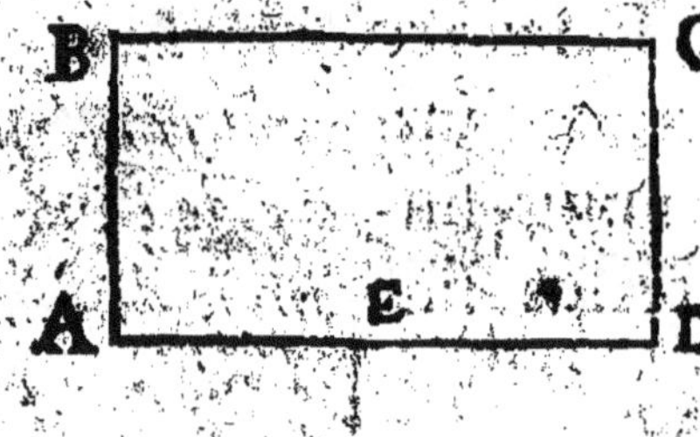

XXXI.

XXXI.

Rhombus autem, quæ æquilatera, ſed rectangula non eſt, vt A.

Rhombe eſt vne figure equilatere, mais n'eſt pas rectangle, comme A.

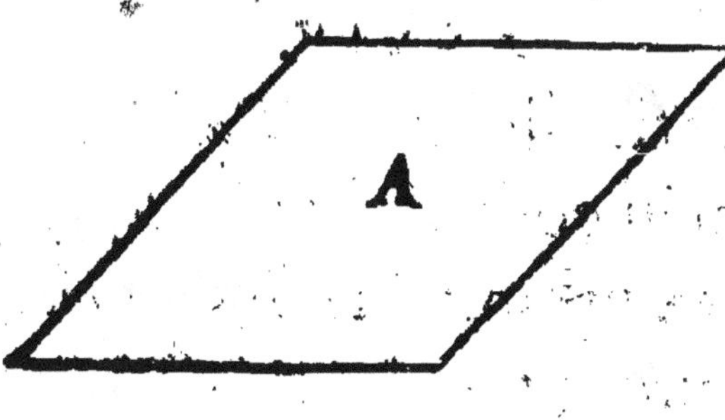

XXXII.

Rhomboïdes verò, quæ aduerſa & latera & angulos habens inter ſe æquales, neque æquilatera eſt, neque rectangula, vt GLMH.

Rhomboïde eſt vne figure, laquelle a les coſtez opposez egaux, & les angles opposez auſsi egaux, mais n'eſt pas equilatere ny rectãgle, comme GLMH.

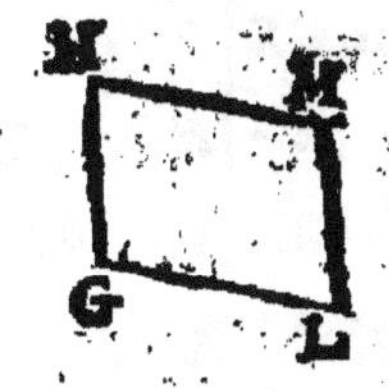

XXXIII.

Præter has autem, reliquæ quadrilateræ figuræ, trapezia appellentur, vt GNDH.

Mais outre ces figures, toutes les autres quadrilateres sont appellees trapezes, comme GNDH.

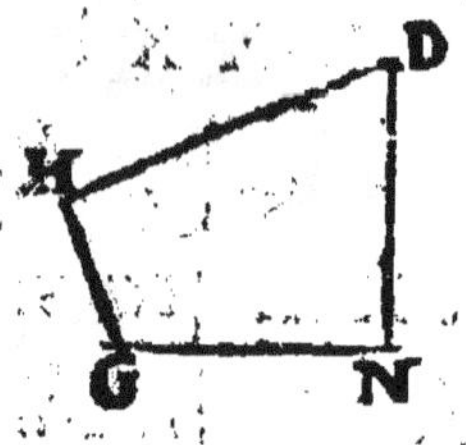

XXXIV.

Parallelæ rectæ lineæ sunt, quæ cum in eodem sint plano, & ex vtraque parte, in infinitum producantur, in neutram sibi mutuò incidunt, vt A & B.

Paralleles sont lignes droictes, lesquelles estant en vn mesme plan, & prolongees infiniment de part & d'autre, ne se rencontrent d'vn costé ny d'autre, comme A & B.

A ———————

B ———————

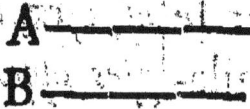

Hic finem imposuit Euclides definitionibus primi libri, sequentes duæ sunt ex Clauio, quæ deinceps sequũtur sunt à nobis additæ.

Euclide a icy fini les definitions du premier liure, les deux suiuantes sont de Clauius, & celles qui suiuent nous les auons adjoustées.

XXXV.

Parallelogrammum est figura quadrilatera, cuius bina opposita latera sunt parallela, seu æquidistantia, vt GLHM.

Parallelogramme est vne figure quadrilatere, de laquelle les costez opposez sont paralleles ou equidistantes, comme GLMH.

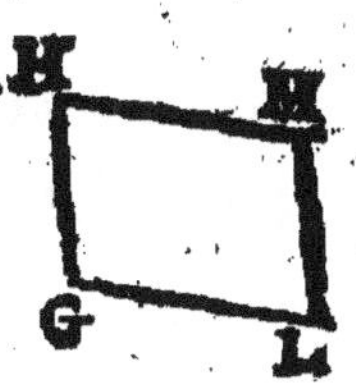

Quadrilateræ figuræ diuiduntur in parallelogrammum & trapezium.

Les figures quadrilateres sont diuisées en parallelogrãmes & trapezes.

Parallelogrammorum species sunt quatuor, nempe quadratum, altera parte longior figura siue rectangulum, rhombus & rhomboïdes.

Il y a quatre especes de parallelogrammes, à sçauoir le quarré, le rectangle, le rhombe, & le rhomboide.

Trapeziorum quoque sunt tres species, nimirum trapezium isosceles, trapezium scalenum, & trapezium irregulare.

Il y a aussi trois especes de trapezes, à sçauoir trapeze isoscele, trapeze scalene, & trapeze irregulier.

Trapezium isosceles est, cuius duo latera opposita sunt parallela, & reliqua duo non quidem parallela, sed inter se æqualia, vt ABED.

Trapeze isoscele est celuy qui a deux costez opposez, & les deux autres costez egaux entr'eux, mais non paralleles, comme ABED.

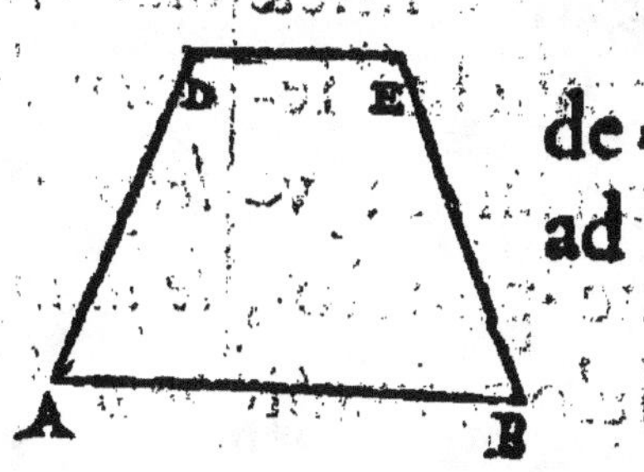

de ═ ab.
ad 2|2 be.

Trapezium ſcalenum eſt, cuius duo latera oppoſita ſunt parallela, & reliqua duo latera inter ſe inæqualia, vt DHFK.

Trapeze ſcale eſt celuy qui a deux coſtez oppoſez paralleles, & les deux autres coſtez inegaux entr'eux, cõme DHFK.

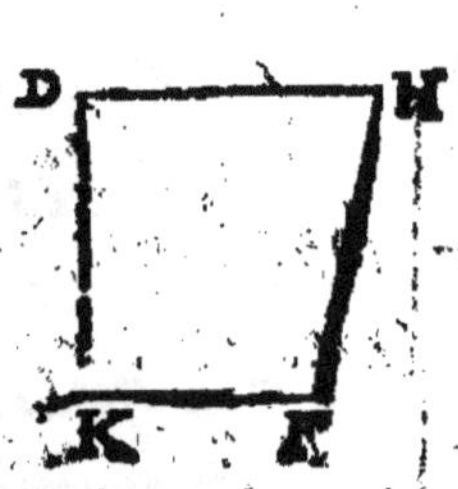

dh == kf.
fh 3|2 kd.

Trapezium irregulare eſt, cuius nulla latera inter ſe ſunt parallela, vt ABCD.

Trapeze irregulier eſt celuy qui n'a aucuns coſtez paralleles, comme ABCD.

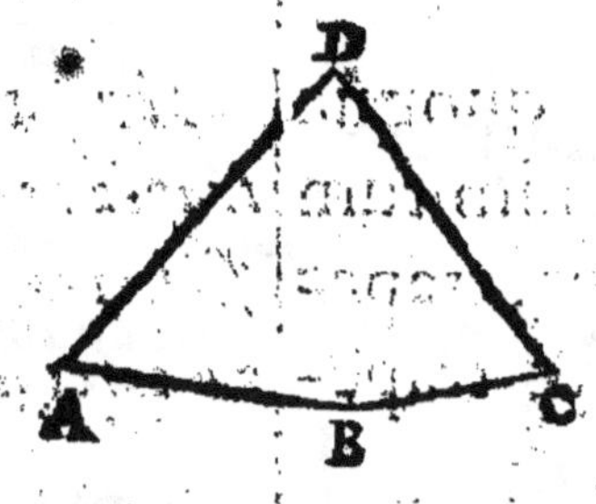

XXXVI.

Cùm verò in parallelogrammo diameter ducta fuerit, duæque lineæ lateribus parallelæ ſecantes diametrum in vno eodemque puncto, ita vt parallelogrammũ

Mais quand en vn parallelogramme, on meine vn diametre ou diagonale, & deux lignes droites paralleles aux coſtez, coupantes le diametre en vn meſme poinct, en ſorte que le pa-

ab hisce parallelis in quatuor distribuatur parallelogramma : appellantur duo illa, per quæ diameter non transit, complementa ; duo verò reliqua, per quæ diameter incedit, circa diametrum consistere dicuntur.

rallelogramme soit diuisé par icelles lignes paralleles, en quatre parallelogrammes ; les deux par où le diametre ne passe, sont appellez complements : mais les deux autres, par lesquels le diametre passe, sont dits estre à l'entour du diametre.

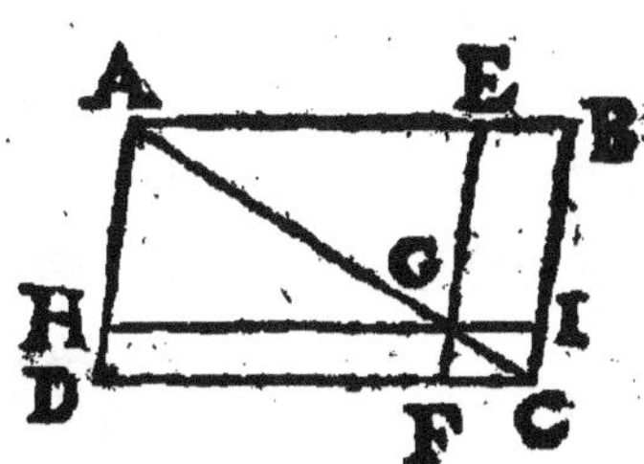

Parallelogramma DG & & GB sunt complementa, parallelogramma verò HE & FI dicuntur consistere circa diametrum.

Les parallelogrammes DG & GB sont complements, mais les parallelogrammes HE & FI sont dits estre à l'entour du diametre.

XXXVII.

Figura regularis siue ordinata dicitur, quæ & æquilatera & æquiangula est.

La figure reguliere est, celle qui est equilatere & equiangle.

XXXVIII.

Describere siue construere figuram Geometricam, est ipsam exhibere determinatam proportione suarum partium.	*Descrire ou construire vne figure Geometrique, est la representer auec les iustes mesures de toutes ses parties.*

XXXIX.

Scire in Geometricis, est nota mensura dimetiri, seu omnes partes figuræ propositæ, suis numeris expressas, exhibere.	*En la Geometrie, sçauoir est mesurer par vne mesure cognuë, ou d'exprimer chaque partie de la figure proposee par nombres.*
Constructio exhibet figuram sua forma præditam. Cognitio verò exhibet figuram nota mensura dimensam, & suis numeris expressam.	*La construction represente vne figure en sa vraye forme. Mais la cognoissance, la represente mesurée d'vne mesure cognuë, & exprimée par ses nombres.*

XL.

Problema est, cùm proponitur aliquid ad efficiendum, vel cognoscendum.	*Probleme est, quand on propose quelque chose à faire, ou à cognoistre.*

XLI.

Theorema est, cùm proponitur aliquid ad demonstrandum.

Finis problematis est constructio, vel inuentio: finis verò theorematis est cognitio causæ proprietatis, quæ inest propositæ quantitati.

In problemate, oppositum quæsito potest esse verum, in theoremate oppositum quæsito est semper falsum.

Vt si proponatur, datam rectam lineam bifariam secare, propositio erit problema, quia recta linea inæqualiter secari potest: Si verò proponatur, inuenire triangulum, cuius duo latera simul sumpta reliquo sint maiora, propositio, quamuis instar problematis proponatur, est theorema, cùm pars opposita non possit esse vera: cuiuscunque enim trianguli duo latera omnifariam

Theoreme est, quand on propose quelque chose à demonstrer.

La fin du probleme est la construction, ou l'inuention: mais la fin du theoreme, est la cognoissance de la cause de la proprieté qui se trouue en la quantité proposée.

Au probleme, l'opposé du requis peut estre vray, au theoreme l'opposé du requis est tousiours faux.

Comme si on proposoit, couper vne ligne droite donnée en deux parties egales, la proposition sera vn probleme, à cause qu'vne ligne droite peut estre coupée inegalement. Mais si on propose à trouuer vn triangle, duquel deux costez adioustez ensemble excedent le troisiesme, la proposition, encore qu'elle soit proposee en forme de probleme, est vn theoreme, à cause que la partie opposée ne peut estre vraye: car de tout triangle, deux co-

ſumpta reliquo ſunt maiora.

ſtez ſont plus grands que l'autre, en quelque façon qu'ils ſoient pris.

Partes problematis ſunt, explicatio hypotheſeos, ſi datum fuerit aliquid: Conſtructio ſiue inuentio quæſiti, nonnunquam etiam præparatio ad demonſtrandum: demonſtratio, qua oſtenditur, exhibita methodo, neceſſariò quæſitum inueniri.

Les parties du probleme ſont, l'explication de l'hypotheſe, s'il y a quelque choſe de donnée, la conſtruction ou inuention du requis, & auſſi quelquefois la preparation pour la demonſtration: la demonſtration, par laquelle eſt demonſtré que par la methode enſeignée en la conſtruction, on trouuera neceſſairement le requis.

Partes theorematis ſunt, explicatio hypotheſeos, ſiue datorum: explicatio quęſiti: præparatio ad demonſtrandum, quæ non ſemper ſed plerumque eſt neceſſaria: Demonſtratio, qua perſpicuum fit, paſſionem proprietatemve de qua quæritur, ineſſe iis quæ proponuntur.

Les parties du theoreme ſont, l'explication de l'hypotheſe, ou de ce qui eſt donné: l'explication du requis: la preparation pour la demonſtration, qui n'eſt pas touſiours neceſſaire, mais le plus ſouuent: Et la demonſtration, par laquelle il eſt rendu manifeſte, que la paſſion ou proprieté, dont eſt queſtion, ſe trouue aux grandeurs propoſées.

Problema indiget theoremate propter demonſtrationem, theorema problemate propter præparationem.

Le probleme a beſoin du theoreme à cauſe de la demonſtration, & le theoreme du probleme à cauſe de la preparation.

Poſtulatum à problemate ſola conſtruendi facilitate differt: nulla enim ineſt difficultas exhibendi quod expoſcit poſtulatum, nec opus eſt demonſtrare quæſitum eſſe factu poſſibile, & qua ratione ac methodo poſſit fieri: quoniam in poſtulato conſtructio quæſiti, & demonſtratio conſtructionis per ſe ſunt perſpicua: in problemate verò, conſtructio quæſiti non eſt ita manifeſta, vt non indigeat demonſtratione.

Pronunciatum ſiue axioma differt quoque à theoremate ſola euidentia conſequentiæ, quæ fit ab hypotheſi ad quæſitum: in axiomate enim illa conſequentia eſt per ſe perſpicua & manifeſta: in theoremate verò per ſe non eſt ita perſpicua, vt non indigeat demonſtratione: vt autem fiat euidens & perſpicua, inter datum & quæſitum interponuntur plures conſeſequentiæ, nobis euidentes

Le poſtulat differe du probleme de la ſeule facilité de conſtruire, car il n'y a aucune difficulté d'exhiber le requis du poſtulat, & n'eſt pas beſoin de monſtrer que le requis ſe peut faire, ny comment, & par quelle methode il ſe peut faire: parce que poſtulat la conſtruction du requis, & la demonſtration de la conſtruction, ſont d'elles-meſmes manifeſtes: mais au probleme, la conſtruction du requis n'eſt pas ſi manifeſte qu'elle n'aye beſoin de demonſtration.

La maxime ou axiome differe auſſi du theoreme par la ſeule euidence de la conſequence, qui ſe fait de l'hypotheſe au requis: car en l'axiome icelle conſequence eſt de ſoy euidente & manifeſte; mais au theoreme, elle n'eſt pas de ſoy ſi manifeſte, qu'elle n'ait beſoin de demonſtration: & afin de la rendre euidente & manifeſte, entre le donné & le requis s'interpoſent plusieurs conſequences, à nous manifeſtes ou d'elles-meſmes, ou par

& perspicuæ per se, aut per acquisitam cognitionem, quæ nobis ostendunt, consequentiam illam ab hypothesi ad quæsitum, esse certam & necessariam.

la cognoissance que nous auons desia acquise, qui nous donnent à cognoistre, qu'icelle consequence de l'hypothese au requis, est certaine & necessaire.

Sunt autem duo genera demõstrationum apud Mathematicos, nimirùm ostensiuum, & deducens ad impossibile.

Or il y a deux sortes de demonstrations parmy les Mathematiciens, à sçauoir l'ostensiue, & celle qui nous conduit à l'impossible.

In demonstratione ostensiua, series consecutionum fit ab hypothesi ad quæsiti finem & comprehẽsionem.

En l'ostensiue la suite des consequences se fait de l'hypothese au requis.

Contrà in deducente ad impossibile, progredimur ab eo quod quæsito contradicit ab hypothesim siue datum & concessum, donec incidamus in aliquod absurdum, vnde concluditur, suppositum quæsito contradicens esse falsum, ac proinde quæsitum esse verum.

Et au contraire, en celle qui nous conduict à l'impossible, la suite des consequences se fait du contraire de ce qui est à conclure vers l'hypothese, ou vers ce qui est donné & concedé iusques à ce que nous tombions en quelque absurdité; d'où on conclud, que ce qui a esté supposé contraire au requis est faux, & par consequent que le requis est vray.

Notandum quoque est demonstrationes quæ ad diuersas figuras iisdem litteris notatas pertinent legendas esse cum singulis figuris

Il faut aussi remarquer que si la demonstration appartient à diuerses figures marquées par mesmes lettres, qu'il la faudra lire auec chaque figure separé-

ſeorſim : vt in 25 propoſitione appendicis, quoniam ſunt quinque figuræ iiſdem litteris notatæ, intelligenda eſt demonſtratio in ſingulis figuris, ac proinde repetenda erit quinquies.

ment : comme en la 25 propoſition de l'appendix, à cauſe qu'il y a cinq figures marquées par meſmes lettres, il faut entendre la demonſtration en chaque figure ; & par conſequent il faut la recommencer cinq fois.

XLII.

Corollarium eſt conſectarium, quod è facta demonſtratione tanquam lucrum aliquod colligitur.

Corollaire eſt vne conſequence, outre le requis qu'on infere de la demonſtration.

XLIII.

Lemma eſt demonſtratio ſeorſim facta alicuius præmiſſæ, vt demonſtratio quæſiti euadat breuior.

Lemme eſt vne demonſtration qu'on fait ſeparément, pour rendre la demonſtration du requis plus briefue.

XLIV.

Arbitrarium eſt, quod ad libitum ſumitur vel fit.

Arbitraire eſt ce qui eſt pris ou faict à la volonté.

Vt si in recta AB, sumendum sit aliquod punctum arbitrarium, quodcunque sumatur erit punctum arbitrarium.

Comme s'il est besoin de prendre quelque poinct arbitraire en la ligne droite AB, quelconque poinct on prenne il sera arbitraire.

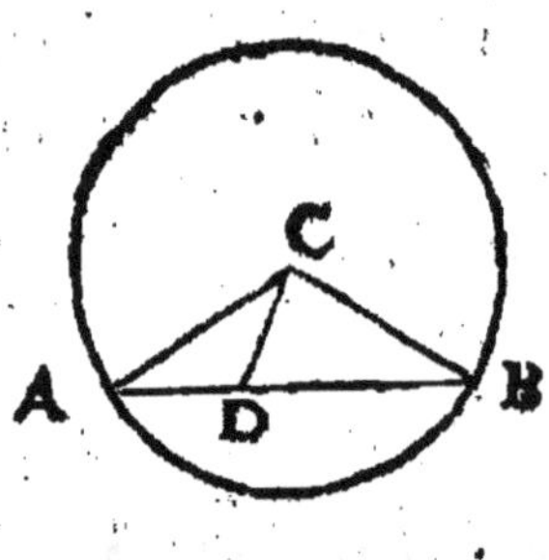

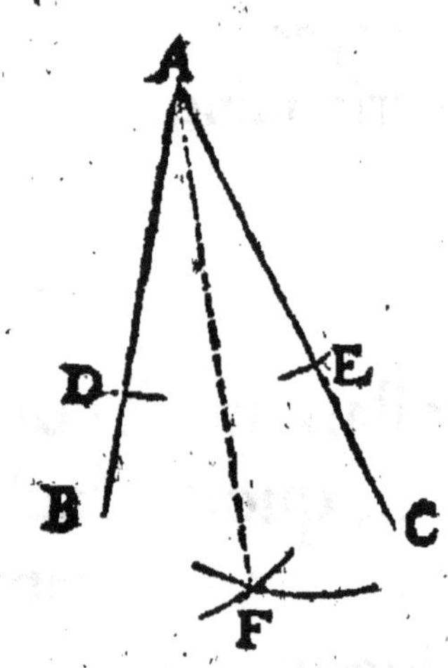

Sic etiam, si describendi sint, centris D & E, duo circuli æquales, qui se mutuò secent, illi circuli dicentur arbitrarij : quoniam nihil interest quantæ sint magnitudinis, dummodo se mutuò intersecent.

Scholium est propriè breuis interpretatio, siue annotatio, sed nos omnia problemata præter corollaria & lemmata, quæ his elementis adiunximus, sub nomine scholij inseruimus, vt eadem littera S, citari possent.

De mesme aussi, s'il faut descrire des centres D & E, deux cercles egaux qui s'entrecoupent, ces cercles s'appelleront arbitraires : à cause qu'il n'importe de quelle grandeur ils soient, pourueu qu'ils s'entrecoupent.

Le scholie est proprement vne briefue interpretation ou annotation, neantmoins tous les problemes & theoremes que nous auons adjoustez à ces Elements, outre les corollaires & les lemmes, nous les auons mis sous le nom de scholie, afin de les pouuoir citer par la mesme lettre, S.

PETITIONES SIVE POSTVLATA.

PETITIONS OV DEMANDES.

I.

POstuletur, vt à quouis puncto in quoduis punctum, rectam lineam ducere, concedatur.

Soit demandé, de tout poinct donné, à tout autre poinct donné, mener une ligne droicte, soit concédé.

A——B

1.p.1 | ab *est* ——.

Explicatio notarum.

AB est recta per primum postulatum, vel à puncto A ad punctum B, ducta est recta linea AB per primum postulatum.

Explication des notes.

AB est une ligne droite par la premiere demande: ou bien, du poinct A au poinct B a esté menée la ligne droite AB, par la premiere demande ou postulat.

II.

Et rectam lineam terminatam in continuum recta producere.	*Et de prolonger directement vne ligne droite donnee & terminee.*

A B C

2.p.1 | abc *est* —.

Explicat..not;

Recta AB est in continuum producta ad punctum C, per secundum postulatum.	*La ligne droite A B a esté continuée directement au poinct C ; par la seconde demande.*

III.

Item quouis centro, & interuallo circulum describere.	*Semblablement de quelconque centre & interualle descrire un cercle.*

3.p.1 | dabc *est* ⊙.

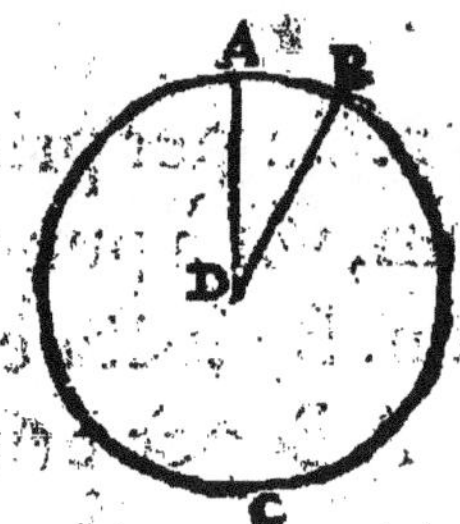

Explicat..not;

Centro D & interuallo	*Du centre D & interualle*

DA, descriptus est circulus ABC, per tertium postulatum.	*DA, a esté descrit le cercle ABC, par la troisiesme demande.*

IV.

Item quacunque magnitudine data sumi posse aliam magnitudinem, vel æqualem, vel maiorem vel minorem.	*Semblablement quelconque grandeur estant donnee, pouuoir prendre vne autre plus grande ou plus petite.*

COMMVNES NOTIONES SIVE axiomata, quæ & pronunciata dici solent, vel dignitates.

COMMVNES NOTIONS OV sentences, qui s'appellent aussi maximes.

I. a. I.

Quæ eidem æqualia, & inter se sunt æqualia.	*Les choses egales à vne mesme, sont aussi egales entr'elles.*

hyp.	ab 2|2 ef,
hyp.	cd 2|2 ef,
I. a. I.	ab 2|2 cd.

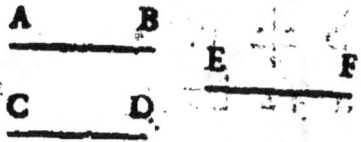

A B

C D

E F

Explicat. not;

AB est æqualis EF per hypothesim.	*AB est egal EF par l'hypothese.*
CD est æqualis EF per hypothesim.	*CD est egal EF par l'hypothese.*
AB est æqualis CD per primum axioma libri primi.	*AB est egal CD par le premier axiome du premier liure.*

I. a. b.

Quæ æqualibus sunt æqualia, & inter se sunt æqualia.	*Les choses egales aux choses egales, sont aussi egales entr'elles.*

hyp.	c 2|2 d.
hyp.	a 2|2 c.
hyp.	b 2|2 d.
I. a. b	a 2|2 b.

A——— C———
B——— D———

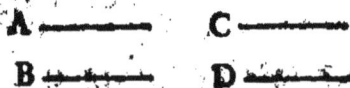

I. a. c.

Et quod vno æqualium maius est, aut minus; maius quoque est, aut minus altero æqualium.	*Et ce qui est plus grand ou plus petit que l'un des egaux, est aussi plus grand ou plus petit que l'autre des égaux.*

hyp.	b 2|2 c.
hyp.	a 3|2 b.
I. a. c	a 3|2 c.

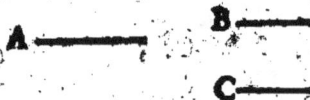

A——— B———
C———

Explicat.

Explicat.. not;

B est æqualis C, per hyp.	*B est egal à C, par l'hyp.*
A est maior B, per hyp.	*A est plus grād que B, par l'hyp.*
A est maior C, per primum axioma C.	*A est plus grand que C, par le premier axiome C.*

1. a. d.

Et si vnum æqualium maius est, aut minus magnitudine quapiam, alterum quoque æqualium eadem magnitudine maius est aut minus.

Et si l'vn des egaux est plus grand ou plus petit que quelque grandeur, l'autre des egaux sera aussi plus grand ou plus petit que la mesme grandeur.

hyp.	a 2|2 b.
hyp.	a 3|2 c.
1. a. d.	b 3|2 c.

A——— B——— C———

1. a. e.

Et quod est maius maiore est etiam maius minore, & quod est minus minore est etiam minus maiore.

Et ce qui est plus grand que le plus grand, est aussi plus grand que le plus petit, & ce qui est plus petit que le plus petit, est aussi plus petit que le plus grand.

hyp.	b 3|2 c.
hyp.	a 3|2 b.
1. a. e.	a 3|2 c.

A——— B——— C———

1. a. f.

Permutatio æqualium non immutat æqualitatem. | *Le changement des choses egales n'oste pas l'egalité.*

hyp.	a ⊣ b 2|2 c ⊣ d.
hyp.	b 2|2 d.
1. a. f.	a ⊣ d 2|2 c ⊣ b.

A —— C ——
B —— D ——

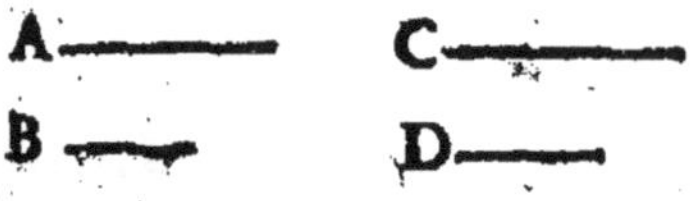

1. a. g.

Interpretatio non immutat æqualitatem. | *L'interpretation ne change point l'egalité.*

hyp.	□af 2|2 □cg.
hyp.	af *est* □.ab.
hyp.	cg *est* □.cd.
1. a. g.	□.ab 2|2 □.cd.

E F H G
A B C D

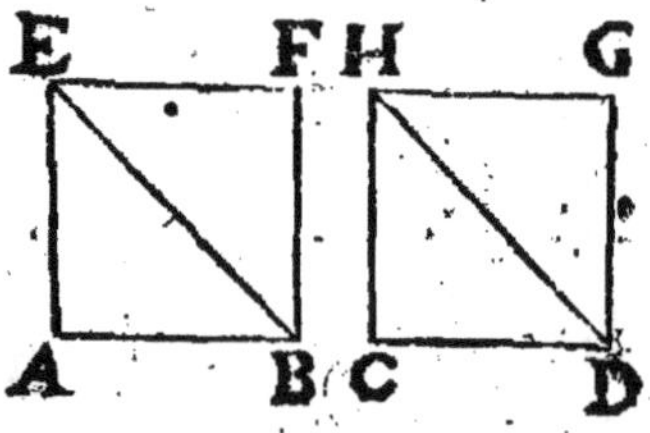

Explicat.. not;

Quadratum AF est æquale quadrato CG, per. hyp. | *Le quarré AF est egal au quarré CG, par l'hyp.*

AF est quadratum lateris AB, per hyp. | *AF est le quarré de AB, par l'hyp.*

CG est quadratum lateris CD, per hyp. | *CG est le quarré de CD, par l'hyp.*

Quadratum lateris AB est æquale quadrato lateris CD, per primũ axioma G. | *Le quarré de AB est egal au quarré de CD, par le premier axiome G.*

2. a. 1.

Et si æqualibus æqualia adiecta sint, tota sunt æqualia.

Et si à choses egales on adiouste choses egales, les tous sont egaux.

hyp.	ab 2|2 cd.
hyp.	bf 2|2 dg.
2. a. 1	af 2|2 cg.

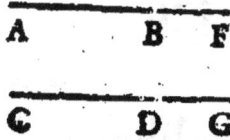

A B F
C D G

3. a. 1.

Et si ab æqualibus æqualia ablata sint, quæ relinquuntur sunt æqualia.

Et si des choses egales on retranche choses egales, les restes sont egaux.

hyp.	ab 2|2 cd.
hyp.	ae 2|2 cf.
3. a. 1	eb 2|2 fd.

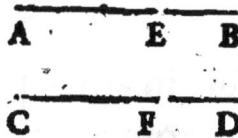

A E B
C F D

3. a. b.

Et si à toto auferatur dimidium, remanebit dimidium: si auferatur maius dimidio, remanebit minus dimidio: si autem auferatur tertia pars, remanebunt duæ tertiæ, &c.

Et si d'vn tout on retranche la moitié, restera la moitié: & si on retranche plus de la moitié, restera moins de la moitié: mais si on retranche la troisiesme partie, resteront les deux tiers, &c.

hyp.	ac 2|2. $\frac{1}{2}$ab,
3. a. b.	cb 2|2 $\frac{1}{2}$ab.
hyp.	df 3|2 $\frac{1}{2}$de.
3. a. b.	fe 2|3 $\frac{1}{2}$de.
hyp.	hl 2|2 $\frac{1}{3}$gl.
3. a. b.	gh 2|2 $\frac{2}{3}$gl.

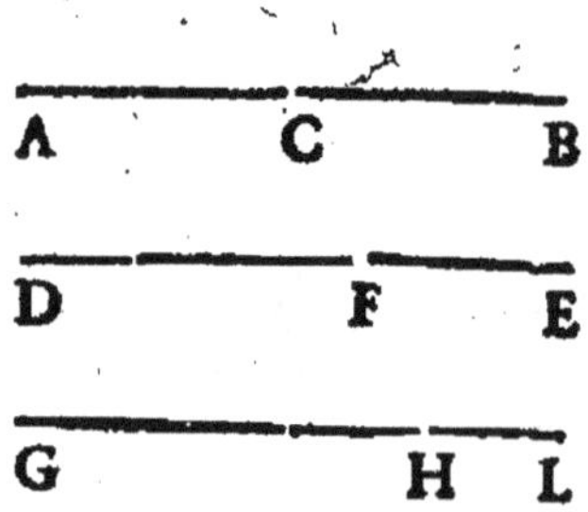

A C B

D F E

G H L

4. a. 1.

Et si inæqualibus æqualia adiecta sint, tota sunt inæqualia.

Et si à choses inegales on adiouste choses egales, les tous sont inegaux.

hyp.	ab 3|2 cd.
hyp.	be 2|2 df.
4. a. 1	ab 3|2 cf.

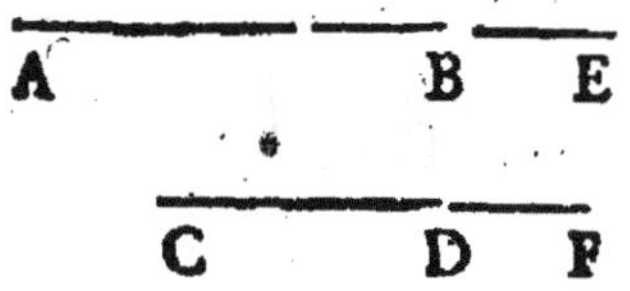

A B E

C D F

4. a. b.

Et si æqualibus inæqualia adiecta sint, tota sunt inæqualia.

Et si à choses egales on adjouste choses inegales, les tous sont inegaux.

hyp.	ab 2|2 cd.
hyp.	be 3|2 df.
4. a. b.	ae 3|2 cf.

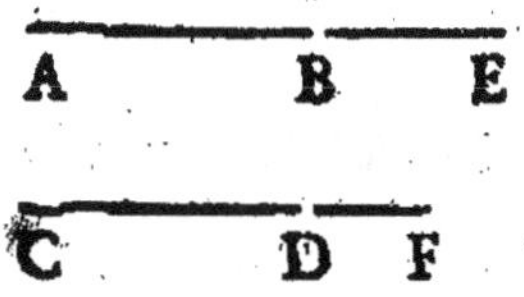

A B E

C D F

4. a. c.

Et si inæqualibus inæqualia adiecta sint, maiori maius & minori minus, tota

Et si à choses inegales on adjouste choses inegales, à la plus grande la plus grande, ſunt inæqualia, illud nimirùm maius & hoc minus.

& à la plus petite la plus petite, les tous ſont inegaux, celuy-là plus grand & ceſtuy-cy plus petit.

hyp.	ab 3|2 cd.
hyp.	be 3|2 df.
4. a. e.	ab 3|2 cf.

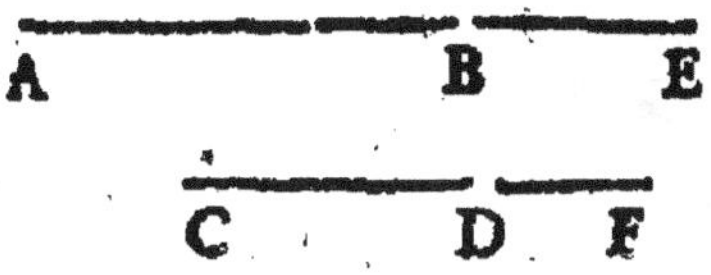

A B E

C D F

5. a. 1.

Et ſi ab inæqualibus æqualia ablata ſint, reliqua ſunt inæqualia.

Et ſi de choſes inegales on oſte choſes egales, les reſtes ſont inegaux.

hyp.	ab 3|2 cd.
hyp.	eb 2|2 fd.
5. a. 1	ae 3|2 cf.

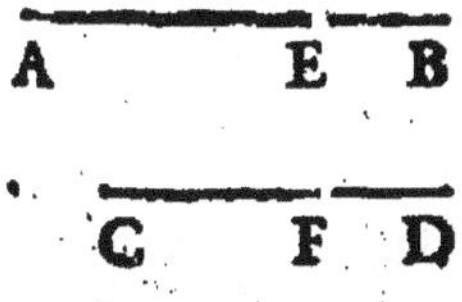

A E B

C F D

5. a. b.

Et ſi ab æqualibus inæqualia ablata ſint, reliqua ſunt inæqualia.

Et ſi de choſes egales on oſte choſes inegales, les reſtes ſont inegaux.

hyp.	ab 2|2 cd.
hyp.	ae 3|2 cf.
5. a. b.	eb 2|3 fd.

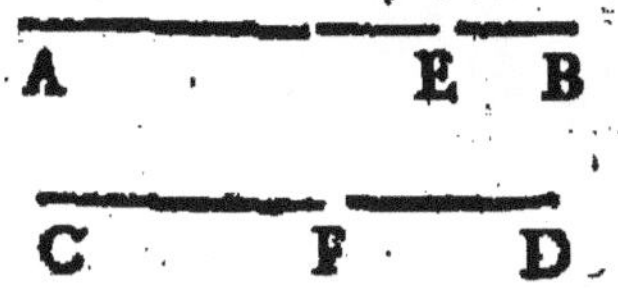

A E B

C F D

5. a. c.

Et ſi ab inæqualibus inæqualia ablata ſint, à ma-

Et ſi de choſes inegales on oſte choſes inegales, ſçauoir

iori minus, & à minori maius, reliqua ſunt inæqualia, illud nimirùm maius & hoc minus.

de la plus grande moins, & de la plus petite plus, les reſtes ſont inegaux, ſçauoir eſt celuy-là plus grand & celuy-cy plus petit.

hyp.	ab 3|2 cd.
hyp.	cf 3|2 ae.
5. a. c.	eb 3|2 fd.

Porrò in his omnibus pronunciatis, primo excepto, nomine æqualium quantitatum intelligenda eſt etiam vna & eadem multis communis.

Or en toutes ces notions, excepté la premiere, par le mot de quantitez egales, faut entendre auſſi vne meſme, commune à plusieurs.

6. a. 1.

Et quæ eiuſdem, vel æqualium ſunt duplicia, inter ſe ſunt æqualia.

Et les choſes qui ſont doubles d'vne meſme ou des egales, ſont auſſi doubles entr'elles.

hyp.	a 2|2 2c.
hyp.	b 2|2 2c.
6. a. 1	a 2|2 b.

6. a. b.

Duplum maioris maius eſt duplo minoris.

Le double du plus grand eſt plus grand que le double du plus petit.

hyp.	c 3|2 d.
hyp.	a 2|2 2c.
hyp.	b 2|2 2d.
6. a. b	a 3|2 b.

A———— C————
B———— D————

6. a. c.

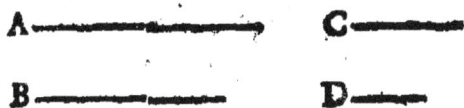

Et quod vnius æqualium duplum eſt, duplum eſt & alterius æqualium.

Et ce qui eſt double de l'vn des egaux, eſt außi double de l'autre des egaux.

hyp.	b 2|2 c.
hyp.	a 2|2 2b.
6. a. c.	a 2|2 2c.

A———— B———— C————

6. a. d.

Et ſi vnum æqualium duplum eſt cuiuſpiam magnitudinis, alterum quoque æqualium duplum eſt eiuſdem magnitudinis.

Et ſi l'vn des egaux eſt double de quelque grandeur, l'autre des egaux ſera auſſi double de la meſme grandeur.

hyp.	a 2|2 b.
hyp.	a 2|2 2c.
6. a. d.	b 2|2 2c.

A———— B———— C————

7. a. 1.

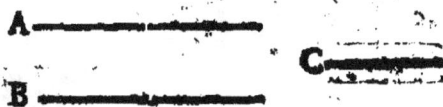

Et quæ eiuſdem, vel æqualium ſunt dimidia, inter ſe ſunt æqualia.

Et les choſes qui ſont moitiés d'vne meſme, ou des choſes egales, ſont auſſi egales entr'elles.

hyp.	a 2|2 $\frac{1}{2}$c.
hyp.	b 2|2 $\frac{1}{2}$c.
7. a. 1.	a 2|2 b.

A, B, C

7. a. b.

Dimidium maioris maius eſt dimidio minoris.	*La moitié du plus grand excede la moitié du plus petit.*

hyp.	c 3|2 d.
hyp.	a 2|2 $\frac{1}{2}$c.
hyp.	b 2|2 $\frac{1}{2}$d.
7. a. b.	a 3|2 b.

A, C, B, D

7. a. c.

Et quod vnius æqualium dimidium eſt, alterius quoque æqualiũ eſt dimidium.	*Et ce qui eſt moitié de l'vn des egaux, eſt auſsi moitié de l'autre des egaux.*

hyp.	b 2|2 c.
hyp.	a 2|2 $\frac{1}{2}$b.
7. a. c.	a 2|2 $\frac{1}{2}$c.

B, A, C

7. a. d.

Et ſi vnum æqualium dimidium eſt cuiuſpiam magnitudinis, alterum quoque æqualium dimidium eſt eiuſdem magnitudinis.	*Et ſi l'vn des egaux eſt moitié de quelque grandeur, l'autre des egaux ſera auſsi moitié de la meſme grandeur.*

hyp.	a 2|2 b.	
hyp.	a 2|2 $\frac{1}{2}$c.	
7. a. d.	b 2|2 $\frac{1}{2}$ c.	

A———

B———

C———————

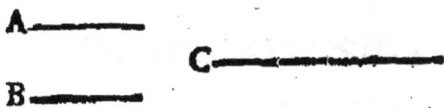

Quæ in ſexto & ſeptimo axiomate dicta ſunt de duplo & dimidio, poſſunt etiam ſumi de triplo, quadruplo, quintuplo, &c. & de partibus tertiis, quartis, quintis, &c.	*Aux ſixieſme & ſeptieſme axiomes, les choſes qui ont eſté dictes du double & de la moitié, ſe peuuent außi entendre du triple, quadruple, quintuple, &c. & des tierces, quartes, quintes, &c.*

8. a. 1.

Et quæ ſibi mutuò congruunt, ea inter ſe ſunt æqualia.	*Et les choſes qui conuiennent entr'elles, ſont egales entr'elles.*
Magnitudines congruæ ſunt, quarum partes applicatæ partibus, æqualem vel eundem locum occupant.	*Les grandeurs qui conuiennent ſont celles dont les parties eſtans miſes l'vne ſur l'autre, occupent eſpace egal, ou vn meſme lieu.*

9. a. 1.

Et totum ſua parte maius eſt.	*Et le tout eſt plus grand que ſa partie.*

9. a. b.

Menſura non eſt maior menſurato.	*La meſure n'eſt pas plus grande que la choſe meſurée.*

10. a. I.

Duæ rectæ lineæ non habent vnum & idem segmentum commune.	*Deux lignes droictes n'ont pas un mesme segment commun.*

hyp. | abc *est* —.

10.a.I. | gbc *ñ est* —.

G, B, C, A

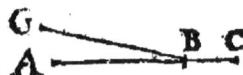

Explicat.. not;

AB & BC sunt in directum positæ, per hyp.	*AB & BC sont constituez directement, par l'hyp.*
Igitur GB & BC non sunt in directum positæ, id est non constituunt vnam rectam lineam, per 10.a.I.	*Partant G B & BC ne sont pas constituez directement, c'est à dire qu'ils ne sont pas une ligne droite, par le 10. ax. du I.*

II. a. I.

Duæ rectæ in vno puncto concurrentes, si producantur ambæ, necessariò se mutuò in eo puncto intersecabunt.	*Deux lignes droictes se rencontrant à un poinct, si elles sont toutes deux prolongees, elles s'entrecouperõt necessairement au mesme poinct.*

12. a. I.

Item omnes anguli recti sunt inter se æquales.	*Tous les angles droicts sont egaux entr'eux.*

hyp.	<a *eſt* ┘.	
hyp.	<b *eſt* ┘.	a┘ b┘
12. a. 1.	<a 2|2 <b.	

12. a. b.

Si vnus æqualium angulorum eſt rectus, vnuſquiſque reliquorum eſt quoque rectus.

Si vn des angles egaux eſt droict, vn chacun des autres eſt auſsi droict.

hyp.	a, b, c, *ſnt* <; 2|2 *ſe*.	
hyp.	<a *eſt* ┘.	a┘ b┘ c┘
12. a. b.	<b & <c *ſnt* ┘.	

Explicat.. not;

Anguli A, B, C ſunt æquales inter ſe, per hyp.
Angulus A eſt rectus, per hyp.
Igitur anguli B & C ſunt recti, per 12. a. b.

Les angles A, B, C ſont egaux entr'eux, par l'hyp.
L'angle A eſt droict, par l'hyp.
Partant les angles B & C ſont droicts, par le 12. a. b.

13. a. 1.

Et ſi in duas rectas lineas altera recta incidens, internos ad eaſdemque partes angulos duobus rectis minores

Et ſi ſur deux lignes droictes tombe vne autre ligne droicte, faiſant les angles internes & de meſme part moindres que deux

faciat, duæ illæ rectæ lineæ in infinitum productæ, sibi mutuò incident ad eas partes vbi sunt anguli duobus rectis minores.

droicts, icelles deux lignes droictes estant prolongees infiniment, se coupperont l'vne l'autre de la part où les deux angles sont moindres que deux droicts.

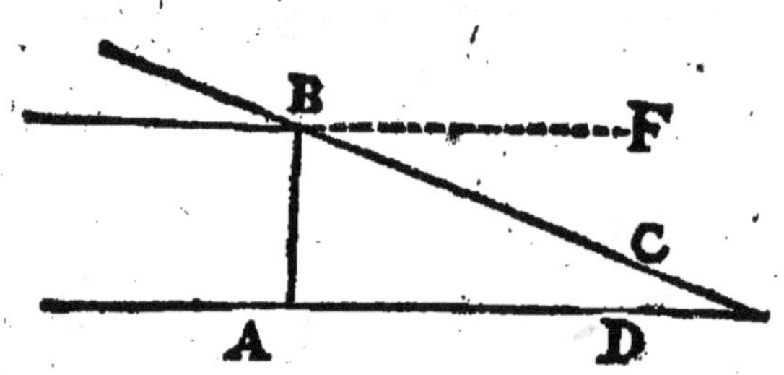

hyp. | <bad + <abc *snt* 2|3 2⊥.

13. a. 1 | ad & bc ñ *snt* = le.

Explicat.. not;

Angulus BAD, plus angulo ABC, sunt minores duobus rectis, per hyp.

Igitur rectæ AD & BC non sunt inter se parallelæ, sed conueniẽt productæ versus D, per 13. ax. 1.

L'angle BAD, plus l'angle ABC, sont plus petits que deux droicts, par l'hyp.

Partant les lignes AD & BC ne sont point paralleles entr'elles, ains estãt continuées vers D, se rencontreront l'vne l'autre, par le 13. ax. du 1.

14. a. 1.

Duæ rectæ lineæ spatiũ non comprehẽdunt.

Deux lignes droictes ne contiennent pas vn espace.

14. a. b.

Si punctum ſit in duabus rectis, erit in earum interſectione, aut contactu.

Si vn poinct eſt en deux lignes droictes, il ſera en leur interſection, ou attouchement.

14. a. c.

Si duo puncta ſint in vno plano, & recta ipſa connectens eſt in eodem plano.

Si deux poincts ſont en vn meſme plan, la ligne droicte qui les conjoinct ſera auſsi au meſme plan.

15. a. 1.

Si æqualibus inæqualia adiiciantur, erit totorum exceſſus, adiunctorum exceſſui æqualis.

Si à choſes egales on adiouſte choſes inegales, l'excez des toutes ſera egal à l'excez des adiouſtées.

hyp.	ab 2|2 cd.
hyp.	ge 2|2 be~df.
15. a. 1.	ge 2|2 ae~cf.

A B G E
C D F

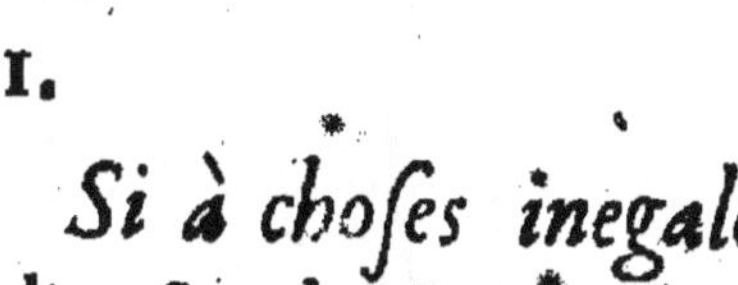

16. a. 1.

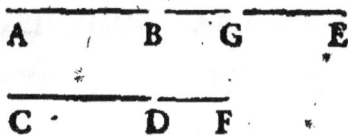

Si inæqualibus æqualia adiungantur, erit totorum exceſſus, exceſſui eorum, quæ è principio erant, æqualis.

Si à choſes inegales on adiouſte choſes egales, l'excez des toutes ſera egal à l'excez de celles qui eſtoient au commencement.

hyp.	ag 2|2 ab~cd.
hyp.	be 2|2 df.
16.a.1.	ag 2|2 ae~cf.

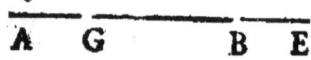

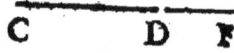

A G B E

C D F

17. a. 1.

Si ab æqualibus inæqualia demantur, erit residuorum excessus excessui ablatorum æqualis.

Si de choses egales on retranche choses inegales, l'excez des restantes sera egal à l'excez des retranchees.

hyp.	ab 2|2 cd.
hyp.	fg 2|2 ae~cf.
17.a.1.	fg 2|2 fd~eb.

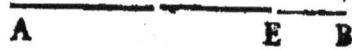

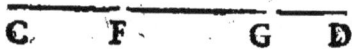

A E B

C F G D

18. a. 1.

Si ab inæqualibus æqualia demantur, erit residuorum excessus excessui totorum æqualis.

Si de choses inegales on retranche choses egales, l'excez des restantes sera egal à l'excez des toutes.

hyp.	ag 2|2 ab~cd.
hyp.	eb 2|2 fd.
18.a.1.	ag 2|2 ae~cf.

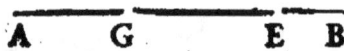

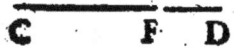

A G E B

C F D

19. a. 1.

Omne totum æquale eſt omnibus ſuis partibus ſimul ſumptis.	*Le tout eſt egal à toutes ſes parties priſes enſemble.*

hyp.	ac, cd, db, *ſnt part*;.ab.	A C D B
19. a.1.	ab 2|2 ac + cd + db.	

Explicat.. not;

AC, CD, DB ſunt partes AB, per hyp.	*AC, CD, DB ſont les parties de AB, par l'hyp.*
Igitur AB eſt æqualis AC, plus CD plus DB, per 19. ax. 1.	*Partant AB eſt egal AC, plus CD, plus DB, par le 19. ax. du premier.*

19. a. b.

Si totius partes ſint inter ſe æquales, quot erunt partes, totuplex erit totum ſingularium partium: ſingulæque partes erunt denominatæ à numero partium totius.	*Si les parties d'vn tout ſont egales entr'elles, le tout ſera autant multiple de chaque partie, qu'il y aura des parties: & chaque partie ſera denommée du nombre des parties.*

20. a. 1.

Si totum totius eſt duplum, & ablatum ablati, erit & reliquum reliqui duplum.	*Si vn tout eſt double d'vn tout, & le retranché du retranché, le reſte ſera auſſi double du reſte.*

hyp.	ab 2|2 2cd.	A E B
hyp.	ae 2|2 2cf.	
20.a.1.	eb 2|2 2fd.	C F D

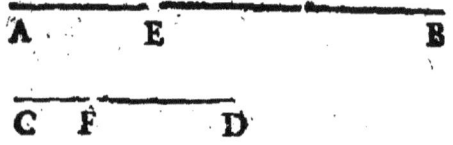

20. a. b.

Si singulæ partes primæ magnitudinis sint duplæ singularum partium secundæ magnitudinis, prima magnitudo erit dupla secundæ magnitudinis.

Si chaque partie de la premiere grandeur est double de chaque partie de la seconde grandeur, la premiere grandeur sera double de la seconde.

hyp.	ae 2|2 2cf.	A E B
hyp.	eb 2|2 2fd.	
20.a.b.	ab 2|2 2cd.	C F D

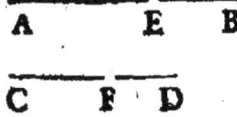

21. a. 1.

Omnis magnitudo est talis qualis dicitur esse, si aliter esse non potest.

Toute grandeur est telle qu'elle se dit, si elle ne peut estre autrement.

hyp.	a *n̄ est* 3|2 b.	A
hyp.	a *n̄ est* 2|3 b.	B
21.a.1	a 2|2 b.	

EVCLIDIS

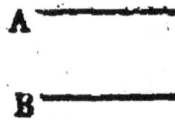

ELEM. EVCLID. LI. I.

PROBL. I. PROPOS. I.

SVPER data recta linea terminata, triangulum æquilaterum constituere.

Sur vne ligne droicte donnée & terminée, descrire vn triangle equilateral.

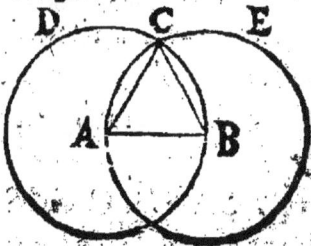

	Hypoth.
	ab *est* — D.
	Req. π. fa.
	Δabc *æquilat.*
	Constr.
3.p.1.	abcd *est* ⊙,
3.p.1.	bace *est* ⊙,
1.p.1.	ac & bc, *snt* —,
symp.	Δabc *est æquilat.*
	Demonstr.
constr.	abcd & bace *snt* ⊙,
15.d.1.	ac 2|2 ab,
15.d.1.	bc 2|2 ba,
1.a.1.	ac 2|2 bc,
concl. 23.d.1.	Δabc *est æquilat.*

SCHOLIVM.

Hæc demonstratio fit quatuor syllogismis, vt perspicuum est ex numero citationum.

I. SYLLOGISMVS.

Rectæ lineæ quæ ducuntur à centro ad circunferentiam, sunt inter se æquales.

SCHOLIE.

Cette demonstration se fait par quatre syllogismes, comme il appert du nombre des citations.

I. SYLLOGISME.

Les lignes droictes menées du centre à la circonference, sont égales entr'elles.

Sed rectæ AC & AB ducuntur à centro ad circunferentiam.

Igitur rectæ AC & AB sunt inter se æquales.

Secundus syllogismus non differt à primo, quòd eandem habeat citationem quam primus.

III. SYLLOGISMVS.

Quæ eidem æqualia sunt, inter se sunt æqualia.

Sed rectæ AC & BC sunt eidem rectæ æquales.

Igitur rectæ AC & BC sunt inter se æquales.

IV. SYLLOGISMVS.

Omne triangulum habens tria latera æqualia, est æquilaterum.

Sed triangulum ABC tria habet æqualia latera.

Igitur triangulum ABC est æquilaterum.

Mais les lignes droictes AC & AB sont menées du centre à la circonference.

Donc les lignes droictes AC & AB sont égales entr'elles.

Le second syllogisme ne differe point du premier, à cause qu'il a la mesme citation que le premier.

III. SYLLOGISME.

Les choses égales à vne mesme, sont égales entr'elles.

Mais les lignes droictes AC & CB sont égales à vne mesme ligne droicte.

Donc les lignes droictes AC & BC sont égales entr'elles.

IV. SYLLOGISME.

Tout triangle qui a trois costez égaux, est equilateral.

Mais le triangle ABC a trois costez égaux.

Donc le triangle ABC est equilateral.

PROBL. II. PROPOS. II.

Ad datum punctum, datæ rectæ lineæ æqualem rectam lineam ponere.

A vn poinct donné, poser vne ligne droicte, égale à vne ligne droicte donnée.

Hypoth.

a *est* • D.

bc *est* — D.

Req. π. *fa.*

ag 2|2 bc,

Constr.

3. p. 1. cbe *est* ⊙,

1. p. 1. ca *est* —,

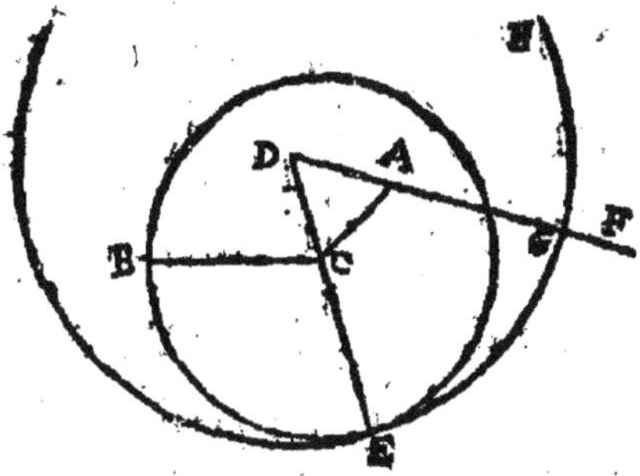

1. 1.	cad *est* △ *æquilat.*
2. p. 1.	dce *est* —,
3. p. 1.	deh *est* ⊙,
2. p. 1.	daf *est* —,
ſymp.	ag 2|2 bc,
	Demonſtr.
conſtr.	da 2|2 dc,
15. d. 1.	dg 2|2 de,
3. a. 1.	ag 2|2 ce,
15 d. 1.	bc 2|2 ce,
concl. 1 a. 1.	ag 2|2 bc.

PROBL. III. PROPOS. III.

Duabus datis rectis lineis inæqualibus, de majore æqualem minori rectam lineam detrahere.

Deux lignes droictes inégales eſtans données, oſter de la plus grande vne ligne droicte égale à la plus petite.

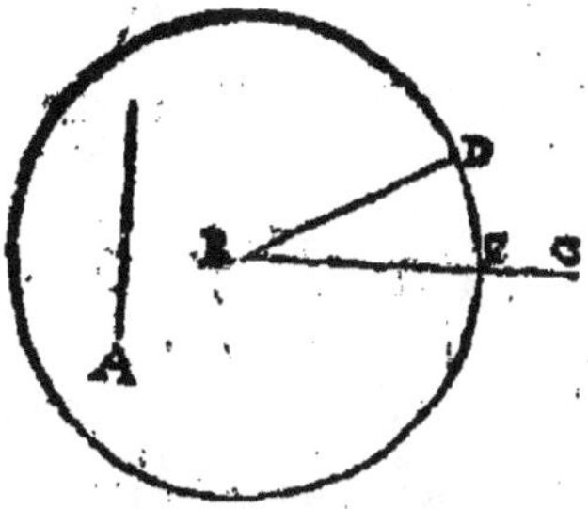

Hypoth.

a & bc *ſint* — D.

Req. π. fa.

be 2|2 a.

	Conſtr.
2. 1.	bd 2|2 a,
3. p. 1.	bde *est* ⊙,
ſym.	be 2|2 a,
	Demonſtr.
15. d. 1.	be 2|2 bd,
conſtr.	a 2|2 bd,
concl. 1. a. 1.	be 2|2 a,

THEOR. I. PROPOS. IV.

Si duo triangula duo latera duobus lateribus æqualia habeant, vtrumque vtrique, habeant verò

& angulum angulo æqualem ſub æqualibus rectis lineis contentum: Et baſim baſi æqualem habebunt: eritque triangulum triangulo æquale; ac reliqui anguli reliquis angulis æquales erunt, vterque vtrique, ſub quibus æqualia latera ſubtẽdũtur.

Si deux triangles ont deux coſtez égaux à deux coſtez, chacun au ſien, & l'angle contenu d'iceux coſtez égaux, égal à l'angle: Ils auront la baſe égale à la baſe, & le triangle ſera égal au triangle, & les autres angles ſouſtendans iceux coſtez égaux, ſeront égaux aux autres angles chacun au ſien.

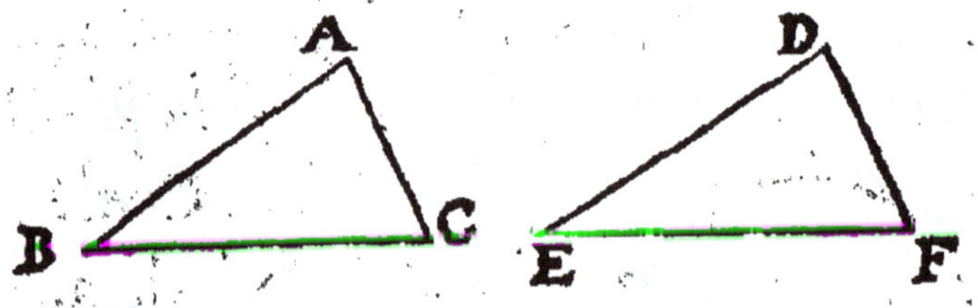

Hypoth.	ſuppoſ.	a *eſt* *ɋn* d,
ab 2|2 de,	ſuppoſ.	ab *eſt* *ɋn* de,
ac 2|2 df,	hyp.	ab 2|2 de,
<bac 2|2 <edf.	9. a.1.	b *eſt* *ɋn* e,
Requ.π.demonſtr.	hyp.	<bac 2|2 <edf,
bc 2|2 ef,	9. a.1.	ac *eſt* *ɋn* df,
△abc 2|2 △def,	hyp.	ac 2|2 df,
<b 2|2 <e,	9. a.1.	c *eſt* *ɋn* f,
<c 2|2 <f.	14.a.1.	△abc } △def } *conunt.*
Demonſtr.		

1. concl. 8. a. 1.	bc 2|2 ef,
2. concl. 8. a. 1.	Δabc 2|2 Δdef,
3. concl. 8. a. 1.	<b 2|2 <e,
4. cõcl. 8. a. 1.	<c 2|2 <f.

THEOR. II. PROPOS. V.

Isoscelium triangulorum qui ad basim sunt anguli, inter se sunt æquales: Et productis æqualibus rectis lineis, qui sub basi sunt anguli, inter se æquales erunt.

Des triangles isosceles, les angles qui sont à la base, sont égaux entr' eux: Et les lignes droictes égales estans prolongées, les angles qui sont sous la base, seront égaux entr' eux.

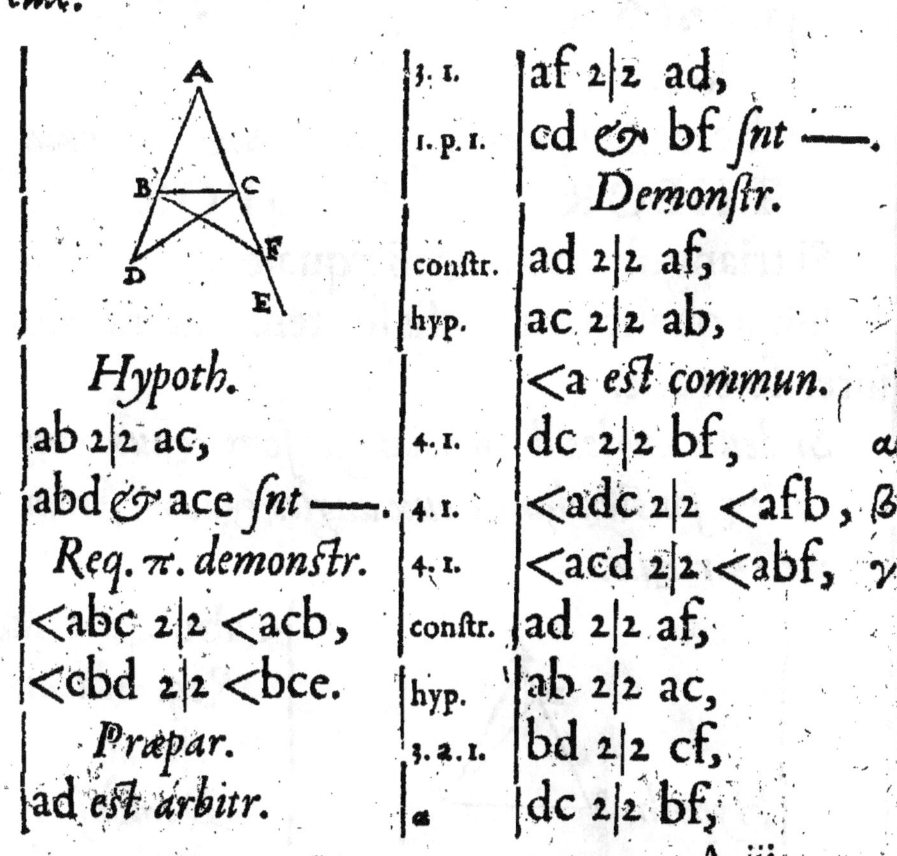

Hypoth.

ab 2|2 ac,

abd & ace *snt* —.

Req. π. demonstr.

<abc 2|2 <acb,

<cbd 2|2 <bce.

Præpar.

ad *est arbitr.*

3. 1.	af 2|2 ad,	
1. p. 1.	cd & bf *snt* —.	
	Demonstr.	
constr.	ad 2|2 af,	
hyp.	ac 2|2 ab,	
	<a *est commun.*	
4. 1.	dc 2|2 bf,	α
4. 1.	<adc 2|2 <afb,	β
4. 1.	<acd 2|2 <abf,	γ
constr.	ad 2|2 af,	
hyp.	ab 2|2 ac,	
3. a. 1.	bd 2|2 cf,	
α	dc 2|2 bf,	

β <bdc 2|2 <cfb,
1.concl. 4.1. <dbc 2|2 <fcb,
4.1. <dcb 2|2 <fbc,

γ <acd 2|2 <abf,
2.concl. 3.a.1. <acb 2|2 <abc.

COROLL.

Ex hac quinta propositione liquet omne triangulum æquilaterum esse quoque æquiangulum.

De cette cinquiesme proposition il s'ensuit que tout triangle equilateral est aussi equiangle.

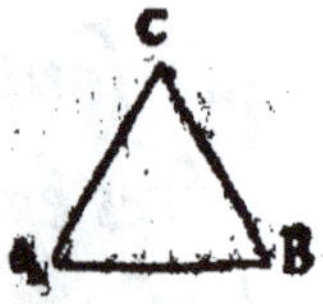

Hypoth.

abc est Δ *æquilat.*

Req. π. demonstr.

abc est Δ *æquiang.*

Demonstr.

hyp. 1.concl. ac 2|2 ab,
5.1. <b 2|2 <c, α
hyp. bc 2|2 ba,
2.concl 5.1. <a 2|2 <c,
3 concl. α. 1.a.1. <a 2|2 <b,
f. 18.d.1. Δ abc *est æquiang.*

THEOR. III. PROPOS. VI.

Si trianguli duo anguli æquales inter se fuerint, & sub æqualibus angulis subtensa latera, æqualia inter se erunt.

Si deux angles d'vn triangle sont égaux entr'eux, les costez soustendans iceux angles égaux, seront aussi égaux entr'eux.

Hypoth.

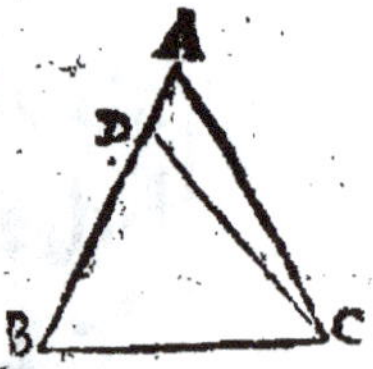

<abc 2|2 <acb,

Req. π. demonstr.

ab 2|2 ac.

Demonstr.

suppos.	db 2|2 ac,	4. 1.	△dbc 2|2 △acb,
1. p. 1.	cd *est* —,		*contr. 9. a. 1.*
	bc *est commun.*	concl. 21. a. 1.	ab 2|2 ac.
hyp.	<dbc 2|2 <acb,		

COROLL.

Sequitur ex hac propositione omne triangulum æquiangulum esse quoque æquilaterum.

Il s'ensuit de cette proposition que tout triangle equiangle est aussi equilateral.

	Hypoth.	1. concl. 6. 1.	ac 2|2 ab,
	abc *est* △ *æquiang.*	hyp.	<bac 2|2 <bca,
	Req. π. demonstr.	2. concl. 6. 1.	bc 2|2 ab,
	abc *est* △ *æquilater.*	a. 1. a. 1.	ac 2|2 bc,
	Demonstr.	13. d. 1.	△abc *est æquilat.*
hyp.	<abc 2|2 <acb,		

THEOR. IV. PROPOS. VII.

Super eadem recta linea, duabus eisdem rectis lineis aliæ duæ rectæ lineæ æquales, vtraque vtrique, non constituentur, ad aliud atque aliud punctum, ad easdem partes, eosdémque terminos cum duabus initio ductis rectis lineis habentes.

Si des extremitez de quelque ligne droicte on mene deux autres lignes droictes, se rencontrant à vn poinct; des mesmes extremitez on n'en pourra pas mener deux autres égales à icelles, chacune à la sienne, & de mesme part, se rencontrant à vn autre poinct.

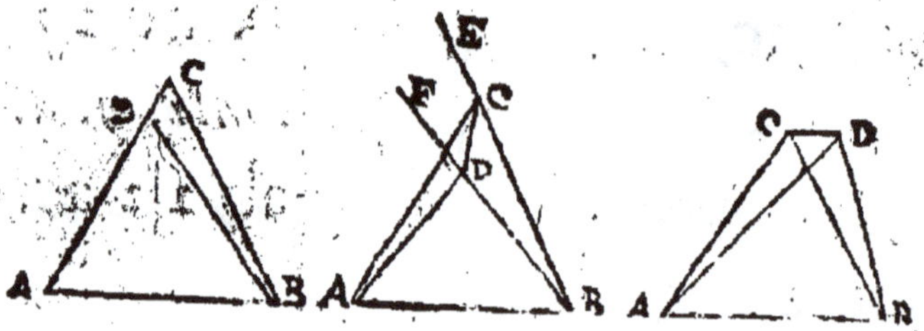

Hypoth.
abc *eſt* △,
ad 2|2 ac,
bd 2|2 bc.

Req. π. demonſtr.
• d *eſt* ⫞*n* c.

Demonſtr.

caſ. 1. figur.
ſuppoſ. • d *eſt* ⫞1 ac,
hyp. ad 2|2 ac,
contr. 9. a. 1.

caſ. 2. figur.
ſuppoſ. • d *eſt* ⫞*ntr.* △ acb,
1. p. 1. cd *eſt* —,
2. p. 1. bdf & bce *ſnt* —
hyp. ad 2|2 ac
5. 1. <adc 2|2 <acd, *α*
hyp. bd 2|2 bc,
5. 1. <ecd 2|2 <fdc,
9. a. 1. <adc 3|2 fdc,
1. a. c. <adc 3|2 <ecd,
contr. concl. α.

caſ 3. figur.
ſuppoſ. • d *eſt extr.* △ acb,
1. p. 1. cd *eſt* —,
hyp. ad 2|2 ac,
5. 1. <acd 2|2 <adc, *β*
hyp. bd 2|2 bc,
5. 1. <bcd 2|2 <bdc,
9. a. 1. <acd 3|2 <bcd,
1. a. c. <acd 3|2 <bdc,
contr. concl. β.
21. a. 1. • d *eſt* ⫞*n* c.

THEOR. V. PROPOS. VIII.

Si duo triangula duo latera habuerint duobus lateribus, vtrumque vtrique æqualia, habuerint verò & baſim baſi æqualem: Angulum quoque ſub æqualibus rectis lineis contentum angulo æqualem habebunt.

Si deux triangles ont deux coſtez égaux à deux coſtez, chacun au ſien, & qu'ils ayent la baſe égale à la baſe, ils auront auſſi l'angle contenu d'iceux coſtez égaux égal à l'angle.

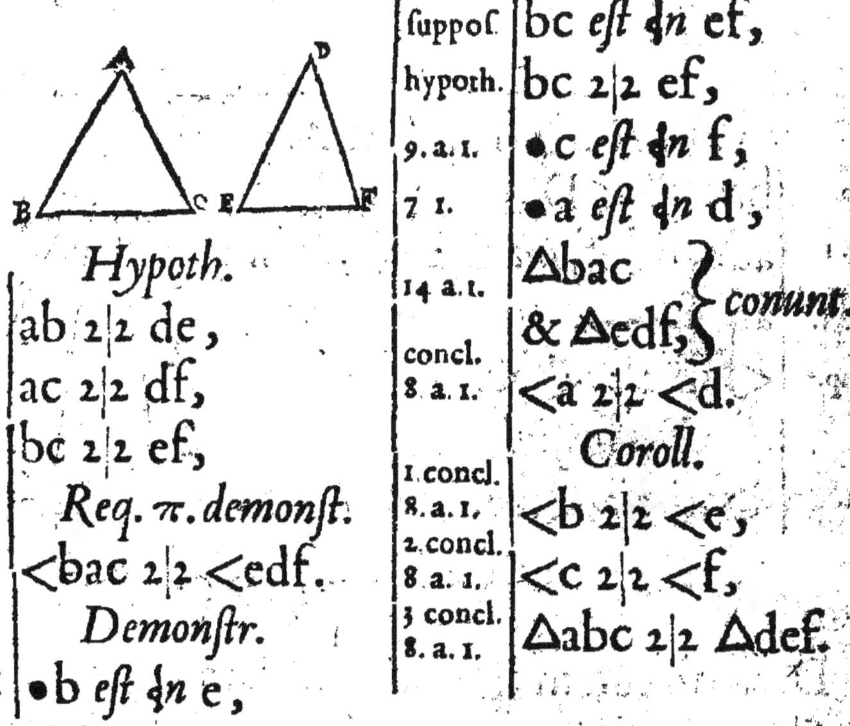

Hypoth.

ab 2|2 de,
ac 2|2 df,
bc 2|2 ef,

Req. π. demonſt.

<bac 2|2 <edf.

Demonſtr.

ſuppoſ.	•b *eſt in* e,
ſuppoſ.	bc *eſt in* ef,
hypoth.	bc 2|2 ef,
9. a. I.	•c *eſt in* f,
7 I.	•a *eſt in* d,
14 a. I.	Δbac & Δedf, } *conunt.*
concl. 8 a. I.	<a 2|2 <d.

Coroll.

1. concl. 8. a. I.	<b 2|2 <e,
2. concl. 8 a. I.	<c 2|2 <f,
3 concl. 8. a. I.	Δabc 2|2 Δdef.

PROBL. IV. PROPOS. IX.

Datum angulum rectilineum bifariam ſecare.

Coupper en deux également vn angle rectiligne doné.

Hypoth.

<bac *eſt* D.

Req. π. fa.

<fab 2|2 <fac.

Conſtr.

	ad *eſt arbitr.*
3. I.	ae 2|2 ad,
1. p. I.	de *eſt* —,

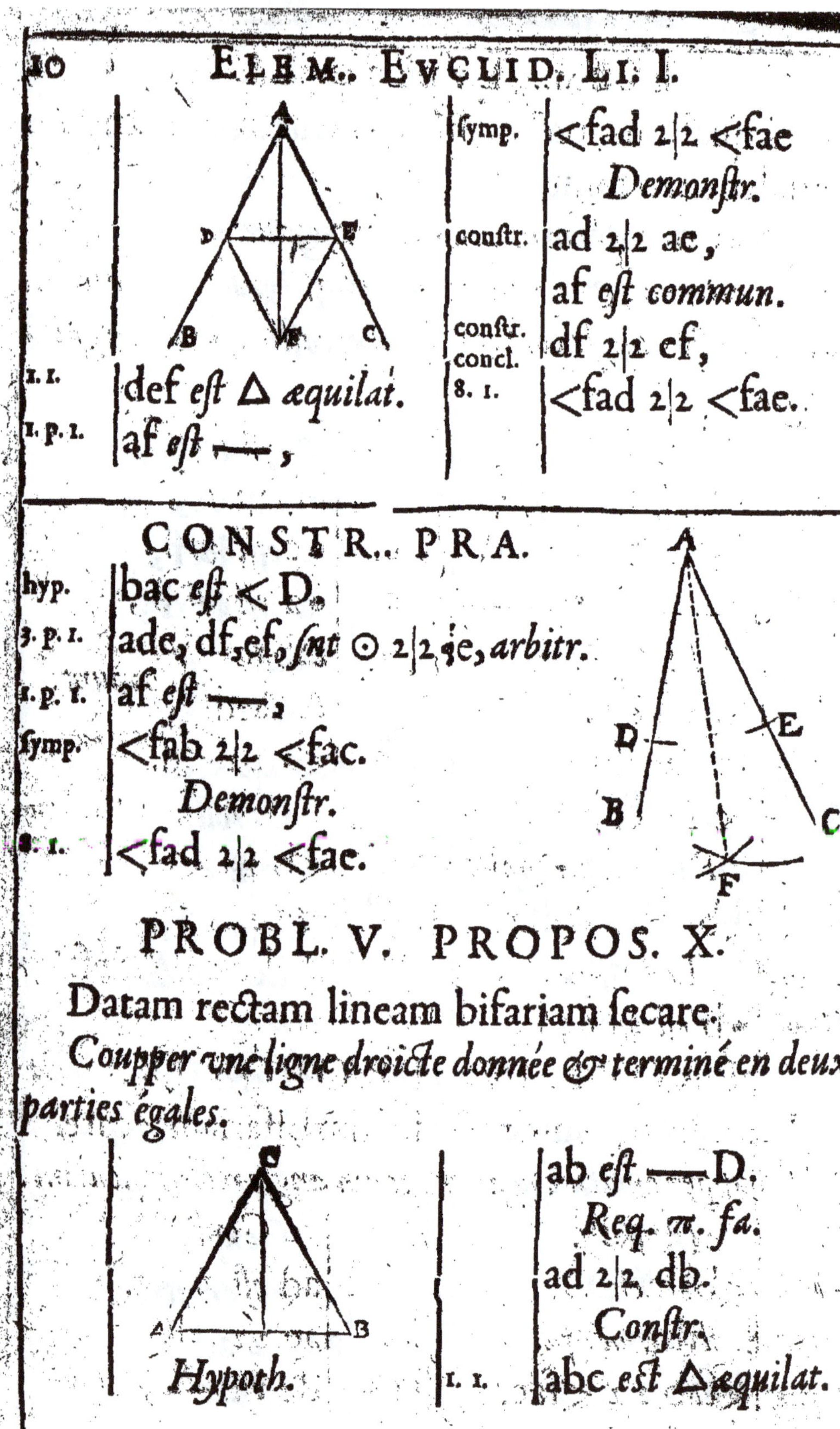

1. 1.	def eſt Δ æquilat.
1. p. 1.	af eſt ——,
ſymp.	<fad 2|2 <fae
	Demonſtr.
conſtr.	ad 2|2 ae,
	af eſt commun.
conſtr.	df 2|2 ef,
concl. 8. 1.	<fad 2|2 <fae.

CONSTR. PRA.

hyp.	bac eſt < D.
3. p. 1.	ade, df, ef, ſunt ⊙ 2|2 ie, *arbitr.*
1. p. 1.	af eſt ——,
ſymp.	<fab 2|2 <fac.
	Demonſtr.
8. 1.	<fad 2|2 <fae.

PROBL. V. PROPOS. X.

Datam rectam lineam bifariam ſecare.

Coupper une ligne droicte donnée & terminé en deux parties égales.

Hypoth.

	ab eſt —— D.
	Req. π. fa.
	ad 2|2 db.
	Conſtr.
1. 1.	abc eſt Δ æquilat.

9. 1.	<dca 2|2 <dcb,		cd *est commun.*
symp.	ad 2|2 db.	constr.	△dca 2|2 <dcb,
	Demonstr.	concl. 4. 1.	ad 2|2 db.
constr.	ca 2|2 cb,		

CONSTR. PRA.

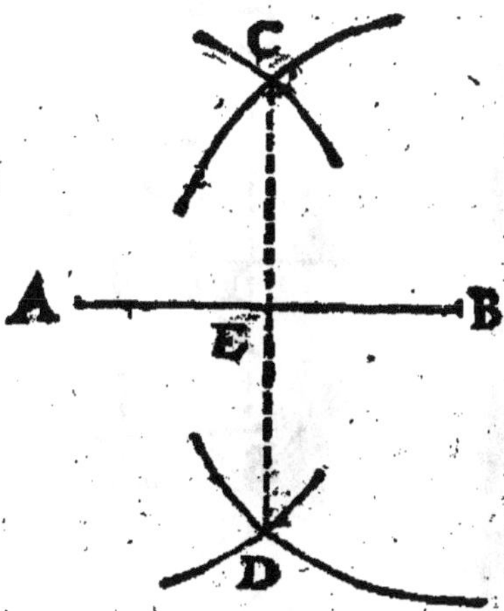

hyp.	ab *est* — D.
3. p. 1.	acd, & bcd *sint* ⊙2|2 de, *arb.*
1. p. 1	cd *est* —,
symp.	ae 2|2 eb.
	Demonstr.
8 1.	<dca 2|2 <dcb,
concl. 4. 1.	ae 2|2 eb.

PROBL. VI. PROPOS. XI.

Data recta linea, à puncto in ea dato, rectam lineam ad angulos rectos excitare.

Sur une ligne droicte donnée, & d'un poinct donné en icelle éleuer une ligne droicte perpendiculaire.

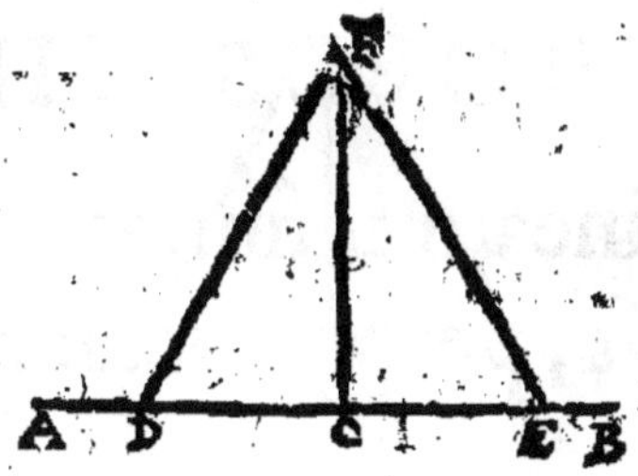

			c *est* • D. in ab.
			Req. π. *fa.*
			cf ⊥ ab.
			Constr.
			d *est* • *arbitr.*
	Hypoth.	3. 1.	ce 2|2 cd,
	ab *est* — D.	1. 1.	def *est* △ *æquilat.*

1. p. 1.	cf est ——,
symp.	cf ⊥ ab.
	Demonstr.
constr.	ce 2|2 cd,
	cf *est commun.*
constr.	df 2|2 ef,
8. 1.	<fcd 2|2 <fce,
10. d. 1.	<fcd & <fce *snt* ⌐,
concl. 10. d. 1.	fc ⊥ ab.

CONSTR. PRA.

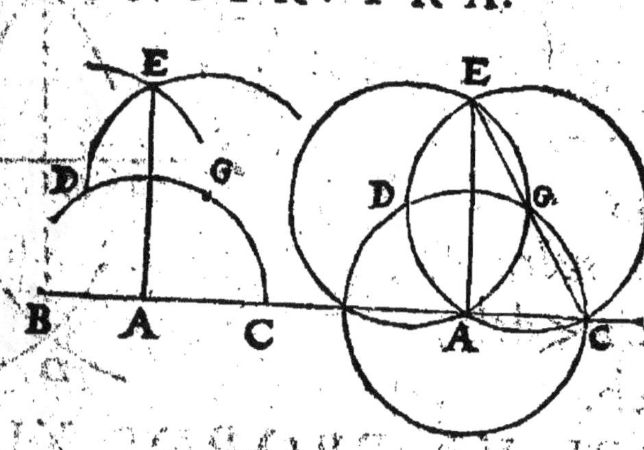

hyp.	a *est* • D. *in* bc,
3. p. 1.	acgd, cg, gde, dge *snt* ⊙ 2|2 *de arbitr.*
1. p. 1.	ae *est* ——,
symp.	ae ⊥ bc.
	Demonstr. est in schol. 15. 4.

PROBL. VII. PROPOS. XII.

Super datam rectam lineam infinitam, à dato puncto, quod in ea non est, perpendicularem rectam deducere.

Sur vne ligne droicte donnée & infinie, d'vn poinct donné hors d'icelle abbaisser vne ligne perpendiculaire.

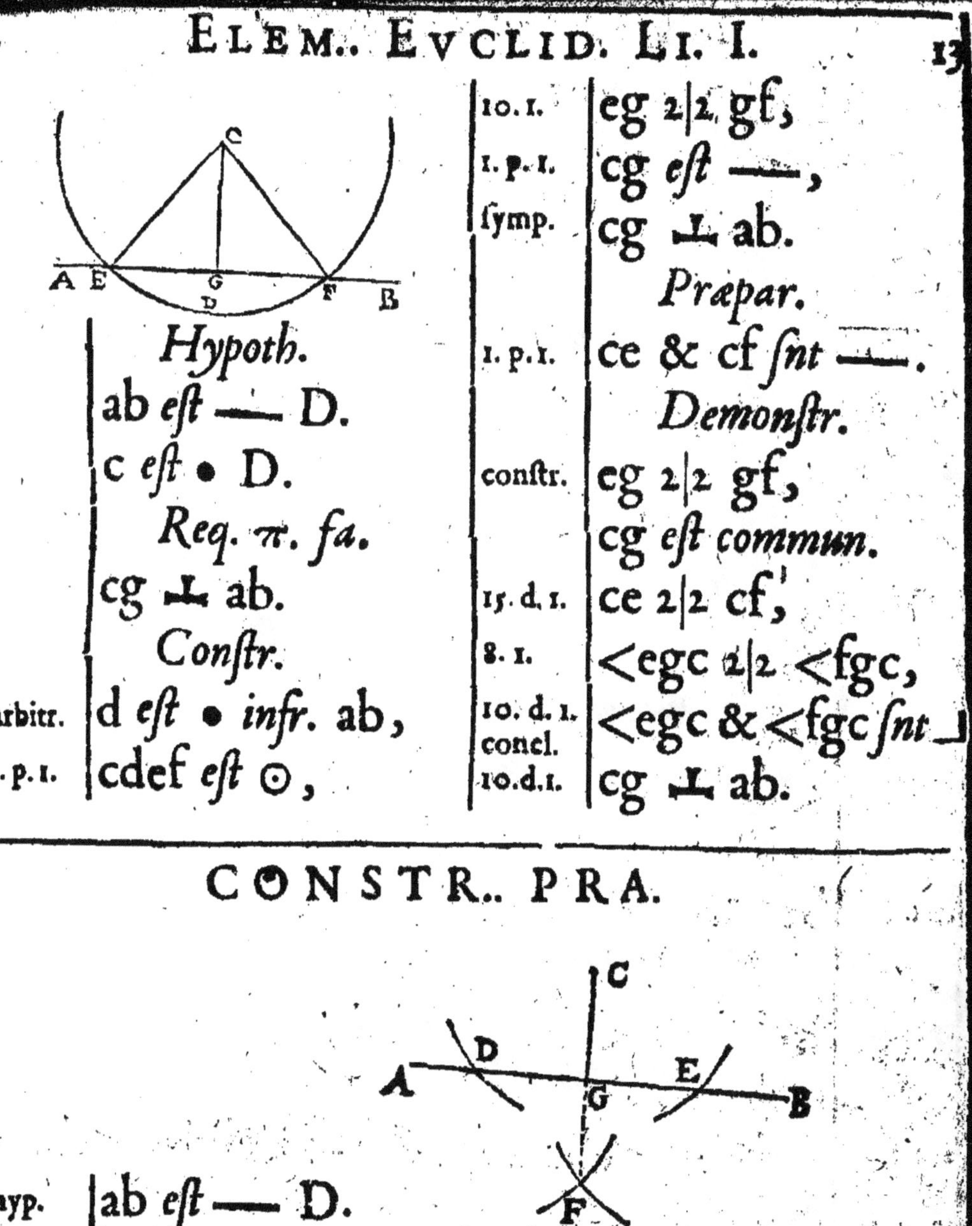

	Hypoth.
	ab *est* — D.
	c *est* • D.
	Req. π. fa.
	cg ⊥ ab.
	Constr.
arbitr.	d *est* • *infr.* ab,
3. p. 1.	cdef *est* ⊙,
10. 1.	eg 2|2 gf,
1. p. 1.	cg *est* —,
symp.	cg ⊥ ab.
	Præpar.
1. p. 1.	ce & cf *snt* —.
	Demonstr.
constr.	eg 2|2 gf,
	cg *est commun.*
15. d. 1.	ce 2|2 cf,
8. 1.	<egc 2|2 <fgc,
10. d. 1.	<egc & <fgc *snt* ⌋
concl. 10. d. 1.	cg ⊥ ab.

CONSTR.. PRA.

hyp.	ab *est* — D.
	c *est* • D.
3. p. 1.	cde, df, ef, *snt* ⊙ 2|2 de, *arbitr.*
1. p. 1.	cf *est* —,
symp.	cg ⊥ ab,
	Demonstr.
8. & 4. 1.	cg ⊥ ab.

THEOR. VI. PROPOS. XIII.

Cum recta linea super rectam consistens lineam angulos facit, aut duos rectos, aut duobus rectis æquales efficiet.

Quand une ligne droicte tombant sur une ligne droicte, fait angles, ou elle fera deux angles droicts, ou égaux à deux droicts.

Hypoth.

cbd *est* —,

ab *est* —,

Req. π. demonstr.

<abd+<abc 2|2 2⅃.

Præpar.

11. 1. be ⊥ cd. *α*

Demonstr.

19. a. 1. <ebd 2|2 <eba+<abd,

<ebc *commun. add.*

2. a. 1. <ebd+<ebc 2|2 <eba+<abd+<ebc, β

19. a. 1. <abc 2|2 <abe+<ebc,

<abd *commun. add.*

2. a. 1. <abc+<abd 2|2 <abe+<ebc+<abd,

β. 1. a. 1. <abc+∠abd 2|2 ∠ebd+∠ebc,

α. 10. d. 1. ∠ebd+∠ebc 2|2 2⅃,

1. a. 1. ∠abc+∠abd 2|2 2⅃.

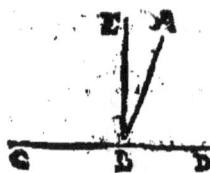

COROLL. I.

hyp. | ∠ebd *eſt* ⌋,
1. c. 13. 1. | ∠ebc *eſt* ⌋.

COROLL. II.

hyp. | ∠abd 2|3 ⌋,
2. c. 13. 1. | ∠abc 3|2 ⌋.

THEOR. VII. PROPOS. XIV.

Si ad aliquam rectam lineam, atque ad eius punctum, duæ rectæ lineæ non ad eaſdem partes ductæ eos, qui ſunt deinceps angulos, duobus rectis æquales fecerint; in directum erunt inter ſe ipſæ rectæ lineæ.

Si à quelque ligne droicte; & à vn poinct en icelle, ſont menées deux lignes droictes, non de meſme part, faiſant les angles de part & d'autre égaux à deux droicts: icelles lignes droictes ſe rencontreront directement l'vne l'autre.

Hypoth.

∠abc + ∠abd *ſnt* 2|2 2⌋,

Req. π. demonſtr.

cbd *eſt* —,

Demonſtr.

ſuppoſ. | cbe *eſt* —,
13. 1. | ∠abc + ∠abe 2|2 2⌋,
hyp. | ∠abc + ∠abd 2|2 2⌋,
1. a. 1. | ∠abc + ∠abe 2|2 ∠abc + ∠abd.
| ∠abc *commun. ſubtr.*

3. a. 1. | ∠abe 2|2 ∠abd,
| *contr. 9. a. 1.*
concl. 21. a. 1. | cbd *est* —.

THEOR. VIII. PROPOS. XV.

Si duæ rectæ lineæ se mutuo secuerint, angulos ad verticem æquales inter se efficient.

Si deux lignes droictes se couppent l'vne l'autre, elles feront les angles au sommet égaux entr'eux.

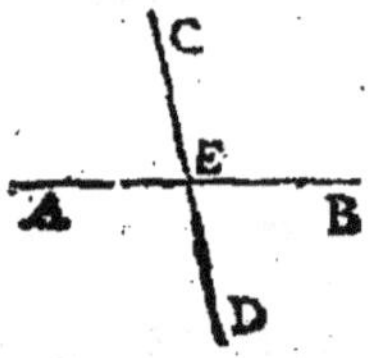

Hypoth.
ab & cd *snt* —.
Req. π. demonstr.
∠aec 2|2 ∠deb,
∠aed 2|2 ∠ceb.

Demonstr.

13. 1. | ∠aec + ∠ceb 2|2 2⌋
13. 1. | ∠deb + ∠ceb 2|2 2⌋
| ∠ceb *commun. subtr.*
3. a. 1. | ∠aec 2|2 ∠deb, α
d. α. | ∠aed 2|2 ceb.

COROLL. I.

Ex hac propositione sequitur, duas rectas lineas se mutuo secantes, efficere ad punctum sectionis quatuor angulos quatuor rectis æquales.

De cette proposition s'ensuit, que deux lignes droictes s'entrecouppant l'vne l'autre, font quatre angles égaux à quatre angles droicts.

COROLL. II.

Sequitur etiam omnes angulos circa vnum & idem punctum constitutos, quatuor duntaxat rectis esse æquales.

Il s'ensuit aussi que tous les angles constituez alentour d'vn mesme poinct, sont tant seulement égaux à quatre angles droicts.

SCHOL. I.

Si ad aliquam rectam lineam, atque ad eius punctum, duæ rectæ lineæ non ad easdem partes sumptæ, angulos ad verticem æquales fecerint; ipsæ rectæ lineæ in directum sibi inuicem erunt.

Si à quelque ligne droicte; & a vn poinct en icelle, sont menées deux lignes droictes, non de mesme part, faisant les angles opposez au sommet égaux entr'eux: icelles lignes droictes se rentreront directement.

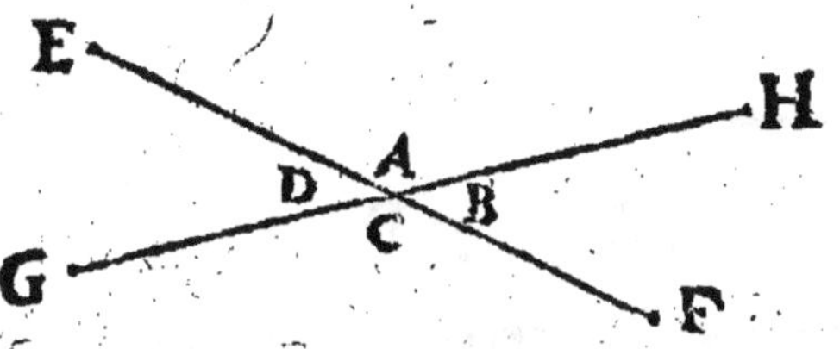

<table>
<tr><td>Hypoth.</td><td>hyp.</td><td><d 2|2 <b,</td></tr>
<tr><td>gah est —, α</td><td></td><td><a commun. add.</td></tr>
<tr><td><d 2|2 <b.</td><td>2. a.1.</td><td>∠d+∠a 2|2 ∠b+∠a</td></tr>
<tr><td>Req. π. demonstr.</td><td>α. 13.1.</td><td><d+<a 2|2 2⌋,</td></tr>
<tr><td>eaf est —.</td><td>1. a. 1.</td><td><b+<a 2|2 2⌋,</td></tr>
<tr><td>Demonstr.</td><td>concl. 14. 1.</td><td>eaf est —.</td></tr>
</table>

SCHOL. II.

Si quatuor rectæ lineæ ab vno puncto exeuntes binos angulos oppositos ad verticem æquales inter se fecerint, erunt quælibet duæ lineæ aduersæ in directum positæ.

Si quatre lignes droictes tirées d'vn mesme poinct font les angles opposez au sommet égaux entr'eux, chaque deux lignes opposées seront constituées directement.

Hypoth.

<aed 2|2 <ceb, a

<aec 2|2 <deb, a

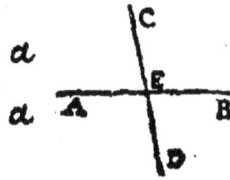

Req. π. demonstr.

aeb *&* ced *snt* —.

Demonstr.

2.c.15.1. <aed + <aec + <ceb + <deb 2|2 4⌋,

a. 2.a.1. <aed + <aec 2|2 <ceb + <deb,

19.a b. <aed + <aec 2|2 2⌋,

1.concl. 14.1. ced *est* —,

1.c.15.1. aeb *est* —.

THEOR. IX. PROPOS. XVI.

Cuiuscunque trianguli vno latere producto, externus angulus vtrolibet interno, & opposito maior est.

De tout triangle, vn costé estant prolongé l'angle externe est plus grand que chacun des internes & opposez.

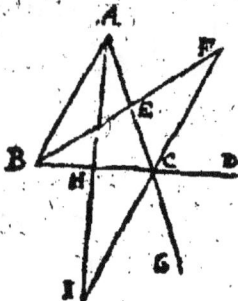

Hypoth.

abc *est* Δ,

bcd *est* —.

Req. π. demonstr.

<acd 3|2 <cab,

<acd 3|2 <cba.

Præpar.

10. 1. ae 2|2 ec,

1.&2.p.1 bef *est* ——,
3. 1. ef 2|2 be,
1. p. 1. cf *est* ——,
2. p. 1. acg *est* ——,
10. 1. bh 2|2 hç,
1.&2.p.1 ahi *est* ——,
3. 1. hi 2|2 ah,
1. p. 1. ci *est* ——,

Demonstr.

constr. ce 2|2 ea,
constr. ef 2|2 be,
15. 1. <cef 2|2 <bea,
4. 1. <ecf 2|2 <eab,
9. a. 1. <ecd 3|2 <ecf,
1.concl. 1. a. c. <ecd 2|2 <eab,
constr. ch 2|2 hb,
constr. hi 2|2 ha
15. 1. <chi 2|2 <bha,
4. 1. <hci 2|2 <hba,
9. a. 1. <bcg 3|2 <hci,
1. a. c. <bcg 3|2 <cba,
15. 1. <acd 2|2 <bcg,
2.cõcl. 1. a. d. <acd 3|2 <cba.

SCHOL.

Ab eodem puncto ad vnam eandemque lineam rectam, non possunt duci plures lineas rectas, quam duas inter se æquales.

D'vn poinct sur vne mesme ligne droicte, on ne peut mener, plus de deux lignes droictes égales entr'elles.

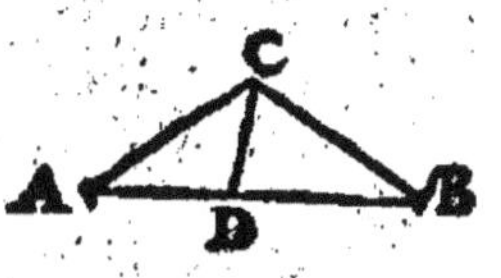

Hypoth.

c *est* •,
ab *est* ——.

Req. π. demonstr.

ca, cd, cb, *n. snt* 2|2 ≑e

Demonstr.

suppos. ca, cd, cb, *snt* 2|2 ≑e,
5. 1. <cab 2|2 <cba,
5. 1. <cdb 2|2 <cbd,
1. a. 1. <cab 2|2 <cdb,

contr. 16. 1.

21. a. 1. ca, cd, cb, *n. snt* 2|2 ≑e.

THEOR. X. PROPOS. XVII.

Cuiuſcunque trianguli duo anguli, duobus rectis ſunt minores, omnifariam ſumpti.

De tout triangle, deux angles, ſont plus pe tits que deux droicts, de quelque façon qu'ils ſoient prins.

Hypoth.

abc *eſt* Δ.

Req. π. *demonſtr.*

<abc-+<acb 2|3 2⌋,

<bac-+<acb 2|3 2⌋

<a-+<b 2|3 2⌋.

Præpar.

2. p. 1. bcd *eſt* —.

Demonſtr.

16. 1. <b 2|3 <acd,

<acb *commun. add.*

4. a. 1. <acb-+<b 2|3 <acb-+acd,

13. 1. <acb-+<acd 2|2 2⌋,

1. concl. 1. a. c. <acb-+<b 2|3 2⌋, α

2. concl d. α <acb-+<a 2|3 2⌋,

3. concl. d. α <a-+<b 2|3 2⌋.

COROLL. I.

Ex hac propoſitione colligitur in omni triangulo, cuius vnus angulus fuerit rectus vel obtuſus, reliquos eſſe acutos.

De cette proposition s'ensuit que tout triangle qui a vn angle droict ou obtus, a les autres aigus.

COROLL. II.

Sequitur etiam si linea recta cum alia recta angulos inæquales faciat vnum acutum & alterum obtusum, lineam perpendicularem ex quouis eius puncto ad aliam illam demissam cadere ad partes anguli acuti.

Il s'ensuit aussi que si vne ligne droicte faict deux angles inégaux auec vne autre ligne droicte, l'vn obtus & l'autre aigu, que la ligne perpendiculaire tirée de quelconque poinct d'icelle sur cette autre ligne, tombera de la part de l'angle aigu.

A

C E D

Hypoth.
∠aed 2|3 ⌟,
a *est* • *in* ae,
Req. π. demonstr.
ac, *n. est* ⊥ cd.

	Demonstr.
suppos.	ac ⊥ cd,
10. d. 1.	∠ace *est* ⌟,
hyp.	∠aec. 3|2. ⌟,
4. a. b.	∠ace + ∠aec } 3|2 2⌟,
	cont. 17. 1.

COROLL. III.

Pari ratione fit ex hac propositione manifestum omnes angulos trianguli æquilateri & duos angulos trianguli isoscelis supra basim esse acutos.

Semblablement il est manifeste de cette proposition, que tous les angles d'vn triangle equilateral & deux angles sur la base d'vn triangle isoscele sont aigus.

THEOR. XI. PROPOS. XVIII.

Omnis trianguli maius latus maiorem angulum subtendit.

De tout triangle, le plus grand costé soustient le plus grand angle.

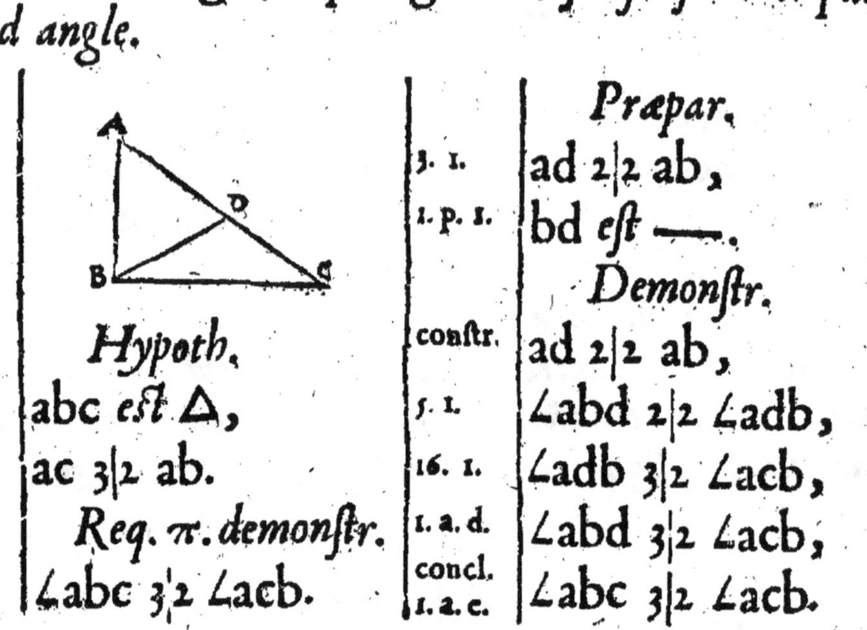

Hypoth.

abc *est* △,

ac 3|2 ab.

Req. π. demonstr.

∠abc 3|2 ∠acb.

	Præpar.
3. 1.	ad 2|2 ab,
1. p. 1.	bd *est* —.
	Demonstr.
constr.	ad 2|2 ab,
5. 1.	∠abd 2|2 ∠adb,
16. 1.	∠adb 3|2 ∠acb,
1. a. d.	∠abd 3|2 ∠acb,
concl. 1. a. c.	∠abc 3|2 ∠acb.

THEOR. XII. PROPOS. XIX.

Omnis trianguli maior angulus maiori lateri ſubtenditur.

De tout triangle, le plus grand angle est soustenu du plus grand costé.

B

A C

Hypoth.

∠b 3|2 ∠c.

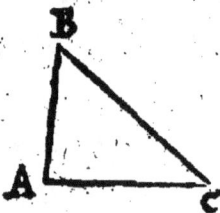

Req. π. demonstr.

ac 3|2 ab.

	Demonstr.
ſuppoſ.	ac 2|2 ab,
5. 1.	∠b 2|2 ∠c,
	contr. hypoth.
ſuppoſ.	ac 2|3 ab,
18. 1.	∠b 2|3 ∠c,
	contr. hypoth.
11.a.1.	ac 3|2 ab.

COROLL.

Sequitur ex hac propositione omnium rectarum ex quouis puncto ad rectam quamcumque ductarum, eam quæ perpendicularis est esse minimam.

Il s'ensuit de cette proposition, que si de quelconque poinct on tire sur vne ligne droicte tant de lignes droictes qu'on voudra, l'vne desquelles soit perpendiculaire, icelle perpendiculaire sera la plus petite de toutes.

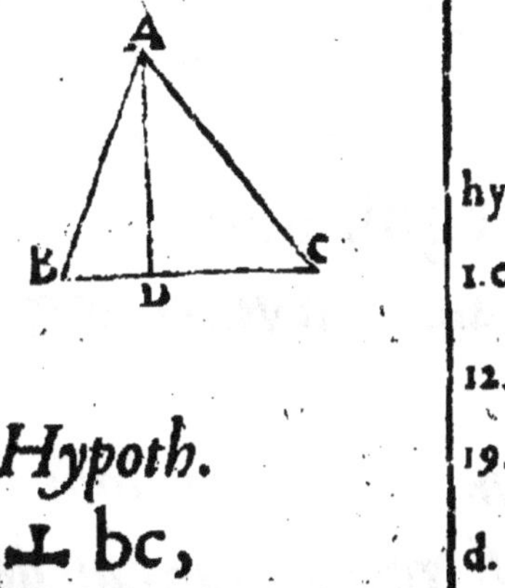

Hypoth.

ad ⊥ bc,

Req. π. demonstr.

ad 2|3 ab⊔ac,

Demonstr.

hyp.	∠adb *est* ⊥,
1.c.17.1.	∠b 2|3 ⊥,
12.d.1.	∠b 2|3 ∠adb,
19.1.	ad 2|3 ab, α
d. α	ad 2|3 ac.

THEOR. XIII. PROPOS. XX.

Omnis trianguli duo latera reliquo suntmaiora, quomodocunque assumpta.

De tout triangle deux costez sont plus grands que l'autre, en quelque façon qu'ils soient pris.

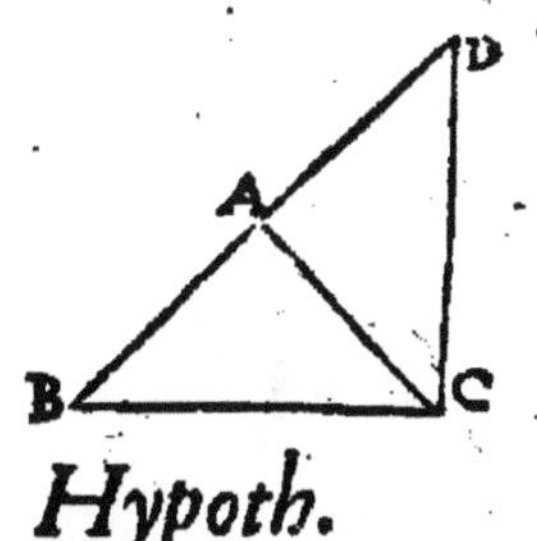

Hypoth.

abc *est* △:

Req. π. demonstr.

ba + ac 3|2 bc.

Præpar.

2.p.1.	bad *est* —,

5. 1.	ad 2|2 ac,
1. p. 1.	cd *eſt* ——.
	Demonſtr.
conſtr.	ad 2|2 ac,
5. 1.	∠acd 2|2 ∠d,
9. a. 1.	∠bcd 3|2 ∠acd,
1. a. c.	∠bcd 3|2 ∠d,
19. 1.	bd 3|2 bc, α
conſtr.	ac 2|2 ad,
	ba *commun. add.*
2. a. 1.	ba + ac 2|2 bd,
α i. a. d.	ba + ac 3|2 bc.

THEOR. XIV. PROPOS. XXI.

Si ſuper trianguli vno latere, ab extremitatibus duæ rectæ lineæ interius conſtitutæ fuerint; hæ conſtitutæ reliquis trianguli duobus lateribus minores quidem erunt, maiorem vero angulum continebunt.

Si des extremitez d'vn coſté de quelque triangle, on mene deux lignes droictes ſe rencontrans au dedans d'iceluy; icelles ſeront plus petites que les deux autres coſtez du triangle, mais elles contiendront vn plus grand angle.

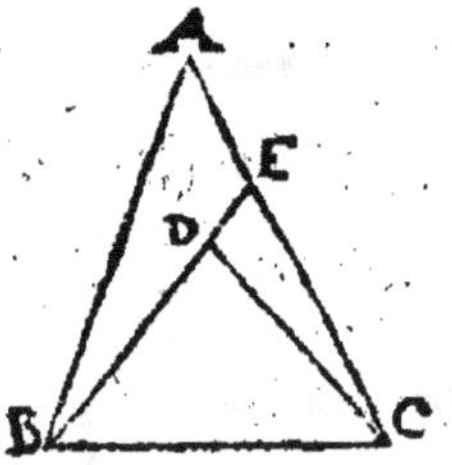

	Hypoth.
	abc *eſt* △.
	Req. π. demonſtr.
	bd + cd 2|3 ba + ca,
	∠bdc 3|2 ∠bac.
	Præpar.
1. p. 1.	bde *eſt* ——.
	Demonſtr.
20. 1.	cd 2|3 ce + ed,

A
E
D
B
C

bd *commun. add.*

4. a. 1. bd + dc 2|3 be + ec, α

20. 1. be 2|3 ab + ae,

ec *commun. add.*

4. a. 1. be + ec 2|3 ba + ac,

1. concl. α 1. a. e. bd + dc 2|3 ba + ac,

16. 1. ∠bdc 3|2 ∠bec,

16. 1. ∠bec 3|2 ∠a,

2. concl. 1. a. e. ∠bdc 3|2 ∠a.

PROBL. VIII. PROPOS. XXII.

Ex tribus rectis lineis quæ ſint tribus datis rectis lineis æquales triangulum conſtituere. Oportet autem duas reliqua eſſe maiores omnifariam ſumptas: quoniam vniuſcuiuſque trianguli duo latera omnifariam ſumpta reliquo ſunt maiora.

Des trois lignes droictes égales à trois lignes droictes données, deſcrire vn triangle: mais il faut que deux, de quelque façon qu'elles ſoient priſes, ſoient plus grandes que l'autre; d'autant que de tout triangle deux coſtez de quelque façon qu'ils ſoient prins, ſont plus grands que l'autre.

Hypoth.

a, b, c, *ſnt* — D.

Conſtr.

arbitr. de 3|2 a + b + c,

3. 1. df 2|2 a,

3. 1. fg 2|2 b,

3. 1. gh 2|2 c,

3. p. 1. fdkl *eſt* ⊙,

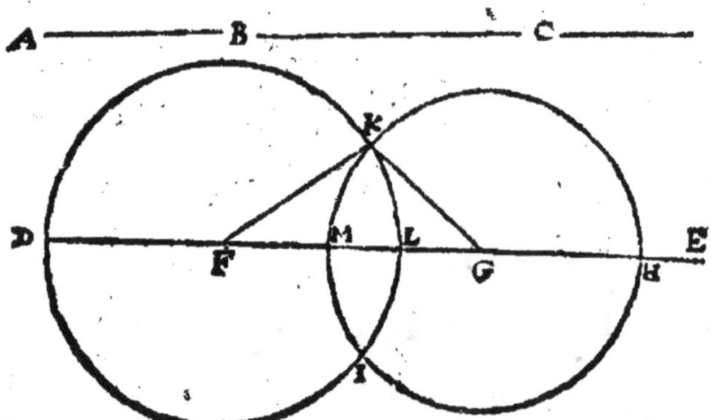

3. p. 1.	ghkm *est* ⊙,
1. p. 1.	fk & gk *snt* —,
symp.	Δfgk *est req.*
	Demonstr.
15. d. 1.	fk 2|2 fd,
constr.	a 2|2 fd,
1. concl. 1. a. 1.	fk 2|2 a,
2. cõcl. constr.	fg 2|2 b,
15. d. 1.	gk 2|2 gh,
constr.	c 2|2 gh,
3. concl. 1. a. 1.	gk 2|2 c.

PROBL. IX. PROPOS. XXIII.

Ad datam rectam lineam, datúmque in ea punctum, dato angulo rectilineo æqualem angulum rectilineum constituere.

A vne ligne droicte donnée, & à vn poinct donné en icelle, faire vn angle rectiligne égal à vn angle rectiligne donné.

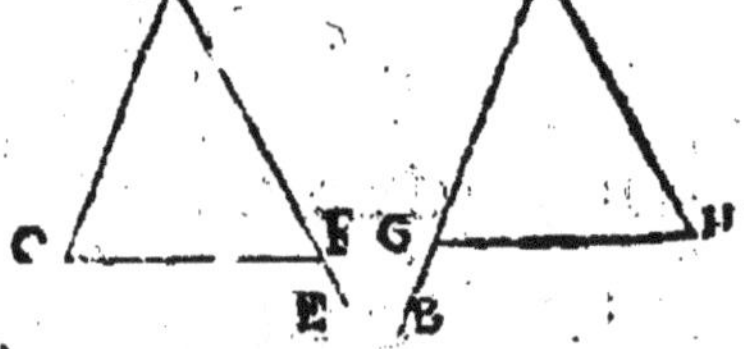

Hypoth.

ab *est* — D.

a *est* • D.

cde *est* ∠ D.

Req. π. *fa.*

∠a 2|2 ∠d.

Constr.

c & f *snt* • *arbitr.*

1. p. 1. cf *est* —,

	Δagh	constr.	ag 2|2 dc,
22.1.	& Δdcf } ſnt æquil.	constr.	ah 2|2 df,
ſymp.	∠a 2|2 ∠d.	constr.	gh 2|2 cf,
	Demonſtr.	concl. 8. 1.	∠gah 2|2 ∠cdf.

CONSTR.. PRA.

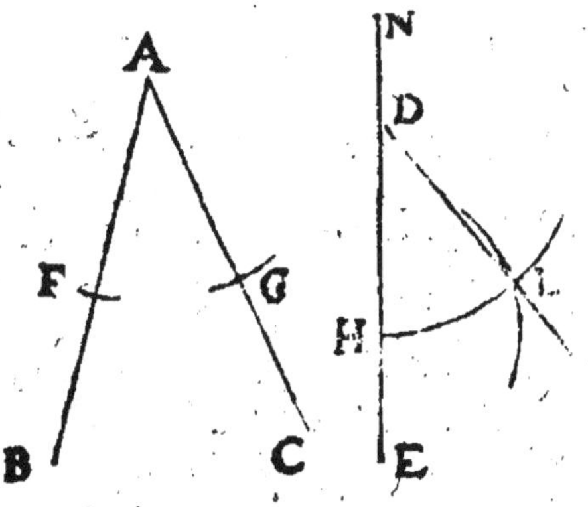

Hypoth.

ne *eſt* —— D.

d *eſt* • D.

a *eſt* < D.

Conſtr.

3. p. 1. afg & dhl *ſnt* ⊙ 2|2 de, *arbitr.*

3. p. 1. ⊙hl 2|2 ⊙fg,

1. p. 1. dl *eſt* ——,

ſymp. <hdl 2|2 <a,

Demonſtr.

8. 1. <hdl 2|2 <a.

THEOR. XV. PROPOS. XXIV.

Si duo triangula duo latera duobus lateribus æqualia habuerint, vtrumque vtrique, angulum vero angulo maiorem ſub æqualibus rectis lineis contentum: & baſim baſi maiorem habebunt.

Si deux triangles ont deux coſtez égaux à deux coſtez, chacun au ſien, & l'angle contenu d'iceux coſtez plus grand que l'angle, ils auront auſſi la baſe plus grande que la baſe.

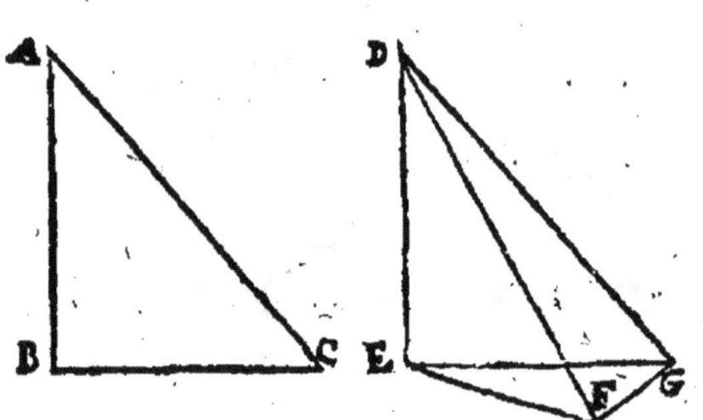

	Hypoth.	constr.	dg 2|2 ac,	
	abc & def *ſnt* Δ,	conſtr.	∠edg 2|2 ∠a,	
	ab 2|2 de,	4. 1.	eg 2|2 bc,	α
	aç 2|2 df,	hyp.	df 2|2 ac,	
	∠bac 3|2 ∠edf.	conſtr.	dg 2|2 ac,	
	Req. π. demonſtr.	1. a. 1.	df 2|2 dg,	β
	bc 3|2 ef.	5. 1.	∠dfg 2|2 dgf,	
	Præpar.	9. a. 1.	∠dgf 3|2 ∠egf,	
23. 1.	∠edg 2|2 bac,	1 a.d.	∠dfg 3|2 ∠egf,	
3. 1.	dg 2|2 ac,	9. a. 1.	∠efg 3|2 dfg,	
1. p. 1.	eg & fg *ſnt* ——.	1 a. c.	∠efg 3|2 ∠egf,	
	Demonſtr. 1. caſ.	19. 1.	eg 3|2 ef,	
hyp.	de 2|2 ab,	1. concl. α 1. a. d.	bc 3|2 ef.	

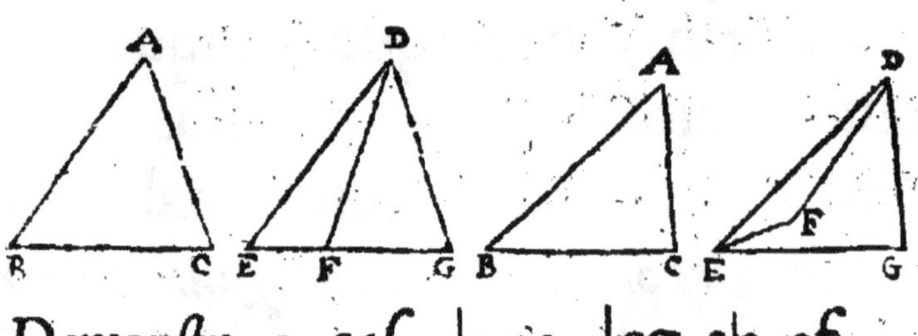

Demonſtr. 2. caſ.	9. a. 1.	eg 3|2 ef,	

α	bc 2|2 eg,	21.1.	eg —+ dg 3|2 ef —+ df,
2.concl. 1. a. d.	bc 3|2 ef,	β	dg 2|2 df,
	Demonstr. 3. cas.	3.concl. 5 a. 1.	eg⊔bc 3|2 ef.

THEOR. XVI. PROPOS. XXV.

Si duo triangula duo latera duobus lateribus æqualia habuerint, vtrumque vtrique, basim verò basi maiorem: & angulum sub æqualibus rectis lineis contentum angulo maiorem habebunt.

Si deux triangles ont deux costez égaux à deux costez chacun au sien, & la base plus grande que la base; ils auront aussi l'angle contenu d'iceux plus grand que l'angle.

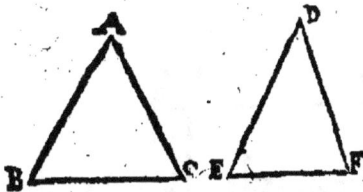

A B C D E F

			<bac 3|2 <edf.
			Demonstr.
		suppos.	<bac 2|2 <edf,
		α 4. 1.	bc 2|2 ef,
	Hypoth.		*contr. hypoth.*
	ab 2|2 de, α	suppos.	<bac 2|3 <edf,
	ac 2|2 df, α	α 24.a.	bc 2|3 ef.
	bc 3|2 ef,		*contr. hypoth.*
	Req. π. demonstr.	concl. 21. a. 1.	<bac 3|2 <edf.

THEOR. XVII. PROPOS. XXVI.

Si duo triangula duos angulos duobus angulis æquales habuerint, vtrumque vtrique, vnumque latus vni lateri æquale, siue quod æqualibus adjacet angulis, ſeu quod vni æqualium angulorum ſubtenditur : reliqua latera reliquis lateribus æqualia, vtrumque vtrique, & reliquum angulum reliquo angulo æqualem habebunt.

Si deux triangles ont deux angles égaux à deux angles, chacun au ſien, & vn coſté égal à vn coſté; ſçauoir eſt, ou celuy qui eſt adjacent à iceux angles égaux, ou bien celuy qui ſouſtient l'vn d'iceux angles égaux : ils auront les autres coſtez égaux aux autres coſtez, chacun au ſien, & l'autre angle égal à l'autre angle.

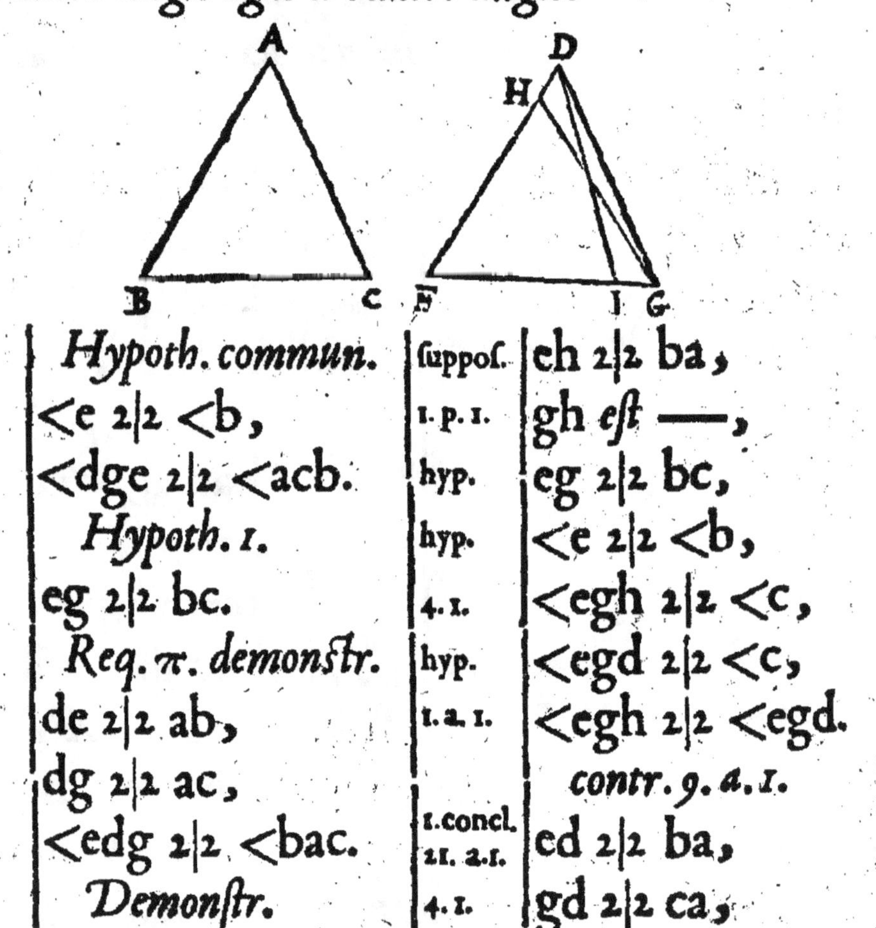

<table>
<tr><td>Hypoth. commun.</td><td>ſuppoſ.</td><td>eh 2|2 ba,</td></tr>
<tr><td><e 2|2 <b,</td><td>1. p. 1.</td><td>gh eſt ——,</td></tr>
<tr><td><dge 2|2 <acb.</td><td>hyp.</td><td>eg 2|2 bc,</td></tr>
<tr><td>Hypoth. 1.</td><td>hyp.</td><td><e 2|2 <b,</td></tr>
<tr><td>eg 2|2 bc.</td><td>4. 1.</td><td><egh 2|2 <c,</td></tr>
<tr><td>Req. π. demonſtr.</td><td>hyp.</td><td><egd 2|2 <c,</td></tr>
<tr><td>de 2|2 ab,</td><td>1. a. 1.</td><td><egh 2|2 <egd.</td></tr>
<tr><td>dg 2|2 ac,</td><td></td><td>contr. 9. a. 1.</td></tr>
<tr><td><edg 2|2 <bac.</td><td>1. concl.
21. a. 1.</td><td>ed 2|2 ba,</td></tr>
<tr><td>Demonſtr.</td><td>4. 1.</td><td>gd 2|2 ca,</td></tr>
</table>

4.1. <edg 2|2 <a.

Hypoth. 2.

ed 2|2 ba.

Req. π. demonstr.

eg 2|2 bc,

gd 2|2 ca,

<edg 2|2 <a.

Demonstr.

suppos. ei 2|2 bc,

1. p. 1. di *est* —— ,

hyp. ed 2|2 ba,

hyp. <e 2|2 <b,

4. 1. <eid 2|2 <c,

hyp. <egd 2|2 <c,

1.a 1. <eid 2|2 <egd,

contr. 16. 1.

2. concl. 21.a.1. eg 2|2 bc,

4. 1. gd 2|2 ca,

4. 1. <edg 2|2 <bac.

Coroll.

4. 1. Δegd 2|2 Δbca.

THEOR. XVIII. PROPOS. XXVII.

Si in duas rectas lineas recta incidens linea alternatim angulos æquales inter se fecerit: parallelæ erunt inter se illæ rectæ lineæ.

Si une ligne droicte tombant sur deux autres lignes droictes, faict les angles alternes égaux entr'eux: icelles lignes droictes seront paralleles entr'elles.

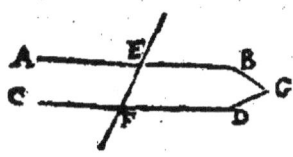

Hypoth.

<aef 2|2 <dfe.

Req. π. demonstr.

ab = cd.

Demonstr.

suppos. ab *n. est* = cd.

2.34.d.1. egf *est* Δ,

16. 1. <aef 3|2 dfe.

contr. hyp.

concl. 21. a. 1. <ab = cd.

THEOR. XIX. PROPOS. XXVIII.

Si in duas rectas lineas recta incidens linea externum angulum interno, & opposito, & ad easdem partes, æqualem fecerit; aut internos, & ad easdem partes duobus rectis æquales: parallelæ erunt inter se ipsæ rectæ lineæ.

Si vne ligne droicte tombant sur deux lignes droictes, faict l'angle externe égal à l'interne, & opposé & de mesme part; où les internes de mesme part égaux à deux droicts, icelles lignes droictes seront paralleles entr' elles.

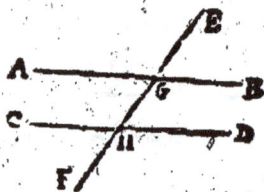

Hypoth. 1.

∠ega 2|2 ∠ghc.

Req. π. demonstr.

ab ═ cd.

Demonstr.

15.1. ∠hgb 2|2 ∠ega,

hyp. ∠ghc 2|2 ∠ega,

1.a.1. ∠hgb 2|2 ∠ghc,

1.concl. 27.1. ab ═ cd.

Hypoth. 2.

∠agh + ∠chg 2|2 2⌋.

Req. π. demonstr.

ab ═ cd.

Demonstr.

hyp. ∠agh + ∠cgh 2|2 2⌋,

13. 1. | ∠agh + ∠bgh 2|2 2⌋,
12.&1.a.1. | ∠agh + ∠chg 2|2 ∠agh + ∠bgh,
| ∠agh *commun. ſubtr.*
3. a.1. | ∠chg 2|2 ∠bgh,
2.concl.
27. 1. | ab ═ cd.

THEOR. XX. PROPOS. XXIX.

In parallelas rectas lineas recta incidens linea; & alternatim angulos inter ſe æquales efficit; & externum interno, & oppoſito, & ad eaſdem partes æqualem; & internos, & eaſdem partes duobus rectis æquales facit.

Si vne ligne droicte tombe ſur deux lignes droictes paralleles; elle fera les angles alternes égaux entr'eux, & l'externe égal à ſon interne & oppoſé de meſme part; & les deux internes de meſme part, égaux à deux droicts.

Hypoth.
| ab ═ cd.

Req. π. demonſtr.
| ∠dhg 2|2 ∠agh,
| ∠bge 2|2 ∠dhe,
| ∠agh + ∠chg 2|2 2⌋.

Demonſtr.
ſuppoſ. | ∠agh + ∠chg *n. ſnt* 2|2 2⌋,
13. a. 1. | ab *n. eſt* ═ cd,
contr. hyp.

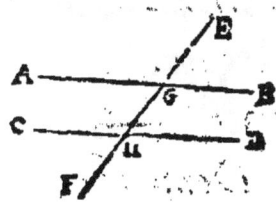

1. concl. 11.a.1. ∠agh + ∠chg 2|2 2⌋,
13. 1. ∠dhg + ∠chg 2|2 2⌋,
12. a. 1. ∠chg + ∠agh 2|2 ∠chg + ∠dhg,
∠chg *commun. ſubtr.*
2. cōcl. 3. a. 1. ∠dhg 2|2 ∠agh,
15. 1. ∠bge 2|2 ∠agh,
α ∠dhg 2|2 ∠agh,
13. concl. 1. a. 1 ∠bge 2|2 ∠dhg.

SCHOL. I.

Si externus angulus ſit æqualis interno & oppoſito ad eaſdem partes, linea incidens in rectas parallelas eſt recta.

S'il'angle externe eſt égal à l'interne & opposé de meſme part, la ligne tombant ſur lignes droictes paralleles eſt droicte.

Hypoth.

ab ═ cd,
∠egb 2|2 ∠ghd.

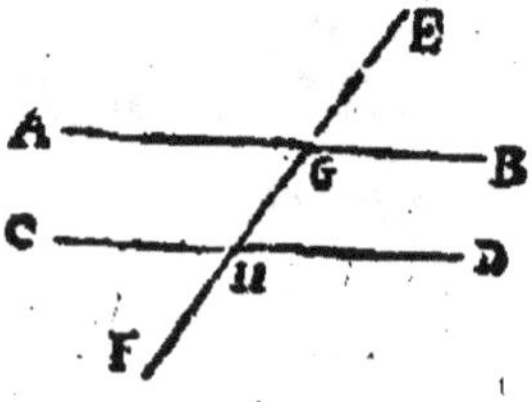

Req. π. demonſtr.

egh *eſt* —.

Demonſtr.

hyp. ∠egb 2|2 ∠ghd,
∠bgh *commun. add.*
2. a. 1. ∠egb + ∠bgh 2|2 ∠ghd + ∠bgh,
29. 1. ∠ghd + ∠bgh 2|2 2⌋,
1. a. 1. ∠egb + ∠bgh 2|2 2⌋,
concl. 14. 1. egh *eſt* —.

SCHOL. II.

Omne parallelogrammum, habens vnum angulum rectum, est parallelogrammum rectangulum.

Tout parallelogramme, qui a vn angle droict, est parallelogramme rectangle.

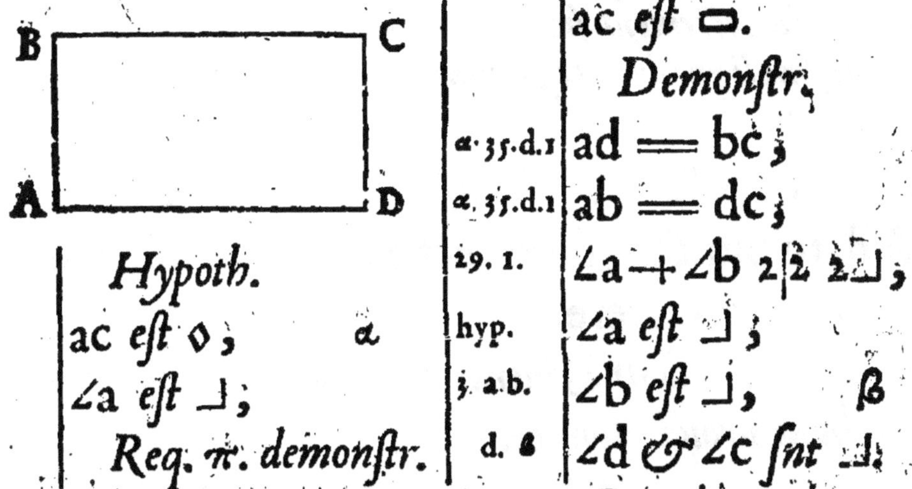

Hypoth.

ac est ◊, α

∠a est ⌋;

Req. π. demonstr.

ac est ▭.

Demonstr.

α. 35. d. 1	ad ═ bc;
α. 35. d. 1	ab ═ dc;
29. 1.	∠a + ∠b 2|2 2⌋;
hyp.	∠a est ⌋;
3. a. b.	∠b est ⌋, β
d. β	∠d & ∠c sunt ⌋.

THEOR. XXI. POPOS. XXX.

Quæ eidem rectæ lineæ parallelæ, & inter se sunt parallelæ.

Les lignes droictes paralleles à vne mesme ligne droicte, sont aussi paralleles entr'elles.

A G B
E H F
C I D

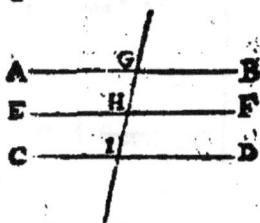

Hypoth.

ab ═ ef, α

cd ═ ef, β

Req. π. demonstr.

ab ═ cd,

Præpar.

arbitr.	gi est —.

Demonstr.

α. 29. 1.	∠agi 2|2 ∠ehi,
β. 29. 1.	∠dig 2|2 ∠ehi,
1. a. 1.	∠agi 2|2 ∠dig,
concl. 27. 1.	ab ═ cd.

SCHOL.

Rectæ lineæ eidem rectæ parallelæ, si in directum continuatæ inter se coeant: erunt partes eiusdem rectæ lineæ, vt AG & GB sunt partes rectæ lineæ AB.

Les lignes droictes paralleles à vne mesme ligne droicte estãs continuées directement, si elles se rencontrent: elles seront parties d'vne mesme ligne droicte, comme AG & GB sont parties de la droicte AB.

PROBL. X. PROPOS. XXXI.

A dato puncto, datæ rectæ lineæ parallelam rectam lineam ducere.

D'vn poinct donné, mener vne ligne droicte parallele à vne ligne droicte donnée.

		ae ═ bc.
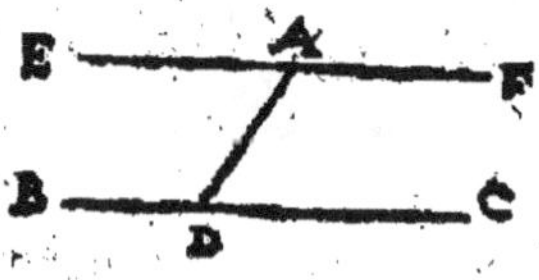		*Constr.*
		ad *est* — *arbitr.*
	23. 1.	∠dae 2|2 ∠adc,
Hypoth.	symp.	ae ═ bc.
a *est* • D.		*Demonstr.*
bc *est* — D.	constr.	∠dae 2|2 ∠adc,
	concl.	
Req. π. fa.	27. 1.	ae ═ bc.

SCHOL.

Super datam rectam lineam infinitam, à dato puncto, quod in ea non est, rectam lineam ducere, quæ cum data constituat angulum æqualem dato angulo rectilineo.

Sur vne ligne droicte donnée & infinie, d'vn poinct donné hors d'icelle, mener vne ligne droicte qui auec la ligne donnée, face vn angle égal à vn angle rectiligne donné.

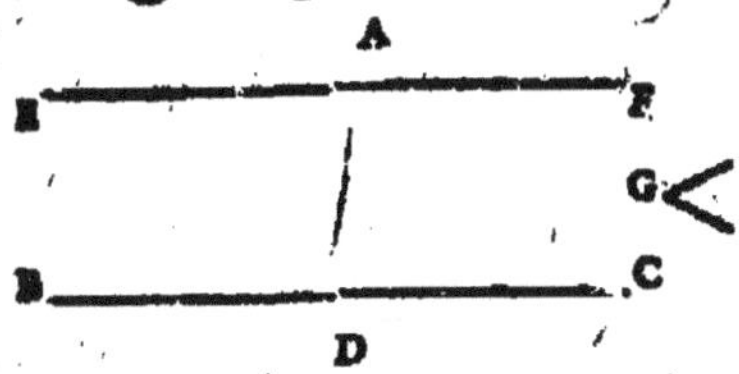

A, E, F, G, B, C, D

Hypoth.

bc *eſt* — D.

a *eſt* • D.

g *eſt* < D.

Req. π. *fa.*

<adc 2|2 <g,

Conſtr.

31. 1. ae ═ bc,

23. 1. <ead 2|2 <g,

ſymp. <adc 2|2 <g.

Demonſtr.

conſtr. ae ═ bc,

29. 1. <adc 2|2 <ead,

conſtr. <g 2|2 <ead,

concl 1. a. 1. <adc 2|2 <g.

THEOR. XXII. PROPOS. XXXII.

Cuiuſcunque trianguli vno latere producto: Externus angulus duobus internis, & oppoſitis, eſt æqualis. Et trianguli tres interni anguli duobus ſunt rectis æquales.

De tout triangle, l'vn des coſtez eſtant prolongé, l'angle externe eſt égal aux deux internes & oppoſez: & les trois angles internes de tout triangle, ſont égaux à deux droicts.

Hypoth.

abc *eſt* Δ,

bcd *eſt* —.

Req. π. *demonſtr.*

<acd 2|2 <a+<b.

Præpar.

31.1. ce ═ ba.

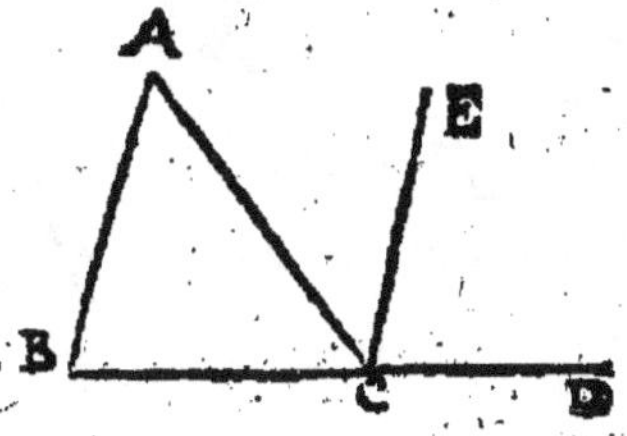

A, E, B, C, D

Demonstr.

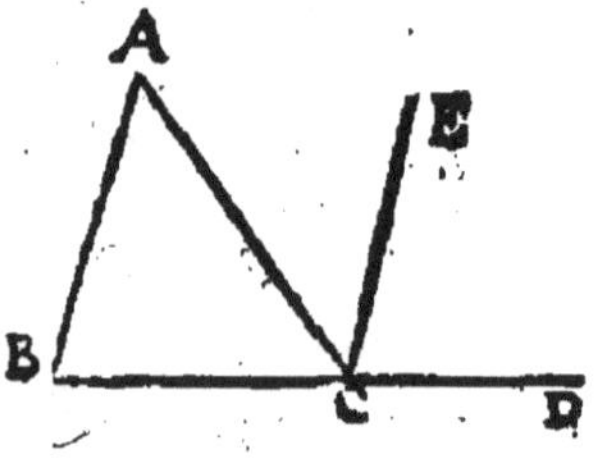

a. 29.1. <eca 2|2 <a,

a. 29.1. <ecd 2|2 <b,

1. concl. <acd 2|2 <a + <b, β

2. a. 1.

β <a + <b 2|2 <acd,

<acb *commun. add.*

2. a. 1. <a + <b + <acb 2|2 <acd + <acb,

13. 1. <acd + <acb 2|2 2∟,

2 concl.

1. a. 1. <a + <b + <acb 2|2 2∟.

COROLL. I.

Ex hac propositione colligitur, tres angulos cuiuslibet trianguli simul sumptos æquales esse tribus angulis cuiuslibet alterius trianguli simul sumptis: quoniam tam illi tres quàm hi sunt æquales duobus angulis rectis. Vnde si duo anguli vnius trianguli fuerint æquales duobus angulis alterius trianguli, erit & reliquus illius reliquo huius æqualis.

De cette proposition se collige, que les trois angles de quelconque triangle prins ensemble, sont égaux aux trois angles prins ensemble de quelconque autre triangle: Dautant que les trois angles, tant de l'vn que de l'autre, sont égaux à deux droicts. Donc si deux angles d'vn triangle sont égaux à deux angles d'vn autre triangle, le troisiesme de l'vn sera aussi égal au troisiesme de l'autre.

COROLL. II.

Constat etiam in omni triangulo isoscele, cuius angulus lateribus æqualibus comprehensus rectus fuerit, quemlibet reliquorum esse semirectum: nam reliqui illi duo ſimul conficiunt vnum rectum cùm omnes ſimul ſint æquales duobus rectis & tertius ille ponatur rectus; quare cum duo reliqui inter ſe ſint æquales, erit quilibet eorum ſemirectus.

Il eſt auſſi euident qu'en tout triangle iſoſcele, duquel l'angle contenu des coſtez égaux eſt droict, qu'vn chacun des autres qui ſont ſur la baſe eſt demy-droict. Car ces deux enſemble conſtituent vn droict: puis que les trois ſont égaux à deux droicts, & que le troiſieſme eſt poſé droict; partant puis que les deux reſtans ſont égaux entr'eux, vn chacun d'eux ſera demy-droict.

COROLL. III.

Perſpicuum quoque eſt ſi vnus angulus trianguli æqualis ſit reliquis duobus; triangulum eſſe rectangulum.

Il eſt manifeſte auſſi que ſi vn angle d'vn triangle eſt égal aux deux autres, que le triangle eſt rectangle.

SCHOL. I.

Omnes anguli figuræ rectilineæ cuiuſuis ſunt æquales bis tot rectis angulis, quota ipſa eſt inter figuras rectilineas.

Tous les angles de quelconque figure rectiligne, ſont égaux à deux fois autant d'angles droicts, que le nombre de ſon ordre entre les figures rectilignes.

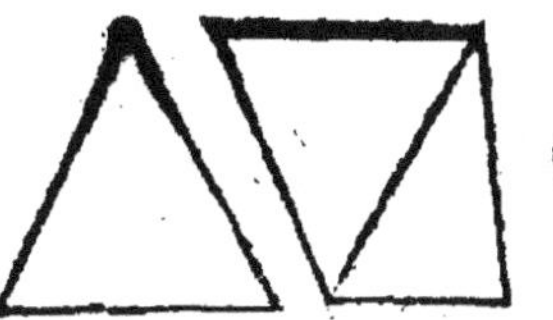

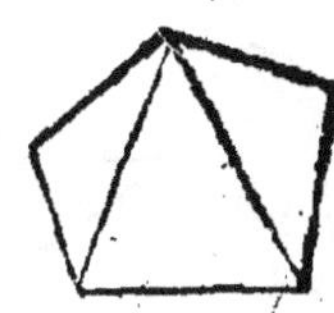

Omnis enim figura rectilinea in triangula reſoluitur, cùm nulla figura ſit pauciorum laterum quam triangulum Vna quæque autem in triangula binario pauciora, quam ſint propria latera,

Car toute figure rectiligne ſe reſout en triangles, à cauſe qu'il n'y a aucune figure de moins de coſtez que le triangle. Or chaque figure rectiligne ſe diuiſe en triangles, qui ſont en moindre nombre de deux, resoluitur; vt si quatuor latera habeat, in duo resoluitur triangula; si quinque in tria, si sex in quatuor, & similiter reliquæ. Quòd cùm omnis trianguli tres anguli sint æquales duobus rectis, numerus triangulorum, ex quibus vnaquæque figura constat, duplicatus dabit numerum rectorum quibus omnes anguli figuræ propositæ æquiualent. Quapropter omnis quadrilatera figura ex duobus triangulis constans angulos habet quatuor rectis æquales, & omne pentagonum habet angulos æquales sex rectis, & deinceps eodem modo.

que les costez de la figure; comme si elle a quatre costez, elle se diuisera en deux triangles; si cinq en trois, si six en quatre, & de mesme les autres. Et à cause que de tout triangle les trois angles sont égaux à deux droicts, le nombre des triangles, dont chaque figure est composée, estant doublé, donnera le nombre des angles droicts, auquel tous les angles de la figure proposée sont égaux. Partant toute figure quadrilatere estant composée de deux triangles a ses angles égaux à quatre droicts, & tout pentagone a ses angles égaux à six droicts, & ainsi des autres.

SCHOL. II.

Omnes anguli figuræ rectilineæ cuiusuis æquales sunt bis tot rectis angulis, demptis quatuor, quod ipsa continet latera, seu angulos.

Tous les angles de quelconque figure rectiligne, sont égaux à deux fois autant d'angles droicts, quatre estant ostez, qu'elle a de costez ou d'angles.

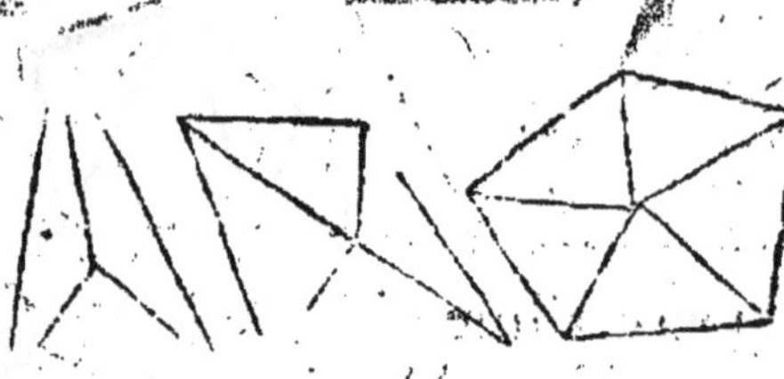

Si enim, à quocunque puncto intra figuram assumpto, ad omnes angulos rectæ lineæ ducantur, efficientur tot triangula,

Car si de quelconque poinct pris en la figure on mene des lignes droictes à tous les angles, il s'en fera autant de triangles, que ladite

quot latera angulosve figura ipsa continet: at anguli eorumdem triangulorum, circa punctum intra figuram assumptum consistentes, non pertinent ad angulos figuræ rectilineæ propositæ, vt constat. Quare si hi auferantur, erunt reliqui triangulorum anguli constituentes angulos figuræ propositæ, bis tot rectis æquales, demptis illis circa punctum assumptum constitutis, quot latera vel angulos continet figura, sunt autem omnes illi anguli, quotquot sint, circa dictum punctum existentes æquales quatuor rectis tantummodo vt collegimus ex propositione decimaquinta. Quaobrem omnes anguli, &c.

figure a de costez ou d'angles, mais les angles de ces triangles, lesquels sont constituez alentour du poinct prins au dedans de la figure n'appartiennent pas aux angles de la figure rectiligne proposée, comme il appert. Parquoy si ces angles là sont ostez, les autres angles des triangles, constituant les angles de la figure proposée, seront égaux à deux fois autant de droicts, ceux qui sont constituez autour du poinct prins au dedans de la figure estans ostez, que la figure a d'angles ou de costez. Or tous ces angles là constituez alentour de ce poinct prins en la figure, en quelque nombre qu'ils soient, sont égaux à quatre droicts, tant seulement comme nous auons colligé de la 15. proposition. Donc tous les angles, &c.

PROBL. XXIII. PROPOS. XXXIII.

Rectæ lineæ, quæ æquales, & parallelas lineas ad partes easdem coniungunt; & ipsæ æquales, & parallelæ sunt.

Les lignes droictes qui conioignent deux lignes droictes égales & paralleles, & de mesme part; sont aussi égales & paralleles.

A B C D

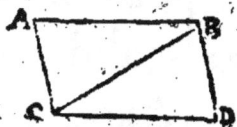

Hypoth.

ab 2|2 & = cd.

Req. π. demonstr.

	ac 2|2 & = bd.
	Præpar.
1. p. 1.	bc *est* —.
	Demonstr.

hyp.	ab = cd,
29. 1.	<abc 2|2 <bcd,
hyp.	ab 2|2 cd,
	bc *commun.*
1. concl. 4. 1.	ac 2|2 bd,
4. 1.	<acb 2|2 <cbd,
2. cõcl. 27. 1.	ac = bd.

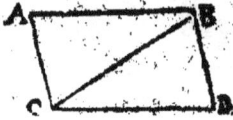

THEOR. XXIII. PROPOS. XXXIV.

Parallelogrammorum ſpatiorum æqualia ſunt inter ſe, quæ ex aduerſo & latera, & anguli; atque illa bifariam ſecat diameter.

Les costez & les angles opposez des figures ou eſpaces parallelogrammes, ſont égaux entr'eux: & le diametre couppe iceux parallelogrammes en deux également.

hypoth.	abdc *eſt* ▱.
	Req. π. demonſtr.
	ab 2|2 cd,
	ac 2|2 bd,
	<a 2|2 <d,
	<abd 2|2 <acd,
	△abc 2|2 △cbd.
	Præpar.
1. p. 1.	bc *eſt* —.
	Demonſtr.

35. d. 1.	ab = cd,	
29. 1.	<abc 2|2 <bcd,	a
35. d. 1.	ac = bd,	
29. 1.	<bca 2|2 <cbd	a
	bc *eſt commun.*	
concl. 26. 1.	ab 2|2 cd,	
26. 1.	ac 2|2 bd,	
26. 1.	<a 2|2 <d,	
a. 2. a. 1	<abd 2|2 <acd,	
26. 1.	△abc 2|2 △cbd.	

SCHOL. I.

Omne quadrilaterum habens latera opposita æqualia, est parallelogrammum.

Tout quadrilatere qui a les costez opposez égaux, est parallelogramme.

	Hypoth.	hyp.	ab 2|2 cd,
	ab 2|2 cd,		bc *est commun.*
	ac 2|2 bd.	hyp.	ac 2|2 bd,
	Req. π. demonstr.	8.1.	<abc 2|2 <bcd α
	ad *est* ◊.	8.1.	<bca 2|2 <cbd, β
	Præpar.	α. 27.1.	ab ═ cd,
1.p.1.	bc *est* ——.	β. 29.1.	ac ═ bd,
	Demonstr.	concl. 35.d.1.	abdc *est* ◊.

SCHOL. II.

Ex hoc scholio perspicua est demonstratio methodi qua expeditus recta linea, per datum punctum, parallela datæ rectæ lineæ ducitur.

De cet scholie est manifeste la demonstration d'une methode plus briefue de mener une ligne droicte, par un poinct donné, parallele à une ligne droicte donnée.

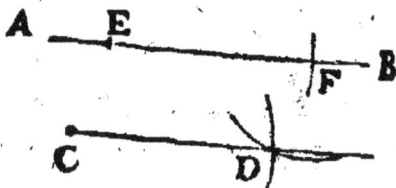

Hypoth.		*Req. π. fa.*
c *est* • D.		cd ═ ab,
ab *est* —— D.		*Constr.*
	3.p.1.	e *est* • *arbitr. in* ab,
	arbitr.	ef, cd *snt* ⊙ 2|2 &c.
	3.p.1.	⊙fd 2|2 ⊙ec,
	1.p.1.	cd *est* ——,

symp.	cd ═ ab.
	Demonstr.
constr.	cd 2|2 ef,
constr.	fd 2|2 ec,
1. s. 34. 1.	cefd *est* ◊,
concl. 35. d. 1.	cd ═ ef.

SCHOL. III.

Omne quadrilaterum habens angulos oppositos æquales, est parallegrammum.

Tout quadrilatere qui a les angles opposez égaux, est parallelogramme.

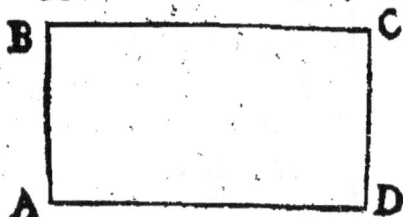

	Hypoth.	
	<a 2|2 <c,	α
	<b 2|2 <d,	α
	Req. π. demonstr.	
	abcd *est* ◊.	
	Demonstr.	
s. 32. 1.	<a + <b + <c + <d 2|2 4 ⌋,	
α 2. a. 1.	<a + <b 2|2 <c + <d,	
29. a b.	<a + <b 2|2 2 ⌋,	β
28. 1.	ad ═ bc,	
d. β	<b + <c 2|2 2 ⌋,	
28 1.	ab ═ dc,	
concl. 35. d. 1.	ac *est* ◊.	

SCHOL. IV.

In omni figura rectilinea latebra habente numero paria, si quidem fuerit æqualatera, & æquiangula: erunt duo quælibet latera opposita, parallela inter se.

En toute figure rectiligne si les costez sont en nostre pair, &

qu'elle soit æquilateral & æquiangle : les costez opposez seront paralleles entr'eux.

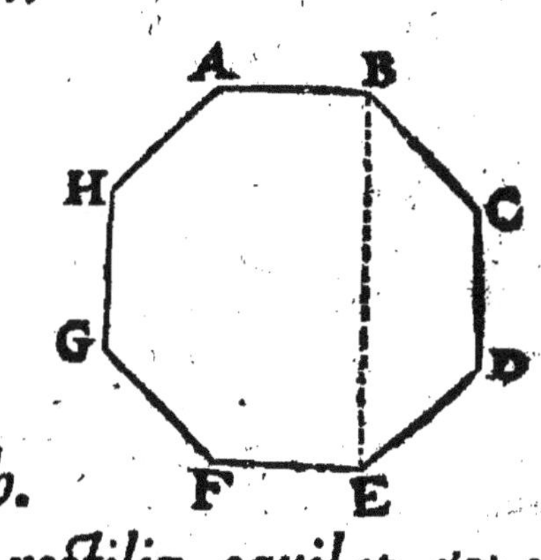

Hypoth.

abdf *est rectilig. æquilat. & æquiang.* α

multd.∠abc,∠c,∠d,∠def 2|2 *multd.*∠a,∠h,∠g,∠f.

Req. π. demonstr.

ab ═ fe,

bc ═ gf & c.

Præpar.

1. p. 1. be *est* ——.

Demonstr.

{ 32. a. 1. ∠abc + ∠c + d + ∠def + ∠f + ∠g + ∠h + ∠a } 2|2 12⌋,

α 2. a. 1. ∠abc + ∠c + ∠d + ∠def } 2|2 ∠f + ∠g + ∠h + ∠a,

7. a. 1. ∠abc + ∠c + ∠d + ∠def 2|2 6⌋,

{ 32. 1. ∠ebc + ∠c + ∠d + deb 2|2 4⌋,

3. a. 1. ∠abe + ∠bef 2|2 2⌋,

28. 1. ab ═ fe, β

d. β bc ═ gf.

THEOR. XXV. PROPOS. XXXV.

Parallelogramma ſuper eadem baſi, & in eiſdem parallelis conſtituta, inter ſe ſunt æqualia.

Les parallelogrammes conſtituez ſur vne meſme baſe, & entre meſmes paralleles, ſont égaux entr'eux.

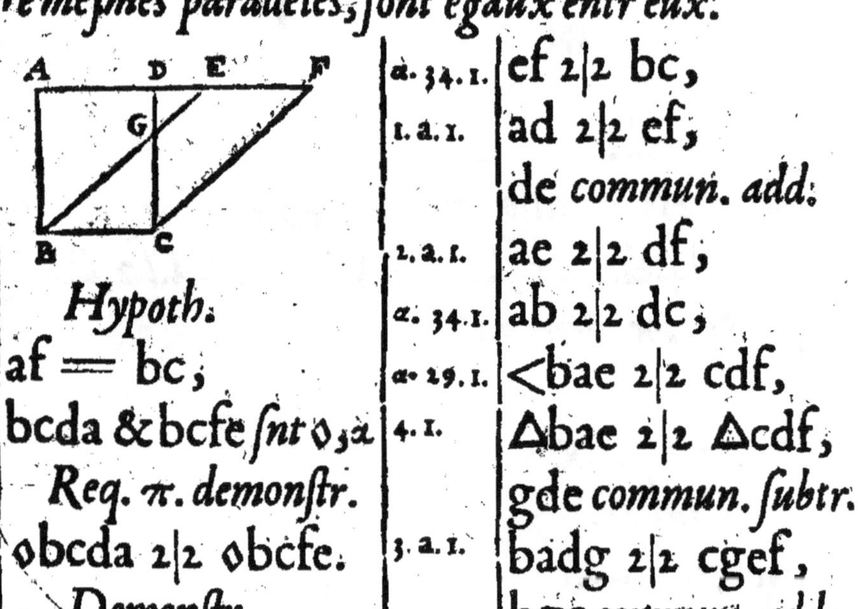

Hypoth.

af = bc,

bcda & bcfe *ſnt* ▱,

Req. π. demonſtr.

▱bcda 2|2 ▱bcfe.

Demonſtr.

α. 34. 1. ad 2|2 bc,

α. 34. 1. ef 2|2 bc,

1. a. 1. ad 2|2 ef,

de *commun. add.*

2. a. 1. ae 2|2 df,

α. 34. 1. ab 2|2 dc,

α. 29. 1. ∠bae 2|2 cdf,

4. 1. △bae 2|2 △cdf,

gde *commun. ſubtr.*

3. a. 1. badg 2|2 cgef,

bgc *commun. add.*

concl. 2. a. 1. ▱badc 2|2 ▱bcfe.

PROBL. XXVI. PROPOS. XXXVI.

Parallelogramma ſuper æqualibus baſibus, & in eiſdem parallelis conſtituta, inter ſe ſunt æqualia.

Les parallelogrammes conſtituez ſur baſes égales, & entre meſmes paralleles ſont égaux entr'eux.

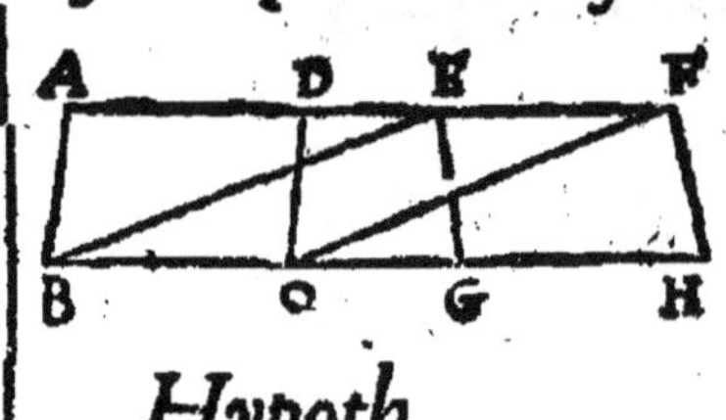

Hypoth.

af = bh,

bc 2|2 gh,

Req. π. demonſtr.

▱bcda 2|2 ▱ghfe.

	Præpar.	hyp.	bc = ef,
1.p.1.	bc, & cf *snt* —.	33.1.	be = cf,
	Demonstr.	35.d.1.	bcfe *est* ▱,
hyp.	bc 2|2 gh,	35.1.	▱bcda 2|2 ▱bcfe,
34.1.	ef 2|2 gh,	35.1. concl.	▱eghf 2|2 ▱bcfe,
1.a.1.	bc 2|2 ef,	1.a.1.	▱bcda 2|2 ▱eghf.

THEOR. XXVII. PROPOS. XXXVII.

Triangula super eadem basi constituta, & in eisdem parallelis, inter se sunt æqualia.

Les triangles constituez sur mesme base, & entre mesmes paralleles, sont égaux entr'eux.

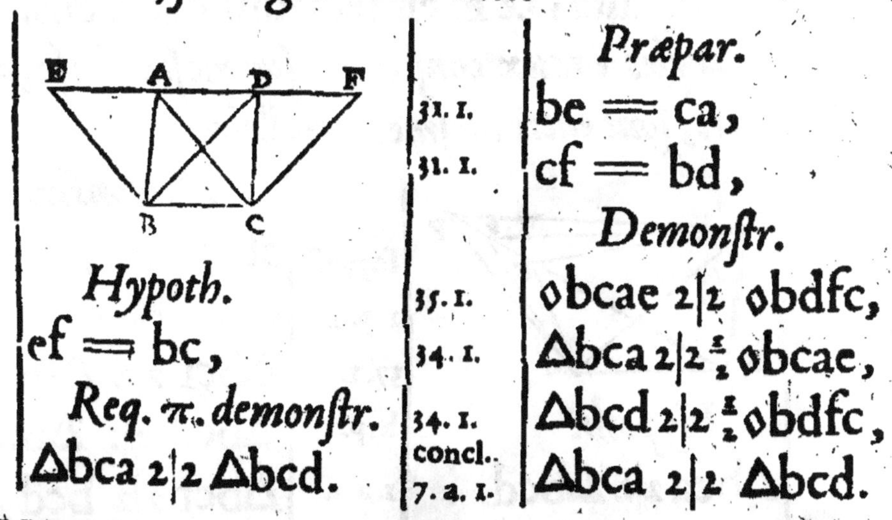

Hypoth.		*Præpar.*
ef = bc,	31.1.	be = ca,
Req. π. demonstr.	31.1.	cf = bd,
△bca 2|2 △bcd.		*Demonstr.*
	35.1.	▱bcae 2|2 ▱bdfc,
	34.1.	△bca 2|2 $\frac{1}{2}$ ▱bcae,
	34.1.	△bcd 2|2 $\frac{1}{2}$ ▱bdfc,
	concl. 7.a.1.	△bca 2|2 △bcd.

THEOR. XXVIII. PROPOS. XXXVIII.

Triangula super æqualibus basibus constituta, & in eisdem parallelis, inter se sunt æqualia.

Les triangles constituez sur bases égales, & entre mesmes paralleles sont égaux entr'eux.

Hypoth.

gh ═ bf, *α*

bc 2|2 ef. *α*

Req. π. demonstr.

△bca 2|2 △efd.

Præpar.

31. 1. bg ═ ca,

31. 1. fh ═ ed.

Demonstr.

α 36. 1. ▱bcag 2|2 ▱edhf,

34. 1. △bca 2|2 $\frac{1}{2}$ ▱bcag,

34. 1. △efd 2|2 $\frac{1}{2}$ ▱edhf,

concl. 7. a. 1. △bca 2|2 △efd.

THEOR. XXIX. PROPOS. XXXIX.

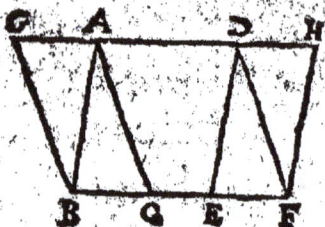

Triãgula æqualia ſuper eadem baſi, & ad eaſdem partes conſtituta ; & in eiſdem ſunt parallelis.

Les triangles égaux conſtituez ſur meſme baſe, & de meſme part, ſont entre meſmes paralleles.

Hypoth.

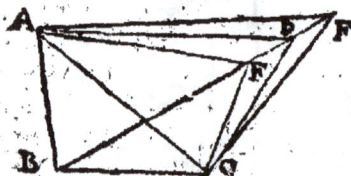

△bca 2|2 △bcd.

Req. π. demonstr.

ad ═ bc.

Demonstr.

ſuppoſ. af ═ bc,

1. p. 1. cf *est* —,

37. 1. △bcf 2|2 △bca,

hyp. △bcd 2|2 △bca,

1. a. 1. △bcf 2|2 bcd,

contr. 9. a. 1.

21. a. 1. bd ═ bc.

THEOR. XXX. PROPOS. XL.

Triangula æqualia ſuper æqualibus baſibus, & ad eaſdem partes conſtituta, & in eiſdẽ ſunt parallelis.

Les

Les triangles égaux constituez sur bases égales, & de mesme part; sont entre mesmes paralleles.

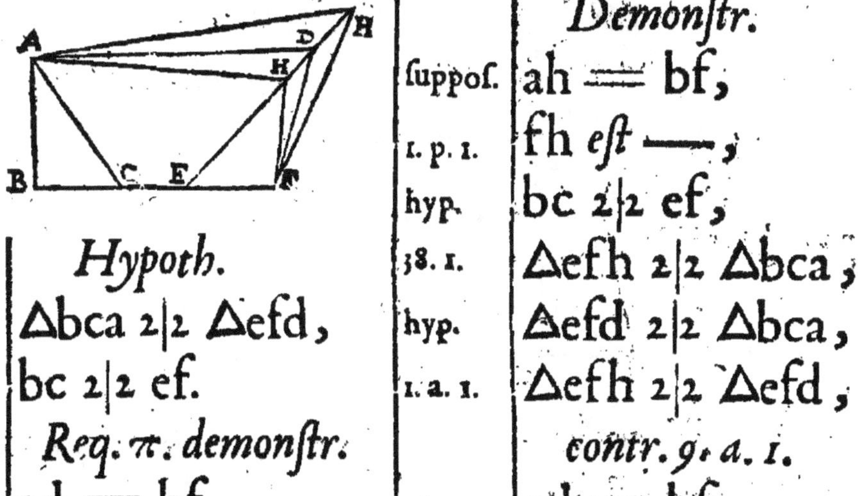

Hypoth.

△bca 2|2 △efd,
bc 2|2 ef.

Req. π. demonstr.

ad ═ bf.

Demonstr.

suppos.	ah ═ bf,
1. p. 1.	fh *est* —,
hyp.	bc 2|2 ef,
38. 1.	△efh 2|2 △bca,
hyp.	△efd 2|2 △bca,
1. a. 1.	△efh 2|2 △efd,
	contr. 9. a. 1.
21. a. 1.	ad ═ bf.

THEOR. XXXI. PROPOS. XLI.

Si parallelogrammum cum triangulo eandem basin habuerit, in eisdemque fuerit parallelis, duplum erit parallelogrammum ipsius trianguli.

Si vn parallelogramme, & vn triangle ont vne mesme base, & sont entre mesmes paralleles; le parallelogramme sera double du triangle.

A D E B C

Hypoth.

ae ═ bc.

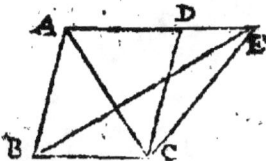

Req. π. demonstr.

◊abcd 2|2 2△bce.

Præpar.

1. p. 1.	ac *est* —.

Demonstr.

hyp.	ae ═ bc,
37. 1.	△bca 2|2 △bce,
34. 1.	◊abcd 2|2 2△bca,
concl. 6. a. c.	◊abcd 2|2 2△bce.

PROBL. XI. PROPOS. XLII.

Dato triangulo æquale parallelogrammum conſtituere in dato angulo rectilineo.

Faire vn parallelogramme égal à vn triangle donné en vn angle rectiligne donné.

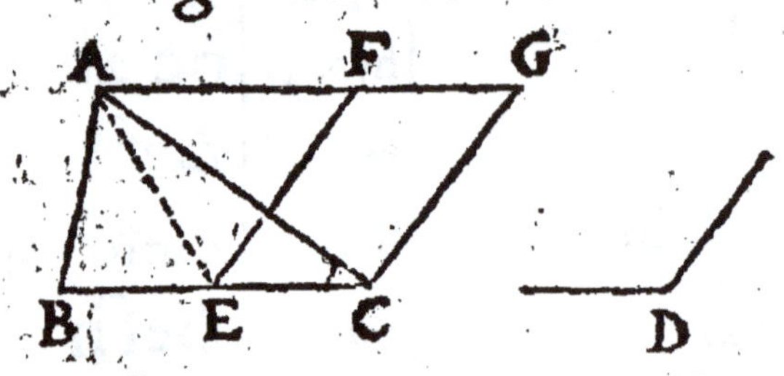

<table>
<tr><td></td><td>Hypoth.</td><td>ſymp.</td><td>oefgc eſt req.</td></tr>
<tr><td></td><td>△abc eſt D.</td><td></td><td>Præpar.</td></tr>
<tr><td></td><td><d eſt D.</td><td>1. p. 1.</td><td>ae eſt —— .</td></tr>
<tr><td></td><td>Req. π. fa.</td><td></td><td>Demonſtr.</td></tr>
<tr><td></td><td>oecgf 2|2 △abe.</td><td>conſtr.</td><td>ag ═ bc,</td></tr>
<tr><td></td><td><ecg 2|2 <d.</td><td>conſtr.</td><td>be 2|2 ec,</td></tr>
<tr><td></td><td>Conſtr.</td><td>38. 1.</td><td>△abc 2|2 2△aec,</td></tr>
<tr><td>31. 1.</td><td>ag ═ bc,</td><td>41. 1.</td><td>oeg 2|2 2△aec,</td></tr>
<tr><td>23. 1.</td><td><bcg 2|2 <d,</td><td>1. concl.
6. a. 1.</td><td>oeg 2|2 △abc,</td></tr>
<tr><td>10. 1.</td><td>be 2|2 ec,</td><td>2. concl.
conſtr.</td><td><ecg 2|2 <d.</td></tr>
<tr><td>31. 1.</td><td>ef ═ cg,</td><td></td><td></td></tr>
</table>

THEOR. XXXII. PROPOS. XLIII.

In omni parallelogrammo complementa eorum, quæ circa diametrum ſunt parallelogrammorum, inter ſe ſunt æqualia.

En tout parallelogramme, les complements des paral-

lelogrammes qui sont à l'entour du diametre, sont égaux entr'eux.

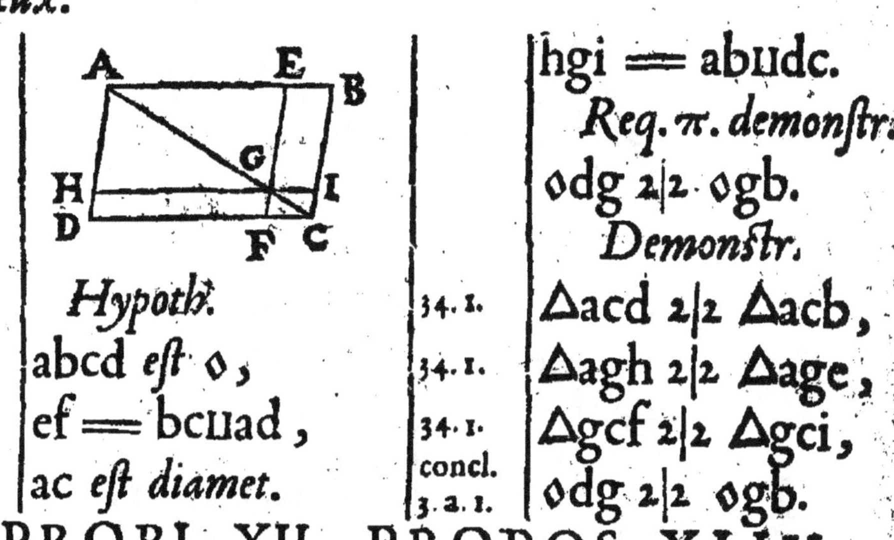

Hypoth.
abcd *est* ◊,
ef ═ bc‖ad,
ac *est diamet.*

hgi ═ ab‖dc.
Req. π. demonstr.
◊dg 2|2 ◊gb.
Demonstr.
34. 1. △acd 2|2 △acb,
34. 1. △agh 2|2 △age,
34. 1. △gcf 2|2 △gci,
concl. 3. a. 1. ◊dg 2|2 ◊gb.

PROBL. XII. PROPOS. XLIV.

Ad datam rectam lineam, dato triangulo æquale parallelogrammum applicare in dato angulo rectilineo.

Sur vne ligne droicte donnée, descrire vn parallelogramme égal à vn triangle donné, en vn angle rectiligne donné.

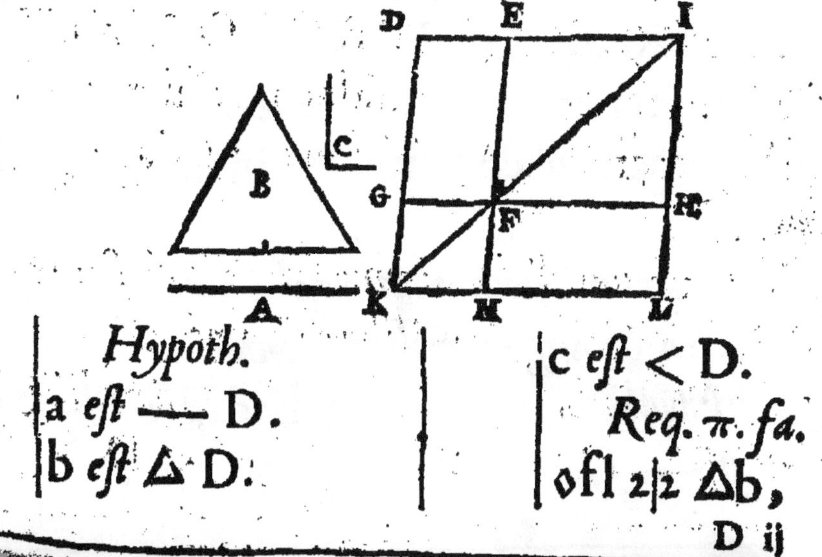

Hypoth.
a *est* — D.
b *est* △ D.

c *est* < D.
Req. π. fa.
◊fl 2|2 △b,

fh 2|2 a,

<mfh 2|2 <c,

Constr.

44. I. { ▱fd 2|2 Δb, <gfe 2|2 <c,

2. p. I. gfh *est* —,

3. I. fh 2|2 a,

2. p. I. dei *est* —,

31. I. ihl == ef,

2. p. I. dgk *&* ifk *snt* —,

31. I. kl == gh,

2. p. I. efm *est* —,

symp. ▱fhlm *est req.*

Demonstr.

1. concl. constr. fh 2|2 a,

15. I. <mfh 2|2 <gfe,

constr. <c 2|2 <gfe,

2. cócl. I. a. I. <mfh 2|2 <c,

43. I. ▱fl 2|2 ▱fd,

constr. Δb 2|2 ▱fd,

3. concl. I. a. I. ▱fl 2|2 Δb.

THEOR. XIII. PROPOS. XLV.

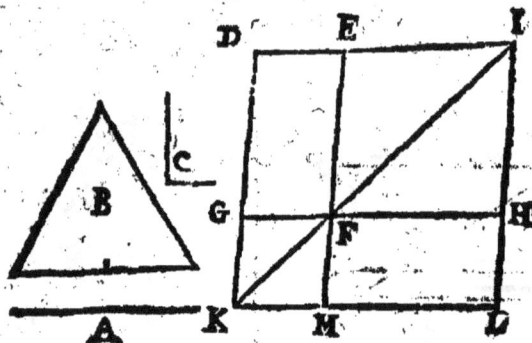

Ad datam rectam lineam, dato rectilineo æquale parallelogrammum constituere, in dato angulo rectilineo.

Descrire vn parallelogramme égal à vne figure rectiligne donnée, en vn angle rectiligne donné.

Hypoth.

fg *est* — D.

abcd *est rectilig.* D.

e *est* < D.

Req. π. *fa*,
◇fl 2|2 abcd.

Constr.

1. p. 1. bd *est* —,
20.d.1. dba & dbc *snt* Δ,
44. 1. { ◇gfih 2|2 Δabd,
{ <gfi 2|2 <e,
44. 1. ◇hikl 2|2 Δdbc,
44. 1. <hik 2|2 <e,
symp. ◇fl *est req.*

Demonstr.

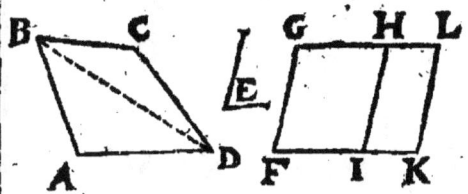

constr. ◇gfih 2|2 Δdba,
constr. ◇hikl 2|2 Δdbc,
1.concl. 2. a. 1. ◇fh + ◇il 2|2 abcd,
2 concl. constr. <f 2|2 <e,
constr. <hik 2|2 <e,
1. a. 1. <hik 2|2 <f,
1.f.29. 1. fik *est* —,
f. 30. 1. ghl *est* —,
3.concl. 35.d.1. fl *est* ◇.

SCHOL.

Datis duobus rectilineis inæqualibus, excessum maioris supra minus inquirere.

Deux figures rectilignes estans proposées, trouuer l'excez dont la plus grande excede la plus petite.

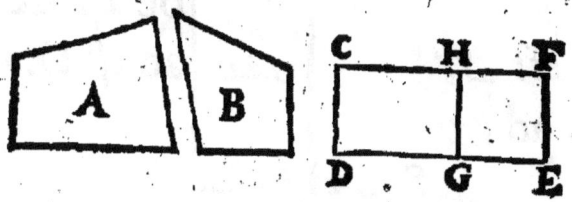

Hypoth.
a & b *snt rectilig.* D.
a 3|2 b,

Req. π. *fa.*
◇ghfe 2|2 a~b.

Constr.
<cde *est arbitr.*
cd *est arbitr.*
45. 1. ◇cdef 2|2 a,
45. 1. ◇cdgh 2|2 b,

symp.	◊gf *est req.*	constr.	◊dh 2|2 b,
	Demonstr.	3. a. 1.	◊gf 2|2 a~b.
constr.	◊df 2|2 a,		

PROBL. XIV. PROPOS. XLVI.

A data recta linea quadratum describere.

D'vne ligne droicte donnée, descrire vn quarré.

B C A D

	Hypoth.
	ad *est* —— D.
	Req. π. fa.
	ac □.ad.
	Constr.
11. 1.	<dab *est* ⅃,
3. 1.	ab 2|2 ad,

31. 1.	bc ═══ ad,
31. 1.	dc ═══ ab,
symp.	□ac *est req.*
	Demonstr.
constr.	ac *est* ◊,
constr.	<a *est* ⅃,
1. concl. 2. s. 29. 1.	<b, <c, <d, *snt* ⅃,
constr.	ab 2|2 ad,
34. 1.	bc 2|2 ad,
34. 1.	dc 2|2 ab,
1. a. 1.	bc 2|2 dc,
2 cõcl. 29. d. 1.	ac *est* □.ad.

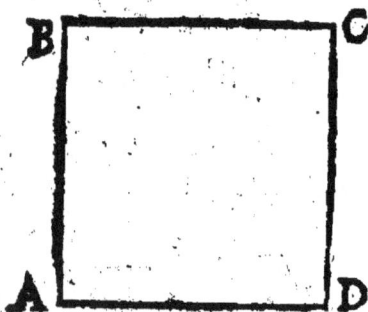

SCHOL.

Linearum æqualium æqualia sunt quadrata ; & quadratorum æqualium æquales sunt lineæ.

Les quarrez des lignes égales sont égaux entr'eux : & des quarrez égaux, les lignes sont égales.

Hypoth. 1.	*Req. π. demonstr.*
ab 2|2 cd.	□. ab 2|2 □. cd.

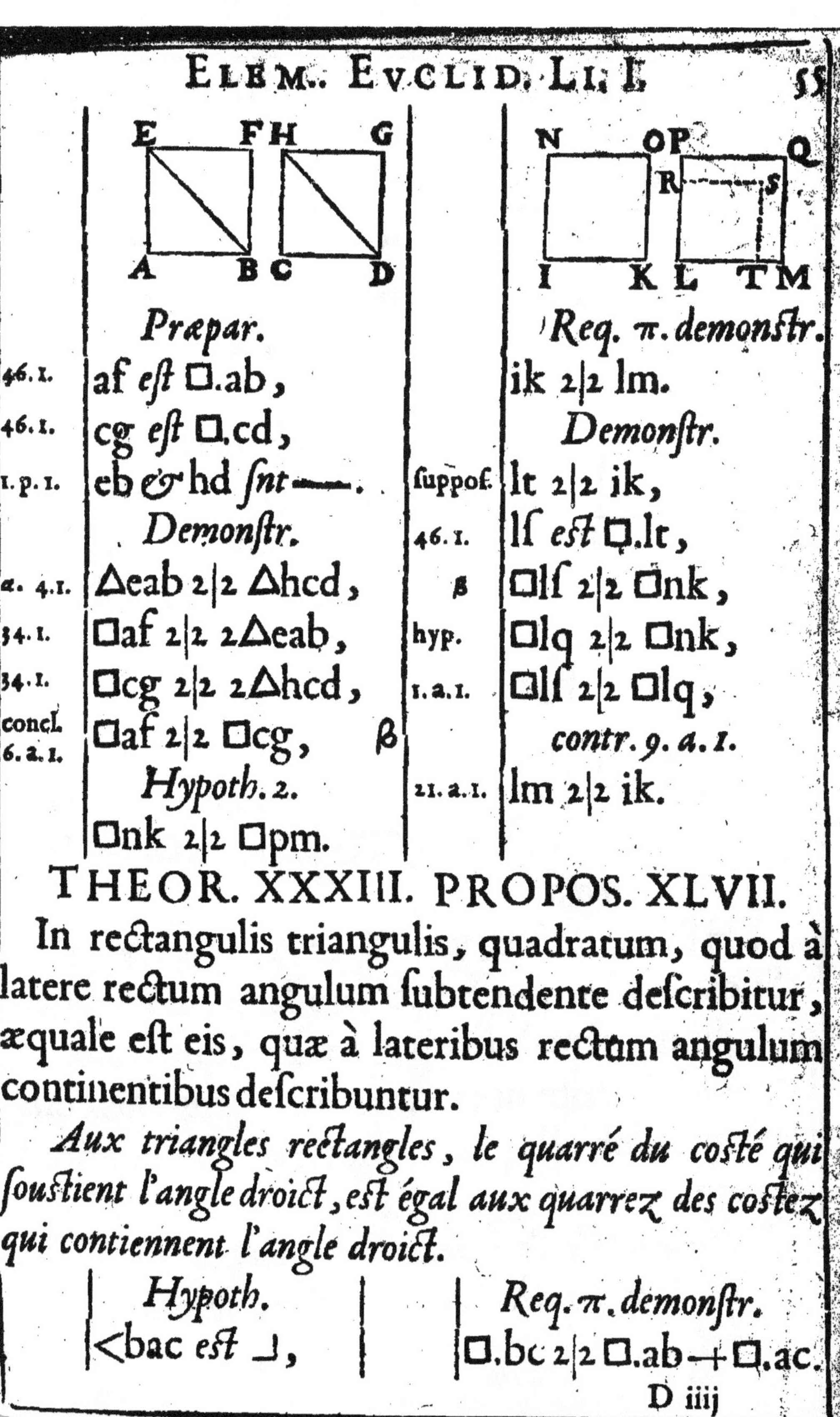

Præpar.

46.1. af *eſt* □.ab,
46.1. cg *eſt* □.cd,
1.p.1. eb & hd *ſnt* ——.

Demonſtr.

α. 4.1. Δeab 2|2 Δhcd,
34.1. □af 2|2 2Δeab,
34.1. □cg 2|2 2Δhcd,
concl. 6.a.1. □af 2|2 □cg, β

Hypoth. 2.

□nk 2|2 □pm.

Req. π. *demonſtr.*

ik 2|2 lm.

Demonſtr.

ſuppoſ. lt 2|2 ik,
46.1. lſ *eſt* □.lt,
β □lſ 2|2 □nk,
hyp. □lq 2|2 □nk,
1.a.1. □lſ 2|2 □lq,

contr. 9. a. 1.

21.a.1. lm 2|2 ik.

THEOR. XXXIII. PROPOS. XLVII.

In rectangulis triangulis, quadratum, quod à latere rectum angulum ſubtendente deſcribitur, æquale eſt eis, quæ à lateribus rectum angulum continentibus deſcribuntur.

Aux triangles rectangles, le quarré du coſté qui ſouſtient l'angle droict, eſt égal aux quarrez des coſtez qui contiennent l'angle droict.

Hypoth.

<bac *eſt* ⌋,

Req. π. *demonſtr.*

□.bc 2|2 □.ab + □.ac.

	Præpar.
46. 1.	be *est* □.bc,
46. 1.	af *est* □.ab,
46. 1.	ai *est* □.ac,
31. 1.	am ═ bd∥ce,
1. p. 1.	ad, ae, bi, cf *snt* —,
	Demonstr.

hyp.	<bac *est* ⅃,
constr.	<bag *est* ⅃,
14. 1.	gac *est* —,
29. d. 1.	ab 2|2 bf,
29. d. 1.	bd 2|2 bc,
12. a. 1.	<dbc 2|2 <fba,
	<abc *commun. add.*
2. a. 1.	<abd 2|2 <fbc,
4. 1.	Δabd 2|2 Δfbc, α
41. 1.	▱blmd 2|2 2Δabd,
41. 1.	□af 2|2 2Δfbc,
6. a. 1.	▱blmd 2|2 □af, β
d. α	Δace 2|2 Δicb,
d. β	▱clme 2|2 □ch,
concl. 2. a. 1.	□be 2|2 □af + □ai.

THEOR. XXXIV. PROPOS. XLVIII.

Si quadratum, quod ab vno laterum trianguli deſcribitur, æquale ſit eis, quæ à reliquis trianguli lateribus deſcribuntur, quadratis: Angulus comprehenſus ſub reliquis duobus trianguli lateribus, rectus eſt.

Si le quarré de l'vn des coſtez d'vn triangle, eſt égal aux quarrez des deux autres coſtez; le triangle ſera rectangle.

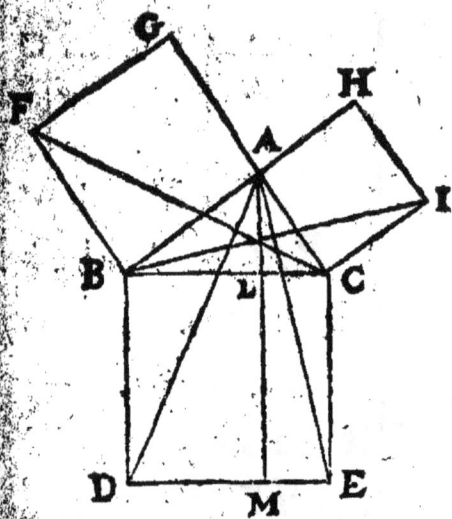

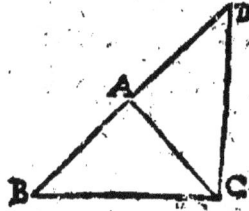

Hypoth.

□.bc 2|2 □.ab + □.ac,

Req. π. demonstr.

<bac *est* ⌋.

Præpar.

11. 1. <cad *est* ⌋,

3. 1. ad 2|2 ab,

1. p. 1. cd *est* ——.

Demonstr.

constr. ad 2|2 ab,

f. 46. 1. □.ad 2|2 □.ab,

hyp. □.bc 2|2 □.ab + □.ac, α

constr. <cad *est* ⌋,

47. 1. □.cd 2|2 □.ac + □.ad, ⊔ □.ab,

α. 1. a. 1. □.bc 2|2 □.cd,

f. 46. 1. bc 2|2 cd,

8. 1. <cab 2|2 cad,

constr. <cad *est* ⌋,

concl. 12. a b. <cab *est* ⌋.

EVCLIDIS ELEMENTORVM LIBER SECVNDVS.

LE SECOND LIVRE DES ELEMENTS D'EVCLIDE.

DEFINITIONES.

I.

OMNE parallelogrammum rectangulum contineri dicitur sub rectis duabus lineis, quæ rectum comprehendunt angulum.

DEFINITIONS.

I.

TOVT *parallelogramme rectangle est dit estre contenu sous deux lignes droictes, qui contienent l'angle droict.*

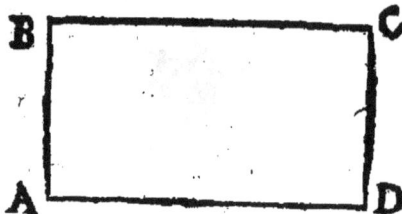

Parallelogrammum rectangulum AC, dicitur contineri sub

Le parallelogramme rectangle AC, est dit estre contenu sous les rectis AB & AD, rectum angulum BAD comprehendentibus, quod conficiatur ex motu imaginario lineæ AB in lineam AD, vel lineæ AD in lineam AB. Si namque animo concipiatur recta AB, secundum rectam AD, moueri in transuersum, ita vt semper angulum rectum cum AD constituat, donec punctum A, ad punctum D, & punctum B, ad punctum C, perueniat, descriptum erit parallelogrammum ABCD. Idem fiet, si AD ponatur moueri in transuersum secundum rectam AB, &c. quamobrem optimo iure, parallelogrammum AC sub rectis lineis AB & AD contineri dicitur.

lignes droictes AB & AD, comprenans l'angle droict BAD: à cause qu'il est faict par le mouuement imaginaire de la ligne AB sur la ligne AD, ou de la ligne AD sur la ligne AB. Car si on s'imagine que la ligne droicte AB se meut selon la ligne droicte AD de trauers, faisant tousiours angle droict auec AD, iusques à ce que le poinct A soit paruenu au poinct D, & le poinct B au poinct C, le parallelogramme ABCD aura esté descrit par le mouuement de la ligne droicte AB. Le mesme aduiendra, si AD est posee se mouuoir de trauers selon AB, &c. Donc à bon droict le parallelogramme AC est dict estre contenu sous AB & AD.

SCHOLIVM I.

Cognitis lateribus rectanguli inuenire aream.

SCHOLIE I.

Les costez d'vn rectangle estans cognus trouuer l'aire.

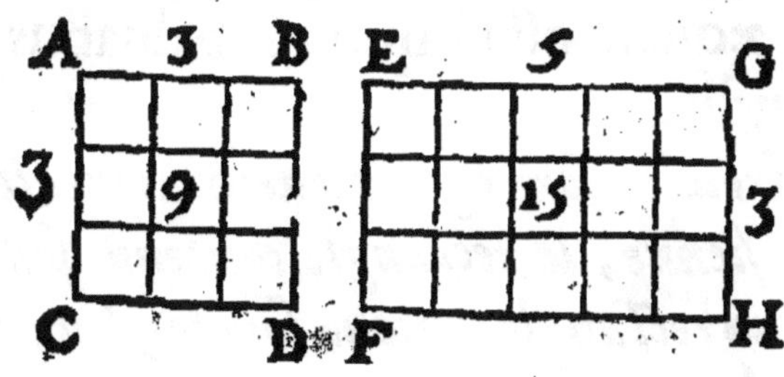

Producitur area rectanguli, ex multiplicatione numeri vnius lateris in numerum alterius lateris circa eundem angulum e.g. numerus lateris EG, 5, ductus in

L'aire d'vn rectangle se trouue par la multiplication du nombre de l'vn des costez, par le nombre de l'autre costé, qui sera à l'entour du mesme angle: par exemple, le nom-

numerum lateris GH, 3, facit 15, pro area rectanguli EH.

bre du costé EG, 5, estant multiplié par le nombre du costé GH, 3, fait 15, pour l'aire du rectangle EH.

SCHOLIVM II.

Cognita area rectanguli & vno laterum : inuenire alterum latus.

SCHOLIE II.

L'aire d'vn rectangle estant cogneuë, & l'vn des costez trouuer l'autre costé.

A	3	B
3	9	
C		D

E		5		G
		15		3
F				H

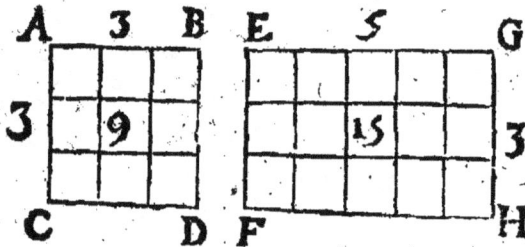

Diuidatur numerus areæ per numerum lateris dati, quotiens erit quæsitus numerus e. g. numerus areæ EH, 15. diuisus per numerum lateris EG. 5, dat. 3, pro numero alterius lateris GH.

Soit diuisé le nombre de l'aire par le nõbre du costé dõné, & le quotiẽt sera le requis. Par exemple le nõbre du rectangle EH, 15. estant diuisé par le nombre du costé EG, donne 3, pour le nombre de l'autre costé GH.

SCHOL. III.

Si duæ rectæ lineæ aliis duabus rectis lineis æquales fuerint vtraque vtrique, rectangulum sub prioribus duabus comprehensum æquale est ei quod sub duabus posterioribus comprehenditur.

Si deux lignes droictes sont égales à deux autres lignes droictes chacune à la sienne, le rectangle contenu sous les deux premieres est égal au rectangle contenu sous les deux dernieres.

Hypoth.			*Req. π. demonstr.*
db & hf *snt* ▭,			▭db 2|2 ▭hf,
dc 2|2 hg,	*a*		*Præpar.*
ad 2|2 eh.	*a*	1. p. 1.	ac & eg *snt* —.

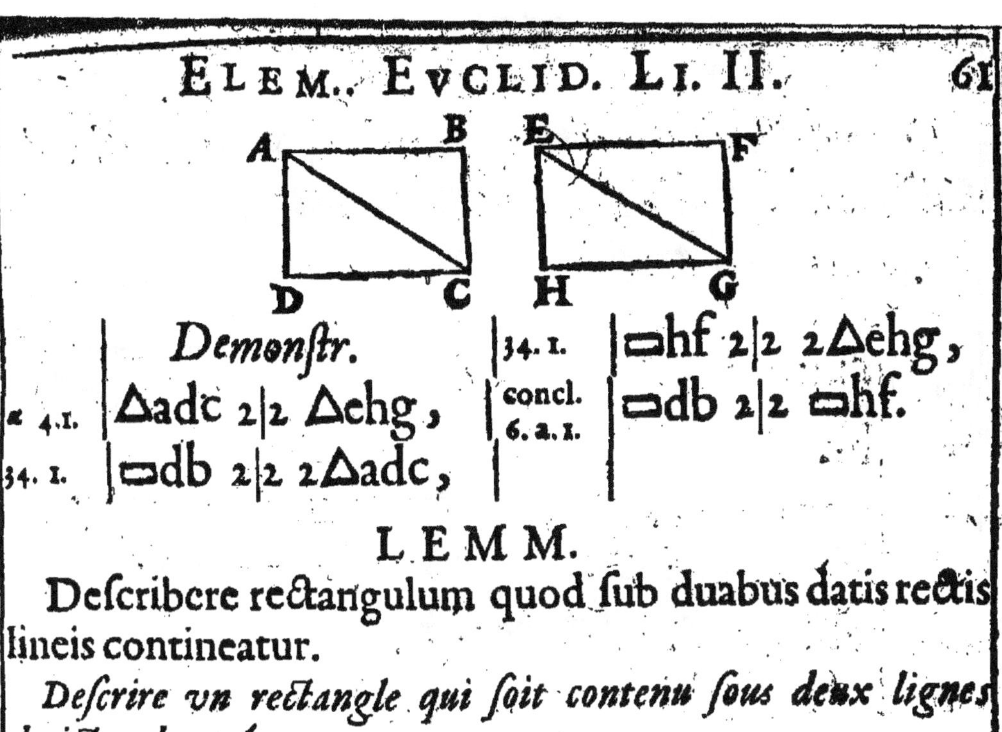

Demonſtr.

α 4. 1. △adc 2|2 △ehg,
34. 1. ▭db 2|2 2△adc,
34. 1. ▭hf 2|2 2△ehg,
concl. 6. a. 1. ▭db 2|2 ▭hf.

LEMM.

Deſcribere rectangulum quod ſub duabus datis rectis lineis contineatur.

Deſcrire vn rectangle qui ſoit contenu ſous deux lignes droictes donneés.

B C
E A D

Hypoth.

e & ad ſnt — D.

Conſtr.

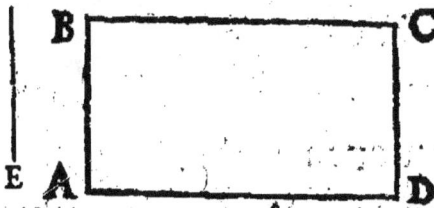

11. 1. <dab eſt ⊥,
3. 1. ab 2|2 e,
31. 1. bc = ad,
13. 1. dc = ab,
ſymp. ac eſt ▭ *req.*

Demonſtr.

conſtr. ac eſt ◊,
conſtr. <a eſt ⊥,
2. ſ. 29. 1 ac eſt ▭,
conſtr. ab 2|2 e,
concl. 1. d. 2. ac eſt ▭. ad, abııe.

DEFINIT. II.

In omni parallelogrammo ſpatio, vnumquodlibet eorum, quæ circa diametrum illius ſunt, parallelogrammorum, cum duobus complementis, Gnomon vocetur.

De tout espace parallelogramme, lequel on voudra des parallelogrammes à l'entour du diametre, auec les deux complements, soit appellé Gnomon.

hyp.	fhik *est* o,
hyp.	hk *est diametr.*
hyp.	gbm = fkuhi,
hyp.	abe = hfuik,
36.d.1.	obf & obi *snt complem.*
2.d.1.	ofb + obi + ogauehm *est gnomon.*
2.d.1.	*Item* ofb + obi + oemugka *est gnomon.*

F E K G B M H A I

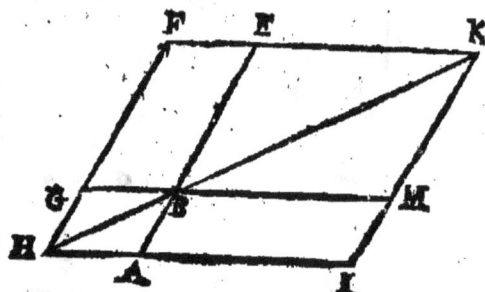

THEOR. I. PROPOS. I.

Si fuerint duæ rectæ lineæ, seceturque ipsarum altera in quotcunque segmenta: Rectangulum comprehensum sub illis duabus rectis lineis, æquale est eis, quæ sub insecta, & quolibet segmentorum comprehenduntur, rectangulis.

S'il y a deux lignes droictes, & que l'vne d'icelles soit couppée en tant de parties que l'on voudra, le rectangle contenu sous icelles deux lignes droictes, est égal au rectangle contenu sous la non couppée, & sous chacune des parties de la couppée.

Hypoth.

c & ab *snt* —— D.

ad, de, eb *snt par..* ab,

F H I G A D E B C

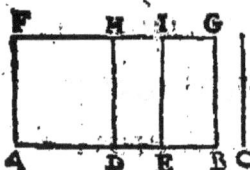

Req. π. demonstr.

▭.ab,c 2|2 ▭.ad,c, + ▭.de,c, + ▭.eb,c.

Præpar.

1.1.d.2.	ag *est* ▭.ab.c, ⊔af,
31.1.	dh ═ af⊔bg,
31.1.	ei ═ af⊔bg.

Demonstr.

2.c.29.1	ah,di,eg *snt* ▭,	a
34.1.	af,dh,ei,bg, *snt* 2|2 ∻e,	a
constr.	af 2|2 c,	
3.f.1.d.2	▭ag 2|2 ▭.ab,c,	
3.f.1.d.2	▭ah 2|2 ▭.ad,c,	
3.f.1.d.2	▭di 2|2 ▭.de,c,	
3.f.1.d.2	▭eg 2|2 ▭.eb,c,	
19.a.1.	▭ag 2|2 ▭ah + ▭di + ▭eg,	
1.a.g.	▭.ab,c 2|2 ▭.ad,c + ▭.de,c + ▭.eb,c.	

Explicat. p nr.

hyp.	c⊔af *est* 6,	1.f.1.d.2	▭ag est 72,
hyp.	ad *est* 5,	1.f.1.d.2	▭ah *est* 30,
hyp.	de *est* 3,	1.f.1.d.2	▭di *est* 18,
hyp.	eb *est* 4,	1.f.1.d.2	▭eg *est* 24,
2.a.1.	ab *est* 12,	2.a.1.	▭ag *est* 72.

SCHOL.

Si fuerint duæ rectæ lineæ, secenturque ambæ in quot

cunque segmenta: Rectangulum comprehensum sub illis duabus rectis lineis, æquale est eis, quæ sub singulis segmentis vnius, & quolibet segmentorum alterius continentur rectangulis.

S'il y a deux lignes droictes, & que toutes deux soient couppées, en tant de parties qu'on voudra: le rectangle contenu sous icelles deux lignes droictes, est égal aux rectangles contenus sous chacune partie de l'vne & de l'autre.

Hypoth.

ab & ac *snt* — D.

par.. ab *snt* ad, de, eb,

par.. ac *snt* ag, gc.

Req. π. *demonstr.*

▭.ab,ac 2|2 { ▭.ad,ag + ▭.de,ag + ▭.eb,ag + ▭.ad,gc + ▭.de,gc + ▭.eb,gc,

Præpar.

1.1.d.2. ah *est* ▭.ab,ac,

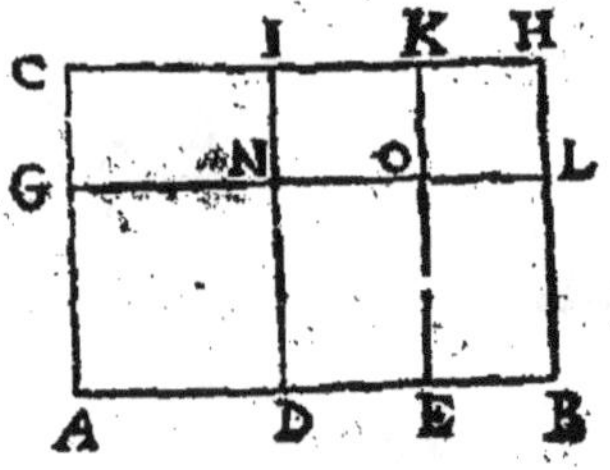

31.1. di & ek *snt* = ac,

31.1. gl *est* = abuch.

Demonstr.

1.d.2. an *est* ▭.ad,ag,

3.f.1.d.2 ▭do 2|2 ▭.de,ag,

3.f.1.d.2 ▭el 2|2 ▭.eb,ag,

3.f.1.d.2 ▭gi 2|2 ▭.ad,gc,

3.f.1.d.2 ▭nk 2|2 ▭.de,gc,

▭ok

3.f.1.d.2	▭oh 2|2 ▭.eb,gc,
2.a.1.	▭ah 2|2 { ▭an + ▭do + ▭el + ▭gi + ▭nk + oh,
concl. 1.a.g.	▭.ab,ac 2|2 { ▭.ad,ag + ▭.de,ag + ▭.eb,ag. + ▭.ad,gc + ▭.de,gc + ▭.eb,gc,

Explicat. p nr.

hyp.	ad *est* 5,	1.f.1.d.2	an▭.ad,ag *est* 25,
hyp.	de *est* 3,	1.f.1.d.2	do▭.de,ag *est* 15,
hyp.	eb *est* 2,	1.f.1.d.2	el▭.eb,ag *est* 10,
2.a.1.	ab *est* 10,	1.f.1.d.2	gi▭.ad,gc *est* 10,
hyp.	ag *est* 5,	1.f.1.d.2	nk▭.de,gc *est* 6,
hyp.	gc *est* 2,	1.f.1.d.2	oh▭.eb,gc *est* 4,
2.a.1.	ac *est* 7,	2.a.1.	*aggreg.*▭ah *est* 70.
1.f.1.d.2.	ah▭.ab,ac *est* 70,		

THEOR. II. PROPOS. II.

Si recta linea secta sit vtcunque: Rectangula, quæ sub tota, & quolibet segmentorum comprehenduntur, æqualia sunt ei, quod à tota fit, quadrato.

Si vne ligne droicte est couppée comme on voudra, les rectangles contenus sous la toute & chacune des parties sont égaux au quarré de la toute.

Demonstr.	∴	ad & db *snt par.* .ab.
ab *est* ——.		*Req.* π. *demonstr.*

E

□.ab 2|2 ▭.bad + ▭.abd.

Præpar.

46.1. ag *est* □.ab,

df ═ ac⊔bg.

Demonstr.

constr. ag *est* □.ab,

35.d.1. af & dg *snt* ◊,

2 s.19.1. af & dg *snt* ▭,

3 s.1 d.2 ▭af 2|2 ▭.bad,

3.s.1.d.2 ▭dg 2|2 ▭.abd,

19.a.1. □ag 2|2 ▭af + ▭dg,

concl. 1.a g. □.ab 2|2 ▭.bad + ▭.abd.

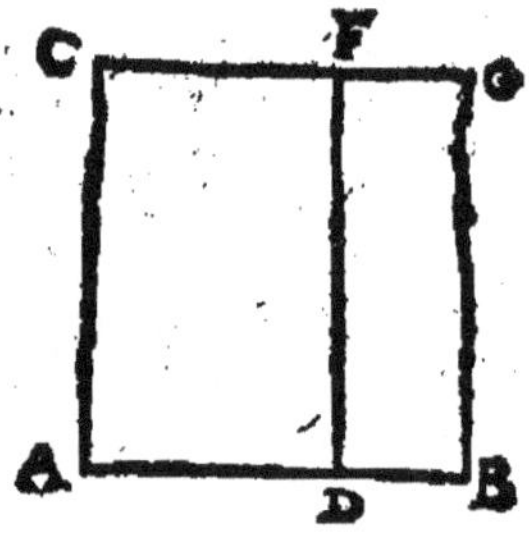

Explicat. p nr.

hypoth.	ad *est* 5,	1.s.1.d.2	af▭.bad *est* 35,
hyp.	db *est* 2,	1.s.1.d.2	dg▭.abd *est* 14,
2.a.1.	ab *est* 7,	2.a.1.	▭af + ▭dg *snt* 49.
1.s.1.d.2	ag□.ab *est* 49;		

THEOR. III. PROPOS. III.

Si recta linea secta sit vtcunque: Rectangulum sub tota & vno segmentorum comprehensum, æquale est illi, quod sub segmentis comprehenditur, rectangulo, & illi, quod à prædicto segmento describitur, quadrato.

Si vne ligne droicte est couppée comme on voudra: le

rectangle contenu ſous la toute & vne des parties, eſt égal au rectangle contenu ſous icelles parties, & au quarré de la partie premierement priſe.

	Hypoth.		
	ab *eſt* —— .		
	ac & cb *ſnt par..ab.*		
	Req. π. demonſtr.		
	▭.bac 2|2 { ▭.bca −+□.ac,	2. ſ.29.1	cf *eſt* ▭,
		3.ſ.1.d.2	▭af 2|2 ▭.bac,
	Præpar.	3.ſ.1.d 2	▭cf 2|2 ▭.bca,
46.1.	ad *eſt* □.ac, α	conſtr.	ad *eſt* □.ac,
31.1.	bf ═ cd,		
2.p.1.	edf *eſt* ——,	19.a.1.	▭af 2|2 { ▭cf −+□ad,
	Demonſtr.	concl. 1.a g.	▭.bac 2|2 { ▭.bca −+□.ac.
α.29.d.1	ac, ae, cd *ſnt* 2|2 de,		
2.ſ.29.1	af *eſt* ▭,		

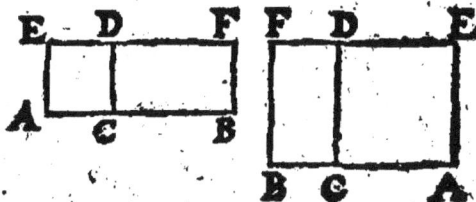

Explicat. p nr.

hyp.	ac *eſt* 2,	1.ſ.1.d.2	cf▭.bca *eſt* 10,
hyp.	cb *eſt* 5,	1.ſ.1.d.2	ad□.ac *eſt* 4,
1.a.1.	ab *eſt* 7,	2.a.1.	cf−+ad *ſnt* 14,
1.ſ.1.d.2	af▭.bac *eſt* 14,		

THEOR. IV. PROPOS. IV.

Si recta linea ſecta ſit vtcũque: Quadratum, quod à tota deſcribitur, æquale eſt & illis, quæ à ſegmentis describuntur, quadratis, & ei, quod bis sub segmentis comprehenditur, rectangulo.

Si vne ligne droicte est couppée comme on voudra : le quarré de la toute est égal aux quarrez des parties, & a deux fois le rectangle contenu sous icelles parties.

Hypoth.

ab *est* —.

ac & cb *snt par..* ab,

Req. π. demonstr.

□.ab 2|2 □.ac + □.cb + 2 ▭.acb,

Præpar.

46.1. ad *est* □.ab

1. p.1. eb *est* —,

31.1. cf = ae॥bd,

31.1. hgi = ab॥ed.

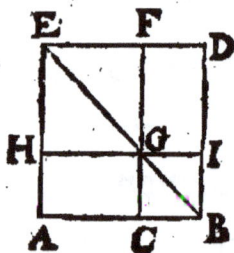

Demonstr.

29.d.1. ∠a, ∠aed, ∠d, ∠abd *snt* ⅃,

a.c.29.1 ∠ehg, ∠efg, ∠hgf *snt* ⅃, α

29.d.1. ae 2|2 ab,

2.c.32.1. ∠aeb *est* $\frac{1}{2}$ ⅃, β

2.c.32.1. ∠deb *est* $\frac{1}{2}$ ⅃,

α.β.32.1 ∠hge *est* $\frac{1}{2}$ ⅃,

α.32.1. ∠fge *est* $\frac{1}{2}$ ⅃,

6.1. he 2|2 hg,

6.1. ef 2|2 fg,

34. 1.	ef 2|2 hg,
29. d.1.	hf *est* □.hg⊔ac, γ
d. γ	cgib *est* □.cb,
3.f.1.d.2	▭ag 2|2 ▭.acb,
43. 1.	▭ag 2|2 ▭gd,
1.a.1.	▭gd 2|2 ▭.acb,
19.a.7	□ad 2|2 □hf + □ci + ▭ag + ▭gd,
concl. 1.a.g.	□.ab 2|2 □.ac + □.cb + 2▭.acb.

Explicat. p nr.

hypoth.	ac *est* 5,	1.f.1.d.2	ci□.cb *est* 4,
hyp.	cb *est* 2,	1.f.1.d.2	ag▭.acb *est* 10,
2. a. 1.	ab *est* 7,	1.f.1.d.2	gd▭.acb *est* 10,
1.f.1.d.2	ad□.ab *est* 49,	2. a. 1.	ad□.ab *est* 49.
1.f.1.d.2.	hf□.ac *est* 25,		

COROLL. I.

Hinc manifestum est parallelogramma circa diametrum quadrati esse quadrata.

De cette demonstration il s'ensuit que les parallelogrammes descrits à l'entour du diametre d'vn quarré, sont quarrez.

COROLL. II.

Sequitur etiam diametrum cuiusuis quadrati diuidere eius angulos bifariam.

Il s'ensuit aussi que le diametre de quelconque quarré diuise les angles d'iceluy en deux égalements.

SCHOL. I.

Si linea recta fuerit dupla lineæ rectæ, quadratum ex illa

descriptum, quadruplum est quadrati ex hac descripti.

Si vne ligne droicte est double d'vne ligne droicte, le quarré descrit de celle-là, est quadruple du quarré descrit de celle-cy.

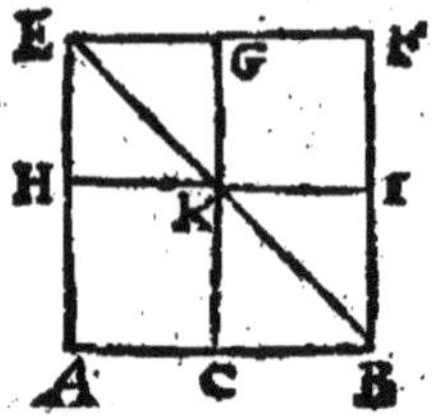

	Hypoth.
	ac 2|2 cb.
	Req. π. demonstr.
	□.ab 2|2 4□.ac⊔cb.
	Præpar.
46.1.	af *est* □.ab,
1.p.1.	eb *est diametr,*
31.1.	cg ═ ae⊔bf,
31.1.	hki ═ ab⊔ef,

	Demonstr.
constr.	af *est* □.ab,
1.c.4.2.	ci *est* □.cb,
1.c.4.2.	hg *est* □.ac,
29.d.1.	eh 2|2 hk,
34.1.	hk 2|2 ac,
hyp.	ac 2|2 cb,
29.d.1.	cb 2|2 ck,
34.1.	cb 2|2 ki,
29.d.1.	ak & kf *snt* □,
c.46.1.	□ak, □kf, □ci, □hg } *snt* 2|2 de
concl. 19.a.b.	□af 2|2 4□ac⊔cb.

Explicat. p nr.

hyp.	ac *est* 3,
hyp.	cb *est* 3,
2.a.1.	ab *est* 6,
1.c.1.d.2	af□.ab *est* 36,
1.c.1.d.2	ak□.ac *est* 9,
1.c.1.d.2	hg□.ac *est* 9,
1.c.1.d.2	ci□.cb *est* 9,
1.c.1.d.2	kf□.cb *est* 9,
2.a.1.	af□.ab *est* 36.

SCHOL. II.

Si quadratus numerus addatur & auferatur ab eodem numero dato, & dimidium summæ & residui, diuidatur per latus eiusdem quadrati : fient latera duorum quadratorum dato numero differentium.

Si vn nombre quarré est adiousté, & osté d'vn mesme nombre donné, & que la somme & le reste soit diuisé par le costé du mesme quarré: il s'en fera les costez de deux quarrez, differents du nombre donné.

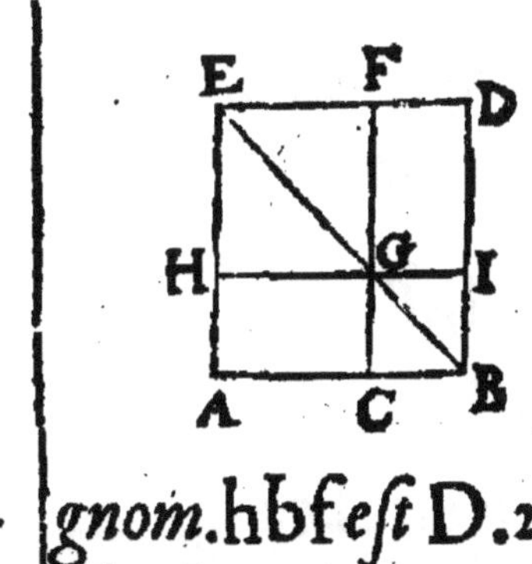

arbitr.	*gnom.* hbf *est* D. 21,
arbitr.	cb⊔bi *est* 3,
1. f. 1. d. 2	ci□.cb *est* 9,
2. a. 1.	hbf+□ci *snt* 30, α
3. a. 1.	hbf~□ci *est* 12, β
α. 7. a. 1.	▭ai *est* 15,
β. 7. a. 1.	▭ag *est* 6,
2. f. 1. d. 2	ab *est* 5,
2. f. 1. d. 2	ac *est* 2,
1. f. 1. d. 2	ad□.ab *est* 25,
1. f. 1 d. 2	hf□.ac *est* 4,
concl. 3. a. 1.	hbf *est* 21.

SCHOL. III.

Si cuius numero quadrato addatur quadratus numerus & à summa auferatur duplus plani sub lateribus quadratorum comprehensi residuum erit quadratus numerus.

Si à quelque nombre quarré est adiousté vn nombre quarré, & de la somme soustrait le double du plan compris sous les costez des deux quarrez, le reste sera vn nombre quarré.

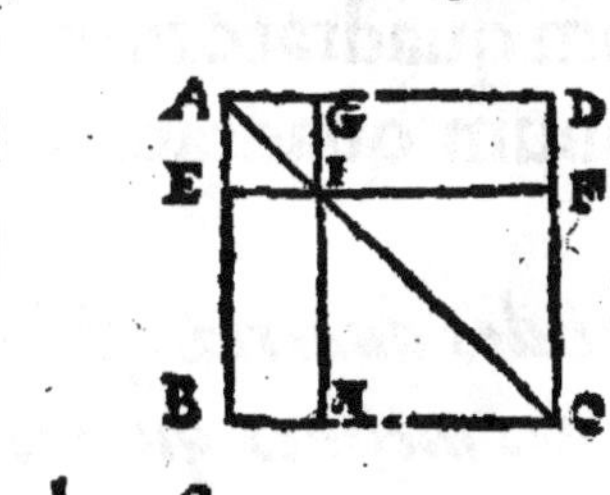

arbitr.	ab *est* 5,
1. f. 1. d. 2	bd□.ab *est* 25,
arbitr.	ae *est* 2,
1. f. 1. d. 2	eg□.ae *est* 4,
2. a. 1.	bd+eg *snt* 29,
1. f. 1. d. 2	▭bg⊔▭af *est* 10,

2.a.1.	▭bg + ▭af *snt* 20,	f.46.1.	hc *est* 3.
concl. 3.a.1.	□hf *est* 9,		

SCHOL. IV.

Si cuius quadrato numero addatur quadratus numerus cum duplo plani sub lateribus quadratorum comprehensi fiet quadratus numerus.

Si à quelque nombre quarré est adiousté vn nombre quarré auec le double du plan contenu sous les costez des quarrez, la somme sera vn nombre quarré.

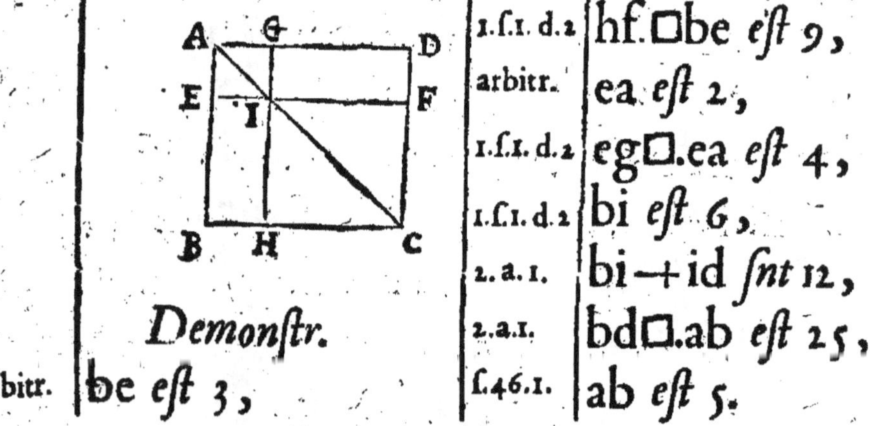

		1.f.1. d.2	hf. □be *est* 9,
		arbitr.	ea *est* 2,
		1.f.1. d.2	eg □.ea *est* 4,
		1.f.1. d.2	bi *est* 6,
		2.a.1.	bi + id *snt* 12,
	Demonstr.	2.a.1.	bd □.ab *est* 25,
arbitr.	be *est* 3,	f.46.1.	ab *est* 5.

CONSEQ.

Omnis quadratus numerus auctus duplo sui lateris & vnitate efficit quadratum numerum.

Tout nombre quarré estant augmenté du double de son costé, & de l'vnité fait vn nombre quarré.

SCHOL. V.

Si excessus progressionis laterum quadratorum sit vnitas, excessus progressionis gnomonum quadratorum eorumdem laterum erit binarius.

Si l'excez de la progression des costez des quarrez est l'vnité, l'excez de la progression des gnomons des mesmes quarrez sera deux.

Hypoth.

af *est* 1,
ag *est* 2,
ah *est* 3,
al *est* 4,

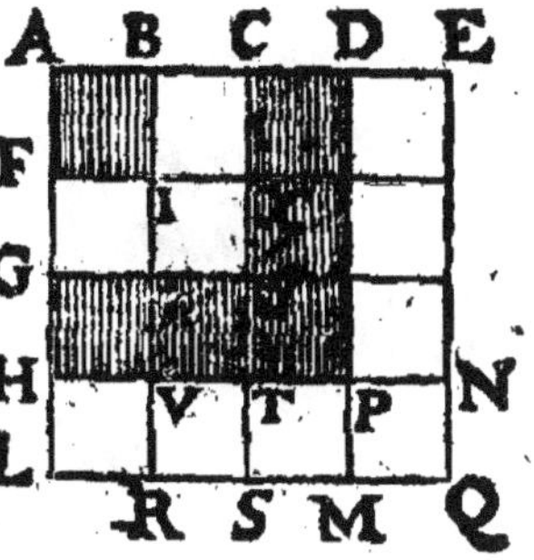

Req. π. demonstr.

gnom. fob + 2, 2|2 *gnom.* gpc,
gnom. gpc + 2, 2|2 *gnom.* hqd.

Demonstr.

1.s.1.d.2 ai□.af *est* 1,
1.s.1.d.2 ao□.ag *est* 4,
1.s.1.d.2 ap□.ah *est* 9,

gnom. fob + 1
2.a.1. ▭gx + ▭zc
36.1. ▭ho + ▭od
3.a.1. *gnom.* gpc ~ 1
} *snt* 2|2 *se*,

1.a.1. *gnom.* fob + 1, 2|2 *gnom.* gpc ~ 1,
1.concl.
2.a.1. *gnom.* fob + 2, 2|2 *gnom.* gpc. α
d. α *gnom.* gpc + 2, 2|2 *gnom.* hqd.

CONSEQ.

Omnes numeri è serie imparium ab vnitate sunt gnomones: Et omnes aggregati gnomonum ab vnitate sunt quadrati numeri: Omnisque quadratus numerus ex tot imparibus numeris componitur quot vnitatibus constat ipsius latus.

Tous les nombres impairs qui s'entresuiuent commençant à

l'vnité ſont gnomons: Et tous les aggregez des gnomons qui s'entreſuiuent commençant à l'vnité ſont nombres quarrez; Et tout nombre quarré eſt composé d'autant de nombres impairs qu'il y a d'vnitez en ſon coſté.

gnom. | fb,1. fob,3. gpc,5. hqd,7. *progreſſ. impar.*
19.a.1. | fb + fob *ſnt* ao□.ag. 4,
19.a.1. | fb + fob + gpc *ſnt* ap□.ah. 9,
19.a.1. | fb + fob + gpc + hqd *ſnt* aq□.al 16.

THEOR. V. PROPOS. V.

Si recta linea ſecetur in æqualia, & non æqualia: Rectangulum ſub inæqualibus ſegmentis totius comprehenſum, vnà cum quadrato, quod ab intermedia ſectionum, æquale eſt ei, quod à dimidia deſcribitur, quadrato.

Si vne ligne droicte eſt couppée en deux parties égales, & en deux parties inégales, le rectangle contenu des parties inégales de la toute, auec le quarré de la ſection du milieu, eſt égal au quarré de la moitié de la toute.

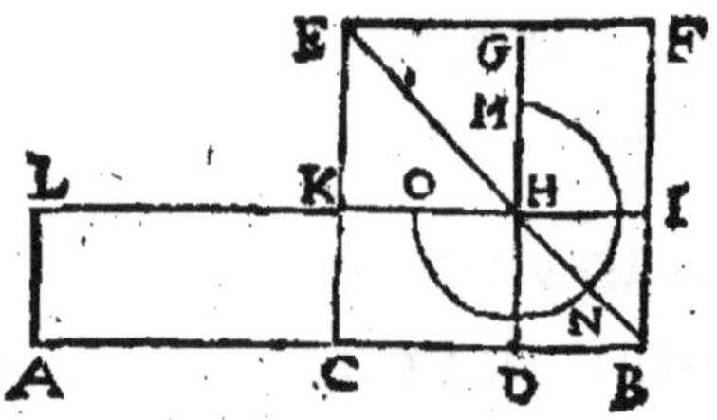

Hypoth.
ab *eſt* —.
ac 2|2 cb,

ad 3|2 db.

Req. π. demonſtr.
▭.adb + □.cd } 2|2 □.cb.

Præpar.
46.1. | cf *eſt* □.cb,
1.p.1. | eb *eſt diametr.*

31. 1.	dg ═ bf⊔ce,
31. 1.	al ═ ce,
31. 1.	lhi ═ ab,
	Demonstr.
1. c. 4. 2.	kg & di *snt* □,
2. s. 29. 1	ak, ch, hf *snt* ▭,
43. 1.	▭hf 2|2 ▭ch,
	□di *est commun. add.*
2. a. 1.	▭df 2|2 ▭ci,
36. 1.	▭ak 2|2 ▭ci,
1. a. 1.	▭df 2|2 ▭ak,
	▭ch *commun. add.*
2. a. 1.	*gnom.* kbg 2|2 ▭ah,
	□kg *commun. add.*
2. a. 1.	*gnom.* kbg + □kg 2|2 ah▭.adb + kg□.cd,
19. a. 1.	*gnom.* kbg + □kg 2|2 cf□.cb,
concl. 1. a. g.	▭.adb + □.cd 2|2 □.cb.

Explicat. p nr.

hyp.	ac *est* 5,	3. a. 1.	cd *est* 3,
hyp.	cb *est* 5,	1. s. 1. d. 2.	ah▭.adb *est* 16,
2. a. 1.	ab *est* 10,	1. s. 1. d. 2.	kg□.cd *est* 9,
hyp.	ad *est* 8,	2. a. 1.	ah + kg *snt* 25,
3. a. 1.	db *est* 2,	concl. 1. s. 1. d. 2	cf□.cb *est* 25.

SCHOL.

Quadratum perpendicularis, à quouis puncto circunferentiæ in diametrum ductæ, est æquale rectangulo, comprehenso sub segmentis diametri, quæ ab ipsa perpendiculari fiunt.

Le quarré de la perpendiculaire, qui tombe de la circonference sur le diametre; est égal au rectangle compris sous les segments du diametre faicts par icelle perpendiculaire.

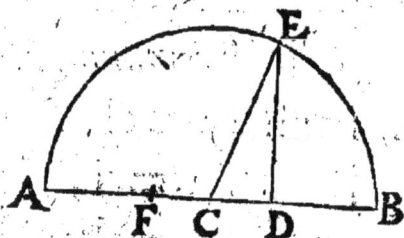

Hypoth.

caeb *est semic.*

ab *est diamet.*

cd ⊥ ab.

Req. π. demonstr.

□.ed 2|2 ▭.adb.

Præpar.

1. p. 1. ec *est* —— .

Demonstr.

hyp. <edc *est* ⌐,

15. d. 1. ac 2|2 cb,

5. 2. ▭.adb + □.cd 2|2 □.cb⊔ce,

47. 1. □.ed + □.cd 2|2 □.ce,

1. a. 1. ▭.adb + □.cd 2|2 □.ed + □.cd,

□.cd *commun. subtr.*

concl. 3. a. 1. ▭.adb 2|2 □.ed.

PROBL. VI. PROPOS. VI.

Si recta linea bifariam secetur, & illi recta quædam linea in directum adiiciatur: Rectangulum comprehensum sub tota cum adiecta, & adiecta, vnà cum quadrato à dimidia, æquale est quadrato à linea, quæ tum ex dimidia, tum ex adiecta componitur, tanquam ab vna, descripto.

Si vne ligne droicte est couppée en deux parties égales, & qu'on luy adiouste quelque ligne droicte directement, le rectangle contenu sous la toute auec l'adioustée, & l'adioustée auec le quarré de la moitié, est égal au quarré descrit de la ligne composée de la moitié, & de l'adioustée comme d'vne.

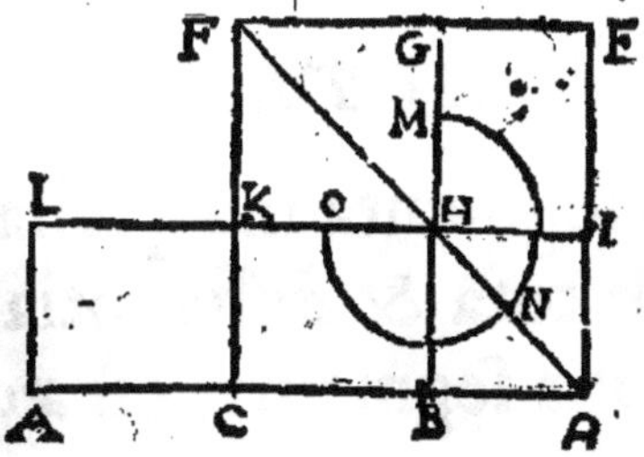

1.p.1.	fd *est diamet.*
31.1.	bg = cf⊔de,
31.1.	al = cf,
31.1.	lhi = ad,

Hypoth.

ac 2|2 cb, α

abd *est* —.

Req. π. demonstr.

▭.adb + □.cb } 2|2 □.cd,

Præpar.

46.1. ce *est* □.cd,

Demonstr.

constr.	ce *est* □.cd,
1.c.4.2.	kg & bi *snt* □,
43.1.	▭he 2|2 ▭ch,
α.36.1.	▭ak 2|2 ▭ch,
1.a.1.	▭he 2|2 ▭ak,
	▭ci *commun. add.*
2.a.1.	*gnom.* kdg 2|2 ▭ai
	□kg *commun. add.*

2.a.1.	*gnom.* Kdg + □Kg 2|2 ai▭.adb + Kg□.cb,
19.a.1.	*gnom.* Kdg + □Kg, 2|2 ce□.cb,
concl. 1.a.g.	▭.adb + □.cb 2|2 □.cd,

Explicat. ꝑ *nr.*

F G E M L K O H I N A C B D

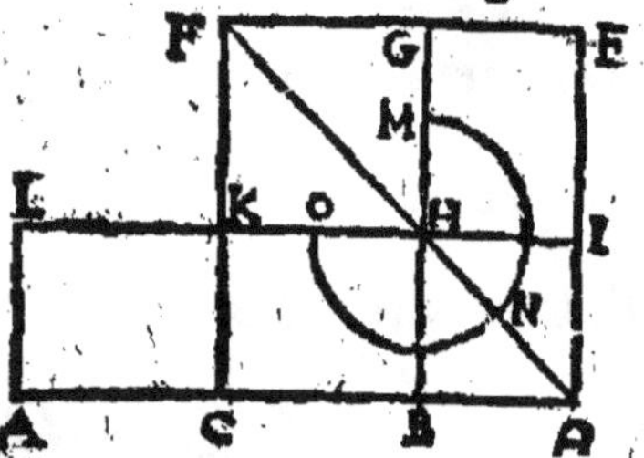

hyp.	ac *eſt* 3,
hyp.	cb *eſt* 3,

arbitr.	bd *eſt* 2,
2.a.1.	ad *eſt* 8,
1.ſ.1.d.2	ai▭.adb *eſt* 16,
1.ſ.1.d.2	Kg□.cb *eſt* 9,
2.a.1.	ai + Kg *ſnt* 25,
1.ſ.1.d.2	ce□.cd *eſt* 25.

PROPOS. VI. ALITER. *AVTREMENT.*

Si recta linea ſecetur in duo ſegmenta inæqualia, rectangulum comprehenſum ſub tota & differentia partium, vnà cum quadrato minoris ſegmenti, eſt æquale maioris ſegmenti quadrato.

Si vne ligne droicte eſt couppée en deux parties inégales, le rectangle contenu ſous la toute & la difference des parties, auec le quarré de la moindre partie, eſt égal au quarré de la plus grande partie.

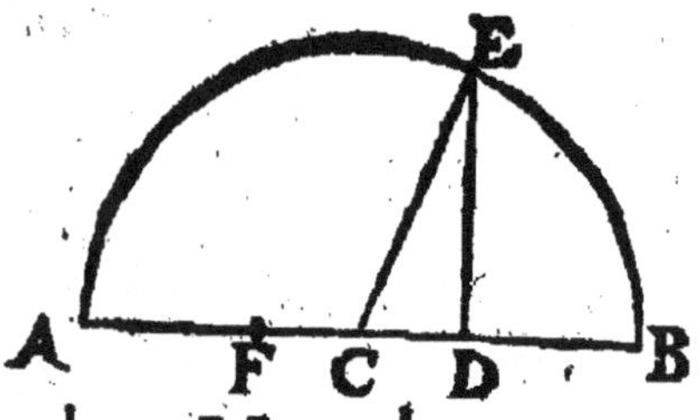

E A F C D B

Hypoth.

ad *eſt* —.

	*ſegm.*ac 3|2 *ſegm.*cd.
	Præpar.
3.p.1.	caeb *eſt ſemic.*
2.p.1.	adb *eſt* —,
11.p.1.	de ⊥ ab,
1.p.1.	ce *eſt* —,

5.1. cf 2|2 cd,

Req. π. demonstr.

▭.daf ⊣ □.cd 2|2 □.ac.

Demonstr.

15.d.1. ac 2|2 cb,
constr. cd 2|2 cf,
3.a.1. af 2|2 db,
3 s.1.d.2 ▭.daf 2|2 ▭.adb,
s.5 2. □.de 2|2 ▭.adb,
1.a.1. ▭.daf 2|2 □.de,
□.cd *commun. add.*
2.a.1. ▭.daf ⊣ □.cd 2|2 □.de ⊣ □.cd,
47.1. □.de ⊣ □.cd 2|2 □.ce⊔ca,
concl. 1.a.1. ▭.daf ⊣ □.cd 2|2 □.ac.

SCHOL. I.

Si tres rectæ ſint in proportione arithmetica, rectangulum ſub extremis contentum, vnà cum quadrato exceſſus, æquale erit quadrato mediæ.

Si trois lignes droictes ſont en proportion arithmetique, le rectangle compris ſous les extremes, auec le quarré de l'excez, ſera égal au quarré de la moyenne.

s.4.d.5. af, af ⊣ fc, af ⊣ fc ⊣ cd *ſnt ⟨in propor. arithm.*
⊔, af, ac, ad.
concl. 6.2. ▭.af, ad ⊣ □.cd⊔fc 2|2 □.ac.

SCHOL. II.

Si quantitas quantitatem excedat, ſemiſſis illius ſemiſſem huius ſuperabit exceſſus ſemiſſe.

Si vne quantité excede vne quantité, la moitié de celle-la surpassera la moitié de celle-cy de la moitié de l'excez.

hyp. | ac 2|2 cb,

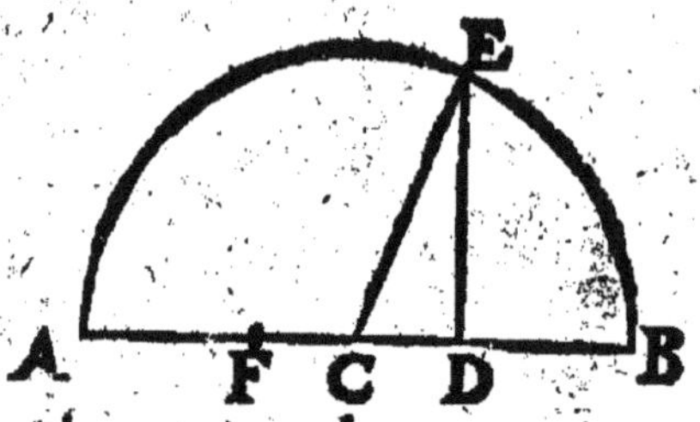

hyp.	fc 2|2 cd,
3. a. 1.	af 2|2 db, α
α. 19. a. 1	ab 2|2 fd + 2af,
concl. 19. a. 1.	ac 2|2 fc⊔cd + af.

THEOR. VII. PROPOS. VII.

Si recta linea secetur vtcunque: Quod à tota quodque ab vno segmentorum, vtraque simul quadrata, æqualia sunt & illi, quod bis sub tota, & dicto segmento comprehenditur, rectangulo, & illi, quod à reliquo segmento fit, quadrato.

Si vne ligne droicte est couppée comme l'on voudra: Les deux quarrez ensemble, sçauoir celuy de la toute, & celuy de l'vn des segments, sont égaux à deux fois le rectangle contenu sous la toute & ledit segment, & au quarré de l'autre segment.

Hypoth.

ab *est* ——,

ac *&* cb *snt par..* ab,

Req. π. demonstr.

□.ab + □.cb 2|2 2▭.abc + □.ac,

Præpar.

46. 1. | ad *est* □.ab,

cb

1.p.1. eb *eſt diamet.*
31.1. cf ═ bd,
31.1. hgi ═ ab,

Demonſtr.

1.c.4.2. ci *eſt* □.cb,
1.c.4.2. hf *eſt* □.ac,
3.ſ.1.d.2 ▭.abc 2|2 ▭ai⊔▭cd,
2.a.1. 2▭.abc 2|2 *gnom.* hbf + □ci,
□hf *commun. add.*
concl. 2.a.1. 2▭.abc + □hf 2|2 ad□.ab + ci□.cb.

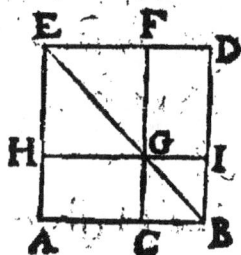

PROPOS. VII. ALITER. *AVTREMENT.*

Si recta linea ſecetur in duo ſegmenta inæqualia, rectangulum bis comprehenſum ſub ſegmentis vnà cum quadrato differentiæ ſegmentorum, æquale eſt aggregato quadratorum quæ deſcribuntur à ſegmentis.

Si vne ligne droicte eſt couppée en deux parties inégales, le rectangle compris deux fois ſous les parties auec le quarré de la difference des parties, eſt égal à l'aggregé des quarrez deſcrits de deux parties.

Hypoth.

ab *eſt* —
ad 3|2 db,
ad∽db 2|2 fd.

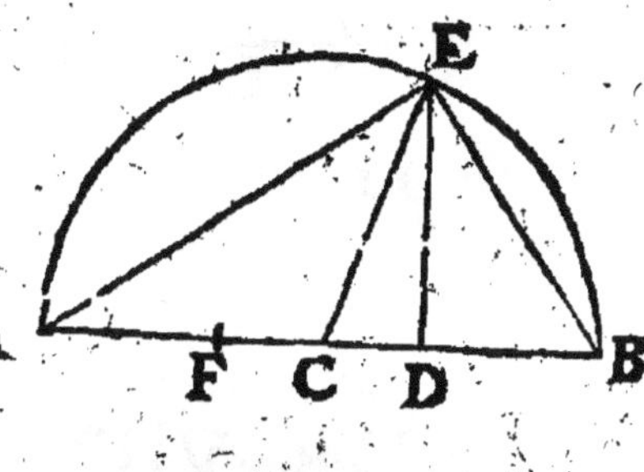

Req. π. demonſtr.

2▭.adb + □.fd 2|2 □.ad + □.db.

Præpar.

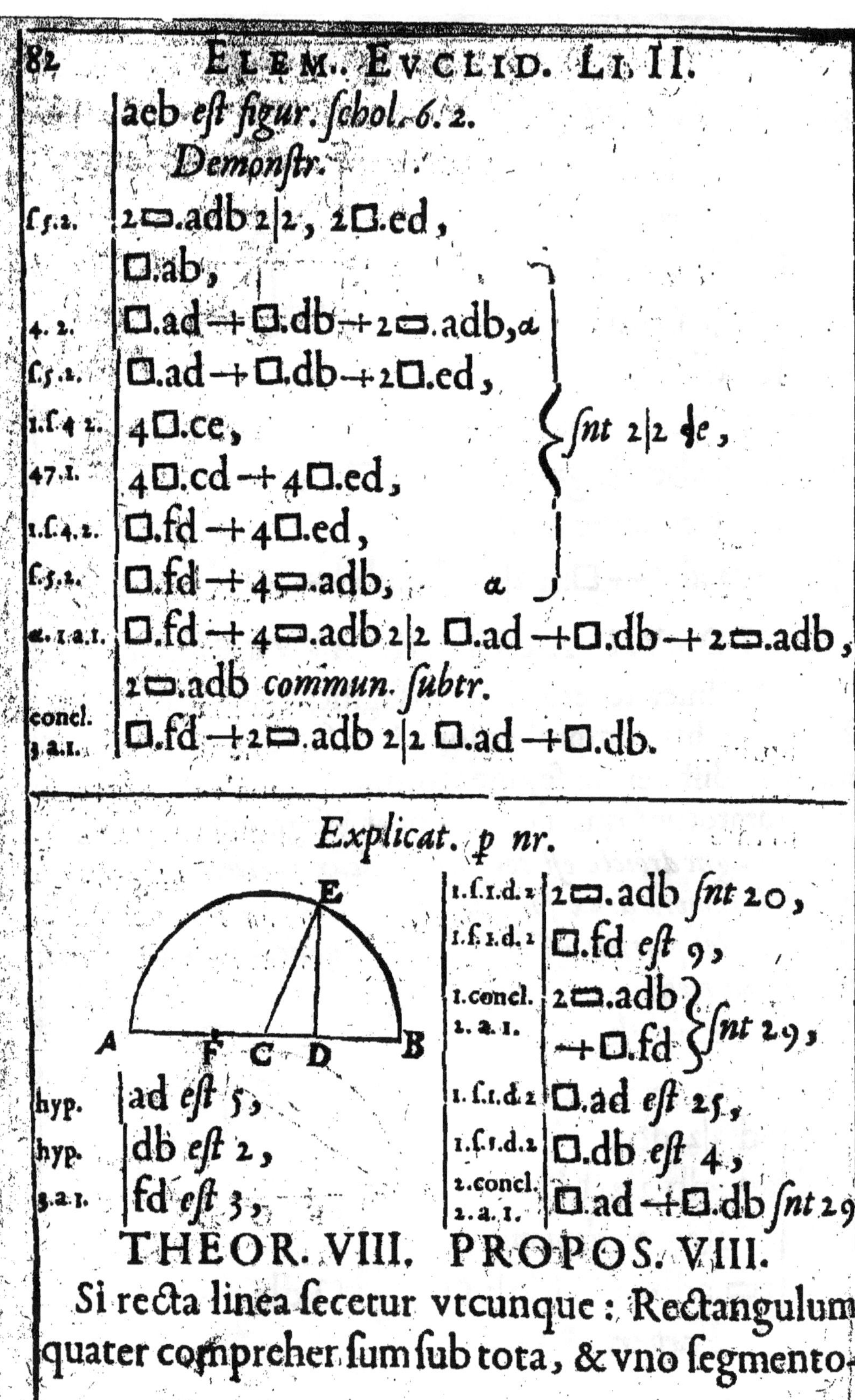

aeb *eſt figur. ſchol. 6. 2.*

Demonſtr.

ſ.5.2. | 2▭.adb 2|2, 2□.ed,
| □.ab,
4.2. | □.ad + □.db + 2▭.adb, α
ſ.5.2. | □.ad + □.db + 2□.ed,
1.ſ.4.2. | 4□.ce,
47.1. | 4□.cd + 4□.ed,
1.ſ.4.2. | □.fd + 4□.ed,
ſ.5.2. | □.fd + 4▭.adb, α

} *ſnt* 2|2 *ſe*,

α.1.a.1. | □.fd + 4▭.adb 2|2 □.ad + □.db + 2▭.adb,
| 2▭.adb *commun. ſubtr.*
concl. 3.a.1. | □.fd + 2▭.adb 2|2 □.ad + □.db.

Explicat. p nr.

hyp. | ad *eſt* 5,
hyp. | db *eſt* 2,
3.a.1. | fd *eſt* 3,

1.ſ.1.d.2 | 2▭.adb *ſnt* 20,
1.ſ.1.d.2 | □.fd *eſt* 9,
1.concl. 2.a.1. | 2▭.adb + □.fd } *ſnt* 29,
1.ſ.1.d.2 | □.ad *eſt* 25,
1.ſ.1.d.2 | □.db *eſt* 4,
2.concl. 2.a.1. | □.ad + □.db *ſnt* 29

THEOR. VIII. PROPOS. VIII.

Si recta linea ſecetur vtcunque: Rectangulum quater comprehenſum ſub tota, & vno ſegmentorum, cum eo, quod à reliquo segmento fit, quadrato, æquale est ei, quod à tota, & dicto segmento, tanquam ab vna linea describitur, quadrato.

Si vne ligne droicte est couppée, comme on voudra: quatre fois le rectangle, contenu sous la toute & l'vn des segments auec le quarré de l'autre segment, est égal au quarré descrit de la toute & dudit segment, comme d'vne.

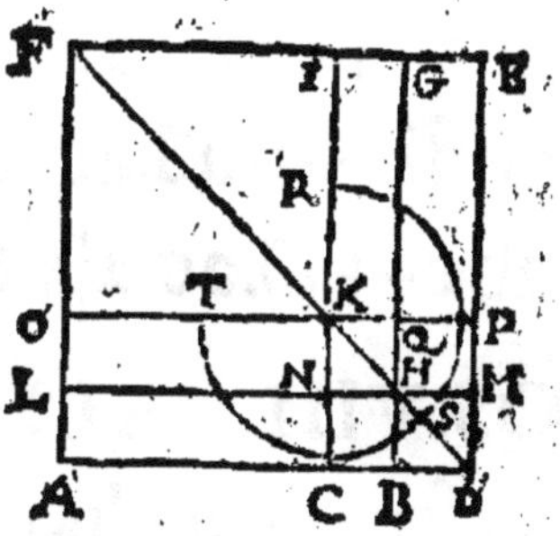

Hypoth.

ab *est* —,

ac & cb *sint par.* ab,

bd 2|2 cb.

Req. π. demonstr.

4▭.abc + □.ac 2|2 □.ad,

Præpar.

46. 1. ae *est* □.ad,

31. 1. ci ═ af,

31. 1. bg ═ af,

1. p. 1. fd *est diamet.*

31. 1. lhm ═ ad,

31. 1. okp ═ ad,

Demonstr.

1. c. 4. 2 oi, *est* □.ac,

1. c. 4. 2 bm *est* □.bd,

1. c. 4. 2 nq *est* □.cb,

hyp. | cb 2|2 bd,

c.46.1. | □ch, □bm, □nq, □hp, *snt* 2|2 ∢e,

| ▭.abc
1.c.1.d.2 | ▭ah, ▭he } *snt* 2|2 ∢e,
| ▭lq, ▭ng

c.46.1. | □bm 2|2 □nq,

1.2.c. | 4▭.abc 2|2 odi, *gnom.*

| oi□.ac *commun. add.*

2.a 1. | 4▭.abc + □.ac 2|2 *gnom.*odi + oi□.ac,

19.a.1 | *gnom.*odi + oi□.ac 2|2 ae□.ad,

concl. 1.a.g. | 4▭.abc + □.ac 2|2 □.ad,

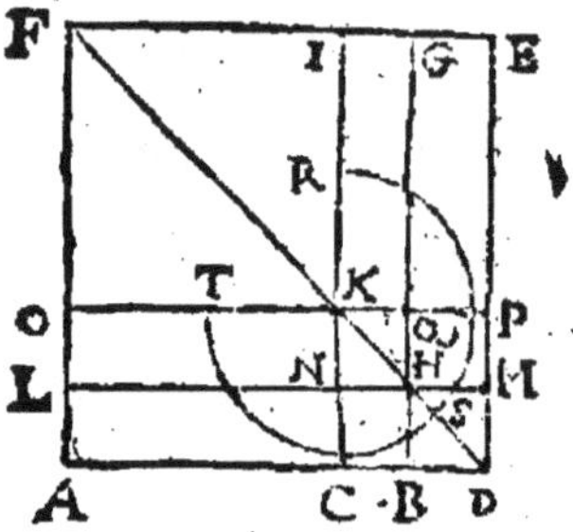

PROPOS. VIII. ALITER. *AVTREMENT.*

Si recta linea secetur in duo segmenta inæqualia, rectangulum quater comprehensum sub segmentis, vnà cum quadrato differentiæ segmentorum, est æquale totius quadrato.

Si vne ligne droicte est couppée en deux parties inegales, le rectangle contenu quatre fois sous les deux parties, auec le quarré de la difference des parties, est égale au quarré de la toute.

| *Hypoth.*
| ab *est* —,
| ad 3|2 db,
| ad∼db 2|2 fd.
| *Req.* π. *demonstr.*
| 4▭.adb + □.fd 2|2 □.ab,

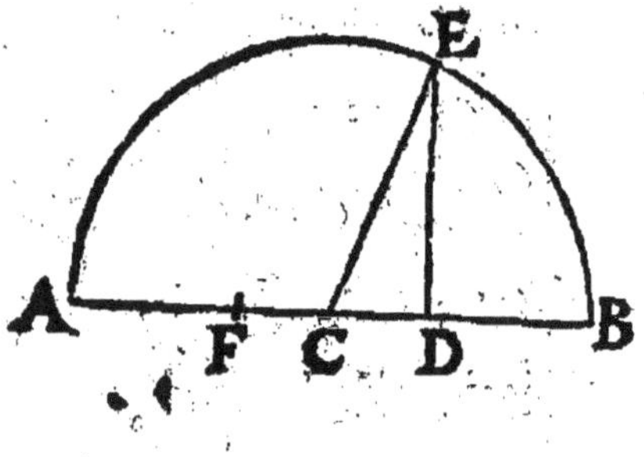

Præpar.

aeb *est figur.. schol.. 6. 2.*

Demonstr.

f. 5. 2	4□.ed 2|2 4▭.adb,	α
	□.ab β	}
1.f.4.2	4□.ce	}
47. 1	4□.ed + 4□.cd	} *snt* 2|2 *se*,
1.f.4.2	4□.ed + □.fd	}
α. 1 a f.	4▭.adb + □.fd β	}
concl. 1. a. 1	4▭.adb + □.fd 2|2 □.ab.	

Explicat. p nr.

hyp.	ad *est* 7,	1.f.1. d.2	▭.adb *est* 21,
hyp.	db *est* 3,	6. 2.1	4▭.adb *snt* 84,
3. a. 1	fd *est* 4,	1 f.1. d.2	□.fd *est* 16,
2. a. 1	ab *est* 10,	2.concl 2. a. 1	4▭.adb + □.fd } 100.
1.concl. 1.f.1. d.2	□.ab *est* 100,		

THEOR. IX. PROPOS. IX.

Si recta linea secetur in æqualia, & non æqualia: Quadrata quæ ab inæqualibus totius segmentis fiunt, simul duplicia sunt, & eius, quod à dimidia, & eius, quod ab intermedia sectionum fit, quadrati.

Si vne ligne droicte est couppée en deux parties égales, & en deux parties inégales: les quarrez des segments inégaux de la toute, sont doubles du quarré de la moitié,

& du quarré de la section du milieu.

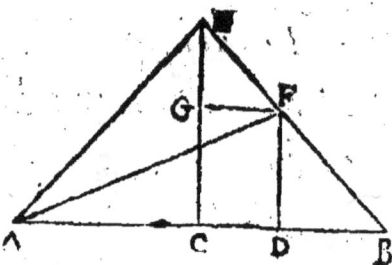

Hypoth.

ab *est* —,
ac 2|2 cb,
ad 3|2 db.

Req. π. demonstr.

□.ad + □.db 2|2, 2□.ac + 2□.cd,

Præpar.

11.1 ce ⊥ ab,
10.1 ce 2|2 ca∪cb,
1.p.1 ae & be *snt* —,
31.1 df ═ ce,
31.1 fg ═ ab,
1.p.1 af *est* —.

Demonstr.

constr. ac 2|2 ce, α
constr. <ace *est* ⌋,
2.c.32.1 <cea *est* ½ ⌋,
constr. cb 2|2 ce,
constr. <bce *est* ⌋, β
2.c.32.1 <ceb *est* ½ ⌋,
19.a.1 <aef *est* ⌋,
32.1. <cbe *est* ½ ⌋, γ
29.1 <bdf 2|2 <bce,
β.19.a.1 <bdf *est* ⌋,

7. 32.1 | <bfd *eſt* ½ ⌋,
6.1 | bd 2|2 fd,
29.1 | <fge 2|2 <bce,
conſtr. | <bce *eſt* ⌋,
12.a.b. | <fge *eſt* ⌋,
32.1 | <efg ½ ⌋,
6.1 | eg 2|2 gf⊔cd, *α*

□.ad -+ □.db,
ſ 46.1 | □.ad -+ □.df,
47.1 | □.af,
47.1 | □.ae -+ □.ef,
α. 47.1 | 2□.ac -+ 2□.cd,

} *ſnt* 2|2 *ſe*,

concl. 1. a. 1 | □.ad -+ db 2|2 2□.ac -+ 2□.cd.

Demonſtr. 9. Aliter, *Autrement.*

Hypoth.

ab *eſt* —,
ac⊔ce *eſt* ½ ab,
ad 3|2 db,
ad ~ db 2|2 fd,

Req. π. demonſt.

□.ad -+ □.db 2|2, 2□.ce -+ 2□.cd,

Præpar.

aeb *eſt figur.. ſchol. 6. 2.*

Demonſtr.

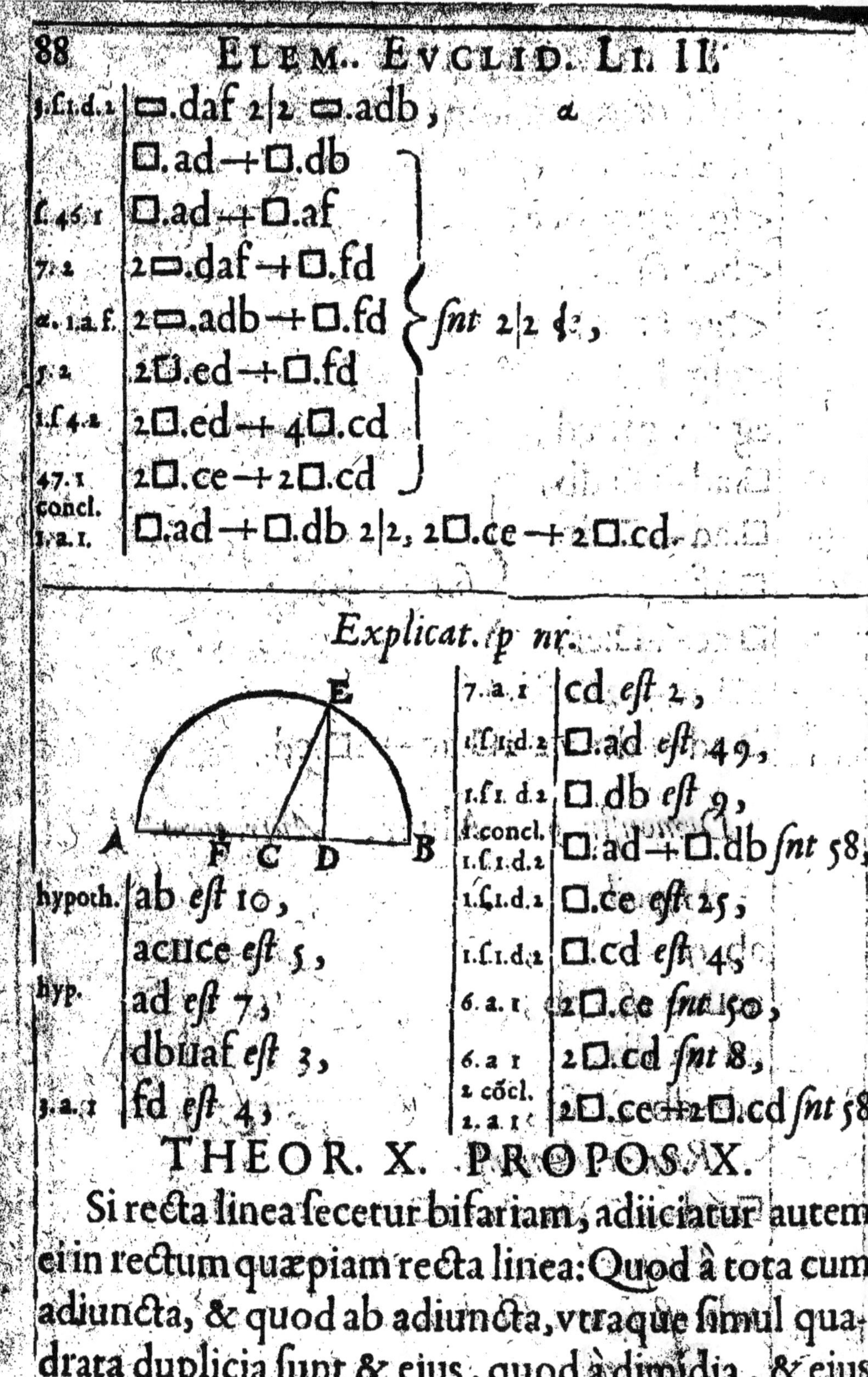

3.f.1.d.2 ▭.daf 2|2 ▭.adb, α

□.ad + □.db

f.46.1 □.ad + □.af

7.2 2▭.daf + □.fd

α. 1.a.f. 2▭.adb + □.fd ſnt 2|2 &c,

5.2 2□.ed + □.fd

1.f.4.2 2□.ed + 4□.cd

47.1 2□.ce + 2□.cd

concl. 1.a.1. □.ad + □.db 2|2, 2□.ce + 2□.cd.

Explicat. p nr.

hypoth. ab *eſt* 10,

ac ∥ ce *eſt* 5,

hyp. ad *eſt* 7,

db ∥ af *eſt* 3,

3.a.1 fd *eſt* 4,

7.a.1 cd *eſt* 2,

1.f.1.d.2 □.ad *eſt* 49,

1.f.1.d.2 □.db *eſt* 9,

1 concl. 1.f.1.d.2 □.ad + □.db *ſnt* 58,

1.f.1.d.2 □.ce *eſt* 25,

1.f.1.d.2 □.cd *eſt* 4,

6.a.1 2□.ce *ſnt* 50,

6.a.1 2□.cd *ſnt* 8,

2 cõcl. 2.a.1 2□.ce + 2□.cd *ſnt* 58

THEOR. X. PROPOS. X.

Si recta linea ſecetur bifariam, adiiciatur autem ei in rectum quæpiam recta linea: Quod à tota cum adiuncta, & quod ab adiuncta, vtraque ſimul quadrata duplicia ſunt & eius, quod à dimidia, & eius quod à compoſita ex dimidia & adiuncta, tãquam ab vna, deſcriptum ſit quadrati.

Si vne ligne droicte eſt couppée en deux parties égales, & qu'on luy adiouſte directement quelque ligne droicte: les deux quarrez enſemble de la toute auec l'adiouſtée, & de l'adiouſtee, ſont doubles, du quarré deſcrit de la moitié, & du quarré de la ligne compoſée de la moitié, & de l'adiouſtée comme d'vne.

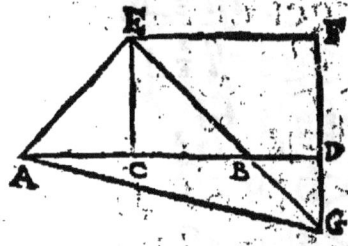

Hypoth.

ac 2|2 cb,
bd *eſt arbitr.*
abd *eſt* —.

Req. π. demonſt.

□.ad + □.bd 2|2, 2□.ac + 2□.cd.

Præpar.

11. 1. ec ⊥ ad,
3. 1 ce 2|2 ac⊔cb,
1. p. 1 ae *eſt* —,
31. 1 ef = ad,
31. 1 fg = ec,
1. & 2. p. 1 ebg *eſt* —,
1. p. 1 ag. *eſt* —.

Demonſtr.

conſtr. ac 2|2 ce,
conſtr. <ace *eſt* ⊥,

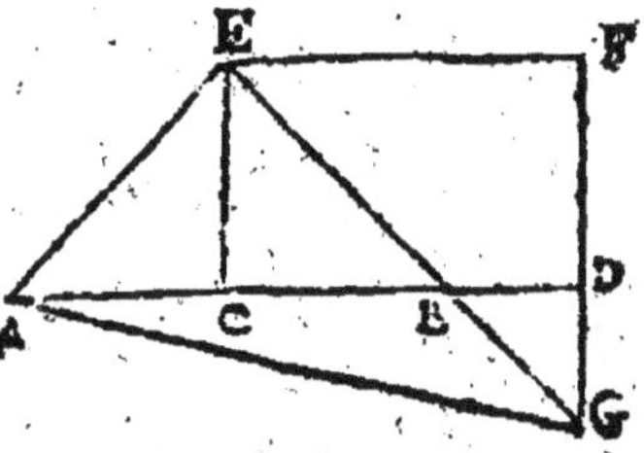

2.c.32.1	<cea *est* ½⌋,	
constr.	cb 2|2 ce,	
constr.	<bce *est* ⌋,	α
2.c.32.1	<ceb *est* ½⌋,	
19.a.1	<aeg *est* ⌋,	
constr.	cefd *est* ◊,	
constr.	<ecb *est* ⌋,	
2.c.29.1	cefd *est* ▭,	
3.a.b	<gef *est* ½⌋,	
32.1	<fge *est* ½⌋,	β
6.1	ef 2|2 fg,	γ
1.c.13.1	<bdg *est* ⌋,	
β.32.1	<dbg *est* ½⌋,	
6.1	bd 2|2 dg,	
34.1	ef 2|2 cd,	
	□.ad + □.bd,	
γ.46.1	□.ad + □.dg,	
47.1	□ag,	*snt* 2|2 *s*º,
47.1	□.ae + □.eg,	
47.1	2□.ac + 2□.cd,	
concl. 1.a.1	□.ad + □.bd 2|2 2□.ac + 2.□cd.	

PROPOS. X. ALITER. *AUTREMENT.*

Si recta linea secetur in duo segmenta inæqualia, quodà tota quodque à differentia segmentorum describuntur quadrata : duplicia sunt eorum, quæ ab inæqualibus segmentis fiunt, quadratorum.

Si vne ligne droicte est couppée en deux parties inégales, les quarrez descrits de la toute & de la difference des parties, sont doubles de ceux qui sont faicts des deux parties de la toute.

Hypoth.

ad *est* —,

ac 3|2 cd,

ac~cd *est* af,

Req. π. demonstr.

□.ad + □.af 2|2, 2□.ac + 2□.cd.

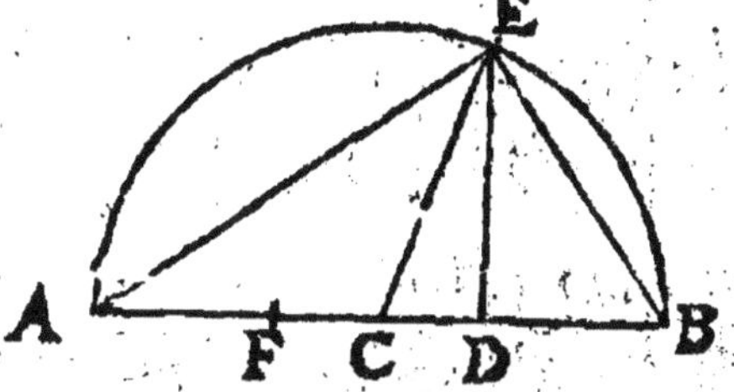

Præpar.

aeb *est figur. schol. 6. 2.*

Demonstr.

constr. cf 2|2 cd,

3. 1 af 2|2 db,

concl. 9. 2 □.ad + □.db ⊔ □.af 2|2, 2□.ac + 2□.cd.

Explicat. p nr.

hyp.	ad *est* 10,	1. f. 1. d. 2	□.ac *est* 49,
hyp.	ac *est* 7,	6. a. 1	2□.ac *snt* 98,
3. a. 1	cd⊔cf *est* 3,	1. f. 1. d. 2	□.cd *est* 9,
3. a. 1	af⊔db *est* 4,	6. a. 1	2□.cd *snt* 18,
1. f. 1. d. 2	□.ad *est* 100,	1. cõcl. 2. a. 1	2□.ac + 2□.cd } *snt* 116.
1. f. 1. d. 2	□.af *est* 16,		
1. concl. 2. a. 1	□.ad + □.af *snt* 116,		

PROBL. I. PROPOS. XI.

Datam rectam lineam secare, vt comprehensum

ſub tota, & altero ſegmentorum rectangulum, æquale ſit ei, quod à reliquo ſegméto fit, quadrato.

Coupper vne ligne droicte donnée de telle ſorte, que le rectangle contenu ſous la toute & l'vn des ſegments, ſoit égal au quarré de l'autre ſegment.

Hypoth.

ab *eſt* — D.

Req. π. fa.

▭.abg 2|2 □.ag,

Conſtr.

46.1 ac *eſt* □.ab,

10.1 ae 2|2 ed,

1.p.1 be *eſt* —,

3.1 eaf 2|2 eb,

46.1 ah *eſt* □.af,

ſymp. ▭.abg 2|2 □.ag.

Præpar.

2.p.1 hgi *eſt* —.

Demonſtr.

conſtr. de 2|2 ea,

6.2 dh▭.dfa + □.ea 2|2 □.ef⊔□.eb,

47.1 ac□.ab + □.ea 2|2 eb,

1.a.1 ▭.dfa + □.ea 2|2 ac□.ab + □.ea,

□.ea *commun. ſubtr.*

3.a.1 dh▭.dfa 2|2 ac□.ab,

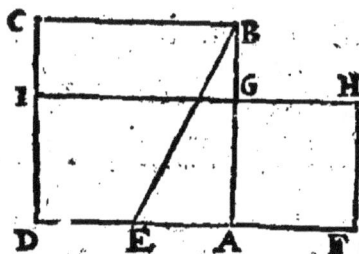

▭.dg *commun. ſubtr.*

concl. 3.a.1 ah□.ag 2|2 ge▭.abg.

THEOR. XI. PROPOS. XII.

In amblygoniis triangulis, quadratum quod fit à latere angulum obtuſum ſubtendente, maius eſt quadratis, quæ fiunt à lateribus obtuſum angulum comprehendentibus, rectangulo bis comprehenſo, & ab vno laterum, quæ ſunt circa obtuſum angulum, in quod cùm protractum fuerit, cadit perpendicularis, & ab aſſumpta exterius linea ſub perpendiculari prope angulum obtuſum.

Aux triangles amblygones, le quarré du coſté qui ſouſtient l'angle obtus, eſt plus grand que les quarrez des coſtez qui contiennent l'angle obtus, de deux fois le rectangle contenu ſous l'vn des coſtez qui ſont à l'entour de l'angle obtus, ſçauoir celuy, ſur lequel eſtant prolongé, tombe la perpendiculaire, & de la ligne priſe au dehors entre la perpendiculaire & l'angle obtus.

hypoth. <abc 3|2 ⌟,

Præpar.

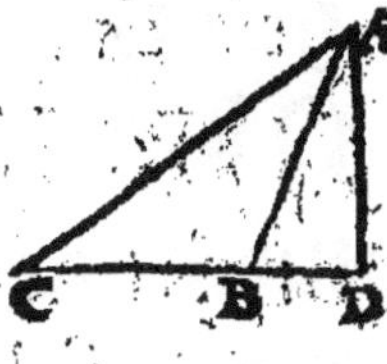

2.p.1 cbd *eſt* —,

12.1 ad ⊥ cd.

Req. π. demonſtr.

□.ac 2|2 □.ab + □.bc + 2▭.cbd.

Demonſtr.

2. c. 17. 1	*perpendic.* ad *eſt verſ.* d,
4. 2	□.cd 2|2 □.cb + □.bd + 2▭.cbd,
	□.ad *commun. add.*
2. a. 1	□.cd + □.ad 2|2 □.cb + □.ba + 2▭.cbd,
47. 1	□.cd + □.ad 2|2 □.ac,
concl. 1. a. f	□.ac 2|2 □.ab + □.bc + 2▭.cbd.

SCHOL.

Cognitis lateribus trianguli amblygonij inuenire ſegmentum inter perpendicularem & obtuſum angulum interceptum.

Eſtans cognus les coſtez d'vn triangle obtuſangle, trouuer le ſegment comprins entre la perpendiculaire & l'angle obtus.

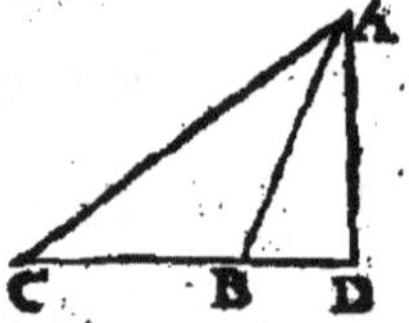

hypoth.	ac *eſt* 10,
hyp.	ab *eſt* 7,
hyp.	cb *eſt* 5,
1. ſ. 1. d. 2	□.ac *eſt* 100,
1. ſ. 1. d. 2	□.ab *eſt* 49,
1. ſ. 1. d. 2	□.cb *eſt* 25,

2. a. 1.	□.ab + □.cb *ſnt* 74,
12. 2	□.ac ~□.ab ~□.cb } 2|2, 2▭.cbd
3. a. 1	2▭.cbd *ſnt* 26,
7. a. 1	▭.cbd *eſt* 13,
hyp.	cb *eſt* 5,
concl. 1. ſ. 1. d. 2	bd *eſt* $2\frac{3}{5}$.

THEOR. XII. PROPOS. XIII.

In oxygoniis triangulis, quadratum à latere angulum acutum ſubtendente minus eſt quadratis, quæ fiunt à lateribus acutum angulum comprehendentibus, rectangulo bis comprehenſo, & ab vno laterum, quæ ſunt circa acutum angulum, in quod perpendicularis cadit, & ab aſſumpta interius linea ſub perpendiculari prope acutum angulum.

Aux triangles oxygones, le quarré du coſté qui ſouſtient l'angle aigu, eſt moindre que les quarrez des coſtez qui le contiennent, de deux fois le rectangle contenu ſous l'vn des coſtez qui ſont autour de l'angle aigu, ſçauoir celuy ſur lequel tombe la perpendiculaire, & de la ligne priſe au dedans entre la perpendiculaire & l'angle aigu.

Hypoth.

<acb 2|3 ⅃,

Req. π. demonſtr.

□.ac + □.bc 2|2 □.ab + 2▭.bcd.

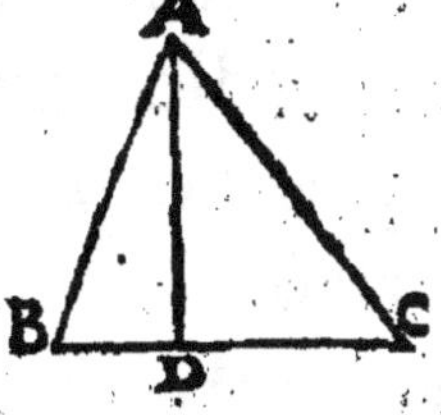

Præpar.

ad ⊥ bc.

Demonſtr.

□.ac + □.bc
47.1 □.ad + □.dc + □.bc
7.2 □.ad + 2▭.bcd + □.bd } ſnt 2|2 ſe,
47.1 □.ab + 2▭.bcd.
concl. 1.a.1. □.ac + □.bc 2|2 □.ab + 2▭.bcd.

In hac propoſitione non eſt neceſſe omnes angulos trianguli eſſe acutos; ſed ſufficit angulum quem ſubtendit latus cuius quadratum comparatur cum

En cette propoſition il n'eſt pas neceſſaire que tous les angles du triangle ſoient aigus, mais il ſuffit que l'angle que ſouſtient le coſté dont le quarré eſt comparé aux

reliquis duobus quadratis, eſſe acutum.

Perſpicuum autem eſt ex 47. primi, perpendicularem, ex angulo verticis in lineam baſis ductam, non cadere extra triangulum, niſi quadratum, vnius laterum circa angulum verticis, excedat aggregatum quadratorum, quæ à duobus reliquis lateribus fiunt.

quarrez de deux autres, ſoit aigu,

Or il eſt manifeſte de la 47. du premier, que la perpendiculaire menée de l'angle du ſommet à la ligne de la baſe ne tombe point hors le triangle, ſi le quarré de l'vn des coſtez de l'angle du ſommet n'excede l'aggregé des quarrez de deux autres coſtez.

SCHOL. I.

Cognitis lateribus trianguli, inuenire ſegmentum inter perpendicularem & acutum angulum interceptum.

Eſtans cognus les coſtez d'vn triangle, trouuer le ſegment compris entre la perpendiculaire & l'angle aigu.

hyp.	ab *eſt* 8,
hyp.	ac *eſt* 5,
hyp.	bc *eſt* 7,
1. f.1.d.2	$\square$.ac *eſt* 25,
1.f.1. d.2	$\square$.bc *eſt* 49,
2. a. 1.	$\square$.ac + $\square$.bc *ſnt* 74,
1.f.1.d.2	$\square$.ab *eſt* 64,
13. 2.	$\square$.ac + $\square$.bc ∼ $\square$.ab 2|2. 2▭.bcd,
3.a.1.	2▭.bcd *ſnt* 10,
7. a. 1	▭.bcd *eſt* 5,
hyp.	bc *eſt* 7,
concl. 1.f.1. d.2	cd *eſt* $\frac{5}{7}$.

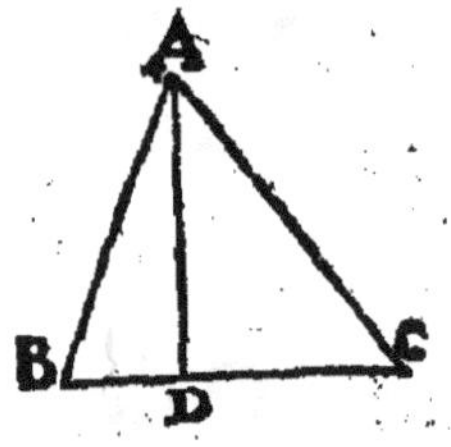

SCHOL.

SCHOL. II.

Si trianguli vnus angulus fuerit duplus aggregati reliquorum, quadratum, quod fit à latere duplum angulum ſubtendente, maius eſt quadratis, quæ fiunt à lateribus duplum angulum comprehendentibus, rectangulo ſub lateribus duplum angulum continentibus comprehenſo.

Si vn angle d'vn triangle eſt double de l'aggregé de deux autres, le quarré du coſté qui ſouſtient l'angle double, eſt plus grand que les quarrez des coſtez qui le contiennent; du rectangle contenu ſous les coſtez qui ſont à l'entour de l'angle double.

Hypoth.

abc *eſt* △,

<abc 2|2, 2<a + 2<acb.

Req. π. demonſtr.

□.ac 2|2 □.ab + □.bc + ▭.abc.

Præpar.

2. p. 1 abe *eſt* —,

3. 1 be 2|2 bc,

10. 1 bd 2|2 de,

1. p. 1 cd, & ce *ſnt* —.

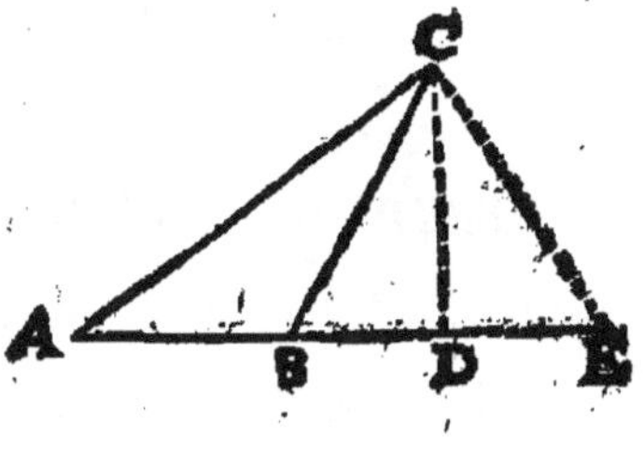

Demonſtr.

hyp. <abc 2|2, 2<a + 2<acb,

32. 1 <cbe 2|2 <a + <acb,

1. a. 1 <abc 2|2, 2<cbe,

<cbe *commun. add.*

2. a. 1 <abc + <cbe 2|2, 3<cbe,

13. 1 <abc + <cbe 2|2, 2⌋,

1.a.1 | 3<cbe 2|2, 2∟,
7.a.1 | <cbe 2|2, $\frac{1}{3}$..2∟,
3.a.b | <bce+<bec 2|2, $\frac{2}{3}$..2∟,
α.5.1 | <bce 2|2 <bec,
19.a.b | <bce 2|2, $\frac{1}{3}$.2∟,
19.a.b | <bec 2|2, $\frac{1}{3}$.2∟,
c.6.1 | △bce *eſt æquilat.*
conſtr. | bd 2|2 de,
8.1 | <cdb 2|2 <cde,
10.d.1 | cd ⊥ be,
| □.ac
12.2 | □.ab+□.bc+2▭.abd
36.1 | □.ab+□.bc+▭.abe
3.ſ.1 d.2 | □.ab+□.bc+▭.abc } *ſnt 2|2 ſe,*
concl. 1.a.1 | □.ac 2|2 □.ab+□.bc+▭.abc.

SCHOL. III.

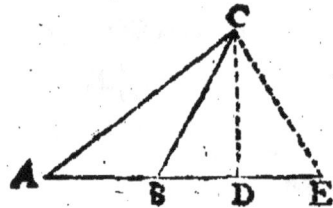

Si trianguli vnus angulus fuerit dimidium aggregati reliquorum, quadratum quod fit à latere dimidium angulum ſubtendente, minus eſt quadratis, quæ fiunt à lateribus dimidium angulum comprehendentibus, rectangulo ſub lateribus dimidium angulum continentibus comprehenſo.

Si vn angle d'vn triangle eſt égal à la moitié de l'aggregé de deux autres, le quarré du coſté qui le ſouſtient, eſt moindre que les quarrez des coſtez qui le contiennent, du rectangle contenu ſous les coſtez qui le contiennent.

Hypoth.		2<b 2|2 <a+<acb.
abc *eſt* △,		*Req. π. demonſtr.*

□.ac + ▭.abc 2|2 □.bc + □.ab.

Præpar.

3.1 bf 2|2 bc,

10.1 bd 2|2 df,

1.p.1 cf & cd *snt* —,

Demonstr.

hyp. 2<b 2|2 <a + <acb,

<b *commun. add.*

2.a.1 3<b 2|2 <a + b + <acb,

32.1 <a + <b + <acb 2|2, 2⌋,

1.a.1 3<b 2|2, 2⌋,

19.a.b <b 2|2, ⅔..2⌋,

3.a.b <bfc + <bcf 2|2, ⅔⌋,

a.5.1 <bfc 2|2 <bcf,

19.a <bfc 2|2, ⅔.2⌋,

19.a <bcf 2|2, ⅔..2⌋,

c.6.1 △bfc *est æquilat.*

8.1 <cdf 2|2 <cdb,

1.d.1 cd ⊥ ab,

□.ac

12.2 □.af + □.fc + 2▭.afd

1.a.f □.af + □.fb + 2▭.afd } *snt* 2|2 &c,

36.1 □.af + □.fb + ▭.afb

1.a.f □.af + ▭.abf.

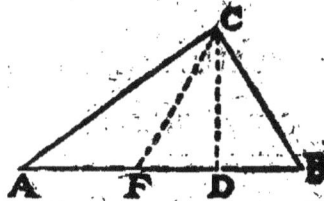

1.a.1 □.ac 2|2 □.af + ▭.abf,

▭.abf *commun. add.*

2.a.1. □.ac + ▭.abf ⊔ ▭.abc 2|2 □.af + 2 ▭.abf,

7.2 □.ab + □.bc ⊔ □.bf 2|2 □.af + 2 ▭.abf,

concl. 1.a.1 □.ac + ▭ abc 2|2 □.ab □.bc.

PROBL. II. PROPOS. XIV.

Dato rectilineo æquale quadratum constituere.

Descrire vn quarré égal à vn rectiligne donné.

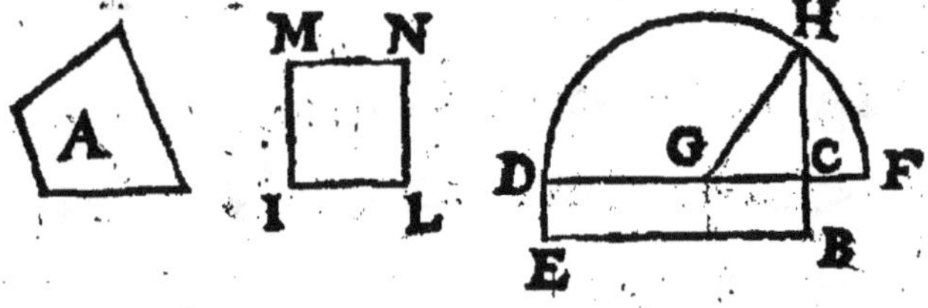

	Hypoth.	46.1	in *est* □.il,
	a *est rectilin.* D.	symp.	□in *est req.*
	Req. π. fa.		*Præpar.*
	□.ml 2|2 *rectilin.* a,	1.p.1	gh *est* —.
	Constr.		*Demonstr.*
45.1	▭db 2|2 *rectilin.* a,		a
2.p.1	dcf *est* —,	constr.	▭.db
3.1	cf 2|2 cb,	3.f.1.d.2	▭.dcf } *sunt* 2|2 *inter se*,
10.1	dg 2|2 gf,	f.5.2	□.ch
3.p.1	gdhf *est semic.*	f.46.1	□.ml
2.p.1	bch *est* —,	concl. 1.a.1	□ml 2|2 *rectilin.* a.
3.1	il 2|2 ch,		

EVCLIDIS ELEMENTORVM LIBER TERTIVS.

LE TROISIESME LIVRE DES ELEMENTS D'EVCLIDE.

DEFINIT. I.

ÆQVALES circuli sunt, quorum diametri sunt æquales; vel quorum, quæ ex centris, rectæ lineæ sunt æquales.

CERCLES égaux sont ceux desquels les diametres sont égaux; ou desquels les lignes droictes menées des centres aux circonferences sont égales.

hyp. | *semidiamet*.ga 2|2 *semidiamet*.hd,
1. d. 3 | ⊙gabc 2|2 ⊙hdef.

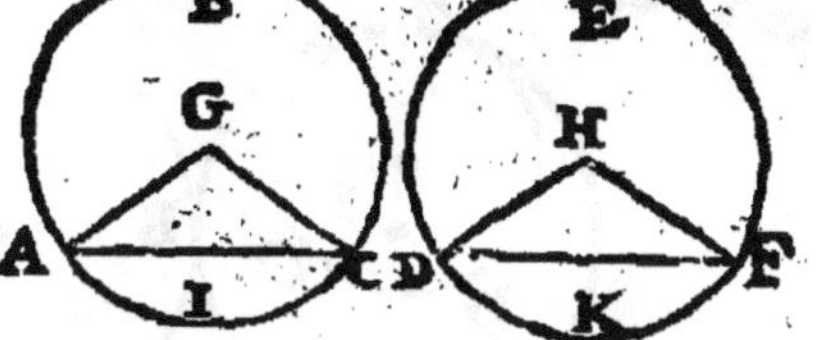

DEFINIT. II.

Recta linea circulum tangere dicitur, quæ cum

Vne ligne droicte est dite toucher le cercle, laquelle

circulum tangat, si producatur, circulum non secat.

touchant le cercle, si elle est prolongée, ne le couppe point.

2. d. 3 | ab *tang*: ⊙fed *in*, e,
2. d. 3 | fg *secat*: ⊙fed *in*, d,
2. d. 3 | eb *est tangen.*
2. d. 3 | fg *est secan.*

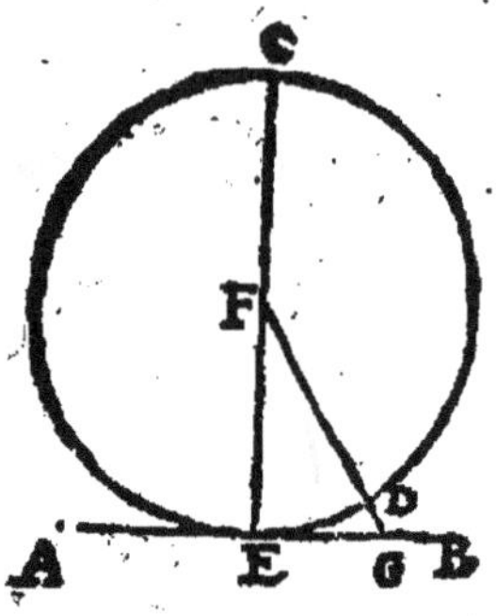

Explicatio notarum.

AB tangit circulum FED in E.
FG secat ⊙ FED in D.
EB est tangens.
FG est secans.

Explication des notes.

AB touche le cercle FED en E.
FG couppe le ⊙ FED en D.
EB est tangente ou touchante.
FG est secante ou couppante.

DEFINIT. III.

Circuli se mutuo tangere dicuntur, qui se mutuo tangétes sese mutuo non secant.

Les cercles sont dits se toucher l'vn l'autre, lesquels en se touchant l'vn l'autre, ne se couppent point.

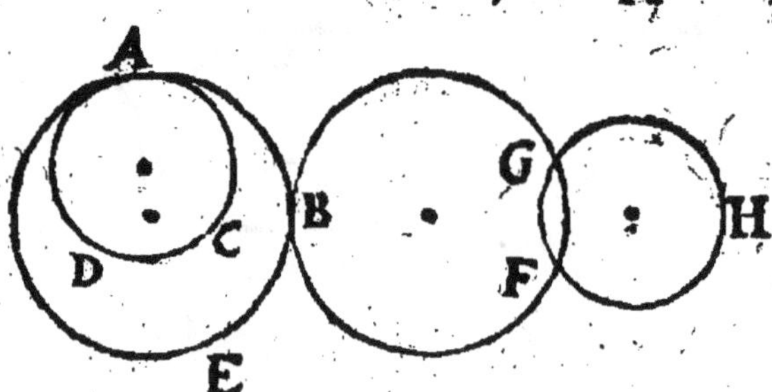

Circulus DAC tangit circulum ABE interius in A.

Le cercle DAC touche le cercle ABE par dedans en A.

Circulus FBG tãgit eumdem circulum ABE exterius in B.

Circuli BFG & HFG ſe mutuo ſecant in F & G.

Le cercle FBG touche le meſme cercle ABE par dehors en B.

Les cercles BFG & HFG s'entrecouppent l'vn l'autre en F & G.

DEFINIT. IV.

In circulo æqualiter diſtare à centro rectæ lineæ dicuntur, cùm perpendiculares, quæ à centro in ipſas ducuntur, ſunt æquales. Longius autem abeſſe illa dicitur, in quam maior perpendicularis cadit.

Au cercle, les lignes droictes ſont dites eſtre égalément diſtantes du centre, quand les perpendiculaires, qui ſont menées du centre ſur icelles ſont égales. Mais celle-là eſt dite eſtre plus eſloignée du centre ſur laquelle tombe la plus grande perpendiculaire.

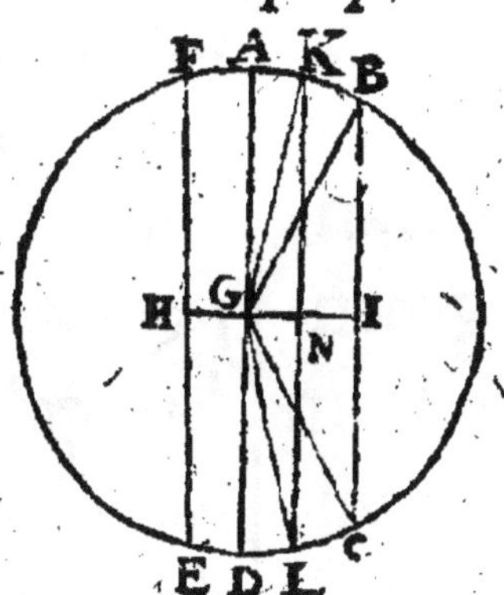

DEFINIT. V.

Segmentum circuli eſt figura, quæ ſub recta li-

Segment ou ſection de cercle, eſt vne figure compri-

nea, & circuli peripheria comprehenditur.

ſe, ſous vne ligne droicte, & la circonference du cercle.

5.d.3 | abc & def ſnt ◠ .

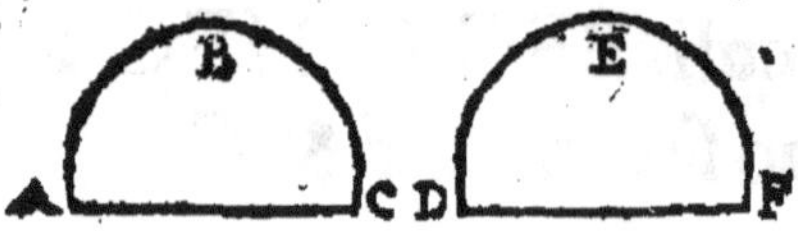

Explicatio notarum.

ABC & DEF ſunt ſegmenta circuli.

Explication des notes.

ABC & DEF ſont ſegments de cercle.

DEFINIT. VI.

Segmenti autem angulus eſt, qui ſub recta linea, & circuli peripheria comprehenditur.

L'angle du ſegment ou de la ſection, eſt celuy qui eſt compris ſous vne ligne droicte, & la circonference du cercle.

6.d.3 | cab *eſt* <.. *ſegm.*

Explicatio notarum.

CAB eſt angulus ſegmenti.

Explication des notes.

CAB eſt l'angle du ſegment.

DEFINIT. VII.

In ſegmento autem angulus eſt, cum in ſegmenti peripheria ſumptum fuerit quodpiam punctum, & ab illo in terminos rectæ eius lineæ, quæ ſegmenti baſis eſt, adiunctæ fuerint rectæ li-

Mais vn angle eſt au ſegment ou en la ſection, lors qu'on prend quelque poinct en la circonference du ſegment, & d'iceluy ſont menées deux lignes droictes ſur les extremitez de la ligne droicte, laquelle neæ: is, inquam, angulus ab adiunctis illis lineis comprehensus.

est la base du segment, & c'est celuy-là, dis-ie, qui est contenu sous icelles lignes droictes menées.

7.d.3 | <abc *est in segm.* abc.

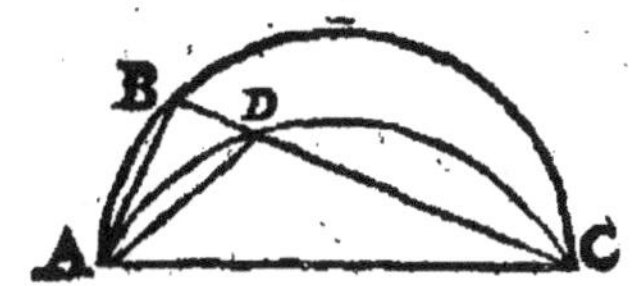

Explicatio notarum.

Angulus ABC est in segmento ABC.

Explication des notes.

L'angle ABC est au segment ABC.

DEFINIT. VIII.

Cùm verò comprehendentes angulum rectæ lineæ aliquam assumunt peripheriam, illi angulus insistere dicitur.

Mais quand les lignes droictes qui contiennent l'angle, embrassent quelque circonference, l'angle est dit s'appuyer sur icelle.

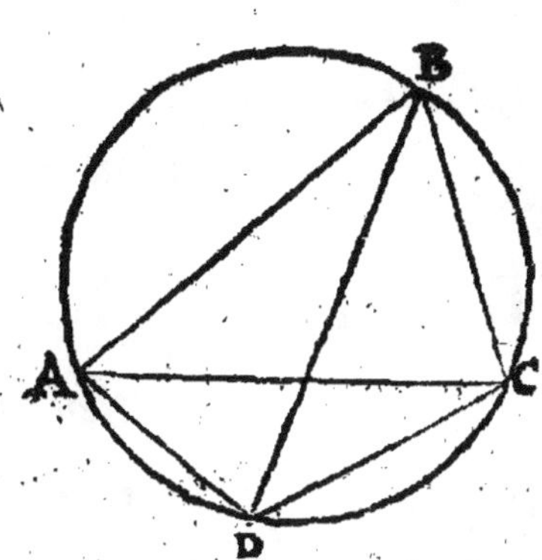

Angulus ABC est in segmento ABC per præcedentem definitionem, &

L'angle ABC est au segment ABC par la definition precedente, & par cette huictiesme per hanc octauam definitionem insistit siue opponitur peripheriæ ADC.

definition il s'appuye où est opposé à la circonference ADC.

DEFINIT. IX.

Sector autem circuli est, cum ad ipsius circuli centrum constitutus fuerit angulus, comprehensa nimirum figura & à rectis lineis angulum continentibus, & à peripheria ab illis assumpta.

Secteur du cercle est une figure, contenuë sous deux lignes droictes qui constituent un angle au centre, & de la circonference comprise entre icelles lignes.

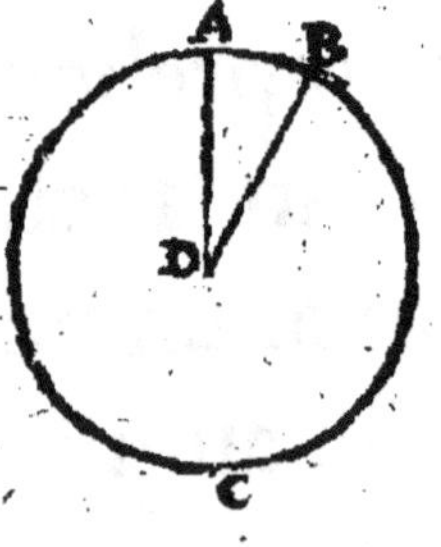

hypoth. | d *est centr..* ⊙,

9. d. 3 | adb *est sectr..* ⊙,

Explicatio notarum.

D, est cētrum circuli, ADB est sector ctirculi.

Explication des notes.

D, est centre du cercle, ADB est secteur du cercle.

DEFINIT. X.

Similia circuli segmenta sunt, quæ angulos capiunt æquales: aut in quibus anguli inter se sunt æquales.

Semblables segments ou sections de cercles sont celles, qui reçoiuent angles égaux; ou esquelles les angles sont égaux entr'eux.

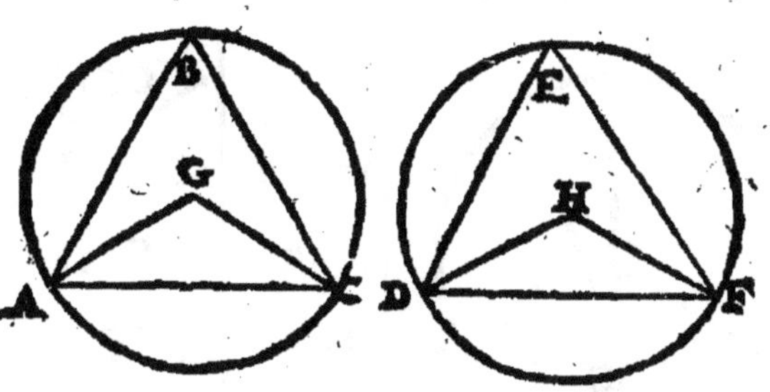

hyp. | <abc 2|2 <def,
10.d.3 | *ſegm.* abc *ſimil. ſegm.* def.

Explicatio notarum.

Angulus ABC eſt æqualis angulo DEF, circuli ſegmentum ABC eſt ſimile circuli ſegmento DEF.

Explication des notes.

L'angle ABC eſt égal à l'angle DEF, le ſegment du cercle ABC eſt ſemblable au ſegment du cercle DEF.

PROBL. I. PROPOS. I.

Dati circuli centrum reperire.

Trouuer le centre d'vn cercle donné.

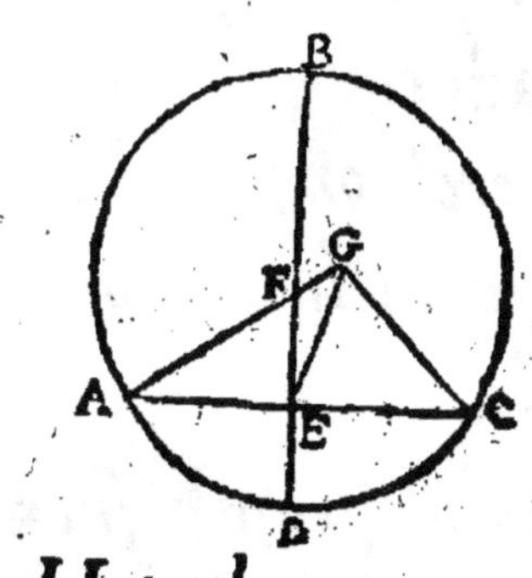

Hypoth.

abc *eſt* ⊙ D.

Conſtr.

arbitr. a&c *ſnt* • *in* ◠ abc

1.p.1 ac *eſt* —,

10.1 ae 2|2 ec,
11.1 eb ⊥ ac,
2.p.1 bed *eſt* —,
10.1 df 2|2 fb,
ſymp. • f *eſt centr..* ⊙,

Demonſtr.

ſuppoſ. g *eſt centr..* ⊙,
1.p.1 ga, gc, ge *ſnt* —,
conſtr. ae 2|2 ec,
eg *eſt commun.*

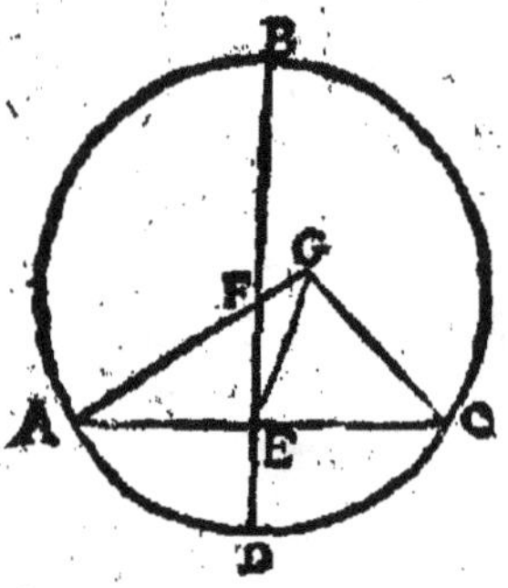

15.d.1	ga 2|2 gc,

8.1	<ceg 2|2 <aeg,
10.d.1	<ceg *est* ⌋,
constr.	<ceb *est* ⌋,
12.a.1	<ceg 2|2 <ceb,
	contr. 9.a.1.
concl 21.a.1	• f *est centr..* ⊙.

COROLL.

Hinc manifestum est, si in circulo recta aliqua linea aliquam rectam lineam bifariam, & ad angulos rectos secet, in secante esse centrum circuli.

De cette proposition il est euident, que si au cercle, vne ligne droicte est couppée en deux également & à angles droicts, par vne autre ligne droicte, le centre du cercle sera en icelle couppãte.

THEOR. I. PROPOS. II.

Si in circuli peripheria duo quælibet puncta accepta fuerint; recta linea, quæ ad ipsa puncta adiungitur, intra circulum cadet.

Si en la circonference d'vn cercle on prend deux poincts tels qu'on voudra; la ligne droicte conioincte à iceux poincts tombera dedans le cercle.

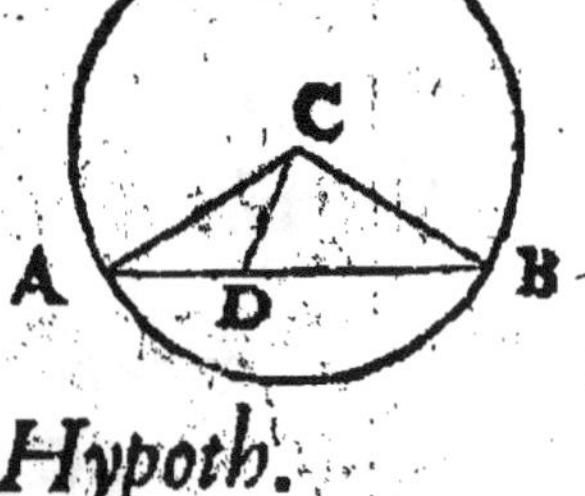

	Hypoth.
	cab *est* ⊙,

arbitr.	a & b *snt* • *in* ◠,
	ab *est* —,
	Req. π. demonstr.
	ab *est in* ⊙.
	Præpar.
arbitr.	d *est* • *in* ab,

3.p.1 ca, cb, cd *snt* ——.

Demonstr.

15.d.1 ca 2|2 cb,

5.1 <cab 2|2 <cba,

16.1 <cdb 3|2 <cab,

1.a.c. <cdb 3|2 <cba,

19.1 cd 2|3 cb,

concl. c.15.d.1 •d *est* ∤*n* ⊙.

COROLL.

Hinc est manifestum, lineam rectam, quæ circulum tangit, ita vt eum non secet, in vno tantum puncto ipsum tangere.

De la demonstration de cette proposition il est manifeste : que la ligne droicte qui touche le cercle, en sorte qu'elle ne le couppe point, qu'elle le touche seulement à vn poinct.

THEOR. II. PROPOS. III.

Si in circulo recta quædam linea per centrum extensa quandam non per centrum extensam bifariam secet ; & ad angulos rectos ipsam secabit. Et si ad angulos rectos eam secet, bifariam quoque eam secabit.

Si dans le cercle quelque ligne droicte passant par le centre, couppe quelque autre ligne droicte, qui ne passe point par le centre, en deux égalemént, elle la couppera aussi à angles droicts. Et si elle la couppe à angles droicts, elle la couppera aussi en deux égalemént.

Hypoth. commun.

ebac *est* ⊙,

bd *est diamet.*

Hypoth. 1.

af 2|2 fc.

Req. π. demonstr.

ef *est* ⊥ ac.

Præpar.

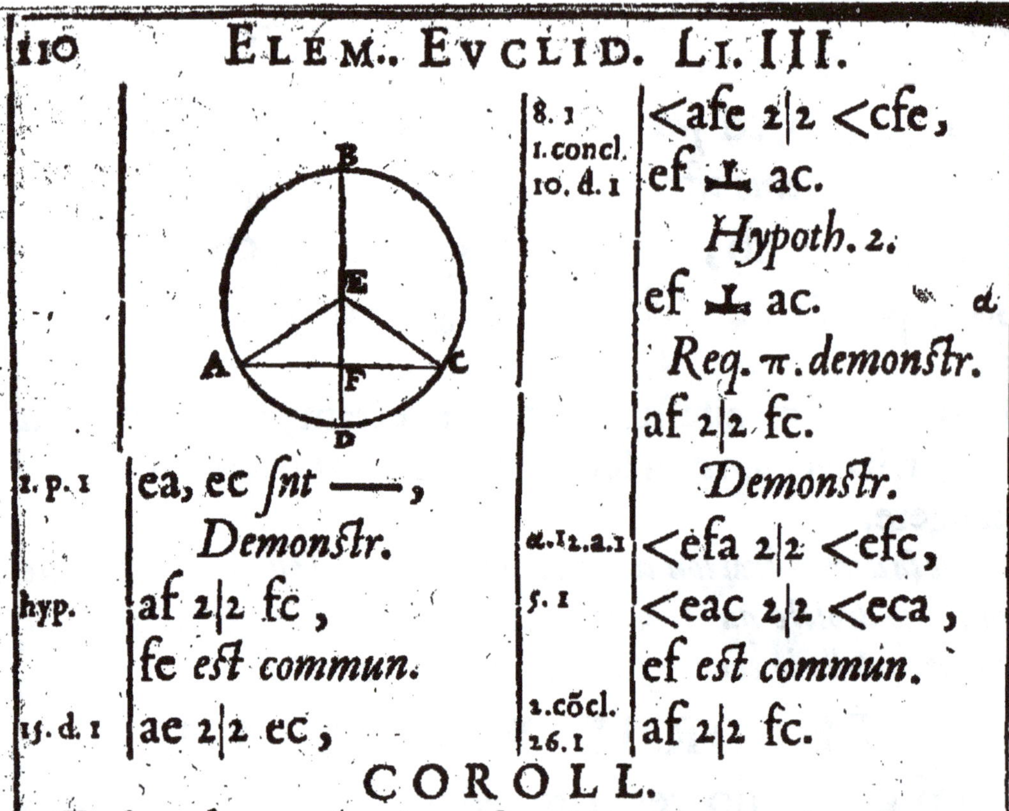

1. p. 1 ea, ec ſnt ——,

Demonſtr.

hyp. af 2|2 fc,

fe *eſt commun.*

15. d. 1 ae 2|2 ec,

8. 1 <afe 2|2 <cfe,

1. concl. 10. d. 1 ef ⊥ ac.

Hypoth. 2.

ef ⊥ ac.

Req. π. demonſtr.

af 2|2 fc.

Demonſtr.

a. 12. a. 1 <efa 2|2 <efc,

5. 1 <eac 2|2 <eca,

ef *eſt commun.*

2. cõcl. 26. 1 af 2|2 fc.

COROLL.

Ex hac demonſtratione ſequitur, in quouis triangulo duorum laterum æqualium, ſiue æquilaterum illud ſit, ſiue iſoſceles, lineam quæ ab angulo verticis ductam baſim bifariam ſecat perpendicularem eſſe ad baſin. Et contra lineam quæ ab angulo verticis ductam ad baſin eſt perpendicularis, ſecare baſin bifariam.

De cette demonſtration s'enſuit qu'en tout triangle iſoſcele ou equilateral, que la ligne menée de l'angle du ſommet au milieu de la baſe eſt perpendiculaire à la baſe : & au contraire la ligne perpendiculaire à la baſe, menée de l'angle opposé, la couppera en deux également.

THEOR. III. PROPOS. IV.

Si in circulo duæ rectæ lineæ ſeſe mutuo ſecent non per centrum extenſæ; ſeſe mutuo bifariam non ſecabunt.

Si au cercle deux lignes ſe couppent l'vne l'autre, n'eſtant point menées par le centre, elles ne ſe coupperont point l'vne l'autre en deux également.

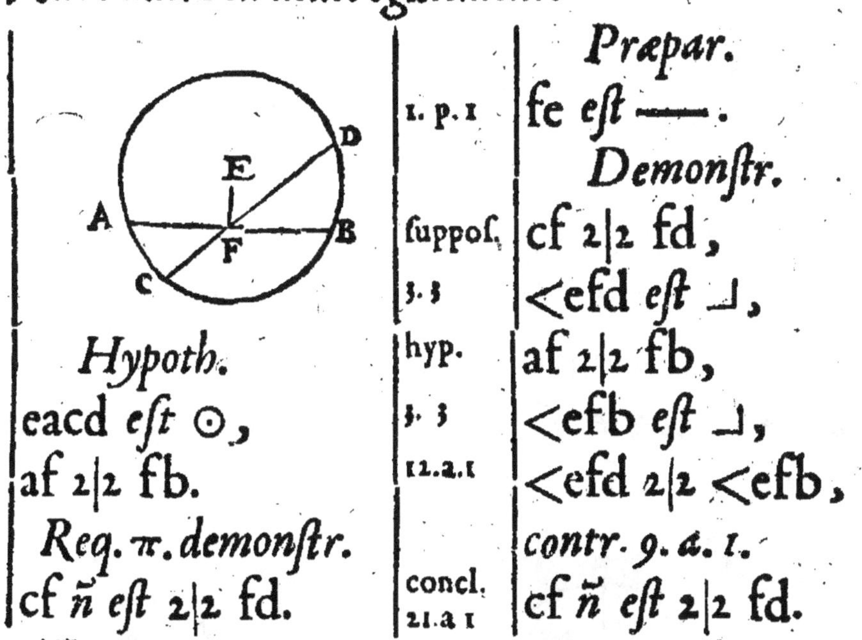

		Præpar.
	1. p. 1	fe *eſt* —.
		Demonſtr.
	ſuppoſ.	cf 2|2 fd,
	3. 3	<efd *eſt* ⊥,
Hypoth.	hyp.	af 2|2 fb,
eacd *eſt* ⊙,	3. 3	<efb *eſt* ⊥,
af 2|2 fb.	12. a. 1	<efd 2|2 <efb,
Req. π. demonſtr.		*contr. 9. a. 1.*
cf *ñ eſt* 2|2 fd.	concl. 21. a 1	cf *ñ eſt* 2|2 fd.

THEOR. IV. PROPOS. V.

Si duo circuli ſeſe mutuò ſecent; non erit illorum idem centrum.

Si deux cercles ſe couppent l'vn l'autre, ils n'auront pas le meſme centre.

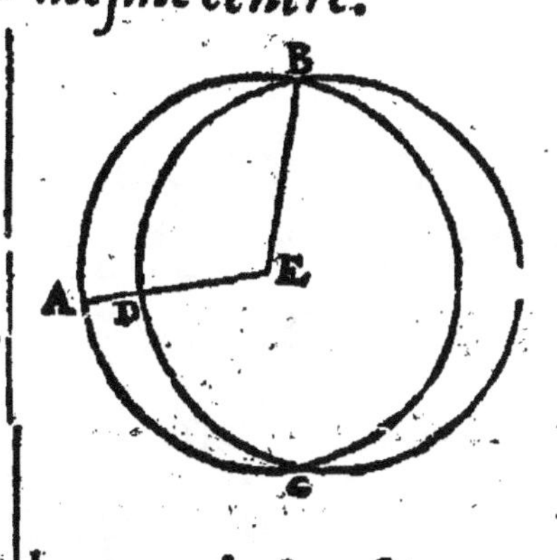

			Req. π. demonſtr.
			e *ñ eſt centr..* ⊙ bac &.. ⊙ bdc.
			Demonſtr.
		ſuppoſ.	e, *eſt centr..* ⊙ bac &.. ⊙ bdc,
hyp.	bac & bdc *ſnt* ⊙.	1. p. 1	eda *eſt* —,

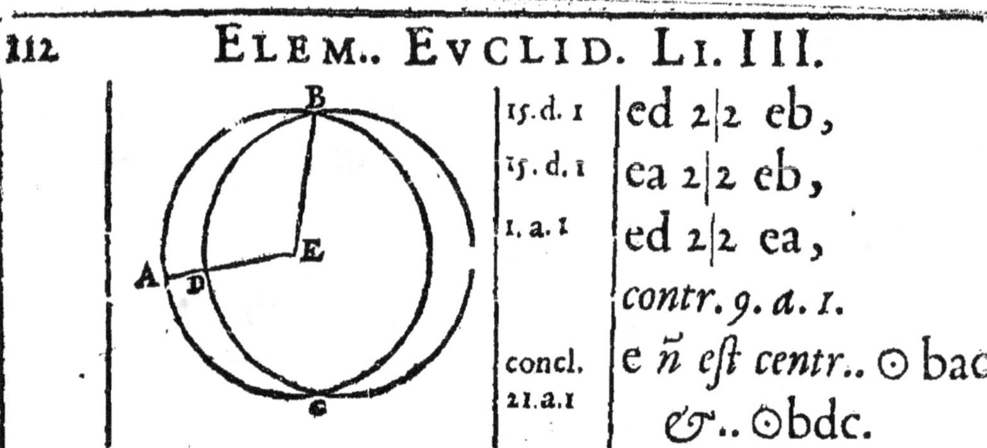

15.d.1	ed 2|2 eb,
15.d.1	ea 2|2 eb,
1.a.1	ed 2|2 ea,
	contr. 9. a. 1.
concl. 21.a.1	e *ñ eſt centr..* ⊙ bac *&*.. ⊙bdc.

THEOR. V. PROPOS. VI.

Si duo circuli ſeſe mutuò interius tangant; eorum non erit idem centrum.

Si deux cercles ſe touchent l'vn l'autre au dedans, ils n'auront pas meſme centre.

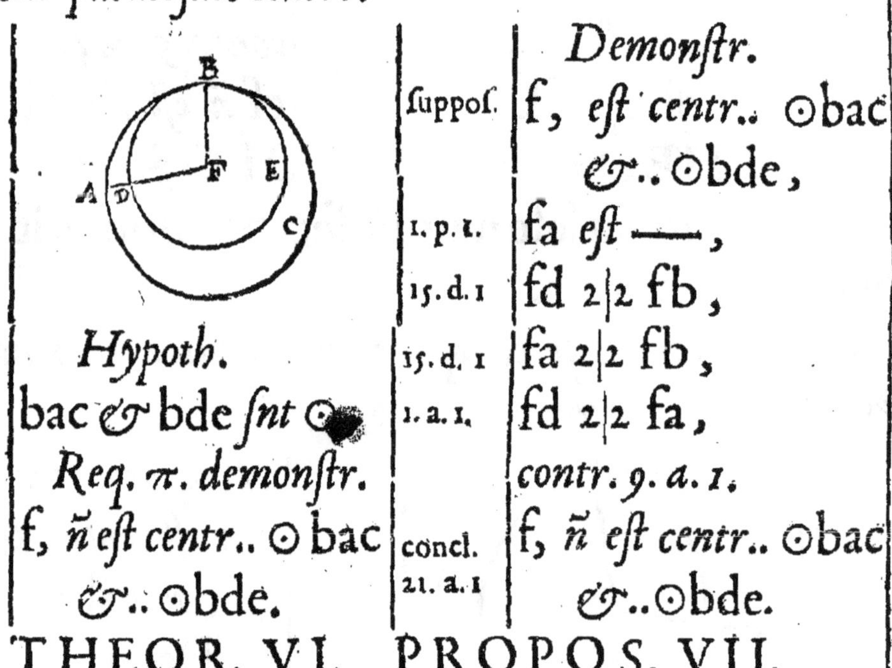

Hypoth.

bac *&* bde *ſnt* ⊙.

Req. π. demonſtr.

f, *ñ eſt centr..* ⊙ bac *&*.. ⊙bde.

	Demonſtr.
ſuppoſ.	f, *eſt centr..* ⊙bac *&*.. ⊙bde,
1.p.1.	fa *eſt* —,
15.d.1	fd 2|2 fb,
15.d.1	fa 2|2 fb,
1.a.1.	fd 2|2 fa,
	contr. 9. a. 1.
concl. 21.a.1	f, *ñ eſt centr..* ⊙bac *&*.. ⊙bde.

THEOR. VI. PROPOS. VII.

Si in diametro circuli quodpiam ſumatur punctum quod circuli centrum non ſit, ab eoque puncto in circulum quædam rectæ lineæ cadant: Maxi-

ma

ma quidem erit ea, in qua centrum, minima vero reliqua; aliarum vero propinquior illi, quæ per centrum ducitur, remotiore ſemper maior eſt: Duæ autem ſolum rectæ lineæ æquales ab eodem puncto in circulum cadunt, ad vtraſque partes minimæ, vel maximæ.

Si au diametre d'vn cercle on prend quelque poinct, lequel ne ſoit point le centre du cercle; & de ce poinct, à la circonference tombent quelques lignes droictes, la plus grande ſera celle-là en laquelle eſt le centre, mais la plus petite ſera celle qui reſte. Des autres touſiours la plus proche de celle qui paſſe par le centre, eſt plus grande que celle qui en eſt plus eſloignée: & deux lignes droictes égales tant ſeulement tombent d'iceluy poinct au cercle, de part & d'autre de la plus petite, ou de la plus grande.

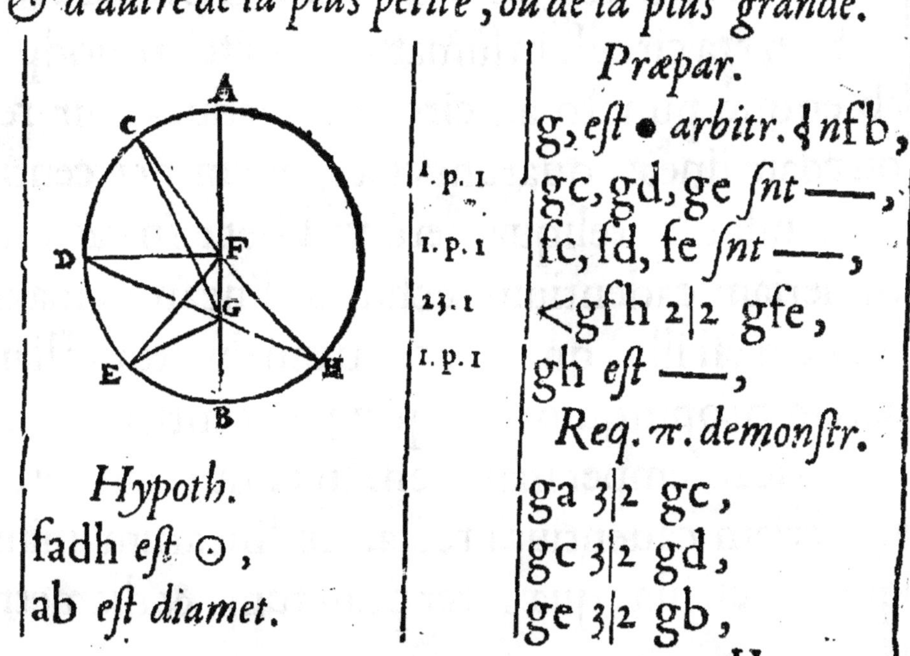

Hypoth.
fadh *eſt* ⊙,
ab *eſt diamet.*

Præpar.
g, *eſt* • *arbitr.* ∤ nfb,
1. p. 1 gc, gd, ge *ſnt* —,
1. p. 1 fc, fd, fe *ſnt* —,
23. 1 <gfh 2|2 gfe,
1. p. 1 gh *eſt* —,

Req. π. demonſtr.
ga 3|2 gc,
gc 3|2 gd,
ge 3|2 gb,

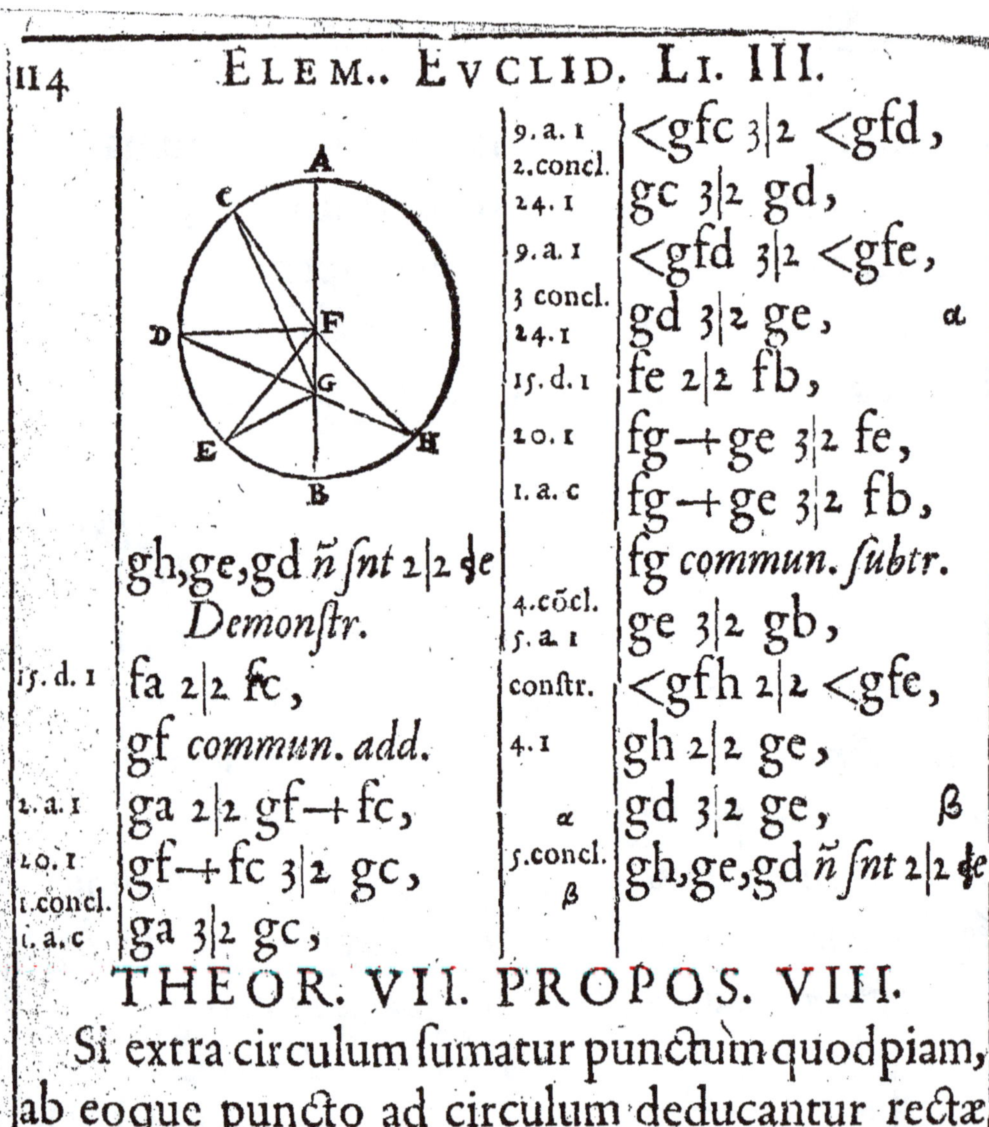

gh, ge, gd ñ ſnt 2|2 de

Demonſtr.

15. d. 1 fa 2|2 fc,

gf *commun. add.*

2. a. 1 ga 2|2 gf + fc,

20. 1 gf + fc 3|2 gc,

1. concl. 1. a. c ga 3|2 gc,

9. a. 1 <gfc 3|2 <gfd,

2. concl. 24. 1 gc 3|2 gd,

9. a. 1 <gfd 3|2 <gfe,

3 concl. 24. 1 gd 3|2 ge, α

15. d. 1 fe 2|2 fb,

20. 1 fg + ge 3|2 fe,

1. a. c fg + ge 3|2 fb,

fg *commun. ſubtr.*

4. cõcl. 5. a. 1 ge 3|2 gb,

conſtr. <gfh 2|2 <gfe,

4. 1 gh 2|2 ge,

α gd 3|2 ge, β

5. concl. β gh, ge, gd ñ ſnt 2|2 de

THEOR. VII. PROPOS. VIII.

Si extra circulum ſumatur punctum quodpiam, ab eoque puncto ad circulum deducantur rectæ quædam lineæ, quarum vna quidem per centrum protendatur, reliquæ verò vt libet: In cauam peripheriam cadentium rectarum linearum maxima quidem eſt illa, quæ per centrum ducitur; aliarum autem propinquior ei, quæ per centrum tranſit, remotiore ſemper maior eſt: In conuexam verò peripheriam cadentium rectarum linearum minima quidem eſt illa, quæ inter punctum, & diametrum interponitur ; aliarum autem ea, quæ propinquior eſt minimæ, remotiore ſemper minor eſt. Duæ autem tantùm rectæ lineæ æquales ab eo puncto in ipſum circulum cadunt, ad vtraſque partes minimæ, vel maximæ.

Si hors le cercle on prend quelque poinct, & d'iceluy poinct on mene quelques lignes droictes au cercle, l'vne deſquelles paſſe par le centre, & les autres où l'on voudra : de toutes les lignes droictes qui tombent en la circonference concaue ; la plus grande eſt celle qui paſſe par le centre ; mais des autres, touſiours la plus proche de celle qui paſſe par le centre, ſera plus grande que celle qui en eſt plus eſloignée : mais de celles qui tombent à la circonference conuexe, la plus petite eſt celle qui eſt compriſe entre le poinct & le diametre : Et des autres, celle-là laquelle eſt plus proche de la plus petite eſt touſiours moindre, que celle qui en eſt plus eſloignée; & de ce poinct, ſeront menées au cercle tant ſeulement deux lignes droictes égales entr'elles de part & d'autre, de la plus petite, ou de la plus grande.

Hypoth.
kbfh *eſt* ⊙,
a, *eſt* • *arbitr. extr.* ⊙.
Præpar.
1. p. 1 aki, ah, ag, af *ſnt* —

1. p. 1 kh, kg, kf, kc, kd, ke } *ſnt* —
13. 1 <akl 2|2 <akc,
Req. π. *demonſtr.*
ai 3|2 ah,

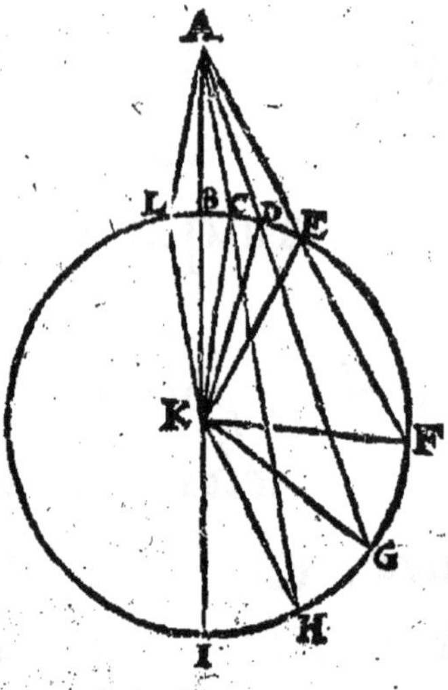

ah 3|2 ag,
ag 3|2 af,
ab 2|3 ac,
ac 2|3 ad,
ad 2|3 ae,
al,ac,ad, *ñ ſnt* 2|2 &c,

Demonſtr.

15. d. 1 ki 2|2 kh,
ak *commun. add.*

2. a. 1 ai 2|2 ak+kh,
20. 1 ak+kh 3|2 ah,
1. concl.
1. a. c ai 3|2 ah,
9. a. 1 <akh 3|2 <akg,
2. concl.
24. 1 ah 3|2 ag,
9. a. 1 <akg 3|2 <akf,
3. concl
24. 1 ag 3|2 af,
20. 1 ak 2|3 ac+ck,
15. d. 1 kb 2|2 kc,
4. cõcl.
5. a. 1. ab 2|3 ac,
21. 1 ac+ck 2|3 ad+dk,
15. d. 1 ck 2|2 dk,
5. concl.
5. a. 1 ac 2|3 ad, α
d. α. ad 2|3 ae,
conſtr. <akl 2|2 <akc,
4. 1 al 2|2 ac,
α ad 3|2 ac, β
β al,ac,ad, *ñ ſnt* 2|2 &c.

THEOR. VIII. PROPOS. IX.

Si in circulo acceptum fuerit punctum aliquod, & ab eo puncto ad circulum cadant plures quàm duæ rectæ lineæ æquales; acceptum punctum centrum eſt ipſius circuli.

Si au dedans du cercle on prend quelque poinct, & d'iceluy poinct tombent plus de deux lignes droictes éga-

les à la circonference : le poinct pris eſt le centre du cercle.

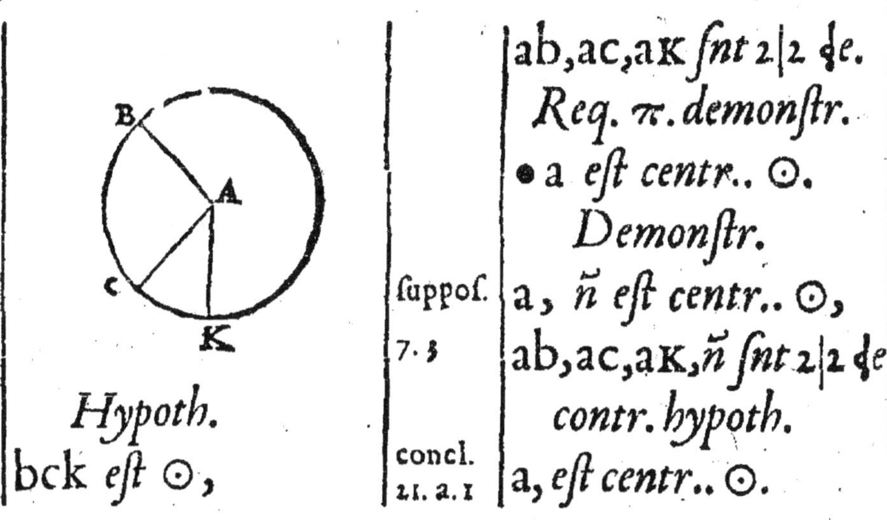

		ab,ac,aK *ſnt* 2|2 de.
		Req. π. demonſtr.
		• a *eſt centr.. ⊙.*
		Demonſtr.
	ſuppoſ.	a, *ñ eſt centr.. ⊙,*
	7. 3	ab,ac,aK,*ñ ſnt* 2|2 de *contr. hypoth.*
Hypoth. bck *eſt* ⊙,	concl. 21. a. 1	a, *eſt centr.. ⊙.*

THEOR. IX. PROPOS. X.

Circulus circulum in pluribus, quàm duobus punctis non ſecat.

Vn cercle ne couppe pas vn cercle, à plus de deux poincts.

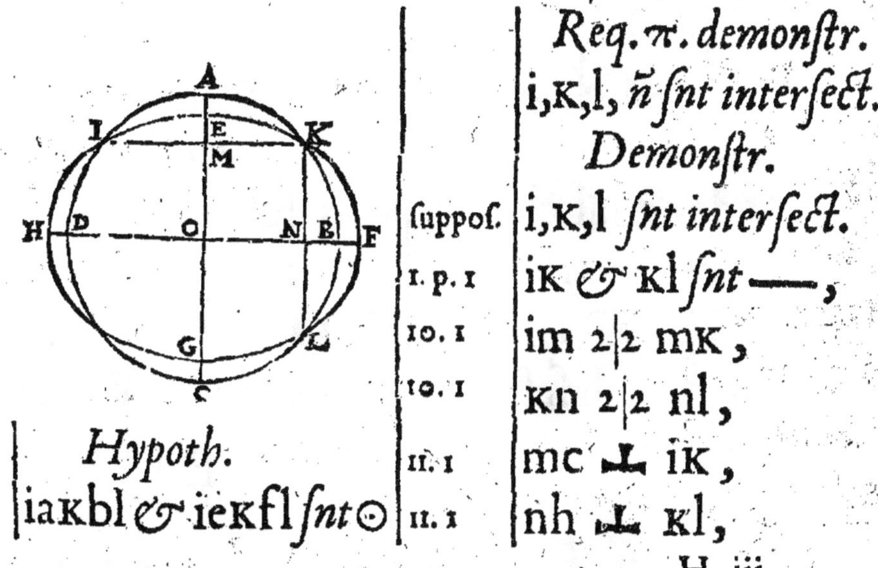

		Req. π. demonſtr.
		i,K,l, *ñ ſnt interſect.*
		Demonſtr.
	ſuppoſ.	i,K,l *ſnt interſect.*
	1. p. 1	iK & Kl *ſnt* ——,
	10. 1	im 2|2 mK,
	10. 1	Kn 2|2 nl,
Hypoth.	11. 1	mc ⊥ iK,
iaKbl & ieKfl *ſnt* ⊙	11. 1	nh ⊥ Kl,

c. 1. 13	● o, *eſt centr..* ⊙ iaK *&*.. ⊙ ieK.	21. a. 1	*contr. 5. 3.* i, K, l, n̄ *ſnt interſect.*

THEOR. X. PROPOS. XI.

Si duo circuli ſeſe intus contingant, atque accepta fuerint eorum centra; ad eorum centra adiuncta recta linea, & producta, in contactum circulorum cadet.

Si deux cercles ſe touchent l'vn l'autre au dedans, & qu'on prenne les centres d'iceux, la ligne droicte conioignant iceux centres, eſtant prolongée, tombera à l'attouchement des cercles.

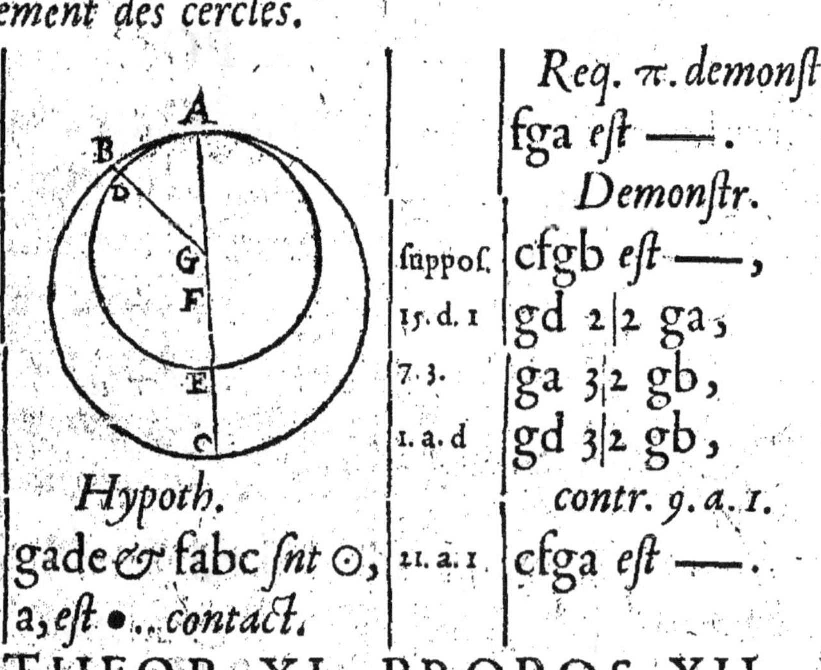

		Req. π. demonſtr.
		fga *eſt* —.
		Demonſtr.
	ſuppoſ.	cfgb *eſt* —,
	15. d. 1	gd 2|2 ga,
	7. 3.	ga 3|2 gb,
	1. a. d	gd 3|2 gb,
Hypoth.		*contr. 9. a. 1.*
gade *&* fabc *ſnt* ⊙, a, *eſt* ●.. *contact.*	21. a. 1	cfga *eſt* —.

THEOR. XI. PROPOS. XII.

Si duo circuli ſeſe intus contingant, linea recta, quæ ad centra eorum adiungitur, per contactum tranſibit.

Si deux cercles se touchent l'vn l'autre, au dehors, la ligne droicte menée d'vn centre à l'autre, passera par l'attouchement.

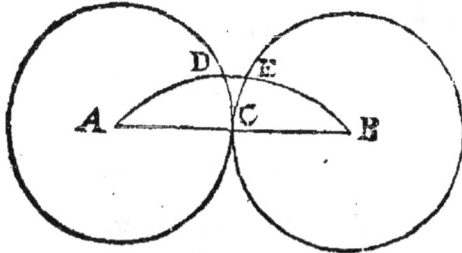

acb *est* —.

Demonstr.

suppos.	adb *est* —,
20. 1	ac+cb 3|2 ad+db,
15. d. 1	ac 2|2 ad,
15. d. 1	bc 2|2 be,
1. a. c	ad+be 3|2 ad+db,
	contr. 9. a. 1.
21. a. 1	acb *est* —.

Hypoth.

acd & bce *snt* ⊙,

c, *est* • .. *contact.*

Req. π. *demonstr.*

THEOR. XII. PROPOS. XIII.

Circulus circulum non tangit in pluribus punctis, quàm vno, siue intus, siue extra tangat.

Vn cercle ne touche point vn cercle à plus d'vn poinct: soit qu'il le touche au dedans, ou au dehors.

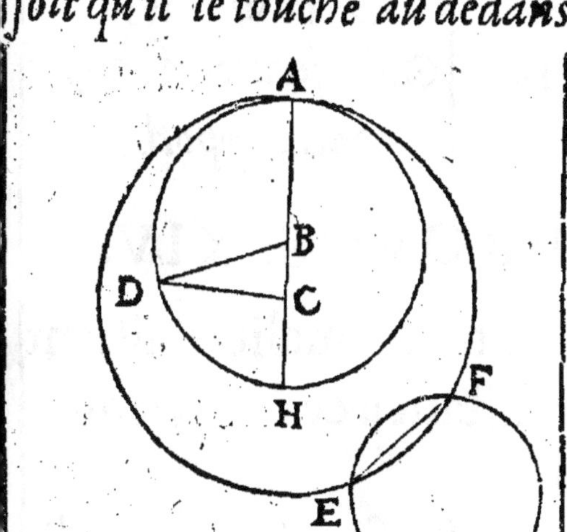

Hypoth. 1.

caf, bad *snt* ⊙,

a, *est* • .. *contact.* α

Req. π. *demonstr.*

hud ñ *est* • .. *contact.*

Præpar.

1. & 2. p. 1	ab & bch *snt* —,
	d, *est* • *arbitr.*

1. p. 1	bd, cd *snt* —— .
	Demonstr.
suppos.	h, *est* ● .. *contact.*
11. 3	abc *est* ——,
9. a. 1	bh 3|2 ch,
α. 15 d. 1	ch 2|2 ca,
1. a. b	bh 3|2 ca,
α. 15 d. 1	bh 2|2 ba,
1. a. d	ba 3|2 ca,
	contr. 9. a. 1.

suppos.	d, *est* ● .. *contact.*
α. 15 d 1	bd 2|2 ba,
	cb *commun. add.*
2. a. 1	cb + bd 2|2 ca,
15. d. 1	cd 2|2 ca,
1. a. 1	cd 2|2 cb + bd,
	controu. 20. 1.
	Hypoth..2.
	cae *&* feg *snt* ⊙,
	f, *est* ● .. *contact.*
	Req. π. demonstr.
	e, *ñ est* ● .. *contact.*
	Præpar.
1. p. 1	fe *est* ——.
	Demonstr.
2. 3	fe *est* ɖ*n* ⊙ afe
	& ɖ*n* ⊙ feg,
2. 3. d. 3	⊙afe *secat:* ⊙feg ɖ*n* f
	contr. hypoth.

THEOR. XIII. PROPOS. XIV.

In circulo æquales rectæ lineæ æqualiter distant à centro. Et quæ æqualiter distant à centro, æquales sunt inter se.

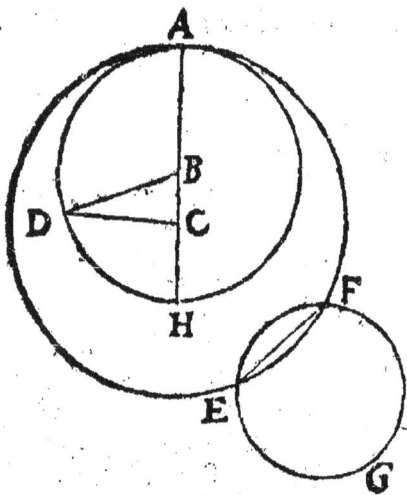

Au cercle les lignes droictes égales sont également di-

ſtantes du centre: Et celles qui ſont également diſtantes du centre, ſont égales entr'elles.

Hypoth. 1.

eabc *eſt* ⊙,

ad 2|2 bc,

Præpar.

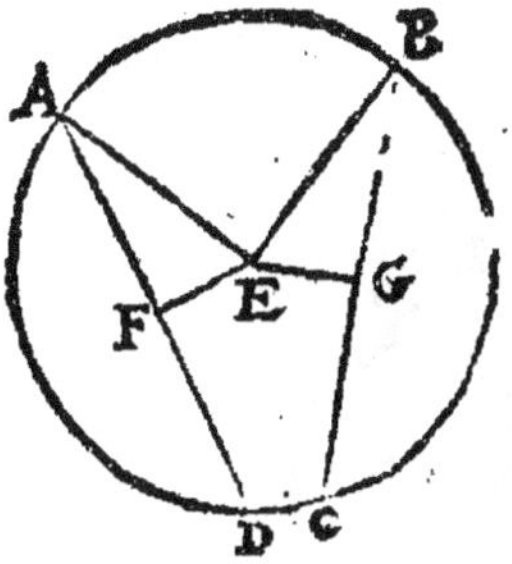

1. p. 1 ea & eb *ſnt* —,

12. 1 ef ⊥ ad, α

12. 1 eg ⊥ bc. α

Req. π. demonſtr.

ef 2|2 eg,

Demonſtr.

hyp. ad 2|2 bc,

3. 3 af 2|2 fd,

α. 3. 3 bg 2|2 gc,

7. a. 1 af 2|2 bg,

ſ. 46. 1 □.af 2|2 □.bg, β

ſ. 46. 1 □.ae 2|2 □.eb,

47. 1 □.af + □.fe 2|2 □.ae,

47. 1 □.gb + □.ge 2|2 □.eb,

1. a. 1 □.af + □.fe 2|2 □.gb + □.ge,

β. 3. a 1 □.fe 2|2 □.ge,

1. concl. ſ. 46. 1 fe 2|2 ge.

Hypoth. 2.

ef 2|2 eg. γ

Req. π. demonſtr.

ad 2|2 bc.

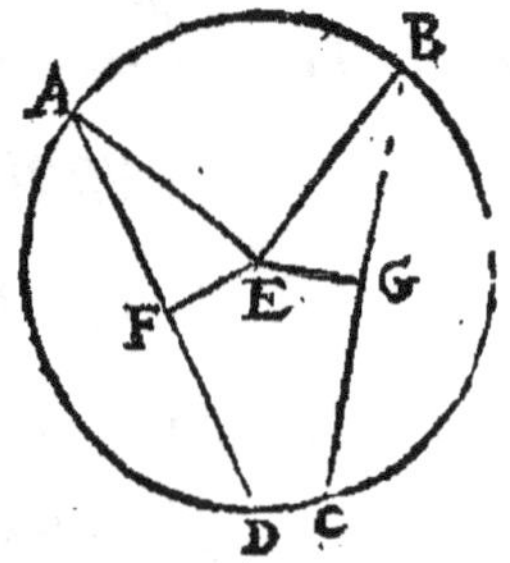

Demonſtr.

47. 1 □.af + □.fe 2|2 □.ae,

47. 1 □.gb + □.eg 2|2 □.eb,

1. a. 1 □.af + □.fe 2|2 □.gb + □.eg,

3. a. 1 □.af 2|2 □.gb,

f. 46. 1 af 2|2 gb,

2. concl. 6. a. 1 ad 2|2 bc.

THEOR. XIV. PROPOS. XV.

In circulo maxima quidem linea eſt diameter; aliarum autem propinquior centro, remotiore ſemper maior eſt.

Au cercle la plus grande ligne eſt le diametre; mais des autres, touſiours celle qui eſt plus proche du centre, eſt plus grande que celle qui en eſt plus eſloignée.

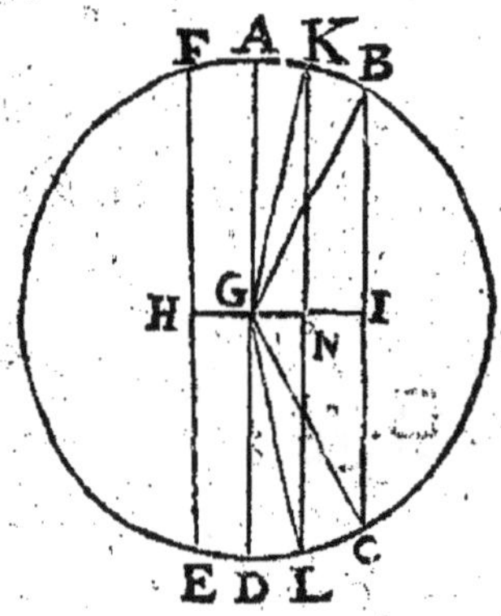

Hypoth.

gabc eſt ⊙,

ad eſt *diamet.*

gi ⊥ bc,

gh ⊥ fe,

gi 3|2 gh.

Req. π. demonſtr.

ad 3|2 fe,

fe 3|2 bc.

Præpar.

3. 1 gn 2|2 gh,

α

11.1 Knl ⊥ gi,
1.p.1 gK,gb,gc,gl *snt*—
Demonstr.
15.d.1 ga 2|2 gK,
15.d.1 gd 2|2 gl,
2.a.1 ad 2|2 gK+gl,

20.1 gK+gl 3|2 Kl,
1.a.d. ad 3|2 Kl,
α.14.3 Kl 2|2 fe,
1.concl. 1.a.c ad 3|2 fe,
9 a.1 <lgK 3|2 <cgb,
2.concl. 24 1 Kl⊔fe 3|2 bc.

THEOR. XV. PROPOS. XVI.

Quæ ab extremitate diametri cuiusque circuli ad angulos rectos ducitur, extra ipsum circulum cadet; & in locum inter ipsam rectam lineam, & peripheriam comprehensum, altera recta linea non cadet: & semicirculi quidem angulus, quouis angulo acuto rectilineo maior est; reliquus autem minor.

La ligne droicte menée de l'extremité du diametre du cercle, à angles droicts à iceluy diametre; tombera hors le cercle, & en l'espace compris entre icelle ligne droicte & la circonference ne tombera pas d'autre ligne droicte: & l'angle du demy cercle est plus que tout angle rectiligne aigu, mais le reste est plus petit.

Hypoth.
balh *est* ⊙,
cad ⊥ ah,
<bal 2|3 ∟.
Req. π. *demonstr.*

ac *est extr.* ⊙,
ae *ñ est extr.* ⊙,
<bai 3|2 <bae,
<iad 2|3 <ead.
Præpar.

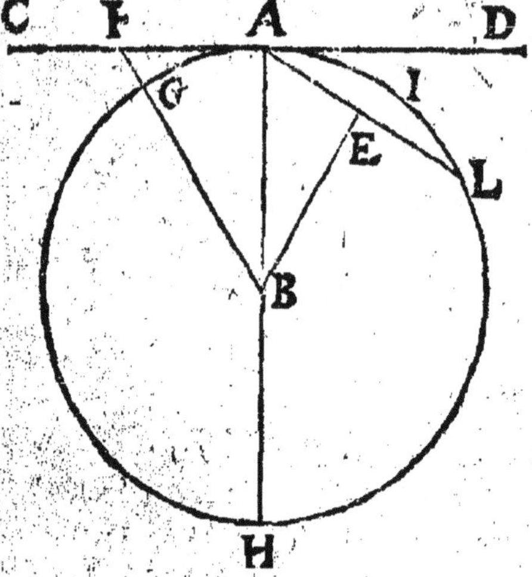

arbitr.	f, *est* • *in* ac,
1. p. 1	bf *est* —,
12. 1	be ⊥ al.
	Demonstr.

hyp.	<baf *est* ⌋,
1. c. 17. 1	<bfa 2|3 ⌋,
19. 1	bf 3|2 ba∪bg,
c. 15. d. 1	• f, *est extr.* ⊙,
1. concl. c. 38 d. 1	ac *est extr.* ⊙,
hyp.	<bae 2|3 ⌋,
constr.	<aeb *est* ⌋,
19. 1	be 2|3 ba,
c. 15 d. 1	e, *est in* ⊙, *a*
2. concl. *a*	al *ñ est extr.* ⊙,
3. concl. 9. a. 1	<bai 3|2 <bae,
4. concl. 9. a. 1	<iad 2|3 <ead,

COROLL.

Hinc manifestum est, rectam à diametri circuli extremitate ad angulos rectos ductam, ipsum circulum tangere: Ostensum enim est, ipsam cadere extra circulum; quare solum in puncto illo diametri extremo circulum attingit.

Il est d'icy manifeste que la ligne droicte tirée de l'extremité du diametre, à angles droicts touche le cercle. Car il a esté demonstré qu'elle tombe dehors le cercle. Partant elle atteint le cercle à ce poinct extreme du diametre seulement.

PROBL. II. PROPOS. XVII.

A dato puncto rectam lineam ducere, quæ datum tangat circulum.

D'vn poinct donné mener vne ligne droicte, qui touche vn cercle donné.

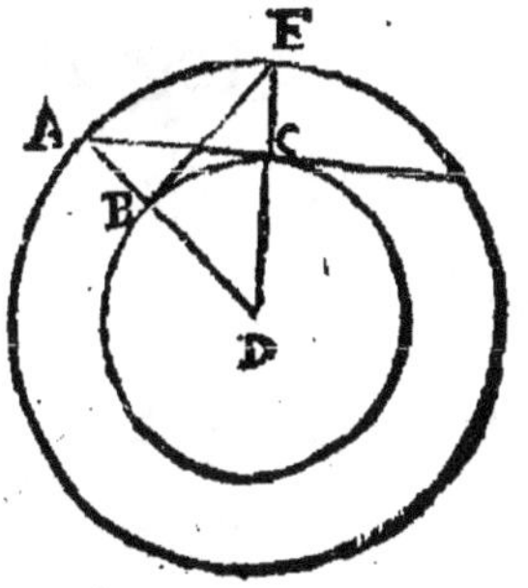

Hypoth.

a, *est* • D.

dbc *est* ⊙ D.

Req. π fa.

ac *tangen..* ⊙ dbc.

Constr.

1. p. 1 ad *est* —,

3. p. 1	dae *est* ⊙,
11. 1	be ⊥ ad,
1. p. 1	de & ac *snt* —,
symp.	ac *tang:* ⊙ dbc.
	Demonstr.
15 d. 1	da 2|2 de,
15. d. 1	dc 2|2 db,
	<adc *est commun.*
4. 1	<dca 2|2 <dbe,
constr.	<dbe *est* ⌟,
12. a. b	<dca *est* ⌟,
concl. c. 16. 3	ac *tang:* ⊙dbc.

THEOR. XVI. PROPOS. XVIII.

Si circulum tangat recta quæpiam linea, à centro autem ad contactum adiungatur recta quædam linea: quæ adiuncta fuerit, ad ipsam contingentem perpendicularis erit.

Si quelque ligne droicte touche vn cercle, & du centre à l'attouchement on mene vne ligne droicte, elle sera perpendiculaire à la touchante.

Hypoth.

fedc *est* ⊙,

ab *tang:* ⊙ fed,

e, *est* • *contact.*

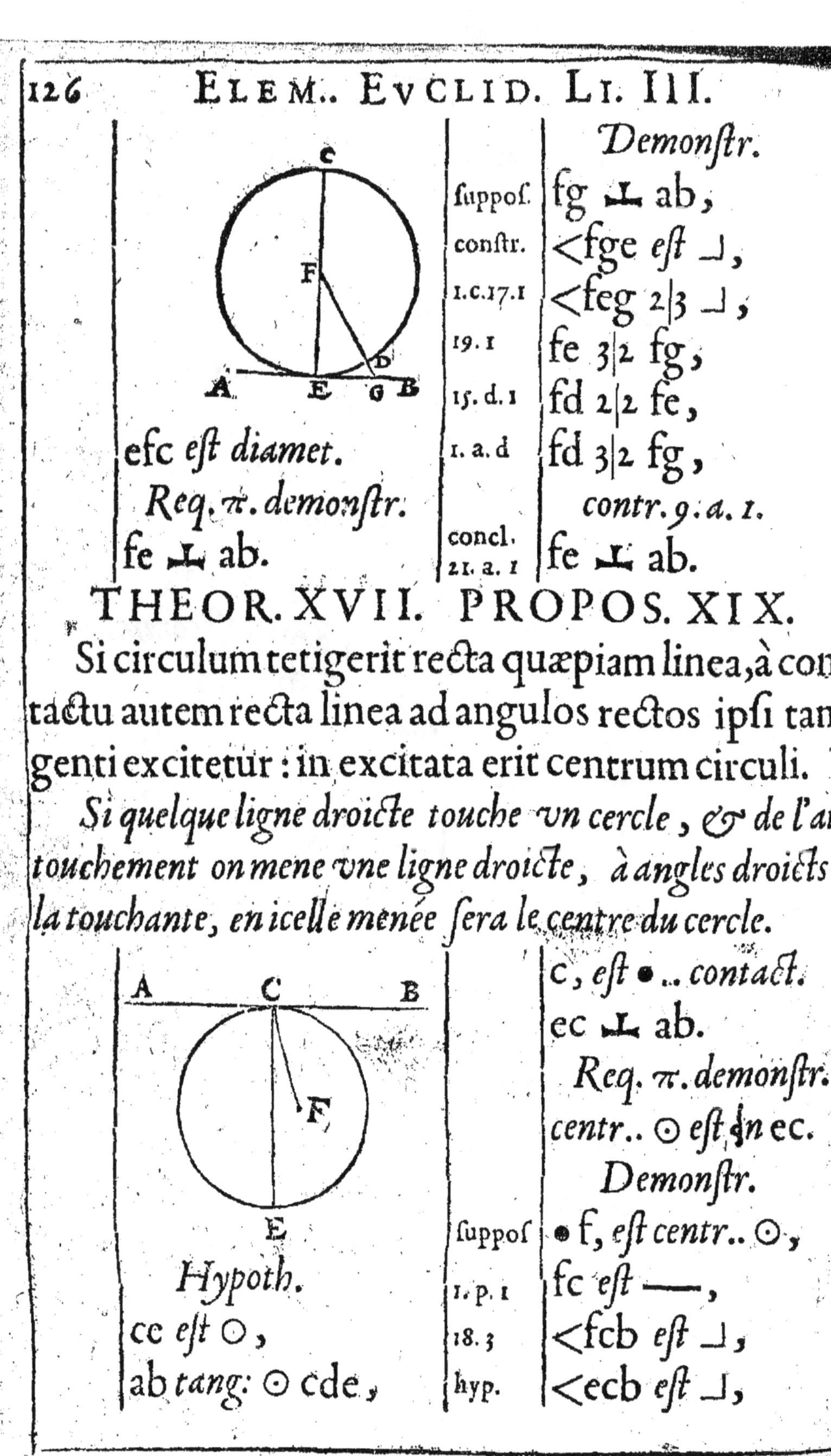

efc *est diamet.*

Req. π. demonstr.

fe ⊥ ab.

Demonstr.

suppos.	fg ⊥ ab,
constr.	<fge *est* ⌋,
1.c.17.1	<feg 2|3 ⌋,
19.1	fe 3|2 fg,
15.d.1	fd 2|2 fe,
1.a.d	fd 3|2 fg,
	contr. 9. a. 1.
concl. 21. a. 1	fe ⊥ ab.

THEOR. XVII. PROPOS. XIX.

Si circulum tetigerit recta quæpiam linea, à contactu autem recta linea ad angulos rectos ipsi tangenti excitetur: in excitata erit centrum circuli.

Si quelque ligne droicte touche vn cercle, & de l'attouchement on mene vne ligne droicte, à angles droicts à la touchante, en icelle menée sera le centre du cercle.

Hypoth.

ce *est* ⊙,

ab *tang:* ⊙ cde,

c, *est* • .. *contact.*

ec ⊥ ab.

Req. π. demonstr.

centr.. ⊙ *est in* ec.

Demonstr.

suppos	• f, *est centr..* ⊙,
1.p.1	fc *est* —,
18.3	<fcb *est* ⌋,
hyp.	<ecb *est* ⌋,

11.a.1	<fcb 2|2 <ecb, contr. 9.a.1.	concl. 21.a.1	centr.. ⊙ est in ec.

THEOR. XVIII. PROPOS. XX.

In circulo, angulus ad centrum duplex est anguli ad periferiam, cùm fuerit eadem peripheria basis angulorum.

Au cercle, l'angle qui est au centre, est double de l'angle qui est à la circonference; quand ils ont pour leur base vne mesme circonference.

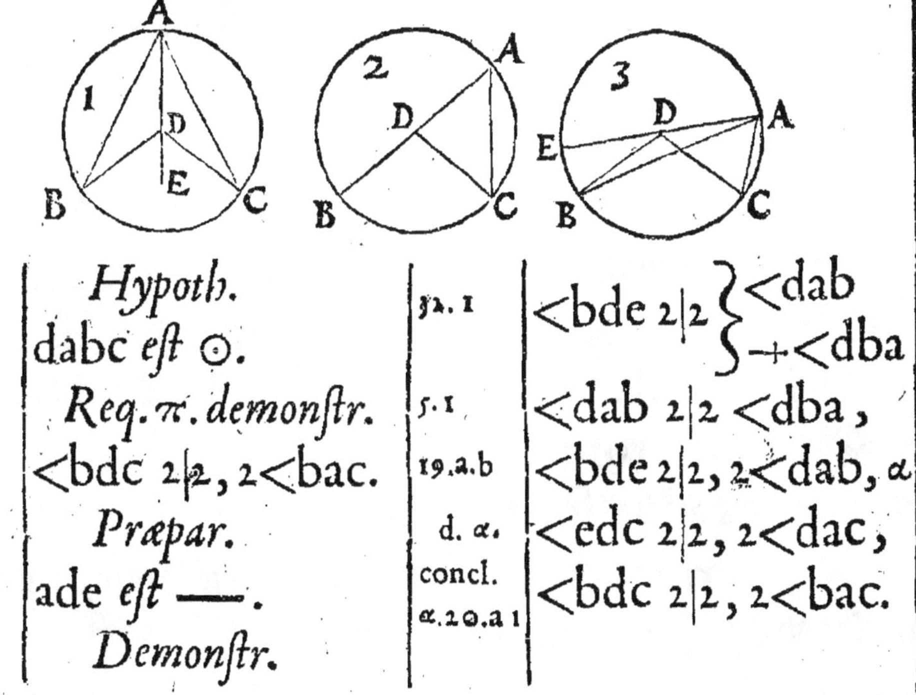

	Hypoth.	32.1	<bde 2|2 { <dab +<dba
	dabc *est* ⊙.		
	Req. π. demonstr.	5.1	<dab 2|2 <dba,
	<bdc 2|2, 2<bac.	19.a.b	<bde 2|2, 2<dab, α
	Præpar.	d. α.	<edc 2|2, 2<dac,
2.p.1.	ade *est* —.	concl. α.20.a1	<bdc 2|2, 2<bac.
	Demonstr.		

THEOR. XIX. PROPOS. XXI.

In circulo, qui in eodem ſegmento ſunt anguli, ſunt inter ſe æquales.

Au cercle, les angles qui sont en un mesme segment, sont égaux entr'eux.

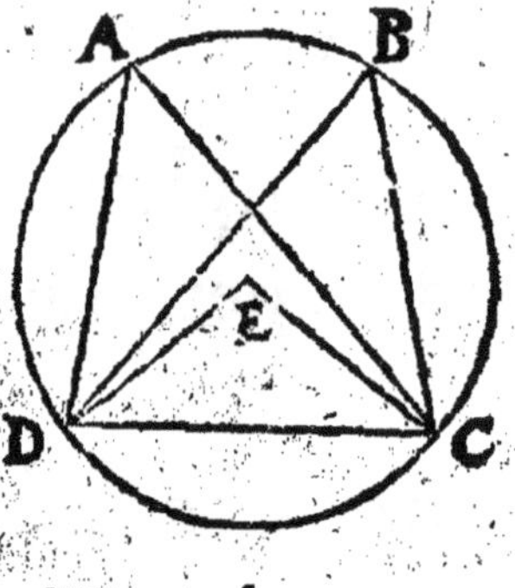

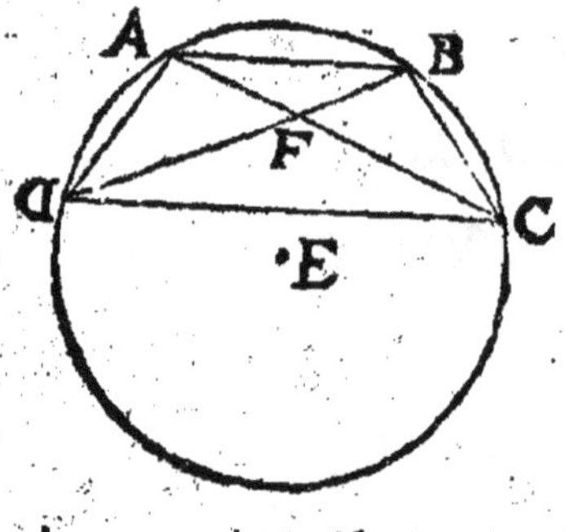

Hypoth.
edac *est* ⊙,
Req. π. demonstr.
<dac 2|2 <dbc,
Præpar.. 1. cas.
1. p. 1 ed & ec *snt* —.
Demonstr.
20. 3 <dac 2|2, ½<dec,
20. 3 <dbc 2|2, ½<dec,
1. concl. 7. a. 1 <dac 2|2 <dbc, α
Præpar.. 2. cas.
1. p. 1 ab *est* —,
Demonstr.
d. α. <adb 2|2 <acb,
15. 1 <afd 2|2 <bfc,
2. cõcl. 1 c. 32. 1 <dac 2|2 <dbc.

THEOR. XX. PROPOS. XXII.

Quadrilaterorum in circulis descriptorum anguli, qui ex aduerso, duobus rectis sunt æquales.

Les figures de quatre costez inscrites au cercle, ont les angles opposez égaux à deux angles droicts.

Hypoth.
abcd *est* ⊙,
abcd *est* 4<.
Req. π. demonstr.
∠adc + ∠abc 2|2, 2⅃
∠dab + ∠dcb 2|2, 2⅃
Præpar.
1. p. 1 ac & bd *snt* —.

De-

Demonstr.

21. 3 | <bdc 2|2 <bac,

21. 3 | <bda 2|2 <bca,

2. a. 1 | <adc 2|2 <bac + <bca,

<abc *commun. add.*

2. a. 1 | <adc + <abc 2|2 <bac + <bca + <abc,

32. 1 | ∠abc + ∠bac + ∠bca 2|2, 2⌋

1. concl. 1. a. 1 | <adc + <abc 2|2, 2⌋,

21. 3 | <dac 2|2 <dbc,

21. 3 | <bac 2|2 <bdc,

2. a. 1 | <dab 2|2 <dbc + <bdc,

<dcb *commun. add.*

2. a. 1 | <dab + <dcb 2|2 <dbc + <bdc + <dcb,

32. 1 | <dbc + <bdc + <dcb 2|2, 2⌋,

2. concl. 1. a. 1 | <dab + <dcb 2|2, 2⌋,

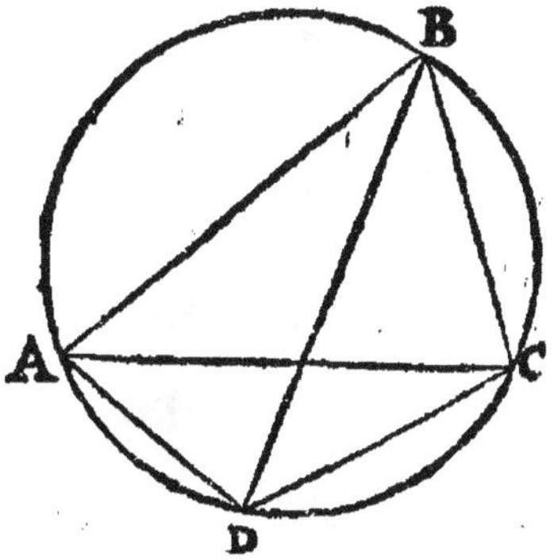

Coroll: 1.

hyp. | <dab *est* ⌋,

1. c. 22. 3 | <dcb *est* ⌋.

Coroll: 2.

hyp. | <abc 2|3 ⌋,

1. c. 22. 3 | <adc 3|2 ⌋.

SCHOL.

Si vnum latus quadrilateri in circulo deſcripti producatur, erit angulus externus æqualis angulo interno qui opponitur ei qui eſt deinceps externo.

Si vn coſté d'vn quadrilatere inſcrit dans le cercle, eſt prolongé, l'angle externe ſera égal à l'interne, qui eſt opposé à celuy qui eſt de ſuitte à l'externe.

Hypoth.

acbd *eſt* ⊙,

acbd *eſt* 4< *ſin* ⊙,

dae *eſt* —,

Req. π. demonſtr.

<cae 2|2 <dbc.

Demonſtr.

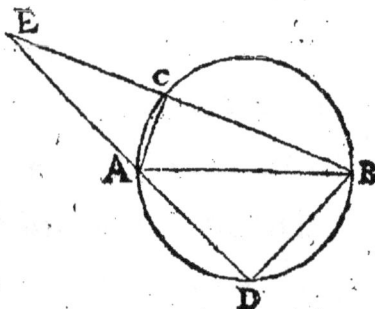

13. 1 <cae + <cad 2|2, 2⅃,

22. 3 <dbc + <cad 2|2, 2⅃,

1. a. 1 <cae + <cad 2|2 <dbc + <cad,

<cad *commun. ſubtr.*

concl. 3. a. 1 <cae 2|2 <dbc.

THEOR. XXI. PROPOS XXIII.

Super eadem recta linea, duo ſegmenta circulorum ſimilia, & inæqualia non conſtituentur ad eaſdem partes.

Sur vne meſme ligne droicte, on ne pourra conſtituer deux ſegments de cercles ſemblables & inégaux, & de meſme part.

Hypoth.

abc, adc *ſnt* ◠ *ſml.*

Req. π. demonſtr.

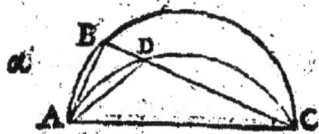

ac *ñ eſt baſ. commun.*

Demonſtr.

ſuppoſ. ac *eſt baſ. commun.*

arbitr. | b *est* • *in* ◠ abc,
1.p.1 | cb, ab, ad *snt* —,
4.10.d.3 | ∠adc 2|2 ∠abc,
contr. 16. 1.
concl. 21.a.1 | ac *n̄ est baſ. commun.*

THEOR. XXII. PROPOS. XXIV.

Super æqualibus rectis lineis, ſimilia circulorum ſegmenta ſunt inter ſe æqualia.

Semblables ſegments de cercles, conſtituez ſur lignes droictes égales, ſont égaux entr'eux.

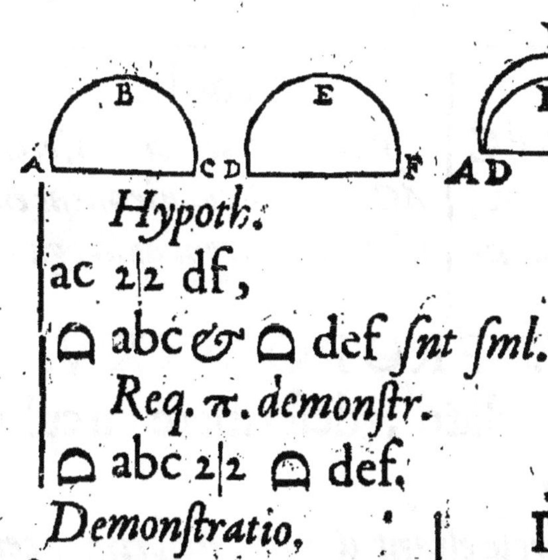

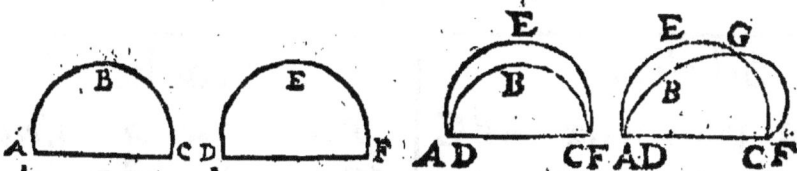

Hypoth.
ac 2|2 df,
◠ abc & ◠ def *ſnt ſml.*
Req. π. demonſtr.
◠ abc 2|2 ◠ def.

Demonſtratio,

Baſes AC & DF cum ſint æquales congruent inter ſe, ſi altera alteri ſuperponatur, ſegmentum ABC congruet etiã ſegmento DEF, ſi enim nõ cõgruat, cadet aut extra, aut intra, aut partim extra,

Demonſtration.

Les baſes AC & DE, eſtans égales, conuiendront entr'elles ſi on entend que l'vne ſoit poſée ſur l'autre, & le ſegment ABC conuiendra auſsi auec le ſegmẽt DEF; car s'il ne conuient point il tombera au dehors, ou au de-

partim intra; si cadat extra aut intra, segmenta erunt dissimilia per pręcedentem, quod est contra hypothesim. Si cadat partim extra, partim intra, sese mutuò secabunt in pluribus punctis quàm duobus, nimirum in A, F, G, quod est impossibile per decimam tertij, congruet igitur segmentum ABC segmento DEF, atque adeo ipsa inter se æqualia erunt per 8. ax. 1.

dans, ou partie dehors, & partie dedans, s'il tombe au dehors ou au dedans, les segments seront dissemblables par la precedente, ce qui est contre l'hypothese. S'il tombe en partie au dedans, en partie au dehors, ils s'entrecouperõt en plus de deux poincts, à sçauoir en A, F, G, ce qui est impossible par la 10. du 3. donc le segment ABC conuiendra auec le segment DEF, & partant seront égaux entr'eux par 8. ax. 1.

Scholium.

Cùm peripheriæ ABC DEF inter se congruant, erunt quoque inter se æquales.

Scholie.

Veu que les circonferences ACB, DEF conuiennent entre elles, elles seront aussi égales.

PROBL. III. PROPOS. XXV.

Circuli segmento dato, describere circulum, cuius est segmentum.

Le segment d'vn cercle estant donné, descrire le cercle duquel il est segment.

Hypoth.
abc *est segm.* D.
Req. π. *fa.*
inuen. centr. f.

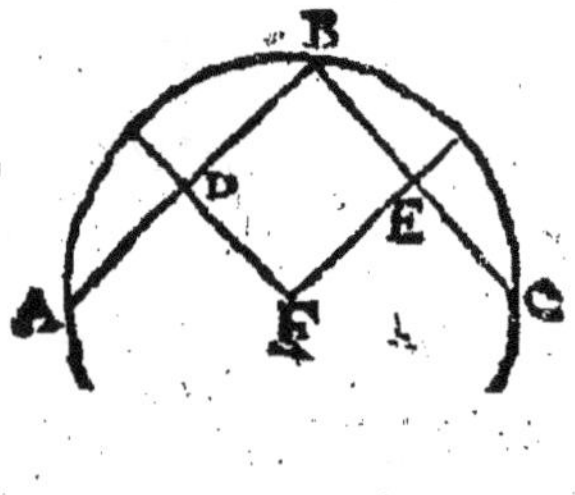

B
D
E
A
F
G

	Conſtr.		
arbitr.	a,b,c *ſnt* • *in* ⌒ ,	11. 1	ef ⊥ bc,
1. p. 1	ab & bc *ſnt* —— ,	ſymp.	*interſect.* f, *eſt centr.*
			Demonſtr.
10. 1	ad 2|2 db,	c. 1. 3	*centr. eſt in* df,
10. 1	be 2|2 ec,	c. 1 3	*centr. eſt in* ef,
11. 1	df ⊥ ab,	concl. 14. a. b	*centr. eſt in* f.

THEOR. XXIII. PROPOS. XXVI.

In æqualibus circulis, æquales anguli æqualibus peripheriis inſiſtunt, ſiue ad centra, ſiue ad peripherias conſtituti inſiſtant.

Aux cercles égaux, les angles égaux ſ'appuyent ſur circonferences égales, ſoit qu'ils ſ'appuyent, eſtant conſtituez aux centres, ou aux circonferences.

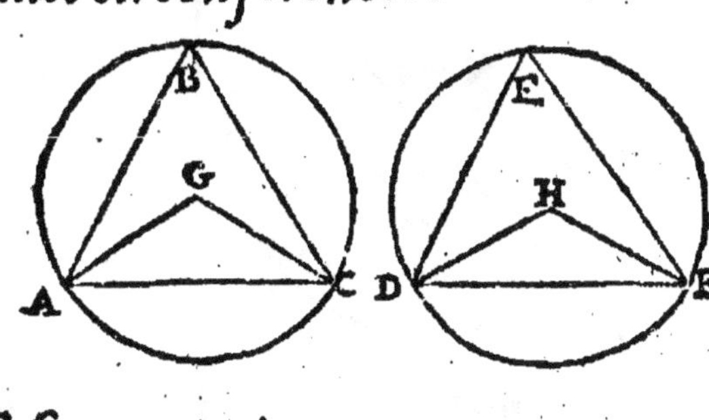

Hypoth.

gabc & hdef *ſnt* ⊙ 2|2 *inter ſe*,

∠agc 2|2 ∠dhf,

ш∠abc 2|2 ∠def.

Req. π. demonſtr.

◡ ac 2|2 ◡ df.

Præpar.

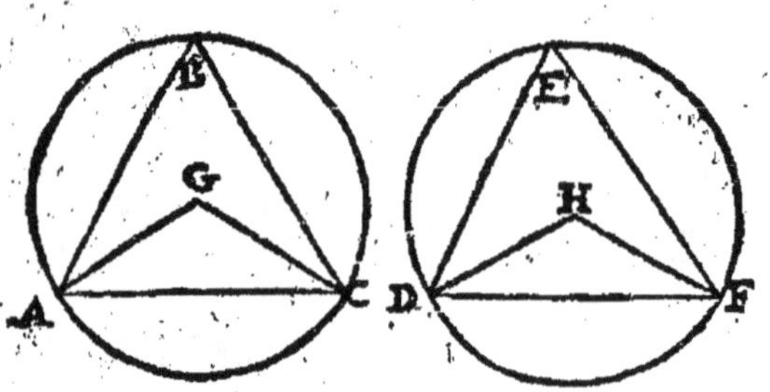

1. p. 1	ac & df *snt* ——.	20. 3	∠e 2|2, ½∠h,
	Demonſtr.	7. a. 1	∠abc 2|2 def,
1. d. 3	ga, gc, hd, hf } *snt* 2|2 de,	10. d. 3	◠ abc *ſml.* ◠ def,
hyp.	∠agc 2|2 ∠dhf,	24. 3	◠ abc 2|2 ◠ def,
4. 1	ac 2|2 df,	hyp.	⊙abc 2|2 ⊙def,
20. 3	∠b 2|2, ½∠g,	3. a. 1	◡ac 2|2 ◡df,
		concl. ſ. 24. 3	◡ ac 2|2 ◡ df.

SCHOL.

Hypoth.
abcd *eſt* ⊙,

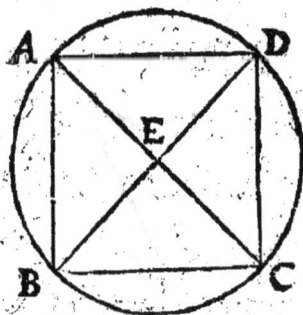

◠ab 2|2 ◠dc, a
Req. π. demonſtr.
ad ═ bc.
Præpar.
1. p. 1 ac *eſt* ——.
Demonſtr.
α. 26. 3 ∠acb 2|2 ∠cad,
concl. 27. 1 ad ═ bc.

THEOR. XXIV. PROPOS. XXVII.

In æqualibus circulis, anguli, qui æqualibus peripheriis inſiſtunt, ſunt inter ſe æquales, ſiue ad centra, ſiue ad peripherias conſtituti inſiſtant.

Aux cercles égaux les angles appuyez ſur circonferences égales ſont égaux entr'eux; ſoit qu'ils y ſoient appuyez eſtant conſtituez aux centres, ou bien eſtant conſtituez aux circonferences.

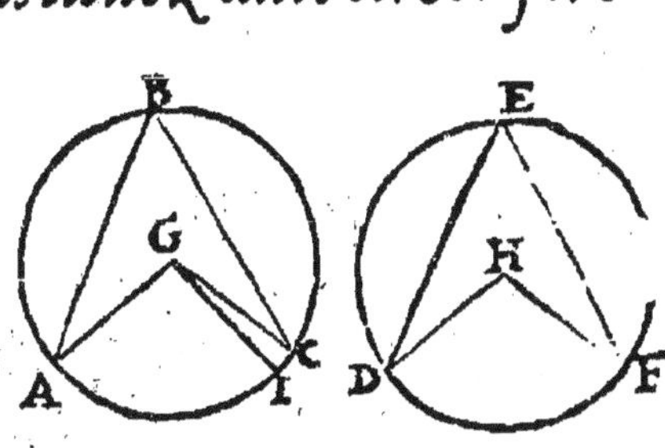

Hypoth.

gabc & hdef *ſnt* ⊙ 2|2 ꝗe,

◡ ac 2|2 ◡ df.

Req. π. demonſtr.

∠agc 2|2 ∠dhf,

∠abc 2|2 ∠def.

Demonſtr.

ſuppoſ.	∠agi 2|2 ∠dhf,
26. 3	◡ ai 2|2 ◡ df,
hyp.	◡ ac 2|2 ◡ df,
1. a. 1	◡ ai 2|2 ◡ ac.
	contr. 9. a. 1.
1. concl. 21. a. 1	∠agc 2|2 ∠dhf, α
2. concl. α. 7. a. 1	∠abc 2|2 ∠def.

THEOR. XXV. PROPOS. XXVIII.

In æqualibus circulis, æquales rectæ lineæ æquales peripherias auferunt, maiorem quidem maiori, minorem autem minori.

Aux cercles égaux, les lignes droictes égales oſtent circonferences égales, ſçauoir la plus grande à la plus grande, & la plus petite à la plus petite.

Hypoth.

gabc & hdef *ſnt* ⊙ 2|2 ꝗe, α

ac 2|2 df, α

Req. π. demonſtr.

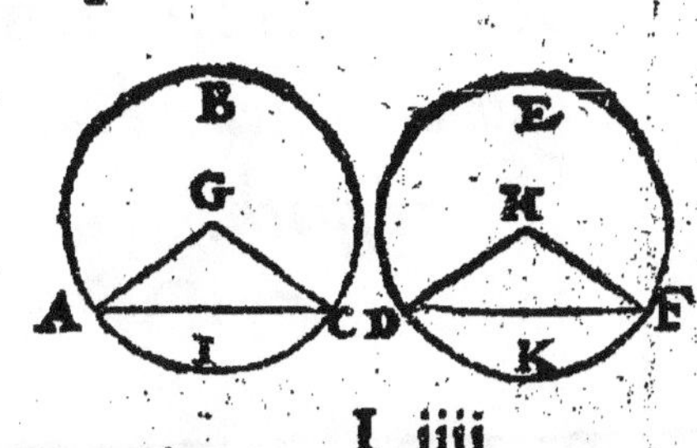

	⌒abc 2|2 ⌒def,		*Demonstr.*
	◡ aic 2|2 ◡ dkf.	α. 8. 1	<g 2|2 <h,
	Præpar.	1 concl. 26. 3	◡ aic 2|2 ◡ dkf,
1. p. 1	ga,gc,dh,hf *snt* —	2. concl. 3. a 1	⌒abc 2|2 ⌒def.

THEOR. XXVI. PROPOS. XXIX.

In æqualibus circulis, æquales peripherias, æquales rectæ lineæ subtendunt.

Aux cercles égaux, les circonferences égales, soustendent lignes droictes égales.

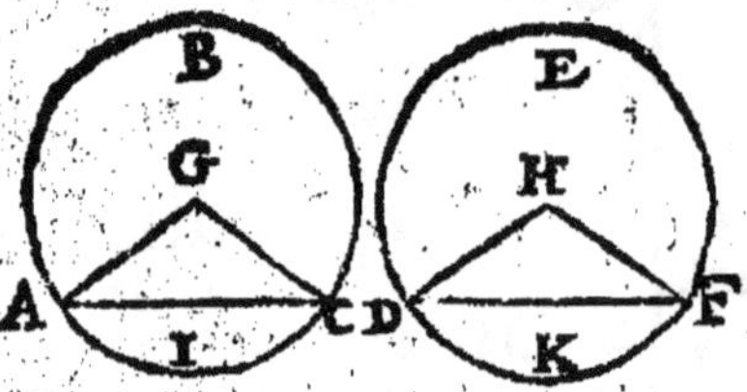

			Req. π. demonstr.
			ac 2|2 df.
			Præpar.
		1. p. 1	ga,gc,hd,hf *snt* —
Hypoth.			*Demonstr.*
gabc & hdef *snt* ⊙ 2|2 ꝗᵉ,	α	α. 27. 3	<g 2|2 <h,
⌒abc 2|2 ⌒def.	α	concl 4. 1	ac 2|2 df.

Hæc propositio & tres proximè præcedentes intelligendæ etiam sunt in eodem circulo: eadem enim erit demonstratio.

En ceste proposition, & aux trois precedentes, ce qui est dit des cercles égaux, doit aussi estre entendu d'vn mesme cercle: car ce sera la mesme demonstration.

PROBL. IV. PROPOS. XXX.

Datam peripheriam bifariam secare.

Coupper en deux également vne circonference donnée.

Hypoth.		*Req. π. fa.*
abc *est* ⌒ D.		⌒ab 2|2 ⌒bc.

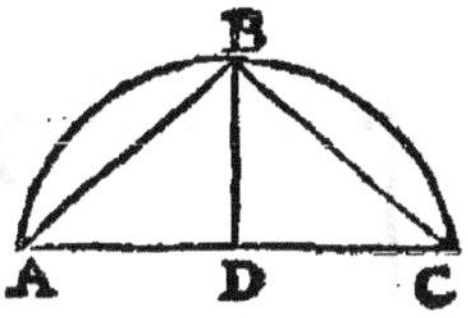

			Præpar.
		1. p. 1	ab & bc *ſnt* —.
			Demonſtr.
	Conſtr.	conſtr.	ad 2|2 dc,
1 p. 1	ac *eſt* —,		db *eſt commun.*
10. 1	ad 2|2 dc,	α. 11. a. 1	<adb 2|2 <bdc,
11. 1	db ⊥ ac, α	4. 1	ab 2|2 bc,
ſymp.	⌒ab 2|2 ⌒bc.	concl. 28. 3	⌒ab 2|2 ⌒bc.

THEOR. XXVII. PROPOS. XXXI.

In circulo angulus, qui in ſemicirculo, rectus eſt: qui autem in maiore ſegmento, minor recto: qui vero in minore ſegmento, maior eſt recto. Et inſuper angulus maioris ſegmenti, recto quidem maior eſt: minoris autem ſegmenti angulus, minor eſt recto.

Au cercle, l'angle qui eſt au demy cercle eſt droict: mais celuy qui eſt au plus grand ſegment eſt plus petit qu'vn droict; & celuy qui eſt au plus petit ſegment, eſt plus grand qu'vn droict. Et dauantage, l'angle du plus grand ſegment, eſt plus grand qu'vn droict; mais l'angle du plus petit ſegment, eſt plus petit qu'vn droict.

Hypoth.	arbitr.	b & f *ſnt* • *in* ⌒abc
dabf *eſt* ⊙,		abe, db, }
adc *eſt diamet.*	1. p. 1	cb, bf, cf } *ſnt* —.
Præpar.		*Req. π. demonſtr.*

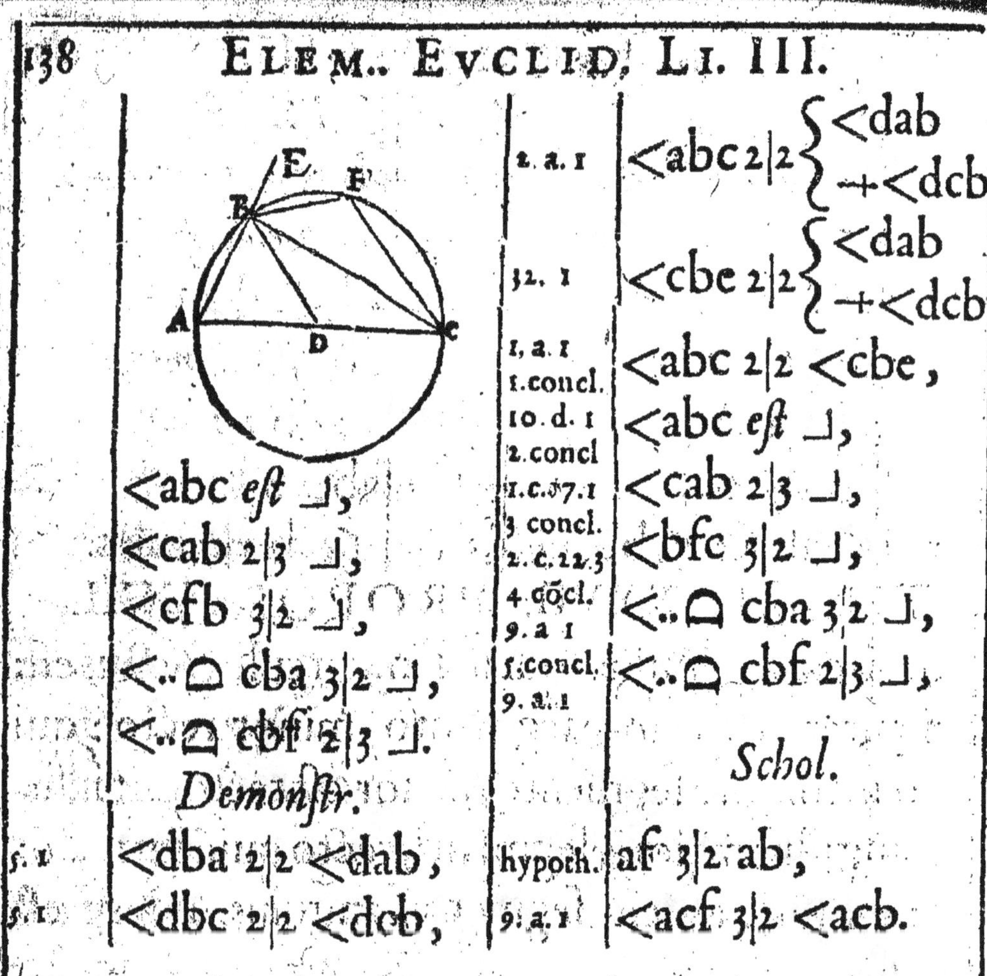

	<abc est ⅃,	2. a. 1	<abc 2|2 { <dab +<dcb
	<cab 2|3 ⅃,	32. 1	<cbe 2|2 { <dab +<dcb
	<cfb 3|2 ⅃,	1. a. 1 1.concl.	<abc 2|2 <cbe,
	<.. ◠ cba 3|2 ⅃,	10. d. 1 2.concl	<abc est ⅃,
	<.. ◠ cbf 2|3 ⅃.	1.c.37.1 3 concl.	<cab 2|3 ⅃,
	Demonstr.	2. c. 22.3	<bfc 3|2 ⅃,
5. 1	<dba 2|2 <dab,	4. cõcl. 9. a 1	<.. ◠ cba 3|2 ⅃,
5. 1	<dbc 2|2 <dcb,	5. concl. 9. a. 1	<.. ◠ cbf 2|3 ⅃,
			Schol.
		hypoth.	af 3|2 ab,
		9. a. 1	<acf 3|2 <acb.

THEOR. XXVIII. PROPOS. XXXII.

Si circulum tetigerit aliqua recta linea, à contactu autem producatur quædã recta linea circulum secans: anguli, quos ad contingentem facit, æquales sunt iis, qui in alternis circuli segmentis consistunt, angulis.

Si quelque ligne droicte touche vn cercle, & de l'attouchement on mene quelque ligne droicte au cercle, le couppant; les angles qu'elle fait auec l'attouchante seront égaux aux angles qui sont aux segments alternes.

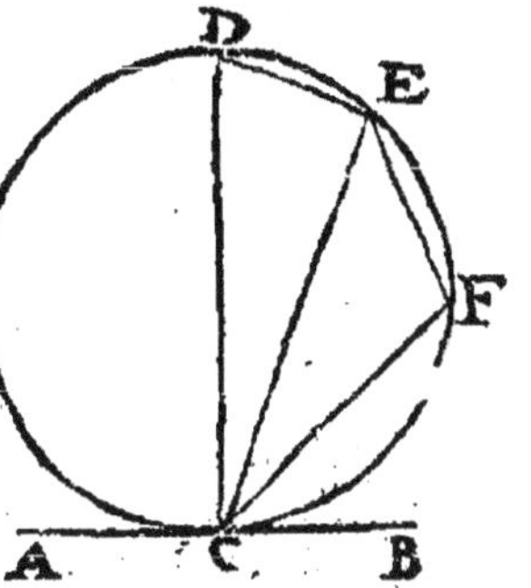

Hypoth.

cfd *eſt* ⊙,
ab, *tang:* ⊙,
c, *eſt* • .. *contact.*
ce, *eſt* —— *arbitr.*

Req. π. demonſtr.

∠ecb 2|2 ∠edc,
∠eca 2|2 ∠efc.

Præpar.

11. 1	cd ⊥ ab,
arbitr.	f, *eſt* • *in* ∩ cfe,
1. p. 1	cf, fe, ed *ſnt* ——.
	Demonſtr.
19. 3	cd *eſt diamet.*
31. 3	∠ced *eſt* ⅃,
conſtr.	∠dcb *eſt* ⅃,
32. 1	∠edc + ∠ecd 2|2 ⅃,
1. a. 1	∠dcb 2|2 { ∠edc + ∠ecd,
	∠ecd *commun. ſubtr.*
1. concl. 3. a. 1	∠ecb 2|2 ∠edc, α
22. 3	∠efc + ∠edc 2|2, 2 ⅃,
13. 1	∠eca + ∠ecb 2|2, 2 ⅃,
2. concl. α. 3. a. 1	∠eca 2|2 ∠efc.

PROBL. V. PROPOS. XXXIII.

Super data recta linea deſcribere ſegmentum circuli, quod capiat angulum æqualem dato angulo rectilineo.

Sur vne ligne droicte donnée, deſcrire vn ſegment de cercle, lequel reçoiue vn angle égal à vn angle rectiligne donné.

Hypoth.

ab *eſt* —— D.
c, *eſt* ∠ D.

Req. π. fa.

	◠ aieb *capa..* ∠c.
	Conſtr.
23. 1	∠bad 2|2 ∠c,
11. 1	ae ⊥ hd,

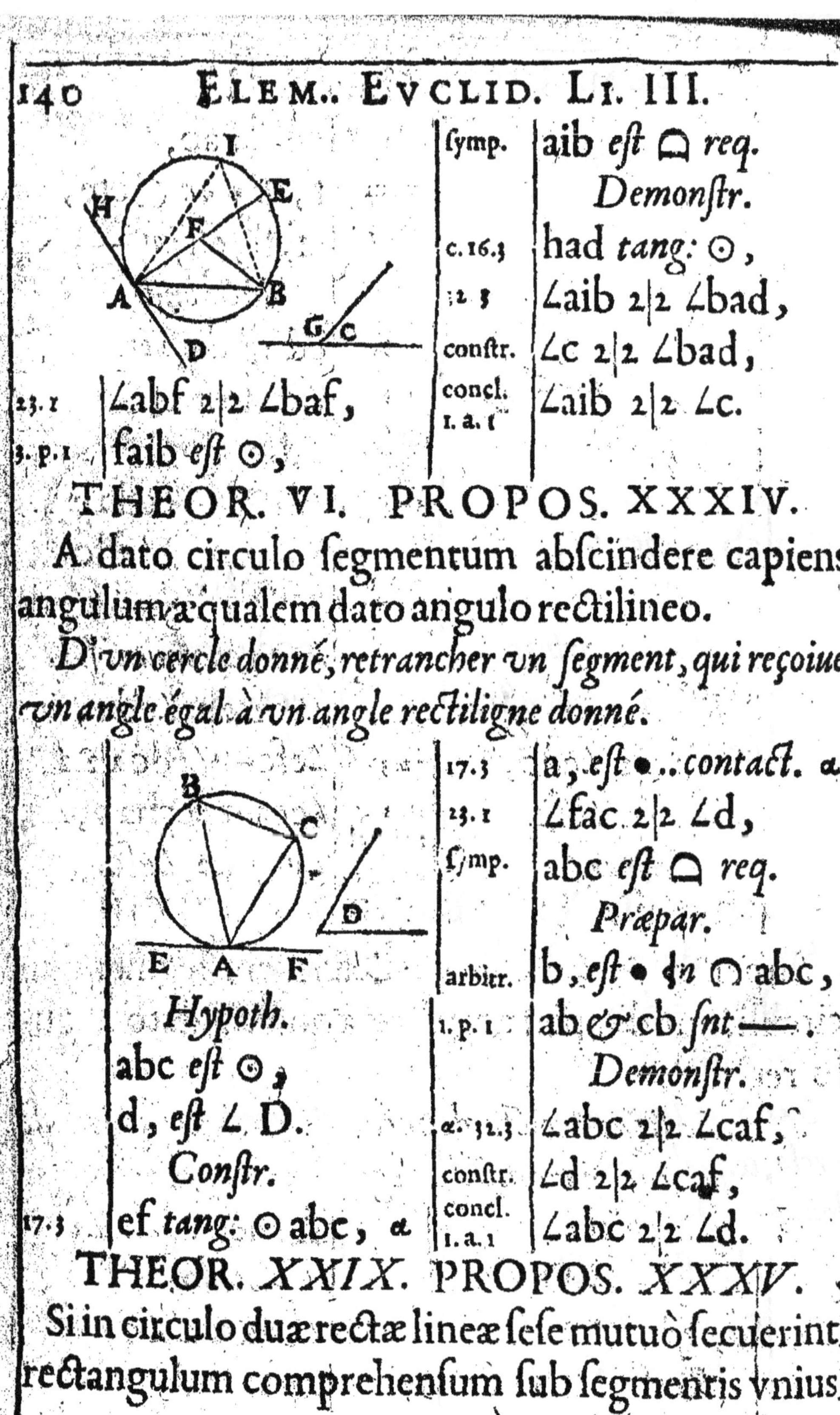

23. 1	∠abf 2|2 ∠baf,
3. p. 1	faib *eſt* ⊙,

ſymp.	aib *eſt* ◠ *req.*
	Demonſtr.
c. 16.3	had *tang:* ⊙,
32. 3	∠aib 2|2 ∠bad,
conſtr.	∠c 2|2 ∠bad,
concl. 1. a. 1	∠aib 2|2 ∠c.

THEOR. VI. PROPOS. XXXIV.

A dato circulo ſegmentum abſcindere capiens angulum æqualem dato angulo rectilineo.

D'vn cercle donné, retrancher vn ſegment, qui reçoiue vn angle égal à vn angle rectiligne donné.

	Hypoth.
	abc *eſt* ⊙,
	d, *eſt* ∠ D.
	Conſtr.
17. 3	ef *tang:* ⊙ abc, α

17. 3	a, *eſt* • .. *contact.* α
23. 1	∠fac 2|2 ∠d,
ſymp.	abc *eſt* ◠ *req.*
	Præpar.
arbitr.	b, *eſt* • *in* ∩ abc,
1. p. 1	ab & cb. *ſnt* ——.
	Demonſtr.
α. 32.3	∠abc 2|2 ∠caf,
conſtr.	∠d 2|2 ∠caf,
concl. 1. a. 1	∠abc 2|2 ∠d.

THEOR. *XXIX.* PROPOS. *XXXV.*

Si in circulo duæ rectæ lineæ ſeſe mutuò ſecuerint, rectangulum comprehenſum ſub ſegmentis vnius, æquale eſt ei, quob ſub ſegmentis alterius comprehenditur, rectangulo.

Si au cercle deux lignes droictes ſe couppent l'vne l'autre; le rectangle contenu ſous les deux parties de l'vne, eſt égal au rectangle contenu ſous les deux parties de l'autre.

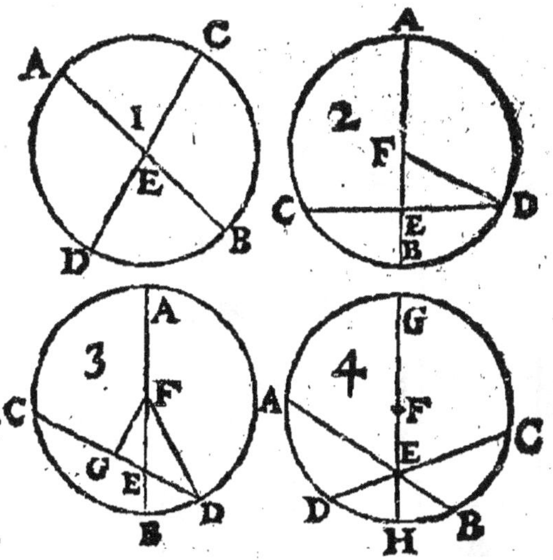

Hypoth.

fbca *eſt* ⊙,

ab, *&* dc *ſnt* ——.

Req. π. demonſtr.

▭.aeb 2|2 ▭.ced.

Demonſtr.. 1. caſ.

ſuppoſ. ab *&* cd *ſnt diamet.*

15. d. 1 ea, eb, ed, ec *ſnt* 2|2 *de*

1. concl. 3 ſ. 1. d. 2 ▭.aeb 2|2 ▭.ced.

Demonſtr.. 2. caſ.

ſuppoſ. ab *eſt diamet.*

ſuppoſ. ce 2|2 ed,

1. p. 1 fd *eſt* ——,

α. 3. 3 ∠fed *eſt* ⊥,

2. concl. ſ. 5. 2 ▭.aeb 2|2 □.ed ∥ ▭.ced.

Demonſtr.. 3. caſ.

ſuppoſ. ab *eſt diamet.*

ſuppoſ. ce 3|2 ed,

12. 1 fg ⊥ cd,

1. p. 1 fd *eſt* ——,

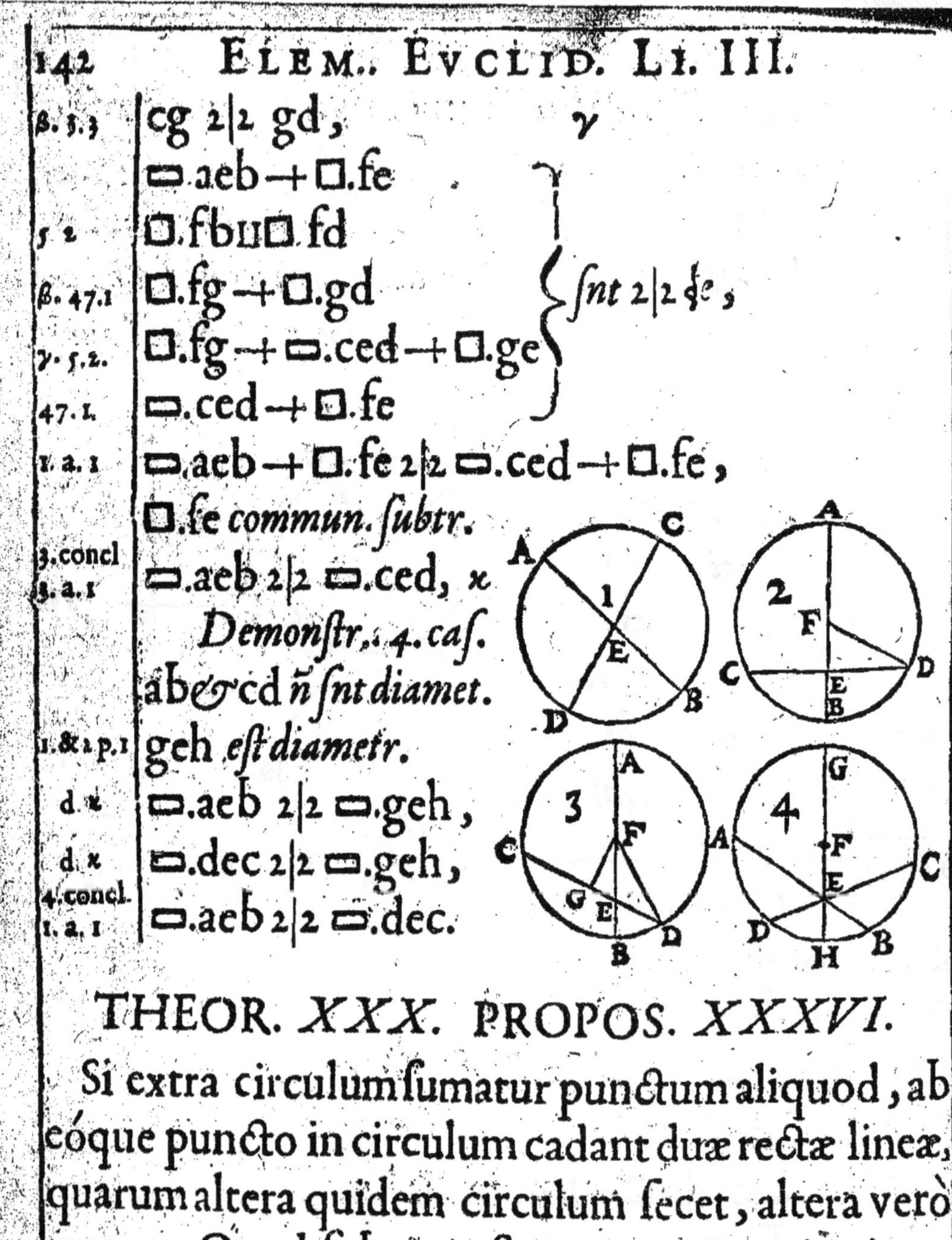

β. 5.3 | cg 2|2 gd, γ

| ▭.aeb + □.fe

5 2 | □.fb⊔□.fd

β. 47.1 | □.fg + □.gd } ſnt 2|2 ſe,

γ. 5.2. | □.fg + ▭.ced + □.ge

47.1. | ▭.ced + □.fe

1. a. 1 | ▭.aeb + □.fe 2|2 ▭.ced + □.fe,

| □.fe *commun. ſubtr.*

3.concl β. a. 1 | ▭.aeb 2|2 ▭.ced, κ

Demonſtr. 4. caſ.

ab & cd *n̄ ſnt diamet.*

1.&2 p.1 | geh *eſt diametr.*

d. κ | ▭.aeb 2|2 ▭.geh,

d. κ | ▭.dec 2|2 ▭.geh,

4.concl. 1. a. 1 | ▭.aeb 2|2 ▭.dec.

THEOR. *XXX.* PROPOS. *XXXVI.*

Si extra circulum ſumatur punctum aliquod, ab eóque puncto in circulum cadant duæ rectæ lineæ, quarum altera quidem circulum ſecet, altera verò tangat: Quod ſub tota ſecante, & exterius inter punctum & conuexam peripheriam aſſumpta comprehenditur rectangulum, æquale erit ei, quod à tangente deſcribitur, quadrato.

Si on prend quelque poinct hors le cercle, & d'iceluy

tombent deux lignes droictes au cercle, l'vne desquelles couppe le cercle & l'autre le touche; le rectangle contenu sous toute la couppante, & sa partie de dehors pris entre le poinct, & la circonference conuexe, est égal au quarré de la touchante.

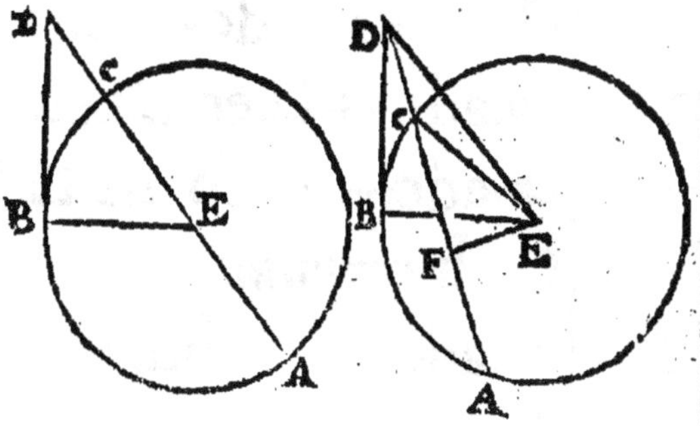

Hypoth.

ebc *est* ⊙,

d, *est* • D.

db *tang:* ⊙.

Req. π. demonstr.

▭.adc 2|2 □.db.

Demonstr.. 1. cas.

1. p. 1 eb *est* —,

18. 3 <ebd *est* ⊥, α

15. d. 1 ec 2|2 eb,

□.bd + □.be
α. 47.1 □.ed
6. 2 ▭.adc + □.ec
1. a. f ▭.adc + □.be
} *snt* 2|2 de,

1. a. 1 ▭.adc + □.be 2|2 □.bd + □.be,

□.be *commun. subtr.*

3. a. 1 ▭.adc 2|2 □.db.

Demonstr.. 2. cas.

1. p. 1 ec & eb *snt* —,

12. 1 ef ⊥ da,

18.3 | <ebd *est* ⅃, β
4.3 | af 2|2 fc,
| □.bd + □.eb
4. 47.1 | □.de
47.1 | □.ef + □.fd
6.2 | □.ef + ▭.adc + □.fc
47.1 | ▭.adc + □.ec ⊔ □.eb

} *ſnt* 2|2 ⅃: ,

1.a.1 | ▭.adc + □.eb 2|2 □.bd + □.eb,
| □.eb *commun. ſubtr.*
concl. 3.a.1 | ▭.adc 2|2 □.bd.

COROLL. I.

Hinc manifeſtum eſt, ſi à puncto quouis extra circulum aſſumpto, plurimæ lineæ rectæ circulum ſecantes ducantur, rectangula comprehenſa ſub totis lineis, & partibus externis, inter ſe eſſe æqualia.

De cette propoſition il eſt manifeſte, que ſi de quelconque poinct pris hors le cercle, on mene pluſieurs lignes droictes coupant le cercle ; les rectangles compris ſous chacune de toutes, & ſa partie externe ſont égaux entr'eux.

Hypoth.
a, *eſt* • D.
ad *tang:* ⊙.
Req. π. demonſtr.
▭.bae 2|2 ▭.caf.
Demonſtr.
36.3 | ▭.bae 2|2 □.ad,

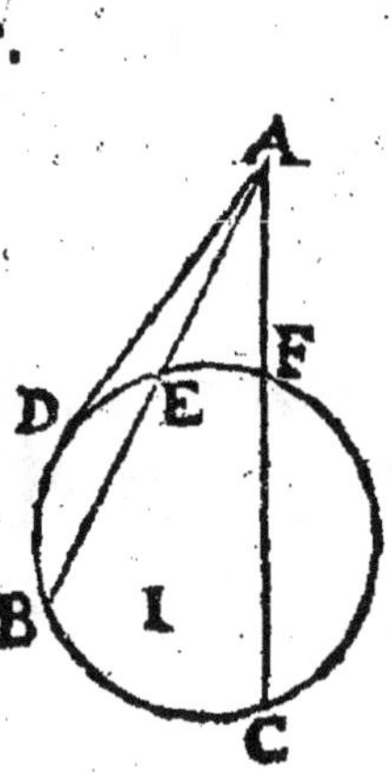

A, F, D, E, B, I, C

▭.caf

36.3	▭.caf 2|2 □.ad,
concl. 1.a.1	▭.bae 2|2 ▭.caf.

COROLL. II.

Constat etiam, duas rectas ab eodem puncto ductas, quæ circulum tangant, inter se esse æquales.

Il est manifeste aussi, que si deux lignes droictes menées d'vn mesme poinct, touchent le cercle, qu'elles sont égales entr'elles.

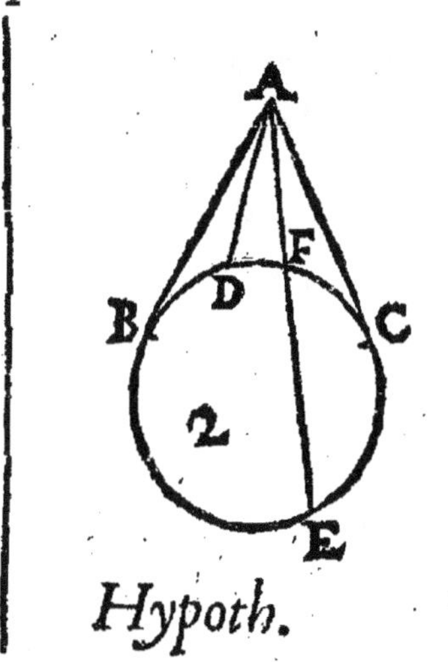

Hypoth.		
		ab & ac *tang:* ⊙.
		Req. π. demonstr.
		ab 2|2 ac.
		Demonstr.
	36.3	□.ab 2|2 ▭.eaf,
	36.3	□.ac 2|2 ▭.eaf,
	1.a.1	□.ab 2|2 □.ac,
	concl. f.46.1	ab 2|2 ac.

COROLL. III.

Perspicuum quoque est, ab eodem puncto extra circulum assumpto, duci tantùm posse duas lineas quæ circulum tangant.

Semblablement il est manifeste, que d'vn poinct pris hors le cercle on peut mener seulement deux lignes droictes qui touchent le cercle.

Hypoth.		*Demonstr.*
ab & ac *tang:* ⊙bdc	suppos.	ad *tang:* ⊙,
Req. π. demonstr.	2.c.36.3	ab, ad, ac *snt* 2|2 ⁝e,
ad *n̄ tang:* ⊙bdc.		*contr. 8.3.*

COROLL. IV.

Illud denique conſtat etiam, ſi duæ rectæ æquales ex puncto quopiam in conuexam peripheriam incidant, & earum vna circulum tangat, alteram quoque circulum tangere.

Il eſt finalement euident, que ſi deux lignes droictes égales, ſont menées de quelconque poinct à la circonference conuexe, & que l'vne d'icelles touche le cercle, l'autre außi le touchera.

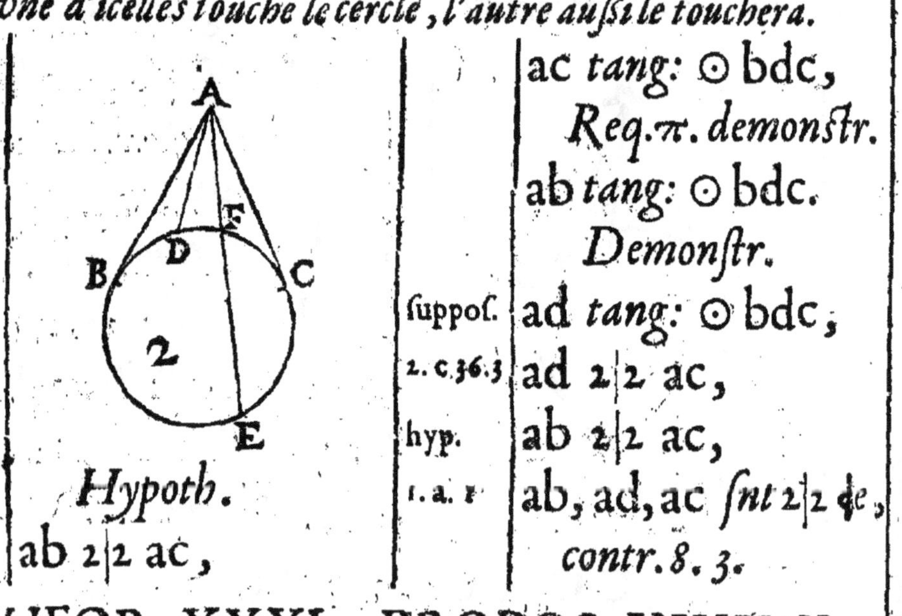

Hypoth.

ab 2|2 ac,

ac *tang:* ⊙ bdc,

Req.π. demonſtr.

ab *tang:* ⊙ bdc.

Demonſtr.

ſuppoſ. ad *tang:* ⊙ bdc,

2. c.36.3 ad 2|2 ac,

hyp. ab 2|2 ac,

1. a. 1 ab, ad, ac *ſnt* 2|2 ⊄e,

contr.8.3.

THEOR. XXXI. PROPOS. XXXVII.

Si extra circulum ſumatur punctum aliquod, ab eoque in circulum cadant duæ rectæ lineæ, quarum altera circulum ſecet, altera in eum incidat; ſit autem, quod ſub tota ſecante, & exterius inter punctum, & conuexam peripheriam aſſumpta, comprehenditur rectangulum, æquale ei, quod ab incidente deſcribitur, quadrato; incidens ipſa circulum tanget.

Si hors le cercle on prend quelque poinct, & d'iceluy poinct, tombent au cercle deux lignes droictes, vne desquelles couppe le cercle & l'autre l'atteint. Et que le rectangle contenu sous toute la couppante, & sa partie de dehors, prise entre le poinct & la circonference conuexe soit égal au quarré de l'atteignante, icelle atteignante touchera le cercle.

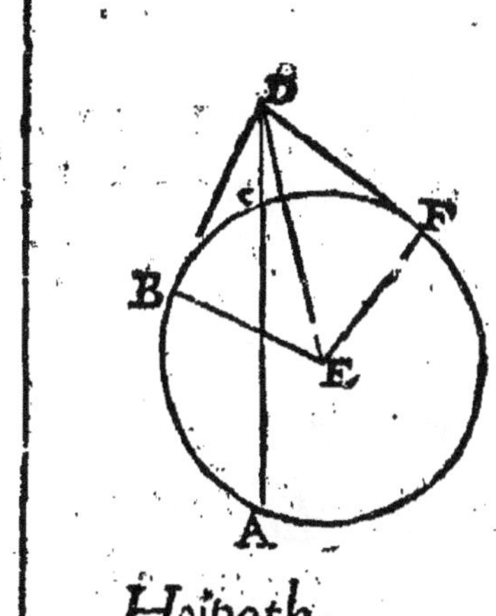

Hypoth.

ebf *est* ⊙,

▭.adc 2|2 □.db.

Req. π. demonstr.

db *tang:* ⊙ abf.

Præpar.

17.3	df *tang:* ⊙ abf,
1. p. 1	ed,eb,ef *snt* —.
	Demonstr.
36.3	□.df 2|2 ▭.adc,
hyp.	□.db 2|2 ▭.adc,
1. a. 1	□.df 2|2 □.db,
c. 46. 1	df 2|2 db,
15. d. 1	eb 2|2 ef,
	ed *est* commun.
8. 1	<ebd 2|2 <efd, a
18. 3	<efd *est* ⊥,
12. a b	<ebd *est* ⊥,
c. 16. 3	db *tang:* ⊙abf.

COROLL.

a. 8. 1 | <edb 2|2 <edf.

EVCLIDIS ELEMENTORVM LIBER QVARTVS.

LE QVATRIESME LIVRE DES ELEMENTS D'EVCLIDE.

DEFINIT. I.

FIGVRA rectilinea in figura rectilinea inſcribi dicitur, cùm ſinguli eius figuræ quæ inſcribitur, anguli ſingula latera eius, in qua inſcribitur, tangunt.

VNE figure rectiligne eſt dite eſtre inſcrite en vne figure rectiligne, quand chacun des angles de la figure inſcrite, touche chacun coſté de celle en laquelle elle eſt inſcrite.

DEFINIT. II.

Similiter & figura circum figuram deſcribi dicitur, cùm ſingula eius, quæ circumſcribitur, la-

Semblablement vne figure eſt dite eſtre deſcrite à l'entour d'vne figure, quand chacun coſté de la circonſcri-

tera ſingulos eius figuræ angulos tetigerint, circũ quam illa deſcribitur.

te, touche chacun angle, de celle à l'entour de laquelle elle eſt deſcrite.

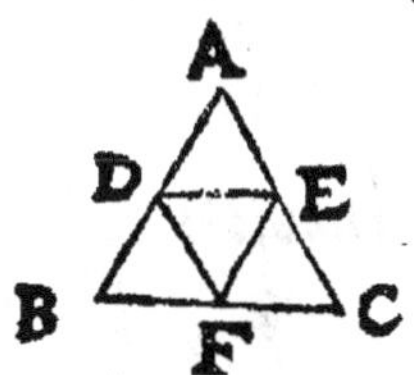

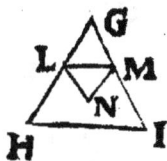

Vt triangulum DEF eſt inſcriptũ in triangulo ABC, quia ſinguli anguli inſcripti DEF tangunt ſingula latera circumſcripti ABC; è contrario triangulum ABC eſt deſcriptum circa triangulum DEF, quoniam ſingula latera illius ſingulos angulos huius tangunt: Triangulum verò LMN non eſt inſcriptum in triangulo GHI propterea quòd angulus N non tangat latus HI.

Comme le triangle DEF eſt inſcrit dans le triangle ABC, à cauſe que chacun des angles de l'inſcrit DEF touchent chacun des coſtez du circonſcrit ABC; & au contraire le triangle ABC eſt deſcrit à l'entour du triangle DEF, à cauſe que chacun des coſtez de celuy-là touche chacun des angles de celuy-cy: Mais le triangle LMN n'eſt pas inſcrit dans le triangle GHI, à cauſe que l'angle N ne touche point le coſté HI.

DEFINIT. III.

Figura rectilinea in circulo inſcribi dicitur, cùm ſinguli eius figuræ, quæ inſcribitur, anguli tetigerunt circuli peripheriam.

Vne figure rectiligne eſt dite eſtre inſcrite en vn cercle, quand vn chacun angle de l'inſcrite, touche la circonference du cercle.

DEFINIT. IV.

Figura verò rectilinea circa circulum describi dicitur, cùm singula latera eius, quæ circumscribitur, circuli peripheriam tangunt.

Mais vne figure rectiligne est dite estre descrite à l'entour du cercle, lors que chacun costé de la circonscrite, touche la circonference du cercle.

DEFINIT. V.

Similiter & circulus in figura rectilinea inscribi dicitur, cùm circuli peripheria singula latera tangit eius figuræ, cui inscribitur.

Semblablement le cercle est dit estre inscrit en vne figure rectiligne, lors que la circonference du cercle touche chacun costé de la figure en laquelle il est inscrit.

DEFINIT. VI.

Circulus autem circum figuram describi dicitur, cùm circuli peripheria singulos tangit eius figuræ, quam circumscribit, angulos.

Mais vn cercle est dit estre descrit à l'entour d'vne figure, quand la circonference du cercle touche chacun angle de la figure à l'entour de laquelle il est descrit.

DEFINIT. VII.

Recta linea in circulo accommodari, seu coa-

Vne ligne droicte est dite estre accommodée ou adaptée

ptari dicitur, cûm eius extrema in circuli peripheria fuerint.

au cercle, quand les extremitez d'icelle sont en la circonference du cercle.

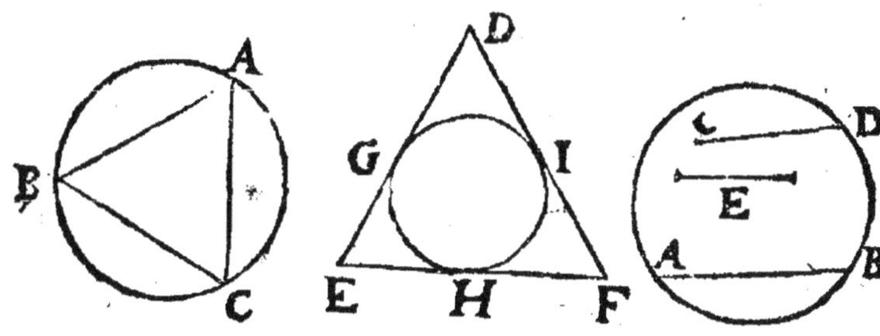

PROBL. I. PROPOS. I.

In dato circulo rectam lineam accommodare æqualem datæ rectæ lineæ, quæ circuli diametro non sit maior.

Au cercle donné, accommoder vne ligne droicte, égale à vne ligne droicte donnée, laquelle ne soit pas plus grande que le diametre du cercle.

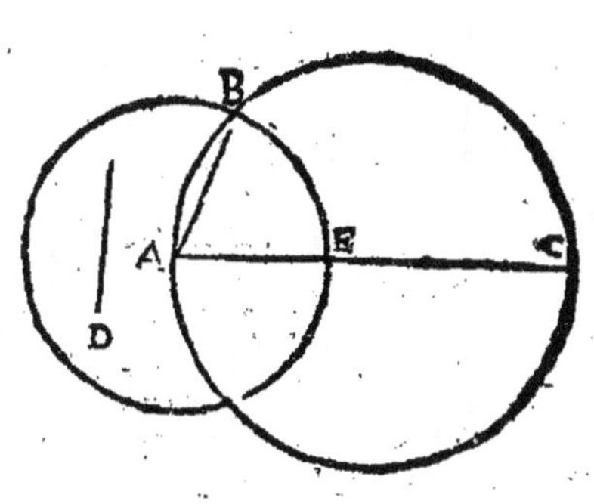

Hypoth.

abc *est* ⊙ D.
ac *est diamet.*
d, *est* — D.

d 2|3 ac.

Req. π. fa.

accommod. ab 2|2 d, in ⊙ abc.

Constr.

3 1	ae 2|2 d,
3. p. 1	aeb *est* ⊙,
1. p. 1	ab *est* —,
symp.	ab *est req.*

	Demonstr.	constr.	d 2|2 ae,
15. d. 1	ab 2|2 ae,	concl. 1. a. 1	ab 2|2 d.

PROBL. II. PROPOS. II.

In dato circulo triangulum describere dato triangulo æquiangulum.

Dedans vn cercle donné, inscrire vn triangle equiangle à vn triangle donné.

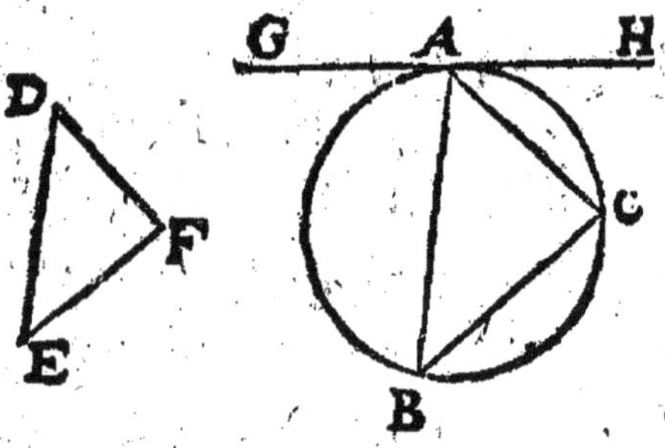

23. 1	<hac 2|2 <e,
23. 1	<gab 2|2 <f,
1. p. 1	bc *est* —,
symp.	Δabc *est req.*
	Demonstr.

	Hypoth.	constr.	<hac 2|2 <e,
	abc *est* ⊙ D.	constr.	<gab 2|2 <f,
	def *est* Δ D.	1. concl. 3. a. 1	<bac 2|2 <d,
	Req. π. fa.	32. 3	<abc 2|2 <hac,
	inscri. in ⊙abc, Δ	constr.	<e 2|2 <hac,
	abc *æquiang.* Δdef.	2. concl. 1. a. 1	<abc 2|2 <e,
	Constr.	32. 3	<acb 2|2 <gab,
17. 3	hg *tang:* ⊙acb,	constr.	<f 2|2 <gab,
	a, *est* •.. *contact.*	3. concl. 1. a. 1	<acb 2|2 <f.

PROBL. III. PROPOS. III.

Circa datum circulum triangulum describere dato triangulo æquiangulum,

A l'entour d'vn cercle donné, descrire vn triangle, equiangle à vn triangle donné.

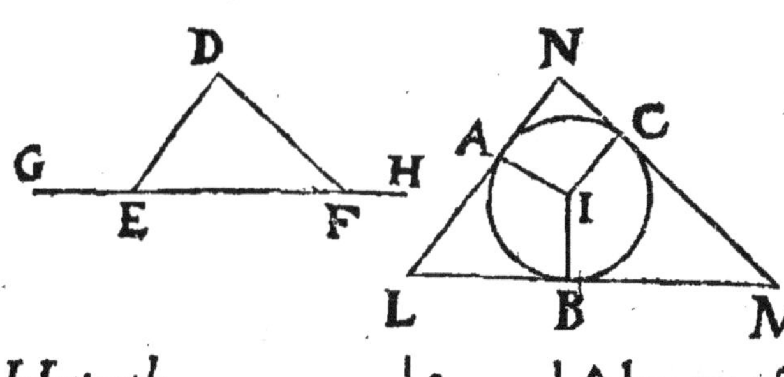

	Hypoth.
	iacb *est* ⊙ D.
	def *est* △ D.
	Req. π. fa.
	circscri. π. ⊙abc, △
	lmn *æquiang.* △ efd.
	Constr.
2. p. 1	gefh *est* ——,
arbitr.	a, *est* • *in* ∩ acb,
1. p. 1	ai *est* ——,
23. 1.	∠aib 2|2 ∠deg,
23. 1	∠bic 2|2 ∠dfh,
11. 1	ln ⊥ ai, α
11. 1	lm ⊥ ib, α
11. 1	mn ⊥ ic, α

symp.	△lmn *est req.*
	Demonstr.
α. s. 32. 1	∠aib + ∠l 2|2, 2⌋,
13. 1	∠deg + ∠def 2|2, 2⌋
constr.	∠aib 2|2 ∠deg,
1. concl. 3. a. 1	∠l 2|3 def, β
α. s. 32. 1	∠bic + ∠m 2|2, 2⌋,
13. 1	∠dfh + ∠dfe 2|2, 2⌋
constr.	∠bic 2|2 ∠dfh,
2. concl. 3. a. 1	∠m 2|2 ∠dfe, β
β. 13. a. 1	lmn *est* △,
3. concl. β 1. c. 32. 1	<n 2|2 <d,
4. cõcl. 4. d. 4	△lmn *est circscri. π.* ⊙abc.

PROBL. IV. PROPOS. IV.

In dato triangulo, circulum inscribere

Dans vn triangle donné, descrire vn cercle.

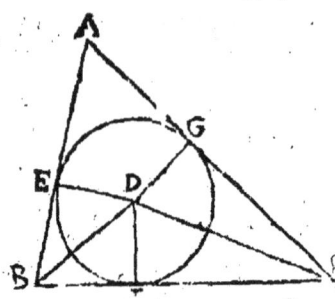

	Hypoth.
	abc *est* △ D.
	Req. π. fa.
	inscri. in △ abc,
	⊙ efg,
	Constr.
9. 1	<dba 2 2 <dbc,
9. 1	<dcb 2|2 <dca,
11. 1	df ⊥ bc, α
3. p. 1	dfeg *est* ⊙,
symp.	⊙efg *est req.*

	Præpar.
12. 1	de ⊥ ab, α
12. 1	dg ⊥ ac. α
	Demonstr.
constr.	<dbe 2|2 <dbf,
12. a. 1	<deb 2|2 <dfb,
	bd *est commun.*
26. 1	de 2|2 df, β
d. β	dg 2|2 df,
1. a. 1	ed 2|2 dg,
c.15.d.1	• e, f, g *snt in* ⌒
	..⊙ efg,
c. 16. 3	ab, bc, ac *tang:*
	⊙ efg,
concl. 5. d. 4	⊙efg *est inscre. in*
	△abc.

SCHOL. I.

Cognitis lateribus trianguli inuenire eorum ſegmenta quæ fiunt à contactibus circuli inſcripti.

Les coſtez d'vn triangle eſtans cognus trouuer les ſegments d'iceux faicts par les attouchemens du cercle inſcrit.

hyp.	ab *est* 12,
hyp.	bc *est* 16,
hyp.	ac *est* 18,
	bf, fc, ag *snt req.*

2. c 36. 3	be 2|2 bf, α
2. c. 36. 3	ae 2|2 ag, α
2. c. 36. 3	cf 2|2 cg, α
2. a. 1	ab + bc 2|2, 28,

<table>
<tr><td>hyp.</td><td>ac⊔ae + fc 2|2, 18,</td><td>2.concl.
3 a. 1</td><td>ae⊔ag 2|2, 7,</td></tr>
<tr><td>3 a. 1</td><td>be + bf 2|2, 10,</td><td>3.concl
3. a. 1</td><td>fc⊔eg 2|2, 11.</td></tr>
<tr><td>1.concl.
7. a. 1</td><td>be⊔bf 2|2, 5,</td><td></td><td></td></tr>
</table>

SCHOL. II.

Eadem methodo inuenientur tres numeri, quorum bini quique faciant tres numeros propositos ; segmenta enim laterum trianguli circumscripti erunt tres quæsiti numeri.

Par la mesme methode on trouuera trois nombres, lesquels les prenant deux à deux feront trois nombres proposez ; car les segments des costez du triangle circonscrit seront les trois nombres requis.

PROBL. V. PROPOS. V.

Circa datum triangulum, circulum describere.

A l'entour d'vn triangle donné, descrire vn cercle.

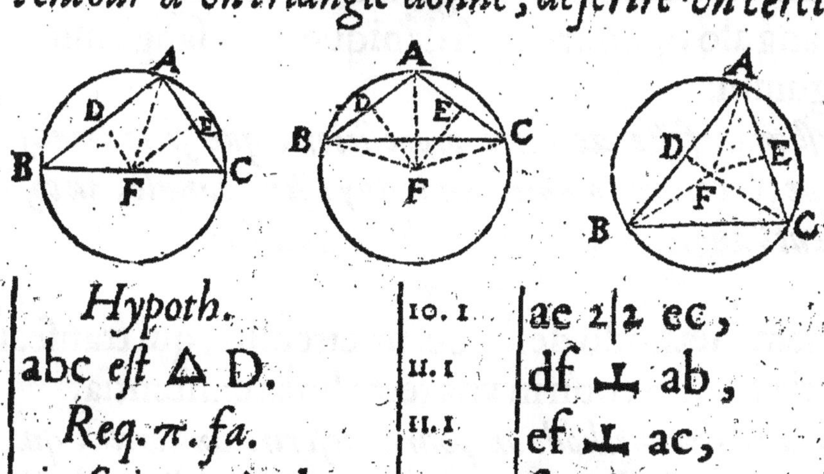

<table>
<tr><td></td><td>Hypoth.</td><td>10. 1</td><td>ae 2|2 ec,</td></tr>
<tr><td></td><td>abc est △ D.</td><td>11. 1</td><td>df ⊥ ab,</td></tr>
<tr><td></td><td>Req. π. fa.</td><td>11. 1</td><td>ef ⊥ ac,</td></tr>
<tr><td></td><td>circscri. π. △ abc</td><td>1. p. 1</td><td>fa est —,</td></tr>
<tr><td></td><td>⊙abc,</td><td>3. p. 1</td><td>fabc est ⊙,</td></tr>
<tr><td></td><td>Constr.</td><td>symp.</td><td>⊙abc est req.</td></tr>
<tr><td>10. 1</td><td>bd 2|2 da,</td><td></td><td>Præpar.</td></tr>
</table>

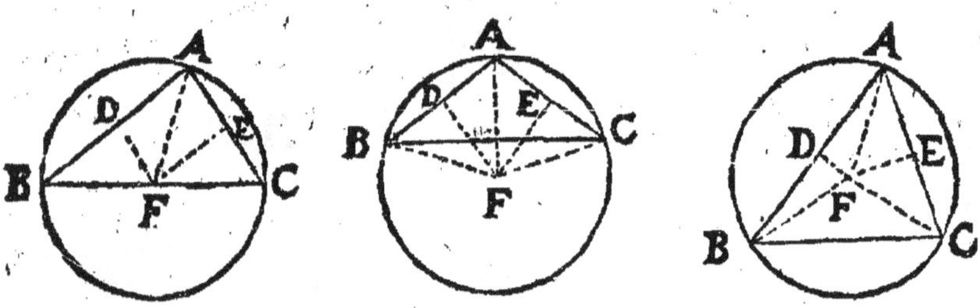

c. p. 1 fb, fc *snt* —.

Demonstr.

constr. ad 2|2 db,

fd *est commun.*

constr. <fda 2|2 <fdb,

4. 1 fb 2|2 fa, α

constr. ce 2|2 ea,

fe *est commun.*

constr. <fec 2|2 fea,

4. 1 fc 2|2 fa,

α. 1. a. 1 fc 2|2 fb,

concl. 6 d. 4 ⊙abc *est circscri.*

Δabc.

COROLL.

Hinc manifestum est, si triangulum fuerit acutangulum centrum cadere intra triangulum: si rectangulum, in latus recto angulo oppositum: si denique obtusangulum, extra triangulum.

Il est manifeste de cette proposition, que si le triangle est oxygone, le centre tombera en iceluy: si rectangle, au costé qui soustient l'angle droict: & si amblygone dehors.

SCHOL.

Eadem methodo describetur circulus, qui transeat per data tria puncta, non in vna recta linea existentia.

Par la mesme methode on pourra descrire vn cercle, qui passe par trois poincts donnez, qui ne soient en vne ligne droicte.

PROBL. VI. PROPOS. VI.

In dato circulo quadratum describere.

Dans vn cercle donné, inscrire vn quarré.

Hypoth.

eabcd *est* ⊙ D.

Req. π. *fa.*

inscri. in ⊙.abcd □..abcd.

Constr.

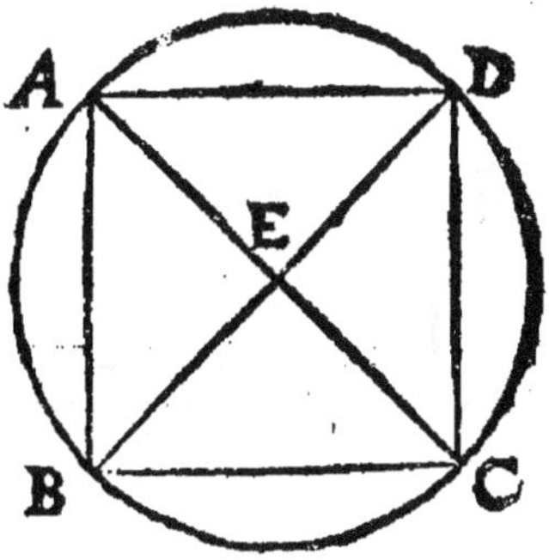

1. p. 1 ac *est diamet.*

11. 1 bed ⊥ ac,

1. p. 1 ab, bc, ad dc *snt* —,

symp. □abcd *est req.*

Demonstr.

constr. abcd *est* 4<,

constr. <bea, <bec, <aed, <ced *snt* 2|2 le,

26. 3 ⌒ab, ⌒bc, ⌒ad, ⌒dc *snt* 2|2 le,

29. 3 ab, bc, ad, dc *snt* 2|2 le,

31. 3 <bad, <abc, <adc, <bcd *snt* ⊥,

29. d. 1 abcd *est* □,

concl. 3. d. 4 □.abc *est inscri.* in ⊙abcd.

Explicat. p *nr.*

hyp. aeцeb *est* 2,

1. s. 1, d. 2 □.aeц□.eb *est* 4,

47. 1 □.ab 2|2 □.ae + □.eb,

1. a. 1 □.ab *est* 8,

s. 46. 1 ab *est* √.8.

PROBL. VII. PROPOS. VII.

Circa datum circulum quadratum deſcribere.

A l'entour d'vn cercle donné, deſcrire vn quarré.

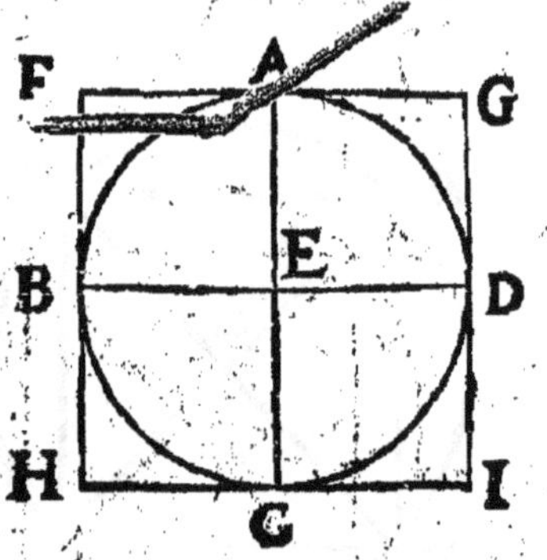

11. 1	gdi ⊥ bd,		α
11. 1	fag ⊥ ac,		β
11. 1	hci ⊥ ac,		β
ſymp.	□hg *eſt req.*		

Demonſtr.

α. 28. 1	fh, ac, gi, *ſnt* = *le*,
β. 28. 1	fg, bd, hi *ſnt* = *le*,
α. 2. ſ. 29	∠f, ∠g, ∠h, ∠i *ſnt* ⊥,
15. d. 1	bd 2|2 ac,
34 & 1. 1	fg, bd, hi / fh, ac, gi } *ſnt* 2|2 *le*,
19. d. 1	fhig *eſt* □,
c. 16. 3	γ. □hg *tang:* ⊙abcd
concl. 4. d. 4	□hg *eſt circſcri.* ⊙abcd.

Hypoth.

eabcd *eſt* ⊙ D.

Req. π. fa.

circſcri. π. ⊙ abc □fhig.

Conſtr.

1. p. 1	bd *eſt diamet.*	β
11. 1	aec ⊥ bd,	α
	fbh ⊥ bd,	α

PROBL. VIII. PROPOS. VIII.

In dato quadrato circulum deſcribere.

Dans vn quarré donné, inſcrire vn cercle.

Hypoth.

abcd *eſt* □ D.

Req. π. fa.

inſcri. in □abcd ⊙ efgh.

Conſtr.

10. 1	ah 2|2 hd,
10. 1	bf 2|2 fc,
10. 1	ae 2|2 eb,

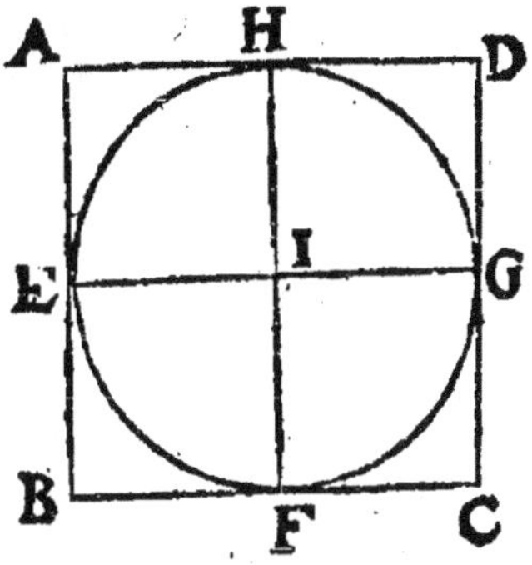

10. 1 dg 2|2 gc,
1. p. 1 hf & eg *ſnt* —,
3 p. 1 iefgh *eſt* ⊙,
ſymp. ⊙efgh *eſt req.*

Demonſtr.

7. a. 1 ah,hd,bf, fc, ae, eb, dg, gc } *ſnt* 2|2 *de*,
33. 1 hf = ab & dc,
33. 1 eg = ad & bc,
2. ſ. 29. 1 ia,id,ib,ic *ſnt* ▭,
34. 1. & 1. a. 1 ie,ih,ig,if *ſnt* 2|2 *de*,
concl. 5. d. 4 ⊙efg *eſt inſcri. in* □bd.

PROBL. IX. PROPOS. IX.

Circa datum quadratum circulum deſcribere.

A l'entour d'vn quarré donné deſcrire vn cercle.

Hypoth.

abcd *eſt* □ D.

Req. π. fa.

circſcri. π. □abcd, ⊙abcd,

Conſtr.

1. p. 1 ac & bd *ſnt* —,
3. p. 1 eabcd *eſt* ⊙,
ſymp. ⊙eabcd *eſt req.*

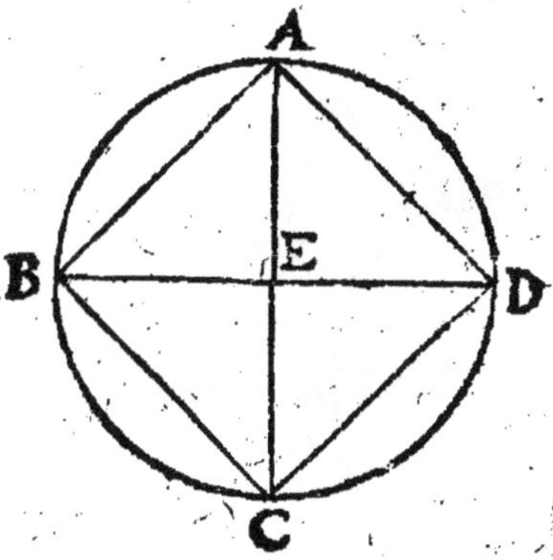

Demonſtr.

2. c. 4. 2 <cab 2|2 <cad,
2. c. 4. 2 <dba 2|2 <dbc,
29. d. 1 <dab 2|2 abc,

7.a.1 | <dac,<cab,<abd,<dbc } snt 2|2 ĩe,
<bca,<acd,<cdb,<bda }

6.1.& 1.a.1 | ea,ed,eb,ec *snt* 2|2 ĩe,

concl. 6.d.4 | ⊙abcd *est circscri. π.* □abcd.

PROBL. X. PROPOS. X.

Isosceles triangulum constituere, quod habeat vtrumque eorum, qui ad basim sunt angulorum, duplum reliqui.

Descrire vn triangle isoscele, qui ait vn chacun des angles qui sont à la base, double de l'autre.

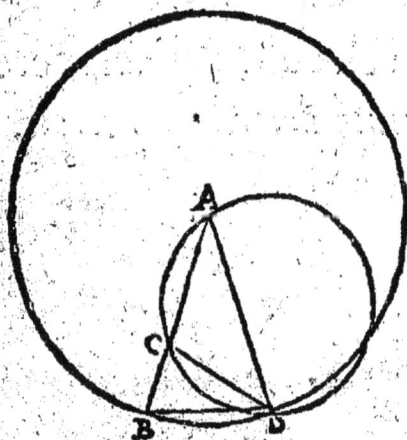

Req. π. fa.

△abd *isosc.*

<abd 2|2, 2<bad,

<adb 2|2, 2<bad.

Constr.

arbitr. | ab *est* —,

3.p.1 | abd *est* ⊙,

11.2 | ▭.abc 2|2 □.ac,

1.4 | bd 2|2 ac,

1.p.1 | ad *est* —,

symp. | △abd *est req.*

Præpar.

1.p.1 | dc *est* —,

5.4 | acd *est* ⊙ *circscri.* π.△acd.

Demonstr.

1.concl. 15.d.1 | ab 2|2 ad,

6.1 | <abd 2|2 <adb,

constr. | ▭.abc 2|2 { □.ac ∪□.bd,

37.3 | bd *tang:* ⊙acd, &

∠abd

	<abd
5.1	<adb
19.a.1	<cdb + <cda } *ſnt* 2|2 *ſe*,
a.32.3	<cad + <cda
32.1	<bcd
1.a.1	<abd 2|2 <bcd,
6.1	cd 2|2 bd⊔ac,
5.1	<cad 2|2 <cda, β
2.concl β.32.1	<bcd⊔<cbd⊔<bda 2|2, 2<bad.

COROLL.

Cùm tres anguli trianguli ſint æquales duobus rectis, perſpicuum eſt angulum BAD eſſe quintam partem duorum rectorum.

Veu que les trois angles d'vn triangle ſont égaux à deux droicts, il eſt manifeſte que l'angle BAD eſt la cinquiéme partie de deux droicts.

PROBL. XI. PROPOS. XI.

In dato circulo, pentagonum æquilaterum & æquiangulum inſcribere.

En vn cercle donné, inſcrire vn pentagone, equilateral & equiangle.

Hypoth.

abcde *eſt* ⊙ D.

Req. π. fa.

inſcri. in ⊙abcd 5∠abcde *æquilat. & æquiang.*

Conſtr.

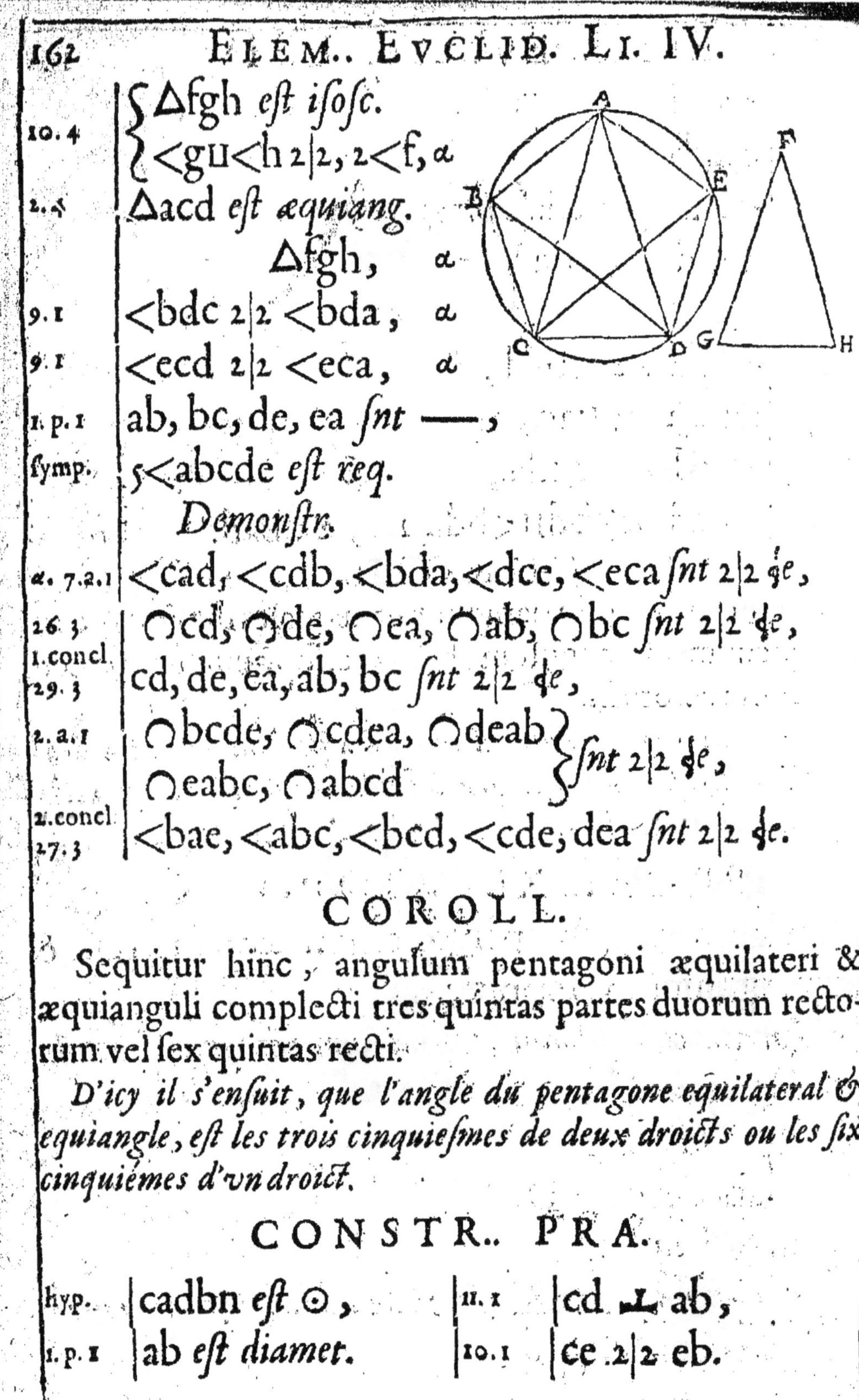

10. 4 | { Δfgh *est isosc.*
| { <gu<h 2|2, 2<f, α
2. 4 | Δacd *est æquiang.*
| Δfgh, α
9. 1 | <bdc 2|2 <bda, α
9. 1 | <ecd 2|2 <eca, α
1. p. 1 | ab, bc, de, ea *snt* ——,
symp. | 5<abcde *est req.*

Demonstr.

α. 7.a.1 | <cad, <cdb, <bda, <dce, <eca *snt* 2|2 ꝗe,
26. 3 | ⌒cd, ⌒de, ⌒ea, ⌒ab, ⌒bc *snt* 2|2 ꝗe,
1.concl. 29. 3 | cd, de, ea, ab, bc *snt* 2|2 ꝗe,
2. a. 1 | ⌒bcde, ⌒cdea, ⌒deab, ⌒eabc, ⌒abcd } *snt* 2|2 ꝗe,
2.concl. 27. 3 | <bae, <abc, <bcd, <cde, dea *snt* 2|2 ꝗe.

COROLL.

Sequitur hinc, angulum pentagoni æquilateri & æquianguli complecti tres quintas partes duorum recto-rum vel sex quintas recti.

D'icy il s'ensuit, que l'angle du pentagone equilateral & equiangle, est les trois cinquiesmes de deux droicts ou les six cinquiémes d'vn droict.

CONSTR.. PRA.

hyp. | cadbn *est* ⊙, | 11. 1 | cd ⊥ ab,
1. p. 1 | ab *est diamet.* | 10. 1 | ce 2|2 eb.

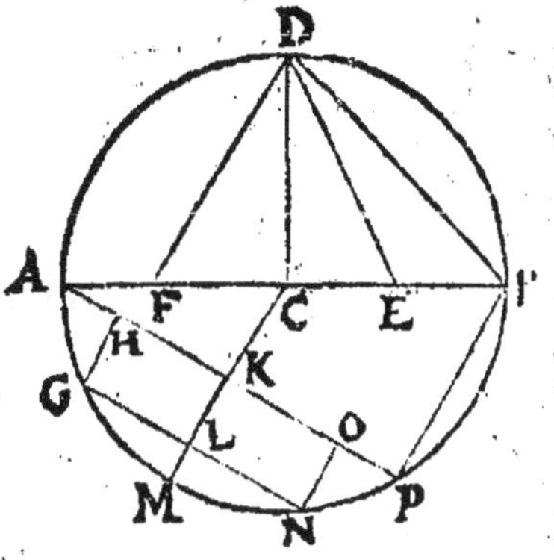

1. p. 1	ed *est* —,
3. 1	ef 2|2 ed,
2. p. 1	df *est* —,
symp.	df *est* γ.5∠ *inscri.* ꝗn ⊙adbn.
	Demonstr.est ꝗn *schol.*10..13.

Explicat. p nr.

hyp.	cd⊔cb *est* 2,	3. a. 1	cf *est* γ.5~1,
7. a. 1	ce *est* 1,	47. 1	□.fd *est* 10~γ.20,
47. 1	□.ed *est* 5,	c. 46. 1	fd *est* γ.. 10~γ.20.
c. 46. 1	ed⊔ef *est* γ.5,		

PROBL. XII. PROPOS. XII.

Circa datum circulum, pentagonum æquilaterum & æquiangulum describere.

A l'entour d'vn cercle donné, descrire vn pentagone, equilateral & equiangle.

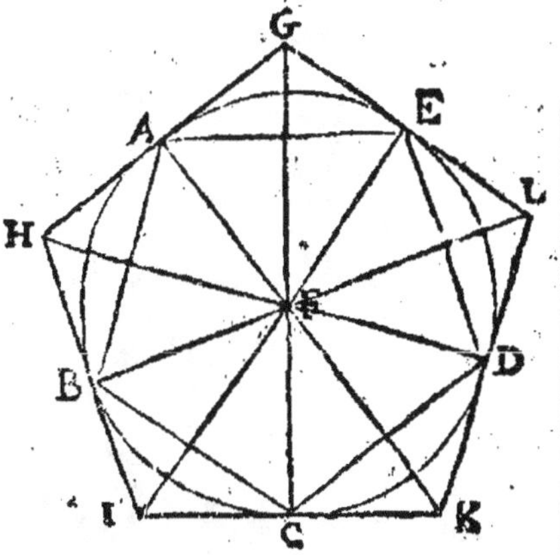

	Hypoth.
	fabcde *est* ⊙ D.
	Req. π. fa.
	circscri. π. ⊙abcde
	5<ghikl *æquilat.* & *æquiang.*
	Constr.
11. 4	5<abcde *est inscri.* ꝗn ⊙fabd,
1. p. 1	fa, fb, fc, fd, fe *snt* —,

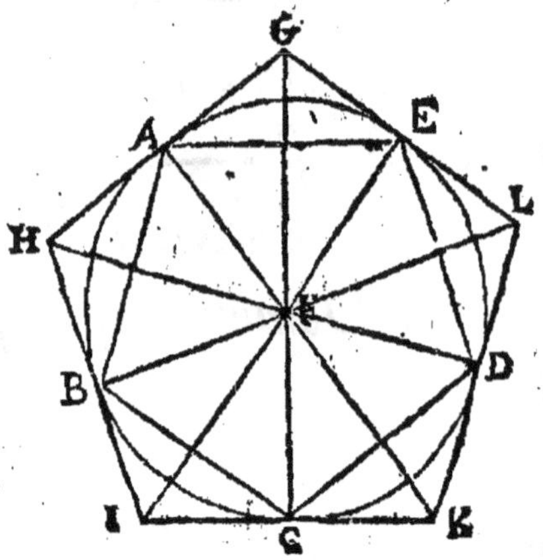

11. 1
gah ⊥ fa,
hbi ⊥ fb,
ick ⊥ fc,
kdl ⊥ fd,
leg ⊥ fe,

13. a. 1 ahb, bic, ckd, dle, ega } *ſnt* △,

ſymp. 5∠ghikl *eſt req.*

Præpar.

1. p. 1 fg, fh, fi, fk, fl *ſnt* ——,

Demonſtr.

1. concl. c. 16. 3 gh, hi, ik, kl, lg. *tang:* ⊙abcde,

2. c. 36. 3
ga 2|2 ge, α
ha 2|2 hb, α
ib 2|2 ic, α
kc 2|2 kd, α
ld 2|2 le, α

8. 1 ∠gfa 2|2 gfe,

8. 1 ∠hfa 2|2 hfb,

27. 3 ∠afe 2|2 ∠afb, &c. β

7. a. 1 ∠gfe, ∠gfa, ∠afh, ∠hfb, ∠bfi, ∠ifc, &c. *ſnt* 2|2 ꝱe,

26. 1 ag 2|2 ah, α

26. 1 hb 2|2 bi, &c. α

2. concl. α. 2. a. 1 gh, hi, ik, kl, lg *ſnt* 2|2 ꝱe,

3. concl. β. ſ. 32. 1 ∠ahb, ∠bic, ∠ckd, ∠dle, ∠ega, *ſnt* 2|2 ꝱe.

COROLL.

Sequitur ex huius problematis demonſtratione; ſi in circulo quæcunque figura æquilatera & æquiangula deſcribatur, & ad extrema ſemidiametrorum, ex centro ad angulos ductarum, excitentur lineæ perpendiculares: has perpendiculares conſtituere aliam figuram, totidem laterum & angulorũ æqualium circulo circumſcriptam.

Il s'enſuit de la demonſtration de ce probleme, que ſi dans le cercle eſt deſcrit vne figure equilaterale & equiangle, & aux extremitez des ſemidiametres, menez du centre aux angles, ſoient faites des perpendiculaires: ces perpendiculaires feront vne figure circonſcripte au cercle equilaterale & equiangle, qui aura autant de coſtez & angles que l'inſcripte.

SCHOL.

In figura æquilatera, & æquiangula, ſi quidem angulorum numerus impar eſt, recta linea ex quouis angulo demiſſa ſecans oppoſitum latus bifariam, diuidit quoque angulum bifariam: Si verò numerus angulorum eſt par, recta linea, ex quouis angulo ad oppoſitum angulum ducta, ſecat vtrumque angulum bifariam.

En vne figure equilaterale & equiangle, ſi le nombre des angles eſt impair, la ligne droicte menée de quelconque angle au milieu du coſté opposé, diuiſe auſsi l'angle en deux parties égales: Mais ſi le nombre des angles eſt pair, la ligne droicte, menée de quelconque angle à l'angle opposé, diuiſe l'vn & l'autre angle en parties égales.

Hypoth.. 1. caſ.
abcdefg *eſt figur. æquilat. & æquiang.*
multd.. γ.ab, bc, cd 2|2 *multd..* γ.ag, gf, fe,

dh 2|2 he,

Req. π. demonſtr.

∠hab 2|2 hag.

Præpar.

1.p.1 ac, ad, ae, af *ſnt* ——.

Demonſtr.

hyp. ab, ag, bc, gf, cd, fe, de *ſnt* 2|2 de,
hyp. ∠abc, ∠agf, ∠bcd, ∠gfe, ∠cde, ∠fed *ſnt* 2|2 de,
4.1 ac 2|2 af,
 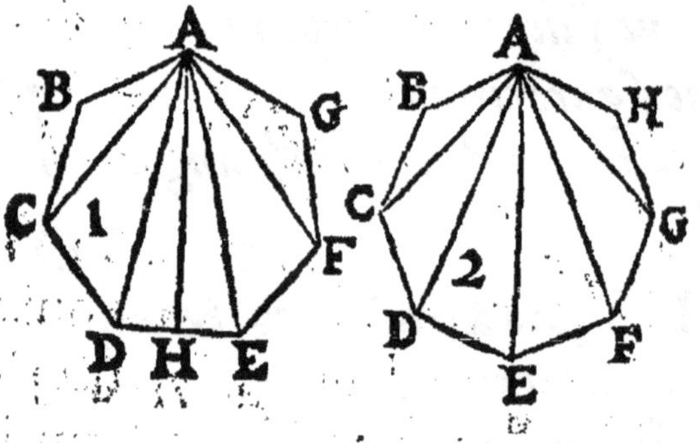
4.1 ∠bac 2|2 ∠gaf,
4.1 ∠bca 2|2 gfa,
3.a.1 ∠acd 2|2 ∠afe,
4.1 ad 2|2 ae,
4.1 ∠cad 2|2 ∠fae,
4.1 ∠cda 2|2 ∠fea,
3.a.1 ∠adh 2|2 ∠aeh,
hyp. dh 2|2 he,
8.1 ∠had 2|2 ∠hae,
concl. 2.a.1 ∠hab 2|2 ∠hag,

Demonſtr.. 2. caſ.

d. α. { ∠eab 2|2 ∠eah,
{ ∠aed 2|2 ∠aef.

PROBL. XIII. PROPOS. XIII.

In dato pentagone æquilatero & æquiangulo circulum deſcribere.

En vn pentagone donné, equilateral & equiangle inſcrire vn cercle.

Hypoth.

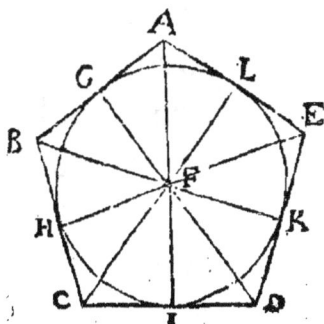

abcde *eſt* 5∠,
æquilat. & æquiang.

Req. π. *fa.*

inſcri. ꝺn 5∠. abcde
⊙ghikl.

Conſtr.

9.1 ∠fab 2|2 ∠fae,
9.1 ∠fba 2|2 ∠fbc,
ſ.12.4 f, *eſt interſect.*
12.1 fg ⊥ ab,
3.p.1 fghikl *eſt* ⊙,
ſymp. ⊙fghikl *eſt req.*

Præpar.

12.1 fh ⊥ bc,
12.1 fi ⊥ cd,
12.1 fk ⊥ de,
12.1 fl ⊥ ae,
1.p.1 fc, fd, fe *ſnt* —.

Demonſtr.

hyp. ba 2|2 bc,
bf *eſt commun.*
conſtr. ∠fba 2|2 ∠fbc,
4.1 ∠fcb 2|2 ∠fad, α
hyp. ∠bcd 2|2 ∠bae,
3.a.1 ∠fcd 2|2 ∠fae, β
conſtr. ∠băf 2|2 ∠fae,
6.1.a.b ∠fcb 2|2 ∠fcd, γ
d. γ. ∠fcd, ∠fdc, ∠fde, ∠fed, ∠fea, &c. } *ſnt* 2|2 ꝺe
26.1 fg 2|2 fl,
26.1 fh 2|2 fg, &c. β
d. β. fg, fh, fi, fk, fl } *ſnt* 2|2 ꝺe,
c.16.3 ⊙fghk *tang:* γ.5∠ abd,
concl. 5.d.4 ⊙fghk *eſt inſcri.* ꝺn 5∠abd.

COROLL.

Sequitur ex huius problematis demonstratione, si duo anguli proximi, figuræ æquilateræ & æquiangulæ, diuidantur bifariam, & à puncto in quo coeunt lineæ angulos bifariam secantes, ducantur rectæ lineæ ad reliquos figuræ angulos, omnes angulos figuræ fore sectos bifariam.

Il s'ensuit de la demonstration de ce probleme, que si deux angles prochains d'vne figure equilaterale & equiangle sont diuisez chacun en deux parties égales, & du poinct où se rencontrent les deux lignes qui diuisent les angles également soient menées des lignes droictes à tous les autres angles de la figure, tous les angles de la figure seront diuisez également.

SCHOL.

Eadem prorsus methodo in qualibet figura æquilatera, & æquiangula circulus describitur.

Par la mesme methode en toute figure equilaterale & equiangle se descrira le cercle.

PROPOS. XIV. PROPOS. XIV.

Circa datum pentagonum æquilaterum, & æquiangulum circulum describere.

A l'entour d'vn pentagone donné, equilateral & equiangle descrire vn cercle.

Hypoth.

abcde est 5∠ *æquilat.* & *æquiang.*

Req. π. *fa.*

circscri. ⊙abcde. π. 5∠abcde.

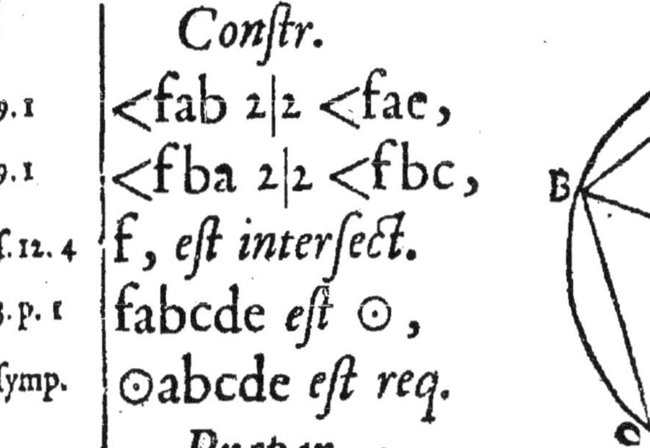

Conſtr.

9.1 | <fab 2|2 <fae,
9.1 | <fba 2|2 <fbc,
ſ.12.4 | f, *eſt interſect.*
3.p.1 | fabcde *eſt* ⊙,
ſymp. | ⊙abcde *eſt req.*

Præpar.

1.p.1 | fc, fd, fe *ſnt* —.

Demonſtr.

hyp. | <eab, <abc, <bcd, <cde, <dea *ſnt* 2|2 ꝺe,
c.13.4. & 7.a.1 | <fab, <fba, <fbc, <fcb, <fcd, &c. *ſnt* 2|2 ꝺe,
6.1 | fa, fb, fc, fd, fe *ſnt* 2|2 ꝺe,
concl. 6.d.4 | ⊙abcd *eſt circſcri.* π. 5<abcde.

SCHOL.

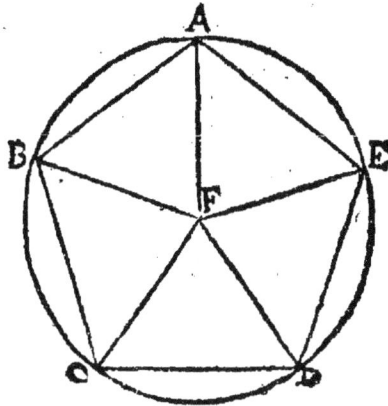

Eadem arte circa quamlibet figuram æquilateram, & æquiangulam circulus deſcribetur.

Par la meſme methode ſera deſcrit le cercle à l'entour de quelconque figure equilaterale & equiangle.

PROBL. XV. PROPOS. XV.

In dato circulo, hexagonum & æquilaterum & æquiangulum inſcribere.

En vn cercle donné, inſcrire vn hexagone equilateral & equiangle.

Hypoth.

gabcdef *eſt* ⊙ D.

Req. π. fa,

inscri. in ⊙abdf, 6<abcdef *æquilat. & æquiang.*

Constr.

arbitr. ad *est diamet.*

3. p. 1 dgce *est* ⊙,

1. & 2. p. 1 cgf *&* egb *snt* —,

1. p. 1 ab, bc, cd, de, ef, fa *snt* —,

symp. 6<abcde *est req.*

Demonstr.

15. d. 1 Δgcd *est æquilat.*

c. 5. 1 Δgcd *est æquiang.*

32. 1 <dgc 2|2, $\frac{1}{3}$..2⌋, α

32. 1 <dge 2|2, $\frac{1}{3}$..2⌋, β

13. 1 <egf 2|2, $\frac{1}{3}$..2⌋, β

α. β. 15. 1 <fga, <agb, <bgc, <cgd, ∠dge, ∠egf *snt* 2|2 *inter se,*

26. 3 ⌒ab, ⌒bc, ⌒cd, ⌒de, ⌒ef, ⌒fa *snt* 2|2 *inter se,*

1. concl. 29. 3 ab, bc, cd, de, ef, fa *snt* 2|2 *inter se,*

2. concl. 27. 3 <abc, <bcd, <cde, <def, <efa, <fab *snt* 2|2 *inter se,*

Coroll. 1.

ν. 6∠ 2|2 *semidiamet.*

Coroll. 2.

29. 3 ace *est* Δ *æquilat.*

SCHOL.

Demonstratio praxis vndecimæ propositionis libri primi, quam in hunc locum demonstrandam distulimus.

Demonstration de la practique de l'vnziéme proposition du premier liure, que nous auons remise à demonstrer icy.

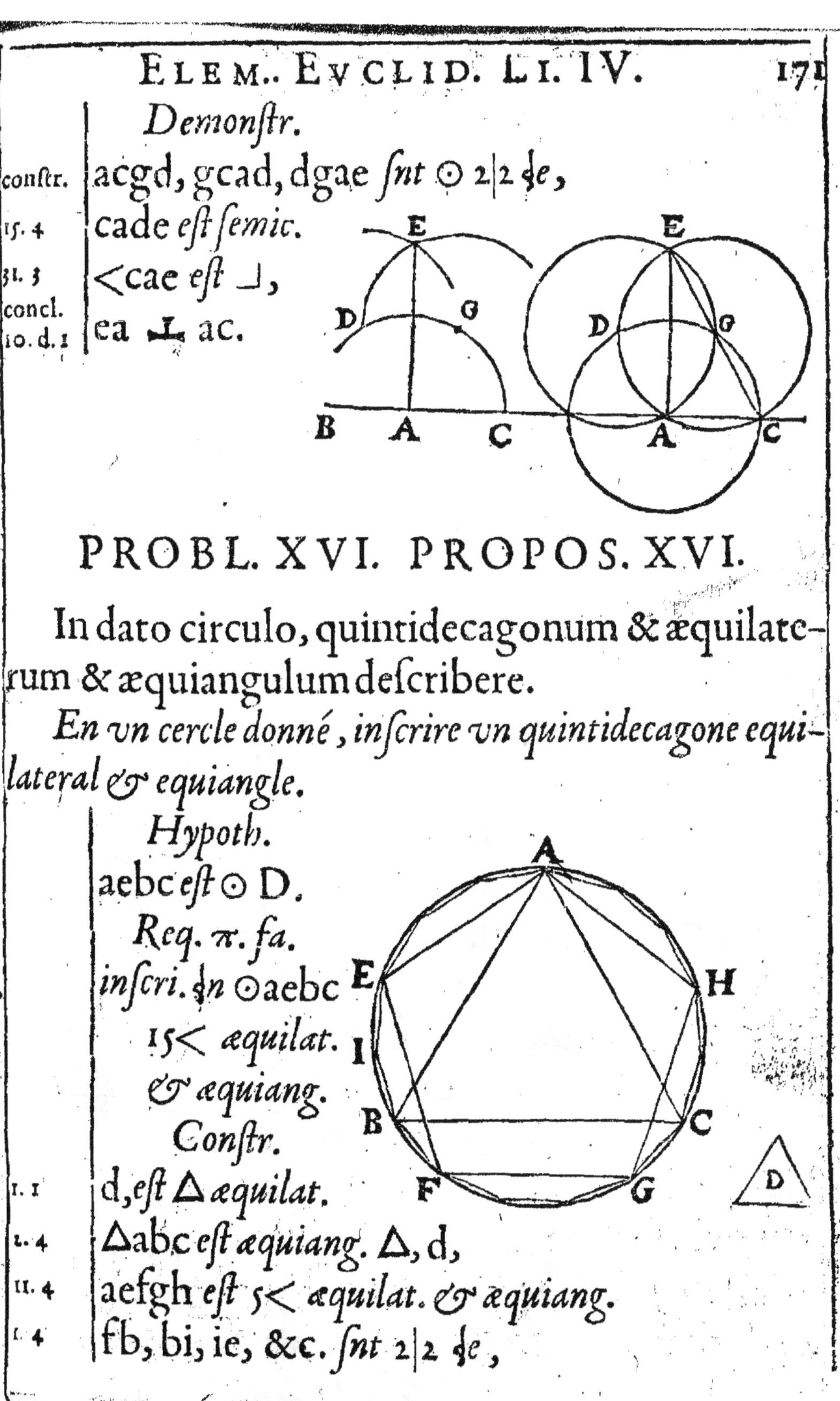

Demonstr.

constr. acgd, gcad, dgae *snt* ⊙ 2|2 ꝺe,

15. 4 cade *est semic.*

31. 3 <cae *est* ⌋,

concl. 10. d. 1 ea ⊥ ac.

PROBL. XVI. PROPOS. XVI.

In dato circulo, quintidecagonum & æquilaterum & æquiangulum describere.

En vn cercle donné, inscrire vn quintidecagone equilateral & equiangle.

Hypoth.

aebc *est* ⊙ D.

Req. π. fa.

inscri. ꝺn ⊙ aebc

15< *æquilat.*

& æquiang.

Constr.

1. 1 d, *est* △ *æquilat.*

2. 4 △abc *est æquiang.* △, d,

11. 4 aefgh *est* 5< *æquilat. & æquiang.*

1. 4 fb, bi, ie, &c. *snt* 2|2 ꝺe,

symp.	eibf, &c. *est* 15∠ *req.*
	Demonstr.
constr.	ab, bc, ca } *snt* 2|2 ꝯe,
28. 3	◠ab, ◠bc, ◠ca } *snt* 2|2 ꝯe
hyp.	◠ab + ◠bc + ◠ca 2|2, *15part.*
7. a. 1	◠ab 2|2, *5part.* α
constr.	ae, ef, fg, gh, ha *snt* 2|2 ꝯe,
28. 3	◠ae, ◠ef, ◠fg, ◠gh, ◠ha *snt* 2|2 ꝯe,
hyp.	◠ae + ◠ef + ◠fg + gh ◠ + ◠ha } *snt* 2|2, *15part.*
7. a. 1	◠ae 2|2, *3part.*
6. a. 1	◠ae + ◠ef 2|2, *6part.*
α. 3. a. 1	◠bf 2|2, *1part.*
1. concl. constr.	15∠, eibf, &c. *est æquilat.*
2. concl. 27. 3.	15∠, eibf, &c. *est æquiang.*

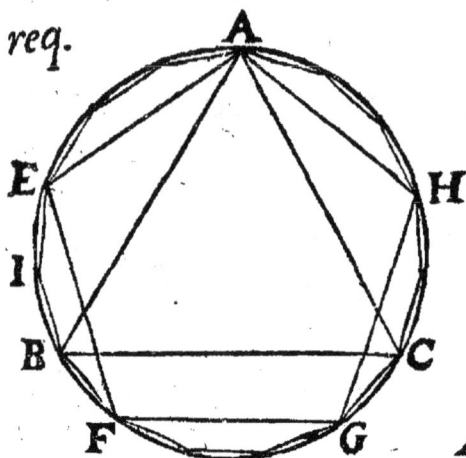

A, E, H, I, B, C, F, G, D

Explicat. ꝑ *nr*

hyp.	cadp *est* ⊙,	constr.	gn *est* *v*. 5∠,
1. c. 15. 4	cbııbp *est* *v*. 6∠,	12. 1	gh ⊥ ap,
2. c. 15. 4	ap *est* *v*. △ *æquilat.*	1. p. 1	ag *est* ——,
12. 1	ckm ⊥ ap & gn,	16. 4	ag *est* *v*. 15∠,

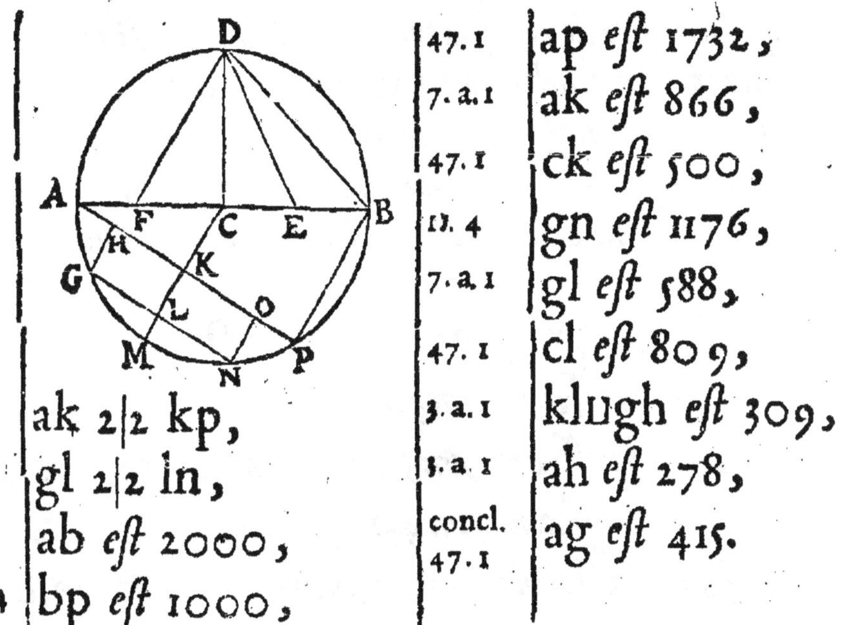

3.3 ak 2|2 kp,
3.3 gl 2|2 ln,
hyp. ab *est* 2000,
1.c.15.4 bp *est* 1000,
47.1 ap *est* 1732,
7.a.1 ak *est* 866,
47.1 ck *est* 500,
11.4 gn *est* 1176,
7.a.1 gl *est* 588,
47.1 cl *est* 809,
3.a.1 klugh *est* 309,
3.a.1 ah *est* 278,
concl. 47.1 ag *est* 415.

SCHOL. I.

Partes æquales, in quas circulus diuiditur geometricè, continentur quatuor sequentibus progressionibus.

Les parties égales ausquelles le cercle se peut diuiser geometriquement, sont contenues aux quatre progeßions suiuantes.

Tab.. part.. ⊙.

p 6. 4 & 9. 1. ⊰*n part.* 4, 8, 16, 32, 64, 128, &c.
p 15. 4 & 9. 1. ⊰*n part.* 3, 6, 12, 24, 48, 96, &c.
p 11. 4 & 9. 1. ⊰*n part.* 5, 10, 20, 40, 80, 160, &c.
p 16. 4 & 9. 1. ⊰*n part.* 15, 30, 60, 120, 240, 480, &c.

SCHOL. II.

Si singuli numeri harum quatuor progressionum diuidantur in duas partes, quarum minor sit vnitas, & sit eadem proportio acutorum angulorum trianguli rectanguli, quæ partium alicuius numeri harum quatuor progressionum: data ratione angulorum trianguli inuenietur laterum ratio sequenti methodo.

Si chaque nombre de ces quatre progreßions est diuisé en deux parties, dont la moindre soit l'vnité, & que les angles aigus d'vn triangle rectangle soient en mesme raison que les deux parties de quelqu'vn de ces nombres, la raison des angles du triangle estant donnée, la raison des costez se trouuera par la methode suiuante.

Tab.. proport.. <.. Δ rectang.

part..nr..1.progreß. 1π1, 1π3, 1π7, 1π15, 1π31, 1π63, &c.
part..nr..2.progreß. 1π2, 1π5, 1π11, 1π23, 1π47, &c.
part..nr..3.progreß. 2π3, 1π4, 1π9, 1π19, 1π39, &c.
part..nr.4.progreß. 2π13, 1π14, 1π29, 1π59, 1π119, &c.

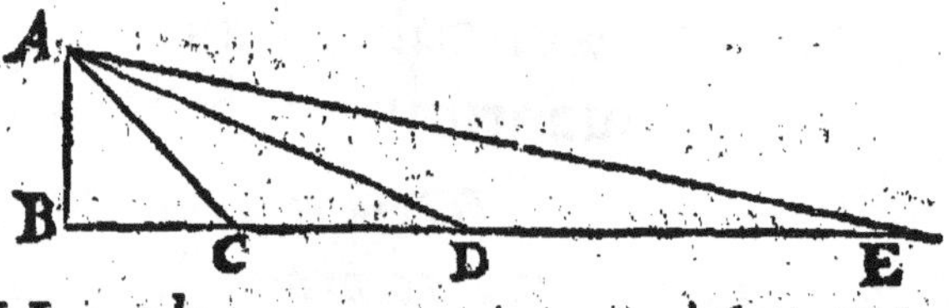

A B C D E

	Hypoth.
	∠bae 2|2, 7∠bea,
	Req. est Δ *rectang.* abc.
	Constr.
1. p. 1	be *est* — *infini.*
11. 1	ba ⊥ be *arbitr.*
3. 1	bc 2|2 ba,
1. p. 1	ac *est* —,
3. 1	cd 2|2 ac,
1. p. 1	ad *est* —,

3. 1	de 2|2 ad,	
1. p. 1	ae *est* —,	
symp.	Δabe *est req.*	
	Demonstr.	
5. 1	∠bac 2|2 ∠bca,	α
5. 1	∠cad 2|2 ∠cda,	β
5. 1	∠dae 2|2 ∠dea,	γ
β. 32. 1.	∠bca 2|2, 2∠cda,	
γ. 32. 1	∠cda 2|2, 2∠dea,	
1. a. f	∠bca ⊔ bac 2|2 4∠e,	κ
32. 1	∠bca 2|2 ∠cae + ∠e,	

1. a. 1	∠cae + ∠e 2|2 4∠e,	concl. 2. a. 1	∠bae 2|2 7∠bea.
3. a. 1	∠cae 2|2 3∠e,		

Explicat. p nr.

arbitr.	ab *est* 1000,	47. 1	adııde *est* 2613,
1. a. 1	bc *est* 1000,	2. a. 1	be *est* 5027,
47. 1	ac ıı cd *est* 1414,	47. 1	ae *est* 5126.
2. a. 1	bd *est* 2414,		

SCHOL. III.

Cognitis duobus lateribus trianguli obliquanguli, & ratione vnius anguli, ad aggregatum reliquorum duorum, quæ sit eadem alicui rationi præcedentis tabulæ, inuenire tertium latus.

Estant cognus deux costez d'vn triangle obliquangle, & la raison de l'vn de ses angles à l'aggregé des deux autres, qui soit mesme qu'vne des raisons de la table precedente, trouuer le troisiesme costé.

	Exempl. 1.	47. 1	bc *est* 1732,
hypoth.	ade *est* △ *propos.*	2. a. 1	bd *est* 3732, α
hyp.	∠ade 2|2, ıı∠e	47. 1	ad *est* 3864, β
	+ ıı∠dae,		ad π de 2|2 ad π de,
hyp.	ad *est* 3,		3 π 2, 3864, π, 0.
hyp.	de, *est* 2.		de, *est* 2576,
	Req. est ae,	2. a. 1	be *est* 6308,
2. c. 16. 4	∠bac 2|2, 2∠bca,	47. 1	ae *est* 6386,
arbitr.	ab *est* 1000,	concl.	ad π ae 2|2 ad π ae,
15. 4	acııcd *est* 2000,		3864, π, 6386, 3, π, 0.

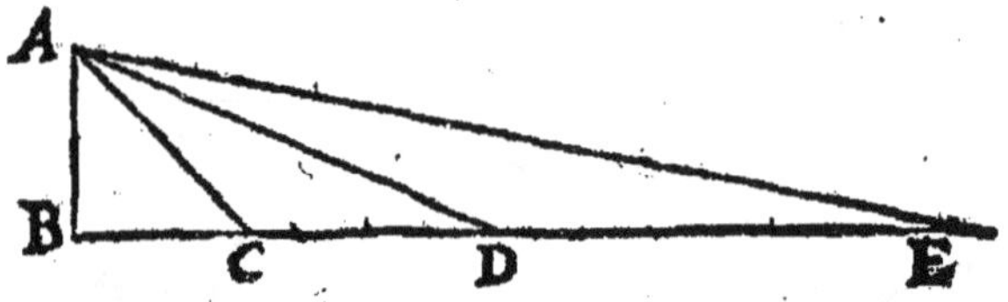

ae *est* $4\frac{3702}{3864}$.

Exempl. 2.

hyp. ad *est* 3,
hyp. ae *est* 10,

Req. est de,

α bd *est* 3732,
β ad *est* 3864,
ad π ae 2|2 ad π ae,
3, π, 10, 3864, π, 0.
ae *est* 12880.
47.1 be, *est* 12841,
3.a.1 de *est* 9109,
ad π de 2|2 ad π de,
concl. 3864, π, 9109, 3, π, 0.
de *est* $7\frac{279}{3864}$.

Exempl. 3.

hyp. 11∠adb 2|2 ∠dac
+∠dca,
hyp. ad *est* 10,
hyp. ac *est* 3,

Req. est cd,

2.ſ.16.4 ∠bac 2|2, 2∠bca,
β ad *est* 3864,
α bd *est* 3732, γ
ad π ac 2|2 ad π ac,
10, π, 3, 3864, π, 0,
ac *est* 1159,
47.1 bc *est* 586,
γ.3.a.1 cd *est* 3146,
concl. ad π cd 2|2 ad π cd
3864, π, 1346, 10, π, 0.
cd *est* $8\frac{540}{3874}$.

Exempl. 4.

ad *est* 10,
cd *est* 3,

Req. est ac.

Constr.

β ad *est* 3864,
α bd *est* 3732,
ad π cd 2|2 ad π cd,
10, π, 3, 3864, π, 0.
cd *est* 1159.

bc

5.a.1 bc *est* 2573,

47.1 ac *est* 2760,

ad π ac 2|2 ad π ac,
3864,π,2760,10,π,0
ac *est* $7\frac{552}{3864}$.

SCHOL. IV.

Omnis figura æquilatera circulo inſcripta, eſt quoque æquiangula: ſed non omnis figura æquilatera circulo circumſcripta eſt quoque æquiangula, niſi numerus angulorum ipſius ſit impar.

Toute figure equilaterale inſcrite au cercle eſt auſsi equiangle: mais toute figure equilaterale circonſcrite au cercle n'eſt pas auſsi equiangle, ſi le nombre de ſes angles n'eſt impair.

Hypoth. 1.

abcde *eſt æquilat.*

Req. π. demonſtr.

abcde *eſt æquiang.*

Demonſtr.

α.28.3 ⌒ab, ⌒bc, ⌒cd, ⌒de, ⌒ea *ſnt* 2|2 de,

concl 27.3 <abc, <bcd, <cde, <dea, <eab *ſnt* 2|2 de,

Hypoth. 2.

fghi *eſt rhomb.*

<fgh 3|2 <gfi,

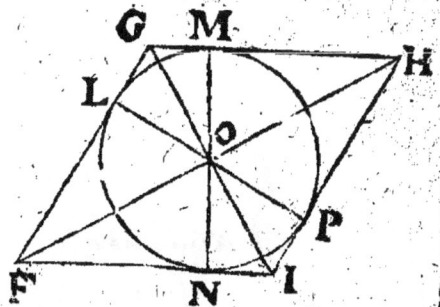

Præpar.

9.1 <ogh 2|2 <ogf,

9.1 ohg 2|2 <ohi,

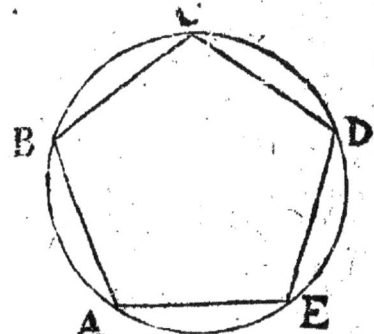

12.1 om, ol, on, op *ſnt* ⊥,

3. p. 1 | oml *est* ⊙.

Req. π. demonstr.

rhomb. fghi *est circscri. π.* ⊙mlp.

Demonstr.

constr. | <ogh 2|2 <ogf,

hyp. | gh 2|2 gf,

og *est commun.*

4. 1 | <ohg 2|2 <ofg,

34. 1 | <ghi 2|2 <gfi,

3. a. 1 | <ohi 2|2 <ofi,

constr. | <m, <l, <n, <p *snt* ⌋,

26. 1 & 1. a. 1 | op, om, ol, on *snt* 2|2 de,

concl. 4. d. 4 | *rhomb.* fghi *est circscri. π.* ⊙omlnp.

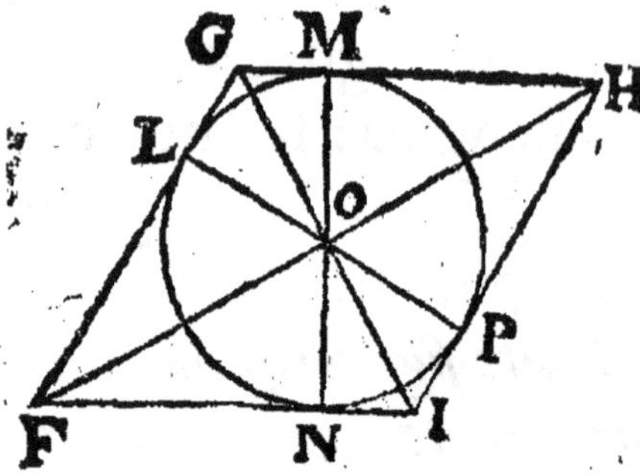

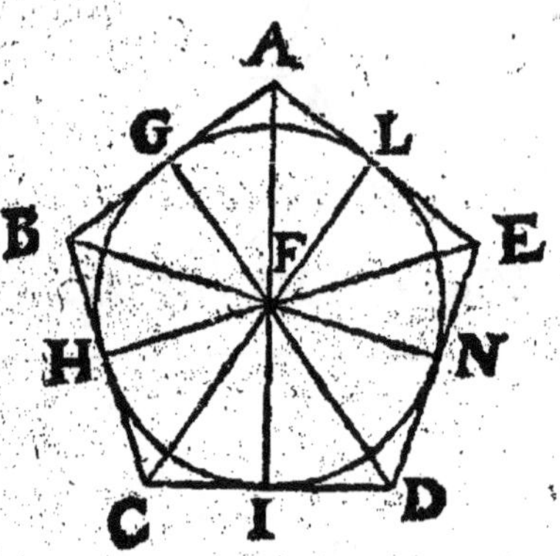

Hypoth. 3.

abcde *est* 5<,

abcde *est æquilat.*

abcde *est circscri. π.* ⊙fghl,

Req. π. demonstr.

abcde *est æquiang.*

Præpar.

1. p. 1 | fa, fb, fc, fd, fe *snt* —

Demonstr.

c. 37. 3 | <fab 2|2 <fae,

hyp. | ab 2|2 ae,

af *est commun.*

4. 1 | <abf 2|2 <aef, *a*

c. 37. 3 | <fbc 2|2 <fba,

c. 37. 3 | <fed 2|2 <fea,

α. 2. a. 1 <abc 2|2 <aed, β
d. β. <bae 2|2 <bcd,
d. β. <bcd 2|2 <dea,
concl. 1. a. 1 abcde *est æquiang.*

SCHOL. V.

Eadem demonstratione ostendetur, si numerus laterum figuræ propositæ sit par, omnes eius angulos numero pari distantes esse inter se æquales, vt initio facto à quocunque angulo 1. 3. 5. 7. &c. erunt inter se æquales. Item 2. 4. 6. 8. &c.

Par la mesme demonstration on prouuera, que si le nombre des costez de la figure proposée est pair, tous les angles distans d'vn nombre pair sont égaux entr'eux : par exemple commençant par tel angle qu'on voudra le 1. 3. 5. 7. &c, seront égaux entr'eux: & aussi le 2. 4. 6. 8. &c.

SCHOL. VI.

Omnis figura æquiangula circulo circumscripta, est etiam æquilatera : sed non omnis figura æquiangula circulo inscripta est quoque æquilatera, nisi numerus laterum ipsius sit impar.

Toute figure equiangle descrite à l'entour du cercle, est aussi equilaterale: mais toute figure equiangle inscrite au cercle, n'est pas aussi equilaterale, si le nombre des costez n'est impair.

Hypoth. 1.
5<abcde *est æquiang.*
5<abcde *est circscrit.* ⊙fghinl,
Req. π. demonstr.
5<abcde *est æquilat.*
Præpar.
1. p. 1 fa, fb, fc, fd, fe *sunt* —.

Demonstr.

hypoth. <eab, <abc, <bcd, <cde, <dea *ſnt* 2|2 ꝺe,

c.37.3 & 7.a.1 <fae, <fab, <fba, <fbc
<fcb, <fcd, <fdc, &c. } *ſnt* 2|2 ꝺe, α

α <fab 2|2 <fae,

α <fba 2|2 <fea,

af *eſt commun.*

26.1 ab 2|2 ae, β

1.concl. d. β abcde *eſt æquilat.*

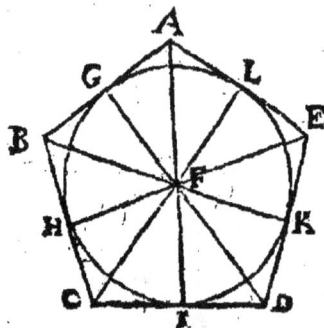

Hypoth 2.

mopq *eſt* ⊙,

Præpar.

1.p.1 mp *eſt diamet. arbitr.*

arbitr. mo 2|3 op, α

1 & 2.p.1 oq *eſt diamet.*

1.p.1 mq & pq *ſnt* —.

Demonſtr.

31.3 <mop, <opq, <mqp, <omq *ſnt* ⊥,

12.a.1 <mop, <opq, <mqp, <omq *ſnt* 2|2 ꝺe, β

β.3.ſ.34.1 mopq *eſt* ◊ *æquiang.*

α.cõſtr. mopq ñ *eſt* ◊ *æquilat.*

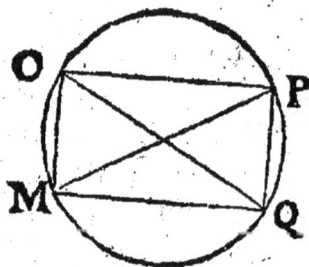

Hypoth. 3.

5<abcde *eſt æquiang.*

6<abcde *eſt inſcrit.* π ⊙abcde.

Req. π. *demonſtr.*

5<abcde *eſt æquilat.*

Demonſtr.

hyp. <abc 2|2 <bcd,

26.3 ⌒aedc 2|2 ⌒baed,

⌒aed *commun. ſubtr.*

3.a.1 ⌒cd 2|2 ⌒ab, α β

⌒cd

β ⌒ba

d. α ⌒ed } *ſnt* 2|2 ‡e, γ

d. α ⌒bc

d. α ⌒ae

concl. γ abcde *eſt æquilat.*

SCHOL. VII.

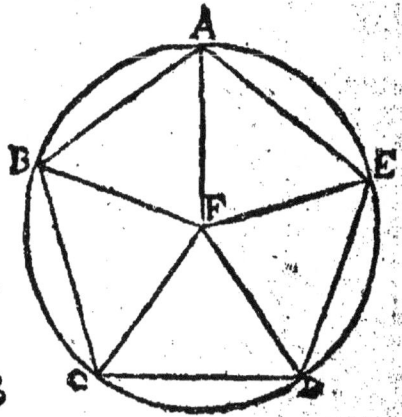

Si numerus angulorum propoſitæ figuræ ſit par eadem demonſtratione oſtendetur omnia eius latera numero pari diſtantia eſſe inter ſe æqualia: vt initio facto à quocunque latere 1, 3, 5, 7, &c. erunt æqualia inter ſe, item 2, 4, 6, 8, &c.

Si le nombre des angles de la figure propoſée eſt pair, par la meſme demonſtration ſera demonſtré que tous les coſtez diſtans d'vn nombre pair ſeront égaux entr'eux: par exemple, commençant par tel coſté qu'on voudra le 1, 3, 5, 7, &c. ſeront égaux entr'eux, & außi le 2, 4, 6, 8, &c.

SCHOL. VIII.

Figuræ imparium laterum inſcribuntur circulo beneficio triangulorum iſoſcelium, quorum anguli æquales ad baſim multiplices ſunt eorum qui ad verticem ſunt angulorum, parium verò laterum figuræ in circulo inſcribuntur, beneficio iſoſcelium triangulorum, quorum anguli ad baſim multiplices ſeſquialteri ſunt eorum, qui ad verticem ſunt angulorum.

Les figures de coſtez impairs ſont inſcrites dans le cercle par le moyen des triangles iſoſceles, deſquels les angles égaux à la baſe ſont multiples des angles du ſommet : Mais les figures de coſtez pairs ſont inſcrites dans le cercle par le moyen des triangles dont les angles à la baſe ſont multiples ſeſquialteres des angles du ſommet.

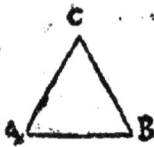

hyp.	ca 2|2 cb,
ſuppoſ.	<a & <b 2|2 <c,
1.concl. 26. 3	ab *eſt ſubtenſ..* $\frac{1}{3}$.. ⊙,
ſuppoſ.	<a & <b 2|2, 2<c,
2.concl. 26. 3	ab *eſt ſubtenſ..* $\frac{1}{5}$.. ⊙,
ſuppoſ.	<a & <b 2|2, 3<c,
3.concl. 26. 3	ab *eſt ſubtenſ..* $\frac{1}{7}$.. ⊙,
ſuppoſ.	<a & <b 2|2, $1\frac{1}{2}$<c,
4.cõcl. 26. 3	ab *eſt ſubtenſ..* $\frac{1}{4}$.. ⊙,
ſuppoſ.	<a & <b 2|2, $2\frac{1}{2}$<c,
5.concl. 26. 3	ab *eſt ſubtenſ..* $\frac{1}{6}$.. ⊙,
ſuppoſ.	<a & <b 2|2, $3\frac{1}{2}$<c,
6.concl. 26. 3	ab *eſt ſubtenſ..* $\frac{1}{8}$.. ⊙.

EVCLIDIS ELEMENTORVM LIBER QVINTVS.

LE CINQVIESME LIVRE DES ELEMENTS D'EVCLIDE.

DEFINIT. I.

PARS est magnitudo magnitudinis, minor maioris, cùm minor metitur maiorem.

PARTIE est vne grandeur d'vne grandeur, la plus petite de la plus grande, lors que la plus petite mesure la plus grande.

DEFINIT. II.

Multiplex autem est maior minoris, cùm minor metitur maiorem.

Mais multiple est la plus grande de la plus petite, quand la plus petite mesure la plus grande.

A, 4. B, 12.

hyp. | a, *msur:* b,

1. d. 5 | a, *est par.. b,*

2. d. 5 | b, *est multipl.. a.*

Explicatio notarum.

A, metitur magnitudinẽ B.
A, est pars magnitudinis B.
B, est multiplex magnitudinis A.

Explication des notes.

A, mesure la grandeur B.
A, est partie de la grandeur B.
B, est multiple de la grandeur A.

SCHOL.

Cùm primam magnitudinem secunda & tertiam quarta æquè metiuntur, prima & tertia sunt æquè multiplices secundæ & quartæ. Et multitudo partium primæ est æqualis multitudini partium tertiæ. Et singulæ partes primæ sunt æquales secundæ, & singulæ partes tertiæ quartæ. Et contrà cùm multitudo partium æqualium primæ magnitudinis est æqualis multitudini partium æqualium tertiæ magnitudinis: quàm multiplex est prima magnitudo vnius suarum partium æqualium, tàm multiplex est & tertia magnitudo

Quand la premiere grandeur par la seconde, & la troisiesme par la quatriesme sont mesurées également; la premiere & troisiesme sont equimultiples de la seconde & quatriesme. Et la multitude des parties de la premiere est égale à la multitude des parties de la troisiesme. Et chaque partie de la premiere est égale à la seconde, & chaque partie de la troisiesme à la quatriesme. Et au contraire, quand la multitude des parties égales de la premiere grandeur est égale à la multitude des parties égales de la troisiesme grandeur, la premiere grandeur est autant multiple de l'vne de ses parties égales, que la troisiesme l'est

vnius ſuarum partium æqualium.	*multiple de l'vne de ſes parties égales:*

A, 12. B, 4. C, 15. D, 5.

	b *mſur:*	a,
hyp.	d *mſur:*	c,
ſ.1.d.5	*multd.. part..* a, 2|2, *multd.. part..* c,	
ſ.2.d.5	*vn. par..* a 2|2 b,	
ſ.2 d 5	*vn. par..* c 2|2 d.	

Vel ſic, *Où ainſi.*

hyp.	b *mſur:* a 2|2 d, *mſur:* c,
ſ.2 d.5	*multd.. part..* a 2|2 *multd.. part..* c,
ſ.2.d.5	*vn. par..* a 2|2 b,
ſ.2.d.5	*vn. par..* c 2|2 d.

Explicatio notarum.	Explication des notes.
B & D metiuntur æque A & C, igitur multitudo partium A eſt æqualis multitudini partium C: & vna pars magnitudinis A, eſt æqualis magnitudini B.	*B & D meſurent également A & C, par conſequent la multitude des parties de A eſt égale à la multitude des parties de C: & vne partie de la grandeur A eſt égale à la grandeur B.*

DEFINIT. III.

Ratio eſt duarum magnitudinum eiuſdem generis mutua quædam, ſecundum quantitatem habitudo.	*Raiſon eſt vne habitude de deux grandeurs de meſme genre, comparées l'vne à l'autre ſelon la quantité.*

A, 6. B, 2. C, 16. D, 8.

a π 3 | b,
c π 2 | d.

Vel ſic, *Où ainſi.*
a π b 3|2 c π d.

Explicatio notarum.

Ratio A ad B eſt maior ratione C ad D.

In omni ratione, ea quantitas quæ ad aliam refertur, dicitur antecedens rationis; Ea verò, ad quam alia refertur, conſequens rationis dici ſolet; vt in ratione 6, ad 4, antecedens eſt 6, & conſequens 4.

Explication des notes.

La raiſon de A à B eſt plus grande que la raiſon de C à D.

En toute raiſon la quantité qui ſe refere à vn autre, eſt dite antecedent de la raiſon; mais celle-là à laquelle vne autre ſe refere, eſt dite conſequent de la raiſon, comme en la raiſon de 6, à 4, l'antecedent eſt 6, & le conſequent 4.

SCHOL. I.

Denominator ſiue quantitas rationis eſt numerus, qui gignitur ex diuiſione antecedentis rationis per conſequentem: exempli gratia, quantitas rationis 12, ad 4, eſt 3, quòd hic numerus indicet quoties antecedens 12, contineat ſuum conſequens 4.

Le denominateur ou quantité d'vne raiſon eſt le nombre qui ſe trouue en diuiſant l'antecedent de la raiſon par ſon conſequent: par exemple, la quantité de la raiſon de 12 à 4 eſt 3, à cauſe que ce nombre monſtre combien de fois l'antecedent 12 contient ſon conſequent 4.

SCHOL. II.

Æqualium rationum denominatores ſeu quātitates

Les denominateurs ou quātitez des raiſons égales ſont éga-

ſunt inter ſe æquales; & rationes quarum quantitates ſunt æquales, dicuntur eædem ſeu æquales inter ſe.

les entr'elles; & les raiſons dõt les denominateurs ou quantitez ſont égales, ſe diſent eſtre de meſme ou égales entr'elles.

A, 15. B, 5. E, 3. C, 6. D, 2. F, 3.

hyp.	*raõ.* a π b 2|2 *raõ.* c π d.
hyp.	b, *mſur:* a, *p*, e.
hyp.	d, *mſur:* c, *p*, f.
2.ſ3.d5.	e 2|2 f.

Explicatio notarum.

Ratio A ad B eſt æqualis rationi C ad D.
B, metitur A, per E.
D, metitur C per F.
Igitur E eſt æqualis F.

Explication des notes.

La raiſon de A à B eſt égale à la raiſon de C à D.
B, meſure A, par E.
D, meſure C, par F.
Donc E eſt egal à F.

DEFINIT. IV.

Proportio verò eſt rationum ſimilitudo.

Mais proportion eſt vne ſimilitude de raiſons.

A 4. B 6, C 10. D 15.

hypoth.	a π	b,
	c π	d,

Vel ſic. *Où ainſi.*

hyp. | a π b 2|2 c π d.

Explicatio notarum.

A ad B eſt vt C ad D.

Explication des notes.

A à B eſt comme C à D.

Ratio est duarum magnitudinum habitudo.

Proportionalitas seu analogia est rationum similitudo.

Proportio sumitur in vtramque significationem.

Proportio geometrica, quatenus significat rationem, diuiditur in proportionem rationalem & irrationalem.

Rationalis est ea, quæ in numeris potest exhiberi, qualis est proportio 6. ad 4.

Irrationalis verò proportio ea est, quæ in numeris exhiberi nequit, qualis est proportio diametri cuiuslibet quadrati ad latus eiusdem quadrati; hæc enim in numeris reperiri non potest.

Proportio diuiditur etiam in proportionem æqualitatis & inæqualitatis.

Æqualitatis proportio est inter duas quantitates æquales, qualis est proportio 6. ad 6.

Inæqualitatis verò proportio inter duas quantitates inæquales reperitur, qualis est proportio 6. ad 4.

Proportio inæqualitatis subdiuiditur in proportionem maioris inæqualitatis, & minoris inæqualitatis.

Proportio maioris inæqualitatis est, quando maior quanti-

Raison est l'habitude de deux grandeurs.

Proportionalité ou analogie est vne similitude de raisons.

Proportion se prend en l'vne & l'autre signification.

La proportion geometrique, la prenant pour raison, se diuise en proportion rationnelle & irrationnelle.

La rationnelle est celle-là, laquelle peut estre exprimée par nombres, comme est la proportion de 6 à 4.

L'irrationnelle est celle-là, laquelle ne peut estre exprimée par nombres, cõme est la proportion du diametre d'vn quarré au costé du mesme quarré; car ceste raison ne peut estre trouuée aux nombres.

La proportion se diuise aussi en proportion d'egalité & d'inegalité.

La pr portion d'egalité est celle qui est entre deux quantitez égales, comme est la proportion de 6. à 6.

La proportion d'inégalité est celle qui est entre deux quantitez inégales, comme est la proportion de 6. à 4.

La proportion d'inégalité est subdiuisée en proportion d'inegalité maieure, & d'inégalité mineure.

La proportion d'inégalité maieure est quand la plus grande tas cum minore confertur; qualis est proportio 6. ad 4.

Proportio minoris inæqualitatis est quando minor quantitas ad maiorem refertur; qualis est proportio 4. ad 6.

Proportio rationalis maioris inæqualitatis distribuitur in quinque genera, vt in proportionem multiplicem, super particularem, super partientem, multiplicem super particularem & multiplicem super partientem.

Pari ratione proportio rationalis minoris inæqualitatis in eadem genera secatur, si modò singulis vocabulis præponatur præpositio (sub) vt in proportionem submultiplicem sub super particularem, sub super partientem, sub multiplicem super particularem, & submultiplicem super partientem.

Proportio multiplex est habitudo maioris quantitatis ad minorem, quando maior minorem aliquoties continet, vt 20. ad 4. quæ est quintupla, 15. ad 5. est tripla.

Proportio superparticularis est habitudo maioris quantitatis ad minorem, quando maior minorem semel duntaxat continet, & insuper vnam eius partem ali-

quantité est comparée à la plus petite, cõme est la proportion de 6. à 4.

La proportion d'inegalité mineure est quand la moindre quantité est comparée à la plus grande, comme est la proportion de 4. à 6.

La proportion rationnelle d'inegalité maieure est diuisée en cinq genres, sçauoir en la proportion multiple, superparticuliere, superpartiente, multiple superparticuliere, & multiple superpartiente.

Semblablement la proportion d'inegalité mineure est diuisée selon les mesmes genres, pourueu qu'au deuant de chacun terme de la proportion on mette ceste preposition (sub) *c'est à dire sous, comme en la raison submultiple ou sous multiple, sous superparticuliere, sous superpartiente, sous multiple superparticuliere, sous multiple superpartiente.*

Proportion multiple est vne habitude d'vne plus grande quantité à vne plus petite, quand la plus grande contient la plus petite, certain nombre de fois precisément, comme 20 à 4. qui s'appelle quintuple & 15. à 5. triple.

La proportion superparticuliere est vne habitude d'vne plus grande quantité à vne moindre, quand la plus grande contient la plus petite vne fois seulement, & en outre vne quotam qualis est proportio 3. ad 2. quæ sesquialtera vocatur 9. à 8. dicitur sesquioctaua.

partie aliquote d'icelle moindre, comme est la proportion de 3. à 2. qui s'appelle sesquiseconde, & de 9. à 8. sesquioctaue.

Proportio superpartiens est habitudo maioris quantitatis ad minorem, quando maior minorem semel duntaxat continet, & insuper aliquot eius partes aliquotas, non efficientes vnam aliquotam; qualis est proportio 8. ad 5. quæ dicitur super tripartiens quintas, 5. ad 3. dicitur superbi partiens tertias.

La proportion superpartiente est l'habitude d'vne plus grande quantité à vne plus petite, quand la plus grande contient la plus petite vne fois seulement, & en outre, quelques parties aliquotes d'icelle moindre, lesquelles prises ensemble, ne font pas vne partie aliquote, comme est la proportion de 8. à 5. qui s'appelle proportion supertripartiente quintes, & 5. à 3. superbipartiente tierces.

Proportio multiplex superparticularis est habitudo maioris quantitatis ad minorem, quando maior minorem aliquoties continet, & præterea vnam eius partem aliquotam, vt proportio 5. ad 2. quæ dupla sesqui altera vocatur 26. ad 8. tripla sesquiquarta.

La proportion multiple superparticuliere est l'habitude d'vne plus grande quantité à vne plus petite, quand la plus grande contient la plus petite certain nombre de fois, & en outre vne partie aliquote de la moindre, comme est la proportion de 5. à 2. qui s'appelle double sesquiseconde, & 26. à 8. triple sesquiquarte.

Proportio denique multiplex superpartiẽs est habitudo maioris quãtitatis ad minorem, quando maior aliquoties complectitur minorem, & insuper aliquot eius partes aliquotas, non conficientes vnam; qualis est proportio 8. ad 3. quæ vocatur dupla superbipartiens tertias 30. ad 8.

Finalement la proportion multiple superpartiente, est l'habitude d'vne plus grande quantité à vne moindre, quand la plus grande contient la moindre certain nombre de fois, & en outre quelques parties aliquotes de la moindre, lesquelles prises ensemble ne font pas vne partie aliquote, comme est la proportion de 8. à 3. qui s'appelle dicitur tripla super tripartiens quartas.

Omnia quæ dicta hactenus sunt de quinque generibus proportionum rationalium maioris inæqualitatis, intelligenda sunt quoque de quinque generibus correspondentibus minoris inæqualitatis, præmissa tamen semper præpositione (sub) vt dictum est.

Proportio autem, quatenus significat proportionalitatem, diuiditur in geometricam, arithmeticam & musicam.

Proportio quam definit hic Euclides, & de qua solùm agit hoc libro, est geometrica, quæ quidem duplex est, continua altera, in qua singulæ quantitates intermediæ bis sumuntur, ita vt nulla fiat proportionum interruptio, sed quælibet quantitas intermedia sit & antecedens, & consequens: Antecedēs quidem quantitatis subsequentis, consequens verò quantitatis antecedentis, vt si dicatur, quæ est proportio 9. ad 6. ea est 6. ad 4. vocabitur hæc proportionalitas continua. Altera verò discreta seu non continua dicitur, in qua singulæ quantitates intermediæ semel tantum accipiuntur, ita vt fiat proportionum interruptio.

double superbipartiente tierces, & 30. à 8. triple supertripartiente quartes.

Tout ce qui a esté dit iusques icy de cinq genres des proportions rationnelles, de l'inegalité maieure, doit pareillement estre entendu des cinq genres correspondans de l'inégalité mineure, apposant neantmoins tousiours ceste præposition (sub) *qui signifie sous, comme il a esté dit.*

Or la proportion, la prenant pour proportionalité, se diuise en geometrique, arithmetique & musique.

La proportion que definit icy Euclide, & de laquelle seulement il traite en ce liure, est la geometrique, & y en a de deux sortes, l'vne continuë, en laquelle les quantitez entremoyennes sont prises deux fois, en sorte qu'il ne se fait aucune interruption de proportions, mais chaque quantité entremoyenne est consequent de la quantité precedente, & antecedent de la suiuante, comme si on dit, qu'il y a mesme raison de 4. à 6. que de 6. à 9 Ceste proportion s'appellera continuë, mais l'autre se dit discrete ou discontinuë, en laquelle chaque quantité entremoyenne est prise vne fois seulement; en sorte qu'il se fait interruption des proportions, & aucune quantité n'est antecedent & conse nullaque quantitas sit antecedens & consequens, sed antecedens tantùm vel consequens tantùm, vt si dicatur quæ est proportio 4. ad 6. ea est 10. ad 15. appellabitur hæc proportionalitas, discreta siue non continua.

quent, mais antecedent seulement, ou consequent, comme si on dit qu'il y a mesme raison de 4. à 6. que de 10. à 15. ceste proportion sera appellée discrete ou discontinuë.

Proportio arithmetica est quando tres vel plures magnitudines æqualiter sese excedunt, vt
4, ad 6, ita 6. ad 8, continua,
4, ad 6, ita 8 ad 10, discreta.

Proportion arithmetique est quād trois ou plusieurs grandeurs s'excedent également, comme
4, à 6, ainsi 6, à 8, continuë,
4, à 6, ainsi 8, à 10, discrete.

Proportio musica seu harmonica est quando tres magnitudines ita ordinantur, vt eadem sit proportio primæ ad tertiam, quæ differentiæ primæ & secundæ ad differentiam secundæ & tertiæ, vt 3, 4, 6 sunt in proportione musica, quia eadem est proportio primi numeri 3. ad tertium 6. quæ differentiæ primi & secundi, quæ est 1, ad differentiam secundi & tertij, quæ est 2.

La proportion musique ou harmonique est quand de trois grandeurs la premiere est à la seconde, comme la difference de la premiere & seconde à la difference de la seconde & troisiesme, comme 3, 4, 6, sont en proportion musique, à cause qu'il y a mesme proportion du premier nombre 3. au troisiesme, 6, que de la difference du premier & second, qui est 1. à la difference du second & troisiesme qui est 2.

Progressio geometrica est series plurium magnitudinum sese in eadem proportione superantium, vt apparet in his numeris.

La progression geometrique est une suite de plusieurs grandeurs qui s'excedent en mesme raison, comme il appert en ces nombres,

1.2.4 8.16.32.64.128 &c. || 1.3.9.27.81.243 729.&c.

Progressio arithmetica est series plurium magnitudinum sese æqualiter superantium, vt hic apparet.

La progression arithmetique est une suite de plusieurs grandeurs qui s'excedent également, comme il appert en ces nombres,

1.2.3.4.5.6.7.8.&c. || 1.3.5.7.9.11.13.15 &c.

DE-

DEFINIT. V.

Rationem habere inter ſe magnitudines dicuntur, quæ poſſunt multiplicatæ ſeſe mutuò ſuperare.

Les grandeurs ſont dites auoir raiſon l'vne à l'autre, leſquelles eſtans multipliées, ſe peuuent exceder l'vne l'autre.

DEFINIT. VI.

In eadem ratione magnitudines dicuntur eſſe prima ad ſecundam & tertia ad quartam, cùm primæ & tertiæ æquemultiplicia à ſecundæ & quartæ æquemultiplicibus, qualibuſcunque ſit hæc multiplicatio, vtrũque ab vtroque vel vnà deficiunt, vel vnà æqualia ſunt, vel vnà excedunt, ſi ea ſumantur quę inter ſe reſpondent.

Les grandeurs ſont dites eſtre en meſme raiſon, la premiere à la ſeconde, & la troiſieſme à la quatrieſme, quand les equimultiples de la premiere & de la troiſieſme, aux equimultiples de la ſeconde & de la quatrieſme, par quelque multiplication que ce ſoit, ou defaillent enſemble, ou enſemble ſont égaux, ou excedent enſemble vn chacun à vn chacun, ſi on prend ceux-là qui s'entre reſpondent.

E, 12.	A, 4.	B, 6.	G, 24.
F, 30.	C, 10.	D, 15.	H, 60.

	e, *multipl..*	a,		e, 2, 3, 4.	3, g,
hyp.	f, *multipl..*	c,	hyp.	f, 2, 3, 4.	3, h,
	g, *multipl..*	b,	6. d. 5	a π b 2|2 c π d.	
hyp.	h, *multipl..*	d,			

Explicatio notarum.

E & F ſunt æquè multiplicia magnitudinum A & C per hypoth.

G & H ſunt æquè multiplicia magnitudinum B & D per hypoth.

E & F vel vnà deficiunt, vel vnà æqualia ſunt, vel vnà excedunt G & H per hypoth.

Igitur per ſextam definitionem quinti, A eſt ad B vt C ad D.

Explication des notes.

E & F ſont equimultiples des grandeurs A & C par l'hypoth.

G & H ſont equimultiples des grandeurs B & D par l'hypoth.

E & F ou enſemble defaillent, ou enſemble ſont égaux, ou enſemble excedent G & H par l'hypoth.

Par conſequent, par la ſixieſme definition du cinquieſme, A eſt à B comme C à D.

Conuerſ.. 6. Definit.

E, 12.	A, 4.	B, 6.	G, 24.
F, 30.	C, 10.	D, 15.	H, 60.

hyp.	a π b 2|2 c π d,			g, *multipl..*	b,
	e, *multipl..*	a,	hyp.	h, *multipl..*	d,
hyp.	f, *multipl..*	c,		e, 2, 3, 4.	3, g,
			2.6.d.5	f, 2, 3, 4.	3, h,

DEFINIT. VII.

Eandem autem habentes rationem magnitudines, proportionales vocentur.	*Les grandeurs qui ont mesme raison, soient appellées proportionnelles.*

A,4. B,6. C,8. D,12.	hyp.	a π b 2|2 c π d. α	
α.7 d.5	Magnitudines A, B, C, D, sunt proportionales.	7.d.5	*Les grandeurs A, B, C, D, sont proportionnelles.*

DEFINIT. VIII.

Cum verò æquè multiplicium, multiplex primæ magnitudinis excesserit multiplicem secundæ, at multiplex tertiæ non excesserit multiplicem quartæ; tunc prima ad secundam maiorem rationem habere dicetur, quàm tertia ad quartam.	*Mais quand des equimultiples, le multiple de la premiere grandeur excedera celuy de la seconde, mais le multiple de la troisiesme grandeur n'excedera pas celuy de la quatriesme; alors la premiere grandeur sera dite auoir plus grande raison à la seconde, que la troisiesme à la quatriesme.*

E,30.	A,6.	B,4.	G,28.
F,60.	C,12.	D,9.	H,63.

hyp.	e, *multipl..* a,		hyp.	g, *multipl..* b,	
	f, *multipl..* c,			h, *multipl..* d,	

hyp.	e 3|2 g,	concl. 8. d. 5	a π b 3|2 c π d.
hyp.	f 2|3 h,		

Conuers.. 8. Definit. 5.

	e, *multipl..*	a,	hyp.	a π b 3|2 c π d,
hyp.	f, *multipl..*	c,	hyp.	e 3|2 g,
	g, *multipl..*	b,	concl. c.8.d.5	f 2|3 h,
hyp.	h, *multipl..*	d,		

Conuersa octauæ definitionis non concludit E, esse maiorem G, & F minorem H; sed concedit tantùm fieri posse, E esse maiorem G, & F minorem A.

La conuerse de la huictiesme definition ne conclud pas que E est plus grande que G, & F moindre que H; mais elle concede seulement, qu'il est poßible que E soit plus grande que G, & F moindre que H.

DEFINIT. IX.

Proportio autem in tribus terminis paucissimis consistit.

La proportion ne peut estre constituée en moins de trois termes.

Ratio constat duobus terminis, proportio seu proportionalitas duabus rationibus; quæ si fuerit cõtinua, erunt tres termini; si verò non sit continua, erunt saltem quatuor termini.

La raison a deux termes, la proportion ou proportionalité deux raisons; que si elle est cõtinuë, il y aura trois termes; mais si elle n'est continuë, il y aura à tout le moins quatre termes.

DEFINIT. X.

Cùm autem tres magnitudines proportionales fuerint, prima ad tertiam duplicatam rationem habere dicetur eius, quam habet ad secundam: at cùm quatuor magnitudines proportionales fuerint, prima ad quartam triplicatam rationem habere dicetur eius quam habet ad secundam, & semper deinceps, vno amplius, quandiu proportio extiterit.

Quand il y a trois grandeurs proportionnelles, la premiere à la troisiesme est dite auoir la raison doublée de la premiere à la seconde: mais quand quatre grandeurs sont proportionnelles, la premiere à la quatriesme est dite auoir la raison triplée de la premiere à la seconde, & tousiours de mesme ordre, vne de plus, iusques à ce que la proportion soit acheuée.

A, 2. B, 6. C, 18. D, 54. E, 162.

hyp.	a, b, c, d, e *snt contin. proport.*
10.d.5	*raõ..* a π c 2|2, 2 *raõ..* a π b,
10.d.5	*raõ..* a π d 2|2, 3 *raõ..* a π b,
10.d.5	*raõ..* a π e 2|2, 4 *raõ..* a π b.

Explicatio notarum.

A, B, C, D, E sunt continuè proportionales.

Explication des notes.

A, B, C, D, E sont continuellement proportionnelles.

Ratio A ad C est duplicata rationis A ad B, vel æqualis duab. rationibus A ad B.

La raison de A à C est doublée de la raison de A à B, ou égale à deux raisons de A à B.

Ratio A ad D est triplicata rationis A ad B, vel æqualis tribus rationibus A ad B.

La raison de A à D est triplée de la raison de A à B, ou égale à trois raisons de A à B.

Ratio A ad E est quadruplicata rationis A ad B, vel æqualis quatuor rationib. A ad B.

La raison de A à E est quadruplée de la raison de A à B, ou égale à quatre raisons de A à B.

SCHOL.

Eadē ratione si sint quotcumque magnitudines continuè proportionales ratio primæ ad quartam est sesquialtera rationis primæ ad tertiam, quòd sint tres rationes inter primā & quartam & duæ tantùm inter primam & tertiam.

Pour la mesme raison s'il y a tant de grandeurs qu'on voudra continuellement proportionnelles, la raison de la premiere à la quatriesme est sesquialtere de la raison de la premiere à la troisiesme, à cause qu'il y a trois raisons entre la premiere & la quatriesme, & deux seulement entre la premiere & troisiesme.

Item ratio primæ ad quintam est sesquitertia rationis primæ ad quartam, &c.

Pareillement la raison de la premiere à la cinquiesme est sesquitierce de la raison de la premiere à la quatriesme, &c.

DEFINIT. XI.

Homologæ seu similes ratione magnitudines

Les grandeurs sont dites homologues, ou de sembla-

dicuntur antecedentes quidem antecedentibus, consequentes verò consequentibus.

ble raison, les antecedentes aux antecedentes, & les consequentes aux consequentes.

A, 4. B, 6. C, 10. D, 15.

hyp. | a π b 2|2 c π d,

11. d. 5 | a & c *snt homolg.* ſe. *item* b & d ſe.

DEFINIT. XI.

Alterna ratio, est ſumptio antecedentis ad antecedentem, & conſequẽtis ad conſequẽtem.

La raiſon alterne, eſt prendre l'antecedent pour le comparer à l'antecedent, & le conſequent au conſequent.

A, 6. B, 4. C, 12. D, 8.

hyp. | a π b 2|2 c π d, | 16. 5 | a π c 2|2 b π d.

In hac definitione & quinque ſequentibus imponuntur tantùm nomina ſex modis argumẽtandi quibus Mathematici frequenter vtuntur: demonſtrationes verò huiuſmodi illationum inuenientur in propoſitionibus huius libri, quæ in explicationibus harũ definitionum citantur.

En ceſte definition & aux cinq ſuiuantes ſont ſeulement impoſez les noms aux ſix façons d'argumenter, dont l'vſage eſt fort frequent entre les Mathematiciens: mais les demonſtrations de telles conſequences ſe trouuent aux propoſitions de ce liure, qui ſont citées en l'explication de ces definitions.

DEFINIT. XIII.

Inuerſa ratio, eſt ſumptio conſequentis, ceu

Raiſon inuerſe, eſt prendre le conſequent comme ante-

antecedentis ad antecedentem, velut ad consequentem.

cedent, pour le comparer à l'antecedẽt, comme si c'estoit le consequent.

A, 6. B, 4. C, 12. D, 8.

hyp. | a π b 2|2 c π d, | c. 4. 5. | b π a 2|2 d π c.

DEFINIT. XIV.

Compositio rationis, est sumptio antecedentis cum consequente, ceu vnius ad ipsam consequentem.

Composition de raison, est quand on prend l'antecedent auec le consequent, comme vn, pour le comparer au mesme consequent.

A, 6. B, 4. C, 12. D, 8.

hyp. | a π b 2|2 c π d, | 18. 5 | a+b π b 2|2 c+d π d.

SCHOL. I.

Compositio rationis conuersa, est sumptio antecedentis cum consequente, ceu vnius ad ipsam antecedentem.

Composition de raison conuerse, est prendre l'antecedent auec le consequent, comme vn, pour le comparer à l'antecedent.

A, 6. B, 4. C, 12. D, 8.

hyp. | a π b 2|2 c π d, | 1. f. 18. 5 | a+b π a 2|2 c+d π c.

SCHOL. II.

Compositio rationis contraria, est sumptio antece-

Composition de raison contraire, est prendre l'antecedent, dentis ad antecedentem & consequētem, ceu ad vnam.

pour le comparer à l'antecedent & consequēt, comme à vn seul.

A, 6. B, 4. C, 12. D, 8.

hyp. | a π b 2|2 c π d, | 2.s. 18.5 | a π a + b 2|2 c π c + d.

SCHOL. III.

Compositio rationis inuersè contraria, est sumptio consequentis ad antecedentem & consequentem, ceu ad vnam.

Composition de raison inuersement contraire, est prendre le consequent pour le comparer à l'antecedent & consequent, comme à vn seul.

A, 6. B, 4. C, 12. D, 8.

hyp. | a π b 2|2 c π d, | 3.s. 18.5 | b π a + b 2|2 d π c + d.

DEFINIT. XV.

Diuisio rationis, est sumptio excessus, quo consequentem superat antecedēs ad ipsam consequentem.

Diuision de raison est lors qu'on prend l'exces par lequel l'antecedent surpasse le consequent, pour le comparer au mesme consequent.

A, 6. B, 4. C, 12. D, 8.

hyp. | a π b 2|2 c π d, | 17.5 | a ~ b π b 2|2 c ~ d π d.

SCHOL. I.

Diuisio ratione inuersa, est sumptio consequentis ad excessum quo consequentem superat antecedens.

Diuision de raison conuerse, est prendre le consequent pour le comparer à l'exces par lequel l'antecedent surpasse le consequent.

A, 9. B, 4. C, 18. D, 8.

hyp. | a π b 2|2 c π d, | 1.f.17.5 | b π a~b 2|2 d π c~d.

SCHOL. II.

Diuiſio rationis contraria, eſt ſumptio antecedentis ad exceſſum quo antecedentem ſuperat conſequens.

Diuiſion de raiſon contraire, eſt prendre l'antecedent pour le comparer à l'exces par lequel le conſequent ſurpaſſe l'antecedẽt.

A, 4. B, 6. C, 8. D, 12.

hyp. | a π b 2|2 c π d, | 2.f.17.5 | a π b~a 2|2 c π d~c.

SCHOL. III.

Diuiſio rationis inuersè contraria, eſt ſumptio exceſſus quo conſequens ſuperat antecedentem ad ipſam antecedentem.

Diuiſion de raiſon inuerſemẽt contraire, eſt prendre l'exces par lequel le conſequent ſurpaſſe l'antecedent, pour le comparer au meſme antecedent.

A, 4. B, 6. C, 8. D, 12.

hyp. | a π b 2|2 c π d, | 3.f.17.d.5 | b~a π a 2|2 d~c π c.

DEFINIT. XVI.

Conuerſio ratione, eſt ſumptio antecedentis ad exceſſum, quo ſuperat antecedeus ipſam conſequentem.

Conuerſion de raiſon eſt prendre l'antecedent pour le comparer à lexces, par lequel l'antecedent ſurpaſſe le meſme conſequent.

A, 6. B, 4. C, 12. D, 8.

hyp. a π b 2|2 c π d, | c.19.5 | a π a~b 2|2 c π c~d.

DEFINIT. XVII.

Ex æqualitate ratio eſt, ſi plures duabus ſint magnitudines, & his aliæ multitudine pares, quæ binæ ſumantur, & in eadem ratione: cùm vt in primis magnitudinibus prima ad vltimam ſic & in ſecundis magnitudinibus prima ad vltimam ſeſe habuerit. Vel aliter, ſumptio extremorũ, per ſubductionem mediorũ.

Raiſon égale ou d'egalité, eſt quand il y a pluſieurs grandeurs, & d'autres égales à icelles en multitude, qui ſoient priſes deux à deux, & en meſme raiſon: & que, comme aux premieres grandeurs la premiere eſt à la derniere, ainſi aux secõdes grãdeurs la premiere eſt à la derniere: autrement, c'eſt prẽdre les extremes par la ſouſtraction des moyẽnes.

DEFINIT. XVIII.

Ordinata proportio eſt, cùm fuerit, quemadmodum antecedens ad conſequentem, ita antecedens ad conſequentem: fuerit etiam, vt conſequens ad aliud quidpiam, ita conſequens ad aliud quidpiam.

Proportion ordonnée eſt lors que, comme l'antecedent eſt au conſequent, ainſi l'antecedent eſt au conſequent; & comme le conſequent eſt à quelque autre, ainſi le conſequent eſt auſſi à quelque autre.

A,4. B,6. C,12. D,8. E,10. F,15. G,30. H,20.

hyp.	a π b 2|2 e π f,	hyp.	c π d 2|2 g π h,
hyp.	b π c 2|2 f π g,	22. 5	a π d 2|2 e π h.

DEFINIT. XIX.

Perturbata autem proportio eſt, cum tribus poſitis magnitudinibus, & aliis quæ ſint his multitudine pares, vt in primis quidẽ magnitudinib. ſe habet antecedẽs ad cõſequentem, ita in ſecũdis magnitudinibus antecedens ad cõſequentem: vt autẽ in primis magnitudinib. conſequẽs ad aliud quidpiam, ſic in ſecundis magnitudinibus aliud quidpiã ad antecedentẽ.

Proportion perturbée eſt, lors que trois grandeurs ſont poſées d'vne part, & d'autres égales en multitude à icelles, & comme aux premieres grandeurs l'antecedent eſt au conſequent, ainſi aux ſecondes grandeurs, l'antecedent eſt au conſequent : mais comme aux premieres grandeurs le conſequent eſt à quelque autre, ainſi aux ſecondes grandeurs quelque autre eſt à l'antecedent.

A, 4. B, 6. C, 3. E, 20. F, 10. G, 15.

hyp.	a π b 2|2 f π g,	23. 5	a π c 2|2 e π g.
hyp.	b π c 2|2 e π f,		

His 19. definitionibus Euclidis annectam definitionem & axioma quæ ſequuntur.

A ces 19. definitions d'Euclide i'adiouſteray la definition, & l'axiome qui ſuiuent.

DEFINIT. XX.

Quotlibet magnitudinib. ordine positis, proportio primæ ad vltimam componitur ex proportionibus primæ ad secundam, & secundæ ad tertiam, & tertiæ ad quartam, & ita deinceps donec extiterit proportio.	*S'il y a tant de grandeurs qu'on voudra, la raison de la premiere à la derniere est composée des raisons de la premiere à la seconde, & de la seconde à la troisiesme, & de la troisiesme à la quatriesme, & ainsi d'ordre iusques à ce que la proportion soit acheuée.*

A, 24. B, 12. C, 8. D, 6.

hyp.	a, b, c, d *snt magnitud. propos.*
20.d.5	*raõ..* a π c 2|2 *raõ..* a π b + *raõ..* b π c,
20.d.5	*raõ..* a π d 2|2 *raõ..* a π b + *raõ..* b π c + *raõ..* [c π d.

AXIOM.

Æquèmultiplices eidẽ multiplici sunt quoque inter se æquèmultiplices.	*Les equimultiples à vne mesme multiple, sont aussi equimultiples entre elles.*

A, 12. B, 4. C, 21. D, 7. E, 15. F, 5.

hyp.	a, *multipl..* b 2|2 e, *multipl..* f,
hyp.	c, *multipl..* d 2|2 e, *multipl..* f,
a.. 5	a, *multipl..* b 2|2 c, *multipl..* d.

THEOR. I. PROPOS. I.

Si ſint quotcunque magnitudines quotcunque magnitudinum æqualium numero, ſingulæ ſingularum, æque multiplices; quam multiplex eſt vnius vna magnitudo, tam multiplices erunt & omnes omnium.

S'il y a tant de grandeurs qu'on voudra equimultiples d'autant d'autres grandeurs, chacune de la ſienne; comme l'vne des grandeurs ſera multiple d'vne; ainſi les toutes ſeront multiples des toutes.

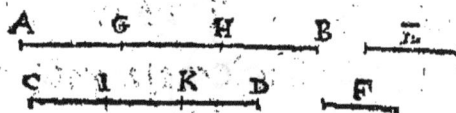

Hypoth.

ab *multipl..* | e,
cd *multipl..* | f. a

Req. π. demonſtr.

ab, *multipl..* e 2|2 ab + cd *multipl..* e + f.

Demonſtr.

hyp. e, ag, gh, hb *ſnt* 2|2 de,
hyp. f, ci, ik, kd *ſnt* 2|2 de,
a.ſ.2.d.5 *multd.. part..* ab, 2|2 *multd..part.* cd,
2. a. 1 e + f, ag + ci, gh + ik, hb + kd *ſnt* 2|2 de,
19.a.1 ab + cd 2|2 ag + ci, + gh + ik, + hb + kd,
ſ.2.d.5 ab, *multipl..* e 2|2 ab + cd *multipl..* e + f.

THEOR. II. PROPOS. II.

Si prima ſecundæ æquè fuerit multiplex, atque tertia quartæ; fuerit autem & quinta ſecundæ æquè multiplex, atque ſexta quartæ; erit & compoſita prima cum quinta, ſecundæ æquè multiplex, atque tertia cum ſexta quartæ.

Si la premiere eſt autant multiple de la ſeconde, que la troiſieſme l'eſt de la quatrieſme, & que la cinquieſme ſoit auſſi autant multiple de la ſeconde que la ſixieſme l'eſt de la quatrieſme; la composée de la premiere, & de la cinquieſme, ſera autant multiple de la ſeconde, que la composée de la troiſieme & de la ſixieſme l'eſt de la quatrieſme.

Hypoth.

ab *multipl.*. c 2|2 de *multipl.*. f, α

bg *multipl.*. c 2|2 eh *multipl.*. f, β

Req. π. demonſtr.

ag *multipl.*. c 2|2 dh *multipl.*. f.

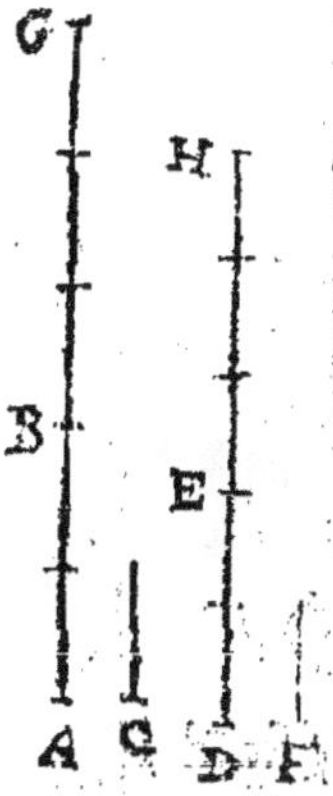

Demonſtr.

α ſ.2.d.5 *multd.*.*part.*.ab 2|2 *multd.*.*part.*. de,

β ſ.2.d.5 *multd.*. *part.*. bg 2|2 *multd.part.* eh,

2. a.1 *multd.*.*part.*.. ag 2|2 *multd.*. *part.*.. dh,

ſ 2.d.5 ag *multipl.*. c 2|2 dh *multipl.*.. f.

G H B E A C D F

THEOR. III. PROPOS. III.

Sit prima ſecundæ æquè multiplex, atque tertia quartæ; ſumantur autem æque multiplices primæ & tertiæ: erit & ex æquo, ſumptarum vtraque vtriuſque æquè multiplex, altera quidem ſecundæ, altera autem quartæ.

Si la premiere eſt autant multiple de la ſeconde, comme la troiſieſme l'eſt de la quatrieſme, & on prend les equimultiples de la premiere & de la troiſieſme : en raiſon égale, la multiple de la premiere ſera autant multiple de la ſeconde, que la multiple de la troiſieſme le ſera de la quatrieſme.

Hypoth.

a, *multipl..* b 2|2 c, *multipl..* d,
ei, *multipl..* a 2|2 fm, *multipl..* c, α

Req. π. demonſtr.

ei, *multipl..* b 2|2 fm *multipl..* d.

Demonſtr.

hyp. a, eg, gh, hi *ſnt* 2|2 ꝗe,
hyp. c, fk, kl, lm *ſnt* 2|2 ꝗe,
α ſ. 2. d. 5 *multd.. part..* ei 2|2 *multd.. part..* fm,
hyp. egɪɪa, *multipl..* b 2|2 fkɪɪc, *multipl..* d
hyp. ghɪɪa, *multipl..* b 2|2 kl, ɪɪc *multipl..* d,
2. 5 eh *multipl..* b 2|2 fl *multipl..* d, β

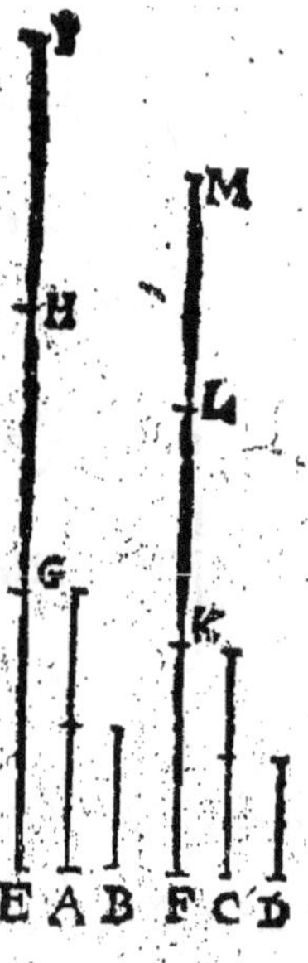

I H G E A B M L K F C D

hypoth. | hiLLa, *multipl*.. b, 2|2, lm, LLc, *multipl*.. d,
concl. | ei, *multipl*.. b, 2|2, fm, *multipl*.. d.
ß. 2. 5

THEOR. IV. PROPOS. IV.

Si prima ad secũdam eandem habuerit rationem, & tertia ad quartam: etiam æquè multiplices primæ & tertiæ, ad æquè multiplices secundæ & quartæ, iuxta quamuis multiplicationem, eandem habebunt rationem, si prout inter se respondent, ita sumptæ fuerint.

Si la premiere a mesme raison à la seconde, que la troisiesme à la quatriesme, aussi les equimultiples de la premiere & de la troisiesme auront mesme raison aux equimultiples de la seconde & de la quatriesme, selon quelque multiplication que ce soit, si elles sont prises ainsi qu'elles s'entre respondent.

I E A B G L

K F C D H M

Hypoth.

a π b 2|2 c π d,

e, *multipl*.. a, 2|2 f, *multipl*.. c,

g, *multipl*.. b, 2|2, h, *multipl*.. d.

Req. π. demonstr.

e π g, 2|2, f π h.

Præpar.

i, *multipl*.. e, 2|2, k, *multipl*.. f, a.

l, *multipl*.. g, 2|2, m, *multipl*.. h. α

Demonstr.

3. 5 i, *multipl*.. a, 2|2, k, *multipl* . c,

3. 5 l, *multipl*.. b, 2|2, m, *multipl*..d,

hyp. a π b 2|2 c π d,

3.6.d.5 i, 2, 3, 4|3, l,
k, 2, 3, 4|3, m,

concl. α. 6. d. 5 e π g, 2|2, f π h.

COROLL.

Hinc facilè demonstrabitur inuersa ratio.

Par cette demonstration est manifeste la preuue de la raison inuerse.

Hypoth.

a π b 2|2 c π d, α

Req. π. demonstr.

b π a 2|2 d π c.

Præpar.

e, *multipl*.. | a,
f, *multipl*.. | c,
g, *multipl*.. | b,
h, *multipl*.. | d.

Demonstr.

e, 2, 3, 4|3 g, β

α. 6.d.5 f, 2, 3, 4|3 h,

I E A B G L

K F C D H M

β	g, 2, 3, 4	3 e,	concl. 6. d. 5	b π a 2|2 d π c.
	h, 2, 3, 4	3 f,		

THEOR. V. PROPOS. V.

Si magnitudo magnitudinis æquè fuerit multiplex, atque ablata ablatæ: Etiam reliqua reliquæ, ita multiplex erit, vt tota totius.

Si vne grandeur est autant multiple d'vne grandeur, que la retranchée l'est de la retranchée; aussi le reste sera autant multiple du reste comme la toute l'est de la toute.

G A E B
C F D

Hypoth.

ab *multipl..* cd 2|2 ae *multipl..* cf.

Req. π. demonstr.

eb *multipl..* fd 2|2 ab *multipl..* cd⊔ae *multipl..* cf.

Demonstr.

suppos. ga *multipl..* fd 2|2 ab *multipl..* cd⊔ae *multipl..* cf,

1. 5 ge *multipl..* cd 2|2 ae *multipl..* cf,

hyp. ab *multipl..* cd 2|2 ae *multipl..* cf,

a. 5 ge *multipl..* cd 2|2 ab *multipl..* cd,

6. a. 1 ge 2|2 ab,

ae *commum. subtr.*

3. a. 1 ga 2|2 eb,

concl. 6. a. d eb *multipl..* fd 2|2 ga *multipl..* fd⊔ab *multipl..* cd.

THEOR. VI. PROPOS. VI.

Si duæ magnitudines duarum magnitudinum ſint æquè multiplices, & detractæ quædam ſint earundem æquè multiplices: & reliquæ eiſdem aut æquales ſunt, aut æquè ipſarum multiplices.

Si deux grandeurs ſont equimultiples de deux autres grandeurs, & quelques retranchées d'icelles ſoient equimultiples des meſmes grandeurs, ou les reſtes ſeront égaux aux meſmes, ou equimultiples d'icelles.

Hyoth.

ab, *multipl..* e, 2|2, cd *multipl..* f,
ag, *multipl..* e, 2|2, ch, *multipl.* f.

Req. π. demonſtr.

gb 2|2 e & hd 2|2 f,
⊔ gb *multipl..* e, 2|2, hd, *multipl..* f.

Demonſtr.

f.2.d.5 *multd..part..* ab, 2|2, *multd..part..* cd,
f.2.d.5 *multd..part..* ag, 2|2, *multd..part..* ch,
3 a.1 *multd..part..* gb, 2|2, *multd..part..* hd,
concl. gb 2|2 e & hd 2|2 f,
3.a.1 ⊔ gb *multipl..* e 2|2 hd *multipl..* f.

D B G H A E F C

THEOR. VII. PROPOS. VII.

Æquales ad eandem, eandem habent rationem: & eadem ad æquales.

Les grandeurs égales ont mesme raison à vne mesme grandeur, & vne mesme grandeur a mesme raison aux égales.

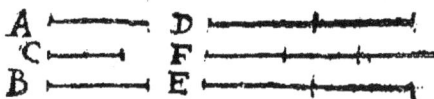

hypoth.	a 2|2 b.
	Req. π demonstr.
	a π c 2|2 b π c,
	c π a 2|2 c π b.
	Præpar.
	d, *multipl..* a,
3. 1	e, *multipl..* b,
3. 1	f, *multipl..* c.

	Demonstr.
6 a. 1	d 2|2 e,
	d, 2, 3, 4 | 3 f,
'. a. d	e, 2, 3, 4 | 3 f,
1.concl. 6.d 5	a π c 2|2 b π c,
2.concl c. 4. 5	c π a 2|2 c π b.

SCHOL. I.

Si loco multiplicis F sumantur duæ æquè multiplices, eodem modo ostendetur, æquales magnitudines ad alias inter se æquales, eandem habere rationem.

Si au lieu de l'equimultiple F on prend deux equimultiples, on demonstrera par la mesme methode que les grandeurs égales ont mesme raison à d'autres grandeurs égales.

SCHOL. II.

Hinc perspicuum est, si vnitates numerorum, quibus exprimuntur magnitudines, sint eiusdem mensuræ siue quantitatis, eandem esse proportionem magnitudinum, quam numerorum quibus exprimuntur.

De ceste proposition il est manifeste que si les vnitez des nombres, par lesquels les grandeurs sont exprimees, signifient la mesme mesure ou grandeur, les grandeurs seront en mesme proportion que les nombres par lesquels elles seront exprimées.

THEOR. VIII. PROPOS. VIII.

Inæqualium magnitudinum maior ad eandem, maiorem rationem habet, quàm minor: Et eadem ad minorem, maiorem rationem habet, quàm ad maiorem.

Des grandeurs inégales, la plus grande a plus grande raison à vne mesme que la plus petite: Et vne mesme grandeur a plus grande raison à la plus petite grandeur qu'à la plus grande.

Hyppoth.

ab 3|2 c.

Req. π. demonstr.

raō.. ab π d 3|2 *raō.* c π d,

raō.. d π c 3|2 *raō.* d π ab.

Præpar.

3. 1 ae 2|2 c,

3. 1 hg *multipl..* ae ⊔ c 2|2 gf *multipl..* eb,

4. p. 1 hg 3|2 d & gf 3|2 d, α

3. 1 ik *multipl..* d,

α, 3. 1 ik 3|2 hg & ik 2|3 hf, β

Demonstr.

1. 5 hf *multipl..* ab 2|2 hg *multipl..* ae ⊔ gf *multipl.* eb,

β. cōstr. hf 3|2 ik & hg 2|3 ik,

1. concl. 8. d. 5 *raō..* ab π d 3|2 *raō*, c π d,

6.cōſtr.	ik 3|2 hg & ik 2|3 hf,
2.concl. 8.d.5	*raō*. d π c 3|2 *raō*. d π ab.

THEOR. IX. PROPOS. IX.

Quæ ad eandem, eandem habent rationem, æquales ſunt inter ſe: Et ad quas eadem eandem habet rationem, eæ quoque ſunt inter ſe æquales.

Les grandeurs qui ont meſme raiſon à vne meſme grandeur, ſont égales entr'elles: Et celles-là auſquelles vne meſme grandeur a meſme raiſon, ſont auſſi égales entr'elles.

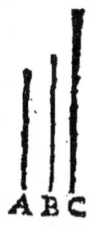

Hypoth. 1.

a π c 2|2 b π c.

Req. π. demonſtr.

a 2|2 b.

Demonſtr.

ſuppoſ.	a 3|2 b,
8. 5	a π c 3|2 b π c,
	contr. hyp.

A B C

Hypoth. 2.

c π a 2|2 c π b.

Req. π. demonſtr.

a 2|2 b.

Demonſtr.

ſuppoſ.	a 3|2 b,
8. 5	c π b 3|2 c π a,
	contr. hyp.

THEOR. X. PROPOS. X.

Ad eandem magnitudinem rationem habentium, quæ maiorem rationem habet, illa maior eſt: Ad quam autem eadem maiorem rationem habet, illa minor eſt.

Des grandeurs qui ont raiſon à vne meſme grandeur, celle-là qui a plus grande raiſon, eſt la plus grande: Mais celle-là à laquelle vne meſme grandeur a plus grande raiſon, eſt la plus petite.

Hypoth. 1.
a π c 3|2 b π c,
Req. π. demonſtr.
a 3|2 b.
Demonſtr.
ſuppoſ. a 2|2 b,
7. 5 a π c 2|2 b π c
contr. hyp.
ſuppoſ. a 2|3 b,
8. 5 a π c 2|3 b π c,
contr. hyp.

A B C

Hypoth. 2.
c π b 3|2 c π a.
Req. π. demonſtr.
b 2|3 a,
ſuppoſ b 2|2 a,
7. 5 c π a 2|2 c π b,
contr. hyp.
ſuppoſ. b 3|2 a,
8. 5 c π a 3|2 c π b,
contr. hyp.

THEOR. XI. PROPOS. XI.

Quæ eidem ſunt eædem rationes, & inter ſe ſunt eædem.

Les raiſons qui ſont de meſme à vne meſme raiſon, ſont auſsi de meſme entr'elles.

Hypoth.
a π b 2|2 e π f, α
c π d 2|2 e π f, β
Req. π. demonſtr.
a π b 2|2 c π d.

Præpar.
3. 1 { g, *multipl..* a,
h, *multipl..* c,
i, *multipl..* e, }

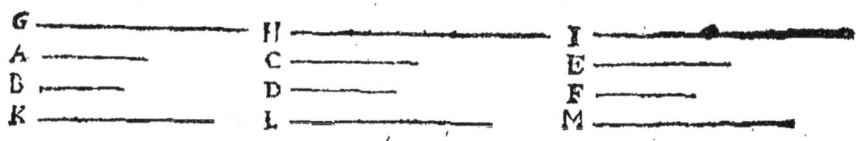

G, H, I, A, C, E, B, D, F, K, L, M

3. 1	k, multipl..	b,	suppos.	i, 2|2 m,
	l, multipl..	d,	α 5.6.d.5	g, 2|2 k,
	m, multipl..	f,	β 5.6.d.5	h, 2|2 l,
	Demonstr.		suppos.	i, 3|2 m,
suppos.	i, 2|3 m,		α 5.6.d.5	g, 3|2 k,
α 5.6.d.5	g, 2|3 k,		β 5.6.d.5	h, 3|2 l,
β 5.6.d.5	h, 2|3 l,		6.d.5	a π b 2|2 c π d.

SCHOL.

Quæ eiſdem rationibus ſunt eædem rationes, ſunt quoque inter ſe eædem.

Les raiſons qui ſont de meſme aux raiſons de meſme, ou égales, ſont außi de meſme, ou égales entr'elles.

A, 2. B, 3. E, 8. F, 12.
C, 10. D, 15. G, 6. H, 9.

Hypoth.		*Demonstr.*
e π f 2|2 g π h,	hyp.	a π b 2|2 e π f,
a π b 2|2 e π f,	hyp.	g π h 2|2 e π f,
c π d 2|2 g π h.	11. 5	a π b 2|2 g π h,
Req. π. demonstr.	hyp.	c π d 2|2 g π h,
a π b 2|2 c π d.	concl. 11. 5	a π b 2|2 c π d.

THEOR. XII. PROPOS. XII.

Si ſint magnitudines quotcunque proportionales : quemadmodum ſe habuerit vna antecedentium ad vnam conſequentium, ita ſe habebunt omnes antecedentes ad omnes conſequentes.

Si tant de grandeurs qu'on voudra ſont proportionelles : comme l'vne des antecedentes ſera à l'vne des conſequentes, ainſi toutes les antecedentes ſeront à toutes les conſequentes.

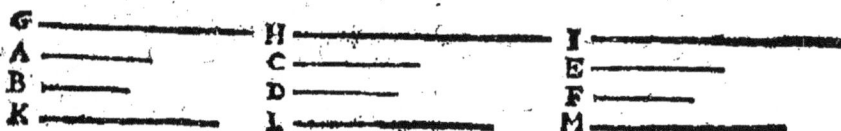

G H I
A C E
B D F
K L M

Hypoth.

$a \pi b$ }
$c \pi d$ } *ſnt raõ* $2|2$ *&c.*
$e \pi f$ }

Req. π*. demonſtr.*

$a \pi b \; 2|2 \; a + c + e \pi b + d + f$,

Præpar.

g, *multipl..* | a,
3. 1 h, *multipl..* | c,
i, *multipl..* | e,

k, *multipl..* | b,
3. 1 l, *multipl..* | d,
m, *multipl..* | f,

Demonſtr.

1. 5 $g + h + i$, *multipl..* $a + c + e \; 2|2 \; g$, *multipl..* a,

1. 5 | k + l + m, *multipl..* b + d + f 2|2 k, *multipl..* b,
4. a. c | g, 2, 3, 4 | 3, k,
| g + h + i, 2, 3, 4 | 3, k + l + m,
6. d. 5 | a π b 2|2 a + c + e π b + d + f.

COROLL.

Hinc perſpicuum eſt, ſi ſimilia proportionalia ſimilibus proportionalibus addantur, tota eſſe proportionalia.

De ceſte propoſition eſt manifeſte, que ſi à proportionaux ſemblables ſont adjouſtez proportionaux ſemblables, les tous ſont proportionaux.

A, 6. B, 2. C, 9. D, 3.
E, 15. F, 5. G, 3. H, i.
L, 21. M, 7. N, 12. P, 4.

Hypoth.		p 2|2 d + h.
a π b, c π d, e π f, g π h ſnt raō. 2|2 ſe,		*Req. π. demonſtr.*
		l π m 2|2 n π p.
		Demonſtr.
	α. 12. 5	l π m 2|2 a π b,
l 2|2 a + e,	α. 12. 5	n π p 2|2 c π d,
m 2|2 b + f,	hyp.	a π b 2|2 c π d,
n 2|2 c + g,	concl. ſ. 11. 5	l π m 2|2 n π p.

THEOR. XIII. PROPOS. XIII.

Si prima ad ſecundam eandem habuerit rationem, quàm tertia ad quartam; tertia verò ad quartam maiorem rationem habuerit, quàm quinta ad sextam: prima quoque ad secundam maiorem rationem habebit, quàm quinta ad sextam.

Si la premiere a mesme raison à la seconde que la troisiesme à la quatriesme; mais la troisiesme a plus grande raison à la quatriesme, que la cinquiesme à la sixiesme: aussi la premiere aura plus grande raison à la seconde, que la cinquiesme à la sixiesme.

G——— H——— I———
A——— C——— E———
B——— D——— F———
K——— L——— M———

	Hypoth.		{ k, *multipl..* b,
	a π b 2|2 c π d,	3. 1	{ l, *multipl..* d,
	c π d 3|2 e π f,		{ m, *multipl..* f,
	Req. π. demonstr.		*Demonstr.*
	a π b 3|2 e π f.	suppos.	h 3|2 l,
	Præpar.	ɔ.6.d.5	g 3|2 k, a
	{ g, *multipl..* a,	ɔ.8 d.5	i 2 3 m, a
3. 1	{ h, *multipl..* c,	concl. 8. d.5	a π b 3|2 e π f.
	{ i, *multipl..* e,		

SCHOL. I.

Quod si proportio tertię ad quartam minor fuerit quàm quintæ ad sextam, erit quoque proportio primæ ad secundam minor quàm quintæ ad sextam, vt perspicuum est eadem demonstratione.

Que si la raison de la troisiesme à la quatriesme est moindre que celle de la cinquiesme à la sixiesme, il y aura pareillement moindre raiſon de la premiere à la ſeconde, que de la cinquieſme à la ſixieſme, comme il eſt manifeſte par la meſme demonſtration.

SCHOL. II.

Eodem modo, ſi prima ad ſecundam, maiorem habuerit rationem quàm tertia ad quartam; tertia autem ad quartam, maiorem habuerit quàm quinta ad ſextam: prima quoque multò magis ad ſecundam, maiorem rationem habebit, quàm quinta ad ſextam. Quod ſi prima ad ſecundam, minorem habuerit rationem quàm tertia ad quartam; tertia autem ad quartam, minorem habuerit quàm quinta ad ſextam: prima quoque multò magis ad ſecundam, minorem rationem habebit quàm quinta ad ſextam.

En la meſme maniere, ſi la premiere a plus grande raiſon à la ſeconde que la troiſieſme à la quatrieſme; & que la troiſieſme ait plus grande raiſon à la quatrieſme, que la cinquieſme à la ſixieſme: pareillement la premiere aura beaucoup plus grande raiſon à la ſeconde, que la cinquieſme à la ſixieſme. Mais ſi la premiere a moindre raiſon à la ſeconde, que la troiſieſme à la quatrieſme; & que la troiſieſme ait moindre raiſon à la quatrieſme, que la cinquieſme à la ſixieſme: pareillement la premiere aura beaucoup moindre raiſon à la ſeconde, que la cinquieſme à la ſixieſme.

THEOR. XIV. PROPOS. XIV.

Si prima ad ſecundam eandem habuerit rationem, quam tertia ad quartam; prima verò quàm tertia maior fuerit, erit & ſecunda maior quàm quarta. Quod ſi prima fuerit æqualis tertiæ, erit &

ſecunda æqualis quartæ: ſi verò minor, & minor erit.

Si la premiere a meſme raiſon à la ſeconde, que la troiſieſme à la quatrieſme; & que la premiere ſoit plus grande que la troiſieſme, la ſeconde ſera außi plus grande que la quatrieſme. Et ſi la premiere eſt égale à la troiſieſme, außi la ſeconde ſera égale à la quatrieſme; & ſi plus petite, plus petite.

Hypoth.commun.

a π b 2|2 c π d,

Hypoth. 1.

a 3|2 c, α

Req π. demonſtr.

b 3|2 d.

A B C D

Demonſtr.

hyp.	c π d 2|2 a π b,
α. 8. 5	a π b 3|2 c π b,
13. 5	c π d 3|2 c π b,
1.concl. 10. 5	b 3|2 d.

Hypoth. 2.

a 2|2 c, β

Req.π.demonſtr.

b 2|2 d.

Demonſtr.

hyp.	c π d 2|2 a π b,
β. 9. 5	c π b 2|2 a π b,
11. 5	c π d 2|2 c π b,
2.concl. 9. 5	b 2|2 d.

Hypoth. 3.

a 2|3 c. γ

Req. π. demonſtr.

b 2|3 d,

Demonſtr.

hyp.	c π d 2|2 a π b,
γ. 8. 5	a π b 2|3 c π b,
13. 5	c π d 2|3 c π b,
3. concl. ſ. 13. 5	b 2|3 d.

SCHOL. I.

Perſpicuum autem eſt, ob ſimilitudinem rationum, ſi prima maior eſt, vel æqualis, vel minor quàm ſecunda, tertiam quoque maiorem esse, vel æqualem, vel minorem quàm quartam : vtraque enim ratio erit aut minoris inęqualitatis, aut æqualitatis, aut maioris inęqualitatis; si minoris inæqualitatis, vtraque antecedens erit minor suâ consequente; si æqualitatis, vtraque antecedens erit æqualis suæ consequenti; si maioris inæqualitatis, vtraque antecedens erit maior sua consequente.

Or il est manifeste, à cause de la similitude des raisons, que si la premiere est plus grande, ou égale, ou moindre que la seconde; que la troisiesme sera plus grande, ou égale, ou moindre que la quatriesme: car l'vne & l'autre raison sera ou d'inégalité mineure, ou d'égalité, ou d'inégalité maieure; si d'inégalité mineure, chaque antecedente sera plus petite que sa consequente; si d'égalité, chaque antecedente sera égale à sa consequente; si d'inégalité maieure, chaque antecedente sera plus grande que sa consequente.

SCHOL. II.

Si prima ad secundam, minorem habeat rationem quàm tertia ad quartam; prima verò quàm tertia maior fuerit, erit & secunda maior quàm quarta.

Si la premiere a moindre raison à la seconde, que la troisiesme à la quatriesme; & que la premiere soit plus grande que la troisiesme, la seconde sera aussi plus grande que la quatriesme.

Hypoth.

a π bc 2|3 d π e,
a 3|2 d.

Req. π. demonstr.

bc 3|2 e.

C F A B D E

Demonstr.

suppos.	a π bf 2|2 d π e,
hyp.	a 3|2 d,
14. 5	bf 3|2 e,
10. 5.	bc 3|2 bf,
concl.	
1. a. e	bc 3|2 e.

THEOR. XV. PROPOS. XV.

Partes cum pariter multiplicibus in eadem ſunt ratione, ſi provt ſibi mutuò reſpondent, ita ſumantur.

Les parties ſont entr'elles comme ſont leurs equimultiples entr'elles, ſi elles ſont priſes comme elles ſ'entreſpondent.

B, E, G, H, A C D F

Hypoth.

ab *multipl..*	c,	
de *multipl..*	f.	

Req. π.*demonſtr.*

ab π de 2|2 c π f.

Demonſtr.

hypoth.	c, ag, gb *ſnt* 2|2 ꝗe,	
hyp.	f, dh, he *ſnt* 2|2 ꝗe,	
c. 2. d. 5	*multd..* *par..* ab } 2|2 { *multd..* *par..* de,	
c. 7. 5	ag π dh 2|2 c π f,	
c. 7. 5	gb π he 2|2 c π f,	
concl. 12. 5	ab π de 2|2 c π f.	

THEOR. XVI. PROPOS. XVI.

Si quatuor magnitudines proportionales fuerint, & viciſſim proportionales erunt.

Si quatre grandeurs ſont proportionelles, elles ſeront auſsi alternatiuement proportionelles.

a π b 2|2 c π d.

Req. π. *demonſtr.*

a π c 2|2 b π d.

Præpar.

3. 1	e *multipl..*	a
	f *multipl..*	b
3. 1	g *multipl..*	c,
	h *multipl..*	d,

α

De

E, A, B, F, G, C, D, H

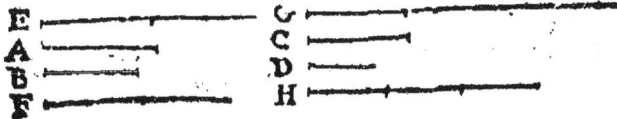

	Demonstr.	11. 5	e π f 2|2 g π h,
Hyp.	c π d 2|2 a π b,		e 2. 3. 4 | 3 g,
15. 5	e π f 2|2 a π b,	14. 5	f 2. 3. 4 | 3 h,
11. 5	e π f 2|2 c π d,	α. 6. d. 5	a π c 2|2 b π d.
15. 5	g π h 2|2 c π d,		

SCHOL.

Porro demonstratio huius propositionis locum solùm habet quando quatuor magnitudines sunt eiusdem generis; ratio enim non reperitur in magnitudinibus heterogeneis.

Or, ceste demonstration a lieu seulement quand les quatre grandeurs sont de mesme genre; car la raison ne se trouue point aux grandeurs heterogenes.

THEOR. XVII. PROPOS. XVII.

Si compositæ magnitudines proportionales fuerint, hæ quoque diuisæ proportionales erunt.

Si les grandeurs composées sont proportionnelles, aussi estant diuisées elles seront proportionnelles.

Hypoth.		*Præpar.*	
ab π cb 2|2 de π fe,		gh *multipl.*	ac,
		hl *multipl.*	cb,
Req. π. demonstr.	3. 1	ik *multipl.*	df,[a]
ac π cb 2|2 df π fe.		km *multipl.*	fe.

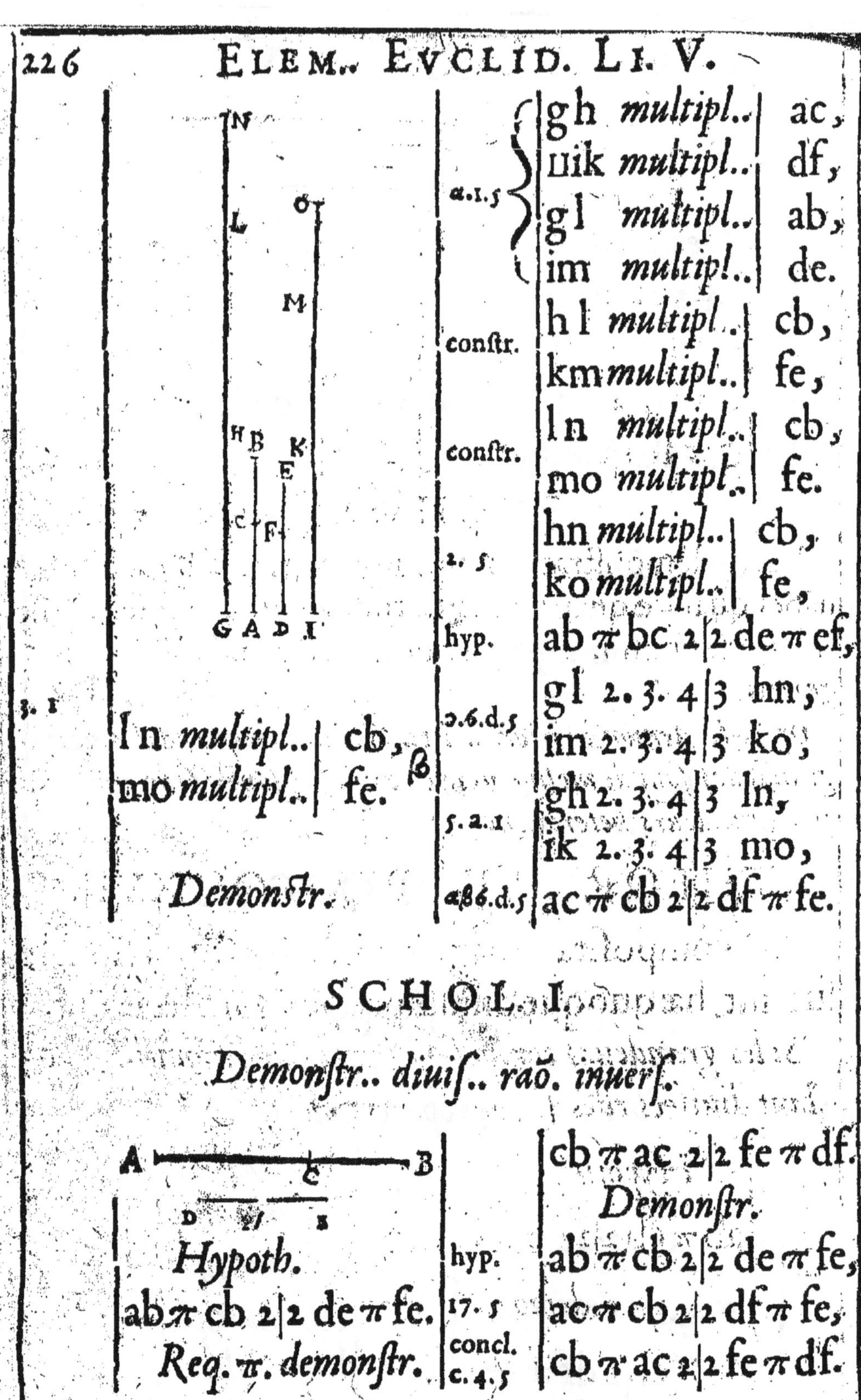

	α.1.5	gh *multipl..* | ac,
		ik *multipl..* | df,
		gl *multipl..* | ab,
		im *multipl..* | de.
	constr.	hl *multipl..* | cb,
		km *multipl..* | fe,
	constr.	ln *multipl..* | cb,
		mo *multipl..* | fe.
	2. 5	hn *multipl..* | cb,
		ko *multipl..* | fe,
	hyp.	ab π bc 2|2 de π ef,
3. 1		gl 2. 3. 4|3 hn,
ln *multipl..* | cb, β	5.6.d.5	im 2. 3. 4|3 ko,
mo *multipl..* | fe.		gh 2. 3. 4|3 ln,
	5. 2. 1	ik 2. 3. 4|3 mo,
Demonstr.	αβ6.d.5	ac π cb 2|2 df π fe.

SCHOL. I.

Demonstr.. diuis.. raõ. inuers.

		cb π ac 2|2 fe π df.
		Demonstr.
Hypoth.	hyp.	ab π cb 2|2 de π fe,
ab π cb 2|2 de π fe.	17. 5	ac π cb 2|2 df π fe,
Req. π. demonstr.	concl. c. 4. 5	cb π ac 2|2 fe π df.

SCHOL. II.

Demonstr.. diuiſ.. raõ. contr. & inuerſ. contr.

Hypoth.

ac π ab 2|2 df π de.

Req. π. demonſtr.

ac π cb 2|2 df π fe,

cb π ac 2|2 fe π df.

Demonſtr.

hyp.	ac π ab 2|2 df π de,
c. 4. 5	ab π ac 2|2 de π df,
1. concl. 17. 5	cb π ac 2|2 fe π df,
2. concl. c. 4. 5	ac π cb 2|2 df π fe.

THEOR. XVIII. PROPOS. XVIII.

Si diuiſæ magnitudines ſint proportionales, hæ quoque compoſitæ proportionales erunt.

Si les grandeurs diuiſées ſont proportionnelles : eſtant compoſées, elles ſeront auſſi proportionnelles.

Hypoth.

ab π bc 2|2 de π ef.

Req. π. demonſtr.

ac π cb 2|2 df π fe.

Demonſtr.

ſuppoſ.	ac π cb 2|2 df π fg,
17. 5	ab π bc 2|2 dg π gf,
hyp.	ab π bc 2|2 de π ef,
11. 5	dg π gf 2|2 de π ef,
9. a. 1	dg 3|2 de,
14. 5	gf 3|2 ef,
	contr. 9. a. 1.

SCHOL. I.

Demonstr.. composit.. raō. conuers.

	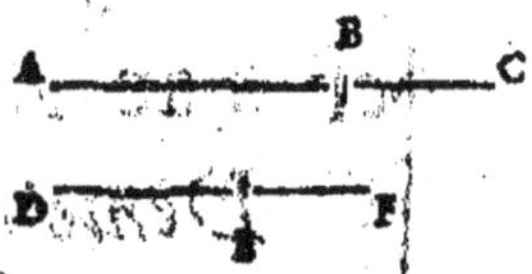		ac π ab 2|2 df π de.
			Demonstr.
		hyp.	ab π bc 2|2 de π ef,
hypoth.	ab π bc 2|2 de π ef.	c. 4. 5	bc π ab 2|2 ef π de,
	Req. π. demonstr.	concl. 18. 5	ac π ab 2|2 df π de.

SCHOL. II.

Demonstr.. composit.. raō. contr. & inuers. contr.

		Demonstr.
Hypoth.	hyp.	ab π bc 2|2 de π ef,
ab π bc 2|2 de π ef.	c. 4. 5	bc π ab 2|2 ef π de, α
Req. π. demonstr.	18. 5 1. concl.	ac π ab 2|2 df π de,
ab π ac 2|2 de π df,	c. 4. 5	ab π ac 2|2 de π df,
bc π ac 2|2 ef π df.	2. concl. α. 2 & 18. 5	bc π ac 2|2 ef π df.

THEOR. XIX. PROPOS. XIX.

Si quemadmodum totum ad totum, ita ablatum se habuerit ad ablatum: & reliquum ad reliquum, vt totum ad totum, se habebit.

Si le tout est au tout, comme le retranché au retranché; le reste sera aussi au reste, comme le tout est au tout.

Hypoth.		*Req. π. demonstr.*
ab π de 2|2 ac π df, α		cb π fe 2|2 ab π de.

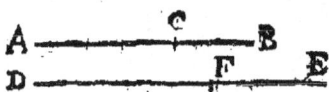

A C B
D F E

		16. 5	ab π ac 2|2 de π df,
		17. 5	cb π ac 2|2 fe π df,
		concl. 16. 5	cb π fe 2|2 ac π df
	Demonstr.	a	∐ ab π de.
hyp.	ab π de 2|2 ac π df,		

COROLL. I.

Hinc facile demonstrabitur conuersa ratio.

D'icy sera facile à demonstrer la raison conuerse.

Hypoth.	hyp.	ab π cb 2|2 de π fe,
ab π cb 2|2 de π fe.	17. 5	ac π cb 2|2 df π fe,
Req. π. demonstr.	c. 4. 5	cb π ac 2|2 fe π df,
ab π ac 2|2 de π df.	concl. 18. 5	ab π ac 2|2 de π df.
Demonstr.		

COROLL. II.

Hinc perspicuum est, si similia proportionalia similibus proportionalibus subducãtur residua esse proportionalia.

De cette proposition est manifeste, que si proportionaux semblables sont soustraits des proportionaux semblables, les restes sont proportionaux.

A, 21. B, 7. C, 12. D, 4.
E, 15. F, 5. G, 3. H, 1.
L, 6. M, 2. N, 9. P, 3.

hyp.	a π b, c π d, e π f, g π h } *snt raõ.* 2|2 de,	hyp.	l 2|2 a~e,
		hyp.	m 2|2 b~f,
		hyp.	n 2|2 c~g,
		hyp.	p 2|2 d~h.

Req. π. demonstr.
l π m 2|2 n π p.
Demonstr.
19.5 l π m 2|2 a π b,

19.5 n π p 2|2 c π d,
hyp. a π b 2|2 c π d,
concl. 11 5 l π m 2|2 n π p.

THEOR. XX. PROPOS. XX.

Si ſint tres magnitudines, & aliæ ipſis æquales numero, quæ binæ, & in eadem ratione ſumantur; ex æquo autem prima, quam tertia maior fuerit, erit, & quarta, quam ſexta, maior. Quod ſi prima tertiæ fuerit æqualis, erit & quarta æqualis ſextæ: ſin illa minor, hæc quoque minor erit.

S'il y a trois grandeurs, & d'autres egales à icelles en nombre, leſquelles ſoient priſes de deux en deux; & en meſme raiſon: Et qu'en raiſon egale la premiere ſoit plus grande que la troiſieſme, auſſi la quatrieſme ſera plus grande que la ſixieſme; & ſi egale, egale; & ſi plus petite, plus petite.

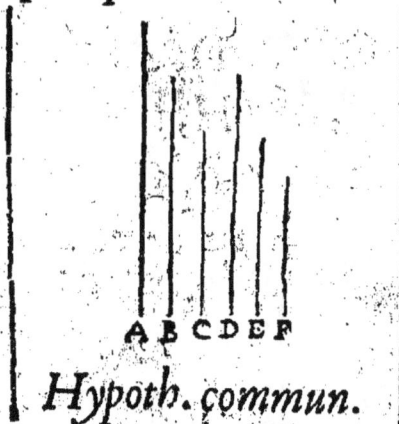

A B C D E F

Hypoth. commun.

a π b 2|2 d π e, α
b π c 2|2 e π f. α

Req. π. demonstr.

a 2, 3, 4|3 c,
d 2, 3, 4|3 f.

Hypoth. 1.

a 3|2 c. β

Req. π. demonstr.

d 3|2 f.

Demonstr.

hyp. e π f 2|2 b π c,

c.4.5 f π e 2|2 c π b,

δ.8.5 c π b 2|3 a π b,

α.ς.13.5 f π e 2|3 a π bud π e

1.concl. 10.5 d 3|2 f.

Hypoth. 2.

a 2|2 c.

Req. π. demonstr.

d 2|2 f. δ

Demonstr.

α. c.4.5 f π e 2|2 c π b,

δ.7.5 a π b 2|2 c π b,

α.11.5 f π e 2|2 a π bud π e

2.concl. 9.5 d 2|2 f.

Hypoth. 3.

a 2|3 c. ε

Req. π demonstr.

d 2|3 f.

Demonstr.

α. c.4.5 f π e 2|2 c π b,

ε. 8.5 c π b 3|2 a π b,

α.13.5 f π e 3|2 a π bud π e

3.concl. 10.5 d 2|3 f.

THEOR. XXI. PROPOS. XXI.

Si ſint tres magnitudines, & aliæ ipſis æquales numero, quæ binæ, & in eadem ratione ſumantur, fueritque perturbata earum proportio; ex æquo autem prima quam tertia maior fuerit: erit & quarta, quam ſexta, maior. Quod ſi prima tertiæ fuerit æqualis, erit & quarta æqualis ſextæ; ſin illa minor, hæc quoque minor erit.

S'il y a trois grandeurs, & d'autres egales à icelles en nombre, leſquelles ſoient priſes deux à deux & en meſme raiſon; & que leur proportion ſoit troublée, ou ſans ordre: mais qu'en raison egale la premiere soit plus grande que la troisiesme; la quatriesme sera aussi plus grande que la sixiesme; & si egale, egale, & si plus petite, plus petite.

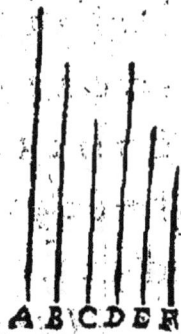

Hypoth. commun.

a π b 2|2 e π f, α
b π c 2|2 d π e. α

Hypoth. 1.

a 3|2 c. β

Req. π. demonstr.

d 3|2 f.

Demonstr.

hyp. d π e 2|2 b π c,
c.4.5 e π d 2|2 c π b, γ
β.8.5 c π b 2|3 a π b,
α.f.13.5 e π d 2|3 a π b ∪ e π f,
1.concl. 10.5 d 3|2 f.

Hypoth. 2.

a 2|2 c. δ

Req. π. demonstr.

d 2|2 f.

Demonstr.

α.c.4.5 e π d 2|2 c π b,
δ.7.5 a π b 2|2 c π b,
α.11.5 e π d 2|2 a π b ∪ e π f
2.concl. 9.5 d 2|2 f.

A B C D E F

Hypoth. 3.

a 2|3 c.

Req. π. demonstr.

d 2|3 f.

Demonstr.

α.c.4.5 e π d 2|2 c π b,
8.5 c π b 3|2 a π b,
α.13.5 e π d 3|2 a π b ∪ e π f,
3.concl. 10.5 d 2|3 f.

THEOR. XXII. PROPOS. XXII.

Si sint quotcunque magnitudines, & aliæ ipsis

æquales numero, quæ binæ in eadem ratione sumantur; Et ex æqualitate in eadem ratione erunt.

S'il y a tant de grandeurs qu'on voudra, & d'autres egales à icelles en nombre, lesquelles soient prises de deux en deux, & en mesme raison: icelles en raison egale seront proportionnelles.

hypoth. | a π b 2|2 d π e,
hyp. | b π c 2|2 e π f,
hyp. | c π n 2|2 f π o.

Req. π. demonstr.

a π c 2|2 d π f,
a π n 2|2 d π o.

Præpar.

3. 1 | g *multipl..* | a,
| h *multipl..* | d,
3. 1 | i *multipl..* | b,
| k *multipl..* | e,
3. 1 | l *multipl..* | e,
| m *multipl..* | f,

Demonstr.

hyp. | a π b 2|2 d π e,
4. 5 | g π i 2|2 h π k,
hyp. | b π c 2|2 e π f,
4. 5 | i π l 2|2 k π m,
20. 5 | g 2, 3, 4 | 3 l,
| h 2, 3, 4 | 3 m,
1. concl. 6. d. 5 | a π c 2|2 d π f, α
hyp. | c π n 2|2 f π o,
2. concl. d. α | a π n 2|2 d π o.

SCHOL.

Si fuerint quotcunque magnitudines, & aliæ ipsis

æquales multitudine, quæ binæ in eadem ratione ſumantur: aggregatum quotcunque priorum ad quamcunque vel aggregatum quotcunque earundem, eſt vt aggregatum totidem poſteriorum eiuſdem ordinis quàm priores, ad eam vel aggregatum earum quæ prioribus ordine, & multitudine respondent.

S'il y a tant de grandeurs qu'on voudra, & d'autres egales à icelles en multitude, leſquelles eſtant priſes de deux en deux ſoient en meſme raiſon, l'aggregé de tant de premieres qu'on voudra à telle, ou aggregé de telles qu'on voudra, eſt comme l'aggregé d'autant des autres, de meſme ordre que les premieres, à celle, ou aggregé de celles qui ſont de meſme ordre & multitude que les premieres.

A, 2.	B, 3.	C, 4.	D, 8.
E, 10.	F, 15.	G, 20.	H, 40.

Hypoth.

$a \pi b\ 2|2\ e \pi f$, α

$b \pi c\ 2|2\ f \pi g$, β

$c \pi d\ 2|2\ g \pi h$. γ

Demonſtr.

hyp. $a \pi b\ 2|2\ e \pi f$,

18. 5 $a + b \pi b\ 2|2\ e + f \pi f$, δ

1. concl.

β. 22. 5 $a + b \pi c\ 2|2\ e + f \pi g$,

2. concl.

18. 5 $a + b + c \pi c\ 2|2\ e + f + g \pi g$, ε

3. concl.

c. 19. 5 $a + b + c \pi a + b\ 2|2\ e + f + g \pi e + f$,

22. 5 $a \pi c\ 2|2\ e \pi g$,

c. 4. 5 $c \pi a\ 2|2\ g \pi e$,

4. cõcl. ε. 22. 5 — a+b+c π a 2|2 e+f+g π e, θ

5. concl. c. 19. 5 — a+b+c π b+c 2|2 e+f+g π f+g,

6. concl. α. 22. 5 — a+b+c π b 2|2 e+f+g π f, κ

7. concl. c. 19. 5 — a+b+c π a+c 2|2 e+f+g π e+g,

8 concl. γε. 22. 5 — a+b+c+d π d 2|2 e+f+g+h π h,

9. concl. c. 4. 5 — a+b+c+d π a+b+c 2|2 e+f+g+h π e+f+g, λ

10. cõcl. λε. 22. 5 — a+b+c+d π c 2|2 e+f+g+h π g,

11. cõcl. λθ. 22. 5 — a+b+c+d π a 2|2 e+f+g+h π e,

12. cõcl. λκ. 22. 5 — a+b+c+d π b 2|2 e+f+g+h π f, &c.

THEOR. *XXIII.* PROPOS. *XXIII.*

Si ſint tres magnitudines, aliæque ipſis æquales numero, quæ binæ in eadem ratione ſumantur, fuerit autem perturbata earum proportio: etiam ex æqualitate in eadem ratione erunt.

S'il y a trois grandeurs, & d'autres egales à icelles en nombre, en meſme raiſon, priſes de deux en deux, & que leur proportion ſoit troublée: icelles en raiſon egale ſeront proportionelles.

Hypoth.	*Req. π. demonſtr.*
a π b 2|2 e π f,	a π c 2|2 d π f.
b π c 2|2 d π e.	*Præpar.*

A B C D E F
G H K I L M

3. 1 g, multipl.. a,
h, multipl.. b,
i, multipl.. d,

3 1. k, multipl.. c,
l, multipl.. e,
m, multipl.. f.

Demonstr.

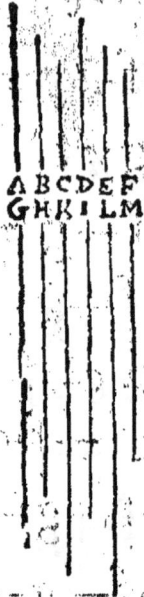

15. 5 g π h 2|2 a π b,
hyp. a π b 2|2 e π f,
15. 5 e π f 2|2 l π m,
11. 5 g π h 2|2 l π m,
hyp. b π c 2|2 d π e,
4. 5 h π k 2|2 i π l,
21. 5 g 2, 3, 4|3 k,
i 2, 3, 4|3 m,
concl. 6. d. 5 a π c 2|2 d π f.

SCHOL. I.

Si fuerint plures magnitudines tribus, fueritque earum proportio perturbata, nihilominus ex æqualitate erunt in eadem proportione.

Que s'il y a plus de trois grandeurs, & que leur proportion soit troublee, neantmoins en raison egale elles seront proportionelles.

A, 4. B, 6. C, 3. D, 12.
E, 5. F, 20. G, 10. H, 15.

Hypoth.

a π b 2|2 g π h, α
b π c 2|2 f π g, α
c π d 2|2 e π f.

Req. π. demonstr.

a π d 2|2 e π h.

	Demomstr.	hyp.	c π d 2|2 e π f,
α. 23.5	a π c 2|2 f π h, β	β. 23.5	a π d 2|2 e π h.

SCHOL. II.

Rationes compositæ ex ijsdem rationibus, sunt inter se eædem.

Les raisons composees de mesmes raisons, sont de mesme ou egales entr'elles.

A, 12. B, 8. C, 4. D, 15. E, 10. F, 5.

A, 12. C, 4. B, 8. D, 15. F, 5. E, 10.

Hypoth. 1. exempl.		a π c 2|2 d π f.
a π b 2|2 d π e, α		*Demonstr.*
b π c 2|2 e π f. α	concl. α. 22 5	a π c 2|2 d π f.
Req. π. demonstr.		

A, 12. B, 8. C, 6. D, 3.

H, 8. G, 4. E, 3. F, 2.

Hypoth. 2. exempl.		*Req. π. demonstr.*
a π b 2|2 e π f, β		a π d 2|2 h π f.
b π c 2|2 g π e, β		*Demonstr.*
c π d 2|2 h π g. β	β. 23.5	a π d 2|2 h π f.

SCHOL. III.

Earundem rationum eædem partes sunt inter se eædem.

Des raisons egales les mesmes parties sont egales entr'elles.

Hypoth.		d, e, f *snt proport.*
a, bh, c *snt proport.*		a π c 2|2 d π f.

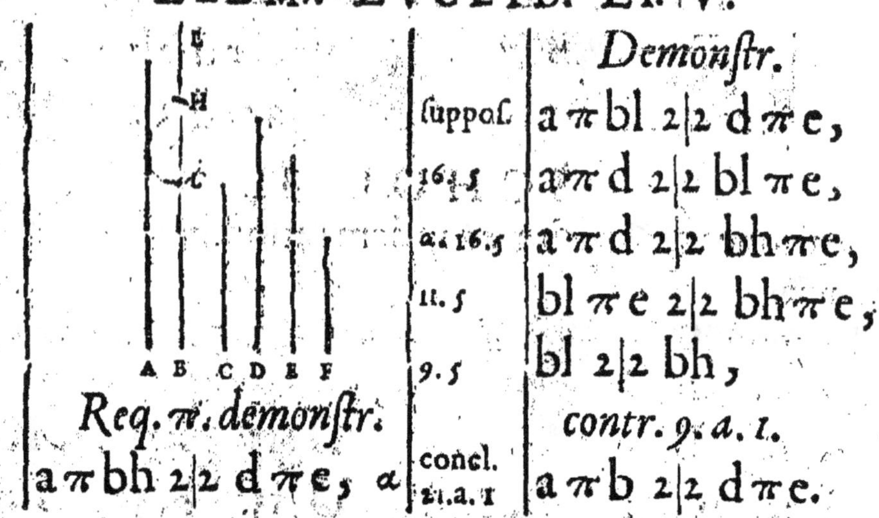

Req. π. demonstr.

a π bh 2|2 d π e, α

	Demonstr.
suppos.	a π bl 2|2 d π e,
16.5	a π d 2|2 bl π e,
α. 16.5	a π d 2|2 bh π e,
11.5	bl π e 2|2 bh π e,
9.5	bl 2|2 bh,
	contr. 9. a. 1.
concl. 21.a.1	a π b 2|2 d π e.

THEOR. *XXIV.* PROPOS. *XXIV.*

Si prima ad ſecundam eandem habuerit rationem quam tertia ad quartam; habuerit autem & quinta ad ſecundam eandem rationem, quam ſexta ad quartam: Etiam compoſita prima cum quinta ad ſecundam eandem habebit rationem, quam tertia cum ſexta ad quartam.

Si la premiere a meſme raiſon à la ſeconde que la troiſieſme à la quatrieſme, & que la cinquieſme ait auſſi meſme raiſon à la ſeconde que la ſixieſme à la quatrieſme: Auſſi la compoſee de la premiere & de la cinquieſme aura meſme raiſon à la ſeconde, que la compoſee de la troiſieſme & de la ſixieſme à la quatrieſme.

Hypoth.	*Req. π. demonstr.*
ab π c 2|2 de π f,	ag π c 2|2 dh π f.
bg π c 2|2 eh π f. α	*Demonſtr.*

		22. 5	ab π bg 2|2 de π eh
		8. 5	ag π bg 2|2 dh π eh
		hyp.	bg π c 2|2 eh π f,
hyp.	ab π c 2|2 de π f,	concl. 22. 5	ag π c 2|2 dh π f.
α. c. 4. 5	c π bg 2|2 f π eh,		

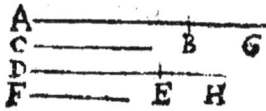

SCHOL.

Si duæ magnitudines ad duas magnitudines eandem habeant proportionem, & detractæ quædam habeant ad easdem eandem proportionem ; & reliquæ ad easdem eandem proportionem habebunt.

Si deux grandeurs ont mesme proportion à deux grandeurs, & que quelques retranchees ayent mesme proportion à icelles ; les restantes auront aussi mesme proportion à icelles.

Hypoth.	hyp.	ag π c 2|2 dh π f,
ag π c 2|2 dh π f,	α. c. 4. 5	c π ab 2|2 f π de,
ab π c 2|2 de π f, α	22. 5	ag π ab 2|2 dh π de.
Req. π. demonst.	17. 5	bg π ab 2|2 eh π de.
bg π c 2|2 eh π f.	hyp.	ab π c 2|2 de π f,
Demonstr.	concl. 22. 5	bg π c 2|2 eh π f.

THEOR. XXV. PROPOS. XXV.

Si quatuor magnitudines proportionales fuerint, maxima & minima reliquis duabus maiores erunt.

Si quatre grandeurs sont proportionelles, la plus grande & la plus petite sont plus grandes que les deux autres.

	Hypoth.				
	ab π cd 2|2 e π f,	hyp.	ab π cd,		
	ab est maxim.		e π f,		
	f est minim.	α. 7. 5	Ц ag π ch,		
	Req. π. demonstr.	19. 5	gb π hd 2|2 ab π cd		
A C E F	ab ✝ f 3|2 cd ✝ e.	hyp.	ab 3|2 cd,		
	Præpar.	s.14. 5	gb 3|2 hd,	β	
3. 1	ag 2|2 e, α	constr.	ag 2|2 e,		
3. 1	ch 2|2 f. α	constr.	f 2|2 ch,		
		2. a. 1	ag ✝ f 2|2 e ✝ ch,		
		concl.	ag ✝ f ✝ gb 3|2 e ✝ ch ✝ hd.		
	Demonstr.	β. 4 a. b			

SCHOL. I.

Si tres magnitudines fuerint proportionales, maxima & minima maiores erunt quàm dupla reliquæ.

Si trois grandeurs sont proportionelles, la plus grande & la plus petite seront plus grande que le double de l'autre.

A, 9. B, 6. D, 6. C, 4.

Hypoth.		Præpar.
a π b 2|2 b π c,	3. 1	d 2|2 b. β
a est maxim.		Demonstr.
c est minim.	β. 7. 5	a π b 2|2 d π c,
Req. π. demonstr.	concl. 25. 3	a ✝ c 3|2 b ✝ d Ц 2b.
a ✝ c 3|2, 2b.		

SCHOL. II.

Hic finem Euclides imponit quinto libro : sequentes pro-

propoſitiones additæ ſunt, propter frequentem earum vſum apud grauiſſimos ſcriptores.

Icy Euclide finit le cinquieſme liure : les propoſitions ſuiuantes ont eſté adiouſtees, à cauſe que les bons autheurs ſe ſeruent fort ſouuent d'icelles.

THEOR. *XXVI.* PROPOS. *XXVI.*

Si prima ad ſecundam habuerit maiorem proportionem quàm tertia ad quartam : habebit conuertendo ſecunda ad primam minorem proportionem, quàm quarta ad tertiam.

Si la premiere a plus grande raiſon à la ſeconde, que la troiſieſme à la quatrieſme ; par raiſon inuerſe la ſeconde aura moindre raiſon à la premiere, que la quatrieſme à la troiſieſme.

A ——— C ———
B ——— D ———
E ———

Hypoth.
a π b 3¦2 c π d.
Req. π. *demonſtr.*
b π a 2¦3 d π c.
Demonſtr.

ſuppoſ. e π b 2¦2 c π d, α
hyp. c π d 2¦3 a π b,
13. 5 e π b 2¦3 a π b,
10. 5 a 3¦2 e,
α. c 4 5 d π c 2¦2 b π e,
8 5 b π e 3¦2 b π a,
concl. 13. 5 d π c 3¦2 b π a.

THEOR. *XXVII.* PROPOS. *XXVII.*

Si prima ad ſecundam habuerit maiorem proportionem quàm tertia ad quartam ; habebit qu que viciſſim prima ad tertiam maiorem proportionem, quàm ſecunda ad quartam.

Si la premiere a plus grande raiſon à la ſeconde que la tierce à la quarte; auſſi en changeant la premiere aura plus grande raiſon à la tierce que la ſeconde à la quarte.

A——— C——— B——— D——— E———	ſuppoſ.	e π b 2|2 c π d, α
	hyp.	c π d 2|3 a π b,
Hypoth.	13. 5	e π b 2|3 a π b,
a π b 3|2 c π d,	10. 5	a 3|2 e, β
Req. π. demonſtr.	α. 16. 5	b π d 2|2 e π c,
a π c 3|2 b π d.	β. 8. 5	e π c 2|3 a π c,
Demonſtr.	concl. 13. 5	b π d 2|3 a π c.

THEOR. XXVIII. PROPOS. XXVIII.

Si prima ad ſecundam habuerit maiorem proportionem quàm tertia ad quartam; habebit quoque compoſita prima cum ſecunda ad ſecundam maiorem proportionem, quàm compoſita tertia cum quarta ad quartam.

Si la premiere a plus grande raiſon à la ſeconde, que la tierce à la quarte; la compoſee de la premiere auec la ſeconde aura auſsi plus grande raiſon à la ſeconde, que la compoſee de la tierce auec la quarte à la quarte.

Hypoth.	*Req. π. demonſtr.*
ab π bc 3|2 de π ef.	ac π bc 3|2 df π ef.

		10. 5	ab 3|2 gb,
			bc *commun. add.*
	Demonſtr.	4. a. 1	ac 3|2 gc, β
ſuppoſ.	gb π bc 2|2 de π ef, α	α. 18. 5	df π ef 2|2 gc π bc,
hyp.	de π ef 2|3 ad π bc,	β. 8 5	gc π bc 2|3 ac π bc,
13. 5	gb π bc 2|3 ab π bc,	concl. 13. 5	df π ef 2|3 ac π bc.

THEOR. XXIX. PROPOS. XXIX.

Si compoſita prima cum ſecunda ad ſecundam maiorem habuerit proportionem, quàm compoſita tertia cum quarta ad quartam; habebit quoque diuidendo prima ad ſecundam maiorem proportionem, quàm tertia ad quartam.

Si la composee de la premiere auec la ſeconde a plus grande raiſon à la ſeconde, que la composee de la tierce auec la quarte à la quarte; en diuiſant la premiere aura auſſi plus grande raiſon à la ſeconde, que la tierce à la quarte.

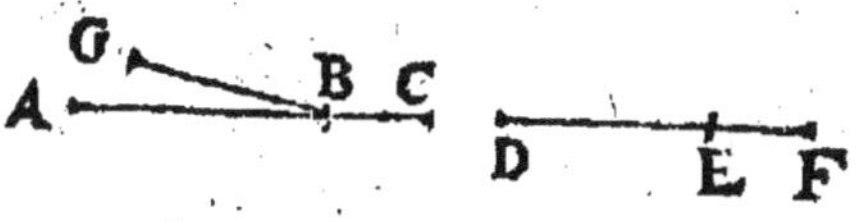

	hyp.	df π ef 2|3 ac π bc,
	13 5	gc π bc 2|3 ac π bc,
Hypoth.	10 5	ac 3|2 gc,
ac π bc 3|2 df π ef.		bc *commun. ſubtr.*
Req. π. demonſtr.	5. a. 1	ab 3|2 gb, β
ab π bc 3|2 de π ef.	α. 17. 5	de π ef 2|2 gb π bc,
Demonſtr.	β. 8 5	gb π bc 2|3 ab π bc,
ſuppoſ. gc π bc 2|2 df π ef, α	concl. 13. 5	de π ef 2|3 ab π bc.

THEOR. XXX. PROPOS. XXX.

Si composita prima cum secunda, ad secundam habuerit maiorem proportionem, quam composita tertia cum quarta, ad quartum: Habebit per conuersionem rationis, prima cum secunda ad primam, minorem proportionem, quam tertia cum quarta ad tertiam.

Si la composee de la premiere auec la seconde, a plus grande raison à la seconde, que la composee de la tierce auec la quarte, à la quarte. Par conuersion de raison, la premiere auec la seconde aura moindre raison à la premiere, que la tierce auec la quarte à la tierce.

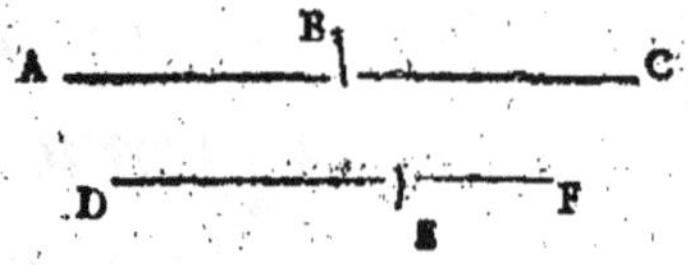

A B C
D E F

Hypoth.

ac π bc 3|2 df π ef.

Req. π. demonstr.

ac π ab 2|3 df π de.

Demonstr.

hyp.	ac π bc 3|2 df π ef,
19. 5	ab π bc 3|2 de π ef,
26. 5	bc π ab 2|3 ef π de,
concl. 28. 5	ac π ab 2|3 df π de.

THEOR. XXXI. PROPOS. XXXI.

Si sint tres magnitudines, & aliæ ipsis æquales numero, sitque maior proportio primæ priorum ad secundam, quam primæ posteriorum ad secundam; item secundæ priorum ad tertiam maior, quam ſecundæ poſteriorum ad tertiam: Erit quoque ex æqualitate maior proportio primæ priorum ad tertiam, quam primæ poſteriorum ad tertiam.

S'il y a trois grandeurs, & d'autres egales à icelles en nombre, & qu'il y ait plus grande raiſon de la premiere des premieres à la ſeconde, que de la premiere des dernieres à la ſeconde; pareillement qu'il y ait plus grande raiſon de la ſeconde des premieres à la tierce, que de la ſeconde des dernieres à la tierce: En raiſon egale, il y aura auſſi plus grande raiſon de la premiere des premieres à la tierce, que de la premiere des dernieres à la tierce.

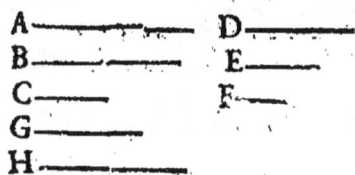

A——— D———
B——— E———
C——— F———
G———
H———

Hypoth.

a π b 3|2 d π e,
b π c 3|2 e π f.

Req. π. demonſtr.

a π c 3|2 d π f.

Demonſtr.

ſuppoſ.	g π c 2|2 e π f,	
hyp.	e π f 2|3 b π c,	
13. 5	g π c 2|3 b π c,	
10. 5	b 3|2 g,	
8. 5	a π g 3|2 a π b,	α
ſuppoſ.	h π g 2|2 d π e,	
α. hyp.	d π e 2|3 a π g,	
13. 5	h π g 2|3 a π g,	
10. 5	a 3|2 h,	β
22. 5	d π f 2|2 h π c,	
β. 8. 5	h π c 2|3 a π c,	
concl. 13. 5	d π f 2|3 a π c.	

THEOR. XXXII. PROPOS. XXXII.

Si ſint tres magnitudines, & aliæ ipſis æquales

numero, ſitque maior proportio primæ priorum ad ſecundam, quàm ſecundæ poſteriorum ad tertiam; item ſecundæ priorum ad tertiam maior, quàm primæ poſteriorum ad ſecũdam : erit quoque ex æqualitate, maior proportio primæ priorum ad tertiam, quàm primæ poſteriorum ad tertiam.

S'il y a trois grandeurs, & d'autres egales à icelles en nombre, & qu'il y ait plus grande raiſon de la premiere des premieres à la ſeconde, que de la ſeconde des dernieres à la tierce; pareillement qu'il y ait plus grande raiſon de la ſeconde des premieres à la tierce, que de la premiere des dernieres à la ſeconde: En raiſon egale, il y aura auſſi plus grande raiſon de la premiere des premieres à la tierce, que de la premiere des dernieres à la tierce.

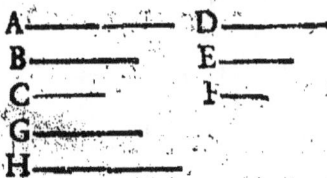

A——— D———
B——— E———
C——— F———
G———
H———

Hypoth.

a π b 3|2 e π f,

b π c 3|2 d π e.

Req. π. demonſtr.

a π c 3|2 d π f.

Demonſtr.

ſuppoſ.	g π c 2|2 d π e,
hyp.	d π e 2|3 b π c,
13. 5	g π c 2|3 b π c,
10. 5	b 3|2 g,
8. 5	a π g 3|2 a π b, α
ſuppoſ.	h π g 2|2 e π f,
α. hyp.	e π f 2|3 a π g,
13. 5	h π g 2|3 a π g,
10. 5	a 3|2 h, β
23. 5	d π f 2|3 h π c,
β. 8. 5	h π c 2|3 a π c,
concl. 13. 5	d π f 2|3 a π c.

THEOR. XXXIII. PROPOS. XXXIII.

Si fuerit maior proportio totius ad totum, quàm ablati ad ablatum: Erit & reliqui ad reliquum maior proportio, quàm totius ad totum.

S'il y a plus grande raiſon du tout au tout, que du retranché au retranché; il y aura auſſi plus grande raiſon du reſte au reſte, que du tout au tout.

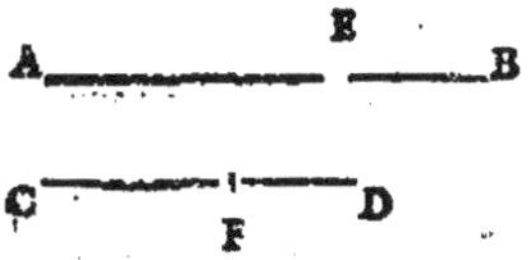

A E B

C F D

Hypoth.

ab π cd 3|2 ae π cf.

Req. π. demonſtr.

eb π fd 3|2 ab π cd.

Demonſtr.

hyp.	ab π cd 3|2 ae π cf,
27.5	ab π ae 3|2 cd π cf,
30.5	ab π eb 2|3 cd π fd,
concl. 27.5	ab π cd 2|3 eb π fd.

THEOR. XXXIV. PROPOS. XXXIV.

Si ſint quotcunque magnitudines, & aliæ ipſis æquales numero, ſitque maior proportio primæ priorum ad primam poſteriorum, quàm ſecundæ ad ſecundam; & hæc maior, quàm tertiæ ad tertiam; & ſic deinceps: Habebunt omnes priores ſimul ad omnes poſteriores ſimul, maiorem proportionem, quàm omnes priores, relicta prima, ad omnes poſteriores, relicta quoque prima; minorem autem, quàm prima priorum ad primam poſterio rum, maiorem denique etiam, quam vltima priorum ad vltimam posteriorum.

S'il y a tant de grandeurs qu'on voudra, & d'autres egales à icelles en nombre, & qu'il y ait plus grande raiſon de la premiere des premieres à la premiere des dernieres, que de la ſeconde à la ſeconde, & de la ſeconde à la ſeconde, que de la tierce à la tierce; & ainſi de ſuite; toutes les premieres enſemble auront plus grande raiſon à toutes les dernieres enſemble, que toutes les premieres, la premiere oſtee à toutes les dernieres, la premiere auſſi oſtée, mais moindre raiſon que la premiere des premieres, à la premiere des dernieres: & finalement auſſi plus grande raiſon que la derniere des premieres à la derniere des dernieres.

Hypoth.

$a \pi d \; 3|2 \; b \pi e$,

$b \pi e \; 3|2 \; c \pi f$,

$c \pi f \; 3|2 \; g \pi h$,

A D
B E
C F
G H

Req. π. *demonſtr.*

$a+b+c \pi d+e+f \; 3|2 \; b+c \pi e+f$,

$a+b+c \pi d+e+f \; 2|3 \; a \pi d$,

$a+b+c \pi d+e+f \; 3|2 \; c \pi f$,

$a+b+c+g \pi d+e+f+h \; 3|2 \; b+c+g \pi e+f+h$,

$a+b+c+g \pi d+e+f+h \; 2|3 \; a \pi d$,

	a+b+c+g π d+e+f+h 3|2 g π h,	
	Demonstr.	
hyp.	a π d 3|2 b π e,	
27.5	a π b 3|2 d π e,	
28.5	a+b π b 3|2 d+e π e,	
27.5	a+b π d+e 3|2 b π e,	α
33.5	a π d 3|2 a+b π d+e,	β
d. α	b+c π e+f 3|2 c π f,	λ
d. β	b π e 3|2 b+c π e+f,	γ
hyp.	a π d 3|2 b π e,	
γ	b π e 3|2 b+c π e+f,	
13.5	a π d 3|2 b+c π e+f,	δ
d. δ	b π e 3|2 c+g π f+h,	
δ. 27.5	a π b+c 3|2 d π e+f,	
28.5	a+b+c π b+c 3|2 d+e+f π e+f,	
1.concl. 27.5	a+b+c π d+e+f 3|2 b+c π e+f,	ε
2.concl. 33.5	a π d 3|2 a+b+c π d+e+f,	θ
λ	b+c π e+f 3|2 c π f,	
3.concl. 1.13.5	a+b+c π d+e+f 3|2 c π f,	ν
d. ε	b+c+g π e+f+h 3|2 c+g π f+h,	
d. θ	b π e 3|2 b+c+g π e+f+h,	μ
d. ν	b+c+g π e+f+h 3|2 g π h,	ϖ
hyp.	a π d 3|2 b π e,	
μ	b π e 3|2 b+c+g π e+f+h,	
13.5	a π d 3|2 b+c+g π e+f+h,	

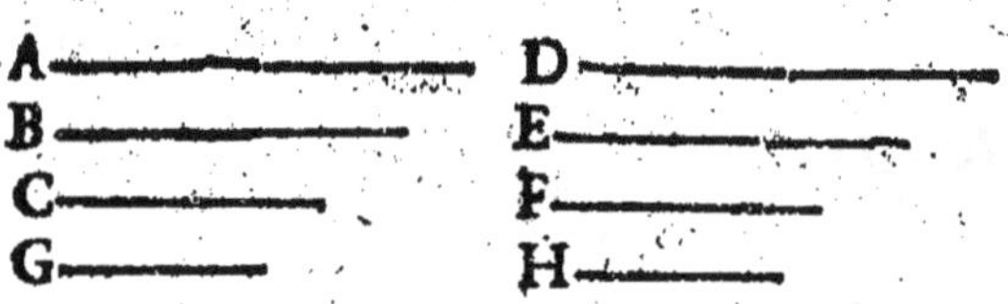

A——— D———
B——— E———
C——— F———
G——— H———

27.5 | aπb+c+g 3|2 dπe+f+h,

28.5 | a+b+c+gπb+c+g 3|2 d+e+f+h
πe+f+h,

4.cõcl. 27.5 | a+b+c+g πd+e+f+h 3|2 b+c+g
πe+f+h, τ

5.concl. 33.5 | aπd 3|2 a+b+c+gπd+e+f+h,

ϖ | b+c+gπe+f+h 3|2 gπh,

6.concl. 7.13.5 | a+b+c+gπd+e+f+h 3|2 gπh.

EVCLIDIS ELEMENTORVM LIBER SEXTVS.

LE SIXIESME LIVRE DES ELEMENTS D'EVCLIDE.

DEFINIT. I.

SIMILES figuræ rectilineæ sunt, quæ & angulos singulos singulis æquales habent, atque etiam latera, quæ circum angulos æquales, proportionalia.

SEMBLABLES figures rectilignes, sont celles qui ont les angles egaux, un chacun au sien, & les costez qui sont à l'entour des angles egaux, proportionaux.

hypoth	<a 2|2 <d,
hyp.	<b 2|2 <dce,
hyp.	<bca 2|2 <e,
hyp.	ba π ac 2|a cd π de,
hyp.	ab π bc 2|2 dc π ce,

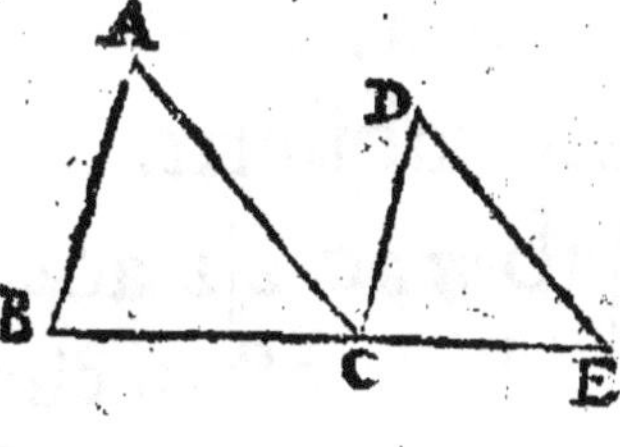

hyp.	bc π ca 2|2 ce π ed,
2. d. 6	Δabc *ſml.* Δdce. a

EXPL. NOT.

a | Triangulum ABC eſt ſimile triangulo DCE.
a | *Le triangle ABC eſt ſemblable au triangle DCE.*

DEFINIT. II.

Reciprocæ autem figuræ ſunt cùm in vtraque figura antecedentes & conſequentes rationum termini fuerint.

Les figures ſont reciproques, quand les termes antecedens & conſequens des raiſons ſont en l'vne & en l'autre figure.

hyp.	abcd & ebgf *ſnt* ▱,
hyp.	ab π bg 2|2 eb π bc,
2. d. 6	abcd & ebgf *ſnt figur. recipro.*

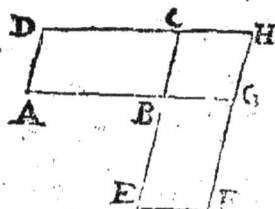

DEFINIT. III.

Secũdum extremam & mediam rationem recta linea ſecta eſſe dicitur, cùm vt tota ad maius ſegmentum, ita maius ad minus ſe habuerit.

Vne ligne droicte eſt dite eſtre couppee ſelon la moyenne & extreme raiſon, quãd la toute eſt au plus grand ſegment, comme le plus grãd ſegment eſt au moindre.

hyp.	ab π ac 2|2 ac π cb.
3. d. 6	AB eſt ſecta ſecũdum extremã ac mediã rationem.
3. d. 6	*AB eſt coupee en la moyenne & extreme raiſon.*

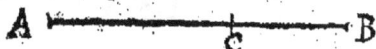

DEFINIT. IV.

Altitudo cuiusque figuræ est linea perpendicularis à vertice ad basin deducta.

La hauteur de quelconque figure, est la ligne perpendiculaire, menee du sommet sur la base.

hyp. | ad ⊥ bc,
4.d.5 | ad *est alt*.. △abc, α

EXPL. NOT.

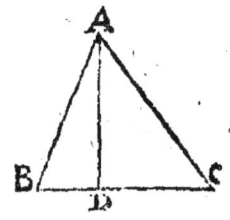

α | AD est altitudo trianguli ABC.
AD est la hauteur du triangle ABC.

DEFINIT. V.

Ratio ex rationibus componi dicitur, cùm rationum quantitates inter se multiplicatæ, aliquã effecerint rationem.

Vne raison est dite estre composee de raisons, quand les quantitez des raisons multipliees entr'elles font quelque raison.

Quantitates rationum intermediarum inter se multiplicatas efficere quantitatem rationis extremarum, sic demonstrabitur.

Que les quantitez des raisons entremoyennes estãt multipliées l'une par l'autre font la quantité de la raison des extremes, on demonstrera ainsi.

A, 24. B, 6. C, 3.

1.s.3.d.5 | *quantit.. raõ..* a π b *est* $\frac{a}{b}$
1.s.3.d.5 | *quantit.. raõ..* b π c *est* $\frac{b}{c}$
1.s.1.d.2 | ▭. $\frac{a,\ b}{b,\ c}$ *est* $\frac{ab}{bc}$,

5. 5 | $\frac{ab}{bc}$ 2|2 $\frac{a}{c}$,

concl. 1.3. d. 5 | $\frac{a}{c}$ *est quantit: raō..* a π c,

THEOR. I. PROPOS. I.

Triangula & parallelogramma, quorum eadem fuerit altitudo, ita se habent inter se, vt bases.

Les triangles & les parallelogrammes qui ont mesme hauteur, sont entr' eux comme leurs bases.

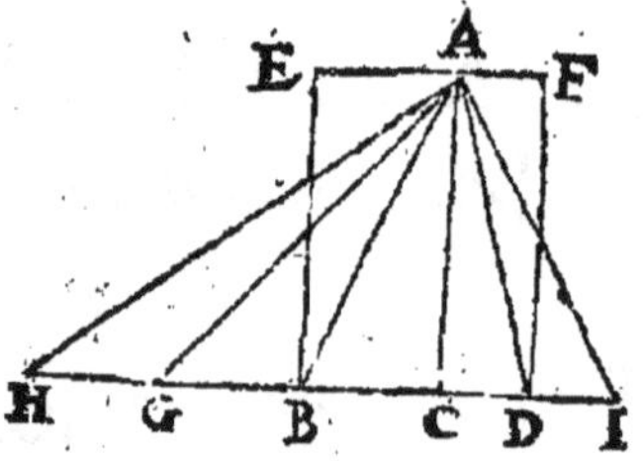

Hypoth.

abc & acd *snt* Δ,

bcae & cdfa *snt* ◊,

eaf ═ hci.

Req. π. demonstr.

Δabc π Δacd 2|2 bc π cd,

◊acbe π ◊acdf 2|2 bc π cd.

Præpar.

3. 1 | cb, bg, gh *snt* 2|2 ⊄e, α

3. 1. | di 2|2 dc, β

1. p. 1 | ag, ah, ai *snt* ——.

Demonstr.

α. 38. 1 | Δacb, Δabg, Δagh *snt* 2|2 ⊄e,

β. 38. 1 | Δacd 2|2 Δadi,

38. 1 | hc 2. 3. 4|3 ci,

| Δach 2. 3. 4|3 Δaci,

1. concl. 6. d. 5 | Δabc π Δacd 2|2 bc π cd, γ

41. 1 | ◊ce 2|2; 2Δacb,

41. 1 | ◊cf 2|2, 2Δacd,

2. concl. |

7. 15. 5 | ◊ce π π cf 2|2 Δacb π Δacd ⊔ bc π cd.

SCHOL.

Triangula & parallelogramma, quorum æquales ſunt baſes, vel eadem; ita ſe habent inter ſe vt altitudines.

Les triangles & les parallelogrammes conſtituez ſur baſes egales, ou ſur vne meſme baſe; ſont entr' eux comme leurs hauteurs.

Hypoth.

abc & def *ſnt* Δ,

agbc & defh *ſnt* ◊,

bc 2|2 ef,

Præpar.

2. p. 1 | bci *eſt* —,

2. p. 1 | fek *eſt* —,

12. 1 | ai ⊥ bi,

12. 1 | dk ⊥ kf,

3. 1 | il 2|2 cb,

3. 1 | km 2|2 ef,

1. p. 1 | la, lg, md, mh *ſnt* —.

Req. π. demonſtr.

Δabc π Δdef 2|2 ai π dk,

◊agbc π ◊defh 2|2 ai π dk.

Demonſtr.

38. 1 | Δali 2|2 Δabc,

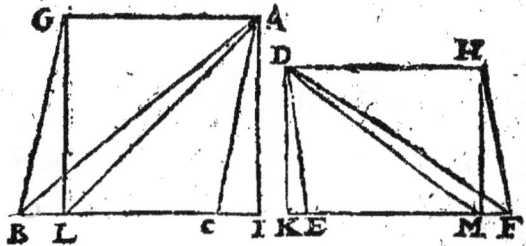

38. 1. Δdkm 2|2 Δdef,
7. 5. Δabc π Δdef 2|2 Δali π Δdkm,
1. 6 Δali π Δdkm 2|2 *baſ.* ai, π *baſ.* dk,
1. concl. 11. 5 Δabc π Δdef 2|2 ai π dk,
15. 5 ◊ agbc π ◊ defh 2|2 Δabc π Δdef,
2. concl. 11. 5 ◊ agbc π ◊ defh 2|2 ai π dk.

THEOR. II. PROPOS. II.

Si ad vnum trianguli latus parallela ducta fuerit recta quædam linea, hæc proportionaliter ſecabit ipſius trianguli latera. Et ſi trianguli latera proportionaliter ſecta fuerint, quæ ad ſectiones adiuncta fuerit recta linea, erit ad reliquum ipſius trianguli latus parallela.

Si à l'vn des coſtez d'vn triangle on mene quelque ligne droicte parallele, elle couppera les coſtez du triangle proportionellement : Et ſi les coſtez ſont couppez proportionellement, la ligne droicte conioignant les poincts des ſections, ſera parallele à l'autre coſté du triangle.

Hypoth. 1.
abc *eſt* Δ,
de = bc.
Req. π. *demonſtr.*
ad π db 2|2 ae π ec.
Præpar.

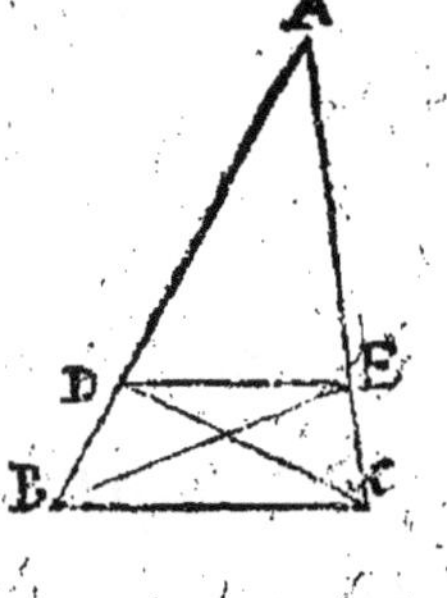

ed

1.p.1	cd & be *ſnt* —.	
	Demonſtr.	
hyp.	de ═ bc,	
37.1	Δdeb 2|2 Δdec, α	
	ad π	db,
1.6	Δade π	Δdbe,
α.7.5	Δade π	Δedc,
1.6	ae π	ec,
1.concl. ſ.11.5	ad π db 2|2 ae π ec.	
	Hypoth. 2.	

	ad π db 2|2 ae π éc.	
	Req. π. demonſtr.	
	de ═ bc.	
	Demonſtr.	
	Δade π	Δdbe,
1.6	ad π	db,
hyp.	ae π	ae,
1.6	Δade π	Δecd,
	Δade π	Δdbe,
2.concl. ſ.11.6	Δade π	Δecd.

THEOR. III. PROPOS. III.

Si trianguli angulus bifariam ſectus ſit, ſecans autem angulum recta linea ſecuerit & baſin: baſis ſegmenta eandem habebunt rationem, quam reliqua ipſius trianguli latera. Et ſi baſis ſegmenta eandem habeant rationem, quam reliqua ipſius trianguli latera; recta linea, quæ à vertice ad ſectionem ducitur, bifariam ſecat trianguli ipſius angulum.

Si vn angle d'vn triangle eſt couppé en deux parties egales, & que la ligne droicte qui couppe l'angle, couppe auſſi la baſe; les ſegments de la baſe auront meſme raiſon entr'eux que les autres coſtez du triangle: Et ſi les ſegments de la baſe ont meſme raiſon entr'eux que les autres costez du triangle, la ligne droicte menée du sommet au poinct de la section, coupe l'angle du triangle en deux egalement.

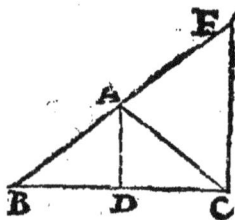

	Hypoth. 1.
	abc *est* △,
	<dab 2|2 <dac.
	Req. π. demonstr.
	bd π dc 2|2 ab π ac.
	Præpar.
31. 1	ce ═ ad, α
2. p. 1	bae *est* —.
	Demonstr.
α. 29. 1	<bda 2|2 <bce,
17. 1	<b + <bda 2|3, 2 ⌋
1. a. 6	<b + <bce 2|3, 2 ⌋
13. a. 1	bce *est* △,
hyp.	<dab 2|2 <dac,
29. 1	<e 2|2 <dab,

29. 1	<ace 2|2 <dac,
1. a. b	<e 2|2 <ace,
6. 1	ae 2|2 ac,
1. concl. 2. 6.	bd π dc 2|2 ba π ae ∥ ac,
	Hypoth. 2.
	bd π dc 2|2 ab π ac.
	Req. π. demonstr.
	<dab 2|2 <dac,
	Demonstr.
hyp.	ba π ac 2|2 bd π dc,
α. 2 6	bd π dc 2|2 ba π ae,
11. 5	ba π ac 2|2 ba π ae,
9. 5	ac 2|2 ae,
5. 1	<e 2|2 <ace,
29. 1	<dab 2|2 <e,
29. 1	<dac 2|2 <ace,
2. concl. 1. a. b	<dab 2|2 <dac.

THEOR. IV. PROPOS. IV.

Æquiangulorum triangulorum proportionalia

ſunt latera, quæ circum æquales angulos, & homologa ſunt latera, quæ æqualibus angulis ſubtenduntur.

Des triangles equiangles les coſtez qui ſont autour des angles egaux, ſont proportionaux : Et les coſtez qui ſouſtiennent les angles egaux, ſont homologues, ou de meſme raiſon.

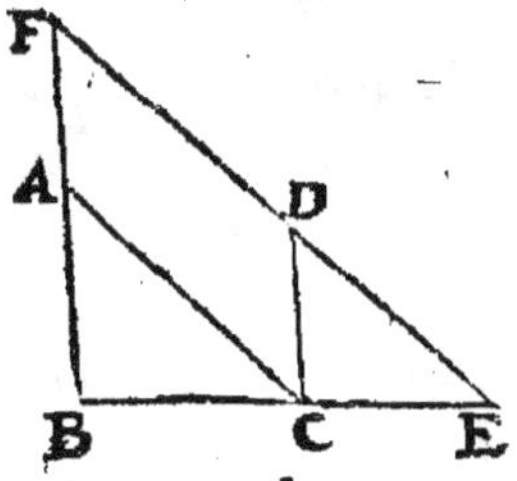

Hypoth.

Δabc & Δdce } *ſnt æquiang.*

<b 2|2 <dce,

<acb 2|2 <e,

<bac 2|2 <cde.

Req. π. demonſtr.

ab π bc 2|2 dc π ce,

bc π ca 2|2 ce π ed,

ab π ac 2|2 dc π de.

Præpar.

3. 1	bce *eſt* ——,
2. p. 1	baf & edf *ſnt* ——.

Demonſtr.

hyp.	<b 2|2 <ecd,	
29. 1	bf ═ cd,	
17. 1	<ecd + <e 2|3, 2 ⌋,	
1. a. d	<b + <e 2|3, 2 ⌋,	
13. a. 1	bef *eſt* Δ,	
hyp.	<bca 2|2 <ced,	
29. 1	ca ═ ef,	
35. d. 1	cafd *eſt* ▱,	
34. 1	af 2|2 cd,	
34. 1	ca 2|2 df,	
2. 6	ab π | af ∥ dc,	a
	bc π | ce,	a
1. concl. 16. 5	ab π bc 2|2 dc π ce,	
2. 6	bc π | ce,	
	fd ∥ ac π | de,	a
2. concl. 16. 5	bc π ac 2|2 ce π de,	
3. concl 22. 5	ab π ac 2|2 dc π de	

Coroll.

α |ab π dc 2|2 bc π ce ıı ac π de.

SCHOL.

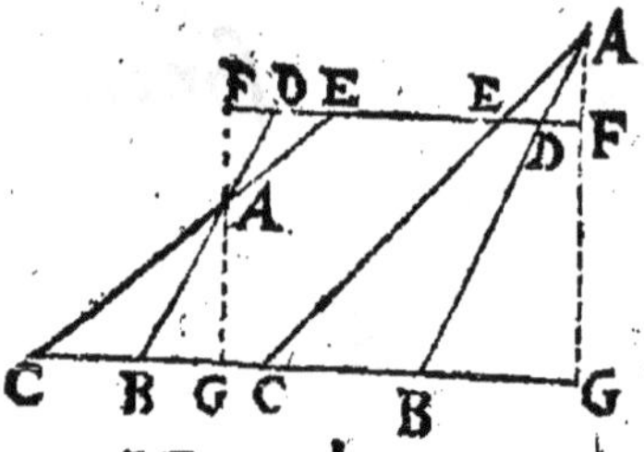

Hypoth.

agc *est* △,

dab, gaf, cae *snt* ——

ef ═ gc. α

Req. π. *demonstr.*

ed π df 2|2 cb π bg.

	Demonstr.
α. 29. 1	△ade, *sml.* △abc,
α. 29. 1	△adf, *sml.* △abg,
c. 4. 6	cb π ed 2|2 ab π ad,
c. 4. 6	bg π df 2|2 ab π ad,
11. 5	cb π ed 2|2 bg π df,
concl. 16. 5	cb π bg 2|2 ed π df.

THEOR. V. PROPOS. V.

Si duo triangula latera proportionalia habeant; æquiangula, erunt triangula, & æquales habebunt eos angulos, sub quibus homologa latera subtenduntur.

Si deux triangles ont les costez proportionaux, iceux triangles seront equiangles, & auront les angles egaux, sous lesquels les costez de mesme raison sont soustendus.

Hypoth.

ab π bc 2|2 de π ef,

ac π bc 2|2 df π fe,

ab π ac 2|2 de π df.

Req. π. *demonstr.*

△abc & △def } *snt æquiang.*

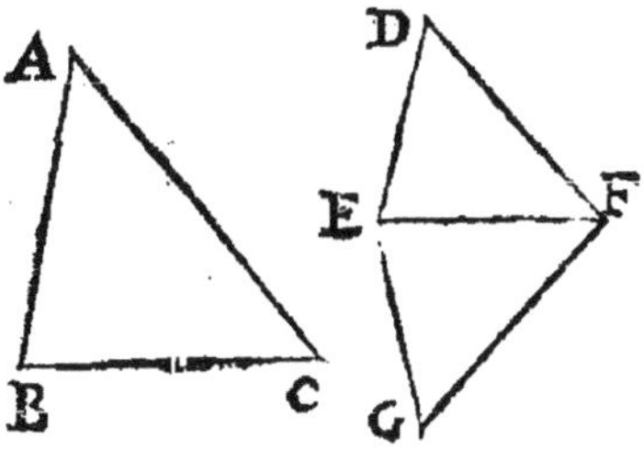

	<a 2|2 <d,
	<b 2|2 <def,
	<c 2|2 <dfe.
	Præpar.
23.1	<feg 2|2 <b,
23.1	∠efg 2|2 ∠c.
	Demonſtr.
32.1	∠g 2|2 ∠a, α
4.6	ge π ef 2|2 ab π bc,

hyp.	de π ef 2|2 ab π bc,
11.5.	ge π ef 2|2 de π ef,
9.5	ge 2|2 de,
4.6	gf π fe 2|2 ac π cb,
hyp.	df π fe 2|2 ac π cb,
11.5	gf π fe 2|2 df π fe,
9.5	gf 2|2 df,
8.1	∠d 2|2 ∠g,
α	∠a 2|2 ∠g,
1.concl. 1.a.1	∠a 2|2 ∠d,
8.1	∠fed 2|2 ∠feg,
conſtr.	∠b 2|2 ∠feg,
2.concl. 1.a.1	∠b 2|2 fed,
3.concl. 32.1	∠c 2|2 ∠efd.

THEOR. VI. PROPOS. VI.

Si duo triangula vnum angulum vni angulo æqualem, & circum æquales angulos latera proportionalia habuerint: æquiangula erunt triangula, æqualeſque habebunt angulos, ſub quibus homologa latera ſubtenduntur.

Si deux triangles ont vn angle egal à vn angle, & les coſtez autour d'iceux angles egaux proportionaux, iceux triangles ſeront equiangles, & auront les angles egaux, ſous leſquels les coſtez de meſme raiſon ſont ſouſtendus.

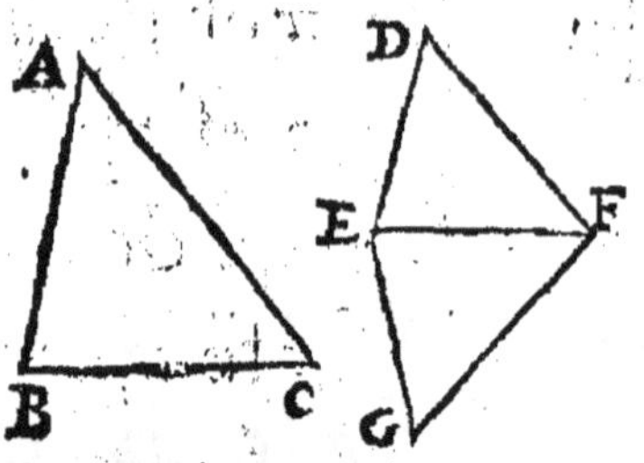

Hypoth.

∠b 2|2 ∠def, α

ab π bc 2|2 de π ef.

Req. π. demonstr.

△abc & △def *snt æquiang.*

∠a 2|2 ∠d,

∠c 2|2 ∠dfe.

Præpar.

∠feg 2|2 ∠b, β

∠efg 2|2 ∠c.

Demonstr.

β. 32.1	∠g 2|2 ∠a,
4. 6	ge π ef 2|2 ab π bc,
hyp.	de π ef 2|2 ab π bc,
11. 5	de π ef 2|2 ge π ef,
9. 5	de 2|2 ge,
α. β 1.a.1	∠def 2|2 ∠gef,
1.concl. β. 4.1	∠d 2|2 ∠gu∠a,
2.concl. 32. 1	∠efd 2|2 ∠c.

THEOR. VII. PROPOS. VII.

Si duo triangula vnum angulum vni angulo æqualem, circum autem alios angulos latera proportionalia habeãt, reliquorum verò ſimul vtrumque aut minorem, aut non minorem recto: æquiangula erunt triangula, & æquales habebunt eos angulos, circum quos proportionalia ſunt latera.

Si deux triangles ont vn angle egal à vn angle, & à l'entour d'vn autre angle les coſtez proportionaux, eſtans les troiſieſmes angles de meſme eſpece: les triangles ſeront equiangles, & auront les angles egaux à l'entour deſquels les coſtez ſont proportionaux.

Hypoth.

abc & def ſnt △,
∠a 2|2 ∠d,
ab π bc 2|2 de π ef,
∠c & ∠f ſnt { ⊔ 2|3 ⌋ / ⊔ 2|2 ⌋ α / ⊔ 3|2 ⌋.

Req. π. demonſtr.

△abc & △def ſnt æquiang.
∠abc 2|2 ∠e,
∠c 2|2 ∠f.

Demonſtr.

ſuppoſ.	∠abg 2|2 ∠e,
hyp.	∠a 2|2 ∠d,
32.1	∠agb 2|2 ∠f, β
4.6	ab π bg 2|2 de π ef,
hyp.	ab π bc 2|2 de π ef,
11.5	ab π bg 2|2 ab π bc,
9.5	bg 2|2 bc,
5.1	<bgc 2|2 <bcg,
3.c.17.1	<bgc ⊔ ∠c 2|3 ⌋, γ
2.c.13.1	<agb ⊔ <f 3|2 ⌋, γ
γ	<c & <f ñ ſnt 2|3 ⌋ ⊔ 3|2 ⌋.

contr. hyp.

THEOR. VIII. PROPOS. VIII.

Si in triangulo rectangulo, ab angulo recto in baſin perpendicularis ducta ſit: quæ ad perpendicularem triangula, tum toti triangulo, tum ipſa inter ſe ſimilia ſunt.

Si au triangle rectangle on mene vne ligne perpendiculaire de l'angle droict ſur la baſe, les triangles qui ſont de part & d'autre de la perpendiculaire, ſont ſemblables au tout & entr'eux.

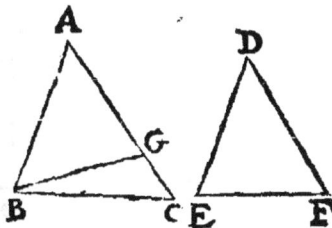

Hypoth.

∠bac *est* ⊥,

ad ⊥ bc,

Req. π. demonstr.

△adb, △adc, △abc *snt æquiang.* ⅄e,

Demonstr.

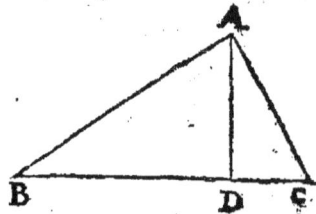

12. a. 1 ∠bac 2|2 ∠adb, α

∠b *est commun.* △abc & △abd,

1. concl. α. 32. 1 △adb *est æquiang.* △abc, β

12. a. 1 ∠bac 2|2 ∠adc,

∠c *est commun.* △abc & △adc,

2. concl. 32. 1 △dac *est æquiang.* △abc, γ

3. concl. β, γ △abd *est æquiang.* △adc.

COROLL.

Ex hoc manifestum est, perpendicularem, quæ in rectangulo triangulo ab angulo recto in basin demittitur, esse mediam proportionalem inter duo basis segmenta: Item vtrumlibet laterum angulum rectum ambientium, medium proportionale inter totam basin, & illud segmentum basis quod ei lateri adjacet.

De cette proposition il est euident que la perpendiculaire menée de l'angle droict sur la base, au triangle rectangle, est moyenne proportionelle entre les deux segments de la base: Semblablement vn chacun des costez qui contiennent l'angle droict, est moyen proportionel entre toute la base, & le segment de la base qui est adjacent à iceluy costé.

Demonſtr.

8. 6 — $\triangle$abc, $\triangle$adb, $\triangle$adc *ſnt æquiang.*

1.concl. 4. 6 — bd π da 2|2 da π dc,

2.concl. 4. 6 — bc π ac 2|2 ac π dc,

3.concl. 4. 6 — cb π ab 2|2 ab π bd.

PROBL. I. PROPOS. IX.

A data recta linea imperatam partem auferre.

D'vne ligne droicte donee en oſter vne partie demãdee.

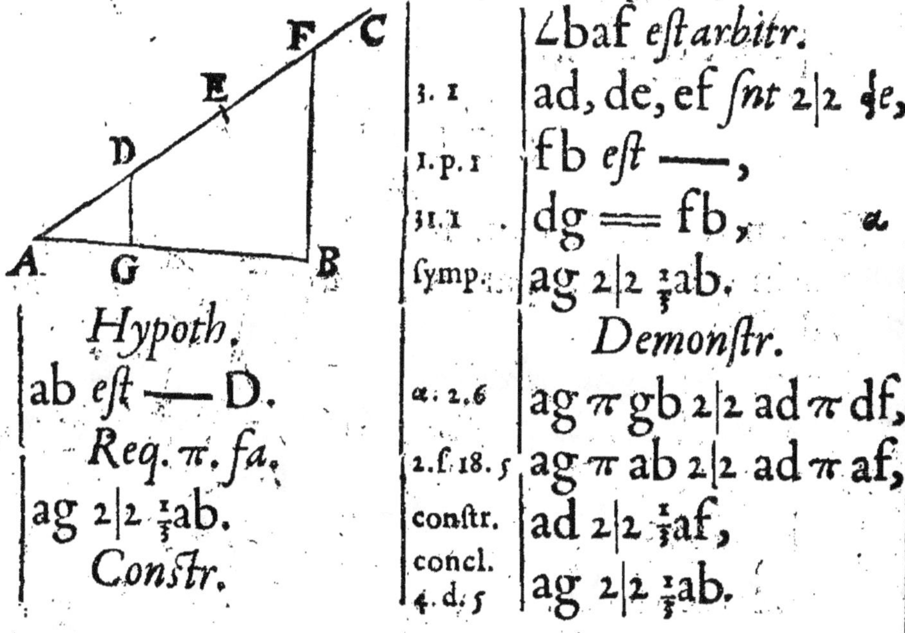

Hypoth.

ab *eſt* — D.

Req. π. fa.

ag 2|2 $\frac{1}{3}$ab.

Conſtr.

$\angle$baf *eſt arbitr.*

3. 1 — ad, de, ef *ſnt* 2|2 *ſe,*

1. p. 1 — fb *eſt* —,

31. 1 — dg ═ fb, α

ſymp. — ag 2|2 $\frac{1}{3}$ab.

Demonſtr.

α. 2. 6 — ag π gb 2|2 ad π df,

2. ſ. 18. 5 — ag π ab 2|2 ad π af,

conſtr. — ad 2|2 $\frac{1}{3}$af,

concl. 4. d. 5 — ag 2|2 $\frac{1}{3}$ab.

PROBL. II. PROPOS. X.

Datam rectam lineam inſectam ſimiliter ſecare, vt data altera ſecta fuerit.

Coupper vne ligne droicte donnee non couppee ſemblablement à vne ligne droicte donnee & couppee.

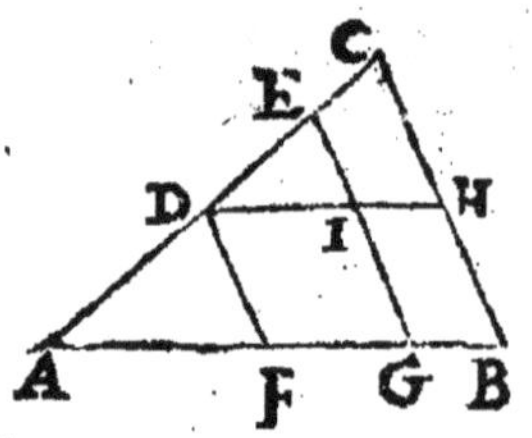

	1. p. 1	bc *est* —,
	31. 1	df ═ cb,
	31. 1	eg ═ cb,
	symp.	af, fg, gb *snt req.*
		Præpar.
Hypoth.	31. 1	dh ═ ab.
ab & ac *snt* — D.		*Demonstr.*
part.. ac *snt* ad, de, ec	1. concl. 2. 6	ad π de 2|2 af π fg,
Constr.	2. concl. 2. 6	de π ec 2|2 di π ih
∠bac *est arbitr.*	34. 1	ıı fg π gb.

SCHOL.

Datam rectam lineam finitam in quotlibet partes æquales secare.

Coupper vne ligne droicte finie en tant de parties egales qu'on voudra.

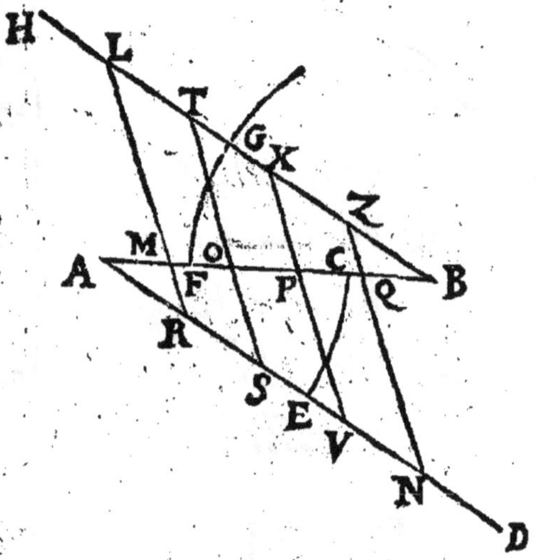

Hypoth.

ab *est* — D.

Req. π. fa.

diuis.. ab ⧼*n spart*. 2\|2 ⧼e,

Constr.

arbitr.	∠bad 2|2 abh,
arbitr.	ar, rs, su, un, bz, zx, xt, tl *snt* 2|2 ⧼e,
symp.	lr, ts, xu, zn *snt* —,

ſymp.	am, mo, op, pq, qb ſnt 2|2 ꝺe,
	Demonſtr.
29. 1	bh ═ ad,
conſtr.	lt 2|2 & ═ rſ,
33. 1	lr ═ tſ, α
d. α	lr, tſ, xu, zn ſnt ═ ꝺe,
2. 6	am π mo 2|2 ar π rſ,
conſtr.	ar 2|2 rſ,
4. d. 5	am 2|2 mo, β
concl. d. β	am, mo, op, pq, qb ſnt 2|2 ꝺe.

PROBL. III. PROPOS. XI.

Duabus datis rectis lineis tertiam proportionalem adinuenire.

A deux lignes droictes donnees, trouuer la troiſieſme proportionelle.

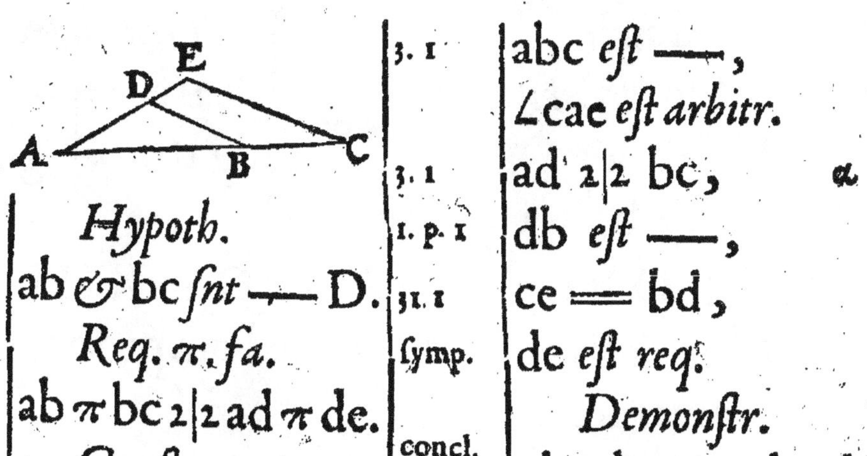

Hypoth.
ab & bc ſnt —— D.
Req. π. fa.
ab π bc 2|2 ad π de.
Conſtr.

3. 1	abc *eſt* ——,
	∠cae *eſt arbitr.*
3. 1	ad 2|2 bc, α
1. p. 1	db *eſt* ——,
31. 1	ce ═ bd,
ſymp.	de *eſt req.*
	Demonſtr.
concl. α. 2. 6	ab π bc 2|2 ad π de.

PROBL. IV. PROPOS. XII.

Tribus datis rectis lineis, quartam proportionalem inuenire.

A trois lignes droictes donnees, trouuer la quatriesme proportionelle.

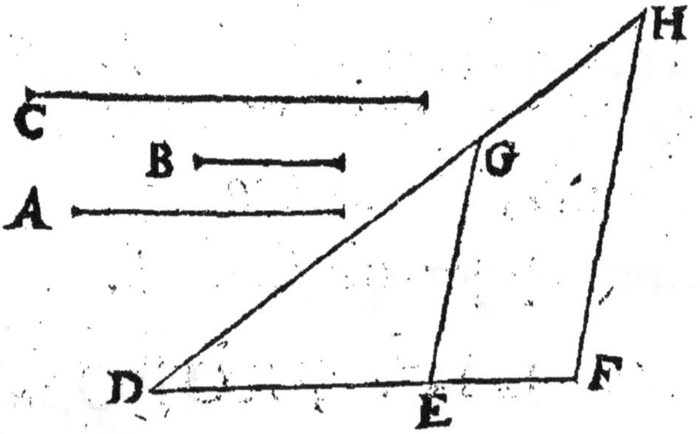

	Hypoth.	3. 1	dg 2|2 c,
	a, b, c *ſnt* — D.	1. p. 1	ge *eſt* —,
	Req. π. *fa.*	31. 1	fh ═ eg,
	a π b 2|2 c π gh.	ſymp.	gh *eſt req.*
	Conſtr.		*Demonſtr.*
	∠fdh *eſt arbitr.*	concl. 2. 6	de ⊔ a π ef ⊔ b,
3. 1	de 2|2 a,		dg ⊔ c π gh.
3. 1	ef 2|2 b,		

PROBL. V. PROPOS. XIII.

Duabus datis rectis lineis, mediam proportionalem adinuenire.

A deux lignes droictes donnees, trouuer la moyenne proportionelle.

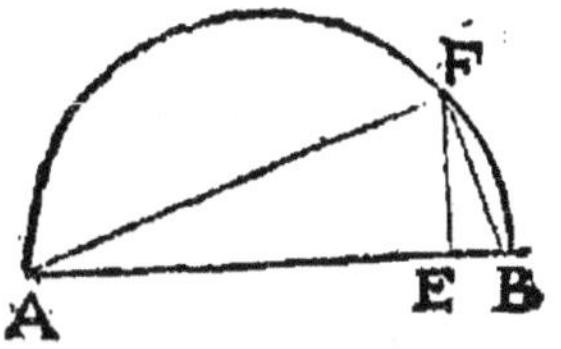

Hypoth.

ae & eb *snt* — D.

Req. π. fa.

ae π ef 2|2 ef π eb.

Constr.

3.1 aeb *est* —,

3.p.1 afb *est semic.*

11.1. ef ⊥ ab,

symp. ef *est req.*

Præpar.

1.p.1 af & bf *snt* —.

Demonstr.

31.3 ∠afb *est* ⌋,

constr. fe ⊥ ab,

concl. c.8 6 ae π ef 2|2 ef π eb.

SCHOL.

Perſpicuum hinc fit, lineam rectam, quæ in circulo à quouis puncto diametri ipſi diametro perpendicularis ducitur ad circumferentiam vſque, mediam eſſe proportionalem inter duo diametri ſegmenta, quæ à perpendiculari facta ſunt.

Par ceſte demonſtration il eſt manifeſte que la ligne droicte menee de quelconque poinct du diametre du cercle à la circonference, perpendiculaire à iceluy diametre, eſt moyenne proportionelle entre les ſegmẽs du diametre faits par la perpendiculaire.

THEOR. IX. PROPOS. XIV.

Æqualium & vnum vni æqualem habentium angulum, parallelogrammorum, reciproca ſunt latera, quæ circum æquales angulos: Et quorum parallelogrammorum vnum angulum vni angulo æqualem habentium reciproca ſunt latera, quæ circum æquales angulos, illa ſunt æqualia.

Des parallelogrammes egaux qui ont vn angle egal à vn angle, les coſtez qui ſont au tour des angles egaux ſont reciproques: Et les parallelogrammes qui ont vn angle egal à vn angle, & les coſtez autour des angles egaux reciproques, ſont egaux.

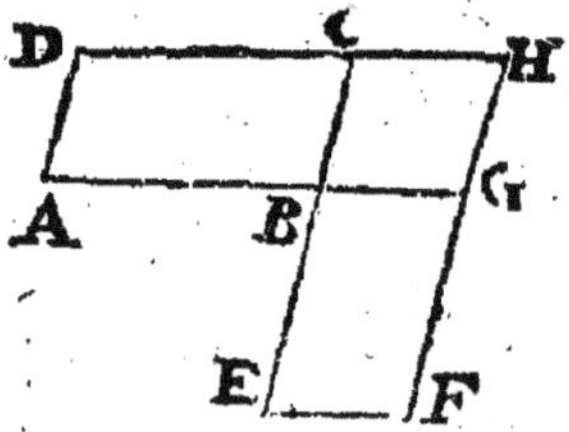

	Hypoth. commun.
	∠abc 2|2 ∠ebg,
	Hypoth. 1.
	◊abcd 2|2 ◊befg.
	Req. π. demonſtr.
	ab π bg 2|2 eb π bc.
	Præpar.
5. 1	abg *eſt* —,
2. p. 1	dch & fgh *ſnt* —.
	Demonſtr.
conſtr.	abg *eſt* —,
hyp.	∠abc 2|2 ∠ebg,
1. ſ. 15. 1	ebc *eſt* —,
35. d. 1	bchg *eſt* ◊,
hyp.	◊abcd 2|2 ◊befg,
1. 6	ab π bg 2|2 ac π bh,
7. 5	ac π bh 2|2 bf π bh,
1. 6	bf π bh 2|2 eb π bc,
1. concl. 11. 5	ab π bg 2|2 eb π bc.
	Hypoth. 2.
	ab π bg 2|2 eb π bc
	Req. π. demonſtr.
	◊abcd 2|2 ◊ebgf.
	Demonſtr.
1. 6	ac π bh 2|2 ab π bg
hyp.	ab π bg 2|2 eb π bc
1. 6	eb π bc 2|2 bf π bh
11. 5	ac π bh 2|2 bf π bh
2. concl. 9. 5	◊ac 2|2 ◊bf.

SCHOL.

Parallelogramma vnum angulum vni angulo æqualem habentia sunt inter se æquiangula.

Les parallelogrammes qui ont vn angle egal à vn angle sont equiangles entr'eux.

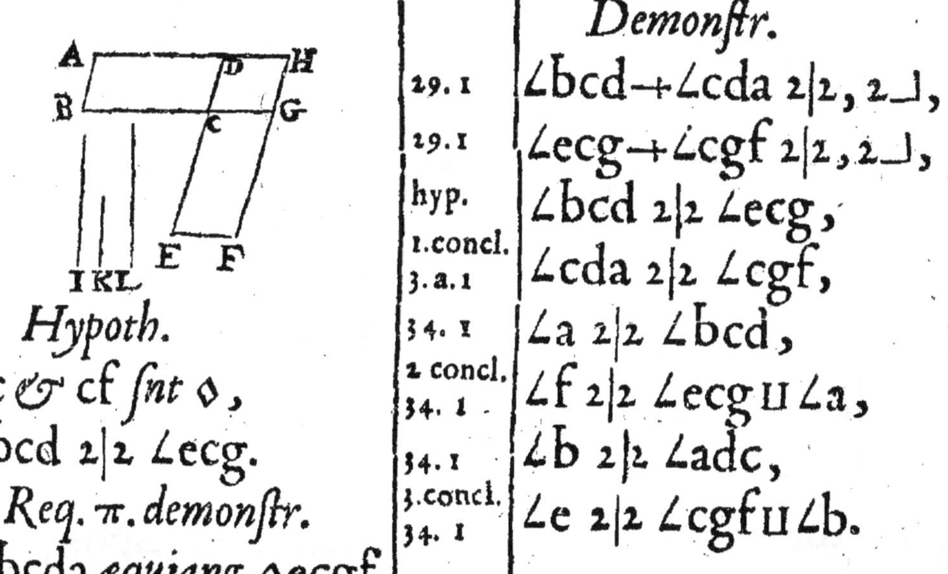

Hypoth.

ac & cf *snt* ◊,
∠bcd 2|2 ∠ecg.

Req. π. demonstr.

◊bcda *æquiang.* ◊ecgf.

Demonstr.

29. 1	∠bcd + ∠cda 2|2, 2⌋,
29. 1	∠ecg + ∠cgf 2|2, 2⌋,
hyp.	∠bcd 2|2 ∠ecg,
1. concl. 3. a. 1	∠cda 2|2 ∠cgf,
34. 1	∠a 2|2 ∠bcd,
2 concl. 34. 1	∠f 2|2 ∠ecg ш ∠a,
34. 1	∠b 2|2 ∠adc,
3. concl. 34. 1	∠e 2|2 ∠cgf ш ∠b.

THEOR. X. PROPOS. XV.

Æqualium, & vnum vni æqualem habentium angulum, triangulorum, reciproca sunt latera, quę circum æquales angulos. Et quorum triangulorum vnum angulum vni æqualem habentium reciproca sunt latera, quæ circum æquales angulos, illa sunt æqualia.

Des triangles egaux, & qui ont vn angle egal à vn angle, les costez qui sont autour des angles egaux sont reciproques: Et les triangles qui ont vn angle egal à vn angle, & les costez qui sont autour des angles egaux reciproques sont egaux.

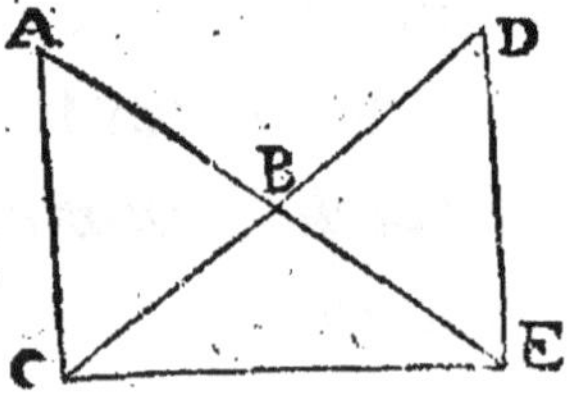

	Hypoth. commun.
	∠abc 2|2 ∠dbe,
	Hypoth. 1.
	Δabc 2|2 Δdbe.
	Req. π. demonstr.
	ab π be 2|2 db π bc
	Præpar.
3. 1	abe *est* —,
1. p. 1	ce *est* —.
	Demonstr.
constr.	abe *est* —,
hyp.	∠abc 2|2 ∠dbe,
1. C. 15. 1	cbd *est* —,
hyp.	Δabc 2|2 Δebd,
1. 6	ab π | be,
	Δabc π | Δcbe,
7. 5	Δabc π | Δcbe,
	Δdbe π | Δcbe,

1. 6	Δdbe π | Δcbe,
	db π | bc,
1. concl. 11. 5	ab π be 2|2 db π bc.
	Hypoth. 2.
	ab π be 2|2 db π bc.
	Req. π. demonstr.
	Δabc 2|2 Δdbe.
	Demonstr.
1. 6	Δabc π | Δcbe,
	ab π | be,
hyp.	ab π be 2|2 db π bc
1. 6	db π | bc,
	Δdbe π | Δcbe,
11. 5	Δabc π | Δcbe,
	Δdbe π | Δcbe,
2. concl. 9. 5	Δabc 2|2 Δdbe.

THEOR. XI. PROPOS. XVI.

Si quatuor rectæ lineæ proportionales fuerint, quod sub extremis comprehenditur rectangulum, æquale

æquale eſt ei, quod ſub mediis, comprehenditur, rectangulo. Et ſi ſub extremis comprehenſum rectangulum æquale fuerit ei, quod ſub mediis continetur, rectangulo : illæ quatuor rectæ lineæ proportionales erunt.

Si quatre lignes droictes ſont proportionelles, le rectangle contenu ſous les extremes, eſt egal au rectangle contenu ſous les moyennes : Et ſi le rectangle contenu ſous les extremes eſt egal au rectangle contenu ſous les moyennes; icelles quatre lignes droictes ſeront proportionelles.

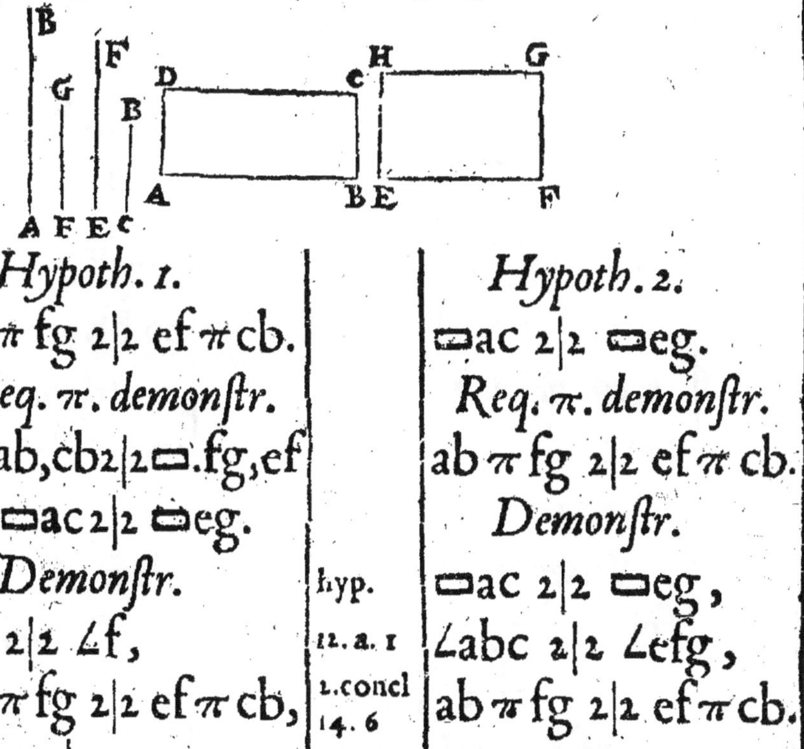

Hypoth. 1.
ab π fg 2|2 ef π cb.
Req. π. demonſtr.
▭.ab,cb 2|2 ▭.fg,ef
II ▭ac 2|2 ▭eg.
Demonſtr.
constr. ∠b 2|2 ∠f,
hyp. ab π fg 2|2 ef π cb,
1.concl. 14.6 ▭ac 2|2 ▭eg.

Hypoth. 2.
▭ac 2|2 ▭eg.
Req. π. demonſtr.
ab π fg 2|2 ef π cb.
Demonſtr.
hyp. ▭ac 2|2 ▭eg,
12. a. 1 ∠abc 2|2 ∠efg,
1.concl 14.6 ab π fg 2|2 ef π cb.

THEOR. XII. PROPOS. XVII.

Si tres rectæ lineæ ſint proportionales: quod ſub

extremis comprehenditur rectangulum, æquale est ei, quod à media describitur, quadrato. Et si sub extremis comprehensum rectangulum æquale sit ei, quod à media describitur, quadrato: illæ tres rectæ lineæ proportionales erunt.

Si trois lignes droictes sont proportionelles: le rectangle contenu sous les extremes est egal au quarré de la moyenne: Et si le rectangle contenu sous les extremes est egal au quarré de la moyenne, les trois lignes droictes seront proportionelles.

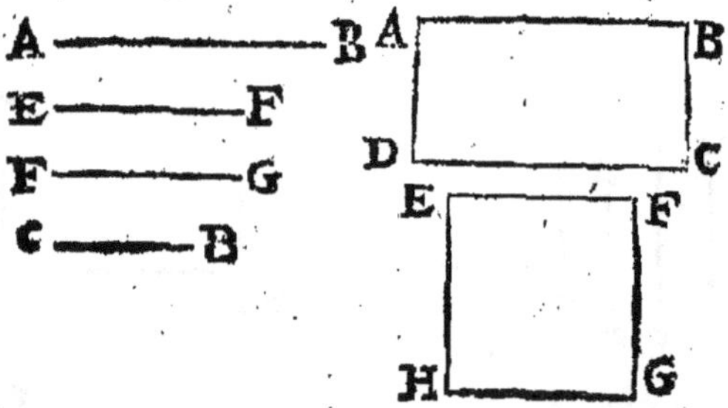

Hypoth. 1.

ab π ef 2|2 ef π cb.

Req. π. demonstr.

▭ab, cb 2|2 □.ef,

⊔ ▭ac 2|2 □eg.

Præpar.

3. 1 fg 2|2 ef, *a*

hyp. ab π | ef,

ef ⊔ fg π | cb,

16.6 ▭.ab,cb 2|2 ▭ef,fg

*29 d.1 ▭ef, fg *est* □.ef,

1. concl. 1. a. g ▭.ab,cb 2|2 □.ef.

Hypoth. 2.

▭ac 2|2 □eg.

Req. π. demonstr.

ab π ef 2|2 ef π bc.

Demonstr.

hyp. ▭ac 2|2 □eg,

12. a. 1 ∠abc 2|2 ∠efg,

ab π | ef,

2. concl. 14.6 fg ⊔ ef π | bc.

COROLL.

Ex posteriori huius demonstrationis parte efficitur, quamlibet rectam lineam esse mediam proportionalem inter quasuis alias duas rectas, quæ comprehendunt rectangulum quadrato illius æquale.

De la derniere partie de ce theoreme, il s'ensuit que toute ligne droicte est moyenne proportionelle entre deux autres quelconques lignes droictes, qui contiennent vn rectangle egal au quarré d'icelle.

PROBL. VI. PROPOS. XVIII.

A data recta linea dato rectilineo simile, similiterque positum rectilineum describere.

Sur vne ligne droicte donneé, descrire vne figure rectiligne semblable, & semblablement posee à vne figure rectiligne donnee.

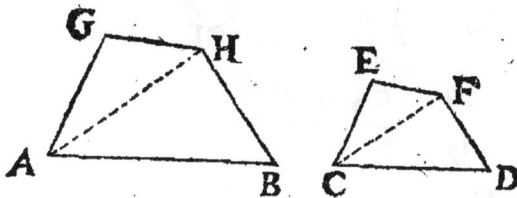

	Hypoth.	20. d.1	cfe & cfd *snt* △,
	ab *est* —— D.	23.1	∠abh 2|2 ∠d,
	cefd *est rectil.* D.	23.1	∠bah 2|2 ∠dcf,
	Req. π. fa.	23.1	∠ahg 2|2 ∠cfe,
	abhg, *sml.* cefd,	23.1	∠hag 2|2 ∠fce.
	ab *homolog.* cd,		*Demonstr.*
	Constr.	constr.	∠b 2|2 ∠d,
1.p.1	cf *est* ——,	constr.	∠bah 2|2 ∠dcf,

32. 1	∠ahb 2|2 ∠cfd,	4. 6	ag π gh 2|2 ce π ef,
constr.	∠hag 2|2 ∠fce,	4. 6	ag π ah 2|2 ce π cf,
constr.	∠ahg 2|2 ∠cfe,	4. 6	ah π ab 2|2 cf π cd,
32. 1	∠g 2|2 ∠e,	22. 5	ag π ab 2|2 ce π cd, β
2. a. 1	∠bag 2|2 ∠dce,	d. β 1. concl.	gh π hb 2|2 ef π fd,
2. a. 1	∠bhg 2|2 ∠dfe,	1. d. 6 2. concl.	abhg, *sml.* cdfe,
4. 6	ab π bh 2|2 cd π df, α	α	ab *est homolog.* cf.

THEOR. XIII. PROPOS. XIX.

Similia triangula inter se sunt in duplicata ratione laterum homologorum.

Les triangles semblables sont entr'eux en raison doublee de leurs costez de mesme raison.

Hypoth.

△abc *est sml.* △def, α

∠b 2|2 ∠e,

∠c 2|2 ∠f.

Req. π. demonstr.

raō.. △abc π △def 2|2, 2 *raō..* bc π ef.

Præpar.

11. 6 bc π ef 2|2 ef π bg,

1. p. 1 ag *est* —.

Demonstr.

α. 4. 6 ab π de 2|2 bc π ef,

constr. bc π ef 2|2 ef π bg,

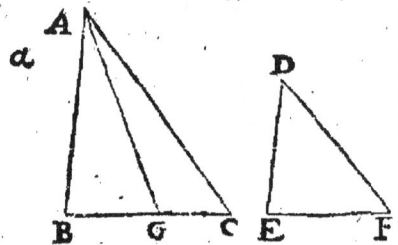

11. 5	ab π de 2|2 ef π bg,
hyp.	∠b 2|2 ∠e,
15. 6	Δabg 2|2 Δdef,
1. 6	Δabc π Δabg ⊔ π Δdef 2|2 bc π bg,
10. d. 5	*raõ*.. bc π bg 2|2, 2 *raõ*.. bc π ef,
concl. 11. 5	*raõ*.. Δabc π Δdef 2|2, 2 *raõ*.. bc π ef.

COROLL.

Hinc manifeſtum eſt, ſi tres rectæ lineæ proportionales fuerint, vt eſt prima ad tertiam, ita eſſe triangulum ſuper primam deſcriptum ad triangulum ſuper ſecundam ſimile ſimiliterque deſcriptum: vel ita eſſe triangulum ſuper ſecundam deſcriptum ad triangulum ſuper tertiam ſimile ſimiliterque deſcriptum.

Il eſt manifeſte de ceſte demonſtration, que ſi trois lignes droictes ſont proportionelles, comme la premiere ſera à la troiſieſme, ainſi le triangle deſcrit ſur la premiere ſera au triangle ſemblable, & ſemblablement deſcrit ſur la ſeconde: ou bien ainſi ſera le triangle deſcrit ſur la ſeconde au triangle ſemblable, & ſemblablement deſcrit ſur la troiſieſme.

THEOR. XIV. PROPOS. XX.

Similia polygona in ſimilia triangula diuiduntur, & numero æqualia, & homologa totis: Et polygona duplicatã habent eam inter ſe rationem, quam latus homologum ad homologum latus.

Les polygones ſemblables ſe diuiſent en nombre egal de triangles ſemblables, & proportionaux à leurs touts:

Et les polygones sont l'vn à l'autre en raison doublee de leurs costez de mesme raison.

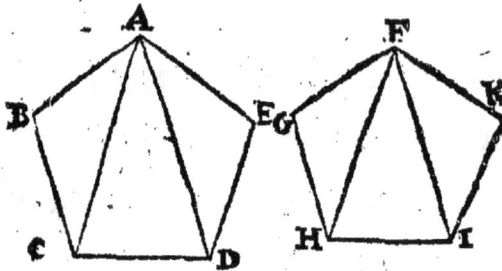

Hypoth.

abcde, *sml* fghik.

Req. π. demonstr.

Δabc, *sml.* Δfgh,

Δacd, *sml.* Δfhi,

Δade, *sml.* Δfik,

Δabc π | Δfgh,

Δacd π | Δfhi,

Δade π | fik,

abcde π | fghik,

raõ.. Δabc π | Δfgh

2 *raõ..* ab π | fg,

abcde π | fghik,

2 *raõ..* ab π | fg.

Demonstr.

hyp. <b 2|2 <g,

1. d. 6 ab π bc 2|2 fg π gh,

1. concl. 6. 6 <acb 2|2 <fhg,

2. concl. 6. 6 <bac 2|2 <gfh,

1. d. 6 <bcd 2|2 <ghi,

3. concl. 3. a. 1 <acd 2|2 <fhi,

4. 6 ac π cb 2|2 fh π hg,

1. d. 6 bc π cd 2|2 gh π hi,

22. 5 ac π cd 2|2 fh π hi,

4. cõcl. 6. 6 <cda 2|2 <hif,

5. concl. 6. 6 <cad 2|2 <hfi,

1. d. 6 <cde 2|2 <hik,

6. concl. 3. a. 1 <ade 2|2 <fik,

1. d. 6 <e 2|2 <k,

7. concl. 32. 1 <dae 2|2 <ifk,

ab π | fg,

4. 6 ac π | fh,

4. 6 ad π | fi,

Δabc π | Δfgh,

19. 6. & 1. s. 23. 5 Δacd π | Δfhi,

Δade π | Δfik,

8. concl.	abcde	π	fghik,
12. 5	Δabc	π	Δfgh,
9. concl. 19. 6	⊔ 2 *raõ*.. ab	π	fg.

COROL. I.

Hinc manifeſtum eſt, ſi fuerint tres lineæ rectæ proportionales, vt eſt prima ad tertiam, ita eſſe polygonum ſuper primam deſcriptum, ad polygonum ſuper ſecundam ſimile ſimiliterque deſcriptum: vel ita eſſe polygonum ſuper ſecundam deſcriptum ad polygonum ſuper tertiam ſimile ſimiliterque deſcriptum.

De cecy il eſt manifeſte, que s'il y a trois lignes proportionelles, comme la premiere ſera à la troiſieſme, ainſi le polygone deſcrit ſur la premiere, ſera au polygone ſemblable, & ſemblablement deſcrit ſur la ſeconde: ou bien ainſi ſera le polygone deſcrit ſur la ſeconde au polygone ſemblable, & ſemblablement deſcrit ſur la troiſieſme.

COROLL. II.

Perſpicuum quoque eſt, ſimilia rectilinea ſuper æqualibus rectis lineis deſcripta, eſſe inter ſe æqualia: & contrà homologa latera æqualium & ſimilium rectilineorum eſſe inter ſe æqualia.

Il eſt außi manifeſte, que les rectilignes ſemblables deſcrits ſur lignes droictes egales, ſont egaux entr'eux: & au contraire, les coſtez de meſme raiſon des rectilignes egaux & ſemblables, ſont egaux entr'eux.

THEOR. XV. PROPOS. XXI.

Quæ eidem rectilineo ſunt ſimilia, & inter ſe ſunt ſimilia.

Les rectilignes semblables à vne mesme figure rectiligne, sont aussi semblables entr'elles.

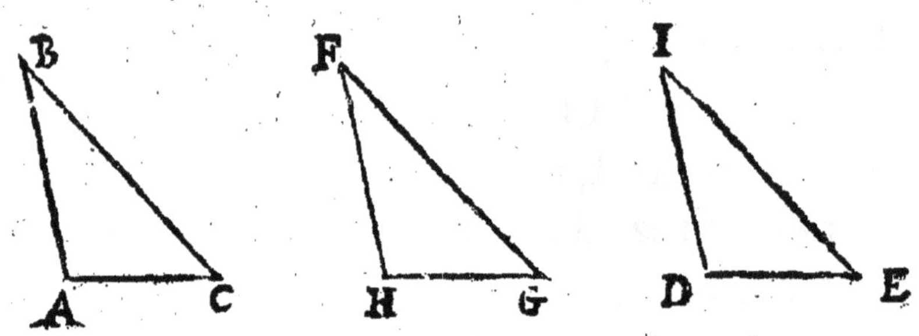

Hypoth.

abc, *sml.* hfg, α
die, *sml.* hfg. β

Req. π. demonstr.

abc, *sml.* die.

Demonstr.

α. 1.d.6 <a 2|2 <h,
β. 1.d.6 <d 2|2 <h,
1.concl. 1.a.1 <a 2|2 <d,
α. 1.d.6 <c 2|2 <g,
β. 1.d 9 <e 2|2 <g,
2.concl. 1.a.1 <c 2|2 <e,
α. 1.d.6 <b 2|2 <f,
β. 1.d.6 <i 2|2 <f,
3.concl 1.a.1 <b 2|2 <i,
α. 1.d.6 ab π ac 2|2 hf π hg,
β. 1.d.6 di π de 2|2 hf π hg,
4.concl. 11.5 abπac 2|2 di π de, γ
5.concl. d. γ ac π cb 2|2 de π ei,
6.concl. d. γ ab π bc 2|2 di π ie.

THEOR. XVI. PROPOS. XXII.

Si quatuor rectæ lineæ proportionales fuerint, & ab eis rectilinea similia similiterque descripta, proportionalia erunt: Et si à rectis lineis similia similiterque descripta rectilinea, proportionalia fuerint: ipsæ etiam rectæ lineæ proportionales erunt.

Si quatre lignes droictes sont proportionelles, les figures rectilignes semblables & semblablement descrites sur icelles seront proportionelles : Et si les figures rectilignes semblables & semblablement descrites sur lignes droictes sont proportionelles, icelles lignes droictes seront aussi proportionelles.

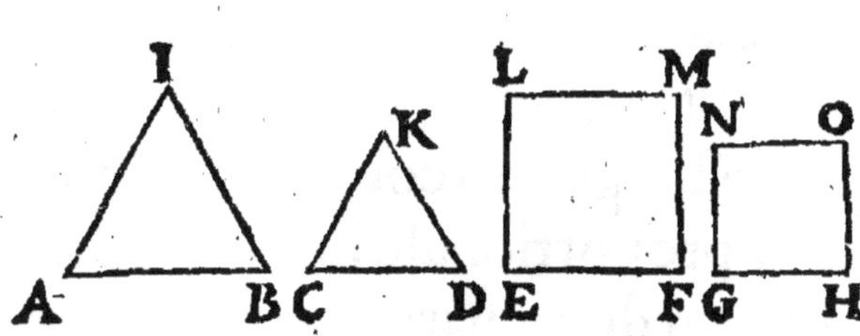

Hypoth. 1.

ab π cd 2|2 ef π gh, a

abi, *sml.* cdk,

efml, *sml.* ghon.

Req. π. demonstr.

abi π cdk 2|2 em π go.

Demonstr.

hyp. ab π cd 2|2 ef π gh,

19. 6 *raõ*..△abi π △cdk 2|2, 2 *raõ*..ab π cd⊔ef π gh,

20. 6 *raõ*.. em π go 2|2, 2 *raõ*.. ef π gh,

1.concl. 1.s.23.5 △abi π △cdk 2|2 em π go.

Hypoth. 2.

△abi π △cdk 2|2 em π go.

Req. π. demonstr.

ab π cd 2|2 ef π gh.

Demonstr.

hyp. △abi π △cdk 2|2 em π go.

19. 6 *raõ*.. △abi π △cdk 2|2, 2 *raõ*.: ab π cd,

20. 6 *raõ*.. em π go 2|2, 2 *raõ*.. ef π gh,

1. concl. 2. ſ. 23. 5 ab π cd 2|2 ef π gh.

SCHOL.

Si recta linea secta ſit vtcunque: rectangulum ſub partibus contentum eſt medium proportionale inter earum quadrata: Item rectangulum contentum ſub tota, & vna parte eſt mediam proportionale inter quadratum totius lineæ, & quadratum dictæ partis.

Si vne ligne droicte eſt couppee comme on voudra, le rectangle contenu ſous les parties, eſt milieu proportionel, entre les quarrez d'icelles parties: Item le rectangle contenu ſous la toute & vne partie eſt milieu proportionel entre le quarré de la toute, & le quarré de ladite partie.

Hypoth.

ab *eſt* —,

arbitr. ad & db *ſnt part*.. ab.

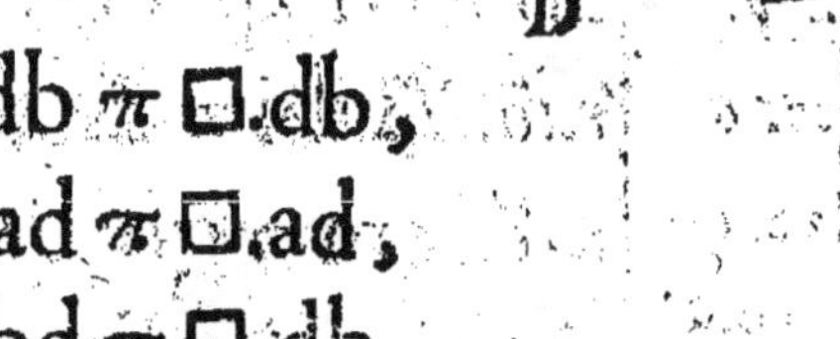

Req. π. demonſtr.

□.ad π ▭.adb 2|2 ▭.adb π □.db,

□.ab π ▭.bad 2|2 ▭.bad π □.ad,

□.ab π ▭.abd 2|2 ▭.abd π □.db.

Præpar.

3. p. 1 aeb *eſt ſemic.*

11. 1 de ⊥ ab,

1. p. 1 ae & be *ſnt* —.

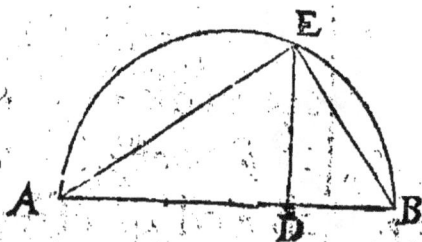

Demonstr.

31. 3 <aeb *eſt* ⌐,

conſtr. ed ⊥ ab,

c. 8. 6 ad π de 2|2 de π db,

22. 6 □.ad π □. de 2|2 □.de π □.db,

17. 6 □.de 2|2 ▭.adb,

1. concl.

1. a. f □.ad π ▭.adb 2|2 ▭.adb π □.db,

c. 8. 6 ba π ae 2|2 ae π ad,

22. 6 □.ba π □. ae 2|2 □.ae π □.ad,

17. 6 □.ae 2|2 ▭.bad,

2. concl.

1. a. f □.ba π ▭.bad 2|2 ▭.bad π □.ad, α

3. concl.

d. α □.ab π ▭.abd 2|2 ▭.abd π □db.

THEOR. XVII. PROPOS. XXIII.

Æquiangula parallelogramma inter ſe rationem habent eam, quæ ex lateribus componitur.

Les parallelogrammes equiangles, ſont l'vn à l'autre en raiſon composée de celle de leurs coſtez.

Hypoth.

◊ac *æquiang.* ◊cf,

<bcd 2|2 <ecg,

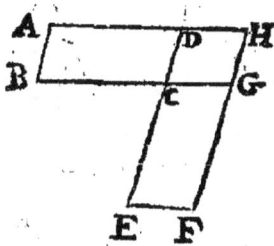

Req. π. demonſtr.

raõ.. ◊ac.π. ◊cf 2|2 *raõ*..bc π cg + *raõ*.. dc.π.ce,

Præpar.

3. 1 bcg *eſt* —,

hyp. <bcd 2|2 <ecg,
1.f.15.1 dce *est* —,
2.p.1 adh & fgh *snt* —.

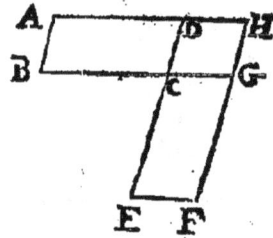

Demonstr.

10.d.5 *raõ*.. ac π cf 2|2 *raõ*.. ac π ch + *raõ*.. ch π cf,
1. 6 ac π ch 2|2 bc π cg,
1. 6 ch π cf 2|2 dc π ce,
concl. 1.f.23.5 *raõ*.. ac π cf 2|2 *raõ*.. bc π cg + *raõ*.. dc π ce.

SCHOL. I.

Triangula, quæ vnum angulum vni angulo æqualem habent, eandem proportionem habent, quam rectangula, quæ sub lateribus æqualem angulum comprehendentibus continentur.

Les triangles qui ont vn angle egal à vn angle, sont en mesme raison, que les rectangles contenus sous les costez comprenans l'angle egal.

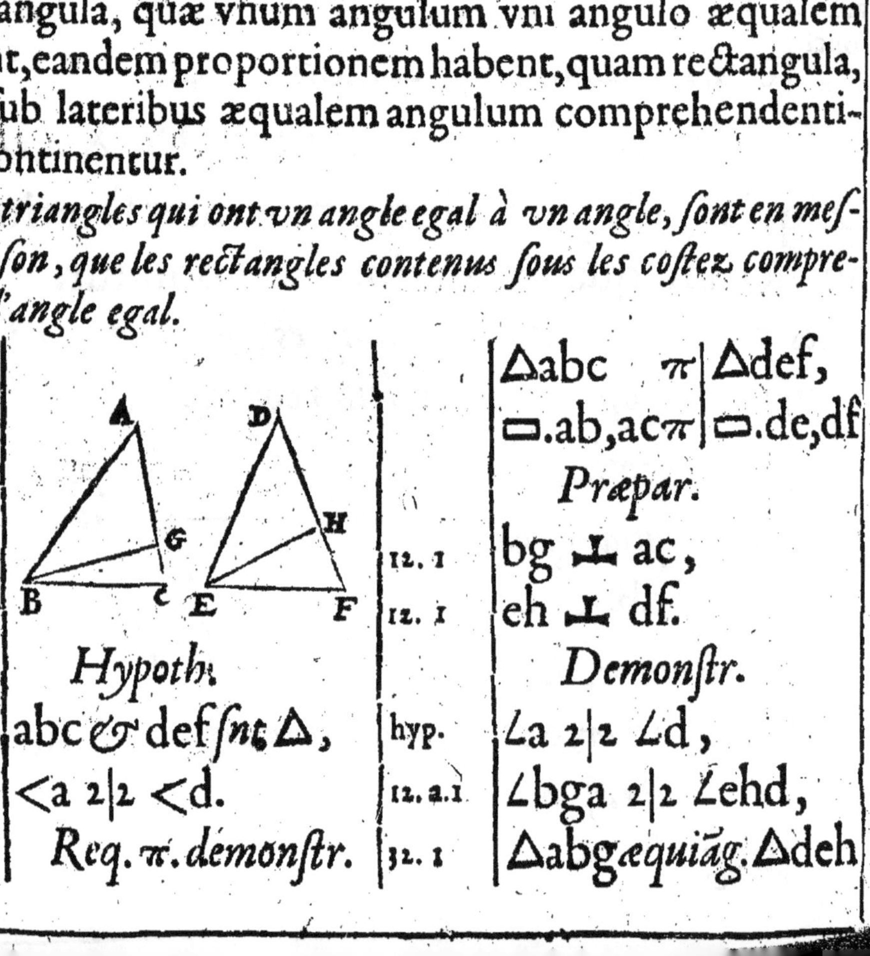

Hypoth.

abc & def *snt* Δ,
<a 2|2 <d.

Req. π. demonstr.

Δabc π | Δdef,
▭.ab,ac π | ▭.de,df

Præpar.

12. 1 bg ⊥ ac,
12. 1 eh ⊥ df.

Demonstr.

hyp. ∠a 2|2 ∠d,
12. a.1 ∠bga 2|2 ∠ehd,
32. 1 Δabg *æquiâg.* Δdeh

1. 6 ▭.bg,ac π ▭.ab,ac 2|2 bg π ab,
4. 6 bg π ab 2|2 eh π de,
1. 6 eh π de 2|2 ▭.eh, df π ▭.de,df,
11. 5 ▭.bg, ac π ▭.ab,ac 2|2 ▭.eh,df π ▭.de,df,
16. 5 ▭.bg,ac π ▭.eh,df 2|2 ▭.ab,ac π ▭.de,df, α
41. 1 ▭.bg,ac 2|2, 2Δabc,
41. 1 ▭.eh,df 2|2, 2Δdef,
7. 5 2Δabc π 2Δdef 2|2 ▭.bg, ac π ▭.eh,df.
15. 5 Δabc π Δdef 2|2 ▭.bg,ac π ▭.eh,df,
concl. α. 11. 5 Δabc π Δdef 2|2 ▭.ab,ac π ▭.de,df.

SCHOL. II.

Triangula, quæ vnum angulum vni angulo æqualem habent, proportionem habent ex lateribus æqualem angulum comprehendentibus compositam.

Les triangles qui ont vn angle egal à vn angle, sont en raison composee des costez qui contiennent l'angle egal.

Hypoth.

abc & def *snt* Δ,

∠b 2|2 ∠e.

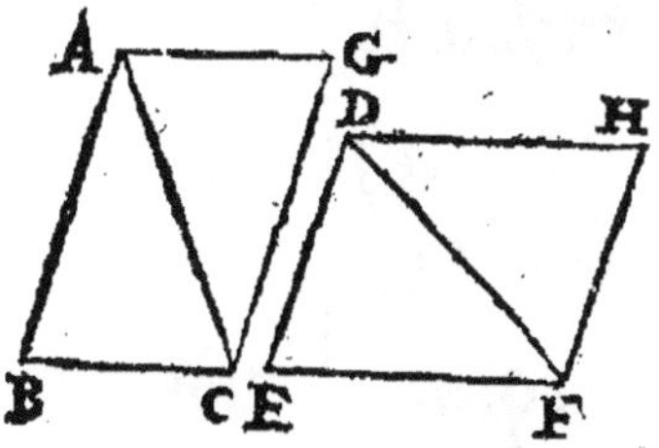

Req. π. *demonstr.*

*raõ..*Δabc π Δdef 2|2 { *raõ..*bc π ef + *raõ..*ab π de.

Præpar.

31. 1 cg ═ ba,
31. 1 ag ═ bc,

31. 1 | fh ═ ed,

31. 1 | dh ═ ef.

Demonſtr.

conſtr. | bg & eh *ſnt* ◊,

34. 1 | ◊bg 2|2, 2△abc,

34. 1 | ◊eh 2|2, 2△def,

15. 5 | △abc π △def 2|2 ◊bg π ◊eh,

23. 6 | *raõ*.. ◊bg π ◊eh 2|2 *raõ*..bc π ef + *raõ*..ab π de

concl. 11. 5 | *raõ*.. △abc π △def 2|2 { *raõ*.. bc π ef + *raõ*.. ab π de.

SCHOL. III.

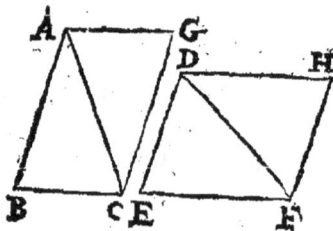

Parallelogramma æquiangula, eandem habent proportionem, quam rectangula ſub lateribus ipſorum æqualem angulum continentibus comprehenſa.

Le parallelogrammes equiangles, ſont en meſme raiſon que les rectangles contenus ſous les coſtez d'iceux, contenans l'angle egal.

Hypoth.

bg & eh *ſnt* ◊,

∠b 2|2 ∠e.

Req. π. demonſtr.

◊bg π ◊eh 2|2 ▭.ab,bc π ▭. de,ef.

Præpar.

ac, & df *ſnt* —.

Demonſtr.

15. 5 | ◊bg π ◊eh 2|2 △abc π △def,

1.ſ.23.6 | △abc π △def 2|2 ▭.ab,bc π ▭.de,ef,

concl. 11.5 | ◊bg π ◊eh 2|2 ▭.ab,bc π ▭.de,ef.

SCHOL. IV.

Triangula & parallelogramma inter ſe proportionem habent compoſitam ex proportione altitudinum, & proportione baſium.

Les triangles & les parallelogrammes ſont entr'eux, en raiſon compoſee, de la raiſon des baſes, & de la raiſon des hauteurs.

Hypoth.

abc *&* def *ſnt* △,

abcg *&* hefd *ſnt* ◊,

ai ⊥ bc,

dk ⊥ ek,

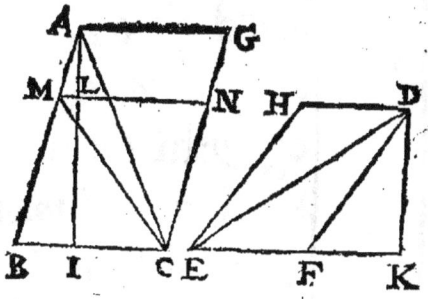

Req. π. demonſtr.

rað.. △abc π def 2|2 *rað*.. ai π dk + *rað*.. bc π ef.

Præpar.

31.1 | li 2|2 dk,

31.1 | mln = bc,

1.p.1 | mc *eſt* —.

Demonſtr.

20.d.5 | *rað*.. △abc π △def 2|2 { *rao*.. △abc π △mbc + *rao*.. △mbc π △def,

ſ.1.6 | △abc π △mbc 2|2 ai π li ⊔ dk,

1.6 | △mbc π △def 2|2 bc π ef,

1.concl. 11.5 | *rao*.. △abc π △def 2|2 *rao*.. ai π dk + *rao*.. bc π ef, *a*

2.concl. a. 15.5 | *rao*.. ▱bg π ▱hf 2|2 *rao*..ai π dk + *rao*.. bc π ef.

THEOR. XVIII. PROPOS. XXIV.

In omni parallelogrammo, quæ circa diametrum ſunt parallelográma & toti, & inter ſe ſunt ſimilia.

En tout parallelogramme, les parallelogrammes qui ſont à l'entour du diametre, ſont ſemblables à leur tout, & entr'eux.

Hypoth.

abcd *eſt* ▱,
ac *eſt diamet.*
eg & hf *ſnt* ▱.

Req. π. demonſtr.

▱eg, ▱hf, ▱bd *ſnt ſml.* ꝗe.

Demonſtr.

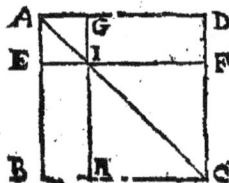

hyp. | ef = bc,
hyp. | gih = ab,
15.1 | <eig 2|2 <hif,
ſ. 14.6 | ▱eg, ▱hf, ▱bd *ſnt æquiang.* ꝗe,
29.1 | △abc, △aei, △ihc *ſnt æquiang.* ꝗe,
29.1 | △adc, △agi, △ifc *ſnt æquiang.* ꝗe,
4.6 | ae π ei 2|2 ab π bc,
4.6 | ae π ai 2|2 ab π ac,
4.6 | ai π ag 2|2 ac π ad,
22.5 | ae π ag 2|2 ab π ad, &c.
concl. 1.d.6 | ▱eg, ▱bd, ▱hf *ſnt ſml.* ꝗe.

PROBL.

PROBL. VII. PROPOS. XXV.

Dato rectilineo ſimile ſimiliterque poſitum, & alteri dato æquale idem conſtituere.

Deſcrire vne figure rectiligne, ſemblable à vne figure rectiligne donnee, laquelle ſoit egale à vne autre, propoſee.

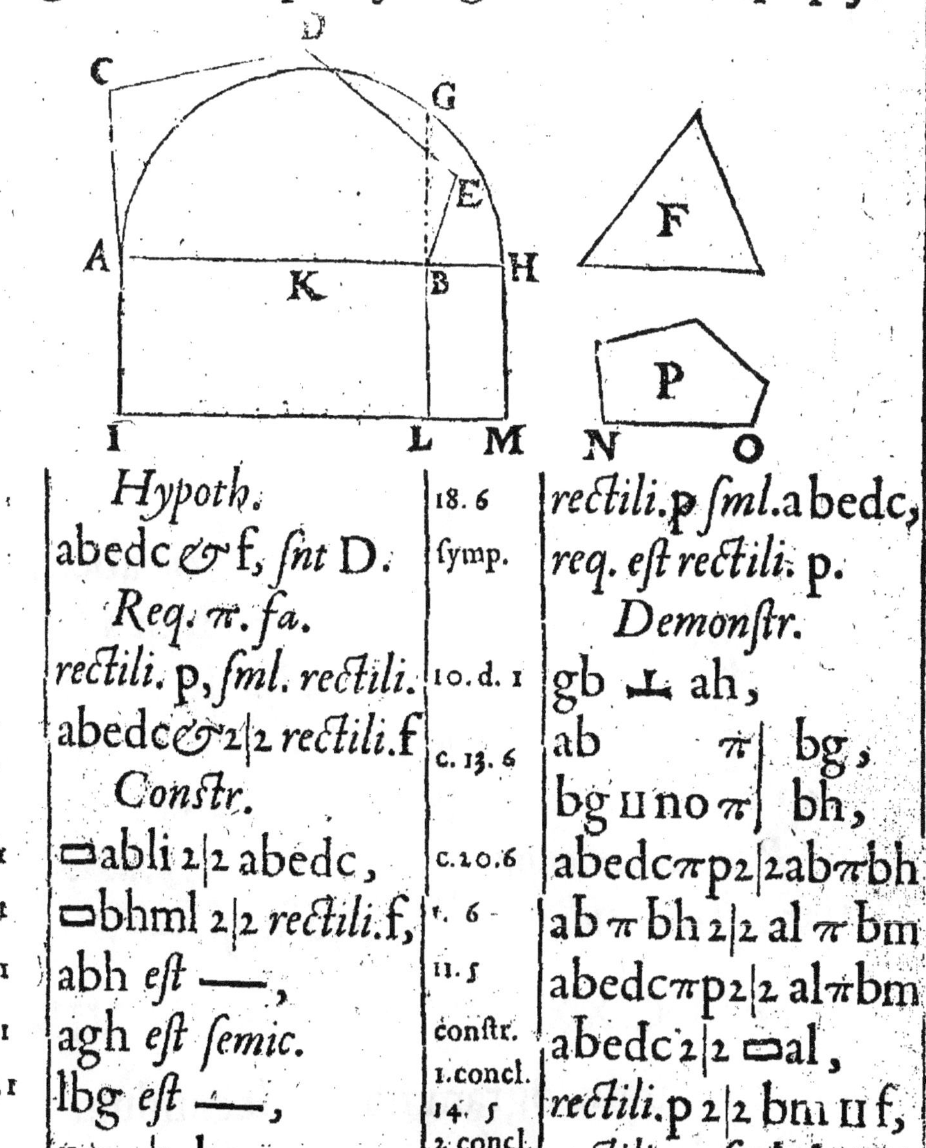

<table>
<tr><td></td><td>Hypoth.</td><td>18.6</td><td>rectili. p ſml. abedc,</td></tr>
<tr><td></td><td>abedc & f, ſnt D.</td><td>ſymp.</td><td>req. eſt rectili. p.</td></tr>
<tr><td></td><td>Req. π. fa.</td><td></td><td>Demonſtr.</td></tr>
<tr><td></td><td>rectili. p, ſml. rectili.</td><td>10.d.1</td><td>gb ⊥ ah,</td></tr>
<tr><td></td><td>abedc & 2|2 rectili. f</td><td>c.13.6</td><td>ab π | bg,</td></tr>
<tr><td></td><td>Conſtr.</td><td></td><td>bg II no π | bh,</td></tr>
<tr><td>45.1</td><td>▭abli 2|2 abedc,</td><td>c.20.6</td><td>abedc π p 2|2 ab π bh</td></tr>
<tr><td>44.1</td><td>▭bhml 2|2 rectili. f,</td><td>1.6</td><td>ab π bh 2|2 al π bm</td></tr>
<tr><td>14.1</td><td>abh eſt —,</td><td>11.5</td><td>abedc π p 2|2 al π bm</td></tr>
<tr><td>3.p.1</td><td>agh eſt ſemic.</td><td>conſtr.</td><td>abedc 2|2 ▭al,</td></tr>
<tr><td>2.p.1</td><td>lbg eſt ⊥,</td><td>1.concl.
14.5</td><td>rectili. p 2|2 bm II f,</td></tr>
<tr><td>3.1</td><td>no 2|2 bg,</td><td>2.concl.
conſtr.</td><td>rectili. p, ſml. abedc.</td></tr>
</table>

THEOR. XIX. PROPOS. XXVI.

Si à parallelogrammo parallelogrammum ablatum ſit, & ſimile toti, & ſimiliter poſitum, communem cum eo habens angulum; hoc circum eandem cum toto diametrum conſiſtit.

Si d'vn parallelogramme on retranche vn parallelogramme ſemblable au tout, & ſemblablement poſé, ayant vn angle commun auec le tout; le retranché eſt à l'entour d'vn meſme diametre auec le tout.

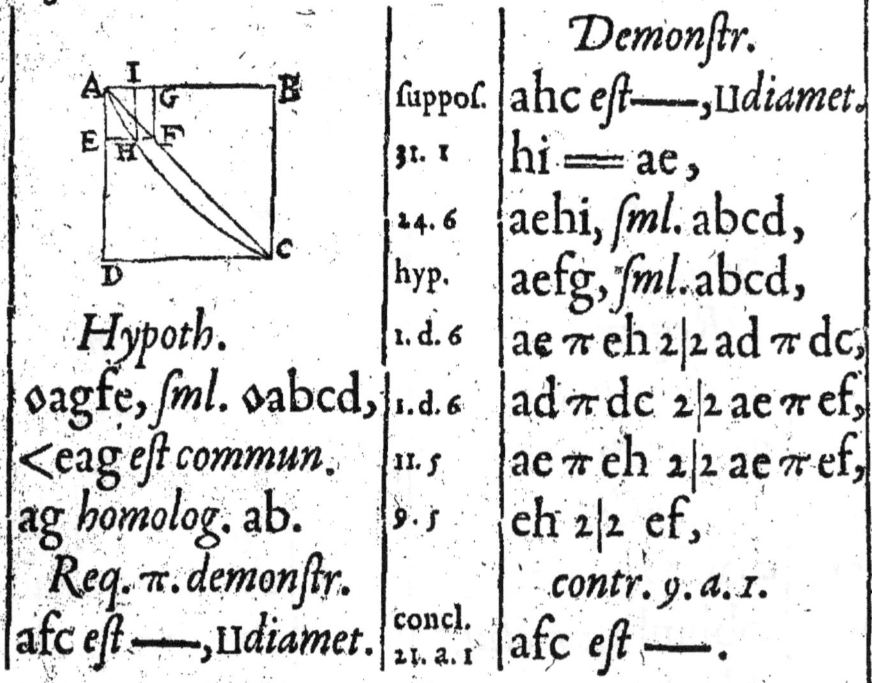

<table>
<tr><td></td><td></td><td>Demonſtr.</td></tr>
<tr><td></td><td>ſuppoſ.</td><td>ahc eſt —, ‖ diamet.</td></tr>
<tr><td></td><td>31. 1</td><td>hi = ae,</td></tr>
<tr><td></td><td>24. 6</td><td>aehi, ſml. abcd,</td></tr>
<tr><td></td><td>hyp.</td><td>aefg, ſml. abcd,</td></tr>
<tr><td>Hypoth.</td><td>1. d. 6</td><td>ae π eh 2|2 ad π dc,</td></tr>
<tr><td>◇agfe, ſml. ◇abcd,</td><td>1. d. 6</td><td>ad π dc 2|2 ae π ef,</td></tr>
<tr><td><eag eſt commun.</td><td>11. 5</td><td>ae π eh 2|2 ae π ef,</td></tr>
<tr><td>ag homolog. ab.</td><td>9. 5</td><td>eh 2|2 ef,</td></tr>
<tr><td>Req. π. demonſtr.</td><td></td><td>contr. 9. a. 1.</td></tr>
<tr><td>afc eſt —, ‖ diamet.</td><td>concl. 21. a. 1</td><td>afc eſt —.</td></tr>
</table>

THEOR. XX. PROPOS. XXVII.

Omnium parallelogrammorum ſecundum eandem rectam lineam applicatorum deficientiumque figuris parallelogrammis ſimilibus ſimiliterque poſitis, ei, quod à dimidia deſcribitur, maximum eſt quod ad dimidiam eſt applicatum ſimile exiſtens defectui.

De tous les parallelogrammes appliquez ſelon vne meſme ligne droicte, & defaillans de figures parallelogrammes ſemblables, & ſemblablement poſees à celuy qui eſt deſcrit ſur la moitié, le plus grand eſt celuy qui eſt appliqué à la moitié eſtant ſemblable au defaut.

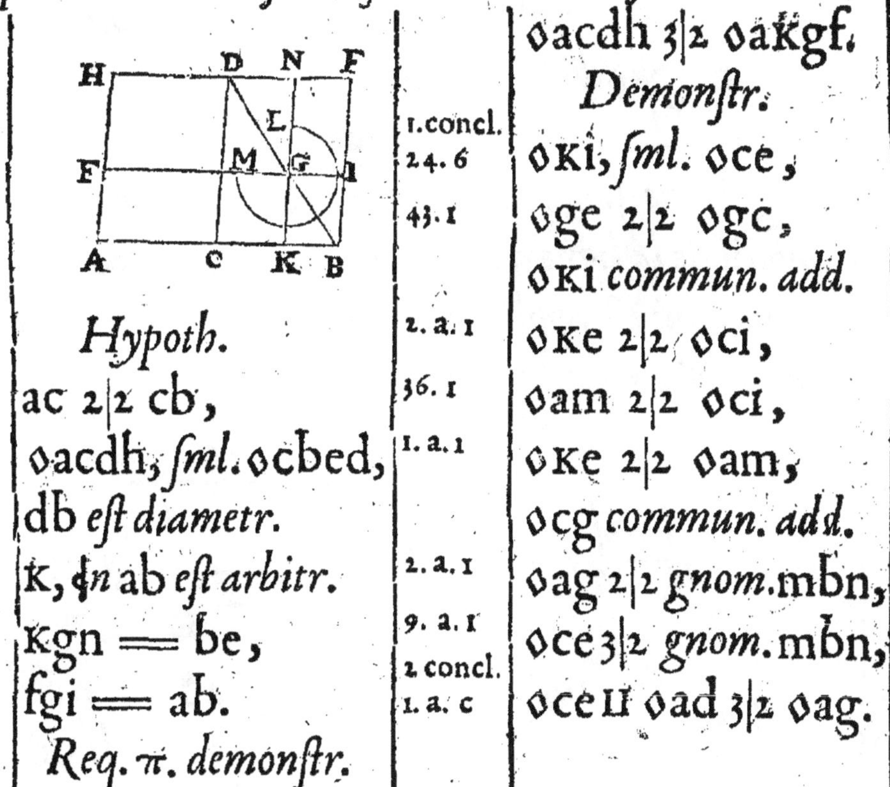

Hypoth.
ac 2|2 cb,
▱acdh, *ſml.* ▱cbed,
db *eſt diametr.*
K, *in* ab *eſt arbitr.*
Kgn ═ be,
fgi ═ ab.
Req. π. demonſtr.

	▱acdh 3|2 ▱aKgf.
	Demonſtr.
1.concl.	
24.6	▱Ki, *ſml.* ▱ce,
43.1	▱ge 2|2 ▱gc,
	▱Ki *commun. add.*
2.a.1	▱Ke 2|2 ▱ci,
36.1	▱am 2|2 ▱ci,
1.a.1	▱Ke 2|2 ▱am,
	▱cg *commun. add.*
2.a.1	▱ag 2|2 *gnom.* mbn,
9.a.1	▱ce 3|2 *gnom.* mbn,
2 concl.	
1.a.c	▱ce II ▱ad 3|2 ▱ag.

PROBL. VIII. PROPOS. XXVIII.

Ad datam lineam rectam, dato rectilineo æquale

parallelogrammum applicare deficiens figura parallelogramma, quæ similis sit alteri parallelagrammo dato. Oportet autem datum rectilineum cui æquale applicandum est, non maius esse eo, quod ad dimidiam applicatur similibus existentibus defectibus, & eius, quod ad dimidiam applicatur, & eius, cui simile deesse debet.

A vne ligne droicte donnee appliquer vn parallelogramme egal à vne figure rectiligne donnee; defaillant d'vne figure parallelogramme, laquelle soit semblable à vn autre parallelogramme donné. Mais il faut que la figure rectiligne donnee, à laquelle il en faut appliquer vne egale, ne soit plus grande que celle qui est appliquee à la moitié de la ligne donnee; les defauts estans semblables de celuy qui est appliqué à la moitié, & de celuy qui doit defaillir d'vn semblable.

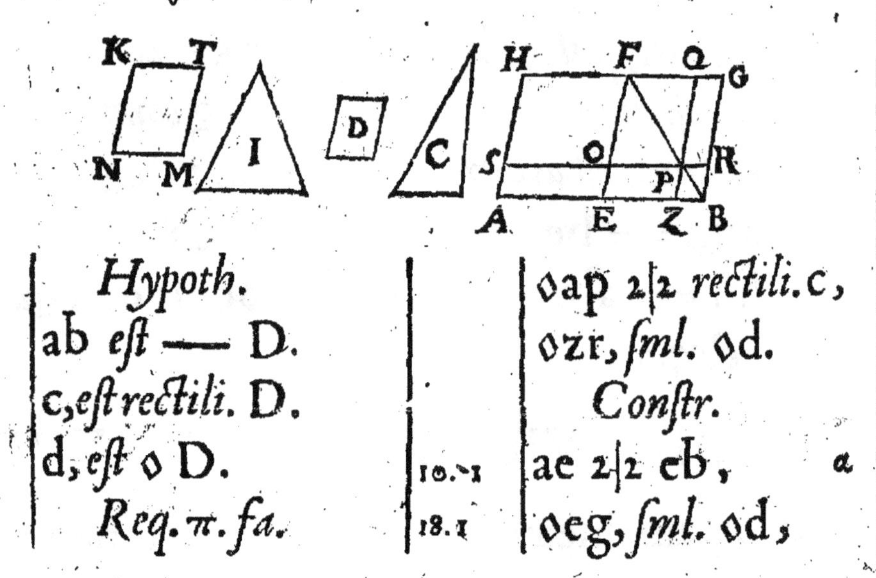

Hypoth.		◊ap 2|2 *rectili.* c,
ab *est* — D.		◊zr, *sml.* ◊d.
c, *est rectili.* D.		*Constr.*
d, *est* ◊ D.	10.1	ae 2|2 eb, a
Req. π. *fa.*	18.1	◊eg, *sml.* ◊d,

1.p.1	fb *eſt* —,		◊d
31.1	ah = ef,		◊eg
2.p.1	gfh *eſt* —,	conſtr. 24.6	◊oq } *ſnt ſml.* de, δ
hyp.	c, *ñ eſt* 3|2 ◊af,		◊zr
ſ 45.1	◊eg 2|2 c-+i, β		◊nt
25.6	◊nt 2|2 i, & *ſml.* d, γ	βycōſtr.	◊eg 2|2 ◊nt-+c,
3.1	fo 2|2 Kn,	2.c.20.6	◊oq 2|2 ◊nt,
3.1	fq 2|2 Kt,	3.a.1	*gnom.* obq 2|2 c, ε
31.1	ſor = ab,	α.36.1	◊ao 2|2 ◊eru ◊zg,
31.1	zpq = ef,		◊ep *commun. add.*
ſymp.	◊ap *eſt req.*	2.a 1 1.concl.	*gnom.* obq 2|2 ◊ap,
		ε.1.a.1 2.concl.	◊ap 2|2 c,
	Demonſtr.	δ	zr *ſml.* ◊d.

Si ad datam rectam lineam applicandum ſit parallelogrammum deficiens quadrato, expeditius ſoluetur problema ſequenti methodo proponendo ſic.

Si à la ligne donnee il faut appliquer vn parallelogramme defaillant d'vn quarré, la ſolution ſe trouuera plus briefuement par la methode ſuiuante propoſant le probleme ainſi.

SCHOL.

Dato aggregato extremarum, & rectangulo ſub extremis inuenire extremas.

Eſtant donné l'aggregé des extremes & le rectangle contenu ſous les extremes, trouuer les extremes.

Vel ſic. *Ou ainſi.*

E ſerie trium proportionalium, data media & ſumma extremarum inuenire extremas.

De trois proportionnelles estant donnee la moyenne & la somme des extremes trouuer les extremes.

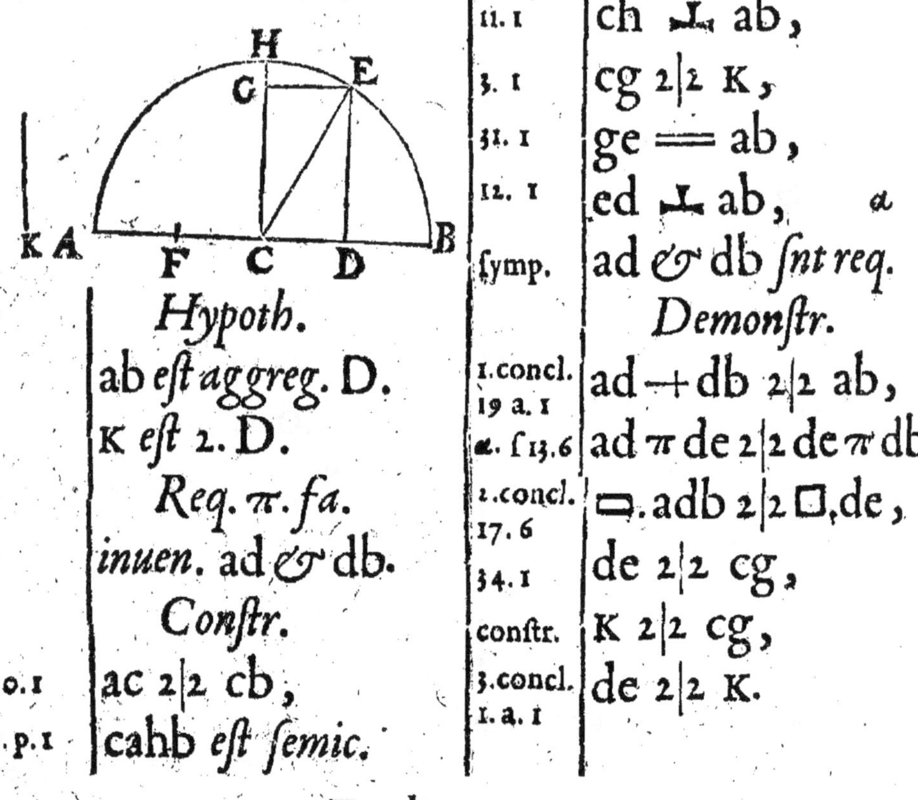

11.1	ch ⊥ ab,
3.1	cg 2|2 K,
31.1	ge = ab,
12.1	ed ⊥ ab, *a*
symp.	ad & db *snt req.*

	Hypoth.
	ab *est aggreg.* D.
	K *est* 2. D.
	Req. π. fa.
	inuen. ad & db.
	Constr.
10.1	ac 2|2 cb,
3.p.1	cahb *est semic.*

	Demonstr.
1.concl. 19 a.1	ad + db 2|2 ab,
a. s 13.6	ad π de 2|2 de π db,
2.concl. 17.6	▭. adb 2|2 □.de,
34.1	de 2|2 cg,
constr.	K 2|2 cg,
3.concl. 1.a.1	de 2|2 K.

Explicat. p nr.

hyp.	ab *est 26,*	*a* 15i.d.2	□.ed *est 144,*
hyp.	de *est 12,* *a*	47.1	□.cd *est 25,*
	ad & db *snt req.*	s.46.3	cd *est 5,*
15.d.1	ac ∥ cb ∥ ce *est 13,*	1.concl. 2.a.1	ad *est 18,*
1.s.1.d.2	□.ce *est 169,*	2.concl. 3.a.1	db *est 8.*

PROBL. IX. PROPOS. XXIX.

Ad datam rectam lineam, dato rectilineo æquale parallelogrammum applicare, excedens figura parallelogramma, quæ ſimilis ſit parallelogrammo alteri dato.

A vne ligne droicte donnee appliquer vn parallelogramme egal à vne figure rectiligne donnee, excedant icelle d'vn parallelogramme ſemblable à vn autre donné.

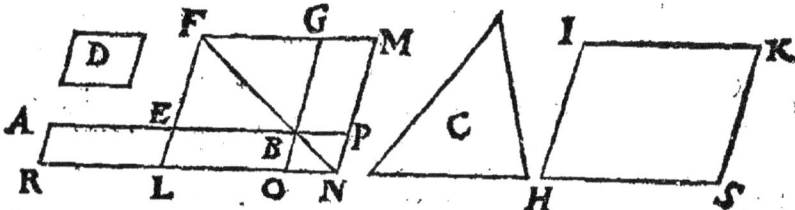

Hypoth.

ab *eſt* — D.

c, *eſt rectili.* D.

d, *eſt* ◇. D.

Req. π. *fa.*

◇an 2|2 *rectili.* c,

◇op, *ſml.* ◇d.

Conſtr.

10. 1 ae 2|2 eb, *a*

18. 6 ◇eg, *ſml.* ◇d,

25. 6 ◇hk 2|2 ◇eg—+c,

◇hk, *ſml.* ◇d⊔◇eg,

3. 1 fel 2|2 ih,

3. 1 fgm 2|2 ik,

31. 1 rln ═ fm,

31. 1 mn ═ fl,

31. 1 ar ═ fl,

2. p. 1 abp & gbo *ſnt* —

1. p. 1 fb & bn *ſnt* —,

ſymp. ◇an *eſt req.*

Demonſtr.

◇d }

conſtr. ◇eg } *ſnt ſml.* ◇e,

◇hk }

conſtr. ◇lm 2|2 & *ſml.* ◇hk

conſtr. ◇eg, *ſml.* ◇hk,

21. 6 ◇lm, *ſml.* ◇eg,

26. 6 fbn *eſt* —,

1. concl. 24. 6 ◇op, *ſml.* ◇eg⊔◇d,

conſtr. ◇hk 2|2 ◇eg—+c,

1. a. 1 ◇lm 2|2 ◇eg—+c,

◇eg *commun. ſubtr.*

3.a.1	*gnom.* eng 2|2 c, β	2.a.1	◊an 2|2 *gnom.* eng,
α.36.1	◊al 2|2 ◊eou ◊bm,	2. concl. β. 1.a.1	◊an 2|2 *rectili.* c.
	◊lp *commun. add.*		

Si ad datam rectam lineam applicandum ſit parallelogrammum excedens quadrato, facilius ſoluetur problema ſequenti methodo proponendo ſic.

Si à la ligne donnee il faut appliquer vn parallelogramme excedant d'vn quarré, la ſolution ſe trouuera plus briefuement par la methode ſuiuante propoſant ainſi.

SCHOL.

Data differentia extremarum, & rectangulo ſub extremis, inuenire extremas.

Eſtant donnee la difference des extremes, & le rectangle contenu ſous les extremes, trouuer les extremes.

Vel ſic. *Ou ainſi.*

Data media trium proportionalium, & differentia extremarum, inuenire extremas.

Eſtant donné la moyenne de trois proportionnelles, & la difference des extremes, trauuer les extremes.

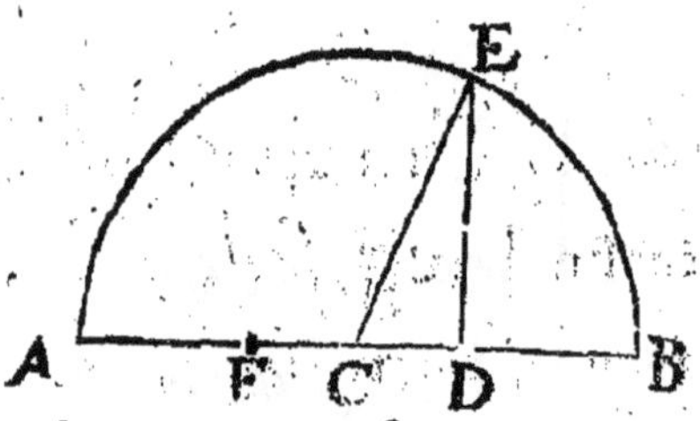

E

A F C D B

		Conſtr.
	11. 1	<fde *eſt* ⌋,
	10. 1	fc 2|2 cd,
	1. p. 1	ce *eſt* —,
Hypoth.	3. p. 1	ceab *eſt ſemic.*
fd *eſt diff.* D.	2. p. 1	afdb *eſt diamet.*
de *eſt* 2. D.	ſymp.	*req. ſnt* ad & db,
Req. π. *fa.*		*Demonſtr.*
inuen. ad & db.	15. d. 1	ac 2|2 cb,

constr.	fc 2|2 cd,	f.13.6	ad π de 2|2 de π db,
3.a.1	af 2|2 db,	2.concl. 17.6	▭.adb 2|2 □.de.
1 concl. 19.a.1	ad~af ⊔ db *est* fd,		

Explicat. p nr.

hyp.	de *est 12*,	1.f.1.d.2	□.de *est 144*,
hyp.	fd *est 10*,	47.1	□.ce *est 169*,
	ad & db *sont req.*	f.7.6.1	ce ⊔ ac ⊔ cb *est 13*,
7.a.1	cd *est 5*, α	α.2.a.1	ad *est 18*,
1.f.1.d.2	□.cd *est 25*,	α.3.a.1	db *est 8*.

PROBL. X. PROPOS. XXX.

Propositam rectam lineam terminatam extrema, ac media ratione secare.

Coupper vne ligne droicte proposee & terminee, selon la moyenne & extreme raison.

C, B, I, G, H, D, E, A, F

	ba π ag 2|2 ag π gb.
	Constr.
11.2	▭.abg 2|2 □.ag, ⊔ ▭bi 2|2 □ah.
	Demonstr.
constr.	▭.abg 2|2 □.ag,
concl. 14.6	ab π ag 2|2 ag π bg.

Hypoth.

ab *est* — D.

Req. π. fa.

THEOR. XXI. PROPOS. XXXI.

In rectangulis triangulis, figura quæuis à latere

rectum angulum ſubtẽdente deſcripta, æqualis eſt figuris, quæ priori illi ſimiles, & ſimiliter poſitæ à lateribus rectum angulũ continẽtibus deſcribũtur.

Aux triangles rectangles, la figure deſcrite ſur le coſté qui ſouſtient l'angle droict, eſt egale aux deux figures des coſtez qui contiennent l'angle droict, ſemblables à icelle, & ſemblablement deſcrites.

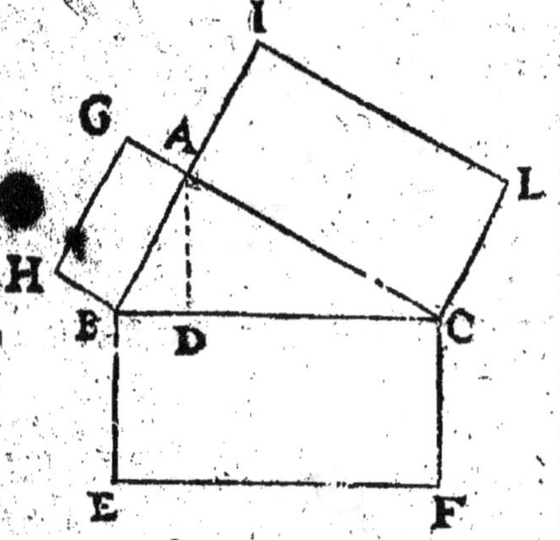

		bf 2|2 bg + al.
		Præpar.
	12. 1	ad ⊥ bc.
		Demonſtr.
	c. 8. 6	dc π ca 2|2 ca π cb,
	c. 8. 6	db π ba 2|2 ba π bc,
	c. 20. 6	dc π bc 2|2 al π bf,
Hypoth.	c. 20. 6	db π bc 2|2 bg π bf
<bac *eſt* ⌋,		al + bg π | bf,
bf,bg,al *ſnt ſml. de*, a	24. 5	bc π | bc,
bc,ba,ac *ſnt homolog.*	concl. f. 14. 5	al + bg 2|2 bf.
Req. π. *demonſtr.*		

THEOR. XXII. PROPOS. XXXII.

Si duo triangula, quæ duo latera duobus lateribus proportionalia habeant, ſecundum vnum angulum compoſita fuerint, ita vt homologa eorum latera ſint etiam parallela; tum reliqua illorum triangulorum latera in rectam lineam collocata reperientur.

Si deux triangles, qui ont deux costez proportionaux à deux costez, sont disposez selon vn angle, en sorte que leurs costez de mesme raison soient aussi paralleles: les autres costez d'iceux triangles se rencontreront directement.

Hypoth.

ab π ac 2|2 dc π de,
ab ═ dc,
ac ═ de.

Req. π. demonstr.

bce *est* —— .

Demonstr.

29. 1 <a 2|2 <acd, α.
29. 1 <d 2|2 <acd,
1. a. 1 <a 2|2 <d,
hyp. ab π ac 2|2 dc π de,
6. 6 <b 2|2 <dce,
α. 2. a. 1 <b + <a 2|2 <ace,
<acb *commun. add.*
2. a. 1 <b + <a + <acb 2|2 <ace + <acb,
32. 1 <b + <a + <acb 2|2, 2 ⌋,
1. a. 1 <ace + <acb 2|2, 2 ⌋,
concl. 14. 1 bce *est* —— .

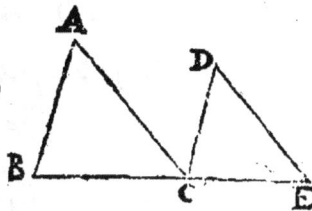

THEOR. XXIII. PROPOS. XXXIII.

In æqualibus circulis, anguli eandem habẽt rationem cum peripheriis, quibus inſiſtunt, ſiue ad centra, ſiue ad peripherias conſtituti inſiſtant: inſuper vero & ſectores, quippe qui ad centra conſiſtunt.

Aux cercles egaux, les angles ont meſme raiſon entr' eux, que les circonferences ſur leſquelles ils ſont appuyez, ſoit qu'ils ſoient appuyez eſtant conſtituez aux centre: ou aux circonferences: les ſecteurs ſont auſſi de meſme entr' eux, d'autant qu'ils ſont conſtituez au centre.

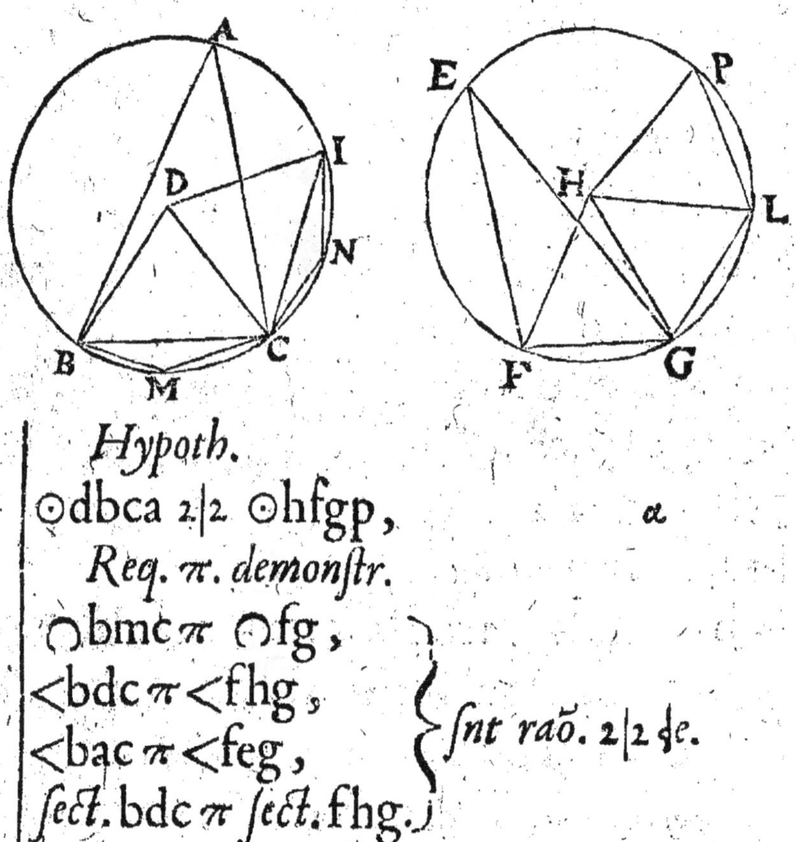

Hypoth.

⊙dbca 2|2 ⊙hfgp, *a*

Req. π. demonſtr.

◠bmc π ◠fg,
<bdc π <fhg,
<bac π <feg,
ſect. bdc π *ſect.* fhg.

} *ſnt raõ.* 2|2 *ſe.*

Præpar.

1. p. 1 bc & fg *ſnt* —,

1. 4 ci 2|2 bc,

1. 4 fg, gl, lp, 2|2 *ſnt* ꝗe,

•, m ꝗn ⌒bmc & •, n ꝗn ⌒cni *ſnt arbitr.*

1. p. 1 di, bm, cm, cn, in, hl, hp *ſnt* —.

Demonſtr.

28. 3 ⌒bmc 2|2 ⌒cni,

α. 27. 3 <bdc 2|2 <cdi,

28. 3 ⌒fg, ⌒gl, ⌒lp *ſnt* 2|2 ꝗe,

α. 27. 3 <fhg, <ghl, <lhp *ſnt* 2|2 ꝗe,

α. 27. 3 ⌒bci 2, 3, 4|3 ⌒fgp,

<bdi 2, 3, 4|3 <fhp,

1. concl. <bdc π| <fhg,

6. d. 5 ⌒bmc π| ⌒fg, β

20. 3 <bdc 2|2, 2<bac,

20. 3 <fhg 2|2, 2<feg,

<bac π| <feg, γ

2. concl. <bdc π| <fhg,

15. 5

β ⊔ ⌒bmc π| ⌒fg,

27. 3 <bmc 2|2 <cni,

conſtr. bc 2|2 ci,

24. 3 ◠ bcm 2|2 ◠ cni,

4. 1 △bdc 2|2 △cdi,

2. a. 1 *ſect.* bdcm 2|2 *ſect.* cdin, δ

d. ♪ | ſect. fhg, ghl, lhp ſnt 2|2,

d. ♪ | ⌒bci 2, 3, 4 | 3 ⌒fgp,
| ſect. bdi 2, 3, 4 | 3 ſect. fhp,

3. concl. | ſect. bdcm π | ſect. fhg,
6. d. 5 | ⌒bmc π | ⌒fg.

COROLL. I.

| ſect. bdcm π | ſect. fhg,
7. 11. 5 | <bdc π | <fhg.

COROLL. II.

Hinc manifeſtum eſt, vt eſt angulus in centro ad quatuor rectos, ita eſſe arcum ſubtenſum illi angulo ad totam circumferentiam. Et contrà, vt ſunt quatuor recti ad angulum in centro, ita eſſe totam circumferentiam ad arcum illi angulo ſubtenſum.

Il eſt manifeſte de cecy, que comme l'angle au centre eſt à quatre droicts, ainſi l'arc qui ſouſtient iceluy angle eſt à toute la circonference. Et au contraire, comme quatre angles droicts ſont à l'angle qui eſt au centre, ainſi toute la circonference eſt à l'arc qui ſouſtient ledit angle.

His ſex elementorum Euclidis libris, annectam variorum problematum atque theorematum appendicem; quorum alia ad Algebram, alia ad Aſtronomiam, omnia vero ad pleniorem Geometriæ planorum intelligentiam ſunt neceſſaria.

A ces ſix liures des Elements d'Euclide, i'adiouſteray vn appendix de diuers problemes & theoremes, dont les vns ſont neceſſaires à l'Algebre, les autres à l'Aſtronomie; mais tous ſont neceſſaires pour auoir plus ample intelligence de la Geometrie des plans.

APPENDIX GEOMETRIÆ PLANORVM.

L'APPENDIX DE LA GEOMETRIE DES PLANS.

PROBL. I. PROPOS. I.

Dato rectilineo æquale triangulum describere.

Descrire vn triangle egal à vn rectiligne donné.

Bagdedinus de diuisionibus superficierum propositione 17.

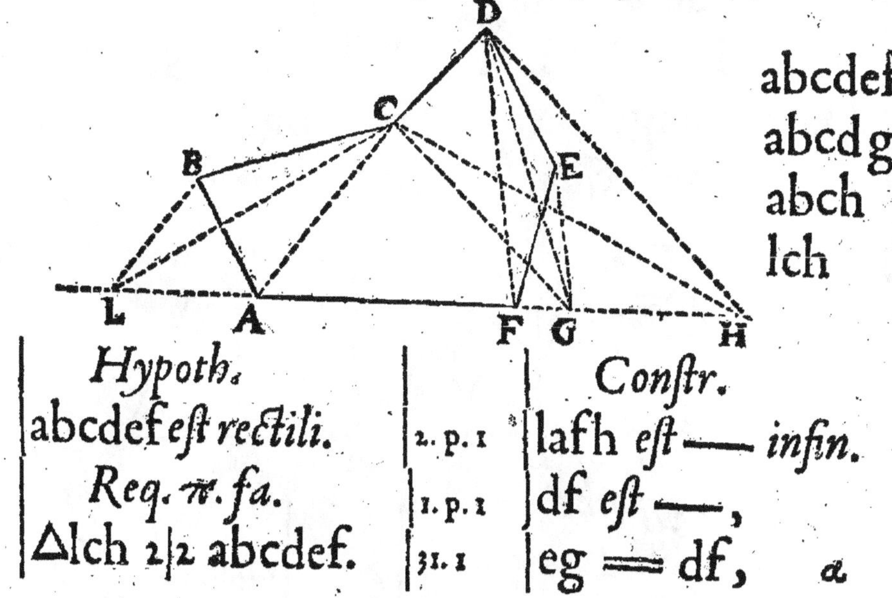

Hypoth.		*Constr.*	
abcdef *est rectili.*	2. p. 1	lafh *est* — *infin.*	
Req. π. *fa.*	1. p. 1	df *est* —,	
△lch 2|2 abcdef.	31. 1	eg ═ df,	*a*

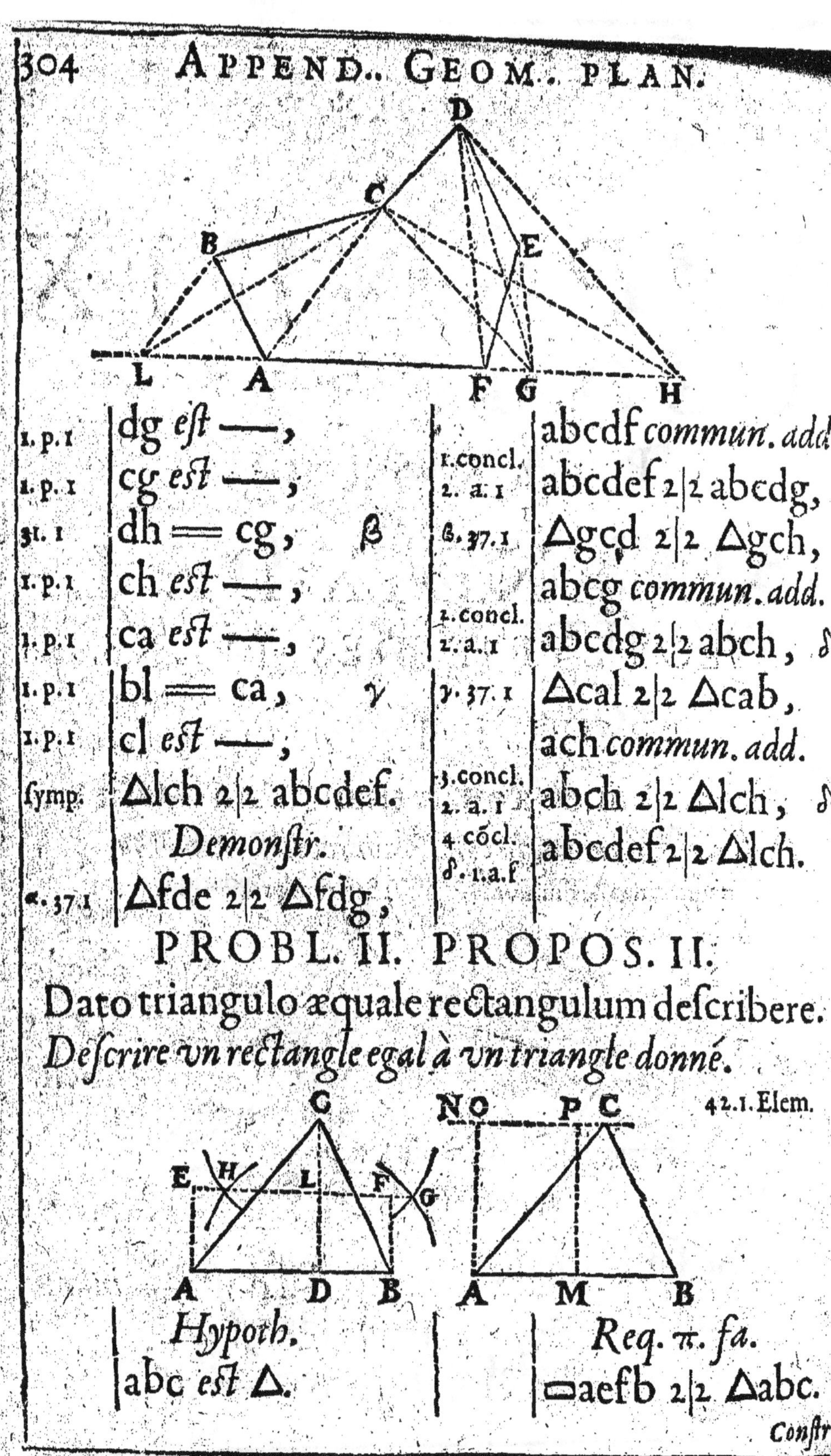

1.p.1	dg *est* —,		abcdf *commun. add.*
1.p.1	cg *est* —,	1.concl. 2.a.1	abcdef 2|2 abcdg,
31.1	dh ═ cg, β	β.37.1	Δgcd 2|2 Δgch,
1.p.1	ch *est* —,		abcg *commun. add.*
1.p.1	ca *est* —,	2.concl. 2.a.1	abcdg 2|2 abch, δ
1.p.1	bl ═ ca, γ	γ.37.1	Δcal 2|2 Δcab,
1.p.1	cl *est* —,		ach *commun. add.*
symp.	Δlch 2|2 abcdef.	3.concl. 2.a.1	abch 2|2 Δlch, δ
	Demonstr.	4 cōcl. δ.1.a.f	abcdef 2|2 Δlch.
α.37.1	Δfde 2|2 Δfdg,		

PROBL. II. PROPOS. II.

Dato triangulo æquale rectangulum describere.

Descrire un rectangle egal à un triangle donné.

42.1.Elem.

Hypoth.		*Req. π. fa.*
abc *est* Δ.		▭aefb 2|2 Δabc.

Constr.

	Constr.		*Demonstr.*
11. 1	cd ⊥ ab,	constr.	af *est* ▭,
arbitr.	dhg & chg } *snt* ⊙ 2|2 de,	10. 1	dl 2|2 lc,
		1. 6	▭.ab,dc 2|2,2▭af,
1. p. 1	ehfg *est* —,	41. 1	▭.ab,dc 2|2,2△abc
1. 1	ae & bf *snt* ═ dl,	concl. 7. a 1	▭af 2|2 △abc.
ſymp.	▭aefb *est req.*		

Aliter, *Autrement.*

	Constr.		*Demonstr.*
o. 1	am 2|2 mb,	constr.	ap *est* ▭,
1. 1	cn ═ ab,	constr.	am 2|2 mb,
1. 1	mp ⊥ ab,	1. 6	▭.ab,ao 2|2,2▭ap,
1. 1	ao ═ mp,	41. 1	▭.ab,ao 2|2,2△abc
ymp.	▭.aopm *est req.*	concl. 7. a. 1	▭.ap 2|2 △abc.

PROBL. III. PROPOS. III.

Dato triangulo æquale quadratum deſcribere.

Deſcrire vn quarré egal à vn triangle donné. 14. 2. Elem.

Hypoth.
abc *est* △ D.
Req. π. fa.
□bn 2|2 △abc.
Constr.

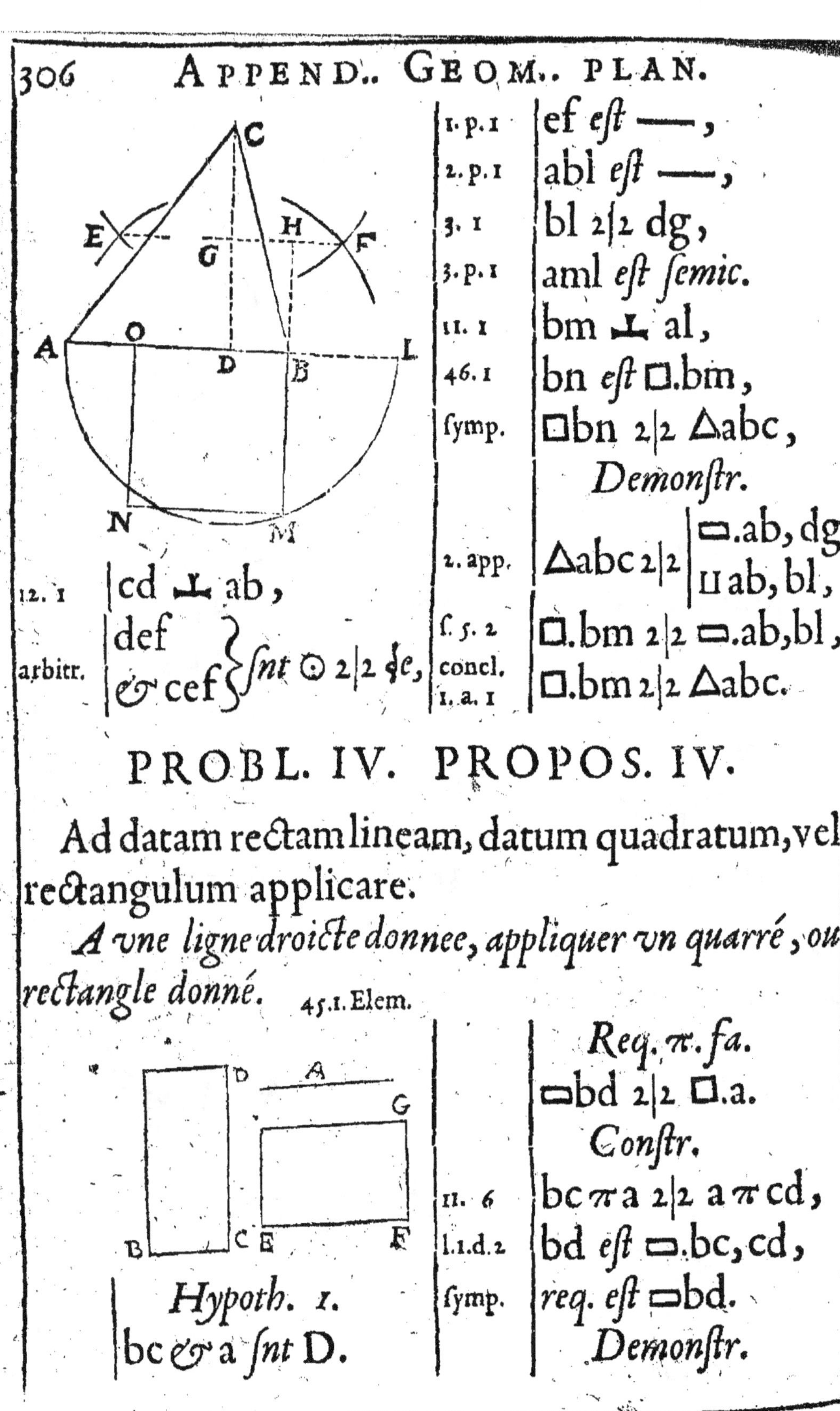

1. p. 1	ef *eſt* —,
2. p. 1	abl *eſt* —,
3. 1	bl 2|2 dg,
3. p. 1	aml *eſt ſemic.*
11. 1	bm ⊥ al,
46. 1	bn *eſt* □.bm,
ſymp.	□bn 2|2 △abc,

Demonſtr.

2. app.	△abc 2|2 ▭.ab, dg ⊔ ab, bl,
ſ. 5. 2	□.bm 2|2 ▭.ab,bl,
concl. 1. a. 1	□.bm 2|2 △abc.

12. 1	cd ⊥ ab,
arbitr.	def & cef } *ſnt* ⊙ 2|2 de,

PROBL. IV. PROPOS. IV.

Ad datam rectam lineam, datum quadratum, vel rectangulum applicare.

A vne ligne droicte donnee, appliquer vn quarré, ou rectangle donné.

45.1. Elem.

Hypoth. 1.

bc & a *ſnt* D.

Req. π. fa.

▭bd 2|2 □.a.

Conſtr.

11. 6	bc π a 2|2 a π cd,
1. 1. d. 2	bd *eſt* ▭.bc, cd,
ſymp.	*req. eſt* ▭bd.

Demonſtr.

1.concl. constr. bd *est* ▭.bc,cd,
constr. bc π a 2|2 a π cd,
2.concl. 17. 6 ▭bd 2|2 □.a.

Hypoth. 2.

bc *&* ▭eg *snt* D.

Req. π. *fa.*

▭bd 2|2 ▭eg.

Constr.

12. 6 bc π ef 2|2 fg π cd,
1.1. d.2 bd *est* ▭.bc,cd,
symp. *req. est* ▭bd.

Demonstr.

1.concl. constr. bd *est* ▭.bc,cd,
constr. bc π ef 2|2 fg π cd,
2.concl. 14. 6 ▭bd 2|2 ▭eg.

PROBL. V. PROPOS. V.

Propositis quotcunque quadtatis, inuenire quadratum omnibus illis æquale.

Descrire vn quarré egal à plusieurs quarrez donnez.

Hypoth.

□.a, □.b, □.c *snt* D.

Req. π. *fa.*

□gh 2|2 □.a + □.b + □.c.

Constr.

2. 1 ed 2|2 a,
11. 1 fd ⊥ ed,
3. 1 fd 2|2 b,
1. p. 1 ef *est* —
11. 1 fg ⊥ ef,
3. 1 fg 2|2 c,
1. p. 1 eg *est* —,

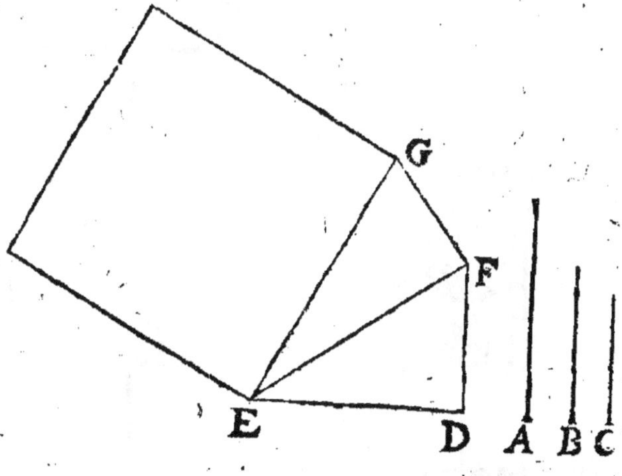

46. 1 | gh *est* □.eg,
symp. | □gh *est req.*

Dmonstr.

47. 1. | □.gh 2|2 □.gf + □.ef,
47. 1 | □.ef 2|2 □.ed + □.df,
concl. 1. a. f | □gh 2|2 □.ed + □.df + □.fg ⊔ □.a + □.b + □.c.

PROBL. VI. PROPOS. VI.

Propositis duobus quadratis inæqualibus, inuenire quadratum, quo maius excedit minus.

Estant proposez deux quarrez inegaux, trouuer vn quarré egal à l'exces, par lequel le plus grand excede le plus petit.

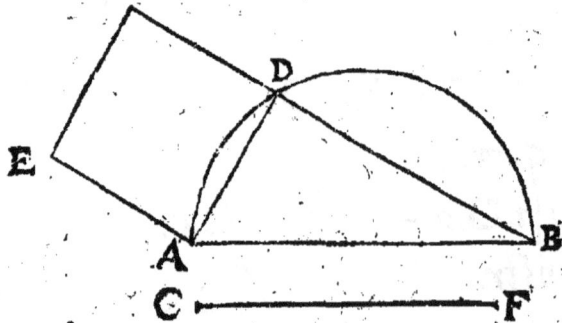

Hypoth.

ab & cf *snt* — D.
ab 3|2 cf.

Req. π. fa.

□de 2|2 □.ab ~ □.cf.

Constr.

3 p. 1 | adb *est semic.*
1. 4 | bd 2|2 cf,
1. p. 1 | ad *est* —,
46. 1 | de *est* □.ad,
symp. | □.de *est req.*

Demonstr.

31. 3 | ∠adb *est* ⌋,

47.1	□.ab 2|2 □.ad + □.bd ⊔ □.cf,
	□.cf *commun. subtr.*
concl. 2.a.1	□.ab ~ □.cf 2|2 □.ad.

PROBL. VII. PROPOS. VII.

Inuenire rectam lineam, ad quam data recta, ſit in ratione ſimilium datorum rectilineorum.

Trouuer vne ligne droicte, à laquelle vne ligne droicte donnee, ſoit en la raiſon de deux rectilignes ſemblables donnez.

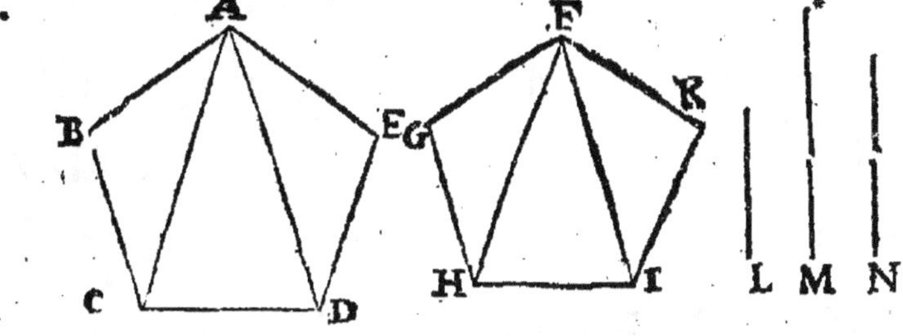

Hypoth.	11. 6	cd π hi 2|2 hi π l, a
cdeab & hikfg *ſnt*	11. 6	cd π l 2|2 m π n,
rectili. ſml. D.	ſymp.	*req. eſt* n.
m *eſt* — D.		*Demonſtr.*
Req. π. fa.	conſtr.	m π n 2|2 cd π l,
cda π hil 2|2 m π n.	ac. 20. 6	cda π hif 2|2 cd π l,
Conſtr.	concl. 11. 5	cda π hif 2|2 m π n.

PROBL. VIII. PROPOS. VIII.

Dato rectilineo ſimile rectilineum deſcribere, maius, vel minus, ſecundum proportionem datam.

A vn rectiligne donné deſcrire vn rectiligne ſemblable, plus grand ou plus petit, ſelon la raiſon donnee.

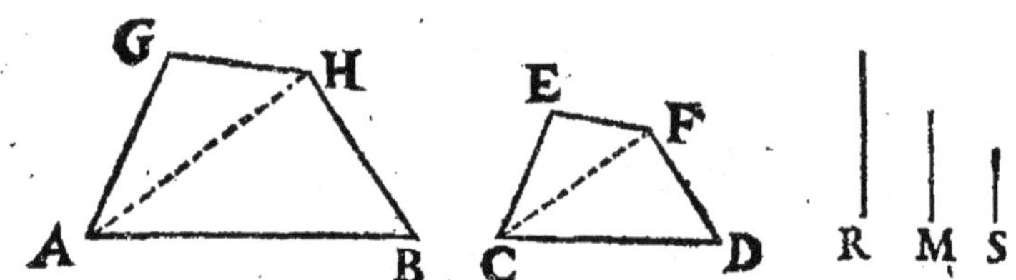

<table>
<tr><td></td><td>Hypoth.</td><td>18. 6</td><td>cdfe eſt ſml. abhg,</td></tr>
<tr><td></td><td>abhg eſt rectil. D.</td><td>ſymp.</td><td>req. eſt cdfe,</td></tr>
<tr><td></td><td>r π ſ eſt raō. D.</td><td></td><td>Demonſtr.</td></tr>
<tr><td></td><td>Req. π. fa.</td><td>conſtr.</td><td>ab π cd 2|2 r π m,</td></tr>
<tr><td></td><td>r π ſ 2|2 abg π cde.</td><td>20. 6</td><td>abhg π cdfe 2|2,</td></tr>
<tr><td></td><td>Conſtr.</td><td></td><td>2 raō.. ab π cd,</td></tr>
<tr><td>13. 6</td><td>r π m 2|2 m π ſ,</td><td>10. d. 5</td><td>r π ſ 2|2, 2 raō.. r π m,</td></tr>
<tr><td>11. 6</td><td>r π m 2|2 ab π cd,</td><td>concl. 1. ſ. 23. 5</td><td>abhg π cdfe 2|2 r π ſ.</td></tr>
</table>

SCHOL.

Additio & ſubductio linearum rectarum fiunt per tertiam primi.

Linea recta in lineam rectam ducitur per 13. ſexti.

Planum ad lineam rectam applicatur per 4. appendicis.

Additio ſimilium planorum fit per 5. appendicis.

Subductio ſimilium planorum fit per 6. appendicis.

L'addition & ſouſtraction des lignes droictes ſe font par la troiſieſme du premier.

La ligne droicte eſt multipliee par la ligne droicte par la treizieſme du ſixieſme.

Vn plan eſt appliqué à vne ligne droicte par la quatrieſme de l'appendix.

L'addition des ſemblables plans ſe fait par la cinquieſme de l'appendix.

La ſouſtraction des ſemblables plans ſe fait par la ſixieſme de l'appendix.

PROBL. IX. PROPOS. IX.

Data baſe trianguli rectanguli, & media proportionali inter hypothenuſam & perpendiculum, inuenire triangulum.

Eſtant donnee la baſe d'vn triangle rectangle, & la moyenne proportionnelle entre l'hypothenuſe & la perpendiculaire, trouuer le triangle.

Vieta in effectionibus Geometricis.

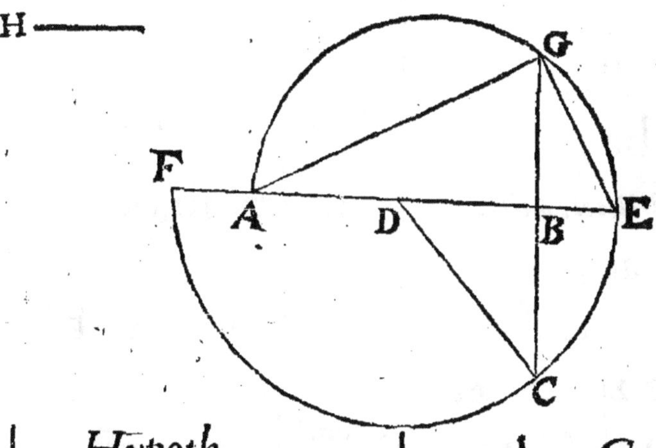

Hypoth.		*Conſtr.*
abg *eſt* △ *rectang.*	II. 6	ab π h 2|2 h π bc, *a*
ab *eſt baſ.* D.	II. I	<abc *eſt* ⊥;
h, *eſt* —— D.	10. I	ad 2|2 db,
ag π h 2|2 h π bg,	I. p. I	dc *eſt* ——,
Req. eſt △ abg.	3. p. I	dcfe *eſt ſemic.*

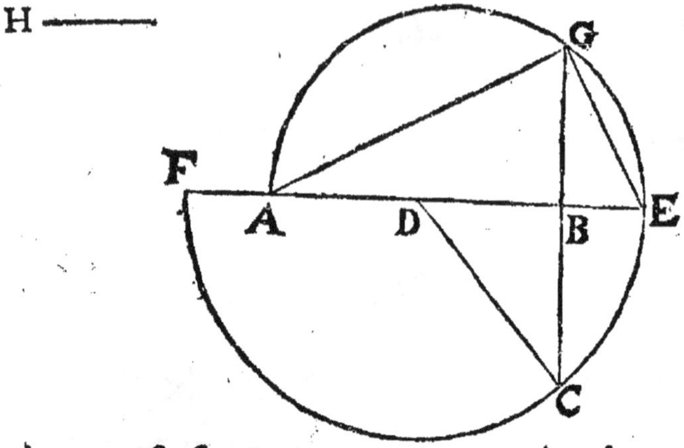

3.p.1	age *est semic.*
2.p.1	cbg *est* ——,
1.p.1	ag & eg *snt* ——,
symp.	△abg *est req.*
	Demonstr.
15.d.1	fd 2|2 de,
constr.	ad 2|2 db,
3.a.1	af 2|2 be,
	ab *commun. add.*
2.a.1	fb 2|2 ae,
s.5.2	□.bc 2|2 ▭.fbe,
3.s.1.d.2	▭.fbe 2|2 ▭.aeb,
s.22.6	▭.aeb 2|2 □.ge,

1.a.1	□.bc 2|2 □.ge,
s.46.1	bc 2|2 ge,
8.6	△abg, *sml.* △bge,
4.6	ab π ag 2|2 bg π ge,
16.6	▭. ag,bg } 2|2 ▭.ab,ge
3.s.1.d.2	▭. ab,ge } 2|2 ▭.ab,bc
α.17.6	▭.ab,bc 2|2 □.h,
1.a.1	▭.ag,bg 2|2 □.h
1.concl 2.17.6	ag π h 2|2 h π bh,
constr.	<abc *est* ⊥,
2 concl. 1.c.13.1	<abg *est* ⊥.

PROBL. X. PROPOS. X.

Data hypothenusa trianguli rectanguli, & media proportionali inter basin & perpendiculum, inuenire triangulum.

Estant donnee l'hypothenuse d'vn triangle rectangle, & la moyenne proportionnelle entre la base & la perpendiculaire, trouuer le triangle.

Vieta in effectionibus Geometricis.

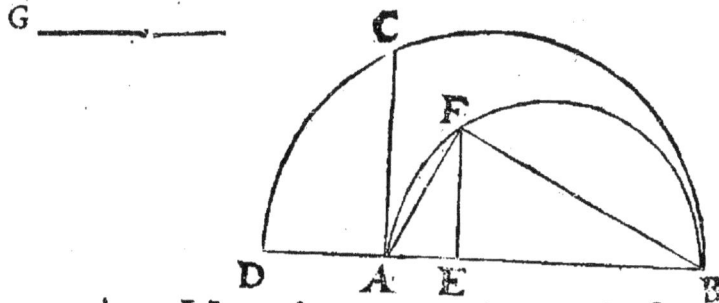

	Hypoth.	f. 28. 6	ef ⊥ ab & 2|2 ad, α
	abf *est* △ *rectang.*	1. p. 1	af & bf *snt* —,
	ab *est hypothenus.* D.	symp.	△afb *est req.*
	g, *est* — D.		*Demonstr.*
	af π g 2|2 g π fb,	1 concl. 31. 3	<afb *est* ⌐,
	Req. est △ afb.	constr.	ac 2|2 g,
	Constr.	f. 5. 2	□.g⊔ac 2|2 ▭.dab,
11. 1	<bac *est* ⌐,	α3f. 1. d2	▭.dab 2|2 ▭.ef,ab,
3. 1	ac 2|2 g,	f 22. 6	▭.ef,ab 2|2 ▭.af,fb
3. p. 1	bfa & bcd *snt semic.*	1. a. 1	□.g 2|2 ▭.af,fb,
2. p. 1	bad *est* —,	2 concl. 17. 6	af π g 2|2 g π fb.

THEOR. I. PROPOS. XI.

Inter figuras ordinatas eidem circulo adscriptas, inscripta duplo laterum numero, media proportionalis est.

Entre deux figures rectilignes, dont l'vne soit inscrite & l'autre circonscrite; l'inscrite qui aura deux fois autant de costez sera moyenne proportionelle.

Snelius in Cyclometria.

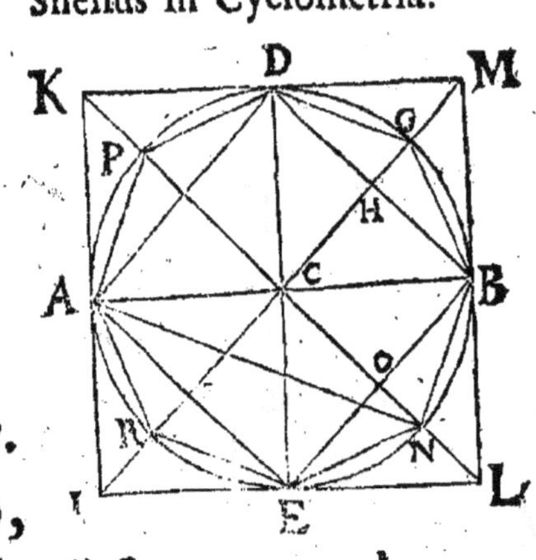

Hypoth.

cadb *est* ⊙,

adbe & ikml *snt* 4< *regul.*

apdgbner *est* 8< *regul.*

Req. π. *demonstr.*

adbe, apdgbner, ikml *snt proport.*

Præpar.

1. p. 1 ab, ed, im, & kl *snt* —.

Demonstr.

8. 6 △cbm & △cbh *snt æquiang.*

4. 6 cm π cb ⊔ cg 2|2 cb ⊔ cg π ch,

1. 6 △cbm π cbg 2|2 △cbg π △cbh,

19. a. 1 8△cbm 2|2 □ikml,

19. a. 1 8△cbg 2|2 8<apdgbner,

19. a. 1 8△cbh 2|2 □adbe,

concl. 15. 5 adbe π apdgbner 2|2 apdgbner π ikml,

THEOR. II. PROPOS. XII.

Si acta à vertice trianguli ad basin, verticis angulum bifariam secet; erit rectangulum sub cruribus, æquale ei, quod fit sub basis segmentis, vnà cum secantis quadrato.

Si la ligne menee du sommet d'vn triangle à la base, couppe l'angle du sommet en deux parties egales; le rectangle contenu sous les costez, sera egal au rectangle des segments de la base, & au quarré de la couppante.

Hypoth.

abc *est* △,

<eab 2|2 eac,

Req. π. demonstr.

▭.ab,ac 2|2 ▭.bec + □.ae,

Præpar.

5. 4 bacd *est* ⊙,

1&2.p.1 aed & cd *snt* —,

Demonstr.

hyp. <dac 2|2 <dab,

21. 3 <adc 2|2 <abc,

32. 1 △adc *æquiang.* △abe,

4. 6 da π ac 2|2 ab π ae,

α. 16.6 ▭.ab,ac 2|2 ▭.dae,

5. 2 ▭.dea + □.ae 2|2 ▭.dae,

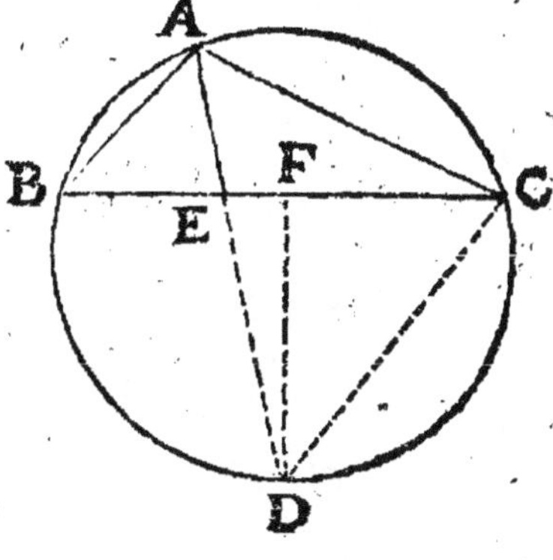

α

1. a. 1	▭.ab,ac 2|2 ▭.dea + □.ae,
35. 3	▭.bec 2|2 ▭.dea,
concl. 1. a. f	▭.ab,ac 2|2 ▭ bec + □.ae.

PROBL. XI. PROPOS. XIII.

Data base trianguli, angulo verticis, & ratione crurum, inuenient triangulum.

Estant donnee la base d'vn triangle, l'angle du sommet, & la raison des costez qui le comprennent, trouuer le triangle.

Pappus lib. 7. propos. 155.

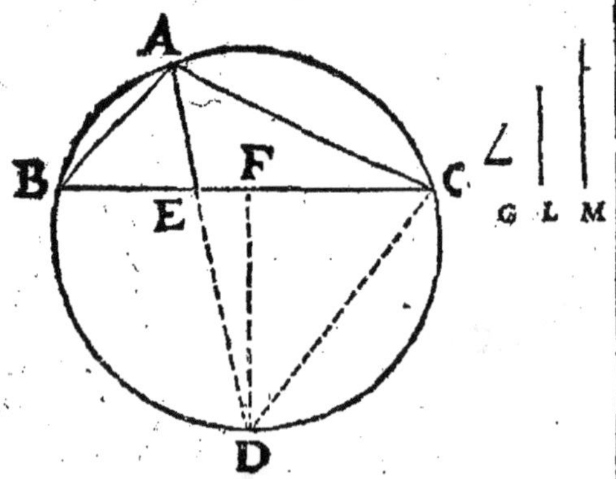

A, B, C, D, E, F, G, L, M

	Hypoth.
	bc *est* — D.
	g *est* < D.
	l π m *est raō*. D.
	Req. est △abc,
	<bac 2|2 <g,
	ab π ac 2|2 l π m.
	Constr.
10. 6	be π ec 2|2 l π m,
33. 3	◠ bac *capa*.. <g,
10. 1	bf 2|2 fc,
11. 1	fd ⊥ bc,
1 & 2 p. 1	dea *est* —,
1. p. 1	ab & ac *snt* —,
symp.	△bac *est req.*
	Demonstr.
1. concl. constr.	<bac 2|2 <g,
30. 3	◠bd 2|2 ◠dc,
27. 3	<dab 2|2 <dac,
3. 6	ab π ac 2|2 be π ec,
constr.	l π m 2|2 be π ec,
2. concl. 11. 5	ab π ac 2|2 l π m.

THEOR. III. PROPOS. XIV.

In omni triangulo, tres perpendiculares, ab angulis ad oppoſita latera ductæ, in eodem puncto ſe mutuò interſecant.

En tout triangle, les trois perpendiculaires, tirees de trois angles ſur les coſtez oppoſez, ſ'entrecouppent en vn meſme poinct.

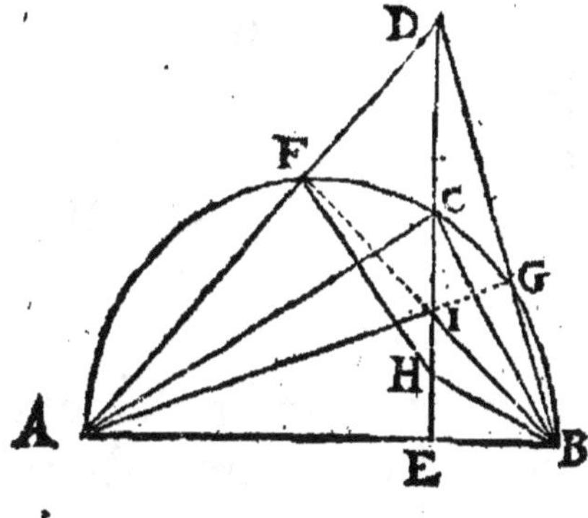

	Hypoth. 1.
	acb *eſt* △ *rectang.*
12.1	ce ⊥ ab,
1.concl 11.a.1	c, *eſt interſ.* ac, bc, ce
	Hypoth. 2.
	adb *eſt* △ *oxygon.*
conſtr.	acb *eſt ſemic.*
12.1	de ⊥ ab,
1.p.1	ag *eſt* —,

1.p.1	bi & if *ſnt* —.
	Req. π. demonſtr.
	bif *eſt* —,
	Demonſtr.
ſuppoſ.	bhf *eſt* —,
31.3	<hfd *eſt* ⌋,
conſtr.	<aed *eſt* ⌋,
32.1	△aed *æquiãg.* △hfd
4.6	ed π ad 2|2 fd π hd,
16.6	▭.edh 2|2 ▭.adf, *a*
31.3	<igd *eſt* ⌋,
32.1	△bed *æquiãg.* △igd
4.6	ed π bd 2|2 gd π id,
16.6	▭.edi 2|2 ▭.bdg,
1.c.36.3	▭.bdg 2|2 ▭.adf,

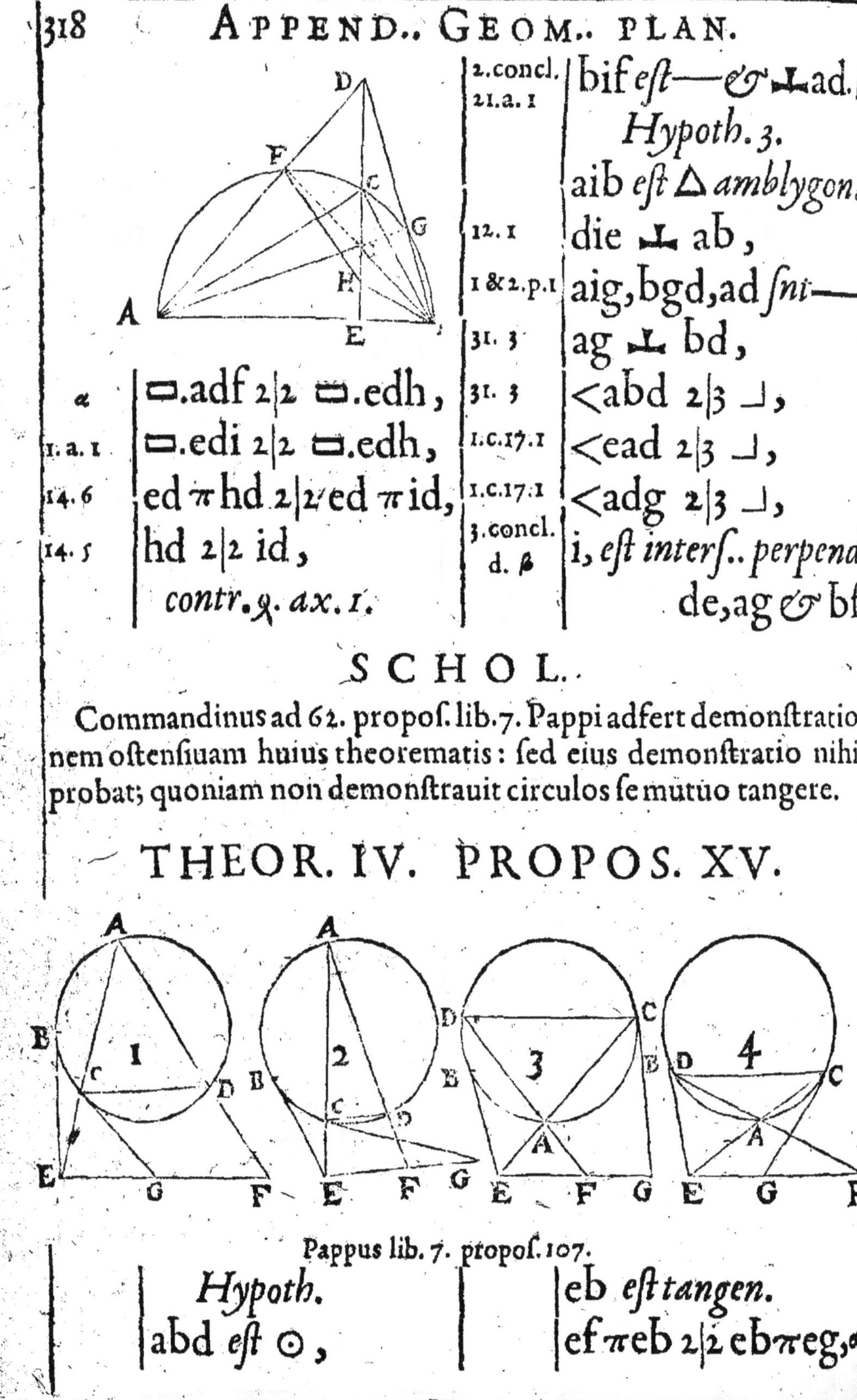

α | ▭.adf 2|2 ▭.edh,
1.a.1 | ▭.edi 2|2 ▭.edh,
14.6 | ed π hd 2|2 ed π id,
14.5 | hd 2|2 id,
contr. 9. ax. 1.

2.concl. 21.a.1 | bif *est* — *&* ⊥ ad. β
Hypoth. 3.
aib *est* △ *amblygon.*
12.1 | die ⊥ ab,
1&2.p.1 | aig, bgd, ad *sni* —,
31.3 | ag ⊥ bd,
31.3 | <abd 2|3 ⅃,
1.c.17.1 | <ead 2|3 ⅃,
1.c.17.1 | <adg 2|3 ⅃,
3.concl. d. β | i, *est interſ.. perpend.* de, ag *&* bf.

SCHOL.

Commandinus ad 62. propoſ. lib. 7. Pappi adfert demonſtrationem oſtenſiuam huius theorematis: ſed eius demonſtratio nihil probat; quoniam non demonſtrauit circulos ſe mutuo tangere.

THEOR. IV. PROPOS. XV.

Pappus lib. 7. propoſ. 107.

Hypoth.
abd *est* ⊙,

eb *est tangen.*
ef π eb 2|2 eb π eg, α

gc *est tangen.* β
eca,adf,cd *snt* —— .
Req, π. demonstr.
cd == ef,
Demonstr.
α. 17.6 ▭.ef,eg 2|2 □.eb,
36. 3 ▭.ae,ec 2|2 □.eb,
1. a. 1 ▭.ef,eg 2|2 ▭.ae,ec
16. 6 ef π ea 2|2 ec π eg,
6. 6 <egc 2|2 <eaf, γ

6. 6 <efd 2|2 <ecg, δ
In 1. & 2. figur.
β. 32.3 <gcd 2|2 <eaf,
γ. 1.a.1 <egc 2|2 <gcd,
1.concl. 27.1 cd == ef,
In 3. & 4. figur.
β. 32.3 <fdc 2|2 <ecg,
δ. 1.a.1 <efd 2|2 <fdc,
2.concl. 27. 1 cd == ef.

THEOR. V. PROPOS. XVI.

Pappus lib. 7. propos. 108.

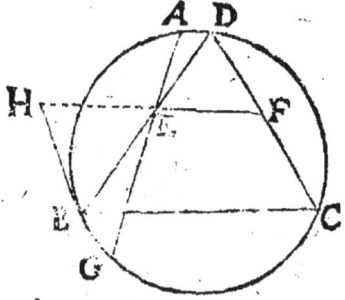

Hypoth.
ef *est* —— *in* ⊙,
arbitr. aeg *est* —— *inscr.*
fe π ea 2|2 eg π eh, α
hb *est tangen.*
bed,dfc & bc *snt* —— .
Req. π. demonstr.
bc == ef.

Demonstr.
α. 16.6 ▭.fe,eh 2|2 ▭.ea,eg,
35. 3 ▭.ea,eg 2|2 ▭.de,eb,
1. a. 1 ▭.fe,eh 2|2 ▭.de,eb,
16. 6 fe π ed 2|2 eb π eh, β

15. 1 <fed 2|2 <beh,
8. 6. 6 <dfe 2|2 <ebh,
32. 3 <dcb 2|2 <ebh,
1. a. 1 <dfe 2|2 <dcb,
concl. 29. 1 bc ═ ef.

THEOR. VI. PROPOS. XVII.

Pappus lib. 7. propos. 57.

Hypoth.

af 2|2 fb,
cf 2|2 fd,
ad 3|2 ae.

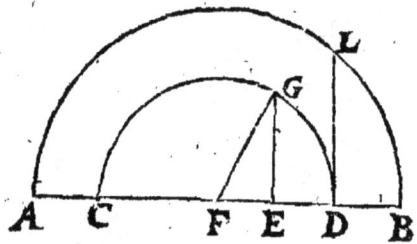

Req. π. demonstr.

▭.aeb 2|2 ▭.adb + ▭.ced,
□.ad + □.db 2|2 □.ae + □.eb + 2▭.ced.

Demonstr.

5. 2 ▭.aeb + □.fe 2|2 □.fb,
5. 2 ▭.adb + □.fd 2|2 □.fb,
1. a. 1 ▭.aeb + □.fe 2|2 ▭.adb + □.fd,
4. 2 ▭.ced + □.fe 2|2 □.fd,
1. a. f ▭.aeb + □.fe 2|2 ▭.adb + ▭.ced + □.fe,
1. concl. 3. a. 1 ▭.aeb 2|2 ▭.adb + ▭.ced, a
4. 2 □.ad + □.db + 2adb 2|2 □.ab,
4. 2 □.ae + □.eb + 2▭.aeb 2|2 □.ab,
1. a. 1 □.ad + □.db
+ 2▭.adb } 2|2 □.ae + □.eb + 2▭.aeb,

α	2▭.aeb 2|2, 2▭.adb + 2▭.ced,
2 concl. 3. a. 1	□.ad + □.db 2|2 □.ae + □.eb + 2▭.ced.

Coroll.

2. ſ. 6. 2 & 3. a. 1	□.ad + □.db ~ □.ae ~ □.eb 2|2, 2▭.aeb ~ 2▭.adb.

SCHOL.

Ex prima parte huius theorematis perſpicua eſt demonſtratio regulæ arithmeticæ, qua productus duorum numerorum denario minorum inuenitur, reiecto denario ex propoſitorum numerorum ſumma, deinde ſubducto vtroq; numero à denario, & multiplicatis inter ſe reſiduis.

De la premiere partie de ce theoreme eſt manifeſte la demonſtration de la regle d'Arithmetique, par laquelle le produit de deux nombres eſt trouuee, en rejettant la dixaine de la ſomme de deux nombres, puis ſouſtrayant de dix l'vn & l'autre nombre, & multipliant les deux reſtes l'vn par l'autre.

Explicat. ꝑ nr.

hyp.	ae *eſt 8,*	α	1. ſ. 1. d. 2	▭.adb *eſt 50,*
hyp.	eb *eſt 7,*	β	αδ. 3. a. 1	ed *eſt 2,*
	Req. eſt ▭.ae, eb, *56,*		βδ. 3. a. 1	ce *eſt 3,*
2. a. 1	ab *eſt 15,*	γ	1. ſ. 1. d. 2	▭ ced *eſt 6,*
ſuppoſ.	ad 11 cb *eſt 10,*	δ	concl. 16. app.	▭.adb + ▭.ced 2|2 ▭.ae 11 56
α. 3. a. 1	db *eſt 5,*			

THEOR. VII. PROPOS. XVIII.

Snelius in Apollonio Batauo.

	ad *eſt* ——,
arbitr.	b & c *ſnt* • *in* ad.

Req. π. demonstr.

▭.ac,bd 2|2 { ▭.ad,bc + ▭.ab,cd,

A B C D

Demonstr.

1. 2 ▭.ac,bd 2|2 ▭.ab,cd + ▭.bc,cd + ▭.ac,bc,

1. 2 ▭.ad,bc 2|2 ▭.bc,cd + ▭.bc,ac,

concl. 1. a. f ▭.ac,bd 2|2 ▭.ab,cd + ▭.ad,bc.

THEOR. VIII. PROPOS. XIX.

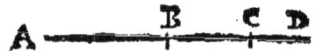

Vaulezard sur la 2. du 4. liure des Zetetiques de Viette.

Hypoth.

abcd *est* ▭,

arbitr. e, *est* • *in* ab,

ec *est* —,

<cef *est* ⌟,

fc *est* —.

B C E A F D

Req. π. demonstr.

▭.ec,bc ∼ ▭.fe,eb 2|2 ▭.ec,fd,

▭.fe,cb + ▭.ec,eb 2|2 ▭.ec,dc,

▭.fe,ae + ▭.fa,ec 2|2 ▭.fe,dc,

▭.ea,ec ∼ ▭.fe,af 2|2 fe,fd,

<efc 2|2 <fea + <fcd.

Demonstr.

hyp. <fec *est* ⌟,

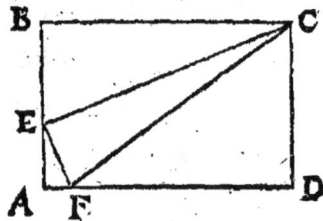

13. 1 <fea + <ceb 2|2 ⌟,

32.1 | <fea + <efa 2|2 ⌟,
3.a.1 | <ceb 2|2 <efa,
32.1 | △afe *æquiang.* △ebc,
4.6 | fe π fa 2|2 ec π eb,
16.6 | ▭.fe,eb 2|2 ▭.fa,ec, α
4.6 | fe π ea 2|2 ec π cb,
16.6 | ▭.fe,cb 2|2 ▭.ea,ec, β
1.2 | ▭.ec,fd 2|2 ▭.ec,bc ~ ▭.ec,af,
α | ▭.fe,eb 2|2 ▭.ec,af,
1.concl. 1.a.f | ▭.ec,fd 2|2 ▭.ec,bc ~ ▭.fe,eb,
1.2 | ▭.ec,dc ıı ▭.ec,ab 2|2 ▭.ec,ae + ▭.ec,eb,
β | ▭.fe,cb 2|2 ▭.ec,ae,
2.concl. 1.a.1 | ▭.ec,dc 2|2 ▭.fe,cb + ▭.ec,eb,
1.2 | ▭.fe,ae 2|2 ▭.fe,ab ~ ▭.fe,eb,
α | ▭.fa,ec 2|2 ▭.fe,eb,
1.a.f | ▭,fe,ae 2|2 2|2 ▭.fe,ab ıı ▭.fe,dc ~ ▭.fa,ec,
| ▭.fa,ec *commun. add.*
3.concl. 2.a.1 | ▭.fe,ae + ▭.fa,ec 2|2 ▭.fe,dc,
1.2 | ▭.fe,fd 2|2 ▭.fe,bc ~ ▭.fe,af,
β | ▭.ea,ec 2|2 ▭.fe,bc,
4.cõcl. 1.a.f | ▭.fe,fd 2|2 ▭.ea,ec ~ ▭.fe,af,
13.1 | <efc + <efa + <cfd 2|2, 2⌟,
32.1 | <fea + <fcd + <efa + <cfd 2|2, 2⌟,
5 concl. 3.a.1 | <efc 2|2 <fea + <fcd.

Si demonstratio huius theorematis non supponeret, tres angulos acutos ad punctum C æquiualere vni recto, non opus esset alia demóstratione, ad demonstranda primum & secundum theorema angularium sectionum Francisci Vietæ: conclusiones enim huius à conclusionibus illorum non differunt, triangula primi theorematis Vietæ sunt EFC primum, ECB secundum, FCD tertium: acuti anguli sunt EFC, ECB & FCD. Triangula secundi theorematis sunt, FEC primum, AFE secundum, FCD tertium: acuti anguli sunt FCE, FEA, CFD.

Si la demonstration de ce theoreme ne supposoit point que les trois angles du poinct C sont egaux à vn angle droict, il ne faudroit point d'autre demonstration, pour prouuer le premier & le second theoreme de de la section des angles de Monsieur Viete: car les conclusions de celuycy ne different point des conclusions de ceux-là. Les triangles du premier theoreme de Viete sont EFC le premier, ECB le second, FCD le troisiesme: les angles aigus sont EFC, ECB & FCD. Les triangles du second theoreme sont FEC le premier, AFE le second, & FCD le troisiesme: les angles aigus sont FCE, FEA, CFD.

THEOR. IX. PROPOS. XX.

Io. Baptista Benedictus in Epistolis.

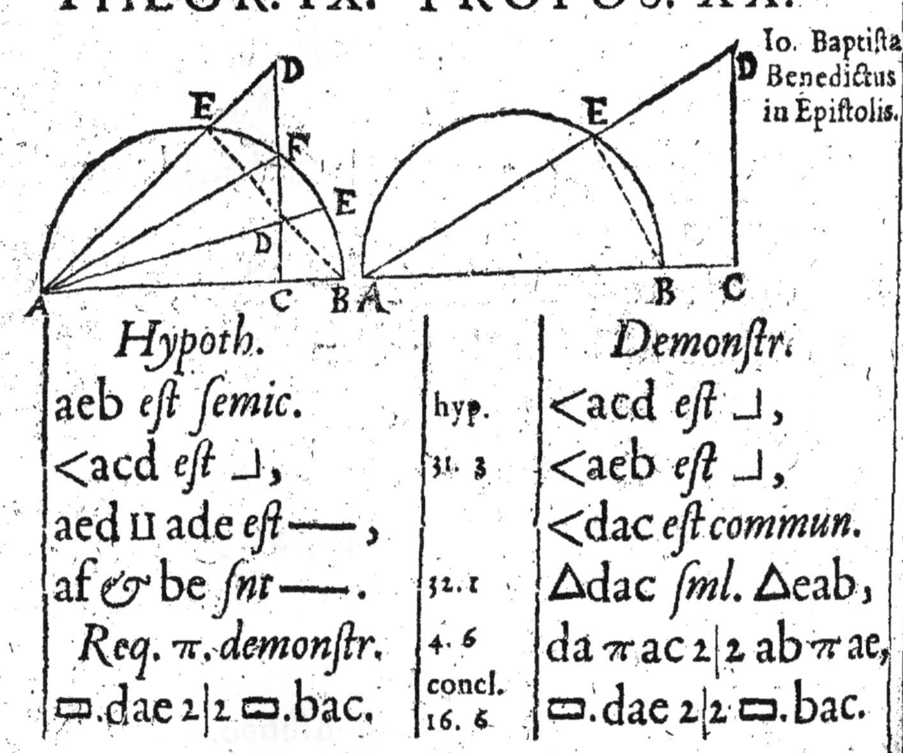

Hypoth.		*Demonstr.*
aeb *est semic.*	hyp.	<acd *est* ⊥,
<acd *est* ⊥,	31. 3	<aeb *est* ⊥,
aed ⊔ ade *est* —,		<dac *est commun.*
af & be *snt* —.	32. 1	△dac *sml.* △eab,
Req. π. *demonstr.*	4. 6	da π ac 2|2 ab π ae,
▭.dae 2|2 ▭.bac.	concl. 16. 6	▭.dae 2|2 ▭.bac.

THEOR. X. PROPOS. XXI.

Pappus lib. 7. propos. 118.

Hypoth.

kab & lhf *snt* ⊙,

km π ml 2|2 ak π el, α

arbitr. mfb *est* —,

Req. π demonstr.

◠ cnb, ◠ gpf *snt sml.*

▭.bmg 2|2 ▭.amh,

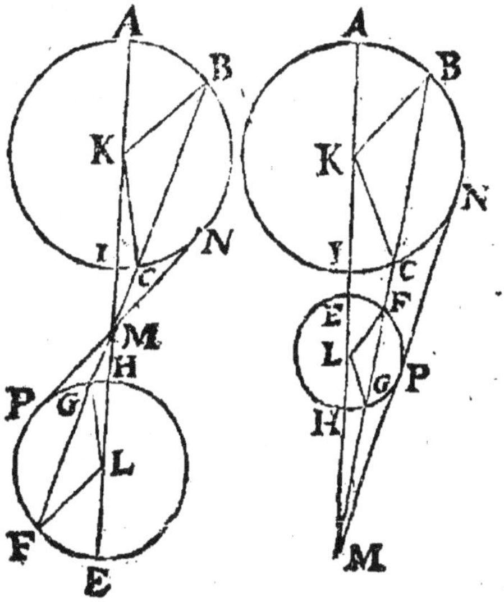

Præpar.

1. p. 1 kb, kc, lf } *snt* —,
lg, ic, hg }

Demonstr.

α. hyp. km π ml 2|2 kb π fl,

7. 6 △bkm *est æquiang.* △flm,

7. 6 <bkm 2|2 <flm, β

α. hyp. km π ml 2|2 kc π lg,

7. 6 △ckm *est æquiang.* △glm,

7. 6 <ckm 2|2 <glm m. γ

β. 3. a. 1 <bkc 2|2 <flg,

1. concl. 10. d. 3 ◠ baic *sml.* ◠ fehg,

2. concl. 10. d. 3 ◠ bn8 *sml.* ◠ gpf,

γ <ckm 2|2 <glm,

32. 1 <kic 2|2 <lhg,

13. 1 <mic 2|2 <mhg,

32.1 Δmic *est æquiang.* Δmhg,
4.6 mh π mg 2|2 mi π mc, ∂
1.c.36.3 & 16.6 mb π ma 2|2 mi π mc,
11.5 mh π mg 2|2 mb π ma,
3.concl. ∂.16.6 ▭.bmg 2|2 ▭amh.

THEOR. XI. PROPOS. XXII.

Pappus lib. 7. propos. 75. & 76.

Hypoth.

cagbh *est* ⊙,
ab *est diamet.*
arbitr. d *est* • *in* ◠agb,
ad & bd *snt* —,
lbf ═ ad,
arbitr. ef & gh ═ db.

Req. π. demonstr.

ed 2|2 fb,
dr 2|2 bs,
da 2|2 bl,
ep 2|2 if.

Præpar.

co ═ ae.

Demonstr.

constr. eb & ds *snt* ◊,
31.3 <adb *est* ⊥,
2.s.29.1 ds & eb *snt* ▭,
2.s.29.1 dm & en *snt* ▭,
1.concl. 34.1 ed 2|2 fb,
2.concl. 34.1 dr 2|2 bs,
3.3 dn⊔eo 2|2 nb⊔of, a
3.concl 14.3 da 2|2 bl,
3.3 po 2|2 oi,
4.concl. a.3.a.1 ep 2|2 if.

THEOR. XII. PROPOS. XXIII.

Snelius in Apollonio Batauo

K —— L —— N —— M ——

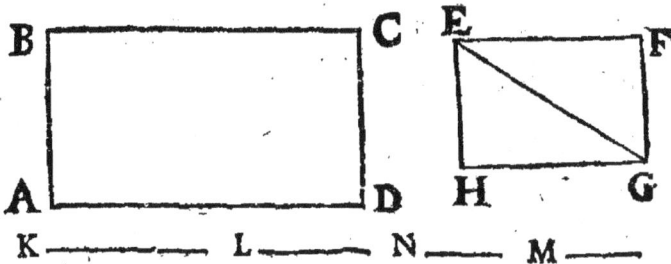

Hypoth.

▭bd π ▭hf 2|2 k π l.

Req. π. demonstr.

▭.fg,k π ▭.dc,l 2|2 ad π hg,

Præpar.

4. app. ▭.k,m 2|2 ▭bd, α

4. app. ▭.l,n 2|2 ▭hf, β

Demonstr.

7. 5 ▭.k,m π ▭.l,n 2|2 ▭bd π ▭hf,

hyp. k π l 2|2 ▭bd π ▭hf,

11. 5 ▭,k,m π ▭.l,n 2|2 k π l,

9. 1. 6 m 2|2 n,

α. 14. 6 ad π m 2|2 k π dc, γ

β. 14. 6 m⊔n π hg 2|2 fg π l, γ

20. d. 5 γ *raõ*. ad π hg 2|2 { *raõ*.ad π m + *raõ*.m π hg, ⊔*raõ*.k π cd + *raõ*.fg π l,

23. 6 *raõ*. ▭.fg,k π ▭.dc,l 2|2 *raõ*.k π cd + *raõ*.fg π l,

concl. 11. 5 ▭.fg,k π ▭.dc,l 2|2 ad π hg.

PROBL. XIII. PROPOS. XXIV.

Snelius in Apollonio Batauo.

Hypoth.. 1. cas.

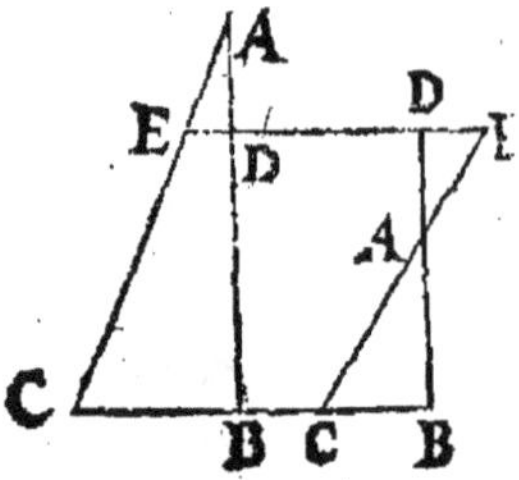

△abc sml. △adc,

<abc 2|2 <ade.

Req. π. demonstr.

▭.cae 2|2 ▭.bad + ▭.cb,ed.

Demonstr.

c. 4. 6 ac π ae 2|2 ab π ad ⊔ cb π ed,

concl. 31. 6 ▭.cae 2|2 ▭.bad + ▭.cb,ed. α

Hypoth.. 2. cas.

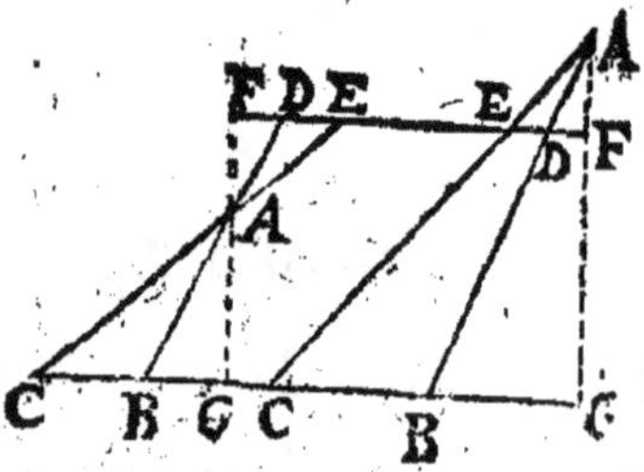

△abc sml. △ade,

<abc & <ade snt 3|2 ⊥.

Præpar.

12. 1 ag ⊥ edf & cbg.

Req. π. demonstr.

▭.cae 2|2 { ▭.bad + ▭.cb,ed
+ ▭.cb,df + ▭.bg,ed.

Demonstr.

α ▭.cae 2|2 ▭.gaf + ▭.cg,ef,

c. 1. 2 ▭.cg,ef 2|2 ▭.bg,df + ▭.bg,ed + ▭.cb,ef,

1. a. f ▭.cae 2|2 { ▭.gaf + ▭.bg,df + ▭.bg,ed
+ ▭.cb,ef,

α ▭.bad 2|2 ▭.gaf + ▭.bg,df,

1. a. f ▭.cae 2|2 ▭.bad + ▭.bg,ed + ▭.cb,ef,

1. 2 | ▭.cb,ef 2|2 ▭.cb,ed + ▭.cb,df,

concl. 1. a. f | ▭.cae 2|2 { bad + ▭.cb,ed + ▭.cb,df + ▭.bg,ed. β

Hypoth. 3. caſ.

△abc ſml. △ade,

<abc,<ade ſnt 2|3 ⅃,

ac 3|2 ab, & ae 3|2 ad,

Præpar.

afg ⊥ cb & ed,

gh 2|2 gb,

ahi eſt —.

Req. π. demonſtr.

▭.cae 2|2 ▭.bad + ▭.ch,ed ⊔ ▭.ei,cb.

Demonſtr.

ſ. 4. 6 | if 2|2 fd,

4. 2 | ah 2|2 ab,

4. 1 | ai 2|2 ad,

3. ſ. 1. d. 2 | ▭.hai 2|2 ▭.bad, γ

ſ. 4. 6 | gh π ch 2|2 fi π ie,

16. 6 | ▭.gh,ie 2|2 ▭.ch,fi ⊔ ▭.ch,fd, δ

ſ. 4. 6 | bh π hc 2|2 di π ie,

18. 5 | bc π hc 2|2 de π ei,

16. 4 | ▭.bc,ei 2|2 ▭.hc,de, ε

β | ▭.cae 2|2 { ▭.hai + ▭.ch,ei + ▭.hg,ei + ▭.ch,if,

ɣ	▭.hai 2|2 ▭.bad,
1. 2	▭.ch,ef 2|2 ▭.ch,ei + ▭.ch,if,
δ	▭.ch,fi ⊔ ▭.ch,fd 2|2 ▭.hg,ei,
1. a. f	▭.cae 2|2 ▭.bad + ▭.ch,ef + ▭.ch,fd,
1. 2.	▭.ch,ed 2|2 ▭.ch,ef + ▭.ch,fd,
concl. ε. 1.a.f.	▭.cae 2|2 ▭.bad + ▭.ch,ed ⊔ ▭bc,ei.

THEOR. XIV. PROPOS. XXV.

Snelius in Apollonio Batauo.

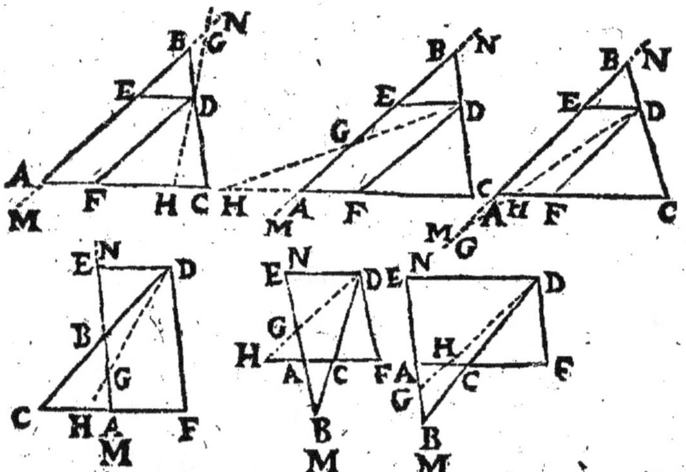

	Hypoth.
arbitr.	aedf *est* ◊,
arbitr.	g, *est* • *in* mabn,
arbitr.	c, *est* • *in* afc,
	gdh & cdb *snt* —
	Req. π. demonstr.
	ch π gb 2|2 hf π be.
	Demonstr.
29. 1	Δedb *æquiãg.* Δfdc,

4. 6	cf π fd 2|2 de π eb,
16. 6	▭. cf,eb } 2|2 { ▭. fd,de, α
29. 1	Δedg *æquiãg.* Δfdh
4. 6	df π fh 2|2 ge π ed,
16 6	▭. fh,ge } 2|2 ▭.df,ed
α. 1.a.1	▭. cf, eb } 2|2 ▭.fh,ge

<table>
<tr><td>16. 6</td><td>cf π fh 2|2 ge π eb,</td><td>concl. 16. 5</td><td>ch π gb 2|2 hf π be,</td></tr>
<tr><td>17. & 18. 5</td><td>ch π hf 2|2 gb π be,</td><td></td><td></td></tr>
</table>

THEOR. XV. PROPOS. XXVI.

Snelius in Cyclometria.

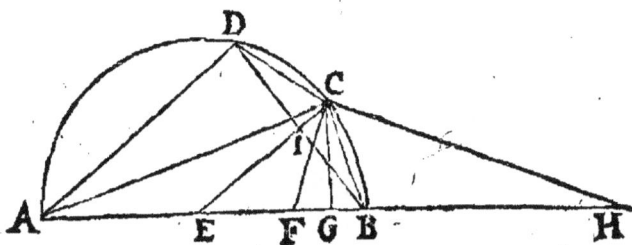

<table>
<tr><td></td><td>Hypoth.</td><td>29. 3</td><td>dc 2|2 cb,</td></tr>
<tr><td></td><td>eadcb est semic.</td><td>27. 3</td><td><caf 2|2 <cad,</td></tr>
<tr><td></td><td>∩dc 2|2 ∩cb,</td><td>hyp.</td><td>af 2|2 ad,</td></tr>
<tr><td></td><td>abh est —,</td><td>4. 1</td><td>cf 2|2 cd ∥ cb, α</td></tr>
<tr><td></td><td>ad,af,bh snt 2|2 {e,</td><td>constr.</td><td>fg 2|2 gb,</td></tr>
<tr><td></td><td>Præpar.</td><td>8. 1</td><td><cgf 2|2 <cgb, β</td></tr>
<tr><td>1. p. 1</td><td>dc,cb,ce,cf snt —</td><td>10 d. 1</td><td>cg ⊥ ab,</td></tr>
<tr><td>10. 1</td><td>fg 2|2 gb,</td><td></td><td><ecb</td></tr>
<tr><td>1. p. 1</td><td>cg,db,ac,ch snt —</td><td>a. 5. 1</td><td><ebc } snt 2|2 {e,</td></tr>
<tr><td></td><td>Req. π. demonstr.</td><td></td><td><cfb</td></tr>
<tr><td></td><td>□.bc 2|2 ▭.ebf,</td><td>32. 1</td><td>△ebc æquiāg. △cfb</td></tr>
<tr><td></td><td>□.ac 2|2 ▭.hae,</td><td>4. 6</td><td>eb π bc 2|2 bc π bf,</td></tr>
<tr><td></td><td>▭. ac,fb } 2|2 { ▭. bc,bd,</td><td>1. concl. 17. 6</td><td>▭.ebf 2|2 □.bc,</td></tr>
<tr><td></td><td></td><td>pyh.</td><td>af 2|2 bh,</td></tr>
<tr><td></td><td>Demonstr.</td><td>constr.</td><td>fg 2|2 gb,</td></tr>
<tr><td>hyp.</td><td>∩dc 2|2 ∩cb,</td><td>2. a. 1</td><td>ag 2|2 gh,</td></tr>
</table>

β	<cga 2|2 <cgh,	26. 1 & 3. 3	cg,bi,id *snt* 2|2 de,
4. 1	<chg 2|2 { <cag, ⊔ <eca,		ac π cb, γ
		4. 6	cg π gb,
32. 1	Δach *æquiãg.* Δaec,	15. 5	db π fb, γ
4. 6	ha π ac 2|2 ac π ae,	3. concl.	▭. bc,db } 2|2 { ▭. ac,fb.
2. concl. 17. 6	▭.hae 2|2 □.ac,	γ. 16. 6	

THEOR. XVI. PROPOS. XXVII.

Pappus lib. 7. propos. 175.

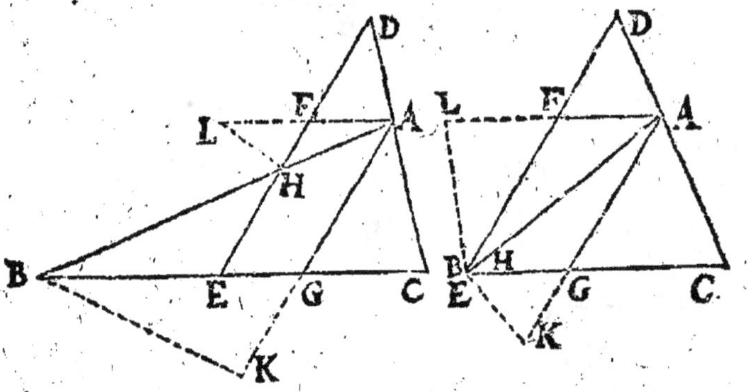

	Hypoth.	12. 6	ag π gc 2|2 bg π gk, α
	abc *est* Δ,	12. 6	af π fd 2|2 hf π fl, β
	cad *est* —,	1. p. 1	bk & lh *snt* —.
arbitr.	e, *est* • *in* bc,		*Demonstr.*
	de *est* —,	α. 6. 6	<k 2|2 <c ⊔ <daf,
	agk ═ de,	β. 6. 6	<fhl 2|2 <daf,
	afl ═ bc.	1. a. 1	<k 2|2 <fhl,
	Req. π. demonstr.	29. 1	<bgk 2|2 <ged,
	□.ag π ▭.bgc,	29. 1	<lfh 2|2 <ged,
	▭.dfh π □.fa.	1. a. 1	<bgk 2|2 <lfh,
	Præpar.	32. 1	Δbgk *æquiãg.* Δfhl

	Δagb }
19. 1	Δheb } snt æquiang.
	Δhfa }
4. 6	ag π gb 2|2 hf π fa,
4. 6	gb π gk 2|2 lf π fh,
23. 5	ag π gk 2|2 lf π fa,
α. 1. 6	□.ag π ▭.agk ⊔ ▭.bgc 2|2 ag π gk ⊔ lf π fa,
β. 1. 6	▭.lfa ⊔ ▭.dfh π □.fa 2|2 lf π fa,
concl. 11. 5	□.ag π ▭.bgc 2|2 ▭.dfh π □.fa.

THEOR. XVII. PROPOS. XXVIII.

Pappus lib. 7. propos. 28.

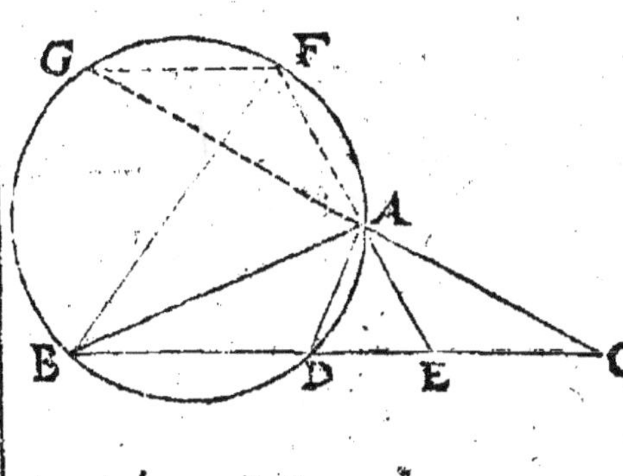

	Hypoth.
	abc & ade snt Δ,
	∠bac + ∠dae 2|2, 2 ⌐
	Req. π. demonstr.
	▭.bcd π | ▭.bed,
	□.ac π | □.ae,
	Præpar.
5. 4	adb est ⊙,
2. p. 1	cag & eaf snt —,
1. p. 1	bf & gf snt —.
	Demonstr.
13. 1	∠bac + ∠bag 2|2, 2 ⌐
hyp.	∠bac + ∠dae 2|2, 2 ⌐
3 a. 1	∠bag 2|2 ∠dae,
f 22. 3	∠dbf 2|2 ∠dae,
1. a. 1	∠dbf 2|2 ∠bag,
21. 3	∠bfg 2|2 ∠bag,
1. a. 1	∠dbf 2|2 ∠bfg,
27. 1	bd = gf,
29. 1	Δ.gaf æquiang. Δaec,
c. 4. 6	ga π ac 2|2 fa π ae,
18. 5	gc π ac 2|2 fe π ae,

1.6 ▭.gca π □.ac, 36.3 ▭.bcd 2|2 ▭.gca,
▭.fea π □.ea, 36.3 ▭.bed 2|2 ▭.fea,
16.5 ▭.gca π ▭.fea, concl. ▭.bcd π ▭.bed,
□.ac π □.ea, 7.5 □.ac π □.ea.

THEOR. XVIII. PROPOS. XXIX.

Pappus lib. 7. propos. 28.

Hypoth.

abc & dae *snt* △,

<bae & <dac *snt* ⊥.

Req. π. demonstr.

▭.bce π ▭.bde 2|2 □.ac π □.ad.

Præpar.

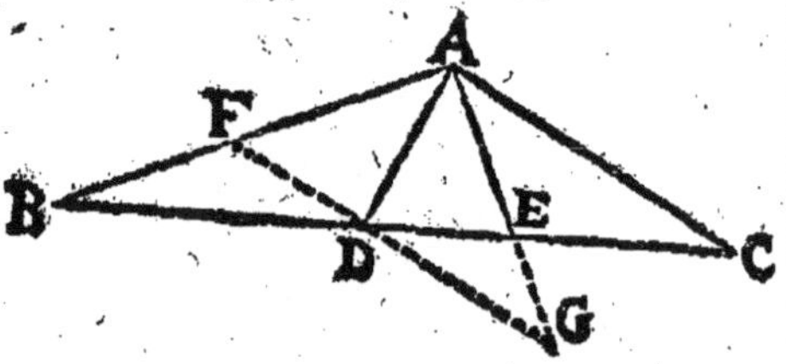

11. 1 fdg ⊥ ad,

2. p. 1 aeg *est* —.

Demonstr.

hyp. <dac *est* ⊥,

constr. <adg *est* ⊥,

28. 1 fdg = ac,

29. 1 △aec *æquiang.* △deg, α

29. 1 △abc *æquiang.* △fbd, β

hyp. <fag *est* ⊥,

8.6, & 17. 6 □.ad 2|2 ▭.fdg,

23. 6 *raō*..□.ac π □.ad ∪ ▭.fdg 2|2 { *raō*..ac π fd + *raō*..ac π dg,

β. 4.6 *raō*.,cb π bd 2|2 *raō*..ac π fd,

a. 4.6 | raō..ce π ed 2|2 raō..ac π dg,

11.5 | raō..□.ac π □.ad 2|2 raō..cb π bd + raō..ce π ed,

23.6 | raō..▭.bce π ▭.bde 2|2 { raō..bc π bd + raō..ce π ed,

concl. 11.5 | ▭.bce π ▭.bde 2|2 □.ac π □.ad.

THEOR. *XIX.* PROPOS. *XXX.*

Pappus lib. 6. propof. 12.

Hypoth.

abc & ade *ſnt* △,

<bad 2|2 <cae,

Req. π. demonſtr.

▭.dce π ▭.ebd 2|2 □.ac π □.ab,

Præpar.

5.4 | ade *eſt* ⊙,

1.p.1 | fg *eſt* —.

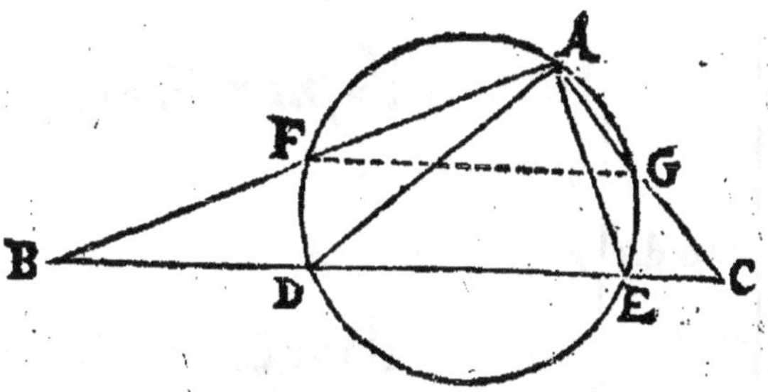

Demonſtr.

hyp. | <dab 2|2 <eac,

26.3 | ∩df 2|2 ∩eg,

f.27.3 | fg = bc,

2.6 | ag π gc 2|2 af π fb,

18.5 | ac π gc 2|2 ab π fb,

1.6 | □.ac π ▭.acg 2|2 □.ab π ▭.abf,

16.5 | □.ac π □.ab 2|2 ▭.acg π ▭.abf,

36.3 | ▭.dce 2|2 ▭.acg,

36. 3 | ▭.ebd 2|2 ▭.abf,
concl. 11. 5 | □.ac π □.ab 2|2 ▭.dce π ▭.ebd.

THEOR. XX. PROPOS. XXXI.

Pappus lib. 7. propos. 119.

Hypoth. sint
abd & abc ∇ △,
▭.bdc 2|2 □d.

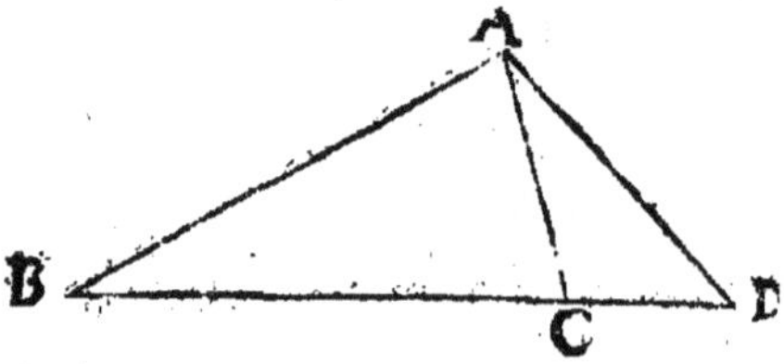

Req. π. demonstr.
bd π dc 2|2 □.ab π □.ac.

Demonstr.
14. 6 | bd π da 2|2 da π dc,
6. 6 | △bda *æquiang.* △acd,
6. 6 | <b 2|2 <cad.
ab π ac
c. 4. 6 | bd π ad } *sint raō.* 2|2 *de*,
ad π cd
α. 10. d. 5 | *raō*.. bd π cd 2|2, 2*raō*.. bd π ad,
20. 6 | *raō*.. □.ab π □.ac 2|2, 2*raō*.. ab π ac,
concl. 11. 5 | bd π cd 2|2 □.ab π □.ac.

THEOR. XXI. PROPOS. XXXII.

Pappus lib. 7. propos. 144.

Hypoth.
abc *est semic.*
bd *est tangen.*
b, *est* • .. *contact.*

arbitr. | acd *est* —,
beh ⊥ ac,
f, *est* • *in* ⌒ ab,
fd *est* —.

Req.

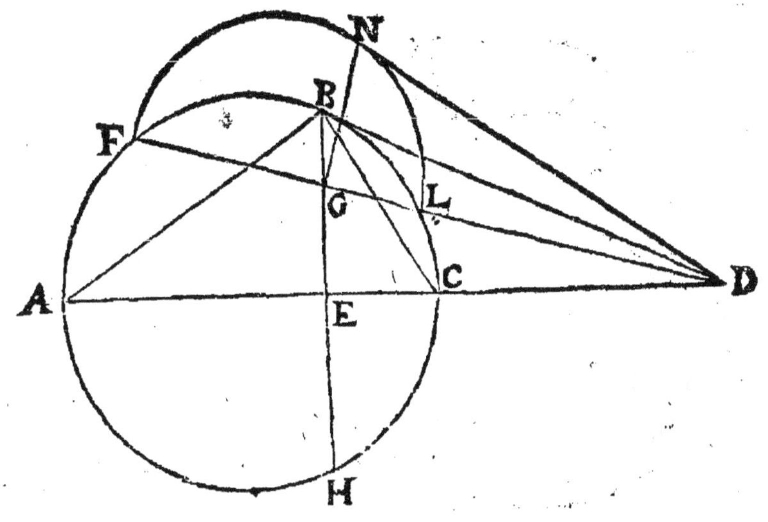

Req. π. demonſtr.

ad π dc 2|2 ae π ec,

item fd π dl 2|2 fg π gl.

Præpar.

3 p. 1 fnl *eſt ſemic.*

11. 1 gn ⊥ fd,

1. p. 1 ab, bc & dn *ſnt* ——.

Demonſtr.

36. 3 ▭.adc 2|2 □.bd,

ad π dc

31. app. □.ab π □.bc

4. 6 □.ae π □.eb

1. c. 20. 6 ae π ec

} *ſnt raõ.* 2|2 *ſe*,

1. concl. 11. 5 ad π dc 2|2 ae π ec, *a*

36. 3 ▭.fdl 2|2 □.bd,

47. 1 □.de + □.eb 2|2 □.bd,

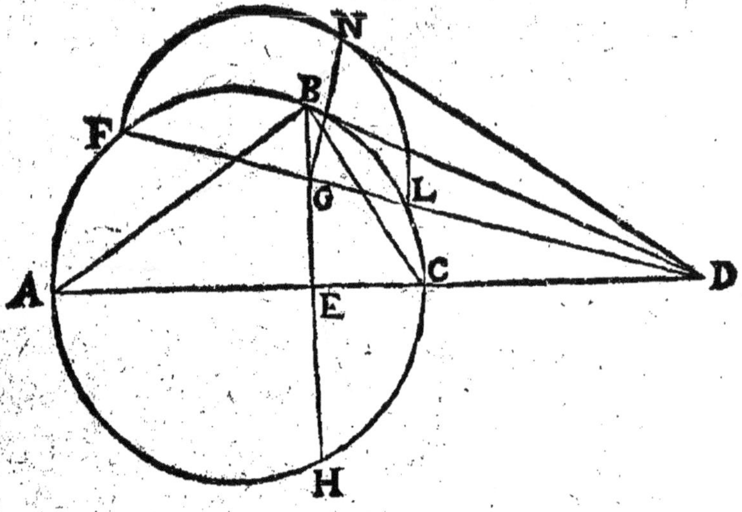

1. a. 1 | ▭.fdl 2|2 □.de + □.eb,
3. s.1.d.2 | □.eb 2|2 ▭.heb,
5. 2 | ▭.heb 2|2 ▭.hgb + □.eg,
1. a. f | ▭fdl 2|2 □.de + ▭.hgb + □.eg,
47. 1 | □.gd 2|2 □.de + □ eg,
1. a. f | ▭.fdl 2|2 □.gd + ▭.hgb,
35. 3 | ▭.hgb 2|2 ▭.fgl,
s. 5. 2 | ▭.fgl 2|2 □.gn,
1. a. f, & 47. 1 | ▭.fdl 2|2 □.gd + □.gn ⊔ □.nd,
37. 3 | dn *est tangen.*
2. concl. α | fd π dl 2|2 fg π gl.

THEOR. XXII. PROPOS. XXXIII.

Pappus lib. 7. propos. 154.

Hypoth.
eafc *est semic.*
acb *est* —,

<efb *est* ⌐, α
fd ⊥ ab, α
arbitr. g, *est* • *in* ⌒ afc,

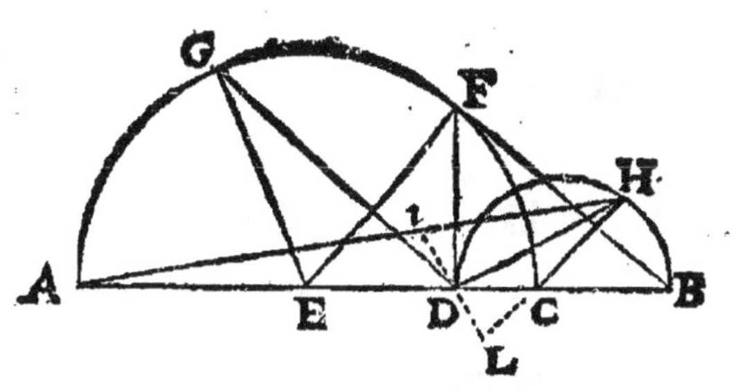

	dhb *est semic.*		be π | ef ⊔ eg,
arbitr.	h, *est* • *in* ∩ dhb,	4. 6	ef ⊔ eg π | ed,
	ge,gd,gb } *snt* ——.	6. 6	△beg *æquiāg.* △ged
	ha,hd,hc }	3.concl. 6. 6	<egd 2|2 <ebg,
	Req. π. demonstr.	4.concl.	bg π | gd,
	be π ec ⌐	c. 4. 6	be π | eg ⊔ ec,
	ec π ed { *snt raō.*	29. 1	△ahb *æquiāg.* △aid
	bc π cd { 2|2 *de*,	29. 1	△dlc *æquiāg.* △hcb
	bg π gd ⌡	32. app.	ab π bc 2|2 ad π dc
	<dge 2|2 <dbg,	16. 5	ab π ad 2|2 bc π dc, γ
	<dha 2|2 <dhc.		ab π ad ⌐
	Præpar.	4. 6	bh π di, δ { *snt raō.*
1. p. 1	hb *est* ——,	γ	bc π cd { 2|2 *de*,
2. p. 1	hcl *est* ——,	c. 4. 6	bh π dl, δ ⌡
31. 1	idl ═ hb.	δ. 9. 5	di 2|2 dl,
	Demonstr.	29. 1	<idh 2|2 <dhb,
α. 8. 6	△efb *æquiāg.* △efd	31. 1	<dhb *est* ⊥,
1.concl.	be π | ef ⊔ ec, β	12. a. b	<idh *est* ⊥,
4. 6	ef ⊔ ec π | ed,	1. c. 13. 1	<ldh *est* ⊥,
2.concl. 19. 6	bc π | cd,	5 concl. 4. 1	<dha 2|2 <dhc.

PROBL. XII. PROPOS. XXXIV.

Dato circulo, & tribus punctis in eius circumferentia, inuenire diametrum, in quam cum demittentur è datis punctis normales, segmenta diametri à normalibus intercepta datam teneant rationem.

Estant donné un cercle & trois poincts en sa circonference, trouuer un diametre tel, que les perpendiculaires menees sur iceluy de trois poincts donnez, le couppent en la raison donnee.

Vieta in appendice apollonij galli.

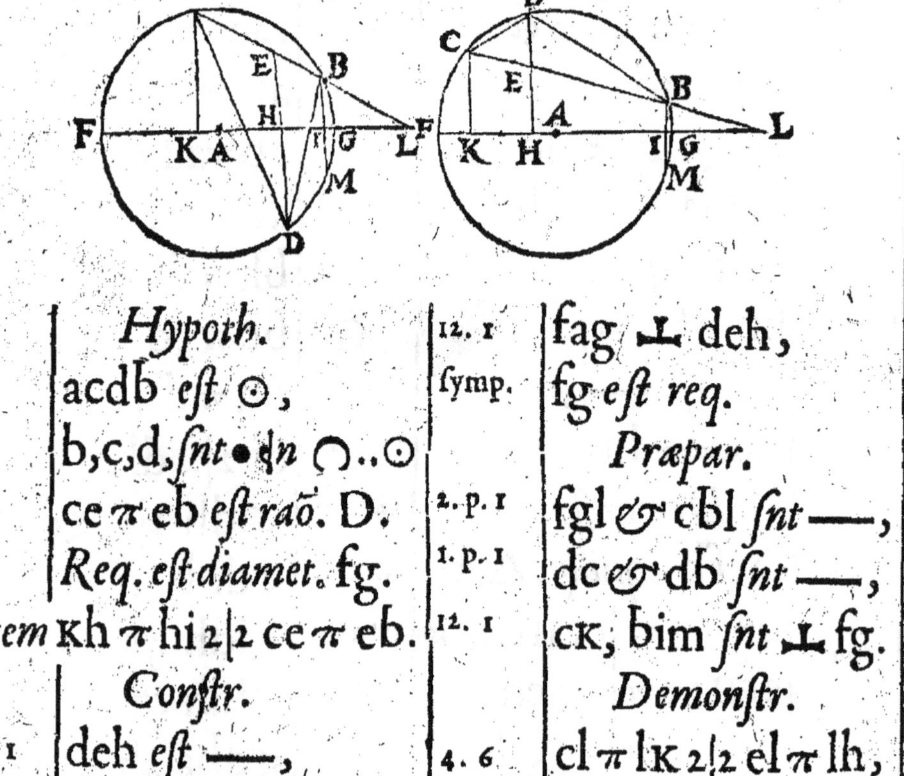

<table>
<tr><td></td><td>Hypoth.</td><td>12. 1</td><td>fag ⊥ deh,</td></tr>
<tr><td></td><td>acdb est ⊙,</td><td>symp.</td><td>fg est req.</td></tr>
<tr><td></td><td>b,c,d, snt • in ◠ .. ⊙</td><td></td><td>Præpar.</td></tr>
<tr><td></td><td>ce π eb est raō. D.</td><td>2. p. 1</td><td>fgl & cbl snt —,</td></tr>
<tr><td></td><td>Req. est diamet. fg.</td><td>1. p. 1</td><td>dc & db snt —,</td></tr>
<tr><td>item</td><td>kh π hi 2|2 ce π eb.</td><td>12. 1</td><td>ck, bim snt ⊥ fg.</td></tr>
<tr><td></td><td>Constr.</td><td></td><td>Demonstr.</td></tr>
<tr><td>1. p. 1</td><td>deh est —,</td><td>4. 6</td><td>cl π lk 2|2 el π lh,</td></tr>
</table>

4. 6	el π lh 2|2 bl π li,	concl. 16. 5	ce π eb 2|2 Kh π hi.
19. 5	ce π Kh 2|2 cb π hi.		

PROBL. XIII. PROPOS. XXXV.

Dato circulo, & duobus punctis in eius circumferentia ſignatis, inuenire diametrum, in quam, cum demittentur à datis punctis normales, ſegmentum diametri ab iis normalibus interceptum erit dato æquale.

Eſtant donné vn cercle & deux poincts en ſa circonference, trouuer vn diametre tel, que les perpendiculaires menees ſur iceluy, de deux poincts donnez, le couppent en ſorte, que le ſegment compris entre icelles ſoit egal à vne ligne donnee.

Vieta in appendice apollonij galli.

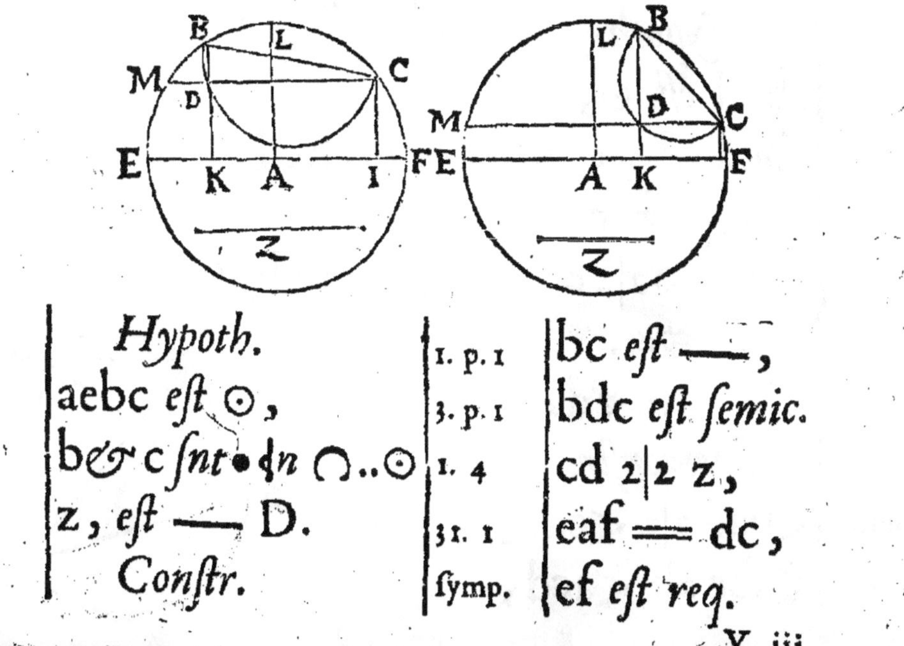

Hypoth.	1. p. 1	bc *eſt* —,
aebc *eſt* ⊙,	3. p. 1	bdc *eſt ſemic.*
b& c *ſnt* • *in* ∩ .. ⊙	1. 4	cd 2|2 z,
z, *eſt* — D.	31. 1	eaf = dc,
Conſtr.	ſymp.	ef *eſt req.*

	Præpar.
1&2.p.1	bdK *eſt* ——,
31.1	ci ═ bK.
	Demonſtr.
31.3	<bdc *eſt* ⌟,
29.8	<dKi 2|2 <bdc,
12.a.b	<dKi *eſt* ⌟,
2.c.29.1	dKic *eſt* ▭,
34.1	ki 2|2 dc,
conſtr.	z 2|2 dc,
concl. 1.a.1	ki 2|2 z.

THEOR. XXIII. PROPOS. XXXVI.

Si in circulo quadrilaterum deſcribatur; erit rectangulum ſub diametris comprehenſum æquale aggregato duorum rectangulorum, quæ ſub lateribus oppoſitis continentur.

Si en vn cercle eſt deſcrit vn quadrilatere; le rectangle contenu ſous les diametres ſera egal à l'aggregé de deux rectangles contenus ſous les coſtez oppoſez.

Ptolomeus lib. 1. Almageſti.

Hypoth.

abcd *eſt* ⊙,

abcd *eſt* 4< *inſcri. in* ⊙ abcd.

Req. π. demonſtr.

▭.ac,ab 2|2 ▭.ad,bc + ▭.ab,dc,

	Præpar.
23.1	<bae 2|2 <dac.
	Demonſtr.
conſtr.	<bae 2|2 <cad,
23.1	<abe 2|2 <acd,

a

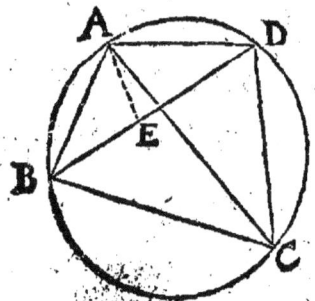

A D E B C

32. 1	△abe *æquiang.* △cad,	β
α. 2.a.1	<ead 2|2 <bac,	
21. 3	<eda 2|2 <bca,	
32. 1	△ead *æquiang.* <acb,	γ
β. 4.6	be π ba 2|2 cd π ca,	
16. 6	▭.be,ca 2|2 ▭.ba,cd,	δ
γ. 4.6	ed π da 2|2 cb π ca,	
16. 6	▭.ed,ca 2|2 ▭.da,bc,	
δ. 2.a.1	▭.be,ca+▭.ed,ca 2|2 ▭.ba,cd+▭.da.bc,	
1. 2	▭.be,ca+▭.ed,ca 2|2 ▭.ac,bd,	
concl. 1. a. 1	▭.ac,bd 2|2 ▭.ba,cd+▭.da,bc.	

THEOR. XXIV. PROPOS. XXXVII.

In circulo ſumptis duobus arcubus inæqualibus quorum maior ſubtendatur à maiori linea quam minor; maior eſt proportio arcus maioris ad minorem, quam ſubtenſæ maioris arcus ad ſubtenſam minoris arcus.

Eſtant pris en vn cercle deux arcs inegaux, deſquels le plus grand ſoit ſouſtenu d'vne plus grande ligne que le plus petit; il y aura plus grande proportion du plus grand arc au moindre, que de la plus grande ſouſtendante à la moindre.

Ptolomeus lib. 1. Almagesti.

Hypoth.	⌒ab 3|2 ⌒bc.
abcd *eſt* ⊙,	*Req.* π. *demonſtr.*

⌒ab π ⌒bc 3|2 ab π bc,

Præpar.

9. 1 <abd 2|2 <cbd,
1. p. 1 ac, ad, cd *snt* —,
3. p. 1 degh *est* ⊙,
10. 1 af 2|2 fc,
2. p. 1 dfh *est* —.

Demonstr.

constr. <dba 2|2 <dbc,
 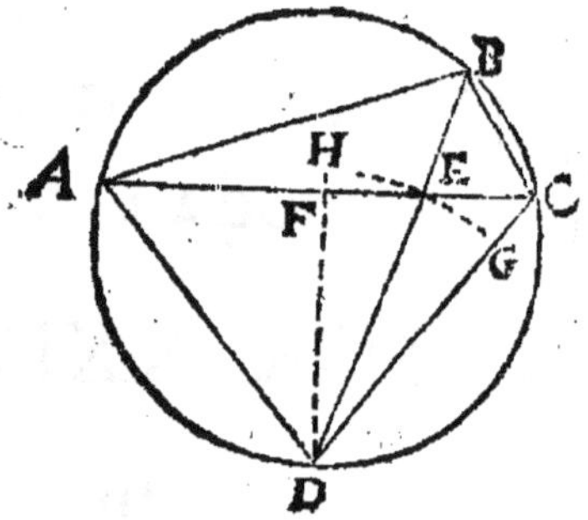
26. 3 ⌒da 2|2 ⌒dc,
29. 3 da 2|2 dc,
8. 1 <dfa 2|2 <dfc,
10. d. 1 <dfc *est* ⌋,
3. 6 ab π bc 2|2 ae π ec,
hyp. ab 3|2 bc,
f. 14. 5 ae 3|2 ec,
c. 17. 1 <dea 2|3 ⌋,
c. 13. 1 <dec 3|2 ⌋,
17. 1 <dce 2|3 ⌋,
19. 1 dc 3|2 de,
19. 1 de 3|2 df,
33. 6 <hde π <edg 2|2 *sect.* hde π *sect.* edg, a
8. 5 *sect.* hde π *sect.* edg 3|2 Δfde π *sect.* edg,
8. 5 Δfde π *sect.* edg 3|2 Δfde π Δedc,
a. 13. 5 <hde π <edg 3|2 Δfde π Δedc,

1.6 | △fde π △edc 2|2 fe π ec,
13.5 | <hde π <edg 3|2 fe π ec, β
18.5 | <hdg π <edg 3|2 fc π ec,
15.5 | <adc π <hdg 2|2 ac π fc,
22.5 | <adc π <edg 3|2 ac π ec,
29.5 | <ade π <edg 3|2 ae π ec,
33.6 | <ade π <edg 2|2 ⌒ab π ⌒bc,
3.6 | ae π ec 2|2 ab π bc,
concl. 13.5 | ⌒ab π ⌒bc 3|2 ab π bc.

Coroll.

hyp. | df ñ *est* 3|2 de,
β | <fde π <edc 3|2 fe π ec.

THEOR. XXV. PROPOS. XXXVIII.

Si basis trianguli ita secetur, vt segmentum alterum sit non minus latere sibi contermino; ratio anguli qui reliquo segmento adiacet, ad eum qui huic, minor est, quam huius segmenti ad illud.

Si la base d'vn triangle est couppee en sorte, que l'vn des segments ne soit moindre que le costé qui luy est adjacent; la raison de l'angle qui est adjacent à l'autre segment, à l'angle adjacent à celuy-cy est moindre, que du segment de celuy-cy, au segment de l'autre.

Ptolomeus lib. 12. Almagesti.

| *Hypoth.* | cd ñ *est* 2|3 ac.
| abc *est* △, | *Req.* π. *demonstr.*

<b π <bca 2|3 cd π db.

Præpar.

suppos. cd 2|2 ca,

1. p. 1 ad *est* —,

31. 1 ae 2|2 & = cd, α,

2. p. 1 cef & ba f *snt* —

3. p. 1 aceg *est* ⊙.

Demonstr.

α. 33. 1 de *est* ◊,

α. 29. 1 ∠eaf 2|2 ∠b,

α. 29. 1 ∠cae 2|2 ∠acb,

29. 1 △eaf *æquiang.* △bda,

3. c. 17. 1 ∠aec 2|3 ⅃,

2. c. 13. 1 ∠aef 3|2 ⅃,

19. 1 af 3|2 ae,

c. 37. ap. ∠cae ⊔ ∠acb π ∠eaf ⊔ ∠b 3|2 ce ⊔ da π ef,

4. 6 bd π dc ⊔ ae 2|2 da π ef,

13. 5 ∠acb π ∠b 3|2 bd π dc,

concl. 26. 5 ∠b π ∠acb 2|3 dc π bd.

THEOR. XXVI. PROPOS. XXXIX.

Ptolomeus lib. 3. Almagesti.

cafg *est* ⊙,

acd *est diamet.*

arbitr. b, *est* • *in* cd,

bf ⊥ ad,

arbitr. e & g *snt* • *in* ⌒afd

cf, ce, be } *snt* —,
cg, bg }

Req. π. demonstr.

∠bfc 3|2 ∠bec ⊔ ∠bgc,

Præpar.

3.p.1 cibl *est* ⊙,

2.p.1 gbl *est* —,

1.p.1 cl *est* —.

Demonstr.

15.d.1 ce,cf,cg *ſnt* 2|2 ∤e,

19.1 cb 3|2 cl ⊔ ci,

concl. c.31.3 ∠bfc 3|2 cei ⊔ cel.

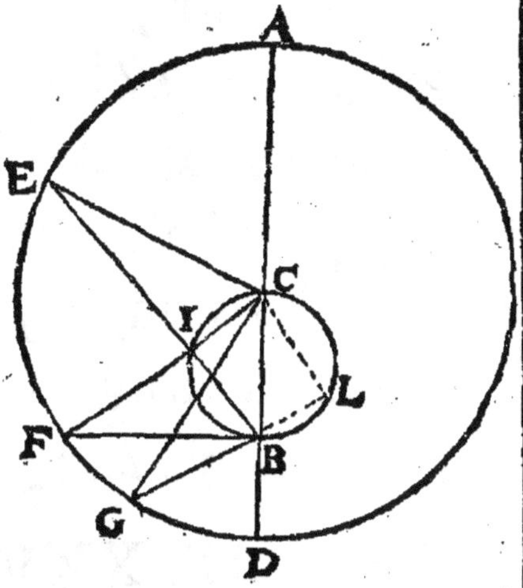

THEOR. XXVII. PROPOS. XL.

Theon in tertium lib. Almagesti.

Hypoth.

cage *est* ⊙,

acd *est* —,

∩ag 2|2 ∩gh,

arbitr. d, *est* • ∤n bd,

dg & dh *ſnt* —.

Req. π. demonstr.

∠gda 3|2 ∠gdh.

Præpar.

gb & gk *ſnt* —.

Demonstr.

8.3 di 3|2 db,

38. app. di π gi 3|2 ∠bgd π ∠bdg,

28.5 dg π gi 3|2 ∠gba π ∠bdg,

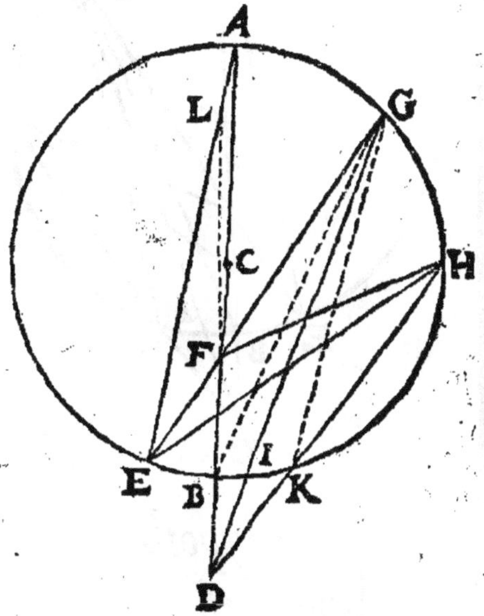

a

15. 3	gi 3|2 gk,
38. app.	gi π id 3|2 ∠kdg π ∠kgd,
26. 5	id π gi 2|3 ∠kgd π ∠kdg,
28. 5	dg π gi 2|3 ∠gkh π ∠kdg,
α. 2(13. 5	∠gba π bdg 2|3 ∠gkh π ∠kdg,
27. 3	∠gba 2|2 ∠gkh,
concl. 10. 5	∠bdg 3|2 ∠adg.

THEOR. XXVIII. PROPOS. XLI.

Theon in tertium lib. Almagesti.

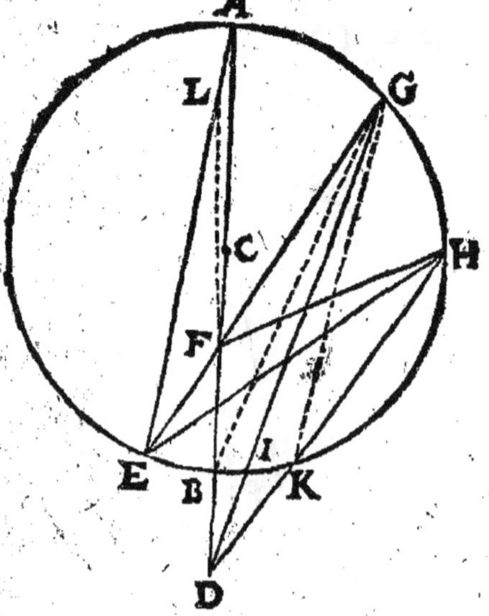

Hypoth.

	cage *est* ⊙,
	acb *est diamet.*
	⌒ag 2|2 ⌒gh,
arbitr.	f, *est* • *in* cb,
	fg & fh *snt* ——.

Req. π. demonstr.

∠gfh 3|2 ∠gfa.

Præpar.

2. p. 1	gfe *est* ——,	
1. p. 1	ea & eh *snt* ——,	
15. 3	ea 3|2 eh,	
3. 1	el 2|2 eh,	α
1. p. 1	fl *est* ——.	

Demonstr.

27. 3	∠fel 2|2 ∠feh,
α. 4. 1	∠efh 2|2 ∠efl,
13. 1	∠gfh 2|2 ∠gfl,
9. a. 1	∠gfl 3|2 ∠gfa,
concl. 1. a. e	∠gfh 3|2 ∠gfa.

EVCLIDIS ELEMENTORVM LIBER SEPTIMVS.

LE SEPTIESME LIVRE DES ELEMENTS D'EVCLIDE.

DEFINIT. I.

VNITAS est, secundam quam vnumquodque eorum, quæ sunt vnum dicitur.

vnit. vel 1. *id est* vnitas.
vnits. *id est* vnitates.

L'VNITÉ est selon laquelle une chacune chose de celles qui sont, est dite une.

vnit. ou 1. signifie *l'vnité*.
vnits. signifie *vnitez*.

DEFINIT. II.

Numerus autem, est vnitatibus composita multitudo.

Nombre, est vne multitude composee d'vnitez.

COROLL.

Æquales numeri, æquali numero vnitatem constant: Et numeri, qui æquali nu-

Les nombres egaux, sont composez de mesmes nombres d'vnitez: & les nombres com-

mero vnitatum constant, sunt inter se æquales.

posez de mesmes nombres d'vnitez sont egaux.

DEFINIT. III.

Pars est numerus, numeri, minor maioris, cum minor metitur maiorem.

Vn nombre est partie d'vn autre nõbre; le plus petit du plus grand, lors que le plus petit mesure le plus grand.

Omnis pars ab eo numero nomen sibi sumit, per quem ipsa numerum, cuius est pars, metitur vt 4. dicitur tertia pars numeri 12. quòd metiatur 12. per 3.

Toute partie prend son nom du nombre, par lequel elle mesure le nombre duquel elle est partie, comme 4. est le tiers de 12. à cause que 4. mesure 12. par trois.

DEFINIT. IV.

Partes autem cùm non metitur.

Vn nombre est dit parties d'vn autre plus grand, quãd le plus petit ne mesure le plus grand.

Partes quæcunque nomen accipiunt à duobus illis numeris, per quos maxima communis duorum numerorum mensura vtrumque eorum metitur, vt 10. dicitur duæ tertiæ numeri 15. quod maxima communis mensura nempe 5. metiatur 10. per 2. & 15. per 3.

Toutes parties prennent leur nom de deux nombres, par lesquels la plus grande commune mesure de deux nombres mesure l'vne & l'autre, comme 10. est deux tiers de 15. à cause que la plus grande commune mesure de 10. & 15. qui est 5. mesure 10. par 2. & 15. par 3.

SCHOL.

Cùm primus numerus secundum, & tertius quartum

Quand le premier nombre mesure le second autant de fois

æquè metiuntur, primus numerus eſt eadem pars ſecundi, quæ tertius quarti: Et multitudo partium ſecundi, æqualium primo, eſt æqualis multitudini partium quarti, æqualium tertio.

Et contra, cum multitudo partium ſecundi æqualium primo, eſt æqualis multitudini partium quarti æqualium tertio: primus numerus eſt eadem pars ſecundi, quæ tertius quarti.

Cùm vero primus numerus, & tertius non metiuntur ſecundum & quartum; ſed pars primi metitur ſecundum, eadem pars tertij quartum, primus numerus eſt eædem partes ſecundi, quæ tertius quarti: Et multitudo partium primi, eſt æqualis multitudini partium tertij, multitudo vero partium ſecundi, multitudini partium quarti:

que le troiſieſme meſure le quatrieſme, le premier nombre eſt telle partie du ſecond, que le troiſieſme du quatrieſme: Et la multitude des parties du ſecond, egales au premier, eſt egale à la multitude des parties du quatrieſme, egales au troiſieſme.

Et au contraire, quand la multitude des parties du ſecond egales au premier, eſt egale à la multitude des parties du quatrieſme, egales au troiſieſme: le premier nombre eſt telle partie du ſecond, que le troiſieſme du quatrieſme.

Mais quand le premier & troiſieſme nombre ne meſurent point le ſecond & le quatrieſme; ains vne partie du premier meſure le ſecond, & la meſme partie du troiſieſme le quatrieſme. Le premier nombre eſt telles parties du ſecond, que le troiſieſme du quatrieſme: & la multitude des parties du premier, eſt egale à la multitude des parties du troiſieſme, & la multitude des parties du ſecond, à la multitude des parties du quatrieſme:

partesque primi tum inter se, tum partibus secundi sunt æquales, necnon partes tertij, inter se & partibus quarti. Et contrà, cum partes primi tum inter se, tum partibus secundi sunt æquales, necnon partes tertij, inter se & partibus quarti, & multitudo partium primi est æqualis multitudini partium tertij, necnon multitudo partium secundi multitudini partium quarti; primus numerus est eædem partes secundi, quæ tertius quarti.

& les parties du premier sont egales, tant entr'elles, qu'aux parties du second: & aussi les parties du troisiesme sont egales, tant entr'elles, qu'aux parties du quatriesme. Et au contraire, quand les parties du premier sont egales, tant entr'elles qu'aux parties du second, & aussi les parties du troisiesme tant entr'elles qu'aux parties du quatriesme: & la multitude des parties du premier est egale à la multitude des parties du troisiesme, & la multitude des parties du second à la multitude des parties du quatriesme: le premier nombre est telles parties du second que le troisiesme l'est du quatriesme.

hyp.	a, *msur:* b 2	2 c, *msur:* d.	A,2. B,6. C,5. D,15.
s.4. d.7	a, *par..* b 2	2 c *par..* d.	

Vel sic, *Ou ainsi.*

hyp.	a, *msur:*	b,	s.4.d.7	a, *par..*	b
	c, *msur:*	d,		c, *par..*	d.

Explicatio notarum.

Quoties A, metitur B, toties C, metitur D: igitur quę pars est A, numeri B, eadem pars est C, innumeri D.

Explication des notes.

A, mesure B, autant de fois que C, mesure D: partant A, est la mesme partie de B, que C, l'est du nombre D.

A, 4. B, 6. C, 10. D, 15.

hyp.	par.. a, mſur:	b,	a, part.	b,
	par.. c, mſur:	d,	c, part.	d.

Explicatio notarum,

Quæ pars numeri A, metitur B, eadem pars numeri C, metitur D; igitur numemerus A, eſt eædem partes numeri B, quæ numerus C, numeri D.

Explication des notes.

La partie de A, qui meſure B, eſt la meſme, que la partie de C, qui meſure D; partant le nombre A, eſt telles parties de B, que le nombre C, l'eſt du nombre D.

DEFINIT. V.

Multiplex vero maior minoris, cùm maiorem metitur minor: vt 15, eſt multiplex 5.

Vn nombre eſt dit multiple d'vn autre plus petit, lors que le plus petit meſure le plus grand: comme 15, eſt multiple de 5.

DEFINIT. VI.

Par numerus eſt, qui bifariam diuiditur: vt 6, 8, 10, ſunt numeri pares.

Nombre pair, eſt celuy qui peut eſtre diuisé en deux egalement: comme 6, 8, 10, ſont nombres pairs.

pa. id eſt par.

pa. ſignifie *pair.*

DEFINIT. VII.

Impar vero, qui bifariã non diuiditur, vel qui vnitate differt à pari: vt

Mais nombre impair eſt celuy qui ne ſe peut diuiſer en deux egalement, ou qui

5, 15, ſunt numeri impares.

impa. { impar. *impair.*

differe du nombre pair, de l'vnité: comme 5, 7, 15, ſont nombres impairs.

DEFINIT. VIII.

Pariter par numerus eſt, quem par numerus metitur per numerum parem.

Nombre pairement pair, eſt celuy qu'vn nombre pair meſure par vn nombre pair.

DEFINIT. IX.

Pariter autem impar eſt, quem par numerus metitur per numerum imparem.

Mais nombre pairement impair, eſt celuy qu'vn nombre pair meſure par vn nombre impair.

Nicomacho & Boëtio paris numeri ſpecies ſunt tres, nempe pariter par, pariter impar, & impariter par.

Numerus pariter par eſt, qui ad vnitatem vſque, bifariam diuiditur, vt 32.

Pariter impar eſt numerus, qui dimidium habet imparem, vt 18.

Impariter par numerus eſt, qui eſt pariter par, & pariter impar, vt 20.

Qui igitur his eſt pariter par, Euclides pariter parem tantùm vocat; qui verò his eſt pariter

Nicomachus & Boëtius diuiſent le nombre pair en trois eſpeces, à ſçauoir en pairement pair, pairement impair, & impairemēt pair.

Le nombre pairement pair eſt celuy qui ſe diuiſe par moitié juſques à l'vnité, comme 32.

Nōbre pairemēt impair eſt celuy qui a ſa moitié impair, comme 18.

Nombre impairement pair, eſt celuy qui eſt pairement pair & pairement impair, comme 20.

Partant celuy qui eſt à ceux-cy pairement pair, Euclide l'appelle pairemēt pair ſeulement; & celuy qui eſt à ceux-cy pairemēt impair, impar, Euclides pariter imparem tantùm; & qui his impariter par, Euclides & pariter parem, & pariter imparem appellat.

à Euclide il est pairement impair seulement; & celuy que ceux-cy nõment impairement pair, Euclide l'appelle pairement pair, & pairement impair.

pa.pa. id est pariter par tantùm.

pa.pa. signifie *pairement pair seulement.*

pa. impa. id est pariter impar tantùm.

pa. impa. signifie *pairement impair seulement.*

imp.pa. id est pariter par & pariter impar,

impa. pa. signifie *pairement pair, & pairement impair.*

DEFINIT. X.

Impariter verò impar numerus est, quem impar numerus metitur per numerum imparem: vt 15, 21, sunt impariter impares.

Mais impairement impair, est celuy lequel vn nombre impair mesure par vn nombre impair: comme 15, 21, sont nombres impairement impairs.

impa, impa. id est impariter impar.

impa. impa. signifie *impairement impair.*

DEFINIT. XI.

Primus numerus est, quem sola vnitas metitur: vt 7, 11, sunt numeri primi.

Nombre premier, est celuy lequel l'vnité seule mesure: comme 5, 7, sont nombres premiers.

pr. id est primus.

pr. signifie *premier.*

DEFINIT. XII.

Primi inter se numeri sunt, quos sola vnitas, communis mensura metitur: vt 8, & 15, sunt numeri primi inter se.

pr. 4e, id est primi inter se.

Nõbres premiers entr'eux, sont ceux-là, lesquels ont la seule vnité pour commune mesure : cõme 8, & 15, sont nombres premiers entr'eux.

pr. 4e, signifie *premiers entr'eux.*

DEFINIT. XIII.

Compositus numerus est, quem numerus quispiam metitur: vt 4, 6, 8, sunt numeri compositi.

compos. id est compositus.

Nombre composé, est celuy lequel, quelque nombre peut mesurer: comme 4, 6, 8, sont nombres composez.

compos. signifie *composé.*

DEFINIT. XIV.

Compositi autem inter se numeri sunt, quos numerus aliquis communis mensura metitur: vt 9, & 15, sunt numeri compositi inter se.

compos. 4e, id est compositi inter se.

Euclidi in hac definitione & præcedente vnitas non est numerus.

Mais nombres composez entr'eux, sont ceux-là lesquels sont mesurez par quelque nombre comme commune mesure: comme 9, & 15, sont nombres composez entr'eux.

compos. 4e, signifie *composez entr'eux.*

L'vnité n'est pas nombre à Euclide en ceste definition, & en la precedente.

DEFINIT. XV.

Numerus numerũ multiplicare dicitur, cum toties compoſitus fuerit is, qui multiplicatur, quot ſunt in ipſo multiplicãte vnitates, & procreatus fuerit aliquis.

Vn nombre eſt dit en multiplier vn autre, quand il en eſt produit quelqu'vn, qui eſt composé autant de fois du multiplié, qu'il y a d'vnitez au multipliant.

A,15. B,3. C,45.

c 2|2 ▭.a,b,

Vel ſic. *Ou ainſi.*

c 2|2 ab.

Explicatio notarum.

C, eſt æqualis numero, qui fit ex multiplicatione A in B.

Explication des notes.

C, eſt egal au produit qui vient en multipliant A, par B.

COROLL.

In omni multiplicatione vnitas eſt ad multiplicatorem, vt multiplicatus ad productum.

En toute multiplication l'vnité eſt au multiplicateur, comme le multiplié au produit.

D,1. A,15. B,3. C,45.

hyp. | ▭.a,b 2|2 c, | c.15. d.7 | d π b 2|2 a π c.

DEFINIT. XVI.

Cum autẽ duo numeri ſeſe multiplicantes aliquẽ fecerint, qui factus

Mais quand deux nombres ſe multipliant l'vn l'autre en produiſent quel-

erit, planus appellabitur. Qui verò numeri mutuò sese multiplicarint, latera illius dicentur.

qu'vn, celuy qui est produit, est appellé plan. Et les nombres qui se multiplient l'vn l'autre seront dits costez d'iceluy.

A,15. B,3. C,45.

hyp.	▭.a,b *est* c,	16. d 7	c, *est nr. plan.*

DEFINIT. XVII.

Cùm verò tres numeri mutuò se multiplicantes aliquem fecerint, qui procreatus erit, solidus appellabitur: qui autem numeri mutuò sese multiplicarint, latera illius dicentur.

Quand trois nombres se multiplians l'vn l'autre en produisent quelqu'vn, celuy qui est procreé sera appellé solide: & les nombres qui se multiplient l'vn l'autre, seront appellez costez d'iceluy.

A,3. B,4. C,10. D,120.

hyp.	d 2|2 abc,	17. d.7	d, *est nr. solid.*

Explicatio notarum.

Numerò D, est æqualis numerus qui fit ex mutua multiplicatione numerorũ A,B,C. Igitur D, est numerus solidus.

Explication des notes.

Le nombre D, est egal au nombre qui vient en multipliant les trois nombres A, B, C, l'vn par l'autre; partant D, est nombre solide.

DEFINIT. XVIII.

Quadratus numerus eſt, qui æqualiter æqualis, vel qui ſub duobus æqualibus numeris continetur.

Nombre quarré eſt celuy qui eſt egalement egal, ou qui eſt contenu ſous deux nombres egaux.

hyp. | a 2|2 b,
hyp. | ▭.a,b *eſt* c,

A,2. B,3. C,9.

18.d.7 | c, *eſt nr.* □.

Explicatio notarum.

Numerus A, eſt æqualis numero B.

Numerus A, ductus in numerum B, facit numerum C: igitur C, eſt numerus quadratus.

Explication des notes.

Le nombre A, eſt egal au nombre B.

A, eſtant multiplié par B, fait C: partant C, eſt nombre quarré.

DEFINIT. XIX.

Cubus verò, qui æqualiter æqualis æqualiter, vel qui ſub trib. æqualibus numerus cõtinetur.

Nombre cube eſt celuy qui eſt egalement egal egalement, ou qui eſt contenu ſous trois nombres egaux.

hyp. | a,b,c *ſnt nr.* 2|2 ⁝e,
hyp. | ⁞ 2|2 abc,

A,3. B,3. C,3. D,27.

19.d.7 | d, *eſt nr. cub.*

Explicatio notarum.

A, B, C ſunt numeri æquales inter ſe.

Explication des notes.

A, B, C ſont nombres egaux entr'eux.

D, est æqualis numero qui fit ex mutua multiplicatione numerorũ A, B C: igitur D, est numerus cubus.

A, B, C multipliez l'vn par l'autre font D: partant D, est nombre cube.

In hac definitione & trib. præcedentibus vnitas est numerus.

En ceste definition, & aux trois precedentes l'vnité est nombré.

DEFINIT. XX.

Numeri proportionales sunt, cùm primus secundi, & tertius quarti, æquè multiplex est, vel eadem pars, vel denique, cùm pars primi secundum, & eadem pars tertij æquè metitur quartum.

Les nombres sont proportionaux quand le premier est autant multiple du second, ou mesme partie, que le troisiesme du quatriesme, ou bien quand vne partie du premier mesure le secõd, autant de fois que la mesme partie du troisiesme le quatriesme.

hyp.	a, 8, 2, 3, 6	4, b,	A, 6. B, 2. C, 15. D, 5.
	c, 8, 2, 3, 6	4, d,	A, 10. B, 15. C, 8. D, 12.
20 d.7	a π b 2	2 c π d,	A, 15. B, 10. C, 12. D, 8.

Explicatio notarum.

Numerus A, numeri B, & numerus C, numeri D, est æquè multiplex, vel eadem pars, vel æque multiplex eiusdem partis: igitur A, est ad B, vt C, ad D.

Explication des notes.

Le nombre A, du nombre B, & le nombre C, du nombre D, est equimultiple, ou mesme partie, ou equimultiple de mesme partie: partant A, est à B, comme C, à D.

Conuerſ. 20. def. 7.

A,8. B,12. C,4. D,6.

hyp. | a π b 2|2 c π d,

c.20.d7 | a, 8, 2, 3, 6 | 4, b,
| c, 8, 2, 3, 6 | 4, d.

Explicatio notarum.	Explication des notes.
A, ad B, eſt vt C, ad D; igitur A, & C, ſunt æquè multiplices B, & D : vel A, eſt eadem pars numeri B, quæ numerus C, numeri D : vel denique eadem pars numeri A, metitur numerum B, quæ numeri C, numerũ D.	*A à B, eſt comme C à D: partant A & C, ſont equimultiples de B & D: ou A, eſt meſme partie de B, que C, l'eſt du nombre D : ou bien la partie de A, qui meſure B, eſt la meſme que la partie de C, qui meſure D.*

COROLL. I.

hyp. | a, *mſur:* | b,
| c, *mſur:* | d,

A,5. B,15. C,8. D,24.

1c.20d7 | a π b 2|2 c π d.

Explicatio notarum.	Explication des notes.
A & C, metiuntur æquè B & D: igitur A, eſt ad B, vt C ad D.	*A & C, meſurent egalement B & D: partant A, eſt à C, comme C à D.*

COROLL. II.

hyp. | a π b 2|2 c π d.

hyp. | a, *mſur:* b

A,5. B,15. C,8. D,24.

2c20 d7 | a, *mſur:* b 2|2 c, *mſur:* d,

Explicatio notarum.	Explication des notes.
A, eſt ad B, vt C, ad D. A, metitur B: igitur A & C, metiuntur æquè B & D.	*A, eſt à B, comme C à D. A, meſure B: par conſequẽt A & C, meſurẽt egalemẽt B & D.*

COROL. III.

A,5. B,15. C,8. D,24. F,3. | hyp. | a, msur: b pf,
hyp. | a π b 2|2 c π d. | 3c20 d7 | c, msur: d pf,

Explicatio notarum.

A, est ad B, vt C, ad D.
A, metitur B, per F.
igitur C, metitur D, per F.

Explication des notes.

A, est à B, comme C à D.
A, mesure B par F.
donc C, mesure D par F.

Qui censent in demonstrationibus numerorum, propositiones quinti libri non esse assumendas, citant hanc 20, definitionem, loco 7, 8, 9, 10, 11, & 14, quinti libri. Nos verò in demonstrationibus numerorum, propositiones quinti libri assumimus, quòd demonstrationes quinti libri sint de omni genere magnitudinum, nec minus perspicuæ sint in numeris quàm in quantitate continua, & nonnunquam eadem citatio, vt videbitur in 10. libro, debeat conuenire rationibus, tùm magnitudinum, tùm numerorum.

Ceux qui estiment qu'aux demonstrations des nombres, on ne se doit point seruir des propositions du cinquiesme liure, citent ceste 20. definition au lieu du 7, 8, 9, 10, 11, 14, du cinquiesme. Mais nous nous seruirons aux demonstrations des nombres des propositions du cinquiesme liure; à cause que les demonstrations du cinquiesme liure sont de toutes sortes de grandeurs, & qu'elles ne sont point moins manifestes aux nombres, qu'en la quantité continuë; ioint aussi que quelquefois, comme on verra au dixiesme liure, la mesme citation doit seruir aux raisons, tant des grandeurs que des nõbres.

DEFINIT. XXI.

Similes plani, & solidi numeri sunt, qui proportionalia habent latera.

Les nombres plans semblables & solides, sont ceux-là qui ont les costez proportionaux.

Vt planus numerus plano numero ſit ſimilis, non neceſſe eſt, quælibet duo latera illius quibuſuis duobus lateribus huius eſſe proportionalia: ſed ſatis eſt, illum habere aliqua latera, quæ ſint proportionalia quibuſuis duobus lateribus huius vt numeri plani 24, & 6, ſimiles ſunt, quoniam illius latera 6, & 4, proportionalia ſunt lateribus huius 3,& 2, quamuis his eiſdem non ſint proportionalia alia illius latera nempe 8, & 3, vel 12, & 2. Eodem modo intelligenda eſt definitio ſolidorum.

Afin qu'vn nombre plan ſoit ſemblable à vn nombre plan, il n'eſt pas neceſſaire que deux coſtez de l'vn tels qu'on voudra ſoient proportionaux à deux coſtez de l'autre tels qu'on voudra; mais ſuffit que l'vn ait deux coſtez quels qu'ils ſoient proportionaux à deux quelconques coſtez de l'autre, comme les nombres plans 24, & 6, ſont ſemblables, d'autant que les coſtez de celuy-là, 6, & 4, ſont proportionaux aux coſtez de ceſtuy-cy, 3, & 2, combien que les autres coſtez de ce premier 8, & 3, ou 12, & 2, ne ſont proportionaux à ceux-cy. Il faut entendre de meſme la definition des ſolides.

DEFINIT. XXII.

Perfectus numerus eſt qui ſuis ipſius partibus eſt æqualis: vt 6. & 28.

Nombre parfaict eſt celuy-là qui eſt egal à toutes ſes parties aliquotes: comme ſont 6. & 28.

nr. pfct, id eſt numerus perfectus.

nr. pfct, ſignifie *nombre parfaict.*

Numerus qui ſuis ipſius partibus minor eſt, abundans appellatur, qui verò maior, diminutus: vt 12, eſt abundans, 15 eſt diminutus.

Le nombre qui eſt moindre que ſes parties s'appelle abondant, & celuy qui excede ſes parties eſt diminutif, comme 12, eſt abundant, & 15, diminutif.

His definitionibus Euclidis, adiungemus cum Clauio aliiſque interpretibus ſequentes de-

A ces definitions d'Euclide nous adiouſterono, apres Clauius & autres interpretes, les defini-

finitiones, postula, communesque animi notiones.

tions, demandes, & axiomes qui suiuent.

DEFINIT. XXIII.

Numerus numerũ metiri dicitur, per illum numerum, quem multiplicans, vel à quo multiplicatus, illum producit.

Vn nombre est dit mesurer vn nombre par celuy-là, lequel multipliant, ou par lequel estãt multiplié produit le mesme nombre.

COROLL.

In omni diuisione vnitas est ad quotientem vt diuidens ad diuisum.

En toute diuision l'vnité est au quotient, comme le diuiseur au nombre diuisé.

A,3. B,15. D,1. C,5.

hyp. | a, *msur:* b ℘ c, | c.23.d.7 | d π c 2 | 2 a π b.

DEFINIT. XXIV.

Termini siue radices proportionis dicuntur duo numeri, quibus in eadem proportione minores sumi nequeunt.

Deux nombres sont dits termes ou racines de la proportion, ausquels on n'en peut trouuer deux autres plus petits en la mesme raison ou proportion.

POSTVLATA, SIVE PETITIONES.

PETITIONS, OV DEMANDES.

I.

Postuletur, cuilibet

A tout nombre donné en

numero quotlibet poſſe ſumi æquales vel multiplices.

pouuoir prendre tant qu'on voudra d'egaux ou multiples.

II.

Quolibet numero ſumi poſſe maiorem.

A tout nombre donné en pouuoir prendre vn plus grand.

III.

Additio, ſubtractio, multiplicatio, diuiſio, extractioneſq. radicum, ſeu laterũ, numerorum quadratorum & cuborum, conceduntur etiam tanquam poſſibilia.

L'addition, la ſouſtractiõ, la multiplication, la diuiſion, & les extractions des racines, ou coſtez des nombres quarrez & cubes ſont auſſi concedees comme choſes poſſibles.

AXIOMATA, SIVE PRONVNCIATA.

AXIOMES, OV communes ſentences.

I.

Quidquid conuenit vni æqualium numerorum, cõuenit & reliquis æqualibus numeris.

Tout ce qui conuient à vn des nombres egaux conuient auſſi à tous les autres nombres egaux.

A,18. B,18.

A,28. B,28.

A,5. B,5. C,10. D,15.

A,12. B,12. C,3. D,4.

hyp.	a 2|2 b,	1. a. 7	b, *est c.me.. c & d,*
hyp.	a, *est nr. pa.*	hyp.	a, *est ma.c.me..c & d*
1. a. 7	b, *est nr. pa.*		b, *est ma.c.me..c & d*
hyp.	a, *est nr. pfct,*	hyp.	a, *est mi. c. diuid.. c & d,*
1. a. 7	b, *est nr. pfct,*		
hyp.	a, *est c.me.. c & d,*	1. a. 7	b, *est mi. c. diuid.. c & d.*

Explicatio notarum.

Numerus A, est æqualis numero B, numerus A est par; igitur numerus B, est par.

A, est numerus perfectus; igitur B, est numerus perfectus.

A, est communis mensura C & D; igitur B, est communis mensura C & D.

A, est maxima communis mensura C & D; igitur B, est maxima communis mensura C & D.

Numerus A, est minimus communis diuiduus numerorum C & D; igitur nu-

Explication des notes.

Le nombre A, est egal au nombre B; le nombre A, est nombre pair; partant le nombre B, est pair.

A, est nombre parfaict; donc B, est nombre parfaict.

A, est commune mesure de C & D; donc B, est commune mesure de C & D.

A, est la plus grande commune mesure de C & D; donc B, est la plus grande commune mesure de C & D.

Le nombre A, est le moindre commun partissable par les nombres C & D; par consequẽt

merus B, eſt minimus communis diuiduus numerorum C & D.	*le nombre B, eſt le moindre commun partiſſable par les nombres C & D.*

II.

Partes eidem parti, vel iiſdem partibus eædem, ſunt quoque inter ſe eædem.	*Les parties qui ſont de meſme à vne meſme partie, ou aux meſmes parties, ſont auſſi de meſme entr'elles.*

A,2. B,6.
C,8. D,24. E,5. F,15.

hyp. | a, *par..* | b,
e, *par..* | f,
hyp. | c, *par..* | d,
e, *par..* | f,
2.a.7 | a, *par..* | b,
c, *par..* | d.

Vel ſic. *Ou ainſi.*

hyp. | a, *par..* b 2|2 e, *par..* f,
hyp. | c, *par..* d 2|2 e, *par..* f,
2.a.7 | a, *par..* b 2|2 c, *par..* d.

A,4. B,6.
C,16. D,24. E,10. F,15.

hyp. | a, *part..* b 2|2 e, *part..* f,
hyp. | c, *part..* d 2|2 e, *part..* f,
2 a.7 | a, *part..* b 2|2 c, *part..* d,

III.

Qui numeri æqualium numerorũ, vel eiuſdem eædem partes fuerint, æquales inter ſe ſunt.

Les nombres qui ſont meſmes parties des nõbres egaux ou d'vn meſme nombre ſont egaux entr'eux.

hyp. |a, *part..* c 2|2 b, *part..* c, A,4. B,4. C,6.
3.d.7 |a 2|2 b.

IV.

Quorum idem numerus, vel æquales, eædem partes fuerint, æquales inter ſe ſunt.

Les nombres deſquels vn meſme nombre ou nombres egaux ſont meſmes parties ſont egaux entr'eux.

hyp. |c, *part..* a 2|2 c, *part.* b, C,4. A,6. B,6.
4.d.7 |a 2|2 b.

V.

Vnitas omnem numerum per vnitates, quæ in ipſo ſunt, hoc eſt, per ipſummet numerum metitur.

L'vnité meſure tout nombre, par les vnitez qui ſont en iceluy, c'eſt à dire, par le meſme nombre.

VI.

Omnis numerus ſeipſum metitur per vnitatem.

Tout nõbre ſe meſure ſoy meſme par l'vnité.

Si

VII.

Si numerus numerum multiplicans, aliquem produxerit, metietur multiplicãs productum per multiplicatum, multiplicatus autem eũdem per multiplicantem.	*Si vn nombre multipliãt vn nõbre, en produict quelqu'vn, le multipliant mesurera le produict, par le multiplie: mais le multiplié mesurera le mesme par le multipliant.*

hyp. | ▭.a,b *est* c, — A,5. B,3. C,15.

7.a.7 | b, *msur:* c ꝑ a, — 7.a.7 | a, *msur:* c ꝑ b.

COROLL.

Ex hoc manifestum est, nullum numerum primum, esse planum, solidum, quadratum, aut cubum.	*De cecy il est manifeste, qu'il n'y a aucun nombre premier qui soit plan, solide, quarré, ou cube.*

VIII.

Si numerus numerum metiatur, & ille, per quem metitur, eundem metietur per eas, quæ in metiente sunt, vnitates, hoc est, per ipsum numerum metientem.	*Si vn nombre en mesure vn autre, celuy par lequel il le mesure, mesure le mesme par les vnitez qui sont au mesurant; c'est à dire par le mesme nombre mesurant.*

hyp. | a, *msur:* b ꝑ c, — A,3. B,15. C,5.

8.a.7 | c, *msur:* b ꝑ a.

IX.

Si numerus numerum metiẽs, multiplicet eum, per quem metitur, vel ab eo multiplicetur, illum quem metitur producit.

Si vn nombre mesurant vn nombre, multiplie celuy par lequel il le mesure, ou s'il est multiplié par iceluy, il produira celuy par lequel il mesure.

hyp. | a, *msur:* b p c, — A,3. B,15. C,5.

9 a 7 | ▭.c, a 2|2 b.

X.

Numerus quotcunque numeros metiens, compositum quoque ex ipsis metitur.

Le nombre qui mesure tant d'autres nõbres qu'on voudra, mesure aussi le composé d'iceux.

hyp. | a + b + c 2|2 d, — A,9. B,12. C,15. D,36. E,3.

hyp. | e, *msur:* a, b, c, — 10. a. 7 | e, *msur:* d.

XI.

Numerus quemcunque numerum metiens, metitur quoque omnem numerũ, quem ille metitur.

Le nombre qui mesure quelconque nombre, mesure aussi tout nombre que celuy-là mesure.

hyp. | a, *msur:* b, — C,4. A,8. B,24.

hyp. | c, *msur:* a, — 11. a. 7 | c, *msur:* b.

XII.

Numerus metiens totum & ablatum, metitur & reliquum.	*Le nombre qui mesure le tout & le retranché, mesure aussi le reste.*

D,4. A,20. B,12. C,8.

hyp.	a .2|2 b + c,	hyp.	d, *msur:* b,
hyp.	d, *msur:* a,	12. a. 7	d, *msur:* c.

THEOR. I. PROPOS. I.

Si duobus numeris inæqualibus propositis, detrahatur, semper minor de maiore, alterna quadam detractione, neque reliquus vnquam metiatur præcedentem, quoad assumpta sit vnitas: qui principio propositi sunt numeri, primi inter se erunt.

Si de deux nombres inegaux proposez, on en retranche tousiours alternatiuement le plus petit du plus grand, & que le restant ne mesure iamais sont precedent iusques à ce que l'on ait pris l'vnité; les nombres proposez au commencement seront premiers entr'eux.

A.....5F..2G.1B	cd *msur:* af,
C...3H..2D	fb *msur:* ch,
E---	hd *msur:* fg,
Hypoth.	gb *est vnit.*
ab & cd *sut nr.* D.	*Req.* π. *demonstr.*

	A.....5F..2G.1B	12.a.7	e, *msur:* fb, β
	C...3H..2D	hyp.	fb *msur:* ch,
	E---	11.a.7	e, *msur:* ch,
	ab & cd *snt pr. 2e,*	α	e, *msur:* cd,
	Demonstr.	12.a.7	e, *msur:* hd,
suppos.	ab & cd *snt cõpos. 2e,*	hyp.	hd *msur:* fg,
suppos.	e, *est c.me.* ab & cd, α	11.a.7	e, *msur:* fg,
α	e, *msur:* cd,	β	e, *msur:* fb,
hyp.	cd *msur:* af,	12.a.7	e, *msur:* gb,
11.a.7	e, *msur:* af,		*contr. 9.a.b.*
α	e, *msur:* ab,	21.a.1	ab & cd *snt pr. 2e.*

PROBL. I. PROPOS. II.

Duobus numeris datis non primis inter se, maximam eorum communem mensuram reperire.

Trouuer la plus grande commune mesure de deux nombres donnez non premiers entr'eux.

A.........9E......6B		*Constr.*
C......6F...3D	3.p.7	cd *msur:* ae,
G---	3.p.7	eb *msur:* cf,
Hypoth.	3.p.7	fd *msur:* eb,
ab & cd *snt nr.com-*	symp.	fd *est req.*
[*pos. 2e,* α		*Demonstr.*
Req. est ma.c.me.. ab	α.1.7	fd *ñ est unit.*
[& cd.	constr.	fd *msur:* eb,

conſtr.	eb *mſur:* cf,	conſtr.	cd *mſur:* ae,
11. a. 7	fd *mſur:* cf,	11. a. 7	g, *mſur:* ae,
6. a. 7	fd *mſur:* fd,	β	g, *mſur:* ab,
1. concl. 10. a. 7	fd *mſur:* cd,	12. a. 7	g, *mſur:* eb,
conſtr.	cd *mſur:* ae,	conſtr.	eb *mſur:* cf,
11. a. 7	fd *mſur:* ae,	11. a. 7	g, *mſur:* cf,
conſtr.	fd *mſur:* eb,	β	g, *mſur:* cd,
2. concl. 10. a. 7	fd *mſur:* ab,	12. a. 7	g, *mſur:* fd,
ſuppoſ.	g 3|2 fd,		*contr. 9. a. b.* [& cd
ſuppoſ.	g, *mſur:* ab & cd, β	3. concl. 21. a. 1	fd *eſt ma. c. me..* ab

COROLL.

Ex hoc manifeſtum eſt, numerum metientem duos numeros, metiri quoque maximam eorum communem menſuram.

De ceſte demonſtration il eſt manifeſte que le nombre qui en meſure deux autres, meſure außi la plus grande commune meſure d'iceux.

PROBL. II. PROPOS. III.

Tribus numeris datis non primis inter ſe, maximam eorum communem menſuram reperire.

Trouuer la plus grande commune meſure de trois nombres donnez, non premiers entr'eux.

Hypoth.		*Conſtr.*
a, b, c *ſnt nr. compoſ. de,*	2. 7	d, *eſt ma. c. me..* a & b,
Req. eſt ma. c. me.. a, b, c.	2. 7	e, *eſt ma. c. me..* c & d, α

	A............12	11. a. 7	e, *msur:* a & b,
	B........8 D....4	41. cõcl.	e, *msur:* a, b, c,
	C......6 E..2	suppos.	f 3 2 e,
		suppos.	f, *msur:* a, b, c, β
	F..-	c. 2. 7	f, *msur:* d,
symp.	*req. est* e.	β	f, *msur:* c,
	Demonstr.	c. 2. 7	f, *msur:* e,
constr.	e, *msur:* c & d, *a*		*contr. 9. a. b.*
constr.	d, *msur:* a & b,	21 a. 1	e, *est ma. c. me.* a, b, c

COROLL.

Hinc perspicuum est, numerum metientem tres numeros, metiri quoque maximam eorum communem mensuram.

Il est manifeste de ceste demonstration, qu'vn nombre qui mesure trois nombres, mesure aussi leur plus grande commune mesure.

THEOR. II. PROPOS. IV.

Omnis numerus, omnis numeri, minor maioris, aut pars est, aut partes.

Tout nombre moindre, est partie ou parties de tout nombre plus grand.

A.....5 B......6		a, *est par.. U part..* b.
		Demonstr.
Hypoth.	suppos.	a & b *snt pr.* ∤e, *a*,
a 2|3 b.	2. d. 7	*unit.. nr.* a *est par..*
Req. π. *demonstr.*		[*nr.* b,

1.concl. α.s4.d7	*vnits..nr.* a *snt part..* [*nr.*b,
	A.....5B..........10
suppos.	a, *msur:* b,
1. concl 3.d.7	a, *est par..*b,

A......6

A...3D...3E,B.........9

C...3

suppos.	ae & b *snt nr. com-* [*pos.de,*
suppos.	c, *est ma.c.me..* ae & b, β
3 p.7	c,ad,de *snt* 2 | 2 de, γ
β 3.d.7	c, *est par..* b,
γ. 1.a.7	ad *est par..* b, δ
γ. 1.a 1	de *est par..* b, δ
1.concl. δ	ae ⊔ a *est part..*b,

THEOR. III. PROPOS. V.

Si numerus numeri pars fuerit, & alter alterius eadem pars: & simul vterque vtriusque simul eadem pars erit, quæ vnus vnius.

Si vn nombre est telle partie d'vn nombre, qu'vn autre l'est d'vn autre: l'vn & l'autre ensemble sera telle partie de l'vn & l'autre ensemble, qu'vn seul l'est d'vn seul.

A...3, B...3E...3F...3C

D....4, G....4H....4L....4M

Hypoth.

a, *par.*	bc,
d, *par.*	gm.

Req. π. demonstr.

a + d *par.*	bc + gm,
a *par.*	bc,
⊔ d *par.*	gm.

A...3, B...3E...3F...3C
D....4, G....4H....4L....4M

Demonstr.

3.p.7 *part..nr.* bc 2|2 *nr.* a *snt* be, ef, fc,
3.p.7 *part..nr.* gm 2|2 *nr.* d *snt* gh, hl, lm,
s.4.d.7 *multd..part.* bc 2|2 *muld..part.* gm,
2.a.1 a+d, be+gh, ef+hl, fc+lm *snt* 2|2 de,
2.a.1 *multd..part..* be+gh, ef+hl, fc+lm } 2|2 *multd..part..* be, ef, fc,
concl. s.4.d.7 a+d, *par..* bc+gm 2|2 a, *par..* bc, ⊔ d, *par..* gm.

THEOR. IV. PROPOS. VI.

Si numerus numeri partes fuerit, & alter alterius eædem partes: & simul vterque vtriusque simul eædem partes erit, quæ vnus vnius.

Si vn nombre est telles parties d'vn nõbre qu'vn autre l'est d'vn autre: l'vn & l'autre ensemble sera telles parties de l'vn & l'autre ensemble, qu'vn seul l'est d'vn seul.

A...3G...3B, C.........9
D.....5H.....5E, F...............15

Hypoth.

ab *part..* c 2|2 de *part..* f.

Req. π. *demonstr.*

ab + de *part*..c + f 2|2 ab *part*..c, u de *part*..f.

Demonstr.

hyp. ag, gb *part*..c 2|2 dh, he *part*..f,

f. 4. d. 7 *multd*..*part*.. ab 2|2 *multd*..*part*..de,

7. a. 1 ag 2|2 gb & dh 2|2 he,

2. a. 1 ag + dh 2|2 gb + he,

hyp. ag *par*.. c 2|2 dh *par*.. f,

5. 7 ag + dh *par*..c + f 2|2 ag *par*..c, u gb *par*..c,

5. 7 gb + he *par*..c + f 2|2 gb *par*..c,

concl. 2. a. 7 ab + de *part*.. c + f 2|2 ab *part*..c, u de *part*..f.

THEOR. V. PROPOS. VII.

Si numerus numeri pars fuerit, qualis ablatus ablati; & reliquus reliqui eadem pars erit, qualis totus totius.

Si vn nombre est telle partie d'vn nombre que le retranché du retranché: le reste sera telle partie du reste que le tout l'est du tout

A.....5E...3B

G......6C..........10F......6D

Hypoth.

ab *par*.. cd 2|2 ae *par*.. cf.

Req. π. *demonstr.*

eb *par*..fd 2|2 ab *par*..cd, u ae *par*.. cf.

A.....5E...3B

G......6C..........10F......6D

Demonstr.

suppos. eb *par*.. gc 2|2 ab *par*.. cd II ae *par*. cf,

5. 7 ab *par*.. gf 2|2 ae *par*.. cf II ab *par*.. cd,

6. a. 1 gf 2|2 cd,

3. a. 1 gc 2|2 fd,

concl. 2. a. 7 eb *par*.. fd 2|2 ab *par*.. cd II ae *par*.. cf.

THEOR. VI. PROPOS. VIII.

Si numerus numeri partes fuerit, quales ablatus ablati: & reliquus reliqui eædem partes erit, quales totus totius.

Si un nombre est telles parties d'vn autre nombre, que le retranché du retranché: le reste sera aussi telles parties du reste, que le tout l'est du tout.

A......6H..2G....4E..2L..2B

C.................18F......6D

Hypoth.

ab *part*.. cd 2|2 ae *part*.. cf.

Req. π. demonstr.

eb *part*.. fd 2|2 ab *part*.. cd II ae *part*.. cf.

Demonſtr.

3. p. 7 | ag & gb *ſnt part..* ab 2|2 *part..* cd, α
3. p. 7 | ah & he *ſnt part..* ae 2|2 *part..* cf,
conſtr. | gl 2|2 ah ⊔ he,
3. a. 1 | hg 2|2 el,
α. 7. a. 1 | ag 2|2 gb,
3. a. 1 | hg 2|2 lb,
1. a. 1 | hg, el, lb *ſnt* 2|2 ⁝,
19. a. 1 | ab ~ ae 2|2 eb ⊔ el + hg,
hyp. | ag *par..* cd 2|2 ah *par..* cf,
7. 7 | ag *par..* cd 2|2 hg ⊔ el *par..* fd, β
hyp. | gb *par..* cd 2|2 he ⊔ gl *par..* cf,
7. 7 | gb *par..* cd 2|2 lb *par..* fd, γ
concl. βγ | eb *part..* fd 2|2 ab *par..* cd ⊔ ae *par..* cf.

THEOR. VII. PROPOS. IX.

Si numerus numeri pars fuerit, & alter alterius eadem pars: & viciſſim, quæ pars eſt, aut partes primus tertij, eadem pars erit, vel eædem partes & ſecundus quarti.

Si vn nombre eſt telle partie d'vn nombre, qu'vn autre eſt partie d'vn autre; auſſi en changeant le premier ſera telle partie ou telles parties du troiſieſme que le ſecond du quatrieſme.

A...3, B...3G...3C
D....4, E....4H....4F

Hypoth.

a, *par..* bc 2|2 d, *par..* ef,

a 2|3 d & bc 2|3 ef.

Req. π *demonstr.*

a, *par.* ⊔ *part..* d 2|2 bc *par.* ⊔ *part..* ef.

Demonstr.

3.p.7 bg & gc *snt part..* bc 2|2 a, α

3.p.7 eh & hf *snt part..* ef 2|2 d, α

f.4.d.7 *multd.. part..* bc 2|2 *multd.. part..* ef,

α.1.a.7 & 4.7 a, *par.* ⊔ *part..* d 2|2 { bg *par.* ⊔ *part..* eh, & gc *par.* ⊔ *part..* hf, }

concl. 5. & 6.7 bc *par.* ⊔ *part..* ef 2|2 { bg *par.* ⊔ *part..* eh, ⊔ a, *par.* ⊔ *part.* d. }

THEOR. VIII. PROPOS. X.

Si numerus numeri partes fuerit, & alter alterius eædem partes: & vicissim, quæ partes est primus tertij, aut pars eædem partes erit & secundus quarti, aut pars.

Si vn nombre est telles parties d'vn nombre qu'vn autre est partie d'vn autre: aussi en changeant le premier sera telles parties ou partie du troisiesme, que le second du quatriesme.

A....4G....4B C...........12
D.....5H.....5E F..............15

Hypoth.

ab *part..* c 2|2 de *part..* f,
ab 2|3 d & c 2|3 f. a

Req. π. demonstr.

ab *par.* ll *part..* de 2|2 c, *par.* ll *part..* f.

Demonstr.

3.p.7 ag & gb *snt part..* ab 2|2 *part..* c,
3.p.7 dh & he *snt part..* de 2|2 *part..* f,
s.4.d.7 *multd.. part..* ab 2|2 *multd.. part..* de,
9.7 c, *par.* ll *part..* f 2|2 { ag, *par.* ll *part..* dh, ll gb, *par.* ll *part..* he,
concl. 5. & 6.7 ab *par.* ll *part..* de 2|2 c, *par.* ll *part..* f.

THEOR. IX. PROPOS. XI.

Si fuerit vt totus ad totũ, ita ablatus ad ablatum: & reliquus ad reliquum erit, vt totus ad totum.

Si comme le tout est au tout, ainsi le retranché est au retranché: aussi le reste sera au reste comme le tout au tout.

A....4E...3B
C........8F......6D

Hypoth.

ab π cd 2|2 ae π cf. hyp.

Req. π. demonstr.

eb π fd 2|2 ab π cd.

Demonstr.

ab π cd 2|2 ae π cf,

A....4E...3B
C........8F......6D

	ab 8,2,3,6	4 cd,
3.20.d7	ae 8,2,3,6	4 cf,
suppos.	ab *par.* 11 *part.*	cd,
3.20.d7	ae *par.* 11 *part.*	cf,
7.&8.7	eb *par.* 11 *part.*	fd,
1.concl. 20.d.7	eb π fd 2|2 ab π cd.	

A........8E......6B
C....4F...3D

suppos.	ab *multipl.*	cd,	α
3.20.d7	ae *multipl.*	cf,	
α.5.d7	cd *par.*	ab,	β
	cf *par.*	ae,	
7.7	fd *par.*	eb,	β
β.3.d.7	ab *multipl.*	cd,	
	eb *multipl.*	fd,	
2.concl. 20.d7	ab π cd 2|2 eb π fd.		

THEOR. X. PROPOS. XII.

Si sint quotcunque numeri proportionales, erit quemadmodum vnus antecedentium ad vnum consequentium, ita omnes antecedentes ad omnes consequentes.

S'il y a tant de nombres qu'on voudra proportionaux, comme vn des antecedens sera à vn des consequens; ainsi tous les antecedens seront à tous les consequens.

A......6 B.........9
C....4 D......6
E..2 F...3

Hypoth.

a π b }
c π d } *snt raõ.* 2|2 de,
e π f }

Req. π. demonstr.

a+c+e π	b+d+f
a π	b,

Demonstr.

	a,8,2,3,6	4, b,
3.20.d7	c,8,2,3,6	4, d,
	e,8,2,3,6	4, f,

suppos.	a, *par.* ⊔ *part..*	b,	
c.20.d7	c, *par.* ⊔ *part..*	d,	
c.20.d7	e, *par.* ⊔ *part..*	f,	
	a+c, *par.* ⊔ *part..*	b+d,	
5 & 6.7	a *par.* ⊔ *part..*	b,	
	⊔ e *par.* ⊔ *part..*	f,	
	a+c+e, *par.* ⊔ *part..*	b+d+f,	
5. & 6.7	a, *par.* ⊔ *part..*	b,	
	⊔ e, *par.* ⊔ *part..*	f,	
1 concl. 20.d.7	a+c+e π b+d+f 2	2 a π b.	

A............12 B......6
C........8 D....4
E....4 F..2

suppos.	a, *multipl..*	b,	α
c.20.d7	c, *multipl..*	d,	
c.20.d7	e, *multipl..*	f,	
5.d.7	b, *par.*	a,	
α. 5. d.7	d, *par.*	c,	
5.d.7	f, *par.*	e,	
	b+d, *par.*	a+c,	
5.7	b, *par.*	a,	
	⊔ f, *par.*	e,	
5.7	b+d+f, *par.*	a+c+e,	
	f, *par.*	e,	β

	a + c + e, *multipl.* b + d + f,
8. 3.d.7	e, *multipl.* f,
	II a, *multipl.* b,
2.concl. 20.d.7.	a + c + e π b + d + f 2|2 a π b.

THEOR. XI. PROPOS. XIII.

Si quatuor numeri proportionales ſint: & viciſſim proportionales erunt.

Si quatre nombres ſont proportionaux; auſſi en changeant ils ſeront proportionaux.

	A....4 B..2
	C......6 D...3
	Hypoth.
	a π b 2|2 c π d.
	Req. π. demonſtr.
	a π c 2|2 b π d.
	Demonſtr.
hyp.	a π b 2|2 c π d,
9.20.d7	a 8,2,3,6 | 4 b,
	c 8,2,3,6 | 4 d,
ſuppoſ.	a, *multipl.* | b,
	c, *multipl.* | d,
3. d. 7	b, *par.* | a,
	d, *par.* | c,
9. 7	b, *par.* II *part..* | d,
	a, *par.* II *part..* | c,
20. d. 7	a π c 2|2 b π d.
	A..2 B....4
	C...3 D......6
	A...3 B....4
	C......6 D........8
ſuppoſ.	a, *par.* II *part..* | b,
	c, *par.* II *part..* | d,
9&10.7	a, *par.* II *part..* | c,
	b, *par.* II *part..* | d,
2.concl. 20.d.7	a π c 2|2 b π d.

THEOR.

THEOR. XII. PROPOS. XIV.

Si ſint quotcunque numeri, & aliȷ ipſis æquales multitudine, qui bini ſumantur, & in eadem ratione; etiam ex æqualitate in eadem ratione erunt.

S'il y a tant de nombres qu'on voudra, d'vne part & autant d'vne autre, leſquels ſoient prins de deux en deux, & en meſme raiſon; auſſi en raiſon egale ils ſeront en meſme raiſon.

A.........9 B......6 C...3
D......6 E....4 F..2

Hypoth.

a π b 2|2 d π e,
b π c 2|2 e π f.

Req. π. demonſtr.

a π c 2|2 d π f.

Demonſtr.

hyp.	a π b 2|2 d π e,
13. 7	a π d 2|2 b π e, α
hyp.	b π c 2|2 e π f,
13. 7	b π e 2|2 c π f,
α. 11. 5	a π d 2|2 c π f,
concl. 13. 7	a π c 2|2 d π f.

THEOR. XIII. PROPOS. XV.

Si vnitas numerum quempiam metiatur, æquè autem alter numerus alterum quendam numerum metiatur; & viciſſim æque vnitas tertium numerum metietur, & ſecundus quartum.

Si l'vnité meſure quelque nombre, & qu'vn autre nombre en meſure autant de fois quelqu'autre; auſſi en changeant l'vnité meſurera le troiſieſme nombre autant de fois que le ſecond meſurera le quatrieſme.

		a, *mſur:* | d,
A.1 B...3		b, *mſur:* | e,
D..2 E......6		*Demonſtr.*
Hypoth.	α 1c20.d7	a π b 2|2 d π e,
a, *mſur:* | b,	13.7	a π d 2|2 b π e,
d, *mſur:* | e, α	5.a.7	a, *mſur:* d,
	concl.	a, *mſur:* | d,
Req. π. demonſtr.	2c20d7	b, *mſur:* | e.

THEOR. XIV. PROPOS. XVI.

Si duo numeri mutuò ſeſe multiplicantes fecerint aliquos; geniti ex ipſis æquales inter ſe erunt.

Si deux nombres ſe multiplians l'vn l'autre en produiſent quelques-vns, les produicts d'iceux ſeront egaux entr'eux.

E. *vnit.*	ſuppoſ.	e, *eſt vnit.*
A...3 B....4		e, *mſur:* | a,
C..........12	αc15d.7	b, *mſur:* | c,
D..........12		
	15.7	e, *mſur:* | b,
Hypoth.		a, *mſur:* | c, γ
▭.ba *eſt* C, α	βc15d.7	e, *mſur:* | b,
▭.ab *eſt* D. β		a, *mſur:* | d,
Req. π. demonſtr.	γ:2.a.7	a, *mſur:* | c,
c 2|2 d.		a, *mſur:* | d,
Demonſtr.	concl. 6.a.1	c 2|2 d.

THEOR. XV. PROPOS. XVII.

Si numerus duos numeros multiplicans fecerit aliquos, geniti ex ipsis eandem rationem habebunt, quam multiplicati.

Si vn nombre en multipliant deux autres, en produict quelques-vns, les produicts d'iceux auront mesme raison entr'eux que les multipliez.

F. *vnit.*	suppos	f, *est vnit.*
A...3	c.15.d.7	f, *msur:* | a,
B..2 C... 4		b, *msur:* | d,
D......6 E............12	c.15.d.7	f, *msur:* | a,
Hypoth.		c, *msur:* | e,
▭.ba *est* d,	2.a.7	b, *msur:* | d,
▭.ca *est* e.		c, *msur:* | e,
Req. π. *demonstr.*	ↄc2e.d7	b π d 2|2 c π e,
d π e 2|2 b π c.	concl. 15. 7	b π c 2|2 d π e.
Demonstr.		

THEOR. XVI. PROPOS. XVIII.

Si duo numeri numerum quempiam multiplicantes, fecerint aliquos: geniti ex ipsis eandem rationem habebunt, quam multiplicantes.

Si deux nombres multiplians quelque nombre en produisent quelques-vns: les produicts d'iceux auront mesme raison, que les multiplians.

A..2 B....4		*Demonstr.*
C...3	16. 7	▭.ac 2|2 ▭.ca,
D......6 E.............12	hyp.	d 2|2 ▭.ca,
Hypoth.	1. a. 1	▭.ac 2|2 d, α
▭.ca *est* d,	16. 7	▭.bc 2|2 ▭.cb,
▭.cb *est* e.	hyp.	e 2|2 ▭.cb,
Req. π. demonstr.	1. a. 1	▭.bc 2|2 e,
a π b 2|2 d π e.	concl. e. 17.7	a π b 2|2 d π e.

THEOR. XVII. PROPOS. XIX.

Si quatuor numeri proportionales fuerint; qui ex primo, & quarto fit, numerus, æqualis erit ei, qui ex secundo & quarto fit, numero: & si, qui ex primo & quarto fit numerus, æqualis fuerit ei, qui ex secundo, & tertio fit numero; ipsi quatuor numeri proportionales erunt.

Si quatre nombres sont proportionaux, le produict du premier & du quatriesme sera egal au produict du second & du troisiesme nombre: & si le nombre produict du premier & du quatriesme est egal au produict du second & du troisiesme; iceux quatre nombres seront proportionaux.

A...3 B..2	*Hypoth.*
C......6 D....4	a π b 2|2 c π d,
E.............12	▭.ad *est* e, α
F.............12	▭.bc *est* f. β
G..................18	

Req. π. demonstr.

e 2|2 f.

Præpar.

3. p. 7 ▭.ac *est* g. γ

Demonstr.

hyp. a π b 2|2 c π d,

αγ. 17. 7 g π e 2|2 c π d,

11. 5 a π b 2|2 g π e,

βγ. 17. 7 a π b 2|2 g π f,

11. 5 g π e 2|2 g π f,

1. concl. 9. 5 e 2|2 f.

Hypoth. 2.

e 2|2 f.

Req. π demonstr.

a π b 2|2 c π d.

Demonstr.

αγ. 18. 7 c π d 2|2 g π e ⊔ f,

βγ. 17. 7 a π b 2|2 g π f,

1. concl. 11. 5 a π b 2|2 c π d.

THEOR. XVIII. PROPOS. XX.

Si tres numeri proportionales fuerint, qui sub extremis continetur, æqualis est ei, qui à medio efficitur: & si, qui sub extremis continetur, æqualis fuerit ei, qui à medio describitur; ipsi tres numeri proportionales erunt.

Si trois nombres sont proportionaux le produict des extremes est egal au produict de celuy du milieu: & si le produict des extremes est egal au produict de celuy du milieu; iceux trois nombres seront proportionaux.

A.......9 B......6 C....4
D......6

Hypoth.

a π b 2|2 b π c.

Req. π. demonstr.

▭.ac 2|2 □.b.

Demonstr.

suppos. d 2|2 b,

A.........9 B......6 C....4
D......6

hyp. a π b ⊔ d 2|2 b π c,
1.concl ▭.ac 2|2 ▭.db,
19. 7 [⊔ □.b,

Hypoth. 2.
▭.ac 2|2 □.b.

Req. π. demonstr.
a π b 2|2 b π c.

Demonstr.
hyp. ▭.ac 2|2 □.b,
[⊔ ▭.bd,
2.concl. 19. 7 a π b 2|2 d ⊔ b π c.

THEOR. XIX. PROPOS. XXI.

Minimi numeri omnium eandem cum eis rationem habentium, metiuntur æquè numeros eandem cum eis rationem habentes, maior quidem maiorem, minor verò minorem.

Les nombres plus petits de tous ceux qui ont mesme raison auec iceux, mesurent egalement les nombres qui ont mesme raison auec iceux; à sçauoir le plus grand, le plus grand, & le plus petit, le plus petit.

A...3G..2B E..........10
C..2H.1D F.....

Hypoth.
ab π cd 2|2 e π f,
ab & cd *snt term.. raõ.* ab π cd.

Req. π. demonstr.
ab *msur:* e 2|2 cd *msur:* f.

Demonstr.

hyp. | ab π cd 2|2 e π f,
13. 7 | ab π e 2|2 cd π f,
hyp. | ab 2|3 e & cd 2|3 f,
4. 7. & 5. 20 d7 | ab *par.* ⊔ *part..* e 2|2 cd *par.* ⊔ *part..* f.
suppos. | ab *par..* e 2|2 cd *par.* f,
concl. s. 4. d. 7 | ab *msur:* e 2|2 cd *msur:* f,
suppos. | ab *part..* e 2|2 cd *part..* f,
s. 4. d. 7 | *multd.. part..* ab 2|2 *multd.. part..* cd,
suppos. | ag, gb *snt part..* ab, & ch, hd *snt part..* cd,
s. 4. d. 7 | ag *msur:* e 2|2 ch *msur:* f,
20. d. 7 | ag π e 2|2 ch π f,
13. 7 | ag π ch 2|2 e π f,
9. a. 1 | ab & cd *n̄ snt term.. raō. contr. hypoth.*

THEOR. XX. PROPOS. XXII.

Si fuerint tres numeri, & alij ipsis multitudine æquales, qui bini sumantur, & in eadem ratione, fuerit autem perturbata eorum proportio; etiam ex æqualitate in eadem ratione erunt.

S'il y a trois nombres d'vne part, & autant d'vne autre, lesquels soient pris de deux en deux, & en mesme raison, & que leur proportion soit troublee; aussi en raison egale, ils seront en mesme raison.

Hypoth.
a π b 2|2 e π f, α
b π c 2|2 d π e. β
Req. π. demonstr.

A....4 B...3 C..2

D..........12 E........8 F......6

	a π c 2|2 d π f.	b. 19.7	▭.cd 2|2 ▭.be,
	Demonstr.	c. a. 1	▭.af 2|2 ▭.cd,
a. 19.7	▭.af 2|2 ▭.be,	concl. 19.7	a π c 2|2 d π f.

THEOR. XXI. PROPOS. XXIII.

Primi inter se numeri, minimi sunt omnium eandem cum eis rationem habentium.

Les nombres premiers entr'eux, sont les plus petits de tous ceux qui ont la mesme raison.

A........9 B....4

C---- D---

E-- G,1.

Hypoth.

a & b *snt pr. se.*

Req. π. demonstr.

a & b *snt term.. raõ.* a π b.

Demonstr.

suppos. g, *est vnit.*

suppos. c & d *snt term.. raõ.* a π b,

21.7 c, *msur:* a, & d, *msur:* b,

suppos. c, *msur:* a p e,

20.d.7 d, *msur:* b p e,

c.23.d.7	g, *msur:* e 2|2 c, *msur:* a,	
15.7	g, *msur:* c 2|2 e, *msur:* a,	α
c.23.d.7	g, *msur:* e 2|2 d, *msur:* b,	
15.7	g, *msur:* d 2|2 e, *msur:* b,	β
5.a.7	g, *msur:* c & d,	
αβ	e, *msur:* a & b,	
	contr. hypoth.	

THEOR. XXII. PROPOS. XXIV.

Minimi numeri omnium eandem cum eis rationem habentium, primi inter se sunt.

Les plus petits nombres de tous ceux qui ont vne mesme raison, sont premiers entr'eux.

	A.........9 B....4	8.a.7	d, *msur:* a ꝑ c,
	C--	3.d.7	d, *est par..* a,
	D--- E---	9.a.1	d 2|3 a, α
	Hypoth.	8.a.7	e, *msnr:* b ꝑ c,
	a & b *snt term..*	3.d.7	e, *est par..* b,
	raõ.. a π b,	9.a.1	e 2|3 b, β
	Req. π. demonstr.	9.a.7	▭.dc 2|2 a,
	a & b *snt pr. ꝯe.*	9.a.7	▭.ec 2|2 b,
	Demonstr.	17.7	d π e 2|2 a π b,
suppos.	a & b *snt compos. ꝯe,*	αβ	a & b *ñ snt term..*
suppos.	c, *est c. me.* a & b,		*raõ..* a π b,
suppos.	c, *msur:* a ꝑ d,		*contr. hyp.*
suppos.	c, *msur:* b ꝑ e,	concl. 21.a.1	a & b *snt pr. ꝯe.*

THEOR. XXIII. PROPOS. XXV.

Si duo numeri primi inter se fuerint; qui vnum eorum metitur numerus, ad reliquum primus erit.

S'il y a deux nombres premiers entr'eux, le nombre qui en mesure l'vn d'iceux, sera premier à l'autre.

	A.........9 B....4	suppos.	d, *est c.me.*c & b, α
	C...3 D--	α	d, *msur:* c,
	Hypoth.	hyp.	c, *msur:* a,
	a & b *snt pr.ↄe,*	11. a. 7	d, *msur:* a, β
	c, *msur:* a.	α	d, *msur:* b, β
	Req. π. demonstr.	β	d, *msur:* a & b,
	c, *est pr. π.* b.	12. d. 7	a & b *ñ snt pr.ↄe,*
	Demonstr.		*contr. hyp.*
suppos.	c & b *snt compos.ↄe,*	concl. 21. a. 1	c, *est pr. π.* b.

THEOR. XXIV. PROPOS. XXVI.

Si duo numeri ad quempiam primi fuerint; etiam ex illis genitus ad eundem primus erit.

Si deux nombres sont premiers à quelqu'autre nombre; le produict d'iceux sera aussi premier à cet autre.

A.....5 B...3		*Hypoth.*
C.........8		a & b *snt pr. π.* c, α
D...............15		▭.ab 2│2 d.
E--- F---		*Req. π. demonstr.*

	c, *est pr.* π. d.	β	e, *msur:* c,
	Demonstr.	δ. 25.7	e & a *snt pr.* ⸫e,
suppos.	c, n̄. *est pr.* π. d,	23.7	e & a *snt term..*
suppos.	e, *est c.me..* d & c, β		*raō..* e π a,
suppos.	e, *msur:* d *p* f,	γ. 21.7	e, *msur:* | b,
9.a.7	▭.ef 2|2 d,		a, *msur:* | f,
hyp.	▭.ab 2|2 d,	β	e, *msur:* b & c,
1.a.1	▭.ef 2|2 ▭.ab,	11.d.7	b & c n̄ *snt pr.* ⸫e.
19.7	e π a 2|2 b π f, γ		*contr. hyp.*
hyp.	a & c *snt pr.* ⸫e, δ	concl. 21.a.1	c, *est pr.* π. d.

THEOR. XXV. PROPOS. XXVII.

Si duo numeri primi inter se fuerint; etiam ex vno eorum genitus ad reliquum primus erit.

Si deux nombres sont premiers entr'eux; le produict de l'vn d'iceux sera premier à l'autre.

A....4 B.....5
C................16
D....4

a & b *snt pr.* ⸫e,
□.a *est* c.
Req. π. *demonstr.*

	c, *est pr.* π. b.
	Demonstr.
suppos.	d 2|2 a, α
hyp.	a & d *snt pr.* π. b,
26.7	▭.ad *est pr.* π. b,
α	▭.ad 2|2 □.a, ⊔ c,
concl. 1.a.7	c, *est pr.* π. b.

THEOR. XXVI. PROPOS. XXVIII.

Si duo numeri ad duos numeros, vterque ad

vtrumque, primi fuerint; & qui ex eis gignentur, primi inter ſe erunt.

Si deux nombres ſont premiers à deux autres nombres, l'vn & l'autre à l'vn & à l'autre; les produits d'iceux ſeront auſſi premiers entr'eux.

A.....5 C....4		*Req. π. demonſtr.*
B...3 D..2		e & f *ſnt pr. ſe.*
E..............15		*Demonſtr.*
F........8	hyp.	a & b *ſnt pr. π.* c,
Hypoth.	α. 26.7	e, *eſt pr. π.* c, γ
a, *eſt pr. π.* c & d,	hyp.	a & b *ſnt pr. π.* d,
b, *eſt pr. π.* c & d,	α. 26.7	e, *eſt pr. π.* d, γ
▭.ab 2|2 e, α	γ	c & d *ſnt pr. π.* e,
▭.cd 2|2 f. β	concl. β. 26.7	f & e *ſnt pr. π. ſe.*

THEOR. XXVII. PROPOS. XXIX.

Si duo numeri primi inter ſe fuerint, & multiplicans vterque ſe ipſum fecerit aliquem; & geniti ex ipſis primi inter ſe erunt: Et ſi, qui in principio, genitos ipſos multiplicantes fecerint aliquos; & hi quoque primi inter ſe erunt. & ſemper circa extremos hoc eueniet.

Si deux nombres ſont premiers entr'eux; & l'vn & l'autre ſemultipliant ſoy-meſme en fait quelqu'vn, les prduicts d'iceux ſeront premiers entr'eux: Et ſi les nom-

bres propoſez au commencement, multiplians iceux produicts en font quelques vns, iceux ſeront auſſi premiers entr'eux : & cecy aduiendra touſiours enuiron les extremes.

A...3 B..2		*Req. π. demonſtr.*
C.........9 D....4		c & d *ſnt pr. de,*
E,27. F,8		e & f *ſnt pr. de,*
G,81. H,16.		g & h *ſnt pr. de.*
		Demonſtr.
Hypoth.	hyp.	a & b *ſnt pr. de,* ε
a & b *ſnt pr. de,*	α. 27.7	c & b *ſnt pr. de,* ε
□.a *eſt* c, α	1. concl. β. 27.7	c & d *ſnt pr. de,*
□.b *eſt* d, β	β. 27.7	d & a *ſnt pr. de,*
▭.ca *eſt* e, γ	2. concl. γδ. 28.7	e & f *ſnt pr. de,*
▭.db *eſt* f, δ	εγ. 26.7	e & b *ſnt pr. de,*
▭.ea *eſt* g,	δ. 26.7	f & a *ſnt pr. de,*
▭.fb *eſt* h.	3. concl. 28.7	g & h *ſnt pr. de.*

THEOR. XXVIII. PROPOS. XXX.

Si duo numeri primi inter ſe fuerint : etiam vterque ſimul ad quemlibet illorum primus erit : Et ſi vterque ſimul ad vnum aliquem illorum primus fuerit: etiam, qui in principio, numeri primi inter ſe erunt.

Si deux nombres ſont premiers entr'eux, l'vn & l'au-

tre ensemble sera premier à chacun d'iceux : Et si l'vn & l'autre ensemble est premier à quelqu'vn d'iceux, les nombres proposez au commencement seront aussi premiers entr'eux.

	A........8B.....5C	1. concl. 21. a. 1	ac & ab *snt pr.* ꝗe, α
	D----	2. concl. d. α	ac & bc *snt pr.* ꝗe.
			Hypoth. 2.
	Hypoth. 1.		ac & ab *snt pr.* ꝗe.
	ab & bc *snt pr.* ꝗe.		*Req. π. demonstr.*
	Req. π. demonstr.		ab & bc *snt pr.* ꝗe.
	ac *est pr. π.* ab & bc.		*Demonstr.*
	Demonstr.	suppos.	ab & bc *n̄. snt pr.* ꝗe,
suppos.	ac & ab *n̄. snt pr.* ꝗe,	suppos.	d, *est c. me..* ab & bc,
suppos.	d, *est c. me..* ac & ab,	10. a. 7	d, *msur:* ab & ac.
12. a. 7	d, *msur:* ab & bc.		*contr. 12. d. 7.*
	contr. 12. d. 7.	3. concl. 21. a. 1	ab & bc *snt pr.* ꝗe.

COROLL.

Ex hoc sequitur, numerum, qui ex duobus compositus ad vnum illorum primus est, ad reliquum quoque primum esse.

Il s'ensuit de cecy que le nombre, lequel estant composé de deux autres, est premier à l'vn d'iceux, il sera aussi premier à l'autre.

THEOR. XXIX. PROPOS. XXXI.

Omnis primus numerus, ad omnem numerum quem non metitur, primus est.

Tout nombre premier est premier à tout autre nombre, lequel il ne mesure point.

		Demonstr.
A.....5 B........8	suppos.	a & b snt compos. de,
C----	suppos.	c, *msur:* a & b, α
Hypoth.	hyp.	a, *ñ. msur:* b,
a, *est nr. pr.*	1. a. 7	c, *ñ. est* 2|2 a,
a, *ñ. msur:* b.	α. 11. d. 4	a, *ñ. est pr.*
Req. π. demonstr.		*contr. hyp.*
a, *est pr. π.* b.	21. a. 1	a & b *snt pr.* de.

THEOR. XXX. PROPOS. XXXII.

Si duo numeri sese mutuò multiplicantes fecerint aliquem : genitum autem ex ipsis metiatur aliquis primus numerus, is etiam vnum eorum, qui à principio, metietur.

Si deux nombres se multiplians l'vn l'autre, en font quelque autre : & que quelque nombre premier mesure leur produict, il mesurera aussi l'vn des nombres proposez au commencement.

A....4 B......6	d, *est nr. pr.* α
C, 24	d, *msur:* c. β
D...3 E........8	*Req. π. demonstr.*
Hypoth.	d, *msur:* a, ш b.
▭. ab *est* c,	*Demonstr.*

	A....4 B......6	1. a. 1	▭.de 2|2 ▭.ab,
	C,24	19 7	d π a 2|2 b π e, γ
	D...3 E.......8	suppos.	d, ñ. *msur:* a,
		α. 31.7	d & a *snt pr. ꝺe*,
β. supp.	d, *msur:* c p e,	23. 7	d & a *snt term..*
9. a. 7	▭.de 2|2 c,		*raõ..* d π a,
hyp.	▭.ab 2|2 c,	concl. 21: 7	d, *msur:* b.

SCHOL.

A...3 B....4		*Req. π. demonstr.*
C...........12		d, *est compos.* π a, ıı b.
D.......8		*Demonstr.*
Hypoth.	suppos.	d, *est pr.* π. a & b,
▭.ab *est* c,	26. 7	d, *est pr.* π. c,
d, *est nr. compos.*		*contr. hyp:*
d & c *snt compos. ꝺe*,	concl. 21. a. 1	d, *est cōpos.* π. a, ıı b.

THEOR. XXXI. PROPOS. XXXIII.

Omnem compositum numerum, aliquis primus numerus metitur.

Tout nombre composé, est mesuré par quelque nombre premier.

A...........12	a, *est nr. compos.*
B..2	b, *est mi. msur. nr.* a, α
C---	*Req. π. demonstr.*
Hypoth.	b, *est nr. pr.*

Demonstr.

	Demonſtr.	11. a. 7	c, *mſur:* a,
ſuppoſ.	b, *eſt nr. compoſ.*	β. 3. d. 7	c 2|3 b,
ſuppoſ.	c, *mſur:* b, β		*contr. hyp.* α
hyp.	b, *mſur:* a,	concl. 21. a. 1	b, *eſt nr. pr.*

THEOR. XXXI. PROPOS. XXXIV.

Omnis numerus aut primus eſt, aut eum aliquis primus metitur.

Tout nombre eſt premier, ou meſuré par quelque nombre premier.

	A.........9		a, *eſt nr. pr.*
	Hypoth.		⊔ *nr. pr. mſur:* a,
	a, *eſt nr.*	ſuppoſ.	a, *eſt nr. compoſ.*
	Req. π. demonſtr.	concl. 33. 7	*nr. pr. mſur:* a.

PROBL. III. PROPOS. XXXV.

Numeris datis quotcunque, reperire minimos omnium eandem rationem cum eis habentium.

Tant de nombres qu'on voudra eſtant donnez, trouuer les plus petits nombres qui ont la meſme raiſon.

A......6 B....4 C........8		*Hypoth.*
D..2		a,b,c *ſnt nr.* D.
E...3 F..2 G....4		*Req. ſnt term.. raõ;*
H--- I--- K....4		*Conſtr.* [a,b,c.
L---	1. ſuppo.	a,b,c *ſnt pr.* ⫞e,

A......6 B....4 C........8
D..2
E...3 F..2 G....4
H--- I--- K---
L---

1.concl.	a, b, c *snt term.. raõ;*
23.7 1.suppo.	a, b, c *snt compos. de,*
3.7	d, *est ma.c.me..*a, b, c,
suppos.	d, *msur:* a ꝑ e,
suppos.	d, *msur:* b ꝑ f,
suppos.	d, *msur:* c ꝑ g,
symp.	e, f, g *snt nr. req.*
	Demonstr.
9.a.7	▭.ed 2|2 a,
9.a.7	▭.fd 2|2 b,
9.a.7	▭.gd 2|2 c,
17.7	e π f 2|2 a π b,
1.concl. 17.7	f π g 2|2 b π c,

suppos.	h, i, k *snt term..raõ;* a π b, & b π c, β
21.7	h, *msur:* a,
suppos.	h, *msur:* a ꝑ l,
21.7	i, *msur:* b ꝑ l,
21.7	k, *msur:* c ꝑ l,
9.a.7	▭.hl 2|2 a,
9.a.7	▭.il 2|2 b,
9.a.7	▭.kl 2|2 c,
1.a.1	▭.hl 2|2 ▭.ed,
19.7	h π e 2|2 d π l,
β	h 2|3 e,
14.5	d 2|3 l, δ
9.a.7	l, *msur:* a, b, c,
δ	d, *ñ, est ma.c.me. contr.constr.*
21.a.1	e, f, g *snt term.. raõ; nr;* a, b, c.

COROLL.

Hinc perſpicuum eſt, maximam menſuram quotlibet numerorum metiri ipſos per numeros, qui minimi ſunt omnium eandem proportionem cum ipſis habentium.

Il eſt manifeſte de cecy, que la plus grande commune meſure de tant de nombres qu'on voudra, les meſure par les plus petits nombres de tous ceux qui ont la meſme proportion.

SCHOL.

Ex his facili via reperiemus duos minimos numeros, qui eandem habeant proportionem, quam quotcunque numeri dati continuè proportionales.

Par ce que dessus, nous pouuons trouuer les deux plus petits nombres qui sont en mesme raison, que tant de nombres qu'on voudra continuellement proportionaux.

A,16. B,24. C,36. D,54. E,81.

H,8.

F,2. G,3.

Hypoth.		*Constr.*
a,b,c,d,e *snt contin. proport.*	3. 7	h, *est ma. c. me..* a & b,
Req. snt mi. nr.. raõ.	suppos.	h, *msur:* a *p* f,
a π b, 11 b π c.	suppos.	h, *msur:* b *p* g,
	35. 7	f & g *snt nr. req.*

PROBL. IV. PROPOS. XXXVI.

Duobus numeris datis, reperire quem illi minimum metiantur, numerum.

Deux nombres estans donnez, trouuer le plus petit nombre, qu'ils mesurent.

		Hypoth.
A....4 B.....5 C,20.		a & b *snt nr.* D.
D-------		*Req. est mi. c. diuidu..*
E--- F---		a & b.

A....4 B.....5
C, 20.
D-------
E--- F---

Constr..1.caſ.

ſuppoſ.	a & b *ſnt pr.* ⁊e,	
ſuppoſ.	▭.ab *eſt* c,	α
ſymp.	c, *eſt nr. req.*	
	Demonſtr.	
7.a.7	a & b *mſur:* c,	
ſuppoſ.	d, *eſt mi. commun. diuidu..* a & b,	β
ſuppoſ.	a, *mſur:* d *p* e,	
ſuppoſ.	b, *mſur:* d *p* f,	
9.a.7	▭.ae 2|2 d,	α
9.a.7	▭.bf 2|2 d,	
19.7	a π b 2|2 f π e,	
hyp.	a & b *ſnt pr.* ⁊e,	
23.7	a & b *ſnt term.. raō..* a π b,	
21.7	a, *mſur:* | f, b, *mſur:* | e,	γ
α.17.7	b π e 2|2 c π d,	
γ 2.c.20 d.7	c, *mſur:* d, *contr. ſuppoſ.*	β
1.concl. 21.a.1	d, *eſt mi. commun. diuidu..* a & b,	

A....4 B......6
C..2 D...3
E, 12.
F-----
G--- H---

Constr..2.caſ.

ſuppoſ.	a & b *ſnt compoſ.* ⁊e,	
35.7	c & d *ſnt term.. raō..* a π b,	δ
ſuppoſ.	▭.ad, ⊔ bc 2|2 e,	ε
ſymp.	e, *eſt nr. req.*	
	Demonſtr.	
7.a.7	a & b *mſur:* e,	
ſuppoſ.	f, *eſt mi. commun. diuidu..* a & b,	
ſuppoſ.	a, *mſur:* f *p* g,	
ſuppoſ.	b, *mſur:* f *p* h,	
9.a.7	▭.ag 2|2 f,	θ
9.a.7	▭.bh 2|2 f,	
1.a.1	▭.ag 2|2 ▭.bh,	
19.7	a π b 2|2 h π g,	
δ. 21.7	c, *mſur:* | h, d, *mſur:* | g,	λ
ε.θ.17.7	e π f 2|2 d π g,	

λ.2c.20 d.7	e, *msur:* f, *contr. suppos.* μ	2.concl. 21.a.1	e, *est mi. commun. diuidu..* a & b.

COROLL.

Hinc sequitur, si duo numeri multiplicent minimos eandem rationem habentes, maior minorem, & minor maiorem, produci numerum minimum, quem illi metiuntur.

D'icy il s'ensuit que si deux nombres multiplient les plus petits ayans la mesme raison, le plus grand le plus petit, & le plus petit le plus grand, le produit sera le plus petit nombre qu'iceux mesurent.

THEOR. XXXIII. PROPOS. XXXVII.

Si duo numeri numerũ quempiã metiantur: etiam minimus, quem illi metiuntur, eundem metietur.

Si deux nombres mesurẽt quelque autre nombre: le plus petit qu'ils mesurent, mesurera aussi le mesme nombre.

A..2 B...3
C----F---D
E......6

Hypoth.

a & b *msur:* cd,
e, *est mi. c. diuidu..* a & b.

Req. π. demonstr.

e, *msur:* cd.

	Demonstr.
suppos.	e, *msur:* cf,
suppos.	fd *est* 2|3 e, α
hyp.	a & b *msur:* e,
11.a.7	a & b *msur:* cf,
hyp.	a & b *msur:* cd,
12.a.7	a & b *msur:* fd,
α	e, *ñ est mi. c. diuidu..* a & b. *contr. hyp.*

PROBL. V. PROPOS. XXXVII.

Tribus numeris datis reperire, quem illi minimum metiantur, numerum.

Trois nombres eſtans donnez, trouuer le plus petit nombre qu'ils meſurent.

A...3 B....4 C......6
D............12
E----

Hypoth.

a, b, c *ſnt nr.* D.
Req. eſt mi. c. diuidu..
a,b,c.

Conſtr.

36. 7 d, *eſt mi. c. diuidu..*
a & b,
1. ſuppo. c, *mſur:* d,
ſymp. d, *eſt nr. req.*

Demonſtr.

ſuppoſ. e 2|3 d,
ſuppoſ. e, *eſt mi. c. diuidu..*
a, b, c, α
α d, *ñ eſt mi. c. diuidu..*
a & b.

Contr. conſtr.

concl. 21. a. 1 d, *eſt mi. c. diuidu..*
a, b, c.
A..2 B...3 C....4
D......6
E...........12
F----
c, *ñ mſur:* d,
2. ſupp. e, *eſt mi. c. diuidu..*
36. 7 c & d, β
ſymp. e, *eſt nr. req.*

Demonſtr.

conſtr. a & b *mſur:* d,
conſtr. d, *mſur:* e,
11. a. 7 a & b *mſur:* e, α
conſtr. c, *mſur:* e, α
1. concl. α a, b, c, *mſur:* e,
ſuppoſ. f 2|3 e, γ
ſuppoſ. f, *eſt mi. c. diuidu..*
a,b,c, δ

♪	a & b msur: f,	ꝛ	e, ñ est mi. c. diuidu..
c.37.7	d, msur: f,		c & d.
♪	c, msur: f,		contr. constr.

COROLL.

Sequitur ex his, si tres numeri numerum quempiam metiantur; etiam minimum, quem illi metiuntur, eundem metiri.

D'icy il s'ensuit, que si trois nombres mesurent quelque nombre, que le moindre nombre, qu'ils mesurent, mesure aussi ce mesme nombre.

THEOR. XXXIV. PROPOS. XXXIX.

Si numerum quispiam numerus metiatur; ille, quem metitur, partem habebit à metiente denominatam.

Si vn nombre mesure vn autre nombre; celuy lequel il mesure, aura vne partie denommee du mesurant.

A............12
B....4 C...3
D. *vnit.*

Hypoth.
b, *msur:* a ꝑ c.
Req. π. *demonstr.*
c, *est par.. nr.* a, *denom.* ꝑ b,
Demonstr.
c.23. d.7 d π c 2|2 b π a,

15. 7 | d π b 2|2 c π a,
6. a. 7 | d, *est par.. nr.* b, *denom.* p b,
concl. 20. d. 7 | c, *est par.. nr.* a, *denom.* p b.

THEOR. XXXV. PROPOS. XL.

Si numerus partem habuerit quamlibet; metietur illum numerus à quo ipsa pars denominatur.

Si vn nombre a vne partie quelconque, le nombre par lequel ceste partie est denommee le mesurera.

A...............15
B...3 C.....5
D. *vnit.*

Hypoth.

b, *est par.. nr.* a, *denom.* p c.

Req. π. *demonstr.*

c, *msur:* a.

Demonstr.

suppos. | d, *est vnit.*
5. a. 7 | d, *est par.. nr.* c. *denom.* p c,
hyp. | b, *est par.. nr.* a, *denom.* p c,
5. a. 7 | d, *msur:* | c,
f. 4. d. 7 | b, *msur:* | a,
concl. | d, *msur:* | b,
5. 7 | c, *msur:* | a.

PROBL. VI. PROPOS. XLI.

Numerum reperire, qui minimus cum ſit, habeat datas partes.

Trouuer le plus petit nombre qui ait les parties donnees.

D..2 A, $\frac{1}{2}$		*g, eſt mi. c. diuidu..*
E...3 B, $\frac{1}{3}$		d,e,f.
F... 4 C, $\frac{1}{4}$	38.7 ſymp.	g, *eſt nr. req.*
G. 12		*Demonſtr.*
H----	conſtr.	d, e, f *mſur:* g,
Hypoth.	1.concl.	a,b,c *ſnt part..nr.* g,
a,b, c *ſnt part.* D.	39 7 ſuppoſ	h, 2 3 g, α
d,e, f *ſnt denomina-*	ſuppoſ.	h, *conti.part.* a, b,c,
tion..part. a,b,c,	40.7	d,e,f *mſur:* h,
Req. eſt mi. nr. q.	α	g, *ñ eſt mi. c. diuidu..*
conti.part. a,b,c.		d,e,f,
Conſtr.		*contr. conſtr.*

EVCLIDIS ELEMENTORVM LIBER OCTAVVS.

LE HVICTIESME LIVRE DES ELEMENTS D'EVCLIDE.

THEOR. I. PROPOS. I.

Si fuerint quotcunque numeri deinceps proportionales, extremi verò ipſorum primi inter ſe fuerint; ipſi minimi ſunt omnium eandem cum eis rationem habentium.

S'il y a tant de nombres qu'on voudra continuellement proportionaux, & que les extremes ſoient premiers entr'eux; ils ſont les plus petits de tous ceux qui ont meſme raiſon qu'iceux.

A,8. B,12. C,18. D,27.

E-F--G--H--

Hypoth.

a,b,c,d *ſnt contin. proport.*, *&* *extrem.* a *&* d *ſnt pr. de.*

	Req. π. demonſtr.	23. 7	a & d *ſnt term..*
	a, b, c, d *ſnt term..*		*raõ..* a π d,
	raõ.		a, *mſur:* e,
	Demonſtr.	21. 7	d, *mſur:* h,
ſuppoſ.	e, f, g, h *ſnt term..*	3. d. 7	e 3|2 a,
	raõ.		*contr. ſuppoſ.*
24. 7	a π d 2|2 e π h,	21. a. 7	a, b, c, d *ſnt term..*
hyp.	a & d *ſnt pr. ꝗe,*		*raõ.*

PROBL. I. PROPOS. II.

Numeros reperire deinceps proportionales minimos, quotcunque iuſſerit quiſpiam, in data ratione.

Trouuer tant de nombres qu'on voudra continuellement proportionaux, les plus petits en vne raiſon donnee.

V,1.

A,2. B,3.

C,4. D,6. E,9.

F,8. G,12. H,18. K,27.

L,16. M,24. N,36. P,54. Q,81.

Hypoth.		*Conſtr.*	
		c 2|2 □.a,	α
a & b *ſnt term..raõ.* D.		d 2|2 ▭.ab	β
Req. ſnt mi. nr. proport;	33. pro-port.	e 2|2 □.b,	γ
ꝗn raõ. a π b,		f 2|2 ▭.ca,	δ

V,1.
A,2. B,3.
C,4. D,6. E,9.
F,8. G,12. H,18. K,27.
L,16. M,24. N,36. P,54. Q,81.

4; proport.	g 2|2 ▭.da, h 2|2 ▭.ea, k 2|2 ▭.eb,
	l 2|2 ▭.fa, m 2|2 ▭.ga, n 2|2 ▭.ha,
	p 2|2 ▭.ka, q 2|2 ▭.kb.
symp.	c, d, e *snt contin. proport.*
symp.	*item* f, g, h, k *snt contin. proport.*
symp.	*item* l, m, n, p, q *snt contin. proport.*
	Demonstr.
αβ.17.7	c π d 2|2 a π b,
βγ.17.7	d π e 2|2 a π b,
1.concl. 11. 5.	c π d 2|2 d π e,
hyp.	a & b *snt term.. raõ.* a π b,
αγ.29.7	c & e *snt pr.* ⸫e,
2.concl. 1. 8	c, d, e *snt term.. raõ.* c π d, ⊔ a π b,
17.7	f, g, h *snt contin. proport.* ⸫*n raõ.* c π d, ⊔ a π b, μ
18. 7	h π k 2|2 a π b, μ
3.concl. μ	f, g, h, k *snt contin. proport.* ⸫*n raõ.* a π b,
29.7	f & k *snt pr.* ⸫e,
4.cõcl. 1. 18	f, g, h, k *snt term.. raõ.* a π b, ν
5.concl. d. ν	l, m, n, p, q *snt contin. proport.* ⸫*n raõ.* a π b.

COROLL. I.

Hinc perſpicuum eſt, ſi tres numeri minimi ſint proportionales, extremos quadratos eſſe: ſi autem fuerint quatuor numeri, minimi continuè proportionales extremos eſſe cubos,&c.

D'icy il eſt manifeſte, que ſi trois nombres ſont proportionaux, & les plus petits de leur raiſon, les extremes ſeront quarrez: & ſi quatre nombres ſont continuellement proportionaux, & les plus petits de leur raiſon, les extremes ſeront cubes,&c.

COROLL. II.

Perſpicuum quoque eſt ex hac proportione, & vigeſima nona ſeptimi, extremos numeros, proportionalium quotcunque ſecundum hanc propoſitionem inuentorum, in data ratione minorum, inter ſe primos eſſe.

Il s'enſuit auſſi de ceſte propoſition, & de la vingtneufieſme du ſeptieſme, que les extremes des nombres continuellement proportionaux, les plus petits en la raiſon donnee, trouuez par ceſte propoſition, ſont premiers entr'eux.

COROLL. III.

Conſtat etiam, duos numeros minimos in data ratione, metiri omnes medios quotcunque minimorum in eadem ratione, quia ſcilicet producuntur ex illorum multiplicatione in alios quoſdam numeros.

Il appert auſſi que deux nombres les plus petits en la raiſon donnee, meſurent tous les moyens quelconques, les plus petits en la meſme raiſon, à cauſe qu'ils ſont produicts de la multiplication d'iceux par quelques autres nombres.

V,1.
A,2. B,3.
C,4. D,6. E,9.
F,8. G,12. H,18. K,27.
L,16. M,24. N,36. P,54. Q,81.

COROLL. IV.

Perſpicuum quoque eſt ex conſtructione, ſeries numerorum V, A, C, F, L. V, B, E, K, Q. L, M, N, P, Q. conſtare æquali multitudine numerorum, ac proinde extremos numeros quotcunque minimorum continuè proportionalium, eſſe vltimos totidem continuè proportionalium ab vnitate: vt extremi L & Q, continuè proportionalium L, M, N, P, Q. ſunt vltimi totidem proportionalium ab vnitate: V, A, C, F, L. & V, B, E, K, Q.

Il appert auſſi de la conſtruction, que les ſuittes des nombres V, A, C, F, L. V, B, E, K, Q. L, M, N, P, Q. ſont egales en multitudes, & par conſequent que les extremes de tant de proportionelles qu'on voudra, des plus petits continuellement proportionaux, ſont les derniers, d'autant d'autres continuellement proportionaux depuis l'vnité, comme les extremes L & Q. des continuellement proportionaux L, M, N, P, Q. ſont les derniers d'autant d'autres continuellement proportionaux depuis l'vnité: V, A, C, F, L. & V, B, E, K, Q.

COROLL. V.

Conſtat etiam numeros ſeriei V, A, C, F, L, & aliarum illi æquidiſtantium, quales ſunt B, D, G, M. E, H, N, & K, P, eſſe quoque continuè proportionales in ratione V, ad A, numeros verò ſeriei, V, B, E, K, Q, & aliarum illi æquidiſtantium quales ſunt A, D, H, P. C, G, N. & F M. eſſe quoque continuè proportionales in ratione V ad B.

Il eſt euident auſſi que les nombres des ſuittes V, A, C, F, L, & des autres qui luy ſont paralleles, comme ſont B, D, G, M. E, H, N, & K, P, ſont auſſi continuellement proportionaux en la raiſon de V à A, & les nombres de la ſuitte V, B, E, K, Q, & des autres qui luy ſont paralleles, comme ſont A, D, H, P. C, G, N, & F, M, ſont auſſi continuellement proportionaux en la raiſon de V à B.

PROBL. II. PROPOS. III.

Si ſint quotcunque numeri deinceps proportionales minimi omnium eãdem cum eis rationem habentium; illorum extremi ſunt inter ſe primi.

S'il y a tant de nombres qu'on voudra continuellement proportionaux, les plus petits de tous ceux qui ont la meſme raiſon; les extremes ſeront les premiers entr'eux.

A,8. B,12. C,18. D,27.		*Præpar.*
E,2. F,3.	35. 7	e & f *ſnt term..* *raõ.* a π b,
G,4. H,6. I,9.		
K,8. L,12. M,18. N,27.	2. 8	g, h, i *ſnt mi.* ꝗ*n* *raõ.* e π f,
Hypoth.	2. 8	k, l, m, n *ſnt mi.* ꝗ*n* *raõ.* e π f.
a,b,c,d *ſnt contin. proport.*		
a,b,c,d *ſnt term..* *raõ.*		*Demonſtr.*
Req. π. *demonſtr.*	conſtr.	*multd.* k,l,m, n 2|2
extrem. a & b *ſnt pr.* ꝗ*e.*		*multd.* a,b,c,d,

constr.	k, l, m, n ſnt mi. ꝗn raõ. e π f,
hyp.	a, b, c, d ſnt mi. ꝗn raõ. e π f,
22.a.1	a 2|2 k, b 2|2 l, c 2|2 m, d 2|2 n,
2.c.2.8	k & n ſnt pr. ꝗe,
concl. 1. a. 7	a & b ſnt pr. ꝗe.

PROBL. III. PROPOS. IV.

Rationibus datis quotcunque in minimis numeris, reperire numeros deinceps minimos in datis rationibus.

Estant donnees tant de raisons qu'on voudra és plus petits nombres d'icelles, trouuer tant de nombres qu'on voudra continuellement proportionaux les plus petits selon les raisons donnees.

A, 6. B, 5. C, 4. D, 3.
H, 4. F, 24. E, 20. G, 15.
I-- K-- L--

Hypoth. 1.

a π b, c π d ſnt term. raõ; D;
Req. ſnt f, e, g, mi. nr; ꝗn raõ; D;

Constr.

36. 7	c, eſt mi. diuid. b & c		
3. p. 7	b, mſur:	e,	α
	a, mſur:	f,	
3. p. 7	c, mſur:	e,	
	d, mſur:	g,	
ſymp.	f, e, g ſnt nr. req.		

Demonstr.

ſuppoſ.	a, mſur: f p h,
α	b, mſur: e p h,
9. a. 7	▭.ah 2|2 f,
9. a. 7	▭.bh 2|2 e,
1. concl. 18. 7	a π b 2|2 f π e, β
2. concl. d. β	c π d 2|2 e π g,
ſuppoſ.	i, k, l ſnt mi. ꝗn raõ; D

a, mſur:

21. 7 | a, *msur:* i, 2|2 b, *msur:* k, γ

21. 7 | c, *msur:* k 2|2 d, *msur:* l, γ

γ | b & c, *msur:* k,

37. 7 | e, *msur:* k,

contra. 9. *a.* b

21. a. 1 | f, e, g *snt mi. nr; ꝗn raō; D.* δ

A,6. B,5. C,4. D,3. E,5. F,7.
H,24. G,20. I,15. K,21.

1. caſ.. hypoth. 2.

a π b, c π d, e π f *snt term.. raō; D.*

req. snt h, g, i, k. *mi. ꝗn raō; D*

Conſtr.

cōſtr. δ | h, g, i *snt mi. ꝗn raō;* a π b, c π d,

ſuppoſ. | e, *msur:* i, 2|2 f, *msur:* k,

d. δ | h, g, i, k *snt nr; req.*

A,6. B,5. C,4. D,3. E,2. F,7.
H,24. G,20. I,15.
M,48. L,40. K,30. N,105.
O-- P-- Q-- R--

2. caſ.. hypoth. 2.

ſuppoſ. | e, *ñ msur:* i,

36. 7 | k, *eſt mi. diuidu..* i & e,

	i, *msur:*	k,	3.p.7	e, *msur:*	k,
3.p.7	g, *msur:*	l,		f, *msur:*	n,
3.p.7	h, *msur:*	m,	d. δ	m,l,k,n *snt nr. req.*	

THEOR. III. PROPOS. V.

Plani numeri rationem inter ſe habent ex lateribus compoſitam.

Les nombres plans ſont l'vn à l'autre en raiſon compoſee de leurs coſtez.

Hypoth. A,24. B,48.

▭.cd 2|2 a, α C,4. D,6. E,3. F,16

▭.ef 2|2 b, β G,18.

Req. π. demonſtr.

raõ. a π b 2|2 *raõ.* c π e + *raõ.* d π f.

Præpar.

▭.e,d 2|2 g. γ

Demonſtr.

α.γ 17.7 a π g 2|2 c π e,

βγ. 17.7 g π b 2|2 d π f,

concl. 20.d.5 *raõ.* a π b 2|2 *raõ.* c π e + *raõ.* d π f.

THEOR. V. PROPOS. VI.

Si ſint quotcunque numeri deinceps proportionales, primus autem ſecundum non metiatur; neque alius quiſpiam vllum metietur.

S'il y a tant de nombres qu'on voudra continuellement proportionaux, & que le premier ne mesure le second; aussi pas vn autre ne mesurera pas vn autre.

A,16. B,24. C,36. D,54. E,81.
F,4. G,6. H,9.

Hypoth.		1c20.d7	c, ñ, *msur:* d,
a,b,c,d,e *snt cõtin. proport.*		2c20.d7	d, ñ, *msur:* e,
a 2|3 b,		α. 14.7	a π c 2|2 f π h,
a, ñ, *msur:* b.		constr.	a π b 2|2 f π g,
Req. π. demonstr.		hyp.	a, ñ, *msur:* b,
a,b,c,d,e, ñ, *msur:* se,		2c20.d7	f, ñ, *msur:* g,
Præpar.		5. a. 7	f, ñ, *est vnit.*
f,g,h *snt term.. raõ.* a π b. α		α. 3.8	f & h *snt pr.* se,
Demonstr.		11. d. 7	f, ñ, *msur:* h,
hyp.	a, ñ, *msur:* b,	2.concl. 2c20.d7	a, ñ, *msur:* c, β
1c20.d7	b, ñ, *msur:* c,	d. β	a, ñ, *msur:* d, II e.

THEOR. V. PROPOS. VII.

Si sint quotcunque numeri deinceps proportionales, primus autem extremum metiatur, is etiam metitur secundum.

S'il y a tant de nombres qu'on voudra continuellement proportionaux, & que le premier mesure le dernier, il mesurera aussi le second.

A,3. B,6. C,12. D,24. E,48.

Hypoth.		*Demonstr.*
a,b,c,d,e *ſnt cõtin. proport.*	ſuppoſ.	a, *ñ, mſur:* b,
a, *mſur:* e.	6. 7.	a, *ñ, mſur:* e,
Req. π. demonſtr.		*contr. hypoth.*
a, *mſur:* b,		

THEOR. VI. PROPOS. VIII.

Si inter duos numeros medij continua proportione ceciderint numeri; quot inter eos medij continua proportione cadunt numeri: tot & inter alios eandem cum illis habentes rationem medij continua proportione cadent.

Si entre deux nombres tombent des nombres moyens proportionaux, en proportion continuë: autant qu'il en tombera entre iceux, de moyens continuellement proportionaux; il en tombera autant de moyens continuellement proportionaux entre deux autres qui auront la meſme raiſon.

A,24. C,36. D,54. B,81.
G,8. H,12. I,18. K,27.
E,32. L,48. M,72. F,108.

Hypoth.

a, c, d, b *ſnt contin. proport.*

a π b 2|2 e π f.

Req. π. demonstr.

multd.. contin. proport. e, l, m, f 2|2 *multd.. contin. proport.* a, c, d, b,

Præpar.

35. 7 g, h, i, k *snt term.. raõ.* a π c, Ⅱ c π d, Ⅱ d π b, α

Demonstr.

α. 14. 7 g π k 2|2 a π b, Ⅱ e π f,

3. 8 g & k *snt pr. ⋠e,*

21. 7 g, *msur:* e 2|2 k, *msur:* f,

constr. g, *msur:* e 2|2 h, *msur:* l,

constr. g, *msur:* e 2|2 i, *msur:* m,

constr. g, h, i, k *snt contin. proport.*

concl. 17. 7 e, l, m, f *snt contin. proport.*

SCHOL I.

Ex hac demonstratione constat, non solùm totidem medios proportionales cadere inter E & F, quot inter A & B; verùm etiam eandem esse proportionem numerorum E, L, M, F, quæ est numerorum A, C, D, B.

Il est manifeste de ceste demonstration, que non seulement il tombe autant de moyens entre E & F, qu'entre A & B: mais aussi que la proportion des nombres E, L, M, F, est la mesme que des nombres A, C, D, B.

SCHOL II.

Constat etiam ex hoc theoremate, & ex primo corollario secundæ propositionis huius libri, medium proportionalem non poſſe cadere inter duos numeros, quorum proportio in minimis numeris non reperiatur in quadratis numeris.

Il appert auſsi de ce theoreme, & du premier corollaire de la ſeconde propoſition de ce liure, qu'il ne peut tomber vn moyen proportionel entre deux nombres, dont la proportion és moindres nombres n'eſt trouué en nombres quarrez.

THEOR. VII. PROPOS. IX.

Si duo numeri ſint inter ſe primi, & inter eos medij continua proportione ceciderint numeri; quot inter eos medij continua proportione cadunt numeri, totidem & inter vtrumque eorum, ac vnitatem medij continua proportione cadent.

Si deux nombres ſont premiers entre eux, & entre iceux tombent des nombres moyens continuellement proportionaux: autant qu'il en tombera de nombres moyens continuellement proportionaux entre eux, il en tombera autant entre vn chacun d'iceux & l'vnité.

Hypoth. V,1.

a & b *ſnt pr.* 2 *e*, E,2. F,3.

a,c,d,b *ſnt mi. contin. propor.* G,4. H,6. I,9.

u, *eſt vnit.* A,8. C,12. D,18. B,27.

Req. π. demonſtr.

multd.. contin. proport. a, c, d, b, } *ſnt* 2|2 *e*,
u, e, g, a. & u, f, i, b.

Demonstr.

concl. 4.f.2.8 | *multd.. contin. proport.* a, c, d, b, u, e, g, a, & u, f, i, b. } *snt* 2|2 *de*,

THEOR. VIII. PROPOS. X.

Si inter duos numeros, & vnitatem continuè proportionales ceciderint numeri; quot inter vtrumque ipſorum, & vnitatem deinceps medij continua proportione cadunt numeri, totidem & inter ipſos medij continua proportione cadent.

Si entre deux nombres & l'vnité tombent des nombres continuellement proportionaux; autant qu'il en tombe de continuellement proportionaux entre chacun d'iceux & l'vnité, il en tombera autant de continuellement proportionaux entre iceux.

Hypoth.

c, *est vnit.*

a, e, d, c, & b, g, f, c *snt contin. proport.*

Req. π. demonstr.

multd.. contin. proport. a, i, K, b 2|2 *multd.* a, e, d, c, 11 b, g, f, c.

Præpar.

h 2|2 ▭.df,

i 2|2 ▭.dh,

K 2|2 ▭.dg.

A, 8. I, 12. K, 18. B, 27.

E, 4. H, 6. G, 9.

D, 2. F, 3.

C, 1.

Demonstr.

1.concl. 2. 8 e, h, g, & a, i, K, b *snt contin. proport.*

2.concl. 4.c.2.8 *multd. contin. proport.* a, i, K, b, } *snt* 2|2 *de,* a, e, d, c, & b, g, f, c.

THEOR. IX. PROPOS. XI.

Duorum quadratorum numerorum vnus medius proportionalis eſt numerus: Et quadratus ad quadratum duplicatam habet lateris ad latus rationem.

Entre deux nombres quarrez il y a vn nombre moyen proportionel: Et le quarré eſt au quarré en raiſon doublee du coſté au coſté.

Hypoth. A, 4. E, 6. B, 9.

a & b *snt nr;* □. C, 2. D, 3.

Req. π. demonſtr.

intr. a & b *eſt vn. medi. proport.*

raõ a π b 2|2 2; *raõ.* c π d.

Præpar.

3. p. 7 c, *eſt* √. a, & d, *eſt* √. b,

e 2|2 ▭.cd.

Demonſtr.

1.concl. 2. 8 a, e, b *snt contin. proport. in raõ.* c π d,

2.concl. 10. d. 5 *raõ.* a π b 2|2 { *raõ.* a π e + *raõ.* e π b, ∐ 2; *raõ.* c π d.

THEOR. X. PROPOS. XII.

Duorum cuborum numerorum duo medij proportionales ſunt numeri : Et cubus ad cubum triplicatam habet lateris ad latus rationem.

Entre deux nombres cubes il y a deux nombres moyens proportionaux : Et le cube eſt au cube en raiſon triplee du coſté au coſté.

Hypoth. A,27. H,36. I,48. B,64.
a & b *ſnt nr; cub;* E,9. G,12. F,16.
Req. π. demonſtr. C,3. D,4.
intr. a & b *ſnt 2; medi. proport.*
raõ. a π b 2|2 3; *raõ;* c π d.

Præpar.

c, *eſt* √c. a. & d, *eſt* √c. b,
e, *eſt* □.c. f, *eſt* □.d. g, *eſt* ▭.cd. h, *eſt* ▭.cg. i, *eſt* ▭.cf.

Demonſtr.

1. concl. 2. 8 — a,h,i,b *ſnt contin. proport. in raõ..* c π d,
2. concl. 10. d. 5 — *raõ..* a π d 2|2 3; *raõ..* a π h, ıı c π d.

SCHOL. I.

Eodem modo demonſtrabitur quadrato-quadrata eſſe in quadruplicata ratione lateris ad latus, & quadrato-cubos in quintuplicata, &c.

Par la meſme methode on demonſtrera que les quarre-quarrez ſont en raiſon quadruplee du coſté au coſté, & les quarrez cubes en raiſon quintuplee, &c.

SCHOL. II.

Si ſint plures numeri continuè proportionales, quadratus primi ductus in quartum, facit cubum ſecundi : cubus verò eiuſdem primi ductus in quintum, facit quadratoquadratum ſecundi, & ita deinceps.

S'il y a pluſieurs nombres continuellement proportionaux, le quarré du premier multiplié par le quatrieſme, fait le cube du ſecond : & le cube du premier eſtant multiplié par le cinquieſme, fait le quarré du ſecond, & ainſi de ſuite.

A,32. B,48. C,72. D,108. E,243. F.

Hypoth.

a, b, c, d, e, f *ſnt contin. proport.*

Req. π. demonſtr.

a2d 2|2 b3,

a3e 2|2 b4.

Demonſtr.

11. 8 | a2 π b2, 2|2 a π c, ιι b π d,

1.concl. 19. 7 | a2d 2|2 b3,

11. 8 | a3 π b3, 2|2 a π d, ιι b π e,

2.concl. 19. 7 | a3e 2|2 b4,

1. ſ.11. 8 | a4 π b4, 2|2 a π e, ιι b π f,

3.concl. 16. 7 | a4f 2|2 b5.

THEOR. XI. PROPOS. XIII.

Si ſint quotlibet numeri deinceps proportionales, & multiplicans quiſque ſeipſum faciat aliquos; qui ab illis producti fuerint, proportionales erunt: Et ſi numeri primùm poſiti multiplicantes iam factos fecerint aliquos: ipſi quoque proportionales erunt: Et ſemper circa extremos hoc eueniet.

S'il y a tant de nombres qu'on voudra continuellement proportionaux, & que chacun multipliant ſoymeſme en face quelques-vns, les produicts d'iceux ſeront proportionaux. Et ſi les nombres pris au commencement multiplians leurs produicts, en font quelques-vns, iceux ſeront auſſi proportionaux, & touſiours cela aduiendra enuiron les extremes.

A,2. B,4. C,8.

D,4. N,8. E,16. O,32. F,64.

G,8. P,16. Q,32. H,64. P,128. S,256. T,512.

Hypoth.

a, b, c *ſnt contin. proport;*

d, *eſt* □.a. e, *eſt* □.b. f, *eſt* □.c,

g, *eſt* ▭.d,a. h, *eſt* ▭.eb. t, *eſt* ▭.f,c.

Req. π. demonſtr.

d, e, f *ſnt contin. proport;*

g, h, i *ſnt contin. proport;*

Præpar.

n, *eſt* ▭.b,a. o, *eſt* ▭.c,b. p, *eſt* ▭.n,a,

q, *eſt* ▭.e,a. p, *eſt* ▭.o,b. ſ, *eſt* ▭.f,b.

A,2. B,4. C,8.
D,4. N,8. E.16. O,32. F,6.
G,8. P,16. Q,32. H,64. R,128. S,256. T,512.

Demonstr.

hyp. a π b 2|2 b π c,
2. 8 d, n, e *snt contin. proport. in raõ..* a π b,
2. 8 e, o, f *snt contin. proport. in raõ..* b π c, ʉ a π b,
1. concl. 14. 7 d π e 2|2 e π f,
2. 8. g, p, q, h *snt contin. proport. in raõ..* a π b,
2. 8 h, r, s, t *snt contin. proport. in raõ..* b π c, ʉ a π b,
2. concl. 14. 7 g π h 2|2 h π t.

THEOR. XII. PROPOS. XIV.

Si quadratus numerus quadratum numerum metiatur, & latus vnius metietur latus alterius: Et si vnius quadrati latus metiatur latus alterius, & quadratus quadratum metietur.

Si vn nombre quarré mesure vn nombre quarré, aussi le costé mesurera le costé. Et si le costé mesure le costé, aussi le quarré mesurera le quarré.

A,4. E,12. B,36.
C,2. D,6.

Hypoth. 1.

a & b *snt nr;* □.
a, *msur:* b,
c, *est* γ.a. d, *est* γ.b.

Req. π. demonstr.

c, *msur:* d.

Præpar.

e, *est* ▭.c,d.

	Demonstr.		*Req. π. demonstr.*
hyp.	a & b *snt nr;* □,		a, *msur:* b.
2. & 11.8	a, e, b *snt proport.*		*Demonstr.*
	in raõ. c π d,	11. 8	a,e,b *snt contin. pro-*
hyp.	a, *msur:* b,		*port; in raõ.* c π d,
7. 8	a, *msur:* e,	hyp.	c, *msur:* d,
1. concl. 2c20.d7	c, *msur:* d.	2c20.d7	a, *msur:* e,
	Hypoth. 2.	2c20.d7	e, *msur:* b,
	c, *msur:* d.	11. a.7	a, *msur:* b.

THEOR. XIII. PROPOS. XV.

Si cubus numerus cubum numerum metiatur; & latus vnius metietur latus alterius. Et si latus vnius cubi latus alterius metiatur; & cubus cubum metietur.

Si vn nombre cube mesure vn nombre cube, aussi le costé mesurera le costé. Et si le costé mesure le costé, aussi le cube mesurera le cube.

A,8. H,24. I,72. B,216.
E,4. G,12. F,36.
C,2. D,6.

Hypoth. 1.	*Req. π. demonstr.*
	c, *msur:* d.
	Præpar.
a & b *snt nr; cub;*	e, *est* □.c,
a, *msur:* b,	f, *est* □.d,
c, *est* √c.a. d, *est* √c.b	g, *est* ▭.c,d,
	h, *est* ▭.c,g;

A,8. H,24. I,72. B,216.
E,4. G,12. F,36.
C,2. D,6.

	i, *est* ▭.c,f.
	Demonstr.
hyp.	a & b *snt nr; cub;*
2.&12.8	a,h,i,b *snt cõtin.pro-port; in raõ.* c π d,
hyp.	a, *msur:* b,
7. 8	a, *msur:* h,
1. concl. 2c10.d7	c, *msur:* d.

Hypoth. 2.

c, *msur:* d.

Req. π. *demonstr.*

a, *msur:* b.

	Demonstr.
2.&12.8	a,h,i,b *snt cõtin.pro-port; in raõ.* c π d,
hyp.	c, *msur:* d,
2c10.d7	a, *msur:* h,
2c10.d7	h, *msur:* i,
2c10.d7	i, *msur:* b,
2. concl. 11.2.7	a, *msur:* b.

THEOR. XIV. PROPOS. XVI.

Si quadratus numerus quadratum numerum non metiatur, neque latus vnius metietur alterius latus. Et si latus vnius quadrati non metiatur latus alterius, neque quadratus quadratum metietur.

Si vn nombre quarré ne mesure vn nombre quarré, aussi le costé ne mesurera le costé. Et si le costé ne mesure le costé, aussi le quarré ne mesurera le quarré.

A,16. B,81.
C,4. D,9.

Hypoth. 1.

a & b *snt nr;* □;

c, *est* √. a. d, *est* √. b,

a, ñ, *msur:* b.

Req. π. *demonstr.*

c, ñ, *msur:* d.

	Demonstr.		Req. π. demonstr.
suppos.	c, msur: d,		a, ñ, msur: b.
14. 8	a, msur: b,		Demonstr.
	contr. hypoth.	suppos.	a, msur: b,
1. concl. 21. a. 1	c, ñ, msur: d,	14. 8	c, msur: d.
	Hypoth. 2.		contr. hypoth.
	c, ñ, msur: d.	2. concl. 21. a. 1	a, ñ, msur: b.

THEOR. XV. PROPOS. XVII.

Si cubus numerus cubum numerum non metiatur, neque latus vnius latus alterius metietur. Et si latus cubi vnius latus alterius non metiatur, neque cubus cubum metietur.

Si vn nombre cube ne mesure vn nombre cube, aussi le costé ne mesurera le costé: Et si le costé ne mesure le costé, aussi le cube ne mesurera le cube.

	A,8. B,27.		Demonstr.
	C,2. D,3.	suppos.	c, msur: d,
	Hypoth. 1.	15. 8	a, msur: b,
	a & b snt nr; cub;		contr. hypoth.
	c, est γc. a.	1. concl. 21. a. 1	c, ñ, msur: d,
	d, est γc. b,		Hypoth. 2.
	a, ñ, msur: b.		c, ñ, msur: d.
	Req. π. demonstr.		Req. π. demonstr.
	c, ñ, mesur: d.		a, ñ, msur: b.

	Demonstr.		contr. hypoth.
suppos.	a, *msur:* b,	2. concl. 21. a. 1	a, *n̄*, *msur:* b.
15. 8	c, *msur:* d,		

THEOR. XVI. PROPOS. XVIII.

Duorum similium planorum numerorum vnus medius proportionalis est numerus: Et planus ad planum duplicatam habet lateris ad latus homologum rationem.

Entre deux nombres plans semblables, il y a vn nombre moyen proportionel: Et le plan est au plan en raison doublée des costez homologues, ou de semblable raison.

Hypoth.

a & b *snt plan; sml;*

Req. π. demonstr.

Intr. a & b *est vn medi. proport.*

rað. a π b 2|2, 2; *rað.* c π e, ⵊ d π f.

Præpar.

16. d. 7	a, *est* ▭. c, d,	α	A, 12.	G, 18.	B, 27.	
16. d. 7	b, *est* ▭. e, f,	β	C, 6.	D, 2.	E, 9.	F, 3.
3. p. 7	g, *est* ▭. d, e.	γ				

Demonstr.

21. d. 7	c π d 2|2 e π f,	
13. 7	c π e 2|2 d π f,	δ

c π e

αγ. 17.7 | c π e 2|2 a π g, ε
βγδ 17.7 | g π b 2|2 d π f, ıı c π e,
1. concl. | a π g 2|2 g π b,
11. 5 |
2. concl. 10. d. 5 | *raõ*.. a π b 2|2, 2; *raõ*.. a π g, ıı c π e.

COROLL.

Hinc perſpicuum eſt, inter duos ſimiles planos cadere vnum medium proportionalem, in ratione laterum homologorum.

D'icy il eſt maniféſte, qu'entre deux plans ſemblables tombe vn moyen proportionel en la raiſon des coſtez homologues.

THEOR. XVII. PROPOS. XIX.

Duorum ſimilium ſolidorum numerorum duo medij proportionales ſunt numeri: Et ſolidus ad ſolidum triplicatam rationem habet lateris homologi ad latus homologum.

Entre deux nombres ſolides ſemblables il y a deux nombres moyens proportionaux: Et le ſolide eſt au ſolide en raiſon triplee du coſté homologue au coſté homologue, ou de ſemblable raiſon.

A,30. M,60. N,120. B,240.
I,6. L,12. K,24.
C,2. D,3. E,5. F,4. G,6. H,10.

hyp. | a & b *ſnt nr; ſolid; ſml;*

Req. π. demonſtr.

ſntr. a & b *ſnt 2; medi; proport;*

raõ. a π b 2|2, 3; *raõ.* c π f, ıı d π g, ıı e π g.

	Præpar.	
17. d. 7	a, *eſt ſolid..* c, d, e,	
17. d. 7	b, *eſt ſolid..* f, g, h,	
3. p. 7	i, *eſt* ▭.c,d,	α
3. p. 7	l, *eſt* ▭.d,f,	β
3. p. 7	k, *eſt* ▭.f,g,	γ
3. p. 7	m, *eſt* ▭.l,e,	δ
3. p. 7	n, *eſt* ▭.k,e.	ε
	Demonſtr.	
11. d. 7 & 13. 7	c π f ⎫ *ſnt* d π g ⎬ *raō;* e π h ⎭ 2|2 ∢*e.*	θ κ
αβ. 17. 7	i π l 2|2 c π f,	
βγ. 17. 7	l π k 2|2 d π g, ꟷ c π f,	
11. 5	i, l, k *ſnt proport;* ∢*n raō..* i π l, ꟷ e π h,	λ
α. 17. d7	a 2|2 ▭.e,i,	
γ. 17. d7	b 2|2 ▭.h,k,	μ
17. 7	a,m,n *ſnt proport.* ∢*n raō..* i π l, ꟷ e π h,	
εμ. 17. 7	n π b 2|2 e π h,	
1. concl. 11. 5	a,m, n, b *ſnt contin. proport;* ∢*n raō..* e π h,	
2. concl. 10. d 5	*raō.* a π b 2|2, 3; *raō..* a π m, ꟷ c π f.	

COROLL.

Hinc ſequitur, inter duos ſimiles ſolidos cadere duos medios proportionales, in ratione laterum homologorum.

D'icy s'enſuit, qu'entre deux ſolides ſemblables tombent deux moyens proportionaux en la raiſon des coſtez homologues.

SCHOL. I.

Si tres, pluréſve numeri inter ſe continuè multiplicentur, idem ſemper procreabitur numerus, quomodocunque, & quouis ordine fiant multiplicationes.

Si trois, ou pluſieurs nombres ſont multipliez l'vn par l'autre continuëment, le produict ſera touſiours le meſme nombre, de quelque façon & ordre qu'on les multiplie.

	A,2. B,3. C,4. D,6. H,8. F,12. E,24. K,24. G,24.		E,24. F,60. A,2. B,3. C,4. D,5. G,12. K,120. H,120.
	Hypoth. 1.		*Hypoth. 2.*
	a, b, c *snt nr;* D;		a,b,c,d *snt nr;* D;
	d 2|2 ▭.a,b, α		e, *est solid..* a,b,c,
	e 2|2 ▭.d,c, β		k, *est* ▭.e,d, μ
	f 2|2 ▭.c,b, γ		f, *est solid..* b,c,d,
	g 2|2 ▭.f,a, δ		h, *est* ▭.f,a. ν
	h 2|2 ▭.a,c, ε		*Req. π. demonstr.*
	k 2|2 ▭.h,b. θ		k 2|2 h.
	Req. π. demonstr.		*Præpar.*
	e,k,g *snt* 2|2 ⦃e.		g 2|2 ▭.b,c.
	Demonstr.		*Demonstr.*
αγ. 17.7	a π c 2|2 d π f,	d. λ	{e 2|2 ▭.g,a, ϖ {f 2|2 ▭. g,d,
1. concl. δβ. 19.7	▭.a,f, ıı g 2|2 ▭.d,c ıı e, κ	ϖ. 17.7 1. concl. μν. 19.7	e π f 2|2 a π d, ▭.e,d, ıı k 2|2 ▭.f,a ıı h.
γε. 17.7 2. concl. δθ. 19.7	a π b 2|2 h π f, ▭.a,f, ıı g 2|2 ▭.h,b ıı k,		
3. concl. κ. 1.a.1	g,e,k *snt* 2|2 ⦃e. λ		

SCHOL. II.

Si numerus per quotcunque numeros continuè diuidatur, quocunque ordine fiant diuisiones, idem semper numerus orietur.

Si vn nombre eſt diuiſé continuëment par tant de nombres qu'on voudra, il viendra touſiours le meſme nombre, en quelque ordre que les diuiſions ſoient faites.

			Demonſtr.
A,24.			
B,2. C,3.		γ. 9.a.7	▭.c,g 2|2 e,
E,12. D,6. F,8.		β. 9.a.7	▭.b,e 2|2 a,
G,4. H,4. K,4.		17.d.7	a, *eſt ſolid..* b,c,g,
Hypoth.		α.1ſ19.8	▭.d,g 2|2 a,
a,b,c *ſnt nr*; D;		κ. 9.a.7	▭.dh 2|2 a,
d, 2|2 ▭.b,c,	α	1.concl. 17. 7	g 2|2 h,
b, *mſur:* a ℘ e,	β	ε. 9.a.7	▭.b,k 2|2 f,
c, *mſur:* e ℘ g,	γ	δ. 9.a.7	▭.c,f 2|2 a,
c, *mſur:* a ℘ f,	δ	17.d.7	a, *eſt ſolid..* b,c,k,
b, *mſur:* f ℘ k,	ε	α. 1ſ19.8	▭.d,k 2|2 a,
d, *mſur:* a ℘ h.	κ	κ. 9.a.7	▭.d,h 2|2 a,
Req. π. demonſtr.		2.concl. 17. 7	k 2|2 h,
g, h, k *ſnt* ꝗe.		3.concl. 1.a.1	g,h, k *ſnt* 2|2 ꝗe.

THEOR. XVIII. PROPOS. XX.

Si inter duos numeros vnus medius proportionalis cadat numerus, ſimiles plani erunt illi numeri.

Si entre deux nombres tombe vn nombre moyen proportionel, iceux nombres ſeront plans ſemblables.

Hypoth.

c, *eſt medi. proport. ꝗntr.* a & b.

A,12. C,18. B,27.
D,2. E,3. F,6. G,9.

Req. π. *demonstr.*

a & b *ſnt nr; plan; ſml;*

Præpar.

35. 7 d & e *ſnt mi; nr;* ꝺ*n* raō.. a π c, ⊔ c π b.

Demonſtr.

21. 7 d, *mſur:* a ꝑ f,
21. 7 e, *mſur:* c ꝑ f,
21. 7 d, *mſur:* c ꝑ g,
21. 7 e, *mſur:* b ꝑ g,
9. a. 7 a 2|2 ▭.d,f,
16. d. 7 a, *eſt nr. plan.*
9. a. 7 b 2|2 ▭.e,g,
16. d. 7 b *eſt nr. plan.*
9. a. 7 c 2|2 ▭.e,f,
9. a. 7 c 2|2 ▭.d,g,
1. a. 1 ▭.e,f 2|2 ▭.d,g,
19. 7 d π e 2|2 f π g,
concl. 21. d. 7 a & b *ſnt nr; plan; ſml;*

THEOR. XIX. PROPOS. XXI.

Si inter duos numeros duo medij proportionales cadant numeri, ſimiles ſolidi ſunt illi numeri.

Si entre deux nombres tombent deux moyens proportionaux, iceux ſeront ſolides ſemblables.

A,16. C,24. D,36. B,54.
E,4. F,6. G,9.
H,2. P,2. M,2. K,3 L,3. N,6

Hypoth.

c & d *ſnt medi; proport;* ꝺ*ntr.* a & b.

Req. π. *demonſtr.*

a & b *ſnt nr; ſolid; ſml;*

A,6. C,12. D,24. B,48.
E,1. F,2. G,4.
H,1. P,1. M,6. K,1. L,1. N,12

Præpar.

2. 8 e,f,g *ſnt mi; proport;* ꝺ*n* raō. a π c, ⊔ c π d.

Demonſtr.

A,16. C,24. D.36. B,54.
E,4. F,6. G,9.
H,2. P,2. M,4. K,3. L,3. N,6

20.7	e & g *snt plan; sml;*	
16.d.7	e 2|2 ▭.h,p,	β
16.d.7	g 2|2 ▭.k,l,	γ
21.7	e, *msur:* a ꝑ m,	
21.7	f, *msur:* c ꝑ m,	
21.7	g, *msur:* d ꝑ m,	
21.7	e, *msur:* c ꝑ n,	
21.7	f, *msur:* d ꝑ n,	
21.7	g, *msur:* b ꝑ n,	
9.a.4	a 2|2 ▭.e,m,	
β.17.d7	a, *est nr. solid.*	

A,6. C,12. D,24. B,48.
E,1. F,2. G,4.
H,1. P,1, M,6. K,1. L,1. N.12

9.a.7	b 2|2 ▭.g,n,	
γ.17.d7	b, *est nr. solid.*	
19.a.7	c 2|2 ▭.m,f,	δ
19.a.7	d 2|2 ▭.n,f,	
	m π n,	ε *snt raõ; 2|2 ∫e.*
d.17.7	c π d,	
α	e π f,	
c.18.8	h π k,	
18.8	p π l,	ε
concl. 8.21.d.7	a & b *snt nr; solid; sml;*	

SCHOL.

Ex hac demonstratione constat vnitatem esse numerum planũ : si enim vnitas excluderetur à numeris planis, hac demonstratione nihil concluderetur, cùm propositi numeri sunt in ratione multipla, vt patet in numeris secundi exempli.

De ceste demonstration il s'ensuit que l'vnité est vn nombre plan; car si l'vnité n'estoit nombre plan, on ne prouueroit rien quand les nombres proposez sont en raison multiple : comme il appert aux nombres du second exemple.

THEOR. XX. PROPOS. XXII.

Si tres numeri deinceps sint proportionales,

primus autem sit quadratus, & tertius quadratus erit.

Si trois nombres sont continuellement proportionaux, & que le premier soit quarré, aussi le troisiesme sera quarré.

A,4. B,6. C,9.		*Demonstr.*
Hypoth.	hyp.	*ntr.* a *&* c *est medi. proport.* b,
a,b,c *snt contin. proport;*		
a, *est nr.* □.	20. 8	a & c *snt plan; sml;*
Req. π. *demonstr.*	hyp.	a, *est nr.* □,
c, *est nr.* □.	21.d.7	c, *est nr.* □.

THEOR. XXI. PROPOS. XXIII.

Si quatuor numeri deinceps sint proportionales, primus autem sit cubus, & quartus cubus erit.

Si quatre nombres sont continuellement proportionaux, & que le premier soit cube, aussi le quatriesme sera cube.

A,8. B,12. C,18. D,27.		*Demonstr.*
Hypoth.	hyp.	*ntr.* a *&* d *snt* 2; *medi. proport;* b*&*c,
a,b,c,d *snt contin. proport;*	21. 8	a *&* d *snt solid; sml;*
a, *est nr. cub.*	hyp.	a, *est nr. cub.*
Req. π. *demonstr.*	21.d.7	d, *est nr. cub.*
d, *est nr. cub.*		

THEOR. XXII. PROPOS. XXIV.

Si duo numeri rationem habeant inter ſe, quam quadratus numerus ad quadratũ numerũ, primus autem ſit quadratus, & ſecundus quadratus erit.

Si deux nombres ſont en meſme raiſon l'vn à l'autre que nombre quarré à nombre quarré, & que le premier ſoit quarré, le ſecond ſera auſſi quarré.

A,16. D,24. B,36.		*Demonſtr.*
C,4. E,6. D,9.	11. 8	*intr.* c & d, *eſt vn.*
Hypoth.		*medi. proport.*
c & d. *ſnt nr,* □;	8. 8	*intr.* a & b, *eſt vn.*
a π b 2|2 c π d,		*medi. proport.*
a, *eſt nr.* □.	hyp.	a, *eſt nr.* □,
Req. π. demonſtr.	concl. 22. 8	b, *eſt nr.* □.
b, *eſt nr.* □.		

THEOR. XXIII. PROPOS. XXV.

Si duo numeri rationem inter ſe habeant, quam cubus numerus ad cubum numerum, primus autem ſit cubus, & ſecundus cubus erit.

Si deux nombres ont meſme raiſon l'vn à l'autre, qu'vn nombre cube à vn nombre cube, & que le premier ſoit cube auſſi, le ſecond ſera cube.

C,64. E,96. F,144. D,216.
A,8. G,12. H,18. B,27.

Hypoth.
c & d *snt nr; cub;*
a π b 2|2 c π d,
a, *est nr. cub.*
Req. π. *demonstr.*

b, *est nr. cub.*
Demonstr.

12. 8 ∻*ntr.* c & d *snt* 2;
medi; proport; e & f,
8. 8 ∻*ntr.* a & b *snt* 2;
medi; proport; g & h,
hyp. a, *est nr. cub.*
concl. 23. 8 b, *est nr. cub.*

THEOR. XXIV. PROPOS. XXVI.

Similes plani numeri rationem inter se habent, quam quadratus numerus ad quadratũ numerum.

Les nombres plans semblables ont mesme raison entre eux, que nombre quarré à nombre quarré.

A,20. C,30. B,45.
D,4. E,6. F,9.

Hypoth.
a & b *snt nr; plan; sml;*
Req. π. *demonstr.*
a π b 2|2 *nr.* □. π *nr.* □.

Demonstr.
18. 8 ∻*ntr.* a & b *est vn. medi. proport.* c
33. 7 d, e, f *snt mi. proport;* ∻*n raõ.* a π c,
1. c. 2. 8 *extrem;* d & f *snt nr;* □;
concl. 14. 7 a π b 2|2 d π f.

Conuerſ.

A,8. B,18. C,16. D,36.		a & b ſnt ſml; plan;
		Demonſtr.
	11. 8	⫞ntr. c & d eſt vn. medi. proport.
Hypoth.		
c & d ſnt nr; □;	8. 8	⫞ntr. a & b eſt vn. medi. proport.
a π b 2|2 c π d.		
Req. π. demonſtr.	20. 8	a & b ſnt ſml; plan;

THEOR. XXV. PROPOS. XXVII.

Similes ſolidi numeri rationem habent inter ſe, quam cubus numerus ad cubum numerum.

Les ſolides ſemblables ont meſme raiſon entre eux, qu'vn nombre cube à vn nombre cube.

A,16. C,24. D,36. B,54.
E,8. F,12. G,18. H,27.

Hypoth.

a & b ſnt nr; ſolid; ſml;

Req. π. demonſtr.

a π b 2|2 nr. cub. π nr. cub.

Demonſtr.

19.8 ⫞ntr. a & b ſnt 2; medi; proport; c & d,

35.7 e, f, g, h ſnt mi; contin. proport; ⫞n raõ. a π c,

1. c. 2. 8 extrem; e & h ſnt nr; cub;

concl. 14.7 a π b 2|2 e π h.

Conuerſ.

A,16. B,54.		a & b ſnt ſml; ſolid;
C,64. D,216.		*Demonſtr.*
	19.8	*ìntr.* c & d *ſnt 2;*
Hypoth.		*medi; proport;*
c & d *ſnt nr; cub;*	8.8	*ìntr.* a & b *ſnt 2;*
a π b 2|2 c π d.		*medi; proport;*
Req. π. demonſtr.	concl. 21.8	a & b *ſnt ſml; ſolid;*

SCHOL. I.

Ex his omnibus perſpicuè infertur, nullos numeros habentes proportionem ſuperparticularem, vel ſuperbipartientem, vel duplam, aut aliam quamcunque multiplam non denominatam à numero quadrato eſſe ſimiles planos.

De toutes ces choſes il eſt manifeſte, qu'aucuns nombres en raiſon ſuperparticuliere, ou ſuperbipartiente, ou double, ou en quelque autre raiſon multiple, qui ne ſoit denommée par quelque nombre quarré, ne ſont plans ſemblables.

A,9. B,8.		*Demonſtr.*
	2.d.7	*ìntr.* a & b *ñ, eſt nr.*
Hypoth. 1.	concl. 18.8.	a & b *ñ ſnt plan;*
a π b *eſt proport.*		*ſml;*
ſuperparticul.		A,5. C,4. B,3.
Req. π. demonſtr.		*Hypoth. 2.*
a & b *ñ ſnt plan;*		a π b *eſt proport.*
ſml;		*ſuperbipart.*

	A,5. C,4. B,3.		d, ñ est nr. □.
	Req. π. demonstr.		*Req. π. demonstr.*
	a & b ñ *snt plan;*		a & b ñ *snt plan;*
	sml;		*sml;*
	Demonstr.		*Demonstr.*
suppos.	a π c 2|2 c π b,	suppos.	e, *est vnit.*
19. 5	a π c 2|2 i π i,	23. d. 7	d π e 2|2 a π b,
19. 5	c π b 2|2 i π i,	suppos.	*{ntr.* a & b, *est vn.*
20. d. 5	a π b 2|2 i π i,		*medi. proport.*
	contr. hyp.	8. 8	*{ntr.* d & e, *est vn.*
concl. 18. 8	a & b ñ *snt plan;*		*medi. proport.*
	sml;	18. d. 7	e, *est nr.* □.
	A,8. B,4. D,2. E,1.	22. 8	d, *est nr.* □.
	A,42. B,7. D,6. E,1.		*contr. hypoth.*
	Hypoth. 3.	concl. 18. 8	a & b ñ *snt plan;*
	b, *msur;* a p d,		*sml;*

SCHOL. II.

Similiter nec duo quiuis numeri primi, neque duo quicunque numeri inter se primi, qui quadrati non sint, plani similes esse possunt.

Semblablement deux quelconques nombres premiers, ny deux quelconques nombres premiers entre eux, qui ne sont quarrez, ne peuuent estre plans semblables.

A,13. B,7. C,1.		*Req. π. demonstr.*
Hypoth.		a & b ñ *snt plan;*
a & b *snt nr; pr;*		*sml;*

	Demonstr.		a & b *snt nr; pr; ꝗe,*
suppos.	c, *est vnit.*		a & b *ñ snt nr;* □.
suppos.	a & b *snt plan; sml;*		*Req. π. demonstr.*
11. d. 7	a, *est* ▭. *13, 1,*		a & b *ñ snt plan; sml;*
11. d. 7	b, *est* ▭. *7, 1,*		*Demonstr.*
21. d. 7	*13 π 7,* 2|2, *1 π 1,*	suppos.	a & b *snt plan; sml;*
14. 5	*13,* 2|2, 7,	18. 8	c, *est med. ꝗntr.* a & b,
	contr. 9. a. 1.	1. 8	a, c, b *snt mi; proport.*
	A,15. C--- B,8.	c. 2. 8	a & b *snt nr;* □;
	Hypoth. 2.		*contr. hypoth.*

EVCLIDIS ELEMENTORVM LIBER NONVS.

LE NEVFIESME LIVRE DES ELEMENTS D'EVCLIDE.

THEOR. I. PROPOS. I.

SI duo ſimiles plani numeri multiplicantes ſe mutuò faciant quendam; productus quadratus erit.

Si deux nombres plans ſemblables ſe multiplians l'vn l'autre en produiſent quelqu'vn; le produict ſera quarré.

A,6. B,54.		*Præpar.*
D,36. E,108. C,324.		d, *eſt* □. a.
Hypoth.		*Demonſtr.*
a & b *ſnt nr; plan; ſml;*	αβ.17.7	a π b 2|2 d π c,
c. 2|2 ▭.a,b. α	hyp.	a & b *ſnt plan; ſml;*
Req. π. *demonſtr.*	18. 8	*ſntr.* a & b *eſt vn.*
c, *eſt nr.* □. β		*medi. proport.*

8. 8	*ıntr.* d & c *est vn. medi.proport.*	constr. concl. 22. 8	d, *est nr.* □, c, *est nr.* □.

THEOR. II. PROPOS. II.

Si duo numeri se mutuò multiplicantes faciant quadratum; similes plani erunt.

Si deux nombres se multiplians l'vn l'autre, font vn quarré; iceux sont plans semblables.

A,6. B,54.		*Præpar.*
D,36. C,324.		d, *est* □.a. β
		Demonstr.
Hypoth.	αβ.17.7	a π b 2|2 d π c,
c, *est nr.* □,	11. 8	*ıntr.* d & c *est vn. medi. proport.*
c, *est* ▭.a,b. α		
Req. π. *demonstr.*	8. 8	*ıntr.* a & b *est vn. medi.proport.*
a & b *snt nr; plan; sml;*	concl. 20. 8	a & b *snt plan; sml;*

THEOR. III. PROPOS. III.

Si cubus numerus seipsum multiplicans procreet aliquem; productus cubus erit.

Si vn nombre cube se multipliant soy-mesme en produict quelqu'vn; le produict sera cube.

Hypoth.		b, *est* □.a
a, *est nr. cub.*		*Req.* π. *demonstr.*

	A,8.	constr.	d 2|2 □.c, α
	E,16. D,4.	17. 7	g π c 2|2 c π d, β
	F,32. C,2.	19. d. 7	a 2|2 ▭.d,c,
	B,64. G,1.	α. 17.7	c π d 2|2 d π a, γ
	b, *est nr. cub.*	βγ	g,c,d,a *snt contin. proport;* ε
	Præpar.		
	g, *est unit.*	hyp.	b 2|2 □.a,
	c, *est* √c. a,	c.15.d.7	g π a 2|2 a π b,
	d, *est* □.c.	ε. 8. 8	∤*ntr.* a & b *snt* 2; *med; proport;* e & f,
	Demonstr.		
5.a.7	g, *msur:* c p c,	hyp.	a, *est nr. cub.*
9.a.7	c 2|2 ▭.g,c,	concl. 23. 8	b, *est nr. cub.*

THEOR. IV. PROPOS. IV.

Si cubus numerus cubum numerum multiplicans faciat aliquem; factus cubus erit.

Si vn nombre cube multipliant vn nombre cube en fait quelqu'vn; le produict sera cube.

A,8. B,27.		*Præpar.*
D,64. C,216.		d, *est* □.a. β
Hypoth.		*Demonstr.*
a & b *snt nr; cub;*	αβ. 17.7	a π b 2|2 d π c,
c, *est* ▭.b,a. α	hyp.	a & b *snt nr; cub;*
Req. π. demonstr.	12. 8	∤*ntr.* a & b *snt* 2; *medi; proport;*
d, *est nr. cub.*		

∤*ntr.*

8. 8	{ntr. d & c ſnt 2; medi; proport;	3. 9 concl. 23. 8	d, *eſt nr. cub.* c, *eſt nr. cub.*

THEOR. V. PROPOS. V.

Si cubus numerus numerum quendam multiplicans faciat cubum; & multiplicatus cubus erit.

Si vn nombre cube multipliant quelque autre nombre, produit vn cube; le multiplié ſera auſſi cube.

A,8. B,27.		*Demonſtr.*
D,64. C,216.	αβ. 17. 7	a π b 2|2 d π c,
Hypoth.	3. 9 & hyp.	d & c *ſnt nr; cub;*
a & c *ſnt nr; cub;*	12. 8	{*ntr.* d & c *ſnt* 2;
c, *eſt* ▭.a,b. α		*medi; proport;*
Req. π. demonſtr.	8. 8	{*ntr.* a & b *ſnt* 2;
b, *eſt nr. cub.*		*medi; proport;*
Præpar.	hyp.	a, *eſt nr. cub.*
d, *eſt* □. a. β	concl. 23. 8	b, *eſt nr. cub.*

THEOR. VI. PROPOS. VI.

Si numerus ſeipſum multiplicans cubum faciat: & ipſe cubus erit.

Si vn nombre ſe multipliant ſoy-meſme, faict vn cube, iceluy ſera auſſi cube.

Hypoth.		b, *eſt* □.a.
b, *eſt nr. cub.*		*Req. π. demonſtr.*

A,8. B,64. C,512.

a, *est nr. cub.*		*Demonstr.*
Præpar.	19.d.7	c, *est nr. cub.*
c, *est* ▭.a,b.	concl. 5.9	a, *est nr. cub.*

THEOR. VII. PROPOS. VII.

Si compositus numerus numerum aliquem multiplicans, quempiam faciat: factus solidus erit.

Si vn nombre composé multipliant quelque nombre, en faict quelque autre, le produict sera solide.

A,6. B,11. C,66. D,2. E,3.		c, *est nr. solid.*
		Demonstr.
	hyp.	a, *est nr. compos.*
Hypoth.	13.d.7	d, *msur:* a ꝑ e,
a, *est nr. compos.*	9.a.7	a 2|2 ▭.e,d,
c, *est* ▭.a,b.	hyp.	c 2|2 ▭,a,b,
Req. π. *demonstr.*	concl. 17.d.7	c, *est nr. solid.*

THEOR. VIII. PROPOS. VIII.

Si ab vnitate quotcunque numeri deinceps proportionales fuerint: tertius quidem ab vnitate quadratus est, & vnum intermittentes omnes: quartus autem est cubus, & duos intermittentes omnes: septimus verò cubus simul, & quadratus, & quinque intermittentes omnes.

Si depuis l'vnité tant de nombres qu'on voudra sont continuellemẽt proportionaux, le troisiesme depuis l'vnité est quarré, & tous les autres qui en laissent vn : mais le quatriesme est cube, & tous les autres qui en laissent deux, & le septiesme est cube & quarré ensemble, & tous les autres qui en laissent cinq.

H,1. A,3. B,9. C,27. D,81. E,243. F,729. G,2187.

Hypoth.

h,a,b,c,d,e,f,g *snt contin. proport;*

Req. π. demonstr.

3.5.7.9.&c. *snt nr;* □;

4.7.10. &c. *snt nr; cub;*

7.13.19. &c. *snt nr;* qc;

Demonstr.

hyp.	h π a 2|2 a π b,	
5.a.7	h, *msur:* a ꝑ a,	
3c20.d7	a, *msur:* b ꝑ a,	
9.a.7	b 2|2 □.a,	α
18.d.7	b, *est nr.* □,	β
hyp.	b, c, d *snt contin; proport;*	
β	b, *est nr.* □,	
22.8	d, *est nr.* □,	γ
1.concl. d. γ	7.9.11. &c. *snt nr;* □;	ε
hyp.	h π a 2|2 b π c,	
5.a.7	h, *msur:* a ꝑ a,	
3c20.d7	b, *msur:* c ꝑ a,	
9.a.7	c 2|2 ▭.a,b,	
α	b *est* □. a,	
19.d.7	c, *est nr. cub.*	
hyp.	c,d,e,f *snt contin. proport;*	
23.8	f, *est nr. cub.*	κ
d. κ	10.13.16. &c. *snt nr; cub;*	
d. εκ	7.13.19. &c. *snt nr;* qc;	

SCHOL.

A,3. B,9. C,27. D,81. E,243. F,729. &c. *nr.. progreſſ.*
l, q, c, qq, qc, cc, &c. *charact.*
1 2 3 4 5 6. *expo.*

Cùm nulla ſit quantitas continua quæ gerat vicem vnitatis, hæc ſeries numerorũ continuè proportionalium in quantitate continua initium ſumit à prima proportionali quæ ſequitur vnitatem, nimirùm ab A, quæ eſt radix, ſeu latus ſequentium proportionalium. Secunda proportionalis, ab hoc initio, nempe B, eſt quadratum lateris ſeu primæ proportionalis. Tertia proportionalis C, eſt cubus eiuſdem primæ proportionalis A. Quarta, eſt quadrato-quadratum. Quinta, quadrato-cubus. Sexta, cubo-cubus. Et ea deinceps ſerie & methodo denominantur reliqua. Vnde ſequitur omnes magnitudines huius progreſſionis eſſe heterogeneas.

A cauſe qu'il n'y a aucune quantité continue qui correſponde à l'vnité, cette ſuitte de nombres continuellement proportionnaux, en la quantité continue prend ſon commencement du premier terme qui ſuit l'vnité, à ſçauoir de A, qui eſt la racine ou coſté des proportionelles ſuiuantes. La ſeconde proportionelle depuis ce commencement, à ſçauoir B, eſt le quarré du coſté ou premiere proportionelle. La troiſieſme proportionelle C, eſt le cube de la meſme premiere proportionelle. La quatrieſme eſt quarre-quarré. La cinquieſme, quarre-cube. La ſixieſme, cube-cube. Et ſuiuant cet ordre ſont denommées toutes les ſuiuantes. D'où s'enſuit, que toutes les grandeurs de cette progreßion ſont heterogenes.

In Algebra ſpecioſa altior gradus ſeu vltima proportionalium vocatur poteſtas lateris A, reliquæ verò magnitudines vſque ad poteſtatem nuncupantur gradus parodici ad poteſtatem.

En l'Algebre ſpecieuſe le plus haut degré ou la derniere proportionelle s'apelle la puiſſance du coſté A. Et les autres grandeurs iuſques à la puiſſance ſe nomment degrez parodiques à la puiſſance.

Signa, quibus deſignantur genera magnitudinum huius

Les ſignes par leſquels ſont diſtinguez les genres des grandeurs progreſſionis nuncupātur characteres coſſici : vt qq, ſignificat D, eſſe quadrato-quadratum.

Exponentes characterum coſſicorum oſtendunt quota ſit vnaquæque proportionalium à prima proportionali A : vt 4. oſtendit D, eſſe quartam proportionalem.

In hac octaua propoſitione demonſtratum eſt, omnes numeros, quorum exponentes ſunt pares, eſſe quadratos : vt B, D, F, &c.

Item omnes numeros, quorum exponentes numerus ternarius metitur, eſſe cubos : vt C, F, &c.

Item omnes numeros, quorum exponentes numerus ſenarius metitur, eſſe cubos ſimul & quadratos : vt F, &c.

de cette progreßion s'appellent characteres coßiques, comme qq. ſignifie que D, eſt quarré. Les expoſans des characteres coßiques monſtrent la quantieſme eſt vne chacune des proportionelles depuis la premiere A. comme 4. monſtre que D, eſt la quatrieſme proportionelle.

En cette huictieſme propoſition il eſt demonſtré que tous les nombres qui ont leurs expoſans pairs, ſont quarrez : comme B, D, F, &c.

Pareillemēt que tous les nombres, les expoſans deſquels peuuent eſtre meſurez par trois, ſont cubes : comme C, F, &c.

Et außi que les nombres, les expoſans deſquels peuuent eſtre meſurez par ſix, ſont cubes & quarrez : comme F, &c.

THEOR. IX. PROPOS. IX.

Si ab vnitate quotcunque numeri deinceps proportionales fuerint ; qui verò poſt vnitatem ſit quadratus, & reliqui omnes quadrati erunt. At ſi qui poſt vnitatem ſit cubus, & reliqui omnes cubi erunt.

Si depuis l'vnité il y a tant de nombres qu'on voudra continuellement proportionaux, & que celuy qui ſuit apres l'vnité ſoit quarré, auſſi tous les autres ſe-

ront quarrez; Et si celuy qui est apres l'vnité est cube, aussi tous les autres seront cubes.

G,1. A,4. B,16. C,64. D,256. E,1024. F,4096.

Hypoth. 1.		*Demonstr.*
g,a,b,c,&c. *snt contin. proport.*	1. concl. 8. 9	b,d,f,&c. *snt nr;* □;
a, *est nr.* □.	hyp.	a, b, c *snt contin. proport;*
Req. π. demonstr.	hyp.	a, *est nr.* □,
b,c,d,&c *snt nr;* □;	2. concl. 22. 8	c, &c. *snt nr;* □;

G,1. A,8. B,64. C,512. D,4096. E,32768. F,262144.

	Hypoth. 2.	2. concl. 3. 9	b, *est nr. cub.* β
	g, a, b, c *snt contin. proport;*	hyp.	a, b, c, d *snt contin. proport;*
	a, *est nr. cub.*	hyp.	a, *est nr. cub.*
	Req. π. demonstr.	3. concl. 3. 9	d, *est nr. cub.*
	b,c,d,&c. *snt nr; cub;*	hyp.	b, c, d, e *snt contin. proport;*
	Demonstr.		
1. concl. 8. 9	c,f,&c. *snt nr; cub;* α	β	b, *est nr. cub.*
hyp.	g π a 2|2, a π b,	4. concl. 3. 9	e, *est nr. cub.*
5. a. 7	g, *msur:* a *p* a,	hyp.	c,d, e, f *snt contin. proport;*
3c20.d7	a, *msur:* b *p* a,		
9. a. 7	b 2|2 □.a,	α	c, *est nr. cub.*
hyp.	a, *est nr. cub.*	5. concl. 3. 9	f, *est nr. cub.*

SCHOL. I.

Ex hac propoſitione ſequitur, ſi latus ſiue primus gradus parodicus ſit numerus quadratus, omnes gradus parodicos eſſe numeros quadratos : ſi verò primus gradus parodicus ſit cubus, omnes eſſe cubos.

De cette propoſition s'enſuit, que ſi le coſté ou premier degré parodique eſt vn nombre quarré, tous les degrez parodiques ſont quarrez. Mais ſi le premier degré parodique eſt cube, tous ſont cubes.

SCHOL. II.

Sequitur etiam numeros quorum exponentes ſunt numeri primi eſſe poteſtates vnius gradus parodici, nimirum primi gradus A. Numeros verò quorum exponentes ſunt numeri compoſiti, eſſe poteſtates tot graduum parodicorum quot exponentes metiuntur eorum exponentem : vt numerus F, cuius exponens eſt 6. eſt poteſtas trium graduum parodicorum, nempe primi, ſecundi & tertij, quorum exponentes metiuntur exponentem numeri F, ac proinde radix cubo-cubica numeri F, poteſt extrahi tribus modis : nempe vel vnica extractione cubo-cubica, vel duabus extractionibus, prima cubica, ſecunda quadratica, vel prima quadratica, ſecunda cubica.

Il s'enſuit auſſi que les nombres, deſquels les expoſans ſont nombres premiers, ſont puiſſances d'vn ſeul degré parodique, à ſçauoir du premier degré A. Mais les nombres deſquels les expoſans ſont nombres compoſez, ſont puiſſances d'autant de degrez parodiques, qu'il y a d'expoſans qui meſurent leur expoſant : comme le nombre F, dont l'expoſant eſt 6. eſt la puiſſance de trois degrez parodiques, à ſçauoir du premier, ſecond, & troiſieſme, les expoſans deſquels meſurent l'expoſant du nombre F, & partant la racine cube-cubique du nombre F, ſe peut extraire en trois façons : à ſçauoir, ou par vne extraction cube-cubique, ou par deux extractiōs, la premiere cubique, & la ſeconde quarrée, ou la premiere quarrée, & la ſeconde cubique.

THEOR. X. PROPOS. X.

Si ab vnitate quotcunque numeri deinceps

proportionales fuerint, qui verò post vnitatem non sit quadratus, neque alius vllus quadratus erit, præter tertium ab vnitate, & vnum intermittentes omnes. At si, qui post vnitatem, non sit cubus, neque alius vllus cubus erit, præter quartum ab vnitate, & duos intermittentes omnes.

Si depuis l'vnité, il y tant de nombres qu'on voudra continuellement proportionaux, & que celuy qui est apres l'vnité ne soit quarré, aussi pas vn autre ne sera quarré, outre le troisiesme depuis l'vnité, & tous les autres qui en laissent vn: Et si celuy qui est apres l'vnité n'est cube, aussi aucun autre ne sera cube, outre le quatriesme depuis l'vnité, & tous les autres qui en laissent deux.

H,1. A,2. B,4. C,8. D,16. E,32. F,64. G,128.

	Hypoth. 1.	c.4.5	b π a 2|2 e π d,
	h, a, b, c, &c. *snt*	8.9	b & d *snt nr.* □;
	contin. proport.	α.24.8	a, *est nr.* □.
	a, ñ, *est nr.* □.		*contr. hypoth.*
	Req. π. demonstr.	21.2.1	e, ñ, *est nr.* □. β
	c, e, g, &c. ñ *snt nr.* □	d.β	c, g, &c. ñ, *snt nr.* □;
	Demonstr.		*Hypoth. 2.*
suppos.	e, *est nr.* □. α		a, ñ, *est nr. cub.*
hyp.	a π b 2|2 d π e,		*Req. π. demonstr.*

	b, d, e, g, &c. $\bar{n}$, ſnt nr; cub;	
	Demonſtr.	
ſuppoſ.	d, *eſt nr. cub.*	γ
14. 7	d π f 2|2 a π c,	
c. 4. 5	f π d 2|2 c π a,	
8. 9	c & f *ſnt nr; cub;*	
γ	d, *eſt nr. cub.*	
25. 8	a, *eſt nr. cub.* *contr. hypoth.*	

21. a. 1	d, $\bar{n}$, *eſt nr. cub.*	β
ſuppoſ.	e, *eſt nr. cub.*	δ
14 7	c π e 2|2 a π c,	
c. 4. 5	e π c 2|2 c π a,	
8. 9	c, *eſt nr. cub.*	
δ	e, *eſt nr. cub.*	
25. 8	a, *eſt nr. cub.* *contr. hypoth.*	
21. a. 1	e, $\bar{n}$, *eſt nr. cub.*	ε
d. β	b, g, &c. $\bar{n}$ *ſnt nr; cub;*	

SCHOL.

Ex hac propoſitione ſequitur, ſi primus gradus parodicus non ſit quadratus, neque alium vllum gradum parodicum eſſe numerum quadratum, præter eos quorum exponentes ſunt numeri pares. Si verò primus non ſit cubus, nullum quoque alium gradum parodicum eſſe numerum cubum, præter eos quorum exponentes numerus ternarius metitur.

De cette propoſition s'enſuit, que ſi le premier degré parodique n'eſt vn nombre quarré, qu'aucun autre degré parodique ne ſeroit nombre quarré, hormis ceux dont les expoſans ſont nombres pairs. Mais ſi le premier n'eſt vn nombre cube, il n'y aura point auſsi aucun autre degré parodique cube, excepté ceux dont les expoſans ſont meſurez par trois.

THEOR. XI. PROPOS. XI.

Si ab vnitate quotcunque numeri deinceps proportionales fuerint: minor maiorem metitur per aliquem eorum qui in proportionalibus ſunt numeris.

Si depuis l'vnité il y a tant de nombres qu'on voudra continuellement proportionaux ; le plus petit mesure le plus grand par quelqu'vn de ceux qui sont entre les nombres proportionaux.

H,1. A,3. B,9. C,27. D,81. E,243. F,729. G,2187.

Hypoth.

h,a,b,c,d,&c. *ſnt contin. proport.*

Req. π. demonſtr.

nr.minr.proport.mſur: nr.majr.proport. ꝑ proport.

Demonſtr.

hyp.	h π a 2|2 a π b, ꟷ b π c, ꟷ c π d, &c.
5. a. 7	h, *mſur:* a ꝑ a,
3c20.d7	a, *mſur:* b ꝑ a, b *mſur:* c ꝑ a, c *mſur:* d ꝑ a, &c.
14. 7	h π b 2|2 a π c, ꟷ b π d, ꟷ c π e, &c.
5. a. 7	h, *mſur:* b ꝑ b,
3c20.d7	a, *mſur:* c ꝑ b. b, *mſur:* d ꝑ b. c, *mſur:* e ꝑ b, &c.
14. 7	h π c 2|2 a π d, ꟷ b π e, ꟷ c π f, &c.
5. a 7	h, *mſur:* c ꝑ c,
3c20.d7	a, *mſur:* d ꝑ c. b, *mſur:* e ꝑ c. c, *mſur:* f ꝑ c, &c.

COROLL.

Hinc perſpicuum eſt ſi numerus qui metitur aliquem ex proportionalibus non ſit vnus proportionalium, neque numerum per quem metitur eſſe aliquem ex proportionalibus.

D'icy il est manifeste, que si le nombre qui mesure quelqu'vn des proportionaux n'est l'vn des proportionaux, le nombre par lequel il mesurera ne sera pas aussi aucun des proportionaux.

SCHOL.

Si sint quotcunque numeri deinceps proportionales, additio exponentium respondebit multiplicationi proportionalium.

S'il y a tant de nombres qu'on voudra continuellement proportionaux, l'addition des exposans correspondra à la multiplication des proportionaux.

A,2.	B,6.	C,18.	D,54.	E,162.	F,486.	G,1358.
1,	2,	3,	4,	5,	6,	7, *expo.*

Hypoth.		▭.ae 2|2 ▭.bd,
a,b,c,d,e,&c. *sint contin. proport.*		▭.bg 2|2 ▭.ed.
		Demonstr.
1,2,3,4,5, &c. *sint expo.*	hyp.	a π b 2|2 d π e,
1 + 5, 2|2, 2 + 4,	1. concl. 19.7	▭.a,e 2|2 ▭.b,d,
2 + 7, 2|2, 4 + 5.	14.7	b π e 2|2 d π g,
Req. π. demonstr.	2. concl. 19.7	▭.b,g 2|2 ▭,ed.

THEOR. XII. PROPOS. XII.

Si ab vnitate quotcunque numeri deinceps proportionales fuerint, quicunque primorum numerorum vltimum metiuntur, iidem & eum qui vnitati proximus est, metientur.

Si depuis l'vnité il y a tant de nombres qu'on vou-

dra continuellement proportionaux, tous les nombres premiers qui meſurent le dernier, meſurent auſſi celuy qui eſt proche de l'vnité.

E,1. A,6. B,36. C,216. D,1296.
F,3.

<table>
<tr><td></td><td>Hypoth.</td><td>31. 7</td><td>f & a ſnt pr; {e,</td></tr>
<tr><td></td><td>e,a,b,c,d ſnt contin.</td><td>ſ. 11. 9</td><td>b, eſt □.a,</td></tr>
<tr><td></td><td>proport.</td><td>27. 7</td><td>f & b ſnt pr; {e,</td></tr>
<tr><td></td><td>f, eſt nr. pr.</td><td>ſ. 11. 9</td><td>c 2|2 ▭.ab,</td></tr>
<tr><td></td><td>f, mſur: d.</td><td>26. 7</td><td>f & c ſnt pr; {e,</td></tr>
<tr><td></td><td>Req. π. demonſtr.</td><td>ſ. 11. 9</td><td>d 2|2 ▭.ac,</td></tr>
<tr><td></td><td>f, mſur: a.</td><td>26. 7</td><td>f & d ſnt pr; {e.</td></tr>
<tr><td></td><td>Demonſtr.</td><td></td><td>contr. hypoth.</td></tr>
<tr><td>ſuppoſ.</td><td>f, n̄, mſur: a,</td><td>21. a. 1</td><td>f, mſur: d.</td></tr>
</table>

COROLL. I.

Itaque omnis numerus primus vltimum metiens, metitur quoque omnes alios vltimum præcedentes.

Partant tout nombre premier qui meſure le dernier, meſure auſſi tous les autres qui precedent le dernier.

COROLL. II.

Si aliquis numerus non metiens proximum vnitati, metiatur vltimum, erit numerus compoſitus.

Si quelque nombre ne meſurant pas le prochain à l'vnité, meſure le dernier, il ſera nombre composé.

COROLL. III.

Si proximus vnitati ſit numerus primus, nullus alius primus numerus vltimum metietur.

Si le nombre prochain à l'vnité est nombre premier, il n'y aura point d'autre nombre premier qui mesure le dernier.

THEOR. XIII. PROPOS. XIII.

Si ab vnitate quotcunque numeri deinceps proportionales fuerint; qui verò post vnitatem, primus sit; maximum nullus alius metietur, præter eos, qui sunt in numeris proportionalibus.

Si depuis l'vnité il y a tant de nombres qu'on voudra continuellement proportionaux; & que celuy d'apres l'vnité soit premier: aucun autre ne mesurera le plus grand, outre ceux qui sont entre les proportionaux.

K,1. A,5. B,25. C,125. D,625.
H-- G-- F.- E.-

	Hypoth.	hyp.	a, *est nr. pr.*	
	k,a,b,e,d *snt contin. proport;*	11.d.7	e, *ñ, msur:* a,	
		2.c.12.9	e, *est nr. compos.*	
	a, *est nr. pr.*	33.7	*nr. pr. msur:* e,	
	e, *ñ, est vn.. proport;*	3.c.12.9	a, *msur:* e,	γ
	Req. π. demonstr.	a.8.a.7	f, *msur:* d *p* e,	
		6.11.d.7	f, *ñ, msur:* a,	
	e, *ñ, msur:* d.	2.c.12.9	f, *est nr. compos.*	
	Demonstr.	33.7	*nr. pr. msur:* f,	
hyp.	e, *ñ, est* a, ⊔ b, ⊔ c,	3.c.12.9	a, *msur:* f,	δ
suppos.	e, *msur:* d *p* f, α	a.9.a.7	d 2|2 ▭.e,f,	
c.11.9	f, *ñ, est* a, ⊔ b, ⊔ c, β	f.11.9	d 2|2 ▭.a,c,	

K,1. A,5, B,25. C,125. D,625.
H-- G-- F-- E--

1. a. 1	▭.e,f 2|2 ▭.a,c,	19. 7	a π f 2|2 g π b,
19. 7	a π e 2|2 f π c,	δ	a, *mſur:* f,
γ	a, *mſur:* e,	2c20.d7	g, *mſur:* b,
2c20.d7	f, *mſur:* c,	ſuppoſ.	g, *mſur:* b ₽ h, λ
ſuppoſ.	f, *mſur:* c ₽ g, ε	θ	g, ñ, *eſt* a, ⊔ b,
c. 11. 9	g, ñ, *eſt* a, ⊔ b, θ	c. 11. 9	h, ñ, *eſt* a,
ε. 8. a. 7	g, *mſur:* c ₽ f,	λ. 9. a. 7	b 2|2 ▭.g,h,
θ. 11. d. 7	g, ñ, *mſur:* a,	ſ. 11. 9	b 2|2 □.a,
2. c. 12. 9	g, *eſt nr. compoſ.*	1. a. 1	▭.g,h 2|2 □.a,
33. 7	*nr. pr. mſur:* g,	20. 7	h π a 2|2 a π g,
3. c. 12. 9	a, *mſur:* g, κ	κ	a, *mſur:* g,
ε. 9. a. 7	c 2|2 ▭.f,g,	2c20. d7	h, *mſur:* a,
ſ. 11. 9	c 2|2 ▭.a,b,		*contr. 11. d. 7.*
1. a. 1	▭.f,g 2|2 ▭.a,b,	concl. 21. a. 1	e, ñ, *mſur:* d.

THEOR. XIV. PROPOS. XIV.

Si minimum numerum primi numeri metiantur: nullus alius numerus primus illum metietur, præter eos, qui à principio metiebantur.

Le plus petit nombre meſuré par certains nombres premiers, ne ſera meſuré par aucun autre nombre premier, que par ceux qui le meſuroient au commencement.

A,30.		*Demonstr.*
B,2. C,3. D,5.	suppos.	e, *msur:* a ꝑ f, β
E-- F--	9.a.7	a 2|2 ▭.e,f,
Hypoth.	32.7	b, c, d, *msur:* e ⊔ f,
b, c, d *snt nr; pr;*	α. 11.d.7	b, ⊔c, ⊔d, *ñ, msur:* e,
a, *est mi.diuidu..* b, c, d,	32.7	b, c, d, *msur:* f, γ
e, *ñ, est* b, ⊔ c, ⊔ d.	β. 8.a.8	f, *msur:* a ꝑ e,
e, *est nr.pr.*	9.a.β	f 2|3 a,
Req. π. demonstr.	concl. γ	a, *ñ, est mi.diuidu.*
e, *ñ, msur:* a.		*contr. hyp.*

SCHOL.

Quamuis Theon in sequente theoremate quædam assumat in numeris quæ demonstrata sunt de lineis libro secundo, nihilominus nonnulli Interpretes hic demonstrant de numeris decem priora theoremata libri secundi. Sed inutile mihi videtur illa decem theoremata hic repetere, & demonstrare de numeris: cùm præsertim concesso primo scholio definitionis primæ secundi libri, tanquam per se perspicuum, demonstrationes illic de lineis exhibitæ non minus concludant de numeris quàm de lineis: firmiusque inhæreant memoriæ, quàm demonstrationes numerorum, quæ sola ratiocinatione constant, nulliusque figuræ

Encore que Theon au theoreme suiuant concede és nombres quelques theoremes, qui ont esté demonstrez par lignes au second liure: neantmoins quelques Interpretes demonstrent icy en nombres les dix premieres propositions du second liure. Mais il me semble inutil de repeter icy ces dix theoremes, & les demonstrer en nombres, veu que le premier scholie de la premiere definition du second liure estant concedé, comme chose tres-manifeste, ces dix demonstrations du second liure ne concluent pas moins en nombres qu'en lignes, & aussi qu'elles sont plus faciles à retenir par cœur, que les demonstrations des nombres, qui ne consistent qu'en ratiocination, & ne donnent point les especes d'au-

ſpeciem nobis exhibent qua theorematis demonſtratio in memoriam reuocetur.

cune figure qui nous les facent retenir.

THEOR. XV. PROPOS. XV.

Si tres numeri deinceps proportionales, fuerint minimi omnium eandem cum ipſis rationem habentium; duo quilibet compoſiti, ad reliquum primi erunt.

Si trois nombres ſont continuellement proportionaux; & les plus petits de tous ceux qui ont meſme raiſon qu'iceux. Le composé de deux tels qu'on voudra d'iceux ſera premier au reſtant.

	A,9. B,12. C,16.	2. 8	a, *eſt* □.d,	β
	D,3. E,4.	2. 8	c, *eſt* □.e,	γ
	Hypoth.	21 8	b, *eſt* ▭.d,e,	δ
	a,b,c *ſnt mi. contin.*	α. 24. 7	d & e *ſnt pr.* ÷e,	
	proport.	30. 7	d+e *eſt pr.* π.e, & d	
	Req. π. *demonſtr.*	26. 7	▭.d+e, d *eſt pr.* π.e	
	a+b *eſt pr.* π.c,	βδ. 3. 2	▭.d+e, d 2|2 a+b,	
	b+c *eſt pr.* π.a,	2. d. 7	a+b *eſt pr.* π.e,	
	a+c *eſt pr.* π.b.	concl. γ. 27. 7	a+b *eſt pr.* π.c,	
	Præpar.	30. 7	d+e *eſt pr.* π.d,	
35. 7	d & e *ſnt mi.* ÷n	26. 7	▭.d+e, e *eſt pr.* π.d	
	raõ. a π b. α	γδ. 3. 2	▭.d+e, e 2|2 b+c	
	Demonſtr.	2. d. 7	b+c *eſt pr.* π,d,	

b+c

3.concl.	b + c *est pr.* π. a,	27.7.	a + c + b + b, *est pr.* π. b,
β. 27.7	b, *est pr.* π. d + e,		
δ. 26.7			
27.7	b, *est pr.* π. □.d + e,	30.7	a + c + b, *est pr.* π. b
4.2	□.d + e 2|2 a + c + 2b,	3.concl. 30.7	a + c, *est pr.* π. b.

THEOR. XVI. PROPOS. XVI.

Si duo numeri primi inter se fuerint: Non erit vt primus ad secundum, ita secundus ad alium quempiam.

Si deux nombres sont premiers entr'eux: comme le premier au second, ainsi le second ne sera pas à quelque autre.

A,3. B,5. C---	suppos.	a π b. 2|2 b π c,
	23.7	a & b *snt term. raō.*
Hypoth.	21.7	a, *msur:* b,
a & b *snt pr; ęe.*	6.a.7	a, *msur:* a,
Req. π. *demonstr.*	12.d.7	a & b *n̄ snt pr; ęe.*
a,b,c *n̄ snt proport;*		*contr. hypoth.*
Demonstr.	21.a.1	b, *n̄, est* π c 2|2 a π b.

THEOR. XVII. PROPOS. XVII.

Si fuerint quotcunque numeri deinceps proportionales, extremi autem ipsorum primi inter se sint: non erit vt primus ad secundum, ita vltimus ad alium quempiam.

S'il y a tant de nombres qu'on voudra continuellement proportionaux, & que les extremes soient premiers entre eux: comme le premier sera au second, ainsi le dernier ne sera à quelque autre.

A,8. B,12. C,18. D,27. E---

Hypoth.		α. 23.7	a π d *snt term; raõ.*
a,b,c,d *snt contin. proport;*		11.7	a, *msur:* b,
extrem; a & d *snt pr.* ↿e, α		2c2od7 &11.a.7	a, *msur:* d,
Req. π. *demonstr.*		6.a.7	a, *msur:* a,
d, *ñ est* π e 2|2 a π b,		12.a.7	a & d *ñ snt pr.* ↿e,
Demonstr.			*contr. hyp.*
suppos.	a π b 2|2 d π e,	concl. 21.a.1	d, *ñ est* π e 2|2 a π b.
13.7	a π d 2|2 b π e,		

PROBL. I. PROPOS. XVIII.

Duobus numeris datis, considerare an possit ipsis tertius proportionalis inueniri.

Deux nombres estans donnez, considerer s'il est possible de trouuer vn troisiesme proportionel à iceux.

A,4. B,6. C,9. D,36.		*Req.* π. *demonstr.*
Hypoth. 1.		a, b, c *snt proport;*
a & b *snt nr;* D.		*Demonstr.*
d, *est* □.b,	α. 9.a.7	d 2|2 ▭ a,c,
a, *msur:* d ꝑ c. α	hyp.	d 2|2 □.b,

1.a.1 1.concl. 20.7	▭.a,c 2|2 □.b, a,b,c *snt proport;*		*Demonstr.*
	A,6. B,4. C-- D,16.	suppos.	a,b,c *snt proport;*
		20.7	▭.a,c 2|2 □.b,⊔ d,
		7.a.7	a,*msur:* ▭.a,c *p* c,
	Hypoth. 2.	7.a.7	a, *msur:* d *p* c,
	a, ñ *msur:* d.		*contr. hypoth.*
	Req. π. demonstr.	2.concl. 21.a.1	a,b,c ñ *snt proport;*
	a,b,c ñ *snt proport;*		

PROBL. II. PROPOS. XIX.

Tribus numeris datis, considerare an possit ipsis quartus proportionalis inueniri.

Trois nombres estans donnez, considerer s'il est possible d'en trouuer vn quatriesme proportionel à iceux.

	A,8. B,12. C,18. D,27. E,216.	α. 1.a.1 1.concl. 19.7	▭.a,d 2|2 ▭.b,c, a π b 2|2 c π d.
	Hypoth. 1.		A,4. B,6. C,9. D--- E,54.
	a, b, c *snt nr; D;*		
	e, *est* ▭.b,c, α		*Hypoth. 2.*
	a, *msur:* e *p* d. β		a, ñ, *msur:* e.
	Req. π. demonstr.		*Req. π. demonstr.*
	a,b,c,d *snt proport;*		a,b,c,d ñ *snt proport;*
	Demonstr.		*Demonstr.*
β. 9.a.7	e 2|2 ▭.a,d.	suppos.	a π b 2|2 c π d,

19.4	▭.a,d 2|2 ▭.b,c ıı e		*contr. hypoth.*
7.a.7	a, *mſur:* ▭. ad, ıı e	2.concl. 21.a.1	a,b,c,d *ñ ſnt proport;*

THEOR. XVIII. PROPOS. XX.

Primi numeri plures ſunt omni propoſita multitudine primorum numerorum.

Les nombres premiers ſont en plus grande multitude, que quelconque multitude de nombres premiers propoſez.

	A,2. B,3. C,5. D,30. F,1. H,31. G---		*Demonſtr.*
		1.concl 1.ſuppo.	h, *eſt nr. pr.*
	Hypoth.	2.ſuppo.	h, *eſt nr. compoſ.*
	a,b,c *ſnt nr; pr; propoſ;*	34.7	*nr. pr.* g, *mſur:* h, β
	Req. π. *demonſtr.*	ſuppoſ	g, *eſt* a, ıı b, ıı c, γ
	multd. a, b, c, *ñ eſt ma. multd.. nr; pr;*	β	g, *mſur:* h,
		α.γ	g, *mſur:* d,
	Præpar.	α.12.a.7	g, *mſur:* f,
38.7	d, *eſt mi. diuidu.* a,b,c, α		*contr. 9. a. b.*
	f, *eſt vnit.*	2 concl. 21.a.1	g, *ñ eſt* a, ıı b, ıı c.
	h 2|2 d+f, α		

THEOR. XIX. PROPOS. XXI.

Si pares numeri quotcunque componantur, totus par erit.

Si tant de nombres pairs que l'on voudra ſont adiouſtez, le tout ſera pair.

A....4E....4B...3F...3C..2G..2D

Hypoth.			ab π eb } *ſnt raõ.*
ab, bc, cd *ſnt nr; pa;*		2 0.d.7	bc π fc } 2|2 de,
Req. π. *demonſtr.*		2 0.d.7	cd π gd }
aggreg. ad, *eſt nr. pa.*			ad π | eb + fc + gd,
Demonſtr.		12. 7	ab π | eb,
6. d. 7	eb, *eſt* $\frac{1}{2}$.. ab,	conſtr.	eb, *eſt* $\frac{1}{2}$ ab,
6. d. 7	fc, *eſt* $\frac{1}{2}$.. bc,	c.2 0.d7	eb + fc + gd *eſt* $\frac{1}{2}$.. ad,
6. d. 7	gd, *eſt* $\frac{1}{2}$..cd,	concl. 6. d. 7	*aggreg.* ad, *eſt nr. pa.*

THEOR. XX. PROPOS. XXII.

Si impares numeri quotcunque componantur, multitudo autem ipſorum ſit par : totus par erit.

Si tant de nombres impairs que l'on voudra, ſont adiouſtez, & que la multitude d'iceux ſoit pair : le tout ſera pair.

A........8F.1B......6G.1C....4H1D..2L1E

Hypoth.		fb, gc, hd, le *ſnt vnits;*
ab, bc, cd, de *ſnt nr; impa;*		*Demonſtr.*
multd. ab, bc, cd, de, *eſt pa.*	7. d. 7	af, bg, ch, dl *ſnt nr; pa;*
Req. π. *demonſtr.*		
aggreg. ae, *eſt nr. pa.*	21. 7	*aggreg..* af + bg + ch + dl, *eſt nr. pa.*
Præpar.		

hyp.	aggreg.. fb + gc + hd + le, *est nr. pa.*
concl. 21. 7	aggreg. ae, *est nr. pa.*

THEOR. XXI. PROPOS. XXIII.

Si impares numeri quotcunque componantur, multitudo autem ipsorum sit impar: & totus impar erit.

Si tant de nombres impairs que l'on voudra, sont adioustez, & que la multitude d'iceux soit impair: le tout sera aussi impair.

A.......7B.....5C..2E.1D

Hypoth.		ed, *est unit.*
ab, bc, cd *snt nr; impa;*		*Demonstr.*
multd.. ab, bc, cd *est impa.*	2. 29	ac, *est nr. pa.*
Req. π. demonstr.	7. d. 7	ce, *est nr. pa.*
aggreg. ad, *est nr. impa.*	21. 9	ae, *est nr. pa.*
Præpar.	concl. 7. d. 7	ad, *est nr. impa.*

THEOR. XXII. PROPOS. XXIV.

Si à pari numero par detrahatur, & reliquus par erit.

Si d'vn nombre pair on retranche vn nombre pair, le reste sera aussi pair.

Hypoth.	*Req. π. demonstr.*
ac *&* ab *snt nr; pa;*	bc, *est nr. pa.*

	A....4B.....5D.1C	1. concl. 7. d. 7	bc, *est nr. pa.*
		suppos.	bd, *est nr. pa.*
	Præpar.	21. 9	ad, *est nr. pa.*
	dc, *est vnit.*	7. d. 7	ac, *est nr. impa.*
	Demonstr.		*contr. hypoth.*
suppos.	bd, *est nr. impa.*	21. a. 1	bd, *est nr. impa.*

THEOR. XXIII. PROPOS. XXV.

Si à pari numero impar detrahatur, & reliquus impar erit.

Si d'vn nombre pair on retranche vn nombre impair: le reste sera aussi impair.

A.....6D.1C...3B

Hypoth.		dc, *est vnit.*
ab, *est nr. pa.*		*Demonstr.*
ac, *est nr. impa.*	hyp.	ab, *est nr. pa.*
Req. π. demonstr.	7. d. 7	ad, *est nr. pa.*
cb, *est impa.*	24. 9	db, *est nr. pa.*
Præpar.	concl. 7. d. 7	cd, *est nr. impa.*

THEOR. XXIV. PROPOS. XXVI.

Si à pari numero impar detrahatur: & reliquus impar erit.

Si d'vn nombre impair on retranche vn nombre impair: le reste sera pair.

A....4C......6D.1B		*Præpar.*
		db, *est unit.*
Hypoth.		*Demonstr.*
ab *&* cb *snt nr; impa;* α	7. d. 7	ad, *est nr. pa.*
Req. π. demonstr.	α. 7. d. 7	cd, *est nr. pa.*
ac, *est nr. pa.*	24. 7	ac, *est nr. pa.*

THEOR. XXV. PROPOS. XXVII.

Si ab impari numero par detrahatur: reliquus impar erit.

Si d'vn nombre impair on retranche vn nombre pair, le reste sera impair.

A.1D....4C.....6B		ad, *est unit.*
Hypoth.		*Demonstr.*
ab, *est nr. impa.*	hyp.	ab, *est nr. impa.*
cb, *est nr. pa.*	7. d. 7	db, *est nr. pa.*
Req. π. demonstr.	hyp.	cb, *est nr. pa.*
ac, *est nr. impa.*	24. 7	dc, *est nr. pa.*
Præpar.	concl. 7. d. 7	ac, *est nr. impa.*

THEOR. XXVI. PROPOS. XXVIII.

Si impar numerus parem multiplicans fecerit aliquem; factus par erit.

Si vn nombre impair multipliant vn nombre pair, en fait quelqu'vn; le produit sera pair.

A,3. B,4. C,12.		*Req. π. demonstr.*
		c, *est nr. pa.*
Hypoth.		*Demonstr.*
a, *est nr. impa.*	hyp.	b, *est nr. pa.*
b, *est nr. pa.*	15. d.7	c 2|2, 3b,
c, *est* ▭.b,a.	concl. 21. 9	c, *est nr. pa.*

SCHOL.

Eadem demonstratione ostendetur, si A, est numerus par, C, esse numerum parem.

Par la mesme demonstration sera demonstré, que si A, est nombre pair, C, est nombre pair.

THEOR. XXVII. PROPOS. XXIX.

Si impar numerus imparem numerum multiplicans fecerit aliquem; factus impar erit.

Si vn nombre impair multipliant vn nombre impair en faict quelqu'vn, le produict sera impair.

A,3. B,5. C,15.		c, *est nr. impa.*
Hypoth.		*Demonstr.*
a & b *snt nr; impa;*	hyp.	b, *est nr. impa.*
c, *est* ▭.a,b.	15. d. 7	c 2|2, 3b,
Req. π. demonstr.	concl. 23. 9	c, *est nr. impa.*

SCHOL. I.

Numerus impar numerum parem metiens, per numerum parem eum metitur.

Vn nombre impair qui mesure vn nombre pair, il le mesure par vn nombre pair.

A,3. B,12. C,4.		c, est nr. pa.
		Demonstr.
Hypoth.	suppos.	c, est nr. impa.
a, est nr. impa.	29.9	□.a,c, II b est impa.
a, msur: b ꝑ c.		*contr. hypoth.*
Req. π. demonstr.	21.a.1	c, est nr. pa.

SCHOL. II.

Numerus impar numerum imparem metiens, per numerum imparem eum metitur.

Vn nombre impair mesurant vn nombre impair, il le mesure par vn nombre impair.

A,3. B,15. C,5.		c, est nr; impa;
		Demonstr.
Hypoth.	suppos.	c, est nr. pa.
a, est nr. impa.	28.9	□.a,c, II b est nr. pa.
a, msur: b ꝑ c.		*contr. hypoth.*
Req. π. demonstr.	21.a.1	c, est nr. impa.

SCHOL. III.

Omnis numerus metiẽs imparem numerum, est impar.

Tout nombre qui mesure vn nombre impair, est impair.

A,3. B,15. C,5.		a & c snt nr. impa.
		Demonstr.
Hypoth.	suppos.	a II c, est nr. pa.
b, est nr. impar,	28.9	b, est nr. pa.
a & c msur: b.		*contr. hypoth.*
Req. π. demonstr.	21.a.1	a & c snt nr; impa;

THEOR. XXVIII. PROPOS. XXX.

Si impar numerus parem numerum metiatur, & illius dimidium metietur.

Si vn nombre impair meſure vn nombre impair, il meſurera auſſi ſa moitié.

A,3. B,24. C.8.	hyp.	b, *eſt pa.*
D,12. E,4.	6.d.7	d, *eſt* $\frac{1}{2}$..b,
	hyp.	a, *mſur:* b p c,
Hypoth.	1.ſ. 29.9	c, *eſt nr. pa.*
a, *eſt nr. impa.*	6.d.7	e, *eſt* $\frac{1}{2}$c,
b, *eſt nr. pa.*	9.a.9	▭.a,c 2|2 b, ⊔ 2d,
a, *mſur:* b.	1. 2	▭.ac 2|2, 2▭.a,e,
Req. π. demonſtr.	1.a.1.	2d 2|2, 2▭.a,e,
a, *mſur:* $\frac{1}{2}$b.	7.a.1	d 2|2 ▭.a,e,
Demonſtr.	concl. 7.a.7	a, *mſur:* ▭.ae, ⊔ d.

THEOR. XXIX. PROPOS. XXXI.

Si impar numerus ad aliquem numerum primus ſit: & ad illius duplum primus erit.

Si vn nombre impair eſt premier à quelque nombre; il ſera auſſi premier au double d'iceluy.

A,5. B,8. C,16. D---

Hypoth.		a, *eſt pr. π.* b,
a, *eſt nr. impa.*		c 2|2, 2b.

A,5. B,8. C,16. D---

	Req. π. demonstr.	6.d.7	c, est nr. pa.
	a, est pr. π. c,	α.30.9	d, msur: b, β
	Demonstr.	α β	d, msur: a & b,
suppos.	d, msur: a & c, α	14.d.7	a & b snt nr; compos; contr. hypoth.
7.f.29	d, est nr. impa.	concl. 21.a.1	a, est pr. π. c.

COROLL.

Sequitur hinc, numerum imparem, qui ad aliquem numerum progreßionis duplæ primus est, primum quoque esse ad omnes numeros illius progreßionis.

Il s'ensuit de ceste proposition, qu'vn nombre impair, qui est premier à quelque nombre d'vne progreßion double, qu'il est außi premier à tous les nombres de ceste progreßion.

THEOR. XXX. PROPOS. XXXII.

Numerorum à binario duplorum vnusquisque pariter par est tantum.

Tous les nombres qui suiuent le binaire en progreßion double, sont seulement pairement pairs.

F,1. A,2. B,4. C,8. D,16. E,32.

Hypoth.
f, *est vnit.*
a 2|2 2f, b 2|2, 2a, c 2|2, 2b, &c.
Req. π. demonstr.
b,c,d, &c. *snt nr; pa. pa;*

	Demonstr.
20. d.7	f, a, b, c, d, &c. *snt contin. proport;*
6. d. 7	a, b, c, d, &c. *snt nr; pa.* α
11. d. 7	a, *est nr. pr.*
13. 9	*nul. nr. extern. msur:* a, b, c, d, &c.
11. 9	*nr;* a, b, c, d, &c. *msur: nr;* a, b, c, d, &c.
	ꝑ *nr;* a, b, c, d, &c.
concl. α. 8. d. 7	*nr;* a, b, c, d, &c. *snt pa. pa;*

THEOR. XXXI. PROPOS. XXXIII.

Si numerus dimidium habeat imparem: pariter impar est tantum.

Si vn nombre a sa moitié impair, il est pairement impair tant seulement.

	A,30. B,15. C,2. D--- E---		
	Hypoth.	hyp.	b, *est nr. impa.*
	a, *est nr. propos.*	19. a. 1	c, *est* 2;
	$\frac{1}{2}$a *est nr. impa.*	8. a. 7	c, *msur:* a ꝑ b,
	Req. π. demonstr.	1. concl. 9. d. 7	a, *est nr. pa. impa.*
	a, *est nr. pa. impa.*	suppos.	d, *est nr. pa.*
	Præpar.	suppos.	e, *est nr. pa.*
6. d. 7	b, *est* $\frac{1}{2}$a,	suppos.	d, *msur:* a ꝑ e,
3. p. 7	b, *msur:* a ꝑ c. α	9. a. 7	a 2|2 ▭.d,e,
	Demonstr.	α. 9. a. 7	a 2|2 ▭.b,c,
		1. a. 1	▭.e,d 2|2 ▭.b,c,
		19. 7.	c π e 2|2 d π b,

6.d.7	c, msur: e,		contr. 3. s. 29.9.
1c20.d7	d, msur: b,	2.concl. 21. a. 1	d & e ñ snt nr: pa. pa.

THEOR. XXXII. PROPOS. XXXIV.

Si par numerus neque à binario duplus ſit, neque dimidium habeat imparem; pariter par eſt, & pariter impar.

Si vn nombre pair n'eſt de ceux qui ſont doubles depuis l'vnité, & n'a ſa moitié impair; il eſt pairement pair & pairement impair.

A, 24.

Numerus A, neque ſit à binario duplus, neque dimidium habeat imparem. Dico A & pariter parem, & pariter imparem eſſe: at verò A, pariter eſſe parem, manifeſtum eſt; cùm dimidium imparem non habeat. Dico etiam pariter imparem eſſe; nam ſi A, bifariam ſecetur, & rurſus dimidium ipſius bifariam, & hoc ſemper fiat, tandem ſectio incidet in aliquem imparem, qui ipſum A, per numerum parem metietur: ſi enim incidat in binariam, erit A à binario duplus quod non

Le nombre A, ne ſoit de ceux qui ſont doubles depuis l'vnité, & qu'il n'aye ſa moitié impair. Ie dis que A, eſt pairement pair & pairement impair: que A, eſt pairement pair, il eſt manifeſte, veu que ſa moitié n'eſt pas impair. Ie dis außi qu'il eſt pairemeut impair; car ſi on diuiſe A, en deux parties egales, & derechef ſa moitié en deux partes egales, & que cela ſe face touſiours on viendra en fit à vn nombre impair, lequel meſurera A, par vn nombre pair; car ſi on venoit au binaire, A ſeroit de ceux qui ſont doubles depuis ponitur, quare A & pariter impar eſt: oſtenſum autem eſt & pariter eſſe parem, eſt igitur A, & pariter par, & pariter impar quod demonſtrare oportebat.

l'vnité qui repugne à l'hypotheſe; partant A, eſt pairement impair: mais il a eſté demonſtré qu'il eſt pairement pair; par conſequent A, eſt pairement pair & pairement impair, ce qu'il falloit demonſtrer.

THEOR. XXXIII. PROPOS. XXXV.

Si ſint quotcunque numeri deinceps proportionales, detrahantur autem à ſecundo, & vltimo æquales ipſi primo: erit vt ſecundi exceſſus ad primum, ita vltimi exceſſus ad omnes ipſum antecedentes.

S'il y a tant de nombres qu'on voudra continuellement proportionaux, & qu'on retranche tant du ſecond que du dernier, vn nombre egal au premier: comme l'excez du ſecond ſera au premier, ainſi l'excez du dernier ſera à tous les antecedens.

A........8
B....4F........8G
C..................18
D.........9H......6L....4K........8N

Hypoth.
a, bg, c, dn *ſnt contin. proport.*
fg 2|2 a,
kn 2|2 a.

Req. π. demonſtr.
bf π a 2|2 dk π a + b + c.

A........8
B....4F........8G
C.................18
D.........9H......6L....4K........8N

Præpar.

nl 2|2 bg,
nh 2|2 c.

Demonstr.

constr. nl 2|2 bg,
hyp. nk 2|2 a,
3. a. 1 kl 2|2 bf,

dn π c, ⊔ hn } *snt*
hyp. hn π bg, ⊔ ln } *raō*
hyp. ln π a, ⊔ kn } 2|2 ¢e
dh π hn }
17.5 hl π ln } *snt raō*
17.5 lk π kn } 2|2 ¢e,
concl. 12. 7 dk π | c+b+a,
lk, ⊔ bf π | kn, ⊔ a.

SCHOL.

Si sint quotcunque numeri deinceps proportionales, erit vt terminus rationis major ad terminum rationis minorem, ita compositus ex omnibus sine minimo ad compositum ex omnibus sine maximo.

S'il y a tant de nombres qu'on voudra continuellement proportionaux, comme le majeur terme de la raison est au mineur, ainsi sera l'aggregé de tous les termes sans le moindre, à l'aggregé de tous les termes sans comprendre le plus grand.

A,8. B,12. C,18. D,27.

Hypoth.

a, b, c, d *snt contin. proport;*

Req. π. demonstr.

b π a 2|2 b+c+d π a+b+c.

Demonstr.

Demonstr.

35.9 | b~a π a 2|2 d~a π a + b + c,
concl. 18.5 | b π a 2|2 b + c + d π a + b + c.

THEOR. XXXIV. PROPOS. XXXVI.

Si ab vnitate quotcunque numeri deinceps exponantur in dupla proportione, quoad totus compositus fiat primus, & totus hic in vltimum multiplicatus faciat aliquem; factus erit perfectus.

Si depuis l'vnité on prend tant de nombres qu'on voudra continuellement proportionaux, en proportion double, iusques à ce que le tout composé soit nombre premier, & qu'iceluy tout multiplié par le dernier en face quelqu'vn; le produict sera nombre parfaict.

V,1. A,2. B,4. C,8. D,16.
E,31. G,62. H,124. L,248. F,496.
K,31. M,31. P,31. N,465.
Q--- R---

Hypoth.
u, *est* 1,
a, *est* 2,
b 2|2, 2a,
c 2|2, 2b,
d 2|2, 2c, [d, α
e, *est aggr..* u,a,b,c,

e, *est nr. pr.*
f, *est* ▭.e,d. β

Req. π. demonstr.
f, *est nr. pfect.*

Præpar.
g 2|2, 2e,
h 2|2, 2g,

V,1, A,2. B,4. C,8. D,16.
E,31. G,62. H,124. L,248. F,496.
K,31. M,31. P,31. N,465.
Q--- R---

l 2|2, 2h,
multd.. e,g,h,l } 2|2 { *multd..* a,b,c,d
k 2|2 e,
p 2|2 e,
m 2|2 g∼k,
n 2|2 f∼p.

Demonstr.

14.7	a π d 2|2 e π l,
α.19.7	▭.a,l 2|2 ▭.d,e, Ш f,
7.a.7	l, *msur:* ▭.a,l *p* a,
1.a.7	l, *msur:* f *p* a,
9.a.7	f 2|2, 2l,
35.9	m π e 2|2 n π { e +g +h +l,
3.a.b	m 2|2 e,
14.5	n 2|2 e+g+h+l,
2.a.1	p+n 2|2 f,

1.concl. 2.1	f 2|2 { u+b+b +c+d+e +g+h+l,
β.7.a.7	d, *msur:* f,
11.9	u,a,b,c,d *msur:* d,
11.a.7	u,a,b,c,d *msur:* f,
11.9	e,g,h,l *msur:* f,
2 concl. 3.d.7	u,a,b,c,d,e,g,h,l, *snt part.. nr.* f,
suppos.	q, *ñ, est* a, Ш b, Ш c, Ш d, Ш e, Ш g, Ш h, Ш l, θ
suppos.	q, *msur:* f *p* r,
9.a.7	f 2|2 ▭.q,r,
β. hyp.	f 2|2 ▭.d,e,
1.a.1	▭.q,r 2|2 ▭.d,e, λ
19.7	e π r 2|2 q π d,
hyp.	e, *est nr. pr.*
θ.13.9	q, *ñ, msur:* d,
2c20d7	e, *ñ, msur:* r,
hyp.	e, *est nr. pr.*

31.7	e, *est pr.* π. r,	19.7	▭.b,h 2|2 ▭.d,e,
23.7	e & r *snt term.. raō.*	λ.1.a.1	▭.b,h 2|2 ▭.q,r,
	e, *msur:* q,	19.7	r π b 2|2 h π q,
21.7	r, *msur:* d,	μ	r *est* b,
13.9	r, *est* a, ⊔ b, ⊔ c,	2c2od7	q, *est* h,
suppos.	r, *est* b, μ		*contr. suppos.* θ
14.7	b π d 2|2 e π h,	2.concl. 21.a.1	q, *ñ, msur:* f.

SCHOL. I.

A,48. B,8. C,3. D,6. E,16.		*Req.* π. *demonstr.* b π c 2|2 e π d.
		Demonstr.
	α.9.a.7	a 2|2 ▭.b,d,
Hypoth.	β.9.a.7	a 2|2 ▭.c,e,
b, *msur:* a ℘ d, α	1.a.1	▭.b,d 2|2 ▭.c,e,
c, *msur:* a ℘ e. β	concl. 19.7	b π c 2|2 e π d.

SCHOL. II.

A, 48.	A,15.
B.1. C,2. D,4 E,8.	B,1. C,2. D,4. E,8.
F,48. G,24. H,12. K,6.	F,15. G,$7\frac{1}{2}$. H,$3\frac{3}{4}$. K,$1\frac{7}{8}$.

Hypoth.		e, *msur:* a ℘ k.
b, c, d, e *snt contin. proport;* α		*Req.* π. *demonstr.*
		k, h, g, f *snt contin. proport. in raō..* b π c.
b, *msur:* a ℘ f,		*Demonstr.*
c, *msur:* a ℘ g,		
d, *msur:* a ℘ h,	1.f.36 9	b π c 2|2 g π f, β

1. ſ.36.9	c π d 2|2 h π g, β	concl. α, β	k, h, g, f ſnt contin.
1. ſ.36.9	d π e 2|2 k π h, β		*proport.. in raõ.* b π c.

SCHOL. III.

Si ſumma quotuis numerorum continuè proportionalium per eos ſigillatim diuidatur; & quotientum ſumma per ipſos quotientes; & horum ſecundorum quotientum ſumma per eoſdem ſecundos quotientes; & ſic deinceps in infinitum: procreabuntur alternis diuiſionibus ſemper iidem primi quotientes ordine conuerſo.

Si la ſomme de tant de nombres qu'on voudra continuellement proportionaux eſt diuisée par chacun d'iceux: & la ſomme des quotiens par chacun des quotiens; & la ſomme des derniers quotiens par chacun des derniers quotiens, & ainſi à l'infiny: les quotiens alternatiuement ſeront les meſmes en ordre conuerſe.

A,1. B,2. C,4. D,8.

E,15.

F,15. G,$7\frac{1}{2}$. H$3\frac{3}{4}$. P$1\frac{7}{8}$.

K,$28\frac{1}{8}$.

L,$1\frac{7}{8}$. M,$3\frac{3}{4}$. N,$7\frac{1}{2}$. R,15.

Hypoth.	k 2|2 f + g + h + p,
a, b, c, d *ſnt contin. proport.*	f, *mſur:* k p l,
	g, *mſur:* k p m,
e 2|2 a + b + c + d,	h, *mſur:* k p n,
a, *mſur:* e p f,	p, *mſur:* k p r.
b, *mſur:* e p g,	*Req. π. demonſtr.*
c, *mſur:* e p h,	f 2|2 r,
d, *mſur:* e p p,	g 2|2 n,

h 2|2 m,
p 2|2 l.

Demonſtr.

2.ſ.36.9 p, h, g, f *ſnt contin. proport; in raõ.* aπb,
2.ſ.36.9 l, m, n, r *ſnt contin. proport. in raõ.* pπh,
∥ aπb,
ſ.22.5 aπe 2|2 pπk,
2 ſ.3.d.5 f 2|2 r,
ſ.22.5 bπe 2|2 hπk,
2.ſ.3.d.5 g 2|2 n,
ſ.22.5 cπe 2|2 gπK,

2 ſ.3 d.5 h 2|2 m,
ſ.22.5 dπe 2|2 fπK.
2 ſ.3.d.5 p 2|2 l. α

Coroll.

k
▭.f,p } *ſnt* 2|2 *de*,
▭.g,h

Demonſtr.

2.ſ.36.9 pπh 2|2 gπf,
▭.g,h
19. 7 ▭.f,p } *ſnt* 2|2 *de*.
α.3ſ1 d2 ▭.f,l
9.a.7 k

EVCLIDIS ELEMENTORVM LIBER DECIMVS.

LE DIXIESME LIVRE DES ELEMENTS D'EVCLIDE.

DEFINIT. I.

Commensurabiles magnitudines dicuntur, quas eadem mensura metitur.

Commẽsurables grandeurs sont celles-là lesquelles sont mesurees par vne mesme cõmune mesure.

DEFINIT. II.

Incommẽsurabiles autem sunt, quarum nullam communem mensuram contingit reperiri.

Mais les grandeurs incommensurables sont celles-là, lesquelles n'ont aucune commune mesure.

DEFINIT. III.

Rectæ lineæ potentia commensurabiles sunt,

Les lignes droictes sont cõmensurables en puissance,

cùm quadrata earum idem ſpatium metitur.

quand les quarrez d'icelles ſont meſurez par vn meſme eſpace.

DEFINIT. IV.

Incommenſurabiles vero potentia, cùm quadratis earum nullum ſpatium, quod ſit communis eorum menſura, contingit reperiri.

Mais les lignes droictes ſont incommenſurables en puiſſance, quād les quarrez d'icelles ne peuuent eſtre meſurez par aucune commune meſure.

A, 7. B, 5. C, $\sqrt{}$.10. D, $\sqrt{}$.8. E, $\sqrt{}\sqrt{}$.10. F, $\sqrt{}\sqrt{}$.8.

a & b *ſnt commun. in long.*

b, c, d *ſnt commun. in* □,

e & f *ſnt incomm. in* □.

Explicatio notarum.

A & B, ſunt commenſurabiles longitudine.

B, C, D, ſunt commenſurabiles potentia.

E & F, ſunt incommenſurabiles potentia.

Explication des notes.

A & B, ſont commenſurables en longitude.

B, C, D, ſont commenſurables en puiſſance.

E & F, ſont incommenſurables en puiſſance.

DEFINIT. V.

Quæ cum ita ſint, manifeſtum eſt, cuicunque rectæ propoſitæ, rectas

Ces choſes eſtans ainſi, il eſt manifeſte, qu'à toute ligne droicte propoſee, infinies

lineas multitudine infinitas & cõmensurabiles esse & incommensurabiles; alias quidem longitudine & potentia; alias vero potẽtia solum. Vocetur autem proposita recta linea Rationalis.

lignes droictes en multitude sont commensurables, & infinies incommensurables : les vnes en longitude & puissance, les autres en puissance seulement. Or ceste ligne droicte proposee soit appellee Rationelle.

DEFINIT. VI.

Et huic commensurabiles siue longitudine & potentia, siue potentia tantum Rationales.

Et les lignes droictes commẽsurables à ceste ligne rationelle, soit en longitude & puissance seulement, soient appellees aussi Rationelles.

DEFINIT. VII.

Huic vero incommensurabiles Irrationales vocentur.

Et les lignes incommensurables à ceste ligne rationelle, soient appellees Irrationelles.

DEFINIT. VIII.

Et quadratum, quod à proposita recta fit, dicatur Rationale.

Et le quarré descrit de la rationelle, soit appellé Rationel.

DEFINIT. IX.

Et huic commensuralia quidem Rationalia.

Et les figures commensurables à ce quarré rationel, soient appellees Rationelles.

DEFINIT. X.

Huic vero incommensurabilia, Irrationalia dicantur.

Mais les figures incommensurables au quarré rationel, soient appellees Irrationelles.

DEFINIT. XI.

Et rectæ quæ ipsa possunt Irrationales.

Et les lignes droictes qui peuuent icelles figures irrationnelles, soient dites Irrationelles.

SCHOL. I.

Magnitudines incommensurabiles natura sua sunt incommensurabiles, nec vllo modo possunt esse commensurabiles.

Les grandeurs incommensurables sont de leur nature incommensurables, & ne peuuent en aucune façon estre commensurables.

Magnitudines vero irrationales non natura sua, sed habita ratione expositæ rationalis sunt irrationales, sumptaque alia exposita ra-

Mais les grandeurs irrationelles sont irrationelles, non de leur nature, mais à raison de la rationelle exposée, & peuuent estre rationelles en chan-

tionali, quæ antea erant irrationales, possunt esse rationales.

geant la rationelle exposee en vne autre rationelle exposee.

SCHOL. II.

Omnis numerus incommensurabilis vnitati dicitur irrationalis vel surdus: nec vlla magnitudo, præter lineam, est rationalis nisi numero rationali exprimatur. Recta vero linea, quamuis non exprimatur numero rationali, dummodo habeat quadratum numero rationali expressum dicitur rationalis.

Tout nombre incommensurable à l'vnité s'appelle irrationel ou sourd: & n'y a aucune grandeur, excepté la ligne, qui soit rationelle, si elle n'est exprimee par vn nombre rationel. Mais la ligne droicte encore qu'elle ne soit pas exprimee par vn nombre rationel, pourueu qu'elle aye son quarré exprimé par vn nombre rationel, elle sera rationelle.

SCHOL. III.

Nulla regula Arithmetica gignit numeros irrationales præter extractiones radicum, ac proinde omnis potestas numeri rationalis est rationalis: sed si potestas est numerus rationalis, non est necesse latus quoque esse numerum rationalem.

Il n'y a point aucune regle d'Arithmetique qui engendre des nombres sourds, que les extractions des racines, par consequent toute puissance d'vn nombre rationel est rationelle: mais si la puissance est vn nombre rationel, il n'est pas necessaire que le costé soit aussi vn nombre rationel.

SCHOL. IV.

Tria sunt genera linearum rationalium longitudine in-

Il y a trois sortes de lignes rationelles commensurables en ter se commensurabilium; aut enim duarum linearum rationalium longitudine inter se commensurabilium, altera æqualis est expositæ rationali; aut neutra rationali expositæ æqualis est, longitudine tamen ei vtraque est commensurabilis: aut denique vtraque expositæ rationali commensurabilis est solùm potentia.

longitude entr'elles; car de deux lignes rationelles commensurables en longitude entr'elles, l'vne est egale à la rationelle exposee, ou l'vne ny l'autre ne luy est egale; & toutesfois toutes deux commensurables en longitude à icelle rationelle exposee: ou finalement l'vne & l'autre est commensurable à l'exposee rationelle en puissance seulement.

hyp.	cadb, *est semic.*
suppos.	cb, *ration. expos. est 2,*
1. c. 15. 4	bp, *γ. 6<, est 2,*
2. c. 15. 4	ap, *γ. △ æquilat. est γ. 12,*
6. 4	bd, *γ. □, est γ. 8,*
11. 4	fd, *γ. 5< est γ.. 10 ~ γ. 20,*
7. a. 1	ce 2|2 eb *est 1,*
7. a. 1	ak 2|2 kp *est γ. 3,*
	bp & ab *snt ration.. 1. gen.*
	ce & ab *snt ration.. 2. gen.*
	ak & ap *snt ration.. 3. gen.*
	fd, *est irration.*

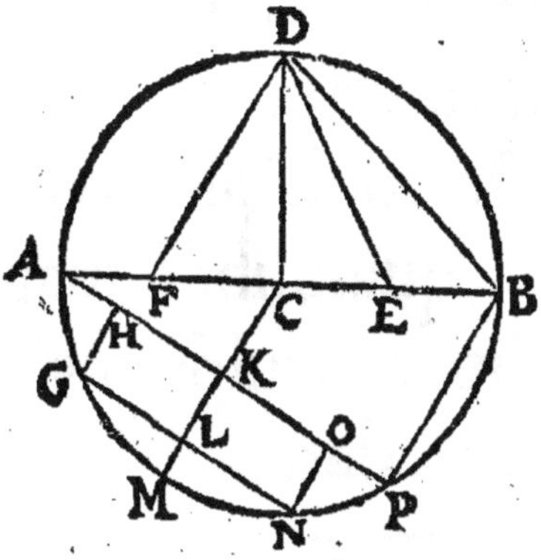

α D A F C E B H G K L O M N P β γ δ ε

Explicatio notarum.

α | CB, est rationalis exposita.

Explication des notes.

α | *CB, est la rationelle exposee.*

β	BP & AB, ſunt rationales primi generis.	β	*BP & AB, ſont rationelles de la premiere ſorte.*
γ	CE & AB, ſunt rationales ſecundi generis.	γ	*CE & AB, ſont rationelles de la ſeconde ſorte;*
δ	AK & AP, ſunt rationales tertij generis.	δ	*AK & AP, ſont rationelles de la troiſieſme ſorte.*
ε	FD, eſt linea irrationalis.	ε	*FD, eſt vne ligne irrationelle.*

POSTVLATVM, SIVE PETITIO.

Poſtuletur, quamlibet magnitudinem toties poſſe multiplicari, donec quamlibet magnitudinem eiuſdem generis excedat.

DEMANDE.

Soit concedé qu'on puiſſe multiplier quelcõque grandeur tant de fois, qu'elle excede quelconque grandeur propoſee de meſme genre.

AXIOMATA, SIVE PRONVNTIATA.

AXIOMES, OV communes ſentences.

I.

Magnitudo quotcunque magnitudines metiens, compoſitam quoque ex ipſis metitur.

Vne grandeur meſurant tant de grãdeurs qu'on voudra, meſure auſſi la grãdeur compoſee d'icelles.

II.

Magnitudo quancunque magnitudinem metiens, metitur quoque omnem magnitudinem, quam illa metitur.

Vne grandeur qui meſure quelconque grandeur, meſure auſſi toute grandeur que celle-la meſure.

III.

Magnitudo metiens totam magnitudinem, & ablatam metitur & reliquam.

Vne grandeur meſurant toute vne grandeur, & la retranchee d'icelle, meſure auſſi le reſte.

Hæc axiomata, vt ad numeros pertinent, iam explicata ſunt in vltimis tribus pronuntiatis libri ſeptimi.

Ces communes ſentences, en tant qu'elles appartiennent aux nombres, ont deſia eſté expliquees aux trois derniers axiomes du 7. liure.

THEOR. I. PROPOS. I.

Duabus magnitudinibus inæqualibus propoſitis, ſi à maiore auferatur maius quàm dimidium; & ab eo, quod reliquum eſt, rurſus detrahatur maius quàm dimidium, & hoc ſemper fiat: relinquetur tandem quædam magnitudo, quæ minor erit propoſita minore magnitudine.

Deux grandeurs inegales eſtans propoſees, ſi de la plus grande on retranche plus de la moitié, & du reſte encore plus de la moitié, & que cela ſe face touſiours ainſi en continuant, il demeurera en fin quelque grandeur, plus petite que la moindre grandeur proposee.

Hypoth.

ab 3|2 c,

Præpar.

5. 1 c, df, fg, ge *snt* 2|2 de,

11.p.11 de 3|2 ab,

suppos. ah 3|2 hb, α

suppos. hi 3|2 ib, β

suppos. *multd..* ah, hi, ib 2|2 *multd..* df, fg, ge.

Req. π. demonstr.

ib 2|3 c,

Demonstr.

constr. de 3|2 ab,

3. a. b fe, $\tilde{n}$, *est* 2|3, $\frac{1}{2}$de,

α. 3.a.b hb 2|3, $\frac{1}{2}$ab,

7. a. b fe 3|2 hb,

3. a. b ge, $\tilde{n}$, *est* 2|3, $\frac{1}{2}$fe,

β. 3. a.b ib 2|3, $\frac{1}{2}$hb,

concl. 7. a. b ge, 11 c 3|2 ib.

SCHOL.

Idem demonſtrabitur ſi ex AB, auferatur dimidium AH, & ex reliquo HB, rurſus dimidium HI, & ita deinceps.

On demonſtrera la meſme choſe ſi de AB, eſt oſtee la moitié AH, & du reſte HB, derechef la moitié HI, & ainſi touſiours.

THEOR. II. PROPOS. II.

Si duabus magnitudinibus inæqualibus propositis, detrahatur ſemper minor de majore, alterna quadam detractione, & reliqua minimè præcedentem metiatur: incommenſurabiles erunt ipſæ magnitudines.

Deux grandeurs inegales eſtans propoſees, ſi on retranche touſiours alternatiuement la plus petite de la plus grande, & que la grandeur reſtante ne meſure iamais ſa precedente: icelles grandeurs ſeront incommenſurables.

Hypoth.			1. 10	gb 2|3 e, δ
ab 2|3 cd,			2. a. 10	e, *mſur:* cf,
nul. reſid. mſur: præceden.			α	e, *mſur:* cd,
Req. π. demonſtr.			3. a. 10	e, *mſur:* fd,
ab & cd *ſnt incomm;*			γ	fd, *mſur:* ag,
Demonſtr.			2. a. 10	e, *mſur:* ag,
ſuppoſ.	e, *mſur:* ab & cd,	α	α. 3. a. 10	e, *mſur:* gb,
3. 1	ab, *mſur:* cf,	β	δ	*contr. 9. a. b.*
3. 1	fd, *mſur:* ag,	γ	concl. 21. a. 1	ab, cd *ſnt incomm;*

B D F G A C E

PROBL. I. PROPOS. III.

Duabus magnitudinibus commenſurabilibus datis, maximam earum communem menſuram inuenire.

Deux grandeurs commensurables estant donnees, trouuer la plus grande commune mesure d'icelles.

constr.	ed, *msur:* af,
2. a. 10.	fb, *msur:* af,
1. a. 10	fb, *msur:* ab, β
constr.	ab, *msur:* ce,
2. a. 10.	fb, *msur:* ce,
γ.1.a.10	fb, *msur:* cd, γ
1. concl. γ	fb, *msur:* ab & cd,
suppos.	g 3|2 fb, δ
suppos.	g, *msur:* ab & cd, ε
constr.	ab, *msur:* ce,
ε. 2. a.10	g, *msur:* ce,
ε. 3.a.10	g, *msur:* cd,
constr.	ed, *msur:* af,
2.a. 10	g, *msur:* af,
ε. 3.a.10	g, *msur:* fb,
δ	*contr. 9. a. 1.*
2 concl. 21. a. 1	fb, *est ma. c. me..* ab & cd.

Hypoth.

ab & cd *snt magnitud. comm. D.*

Req. est ma. c. me.. ab & cd.

Constr.

3. 1	ab, *msur:* ce,
3. 1	ed, *msur:* af,
suppos.	fb, *msur:* ed, α
symp.	*req. est* fb.

Demonstr.

α	fb, *msur:* ed,

COROLL.

Ex hoc manifestum est, quòd magnitudo metiens duas magnitudines, metitur & maximam earum mensuram communem.

De ceste demonstration il est manifeste, qu'vne grandeur laquelle

laquelle mesure deux grandeurs, mesure aussi leur plus grande commune mesure.

PROBL. II. PROPOS. IV.

Tribus magnitudinibus commensurabilibus datis, maximam earum mensuram communem inuenire.

Trois grandeurs commensurables estant donnees, trouuer la plus grande commune mesure d'icelles.

A
B D
C E F

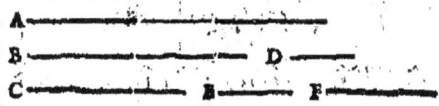

Hypoth.

a, b, c *snt magnitud. comm.* D.

Req. est ma.c.me.. a, b, c.

Constr.

3. 10	d, *est ma.c.me..* a & b,
3. 10	e, *est ma.c.me..* c & d,
symp.	*req. est* e.

Demonstr.

constr.	e, *msur:* d,
constr.	d, *msur:* a & b,
2. a. 10	e, *msur:* a & b,
constr.	e, *msur:* c,
1. concl. 1. a. 10	e, *msur:* a, b, c,
suppos.	f 3|2 e, α
suppos.	f, *msur:* a, b, c, β
β	f, *msur:* a & b,
c. 3. 10	f, *msur:* d,
β	f, *msur:* c,
c. 3. 10	f, *msur:* e,
α	*contr. 9. a. b.*
2 concl. 21. a. 1	e, *est ma.c.me.* a, b, c.

COROLL.

Apertè quoque ex hoc colligitur, quòd magnitudo metiens tres magnitudines, metitur quoque maximam earum mensuram communem.

Il est manifeste aussi, qu'vne grandeur qui mesure trois grandeurs, mesure aussi la plus grande commune mesure d'icelles.

THEOR. III. PROPOS. V.

Commensurabiles magnitudines inter se rationem habent, quam numerus ad numerum.

Les grandeurs commensurables ont mesme raison l'vne à l'autre, que nombre à nombre.

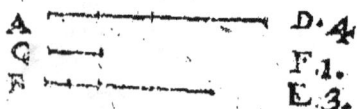

A ——— D. 4.
C — F. 1.
E —— E. 3.

Hypoth.

a & b *snt magnitud. comm.*

Req. π. demonstr.

a π b 2|2 *nr. π. nr.*

Præpar.

3. 10 | c, *est ma. c. me..* a & b,
suppos. | f, *est vnit.*

suppos.	c, *msur:*	a,	α
	f, *msur:*	d,	
suppos.	c, *msur:*	b,	β
	f, *msur:*	e,	

Demonstr.

α 1c20.d7	c π a 2|2 f π d,
c. 4. 5	a π c 2|2 d π f,
β 1c20.d7	c π b 2|2 f π e,
concl. 22. 5	a π b 2|2 f π e.

THEOR. IV. PROPOS. VI.

Si duæ magnitudines inter se proportionem habeant quam numerus ad numerum, commensurabiles erunt magnitudines.

Si deux grandeurs ont mesme raison entr'elles que nombre à nombre, elles seront commensurables.

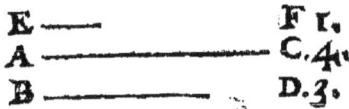

E —— F 1.
A ———————— C. 4.
B ———————— D. 3.

Hypoth.

a π b 2|2 *nr.* c π *nr.* d.

Req. π. demonstr.

a & b *snt comm.*

Præpar.

suppos.	f, *est vnit.*

9. 6	e π a 2|2 f π c, *a*
	Demonstr.
hyp.	a π b 2|2 c π d,
α. 22. 5	e π b 2|2 f π d,
5. a. 7	f, *msur:* d,
1c20d7	e, *msur:* b,
α. cõstr.	e, *msur:* a,
concl. 1. d. 10	a & b *snt comm.*

THEOR. V. PROPOS. VII.

Incõmensurabiles magnitudines inter se proportionem non habent quam numerus ad numerum.

Les grandeurs incommensurables n'ont pas mesme raison entr'elles que nombre à nombre.

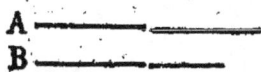

A ———————
B ——————

Hypoth.

a & b *snt magnitud. incõm.*

Req. π. demonstr.

a π b, *ñ*, *est* 2|2 *nr. π. nr.*

Demonstr.

suppos.	a π b 2|2 *nr. π. nr.*
concl. 6. 10	a & b *snt comm.*
	contr. hypoth.

THEOR. VI. PROPOS. VIII.

Si duæ magnitudines inter se proportionem non habeant, quam numerus ad numerum, incommensurabiles erunt magnitudines.

Si deux grandeurs n'ont mesme raison entr'elles que nombre à nombre: icelles grandeurs seront incommensurables.

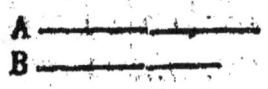

A ——— B ——— *Hypoth.* a π b, ñ, est 2|2 nr. π. nr. *Req. π. demonstr.*	suppos. concl. s.10	a & b snt incomm. *Demonstr.* a & b snt comm. a π b 2|2 nr. π. nr. contr. hypoth.

THEOR. VII. PROPOS. IX.

Quæ à rectis lineis longitudine commensurabilibus fiunt quadrata, inter se proportionem habent, quam quadratus numerus ad quadratum numerum: & quadrata inter se proportionem habentia, quam quadratus numerus ad quadratum numerum; & latera habebunt longitudine commensurabilia. Quæ vero à rectis lineis longitudine incommensurabilibus fiunt quadrata, inter se proportionem non habent, quam quadratus numerus ad quadratum numerum: & quadrata inter se proportionem non habentia, quam quadratus numerus ad quadratum numerum, neque latera habebunt longitudine commensurabilia.

Les quarrez descrits de lignes droictes commensurables en longitude, ont mesme raison entr'eux que nombre quarré à nombre quarré : & les quarrez qui ont mesme raison entr'eux que nombre quarré à nombre quarré, auront aussi les costez commensurables en longitude. Mais les quarrez descrits de lignes droictes incommensurables en longitude, n'ont mesme raison entr'eux que nombre quarré à nombre quarré : & les quarrez qui n'ont mesme raison entr'eux que nombre quarré à nombre quarré, n'auront les costez commensurables en longitude.

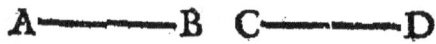

Hypoth. 1. A——B C——D

ab & cd snt comm. ⸗e. E,4. F,3.

Req. π. demonstr. G,16. H,9.

□.ab π □.cd 2|2 *nr.* □ π *nr.* □.

Præpar.

5. 10 ab π cd 2|2 *nr.* e π *nr.* f,

3. p. 7 g, *est* □.e, & h, *est* □.f.

Demonstr.

20. 6 *raõ*.□.ab π □.cd 2|2, 2*raõ*; ab π cd,

11. 8 *raõ*, g π h 2|2, 2*raõ*; e π f,

1. concl. 1. s. 23. 5 □.ab π □.cd 2|2 *nr.* □.g π *nr.* □.h, α

Hypoth. 2.

□.ab π □.cd 2|2 g π h. γ

Req. π. demonstr.

ab & cd snt comm. ⸗e.

Demonstr.

20. 6 *raõ*. □.ab π □.cd 2|2, 2*raõ*; ab π cd,

11. 8 | *raō.* g π h 2|2, 2*raō*; e π f,

7.2ſ23.5 | ab π cd 2|2 *nr.* e π *nr.* f, β

2 concl. 6. 10 | ab & cd *ſnt comm.* ꝗe.

Hypoth. 3.

A——B C——D

ab & cd *ſnt incomm.* ꝗe.

E,4. F,3.

Req. π. *demonſtr.*

G,16. H,9.

□.ab π □.cd, *n̄*, *eſt* 2|2 *nr.* □ π *nr.* □.

Demonſtr.

ſuppoſ. | □.ab π □.cd 2|2 *nr.* □ π *nr.* □,

β | ab & cd *ſnt comm.* ꝗe,

contr. hypoth.

3 concl. 21. a. 1 | □.ab π □.cd, *n̄*, *eſt* 2|2 *nr.* □. π *nr.* □.

Hypoth. 4.

□.ab π □.cd, *n̄*, *eſt nr.* □. π *nr.* □.

Req. π. *demonſtr.*

ab & cd *ſnt incomm.* ꝗe.

Demonſtr.

ſuppoſ. | ab & cd *ſnt comm.* ꝗe,

α | □.ab π □.cd 2|2 *nr.* □. π *nr.* □.

contr. hypoth.

4.cōcl. 21. a. 1 | ab & cd *ſnt incomm.* ꝗe.

COROLL.

Ex his, & ex tertio ſcholio vndecimæ definitionis manifeſtum eſt, rectas lineas, quæ longitudine ſunt commenſurabiles, omnino & potentia commenſurabiles eſſe:

Quæ vero potentia commenſurabiles, non omnino & longitudine. Et quæ longitudine incommenſurabiles ſunt, non omnino & potentia incommenſurabiles eſſe: Quæ vero potentia incommenſurabiles ſunt, omnino & longitudine incommenſurabiles eſſe.

De ces choſes, & du troiſieſme ſcholie de l'vnzieſme definition il eſt manifeſte, que les lignes droictes commenſurables en longitude, ſont auſsi cõmmenſurables en puiſſance: mais que celles qui ſont commenſurables en puiſſance, ne le ſont pas neceſſairement en longitude: & que celles qui ſont incommenſurables en longitude, ne le ſont pas neceſſairement en puiſſance: Mais les incommenſurables en puiſſance, le ſont auſsi en longitude.

SCHOL.

Si numerus lateris ſit irrationalis, omnes quoque poteſtates erunt irrationales, exceptis iis quarum exponentes ſunt multiplices exponentis primæ poteſtatis rationalis.

Si le nombre du coſté eſt irrationel, toutes les puiſſances ſeront irrationelles, exceptez celles dont les expoſans ſont multiples de l'expoſant de la premiere puiſſance rationelle.

a, a2, a3, a4, a5, a6, a7, &c.

	Hypoth. 1.	hyp.	a2, *eſt nr. ration.*
	a, *eſt nr. irration.*	ſ. 11. 9	a2, *mſur:* a3 ꝑ a,
	a2, *eſt nr. ration.*	3ſ11.d10	a, *eſt nr. ration.*
	Req. π. demonſtr.		*contr. hypoth.*
	a3, a5, a7, *&c. ſnt irration;*	1. concl. 21. a. 1	a3, *eſt nr. irration.*
	Demonſtr.	2 ſuppo.	a5, *eſt nr. ration.*
1. ſuppo.	a3, *eſt nr. ration.*	hyp.	a2, *eſt nr. ration.*

a, a2, a3, a4, a5, a6, a7, &c.

3ſ11.d10	a4, *eſt nr. ration.*
ſ. 11. 9	a4, *mſur:* a5 ꝑ a,
3ſ11.d10	a, *eſt nr. ration.*
	contr. hypoth.
2. concl. 21. a. 1	a5, *eſt nr. irration.*

Hypoth. 2.

a, *eſt nr. irration.*

a3, *eſt nr. ration.*

Req. π. demonſtr.

a2, a4, a5, a7, &c. *ſnt nr. irration.*

Demonſtr.

1. ſuppo.	a2, *eſt nr. ration.*
hyp.	a3, *eſt nr. ration.*
ſ. 11. 9	a2, *mſur:* a3, ꝑ a,
3ſ11.d10	a, *eſt nr. ration.*
	contr. hypoth.

1. concl. 21. a. 1	a, *eſt nr. irration.*
2 ſuppo.	a5, *eſt nr. ration.*
hyp.	a3, *eſt nr. ration.*
3ſ11.d10	a6, *eſt nr. ration.*
ſ. 11. 9	a5, *mſur:* a6, ꝑ a,
3ſ11.d10	a, *eſt nr. ration.*
	contr. hypoth.
2 concl. 21. a. 1	a5, *eſt nr. irration.*

Explicat.. not.

a,	*ſignifi.*	√,
a2,		q,
a3,		c,
a4,		qq,
a5,		qc,
a6,		cc,
a7,		qqc.

THEOR. VIII. PROPOS. X.

Si quatuor magnitudines proportionales fuerint, prima vero ſecundæ fuerit commenſurabilis; & tertia quartæ commenſurabilis erit. Et ſi prima ſecundæ fuerit incommenſurabilis, & tertia quartæ incommenſurabilis erit.

Si quatre grandeurs ſont proportionelles, & que la premiere ſoit commenſurable à la ſeconde, la troiſieſme ſera auſſi commenſurable à la quatrieſme. Et ſi la premiere eſt incommenſurable à la ſeconde, la troiſieſme ſera auſſi incommenſurable à la quatrieſme.

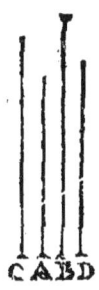

	Hypoth. 1.		*Hypoth. 2.*
	c π a 2|2 b π d,		
	c & a *ſnt comm.* ¦e.		c & a *ſnt incomm.* ¦e.
	Req. π. demonſtr.		*Req. π. demonſtr.*
C A B D	b & d *ſnt comm.* ¦e.		b & d *ſnt incomm.* ¦e.
	Demonſtr.		*Demonſtr.*
hyp.	c & a *ſnt comm.* ¦e,	hyp.	c & a *ſnt incomm.* ¦e.
5. 10	c π a 2|2 *nr. π. nr.*	7. 10	c π a *ñ eſt* 2|2 *nr. π. nr.*
hyp.	b π d 2|2 c π a,	hyp.	b π d 2|2 c π a,
11. 5	b π d 2|2 *nr. π. nr.*	11. 5	b π d *ñ eſt* 2|2 *nr. π. nr.*
1. concl. 6. 10	b & d *ſnt comm.* ¦e.	2 concl. 8. 10	b & d *ſnt incomm.* ¦e.

LEMM. I.

Duos numeros planos inuenire, qui proportionem non habeant, quam quadratus numerus ad quadratum numerum.

Trouuer deux nombres plans, leſquels n'ayent meſme raiſon entr'eux que nombre quarré à nombre quarré.

Huic lemmati ſatisfacient duo quilibet numeri plani non ſimilis, quales ſunt numeri habentes proportionem ſuperparticularem, vel ſuperbipartientem,

A ce lemme pourront ſatisfaire deux nombres plans diſſemblables tels qu'on voudra, comme ſont les nombres qui ont proportion ſuperparticuliere, ou ſuperbipartiete, ou

vel duplam, vel etiam duo quiuis numeri primi: nam huiuſmodi numeri non ſunt ſimiles plani numeri, vt demonſtrauimus in ſcholiis ad 27. propoſ. lib. 8.

double, & auſſi tous nombres premiers: car tels nombres ne ſont point plans ſemblables, comme nous auons demonſtré aux ſcholies de la vingtſeptieſme propoſition du huictieſme liure.

LEMM. II.

Inuenire lineam ad quam data recta ſit in ratione datorum numerorum.

Trouuer vne ligne droicte à laquelle vne ligne droicte donnee ſoit en la raiſon de deux nombres donnez.

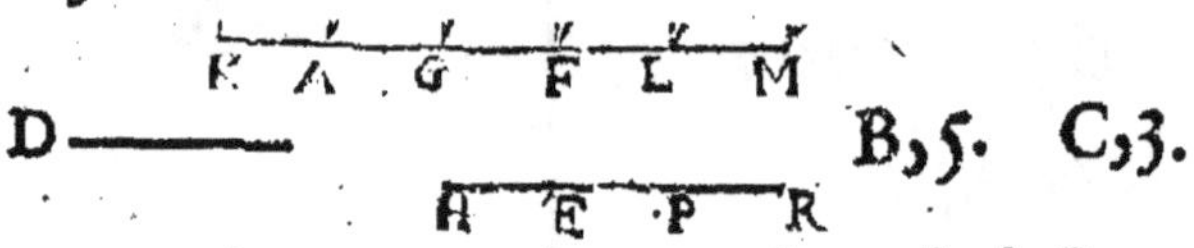

K A G F L M

D——— B,5. C,3.

H E P R

	Hypoth.		
	b & c *ſnt nr*; D.	ſ. 10.6	*multd.. part.* } km 2|2 *nr*. b
	km, *eſt* — D.	3. 1	ka, he ep, pr } *ſnt* 2|2 ɖe,
	Req. π. fa.		
	b π c 2|2 km π hr.	3. 1	*multd.. part.* } hr 2|2 *nr*. c,
	Conſtr.	ſymp.	*Req. eſt* hr.
			Demonſtr.
ſ.10. 6	ka, ag, gf fl, lm } *ſnt* 2|2 ɖe,	concl. 20.d.7	km π hr 2|2 b π c.

LEMM. III.

Inuenire lineam ad cuius quadratum datæ rectæ quadratum ſit in ratione datorum numerorum.

Trouuer vne ligne droicte au quarré de laquelle le quarré d'vne ligne droicte donnee ſoit en la raiſon de deux nombres donnez.

Hypoth.
b & c *snt nr*; D;
km, *est* — D.
Req. π. *fa.*
bπc 2|2 □.kmπ□.d
Constr.
2.l10.10 bπc 2|2 kmπhr,

13.6 kmπd 2|2 dπhr, a
symp. d, *est nr. req.*
Demonstr.
α.c20.6 □.km π | □.d,
km π | hr,
constr. bπc 2|2 kmπhr,
concl. 11.5 □.kmπ□.d 2|2 bπc.

PROBL. III. PROPOS. XI.

Propositæ rectæ lineæ inuenire duas rectas lineas incommensurabiles, alteram quidem longitudine tantùm, alteram vero etiam potentia.

Trouuer deux lignes droictes incommensurables à vne ligne droicte proposee, à sçauoir l'vne en longitude seulement, & l'autre en longitude & puissance.

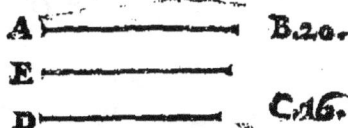

A —— B.20.
E ——
D —— C.16.

Hypoth.
a, *est* — D.
Req. 1. *est* d *in-comm.* a.
Constr.
1.l10.10 b π | c,
ñ, *est nr.*□ π | *nr.*□,

2.l10.10 bπc 2|2 □.aπ□.d,
symp. *req. est* d.
Demonstr.
constr. □.a π | □.d,
nr. b π | *nr.* c,
1.concl. 6.10 □.a, *comm.* □.d,
constr. b π | c,
ñ, *est nr.*□ π | *nr.*□,
α.11.5 □.a π | □.d,
ñ, *est nr.*□ π | *nr.*□,

	A ——— B. 20.	13. 6	a π e 2|2 e π d, γ
	C ———		
	D ——— C. 16.	ſymp.	req. eſt e.
2 concl. 9. 10	a, *incomm.* d, β		*Demonſtr.*
	Req. 2. eſt □.e, *incomm.* a.	c.20 6	□.a π □.e 2|2 a π d,
		β	a. *incomm.* d,
	Conſtr.	3. concl 10. 10	□.a, *incomm.* □.e.

THEOR. IX. PROPOS. XII.

Quæ eidem magnitudini ſunt commenſurabiles, & inter ſe ſunt commenſurabiles.

Les grandeurs commenſurables à vne meſme grandeur, ſont auſſi commenſurables entr'elles.

	5. 10	a π | c, nr. d π | nr. e, α
D, 10. E, 8.		
F, 2. G, 3.	5. 10	c π | b, nr. f π | nr. g, β
A C B H, 5. I, 4. K, 6.	4. 8	h π i 2|2 d π e, γ
Hypoth.	4. 8	i π K 2|2 f π g. δ
a, *comm.* c,		*Demonſtr.*
b, *comm.* c.	αγ. 11. 5	a π c 2|2 h π i,
Req. π. *demonſtr.*	βδ. 11. 5	c π b 2|2 i π K,
a, *comm.* b.	22. 5	a π b 2|2 h π K,
Præpar.	concl. 6. 10	a & b *ſnt comm.* &c.

SCHOL.

Sequitur ex hac propoſitione omnem rectam lineam

rationali lineæ commēſurabilem longitudine vel potentia eſſe quoque rationalem, & omnes rectas rationales eſſe inter ſe commenſurabiles ſaltem potentia: item omne ſpatium rationali ſpatio commenſurabile eſſe quoque rationale, & cōtrà, omnia ſpatia rationalia eſſe inter ſe cōmenſurabilia: magnitudines vero quarum altera eſt rationalis, altera irrationalis, eſſe inter ſe incommenſurabiles.

Il s'enſuit de ceſte propoſition que toute ligne droicte commenſurable en longueur ou en puiſſance à vne ligne rationelle eſt auſſi rationelle: pareillement que tout eſpace commenſurable à vn eſpace rationel eſt auſſi rationel; & au contraire, que tous les eſpaces rationaux ſont commenſurables entr'eux: mais les grandeurs, l'vne deſquelles eſt rationelle & l'autre irrationelle, ſont incommenſurables entr'elles.

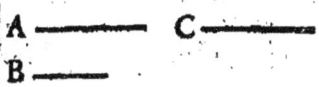

A ——— C ———
B ———

Hypoth. 1.

a, *eſt ration.*
b, *comm.* a *ēn* □.

Req. π. demonſtr.

b, *eſt ration.*

Demonſtr.

ſuppoſ.	c, *eſt ration. expoſ.*
hyp.	□.b, *comm.* □.a,
6. d.10	□.c, *comm.* □.a,
12. 10	□.b, *comm.* □.c,
1. concl. 6.d.10	b, *eſt rationel.*

Hypoth. 2.

a & b *ſnt ration.* α

Req. π. demonſtr.

□.a *comm.* □.b.

Demonſtr.

α. 6d.10	□.a, *comm.* □.c,
α. 6d.10	□.b, *comm.* □.c,
2 concl. 12. 10	□.a, *comm.* □.b.

Hypoth. 3.

△c, *eſt ration.*
△b, *comm.* △c.

Req. π. demonſtr.

△b, *eſt ration.*

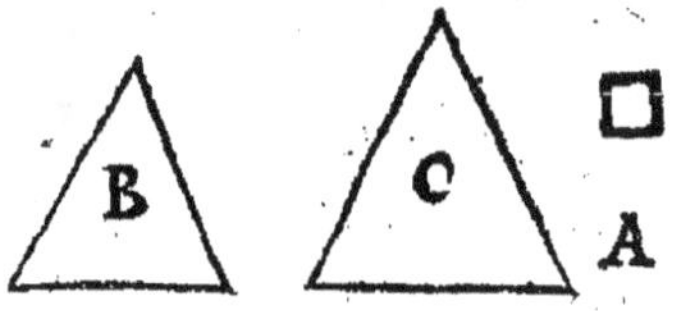

Demonstr.

suppos. □a, *est ration. expos.*

hyp. △b, *comm.* △c,

9.d.10 □a, *comm.* △c,

12.10 △b, *comm.* □a,

5.concl. 9.d.10 △b, *est ration.* β

Hypoth. 4.

b & c *snt ration.* γ

Req. π. demonstr.

b & c *snt comm.* ꝗe.

Demonstr.

γ. 9d.10 b, *comm.* □a,

γ. 9d.10 c, *comm.* □a,

4 concl. 12.10 b, *comm.* c.

Hypoth. 5.

b, *est ration.*

c, *est irrat.*

Req. π. demonstr.

b & c *snt incom.* ꝗe.

Demonstr.

suppos. b, *comm.* c,

hyp. b, *est ration.*

d. β c, *est ration.*

contr. hypoth.

21. a. 1 b & c *snt incom.* ꝗe.

THEOR. X. PROPOS. XIII.

Si ſint duæ magnitudines, & altera quidem eidem ſit commenſurabilis; altera vero incommenſurabilis; incommenſurabiles erunt magnitudines.

S'il y a deux grandeurs, & que l'vne ſoit commenſurable à vne meſme grandeur, & l'autre incommenſurable; icelles grandeurs ſeront incommenſurables entr'elles.

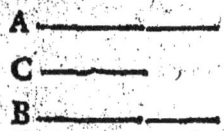

Hypoth.

a, *comm.* c,

b, *incomm.* c.

	Req. π. demonstr.	hyp.	c, *comm.* a,
	a, *incomm.* b.	12. 10	b, *comm.* c,
	Demonstr.		*contr. hypoth.*
suppos.	b, *comm.* a,	concl. 21. a. 1	a, *incomm.* b.

THEOR. XI. PROPOS. XIV.

Si sint duæ magnitudines commensurabiles, altera autem ipsarum magnitudini cuipiam incommensurabilis fuerit; & reliqua eidem incommensurabilis erit.

S'il y a deux grandeurs commensurables, & que l'vne d'icelles soit incommensurable à quelque grandeur; l'autre sera aussi incommensurable à la mesme.

		Demonstr.
Hypoth.	suppos.	c, *comm.* b,
a, *comm.* b,	hyp.	a, *comm.* b,
a, *incomm.* c. A B C	12. 10	a, *comm.* c.
Req. π. demonstr.		*contr. hypoth.*
b, *incomm.* c.	21. a. 1	b, *incomm.* c.

THEOR. XII. PROPOS. XV.

Si quatuor rectæ lineæ proportionales fuerint, prima verò tantò plus possit quàm secunda, quantum est quadratum rectæ lineæ sibi commensurabilis longitudine, & tertia tantò plus poterit quàm quarta, quantum eſt quadratum rectæ lineæ ſibi longitudine commenſurabilis: Quod ſi prima tantò plus poſſit quàm ſecunda, quantum eſt quadratum rectæ lineæ ſibi incommenſurabilis longitudine, & tertia tantò plus poterit quàm quarta, quantum eſt quadratum rectæ lineæ ſibi longitudine incommeuſurabilis.

Si quatre lignes droictes ſont proportionelles, & la premiere peut plus que la ſeconde du quarré d'vne ligne qui ſoit commenſurable en longitude à icelle, la troiſieſme pourra plus auſſi que la quatrieſme du quarré d'vne ligne qui luy ſera commenſurable en longitude: Et ſi la premiere peut plus que la ſeconde du quarré d'vne ligne incommenſurable en longitude à icelle, la troiſieſme pourra auſſi plus que la quatrieſme du quarré d'vne ligne incommenſurable en longitude à icelle.

A B E C D F

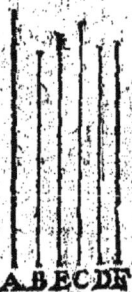

Hypoth.

a π b 2|2 c π d, α

□.a 2|2 □.b + □.e, β

□.c 2|2 □.d + □.f, γ

Demonſtr.

α. 22.6	□.a π | □.b, □.c π | □.d,	
βγ. 7.5	□.b + □.e π | □.d + □.f π |	□.b, □.d,
17.5	□ e π | □.b, □.f π | □.d,	
22.6	e π b 2|2 f π d,	
c. 4.5	b π e 2|2 d π f,	
α. 22.5	a π e 2|2 d π f,	

a, com-

suppos.	a, *comm.* e,	suppos.	a, *incomm.* e,
1.concl. 10.10	c, *comm.* f,	2 concl. 10.10	c, *incomm.* f.

THEOR. XIII. PROPOS. XVI.

Si duæ magnitudines commensurabiles componantur, & tota magnitudo vtrique ipsarum commensurabilis erit: Quod si tota magnitudo vni ipsarum commensurabilis fuerit, & quæ à principio magnitudines commensurabiles erunt.

Si deux grandeurs commensurables sont composees, la toute sera aussi commensurable à chacune d'icelles: Et si la toute est commensurable à vne d'icelles, les grandeurs proposees au commencement seront commensurables entr'elles.

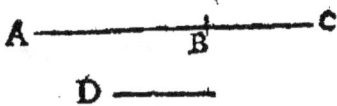

A —— B —— C

D ——

Hypoth. 1.

ab, *comm.* bc.

Req. π. demonstr.

ac, *est comm.* ab, bc.

Præpar.

3. 10 d, *est msur..* ab & bc.

Demonstr.

constr. d, *msur:* ab & bc,

1. a. 10 d, *msur:* ac,

1.concl. 1. d. 10 ac, *comm.* ab, & bc.

Hypoth. 2.

ac, *comm.* ab.

Req. π. demonstr.

ab, *comm.* bc.

Demonstr.

3. 10 d, *msur:* ac & ab, α

3. a. 10 d, *msur:* bc, α

2 concl. α. 1. d. 10 ab, *comm.* bc.

COROLL.

Hinc ſequitur, ſi tota magnitudo ex duabus compoſita, commenſurabilis ſit alteri ipſarum, eandem & reliquæ commenſurabilem eſſe.

D'icy il s'enſuit, que ſi vne grandeur compoſee de deux, eſt commenſurable à vne d'icelles, qu'elle ſera auſſi commenſurable à l'autre.

THEOR. XIV. PROPOS. XVII.

Si duæ magnitudines incommenſurabiles componantur, & tota magnitudo vtrique ipſarum incommenſurabilis erit: Quod ſi tota magnitudo vni ipſarum incommenſurabilis fuerit, & quæ à principio magnitudines incõmenſurabiles erunt.

Si deux grandeurs incommenſurables ſont compoſees, la toute ſera auſſi incommenſurable à chacune d'icelles: Et ſi la toute eſt incommenſurable à vne d'icelles, les grandeurs propoſees au commencement ſeront incommenſurables.

A B C

D

Hypoth. 1.

ab, *incomm.* bc.

Req. π. demonſtr.

ac, *eſt incomm.* ab *&* bc.

	Demonſtr.	
ſuppoſ.	d, *mſur:* ac *&* ab,	*a*
3. a. 10	d, *mſur:* bc,	*a*
a.1.d.10	ab, *comm.* bc,	
	contr. hypoth.	
	Hypoth. 2.	
	ac, *incomm.* ab.	

Req. π. demonstr.	suppos.	ab, *comm.* bc,
ab, *est incomm.* bc.	16. 1	ac, *comm.* ab,
Demonstr.		*contr. hypoth.*

COROLL.

Sequitur ex his, si tota magnitudo ex duabus composita incommensurabilis sit alteri ipsarum, eandem & reliquæ incommensurabilem esse.

Il s'ensuit de ces demonstrations, que si une grandeur composee de deux est incommensurable à vne d'icelles, qu'elle l'est aussi à l'autre.

THEOR. XV. PROPOS. XVIII.

Si fuerint duæ rectæ lineæ inæquales, quartæ autem parti quadrati, quod fit à minori, æquale parallelogrammum ad majorem applicetur, deficiens figura quadrata, & in partes longitudine commensurabiles ipsam diuidat; major tantò plus poterit quàm minor, quantum est quadratum rectæ lineæ sibi longitudine commensurabilis: Quod si major tantò plus possit quàm minor, quantum est quadratum rectæ lineæ sibi longitudine commensurabilis, quartæ autem parti quadrati, quod fit à minori, æquale parallelogrammum ad majorem applicetur, deficiens figura quadrata, in partes longitudine commensurabiles ipsam diuidet.

S'il y a deux lignes droictes inegales, & à la plus grãde on applique vn parallelogramme egal à la quatriesme partie du quarré de la plus petite, defaillant d'vne figure quarree, & qu'il diuise icelle plus grande en parties commensurables en longitude; la plus grande pourra plus que la moindre du quarré d'vne ligne qui luy sera commensurable en longitude: Et si la plus grande peut plus que la plus petite du quarré d'vne ligne qui luy soit commensurable en longitude, & qu'on applique vn parallelogramme sur la plus grande egal au quart du quarré de la plus petite, defaillant d'vne figure quarree, il diuisera icelle en parties commensurables en longitude.

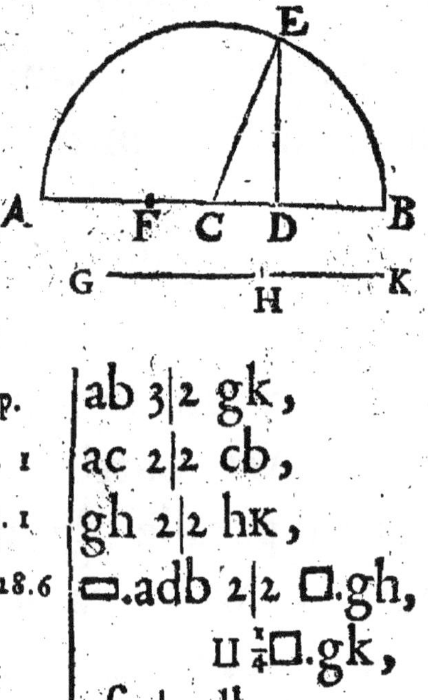

hyp.	ab 3|2 gk,	
10. 1	ac 2|2 cb,	
10. 1	gh 2|2 hk,	
7. 18. 6	▭.adb 2|2 □.gh, ⊔ ¼□.gk,	
3. 1	af 2|2 db,	α

8. 2, & 1. f. 4. 2	□.ab 2|2 □.fd + 4▭.adb, ⊔□.gk

Hypoth. 1.

ad, *comm.* db, ⊔ af. β

Req. π. demonstr.

ab, *est comm.* fd.

Demonstr.

hyp.	ad, *comm.* db,
16. 10	ab, *comm.* db,
16. 10	db + af, *comm.* db,
12. 10	ab, *comm.* db + af,
1. concl. c. 16. 10	ab, *comm.* fd.

Hypoth. 2.			*Demonstr.*
ab, *comm.* fd.	γ	γ c16.10	ab, *comm.* af+db,
		α. 16.10	db, *comm.* af+db,
Req. π. *demonstr.*		12. 10	ab, *comm.* db,
ad, *est comm.* db.		2. concl. 16. 10	ad, *comm.* db.

THEOR. XVI. PROPOS. XIX.

Si fuerint duæ rectæ lineæ inæquales, quartæ autem parti quadrati, quod fit à minore, æquale parallelogrammum ad majorem applicetur deficiens figura quadrata, & in partes incommensurabiles longitudine ipsam diuidat; major tantò plus poterit, quàm minor, quantum est quadratum rectæ lineæ sibi longitudine incommensurabilis. Quod si major tantò plus possit, quàm minor, quantum est quadratum rectæ lineæ sibi longitudine incommensurabilis, quartæ autem parti quadrati, quod fit à minore, æquale parallelogrammum ad majorem applicetur deficiens figura quadrata, in partes longitudines incommensurabiles ipsam diuidet.

S'il y a deux lignes droictes inegales, & à la plus grande on applique vn rectangle egal à la quarte partie du quarré de la plus petite, defaillant d'vne figure quarree, & qu'il diuise icelle en parties incommensurables en longitude, la plus grande pourra plus que la plus petite du quarré d'vne ligne qui ſera incommenſurable en longitude à icelle. Et ſi la plus grande peut plus que la plus petite du quarré d'vne ligne incommenſurable en longitude à icelle, & qu'on applique à la plus grande vn parallelogramme egal à la quarte partie du quarré de la moindre, defaillant d'vne figure quarré, il diuiſera icelle en parties incommenſurables en longitude.

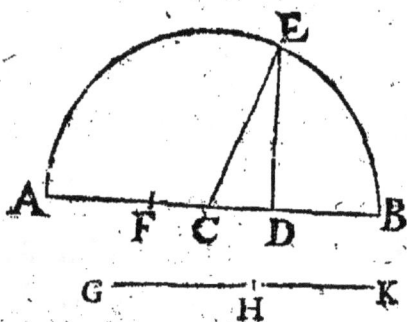

hyp.	ab 3|2 gK,
10.1	ac 2|2 cb,
10.1	gh 2|2 hk,
f.28.6	▭.adb 2|2 □.gh,
	⊔ ¼ □.gK,
3.1	af 2|2 db, α
8.2	□.ab 2|2 □.fd,
	+ 4 ▭.adb, ⊔ □.gk.
	Hypoth. 1.
	ad, *incomm.* db, ⊔ af.
	Req. π. demonſtr.

	ab, *eſt incomm.* fd.
	Demonſtr.
hyp.	ad, *incomm.* db,
17.10	ab, *incomm.* db,
16.10	db, *comm.* db + af,
13.10	ab, *incomm.* db + af,
1.concl. c.17.10	ab, *incomm.* fd.
	Hypoth. 2.
	ab, *incomm.* fd.
	Req. π. demonſtr.
	ad, *incomm.* db,
	Demonſtr.
hyp.	ab, *incomm.* fd,
c.17.10	ab, *incomm.* db + af,
12.10	db, *comm.* db + af,
13.10	ab, *incomm.* db,
2 concl. 17.10	ad, *incomm.* db.

Egit hactenus Euclides de magnitudinibus commensurabilibus, & incommensurabilibus, nunc ad rationales & medias transit in sequentibus.

Iusques icy Euclide a traicté des grandeurs rationelles & irrationelles, il traictera des rationelles & mediales cy-apres.

THEOR. XVII. PROPOS. XX.

Quod sub rationibus longitudine commensurabilibus rectis lineis, secundum aliquem prædictorum modorum α, continetur rectangulum, rationale est.

α Id est, Secundum aliquem trium modorum quos in scholio vndecimæ definitionis huius libri explicuimus.

Le rectangle contenu sous deux lignes rationelles commensurables en longitude, selon quelqu'vne des manieres deuant dites β, est rationel.

β *C'est à dire, selon quelqu'vne des trois manieres expliquees au scholie de l'vnziesme definition de ce liure.*

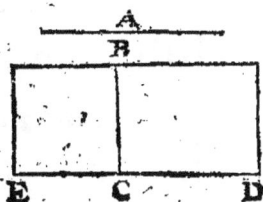

A

B

E C D

Hypoth.

bd, *est* ▭.bc, cd,

bc & cd *snt ration;*

comm; &c.

Req. π. demonstr.

▭bd, *est ration.*

	Præpar.
suppos.	a, *est ration. expos.*
46.1	be, *est* □.bc.
	Demonstr.
1.6	dc π ce 2|2 bd π be,
hyp.	dc, *comm.* cb, ıı ce,
10.10	bd, *comm.* be,
9. d. 10	□.a, *comm.* be,
12.10	bd, *comm.* □.a,
concl. 9. d. 10	bd, *est ration.*

	Explicat. p nr;		
hyp.	bc, *est* √.8,	hyp.	cd, *est* √.8,
		1.s.1.d.1	▭bd, *est* 12.

THEOR. XVIII. PROPOS. XXI.

Si rationale ad rationalem applicetur, latitudinem efficit rationalem, & ei ad quam applicatum est, longitudine commensurabilem.

Si vn rectangle ou espace rationel est appliqué à vne ligne rationelle, il fait la latitude rationelle commensurable en longitude à la ligne à laquelle il est appliqué.

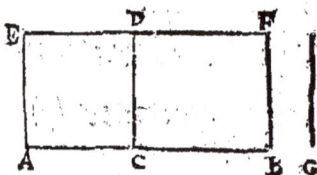

E D F / A C B G		*Præpar.*
	suppos.	g, *est ration. expos.*
	46. 1	da, *est* □.dc.
		Demonstr.
Hypoth.	hyp.	da, *est ration.*
▭db, *est ration.*	1. 6	db π da 2|2 bc π ca,
dc, *est ration.*	s.12. 10	db, *comm.* da,
Req. π. demonstr.	1. concl. 10. 10	cb, *comm.* ca, ꞁꞁ cd,
cb, *est ration.*	2 concl. s. 12.10	bc, *est ration.*

LEMM.

Duas rectas rationales potentia solùm commensurabiles inuenire.

Trouuer deux lignes droictes rationelles commensurables en puissance seulement.

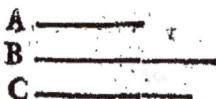

A ——		*Constr.*
B ——		
C ——	arbitr.	a, *est ration. expos.*

11. 10	b, *comm.* a, $\frac{4}{3}$*n.* □, α	1. concl.	*Demonstr.*
		α. 6d. 10	b, *est ration.*
11. 10	c, *comm.* b, $\frac{4}{3}$*n.* □, β	2 concl.	
		β ſ12. 10	c, *est ration.*
ſymp.	*req. ſnt* b & c.	3. concl β. cōſtr.	b, *comm.* c, $\frac{4}{3}$*n.* □.

THEOR. XIX. PROPOS. XXII.

Quod ſub rationalibus potentia ſolum commenſurabilibus rectis lineis continetur rectangulum, irrationale eſt: & recta linea ipſum potens, irrationalis; vocetur autem media.

Le rectangle contenu ſous deux lignes droictes rationelles, commenſurables en puiſſance ſeulement, eſt irrationel: & la ligne droicte pouuant iceluy eſt irrationelle; ſoit icelle appellee mediale.

E D F
A C B G H

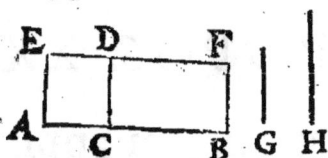

		46 1	da, *eſt* □.dc,
		4. app.	□.h 2|2 ▭db,
			Demonſtr.
	Hypoth.	1. 6	ac π cb 2|2 da π db,
	dc & cb *ſnt ration.*	hyp.	ac, ⊔cd, *incomm.* cb,
	comm. $\frac{4}{3}$n □,	10. 10	db, *incomm.* da,
	db, *eſt* ▭.dc, cb.	9. d. 10	□.g, *comm.* da,
	Req. π. *demonſtr.*	13. 10	db, *incomm.* □.g,
	▭db, *eſt irration.*	1. concl. 10. d. 10	db, *eſt irration.*
	Præpar.	2 concl. 11. d. 10	h, *eſt irration.*
ſuppoſ.	g, *eſt ration. expoſ.*		

Explicat. p nr;

hyp.	dc *est* 3,	1. concl. 1. s. 1. d 2	▭db, ⊔□.h, *est* ν.54
hyp.	cb, *est* ν. 6,	2 concl. s. 46. 1	h, *est* νν. 54.

SCHOL.

Omne rectangulum, quod potest contineri sub duabus rectis rationalibus potentia solùm commensurabilibus, est medium, quamuis contineatur sub duabus rectis irrationalibus; atque omne medium potest contineri sub duabus rectis rationalibus potentia tantùm commensurabilibus.

Tout rectangle qui peut estre contenu sous deux lignes droictes rationelles commensurables en puissance seulement, est medial, encore qu'il soit contenu sous deux lignes irrationelles; & tout medial peut estre contenu sous deux lignes droictes rationelles, commensurables en puissance seulement.

THEOR. XX. PROPOS. XXIII.

Quod à media fit, ad rationalem applicatum, latitudinem efficit rationalem, & ei, ad quam applicatum est, longitudine incommensurabilem.

Le quarré d'vne ligne mediale appliqué à vne ligne rationelle, fait la latitude rationelle, & incommensurable en longitude à la ligne à laquelle il est appliqué.

Hypoth.	▭bd 2|2 □.a,
a, *est medi.*	*Req.* π. *demonstr.*
bc, *est ration.*	cd, *est ration. incomm.* bc.

Demonstr.

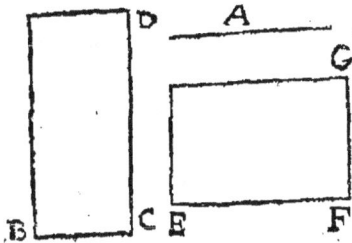

suppos.	▭eg 2|2 □.a, α
suppos.	ef & fg *sint ration;*
s.22.10	*comm;* ⫮n □, β
hyp.	▭bd 2|2 □.a,
α.1.a.1	▭.eg 2|2 ▭bd,
14.6	bc π ef 2|2 fg π cd,
22.6	□.bc π | □,ef, □.fg π | □.cd,
s.12.10	□.bc, *comm.* □.ef,
10.10	□.fg, *comm.* □.cd, γ
β	fg, *est ration.*
1.concl.	cd, *est ration.* δ
γ.s12.10	ef π | fg,
1.6	□.ef π | ▭eg ⊔ ▭bd
β. hyp.	ef, *incomm.* fg,
10.10	□.ef, *incomm.* ▭bd,
δ.s12.10	□.ef *comm.* □.cd,
13.10	□.cd, *incomm.* ▭bd,
1.6	□.cd π | ▭bd, cd π | bc,
2 concl. 10.10	cd, *incomm.* bc.

THEOR. XXI. PROPOS. XXIV.

Mediæ commensurabilis, media est.

La ligne droicte commensurable à une ligne mediale, est aussi mediale.

Hypoth.

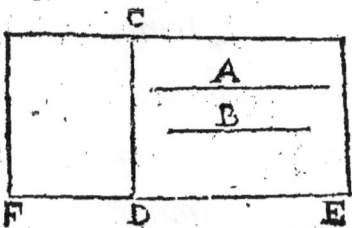

a, *est medi.*

b, *comm.* a. α

Req. π. demonstr.

b, *est medi.*

Præpar.

suppos.	cd, *est ration. expos.* β
4.app.	▭ce 2|2 □.a, γ

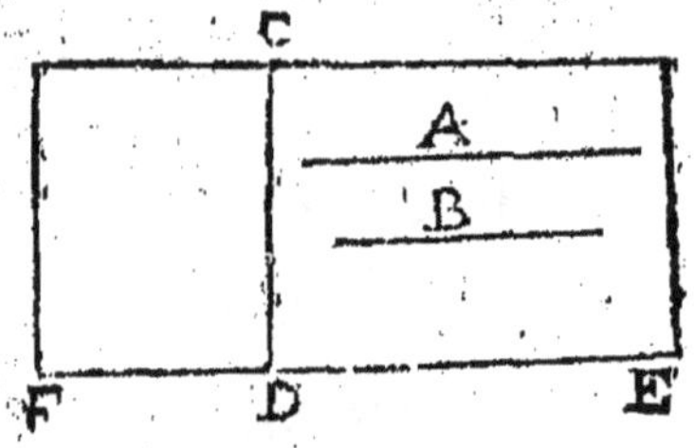

4.app.	▭cf 2|2 □.b.	δ
	Demonſtr.	
hyp.	□.a, ‖ ▭ce, *eſt medi.*	
β	cd, *eſt ration.*	
23.10	de, *eſt ration.*	ε

23.10	de, *comm.* cd ⟨*n* □,	
αγδ	▭.ce, *comm.* ▭.cf,	
1.6	ce π cf 2|2 ed π df,	
10.10	ed, *comm.* df,	θ
ε	ed, *eſt ration.*	
ς.12.10	fd, *eſt ration.*	
θ	ed, *incomm.* cd,	
13.10	fd, *incomm.* cd,	
concl. δ.22.10	▭.cf & b *ſnt medi.*	

COROLL.

Ex hoc manifeſtum eſt, ſpatium medio ſpatio commenſurabile medium eſſe.

De ceſte demonſtration il eſt manifeſte qu'vn eſpace commenſurable à vn eſpace medial, eſt auſsi medial.

LEMM.

Duas rectas medias longitudine commenſurabiles; item duas potentia tantùm commenſurabiles inuenire.

Trouuer deux lignes droictes mediales commenſurables en longitude; ſemblablement en trouuer deux commenſurables en puiſſance ſeulement.

	Conſtr.	
I.21.10, & 13.6	a, *eſt medi.*	
21.10.10	b, *comm.* a,	α
21.10.10	c, *comm.* a ⟨*n* □,	β

ſymp.	*req. ſnt* a, b & a,c.
	Demonſtr.
conſtr.	a, *eſt medi.*
β.24.10	b, *eſt medi.*
1.concl. α.cōſtr.	b, *comm.* a,
α.24.10	c, *eſt medi.*
2 concl. β.cōſtr.	c, *comm.* a ⟨*n* □.

THEOR. XXII. PROPOS. XXV.

Quod ſub mediis longitudine cōmenſurabilibus rectis lineis continetur rectangulum, medium eſt.

Le rectangle contenu ſous deux lignes droictes mediales, commenſurables en longitude, eſt medial.

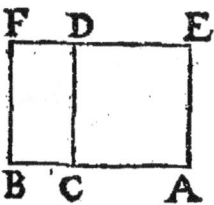

F D E		*Præpar.*
	46. 1	da, *eſt* □.dc.
B C A		*Demonſtr.*
	1. 6	ac, ıı de π | cb,
Hypoth.		da π | db,
dc & cb *ſnt medi.*	hyp.	dc, ıı ca, *comm.* cb,
dc, *comm.* cb.	10. 10	da, *comm.* db,
Req. π. demonſtr.	hyp.	da, *eſt medi.*
▭db, *eſt medi.*	concl. ſ. 24. 10	db, *eſt medi.*

THEOR. XXIII. PROPOS. XXVI.

Quod ſub mediis potentia tantum commenſurabilibus rectis lineis continetur rectangulum, vel rationale eſt, vel medium.

Le rectangle contenu ſous deux lignes droictes mediales commenſurables en puiſſance ſeulement, eſt rationel, ou medial.

Hypoth.		ab, *comm.* bc *tn* □, à
ab & bc *ſnt medi.*		*Req. π. demonſtr.*

	▭.ac, *eſt ration.*	1. 6	fh π lm 2|2 gh π km
	LI *medi.*	10.10	gh, *comm.* km,
	Præpar.	ε. 20.10	▭.gh,km, *eſt ration.* θ
46.1	ad, *eſt* □.ab,	22. 6	□ad, ▭ac, □ce *ſnt proport.*
46.1	ec, *eſt* □.bc,	ſ 7.5	▭fh, ▭ik, ▭lm *ſnt proport.*
ſuppoſ.	fg, *eſt ration. expoſ.*	1. 6	gh,hk,km *ſnt proport.*
4.app.	▭fh 2|2 ▭ad, β	17. 6	▭.gh,km 2|2 □.hk,
4.app.	▭ik 2|2 ▭ac, γ	θ. 12. 10	hk *eſt ration.*
4.app.	▭lm 2|2 □ec. δ	6. d.10	hk, *comm.*fg, LI hi, LI □.hk *comm.* □. hi,
	Demonſtr.	ſuppoſ.	hk, *comm.* hi,
hyp.	ad & ce *ſnt medi.*	1.concl. 20.10	▭ik, *eſt ration.*
βδ 24.10	fh & lm *ſnt medi.*	ſuppoſ.	hk, *comm.* hi ſn □,
conſtr.	fg *eſt ration. expoſ.*	2 concl. 22. 10	▭ik, *eſt medi.*
23.10	gh & km *ſnt ration.* ε		
23.10	fg, *comm.* km ſn □,		
α. hyp.	□ad, *comm.* □ce,		
βδ 10.10	▭fh, *comm.* ▭lm,		

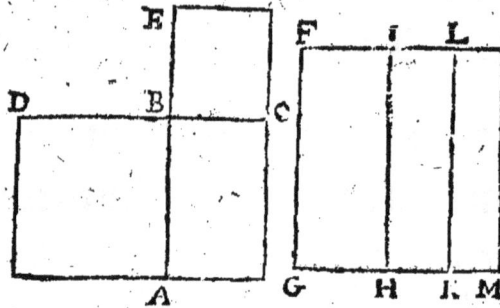

LEMM.

Aggregatum quadratorum à rectis potentia tantùm

commensurabilibus descriptorum, & duplum rectangulum sub eisdem rectis contentum, sunt incommensurabilia, tum inter se, tum quadratis aggregati & differentiæ earundem rectarum.

L'aggregé des quarrez de deux lignes commensurables en puissance seulement, & le double du rectangle contenu sous icelles, sont incommensurables, tant entr'eux qu'aux quarrez de l'aggregé, & de la difference d'icelles lignes.

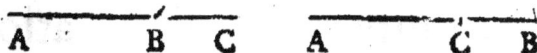

A B C A C B

Hypoth.

abc *est* —,

ab *comm.* bc *in* □. α

Req. π. demonstr.

aggreg..□.ab + □.bc *incomm.* 2▭abc,

aggreg..□.ab + □.bc, & 2▭abc *snt incom.*□.ac.

Demonstr.

1. 6 ab π bc 2|2 □.ab π ▭.abc,

hyp. ab, *incomm.* bc,

10. 10 □.ab, *incomm.* ▭.abc,

α.hyp. □.ab, *comm.* □. bc,

16. 10 *aggreg..*□.ab + □.bc, *comm.*□.ab,

14. 10 *aggreg..*□.ab + □.bc, *incomm.*▭.abc,

1. concl 14. 10 *aggreg..*□.ab + □.bc, *incomm.* 2▭abc, β

4. 2 □.ac 2|2 { □.ab + □.bc + 2▭.abc,

7. 2 { ⊔ □.ab + □.bc ∼ 2▭.abc,

2 concl. β. 16. 10 *aggreg..*□.ab + □.bc, & 2▭.abc *snt incom.*□.ac.

Coroll.

6. 10	▭acb, *comm.* 2▭acb,
α. 16.10	□.ab & □.bc *snt comm. aggreg..*□.ab + □.bc,
γ. 14.10	▭.acb, & 2▭acb *snt incom.*□.ab, □.bc, & *aggreg..*□.ab + □bc.

THEOR. XXIV. PROPOS. XXVII.

Medium non superat medium rationali.

Vn medial n'excede pas vn medial d'vn rationel.

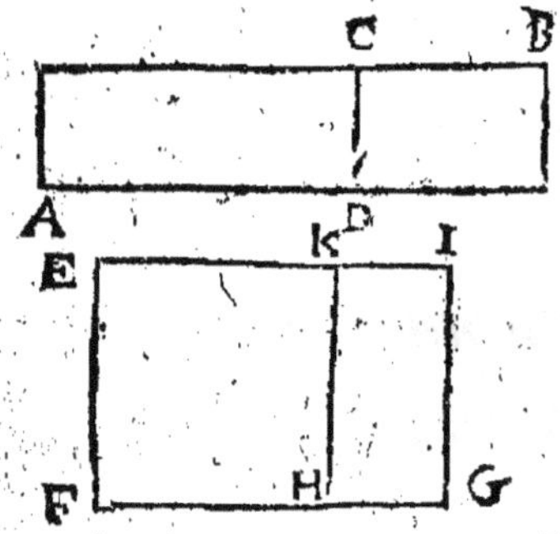

	Hypoth.	hyp.	ab & ac *snt medi.*
	ab & ac *snt medi.*	24. 10	eg & eh *snt medi.*
	Req. π. demonstr.	α	ef, *est ration.*
	db, *ñ. est ration.*	23. 10	fg & fh *snt ration.* γ
	Præpar.	23. 10	fg & fh *snt comm.* ef *in* □, δ
suppos.	ef, *est ration. expos.* α	suppos.	▭kg, *est ration.*
4. app.	▭eg 2|2 ▭ab, β	21. 10	hg, *comm.* hk,
4. app.	▭eh 2|2 ▭ac, β	δ	fh, *incomm.* hk,
	Demonstr.	13. 10	fh, *incomm.* hg,
β. 3. a. 1	▭kg 2|2 ▭db,	δ	fh, *comm.* hg *in* □,
		1. 26. 10	□.fg, *incomm.* □.fh,
		γ	□fh, *est ration.*
		s. 12. 10	fg, *ñ, est ration.* *contr. concl.* γ
		concl. 21. a. 1	kg, *ñ, est ration.*

SCHOL.

SCHOL. I.

Rationale ſuperat rationale rationali.

Vne figure rationelle excede vne figure rationelle d'vne figure rationelle.

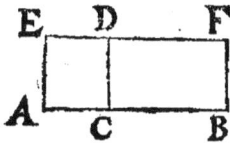

E D F / A C B		*Req. π. demonſtr.*
		▭.cf, *eſt ration.*
		Demonſtr.
Hypoth.	ſ.12.10	▭af, *comm.* ▭ad,
▭af, *eſt ration.*	c.16.10	▭af, *comm.* ▭cf,
▭ad, *eſt ration.*	concl. ſ.12.10	▭.cf, *eſt ration.*

SCHOL. II.

Rationale cum rationali facit rationale.

Vne figure rationelle auec vne figure rationelle fait vne figure rationelle.

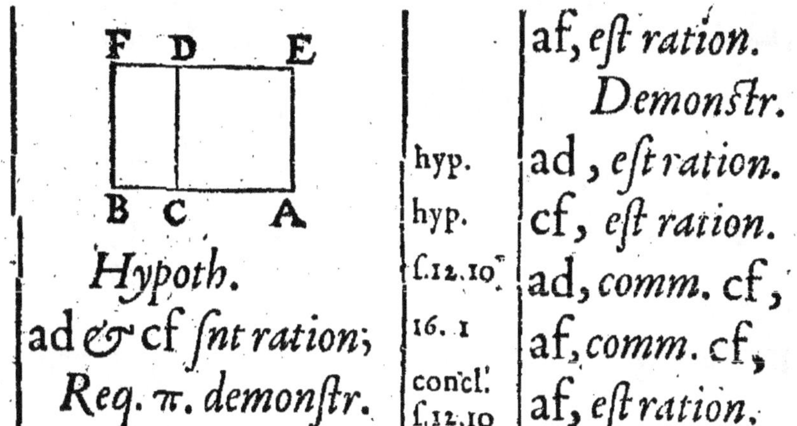

F D E / B C A		af, *eſt ration.*
		Demonſtr.
	hyp.	ad, *eſt ration.*
	hyp.	cf, *eſt ration.*
Hypoth.	ſ.12.10	ad, *comm.* cf,
ad & cf *ſnt ration;*	16. 1	af, *comm.* cf,
Req. π. demonſtr.	concl. ſ.12.10	af, *eſt ration.*

PROBL. IV. PROPOS. XXVIII.

Medias inuenire potentia tantum commenſurabiles, quæ rationale comprehendant.

Trouuer deux lignes mediales, commenſurables en puiſſance ſeulement, qui contiennent vn rectangle rationel.

A C B D

		1. concl. 24. 10	c, *eſt medi.*
			aπb 2|2 cπd,
		conſtr.	a, *comm.* b ∤*n* □,
	Conſtr.	2 concl. 10. 10	c, *comm.* d ∤*n* □,
1.21.10	a & b *ſnt ration.*	3. concl. 24. 10	d, *eſt medi.*
	comm. ∤*n* □, α	conſtr.	aπb 2|2 cπd,
13. 6	aπc 2|2 cπb,	16. 5	aπc 2|2 bπd,
12. 6	aπb 2|2 cπd,	conſtr.	aπc 2|2 cπb,
ſymp.	*req. ſnt* c & d.	11. 5	cπb 2|2 bπd,
	Demonſtr.	17. 6	□.b 2|2 ▭.c,d,
α.22.10	▭.a,b, *eſt medi.*	conſtr.	□.b, *eſt ration.*
17. 6	□.c 2|2 ▭.a,b,	4 concl. ſ. 12. 10	▭.cd, *eſt ration.*

Explicat. p nr;

a, *eſt* √.2,	d, *eſt* √√.108,
b, *eſt* √.6,	cπd 2|2, 1π√.3,
c, *eſt* √√.12,	▭.c,d, *eſt* 6.

PROBL. V. PROPOS. XXIX.

Medias inuenire potentia tantùm commenſurabiles, quæ medium contineant.

Trouuer deux lignes mediales commenſurables en puiſſance ſeulement, qui contiennent vn rectangle medial.

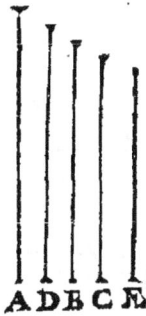

A D B C E

Constr.

1. 21. 10	a, b, & c *ʃnt ration.*
	comm. ꝗ*n* □, α
13. 6	a π d 2|2 d π b, β
12. 6	b π c 2|2 d π e, γ
	Req. ʃnt d & e.
	Demonſtr.

α. 22. 10	▭.a,b, *eſt medi.*
β. 17. 6	□.d 2|2 ▭.a,b,
1. concl. 24. 6	d, *eſt medi.* δ
α	b, *comm.* c ꝗ*n* □,
2 concl. γ. 10. 10	d, *comm.* e ꝗ*n* □,
3. concl. δ. 24. 10	e, *eſt medi.*
conſtr.	b π c 2|2 d π e,
16. 5	b π d 2|2 c π e,
β. c 4. 5	b π d 2|2 d π a,
11. 5	d π a 2|2 c π e,
16. 6	▭.de 2|2 ▭.ac,
22. 10	▭.a,c, *eſt medi.*
4 concl. 24. 10	▭.d,e, *eſt medi.*

Explicat. p̃ nr;

a, *eſt* 20,
b, *eſt* √. 200,
c, *eſt* √. 80,
d, *eſt* √√. 80000,
e, *eſt* √√. 12800,
d π e 2|2 √. 10 π 2,
▭.d,e, *eſt* √. 32000.

SCHOL. I.

Inuenire duos numeros planos ſimiles, vel diſſimiles.

Trouuer deux nombres plans ſemblables, ou diſſemblables.

A,6. B,4. C,12. D,8.
E,24. F,96.

Req. ʃnt 2; nr; plan; ſml;

arbitr.	a,b,c,d *ʃnt proport.*
3. p. 7	e 2|2 ▭.a,b,
3. p. 7	f 2|2 ▭.c,d,
ſymp.	*Req. ʃnt* e & f.

	Demonstr.
21. d.7	e & f *snt plan; sml;*
	A,6. B,4. C,5. D,10. E,24. F,50.
	Req. snt 2; nr; plan; dissml;
arbitr.	a,b,c,d n̄, *snt proport;*

3. p. 7	e 2|2 ▭.a,b,
3. p. 7	f 2|2 ▭.c,d,
symp.	*Req. snt* e & f.
	Demonstr.
ɔ.21.d.7	e & f *snt plan;disml,*

LEMM. I.

Duos numeros quadratos inuenire, ita vt compositus ex ipsis quadratus etiam sit.

Trouuer deux nombres quarrez, tels que le composé d'iceux soit außi quarré.

	Constr.
s.29.10	ad, *est* 24,
s.29.10	db, ⊔ af, *est* 6,
s.29.10	ad & db *snt nr;plan; sml; pa;* ⊔ *impa;*
13. 6	de, *est* 12,

3. a. 1	df, *est* 18,
7. a. 1	cd 2|2, $\frac{1}{2}$fd, *est* 9,
2. a. 1	ab, *est* 30,
7. a. 1	ce 2|2, $\frac{1}{2}$ab, *est* 15,
symp.	*Req. snt* □.de & □.cd,
	Demonstr.
1. 9	de, *est nr. ration.*
2 sit. d10	cd & ce *snt nr; ratiō;*
concl. 47.1	□.cd + □.de } □. 2|2 ce.

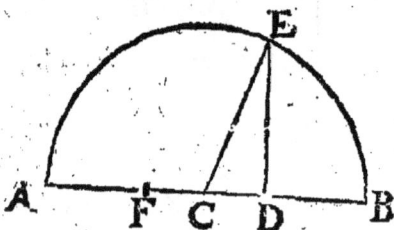

SCHOL. II.

Facilè itaque inuenientur duo numeri quadrati quorum excessus sit quadratus, vel non quadratus numerus.

Partant on trouuera facilement deux nombres quarrez, l'exces desquels soit nombre quarré ou nombre non quarré.

Constr.. 1. req.

1.s.29.10 ad & db *snt nr; plan; sml. pa;* ш *impa;*

1l.29.10 cd, ce, de *snt nr; ration;*

symp. *Req. snt* □.cd & □.ce.

Demonstr.

47.1 □.ce~□.cd 2|2 □.de,

1. 9 □.de, *est nr.* □.

Constr.. 2. req.

1s.29.10 ad & db *snt nr; plan; pa;* ш *impa; dissml;*

1l.29.10 cd & ce *snt nr. ration.*

0.1. 9 de, *est nr. irration.*

Req. snt □.cd & □.ce.

Demonstr.

0.1. 9 □.ce~□.cd 2|2 □.de,

constr. □.de, *ñ, est nr.* □.

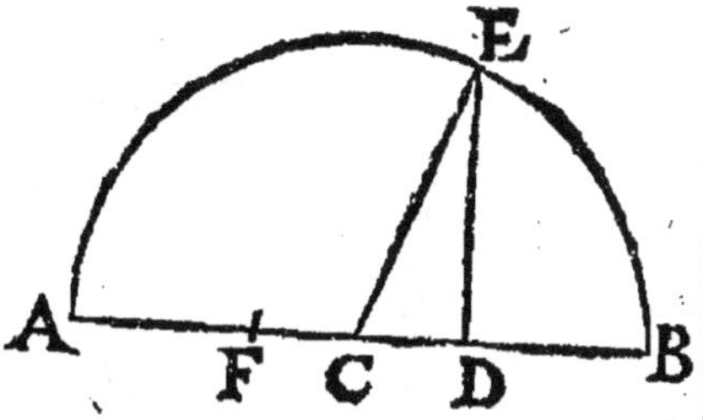

LEMM. II.

Duos numeros quadratos inuenire, ita vt compositus ex ipsis non sit quadratus; vel quadratum numerum diuidere in duos numeros non quadratos.

Trouuer deux nombres quarrez, tels que le composé d'iceux ne soit quarré; ou bien diuiser vn nombre quarré en deux nombres non quarrez.

Constr.. 1. req.

a, *est nr. arbitr.*

b, *est nr.* □,

c 2|2 4b,

A,3. B,9. C,36. D,45.

	d 2|2 b+c,	conſtr.	b π c 2|2, 1 π 4,
	Req. ſnt b *&* c.	α.24.8	c, *eſt nr.* □,
	Demonſtr.	18.5	b+c, ⊔ d π c 2|2, 5 π 4
conſtr.	b, *eſt nr.* □. α	concl. ſ.27.8	d, *ñ*, *eſt nr.* □.

A,36. B,24. C,12. D,3. E,2. F,1.

	Conſtr.. 2. req.		*Demonſtr.*
arbitr.	a, *eſt nr.* □, α	ſuppoſ.	b, *eſt nr.* □,
ſ.27.8	d,e,f *ſnt nr; plan; diſſml;*	α.21.7	a *&* b *ſnt plan; ſml;*
		26.8	d *&* e *ſnt plan; ſml;*
19.a.1	d 2|2 e+f,		*contr. ſ.27.8.*
12.6	d π e 2|2 a π b, γ	1.concl. 21.a.1	b *&* c, *ñ ſnt nr;* □;
12.6	d π f 2|2 a π c.	ſ.22.5	d π e+f 2|2 a π b+c,
	Req. π. demonſtr.	conſtr.	d 2|2 e+f,
	b *&* c, *ñ ſnt nr;* □;	2 concl. 14.5	a 2|2 b+c.

PROBL. VI. PROPOS. XXX.

Inuenire duas rationales potentia tantùm commenſurabiles, ita vt major, quàm minor, plus poſſit quadrato rectæ lineæ longitudine ſibi commenſurabilis.

Trouuer deux lignes rationelles commenſurables en puiſſance ſeulement, en ſorte que la plus grande puiſſe plus que la moindre du quarré d'vne ligne droicte qui luy ſoit commenſurable en longitude.

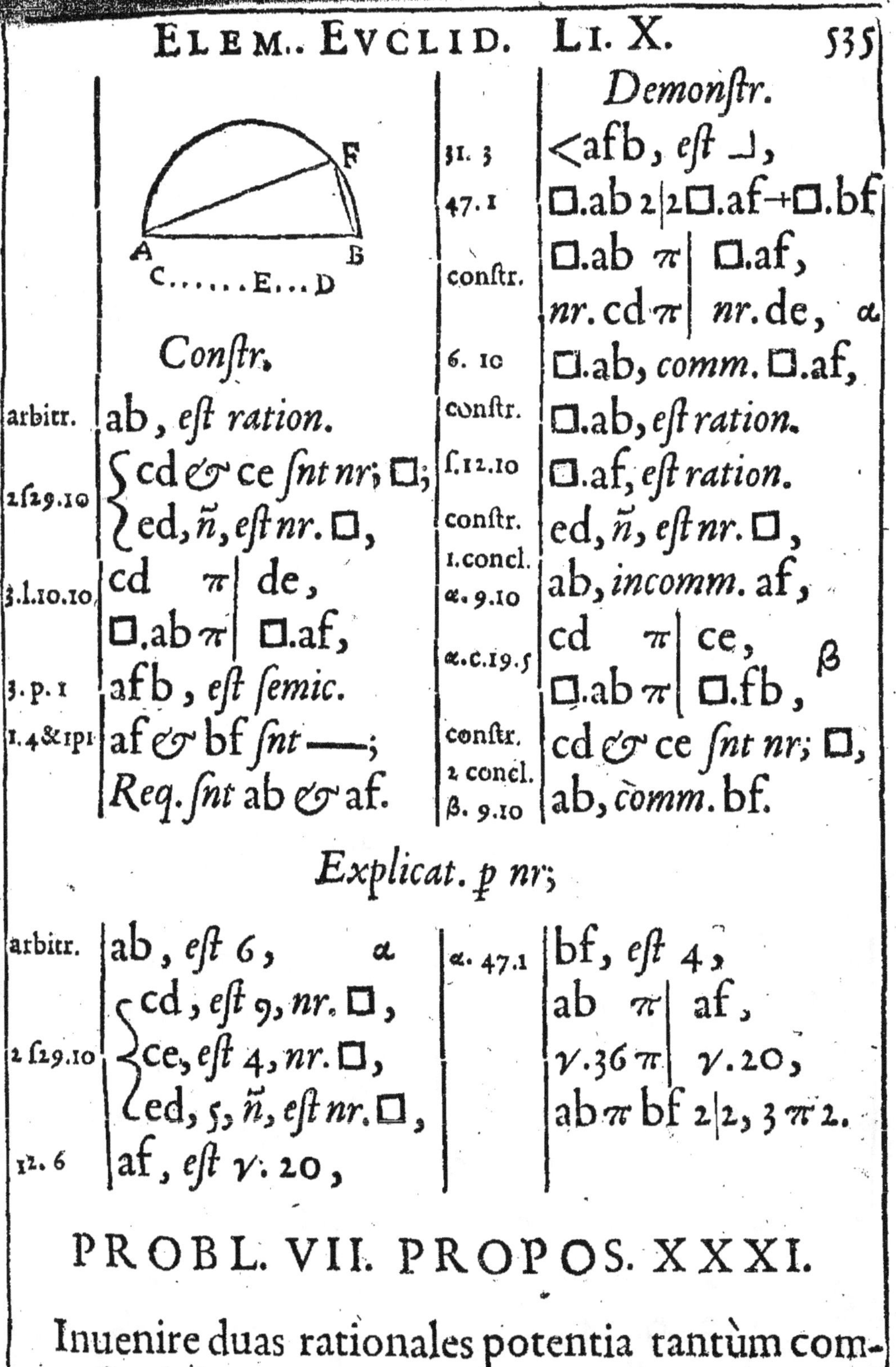

Constr.

arbitr.	ab, *est ration.*
2 s29.10	{ cd & ce *snt nr;* □;
	{ ed, *ñ, est nr.* □,
3.l.10.10	cd π | de,
	□.ab π | □.af,
3.p.1	afb, *est semic.*
1.4&1p1	af & bf *snt* —;
	Req. snt ab & af.

Demonstr.

31.3	<afb, *est* ⅃,
47.1	□.ab 2|2 □.af + □.bf
constr.	□.ab π | □.af,
	nr. cd π | *nr.* de, α
6.10	□.ab, *comm.* □.af,
constr.	□.ab, *est ration.*
s.12.10	□.af, *est ration.*
constr.	ed, *ñ, est nr.* □,
1. concl. α.9.10	ab, *incomm.* af,
α.c.19.5	cd π | ce,
	□.ab π | □.fb, β
constr.	cd & ce *snt nr;* □,
2 concl. β.9.10	ab, *comm.* bf.

Explicat. p nr;

arbitr.	ab, *est* 6, α
2 s29.10	{ cd, *est* 9, *nr.* □,
	{ ce, *est* 4, *nr.* □,
	{ ed, 5, *ñ, est nr.* □,
12.6	af, *est* ν.20,
α.47.1	bf, *est* 4,
	ab π | af,
	ν.36 π | ν.20,
	ab π bf 2|2, 3 π 2.

PROBL. VII. PROPOS. XXXI.

Inuenire duas rationales potentia tantùm commensurabiles, ita vt major, quàm minor, plus possit quadrato rectæ lineæ ſibi longitudine incommenſurabiles.

Trouuer deux lignes rationelles, commenſurables en puiſſance ſeulement, en ſorte que la plus grande puiſſe plus que la plus petite, du quarré d'vne ligne qui luy eſt incommenſurable en longitude.

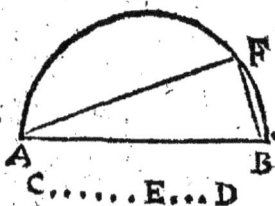

Conſtr.

arbitr.	ab, *eſt ration.*
2 l. 29. 10	ce & ed *ſnt nr.* □,
	cd, ñ, *eſt nr.* □,
3. l. 10. 10	cd π | de,
	□.ab π | □.af,
3. p. 1	afb, *eſt ſemic.*
1. 4 & p 1	af & bf *ſnt* —;
	Req. ſnt ab & af.

Demonſtr.

31. 3	<afb, *eſt* ⌋,
47. 1	□.ab 2|2 □.af + □.bf
constr.	□.ab π | □.af, α
	nr. cd π | *nr.* ed,
6. 10	□.ab, *comm.* □.af,
constr.	□.ab, *eſt ration.*
ſ. 12. 10	af, *eſt ration.*
constr.	cd, ñ, *eſt nr.* □,
1. concl. α. 9. 10	ab, *incomm.* af,
β. c. 19. 5	cd π | ce, β
	□.ab π | □.bf,
constr.	cd, ñ, *eſt nr.* □,
2 concl. α. 9. 10	ab, *incomm.* bf.

Explicat. p nr;

arbitr.	ab, *eſt* 3, α
arbitr.	cd, *eſt* 36, *nr.* □,
2 l. 19. 10	ce, *eſt* 24,
	ed, *eſt* 12,

12. 6	af, *eſt* √. 3,
α. 47. 1	bf, *eſt* √. 6,
	ab π af 2|2, 3 π √. 3,
	ab π bf 2|2 3 π √. 6

THEOR. VIII. PROPOS. XXXII.

Inuenire duas medias potentia tantùm commenſurabiles, quæ rationale contineant; ita vt major plus poſſit quàm minor, quadrato rectæ lineæ ſibi longitudine commenſurabilis.

Trouuer deux mediales commenſurables en puiſſance ſeulement, leſquelles contiennent vn rectangle rationel; en ſorte que la plus grande puiſſe plus que la plus petite, du quarré d'vne ligne qui luy ſoit commenſurable en longitude.

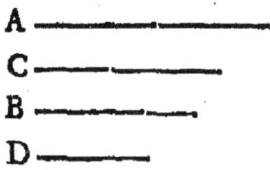

A ————————
C ——————
B —————
D ————

Conſtr.

30.10 | a & b *ſnt ration;*
comm; ſn □, α

30.10 | □.a 3|2 { □.b..□. — *cōm.*a, β

13.6 | a π c 2|2 c π b,

12.6 | a π b 2|2 c π d,

ſymp. | *Req. ſnt* c & d.

Demonſtr.

α.22.10 | ▭.ab, *eſt medi.*

17.6 | □.c 2|2 ▭.ab,

1.concl. 22.10 | c, *eſt medi.*

conſtr. | a π b 2|2 c π d,

2 concl. α.10.10 | c, *comm.* d ſn □,

3.concl. 24.10 | d, *eſt medi.*

conſtr. | a π b 2|2 c π d,

16.5 | a π c 2|2 b π d,

conſtr. | a π c 2|2 c π b,

11.5 | c π b 2|2 b π d,

17.6 | ▭.cd 2|2 □.b,

4.cōcl. α.ſ12.10 | ▭.cd, *eſt ration.*

conſtr. | a π b 2|2 c π d,

5.concl. β.15.10 | □.c 3|2 { □.d..□. — *comm.*a

□.a 3|2 □.b..□.— *cōm.* a, significat, quadratum A, maius est quadrato B, quadrato rectæ commensurabilis A.	□.a 3|2 □.b..□.— *cōm.* a, *signifie, le quarré de A, est plus grand que le quarré de B, du quarré d'une ligne droicte commensurable A.*

Explicat. p nr;

30.10	a, *est* 8,	13. 6	c, *est* √√. 3072,
	b, *est* √. 48,	12. 6	d, *est* √√. 1728.

THEOR. IX. PROPOS. XXXIII.

Inuenire duas medias potentia solùm commensurabiles, quæ medium contineant, ita vt major plus possit quàm minor, quadrato rectæ lineæ sibi longitudine commensurabilis.

Trouuer deux lignes mediales commensurables en puissance seulement, lesquelles contiennent vn rectangle medial, en sorte que la plus grande puisse plus que la plus petite du quarré d'vne ligne qui luy soit commensurable en longitude.

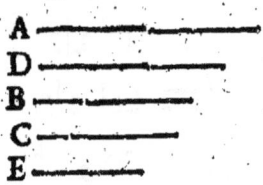

	A——— D——— B——— C——— E———	30. 10	□.a 3|2 { □.c..□. — *cōm.* a, α
		1.21.10	b, *est comm.* c & a *in* □,
	Constr.		
30.10	a & c *snt ration;*	13. 6	a π d 2|2 d π b,
	comm. in □,	12. 6	d π b 2|2 c π e,

ſymp.	*Req. ſnt* d & e.	10. 10	d, *comm.* e ∤*n* □,
	Demonſtr.	2 concl. 24.10	e, *eſt medi.*
conſtr.	a & c *ſnt ration;*	conſtr.	d π b 2|2 c π e,
ß12.10	b, *eſt ration.*	16. 6	▭.de 2|2 ▭.bc,
17. 6	□.d 2|2 ▭.ab,	22 10	▭.bc, *eſt medi.*
1.concl. 22. 10	d, *eſt medi.*	3.concl. 24. 10	▭.de, *eſt medi.*
conſtr.	d π b, ∥ a π d 2|2 c π e,	β	a π c 2|2 d π e,
16. 5	a π c 2|2 d π e, β	4concl. α. 15. 10	□.d 3|2 { □.e..□. / —— *cõm.*d.
conſtr.	a, *comm.* c ∤*n* □,		

Explicat. p nr;

	a, *eſt* 8,	12. 6	e, *eſt* √√.588,
30. 10	c, *eſt* √.48,		d π e 2|2, 2 π √.3,
1. 21. 10	b, *eſt* √.28,	16. 6	▭.de, *eſt* √.1344.
13. 6	d, *eſt* √√.3072,		

PROBL. X. PROPOS. XXXIV.

Inuenire duas rectas lineas potentia incommenſurabiles, quæ faciant compoſitum quidem ex ipſarum quadratis, rationale; rectangulum verò ſub ipſis contentum, medium.

Trouuer deux lignes droictes incommenſurables en puiſſance, leſquelles facent le composé de leurs quarrez rationel; mais le rectangle contenu ſous icelles, medial.

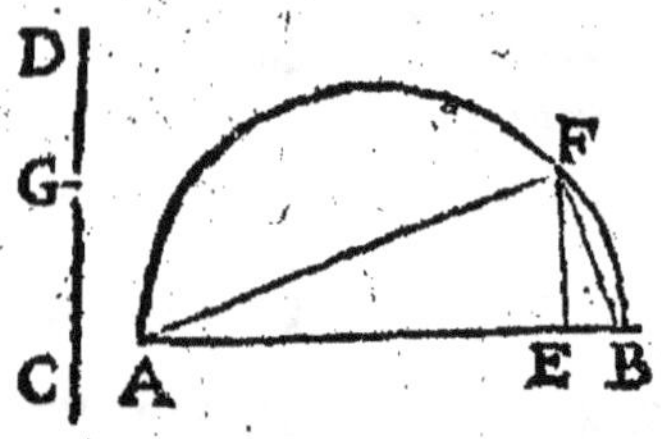

Conſtr.

31.10	ab & cd *ſnt raõ; comm; ꝗn* □,
31.10	□.ab 3|2 □.cd..□. —— *incomm.*ab,
10.1	cg 2|2 gd,
ſ.28.6	▭.aeb 2|2 □ gc,
3.p.1	afb, *eſt ſemic.*
11.1	ef ⊥ ab,
1.p.1	af & bf *ſnt* ——,
ſymp.	*Req. ſnt* af & fb,

Demonſtr.

1.6	ae π	eb,
	▭.ae,ab π	▭.eb,ab
ſ.22.6	▭.ae,ab 2|2 □.af, α	
ſ.22.6	▭.eb,ab 2|2 □.fb, α	
α.7.5, & 1.6	ae π	eb,
	□.af π	□.fb,
19.10	ae, *incomm.* eb,	
1.concl. 10.10	□.af, *incomm.* □.fb,	
47.1	□.af+□.fb 2|2 □.ab	

conſtr.	□.ab, *eſt ration.*
2 concl. 9.d.10	*aggreg..*□.af+□.fb *eſt ration.*
ſ.5.2	□.ef 2|2 ▭.aeb,
conſtr.	□.cg 2|2 ▭.aeb,
1.a.1	□.ef 2|2 □.cg,
ſ.46.1	ef 2|2 cg, β
6.a.c	cd 2|2, 2 ef,
β.1.6	▭.ab,cd } *ſnt* 2▭.ab,ef } 2|2 *ꝗe*,
22.10	▭.ab, cd, *eſt medi.*
24.10	▭.ab,ef, *eſt medi.*
ſ.22.6	▭. af,fb } 2|2 ▭.ab, ef,
3.concl. 24.10	▭.af,fb, *eſt medi.*

Explicat. ꝑ nr;

arbitr.	□ab, *eſt* 6,
arbitr.	cd, *eſt* √.12,
7.a.1	cg, ll ef, *eſt* √.3,
ſ.28.6	ae, *eſt* 3+√.6,
ſ.28.6	eb, *eſt* 3~√.6,
47.1	af, *eſt* √..18+√.216,
47.1	fb, *eſt* √.18~√.216,
47.1	□.af+□.fb 2|2, 36,
1.ſ.1.d.2	▭.af,fb, *eſt* √.108.

PROBL. XI. PROPOS. XXXV.

Inuenire duas rectas lineas potentia incommensurabiles, quæ faciant compositum quidem ex ipsarum quadratis medium; rectangulum verò sub ipsis contentum rationale.

Trouuer deux lignes droictes incommensurables en puissance, lesquelles facent le composé de leurs quarrez medial; & le rectangle contenu sous icelles rationel.

Constr.

32.10 | ab & cf *snt medi; comm. in* □,

31.10 | ▭.ab, cf, *est raõ.*

32.10 | □.ab 3|2 □.cf..□.—*incomm.* ab,

10.1 | cg 2|2 gf,

f.28.6 | ▭.adb 2|2 □cg;

3.p.1 | aeb, *est semic.*

11.1 | de ⊥ ab,

1.p.1 | ae & eb *snt* —,

symp. | *Req. snt* ae & eb,

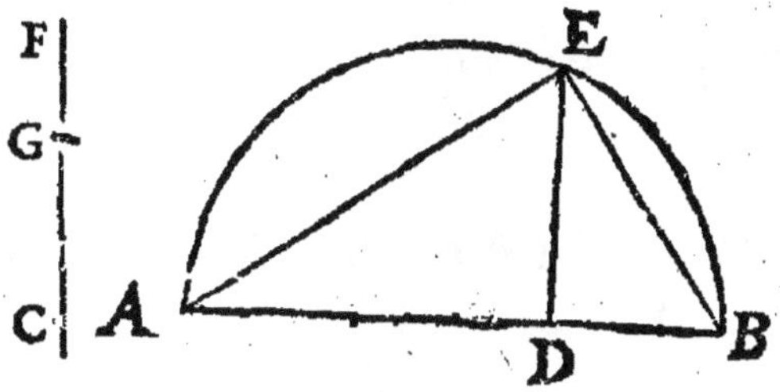

Demonstr.

1.concl. | □.ae *incomm.* □.eb, *p demonstr. sml.* 34.10.

47.1 | □.ae + □.eb 2|2 □.ab,

hyp. | □.ab, *est medi.*

2 concl. 24.10 | *aggreg..*□.ae + □.eb, *est medi.*

hyp. | ▭.ab, cf, *est raõ.*

d.34.10 | ▭.ab,cf 2|2, 2▭.ab,de,
ſ.12.10 | ▭.ab,de, *eſt ration.*
ſ.22.10 | ▭.ae,eb 2|2 ▭.ab,de,
3.concl. 12.10 | ▭.ae,eb, *eſt ration.*

PROBL. XII. PROPOS. XXXVI.

Inuenire duas rectas lineas potentia incommenſurabiles quæ faciant & compoſitum ex ipſarum quadratis medium, & rectangulum ſub ipſis contentum medium, incommenſurabiléque compoſito ex ipſarum quadratis.

Trouuer deux lignes droictes incommenſurables en puiſſance, faiſant le composé des quarrez medial, & le rectangle contenu ſous icelles medial, & incommenſurable au composé de leurs quarrez.

Conſtr.

33. 10 | bc & ef *ſnt medi; comm. ʒn* □,
33. 10 | ▭.bc,ef, *eſt medi.*
33. 10 | □.bc 3|2 □.ef..□. — *incomm.* bc
10. 1 | eg 2|2 gf,
ſ.28.6 | ▭.bdc 2|2 □.eg,
11. 1 | da ⊥ ab,
1. p.1 | ba & ac *ſnt* —,
ſymp. | *Req. ſnt* ba & ac,

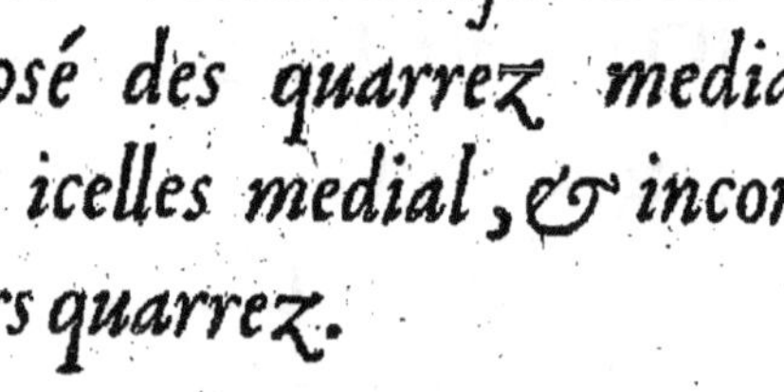

F G E — A B D C

Demonſtr.

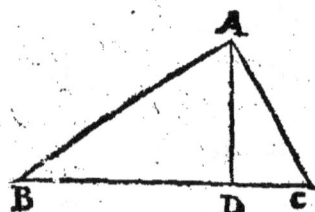

1.concl.	□.ba, *incomm.* □.ac, ꝑ *demonſtr.* 34. 10.
47. 1	□.ba + □.ac 2|2 □.bc,
hyp.	□.bc, *eſt medi.*
2 concl. 24. 10	*aggreg..* □.ba + □.ac, *eſt medi.*
hyp.	▭.bc,ef, *eſt medi.*
d.34.10	▭.bc,ef 2|2, 2▭.bc,da,
24. 10	▭.bc,da, *eſt medi.*
ſ.22.6	▭.ba,ac 2|2 ▭.bc,da,
3.concl. 24. 10	▭.ba,ac, *eſt medi.*
hyp.	bc, *incomm.* ef,
13. 10	bc, *incomm.* eg,
	bc π eg,
1. 6	□.bc π ▭.eg,bc
7. 5	□.bc π ▭.da,bc } *ſnt raō;* 2|2 ꝗe,
7. 5	□.bc π ▭.ba,ac
10. 10	□.bc, *incomm.* ▭.ba,ac,
47. 1	□.ab + □.ac 2|2 □.bc,
4concl. 14. 10	*aggreg..* □.ab + □.ac, *incomm.* ▭.ab,bc.

SCHOL.

Inuenire duas medias longitudine, & potentia incommenſurabiles.

Trouuer deux lignes mediales incommenſurables en longitude & en puiſſance.

	Conſtr.
36. 10	bc, *eſt medi.*
36. 10	▭.ba,ac, *eſt medi.*
36. 10	▭.ba,ac, *incomm.* □.bc,
13. 6	ba π h 2|2 h π ac, α

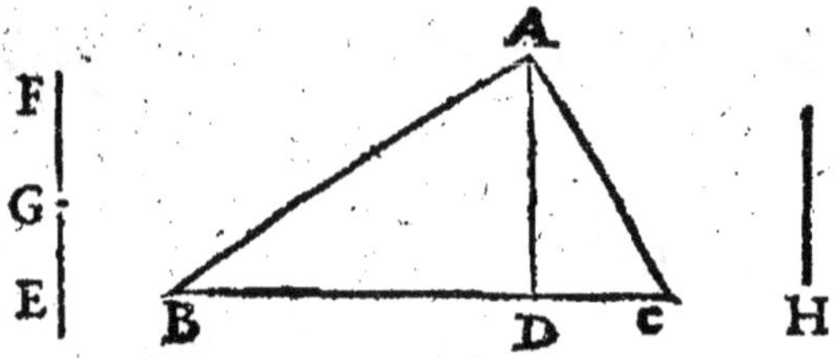

symp.	*Req. ſnt* bc & h.	2 concl. 24. 10	h, *eſt medi.*
	Demonſtr.	36. 10	▭.ba,ac, *incomm.*
1. concl. 36. 10	bc, *eſt medi.*		□.bc,
α. 17.6	▭.ba,ac 2|2 □.h,	3. concl. 14. 10	□.h, *incomm.*
36. 10	▭.ba,ac, *eſt medi.*		▭.ba,ac.

PRINCIPIVM SENARIORVM per compoſitionem.

ICY COMMENCENT LES ſixaines des lignes irrationelles par la compoſition.

THEOR. XXV. PROPOS. XXXVII.

Si duæ rationales potentia tantùm commenſurabiles componantur, tota irrationalis erit; vocetur autem ex binis nominibus.

Si deux rationelles commenſurables en puiſſance ſeulement ſont compoſees; la toute ſera irrationelle; ſoit icelle appellée de deux noms.

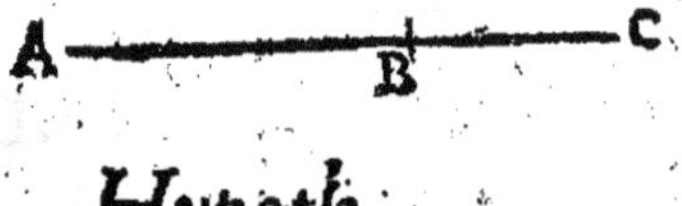

Hypoth.	ab & bc *ſnt ration; comm. ſn* □.
	Req. π. *demonſtr.*

	ac, *est irration.*	l.26.10	□.ac, *incomm.*□.ab,
	Demonstr.	hyp.	□.ab, *est ration.*
hyp.	ab *comm.*bc ſ*n* □,	concl. 10.d.10	ac, *est irration.*

THEOR. XXVI. PROPOS. XXXVIII.

Si duæ mediæ potentia tantùm commensurabiles componantur, quæ rationale contineant; tota irrationalis erit: vocetur autem ex binis mediis prima.

Si deux lignes mediales commensurables en puissance seulement contenant vn rectangle rationel sont cõposees, la toute sera irrationelle: soit icelle appellee premiere de deux mediales.

A B C

		ac, *est irration.*
Hypoth.		*Demonstr.*
ab & bc *snt medi.*	hyp.	□ ab, *comm.*□.bc ſ*n* □,
comm. ſ*n* □,	l.26.10	□.ac, *incõm.*▭.abc,
▭.abc, *est ration.*	hyp.	▭.abc, *est ration.*
Req. π. *demonstr.*	concl. 10.d.10	ac, *est irration.*

LEMM.

Quod sub linea rationali, & irrationali continetur rectangulum, irrationale est.

Le rectangle contenu sous vne ligne rationelle, & vne irrationelle, est irrationel.

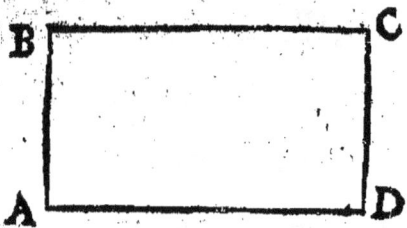

B C A D

Hypoth.
ab, *eſt ration.*
bc, *eſt irration.*

Req. π. demonſtr.
▭db, *eſt irration.*

Demonſtr.

ſuppoſ.	▭.db, *eſt ration.*
hyp.	ab, *eſt ration.*
21. 10	bc, *eſt ration.*
	contr. hypoth.

THEOR. XXVII. PROPOS. XXXIX.

Si duæ mediæ potentia tantùm commenſurabiles componantur, quæ medium contineant; tota irrationalis erit: vocetur autem ex binis mediis ſecunda.

Si deux lignes mediales commenſurables en puiſſance ſeulement contenāt vn rectangle medial, ſont compoſees; la toute ſera irrationnelle: & ſoit icelle appellee ſeconde de deux mediales.

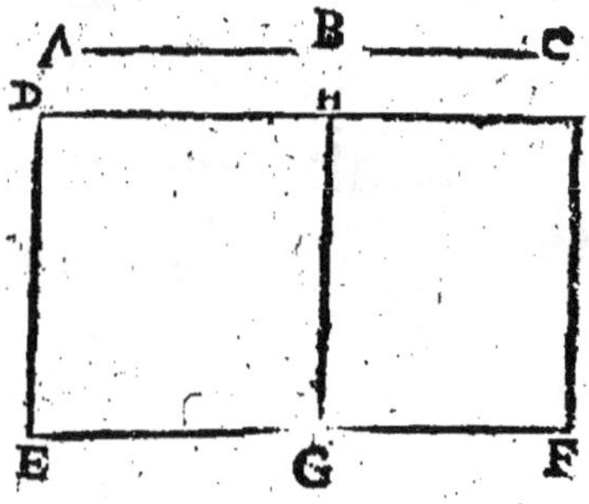

A B C
D H
E G F

Hypoth.
ab & bc *ſnt medi. comm.* ⫛n □,
▭.abc, *eſt medi.*

Req. π. demonſtr.
ac, *eſt irration.*

Præpar.

ſuppoſ.	de, *eſt ration. expoſ.*
4. app.	▭.df 2|2 □.ac, α
4. app.	▭.dg 2|2 { □.ab + □.bc, β

	Demonstr.	24.10	2▭.abc, II ▭hf, *est medi.*
hyp.	□.ab, *comm.* □.bc,	23.10	eg & gf *sunt ration.* δ
16.10	□.ab + □.bc, *comm.* □.ab,	γ 126.10	▭dg, *incomm.* ▭hf,
		1.6	eg π gf 2|2 dg π hf,
hyp.	□.ab, *est medi.*	10.10	eg, *incomm.* gf,
β.24.10	▭dg, *est medi.*	δ.37.10	ef, *est irration.*
αβ.4.2	▭hf 2|2 2▭.abc, γ	1.38.10 concl.	▭df, *est irration.*
hyp.	▭.abc, *est medi.*	α 11.d.10	ac, *est irration.*

THEOR. XXVIII. PROPOS. XL.

Si duæ rectæ lineæ potentia incommensurabiles componantur, quæ faciant compositum quidem ex ipsarum quadratis rationale, quod autem sub ipsis continetur, medium; tota recta linea irrationalis erit: vocetur autem major.

Si deux lignes droictes incommensurables en puissance, faisant le composé de leurs quarrez rationel, & le rectangle contenu sous icelles medial, sont composees; la toute sera irrationelle: soit icelle appellee majeure.

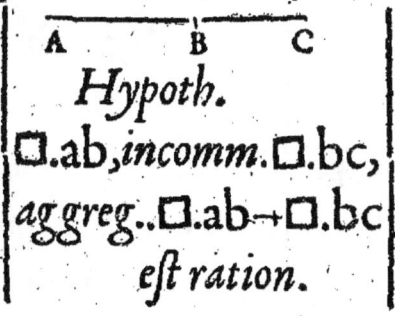

A B C *Hypoth.* □.ab, *incomm.* □.bc, *aggreg.*. □.ab + □.bc *est ration.*	▭.abc, *est medi.* α *Req.* π. *demonstr.* ac, *est irration.* *Demonstr.*

	A B C		
		f.12.10	2▭.abc, *incomm.*
hyp.	*aggreg.*.□.ab+□.bc *est ration.*	4. 2. & 17.10	*aggreg.*□.ab+□.bc, □.ac, *incom.aggreg.*. □.ab+□.bc,
α.24.10	2▭.abc, *est medi.*	concl. 11.d.10	ac, *est irration.*

THEOR. XXIX. PROPOS. XLI.

Si duæ rectæ lineæ potentia incommensurabiles componãtur, quæ faciant compositum quidem ex ipsarum quadratis medium, quod autem sub ipsis continetur, rationale; tota recta linea irrationalis erit: vocetur autem rationale ac medium potens.

Si deux lignes droictes incommensurables en puissance sont composees, lesquelles facent le composé de leurs quarrez medial; mais le rectangle contenu sous icelles, rationel, la toute sera irrationelle: soit appellee pouuant vn rationel & vn medial.

A C B			ab, *est irration.*
			Demonstr.
Hypoth.		f.12.10	2▭.acb, *est ration.*
□.ac, *incomm* □.cb,		α.f12.10	2▭.acb, *incomm.*
aggreg. □.ac+□.cb, *est medi.*	α	4. 2. & 17. 10	*aggreg.*□.ac+□.cb □.ab, *incom.*▭.acb,
▭.acb, *est ration.*	β	β.f12.10	□.ab, *est irration.*
Req. π. demonstr.		concl. 11 d.10	ab, *est irration.*

THEOR. XXX. PROPOS. XLII.

Si duæ rectæ lineæ potentia incommensurabiles componantur, quæ faciant & compositum ex ipsarum quadratis medium, & quod sub ipsis continetur medium, incommensurabiléque composito ex quadratis ipsarum; tota recta linea irrationalis erit: vocetur autem bina media potens.

Si deux lignes droictes incommensurables en puissance sont composees, lesquelles facent le composé de leurs quarrez medial, & le rectangle contenu sous icelles, medial, & incommensurable au composé de leurs quarrez, la toute sera irrationelle: soit icelle appellee pouuant deux mediaux.

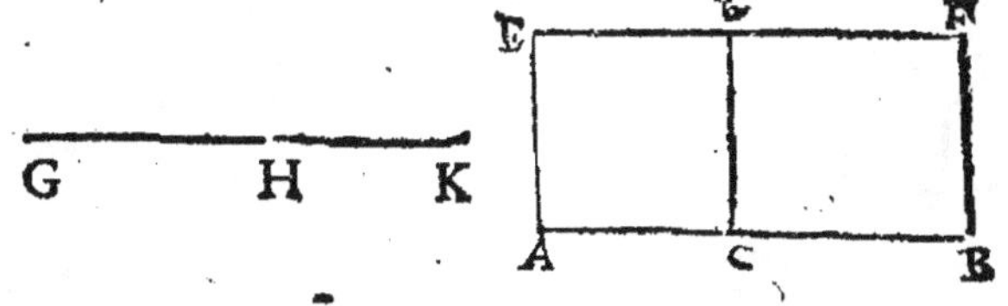

Hypoth.		*Præpar.*
gh, *incomm.* hk *in* □,	suppos.	fb, *est ration. expos.*
□.gh + □.hk, *est medi.*	4.app.	▭af 2|2 □.gK, γ
▭.ghk, *est medi.* α		
▭.ghK, *incomm. aggreg.* □.gh + □.hk, β	4.app.	▭cf 2|2 { □.gh + □.hk. δ
Req. π. *demonstr.*		*Demonstr.*
gk, *est irration.*	hyp.	□.gh + □.hk, *est medi.*

24.10	▭.cf, *est medi.*		*aggreg.* □.gh + □.hk
23.10	cb, *est ration.*	γδ hyp.	▭.ad, *incom.* ▭.cf,
γδ 4.2	▭ad 2|2, 2▭.ghk,	1.6	ad π cf 2|2 ac π cb,
α.24.10	2▭.ghk, *est medi.*	10.10	ac, *incomm.* cb,
24.10	▭.ad, *est medi.*	37.10	ab, *est irration.*
23.10	ac, *est ration.*	1.38.10 concl.	▭.af, *est irration.*
β.14.10	2▭.ghk, *incomm.*	γ.11d.10	gk, *est irration.*

THEOR. XXXI. PROPOS. XLIII.

Quæ ex binis nominibus, ad vnum duntaxat punctum diuiditur in nomina.

La ligne de deux noms peut estre diuisee en ses noms, à vn poinct seulement.

Hypoth.

ab, *est binom.*

ad & db *snt nom;* α

Req. π. demonstr.

ae & eb, *n̄, snt nom;*

Demonst.

3. p. 1 falb, fcgd *snt* ⊙;

suppos. ae & eb *snt nom;* β

α.37.10 af, *n̄, est* 2|2 ae, ⊔ ad,

22.10 ▭.aeb & ▭.adb *snt medi;* γ

αβ □.ad, □.db, □.ae, □.eb *snt ration;*

25.27.10 *aggreg..* □.ad + □.db, *est ration.*

A C F E D B G L

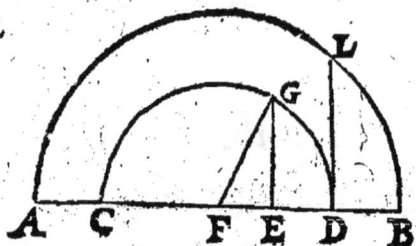

2ſ.27.10	aggreg.. □.ae + □.eb, *eſt ration.*
1ſ.27.10	□.ad + □.db ~ □.ae ~ □.eb, *eſt ration.*
c.17.ap.	□.ad + □.db ~ □.ae ~ □.eb 2|2, 2aeb ~ 2 ▭.adb,
ſ.12.10	2 ▭.aeb ~ 2 ▭.adb, *eſt ration.*
ſ.12.10	▭.aeb ~ ▭.adb, *eſt ration.*
γ	*contr. 27. 10.*

THEOR. XXXII. PROPOS. XLIV.

Quæ ex binis mediis prima, ad vnum duntaxat punctum diuiditur in nomina.

La ligne de deux mediales premiere eſt diuiſee en ſes noms, à vn poinct ſeulement.

	Hypoth.	
	ab, *eſt bimed. 1.*	
	ad & db *ſnt nom;*	α
	Req. π. demonſtr.	
	ae & eb, ñ, *ſnt nom;*	
	Demonſtr.	
3.p.1	falb & fcgd *ſnt* ⊙,	
ſuppoſ.	ae & cb *ſnt nom;*	β
α. 38.10	af, ñ, *eſt* 2|2 ae, ıı ad,	
αβ38.10	□.ad, □.db, □.ae, □.eb *ſnt medi.*	γ
38.10	▭.aeb & ▭.adb *ſnt ration.*	
ſ.27.30	▭.aeb ~ ▭.adb, *eſt ration.*	
ſ 6.2. & ſ.12.10	2 ▭.aeb ~ 2 ▭.adb, *eſt ration.*	

In figur. præceden.

c.17.ap.	□.ad +□.db ~□.ae ~□.eb 2|2, 2▭.aeb ~2▭.adb
ſ.12.10	□.ad +□.db ~□.ae ~□.eb, *eſt ration.*
γ	*contr. 27. 10.*

THEOR. XXX. PROPOS. XLV.

Quæ ex binis mediis ſecunda, ad vnum duntaxat punctum diuiditur in nomina.

La ligne de deux mediales ſeconde, eſt diuiſee en ſes noms à vn poinct ſeulement.

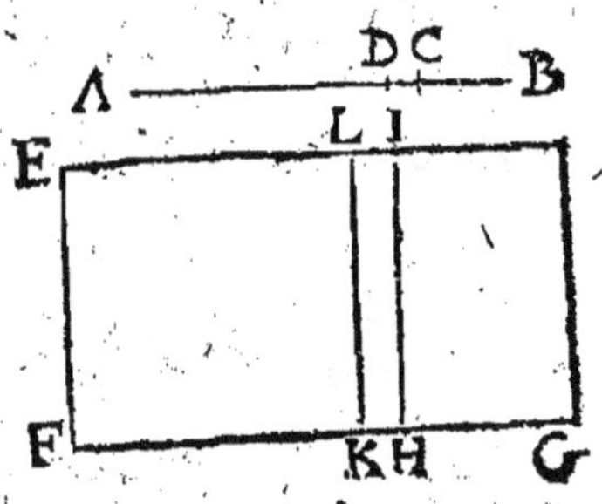

	Hypoth.
	ab, *eſt bimed.* 2.
	ac & cb *ſnt nom.*
	Req. π. demonſtr.
	ad & db, n̄, *ſnt nom.*
	Præpar.
ſuppoſ.	ad & db *ſnt nom.*
ſuppoſ.	ef, *eſt ration.* α
4.app.	▭.eg 2|2 □.ab,
4.app.	▭eh 2|2 { □.ac +□.cb, β

4.app.	▭ek 2|2 { □.ad +□.db, γ
	Demonſtr.
β. 4.2	▭ig 2|2, 2▭.acb, δ
7.2	▭eg 3|2 ▭ig,
1.6.	fh 3|2 hg,
hyp.	□.ac & □.cb *ſnt medi.* ε
hyp.	□.ac, *comm.* □.cb,
16.10	*aggreg.* □.ac +□.cb } *cõm.* □.ac,
ε. 24.10	*aggreg.* □.ac +□.cb } *eſt medi.*
β. 24.10	▭eh, *eſt medi.*

α. 23.10	fh, *est ration.*	16	fh, *incomm.* hg,
hyp.	▭.acb, *est medi.*	37.10	fh & hg *snt nom..*
24.10	2▭.acb, *est medi.*		fg, θ
δ.24.10	▭.ig, *est medi.*	d. θ	fK & Kg *snt nom..*
α.23.10	hg, *est ration.*		fg, κ
1.26.10	▭eh, *incomm.* ▭ig,	θκ	*contr. 43. 10.*

THEOR. XXXIV. PROPOS. XLVI.

Major ad vnum duntaxat punctum diuiditur in nomina.

La ligne majeure est diuisee en ses noms à vn poinct seulement.

Hypoth.

ab, *est maj.*

ad & db *snt nom;*

Req. π. demonstr.

ae & eb, *ñ, snt nom;*

Demonstr.

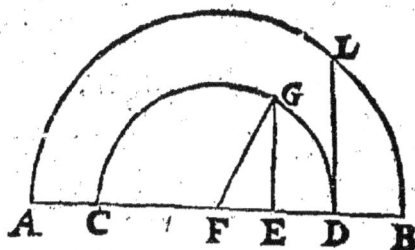

suppos.	ae & eb *snt nom;*
40.10	▭.adb & ▭aeb *snt medi;* α
40.10	*aggreg..* □.ae + □.eb, *est ration.*
40.10	*aggreg..* □.ad + □.db, *est ration.*
∫27.10	□.ad + □.db ~ □.ae ~ □.eb, *est ration.*
c.17.ap.	□.ad + □.db ~ □.ae ~ □ eb2|2, 2▭.aeb ~ 2▭.adb
∫12.10	2▭.aeb ~ 2▭.adb, *est ration.*

f.12.10 ▭.aeb~▭.adb, *est ration.*

α *contr. 27. 10.*

THEOR. XXXV. PROPOS. XLVII.

Rationale ac medium potens, ad vnum duntaxat punctum diuiditur in nomina.

La ligne pouuant vn rationel & vn medial, est diuisee en ses noms, à vn poinct seulement.

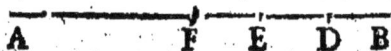

Hypoth.

ab, *est rat. & medi. p.*

ad & db *snt nom.*

A F E D B

Req. π. demonstr.

ae & eb, *ñ, snt nom;*

Demonstr.

suppos. ae & eb *snt nom;*

41.10 *aggreg..* □.ad + □.db, *est medi.* α

41.10 *aggreg..* □.ae + □.eb, *est medi.* α

41.10 ▭.adb & ▭.aeb *snt ration;*

f.12.10 2▭.adb & 2▭.aeb *snt ration;*

f.27.10 2▭.aeb~2▭.adb, *est ration.*

c.17.ap. 2▭.aeb ~2▭.adb } 2|2 □.ad + □.db~□.ae~□.eb,

f.12.10 □.ad + □.db~□.ae~□.eb, *est ration.*

α *contr. 27. 10.*

THEOR. XXXVI. PROPOS. XLVIII.

Bina media potens, ad vnum duntaxat punctum diuiditur in nomina.

La ligne pouuant deux mediaux, est diuisee en ses noms, à vn poinct seulement.

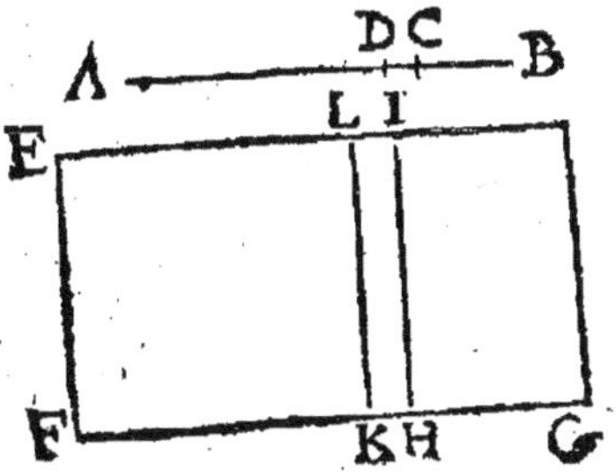

Hypoth.

ab, *est bimed. p.*
ac *&* cb *snt nom;*

Req. π. demonstr.

ad *&* db, *n̄, snt nom;*

Præpar.

suppos.	ad *&* db *snt nom;*
suppos.	ef, *est ration.* α
4. app.	▭eg 2|2 □.ab,
4. app.	▭.eh 2|2 { □.ac + □.cb, β
4. app.	▭.ek 2|2 { □.ad + □.db. γ

Demonstr.

β. 4. 2	▭ig 2|2, 2▭.acb, δ
7. 2	▭eh 3|2 ▭ig,
1. 6	fh 3|2 hk,
hyp. & 42. 10	*aggreg..* { □.ac + □.cb } *est medi.*
β. 24. 10	▭eh, *est medi.*
α. 23. 10	fh, *est ration.*
hyp.	▭.acb, *est medi.*
24. 10	{ 2▭.acb ‖ ▭ig } *est medi.*
α. 23. 10	hg, *est ration.*
βδ 42. 10	▭eh, *incomm.* ▭ig,
1. 6	fh, *incomm.* hg,
37. 10	fh *&* hg *snt nom..* fg, κ
d. κ	fk *&* kg *snt nom..* fg *contr. 43. 10.*

Definitiones ſecundæ.

Ex poſita rationali, & quæ ex binis nominibus, diuiſa in nomina, cuius majus nomen plus poſſit quam minus, quadrato rectæ lineæ ſibi longitudine commenſurabilis.

I.

Si quidem maius nomen expoſitæ Rationali commenſurabile ſit longitudine, vocetur tota ex binis nominibus prima.

II.

Si vero maius nomen expoſitæ Rationali longitudine ſit commenſurabile; vocetur ex binis nominibus ſecunda.

III.

Quod ſi neutrum ipſorum nominum ſit longitudine commenſurabile expoſitæ Rationali, vocetur ex binis nominibus tertia.

Rurſus ſi maius nomen plus poſſit quam minus, quadrato rectæ lineæ, ſibi longitudine incommenſurabilis.

IV.

Si quidem maius nomen

Secondes definitions.

Vne ligne rationelle eſtant expoſee, & le binome diuisé en ſes noms: duquel le plus grand nom puiſſe plus que le moindre, du quarré d'vne ligne droicte qui luy eſt commenſurable en longitude.

I.

Si le plus grand nom eſt commenſurable en longitude à la Rationelle exposée, la toute ſoit appellée binome premier.

II.

Mais ſi le moindre nom eſt commenſurable en longitude à la Rationelle exposée, ſoit appellee binome ſecond.

III.

Que ſi l'vne ne l'autre d'iceux noms n'eſt commenſurable en longitude à la Rationelle exposée, ſoit appellée binome troiſieſme.

Derechef ſi le grand nom peut plus que le moindre, du quarré d'vne ligne droicte, qui luy ſoit incommenſurable en longitude.

IV.

Si le plus grand nom eſt

expoſitæ Rationali commenſurabile ſit longitudine, vocetur ex binis nominibus quarta.

V.

Si vero minus nomen, vocetur quinta.

VI.

Quod ſi neutrum ipſorum nominum, vocetur ſexta.

commenſurable en longitude à la Rationelle exposée, ſoit appellée binome quatrieſme.

V.

Mais ſi le moindre nom eſt commenſurable en longitude à la Rationelle exposée, ſoit appellée binome cinquieſme.

VI.

Que ſi l'vn ne l'autre d'iceux noms n'eſt commenſurable en longitude à la Rationelle exposée, ſoit appellée binome ſixieſme.

PROBL. XIII. PROPOS. XLIX.

Inuenire ex binis nominibus primam.

Trouuer vn binome premier.

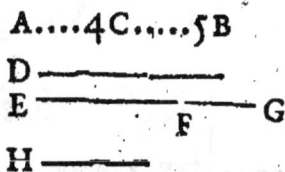

A....4C.....5B
D
E F G
H

Conſtr.

2.ſ.19.10	ab & ac *ſnt nr*; □; / cb, *ñ*, *eſt nr*. □, α
arbitr.	d, *eſt ration. expoſ.*
2l.10.10	ef, *comm.* d,

3l.10.10	*nr*. ab π | *nr*. cb, β / □.ef π | □.fg,
ſymp.	*Req. eſt* eg.
	Præpar.
β. 14.5	□.ef 3|2 □.fg,
6. app.	□.ef 2|2 □.fg + □.h, γ
	Demonſtr.
conſtr.	ef, *eſt comm.* d,
1. concl / 6. d. 10	ef, *eſt ration.*

β. 6.10	ef, *comm.* fg *ꝺn* □,
2 concl. ſ.12.10	fg, *eſt ration.*
α. cōſtr.	ab π cb *n̄*, *eſt* 2|2 *nr.* □ π *nr.* □,
3. concl.	ef, *incomm.* fg,
β. 9. 10 constr.	ab π cb 2|2 □.ef π □.fg,
γ. c.19.5	ab π ac 2|2 □.ef π □.h,
constr.	ab π ac 2|2 *nr.* □ π *nr.* □,
4 concl. 1.d.9.10	ef, *comm.* h,
48.10	eg, *eſt binom.* 1.

Explicat. p nr;

arbitr.	d, *eſt* 8,
arbitr.	ef, *eſt* 6,
12. 6	ab π cb 2|2 □.ef π □.fg,
	9 5 36 20
ſ. 46. 1	fg, *eſt* √. 20.
	ef, *eſt* 6 + √. 20.

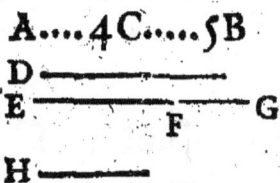

PROBL. XIV. PROPOS. L.

A....4C.....5B
D ————
E ———— F ———— G
H ————

Conſtr.

2. ſ.29.10	{ ab & ac *ſnt nr;* □;
	{ cb, *n̄*, *eſt nr.* □. α

arbitr.	d, *eſt ration. expoſ.*
21.10.10	fg, *comm.* d,
3.1.10.10	*nr.* cb π | ab,
	□.fg π | □.ef, β
ſymp.	*Req. eſt* eg.
	Præpar.
β. 14.5	□.ef 3|2 □.fg,

6.app.	□.ef 2|2 □.fg + □.h, γ	β. c.4.5	ab π | cb, □.ef π | □.fg,
	Demonstr.		
1.concl. constr.	fg, *comm.* d,	γ.c.19.5	ab π | ac, □.ef π | □.h,
6.d.10	fg, *est ration.*		
b. 6.10	ef, *comm.* fg *in* □,	constr.	ab π | ac, *nr.* □ π | *nr.* □,
2 concl. c.12.10	ef, *est ration.*		
constr.	cb π | ab, n̄, *est nr.* □ π | *nr.* □,	4 concl. 9. 10	ef, *comm.* h,
		2. d.48. 10	eg, *est binom.* 2:
3.concl 9. 10	ef, *incomm.* fg,		

Explicat. p nr;

arbitr.	d, *est* 8,	β. 12.6	ef, *est* γ. 180.
arbitr.	fg, *est* 10.	2. a. 1	eg, *est* 10 + γ. 180,

PROBL. XV. PROPOS. LI.

Inuenire ex binis nominibus tertiam.

Trouuer vn binome troisiesme.

Constr.

2c.29.10	ab & ac *snt nr;* □; cb, n̄, *est nr.* □. α
constr.	l 2|2 cb + 1, ll cb + 2
constr.	l, n̄, *est nr.* □. β
c.37.8	l & cb, n̄, *snt plan; sml;* γ
arbitr.	g *est ration. expos.*
3l.10.10	l π ab 2|2 □. g π □. de. δ
3l.10.10	ab π cb 2|2 □. de π □. ef. ε
symp.	*req. est* df.

A....4C.....5B

L......6

G ——

D —— E —— F

H ——

	Præpar.
ε.14.5	□.de 3|2 □.ef
6. app.	□.de 2|2. □.ef + □.h θ
	Demonſtr.
δ.6.10	de, *comm.* g ⊰n □,
1.concl.	
ſ.12.10	de, *eſt ration.*
βδ	de π g, ñ, *eſt* 2|2 *nr.* □ π *nr.* □
2 concl.	
γ.9.10	de, *eſt incomm.* g
ε.6.10	□.ef, *comm.* □.de
3.concl.	
ſ.12.10	ef, *eſt ration.*
α.cõſtr.	ab π cb, ñ, *eſt* 2|2 *nr.* □ π *nr.* □
4concl.	
ε.9.10	ef, *incomm.* de
conſtr.	l π ab 2|2 □.g π □.de
ε.cõſtr.	ab π cb 2|2 □.de π □.ef
22.5	l π cb 2|2 □.g π □.ef
γ.cõſtr	l π cb, ñ, *eſt* 2|2 *nr.* □. π *nr.* □
5.concl.	
9.10	ef, *incomm.* g
conſtr.	ab π cb 2|2 □.de π □.ef
θ.c.19.5	ab π ac 2|2 □.de π □.h
conſtr.	ab π ac 2|2 *nr.* □. π *nr.* □
6 concl.	
9.19	d *comm.* h
3d48.10	df, *eſt binom.*

PROBL. XVI. PROPOS. LII.

Inuenire ex binis nominibus quartam.

Trouuer

Trouuer vn binome quatriesme.

Constr.

arbitr. | ab, *est nr.* □,

1s29.10 | ac & cb, *ñ snt nr.* □, α

arbitr. | g, *est ration. expos.*

2l 10.10 | de, *comm.* g,

3l.10.10 | *nr.* ab π *nr.* cb 2|2 □.de π □.ef, β

symp. | *Req. est* df.

A...3C.....6B

G

D E F

H

Præpar.

β. 14.5 | □.de 3|2 □.ef,

6.app. | □.de 2|2 □.ef+□.h, γ

Demonstr.

p demonstr. sml. 49. 10. df, *est binom.*

constr. | ab π cb 2|2 □.de π, □.ef,

γ.c.19.5 | ab π ac 2|2 □.de π □.h,

constr. | ab π ac, *ñ, est* 2|2 *nr.* □ π *nr.* □,

9. 10 | de, *incomm.* h,

concl. 4d48.10 | df, *est binom.* 4.

Explicat. p nr;

arbitr. | g, *est* 8,

arbitr. | de, *est* 6,

β. 12.6 | ef, *est* γ. 24,

1. a. 1 | df *est* 6+γ. 24.

PROBL. XVIII. PROPOS. LIII.

Inuenire ex binis nominibus quintam.

Trouuer vn binome cinquiesme.

Constr.

A...3C......6B G D E F H

arbitr.	ab, *est nr.* □,
2ſ.29.10	ac & cb, *ñ, ſnt nr.* □, α
arbitr.	g, *est ration. expoſ.*
2l.10.10	ef, *comm.* g,
3 l.10.10	*nr.* cb π *nr.* ab 2|2 □.ef π □.de, β
ſymp.	*Req. est* df.

Præpar.

β.14.6	de 3|2 ef,
6.app.	□.de 2|2 □.ef + □.h. γ

Demonſtr.

p demonſtr. ſml. 50. 10. df, *est binom.*

β.c.4.5	ab π cb 2|2 □.de π □.ef,
γ.c.19.5	ab π ac 2|2 2|2 □.de π □.h,
α.24.8	ab π ac, *ñ, est* 2|2 *nr.* □. π *nr.* □,
γ.9.10	de, *incomm.* h,
concl. 5d48.10	df, *est binom. 5.*

Explicat. p nr;

arbitr.	g, *est 7*	β.12.6	de, *est* √.54,
arbitr.	ef, *est 6,*	2.a.1	df, *est 6* + √.54.

PROBL. XVIII. PROPOS. LIV.

Inuenire ex binis nominibus ſextam.

Trouuer vn binome ſixieſme.

	A.....5C........7B L........9 G ——— D ——— E ——— F H ———	symp.	*Req. est* df.
			Præpar.
		14. 5	□.de 3|2 □.ef,
		6. app.	□.de 2|2 □.ef+□.h.
	Constr.		*Demonstr.*
			p demonstr. sml. 51. 10.
arbitr.	ac & cb *snt nr; pr;*		df, *est binom.* &
arbitr.	ab, *ñ est nr.* □,		de, ef *snt incõm.* g,
30. 7	ab, *est pr.* π. ac & cb,	constr.	ab π | cb,
f. 27. 8	ab, ac, cb *snt plan.*		□.de π | □.ef,
	dissml.	c. 19. 5	ab π ac 2|2 □.de □.h
arbitr.	l, *est nr.* □,	constr.	ab π | ac,
arbitr.	g, *est ration. expos.*		*ñ, est nr.* □ π | *nr.* □,
3. l. 10. 10	l π ab 2|2 □.g π □.de	9. 10	de, *incomm.* h,
3. l. 10. 10	ab π | cb,	concl. 60. 48. 1	df, *est binom. 6.*
	□.de π | □.ef,		

Explicat. p nr;

arbitr.	g, *est* 6,	12. 6	ef, *est* √. 28,
12. 6	de, *est* √. 48,	2. a. 1	df, *est* √. 48. + √. 28.

Lemm.

hyp.	ad, *est* ▭.ab, ac,	31. 1	gh, ei, fk ═ ab,
10. 1	ef 2|2 fc,	14. 2	□lm 2|2 ▭bg,
f. 28. 6	▭.age 2|2 □.ef, *a*	2. p. 1	omp, *est* —,

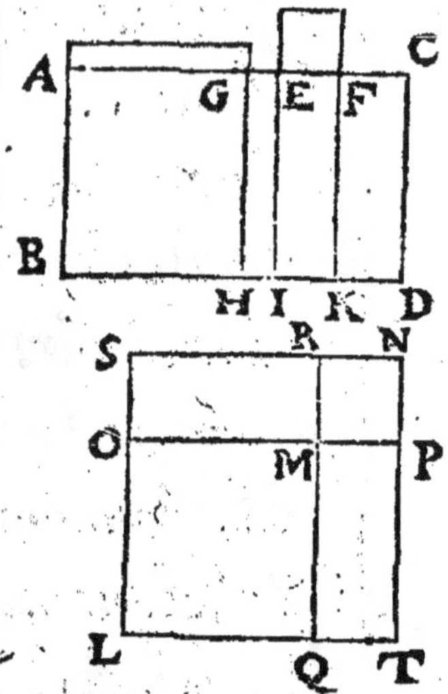

	A G E F C B H I K D S R N O M P L Q T
14. 2	□mn 2|2 ▭he,
2. p. 1	los,lqt } nrs,npt } snt —:
	Req. π. demonstr.
	sm & mt *snt* ▭,
	ln, *est* □.lt, ⊔ op,
	ek,fd } sm,mt } *snt* 2|2 ⸗e,
	□ln 2|2 ▭ad,
	ef,fc,ec *snt com.* ⸗e.
	Demonstr.
1 s.15.1	qmr, *est* —,
1.concl. 2. s.29.1	sm & mt *snt* ▭,
2. a. 1	ls 2|2 lt,
2 concl. 29. d 1	ln, *est* □.lt, ⊔ op,
2. 14. 6	ag π ef 2|2 ef π ge,

1. 6	ah π ek 2|2 ek π gi,
s. 22. 6	□lm π | ▭sm, ▭sm π | □mn,
constr.	□lm 2|2 ▭ah,
constr.	□mn 2|2 ▭gi,
9. 5	▭sm 2|2 ▭ek,
43. 1	▭sm 2|2 ▭mt,
36. 1	▭ek 2|2 ▭fd,
3. concl. 1. a. 1	sm,mt } ek,fd } *snt* 2|2 ⸗e, β
4 concl. 2. a. 1	□ln 2|2 ▭ad,
constr.	ef 2|2 fc,
5 concl. 16. 10	ef,fc,ec *snt com.* ⸗e, γ
	Coroll. 1.
hyp.	ae, *comm.* ec ⸗n □,
hyp.	ae 3|2 ec.. □. —,
	comm. ae.
	Req. π. demonstr.
	ag,ge,ec *snt com.* ⸗e,
	om, *comm.* mp, ⸗n □.
	Demonstr.
constr.	▭.age 2|2 □.ef,
18. 10	ag, *comm.* ge,
1. concl. 16. 10	ag,ge,ae *snt com.* ⸗e, δ
hyp.	ec, *incomm.* ae,

γδ14.10	ef, *incomm.* eg,		ag, ge, ae *ſnt incomm.* {e,
10. 10	▭ek, *incomm.* ▭gi,		□.om, *incõm.*□.mp.
β	▭ſm 2|2 ▭ek,		*Demonſtr.*
conſtr.	□mn 2|2 ▭gi,	8. 19.10	ag, *incomm.* ge,
10. 10	▭ſm, *incõm.*.□mn,	1.concl. 17. 10	ag, ge, ae *ſnt incomm.* {e,
2 concl. δ. 10.10	om, *incomm.* mp.	1. 6, & 10.10	▭ah, *incomm.*▭gi,
	Coroll. 2.	conſtr.	□lm 2|2 ▭ah,
hyp.	□.ae 3|2 □.ec..□.— *incomm.*ae, ε	conſtr.	□mn 2|2 ▭gi,
	Req. π. demonſtr.	2 concl. 10.10	□.om, *incõm.*□.mp.

THEOR. XXVII. PROPOS. LV.

Si ſpatium contineatur ſub rationali, & ex binis nominibus prima ; recta linea ſpatium potens irrationalis eſt, quæ ex binis nominibus appellatur.

Si vn eſpace eſt contenu ſous vne ligne rationelle, & vn binome premier; la ligne droicte pouuant iceluy eſpace eſt irrationelle, laquelle eſt appellee binome.

	Hypoth.		*Req. π. demonſtr.*
	ad, *eſt* ▭.ab, ac,		▭ad 2|2 □.*binom.*
	ab, *eſt ration.*		*Lemm. 54. 10. eſt præpar.*
	ac, *eſt binom. 1.* α		*Demonſtr.*
	ae, ec *ſnt nom;*		
	ae 3|2 ec.	1.54.10	ln□.op 2|2 ▭ad,

α. hyp.	□.ae 3|2 □.ec..□.—— *comm.*ae,
1.54.10	ag, ge, ae *ſnt comm.* ⁝e,
α. hyp.	ae, *eſt ration.*
ſ.12.10	ag *&* ge *ſnt ration.*
α. hyp.	ae, *comm.* ab,
12. 10	ag *&* ge *ſnt comm.* ab,
20. 10	▭ah *&* ▭gi *ſnt ration.*
conſtr.	□lm 2|2 ▭ah, □mn 2|2 ▭gi,
ſ.12.10	□lm *&* □mn *ſnt ration.*
c.154.10	om *&* mp *ſnt comm.* ⁝*n* □,
concl. 37.10	op, *eſt binom.*

Explicat. p nr;

hyp.	ab, *eſt* 5,	1.2.1	□ln, *eſt* 20 + √.300,
hyp.	ac, *eſt* 4 + √.12,	ſ.46.1	lt, *eſt* √.15 + √.5,
1.ſ.1.d.2	▭ad, *eſt* 20 + √.300		op, *eſt binom.* 6.

THEOR. XXXVIII. PROPOS. LVI.

Si ſpatium contineatur ſub rationali, & ex binis nominibus ſecunda; recta linea ſpatium potens irrationalis eſt, quæ ex binis mediis prima appellatur.

Si vn eſpace eſt contenu ſous vne ligne rationelle, & vn binome ſecond; la ligne droicte pouuant iceluy eſpace eſt irrationelle, laquelle eſt appellee premiere des deux mediales.

Hypoth.

ad, *eſt* ▭.ab, ac,
ab, *eſt ration.*
ac, *eſt binom.* 2. α
ae & ec *ſnt nom.*
ae 3|2 ec.

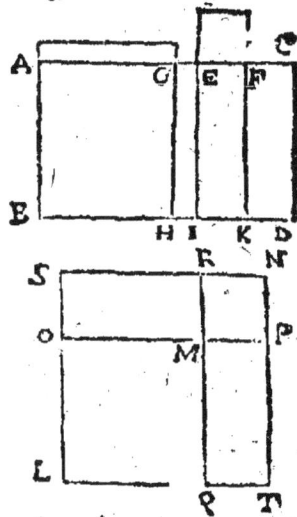

Req. π. demonſtr.

▭ad 2|2 □.*bimed.* 2.
Lemm. 54. 10. *eſt præpar.*

Demonſtr.

l.54.10 ln □.op 2|2 ▭ad,
α. hyp. □.ae 3|2 □.ec..□.—, *comm.* ae,
l.54.10 ag, ge, ae *ſnt comm.* ϙe,
α. hyp. ae, *eſt ration.*
ſ.12.10 ag & ge *ſnt ration.*
α. hyp. ae, *incomm.* ab,
14. 10 ag & ge *ſnt incomm.* ab,
22. 10 ▭ah & ▭gi *ſnt medi.*
conſtr. □lm 2|2 ▭ag, & □.mn 2|2 ▭gi,
24. 10 □lm & □mn *ſnt medi.*
c.l54.10 om & mp *ſnt comm.* ϛ*n* □,
l. 54. 10 ef, fc, ec *ſnt comm.* ʒe,
α. hyp. ec, *eſt ration.*
ſ.12.10 ef & fc *ſnt ration.*
α. hyp. ec, *comm.* ab,

12. 10	ef & fc ſnt comm. ab,
10. 10	▭ek & ▭fd ſnt ration.
l. 54. 10	▭ſm 2|2 ▭eK,
ſ. 12. 10	ſm▭.om, mp, eſt ration.
concl. 38. 10	op, eſt bimed. 1.

Explicat. p nr;

hyp.	ab, eſt 5,	1. a. 1	□ln, eſt √. 1200 + 30
hyp.	ac, eſt √. 48 + 6,		lt, eſt √√. 675 + √√. 75
1. ſ. 1. d. 1	▭ad, eſt √. 1200 + 30,	6. d. 48. 10	lt, ⊔ op, eſt binom. 6.

THEOR. XXXIX. PROPOS. LVII.

Si ſpatium contineatur ſub rationali, & ex binis nominibus tertia; recta linea ſpatium potens irrationalis eſt, quæ ex binis mediis ſecunda dicitur.

Si vn eſpace eſt contenu ſous vne ligne rationelle, & vn binome troiſieſme; la ligne droicte qui peut iceluy eſpace eſt irrationelle, laquelle eſt appellee ſecond de deux mediales.

Hypoth.			▭ad 2|2 □. *bimed.* 2.
ad, *eſt* ▭. ab, ac,			*Lemm.* 54. 10. *eſt præpar.*
ab, *eſt ration.*			*Demonſtr.*
ac, *eſt binom.* 3.	α	1. 54. 10	ln□. op 2|2 ▭ad,
ae & ec *ſnt nom;*			*p demonſtr. ſml.* 56. 10.
ae 3|2 ec.			om & mp *ſnt medi.*
Req. π. *demonſtr.*			*comm.* ſn □, β

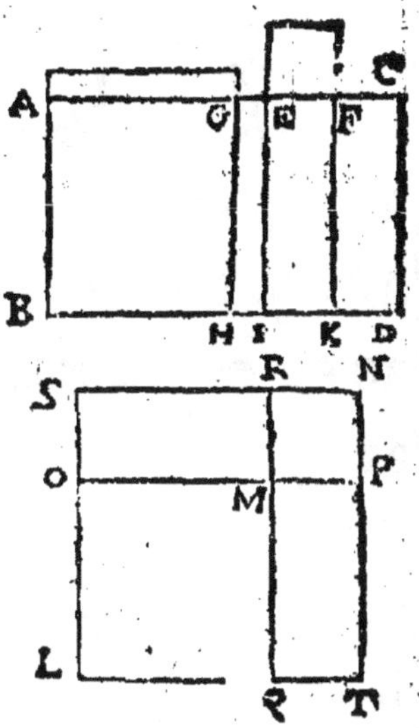

l.54.10 | ef, fc, ec *ſnt comm.* ꝗe,
α. hyp. | ec, *eſt ration.*
ſ.12.10 | ef & fc *ſnt ration.*
α. hyp. | ec, *incomm.* ab,
14.10 | ef & fc *ſnt incomm.* ab,
22.10 | ▭ek & ▭fd *ſnt medi.*
l.54.10 | ▭ſm 2|2 ▭eK,
24.10 | ſm▭.om, mp, *eſt medi.*
concl.
β, 39.10 | op, *eſt bimedi.* 2.

Explicat. p nr.

hyp. | ab, *eſt* 5,
hyp. | ac, *eſt* ν. 32 + ν. 24,
1, ſ.1. d.2 | ▭ad, *eſt* ν. 800 + ν. 600,
1. a. 1 | □ln, *eſt* ν. 800 + ν. 600,
| op, *eſt* νν. 450 + νν. 50,
| op, *eſt bimed.* 2.

THEOR. XL. PROPOS. LVIII.

Si ſpatium contineatur ſub rationali, & ex binis nominibus quarta; recta linea ſpatium potens irrationalis eſt, quæ vocatur major.

Si vn eſpace eſt contenu ſous vne ligne rationelle, & vn binome quatrieſme; la ligne droicte qui peut iceluy eſpace eſt irrationelle, laquelle eſt appellee majeure.

Hypoth.

ad, *est* ▭.ab, ac,
ab, *est ration.*
ac, *est binom. 4.*
ae & ec *snt nom;*
ae 3|2 ec,
Lemm. 54. 10. est præpar.

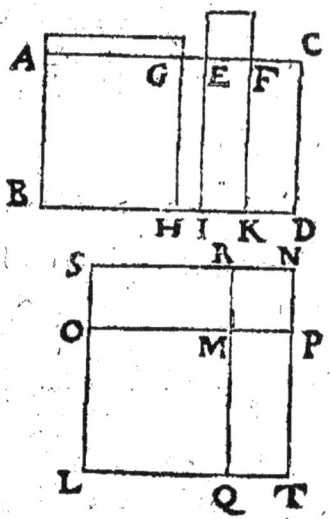

Demonstr.

l.54.10 ln □.op 2|2 ▭ad,
α. hyp. □.ae 3|2 □.ec..□.—, *incomm.* ae,
c l54.10 □.om, *incomm.* □.mp,
α. hyp. ae, *est ration.*
α. hyp. ae, *comm.* ab,
20.10 ▭ai, *est ration.*
l 54.10 & 2.a.1 □lm + □mn 2|2 ▭ai,
ſ.12.10 *aggreg..*□.lm + □.mn, *est ration.*
p demonstr. sml. 54. 10.
ſm ▭.om, mp, *est medi.*
concl. 40.10 op, *est maj.*

Explicat. p nr;

hyp.	ab, *est* 5,	1.ſ.1.d.2	▭ad, *est* 20 + γ.200,
hyp.	ac, *est* 4 + γ.8,	ſ.46.1	op, *est* γ..20 + γ.200

THEOR. XLI. PROPOS. LIX.

Si ſpatium contineatur ſub rationali, & ex binis

nominibus quinta; recta linea ſpatium potens irrationalis eſt, quæ rationale & medium potens appellatur.

Si vn eſpace eſt contenu ſous vne ligne rationelle, & vn binome cinquieſme; la ligne droicte qui peut iceluy eſpace eſt irrationelle, laquelle eſt appellee pouuant vn rationel & vn medial.

	Hypoth.	α. hyp.	□.ae 3|2 □.ec.. □.—, *incomm.* ae,
	ad, *eſt* ▭.ab, ac,	c.l.54.10	□.om, *incõm.* □.mp,
	ab, *eſt ration.*	α. hyp.	ae, *eſt ration.*
	ac, *eſt binom. 5.* α	α. hyp.	ae, *incomm.* ab,
	ae & ec *ſnt nom.*	22.10	▭ai, *eſt medi.*
	ae 3|2 ec.	l.54.10 & 2 2.1	□lm + □mn 2|2 ▭ai,
	Req. π. demonſtr.	24.10	*aggreg..* □.lm + □. mn, *eſt medi.*
	▭ad 2|2 □..—, *po. rat. & medi.*		*p demonſtr. ſml. 56.10.*
	Lemm. 54. 10. eſt præpar.		ſm ▭.om, mp, *eſt ration.*
	Demonſtr.	concl. 41.10	op, *eſt po. rat. & medi.*
l.54.10	ln □.op 2|2 ▭ad,		

Explicat. p nr;

hyp.	ab, *eſt 5,*	1.ſ.R.d.2	▭ad, *eſt 10 + γ.200,*
hyp.	ac, *eſt 2 + γ.8,*	ſ.46.1	op, *eſt γ..10 + γ.200.*

THEOR. IV. PROPOS. LX.

Si ſpatium contineatur ſub rationali, & ex binis nominibus ſexta; recta linea ſpatium potens irrationalis eſt, quæ bina media potens nominatur.

Si vn eſpace eſt contenu ſous vne ligne rationelle, & vn binome ſixieſme; la ligne droicte qui peut iceluy eſpace eſt irrationelle, laquelle eſt nommee pouuant deux mediaux.

Hypoth.

ad, *eſt* ▭.ab, ac,

ab, *eſt ration.*

ac, *eſt binom. 6.*

ae *&* ec *ſnt nom;*

ae 3|2 ec.

In figur. præceden.

Req. π. demonſtr.

▭ad 2|2 □.—, *po. 2, medi;*

Lemm. 54. 10. eſt præpar.

Demonſtr.

l. 54. 10 ln□.op 2|2 ▭ad,

p demonſtr. ſml. 59. 10.

□.om, *incomm.* □.mp,

aggreg..□.lm + □.mn, *eſt medi.*

p demonſtr. ſml. 57. 10.

ſm ▭.om, op, *eſt medi.*

concl. 42. 10 op, *eſt po. 2, med.*

Explicat. p nr;

hyp.	ab, *est* 5,
hyp.	ac, *est* γ.12 + γ.8,
	▭ad, *est* γ.300 + γ.200,
	op, *est* γ.. γ.300 + γ.200.

Lemm.

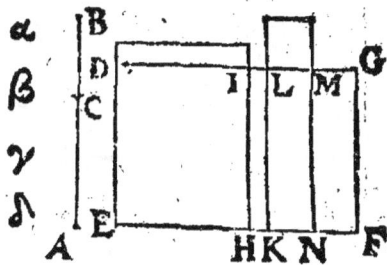

hyp.	ab, *est* ——,	
hyp.	ac 3|2 cb,	
4. app.	▭df 2|2 □.ab,	α
4. app.	▭dh 2|2 □.ac,	β
4. app.	▭ik 2|2 □.cb,	γ
10. 1	lm 2|2 cb,	δ
31. 1	mn ═ lk, ⊔ gf.	
	Req. π. demonstr.	
	▭.acb, ▭ln, ▭mf *snt* 2|2 ⊄e,	
	dl 3|2 lg.	

B D C E A — I L M G — H K N F

Demonstr.

αβγ 4. 2, & 3. a. 1	▭lf 2|2 2▭.acb,	ε
δ. 36. 1	▭ln 2|2 ▭mf,	
1. concl. 7. a. 1	▭.acb, ▭ln. ▭mf *snt* ⊄e,	θ
7. 2	□.ac + □.cb 3|2 2▭acb,	
βγ. 2. a. 1	▭dk 2|2 □.ac + □.cb,	κ
ε	▭lf 2|2 2▭acb,	
1. a. b	▭dk 3|2 ▭lf,	

2 concl. 1. 6 dl 3|2 lg.

Coroll. 1.

hyp. ac, *comm.* cb ǂn □.

Req. π. demonstr.

▭dk, *comm.* □.ac, & □.cb,

dl, *incomm.* lg,

□.dl 3|2 □.lg..□.—, *comm.* dl.

Demonstr.

hyp. □.ac, *comm.* □.cb,

16. 10 *aggreg..*□.ac+□.cb, *comm.* □.ac & □.cb,

1.concl. ▭dk, *comm.* □.ac & □.cb,

2.10. 10 / 1.26.10 *aggreg..*□.ac+□.cb, *incomm.* 2▭.acb,

2 concl. / sx.13.10 dl, *incomm.* lg,

1.22.6 □.ac π ▭.acb 2|2 ▭.acb π □.cb,

20.7.5 ▭dh π ▭ln 2|2 ▭ln π ▭ik,

1. 6 di π lm 2|2 lm π il,

17. 6 ▭dil 2|2 □.lm, λ

hyp. □.ac, *comm.* □.cb,

ẟs.10.10 ▭dh, *comm.* ▭ik,

10. 10 di, *comm.* il,

3.concl. 18.10 □.dl 3|2 □.lg..□.—, *comm.* dl.

Coroll. 2.

hyp. □ ac, *incomm.* □.cb.

Req. π. demonstr.

□.dl 3|2 □.lg..□.—, *incomm.* dl.

Demonſtr.

A ▭dil 2|2 □.lm,
hyp. □.ac, *incomm.* □.cb,
δ ▭dh, *incomm.* ▭ik,
10. 10 di, *incomm.* il,
concl. 19. 10 □.dl 3|2 □.lg..□.—, *incomm.* dl.

THEOR. XLIII. PROPOS. LXI.

Quadratum eius, quæ ex binis nominibus, ad rationalem applicatum, latitudinem facit ex binis nominibus primam.

Le quarré d'vn binome, appliqué ſur vne ligne rationelle, fait la latitude binome premier.

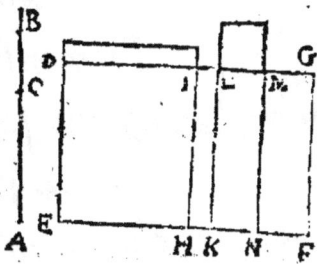

Hypoth.

ab, *eſt binom.* α
ac & cb *ſnt nom.*
ac 3|2 cb,
de, *eſt ration. expoſ.*
▭df 2|2 □.ab.

Req. π. *demonſtr.*

dg, *eſt binom.* 1.

Lemm. 60. 10. *eſt præpar.*

Demonſtr.

α. hyp. ac & cb *ſnt ration. comm. in* □, β
1. 60. 10 ▭dk, *comm.* □.ac,
6. 12. 10 ▭dk, *eſt ration.*
11. 10 dl, *eſt ration. comm.* de, γ
β. 22. 10 ▭acb, *eſt medi.*
24. 10 2▭acb, *eſt medi.*

1.60.10 ▭lf 2|2, 2▭acb,
24.10 ▭lf, *est medi.*
23.10 lg, *est ration. in-*
comm. de,

γ.13.10 dl, *incomm.* lg,
1c|60.10 □.dl 3|2 □.lg..□.—,
comm. dl,
concl. 1d48.10 dg, *est binom. 1.*

THEOR. XLIV. PROPOS. LXII.

Quadratum eius, quæ ex binis mediis prima, ad rationalem applicatum, latitudinem facit ex binis nominibus secundam.

Le quarré d'vne ligne premiere de deux mediales appliqué sur vne ligne rationelle, faict la latitude vn binome second.

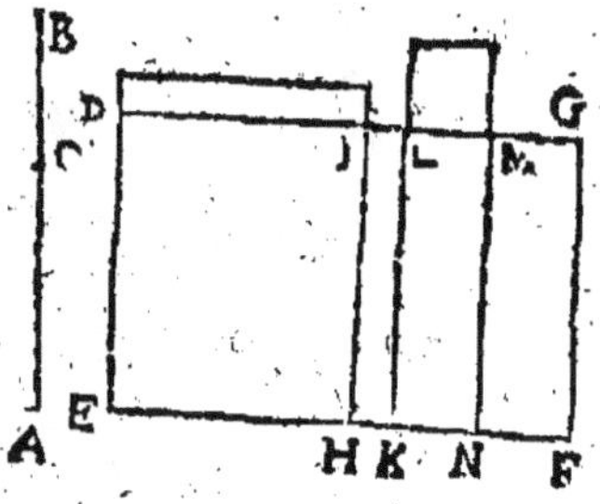

Hypoth.
ab, *est bimed. 1.* α
ac & cb *snt nom.*
ac 3|2 cb,
de, *est ration. expos.*
▭df 2|2 □.ab.
Req. π. demonstr.
dg, *est binom. 2.*

Lemm. 60. 10. est præpar.
Demonstr.
α. hyp. ac & cb *snt medi. comm. in* □,
1.60.10 ▭dk, *comm.* □.ac,
24.10 ▭dk, *est medi.*
23.10 dl, *est ration. in-*
comm. de, γ
α. hyp. ▭.acb, *est ration.*
c.12.10 2▭acb, *est ration.*
1.60.10 ▭lf 2|2, 2▭acb,
c.12.10 ▭lf, *est ration.*

lg

21. 10	lg, *est ration.*	β. cl. 60 10.	□.dl 3|2 □.lg..□.—,
	comm. de,		*comm.* dl,
γ. 13. 10	dl, *incomm.* lg,	concl. 2d48.10	dg, *est binom.* 2.

THEOR. XLV. PROPOS. LXIII.

Quadratum eius, quæ ex binis mediis secunda, ad rationalem applicatum, latitudinem facit ex binis nominibus tertiam.

Le quarré d'vne ligne seconde de deux mediales, appliqué à vne ligne rationelle, fait la latitude binome troisiesme.

	Hypoth.	α. hyp.	□.ac, *est medi.*
	ab, *est bimed.* 2. α	24. 10	▭dk, *est medi.*
	ac & cb *snt nom*;	23. 10.	dl, *est ration.*
	ac 3|2 cb,		*incomm.* de,
	de, *est ration. expos.*	α. hyp.	▭.acb, *est medi.*
	▭df 2|2 □.ab.	24. 10	2▭.acb, *est medi.*
	Req. π. *demonstr.*	1. 60. 10	▭lf 2|2, 2▭acb,
	dg, *est binom.* 3.	24 10	▭lf, *est medi.*
	Lemm. 60. 10. *est*	23. 10	lg, *est ration. in-*
	præpar.		*comm.* de,
	Demonstr.	cl 60 10	dl, *incomm.* lg,
α. hyp.	ac & cb *snt medi.*	β. cl. 60 10	□.dl 3|2 □.lg..□.—,
	comm. in □, β		*comm.*dl,
1. 60. 10	▭dk, *comm.* □.ac,	concl. 3d 48. 10	dg, *est binom.* 3.

THEOR. XLVI. PROPOS. LXIV.

Quadratum majoris ad rationalem applicatum, latitudinem facit ex binis nominibus quartam.

Le quarré d'une ligne majeure, appliqué à une ligne rationelle, fait la latitude binome quatriesme.

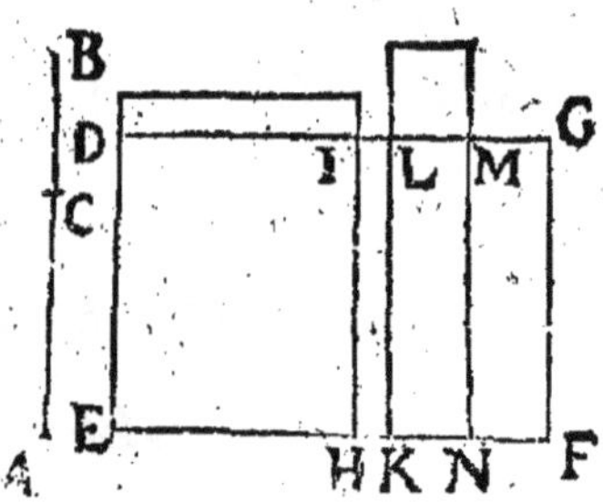

Hypoth.

ab, *eſt maj.* α
ac & cb *ſnt nom;*
ab 3|2 cb,
de, *eſt ration. expoſ.*
▭df 2|2 □.ab.

Req. π. demonſtr.

dg, *eſt binom. 4.*

Lemm. 60. 10. eſt præpar.

Demonſtr.

α. hyp.	*aggreg..* □.ac + □.cb, *eſt ration.*
1.60.10	▭dk 2|2 □.ac + □.cb
ſ.12.10	▭dk, *eſt ration.*
21.10	dl, *eſt ration. comm.* de, β
α. hyp.	▭.acb, *eſt medi.*
24.10	2▭.acb, *eſt medi.*
1.60.10	▭lf 2|2, 2▭.acb,
24.10	▭lf, *eſt medi.*
23.10	lg, *eſt ration. incomm.* de,
β.12.10	dl, *incomm.* lg,
α. hyp.	□.ac, *incomm.* □.bc,
1.60.10	□.dl 3|2 □.lg..□.—, *incomm.* dl,
concl. 4d48.10	dg, *eſt binom. 4.*

THEOR. XLVII. PROPOS. LXV.

Quadratum eius, quæ rationale ac medium

poteſt, ad rationalem applicatum, latitudinem facit ex binis nominibus quintam.

Le quarré d'vne ligne pouuant vn rationel & vn medial, appliqué à vne ligne rationelle, fait la latitude binome cinquieſme.

Hypoth.

ab, *eſt rat & med. po.*

ac & cb *ſnt nom.*

ac 3|2 cb,

de, *eſt ration. expoſ.*

▭df 2|2 □.ab.

Req. π. demonſtr.

dg, *eſt binom.* 5.

Lemm. 60. 10. eſt præpar.

Demonſtr.

α. hyp. *aggreg..*□.ac + □.cb *eſt medi.*

l. 60. 10	▭dk 2|2 □.ac + □.cb
24. 10	▭dk, *eſt medi.*
23. 10	dl, *eſt ration. incomm.* de, β
α. hyp.	▭.acb, *eſt ration.*
ſ. 12. 10	2▭acb, *eſt ration.*
l. 60. 10	▭lf 2|2, 2▭acb,
ſ. 12. 10	▭lf, *eſt ration.*
21. 10	lg, *eſt ration. cōm.* de,
β. 13. 10	dl, *incomm.* lg,
α. hyp.	□.ac, *incomm.* □.bc,
l. 60. 10	□.dl 3|2 □.lg..□.—, *incomm.* dl,
concl. 5d48. 10	dg, *eſt binom.* 5.

THEOR. XLVIII. PROPOS. LXVI.

Quadratum eius, quæ bina media poteſt, ad rationalem applicatum, latitudinem facit ex binis nominibus ſextam.

Le quarré d'vne ligne pouuant deux mediaux, appli-

qué à vne ligne rationelle, fait la latitude, binome sixiesme.

Hypoth.

ab, *est* 2; *medi. po.*
ac & cb *snt nom*;
ac 3|2 cb,
de, *est ration. expos.*
▭df 2|2 □.ab.

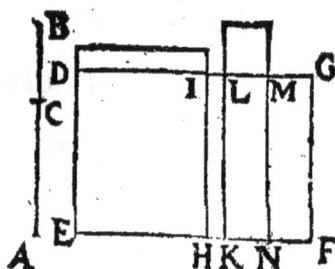

Req. π. demonstr.

dg, *est binom. 6.*
Lemm. 60. 10. est præpar.

Demonstr.

p demonstr. 65. 10. dl, *est ration. incomm.* de,
p demonstr. 64. 10. lg, *est ration. incomm.* de,
l.60.10 □.dl 3|2 □. lg.. □.—, *incomm.* dl,
α. hyp. *aggreg..* □. ac + □.cb, *incomm.* ▭.acb,
l. 60.10 ▭dk 2|2 □.ac + □.cb,
l. 60.10 ▭ln 2|2 ▭.acb,
14. 10 ▭dk, *incomm.* ▭ln,
1. 6 ▭lf 2|2, 2▭ln,
10. 10 ▭dk, *incomm.* ▭lf,
1. 6, & 10. 10 dl, *incomm.* lg,
concl. 6d48.10 dg, *est binom.* 6.

Lemm.

hyp. de, *comm.* ab,

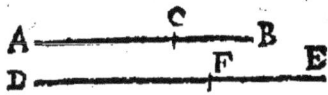

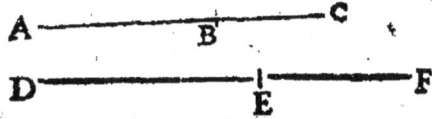

hyp.	ab π de 2|2 ac π df. α
	Req. π. demonstr.
	df, *comm.* ac, & fe, *comm.* cb,
	df π fe 2|2 ac π cb,
	▭.acb, *comm.* ▭.dfe,
	aggreg.. □.ac+□.cb, *comm. aggreg..* □.df+□.fe.
	Demonstr.
α. 19.5	ab π de 2|2 cb π fe, β
hyp.	de, *comm.* ab,
1.concl. 10.10	df, *comm.* ac, & fe, *comm.* cb, γ
αβ. 11.5	ac π df 2|2 cb π fe,
2 concl. 16.5	ac π cb 2|2 df π fe, δ
1. 6	□.ac π ▭.acb 2|2 ac π cb, ⊔ df π fe,
1. 6	□.df π ▭.dfe 2|2 df π fe,
11. 5	□.ac π ▭acb 2|2 □.df π ▭.dfe,
16. 5	□.ac π □.df 2|2 ▭acb π ▭.dfe,
γ	□.ac, *comm.* □.df,
3.concl. 10.10	▭.acb, *comm.* ▭.dfe,
δ. 22. 6	□.ac π □.cb 2|2 □.df π □.fe, ε
2. c18. 5	□.cb π □.ac+□.cb 2|2 □.fe π □.df+□.fe,
16. 5.	□.cb π □.fe 2|2 □.ac+□.cb π □.df+□.fe,
γ	□.cb, *comm.* □.fe,

4 cõcl. 10. 10	*aggreg.*.□.ac+□.cb, *comm. aggreg.*.□.df+□.fe.
	Coroll. 1.
hyp.	ac, *comm.* cb *in* □,
ſ.10.10	df, *comm.* fe *in* □.
	Coroll. 2.
hyp.	□.ac, *incomm.* □.cb,
ſ.10.10	□.df, *incomm.* □.fe.

THEOR. XLIX. PROPOS. LXVII.

Ei, quæ ex binis nominibus, longitudine commenſurabilis, & ipſa ex binis nominibus eſt, atque ordine eadem.

La ligne commenſurable en longitude au binome, eſt auſſi binome, & de meſme ordre.

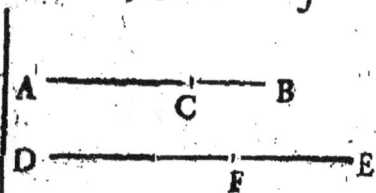

		Præpar.
A — C — B	12. 6	ab π de 2|2 ac π df.
D — F — E		*Demonſtr.*
	1. 66. 10	df, *comm.* ac, &
Hypoth.		fe, *comm.* cb, β
ab, *eſt binom.* α	α. hyp.	ac & cb *ſnt ration.*
ac & cb *ſnt nom.*	ſ.12.10	df & fe *ſnt ration.*
ac 3|2 cb,	α. hyp.	ac, *comm.* cb *in* □,
de, *comm.* ab.	c.166.10	df, *comm.* fe *in* □,
Req. π. demonſtr.	37. 10	de, *eſt binom.*
de, *eſt binom..ord.*.ab	1. 66. 10	ac π cb 2|2 df π fe,

suppos.	ac 3|2 cb.. □. —,
	comm. ac,
15. 10	df 3|2 fe.. □. —,
	comm. df,
bino. 1. suppos.	ac, *cōm. ration. expos.*
β	df, *comm.* ac,
bino. 1. 12. 10	df, *cōm. ration. expos.*
bino. 2. suppos.	cb, *cōm. ration. expos.*
β	fe, *comm.* cb,
bino. 2. 12. 10	fe, *cōm. ration. expos.*
bino. 3. suppos.	ac & cb, *incomm. ration. expos.*
bino. 3. 14. 10	df & fe, *incomm.*

	ration. expos.
suppos.	ac 3|2 cb.. □.. —,
	incomm. ac,
15. 10	df 3|2 fe.. □.. —,
	incomm. df,
bino. 4. suppos	ac, *cōm. ration. expos.*
bino 4. 12. 10	df, *cōm. ration. expos.*
bino. 5. suppos.	cb, *cōm. ration. expos.*
binom. 5 12. 10	fe, *cōm. ration. expos.*
bino. 6. suppos.	ac & cb, *incomm. ration. expos.*
bino. 6. 14. 10	df & fe, *incomm. ration. expos.*

THEOR. L. PROPOS. LXVIII.

Ei, quæ ex binis mediis, longitudine commensurabilis, & ipsa ex binis mediis est, atque ordine eadem.

La ligne droicte commensurable à vne ligne bimediale; icelle est aussi bimediale, & de mesme ordre.

	Hypoth.		*Req. π. demonstr.*
	ab, *est bimed.* α		de, *est bimed.. ord.* ab.
	ac & cb *snt nom;*		*Præpar.*
	ac 3|2 cb,	12. 6	ab π de 2|2 ac π df.
	de, *comm.* ab.		*Demonstr.*

1. 66. 10	df, *comm.* ac,	suppos.	▭.acb, *est ration.*
1. 66. 10	fe, *comm.* cb,	1. 66. 10	▭.dfe, *cõm.* ▭acb, β
α. hyp.	ac & cd *snt medi.*	f. 12. 10	▭dfe, *est ration.*
24. 10	df & fe *snt medi.*	1. concl. 38. 10	de, *est bimed. 1.*
α. hyp.	ac, *comm.* cb *in* □,	suppos.	▭.acb, *est medi.*
10. 10	fd, *comm.* fe *in* □,	β. 24. 10	▭.dfe, *est medi.*
38. 10	de, *est bimed.*	2 concl. 39. 10	de, *est bimed. 2.*

THEOR. LI. PROPOS. LXIX.

Majori commensurabilis, & ipsa major est.

La ligne droicte commensurable à vne ligne majeure, est aussi ligne majeure.

A ——— C ——— B

D ——— F ——— E

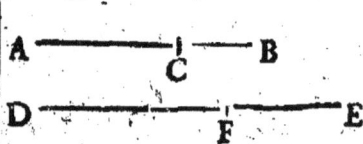

		α. hyp.	□.ac, *incomm.* □.cb,
		1. 61. 10.	□.df, *incomm.* □.fe,
	Hypoth.	α. hyp.	*aggreg..* □.ac + □.cb, *est ration.*
	ab, *est maj.* α	1. 66. 10	*aggreg..* □.df + □fe, *comm. aggreg.* □.. □.ac + □.cb,
	ac & cb *snt nom.*		
	ae 3|2 cb,		
	de, *comm.* ab.	f. 12. 10	*aggreg..* □.df + □.fe, *est ration.*
	Req. π. demonstr.		
	de, *est maj.*	α. hyp.	▭.acb, *est medi.*
	Præpar.	1. 66. 10	▭.dfe, *cõm.* ▭.acb,
12 16	ab π de 2|2 ac π df.	24. 10	▭.dfe, *est medi.*
	Demonstr.	concl. 40. 10	de, *est maj.*

THEOR. LII. PROPOS. LXX.

Rationale ac medium potenti commensurabilis, & ipsa rationale ac medium potens est.

La ligne commensurable à vne ligne pouuant vn rationel & vn medial, est aussi ligne pouuant vn rationel & vn medial.

	Hypoth.	α. hyp.	*aggreg..*□.ac+□.cb, *est medi.*
	ab, *est* —, *po. rat. & medi.* α	1. 66. 10	*aggreg..*□.df+□.fe, *comm. aggreg..*□.ac +□.cb,
	ac & cb *snt nom.*		
	ac 3|2 cb,		
	de, *comm.* ab.	24. 10	*aggreg..*□.df+□.fe *est medi.*
	Req. π. demonstr.		
	de, *est* —, *po. rat. & medi.*	α. hyp.	▭.acb, *est ration.*
		1. 66. 10	▭.dfe, *com.*▭.acb,
	Demonstr.	f. 12. 10	▭dfe, *est ration.*
α. hyp.	□.ac, *incomm.* □.cb,	concl. 41. 10	de, *est* —, *po. rat. & medi.*
1. 66. 10	□.df, *incomm.* □.fe,		

THEOR. LIII. PROPOS. LXXI.

Bina media potenti commensurabilis, & ipsa bina media potens est.

La ligne commensurable à vne ligne pouuant deux mediaux, est aussi ligne pouuant deux mediaux.

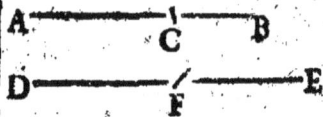

A C B
D F E

Hypoth.

ab, *est* —, *po.* 2; *medi*; α

ac & cb *snt nom.*

ac 3|2 cb,

de, *comm.* ab.

Req. π. *demonstr.*

de, *est* —, *po.* 2; *medi*;

Præpar.

12. b ab π de 2|2 ac π df.

Demonstr.

hyp. □.ac, *incomm.* □.cb,

l.66.10	□.df, *incomm.* □.fe,
hyp.	*aggreg.*.□.ac+□.cb, *est medi.*
l. 66.10	*aggreg.*.□.df+□.fe, *cõm. aggreg.*.□.ac +□.cb, β
24.10	*aggreg.*.□.df+□.fe, *est medi.*
hyp.	▭.acb, *est medi.*
l.66.10	▭.dfe, *cõm.* ▭acb, γ
24.10	▭.dfe, *est medi.*
hyp.	*aggreg.*. □.ac+□.cb *incomm.* ▭. acb,
βγ 14.10	*aggreg.*. □.df+□.fe *incomm.* ▭.dfe,
concl.	
42.10	de, *est* —, *po.* 2; *medi.*

THEOR. LIV. PROPOS. LXXII.

Si rationale & medium componantur, quatuor irrationales fiunt; vel ea, quæ ex binis nominibus, vel quæ ex binis mediis prima, vel maior, vel rationale ac medium potens.

Si vne superficie rationelle & vne mediale sont composées, il se fait quatre irrationelles, sçauoir celle qui est ditte binome, ou bimediale premiere, ou ligne maieure, ou ligne pouuant vn rational & vn medial.

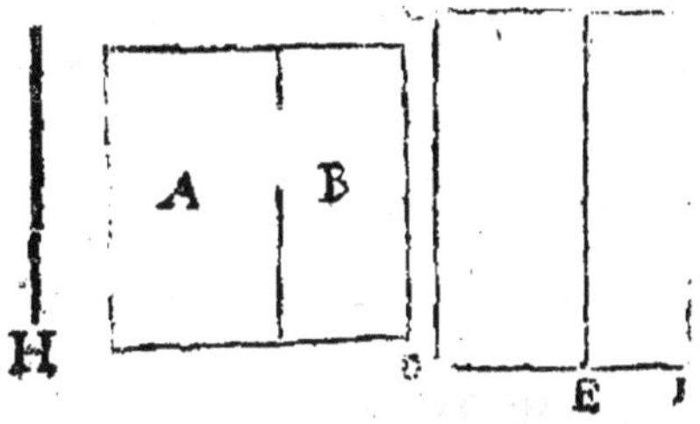

	Hypoth.
	▭.a, *est ration.*
	▭b, *est medi.*
	□.h 2|2 a-+b.
	Req. π. demonstr.
	h, *est binom.* ⅠⅠ *bimed.*
	I. ⅠⅠ *maj.* ⅠⅠ *po. rat.*
	& med.
	Præpar.
suppos.	cd, *est ration. expos.*
4. app.	▭ce 2|2 ▭a,
4. app.	▭fi 2|2 ▭b.
	Demonstr.
1. a. 1	□.h 2|2 ▭ci, *α*
hyp.	a, *est ration.*
ſ 12.10	▭ce, *est ration.*
21.10	cf, *est ration. cōm.* cd,
hyp.	b, *est medi.*

c.24.10	fi, *est medi.*
23.10	fk, *est ration. incomm.* cd,
13.10	fk, *incomm.* cf,
27.10	ck, *est binom.*
suppos.	▭a 3|2 ▭b,
1 a. d.	▭ce 3|2 ▭fi,
1. 6	cf 3|2 fk,
suppos.	cf 3|2 fk.. □.. ——, *comm.* cf,
1d48.10	ck, *est binom.* 1.
1. concl. α. 55.10	h, *est binom.*
suppos.	cf 3|2 fk.. □. ——, *incomm.* cf,
4d48.10	ck, *est binom.* 4.
2 concl. α. 58.10	h, *est maj.*
suppos.	▭a 2|3 ▭b,
1. a. d.	▭ce 2|3 ▭fi,
1 6	cf 2|3 fk,
suppos.	fk 3|2 cf.. □. ——, *comm.* fk,
2d48.10	ck, *est binom.*
3. concl. α. 56.10	h, *est bimed.* 1.

suppos.	fK 3|2 cf.. □.. —,	5d48.10	ck, *est binom. 5.*
	incomm. fK,	4 concl. 59. 10	h, *est rat. & med. po.*

THEOR. LV. PROPOS. LXXIII.

Si duo media inter se incommensurabilia componantur, duæ reliquæ irrationales fiunt, vel ex binis mediis secunda, vel bina media potens.

Si deux superficies mediales, incommensurables entr'eux sont composees, se font les deux autres lignes irrationelles, sçauoir où la bimediale seconde, ou la ligne pouuant deux mediaux.

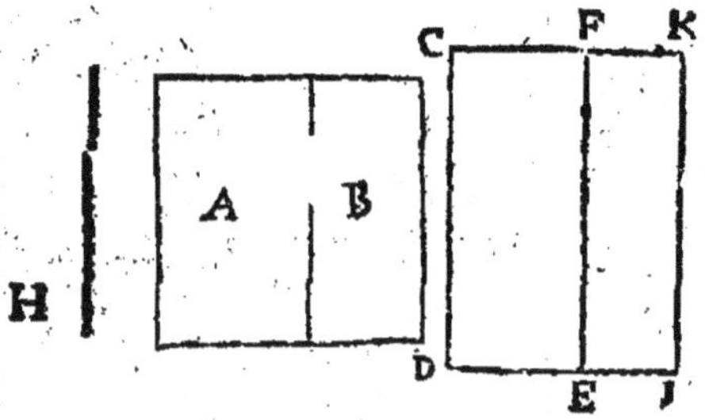

Hypoth.

a & b *snt medi;*

a, *incomm.* b, α

□.h 2|2 a+b.

Req. π. demonstr.

h, *est bimed. 2.*

II *po. 2; medi;*

Præpar.

suppos. cd, *est ration. expos.*

4. app.	▭ce 2|2 ▭a,
4. app.	▭fi 2|2 ▭b.
	Demonstr.
1. a. 1	□.h 2|2 ▭ci, β
hyp.	a & b *snt medi;*
24. 10	ce & fi *snt medi;*
23. 10	cf & fK *snt ration;*
23. 10	cf & fK *snt incom.* cd
α. hyp.	ce, *incomm.* fi,
16 & 10. 10	cf, *incomm.* fK,
37. 10	ck, *est binom.*
suppos.	▭a 3|2 ▭b,
1. a. d.	▭ce 3|2 ▭fi,
1. 6	cf 3|2 fK,

suppos.	cf 3|2 fk..□.——, comm. cf,	suppos.	cf 3|2 fk..□.——, incomm. cf,
3d 48.10	ck, *est binom. 3.*	6d 48.10	ck, *est binom. 6.*
1. concl. 8. 57.10	h, *est bimed. 2.*	2 concl. 60. 10	h, *est —po. 2; medi;*

PRINCIPIVM SENARIORVM per detractionem.

ICY COMMENCENT LES SIXAINES des lignes irrationelles par le retranchement.

THEOR. LVI. PROPOS. LXXIV.

Si à rationali rationalis auferatur potentia tantum commensurabilis existens toti: reliqua irrationalis est, vocetur autem apotome.

Si d'vne ligne rationelle on retranche vne ligne rationelle, commensurable en puissance seulement à la toute: la restante est irrationelle, soit appellee apotome ou residu.

D E F		ef, *est irration.*
Hypoth.		*Demonstr.*
df & de *snt ration.*	1.16.10	□.ef, *incomm.* □.de,
commun. ꝭn □. α	hyp.	□.de, *est ration.*
Req. π. demonstr.	concl. 10.d.10	□.ef, *est irration.*

Explicat. p nr;

df, *est 2.*		ef, *est 2 ∼ γ.3.*
de, *est γ.3.*		

Si EF est apotome, vel residuũ, DE erit congruens.	*Si EF est apotome ou residu, DE sera congruent.*

THEOR. LVII. PROPOS. LXXV.

Si à media, media auferatur potentia tantum commensurabilis existens toti, quæ cum tota rationale contineat, reliqua irrationalis est: vocetur autem mediæ apotome prima.

Si d'vne ligne mediale on retranche vne ligne mediale, commensurable en puissance seulement à la toute, laquelle contienne vn rectangle rationel auec la toute, le reste est irrationel: soit appellé residu medial premier.

D E F		*Req.* π. *demonstr.*
		ef, *est resid.* 1.
Hypoth.		*Demonstr.*
df & de *snt medi.*	a c 26.10	□.ef, *incomm.* ▭.fde
comm. ĩn □, a	hyp.	▭.fde, *est ration.*
▭.fde, *est ration.*	10. d. 10	ef, *est irration.*

Explicat. ꝑ *nr.*

df, *est* √√. 54,	ef, *est* √√. 54 ~ √√. 24.
de, *est* √√. 24,	

THEOR. LVIII. PROPOS. LXXVI.

Si à media media auferatur potentia tantum commensurabilis existens toti, quæ cum tota medium contineat, reliqua irrationalis eſt: vocetur autem mediæ apotome ſecunda.

Si d'vne ligne mediale on retranche vne ligne mediale, commenſurable en puiſſance ſeulement à la toute, laquelle contienne auec la toute vn rectangle medial, le reſte eſt irrationel; ſoit appellé apotome ou reſidu medial ſecond.

	D E F	16. 10	□.fd+□.de, *comm.* □.de,
	Hypoth.		*aggreg.*
	df & de *ſnt medi;*	c.24.10	□.fd +□.de } *eſt medi.*
	comm. in □,		
	▭.fde, *eſt medi.*	hyp.	▭.fde, *eſt medi.*
	Req. π. demonſtr.	c.24.10	2▭.fde, *eſt medi.*
	ef, *eſt reſid.* 2.		□.fd
	Demonſtr.	7. 2	+□.de } 2|2 □.ef,
hyp.	□.fd, □.de *ſnt medi;*		∼2▭.fde
hyp.	□.fd, *comm.* □.de,	concl. 17. 10	ef, *eſt irration.*

Explicat. p nr;

df, *eſt* $\gamma\gamma$. 18,		ef, *eſt* $\gamma\gamma$. 18∼$\gamma\gamma$. 8.
de, *eſt* $\gamma\gamma$. 8,		

THEOR. LIX. PROPOS. LXXVII.

Si à recta linea, recta auferatur potentia incommenſurabilis exiſtens toti, quæ cum tota faciat compositum quidem ex ipsarum quadratis rationale, quod autem sub ipsis continetur, medium; reliqua irrationalis est: vocetur autem minor.

Si d'vne ligne droicte on retranche vne ligne droicte, incommensurable en puissance à la toute, faisant auec la toute le composé de leurs quarrez rationel, & le rectangle contenu sous icelles medial; la restante est irrationelle: soit icelle appellee mineure.

Hypoth.

□.ac, *incomm.* □.ab,

aggreg..□.ac + □.ab, *est ration.*

▭.cab, *est medi.*

Req. π. *demonstr.*

bc, *est irration.*

a A B C

Demonstr.

hyp. *aggreg.*.□.ac + □.ab, *est ration.*

α.24.10 2▭.cab, *est medi.*

f. 12. 10 2▭.cab, *incomm. aggreg.*.□.ac + □.ab,

7. 2 □.ac + □.ab 2|2, 2▭.cab + □.bc,

17. 10 □.bc, *incomm. aggreg.*□.ac + □.ab,

concl. 27. 10 bc, *est irration.*

Explicat. p nr;

ac, *est* $\sqrt{}$.. 18 + $\sqrt{}$. 108,

ab, *est* $\sqrt{}$.. 18 ~ $\sqrt{}$. 108,

bc, *est* $\sqrt{}$..18 + $\sqrt{}$.108, ~ $\sqrt{}$..18 ~ 108.

THEOR.

THEOR. LX. PROPOS. LXXVIII.

Si à recta, recta auferatur potentia incommensubilis existens toti, quæ cum tota faciat compositum quidem ex ipsarum quadratis medium; quod autem sub ipsis continetur, rationale: reliqua irrationalis est: vocetur autem cum rationali medium totum efficiens.

Si d'vne ligne droicte est retranchee vne ligne droicte, incommensurable en puissance à la toute; faisant auec la toute le composé de leurs quarrez medial; mais le rectangle contenu sous icelles rationel, la restante est irrationelle: soit appellee ligne faisant auec vn espace rationel vn tout medial.

Hypoth. D———E——F

□.df, *incomm.* □.de,

aggreg..□.df+□.de, *est medi.* α

▭.fde, *est ration.* β

Req. π. demonstr.

ef, *est irration.*

Demonstr.

β f.12.10 2▭fde, *est ration.*

α f.12.10 2▭fde, *incomm. aggreg..*□.df+□.de,

7. 2 □.df+□.de 2|2 2▭.fde+□.ef,

17. 10 2▭.fde, *incomm.* □.ef,

β f. 12. 10	□.ef, *est irration.*	
concl. 11. d. 10	ef, *est irration.*	D E F

Explicat. p nr;

df, *est* √.. √. 216 + √. 72,
de, *est* √.. √. 216 ∼ √. 72,
ef, *est* √.. 216 + √. 72, ∼ √.. 216 ∼ √. 72,

THEOR. LXI. PROPOS. LXXIX.

Si à recta, recta auferatur potentia incommensurabilis existens toti, quæ cum tota faciat & compositum ex ipsarum quadratis, medium, & quod sub ipsis continetur, medium, incommensurabiléque composito ex quadratis ipsarum: reliqua irrationalis est. Vocetur autem cum medio medium totum efficiens.

Si d'vne ligne droicte on retranche vne ligne droicte, incommensurable en puissance à la toute, laquelle auec la toute face le composé de leurs quarrez medial, & le rectangle contenu sous icelles medial, & incommensurable au composé de leurs quarrez: la restante est irrationelle. Soit appellee faisant vn tout medial auec vn rectangle medial.

Hypoth.	
□.df, *incomm.* □.de,	aggreg.. □.df + □.de, *est medi.* α

▭.fde, *est medi.* β

Req. π. demonstr.

ef, *est irration.*

D E F

Demonstr.

β.24.10 2▭.fde, *est medi.*

7. 2 □.df+□.de∼2▭fde 2|2 □.ef,

concl. 27.10 ef, *est irration.*

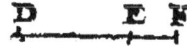

Explicat. p nr;

df, *est* $\gamma..\gamma.180+\gamma.60$,	ef, *est* $\gamma..\gamma.180+\gamma.60$,
de, *est* $\gamma..\gamma.180\sim\gamma.60$,	$\sim\gamma..\gamma.180\sim\gamma.60$.

LEMM.

Si idem sit excessus inter primam magnitudinem & secundam, qui inter tertiam magnitudinem & quartam; erit & vicissim idem excessus inter primam magnitudinem & tertiam, qui inter secundam & quartam.

S'il y a mesme excez entre la premiere & seconde grandeur, qu'entre la troisiesme & la quatriesme; il y aura aussi alternatiuement mesme excez entre la premiere grandeur & la troisiéme, qu'entre la seconde & la quatriesme.

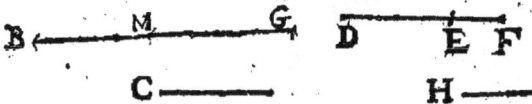

B M G D E F

C H

Hypoth.	3. 1	mg 2|2 c,
bg.∼:c 2|2 df.∼:h.	3. 1	ef 2|2 h.
Req. π. demonstr.		*Demonstr.*
bg.∼:df 2|2 c.∼:h.	hyp.	bm 2|2 de,
Præpar.	concl. 16. a. 1	bg.∼:df 2|2 c.∼:h.

Hæc nota .~: significat differentiam.

Ceste note .~: signifie la difference.

COROLL.

Ex hoc lemmate constat, quatuor magnitudines Arithmeticam proportionem habentes, habere quoque vicissim Arithmeticam proportionem.

Il appert de ce lemme, que quatre grandeurs ayans proportion Arithmetique, qu'en permutant elles auront aussi proportion Arithmetique.

THEOR. LXII. PROPOS. LXXX.

Apotomæ vna tantum congruit recta linea rationalis potentia solùm commensurabilis existens toti.

Au residu ou apotome conuient tant seulement vne seule ligne droicte rationelle, commensurable en puissance seulement à la toute.

Hypoth.

ab, *est apotom.*

bc, *est congruen.*

A B C D

Req. π. *demonstr.*

bd, ñ, *est congruen.*

Demonstr.

suppos. bd, *est congruen.*

22.10 ▭.acb, & ▭.adb *snt medi;*

c.24.10 2▭.acb & 2▭.adb *snt medi;* a

7. 2 □.ac + □.bc ~ 2▭.acb 2|2 □.ab,

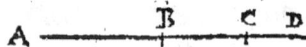

7. 2	□.ad + □.bd ~ 2▭.adb 2|2 □.ab,	
I.79.10	□.ac + □.bc .~: □.ad + □.bd } 2|2 2▭.acb .~: 2▭.adb,	β
hyp. & suppos.	□.ac + □.bc, & □.ad + □.bd *snt ration;*	
s. 27.10	□.ac + □.bc .~: □.ad + □.bd, *est ration.*	γ
βγ	2▭.acb .~: 2▭.adb, *est ration.*	
α	*contr. 27.10.*	

THEOR. LXIII. PROPOS. LXXXI.

Mediæ apotomæ primæ vna tantùm congruit recta linea media, potentia solùm commensurabilis existens toti, & cum tota rationale continens.

Au residu medial premier ne conuient qu'vne seule ligne mediale, commensurable en puissance seulement à la toute, contenant auec la toute vn rectangle rationel.

A B C D

	Hypoth.	hyp.	□.ac & □.bc *snt medi.*
	ab, *est apotom. 1.. medi.*	hyp.	□.ac, *comm.* □.bc,
	bc, *est congruen.*	16. 10	*aggreg..* □.ac + □.bc *comm.* □.ac,
	Req. π. demonstr.	c.24.10	*aggreg..* □.ac + □.bc *est medi.* α
	bd, *n̄, est congruen.*	suppos.	□.ad & bd *snt medi.*
	Demonstr.	d. α	*aggreg..* □.ad + □.bd, *est medi.* β
suppos.	bd, *est congruen.*		

hyp. & suppos.	▭.acb & ▭.adb *sont ration.*	A B C D
s.22.10	2▭.acb & 2▭.adb *sont ration.*	
s.27.10	2▭.acb .∼: 2▭.adb, *est ration.*	γ
7. 2	□.ac + □.bc ∼ 2▭.acb 2|2 □.ab,	
7. 2	□.ad + □.bd ∼ 2▭.adb 2|2 □.ab,	
1.79.10	□.ac + □.bc .∼: □.ad + □.bd } 2|2, 2▭.acb .∼: 2▭.adb,	δ
γδ	□.ac + □.bc .∼: □.ad + □.bd, *est ration.*	
αβ	*contr. 27. 10.*	

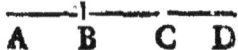

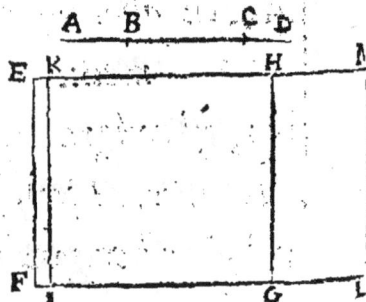

THEOR. LXIV. PROPOS. LXXXII.

Mediæ apotomæ ſecundæ vna tantùm congruit recta linea media potentia ſolùm commenſurabilis exiſtens toti, & cum tota medium continens.

Au reſidu medial ſecond, ne peut conuenir qu'vne ſeule ligne droicte mediale, commenſurable en puiſſance ſeulement à la toute, & contenant vn rectangle medial auec la toute.

	Hypoth.
	ab, *eſt apotom. 2.. medi.*
	bc, *eſt congruen.*
	Req. π. demonſtr.
	bd, ñ, *eſt congruen.*
	Præpar.
ſuppoſ.	bd, *eſt congruen.*

A B C D E K H M F I G L

suppos. | ef, *est ration. expos.*
4. app. | ▭eg 2|2 □.ac + □.bc,
4. app. | ▭ei 2|2 □.ab,
4. app. | ▭el 2|2 □.ad + □.bd.

Demonstr.

7. 2 | 2▭.acb + □.ab 2|2 □.ac + □.bc,
constr. | ▭eg 2|2 □.ac + □.bc,
1. a. 1 | 2▭acb + □.ab 2|2 ▭eg,
constr. | ▭ei 2|2 □.ab,
3. a. 1 | 2▭.acb 2|2 ▭kg, α
d. α | 2▭.adb 2|2 ▭kl,
hyp. | □.ac *&* □.bc *sut medi.*
hyp. | □.ac, *comm.* □.bc,
16. 10 | *aggreg..* □.ac + □.bc, *comm.* □.bc,
c.24.10 | *aggreg..* □.ac + □.bc, II ▭eg, *est medi.*
1.concl. 23. 10 | eh, *est ration. & incomm.* ef,
hyp. | ▭.acb, *est medi.*
c.24. 10 | 2▭.acb, II kg, *est medi.*
2 concl. 23. 10 | kh, *est ration. & incomm.* ef,
c.l26.10 | *aggreg.* □.ac + □.bc, II ▭eg, *incomm.* 2▭.acb, II ▭.kg,
3.concl. 1. 6, & 10. 10 | eh, *incomm.* kh,
74. 10 | ek, *est apotom. &* kh, *congruen.* β
d. β | ek, *est apotom. &* km, *congruen.*

contr. 80. 10.

THEOR. LXV. PROPOS. LXXXIII.

Minori vna tantùm congruit recta linea potentia incommensurabilis existens toti, & cum tota faciens compositum quidem ex ipsarum quadratis rationale; quod autem sub ipsis cõtinetur medium.

A la ligne mineure conuient vne seule ligne droicte incommensurable en puissance à la toute, & faisant auec la toute le composé de leurs quarrez rationel; & le rectangle sous icelles medial.

Hypoth.

ab, *est min.*

bc, *est congruen.*

A B C D

Req. π. demonstr.

bd, ñ, *est congruen.*

Demonstr.

suppos. bd, *est congruen.*

7. 2 □.ac + □.bc ~ 2▭.acb 2|2 □.ab,

7. 2 □.ad + □.bd ~ 2▭.adb 2|2 □.ab,

l. 97. 10 □.ac + □.bc .~: □.ad + □.bd 2|2, 2▭.acb .~: 2▭adb,

hyp. ▭.acb, *est medi.*

c. 24. 10 2▭.acb, *est medi.* β

d. β 2▭.adb, *est medi.*

f. 27. 10 □.ac + □.bc .~: □.ad + □.bd, *est ration.*

α f.12.10 | 2▭.acb .~: 2▭.adb, *est ration.* *contr. 27. 10.*

THEOR. LXVI. PROPOS. LXXXIV.

Ei, quæ cum rationali medium totum facit, vna tantùm congruit recta linea potentia incommensurabilis existens toti, & cum tota faciens compositum quidem ex ipsarum quadratis medium; quod autem sub ipsis continetur rationale.

A la ligne faisant auec vn espace rationel vn tout medial, conuient vne seule ligne droicte incommensurable en puissance à la toute, & faisant auec la toute le composé de leurs quarrez medial; mais le rectangle contenu sous icelles rationel.

Hypoth.

ab, *est fa. ration. & med.*

bc, *est congruen.*

Req. π. demonstr.

A B C D

bd, *ñ, est congruen.*

Demonstr.

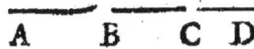

suppos. | bd, *est congruen.*

hyp. & suppos. | ▭.acb & ▭.adb *snt ration.*

f. 12. 10 | 2▭.acb & 2▭.adb *snt ration.*

f. 27. 10 | 2▭.acb .~: 2▭.adb, *est ration.* α

hyp. | □.ac+□.bc, & □.ad+□.bd *snt medi;* β

A B C D

7. 2 | □.ac + □.bc ~ 2▭.acb 2|2 □.ab,
7. 2 | □.ad + □.bd ~ 2▭.adb 2|2 □.ab,
1. 79. 10 | □.ac + □.bc .~: □.ad + □.bd 2|2, 2▭.acb .~: 2▭.adb,
α | □.ac + □.bc .~: □.ad + □.bd, *est ration.*
β | *contr. ʃ. 27. 10.*

THEOR. LXVII. PROPOS. LXXXV.

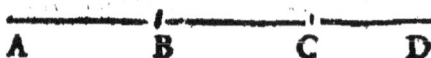

Ei, quæ cum medio medium totum facit, vna tantùm congruit recta linea potentia incommenſurabilis exiſtens toti, & cum tota faciens & compoſitum ex ipſarum quadratis medium, & quod ſub ipſis continetur medium, incommenſurabiléque compoſito ex ipſarum quadratis.

A vne ligne faiſant auec vn eſpace medial, vn tout medial, conuient vne ſeule ligne droicte incommenſurable en puiſſance à la toute, & faiſant auec la toute le composé de leurs quarrez medial & le rectangle contenu ſous icelles, medial, & incommenſurable au composé de leurs quarrez.

Hypoth.	*Req. π. demonſtr.*
ab, *eſt fa. 2; medi;*	bd, *ñ, eſt congruen.*
bc, *eſt congruen.*	*Præpar.*

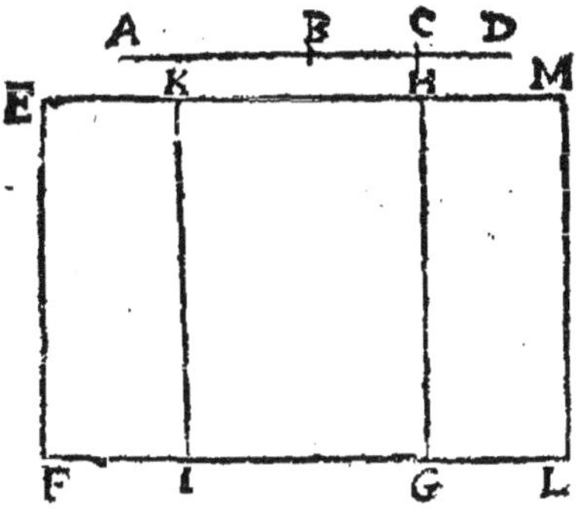

A B C D
K H M
E
F I G L

			▭kl 2|2, 2▭.adb,
		1. concl.	eh, *est ration. & incomm.* ef,
		2. concl.	kh, *est ration. & incomm.* ef,
			Demonstr.
suppos.	bd, *est congruen.*	α. hyp.	▭eg, *incõm.*▭.acb,
suppos.	ef, *est ration. expos.*	β. 14.10	▭eg, *incõm.*▭.kg,
4. app.	▭eg 2|2 { □.ac + □.bc, α	3. concl. 1. 6, & 10. 10	eh, *incomm.* kh,
4. app.	▭ei 2|2 □.ab,	4 concl. 74.10	ek, *est apotom. &* kh *congruen.* γ
4. app.	▭el 2|2 □.ad + □.bd *p demonstr. 81. 10.*	d. γ	ek, *est apotom. &* km *congruen.*
	▭.kg 2|2 2▭.acb, β		*contr. 80. 10.*

Definitiones tertiæ.

Expoſita rationali & apotoma; ſi tota plus poſſit, quàm congruens, quadrato rectæ lineæ ſibi longitudine commenſurabilis.

Definitions troiſieſmes.

Vne ligne rationelle eſtant exposee, & vn apotome ou reſidu; quand la toute peut plus que la conuenable du quarré d'vne ligne qui luy eſt commenſurable en longitude.

I.

Si quidem tota expoſitæ rationali ſit longitudine commenſurabilis; vocetur apotome prima.

I.

Si la toute eſt commenſurable en longitude à la rationelle, le reſidu ſoit appellé apotome premier.

II.

Si verò congruens expositæ rationali longitudine commensurabilis, vocetur apotome secunda.

II.

Mais si la conuenable est commensurable en longitude à la rationelle exposee, soit appellee apotome second.

III.

Quod si neque tota, neque congruens expositæ rationali sit longitudine commensurabilis, vocetur apotome tertia.

III.

Et si ny la toute, ny la conuenable, n'est commensurable en longitude à la rationelle exposee, soit appellee apotome troisiesme.

Rursus si tota plus possit, quàm congruens, quadrato rectæ lineæ sibi longitudine incommensurabilis.

Derechef si la toute peut plus que la conuenable du quarré d'vne ligne droicte incommensurable en longitude à icelle.

IV.

Si quidem tota expositæ rationali sit longitudine commensurabilis, vocetur apotome quarta.

IV.

Si la toute est commensurable en longitude à la rationelle exposee, soit appellee apotome quatriesme.

V.

Si verò congruens expositæ rationali sit longitudine commensurabilis, vocetur apotome quinta.

V.

Mais si la conuenable est commensurable en longitude à la rationelle proposee, soit appellee apotome cinquiesme.

VI.

Quod si neque tota neque congruens expositæ rationali sit longitudine commensurabilis, vocetur apotome sexta.

VI.

Et si ny la toute ny la conuenable, n'est commensurable en longitude à la rationelle exposee, soit appellee apotome sixiesme.

PROBL. XIX. PROPOS. LXXXVI.

Inuenire primam apotomen.

Trouuer vn apotome ou residu premier.

A.... 4 C..... 5 B

D

E G F

H

Constr.

ab & ac *snt nr.*□, α

2 s 29.10 cb, ñ, *est nr.* □,

arbitr. d, *est ration. expos.*

2 l.10.10 ef, *comm.* d,

3.l.10.10 *nr.*ab π | *nr.* cb, β

□.ef π | □.fg,

symp. *req. est* eg.

Præpar.

6. app. □.ef 2 | 2 □.gf + □.h. γ

Demonstr.

constr. ef, *comm.* d,

1. concl. 6. d.10 ef, *est ration.*

8. 6.10 ef, *comm.* fg *in* □,

2 concl. s.12.10 fg, *est ration.*

α. cõstr. ab π | cb, ñ, *est nr.*□ π | *nr.* □,

3 concl. β. 9.10 ef, *incomm.* fg,

constr. ab π | cb, □.ef π | □.fg,

γ. c.19.5 ab π | ac, □.ef π | □.h,

constr. ab π | ac, *nr.*□ π | *nr.*□,

4 concl. 9. 10 ef, *comm.* h,

1 d 85.10 eg, *est apotom.* 1. & gf, *est congruen.*

Apotomæ seu residua inueniũtur subductis minoribus binomiorum nominibus ex maioribus, interiecto signo ∼. Exẽpli gratia, si ex binomio primo 6 + √.20 subducatur minus nomẽ ex majore, residuum nẽpe 6 ∼ √.20

Les apotomes se trouuẽt en ostant le moindre nom du plus grand par l'interposition du signe ∼. Par exemple, si au binome premier 6 + √.20 au lieu du signe + on interpose le signe ∼, on aura 6 ∼ √.20 pour l'apotome premier. Pareillement si erit apotome prima: similiter si ex secundo binomio, 10+√ 180 subducatur minus nomen, residuum, nẽpe √.180∼10 erit apotome secunda, & sic de cæteris.

du binome second, 10+√.180 on oste le moindre nom, le reste qui est √.180∼10 sera le second apotome, & ainsi des autres.

PROBL. XX. PROPOS. LXXXVII.

Inuenire secundam apotomen.

Trouuer vn apotome ou residu second.

A.... 4 C..... 5 B
D
E G F
H

Constr.

2 s.29.10	ab & ac *snt nr.*□, α cb, *ñ, est nr.*□,
arbitr.	d, *est ration. expos.*
2 l.10.10	fg, *comm.* d,
3 l..10.10	*nr.*cb π | *nr.*ab, β □.fg π | □.ef,
symp.	*Req. est* eg.

Præpar.

6. app.	□.ef 2 | 2 □.fg+□.h, γ

Demonstr.

constr.	fg, *comm.* d,
1. concl 6. d.10	fg, *est ration.*
β. 6.10	ef, *comm.* fg *in* □,
2 concl. s.12.10	ef, *est ration.*
constr.	cb π | ab, *ñ, est nr.*□ π | *nr.*□,
3. concl β. 9.10	ef, *incomm.* fg,
β. c.4.5	ab π | cb, □.ef π | □.fg,
γ. c.17.5	ab π | ac, □. ef π | □.h,
constr.	ab π | ac, *nr.*□ π | *nr.*□,
4 concl. 9. 10	ef, *comm.* h,
2 d 85.10	ef, *est apotom.* 2.

PROBL. XXI. PROPOS. LXXXVIII.

Inuenire tertiam apotomen.

Trouuer vn apotome ou residu troisiesme.

	Constr.	
2 s29.10	ab & ac snt nr.□,	
	cb, ñ, est nr.□,	α
constr.	l 2|2 cb + 1, ꞁꞁ cb + 2,	
constr.	l, ñ, est nr.□,	β
s.37.8	l & cb, ñ, snt plan; sml;	γ
arbitr.	g, est ration. expos.	
3.1.10	l π ab 2|2 □.g π □.df,	δ
3 l.10.10	ab π cb 2|2 □.df π □.ef,	ε
symp.	*Req. est* de.	
	Præpar.	
6. app.	□.df 2|2 □.ef + □.h,	θ
	Demonstr.	
γ.6.10 1.concl.	df, *comm.* g *in* □,	
s.12.10	df, *est ration.*	
βδ	df π g, ñ, *est* 2|2 *nr.*□ π *nr.*□,	
2 concl. γ.9.10	df, *incomm.* g,	
ε.6.10	□.ef, *comm.* □.df,	
3.concl. s.12.10	ef, *est ration.*	
constr.	ab π cb, ñ, *est* 2|2 *nr.*□ π *nr.*□,	
ε.9.10	ef, *incomm.* df,	
δ.cõstr.	l π ab 2|2 □.g π □.df,	
ε.cõstr.	ab π cb 2|2 □.df π □ ef,	
22.5	l π cb 2|2 □.g π □.ef,	

A.... 4 C..... 5 B

L..... 6

G, D, E, F, H

γ. cōſtr.	l π cb, ñ, eſt 2|2 *nr.*□ π *nr.*□,
4. cōcl. 7. 10	ef, *incomm.* g,
s. cōſtr.	ab π cb 2|2 □.df π □.ef,
θ. c. 19. 5	ab π ac 2|2 □.df π □.h,
conſtr.	ab π ac 2|2 *nr.*□ π *nr.*□,
5 concl. 9. 10	df, *comm.* h,
3d85. 10	de, *eſt apotom.* 3.

PROBL. XXII. PROPOS. LXXXIX.

Inuenire quartam apotomen.

Trouuer vn apotome ou reſidu quatrieſme.

	Conſtr.
arbitr.	ab, *eſt nr.* □,
2 ſ. 29. 10	ac & cb, *ñ ſnt nr.*□, α
arbitr.	g, *eſt ration. expoſ.*
2 l 10. 10	df, *comm.* g,
3 l. 10. 10	*nr.* ab π *nr.* cb 2|2 □.df π □.ef, β
ſymp.	*Req. eſt* de.
	Præpar.
6. app.	□.df 2|2 □.ef + □.h. γ
	p demonſtr. 86. 10.
1. concl.	de, *eſt apotom.*
	ef, *eſt congruen.*
	Demonſt.
β. cōſtr.	ab π cb 2|2 □.df π □.ef,

A. .3C......6B
G
D E F
H

ab

γ.c 17.5 | ab π ac 2|2 □.df π □.h, δ

α.cõstr / 2 concl | ab π ac, *ñ*, *est* 2|2 *nr.* □ π *nr.* □,

δ.9 10 | df, *incomm.* h,

3.concl. / 4d85.10 | df, *est apotom.* 4.

PROBL. XXIII. PROPOS. XC.

Inuenire quintam apotomen.

Trouuer vn apotome, ou residu cinquiesme.

Constr.

arbitr. | ab, *est nr.* □,

2 l19.10 | ac & cb, *ñ snt nr.* □, α

arbitr. | g, *est ration. expos.*

2.l.10.10 | ef, *comm.* g,

3.l.10.10 | *nr.* cb π *nr.* ab 2|2 □.ef π □.df, β

symp. | *Req. est* de.

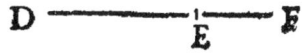

Præpar.

6. app. | □.df 2|2 □.ef+□.h. γ

Demonstr.

β. c. 4.5 | ab π cb 2|2 □.df π □.ef,

γ.c.19.5 | ab π ac 2|2 □.df π □.h,

α.cõstr. | ab π ac, *ñ est* 2|2 *nr.* □ π *nr.* □,

γ. 9.10 | df, *incomm.* h,

concl. / 5d85.10 | de, *est apotom.* 5.

A...3C......6B
G ———
D ——— E ——— F
H ———

PROBL. XXIV. PROPOS. XCI.

Inuenire sextam apotomen.

Trouuer vn apotome ou residu sixiesme.

Constr.

arbitr. | ab, *est nr. ñ* □,
arbitr. | ac & cb *snt nr. pr. de*,
30.7 | ab, *est pr.* π ac & cb,
c.27.8 | ab, ac, cb *snt plan. dissembl.* α
arbitr. | l, *est nr.* □,
arbitr. | g, *est ration. expos.*
3.l.10.10 | l π ab 2|2 □.g π □.df,
3.l.10.10 | ab π cb 2|2 □. df π □ef,
symp. | *Req. est* de.

Præpar.

A.....5C.......7B
L.........9
G
D E F
H

6. app. | □.df 2|2 □.ef + □.h,

p demonstr. 51. 10.

de, *est apotom.*
ef, *est congruen.*
df & ef, *incomm.* g.

Demonstr.

constr. | ab π cb 2|2 □.df π □.ef,
c.19.5 | ab π ac 2|2 □.df π □.h,
α | ab π ac, *ñ est* 2|2 *nr.* □ π *nr.* □,
9.10 | df, *incomm.* h,
concl. 6d85.10 | de, *est apotom. 6.*

LEMM.

hyp. | ac, *est* ▭ ab, ad, | 10.1 | df 2|2 fe,

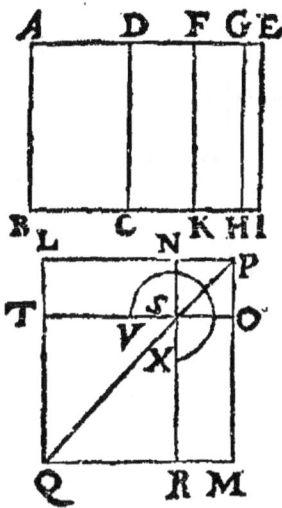

A D F G E
B L C N K H I
T S V X O P
Q R M

f. 28. 6 ▭.age 2|2 □.fe, α
2. p. 1 bci, *est* ——,
31 1 fk, gh, ei *snt* ═ dc,
14. 2 □lm 2|2 ▭ah, β
14. 2 □no 2|2 ▭gi, γ
2. p. 1 nsr & ost *snt* ——.

Req. π. demonstr.

▭ai 2|2 *aggreg*..□.to
+ □.so,

▭dk, ▭fi
▭lo
▭nm
} *snt* 2|2 ⫯e

□tr 2|2 ▭ac,
df, fe, de *snt com.* ⫯e.

Demonstr.

1. concl. βγ 2. a. 1 ▭ai 2|2 lm□.to,
+ no □.so, δ
1c29.10 dk, fi, lo, nm *snt* ▭,
α. 14. 6 ag π fe 2|2 fe π ge,
▭ah π | ▭fi,
1. 6 ▭fi π | ▭gi,
□lm π | ▭lo,
f. 22. 6 ▭lo π | □no,
□lm 2|2 ▭ah,
constr. & □no 2|2 ▭gi,
9. 5 ▭lo 2|2 ▭fi,
36. 1 ▭dk 2|2 ▭fi,
2. a. 1 ▭lo 2|2 ▭nm,

▭dk
2 concl. ▭fi
1. a. 1 ▭lo
▭nm
} *snt* 2|2 ⫯e, ε

δ □lm + □no 2|2 ▭ai,
3. concl. 3. a. 1 tr □.ts 2|2 ▭ac,
constr. df 2|2 fe,
4 concl. 16. 10 df, fe, de *snt com.* ⫯e. θ

COROLL. I.

hyp. ae, *comm.* de ⫯n □
hyp. □.ae 3|2 □.de..□., κ
comm. ae, λ

Req. π. demonſtr.

ag,ge,ae *ſnt cōm.* de,
aggreg..□.to+□.ſo,
incomm.▭to,oſ,
to,*comm.*ſo *ſn* □.

Demonſtr.

conſtr. ▭age 2|2 □ fe,
λ. 18,10 ag, *comm.* ge,
1. concl. 16.10 ag,ge,ae *ſnt comm.* de, μ
κ. hyp. ae, *incomm.* de,
16.10 fe, *comm.* de,
13. 10 ae, *incomm.* fe,
1. 6, & 10. 10 ▭ai, *incomm.*▭fi,
δ □lm+□no 2|2 ▭ai,
ε ▭lo 2|2 ▭fi,
2 concl. 10. 10 *aggreg.* lm□.to+no □.ſo, *incōm.*▭to,oſ,
μ ag, *comm.* ge,
10. 10 ▭ag, *comm.* ▭gi,
3.concl. βγ10.10 lm□.to, *cōm.* no □.ſo,

κ. hyp. ae, *incomm.* de,
θμ14.10 fe, *incomm.* ge,
1. 6, & 10. 10 ▭fi, *incomm.* ▭gi,
γι10.10 ▭lo, *incomm.*□.no,
4concl. 10. 10 to, *incomm.* ſo.

COROLL. II.

hyp. □.ae 3|2□.de.□.—, *incomm.* de.

Req. π. demonſtr.

ag, ge, ae *ſnt incomm.* de,
□.to, *incom.* □.ſo.

Demonſtr.

conſtr. ▭age 2|2 □.e,
γ. 19.10 ag, *incomm.* ge,
1.concl. 17.10 ag, ge, ae *ſnt incomm.* de,
10. 10 ▭ah, *incomm.* ▭gi,
2 concl. βγ10.10 lm□.to, *incomm.* no□.ſo.

THEOR. LXVIII. PROPOS. XCII.

Si ſpatium contineatur ſub rationali, & apoto-

ma prima; recta linea ſpatium potens apotome eſt.

Si vn eſpace eſt contenu ſous vne ligne rationelle, & vn apotome premier; la ligne droicte qui peut iceluy eſpace, eſt apotome.

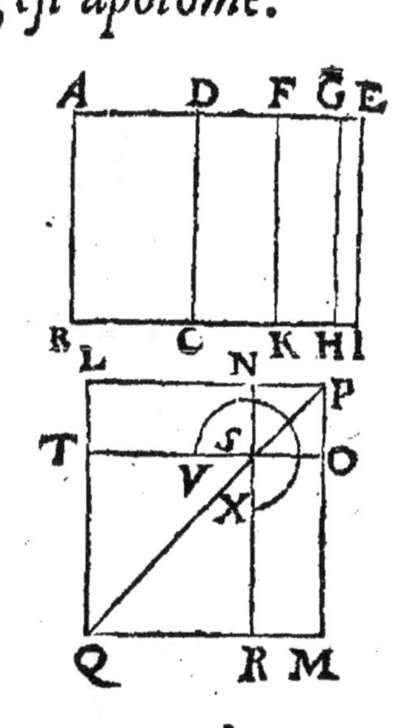

	1.91.10	tr□.tſ 2|2 ▭ac,
	α. hyp.	□.ae 3|2 □. de.. □.
		——, *comm.* ae,
	1.91.10	ag, ge, ac *ſnt comm.*
		⊰e, β
	1.91.10	df, fe, de *ſnt comm.*
		⊰e, γ
	α. hyp.	ae, *comm.* ab, δ
	γ. 12.10	ag, *comm.* ab,
Hypoth.	20. 10	▭ah, *eſt ration.*
ac, *eſt* ▭.ab, ad,	conſtr.	□lm 2|2 ▭ah,
ab, *eſt ration.*	ε.12.10	lm□.to, *eſt ration.* ε
ad, *eſt apotom. 1.* α	βδ.12.10	ge, *comm.* ab,
de, *eſt congruen.*	20.10	▭gi, *eſt ration*
Req. π. demonſtr.	conſtr.	□no 2|2 ▭gi,
▭ac 2|2 □.*apotom.*	ζ.12.10	no□.ſo, *eſt ration.*
Lemm. 91. 10. eſt præpar.	ε.1.91.10	to & ſo *ſnt ration.*
		comm. ⊰n □,
Demonſtr.	concl. 74.10	tſ, *eſt apotom.*

THEOR. LXIX. PROPOS. XCIII.

Si ſpatium contineatur ſub rationali, & apoto-

ma ſecunda ; recta linea ſpatium potens, mediæ eſt apotome prima.

Si vn eſpace eſt contenu ſous vne ligne rationelle, & vn apotome ſecond; la ligne droicte qui peut iceluy eſpace, eſt apotome du medial premier.

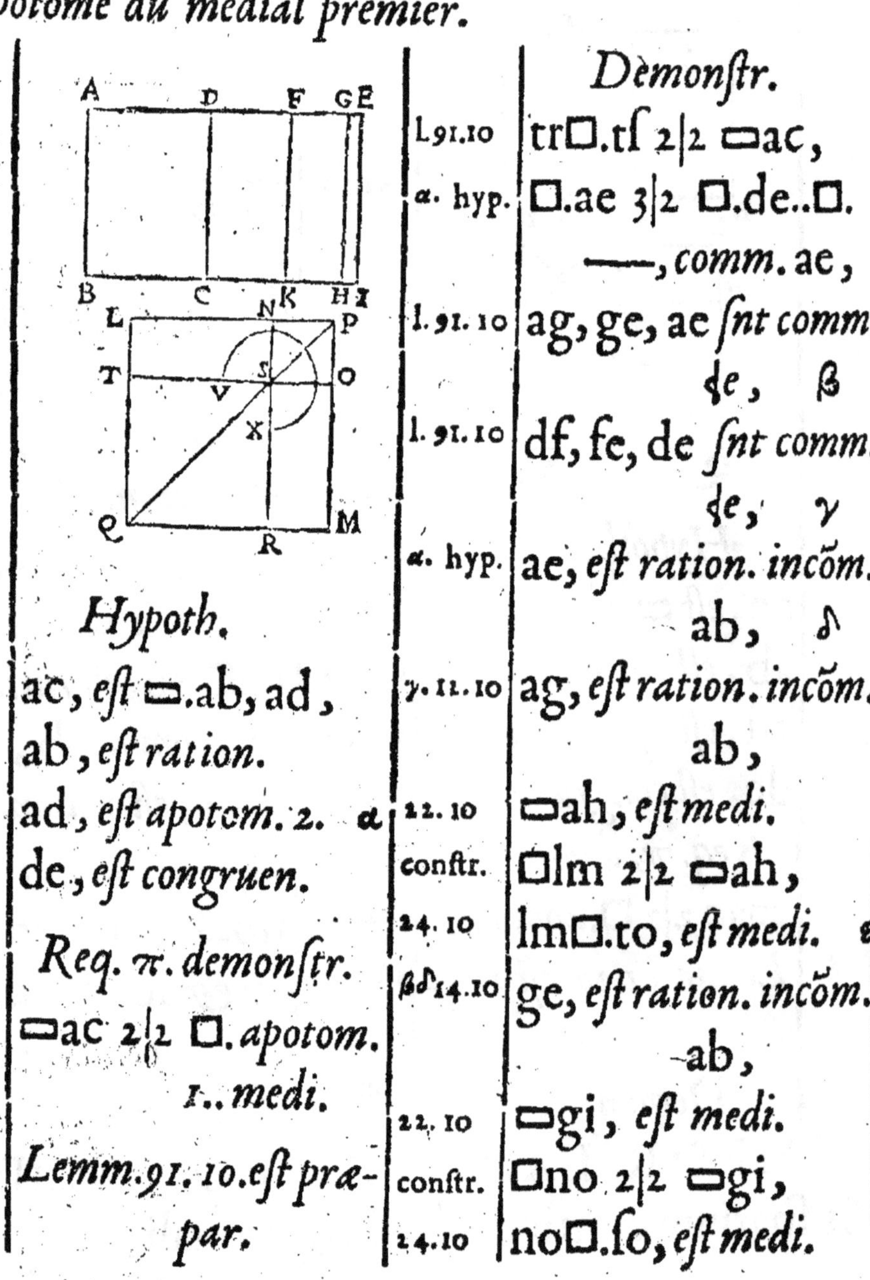

Hypoth.

ac, *eſt* ▭.ab, ad,
ab, *eſt ration.*
ad, *eſt apotom.* 2. α
de, *eſt congruen.*

Req. π. *demonſtr.*

▭ac 2|2 □. *apotom.* 1.. *medi.*

Lemm. 91. 10. *eſt præpar.*

Demonſtr.

l.91.10	tr□.tſ 2|2 ▭ac,
α. hyp.	□.ae 3|2 □.de..□. —, *comm.* ae,
l.91.10	ag, ge, ae *ſnt comm.* de, β
l.91.10	df, fe, de *ſnt comm.* de, γ
α. hyp.	ae, *eſt ration. incõm.* ab, δ
γ.11.10	ag, *eſt ration. incõm.* ab,
22.10	▭ah, *eſt medi.*
conſtr.	□lm 2|2 ▭ah,
24.10	lm□.to, *eſt medi.* ε
βδ14.10	ge, *eſt ration. incõm.* ab,
22.10	▭gi, *eſt medi.*
conſtr.	□no 2|2 ▭gi,
24.10	no□.ſo, *eſt medi.*

1.l 91.10	to & so, *snt medi.*	s.12.10	▭dk, *est ration.*
	comm. ℩*n* □,	1.91.10	▭lo 2|2 ▭dk,
α. hyp.	de, *est ration. cōm.* ab	s.12.10	lo▭.to,os, *est ration.*
10. 10	▭di, *est ration.*	concl. 75.10	ts, *est apotom. 1. medi.*

THEOR. LXX. PROPOS. XCIV.

Si spatium contineatur sub rationali, & apotoma tertia; recta linea spatium potens, mediæ est apotome secunda.

Si vn espace est contenu sous vne ligne rationelle & vn residu troisiesme; la ligne droicte pouuant iceluy espace, est apotome du medial second.

Hypoth.		p *demonstr. 93. 10.* to
ac, *est* ▭.ab, ad,		& so *snt med.*
ab, *est ration.*		*comm.* ℩*n* □,
ad, *est apotom. 2.* α	α. hyp.	de, *est ration. in-*
de, *est congruen.*		*comm.* ab,
Req. π. demonstr.	22. 10	▭di, *est medi.*
▭ac 2|2 □.*apotom.*	16. 10	▭dk, *comm.* ▭di,
2..*medi.*	24. 10	▭dk, *est medi.*
Lemm. 91.10. est præ-	1 91.10	▭lo 2|2 ▭dk,
par.	24. 10	lo ▭.to,os, *est medi.*
Demonstr.	concl. 76.10	ts, *est apotom. 2. medi.*

THEOR. LXXI. PROPOS. XCV.

Si spatium contineatur sub rationali, & apoto-

na quarta; recta linea ſpatium potens minor eſt.

Si vn eſpace eſt contenu ſous vne ligne rationelle & vn apotome quatrieſme, la ligne droicte pouuant iceluy eſpace, eſt ligne mineure.

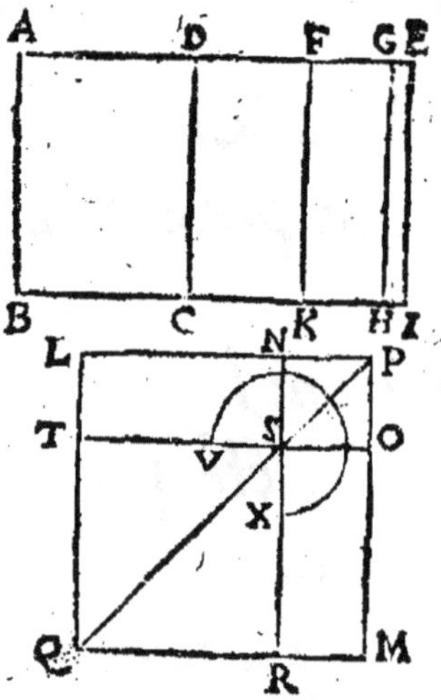

Lemm. 91. 10. eſt præpar.

Hypoth.

ac, *eſt* ▭.ab,ad,
ab, *eſt ration.*
ad, *eſt apotom. 4.* α
de, *eſt congruen.*

Req. π. demonſtr.

▭ac 2|2 □. *min.*

Demonſtr.

1.91.10	tr□.tſ 2|2 ▭ac,
α. hyp.	□.ae 32 □.de..□. ——, *incomm.* ae,
c.1.91.10	□.to, *incomm.*□ lo,
α. hyp.	ae, *eſt ration.cōm.*ab,
20.10	▭ai, *eſt ration.*
1.91.10	□lm+□no 2|2 ▭ai,
ſ.12.10	*aggreg..* □.lm+□. no, *eſt ration.*
α. hyp.	de, *eſt ration in-comm.* ab.
	p demonſtr. 94. 10. lo▭.to,oſ, *eſt medi.*
concl. 77.10	tſ, *eſt min.*

THEOR. LXXII. PROPOS. XCVI.

Si ſpatium contineatur ſub rationali, & apotoma quinta, recta linea ſpatium potens, eſt quæ cum rationali medium totum efficit.

Si un espace est contenu sous une ligne rationelle, & un apotome cinquiesme, la ligne droicte, qui peut iceluy espace, est ligne faisant auec un espace rationel, un tout medial.

Hypoth.
ac, *est* ▭.ab,ad,
ab, *est ration.*
ad, *est apotom.* 5. α
de, *est congruen.*
Req. π. *demonstr.*
▭ac 2|2 □.—, *fa. ration. & med.*
Lemm. 91. 10. est præpar.
Demonstr.
1.91.10 tr□.tſ 2|2 ▭ac,
α. hyp. □.ae 3|2 □.de..□.

—, *incomm.* ae,
c.l 91.10 □.to, *incomm.* □.ſo,
α. hyp. ae, *est ration. incomm.* ab,
22.10 ▭ai, *est medi.*
l.91.10 □lm+□no 2|2 ▭ai,
24.10 *aggreg.* □.lm+□.no, *est medi.*
α. hyp. de, *est ration. cōm.* ab *p demonstr. 93. 10.*
lo▭.to,oſ, *est ratio.*
tſ, *est* —, *fa. rat. & med.*
concl. 78.10

THEOR. LXXIII. PROPOS. XCVII.

Si ſpatium contineatur ſub rationali, & apotoma ſexta; recta linea ſpatium potens, eſt quæ cum medio medium totum efficit.

Si un espace est contenu sous une ligne rationelle & un apotome sixiesme; la ligne droicte pouuant iceluy espace, est ligne faisant auec un espace medial un tout medial.

In figur. præced.

Hypoth.

ac, *est* ▭, ab, ad,
ab, *est ration.*
ad, *est apotom. 6.* α
de, *est congruen.*

Req. π. *demonstr.*

□.ac 2|2 □.—— *fa.* 2; *med.*

Lemm. 91. 10. est præpar.

Demonstr.

91.10 tr □.ts ▭ ac,

α. hyp. □.ae 3|2 □.de..□. ——, *incomm.* ae,
c.l.91.10 □.to, *incomm.* □.so,
α. hyp. ae, *est ration. incomm.* ab,
p demonstr. 96. 10. *aggreg.*..□.lm + □.no, *est medi.*
α. hyp. de, *est ration. incomm.* ab.
p demonstr. 94. 10. lo ▭.to, os, *est medi.*
l.91.10 *aggreg.*.. □.to + □.so, *incomm.* ▭ to, os,
concl. 79. 10 ts, *est* ——, *fa.* 2; *medi;*

LEMM.

A B C
D G M I L
E F N H K

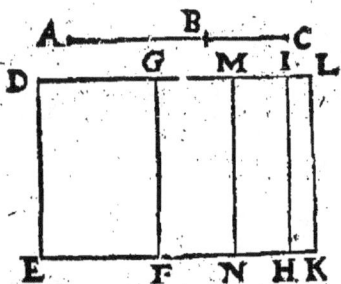

4. app. ▭ df 2|2 □.ab, α
4. app. ▭ dh 2|2 ▭.ac, β
4. app. ▭ ik 2|2 □.bc, γ

10. 1 gm 2|2 ml,
31. 1 mn ═ gf.

Req. π. *demonstr.*

▭ dk 2|2 □.ac + □.bc

▭ acb,
▭ gn } *sunt* 2|2 *inter se*,
▭ mk

▭ dil 2|2 □.mk.

Demonstr.

1.concl. βγ.2.a.1 ▭dk 2|2 □.ac+□.bc, δ
7.2 2▭acb+□.ab 2|2 □.ac+□.bc,
1.a.1 ▭dk 2|2, 2▭acb+□.ab,
α.3.a.1 ▭gk 2|2, 2▭acb,
36.1 ▭gn 2|2 ▭mk,
2 concl. 7.a.1 ▭acb, ▭gn, ▭mk *ſnt* 2|2 ∢*e*, ε
ε.22.6 □.ac π ▭.acb 2|2 ▭.acb π □.bc,
βγε ▭dh π ▭mk 2|2 ▭mk π ▭ik,
1.6, & 10.10 di π ml 2|2 ml π il,
3.concl. 16.6 ▭dil 2|2 □.ml. θ

Coroll. 1.

hyp. ac, *comm.* bc ∢*n* □. κ

Req. π. demonstr.

▭dk, *comm.* □.ac,
□.dl 3|2 □.gl..□.—, *comm.* dl,
dl, *incomm.* gl.

Demonstr.

κ.16.10 *aggreg..*□.ac+□.bc, *comm.* □.ac,
1.concl. δ.12.10 ▭dk, *comm.* □.ac,
κ.hyp. □.ac, *comm.* □.bc,
βγ10.10 ▭dh, *comm.* ▭ik,
10.10 di, *comm.* il,
2 concl. θ.18.10 □.dl 3|2 □.gl..□.—, *comm.* dl,
κ|16.10 □.ac+□.bc, *incomm.* 2▭acb,

δ. 5.concl 10.10 ▭dk, *incomm.* ▭gk, dl, *incomm.* gl.

Coroll. 2.

hyp. □.ac, *incõm.* □.bc. λ

Req. π. demonstr.

□.dl 3|2 □.gl..□.

——, *incomm.* dl.

Demonstr.

λ. hyp. □.ac, *incomm.* □.bc,

βγ 10.10 ▭dh, *incomm.* ▭ik,

10.10 di, *incomm.* il,

concl. θ. 19.10 □.dl 3|2 □.gl.□.

——, *incomm.* dl.

THEOR. LXXIV. PROPOS. XCVIII.

Quadratum apotomæ ad rationalem applicatum, latitudinem facit apotomen primam.

Le quarré d'vn apotome appliqué à vne ligne rationelle, fait la latitude apotome premier.

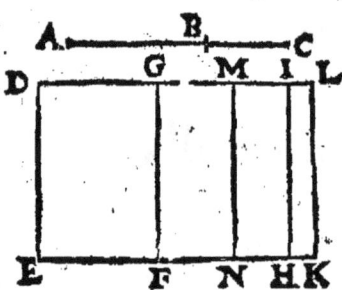

A B C
D G M I L
E F N H K

Hypoth.

ab, *est apotom.* α

bc, *est congruen.*

de, *est ration.*

▭df 2|2 □.ab.

Req. π. demonstr.

dg, *est apotom.* 1.

Lemm. 97. 10. *est præpar.*

Demonstr.

α. hyp. ac & bc *sunt ration. comm. in* □, β

1.97.10 ▭dk 2|2 □.ac + □.bc

c.1.97.10 ▭dk, *comm.* □.ac,

βf.12.10 ▭dk, *est ration.*

21.10 dl, *est ration. comm.* de, γ

β.22.10 ▭acb, *est medi.*

1.97.10 ▭gk 2|2, 2▭acb,

24.10 ▭gK, *est medi.*
23.10 gl, *est ration. in-*
comm. de, δ
γ.13.10 dl, *incomm.* gl,
γδ∫12.10 □.dl, *comm.* □.gl,

74.10 dg, *est apotom.*
1c|97.10 □.dl 3|2 □.gl..□.
—, *comm.* dl,
concl. 1d85.10 dg, *est apotom. 1.*

THEOR. LXXV. PROPOS. XCIX.

Quadratum mediæ apotomæ primæ ad rationalem applicatum, latitudinem facit apotomen secundam.

Le quarré d'vn apotome premier appliqué à vne ligne rationelle, fait la latitude apotome second.

Hypoth.
ab, *est apotom. 1..*
medi. α
bc, *est congruen.*
de, *est ration.*
▭df 2|2 □.ab.
Req. π. demonstr.
dg, *est apotom. 2.*
Lemm. 97. 10. est
præpar.
Demonstr.
α. hyp. ac & bc *snt medi;*
comm. in □,
l 97.10 ▭dk 2|2 □.ac + □.bc

1c|97.10 ▭dk, *comm.* □.ac,
α.24.10 ▭dk, *est medi.*
23.10 dl, *est ration. in-*
comm. de, γ
α. hyp. ▭acb, *est ration.*
1.97.10 ▭gk, 2▭acb,
∫12.10 ▭gK, *est ration.*
21.10 gl, *est ration. cõm.* de,
γ.13.10 dl, *incomm.* gl,
γ∫12.10 □.dl, *comm.* □.gl,
74.10 dg, *est apotom.*
c|79.10 □.dl 3|2 □.gl..□.
—, *comm.* dl,
concl. 2d85.10 dg, *est apotom. 2.*

THEOR. LXXVI. PROPOS. C.

Quadratum mediæ apotomæ ſecundæ ad rationalem applicatum, latitudinem facit apotomen tertiam.

Le quarré d'vn apotome medial ſecond appliqué à vne ligne rationelle, fait la latitude apotome troiſieſme.

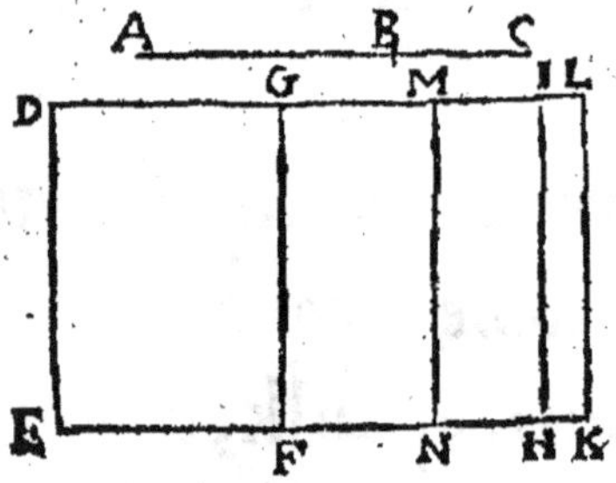

Hypoth.

ab, *eſt apotom. 2.. medi.* α

bc, *eſt congruen.*

de, *eſt ration.*

▭df 2|2 □.ab.

Req. π. demonſtr.

dg, *eſt apotom. 3.*

Lemm. 97. 10. eſt præpar.

Demonſtr.

α. hyp.	ac & bc *ſnt medi;*
	comm; ſn □, β
l. 97. 10	▭dk 2|2 □.ac+□.bc
c. l97. 10	▭dk, *comm.* □.ac,
β. 24. 10	▭dk, *eſt medi.*
23. 10	dl, *eſt ration. incomm.* de,
α. hyp.	▭acb, *eſt medi.*
l. 97. 10	▭gk 2|2, 2▭acb,
24. 10	▭gk, *eſt medi.*
23. 10	gl, *eſt ration. incomm.* de,
l. 26. 10	dl, *incomm.* gl,
c. 12. 10	□dl, *comm.* □.gl,
74. 10	dg, *eſt apotom.*
c. l97. 10	□.dl 3|2 □.gl.. □. ——, *comm.* dl,
concl. 3d 85. 10	dg, *eſt apotom. 3.*

THEOR. LXXVII. PROPOS. CI.

Quadratum minoris ad rationalem applicatum, latitudinem facit apotomen quartam.

Le quarré d'vne ligne mineure, appliqué à vne ligne rationelle, fait la latitude apotome quatriesme.

	Hypoth.	21. 10	dl, *est ration. comm.*
	ab, *est min.* α		de, β
	bc, *est congruen.*	α. hyp.	▭.acb, *est medi.*
	de, *est ration.*	1.97.10	▭gk 2|2, 2▭acb,
	▭df 2|2 □.ab.	24. 10	▭gk, *est medi.*
	Req. π. demonstr.	23. 10	gl, *est ration. in-*
	dg, *est apotom. 4.*		*comm.* de,
	Lemm. 97. 10. est	β. 13. 10	dl, *incomm.* gl,
	præpar.	f. 12. 10	□.dl, *comm.* □.gl,
	Demonstr.	64. 10	dg, *est apotom.*
1.97.10	▭dk 2|2 □.ac + □.bc	α. hyp.	□.ac, *incomm.* □.bc,
α. hyp.	*aggreg.*. □.ac + □.bc	cl. 97. 10	□.dl 3|2 □.gl..□.
	est ration.		—, *incomm.* dl,
f. 12. 10	▭dk, *est ration.*	concl. 4 d 85. 10	dg, *est apotom. 4.*

THEOR. LXXVIII. PROPOS. CII.

Quadratum eius, quæ cum rationali medium totum efficit, ad rationalem applicatum, latitudinem facit apotomen quintam.

Le quarré d'vne ligne, laquelle auec vn espace rationel fait vn tout medial, appliqué à vne ligne rationelle, fait la latitude, apotome cinquiesme.

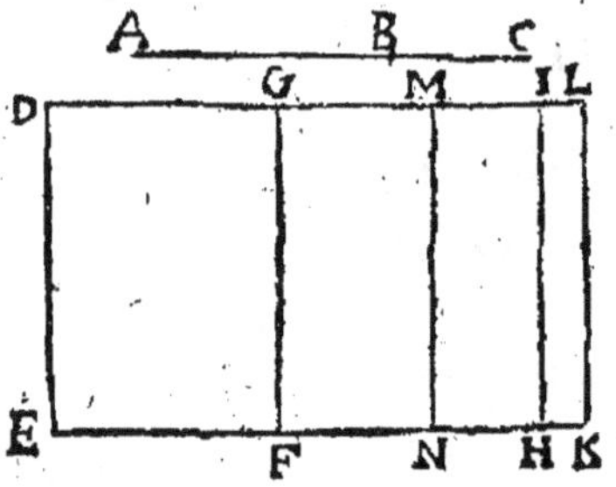

Hypoth.

ab, *est* —, *fa. ration. & med.* α

bc, *est congruen.*

de, *est ration.*

▭df 2|2 □.ab.

Req. π. *demonstr.*

dg, *est apotom.* 5.

Lemm. 97. 10. *est præpar.*

Demonstr.

1.97.10 ▭dk 2|2 □.ac + □.bc

α. hyp.	*aggreg.*. □.ac + □.bc *est medi.*
24. 10	▭dK, *est medi.*
23. 10	dl, *est ration. incomm.* de, β
α. hyp.	▭.abc, *est ration.*
l.97.10	▭gK 2|2, 2▭acb,
c.12.10	▭gK, *est ration.*
21. 10	gl, *est ration. comm.* de,
β. 13.10	dl, *incomm.* gl,
c.12.10	□.dl, *comm.* □.gl,
74. 10	dg, *est apotom.*
α. hyp.	□.ac, *incomm.* □.bc,
c.l97.10	□.dl 3|2 □.gl.. □. —, *incomm.* dl,
5d85. 10	dg, *est apotom.* 5.

THEOR. LXXIX. PROPOS. CIII.

Quadratum eius, quæ cum medio medium totum efficit, ad rationalem applicatum, latitudinem facit apotomen ſextam.

Le quarré d'vne ligne faisant auec vn espace medial, vn tout medial; appliqué à vne ligne rationelle, faict la latitude apotome sixiesme.

	Hypoth.
	ab, *est* —, *fa.* 2; *med;* α
	bc, *est congruen.*
	de, *est ration.*
	Req. π. *demonstr.*
	dg, *est apotom. 6.*
	Lemm. 97. 10. est præpar.
	Demonstr.
1.97.10	▭dK 2|2 { □.ac +□.bc, β
α. hyp.	*aggreg..*□.ac+□.bc *est medi.*
24.10	▭dK, *est medi.*
25.10	dl, *est ration. incomm.* de,

α. hyp.	▭.acb, *est medi.*
1.97.10	▭gK 2|2, 2▭acb,
24.10	▭gK, *est medi.*
23.10	gl, *est ration. incomm.* de,
α. hyp.	*aggreg..*□.ac+□.bc, *incomm.*▭acb,
β. 14.10	▭dK, *incōm.*▭acb,
1.97.10	▭gK 2|2, 2▭acb,
14.10	▭dK, *incomm.*▭gK
10.10	dl, *incomm.* gl,
74.10	dg, *est apotom.*
α. hyp.	□.ac, *incomm.*□.bc,
c.l97.10	□.dl 3|2 □.gl..□. —, *incomm.* dl,
concl. 6d85.10	dg, *est apotom. 6.*

THEOR. LXXX. PROPOS. CIV.

Recta linea apotomæ longitudine commensurabilis; & ipsa apotome est, atque ordine eadem.

La ligne droicte commensurable en longitude à vn

apotome, eſt auſſi apotome, & de meſme ordre.

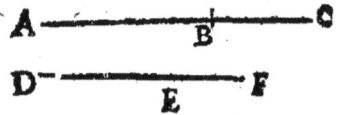

Hypoth.

ab, *eſt apotom.* α

bc, *eſt congruen.*

de, *comm.* ab.

Req. π. demonſtr.

de, *eſt apotom.. ord..* ab.

Lemm. 66. 10. eſt præpar.

Demonſtr.

1.66.10 df, *comm.* ac, & ef, *comm.* bc,

α. hyp. ac & bc *ſnt ration.*

f.12.10 df & ef *ſnt ration.*

α. hyp ac, *comm.* bc ÷*n* □,

cl.66.10 df, *comm.* ef ÷*n* □,

74.10 de, *eſt apotom.*

1.66.10 ac π bc 2|2 df π ef, β

ſuppoſ. ac 3|2 cb.. □. ——, *comm.* ac,

15.10 df 3|2 fe.. □. ——, *comm.* df,

apoto.1 ſuppoſ. ac, *comm. ration. expoſ.*

1.66.10 df, *comm.* ac,

apoto.1 12.10 df, *comm. ration. expoſ.*

apot. 2. ſuppoſ. bc, *comm. ration. expoſ.*

1.66.10 ef, *comm.* bc,

apot. 2. 12. 10 ef, *comm. ration. expoſ.*

apot.3. ſuppoſ. ac & bc, *incomm; ration. expoſ.*

apot.3. 14. 10	df & fe, *incomm, ration. expos.*
suppos. 15. 10	ac 3|2 bc.. □. —, *incomm* ac,
apot. 4. suppos.	df 3|2 ef.. □. —, *incomm.* df,
apot. 4.	ac, *comm. ration. expos.*
12. 10 apot. 5.	df, *comm. ration. expos.*
suppos. apot. 5.	bc, *comm. ration. expos.*
12. 10	ef, *comm. ration. expos.*
apot. 6. suppos.	ac & bc, *incomm. ration. expos.*
apot. 6. 1. 4. 10	df & ef, *incomm, ration. expos.*

THEOR. LXXXI. PROPOS. CV.

Recta linea mediæ apotomæ commensurabilis, & ipsa mediæ apotomæ est, atque ordine eadem.

La ligne droicte commensurable à vn apotome medial; est aussi apotome medial & de mesme ordre.

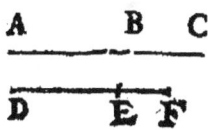

A B C

D E F

Hypoth.

ab, *est apotom.. medi.* α

bc, *est congruen.*

de, *comm.* ab.

Req. π. demonstr.

de, *est apoto.. medi. ord..* ab,

Præpar.

12. 10	ab π de 2|2 ac π df.
	Demonstr.
1. 66. 10	df, *comm.* ac,
1. 66. 10	fe, *comm.* cb,
α. hyp.	ac & bc *snt medi;*
14. 10	df & fe *snt medi;*
α. hyp.	ac, *comm.* bc *in* □,
10. 10	df, *comm.* ef *in* □,
38. 10	de, *est apotom.. medi.*
suppos.	▭. acb, *est ration.*

1.66.10	▭.dfe, *comm.* ▭.acb, β
f.12.10	▭.dfe, *est ration.*
1.concl. 30.10	de, *est apotom. 1.. medi.*
suppos.	▭.acb, *est medi.*
β. 24.10	▭.dfe, *est medi.*
2 concl. 39. 10	de, *est apotom. 2.. medi.*

THEOR. LXXXII. PROPOS. CVI.

Recta linea minori commensurabilis; & ipsa minor est.

La ligne droicte commensurable à vne ligne mineure, est aussi ligne mineure.

	Hypoth.
	ab, *est min.*
	bc, *est congruen.*
	de, *comm.* ab.
	Req. π. demonstr.
	de, *est min.*
	Præpar.
12. 6	ab π de 2|2 ac π df.
	Demonstr.
hyp.	□.ac, *incomm.* □.bc,
1.66.10	□.df, *incomm.* □.ef,
α. hyp.	*aggreg..* □.ac + bc, *est ration.*
1.66.10	*aggreg..* □.df + □.ef, *comm. aggreg..* □.ac + □.bc,

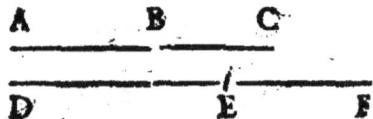

A B C
D E F

C12.10	*aggreg..*□.df+□.fe, *est ration.*	1.66.10	▭.dfe, *côm.*▭.acb,
		24.10	▭.dfe, *est medi.*
α. hyp.	▭.acb, *est medi.*	concl. 77.10	de, *est min.*

THEOR. LXXXIII. PROPOS. CVII.

Recta linea commensurabilis ei, quæ cum rationali medium totum efficit; & ipsa cum rationali medium totum efficiens est.

La ligne droicte commensurable à vne ligne laquelle auec vn espace rationel, fait vn tout medial; est aussi ligne faisant auec vn espace rationel vn tout medial.

Hypoth.

ab, *est* ——, *fa. rat. & medi.*

bc, *est congruen.*

de, *comm.* ab.

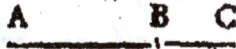

Req. π. demonstr.

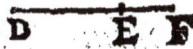

de, *est* ——, *fa. rat. & medi.*

Præpar.

12.6 ab π de 2|2 ac π df.

Demonstr.

α. hyp. □.ac, *incomm.* □.bc,

1.66.10 □.df, *incomm.* □.fe,

α. hyp. *aggreg..*□.ac+□.bc, *est medi.*

1.66.10 *aggreg..*□.df+□.ef, *comm. aggreg..*□.ac+□.bc,

24.10 *aggreg..*□.df+□.ef, *est medi.*

a

A B C

D E F

α. hyp. | ▭.acb, *est ration.*
1.66.10 | ▭.dfe, *comm.* ▭.acb,
s.12.10 | ▭.dfe, *est ration.*
concl. 78.10 | de, *est* —, *fa. rat. & medi.*

THEOR. LXXXIV. PROPOS. CVIII.

Recta linea commenſurabilis ei, quæ cum medio medium totum efficit; & ipſa cum medio medium totum efficiens eſt.

La ligne droicte commenſurable à vne ligne, laquelle auec vn eſpace medial, fait vn tout medial; icelle eſt auſſi ligne faiſant auec vn eſpace medial vn tout medial.

Hypoth.
ab, *est* —, *fa. 2; medi.*
bc, *est congruen.*
de, *comm.* ab.
Req. π. *demonstr.*
de, *est* —, *fa. 2; medi.*
Præpar.
12. 6 | ab π de 2|2 ac π df.
Demonstr.
hyp. | □.ac, *incomm.* □.bc,
1.66.10 | □.df, *incomm.* □.fe,
hyp. | *aggreg..* □.ac + □.bc, *est medi.*
1.66.10 | *aggreg..* □.df + □.fe, *com. aggreg..* □.ac + □bc, β

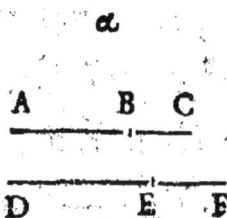

α

A B C

D E F

24.10	*aggreg*..□.df + □.fe, *est medi.*
hyp.	▭.abc, *est medi.*
1.66 10	▭dfe, *comm.* ▭.acb, γ
24.10	▭.dfe, *est medi.*
hyp.	*aggreg*..□.ac + □.bc, *incomm.* ▭.acb,
βγ14.10	*aggreg*..□.df + □.fe, *incomm.* ▭.dfe,
concl. 79.10	de, *est* ——, *fa.* 2; *medi.*

THEOR. LXXXV. PROPOS. CIX.

Medio à rationali detracto; recta linea, quæ reliquum ſpatium poteſt, vna ex duabus irrationalibus fit, vel apotome, vel minor.

Si vn eſpace medial eſt retranché d'vn rationel; la ligne droicte qui peut le reſte de l'eſpace, eſt vne de deux irrationelles, ſçauoir apotome, ou mineure.

H A B C F K D E I

Hypoth.

▭a + b, *est ration.*
▭b, *est medi.*
□.h 2|2 ▭a.

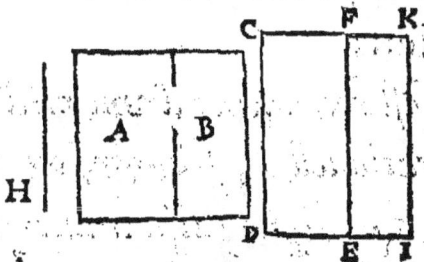

	Req. π. demonſtr.
	h, *est apotom.* ⊔ *min.*
	Præpar.
ſuppoſ	cd, *est ration. expoſ.*
4.app.	▭ci 2|2 ▭a + b, α
4.app.	▭fi 2|2 ▭b. β
	Demonſtr.
αβ.3.a.1	▭ce 2|2 ▭a, ⊔ □.h,
hyp.	▭a + b, *est ration.*
αſ.12.10	▭ci, *est ration.*

21. 10	ck, *eſt ration. comm.* cd, γ
hyp.	▭b, *eſt medi.*
β. 24.10	▭fi, *eſt medi.*
23. 10	fκ, *eſt ration. incomm.* cd,
γ. 13.10	ck, *incomm.* fκ,
74. 10	cf, *eſt apotom.*
ſuppoſ.	□.ck 3|2 □.fκ..□. —, *comm.* ck,
1d85.10	cf, *eſt apotom. 1.*
1.concl. 92.10	▭ce, ⊔ □.h, *eſt apotom.*
ſuppoſ.	□.ck 3|2 □.fκ..□. —, *incomm.* cκ,
4d.8510	cf, *eſt apotom. 4.*
2 concl. 95.10	▭ce, ⊔ □.h, *eſt min.*

THEOR. LXXXVI. PROPOS. CX.

Rationali à medio detracto; aliæ duæ irrationales fiunt, vel mediæ apotome prima, vel cum rationali medium totum efficiens.

Si vne ſuperficie rationelle eſt retranchee d'vne mediale, il ſe fait deux autres irrationelles, ſçauoir, ou vn apotome medial premier, ou vne ligne faiſant auec vn eſpace rationel, vn tout medial.

Hypoth.		*Req. π. demonſtr.*
▭a ∔ b, *eſt medi.*		h, *eſt apotom. 1.. medi.*
▭b, *eſt ration.*		⊔ —, *fa. rat.*
□.h 2|2 ▭a.		*& med.*

Præpar.

suppos.	cd, *est ration. expos.*
4.app.	▭ci 2|2 ▭a+b, α
4.app.	▭fi 2|2 ▭b, β

Demonstr.

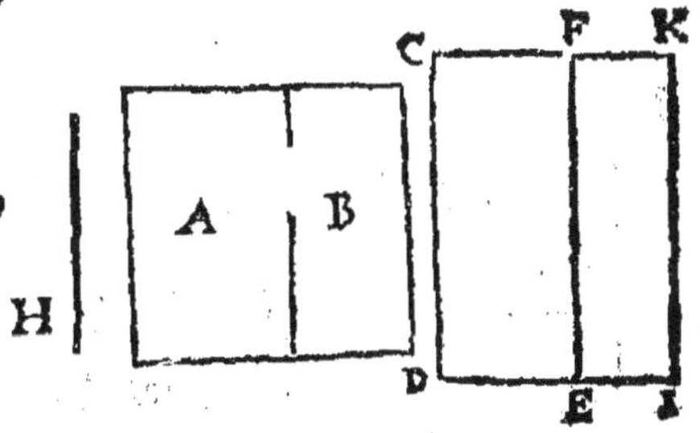

αβ.3.a.1	▭ce 2|2 ▭a, ш□.h,
hyp.	▭a+b, *est medi.*
α.24.10	▭ci, *est medi.*
23. 10	ck, *est ration. incomm.* cd, γ
hyp.	▭b, *est ration.*
βς.12.10	▭fi, *est ration.*
21. 10	fk, *est ration. comm.* cd,
γ. 13. 10	ck, *incomm.* fk,
74. 10	cf, *est apotom.*
suppos.	□.ck 3|2 □.fk..□.——, *comm.* ck,
2d85.10	cf, *est apotom.* 2.
1.concl. 93. 10	▭ce, ш□.h, *est apotom.* 1,. *medi.*
suppos.	□.ck 3|2 □.fk..□.——, *incomm.* ck,
5d85.10	cf, *est apotom.* 5.
2 concl. 96. 10	h, *est* ——, *fa. rat. & med.*

THEOR. LXXXVII. PROPOS. CXI.

Medio à medio detracto, quod ſit incommenſurabile toti; reliquæ duæ irrationales fiunt, vel mediæ apotome ſecunda, vel cum medio medium totum efficiens.

Si vne ſuperficie mediale eſt retranchee d'vne ſuperficie mediale, incommenſurable à la toute; il ſe fait les deux autres irrationelles, ſçauoir l'apotome medial ſecond, ou la ligne faiſant auec vne ſuperficie mediale vn tout medial.

Hypoth.

▭a+b, *eſt medi.*

▭a, *eſt medi. incomm.* ▭.a+b,

□.h 2|2 ▭a.

Req. π. *demonſtr.*

h, *eſt apotom. 2.. medi.* ıı ——, *fa.* 2; *medi;*

Præpar.

ſuppoſ. cd, *eſt ration. expoſ.*

4.app. ▭ci 2|2 ▭a+b, α

4.app. ▭fi 2|2 ▭b. β

in figur. præced.

Demonſtr.

αβ.3.a.1 ▭ce 2|2 ▭a, ıı □.h,

hyp. ▭a+b, *eſt medi.*

α.24.10 ▭ci, *eſt medi.*

23.10 ck, *eſt ration. incomm.* cd, γ

hyp. ▭b, *eſt medi.*

β.24.10 ▭fi, *eſt medi.*

23.10 fk, *eſt ration. incomm.* cd,

hyp. ▭a+b, *incomm.* ▭b,

10.10 ▭ci, *incomm.* ▭fi,

1. 6, & 10. 10	ck, *incomm.* fK,
74. 10	cf, *est apotom.*
suppos.	□.ck 3|2 □.fK..□.—, *comm.* ck,
3d85. 10	cf, *est apotom. 3.*
1. concl 94. 10	▭ce, II □.h, *est apotom. 2.. medi.*
suppos.	□.ck 3|2 □.fK..□.—, *comm.* ck,
6d85. 10	cf, *est apotom. 6.*
2 concl. 97. 10	h, *est* —, *fa. 2; medi;*

THEOR. LXXXVIII. PROPOS. CXII.

Apotome non est eadem, quæ ex binis nominibus.

La ligne appellee apotome ou residu, n'est pas la mesme que la ligne de deux noms ou binome.

A
B F D E
C

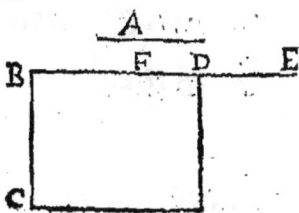

Hypoth.

a, *est apotom.*

Req. π. demonstr.

a, *ñ est binom.*

Præpar.

arbitr.	bc, *est ration.*
4. app.	▭cd 2|2 □.a.

Demonstr.

hyp.	a, *est apotom.*	
98. 10	bd, *est apotom. 1.*	
suppos.	de, *est congruen.*	
74. 10	be & de *snt ration. comm. in* □,	α
1. d85. 10	be, *comm.* bc,	β
suppos.	a, *est binom.*	
61. 10	bd, *est binom. 1.*	
suppos.	bf & fd *snt nom.*	
suppos.	bf 3|2 fd,	

37.10	bf & fd ſnt ration. comm. ſn □,	γ	α	be, incomm. de,	θ
1d48.10	bf, comm. bc,		δ.14.10	fe, incomm. de,	
β.12.10	be, comm. bf,		αε	fe & de ſnt ration;	
c.16.10	be, comm. fe,	δ	θ.74.10	fd, eſt apotom. contr. concl.	γ
ſ.11.10	fe, eſt ration.	ε	concl. 21.2.1	a, ñ eſt binom.	

Nomina 13, linearum irrationalium inter ſe differentium.

Les noms des 13, lignes irrationelles differentes entr'elles.

1	*medi.*	8	*apotom.*
2	*binom.*	9	*apotom. 1.. medi.*
3	*bimed. 1.*	10	*apotom. 2.. medi.*
4	*bimed. 2.*	11	*min.*
5	*maj.*	12	*fa. rat. & medi.*
6	*po. rat. & medi.*	13	*fa. 2; medi:*
7	*po. 2; medi;*		

Cùm latitudinum differentiæ arguant differentias rectarum, quarum quadrata ſunt applicata ad aliquam rationalem, ſitque demonſtratum in præcedẽtibus, latitudines quæ oriuntur ex applicationibus quadratorum harum 13, linearum inter ſe differre: perſpicuè ſequitur has 13, lineas inter ſe differre.

A cauſe que les latitudes ne peuuent eſtre differentes, ſi les lignes dont les quarrez ont eſté appliquez à quelque rationnelle, ne different entr'elles, & qu'il a eſté monſtré cy deuant, que les latitudes qui viennent par l'application des quarrez de ces 13, lignes ſont differentes entr'elles, il eſt euident que ces 13, lignes ſont differentes entr'elles.

THEOR. LXXXIX. PROPOS. CXIII.

Quadratum rationalis ad eam, quæ ex binis nominibus, applicatum, latitudinem facit apotomen cuius nomina commensurabilia sunt nominibus eius, quæ ex binis nominibus, & in eadem proportione; & adhuc apotomæ, quæ fit, eundem habet ordinem, quem ea, quæ ex binis nominibus.

Le quarré d'vne rationelle estant appliqué à vne ligne binome, fait la latitude apotome, de laquelle les noms sont commensurables & proportionaux aux noms du binome, & en outre l'apotome est de mesme ordre que le binome.

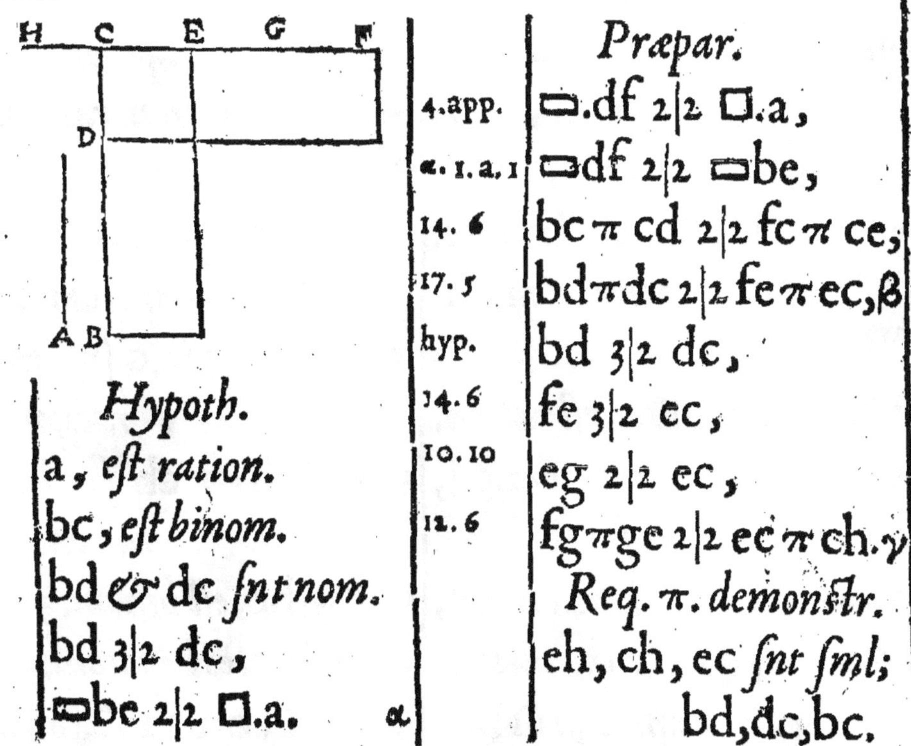

Hypoth.

a, *est ration.*
bc, *est binom.*
bd & dc *snt nom.*
bd 3|2 dc,
▭be 2|2 □.a. α

Præpar.

4.app.	▭.df 2|2 □.a,
α. 1.a. 1	▭df 2|2 ▭be,
14. 6	bc π cd 2|2 fc π ce,
17. 5	bd π dc 2|2 fe π ec, β
hyp.	bd 3|2 dc,
14. 6	fe 3|2 ec,
10. 10	eg 2|2 ec,
12. 6	fg π ge 2|2 ec π ch. γ

Req. π. demonstr.

eh, ch, ec *snt sml;*
bd, dc, bc.

	Demonſtr.	
	fe π ge, ⊔ ec,	δ
γ. 18. 5	eh π ch,	
12. 5	fh π eh 2|2 eh π ch,	ε
	bd π dc	
β	fe π ec ſnt raõ	
ε	fh π eh 2|2 ꝺe,	θ
ε	eh π ch	κ
hyp.	bd, *comm.* dc ꝺn ☐,	
10. 10	eh, *comm.* ch ꝺn ☐,	λ
	☐.bd π ☐.dc *ſnt*	
θ	☐.fh π ☐.eh *raõ*	
8 c.20.6	fh π ch 2|2 ꝺe	
hyp.	☐.bd, *comm.* ☐.dc,	
10. 10	fh, *comm.* ch,	μ
hyp.	bc, *eſt ration.*	
hyp.	▭ be ⊔ ☐.a, *eſt ration.*	
21. 10	ce, *eſt ration. cõm.* cb,	
hyp.	cd, *eſt ration.*	ν
hyp.	▭ df ⊔ ☐.a, *eſt ration.*	
21. 10	fc, *eſt ration. cõm.* cd,	
μ. 16.10	fc, ch, cd *ſnt cõm.* ꝺe	ξ
ν. 12.10	ch, *eſt ration. cõm.* cd,	
λ. 12.10	eh & ch *ſnt ration.*	
	comm. ꝺn ☐,	

74. 10	ec, *eſt apotom.*	
	& ch *congruen.*	
κ	eh π ch 2|2 bd π dc,	
16. 5	eh π bd 2|2 ch π dc,	
ξ	ch, *comm.* dc,	ϖ
10. 10	eh, *comm.* bd,	ρ
ſuppoſ.	☐.bd 3|2 ☐.dc..☐.	
	—, *comm.* bd,	
15. 10	☐.eh 3|2 ☐.ch..☐.	
	—, *comm.* eh,	
ſuppoſ.	bd, *comm. ration.*	
ρ. 12. 10	eh, *comm. ration.*	
1d48.10	bc, *eſt binom. 1.*	
1d85.10	ec, *eſt apotom. 1.*	
ſuppoſ.	dc, *comm. ration.*	
ϖ.12.10	ch, *comm. ration.*	
2d48.10	bc, *eſt binom. 2.*	
2d.85.10	ec, *eſt apotom. 2.*	
ſuppoſ.	bd & dc *ſnt incõm. ration.*	
12. 10	eh & ch *ſnt incõm. ration.*	
3d.48.10	bc, *eſt binom. 3.*	
3d85.10	ec, *eſt apotom. 3.*	
ſuppoſ.	☐.bd 3|2 ☐.dc..☐.	

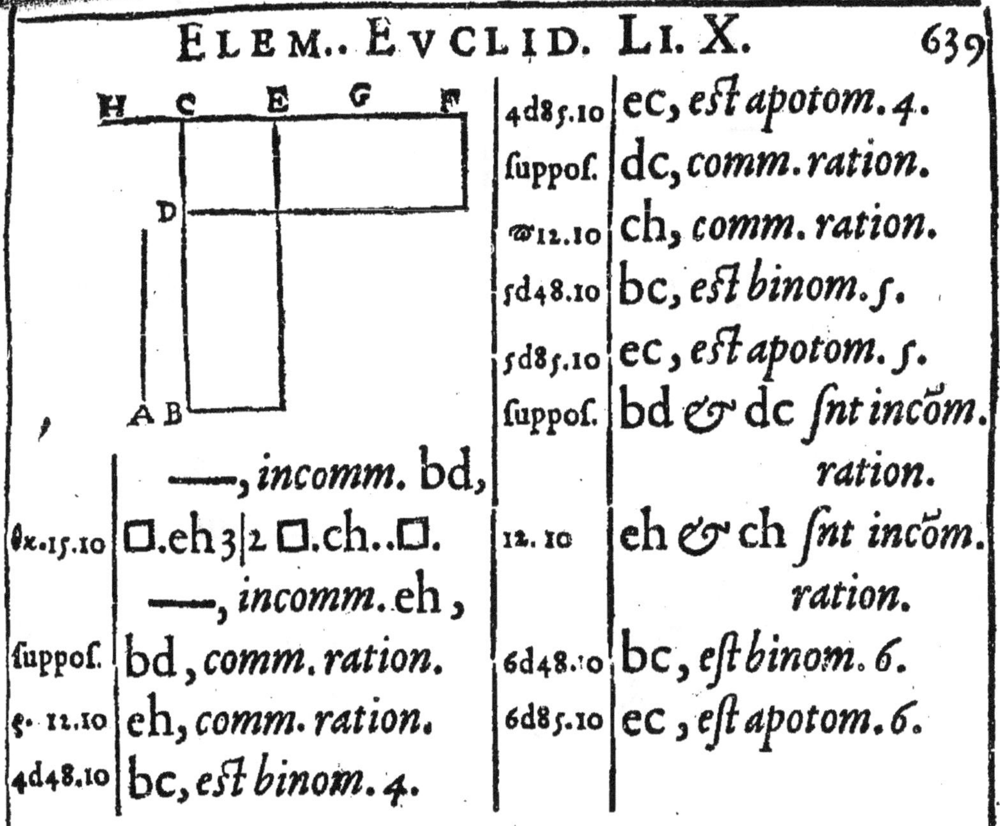

	—, *incomm.* bd,
θx.15.10	□.eh 3|2 □.ch..□.
	—, *incomm.* eh,
ſuppoſ.	bd, *comm. ration.*
ς. 12.10	eh, *comm. ration.*
4d48.10	bc, *eſt binom.* 4.

4d85.10	ec, *eſt apotom.* 4.
ſuppoſ.	dc, *comm. ration.*
ϖ12.10	ch, *comm. ration.*
5d48.10	bc, *eſt binom.* 5.
5d85.10	ec, *eſt apotom.* 5.
ſuppoſ.	bd & dc *ſnt incõm. ration.*
12. 10	eh & ch *ſnt incõm. ration.*
6d48.10	bc, *eſt binom.* 6.
6d85.10	ec, *eſt apotom.* 6.

THEOR. XC. PROPOS. CXIV.

Quadratum rationalis ad apotomen applicatum, latitudinem facit eam, quæ ex binis nominibus, cuius nomina commenſurabilia ſunt apotomæ nominibus, & in eadem proportione; & adhuc, quæ ex binis nominibus fit, eundem habet ordinem quem ipſa apotome.

Le quarré d'vne ligne rationelle appliqué à vn reſidu, fait la latitude binome, dont les noms ſont commenſurables aux noms du reſidu, & en meſme raiſon; & en outre le binome eſt de meſme ordre que le reſidu.

Hypoth.	a, *eſt ration.*

	bc, *eſt apotom.*
	cd, *eſt congruen.*
	▭ce 2|2 □.a. α
	Præpar.
4.app.	▭df 2|2 □.a,
10. 6	be π fe 2|2 eg π gf.
	Req. π. *demonſtr.*
	bg, ge, be *ſnt ſml;* bd, cd, bc.
	Demonſtr.
α. 1.a.1	▭df 2|2 ▭ce,
14. 6	bd π bc 2|2 be π bf,
c.19.5	bd π cd 2|2 be π fe, γ
conſtr. 10. 6.	be π fe 2|2 eg π gf, δ
19. 5	bg π ge 2|2 eg π gf, ε
	bd π cd } θ
γ	be π fe } *ſnt raõ*
δ	eg π gf } 2|2 *ſe,*
ε	bg π ge } κ

hyp.	bd, *comm.* cd *ſn* □,
10. 10	bg, *comm.* ge *ſn* □, λ
	□.bd π □.cd } *ſnt*
c.20.6	□.bg π □.ge } *raõ*
κ	bg π gf } 2|2 *ſex*
hyp.	□,bd, *comm.* □.cd,
10. 10	bg, *comm.* gf, μ
c.16.16	bg, *comm.* bf, μ
hyp.	bd, *eſt ration.*
hyp.	▭df, ⊔ □.a, *eſt ratiõ.*
21. 10	bf, *eſt ration. cõm.* bd
μ. 12.10	bf, bd, bg, gf *ſnt comm. ſe,* ν
μ. 12.10	bg, *eſt ration. comm.* bd,
λſ.12.10	bg & ge *ſnt ration. comm. ſn* □,
37. 10	be, *eſt binom.*
θκ. 11. 5	bd π cd 2|2 bg π ge,
16. 5	bd π bg 2|2 cd π ge,
ι	bd, *comm.* bg,
10. 10	cd, *comm.* ge,
	&c. *p demonſtr.* 113. 10.

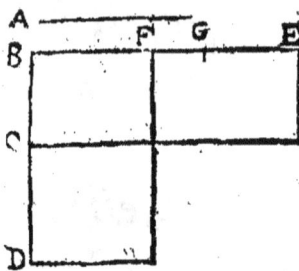

THEOR

THEOR. XCI. PROPOS. CXV.

Si ſpatium contineatur ſub apotoma, & ea, quæ ex binis nominibus, cuius nomina commenſurabilia ſunt nominibus apotomæ, & in eadem proportione; recta linea ſpatium potens, eſt rationalis.

Si vn eſpace eſt contenu ſous vn apotome & ſous vne ligne appellee binome, de laquelle les noms ſont commenſurables aux noms de l'apotome & en meſme raiſon; la ligne droicte pouuant iceluy eſpace eſt rationelle.

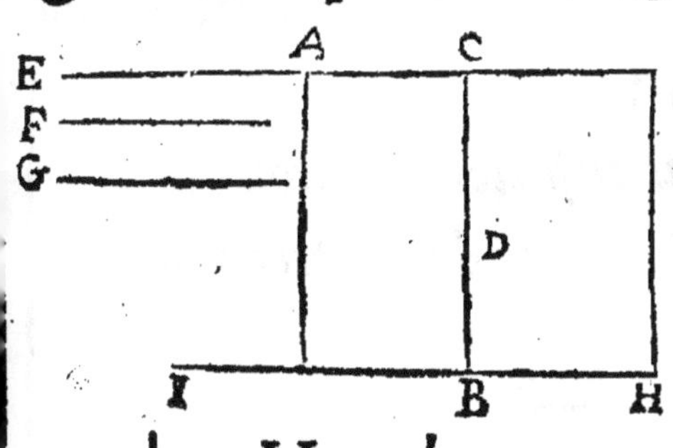

Hypoth.

ab, *eſt* ▭.ac, ab,

ac, *eſt apotom.* & ae, *congruen.*

cb, *eſt binom.*

cd & db *ſnt nom.*

cd 3|2 db,

cd, *comm.* ce,

db, *comm.* ae,

ce π ea 2|2 cd π db,

□.f 2|2 ▭ab.

Req. π. demonſtr.

f, *eſt ration.*

Præpar.

arbitr. g, *eſt ration.*

4. app. ▭ch 2|2 □.g,

Demonſtr.

113.10 bh, *eſt apotom.*

113.10 hi, *comm.* cd,

111.10 bi, *comm.* db,

113.10 hi π bi 2|2 cd π db,

ıı ce π ea,

16. 5 hi π ce 2|2 bi π ea,

19. 5 bh π ac 2|2 hi π ce,

ıı bi π ea,

sſ

12. 10	hi, *comm.* ce,	hyp.	▭hc⊔□.g, *est ratio.*
10. 10	bh, *comm.* ac,	concl. f.12.10	▭ba⊔□.f, *est ration.*
1. 6 10. 10	▭hc, *comm.* ▭ba,		

COROLL.

Ex hoc manifesto constat, fieri posse, vt spatium rationale contineatur sub duabus rectis irrationalibus.

De cecy est manifeste qu'vn espace rationel peut estre contenu sous deux lignes irrationelles.

THEOR. XCII. PROPOS. CXVI.

A media infinitæ irrationales fiunt, & nulla alicui antecedentium est eadem.

De la ligne mediale se font infinies irrationelles, & aucune n'est la mesme que quelqu'vne des antecedentes.

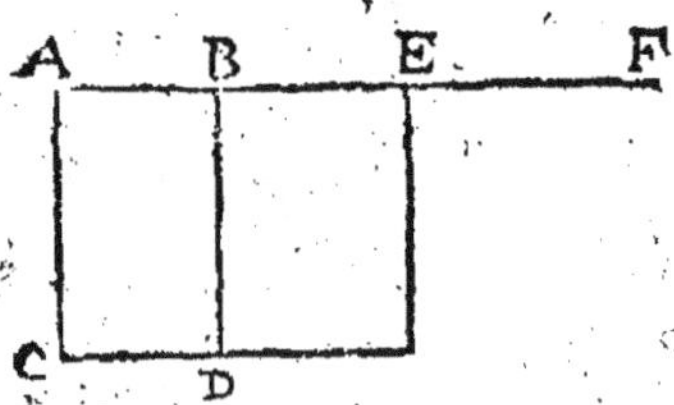

Sit media AB, dico ex illa fieri irrationales infinitas, quarum nulla eadem sit alicui tredecim antecedentium irrationalium.

Ex posita enim rationali AC, contineatur sub AB, media, & rationali AC, spatium AD: Est ergo AD ir-

Soit AB mediale, ie dis que d'icelles sont faites infinies irrationelles, aucune desquelles n'est la mesme que quelqu'vne des treize antecedentes irrationelles.

Car la rationelle AC estant proposée, soit l'espace AC contenu sous AB mediale, & AC rationale ex lemmate 38. huius libri.

Possit autem ipsum recta linea BE: ergo BE irrationalis est, & nulli priorum eadem: Nullum enim quadratum alicuius priorum ad rationalem applicatum latitudinem efficit mediam. Rursus compleatur DE, erit DE irrationale; & recta ipsum potens irrationalis. Possit enim ipsum recta linea EF, quæ erit irrationalis, & nulli priorum eadem. Nullum enim priorum quadratum, si ad rationalem applicetur, latitudinem efficit ipsam BE; ergo à media infinitæ irrationales fiunt, & nulla alicui priorum est eadem.

rationelle: Donc AD est irrationelle par le lemme de la 38. proposition de ce liure.

Soit BE pouuant iceluy espace AD, BE sera irrationelle: par consequent BE, est irrationelle, & n'est aucune de 13. precedentes: Car il n'y a point aucun quarré des precedentes qui face la mediale estant appliqué à la rationelle. Derechef soit accomply le rectangle DE, lequel sera irrationel, & aussi la ligne qui la peut; car soit FE, pouuant iceluy, qui sera irrationelle, & ne sera aucune des precedentes; car il n'y a aucun des quarrez des precedens qui face icelle BE, estant appliqué à vne ligne rationelle; partant de la mediale se font infinies irrationelles, & aucune n'est la mesme que quelqu'vne des antecedentes.

THEOR. XCIII. PROPOS. CXVII.

Propositum sit nobis ostendere, in quadratis figuris diametrum lateri incommensurabilem esse longitudine.

Qu'il nous ſoit propoſé de monſtrer qu'aux figures quarrees le diametre eſt incommenſurable en longitude au coſté.

Hypoth.

bd, *eſt* □.ab,

ac, *eſt diamet.*

Req. π. *demonſtr.*

ab, *eſt incomm.* ac.

Demonſtr.

47. 1 □.ab + □.bc, ⊔ 2□;. ab 2|2 □.ac,

ſ.27.8 □.ab & □.ac *ſnt plan; diſſml;*

concl. 9. 10 ab, *incomm.* ac.

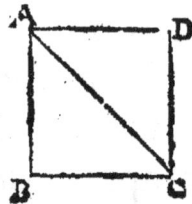

EVCLIDIS ELEMENTORVM

LIBER VNDECIMVS, ET PRIMVS SOLIDORVM.

L'VNZIESME LIVRE

DES ELEMENTS D'EVCLIDE, ET LE PREMIER DES SOLIDES.

DEFINIT. I.

SOLIDVM est, quod longitudinem, latitudinem, & craßitudinem habet.

SOLIDE est ce qui a longueur, largeur, & profondeur.

DEFINIT. II.

Solidi autem extremum, est ſuperficies.

Mais les termes du ſolide ſont ſuperficies.

DEFINIT. III.

Linea recta eſt ad planum recta, cùm ad re-

Vne ligne droicte eſt eſleuee à angles droicts ſur

ctas omnes lineas, à quibus illa tangitur, quæque in proposito sunt plano, rectos angulos efficit.

vn plan, quand elle faict angles droicts auec toutes les lignes droictes qui la touchent, au mesme plan proposé.

DEFINIT. IV.

Planum ad planum rectum est, cùm rectæ lineæ, quæ communi planorum sectioni ad rectos angulos in vno plano ducuntur, alteri plano ad rectos sunt angulos.

Vn plan est esleué perpendiculairement sur vn plan, quand toutes les lignes menees sur l'vn d'iceux plans à angles droicts à la ligne de commune section, sont à angles droicts à l'autre plan.

DEFINIT. V.

Rectæ lineæ ad planum inclinatio est, cùm à sublimi termino rectæ illius lineæ ad planum deducta fuerit perpendicularis, atque à puncto, quod perpendicularis in ipso plano effecerit, ad propositæ illius

L'inclination d'vne ligne droicte à vn plan, est l'angle aigu contenu sous icelle, & vne autre ligne droicte menee sur le plan proposé, par l'extremité de l'inclinante, qui est au plan proposé, & par le poinct auquel tombe la ligne droicte

lineæ extremum, quod in eodem eſt plano, altera recta linea fuerit adiuncta; eſt, inquam, angulus acutus inſiſtente linea, & adiuncta comprehenſus.

perpendiculaire menee du ſommet de l'inclinante ſur iceluy plan.

DEFINIT. VI.

Plani ad planum inclinatio, eſt angulus acutus rectis lineis contentus, quæ in vtroque planorum ad idem communis ſectionis punctum ductæ, rectos cum ſectione angulos efficiunt.

L'inclination d'vn plan à vn autre plan, eſt l'angle aigu contenu ſous les lignes droictes, menees ſur l'vn & l'autre plan à angles droicts à la ligne de commune ſection, & à vn poinct d'icelle.

DEFINIT. VII.

Planum ad planum ſimiliter inclinatum eſſe dicitur, atque alterum ad alterum, cùm dicti inclinationum anguli inter ſe fuerint æquales.

Vn plan eſt dit eſtre ſemblablement incliné à vn plan, & vn autre plan à vn autre, quand les angles ſuſdits des inclinations ſont egaux entr'eux.

DEFINIT. VIII.

Parallela plana ſunt, quæ inter ſe non conueniunt.

Plans paralleles ſont ceux leſquels ne ſe rencontrent point eſtans prolongez.

DEFINIT. IX.

Similes ſolidæ figuræ ſunt, quæ ſimilibus planis continentur multitudine æqualibus.

Semblables figures ſolides ſont celles-là leſquelles ſont contenues ſous ſemblables plans, egaux en nombre.

DEFINIT. X.

Æquales, & ſimiles ſolidæ figuræ ſunt, quæ ſimilibus planis, multitudine, & magnitudine æqualibus continentur.

Egales & ſemblables figures ſolides ſont celles qui ſont contenuës de plans ſemblables, egaux en multitude & grandeur.

DEFINIT. XI.

Solidus angulus eſt plurium quàm duarum linearum, quæ ſe mutuò contingant, nec in eadem ſint ſuperficie, ad omnes lineas inclinatio.

Angle ſolide eſt l'inclination de plus de deux lignes droictes ſe touchans à vn poinct n'eſtans en vne meſme ſuperficie.

ALITER.

Solidus angulus eſt, qui pluribus, quàm duobus planis angulis in eodem non conſiſtentibus plano, ſed ad vnum pun-

AVTREMENT.

Angle ſolide eſt celuy qui eſt contenu ſous plus de deux angles non conſtituez en vne meſme ſuperficie, mais ſe rencontrans en vn ctum constitutis, continetur.

mesme poinct.

DEFINIT. XII.

Pyramis est figura solida, planis comprehensa, quæ ab vno plano ad vnum punctum constituuntur.

Pyramide est vne figure solide contenuë de plusieurs plans, se rencontrans à vn mesme poinct, estans menez d'vn autre plan, qui est la base de la pyramide.

DEFINIT. XIII.

Prisma est figura solida, quæ planis continetur, quorum aduersa duo sunt & æqualia, & similia, & parallela, alia vero parallelogramma.

Prisme est vne figure solide contenuë de plans, deux desquels, qui sont opposez, sont egaux, semblables, & paralleles; mais les autres sont parallelogrammes.

DEFINIT. XIV.

Sphæra est, quando, semicirculi manente diametro, circumductus semicirculus in se ipsum rursus reuoluitur, vnde moueri cæperat circum assumpta figura.

Sphere est vne figure solide contenuë en la reuolution d'vn demy cercle, quand son diametre demeurant immobile, il tourne iusqu'à ce qu'il reuienne au lieu où il a commencé de mouuoir.

DEFINIT. XV.

Axis autem ſphæræ, eſt quieſcẽs illa recta linea, circum quam ſemicirculus conuertitur.

L'axe de la ſphere eſt ceſte ligne droicte immobile, à l'entour de laquelle tourne le demy cercle.

DEFINIT. XVI.

Centrum ſphæræ eſt idem, quod & ſemicirculi.

Le centre de la ſphere eſt le meſme, que celuy du demy cercle.

DEFINIT. XVII.

Diameter autem ſphæræ, eſt recta quædam linea per centrum ducta, & vtrinque à ſphæræ ſuperficie terminata.

Mais le diametre de la ſphere eſt vne ligne droicte menee par le centre, ſe terminant de part & d'autre en la ſuperficie de la ſphere.

DEFINIT. XVIII.

Conus eſt, quando rectanguli trianguli manente vno latere eorum, quæ circa rectum angulum, circũductum triangulum in ſeipſum rurſus reuoluitur, vnde moueri cæperat, circumaſſum-

Cone eſt vne figure ſolide contenuë en la reuolution d'vn triãgle rectãgle, quand l'vn des coſtez qui contiennent l'angle droict, demeurant immobile, le triangle eſt mené à l'entour iuſqu'à ce qu'il retourne au lieu où pta figura. Atque si quiescens recta linea æqualis sit reliquæ, quæ circa rectum angulum cõtinetur, orthogonius erit conus: si verò minor amblyonius: si verò major oxygonius.

il a commencé de mouuoir. Et si ledit costé immobile est egal à l'autre costé comprenant l'angle droict; le cone sera rectangle: si plus petit, il sera amblygone: si plus grand, il sera oxygone.

DEFINIT. XIX.

Axis autem coni, est quiescens illa linea, circa quam triangulum vertitur.

L'axe du cone est la ligne droicte immobile, à l'entour de laquelle le triangle tourne.

DEFINIT. XX.

Basis verò coni est circulus qui à circumducta linea recta describitur.

Mais la base du cone est le cercle descrit par l'autre costé mené à l'entour.

DEFINIT. XXI.

Cylindrus est, quando rectanguli parallelogrãmi manente vno latere eorum, quæ circa rectum angulum, circumductum parallelogram-

Cylindre est vne figure solide cõtenuë en la reuolutiõ d'vn parallelogrãme rectãgle, quãd l'vn des costez de ceux qui sõt à l'entour d'vn angle droict, demeurãt im-

mum in ſe ipſum rurſus reuoluitur, vnde cæperat moueri, circumaſſumpta figura.

mobile, le parallelogramme tourne à l'entour iuſques à ce qu'il reuienne au lieu où il a commencé de mouuoir.

DEFINIT. XXII.

Axis autem cylindri, eſt quieſcens illa recta linea, circum quam parallelogrammum conuertitur.

L'axe du cylindre eſt la ligne droicte immobile, à l'entour de laquelle eſt menee le parallelogramme.

DEFINIT. XXIII.

Baſes verò cylindri ſunt circuli à duobus aduerſis lateribus, quæ circumaguntur, deſcripti.

Mais les baſes du cylindre ſont les cercles deſcrits de deux coſtez oppoſez menez à l'entour.

DEFINIT. XXIV.

Similes coni & cylindri ſunt, quorum & axes, & baſium diametri proportionales ſunt.

Cones & cylindres ſemblables ſont ceux, deſquels les axes & les diametres des baſes ont meſme proportion entr'eux.

DEFINIT. XXV.

Cubus eſt figura ſolida ſub ſex quadratis æqualibus contenta.

Le cube eſt vne figure ſolide contenuë ſous ſix quarrez egaux.

DEFINIT. XXVI.

Tetraedrum eſt figura ſolida ſub quatuor triangulis æqualibus, & æquilateris contenta.

Le tretraedre eſt vne figure ſolide contenüe ſous quatre triangles egaux & equilateres.

DEFINIT. XXVII.

Octaedrum eſt figura ſolida ſub octo triangulis æqualibus, & æquilateris contenta.

L'octaedre eſt vne figure ſolide contenüe ſous huict triangles egaux & equilateres.

DEFINIT. XXVIII.

Dodecaedrum eſt figura ſolida ſub duodecim pentagonis æqualibus, & æquilateris, & æquiangulis contenta.

Le dodecaedre eſt vne figure ſolide, contenüe ſous douze pentagones egaux, & equilateres.

DEFINIT. XXIX.

Icoſaedrum eſt figura ſolida ſub viginti triangulis æqualibus, & æquilateris contenta.

L'icoſaedre eſt vne figure ſolide, contenüe ſous vingt triangles egaux & equilateres.

DEFINIT. XXX.

Parallelepipedum eſt figura ſolida ſex figuris

Parallelipipede eſt vne figure ſolide contenüe ſous

quadrilateris, quarum, quæ ex aduerſo, parallelæ ſunt contenta.

ſix figures quadrilateres, deſquelles les oppoſees ſont paralleles.

DEFINIT. XXXI.

Solida figura in ſolida figura dicitur inſcribi, quando omnes anguli figuræ inſcriptæ conſtituuntur, vel in angulis, vel in lateribus, vel denique in planis figuræ, cui inſcribitur.

Vne figure ſolide eſt dite eſtre inſcrite en vne figure ſolide, quand tous les angles de la figure inſcrite ſont conſtituez, ou aux angles, ou aux coſtez, ou finalemẽt aux plans de la figure en laquelle elle eſt inſcrite.

DEFINIT. XXXII.

Solida figura ſolidæ figuræ viciſſim circumſcribi dicitur, quando vel anguli, vel latera, vel denique plana figuræ circumſcriptæ tangunt omnes angulos figuræ, circum quam deſcribitur.

Mais vne figure ſolide eſt dite eſtre circonſcrite à vne figure ſolide, quand les angles, ou les coſtez, ou finalement les plans de la figure circonſcrite, touchent tous les angles de la figure à l'entour de laquelle elle eſt deſcrite.

THEOR. I. PROPOS. I.

Rectæ lineæ pars quædam non est in subiecto plano, quædam verò in sublimi.

Vne partie d'vne ligne droicte ne peut estre en vn plan proposé, & vne partie au dessus.

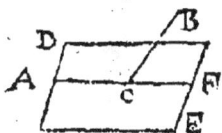

		Req. π. demonstr.
		cf, *est* ⊣*n plan*. de.
		Demonstr.
Hypoth.	suppos.	acb, *est* —,
adfe, *est plan.*	hyp.	acf, *est* —,
acf, *est* —,		*contr. 10. a. 1.*
ac, *est* ⊣*n plan*. de.	concl. 21. a. 1	cb, *est* ⊣*n plan*. de.

THEOR. II. PROPOS. II.

Si duæ rectæ lineæ se mutuò secent, in vno sunt plano: atque triangulum omne in vno est plano.

Si deux lignes droictes se couppent l'vne l'autre, elles sont en vn mesme plan: & tout triangle est en vn mesme plan.

	Hypoth.
	ab & cd *snt* —;
	e, *est intersect.*
arbitr.	db, *est* —.
	Req. π. demonstr.

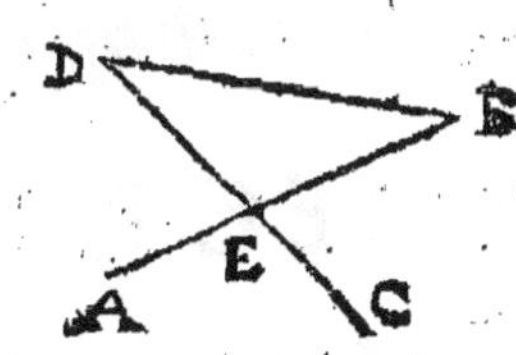

ab & cd *ſnt in vn. plan.*

△deb, *eſt in vn. plan.*

Demonſtr.

ſuppoſ. •; a, b, c *ſnt in plan.* abc,

14.a.2 ab, *eſt in plan.* abc,

14.a.1 ce, *eſt in plan.* abc,

1.concl. 1. 11 ced, *eſt in plan.* abc, α

14. a. 1 db, *eſt in plan.* abc, β

2 concl. αβ △deb, *eſt in plan.* abc.

THEOR. III. PROPOS. III.

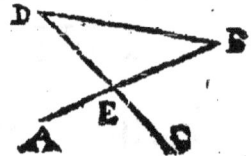

Si duo plana ſe mutuò ſecent, communis eorum ſectio eſt linea recta.

Si deux plans ſe coupent l'vn l'autre, la commune ſection d'iceux eſt vne ligne droicte.

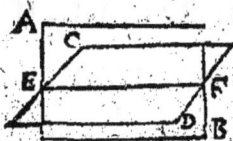

Hypoth.

ab & cd *ſnt plan;*

ef, *eſt interſect.*

Req. π. demonſtr.

ef, *eſt* ——.

Demonſtr.

arbitr. e & f *ſnt* •; *in interſect.*

1. p. 1 ef, *eſt* ——,

14. a. 1 ef, *eſt in plan;* ab, cd,

concl. 14.a.c. ef, *eſt interſect.*

THEOR. IV. PROPOS. IV.

Si recta linea rectis duabus lineis ſe mutuò ſecantibus

tibus in communi ſectione ad rectos angulos inſiſtat: illa ducto etiam per ipſas plano ad angulos rectos erit.

Si deux lignes droictes ſe couppent l'vne l'autre, & au poinct de leur commune ſection eſt menee vne autre ligne droicte à angles droicts: elle ſera auſſi à angles droicts ſur le plan d'icelles.

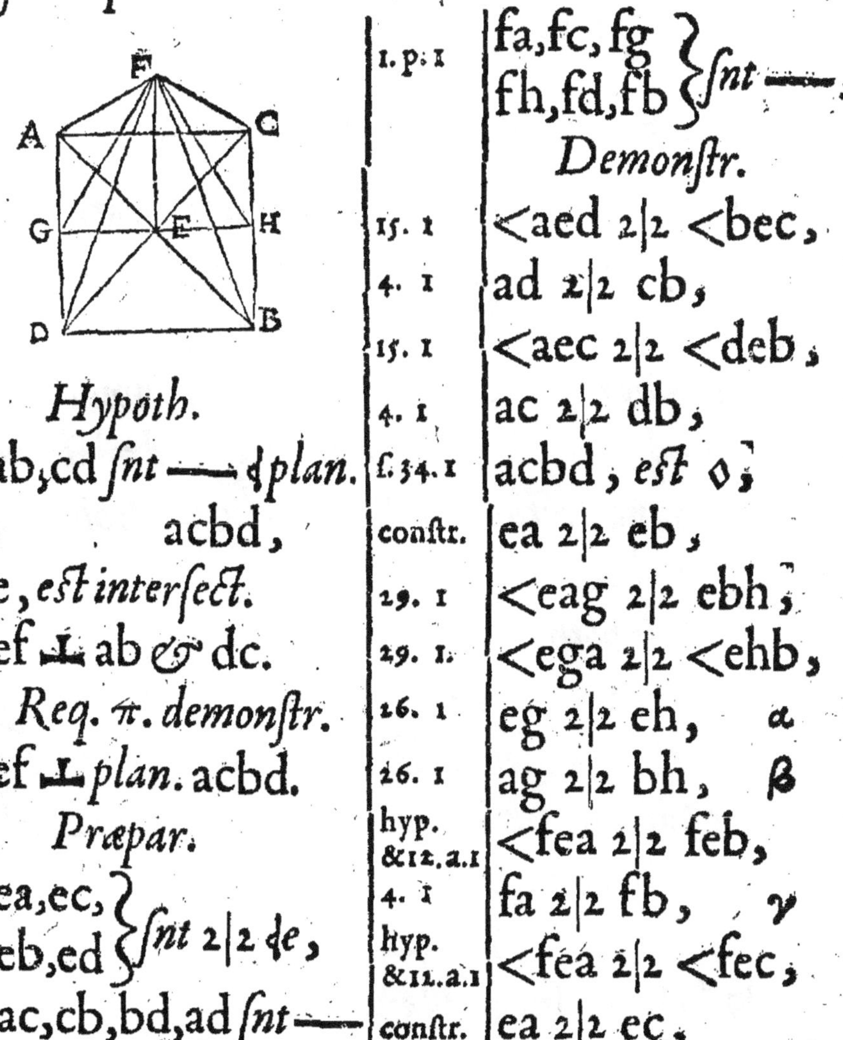

	Hypoth.
	ab,cd *ſnt* —— ∤*plan.* acbd,
	e, *eſt interſect.*
	ef ⊥ ab & dc.
	Req. π. *demonſtr.*
	ef ⊥ *plan.* acbd.
	Præpar.
3. p. 1	ea,ec, eb,ed } *ſnt* 2|2 ∤e,
1. p. 1	ac,cb,bd,ad *ſnt* ——
arbitr.	geh, *eſt* ——,

1. p. 1	fa,fc,fg fh,fd,fb } *ſnt* ——,	
	Demonſtr.	
15. 1	<aed 2|2 <bec,	
4. 1	ad 2|2 cb,	
15. 1	<aec 2|2 <deb,	
4. 1	ac 2|2 db,	
ſ. 34. 1	acbd, *eſt* ◇,	
conſtr.	ea 2|2 eb,	
29. 1	<eag 2|2 ebh,	
29. 1	<ega 2|2 <ehb,	
26. 1	eg 2|2 eh,	α
26. 1	ag 2|2 bh,	β
hyp. & 12. a. 1	<fea 2|2 feb,	
4. 1	fa 2|2 fb,	γ
hyp. & 11. a. 1	<fea 2|2 <fec,	
conſtr.	ea 2|2 ec,	
4. 1	fa 2|2 fc,	δ

γδ fa, fb, fc, fd ſnt 2|2 ꝺe, ε

8. 1 <daf 2|2 <cbf, θ

β ag 2|2 bh,

ε af 2|2 bf,

θ <gaf 2|2 hbf,

4. 1 fg 2|2 fh,

α. 8. 1 <feg 2|2 <feh,

concl. 3. d. 11 ef ⊥ *plan.* acbd.

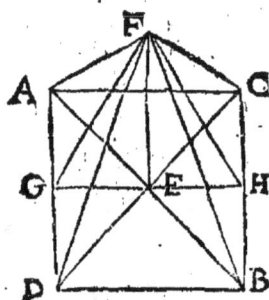

THEOR. V. PROPOS. V.

Si recta linea rectis tribus lineis ſe mutuo tangentibus in communi ſectione ad rectos angulos inſiſtat: illæ tres rectæ in vno ſunt plano.

Si à trois lignes droictes ſe touchantes l'vne l'autre, vne autre ligne droicte eſt conſtituee à angles droicts au poinct de la commune ſection : icelles trois lignes droictes ſont en vn meſme plan.

Hypoth.

ab ⊥ ac, ad, ae.

Req. π. demonſtr.

ac, ad, ae *ſnt* ꝺ*n vn. plan.*

Demonſtr.

2. 11 ac *&* ad *ſnt* ꝺ*n plan.* fc,

2. 11 ad *&* ae *ſnt* ꝺ*n plan.* be,

ſuppoſ. ag, *eſt interſect*⁚ *plan.* fc, *&*.. *plan.* be,

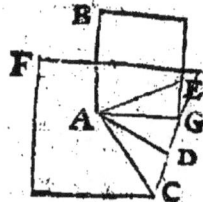

hyp. ab ⊥ ac *&* ad,
5. 11 ab ⊥ *plan.* fc,
3. d. 11 <bag, *est* ⌋,
hyp. <bae, *est* ⌋,
12. a. 1 <bae 2|2 <bag,
contr. 9. a. 1.

THEOR. VI. PROPOS. VI.

Si duæ rectæ lineæ eidem plano ad rectos sint angulos; parallelæ erunt illæ rectæ lineæ.

Si deux lignes droictes sont à angles droicts sur vn mesme plan; icelles lignes droictes seront paralleles.

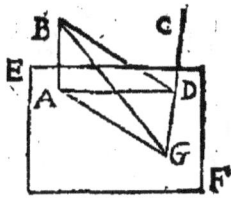

Hypoth.
ef, *est plan.*
ab *&* dc ⊥ *plan.* ef.

Req. π. demonstr.
ab ═ dc.

Præpar.
11. 1 <adg, *est* ⌋, α
3. 1 dg 2|2 ab, β
1. p. 1 bd, bg, ag *sunt* —.

Demonstr.
hyp. <dab, *est* ⌋,
constr. <adg, *est* ⌋,
β. 4. 1 ag 2|2 bd,
β. 8. 1 <bdg 2|2 <bag,
3. d. 1 <bag, *est* ⌋,
12. a. b <bdg, *est* ⌋,
3. d. 11 <gdc, *est* ⌋,
5. 11. & 2. 11 da, db, dc, ba *sunt in vn. plan.*
hyp. <bad, <cda *sunt* ⌋,
concl. 28. 1 ab ═ dc.

THEOR. VII. PROPOS. VII.

Si duæ sint parallelæ rectæ lineæ, in quarum

vtraque ſumpta ſint quælibet puncta: illa linea, quæ ad hæc puncta adiungitur, in eodem eſt cum parallelis plano.

S'il y a deux lignes droictes paralleles, en l'vne & l'autre desquelles ſoient pris des poincts comme on voudra: la ligne droicte menee par iceux poincts, eſt en vn meſme plan que les paralleles.

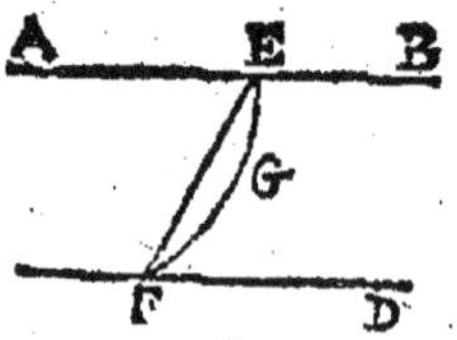

	Hypoth.		
	ab ═ cd, ⌈n *plan.* abdc,		
arbitr.	e & f *ſnt* •; ⌈n ab & cd,		
	ef, *eſt* —,	ſuppoſ.	egf, *eſt interſect.* p e & f,
	Req. π. *demonſtr.*		
	ef, *eſt* ⌈n *plan.* abdc.	3. 11	egf, *eſt* —,
	Demonſtr.	hyp.	ef, *eſt* —,
2,34.d.1	ab, dc *ſnt* ⌈n *vn. plan*		*contr.* 14. a. 1.

A E B G F D

SCHOL.

Hæc eadem propoſitio vera eſt, etiamſi duæ rectæ AB & CD, parallelæ non ſint, dummodo in eodem plano exiſtant, vt manifeſtum eſt ex demonſtratione.

Ceſte propoſition eſt auſsi veritable, encore que AB & CD, ne ſoient paralleles, pourueu qu'elles ſoient en vn meſme plan, comme il appert par la demonſtration.

THEOR. VIII. PROPOS. VIII.

Si duæ ſint parallelæ rectæ lineæ, quarum altera

ad rectos cuidam plano ſit angulos; & reliqua eidem plano ad rectos angulos erit.

S'il y a deux lignes droictes paralleles, l'vne deſquelles ſoit à angles droicts à quelque plan; l'autre ſera auſſi à angles droicts au meſme plan.

Hypoth.

ab ═ cd ∤*n*, *plan.* badc,

ab ⊥ *plan.* ef.

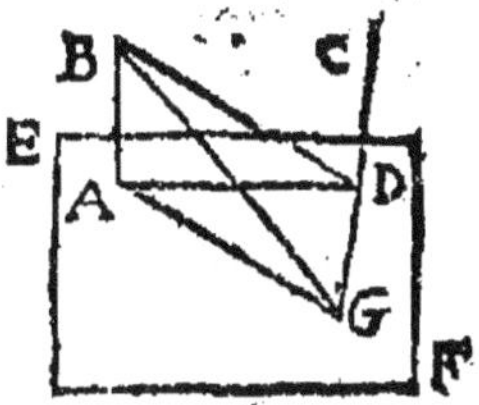

Req. π. demonſtr.

cd, *eſt* ⊥ *plan.* ef.

Demonſtr.

ꝑ *præpar.* & *demonſtr.* 6.11. gda & gdb *ſnt* ⌋; α

2.34.d.1 & 7.11 ab, dc, da, db *ſnt* ∤*n plan.* badc,

α. 4.11 gd ⊥ *plan.* badc,

3. 11 <cdg, *eſt* ⌋, β

hyp. <bad, *eſt* ⌋,

29. 1 <cda, *eſt* ⌋,

concl. β. 4.11 cd ⊥ *plan.* ef.

THEOR. IX. PROPOS. IX.

Quæ eidem rectæ lineæ ſunt parallelæ, ſed non in eodem cum illa plano; hæ quoque ſunt inter ſe parallelæ.

Les lignes droictes paralleles à vne meſme, n'eſtant en vn meſme plan qu'icelle; elles ſont auſſi paralleles entr'elles.

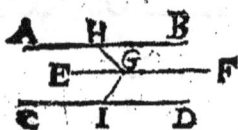

	A H B / E G F / C I D		*Demonstr.*
		4. 11	gh & gi *snt* *in vn. plan.*
	Hypoth.	4. 11	eg ⊥ *plan.* hgi, α
	ab, cd *snt* ═ ef.	hyp.	ah ═ eg,
	Req. π. demonstr.	α. 8.11	ah ⊥ *plan.* hgi, β
	ab ═ cd.	hyp.	ci ═ eg,
	Præpar.	α. 8.11	ci ⊥ *plan.* hgi,
arbitr.	g, *est* •, *in* ef,	concl. β. 6.11	ab ═ cd.
11. 1	<egi & <egh *snt* ⌋		

THEOR. X. PROPOS. X.

Si duæ rectæ lineæ se mutuò tangentes, ad duas rectas se mutuò tangentes sint parallelæ, non autem in eodem plano; illæ angulos æquales comprehendent.

Si deux lignes droictes se touchantes l'vne l'autre sont paralleles à deux lignes droictes se touchantes l'vne l'autre, & n'estans en vn mesme plan; icelles contiendront angles egaux.

Hypoth.		*Præpar.*
ab ═ de,		ab, ac }
ac ═ df.	3. 1	de, df } *snt* 2|2 *se*, α
Req. π. demonstr.		ad, bc, ef }
<bac 2|2 <edf.	1. p. 1	be, cf } *snt* ═.

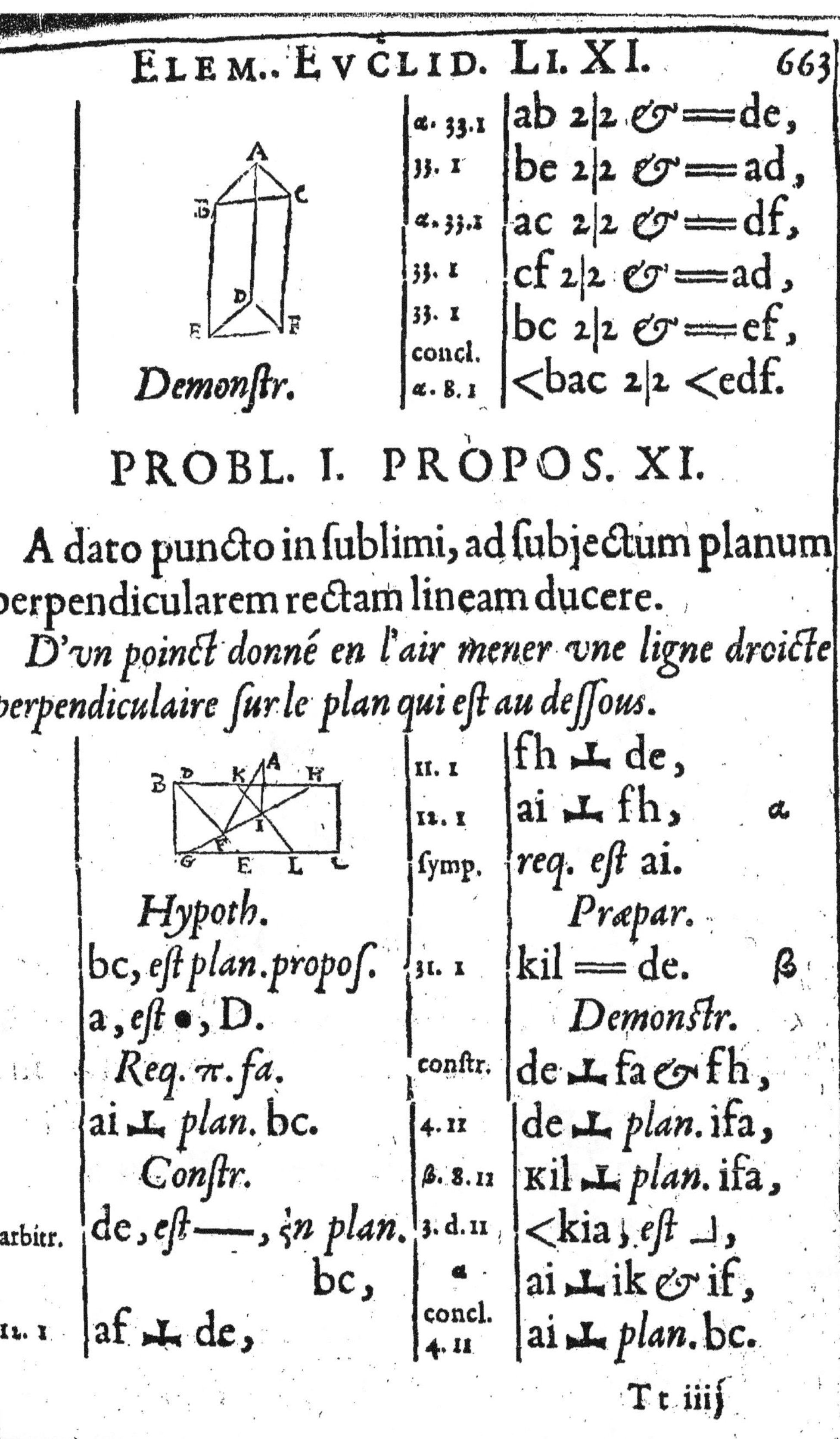

Demonstr.

α. 33.1	ab 2|2 & ═ de,
33. 1	be 2|2 & ═ ad,
α. 33.1	ac 2|2 & ═ df,
33. 1	cf 2|2 & ═ ad,
33. 1	bc 2|2 & ═ ef,
concl. α. 8. 1	<bac 2|2 <edf.

PROBL. I. PROPOS. XI.

A dato puncto in ſublimi, ad ſubjectum planum perpendicularem rectam lineam ducere.

D'vn poinct donné en l'air mener vne ligne droicte perpendiculaire ſur le plan qui eſt au deſſous.

Hypoth.

bc, *eſt plan. propoſ.*

a, *eſt* •, D.

Req. π. fa.

ai ⊥ *plan.* bc.

Conſtr.

arbitr.	de, *eſt* —, *in plan.* bc,
11. 1	af ⊥ de,
11. 1	fh ⊥ de,
12. 1	ai ⊥ fh, α
ſymp.	*req. eſt* ai.

Præpar.

31. 1	kil ═ de. β

Demonſtr.

conſtr.	de ⊥ fa & fh,
4. 11	de ⊥ *plan.* ifa,
β. 8. 11	kil ⊥ *plan.* ifa,
3. d. 11	<kia, *eſt* ⊥,
α	ai ⊥ ik & if,
concl. 4. 11	ai ⊥ *plan.* bc.

PROBL. II. PROPOS. XII.

Dato plano à puncto, quod in illo datum est, ad rectos angulos rectam lineam excitare.

A vn plan donné, & d'vn poinct donné en iceluy, mener vne ligne droicte à angles droicts.

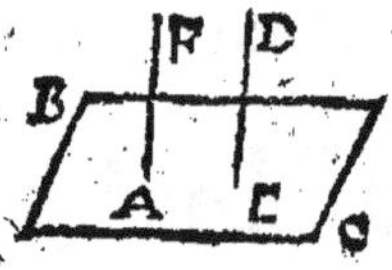

Hypoth.		Constr.
	arbitr.	d, *est* •, *extr. plan.* bc
	11. 11	de ⊥ *plan.* bc,
	31. 1	af ═ ed,
	symp.	*req. est* af.
bc, *est plan.* D.		*Demonstr.*
a, *est* • D. *in plan.* bc.	constr.	ed ⊥ *plan.* bc,
Req. π. *fa.*	constr.	af ═ ed,
af ⊥ *plan.* bc.	concl. 8. 11	af ⊥ *plan.* bc.

THEOR. XI. PROPOS. XIII.

Dato plano, à puncto, quod in illo datum est, duæ rectæ lineæ ad rectos angulos non excitabuntur, ab eadem parte.

A vn plan donné, d'vn mesme poinct donné en iceluy, on ne pourra pas mener de mesme part deux lignes droictes à angles droicts.

Hypoth.	*Req.* π. *demonstr.*
• c, *est D. in plan.* ab.	cd & ce, *ñ snt* ⊥ *plan.* ab.

Demonstr.

suppos. | cd & ce *snt* ⊥ *plan.* ab, α

2. 11 | cd & ce *snt in plan.* fg,

3. 11 | *intersect.* hg, *est* —,

α.3.d.11 | <dcg & <ecg *snt* ⌋;

12. a. 1 | <ecg 2|2 <dcg,

contr. 9. a. 1.

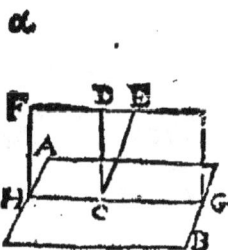

THEOR. XII. PROPOS. XIV.

Ad quæ plana, eadem recta linea recta est; illa sunt parallela.

Les plans ausquels vne mesme ligne droicte est à angles droicts, iceux sont paralleles.

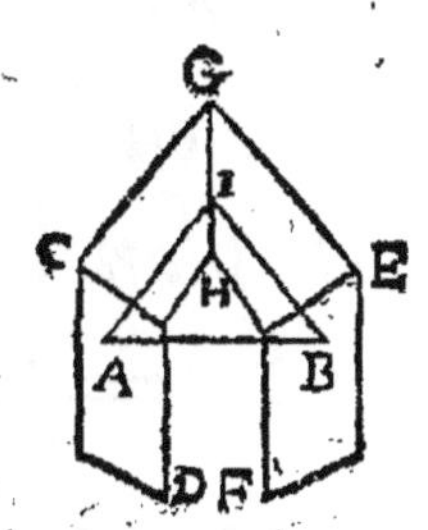

Hypoth.

ab, *est* ⊥ *plan;* cd & fe,

Req. π. demonstr.

plan. cd ═ *plan.* fe.

Demonstr.

suppos. | gh, *est intersect.. plan;* cd & fe,

arbitr. | i, *est* • *in* gh,

1. p. 1 | ia & ib *snt* —,

hyp. | <iab & <iba *snt* ⌋;

contr. 17. 1.

THEOR. XIII. PROPOS. XV.

Si duæ rectæ lineæ se mutuò tangentes, ad duas rectas se mutuò tangentes sint parallelæ, non in eodem consistentes plano : parallela sunt, quæ per illa ducuntur, plana.

Si deux lignes droictes se touchantes l'vne l'autre, sont paralleles à deux autres lignes droictes se touchantes l'vne l'autre; n'estans pas en vn mesme plan : les plans menez par icelles lignes sont paralleles.

D A G F C I E H B

Hypoth.

ab ═ de, α

ac ═ df. β

Req. π. demonstr.

plan. bac ═ *plan.* [edf.

Præpar.

11.11 ag ⊥ *plan.* edf, γ

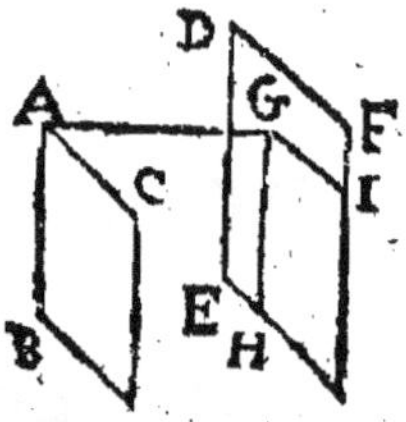 31. 1	gh ═ de, δ
31. 1	gi ═ df. ε
	Demonstr.
αδ. 30. 1	ab ═ gh,
γ. 3. d. 11	<agh, *est* ⌋,
29. 1	<gab, *est* ⌋,
βε. 30. 1	gi ═ ac,
γ. 3 d. 11	<gai, *est* ⌋,
29. 1	∠gac, *est* ⌋;
4. 11	ga ⊥ *plan.* bac,
concl. 14. 11	*plan.* bc ═ *plan.* ef.

THEOR. XIV. PROPOS. XVI.

Si duo plana parallela plano quopiam secentur; communes illorum sectiones sunt parallelæ.

Si deux plans paralleles sont coupez par quelque autre plan, les lignes de leurs cõmunes sections seront paralleles.

Hypoth.

plan. ab ═ *plan.* cd,

heigf, *est plan. secan.*

eh & gf *snt intersect;*

Req. π. demonſtr.

he ═ fg.

Demonſtr.

ſuppoſ. hei & fgi *ſnt* —,

1. 11 hei, *eſt* ∤*n plan.* ab, α

1. 11 fgi, *eſt* ∤*n plan.* cd, α

α i, *eſt* ∤*n plan;* ab & cd,

contr. hypoth.

A E C G I H B F D

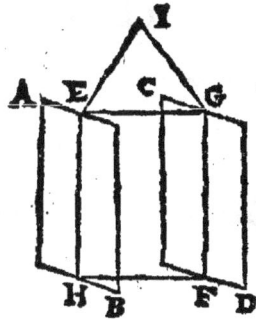

THEOR. XV. PROPOS. XVII.

Si duæ rectæ lineæ parallelis planis ſecentur; in eaſdem rationes ſecabuntur.

Si deux lignes droictes ſont couppees par des plans paralleles; icelles ſeront couppees proportionellement.

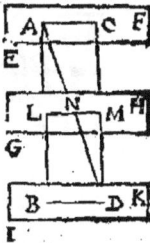

A C F E L N M H G B D K I

Hypoth.

ef,gh,ik *ſnt plan;* ═ ∤e,

alb, cmd *ſnt* —,

a, l, b & c, m, d *ſnt* •; ∤*n plan;*ef,gh,ik.

Req. π. demonſtr.

al π lb 2|2 cm π md.

Præpar.

1. p. 1 ac & bd *ſnt* —,

1. p. 1 and, *eſt* —,

1. p. 1 nl & nm *ſnt* —.

Demonſtr.

2. 11 △adb & △adc *ſnt plan;*

16. 11 ln ═ bd, nm ═ ac,

2. 6 al π lb 2|2 an π nd,

2. 6 cm π md 2|2 an π nd,

concl. 11. 5 al π lb 2|2 cm π md.

THEOR. XVI. PROPOS. XVIII.

Si recta linea plano cuipiam ad rectos ſit angulos; & omnia quæ per ipſam plana, eidem plano ad rectos angulos erunt.

Si vne ligne droicte eſt à angles droicts à quelque plan; tous les plans menez par icelle ſeront auſſi à angles droicts au meſme plan.

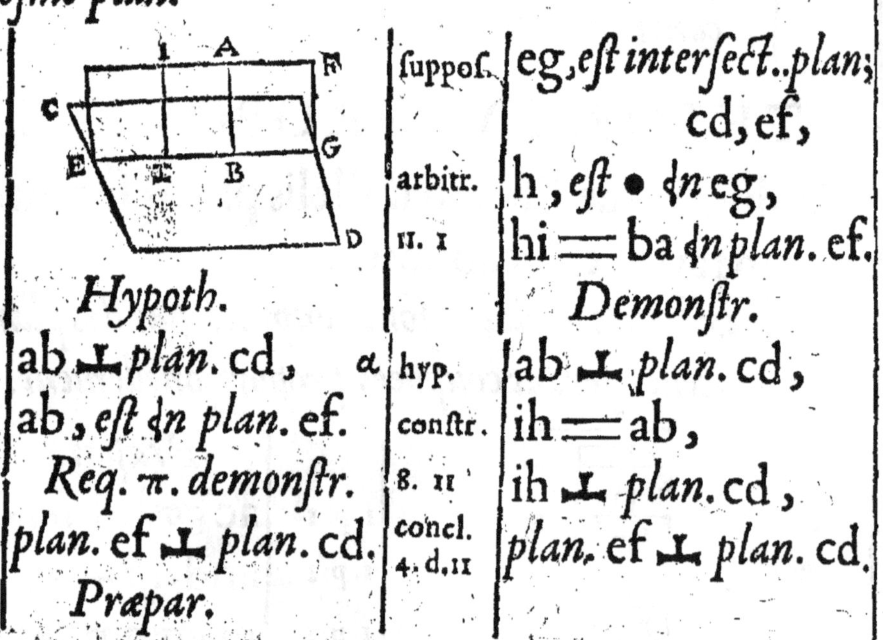

Hypoth.

ab ⊥ *plan.* cd, α

ab, *eſt in plan.* ef.

Req. π. *demonſtr.*

plan. ef ⊥ *plan.* cd.

Præpar.

ſuppoſ.	eg, *eſt interſect.. plan;* cd, ef,
arbitr.	h, *eſt* • *in* eg,
11. 1	hi = ba *in plan.* ef.

Demonſtr.

hyp.	ab ⊥ *plan.* cd,
conſtr.	ih = ab,
8. 11	ih ⊥ *plan.* cd,
concl. 4. d. 11	*plan.* ef ⊥ *plan.* cd.

THEOR. XVII. PROPOS. XIX.

Si duo plana ſe mutuò ſecantia, plano cuidam ad rectos ſint angulos, communis etiam illorum ſectio ad rectos eidem plano angulos erit.

Si deux plans ſ'entrecouppans ſont à angles droicts à quelque plan; leur ligne de commune ſection ſera auſſi à angles droicts au meſme plan.

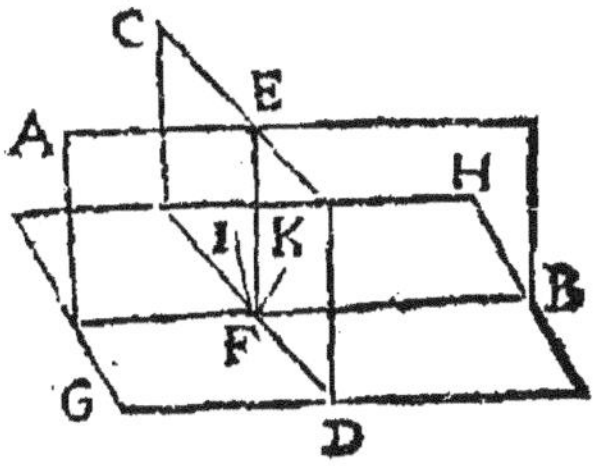

		ef, *est* ⊥ *plan.* gh.
		Demonstr.
	suppos.	ef ⊥ fb & fd,
	1. concl. 4. 11	ef ⊥ *plan.* gh,
	suppos.	ef ⊥ fb,
Hypoth.	2 concl. 3.4.d.11	ef ⊥ *plan.* gh, α
plan; ab & cd *snt*	suppos.	ef *n̄ est* ⊥ fb, ∥ fd,
⊥ *plan.* gh,	11. 11	fi, *in plan.* cd ⊥ fd,
fe, *est intersect.. plan.*	11. 11	fk, *in plan.* ab ⊥ fb,
ab & cd.	α	fi, fk *snt* ⊥ *plan.* gh
Req. π. *demonstr.*		*contr.* 13. 11.

THEOR. XVIII. PROPOS. XX.

Si solidus angulus tribus angulis planis contineatur: ex his duo quilibet vtvt assumpti tertio sunt majores.

Si vn angle solide, est contenu de trois angles: deux d'iceux pris de quelque façon que ce soit, sont plus grands que le troisiesme.

		<bad + <dac } 3|2 <bac.
		Præpar.
Hypoth.	23. 10	<bae 2|2 <bad, α
<abcd, *est solid.*	3. 1	ad 2|2 ae, β
Req. π. *demonstr.*	arbitr.	bec, *est* —,

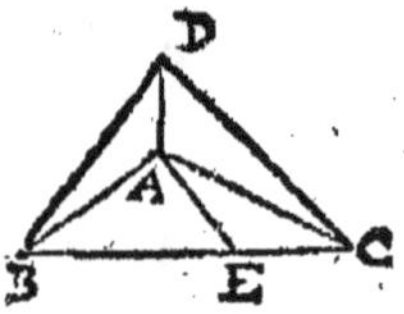

1. p. 1 | db & dc *ſnt* ——.

Demonſtr.

αβ. 4. 2 | be 2|2 bd,

20. 1 | bd + dc 3|2 bc,

5. a. 1 | dc 3|2 ec,

β. 25. 1 | <cad 3|2 <cae,

concl. α. 4. a. 1 | <bad + <dac } 3|2 <bac.

THEOR. XIX. PROPOS. XXI.

Omnis ſolidus angulus ſub minoribus, quam quatuor rectis angulis planis continetur.

Tout angle ſolide eſt contenu ſous des angles plans, leſquels ſont plus petits que quatre angles plans droicts.

Hypoth.

abcd, *eſt* < *ſolid.*

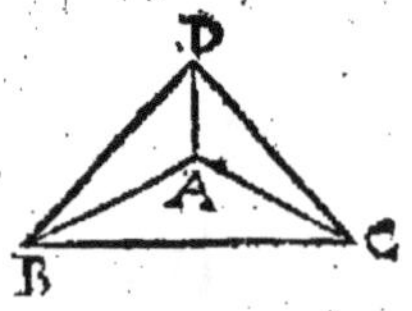

Req. π. demonſtr.

<bac + <cad + <bad *ſnt* 2|3, 4 ⌋;

Præpar.

1. p. 1 arbitr. | bc, cd, bd *ſnt* ——.

Demonſtr.

2. 11 | △bcd, △bac, △cad, △bad *ſnt plan.*

32. 1 | <bac + <abc + <acb + <cad + acd + <adc + <bad + <abd + <adb } 2|2, 6 ⌋,

32. 1 | <dbc + <bcd + <bdc 2|2, 2 ⌋,

20. 11 | <abc + <abd 3|2 <dbc,

20. 11 | <acb + <acd 3|2 <bcd,

20. 11 | <adb+<adc 3|2 <bdc,

4 a. c | <abc+<abd+<acb +<acd+<adc+<adb } 3|2, 2⌋;

concl. 5. a. b | <bac+<cad+<bad 2|3, 4

THEOR. XX. PROPOS. XXII.

Si fuerint tres anguli plani, quorum duo vt libet aſſumpti reliquo ſint majores; comprehendant autem ipſos rectæ lineæ æquales, fieri poteſt, vt ex lineis æquales illas rectas connectentibus triangulum conſtituatur.

S'il y a trois angles plans, deux deſquels, pris comme on voudra, ſont plus grands que l'autre; mais qu'iceux ſoient contenus de lignes droictes egales; il ſe peut faire, que des lignes droictes conjoignantes icelles lignes egales, ſoit conſtitué vn triangle.

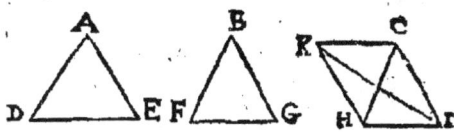

Hypoth.

a, b, hci *ſnt* < *plan;*

ad, ae, bf } bg, ch, ci } *ſnt* 2|2 *ſe*, α

<a 2|3 <b+<hci, β

<b 2|3 <a+<hci,

<hci 2|3 <a+<b.

Req. π. demonſtr.

de 2|3 fg+hi,

fg 2|3 de+hi,

hi 2|3 de+fg.

Præpar.

23. 1 | <hck 2|2 <b,

3. 1 | ck 2|2 ch, γ

1. p. 1 | hk & ik *ſnt* —.

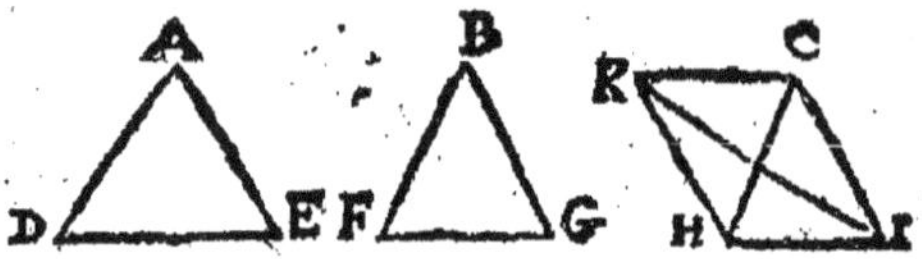

	Demonſtr.
conſtr.	<hcK 2|2 <b,
α. 4. 1	Kh 2|2 fg,
2. a. 1	<kci 2|2 <b + <hci,

β. 1. a. c	<a 2|3 <kci,
γ. cõſtr.	ab, ae, ck, ci ſnt 2|2 de
24. 1 20. 1	Ki 3|2 de, δ
1. concl.	hi + kh, u fg 3|2 Ki,
δ. 1. a. e 2 concl.	hi + fg 3|2 de, ε
d. ε	hi + de 3|2 fg,
3. concl. d. ε	de + fg 3|2 hi.

PROBL. III. PROPOS. XXIII.

Ex tribus angulis planis, quorum duo quomodocunque aſſumpti reliquo ſunt majores, ſolidum angulum conſtituere: oportet autem illos tres angulos quatuor rectis minores eſſe.

Conſtituer vn angle ſolide de trois angles plans, deux deſquels pris comme on voudra, ſont plus grands que l'autre: mais il faut que ces trois angles ſoient plus petits que quatre droicts.

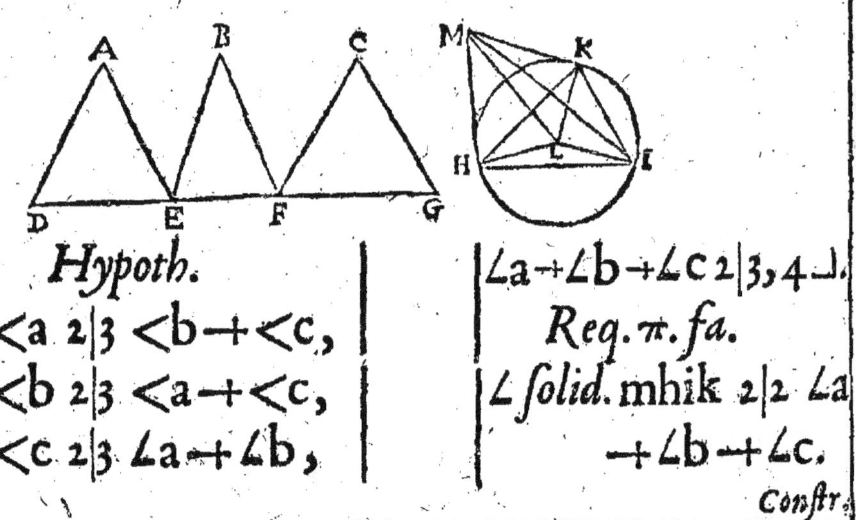

Hypoth.	
<a 2|3 <b + <c,	∠a + ∠b + ∠c 2|3, 4 ⊥.
<b 2|3 <a + <c,	*Req. π. fa.*
<c 2|3 ∠a + ∠b,	∠ *ſolid.* mhik 2|2 ∠a + ∠b + ∠c.

Conſtr.

Conſtr.

ab,ae,be } *ſnt* 2|2 ꝗe, α

3. 1 bf,cf, cg }

22. 1 hi 2|2 de, ik 2|2 ef,

& hk 2|2 fg,

5. 4 lhki, *eſt* ⊙,

6. app. □.ad 2|2 □.hl + □.lm

12. 11 lm ⊥ ⊙hki,

1. p. 1 hm,im,km *ſnt* ——,

ſymp. *req. eſt* ∠ *ſolid.* mhik.

Demonſtr.

conſtr. ∠hlm, *eſt* ⌐,

47. 1 □.hm 2|2 { □.hl + □.lm,

conſtr. □.ad 2|2 □.hl + □.lm

1. a. 1 □.hm 2|2 □.ad,

ſ. 46. 1 hm 2|2 ad,

47. 1 mh,mi,mk *ſnt* 2|2 ꝗe

mh,mi

α. 1.a.1 mk,ab } *ſnt* 2|2 ꝗe,

ae &c.

1. concl. β. 8. 1 ∠hmi 2|2 ∠a,

2 concl. β. 8. 1 ∠imk 2|2 ∠b,

3. concl. β. 8. 1 ∠hmk 2|2 ∠c.

Req. π. demonſtr.

ad, *eſt* 3|2 hl.

Demonſtr.

ſuppoſ. hl 2|2 ad,

8. 1 ∠hli 2|2 ∠a,

β. 8. 1 ∠ilk 2|2 ∠b,

8. 1 ∠hlk 2|2 ∠c,

1. c. 15. 1 ∠hli + ∠ilk + ∠hlk } 2|2, 4⌐,

1. a. 1 ∠a + ∠b + ∠c 2|2, 4⌐,

contr. hypoth.

ſuppoſ. hl 3|2 ad,

21. 1 ∠a 3|2 ∠hli,

21. 1 ∠b 3|2 ∠ilk,

21. 1 ∠c 3|2 ∠hlk,

1. c. 15. 1 ∠hli + ∠ilk + ∠hlk } 2|2, 4⌐,

1. a. c ∠a + ∠b + ∠c 3|2, 4⌐,

contr. hypoth.

THEOR. XXI. PROPOS. XXIV.

Si ſolidum parallelis planis contineatur; aduerſa

illius plana, parallelogramma sunt similia, & æqualia.

Si vn solide est contenu sous des plans paralleles; les plans opposez d'iceluy sont parallelogrammes semblables & egaux.

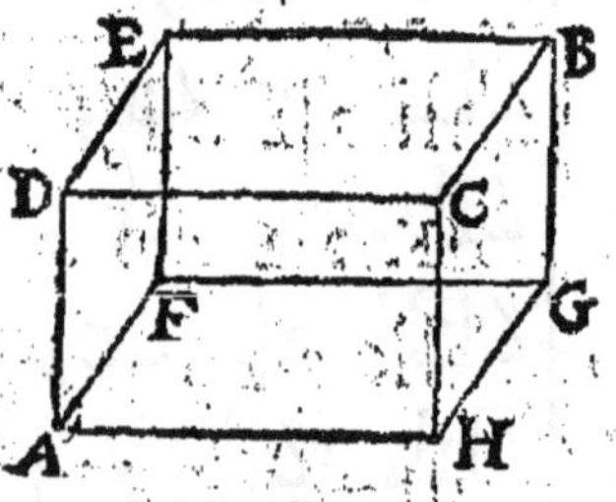

Hypoth.

ab, *est* ▱ *piped.*
afgh = debc,
adch = febg,
afed = hgbc. α

Req. π. *demonstr.*

ag, *est* ▱ *sml,* & 2|2 ▱db,
ac, *est* ▱ *sml,* & 2|2 ▱fb,
ae, *est* ▱ *sml,* & 2|2 ▱hb.

Præpar.

1. p. 1	fd & gc *snt* —;

Demonstr.

γ. 16. 11	ah = dc, & ad = hc,
35. d. 1	ahcd, *est* ▱, β
α. 16. 11	ah = fg, & af = hg,
35. d. 1	ahgf, *est* ▱, β
α. 16. 1	af = de, & ad = fe,
35. d. 1	afed, *est* ▱, β
d. β	bcde, bgfe, bghc *snt* ▱,
α. 16. 11	af = de, & fg = eb,
10. 11	<afg 2|2 <deb,
s. 14. 6	▱afgh *sml.* ▱debc, γ
d. γ	▱adch *sml.* ▱febg,
d. γ	▱afed *sml.* ▱hgbc,
34. 1	fa 2|2 gh, & ad 2|2 hc
7. 5	fa π ad 2|2 gh π hc, δ
10. 11	<fad 2|2 <ghc, δ
1. concl. 1. d. 6	▱afed *sml.* ▱hgbc, ε
δ. 6. 6	Δfad *sml.* Δghc,
4. 1	Δfad 2|2 Δghc,
2. concl. 6. a. 1	▱afed 2|2 ▱hgbc, ε
d. ε	▱ag 2|2 & *sml.* ▱db,
d. ε	▱ac 2|2 & *sml.* ▱fb,
	&c.

THEOR. XXII. PROPOS. XXV.

Si ſolidum parallelepipedum plano ſecetur aduerſis planis parallelo; erit quemadmodum baſis ad baſim, ita ſolidum ad ſolidum.

Si vn ſolide parallelipipede eſt couppé par vn plan parallel aux plans oppoſez, comme la baſe ſera à la baſe, ainſi le ſolide ſera au ſolide.

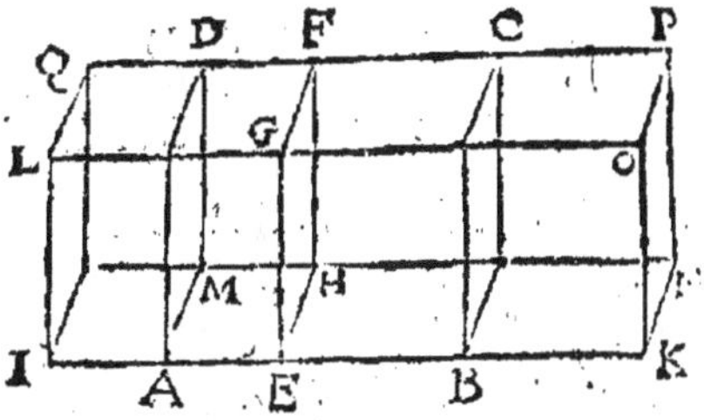

Hypoth.

abcd, *eſt* ◊*piped.*

ef, bc, ad *ſnt* ◊; = ⫶e,

Req. π. *demonſtr.*

ſolid. ahd π *ſolid.* bhc 2|2 *baſ.* ah π *baſ.* hb.

Præpar.

3. 1 ai 2|2 ae, & bk 2|2 be,

31. 1 amdqi, & bcpnk *ſnt* ◊ *piped;*

Demonſtr.

36. 1, & 1. d. 6 ◊im 2|2 & *ſml.* ◊ah,

24. ◊ld 2|2 & *ſml.* ◊im, & ◊dg 2|2 & *ſml* ◊me,

24. 11 iq, ad, ef *ſnt* ◊; 2|2 & *ſml*; ⫶e,

9. d. 11 ◊*piped.* aq 2|2 ◊*piped.* af, α

d. α ◊*piped.* bp 2|2 ◊*piped.* bf,

15. 5 *ſolid.* if | *multipl.. ſolid.* af,
baſ. im | *multipl.. baſ.* ah,

15. 5	*solid.* ep *bas.* hK	*multipl.. solid.* ec, *bas.* bh,
24. 11, & 9. d. 11	◊ ih. 2, 3, 4 *solid.* if. 2, 3, 4	3 ◊ hK, 3 *solid.* ep,
concl. 6. d. 5	*solid.* ahd π *solid.* bhc 2|2 *bas.* ah π *bas.* hb.	

SCHOL.

Hæc propositio accommodari etiam potest omni prismati; si enim eadem fiat constructio producto prismate in vtramque partem, erunt omnia plana parallela secantia, inter se æqualia, & similia: vnde vt in parallelepipedo, ostendetur prismata ex vna parte esse inter se æqualia, necnon & prismata ex altera parte, &c.

Ceste proposition conuient à tout prisme; car si on fait la mesme construction en prolongeant le prisme par les deux bouts, tous les plans des sections seront egaux & semblables entr'eux; & par consequent sera demonstré comme au parallelipipede que les prismes de chaque bouts sont egaux entr'eux.

COROLL.

Ex his infertur, si prisma quodcunque secetur plano oppositis planis æquidistante, sectionem esse figuram æqualem & similem planis oppositis.

De ces choses s'ensuit, que si quelconque prisme est couppé par vn plan equidistant aux plans opposez, que la section est vne figure egale & semblable aux plans opposez.

PROBL. IV. PROPOS. XXVI.

Ad datam rectam lineam, eiusque punctum angulum ſolidum conſtituere ſolido angulo dato æqualem.

A vne ligne droicte donnee, & à vn poinct en icelle, conſtruire vn angle ſolide, egal à vn angle ſolide donné.

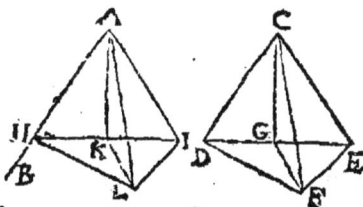

Hypoth.

ab, *eſt* — D.

a, *eſt* • D.

Req. π. fa.

<ahil 2|2 <cdef.

Conſtr.

11. 11 fg $\perp$ *plan.* dce, α

1. p. 1 df, fe, eg, gd, cg } *ſnt* —;

3. 1 ah 2|2 cd, β

23. 1 <hai 2|2 <dce, γ

3. 1 ai 2|2 ce, δ

23. 1 <hak 2|2 <dcg *in plan.* hai, ε

3. 1 aκ 2|2 cg, θ

12. 11 κl $\perp$ *plan.* hai, κ

3. 1 kl 2|2 gf, λ

1. p. 1 al, *eſt* —,

ſymp. <ahil 2|2 <cdef.

Præpar.

1. p. 1 hk, κi, il, lh *ſnt* —.

Demonſtr.

βθε. 4.1 hk 2|2 dg,

γ. 3.a.1 <κai 2|2 <gce,

δθ. 4.1 κi 2|2 ge,

ακλ. 4.1 hl 2|2 df,

θακ. 4.1 al 2|2 cf,

8. 1 <hal 2|2 <dcf, μ

ακ. 4.1 li 2|2 fe,

8. 1 <lai 2|2 <fce, ν

concl. γμν <ahil 2|2 <cdef.

PROBL. V. PROPOS. XXVII.

A data recta linea, dato ſolido parallelepipedo

ſimile & ſimiliter poſitum ſolidum parallelepidum deſcribere.

Sur vne ligne droicte donnee, deſcrire vn ſolide parallelipipede ſemblable, & ſemblablement poſé à vn ſolide parallelipipede donné.

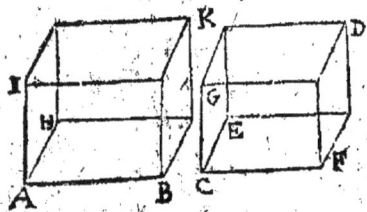

Hypoth.

ab, *eſt* — D.

cd, *eſt* ◊*piped.* D.

Req. π. *fa.*

◊*piped.* aK *ſml.* ◊*piped.*cd.

Conſtr.

26. 11	<abhi 2|2 <cfeg, α
24. 6	fc π ce 2|2 ba π ah, β
12. 6	ce π cg 2|2 ah π ai, γ
22. 5	fc π cg 2|2 ba π ai, δ
31. 1	bk, iK, hK } *ſnt* ◊; bh, bi, hi
ſymp.	*req. eſt* ◊*piped.* ak.

Demonſtr.

αβ1. d. 6	◊ bh *ſml.* ◊ fe,
αγ1. d. 6	◊ hi *ſml.* ◊ eg,
αδ1. d 6	◊ bi *ſml.* ◊ fg,
24. 11	◊ik 2|2, & *ſml.* ◊bh,
24. 11	◊gd 2|2, & *ſml.* ◊fe,
24. 11	◊hi 2|2, & *ſml.* ◊bk,
24. 11	◊eg 2|2, & *ſml.* ◊fd,
24. 11	◊hK 2|2, & *ſml.* ◊bi,
24. 11	◊ed 2|2, & *ſml.* ◊fg,
concl. 9. d. 11	◊*piped.* aK *ſml.* ◊*piped.* cd.

THEOR. XXIII. PROPOS. XXVIII.

Si ſolidum parallelepipedum plano ſecetur per diagonios aduerſorum planorum: bifariam ſecabitur ſolidum ab ipſo plano.

Si vn ſolide parallelipipede eſt couppé par vn plan mené par les lignes diagonales des plans oppoſez : le ſolide ſera couppé par ce plan, en deux egalement.

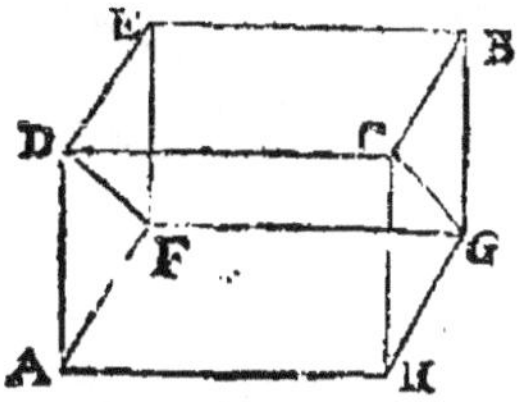

		fgcdah 2|2 fgcdeb.
		Demonſtr.
	34. 1	◊ae 2|2 & ſml. ◊hb,
		afd, dfe } ſnt △; 2|2
Hypoth.	34. 1	hgc, cgb } & ſml; ;e,
ab, *eſt* ◊*piped.*	24. 11	◊ag 2|2 *ſml.* ◊db,
◊ ahcd ═ ◊fgbe,	24. 11	◊ac 2|2 *ſml.* ◊fb,
fgcd, *eſt plan.*		◊fgcd, *eſt commun.*
Req. π. demonſtr.	concl. 9. d. 11	fgcdah 2|2 fgcdeb.

THEOR. XXIV. PROPOS. XXIX.

Solida parallelepipeda ſuper eandem baſin conſtituta, & in eadem altitudine, quorum inſiſtentes lineæ in iiſdem collocantur rectis lineis, ſunt inter ſe æqualia.

Les ſolides parallelipipedes conſtituez ſur vne meſme baſe, & de meſme hauteur, & deſquelles les lignes inſiſtentes ſont colloquees en meſmes lignes droictes ſont egaux entr'eux.

Hypoth.	◊ aghe ═ ◊ flkd.
aghefbcd, *eſt* ◊*piped.*	*Req. π. demonſtr.*
aghemlki, *eſt* ◊*piped.*	aghefbcd 2|2 aghemlki,

Demonstr.

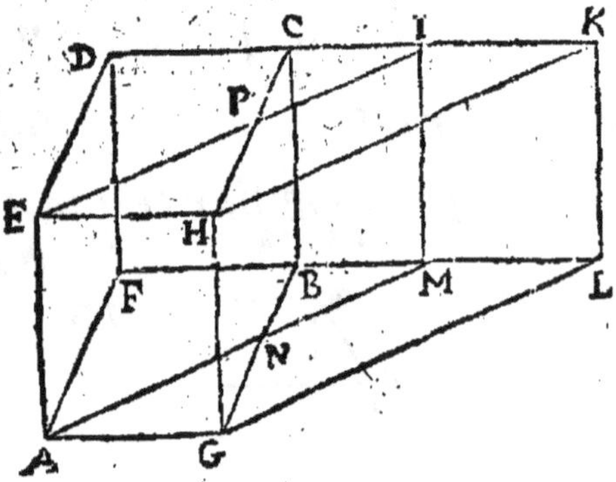

35. 1 ◊agbf 2|2 ◊aglm,

9.d.11 *prism.* afmedi } *sunt* *prism.* gblhck } 2|2 de *prism.* nbmpci, *commun. subtr.*

3. a. 1 *solid.* afbnedcp 2|2 *solid.* gnmlhpik, *prism.* agnehp, *commun. add.*

concl. 2. a. 1 ◊*piped.* aghefbcd 2|2 ◊*piped.* aghemlki.

THEOR. XXV. PROPOS. XXX.

Solida parallelepipeda super eandem basin constituta, & in eadem altitudine, quorum insistentes lineæ non in iisdem collocantur rectis lineis, inter se sunt æqualia.

Les solides parallelipipedes, constituez sur vne mesme base, & de mesme hauteur, & desquels les plans opposez à leur base ne sont entre mesmes lignes droictes, sont egaux entr'eux.

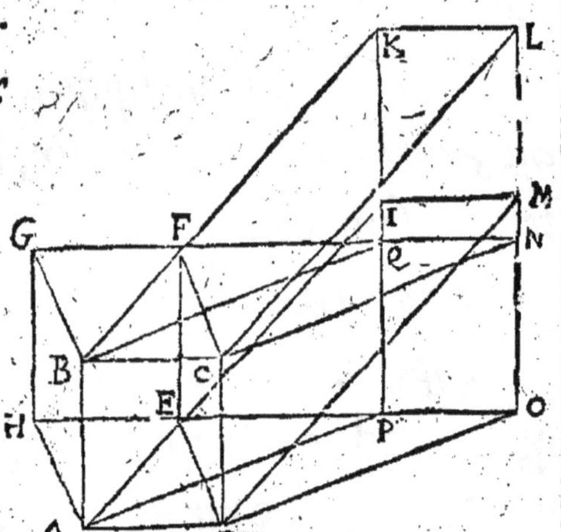

Hypoth.

adcbhefg, *est* ◊*piped.*

adcbimlk, *est* ◊*piped.*

◊ adcb = *plan.* holkqg.

Req. π. *demonstr.*

adcbhefg 2|2 adcbimlk.

Præpar.

2. p. 1 heo, gfn, lmo, kip *snt* —;

1. p. 1 ap, do, bq, cn *snt* —.

Demonstr.

34. 1 dc, ab, hg, ef, pq, on *snt* 2|2 & = *le*,

34. 1 ad, he gf, bc, kl, im, qn, po *snt* 2|2 & = *le*,

29. 11 ◊*piped*. adcbhefg 2|2 ◊*piped*. adcbponq,

29. 11 ◊*piped*. adcbimlk 2|2 ◊*piped*. adcbponq,

concl. 1. a. 1 ◊*piped*. adcbhefg 2|2 ◊*piped*. adcbimlk.

THEOR. XXVI. PROPOS. XXXI.

Solida parallelepipeda super æquales bases cõstituta, & in eadem altitudine, æqualia sunt inter se.

Les solides parallelipipedes constituez sur bases egales & de mesme hauteur, sont egaux entr'eux.

In hac & sequentibus demonstrationibus, voce altitudinis intelligenda est perpendicularis ducta à plano basis ad planum oppositum.

En ceste demonstration & aux suivantes, par ce mot de hauteur il faut entendre la perpendiculaire menee du plan de la base au plan opposé.

Hypoth.

alekgmbi, *est* ◊*piped*.

cpωohqdn, *est* ◊*piped*.

bas. alek 2|2 *bas*. cpωo,

alt.. ◊*piped*. ab 2|2 alt.. ◊*piped*. cd.

Req. π. demonstr.

◊*piped.* ab 2|2 ◊*piped.* cd.

Præpar.. suppos. 1.

1. suppo.	ag, lm, eb, κi *snt* ⊥ ◊ alek,
2 suppo.	ch, pq } ωd, on } *snt* ⊥ ◊ cpωo,
hyp.	ag & ch *snt alt;* 2|2 ∢e,
2. p. 1	cpr, *est* —,
3. 1	pr 2|2 κe,
18. 6 & 36. 1	◊ prts 2|2, & *sml.* ◊ κela,
27. 11, & 10. d. 11	◊*piped.* prtsquyx 2|2, & *sml.* ◊*piped.* ab,
2. p. 1	oωε, ndδ, ωpz, dqf, εrb, δuγ, tsz, yxf *snt* —;
1. p. 1	εδ, bγ, zf *snt* —.

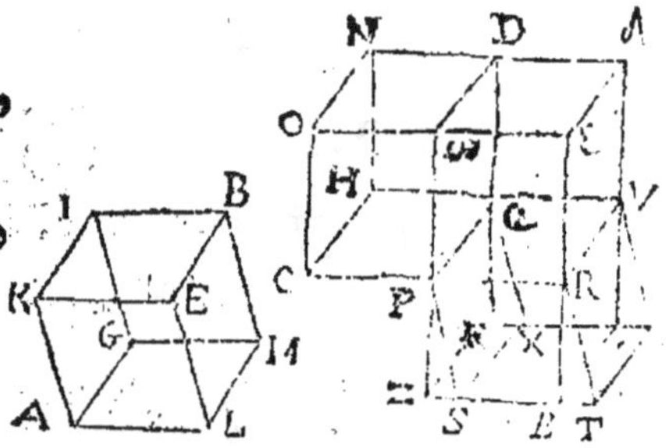

Demonstr.

30. d. 11	oεδn, cruh, ztyf *snt plan;* = ∢e,
hyp. & 35. 1	alek, cpωo, prts, prbz *snt* ◊ 2|2 ∢e, α
25. 11	◊*piped.* cqdo π ◊*piped.* pudε 2|2 ◊ cω π ◊ pε,
25. 11	◊*piped.* pbfu π ◊*piped.* puδω 2|2 ◊ pb π ◊ pε,
α	◊ cpωo 2|2 ◊ prbz,
9. 5	◊*piped.* cpωohqdn 2|2 ◊*piped.* prbzquγf,
29. 11	◊*piped.* prbzquγf 2|2 ◊*piped.* pruqstyx,
constr.	◊*piped.* pruqstyx 2|2 ◊*piped.* ab,
1. concl. 1. a. 1	◊*piped.* cpωohqdn 2|2 ◊*piped.* ab. β

Præpar.. 2. suppos.

suppos.	ag, lm, eb, κi, ñ *snt* ⊥; ◊ alek,

suppos. | ch, pq, fd, on, ñ *snt* ⊥ ◇ cpfo,
11. 11 | gt, mu, bſ, ir *snt* ⊥ *plan.* alek,
11. 11 | hy, qε } dz, nx } *snt* ⊥ *plan.* cpfo
1. p. 1 | rt, ſu, xy, zε *snt* ——;

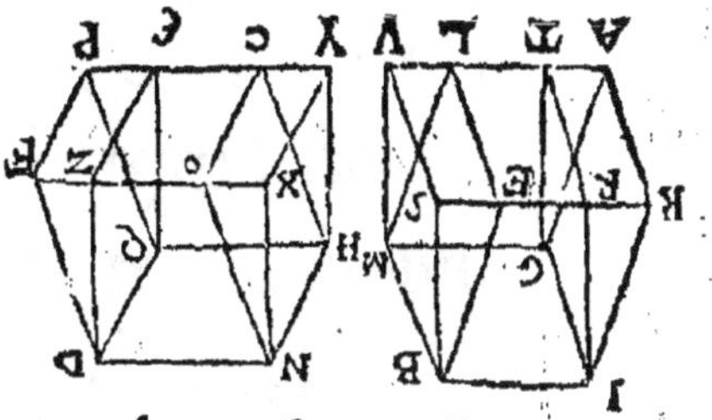

Demonſtr.

29. 11 | ◇*piped.* gmbialek 2|2 ◇*piped.* gmbituſr,
β | ◇*piped.* gmbituſr 2|2 ◇*piped.* hqdnyεzx,
29. 11 | ◇*piped.* hqdnyεzx 2|2 ◇*piped.* hqdncpfo,
2 concl. 1. a. 1 | ◇*piped.* gmbialek 2|2 ◇*piped.* hqdncpfo.

THEOR. XXVII. PROPOS. XXXII.

Solida parallelepipeda ſub eadem altitudine, inter ſe ſunt vt baſes.

Les ſolides parallelipipedes de meſme hauteur, ſont entr'eux comme leurs baſes.

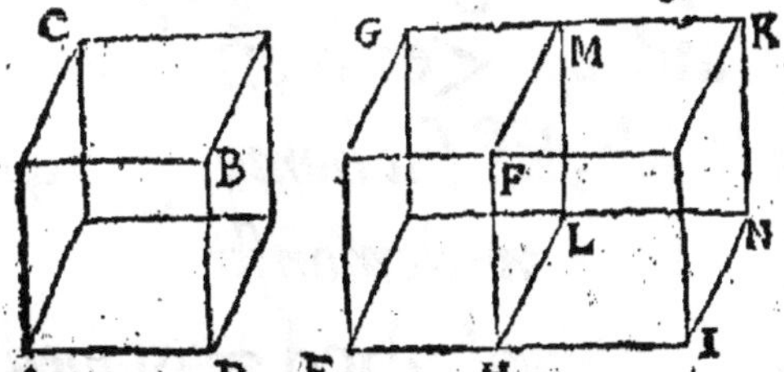

Hypoth.

abcd & efgl *ſnt* ◇*piped.*
baſ. ab 2|2 *baſ.* ef,
alt.. ◇*piped.* abcd 2|2 *alt.* ◇*piped.* efgl, α

Req. π. demonſtr.

◇*piped.* abcd π ◇*piped.* efgl 2|2 *baſ.* ab π *baſ.* ef.

Præpar.

2. p. 1 | ehi, *eſt* ——,
45. 1 | ◇ fi 2|2 ◇ ab, β

1&.2p.1 & 31.1 | finm, *est* ◊*piped.*

Demonstr.

constr. | ◊fi 2|2 ◊ab,

α. 31.11 | ◊*piped.* finm 2|2 ◊*piped.* abcd,

concl. 25.11 | ◊*piped.* finm, ᴜ cd π | ◊*piped.* efgl,
◊fi, ᴜ ab π | ◊ef.

THEOR. XXVIII. PROPOS. XXXIII.

Similia solida parallelepipeda, inter se sunt in triplicata ratione homologorum laterum.

Les solides semblables parallelipipedes sont l'vn à l'autre en raison triplee de leurs costez homologues, ou de mesme raison.

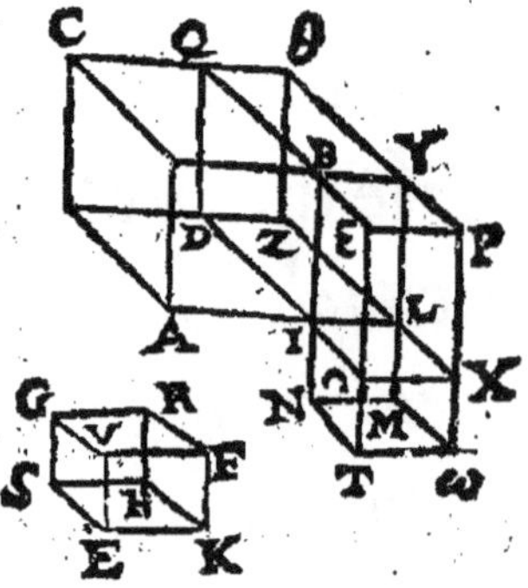

Hypoth.

◊*piped.* efgh *sml.* ◊*piped.* abcd,

<aid 2|2 <eκh, ᴜ <ogr, α

ek, kh, kf *snt homolog.* ai, id, ib,

Req. π. *demonstr.*

raō. ◊*piped.* abcd π ◊*piped.* efgh 2|2 3*raō*; ai π eκ,

Præpar.

2. p. 1 | ail, dio, bin *snt* —,

3. 1 | il 2|2 ek, ᴜ gr, io 2|2 gu,

α. 27.11 | ◊*piped.* ilxonmωt 2|2 & *sml.* ◊*piped.* efgh,

2.p.1,& 31. 1 | ilxobypε, *est* ◊*piped.*

1&2.p.1 | idzlbqθy, *est* ◊*piped.*

Demonstr.

ai π il, ⊔ gr }
hyp. di π io, ⊔ gu } *snt raō;* 2|2 ⊰e,
bi π in, ⊔ gs }

1. 6 ◊ ad π ◊ dl }
1. 6 ◊ dl π ◊ ix } *snt raō;* 2|2 ⊰e,
1. 5 ◊ bl π ◊ im }

32. 11 ◊*piped.*abcd π ◊*piped.* dlqy 2|2 ◊ ad π ◊ iz,
32. 11 ◊*piped.* dlqy π ◊*piped.* ixbp 2|2 ◊dl π ◊ ix,
32. 11 ◊*piped.*ixbp π ◊*piped.*ixmt 2|2 ◊ bo π ◊ it,
11. 5 abcd, dlqy, ixbp, ixmt, ⊔ gfhe *snt* ◊*piped;* *contin.proport;*

concl. 10.d.5 *raō.* abcd π gfhe 2|2, *3raō;* abcd π dlqy, ⊔ ai π eK.

COROLL.

Ex hoc perſpicuum eſt, ſi fuerint quatuor lineæ rectæ continuè proportionales, vt eſt prima ad quartam, ita eſſe parallelepipedum ſuper primam deſcriptum ad parallelepipedum ſimile, ſimiliterq. deſcriptum ſuper ſecundam.

De cecy eſt manifeſte, que ſi quatre lignes droictes ſont continuellement proportionelles, comme la premiere eſt à la quatrieſme, ainſi le parallelipipede deſcrit ſur la premiere ſera au parallelipipede ſemblable, & ſemblablement deſcrit ſur la ſeconde.

THEOR. XXIX. PROPOS. XXXIV.

Æqualium ſolidorum parallelepipedorum baſes,

& altitudines reciprocantur; & quorum solidorum parallelepipedorum bases, & altitudines reciprocantur, illa sunt æqualia.

Les bases & les hauteurs des solides parallelipipedes egaux, sont reciproques; & les solides parallelipipedes desquels les bases & les hauteurs sont reciproques, sont egaux.

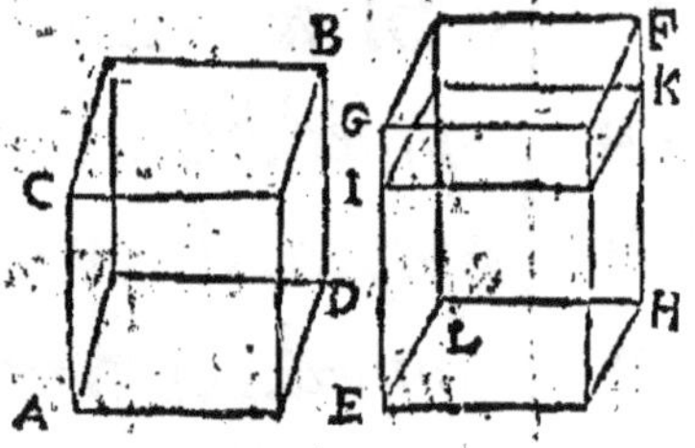

Hypoth. 1.

◊*piped.* adcb 2|2 ◊*piped.* ehgf, α

Req. π. demonstr.

bas. ad π *bas.* eh 2|2 *alt.* eg π *alt.* ac,

Præpar.

3. 1 | ei 2|2 ac, β

31. 1 | *plan.* iK = *bas.* eh.

Demonstr.

α. 7. 5 | adcb π ehiK 2|2 ehgf π ehik,

32. 11 | ◊*piped.* adcb π ◊*piped.* ehik 2|2 *bas.* ad π *bas.* eh,

32. 11 | ◊*piped.* ehgf π ◊*piped.* ehiK 2|2 *bas.* gl π *bas.* il,

1. concl. 1. 6 | *bas.* gl π *bas.* il 2|2 *alt.* ge π *alt.* ie, ɪɪ ac.

Hypoth. 2.

bas. ad π *bas.* eh 2|2 *alt.* eg π *alt.* ei, ɪɪ ac.

Req. π. demonstr.

◊*piped.* adcb 2|2 ◊*piped.* ehgf.

Demonstr.

24. 11 | eh 2|2 iK,

32. 11 ◊piped. adcb π ◊piped. ehiκ 2|2 *baſ*. ad π *baſ*. eh,
hyp. *baſ*. ad π *baſ*. eh 2|2 *alt*. eg π *alt*. ei,
1. 6 eg π ei 2|2 *baſ*. gl π *baſ*. il,
32. 11 *baſ*. gl π *baſ*. il 2|2 ◊piped. ehgf π ◊piped. ehiκ,
11. 5 adcb π ehiκ 2|2 ehgf π ehiκ,
2 concl. 9. 5 ◊piped. adcb 2|2 ◊piped. ehgf.

SHCOL.

Si inſiſtentes lineæ propoſitorum parallelepidorum nõ ſunt perpendiculares ad baſes, demonſtratio fiet reductis prius ad perpendiculares vt in 31. propoſ. huius libri.

Omnia vero quæ demonſtrata ſunt in ſex proximis propoſitionibus, nimirum 29, 30, 31, 32, 33, & 34, conueniunt quoque priſmatis, quæ habẽt duo plana oppoſita triangularia, ſi prædictæ hypotheſes ſeruentur. Nam ſi duobus priſmatis eiuſmodi eiuſdem altitudinis, & ſuper eandem baſin, vel ſuper æquales baſes conſtitutis, apponantur duo alia priſmata illis æqualia & ſimilia, conficientur duo parallelepipeda eiuſdem altitudinis, & ſuper eandem, vel æquales baſes exiſtẽtia. b Quare æqualia erunt eiuſmodi parallelepipeda; ac proinde

b 29, 30, 31 11

Si les lignes inſiſtentes des parallelipipedes propoſez ne ſont perpendiculaires aux baſes, la demonſtration ſe fera en les reduiſant premierement en perpendiculaires, comme en la 31, de ce liure.

Or toutes les choſes demõſtrees aux ſix dernieres propoſitions, ſçauoir 29, 30, 31, 32, 33, & 34, conuiennent auſſi aux priſmes qui ont deux plans oppoſez triangulaires, les hypotheſes ſuſdites eſtant obſeruees; car à deux tels priſmes de meſme hauteur, conſtituez ſur meſme baſe ou baſes egales eſtant appoſez deux autres priſmes egaux & ſemblables à iceux, on fera deux parallelipipedes de meſme hauteur conſtituez ſur vne meſme baſe ou ſur baſes egales, b donc tels paralelipipedes ſeront egaux: Et partant auſſi les priſmes donnez, ſçauoir leurs moitiez.

& data prismata, eorum videlicet dimidia.

Rursus si duobus prismatis prædictis eiusdem altitudinis, & super diuersas bases constitutis adjiciantur duo alia prismata illis æqualia & similia, conficientur iterum duo parallelepipeda eiusdem altitudinis. c Quare erit parallele-
c 32. 11 pipedum ad parallelepipedum, vt basis ad basin; d atque
d 15. 5 adeò prisma ad prisma, nempe dimidium vnius parallelepipedi, ad dimidium alterius, vt eadem basis ad basin, si prismatum bases fuerint parallelogrammæ, vel certe vt triangulum ad triangulum, dimidium scilicet vnius basis ad dimidium alterius, si bases prismatum fuerint triangulæ.

Præterea, si duobus prismatis præfatis similibus addantur alia duo prismata illis æqualia & similia, constituentur duo parallelepipeda simi-
e 33. 11 lia, e quæ inter se habent proportionem triplicatam proportionis laterum homologorum. Igitur & prismata,
f 15. 5 eorũ nimirum dimidia, f cùm eandem habent proportionem cum parallelepipedis, proportionem habebunt triplicatam proportionis eorun-

Derechef aux deux susdits prismes de mesme hauteur constituez sur diuerses bases, estant deux autres prismes egaux & semblables à iceux, on fera aussi deux parallelipipedes de mesme hauteur. c Parquoy le parallelipipede sera au parallelipipede comme la base à la base; d & partant le prisme au prisme, sçauoir la moitié d'vn des parallelipides à la moitié de l'autre, comme la mesme base à la base, si les bases des prismes sont parallelogrammes, ou comme le triangle au triangle, sçauoir comme la moitié d'vne des bases à la moitié de l'autre, si les bases des prismes sont triangles.

Dauantage, si aux deux prismes semblables susdits sont adioustez deux prismes semblables & egaux à iceux, deux parallelipipedes semblables seront constituez, e qui seront entre eux en raison triplée de la raison de leurs costez homologues. f Donc leurs prismes, sçauoir est leurs moitiez ayant mesme raison que les parallelipipedes, seront en raison triplee, de la raison de leurs costez homologues, qui sont aussi

dem

dem laterum homologorum, quæ quoque ſunt latera homologa priſmatum.

Denique ſi dictis duobus priſmatis æqualibus adjungantur alia duo priſmata illis æqualia & ſimilia, componentur duo parallelepipeda æqualia earundem altitudinum cum priſmatis. g Quare cùm baſes, & altitudines parallelepipedorum ſint reciprocæ; & baſes priſmatum eædem ſint, vel certè triangula earum dimidia h eandem habētia proportionem, erunt quoque baſes priſmatum & eorum altitudines reciprocæ.

g 34. 11

h 15. 5

coſtez homologues des priſmes.

Finalement, ſi auſdits deux priſmes egaux & ſemblables on adiouſte deux autres priſmes egaux & ſemblables, deux paralelipipedes egaux, de meſme hauteur que les priſmes ſeront composez. g Parquoy les baſes & les hauteurs des parallelipides eſtant reciproques, les baſes des priſmes eſtant les meſmes, ou les triangles qui ſont moitiez d'icelles h ayant meſme raiſon; les baſes des priſmes & leurs hauteurs ſeront reciproques.

THEOR. XXX. PROPOS. XXXV.

Si fuerint duo plani anguli æquales, quorum verticibus ſublimes rectæ lineæ inſiſtant, quæ cum lineis primo poſitis angulos contineant æquales, vtrumque vtrique; in ſublimibus autem lineis quælibet ſumpta fuerint puncta, & ab his ad plana, in quibus conſiſtunt anguli primùm poſiti, ductæ fuerint perpendiculares; à punctis vero, quæ in planis à perpendicularibus fiunt, ad angulos primum poſitos adjunctæ fuerint rectæ lineæ: hæ cum ſublimibus æquales angulos comprehendent.

S'il y a deux angles plans egaux, au ſommet deſquels

ſoient eleuees deux lignes droictes en l'air, contenant angles egaux auec les lignes premierement poſees, chacun au ſien; & d'vn poinct pris en chacune des lignes eſleuees ſont menees des perpendiculaires aux plans où ſont les angles premierement poſez; & des poincts où tombent icelles perpendiculaires, ſont menees des lignes droictes aux ſommets des angles premierement poſez: icelles contiendront angles egaux auec les lignes menees en l'air.

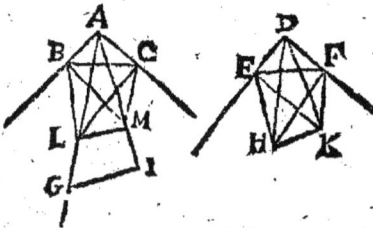

Hypoth.

	<bac 2|2 <edf,	α
	ag, ñ *eſt in plan.* bac,	
	dh ñ *eſt in plan.* edf,	
	<gab 2|2 <hde,	β
	<gac 2|2 <hdf,	γ
arbitr.	g & h *ſnt* • *in* ag & dh,	
	gi ⊥ *plan.* bac,	
	hk ⊥ *plan.* edf,	
	ai & dk *ſnt* —.	

Req. π. demonſtr.

<gam 2|2 <hdk.

Præpar.

3. 1	al 2|2 dh,	
31. 1	lm ═ gi,	δ
12. 1	mc ⊥ ac,	ε
12. 1	mb ⊥ ab,	θ
12. 1	kf ⊥ df,	κ
1. 12	ke ⊥ de,	κ
1. p. 1	bc, lb, lc *ſnt* —,	
1. p. 1	ef, hf, he *ſnt* —.	

Demonſtr.

hyp.	gi ⊥ *plan.* bac,
δ. 8. 11	lm ⊥ *plan.* bac,
3. d. 11	lmc, lma, lmb *ſnt* ⌋;
3. d. 11	hkf, hkd, hke *ſnt* ⌋;
47. 1	□.al 2|2 { □.lm + □.am,

s.47.1	□.am 2|2 □.ac + □.cm,
1.a.f	□.al 2|2 □.lm + □.mc + □.ac,
47.1	□lc 2|2 □.lm + □.mc,
1.a.f	□.al 2|2 □.lc + □.ac,
48.1	<acl, *est* ⏌, λ
47.1	□.al 2|2 □.lm + □.ma,
θ.47.1	□.ma 2|2 □.mb + □.ba,
1.a.f	□.al 2|2 □.lm + □.mb + □.ba,
47.1	□.lb 2|2 □.lm + □.mb,
1.a.f	□.al 2|2 □.ab + □.bl,
48.1	<abl, *est* ⏌, μ
d.λ	<dfh, *est* ⏌,
d.μ	<deh, *est* ⏌,
β.26.1	ab 2|2 de, & bl 2|2 eh,
γ.26.1	ac 2|2 df, & cl 2|2 fh,
α.4.1	bc 2|2 ef, ν
α.4.1	<abc 2|2 <def,
α.4.1	<acb 2|2 <dfe,
θκ.3.a.1	<cbm 2|2 <feκ,
εκ.3.a.1	<bcm 2|2 <efκ,
ν.26.1	cm 2|2 fκ,
εκ.47.1	am 2|2 dk,
47.1	lm 2|2 hk,
concl. 8.1	<lam 2|2 <hdk.

COROLL.

Itaque ſi fuerint duo anguli plani æquales, quorum verticibus ſublimes rectæ lineæ æquales inſiſtant, quæ cum lineis primo poſitis angulos contineant æquales, vtrumque vtrique: erunt à punctis extremis linearum ſublimium ad plana angulorum primò poſitorum demiſſæ perpendiculares inter ſe æquales.

Partant s'il y a deux angles plans egaux, des ſommets deſquels lon ait mené en l'air des lignes droictes egales, contenant angles egaux auec les lignes premierement poſees, chacun au ſien: les perpendiculaires menees des extremes d'icelles lignes eſleuees en l'air ſur les plans des angles premierement poſez, ſeront egales entr'elles.

THEOR. XXXI. PROPOS. XXXVI.

Si tres rectæ lineæ proportionales fuerint; quod ex his tribus fit ſolidum parallelepipedum, æquale eſt deſcripto à media linea ſolido parallelepipedo, quod æquilaterum quidem ſit, æquiangulum vero prædicto.

S'il y a trois lignes droictes proportionelles; le ſolide parallelipipede conſtitué d'icelles, eſt egal au ſolide parallelipipede, deſcrit de la moyenne, pourueu qu'il ſoit equilateral, mais equiangle au ſuſdit.

	Hypoth.		ed 2|2 a,
	a, b, c *ſnt proport;*		dg 2|2 b,
arbitr.	defg, *eſt < ſolid.*		df 2|2 c,

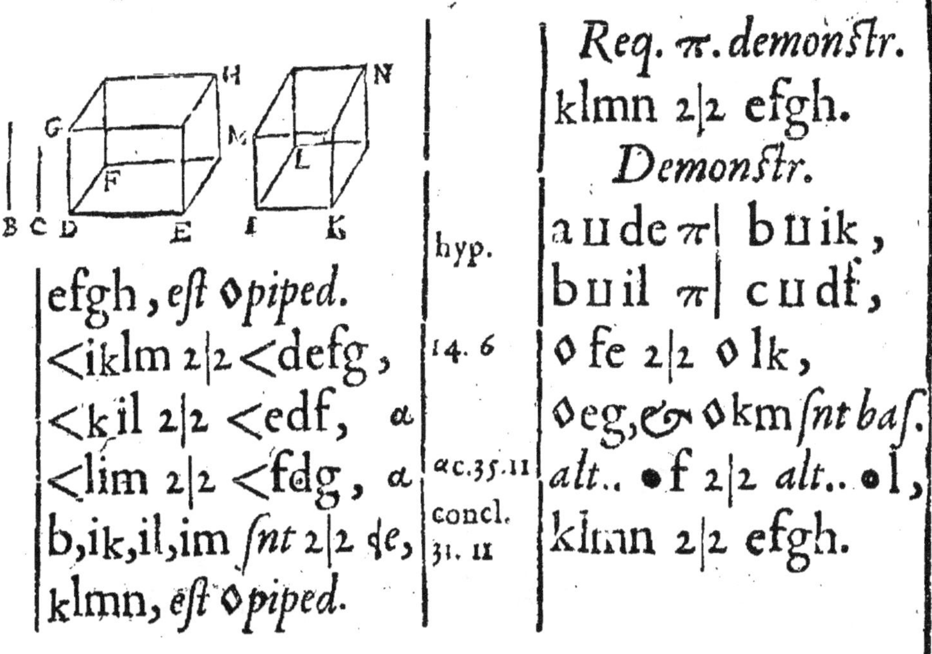

		Req. π. demonſtr.
		klmn 2|2 efgh.
		Demonſtr.
	hyp.	a ɪɪ de π| b ɪɪ ik,
efgh, *eſt* ◊ *piped.*		b ɪɪ il π| c ɪɪ df,
<iklm 2|2 <defg,	14. 6	◊ fe 2|2 ◊ lk,
<kil 2|2 <edf, α		◊ eg, & ◊ km *ſnt baſ.*
<lim 2|2 <fdg, α	αc. 35. 11	*alt..* ● f 2|2 *alt..* ● l,
b, ik, il, im *ſnt* 2|2 ⫞e,	concl. 31. 11	klmn 2|2 efgh.
klmn, *eſt* ◊ *piped.*		

THEOR. XXXII. PROPOS. XXXVII.

Si quatuor rectæ lineæ proportionales fuerint, & ſolida parallelepipeda quæ ab ipſis & ſimilia, & ſimiliter deſcribuntur, proportionalia erunt: Et ſi ſolida parallelepipeda, quæ & ſimilia, & ſimiliter deſcribuntur, fuerint proportionalia; & ipſæ rectæ lineæ proportionales erunt.

Si quatre lignes droictes ſont proportionelles, les ſolides parallelipipedes ſemblables & ſemblablement deſcrits d'icelles, ſeront auſſi proportionaux: Et ſi les ſolides parallelipipedes, ſemblables & ſemblablement deſcrits, ſont proportionaux; icelles lignes droictes ſeront auſſi proportionelles.

Hypoth.		a, b, c, d *ſnt* —;

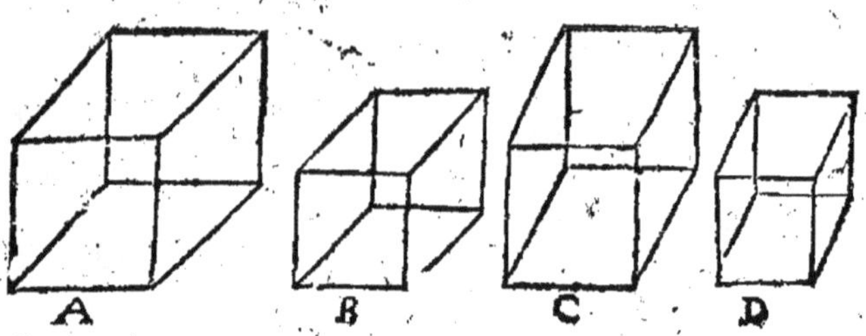

A B C D

a π b 2|2 c π d,

◇piped. a, *sml.* ◇*piped*. b,

◇*piped*. c, *sml.* ◇*piped*. d.

Req. π. demonstr.

◇*piped*. a π ◇*piped*. b 2|2 ◇*piped*. c π ◇*piped*. d.

Demonstr.

33. 11 *raõ*. ◇*piped*. a π ◇*piped*. b 2|2, 3; *raõ*; a π b, ııc π d,

33. 11 *raõ*. ◇*piped*. c π ◇*piped*. d 2|2, 3; *raõ*; c π d,

1. concl. 2. f. 23. 5 ◇*piped*. a π ◇*piped*. b 2|2 ◇*piped*. c π ◇*piped*. d.

Hypoth. 2.

◇*piped*. a π ◇*piped*. b 2|2 ◇*piped*. c π ◇*piped*. d. α

Req. π. demonstr.

a π b 2|2 c π d.

Demonstr.

33. 11 *raõ*. a π b 2|2, $\frac{1}{3}$ *raõ*. ◇*piped*. a π ◇*piped*. b,

33. 11 *raõ*. c π d 2|2, $\frac{1}{3}$ *raõ*. ◇*piped*. c π ◇*piped*. d,

2 concl. α 3 f. 23. 5 a π b 2|2 c π d.

THEOR. XXXIII. PROPOS. XXXVIII.

Si planum ad planum rectum fuerit; & ab aliquo

punɛto eorum, quæ in vno ſunt planorum, ad alterum planum perpendicularis duɛta fuerit: in communem ſectionem cadet planorum duɛta perpendicularis.

Si vn plan eſt perpendiculaire à vn plan; & de quelque poinɛt de ceux qui ſont en l'vn des plans, on mene vne ligne perpendiculaire à l'autre plan: la perpendiculaire menee tombera ſur la commune ſection des plans.

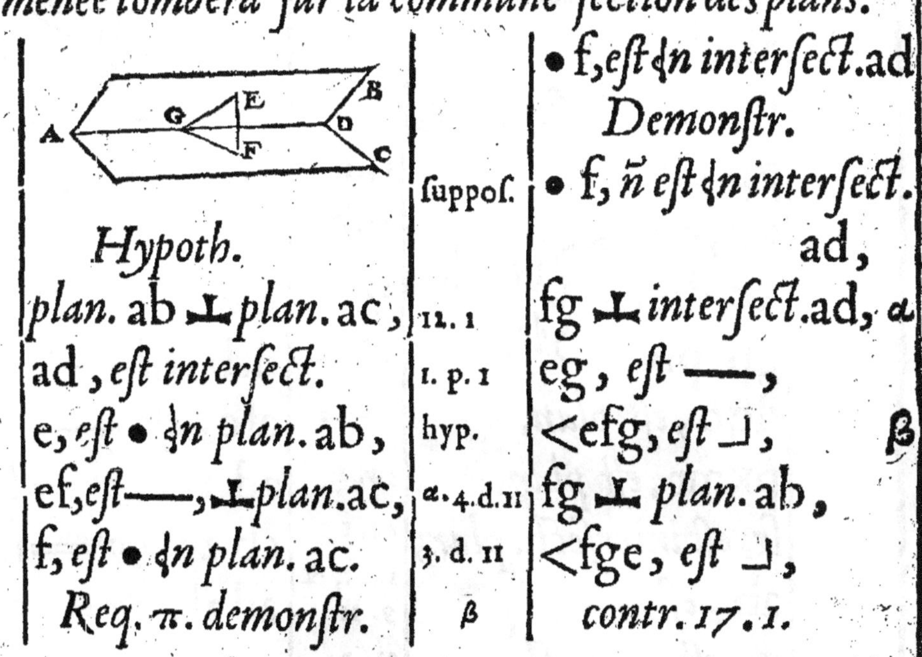

		• f, *eſt* ∤*n interſect.* ad *Demonſtr.*
	ſuppoſ.	• f, *n̄ eſt* ∤*n interſect.* ad,
Hypoth.		
plan. ab ⊥ *plan.* ac,	12. 1	fg ⊥ *interſect.* ad, α
ad, *eſt interſect.*	1. p. 1	eg, *eſt* —,
e, *eſt* • ∤*n plan.* ab,	hyp.	<efg, *eſt* ⌟, β
ef, *eſt* —, ⊥ *plan.* ac,	α. 4. d. 11	fg ⊥ *plan.* ab,
f, *eſt* • ∤*n plan.* ac.	3. d. 11	<fge, *eſt* ⌟,
Req. π. *demonſtr.*	β	*contr.* 17. 1.

THEOR. XXXIV. PROPOS. XXXIX.

Si ſolidi parallelepipedi eorum, quæ ex aduerſo, planorum latera bifariam ſecta ſint; per ſectiones autem plana ſint extenſa: communis ſectio planorum, & ſolidi parallelepipedi diameter, bifariam ſe mutuò ſecabunt.

Si les costez des plans opposez d'vn solide parallelipipede, sont couppez en deux egalement : & que par les sections, l'on mene des plans, la commune section des plans, & le diametre du solide parallelipipede, se coupperont egalement l'vn l'autre.

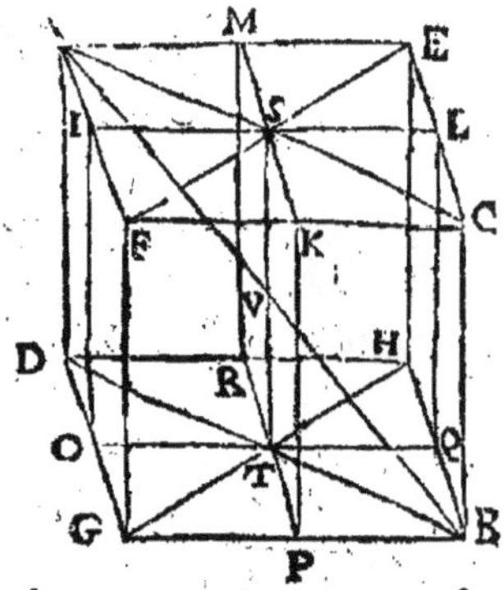

	Hypoth.		
	ab, *est* ◊*piped.*		
	◊ ac ═ ◊ db,		
	ai, if, el		
	lc, do, og } *snt* 2|2 *de,*		
	gp, pb	34. 1	do ‖ og 2|2 qb,
	am, me, fk	26. 1	dt 2|2 tb.
	kc, dr, rh } *snt* 2|2 *de,*	26. 1	<dto 2|2 <btq,
	gp, pb	1. s. 15. 1	dtb, *est* —, *a*
	ilqo, *est plan.*	d. *a*	asc, *est* —,
	pkmr, *est plan.*	34. 1	ad 2|2 & ═ fg,
	st, *est intersect.. plan;*	34. 1	cb 2|2 & ═ fg,
	ab, *est* —,	1. a. 1, & 9. 11	ad 2|2 & ═ cb,
	u, *est intersect.*	33. 1	ac 2|2 & ═ db,
	Req. π. *demonstr.*	7. 11	ab, st *snt in plan.*
	au 2|2 ub, su 2|2 ut.		acbd, u, *est interse.*
	Præpar.	15. 1	<aus 2|2 <but,
1. p. 1	sa, sc, td, tb *snt* —.	29. 1	<asu 2|2 btu,
	Demonstr.	7. a. 1	as 2|2 bt,
29. 1	<tod 2|2 <tqb,	concl. 26. 1	au 2|2 ub, su 2|2 ut.

COROLL.

Hinc efficitur, in omni parallelepipedo diametros omnes ſe mutuò biſariam ſecare in vno puncto, nimirum in puncto V.

Il s'enſuit de ceſte demonſtration qu'en tout parallelipipede, tous les diametres ſe couppent l'vn l'autre en deux egalement à vn poinct, ſçauoir au poinct V.

THEOR. XXXV. PROPOS. XL.

Si fuerint duo priſmata æqualis altitudinis, quorum hoc quidem habeat baſin, parallelogrammum, illud vero, triangulum, duplum autem fuerit parallelogrammum trianguli; æqualia erunt ipſa priſmata.

Si deux priſmes ſont de meſme hauteur, deſquels l'vn ait vn parallelogramme pour baſe, & l'autre vn triangle, & que le parellelogramme ſoit double du triangle, iceux priſmes ſeront egaux.

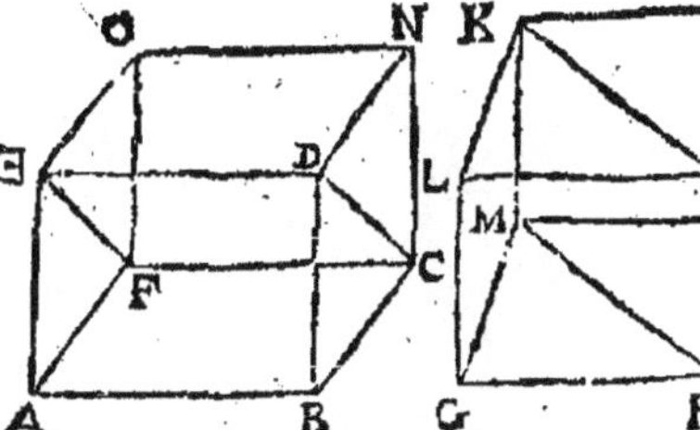

Hypoth.

abcfed & ghmlik *ſnt priſm*;

◊abcf 2|2, 2△ghm.

Req. π. demonſtr.

priſm. abcfed 2|2 *priſm.* ghmlik.

Demonſtr.

28. 11 | ◊*piped.* abcfedno 2|2, 2; *priſm.* abcfed,

28. 11 | ◊*piped.* ghpmliqk 2|2, 2; *priſm.* ghmlik,

a. 31. 11 | ◊*piped.* abcfedno 2|2 ◊*piped.* ghpmliqk,
concl. 7.a.1 | *prism.* abcfed 2|2 *prism.* ghmlik.

Monitum.

Hîc admonebo litterarum quæ designant angulum solidum, primam esse semper ad punctum in quo est angulus. Litterarum verò quæ denotant pyramidem, vltimam esse ad verticem pyramidis: exempli gratia, angulus solidus ABCD, est ad punctum A, pyramidis quoque BCDA, vertex est ad punctum A, & basis est triangulum BCD.

Aduertissement.

I'aduertiray icy, que la premiere lettre, de celles qui expriment vn angle solide, est tousiours au poinct où est l'angle solide: mais aux pyramides la derniere lettre, de celles qui l'expriment, est tousiours au sommet de la pyramide: Par exemple l'angle solide ABCD, est au poinct A, & de la pyramide BCDA, le sommet est aussi au poinct A, & la base est le triangle BCD.

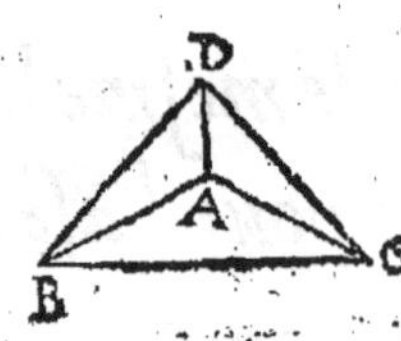

EVCLIDIS ELEMENTORVM LIBER DVODECIMVS.

LE DOVZIESME LIVRE DES ELEMENTS D'EVCLIDE.

THEOR. I. PROPOS. I.

QVæ in circulis polygona ſimilia; inter ſe ſunt, vt à diametris quadrata.

Les polygones ſemblables, inſcrits aux cercles, ſont l'vn à l'autre, comme les quarrez deſcrits des diametres des cercles.

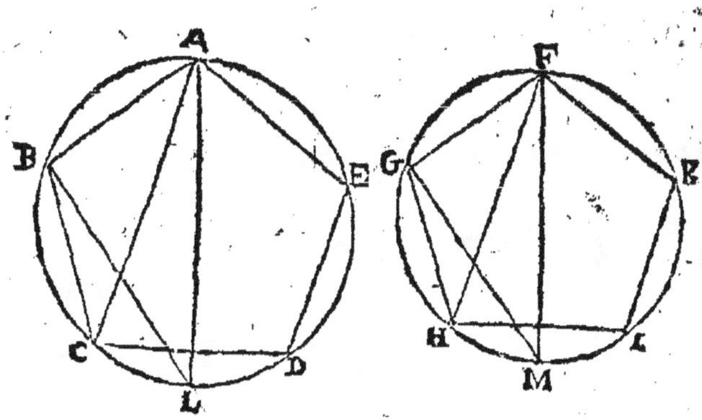

Hypoth.
abd & fgi *ſnt* ⊙,
abcde & fghik *ſnt polyg; inſcrit; ſml; ſe,* α

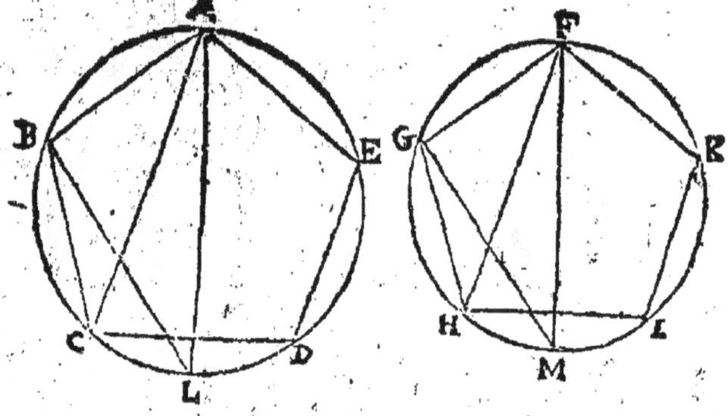

	Præpar.	α. 1. d. 6	ab π bc 2|2 fg π gh,
3. 3, & 1 & 2. p. 1	al & fm *snt diamet.*	6. 6	<acb 2|2 <fhg,
1. p. 1	ac, bl, fh, gm *snt* —	21. 3	<alb 2|2 <acb,
	Req. π. demonstr.	21. 3	<fmg 2|2 <fhg,
	polyg. abcde π □.al π | *polyg.* fghik, □.fm.	1. a b	<acb 2|2 <fmg,
		31. 3	∠abl & ∠fgm *snt* ⊥;
	Demonstr.	c. 4. 6	ab π fg 2|2 al π fm,
α. 1. d. 6	<abc 2|2 <fgh,	concl. 22. 6	*polyg.* ab π □.al π | *poly.* fg, □.fm.

LEMM. I.

Sectio semicirculo non major cedit trianguli æquicruri sibi inscripti duplo.

Vn segment qui n'excede le demy cercle est moindre que le double du triangle isoscele qui luy est inserit.

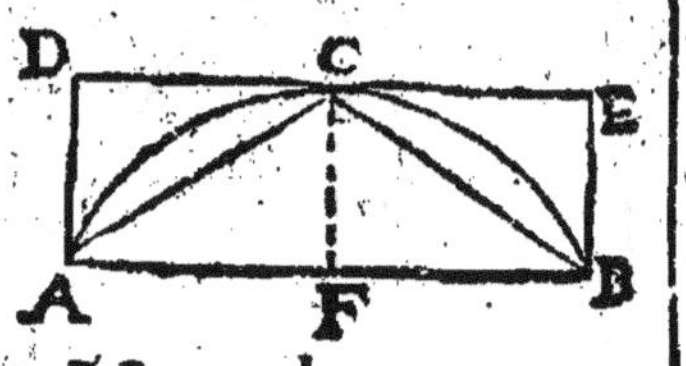

	Hypoth.		acb, *est* Δ *isosc. inscri. in* ◠
	acb, *est segm.*. ⊙,		*Req. π. demonstr.*
			◠ acb 2|3 2Δ acb.
			Præpar.
		12. 1	cf ⊥ ab,

11, 1	dce ⊥ cf,	constr.	adeb, *est* ▭,
11. 1	ad & be ⊥ ab.	9. a. 1	adeb 3|2 ◠ acb,
	Demonstr.	41. 1	adeb 2|2, 2△acb,
hyp.	ac 2|2 cb,	concl. 1. a. d	2△acb 3|2 ◠ acb.
c. 16 3	de *tang:* ◠ acb *in* c,		

LEMM. II.

Spatium à duabus ex eodem puncto tangentibus & periphæria comprehensum, minus est duplo trianguli æquicruri ab earundem segmentis & tertia eandem periphæriam tangente comprehensi.

L'espace compris de la peripherie, & de deux touchantes menees d'vn mesme poinct, est moindre que le double du triangle isoscele des segments des mesmes touchantes, & d'vne troisiesme ligne qui touche la mesme peripherie.

Hypoth.

ab, ac *snt tangen;*

df, *tang:* ◠ *in* g,

△adf, *est isosc.*

Req. π. demonstr.

△adf 3|2 bogzcfd.

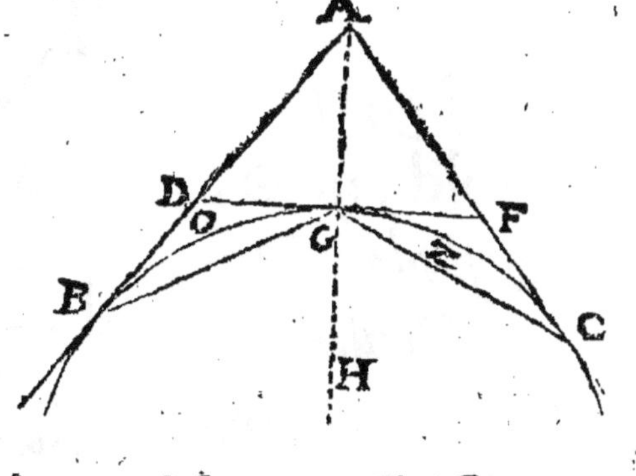

Præpar.

	agh, *est* —.
	Demonstr.
2. c. 36. 3	ab 2|2 ac,
hyp.	ad 2|2 af,
3 a. 1	db 2|2 fc,
2. c. 36. 3	dg 2|2 db, fc 2|2 fg,
19. 1	ad 3|2 dg,
1. a. c	ad 3|2 db.
1. 6	△adg 3|2 △dbg, α
1. 6	△afg 3|2 △fcg,
4. a. c	△adf 3|2 △dbgcf,

9. a. 1	△bdg 3|2 bdgob,	concl. 1. a. c	△adf 3|2 bogzcfd.
9. a. 1	△cfg 3|2 cfgzc,		

LEMM. III.

Rectilineum circulo inscribere, & aliud circumscribere, ita vt plana comprehensa inter periphæriam & rectilineum inscriptum, vel circumscriptum sint minora dato quocunque plano.

Inscrire vn rectiligne dans le cercle, & circonscrire vn autre à l'entour, en sorte que les plans compris entre la circonference & le rectiligne inscrit ou circonscrit soient moindres que quelconque plan donné.

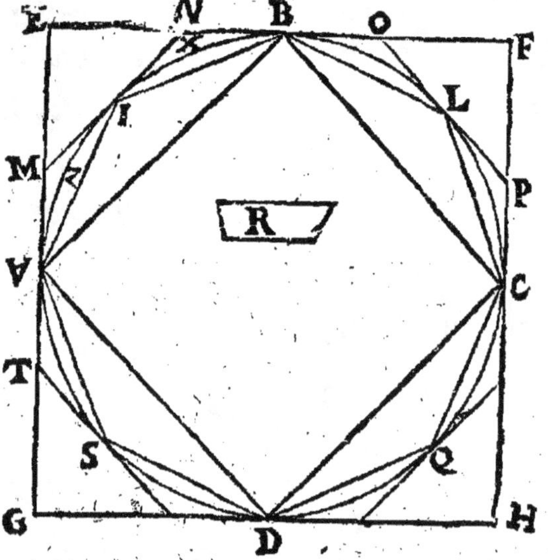

Hypoth.

aibld, *est* ⊙,

r, *est plan.* D.

Constr.

6. 4	abcd, *est* □. *inscri.* ⊙,	6. a. b	□ac 3|2, ½ ⊙abld,
30. 3	aib, *est* △ *isosc.* &c.	1. l. 1. 12	△aib 3|2, ½ ◠ aib,
7. 4	gefh, *est* □ *circscri.*	1. l. 1. 12	△blc 3|2, ½ ◠ blc,
30. 3	mn *tang:* ⊙ in i &c.		&c.

Demonstr.

47. 1	□ac 2|2, ½ □gf,	1. concl. 1. 10	*aggreg..* ◠ ai + ◠ ib + ◠ bl + ◠ lc + cq &c } 2|3 r
9. a. 1	⊙abcd 2|3 □gf,		

47. 1	□ac 2|2, ½ □gf,		+ ixbn, &c.
9. a. 1	⊙abcd 3|2 □.ac,	2 concl.	aggreg. }
1. a. c	⊙abcd 3|2, ½ □gf,	1. 10	azim } 2|2 r,
2. 1. 1. 12	△mne 3|2 azim		+ ixbn, &c. }

THEOR. II. PROPOS. II.

Circuli inter ſe ſunt, quemadmodum à diametris quadrata.

Les cercles ſont l'vn à l'autre comme les quarrez de leurs diametres.

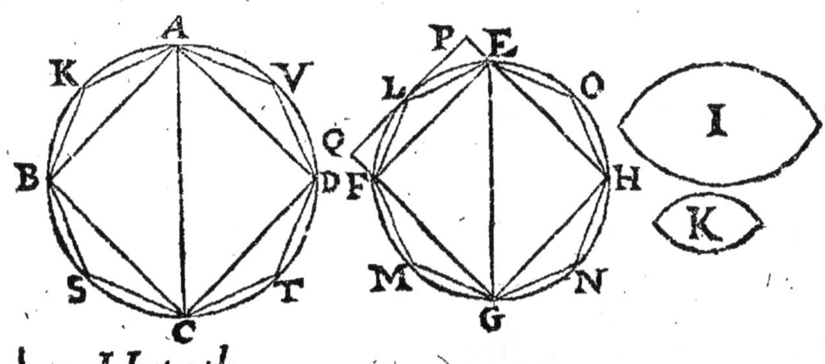

Hypoth.

abt & efn *ſnt* ⊙,

ac & eg *ſnt diametr;*

Req. π. demonſtr.

□.ac π □.eg 2|2 ⊙abt π ⊙efn.

Demonſtr.

ſuppoſ. □.ac π □.eg 2|2 ⊙abt π *plan.* i, α

ſuppoſ. i + K 2|2 ⊙efn, β

3.1.1.12 *aggreg.* ◠; gm + mf + fl + le + eo + oh + hn + ng } 2|3 K, β. 4. a. b | *plan.* 1, 2|3 *polyg.* gmfleohn, γ

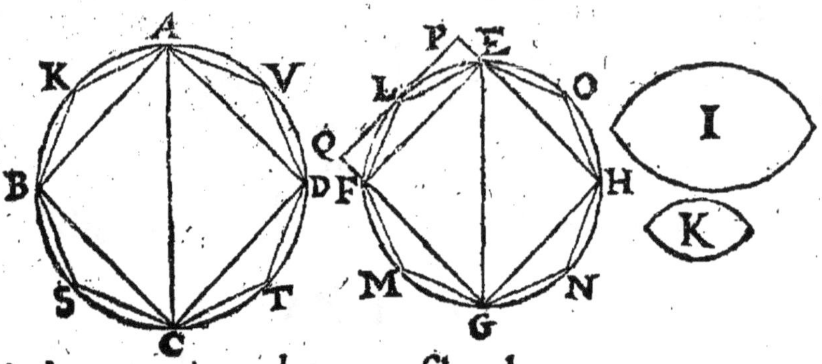

constr. | *polyg.* abſctdu, *ſml. polyg.* elfmgnho,

1. 12 | *polyg.* aſu π *polyg.* emo 2|2 □.ac π □.eg,

α | ⊙abt π i 2|2 □.ac π □.eg,

11. 5 | *polyg.* aſu π *polyg.* emo 2|2 ⊙abt π i,

9. a. 1 | *polyg.* aſu 2|2 ⊙abt,

14. 5 | *polyg.* emo 2|3 *plan.* i,

contr. concl. γ

1. concl. 21. a. 1 | *plan.* i, n̄ *eſt* 2|3 ⊙efn, δ

2 ſuppo. | *plan.* i 3|2 ⊙efn, ε

α | □.ac π □.eg 2|2 ⊙abt π *plan.* i,

c. 4. 5 | i π ⊙abt 2|2 □.eg π □.ac, θ

ſuppoſ. | i π ⊙abt 2|2 ⊙efn π *plan.* K, θ

ε. 14. 5 | ⊙abt 3|2 *plan.* K, λ

θ. 11. 5 | □.eg π □.ac 2|2 ⊙efd π *plan.* k,

λ | *contr. concl.* δ

2 concl. 21. a. 1 | □.ac π □.eg 2|2 ⊙abt π ⊙efn.

COROLL.

Hinc conſtat ita eſſe circulum ad circulum, vt polygo-

num

num in illo deſcriptum ad polygonum ſimile in hoc deſcriptum.

D'icy s'enſuit que comme le cercle eſt au cercle, ainſi le polygone deſcrit en celuy-là eſt au polygone ſemblable deſcrit en ceſtuy-cy.

THEOR. III. PROPOS. III.

Omnis pyramis triangularem habens baſin, diuiditur in duas pyramides æquales, & ſimiles inter ſe, triangulares habentes baſes, & ſimiles toti; & in duo priſmata æqualia, quæ duo priſmata majora ſunt dimidio totius pyramidis.

Toute pyramide ayant la baſe triangulaire ſe peut diuiſer en deux pyramides egales & ſemblables entre elles, ayans les baſes triangulaires & ſemblables à la toute; & en deux priſmes egaux, leſquels deux priſmes ſont plus grands que la moitié de toute la pyramide.

Hypoth.

abdc, *eſt pyram. propoſ.*

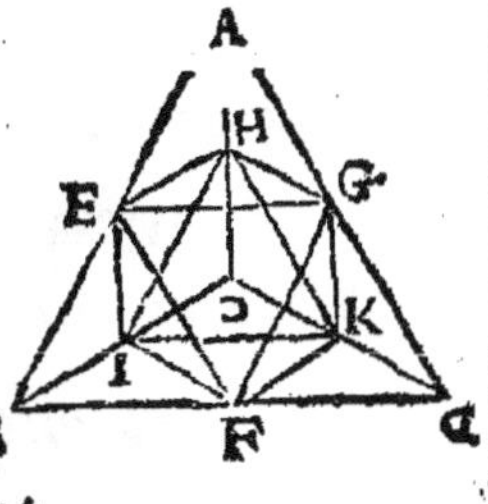

Præpar.

10. 1 ae 2|2 eb, bf 2|2 fd, dg 2|2 ga,

ah 2|2 hc, bi 2|2 ic, dk 2|2 kc,

1. p. 1 ef, fg, eg, ei, if, fk, kg, gh, he *ſnt* —;

Demonſtr.

2. 6, & 29. 1 abd, aeg, ebf, fdg, hik *ſnt* △ *æquiang.* ⁊e,

26. 1 aeg, ebf, fdg, hik *ſnt* △ 2|2 ⁊e,

29.1, & 9. 11 acb, ahe, eib, hic, fgk *snt* △ *æquiang.* ⟨e,

26.1 ahe, eib, hic, fgk *snt* △ 2|2 ⟨e, α

d. α bfi, fdk, ikc, egh *snt* △ *æquiang.* & 2|2 ⟨e,

d. α ahg, gdk, hkc, efi *snt* △ *æquiang.* & 2|2 ⟨e,

15.11 △hik = △abd, △egh = △bdc,

△efi = adc, △fgk = △abc,

1.concl 10.d.11 *pyram.*aegh, *sml.* & 2|2 *pyram.*hikc,

2. a, 1 ◊ bfge 2|2, 2△fgd,

2 concl. 40. 11 *prism.*bfgeih 2|2 *prism.*fgdihk,

9. a. 1 *prism.* bfgeih 3|2 *pyram.* bfei,

10.d.11 *pyram.* bfei 2|2 *pyram.* aegh,

1. a. c *prism.* bfgeih 3|2 *pyram.* aegh, ⊔ hikc,

3.concl. 4. a. c *prism.*bfgeih + *prism.*fgdihk 3|2, $\frac{1}{2}$*pyram.*abdc.

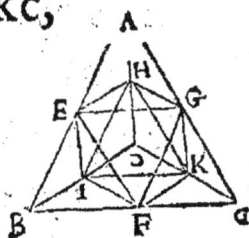

A H G E D K I B F C

SCHOL.

Ex hac propositione & prima decimi sequitur, si quælibet pyramis diuidatur in duas pyramides æquales & in duo prismata, iuxta hanc propositionem. Rursus eodem modo factæ pyramides in duas pyramides æquales, & in bina prismata æqualia, & sic deinceps, aggregatum omnium pyramidum quæ tandem relinquentur, esse minus quacunque proposita magnitudine.

De ceste proposition & de la premiere du dixiesme s'ensuit, que si quelconque pyramide est diuisee en deux pyramides egales, & en deux prismes egaux, comme veut ceste troisiesme proposition. Derechef semblablement les pyramides qui en seront faites soient diuisees de mesme; & ainsi de suite, l'aggregé de toutes les pyramides qui se trouueront en fin, sera moindre que quelconque grandeur proposee.

THEOR. IV. PROPOS. IV.

Si fuerint duæ pyramides eiuſdem altitudinis, triangulares habentes baſes; ſit autem illarum vtraque diuiſa & in duas pyramides æquales inter ſe, & ſimiles toti, & in duo priſmata æqualia; ac eodem modo diuiſa ſit vtraque pyramidum, quæ ex ſuperiore diuiſione natæ ſunt, idque ſemper fiat; erit vt vnius pyramidis baſis ad alterius pyramidis baſin, ita & omnia, quæ in vna pyramide, priſmata ad omnia quæ in altera pyramide, priſmata multitudine æqualia.

S'il y a deux pyramides de meſme hauteur ayant les baſes triangulaires, & que chacune d'icelles ſoit diuiſee en deux pyramides egales entr'elles, & ſemblables à la toute, & en deux priſmes egaux; & que ſemblablement l'vne & l'autre des pyramides prouenuës de ceſte premiere diuiſion ſoit diuiſee, & que cela ſe face touſiours de meſme façon: cõme la baſe de l'vne des pyramides ſera à la baſe de l'autre; ainſi auſſi tous les priſmes qui ſont en l'vne des pyramides ſeront à tous les priſmes de l'autre, egaux en multitude.

Hypoth.

abc & efg *ſnt* △,

abcd & efgh *ſnt pyram*;

alt.. d 2|2 *alt*.. h. α

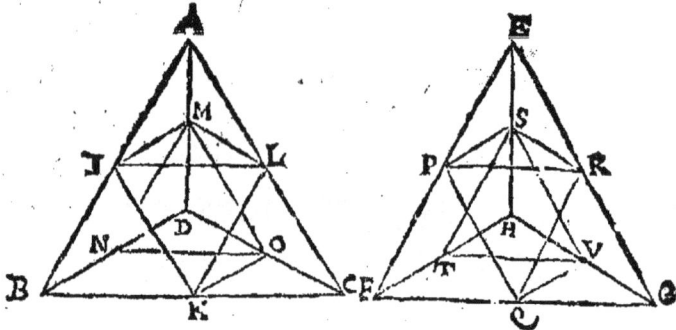

p constr. 3. 11.

abcd, ailm, mnod *ſnt pyram. ſml; ∤e, &c.*
efch, eprſ, ſtuh *ſnt pyram. ſml; ∤e, &c.*
ibklmn & klcnmo *ſnt priſm. 2|2 ∤e, &c.*
pfqrſt & qrctſu *ſnt priſm; 2|2 ∤e, &c.*

Req. π. demonſtr.

aggreg.. priſm;	*aggreg.. priſm;*
bklinm + klcnmo, *&c.* π	fqrptſ + qrctſu, *&c.*
△abc π	△efg.

Demonſtr.

15. 11 | △mno = △abc, & △ſtu = △efg,
hyp. | *alt..* •d 2|2 *alt..* •h,
α. 2. 6, & 7. a. 1 | *alt..* △mno 2|2 *alt..* △ſtu,

f.34.11	*priſm.* klcnmo π	*priſm.* qrgtſu,	β
	△klc π	△qrg,	

conſtr. | bk 2|2 kc, & fq 2|2 qg,
29. 1, & 1. d. 6 | △abc *ſml.* △lkc, & △efg *ſml.* △rqg,
15. 5 | bc π ck 2|2 fc π cq,
22. 6 | △abc π △lkc 2|2 △efc π △rqc,

Δ abc π Δ efg

16. 5 Δ lkc π Δ rqg

β *priſm.* klcnmo π *priſm.* qrgtſu

7. 5 *priſm.* ibklmn π *priſm.* pſqrſt

11. 5 klcnmo + ibklmn π qrgtſu + pſqrſt

} *ſnt raõ; 2|2 ſe,*

concl. Δ abc π | Δ efg,

11. 5 klcnmo + ibklmn π | qrgtſu + pſqrſt.

THEOR. V. PROPOS. V.

Sub eadem altitudine exiſtentes pyramides, & triangulares habentes baſes; inter ſe ſunt vt baſes.

Les pyramides de meſme hauteur ayans baſes triangulaires, ſont l'vne à l'autre comme leurs baſes.

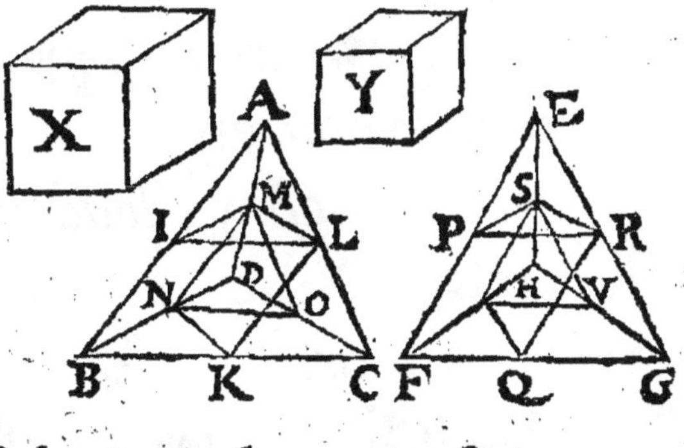

Hypoth.

abc & efg *ſnt* Δ,

abcd & efgh *ſnt pyram;*

alt.. •d 2|2 *alt..* •h.

Req. π. *demonſtr.*

pyram. abcd π *pyram.* efgh 2|2 Δabc π Δefg.

Demonſtr.

ſuppoſ. Δabc π Δefg 2|2 *pyram.* abc π x, α

1. ſuppo. x + y 2|2 *pyram.* efgh,

ſ. 3. 12 *pyram.* eprſ + *pyram.* ſtuh 2|3 y,

ſ. a. b x 2|3 *priſm.* pſqrſt + *priſm.* qrgtſu, β

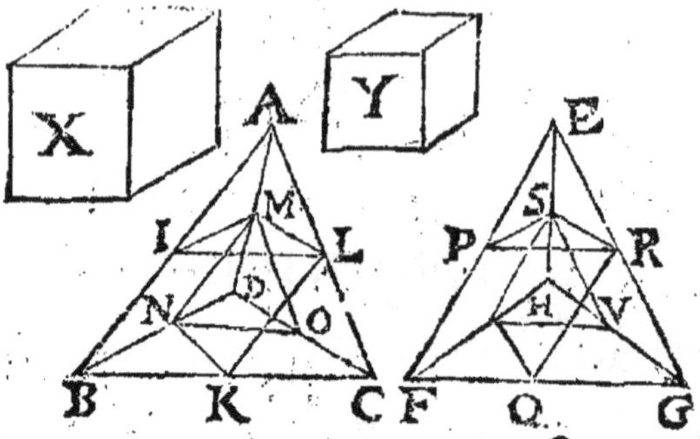

	△abc π	△efg,
4. 12	ibklmn + klcnmo π	pfqrſt + qrgtſu,
9. a. 1	*pyram.* abcd 3|2 *priſm.* ibklmn + *priſm.* klcnmo,	
14. 5	x 3|2 *priſm.* pfqrſt + *priſm.* qrgtſn, *contr. concl.* β	
21. a. 1	x, ñ *eſt* 2|3 *pyram.* efgh. γ	
2 ſuppo.	x 3|2 *pyram.* efgh, δ	
α. c. 4. 5	△efg π △abc 2|2 *ſolid.* x π *pyram.* abcd, ε	
ſuppoſ.	x π *pyram.* abcd 2|2 *pyram.* efgh π y, ε	
δ	x 3|2 *pyram.* efgh,	
1. 14. 5	*pyram.* abcd 3|2 *ſolid.* y, θ	
θ. 11. 5	△efg π △abc 2|2 *pyram.* efgh π y, *contr. concl.* γ	
concl. 21. a. 1	*pyram.* abcd π *pyram.* efgh 2|2 △abc π △efg.	

COROLL.

Hinc fit pyramides eiuſdem altitudinis ſuper eandem vel æquales baſes triangulares conſtitutas, eſſe inter ſe æquales.

Item ſequitur è conuerſo, pyramides triangulares æquales ſuper eandem, vel æquales baſes eandem habere altitudinem : Et pyramides triangulares æquales eandemque habentes altitudinem, bases habere æquales, si non eandem habuerint.

D'icy il aduient que les pyramides de mesme hauteur constituees sur mesme base, ou bases egales triangulaires sont egales entr'elles.

Il s'ensuit au contraire que les pyramides triangulaires egales, constituees sur vne mesme base ou bases egales, sont de mesme hauteur: Et que les pyramides triangulaires egales ayant mesme hauteur, ont bases egales ou vne mesme.

THEOR. VI. PROPOS. VI.

Sub eadem altitudine existentes pyramides, & polygonas habentes bases, inter se sunt vt bases.

Les pyramides qui sont de mesme hauteur, & ayans les bases polygones, sont l'vne à l'autre comme leurs bases.

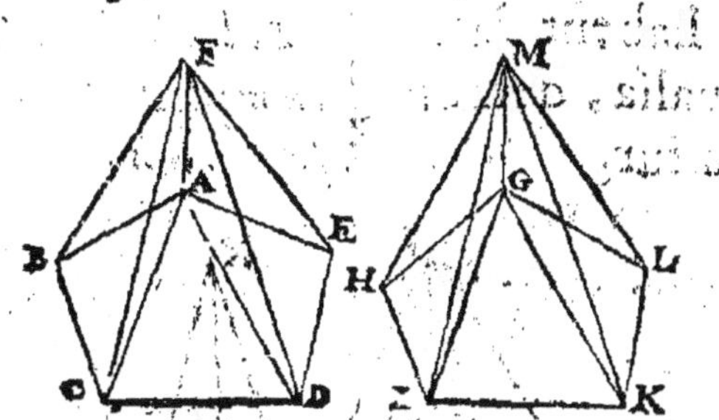

Hypoth.

abcdef & ghiklm *snt pyram;*

abcde & ghikl *snt bas;*

alt.. f 2|2 *alt..* m;

Req. π. *demonstr.*

abcdef π ghiklm 2|2 abcde π ghikl.

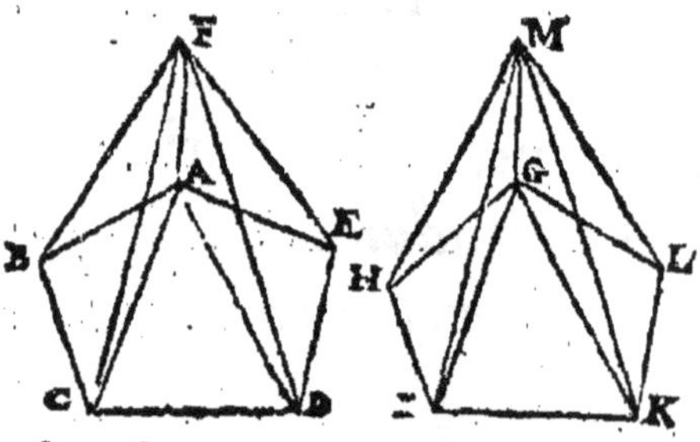

Præpar.

1. p. 1 | ac, ad, gi, gk *snt* —.

Demonstr.

5. 12 | abc π acd 2|2 *pyram.* abcf π *pyram.* acdf,
18. 5 | abcd π acd 2|2 abcdf π acdf,
5. 12 | acd π ade 2|2 acdf π adef,
22. 5 | abcd π ade 2|2 abcdf π adef,
18. 5 | abcde π ade 2|2 abcdef π adef, α
5. 12 | ade π gkl 2|2 adef π gklm, β
d. α | ghikl π gkl 2|2 ghiklm π gklm,
c. 4. 5 | gkl π ghikl 2|2 gklm π ghiklm,
1. concl. αβ. 25. 6 | abcde π ghikl 2|2 abcdef π ghiklm. γ

Si bases non habent latera multitudine æqualia, demonstratio fiet vt sequitur.

Si les bases n'ont les costez egaux en multitude, la demonstration se fera comme s'ensuit.

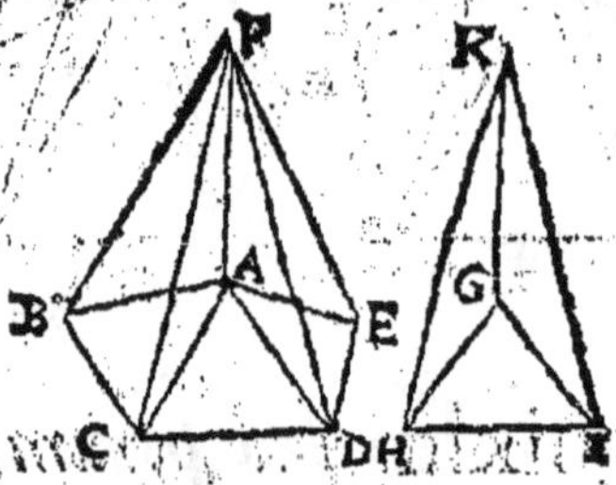

γ | abc π ghi 2|2 abcf π ghik,
γ | acd π ghi 2|2 acdf π ghik,
24. 5 | abcd π ghi 2|2 abcdf π ghik,
γ | ade π ghi 2|2 adef π ghik,

2 concl. 14. 5 | abcde π ghi 2|2 abcdef π ghiκ, δ

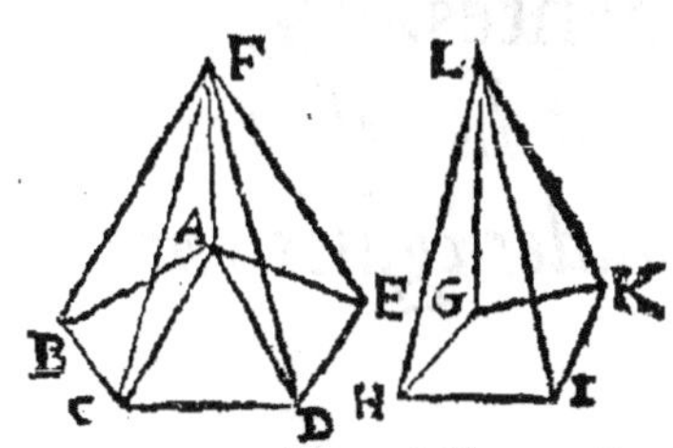

γ | abcd π ghiκ 2|2 abcdf π ghikl,
δ | ade π ghiκ 2|2 adef π ghikl,
3 concl. 14. 5 | abcde π ghiκ 2|2 abdef π ghiκl.

COROLL.

Perſpicuum quoque inde efficitur, pyramides eiuſdem altitudinis ſuper æquales baſes multangulas, vel eandem conſtitutas, eſſe inter ſe æquales.

Rurſus contrà fit, pyramides multangulas æquales, & ſuper æquales baſes, vel ſuper eandem conſtitutas, eandem habere altitudinem: Et pyramides multangulas æquales, eandémque habentes altitudinem, æquales habere baſes, ſi non habuerint eandem.

Il eſt auſſi manifeſte de là, que les pyramides de meſme hauteur conſtituees ſur baſes egales multilateres ou ſur vne meſme, ſont egales entr'elles.

Derechef il s'enſuit au contraire que les pyramides multilateres egales, & conſtituees ſur baſes egales, ou vne meſme, ont meſme hauteur: Et que les pyramides multilateres egales ayant meſme hauteur, ont les baſes egales, ſi elles n'ont la meſme.

THEOR. VII. PROPOS. VII.

Omne priſma triangularem habens baſim, diuiditur in tres pyramides æquales inter se, triangulares bases habentes.

Tout prisme ayant la base triangulaire, peut estre diuisé en trois pyramides egales entr'elles, ayant les bases triangulaires.

Hypoth.

abcdfe, *est prism.*

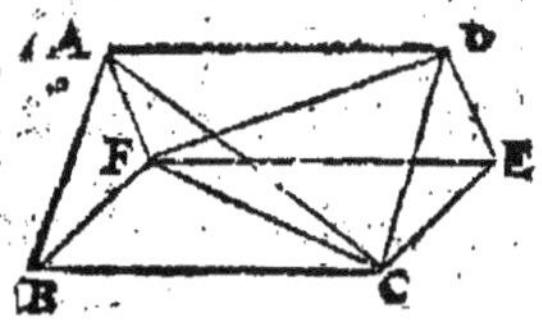

Præpar.

1. p. 1 ac, cf & fd *snt* —.

Req. π. *demonstr.*

acbf, acdf, cdfe *snt pyram*; 2|2 &c.

Demonstr.

13. d. 11 △abf 2|2 = & *sml.* △dce,

34. 1 △acb 2|2 △acd,

1. concl. 5. 12 *pyram.* acbf 2|2 *pyram.* acdf,

34. 1 △dfa 2|2 △dfe,

2. concl. 5. 12 *pyram.* dfac, ll acdf 2|2 *pyram.* dfe, ll cdfe,

3. concl. 1. a. 1 *pyram.* acbf 2|2 *pyram.* cdfe.

COROLL.

Hinc colligitur quamlibet pyramidem esse tertiam partem prismatis, quod eandem cum illa habet & basin, & altitudinem: siue prisma quodlibet triplum esse pyramidis, quæ eandem cum ipso habet & basin & altitudinem.

Il s'ensuit de cecy que toute pyramide est la tierce partie du prisme, qui a mesme hauteur, & mesme base qu'icelle: ou bien tout prisme est triple de la pyramide qui a mesme hauteur qu'iceluy, & mesme base.

Hypoth.

abcdeghiKf, *est prism.*

abcdeh, *est pyram.*

Req. π. demonstr.

prism. abcdeghiKf 2|2, 3; *pyram;* abcdeh.

Præpar.

1. p. 1 ac, ad, gi, gh *snt* ——.

Demonstr.

9. a. 1 abcghi, acdgik, adegKf *snt prism;* 2|2 *prism.* bf,

9. a. 1 abch, acdh, adeh *snt pyram;* 2|2 *pyram.* abcdeh,

c. 5. 12 *pyram.* acdh 2|2 *pyram.* acdi,

c. 5. 12 *pyram.* adeh 2|2 *pyram.* adek,

7. 12 *prism.* abcghi 2|2, 3; *pyram;* abch,

7. 12 *prism.* acdgiK 2|2, 3; *pyram.* acdi, ⵊⵊ acdh,

7. 12 *prism.* adegkf 2|2, 3; *pyram.* adeK, ⵊⵊ adeh,

concl. 1. 5 *prism.* abcdeghikf 2|2, 3; *pyram;* abcdeh. α

SCHOL. I.

Sub eadem altitudine existentia prismata, quascunque habeant bases, sunt inter se vt bases.

Les prismes qui sont sous mesme hauteur, quelconques soient leurs bases, sont entr'eux comme leurs bases.

Demonstr.

α *prism.* bf 2|2, 3; *pyram;* abcdeh.

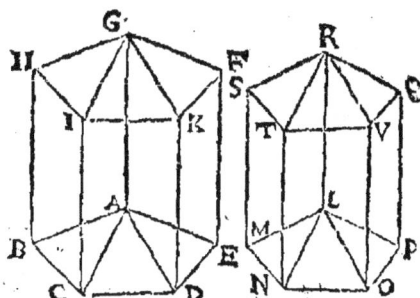

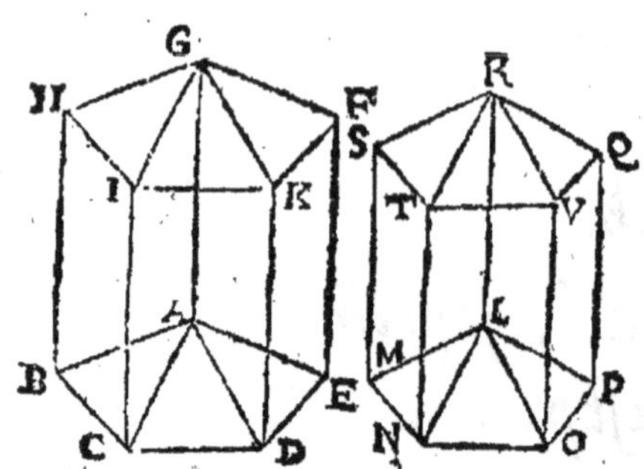

a | *prism.* nq 2|2, 3; *pyram.* mnoplf,
hyp. | *alt.. prism.* bf 2|2 *alt.. prism.* nq,
6. 12 | abcde π lmnop 2|2 abcdeh π lmnopf,
15. 5 | *prism.* bf π *prism.* nq 2|2 abcdeh π lmnopf,
concl. 11. 5 | abcde π lmnop 2|2 *prism.* bf π *prism.* nq.

SCHOL. II.

Hinc sequitur si iuxta tertium lemma propos. primæ huius libri adscribatur circulo polygonum intelligatúrque super illud polygonum, sub altitudine dati cylindri vel coni, erectum prisma, vel pyramis: solida comprehēsa inter superficiem concauam vel conuexam cylindri vel coni, & superficiem prismatis vel pyramidis, fore tandem minora quocunque dato solido.

D'icy il s'ensuit que si on descrit en vn cercle ou à l'entour d'vn cercle vn polygone, selon la methode du troisiesme lēme de ce liure, & que sur ce polygone soit esleué vn prisme ou pyramide de la hauteur du cylindre ou cone proposé, les solides cōpris entre la superficie du cylindre ou du cosne, & la superficie du prisme ou pyramide, seront en fin moindres que quelconque solide donné.

THEOR. VIII. PROPOS. VIII.

Similes pyramides, quæ triangulares habent

bases, in triplicata sunt homologorum laterum ratione.

Les pyramides semblables, & qui ont les bases triangulaires, sont en raison triplee de leurs costez homologues.

Hypoth.

abcd & efgh *snt pyram; sml; & e,*

abc & efg *snt bas;*

ab π ac 2|2 ef π eg, α

ab π ad 2|2 ef π eh. α

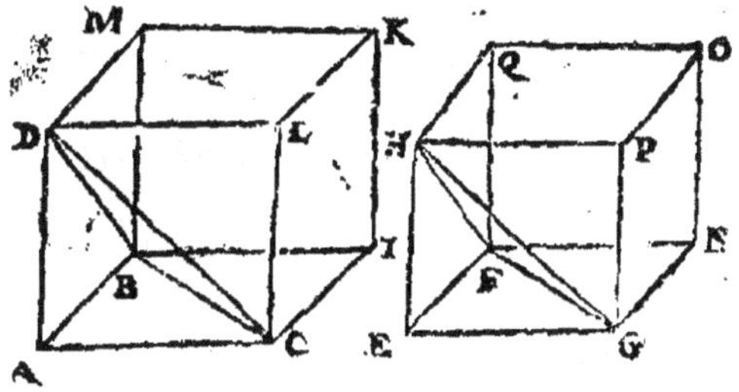

Req. π. demonstr.

raõ. abcd π efgh 2|2, 3; *raõ;* ac π eg.

Præpar.

27.11 abicdmkl & efnghqop *snt* ◊*piped;*

Demonstr.

α. 1.d.6 ◊ abic *sml.* ◊ efng,

α. 1.d.6 ◊ abmd *sml.* ◊ efqh,

α. 1.d.6 ◊ acld *sml.* ◊ egph,

9.d.11 ◊*piped.* abicdmkl *sml.* ◊*piped.* efnghqop,

28.11, & 7.12 ◊*piped.* abicdmkl 2|2, 6; *pyram;* abcd,

28.11, & 7.12 ◊*piped.* efnghqop 2|2, 6; *pyram;* efgh,

33.11 *raõ.* abicdmkl π efnghqop 2|2, 3; *raõ;* ac π eg,

concl. 15.5 *raõ.* abcd π efgh 2|2, 3; *raõ;* ac π eg.

COROLL.

Ex hoc quoque manifestum est, similes pyramides,

quarum bases plura latera, quam tria continent, habere proportionem laterum homologorum triplicatam.

Il est aussi manifeste, que les pyramides semblables, dont les bases ont plus de trois costez, sont en raison triplee de leurs costez homologues.

Hypoth.

abcdef & ghiklm *snt pyram. sml; de.*

Req. π. demonstr.

raõ. abcdef π ghiklm 2|2, 3; *raõ;* fa π mg.

Præpar.

1. p. 1 ac, ad, gi, gk *snt* —.

Demonstr.

hyp. abcde *sml.* ghikl,

20. 6 △abc, *sml.* △ghi, △acd, *sml.* △gik, △ade, *sml* △gkl,

hyp. △abf *sml.* △ghm, △bcf *sml.* △him, △dcf *sml.* △ikm, △aef *sml.* △glm, △edf *sml.* △lkm,

1. d. 6 fa π ab 2|2 mg π gh,

1. d. 6 ab π ac 2|2 gh π gi,

22. 5 fa π ac 2|2 mg π gi,

1. d. 6 ac π cb 2|2 gi π ih,

1. d. 6 cb π cf 2|2 ih π im,

22. 5 ac π cf 2|2 gi π im,

22. 5 fa π fc 2|2 mg π mi,

4. 6 △fac *sml.* △mgi,

9. d. 11 *piram.* abcf *sml. piram.* ghim,

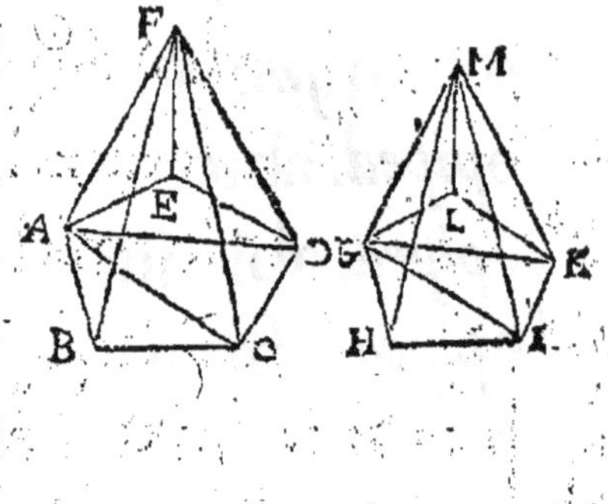

d. α | *pyram.* acdf *ſml. pyram.* gikm,
d. α | *pyram.* adef *ſml. pyram.* gklm,
| 3; *raõ*; fa π mg
8. 12 | *pyram.* abcf π *pyram.* ghim
8. 12 | *pyram.* acdf π *pyram.* dikm } *ſnt raõ*; 2|2 ſe,
8. 12 | *pyram.* adef π *pyram.* gklm
12. 5 | *pyram.* abcdef π *pyram.* ghiklm
concl. 11. 5 | *raõ*; abcdef π ghiklm 2|2, 3; *raõ*; fa π mg.

SCHOL.

Cùm quodlibet priſma ſit triplum pyramidis eiuſdem cum ipſo altitudinis, ſequitur ſimilia priſmata eſſe quoque in triplicata proportione laterum homologorum.

Veu que tout priſme eſt triple de la pyramide de meſme hauteur qu'iceluy, il s'enſuit que les priſmes ſont auſſi en raiſon triplee de leurs coſtez homologues.

THEOR. IX. PROPOS. IX.

Æqualium pyramidum, & triangulares baſes habentium, reciprocantur baſes & altitudines: Et quarum pyramidum triangulares baſes habentium reciprocantur baſes & altitudines, illæ ſunt æquales.

Les pyramides egales, ayans baſes triangulaires, leurs hauteurs ſont reciproques aux baſes: Et les pyramides ayans baſes triangulaires reciproques à leurs hauteurs, ſont egales.

Hypoth.

abcd & efgh *snt pyram; propos;* 2|2 ⅆe,

Δabc & Δefg *snt bas;*

Req. π. demonstr.

bas. abc π *bas.* efg 2|2 *alt..* ●h π *alt..* ●d.

Demonstr.

℘ *præpar. & demonstr.. præceden. propos.*

◊*piped.* abicdmkl 2|2, 6 *pyram;* abcd, α

item, ◊*piped.* efnghqop 2|2, 6 *pyram;* efgh, α

6. a. 1 ◊*piped.* abicdmkl 2|2 ◊*piped.* efnghqop,

15. 5 Δabc π Δefg 2|2 ◊ abic π ◊ efng,

34. 11 ◊ abic π ◊ efng 2|2 *alt..* ●h π *alt..* ●d,

concl. 11. 5 Δabc π Δefg 2|2 *alt..* ●h π *alt..* ●d.

Hypoth. 2.

Δabc π Δefg 2|2 *alt..* ●h π *alt..* ●d. β

Req. π. demonstr.

pyram. abcd 2|2 *pyram.* efgh.

Demonstr.

15. 5 ◊abic π ◊efng 2|2 Δabc π Δefg,

β. 11. 5 ◊abic π ◊efng 2|2 *alt.* h● π *alt.* ●d,

34. 11 ◊*piped.* abicdmkl 2|2 ◊*piped.* efnghqop,

concl. α. 7. a. 1 *pyram.* abcd 2|2 *pyram.* efgh.

SCHOL.

Constat etiam æqualium pyramidum, quarum bases non sunt triangulares, reciprocari bases atque altitudines: Et quarum pyramidum triangulares baſes non habentium reciprocantur baſes & altitudines, illas eſſe æquales.

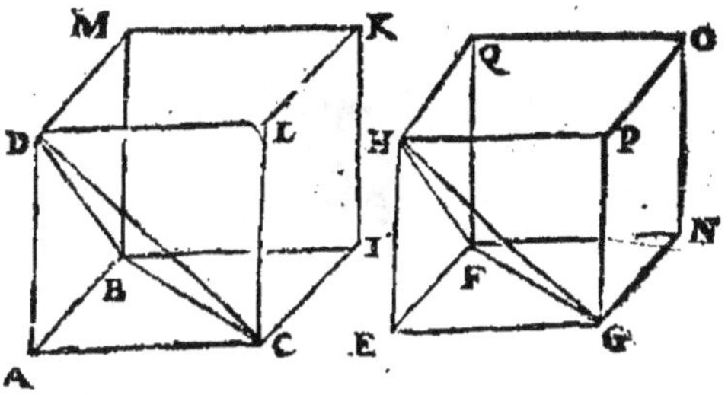

Il eſt certain außi que les baſes & hauteurs des pyramides egales, dont les baſes ne ſont triangulaires, ſont reciproques: Et que les pyramides, dont les baſes ſont triangulaires, ayans les baſes & les hauteurs reciproques, ſont egales.

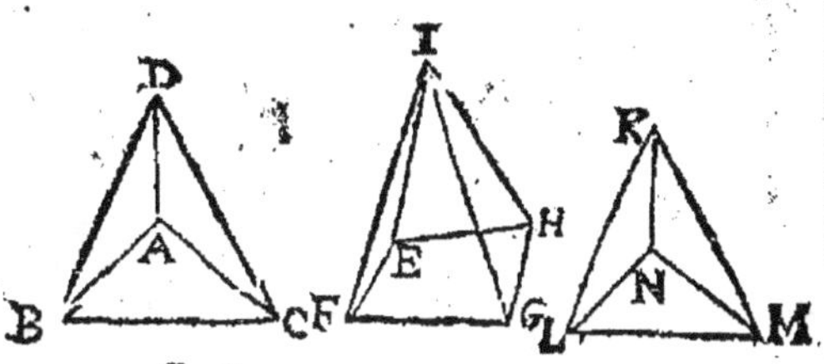

Hypoth. 1.

pyram. abcd 2|2 *pyram.* efgh. α

Req. π. demonſtr.

baſ. abc π *baſ.* efgh 2|2 *alt.* i π *alt.* d.

Præpar.

1. app. Δlmn 2|2 *baſ.* efgh,

conſtr. *alt. pyram.* lmnk 2|2 *alt. pyram.* efghi.

Demonſtr.

c. 6. 12 *pyram.* lmnk 2|2 *pyram.* efghi, β

α. 1. a. 1 *pyram.* abcd 2|2 *pyram.* lmnk,

1. concl. 9. 12 abcd π lmn, II efgh 2|2 *alt.* K, II i π *alt.* d. γ

Hypoth. 2.

baſ. abc π *baſ.* efgh 2|2 *alt.* i π *alt.* d.

Req. π. demonſtr.

pyram. abcd 2|2 *pyram.* efghi.

Demonstr.

hyp. abc π efgh, ⊔ lmn 2|2 *alt.* i, ⊔ k π *alt.* d,

1 concl. *pyram.* abcd 2|2 *pyram.* lmnk, ⊔ efghi. δ

β. 9.12

Hypoth. 3.

pyram. abcde 2|2 *pyram.* fghikl.

Req. π. *demonstr.*

abcd π fghik 2|2 *alt.* l π *alt.* e.

Præpar.

1. app. △mno 2|2 *bas.* fghik, ε

constr. *alt.* p 2|2 *alt.* l, ε

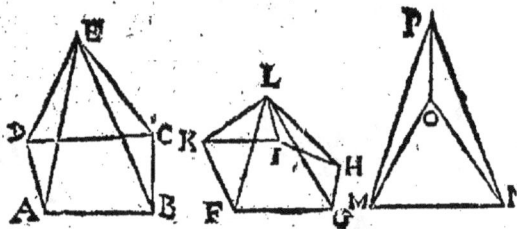

Demonstr.

c. 6. 12 *pyram.* mnop 2|2 *pyram.* fghikl, ⊔ abcde, ε

3 concl. abcde π mno, ⊔ fghik 2|2 *alt.* p, ⊔ l π *alt.* e.

γ

Hypoth. 4.

abcd π fghik 2|2 *alt.* l π *alt.* e.

Req. π. *demonstr.*

pyram. abcde 2|2 *pyram.* fghikl.

Demonstr.

ε. hyp. abcd π fghik, ⊔ mno 2|2 *alt.* l, ⊔ p π *alt.* e,

4 concl. abcde 2|2 mnop, ⊔ fghikl.

δ

SCHOL.

Omnia hæc facilè quoque demonstrabuntur conuenire prismatis quibuscunque. Nam si prismata fuerint æqualia, erũt

Que toutes ces choses conuiennent außi à tout prisme, il sera facile de demonstrer: Car si les prismes sont egaux, les pyramides de

& eorum pyramides earundem altitudinum cum ipſis, & ſuper eaſdem baſes, æquales; cum ſint eorum tertiæ partes, ex coroll. propoſ. 7. huius lib. Quare vt modo demonſtrauimus, baſes harum pyramidum atque altitudines reciprocantur. Cum ergo hæ baſes & altitudines eædem ſint, quæ priſmatum; reciprocabuntur quoque baſes priſmatum atque altitudines.

Rurſus, ſi priſmatum baſes, & altitudines reciprocentur; reci procabuntur quoque baſes, & altitudines pyramidum eaſdem baſes & altitudines cum priſmatis habentium. Quare vt demonſtratum eſt, pyramides æquales ſunt; ac propterea priſmata, cum earum ſint tripla: quod eſt propoſitum.

meſme hauteur qu'iceux ayant meſme baſe ſeront egales entr'elles, eſtant les tierces parties des priſmes par le corollaire de la ſeptieſme propoſition de ce liure. Donc comme nous venons de demonſtrer les baſes & hauteurs d'icelles pyramides ſeront reciproques: & ces baſes & hauteurs eſtans les meſmes que de priſmes, les baſes & les hauteurs des priſmes ſeront reciproques.

Derechef, ſi les baſes & les hauteurs des priſmes ſont reciproques, les baſes & hauteurs des pyramides ayant meſme baſes & hauteurs que les priſmes ſeront auſsi reciproques: Donc comme a eſté demonſtré les pyramides ſont egales: & partant auſsi les priſmes eſtant triples d'icelles pyramides. Ce qui eſt propoſé.

THEOR. X. PROPOS. X.

Omnis conus tertia pars eſt cylindri eandem cum ipſo baſin habentis, & altitudinem æqualem.

Tout cone eſt la troiſieſme partie du cylindre qui a meſme baſe qu'iceluy, & la hauteur egale.

Hypoth.

⊙abcd, *eſt baſ.. cylindr.. & con.*

Req. π. demonſtr.

cylindr. 2|2 3; *con;*

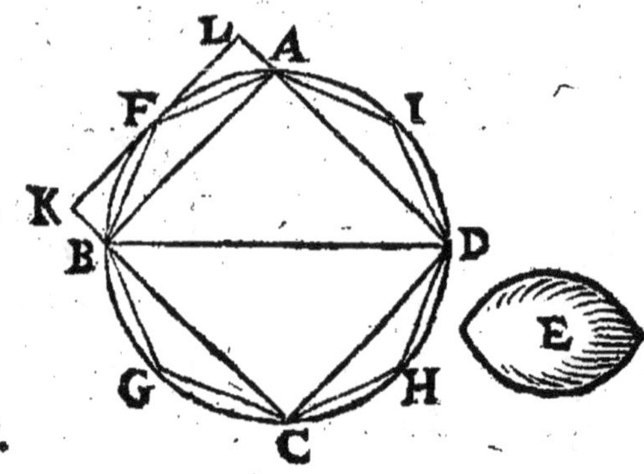

Demonstr.

1.supp. *cylindr.* 2|2 3; *con*; + *solid.* e,
s. 7.12 *segm. cylindr*, af + fb + bg, &c. 2|3 *solid.* e,
s. a. b *prism.* afbgchdi 3|2 3; *con*; afgd,
c. 7.12 *prism.* afbgchdi 2|2 3; *pyram*;
1. a. c 3; *con*; 2|3 3; *pyram*;
contr. 9. *a.* 1.

2 suppo. $\frac{1}{3}$. *cylindr.* + *solid.* e 2|2 *con.*
s. 7.12 *segm. con.* af, + fb, + bg, &c. 2|3 *solid.* e,
s. a. b $\frac{1}{3}$. *cylindr.* 2|3 *pyram.*
c. 7.12 $\frac{1}{3}$. *prism.* 2|2 *pyram.*
1. a. c $\frac{1}{3}$. *cylindr.* 2|3, $\frac{1}{3}$ *prism.*
6. a. 1 *cylindr.* 2|3 *prism.*
contr. 9. *a.* 1.

In hac demonstratione cylindrus, conus, prisma, & pyramis sunt eiusdem altitudinis.

Basis cylindri & coni est circulus AFGD.

Basis vero prismatis atque pyramidis est polygonum circulo inscriptũ nimirũ AFBGCHDI.

En ceste demonstration le cylindre, le cone, le prisme, & la pyramide ont la mesme hauteur.

La base du cylindre & du cone est le cercle AFGD.

La base du prisme & de la pyramide est le polygone inscrit au cercle à sçauoir AFBGCHDI.

THEOR. XI. PROPOS. XI.

Sub eadem altitudine exiſtentes coni & cylindri, inter ſe ſunt vt baſes.

Les cones & cylindres de meſme hauteur, ſont l'vn à l'autre comme leurs baſes.

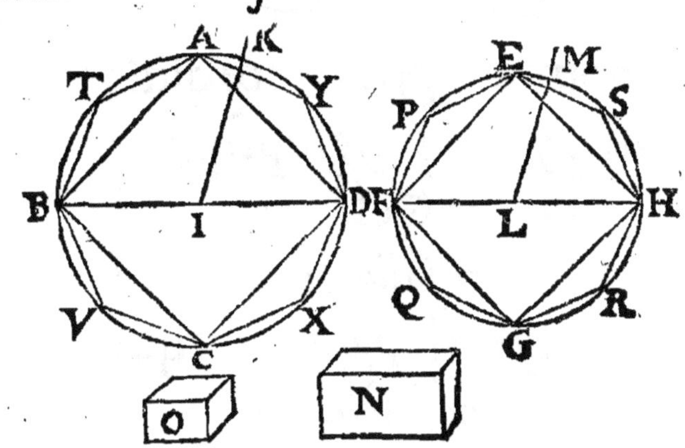

Hypoth.

abcdk *&* efgrm *ſnt con;*

⊙abcd *&* ⊙efgr *ſnt baſ;*

ik *&* lm *ſnt alt;* 2|2 ꝺe.

Req. π. *demonſtr.*

⊙abcd π ⊙efgr 2|2 *con.* abcdk π *con.* efgrm.

Demonſtr.

ſuppoſ. ⊙abcd π ⊙efgr 2|2 *con.* abcdk π *ſolid.* n, α

1.ſuppo. *ſolid.* n + *ſolid.* o 2|2 *con.* efgrm.

ſ.7.12 *ſegm;. con.* ep + pf + fq, *&c. ſnt* 2|3 *ſolid.* o;

ſ.a.b *ſolid.* n 2|3 *pyram.* epfqgrhſm, β

conſtr. *polyg.* atbucxdy *ſml. polyg.* epfqgrhſ,

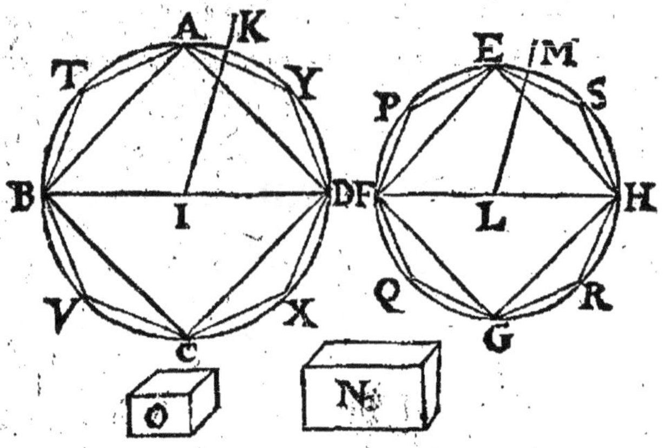

	pyram. abuyK π *pyram.* epfqſm	
6. 12	*polyg.* atbuy π *polyg.* epfqgr	*ſnt raõ; 2|2 ꝺe,*
c. 2. 12	⊙abx π ⊙efr	
α	*con.* abxK π *ſolid.* n	
11. 5	*pyram.* atbuyk π | *pyram.* ebfqſm, *con.* abxk π | *ſolid.* n,	
9. a. 1	*pyram.* atbucxdyK 2|3 *con.* abxK,	
14. 5	*pyram.* epfqgrhſm 2|3 *ſolid.* n,	
	contr. concl. β	
21. a. 1	*ſolid.* ñ *eſt* 2|3 *con.* efgrm. γ	
2 ſuppo.	*ſolid.* n 3|2 *con.* efgrm, δ	
α	⊙abcd π ⊙efgr 2|2 *con.* abcdk π *ſolid.* n,	
c. 4. 5	*ſolid.* n π *con.* abxK 2|2 ⊙efgr π ⊙abcd, ε	
ſuppoſ.	*ſolid.* n π *con.* abxk 2|2 *con.* efrm π *ſolid.* o, ε	
δ. 14. 5	*con.* abxK 3|2 *ſolid.* o, θ	
ε. 11. 5	⊙efgr π abcd 2|2 *con.* efrm π *ſolid.* o,	
θ	*contr. concl.* γ	
concl. 21. a. 1	⊙abcd π ⊙efgr 2|2 *con.* abcdk π *con.* efgrm.	

Quod de conis demonſtratum eſt debet etiam intelligi de cylindris, eodémque modo fiet demonſtratio, ſi loco conorum, & pyramidum concipiantur cylindri & priſmata.

Ce qui a eſté prouué des cones ſe doit auſsi entendre des cylindres, & ſe demonſtrera ainſi que des cones, ſi au lieu des cones & des pyramides on entend des cylindres & des priſmes.

COROLL.

Hinc ſequitur, conos & cylindros eiuſdem altitudinis ſuper eandem vel æquales baſes conſtitutos, eſſe inter ſe æquales : Et contrà conos & cylindros æquales ſuper eandem vel æquales baſes in eadem eſſe altitudine : Et æquales in eadem altitudine, ſuper æquales baſes eſſe ſi non habuerint eandem.

D'où il s'enſuit que les cones & cylindres conſtituez ſur meſme baſe, ou baſes egales, & de meſme hauteur ſont egaux: & au contraire les cones & cylindres egaux conſtituez ſur meſme baſe, ou ſur egales, ſont de meſme hauteur : Et les cones & cylindres egaux de meſme hauteur ſont auſsi ſur baſes egales ou vne meſme.

THEOR. XII. PROPOS. XII.

Similes coni & cylindri, in triplicata ratione ſunt diametrorum quæ in baſibus.

Les cones & les cylindres ſemblables, ſont l'vn à l'autre en raiſon triplee des diametres de leurs baſes.

Hipoth.

abcdk & efghm *ſnt con; ſml.* ꝯe,

⊙iabcd & ⊙lefgh *ſnt baſ;*

tx & pr *ſnt diamet;*

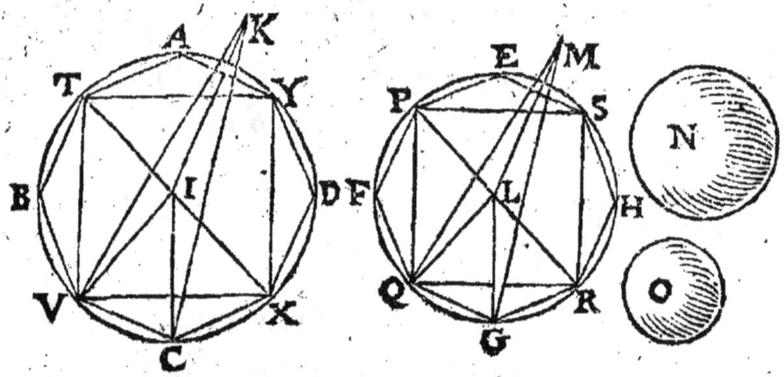

A K T Y B I D F V X C E M P S N L H Q R G O

iK & lm *ſnt alt*; ıı axes, ⊥ π *baſ*; abcd & efgh.

Req. π. demonſtr.

raō.. con. abcdk π *con.* efgh 2|2, 3; *raō*; tx π pr.

Demonſtr.

ſuppoſ. *raō. con.* abcdK π *ſolid.* n 2|2, 3; *raō*; tx π pr, *α*

1. ſuppo *ſolid.* n + *ſolid.* o 2|2 *con.* efghm,

ſ. 7. 12 *ſegm*;. *con.* ep, + ph, + fq, *&c. ſnt* 2|3 *ſolid.* o,

ſ. a. b *ſolid.* n 2|3 *pyram.* epfqgrhſın, *β*

conſtr *polyg.* atbucxdy *ſml. polyg.* epfqgrhſ, *γ*

conſtr uck & qgm *ſnt* Δ;. *pyram*;

24. d. 11 ui π iK 2|2 ql π lm,

3. d. 11 uik & qlm *ſnt* ⊥;

6. 6 ΔuiK *æquiang.* Δqlm,

4. 1 uk 2|2 ck, qm 2|2 gm, *δ*

conſtr. <uic 2|2 <qlg,

32. 1 Δuic *æquiang.* Δqlg,

4. 6 uc π ui 2|2 qg π ql,

4. 6 ui π uk 2|2 ql π qm,

22. 5 | uc π uk 2|2 qg π qm,
δ. 7. 5 | uk π ck 2|2 qm π mg,
22. 5, & 5. 6 | Δukc *sml.* Δqmg, ε
d. ε | Δ;. *pyram.* atbucxdyk *sml.* Δ;. *pyram.* epfqgrhsm,
γ. 9. d. 11 | *pyram.* atbucxdyk *sml. pyram.* epfqgrhsm.

pyram. atbucxdyk π *pyram.* epfqgrhsm
c. 8. 12 | 3; *raō*; uc π qg
4. 6 | ⊔ 3; *raō*; ui π ql
15. 5 | ⊔ 3; *raō*;. *diamet.* tx π *diamet.* pr
α | *con.* abcdk π *solid.* n
} *snt raō;* 2|2 de

11. 5 | *pyram.* atbucdyk π | *pyram.* epfqgrhsm,
con. abcdk π | *solid.* n, θ
9. a. 1 | *pyram.* atbucdyk 2|3 *con.* abcdk,
14. 5 | *pyram.* epfqgrhsm 2|3 *solid.* n,
contr. concl. β
21. a. 1 | *solid.* n *n̄ est* 2|3 *con.* efgm, κ
2 suppo. | *solid.* n 3|2 *con.* efghm, λ
θ | *con.* abcdk π n 2|2 *pyram.* atck π *pyram.* eprm,
c. 4. 5 | n π *con.* abcdk 2|2 *pyram.* eprm π *pyram.* atck,
c. 8. 12 | *raō.. pyram.* eprm π *pyram.* atck 2|2, 3; *raō.* qg π uc ⊔ pr π tx,
11. 5 | *raō.* n π *con.* abcdk 2|2, 3; *raō*; pr π tx,
suppos. | n π *con.* abcdk 2|2 *con.* efghm π *solid.* o, μ
11. 5 | *raō. con.* efghm π *solid.* o 2|2, 3; *raō*; pr π tx,

κμ. 14.5 | *con.* abcdk 3|2 *solid.* o,

contr. concl. ϰ

concl. 21. a.1 | *raõ.con.*abcdk π *con.*efghm 2|2, 3; *raõ*; tx π tr.

Quoniam vero, quam proportionem habent coni, eandem quoque obtinent cylindri, eorum tripli, habebit quoque cylindrus ad cylindrum proportionem diametrorum in basibus triplicatam.

Mais d'autant que les cylindres sont en mesme raison que les cones, desquels ils sont triples, le cylindre sera aussi au cylindre raison triplee des diametres de leurs bases.

THEOR. XIII. PROPOS. XIII.

Si cylindrus plano secetur aduersus planis parallelo: Erit vt cylindrus ad cylindrum, ita axis ad axem.

Si un cylindre est couppé par un plan parallele aux plans opposez: Comme le cylindre sera au cylindre, ainsi l'axe sera à l'axe.

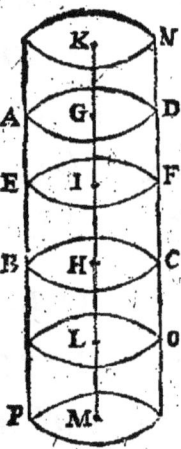

Hypoth.

abcd, *est cylindr.*

ief, *est* ⊙ ═ ⊙ hbc, ıı ⊙ gad.

Req. π. *demonstr.*

cylindr. aefd π *cylindr.* ebcf 2|2 gi π ih.

Præpar.

2. p. 1, & 3.1 constr. | gk 2|2 gi. ih, hl, lm *snt* 2|2 ꝗe,

kn, gad, lo, lm *snt* ⊙ ═ ꝗe.

Demonstr.

c.11.12 *cylindr.* an 2|2 *cylinr.* af,

c.11.12 bf, bo, op *snt cylindr.* 2|2 ǂe,

15. 5 *cylindr.* en *multipl.. cylindr.* ed 2|2 ik *multipl..* ig,

15. 5 *cylindr.* pf *multipl.. cylindr.* bf 2|2 im, *multipl..* ih,

c.11.12 ik, 2, 3, 4 | 3, im,

cylindr. em 2, 3, 4 | 3, *cylindr.* fp,

concl. 6. d. 5 *cylindr.* aefd π *cylindr.* ebcf 2|2 gi π ih.

THEOR. XIV. PROPOS. XIV.

Super æqualibus basibus existentes coni, & cylindri, inter se sunt vt altitudines.

Les cones & cylindres constituez sur bases egales, sont entr'eux comme leurs hauteurs.

Hypoth.

ah & ck *snt cylindr;*

abe & cdf *snt con;*

bas; ab & cd *snt* ⊙ 2|2 ǂe,

me & nf *snt alt;*

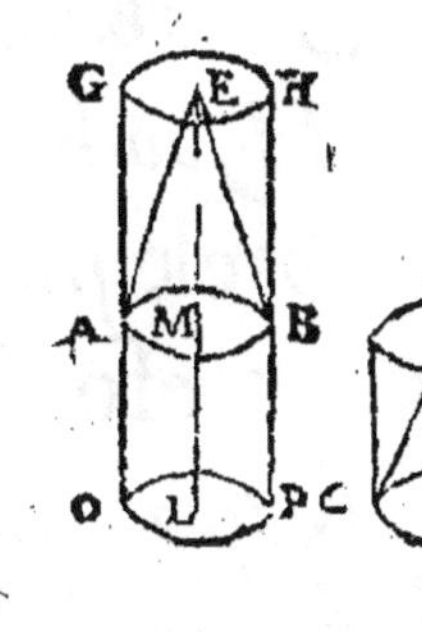

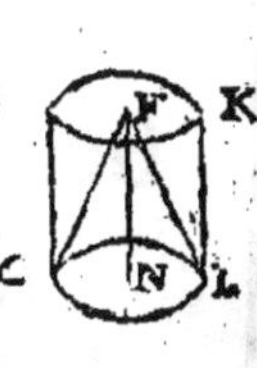

Req. π. demonstr.

alt. me π *alt.* nf
cylindr. ah π *cylindr.* ck } *snt raõ.* 2|2 ǂe,
con. abe π *con.* cdf

Præpar.

2. p. 1 gao & hbp *snt* —,

3. 1 | mf 2|2 fn,

Demonstr.

α. 13. 12 | *cylindr.* ap 2|2 *cylindr.* ck,

1. concl. |
α. 11. 12 | *cylindr.* ah π *cylindr.* ap 2|2 me π ml, ⅼⅼ fn, β

10. 12 | *con.* abe 2|2, $\frac{1}{3}$ *cylindr.* ah,

10. 12 | *con.* cdf 2|2, $\frac{1}{3}$ *cylindr.* ck,

2 concl. |
β. 15. 5 | *con.* abf π *con.* cdf 2|2 me π fn.

THEOR. XV. PROPOS. XV.

Æqualium conorum, & cylindrorum reciprocantur baſes & altitudines: & quorum conorum, & cylindrorum reciprocantur baſes & altitudines, illi ſunt æquales.

Des cones & cylindres egaux, les baſes & les hauteurs ſont reciproques: Et les cones & les cylindres deſquels les baſes & les hauteurs ſont reciproques ſont egaux.

Hypoth. 1.

bh & ek *ſnt cylindr;* 2|2 ⸗*e*,

bca & efo *ſnt con;* 2|2 ⸗*e*,

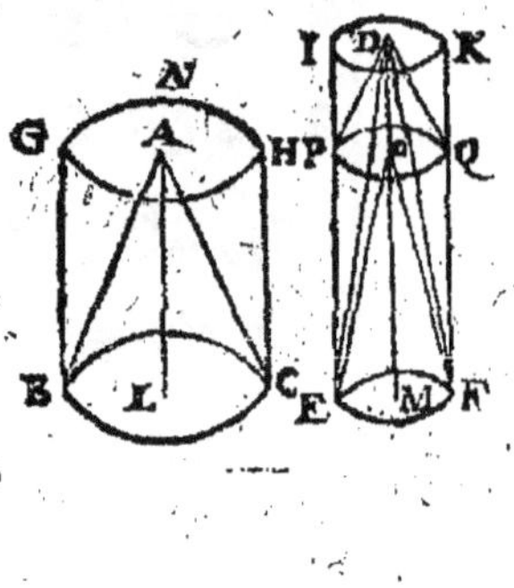

Req. π. demonſtr.

alt; dm π *alt.* la 2|2 *baſ.* bc π *baſ.* ef,

Demonſtr.

conſtr. | *alt. cylindr.* eq 2|2 *alt. cylindr.* eh,

| *alt.* md π *alt.* mo, ⅼⅼ la

14. 12 | *cylindr.* ek, ⅼⅼ bh π *cylindr.* eq } *ſnt raõ;* 2|2 ⸗*e*,

11. 12 | *baſ.* bc π *baſ.* ef

1.concl. *alt*. md π *alt*. la 2|2 *baſ*. bc π *baſ*. ef.
11. 5

Hypoth. 2.

alt. dm π *alt*. al 2|2 *baſ*. bc π *baſ*. ef.

Req. π. *demonſtr*.

cylindr. bh 2|2 *cylindr*. eK.

Demonſtr.

cylindr. eK π *cylindr*. eq, α

14. 12 *alt*. dm π *alt*. om, II al } *ſnt raõ*; 2|2 ꝫe,

hyp. *baſ*. bc π *baſ*. ef

11. 12 *cylindr*. bh π *cylindr*. eq, α

2 concl. *cylindr*. eK 2|2 *cylindr*. bh.
α. 9. 5

Demonſtratio conorum fiet eodem modo conſtructis conis EFO & PQD ſub altitudinibus MO vel AL & OD.

La demonſtration des cones ſe fera par la meſme methode en conſtruiſant les cones EFO & PQD ſous les hauteurs MO ou AL & OD.

PROBL. I. PROPOS. XVI.

Duobus circulis circa idem centrum exiſtentibus in majori circulo polygonum æquilaterum, & parium laterum inſcribere, quod non tangat minorem circulum.

Deux cercles inegaux eſtans à l'entour d'vn meſme centre; inſcrire au plus grand cercle vn polygone equilateral, ayant le nombre des coſtez pair, & lequel ne touche point le plus petit cercle.

| *Hypoth*. | | mabcg & mdef *ſnt* ⊙;

Req. π. fa.

inscri. polygon. in ⊙ abcg *q ñ tāg:* ⊙def.

Constr.

1&2.p.1 ac & df *snt diamet;*

11. 1 fh ⊥ df,

30.3 ◠ ic 2|2, $\frac{1}{4}$ ◠ cab.

⊔ $\frac{1}{8}$, ⊔ $\frac{1}{16}$, ⊔ $\frac{1}{32}$, ⊔ $\frac{1}{64}$, &c.

1. 10 ◠ ic 2|3 ◠ hc, α

1.p.1 ic, *est* —,

symp. ic, *est* γ. *polyg. req.*

Præpar.

12. 1 il ⊥ ac.

Demonstr.

12.a.1 <ilc 2|2 <hfc,

28. 1 ik = hg,

c.16.3 hg *tang:* ⊙def *in* f,

34.d.1 ik *ñ tang:* ⊔ *secat:* ⊙ def,

15. 3 ic, ck, &c. *ñ tang:* ⊔ *secat:* ⊙def, β

concl. β *req. est polyg.* ic, ck, &c.

Coroll.

ki, *ñ tang:* ⊔ *secat:* ⊙ def.

PROBL. II. PROPOS. XVII.

Duabus ſphæris circa idem centrum exiſtẽtibus, in majori ſphæra ſolidum polyedrum inſcribere, quod non tangat minoris ſphæræ ſuperficiem.

Deux ſpheres eſtant donnees à l'entour d'vn meſme centre, inſcrire en la plus grande ſphere vn ſolide polyedre, lequel ne touche point la ſuperficie de la plus petite ſphere.

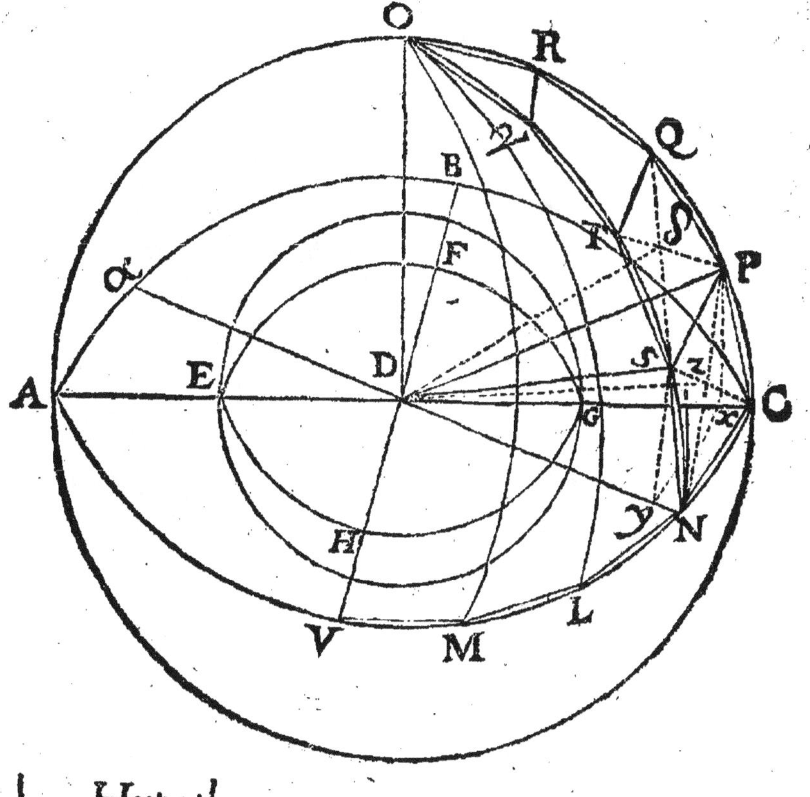

Hypoth.

dabcu & defgh *snt sphær. D*;

Req. π. fa.

inscri. polyedr. in sphær. abcu, *q n tang: sphær.* efgh.

Constr.

p. 11, & 3.15.d.1 abcu, efgh *snt* ⊙; *in vn plan. secan. sphær. p centr.*

1&2.p.1 ac & bu *snt diametr.* ⊙ abcu ⊥ *se*,

16. 12 *polyg.* umlnc, *&c. est inscri. in* ⊙ abcu *n tangen.* ⊙ efgh,

16. 12 cn, nl, lm, mu *snt* ⌒; 2|2 *se*,

1&2.p.1 nα, *est diametr..* ⊙ abcu,

12. 11 do, *est* ⊥ *plan..* ⊙; abcu & efgh,

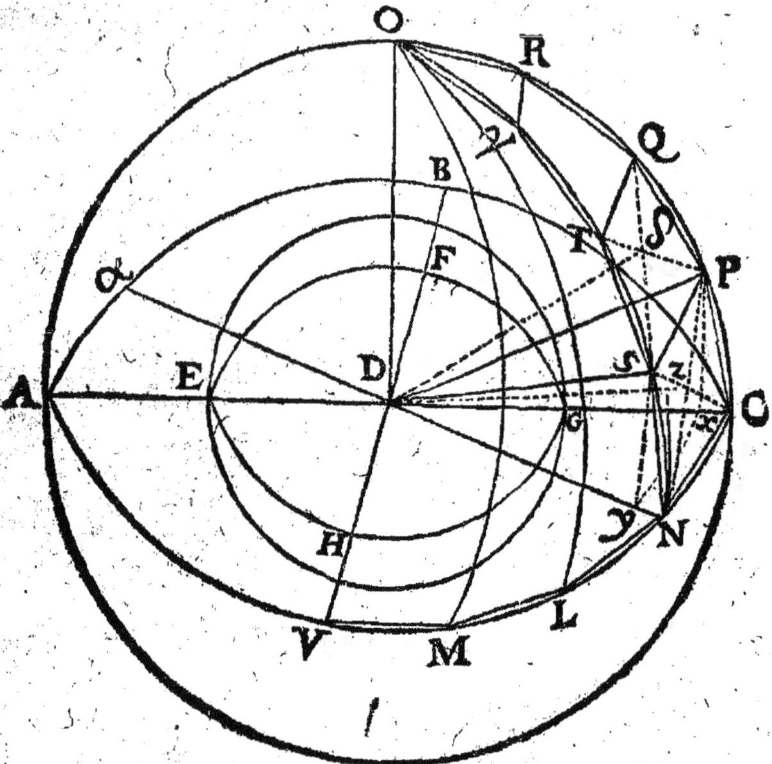

p. 11, & 3.15. d. 1 18. 11 doc, don, dol, dom, *&c.* *ſnt* ⊙; *p centr.. ſphær.*
& ſnt ⊥; *plan..* ⊙; abcu *&* efgh,

3. d. 11 cdo, ndo, *&c. ſnt* ⌋;

46. 3 co, no, cu *ſnt quadrant;.* ⊙; 2|2 ꝗe,

1. 4 cn, cp, pq, qr, ro, nſ, ſt, tγ, γo, *&c. ſnt* ——; 2|2 ꝗe,

ſ. 2. d. 5 *multd; part..* uc, no, co *ſnt* 2|2 ꝗe,

1. p. 1 ſp, tq, γr, *&c. ſnt* ——,

ſymp. *req. eſt polyedr.* orqpcn, *&c.*

Præpar.

11. 1 px *&* ſy *ſnt* ⊥ *plan..* ⊙ abcu,

11. 11 dz ⊥ *plan.* ncpſ, dδ ⊥ *plan.* ſpqt,

1. p. 1 zn, zc, zſ, zp, δp. δq, δt, δſ *ſnt* ——;

12.1, & 1.p.1	ni ⊥ ac, xy, *est* —.
	Demonſtr.
38.11	px ⊥ dc, ſy ⊥ dn,
27.3	<pcx 2|2 <ſny,
32.1	Δpcx, *æquiang.* Δſny,
29.3	pc 2|2 ſn,
26.1	px 2|2 ſy, xc 2|2 yc,
3.a.1	dx 2|2 dy,
7.5	dx π xc 2|2 dy π yn,
2.6	yx ═ nc,
6.11	px ═ ſy,
33.1	ſp 2|2 & ═ yx,
9.11	ſp ═ nc,
7.11	ncpſ, *eſt in plan.* α
d.α	ſpqt & tqrγ *ſnt in plan;*
2.11	Δγro, *eſt in plan.*
4.6	dn π nc 2|2 dy π yx
14.5	nc 3|2 yx, ш ſp, β
d.β	ſp 3|2 tq, tq 3|2 γr,
3.11	∠; dzc, dzn, dzſ, dzp *ſnt* ⅃;
15.d.1	dc, dn } dſ, dp } *ſnt* 2|2 ǂe,

	dz, *eſt commun.*
47.1	zc, zn } zſ, zp } *ſnt* 2|2 ǂe,
c.15.d.1	•; n, c } p, ſ } *ſnt in* ◠.. ⊙
conſtr.	ſn, nc, cp *ſnt* 2|2 ǂe,
β	ſp 2|3 nc,
27.3	<nzc 3|2 ⅃,
12.2	□.nc 3|2 { □.zc —+ □.zn, ш 2□.zc, γ
conſtr.	nic & adu *ſnt* ⅃;
9.a.1	<adn 3|2 ⅃,
32.1	<dcn 3|2, ½⅃,
3.a.b	<cni 2|3 <dcn,
19.1	in 3|2 ic,
47.1	□.nc 2|3, 2□.in,
γ	□.nc 3|2, 2□.cz,
1.a.e	ni 3|2 cz,
47.1	dz 3|2 di, δ
c.16.12	i, *ñ eſt in* ⊙efgh,
c.15.d.1	z, *ñ eſt in ſphær.*efgh
c.15.d.1	*plan.* ncpſ, *ñ tang:* ш *ſecat.ſphær.* efgh,
d.δ	dδ 3|2 di,

c.15. d.1 | *plan*; ſpqt, tqrγ, γro, &c. *n̄.tang*; LI *ſecat*; *ſphær.* efgh.

In figura huius demonſtrationis plana polyedri ſphæræ inſcripti ſunt 124.

En la figure de ceſte demonſtration le ſolide polyedre inſcrit en la ſphere a 128. plans.

COROLL.

Ex iis quæ demonſtrata ſunt, manifeſtum eſt, ſi in quauis alia ſphæra deſcribatur ſolidum polyedrum ſimile prædicto ſolido polyedro, proportionem polyedri in vna ſphæra ad polyedrum in altera ſphæra eſſe triplicatam eius, quam habent ſphærarum diametri. Nam ſi ex centris ſphærarum ad omnes angulos baſium dictorum polyedrorum rectæ lineæ ducantur, diſtribuentur polyedra in pyramides numero æquales, & ſimiles, quarum homologa latera ſunt ſemidiametri ſphærarum, vt conſtat, ſi intelligatur harum ſphærarum minor intra majorem circa idem centrum deſcripta. Congruent enim ſibi mutuo lineæ rectæ ductæ à centro ſphæræ ad baſium angulos, ob ſimilitudinem baſium: Ac propterea pyramides efficientur ſimiles. Quare cum ſingulæ pyramides in vna ſphæra ad ſingulas pyramides illis ſimiles in

Des choſes cy deſſus demonſtrees eſt manifeſte, ſi en quelconque autre ſphere eſt deſcrit vn ſolide polyedre ſemblable au ſuſdit polyedre, que la proportion du ſolide polyedre de l'vne des ſpheres au polyedre de l'autre ſphere ſera la triplee de celle des diametres des ſpheres: Car ſi des centres des ſpheres ſont tirees des lignes droictes à tous les angles des baſes des polyedres, les polyedres ſeront diuiſez en autant de pyramides l'vn que l'autre, ſemblables les coſtez homologues, deſquels ſont les ſemidiametres des ſpheres; comme il appert, ſi on imagine que la moindre ſphere eſt en la plus grande à l'entour du meſme centre. Car les lignes droictes menees du centre de la ſphere aux angles des baſes conuiendront entre elles à cauſe de la ſimilitude des baſes. Partant chaque pyramide de l'vne des ſpheres aux pyramides ſemblables de l'autre ſphere ayant la proportion triplee des coſtez homologues, c'eſt à dire des ſemidia-

altera sphæra habeant proportionem triplicatam laterum homologorum, hoc est, semidiametrorum sphærarum, vt constat ex coroll. propos. 8. huius libri. Sint autem per 12. propos. 5. lib. vt vna pyramis ad vnam pyramidem, ita omnes pyramides, hoc est, solidum polyedrum ex his compositum, ad omnes pyramides, id est, ad solidum polyedrum ex illis constitutum: habebit quoque polyedrum vnius sphæræ ad polyedrum alterius sphæræ proportionem triplicatam semidiametrorum, atque adeo diametrorum sphærarum, cum semidiametri atque diametri eandem habeant proportionem.

metres des spheres, comme il appert du corollaire de la huictiesme proposition de ce liure. Et que par la douziesme proposition du cinquiesme liure, comme vne pyramide est à vne pyramide, ainsi toutes les pyramides, c'est à dire le solide polyedre composé d'icelles, est à toutes les pyramides, ou solide polyedre des autres: le polyedre de l'vne des spheres au polyedre de l'autre sphere aura aussi la proportion triplee des semidiametres ou des diametres des spheres, qui ont mesme proportion que les semidiametres.

THEOR. XVI. PROPOS. XVIII.

Sphæræ inter se sunt in triplicata ratione suarum diametrorum.

Les spheres sont l'vne à l'autre en raison triplee de leurs diametres.

Hypoth.

abc & def *snt sphær; propos;*

bc & ef *snt diamet;*

Req. π. demonstr.

raõ.. sphær. abc π *sphær.* edf 2|2, 3; *raõ;* bc π ef.

Demonstr.

suppoſ. *raõ..ſphær.* bac π *ſphær.* g 2|2, 3; *raõ;* bc π ef, α

1ſuppo. *ſphær.* g 2|3 *ſphær.* edf,

ſuppoſ. *ſphær.* g, *eſt* ∤*n ſphær.* edf, *concentr.* π *ſphær.* edf,

17.16 *polyedr. inſcri.* ∤*n ſphær.* edf, *ñ. tang: ſphær.* g, β

conſtr. *polyedr. inſcri.* ∤*n ſphær.* bac, *eſt ſml. polyedr. inſcri.* ∤*n ſphær.* edf,

ſphær. bac π *ſphær.* g, ſnt

α 3; *raõ;. diamet.* π *diamet.* ef, raõ;

c.17.12 *polyedr..ſphær.* bac π *polyedr.ſphær.* edf, 2|2 ∤e,

9.a.1 *ſphær.* bac 3|2 *polyedr.ſphær.* bac,

14.5 *ſphær.* g 3|2 *polyedr.ſphær.* edf.

β *contr. 9.a.1.*

21.a.1 *ſphær.* g, *ñ eſt* 2|3 *ſphær.* edf, γ

2ſuppo. *ſphær.* g 3|2 *ſphær.* edf, δ

α *raõ.. ſphær.* bac π *ſphær.* g 2|2, 3; *raõ;.* bc π ef,

c.4.5 *raõ.. ſphær.* g π *ſphær.* bac 2|2, 3; *raõ;.* ef π bc, ε

conſtr. *ſphær.* edf π *ſphær.* h, θ ſnt raõ;

ſphær. g π *ſphær.* bac, κ 2|2 ∤e,

ε 3; *raõ; diamet.* ef π *diamet.* bc, λ

δ *ſphær.* edf 2|3 *ſphær.* g,

θκ. 14.5 | ſphær. h 2|3 ſphær. bac,
| ſphær. edf π | ſphær. h,
θλ. 11. 5 | 3; raō;. diamet. ef π | diamet. bc,
| contr. concl. γ
concl. 21. a. 1 | raō.. ſphær. abc π ſphær. edf 2|2, 3; raō; bc π ef.

COROLL.

Hinc fit ita eſſe ſphæram ad ſphæram, vt polyedrum in illa deſcriptum ad polyedrum ſimile in hac deſcriptum.

De cecy eſt manifeſte, qu'vne ſphere eſt à vne ſpere, comme le polyedre deſcrit dans celle-là, eſt au polyedre ſemblable deſcrit en ceſte-cy.

EVCLIDIS ELEMENTORVM

LIBER DECIMVSTERTIVS.

LE TREZIESME LIVRE DES ELEMENTS D'EVCLIDE.

THEOR. I. PROPOS. I.

SI recta linea ſecundum extremam & mediam rationem ſecetur; majus ſegmentum aſſumens dimidiam totius, quintuplum poteſt, eius quod à dimidia totius deſcribitur quadrati.

Si vne ligne droicte eſt couppee en la moyenne & extreme raiſon : le quarré de la moitié de la toute, & du plus grand ſegment comme d'vne ſeule ligne, eſt quintuple du quarré de la moitié d'icelle ligne totale.

Hypoth.		□.dc 2|2 5□.ad.
ab π ac 2|2 ac π cb,		*Præpar.*
ad 2|2, $\frac{1}{2}$ ab.	46.1	ce, *eſt* □.cd,
Req. π. *demonſtr.*	1.p.1.	df, *eſt diamet.*

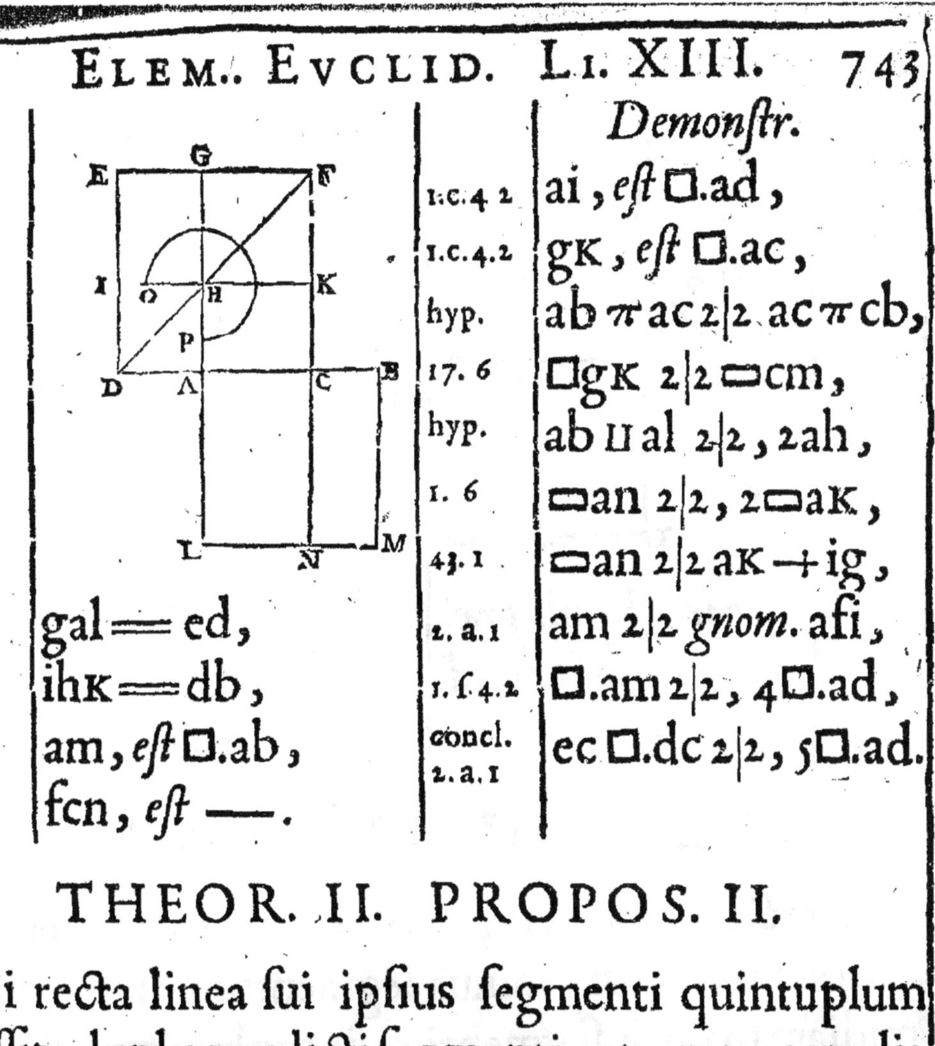

31. 1 gal ═ ed,
31. 1 ihK ═ db,
46. 1 am, *eſt* □.ab,
2. p. 1 fcn, *eſt* ——.

Demonſtr.

1. c. 4. 2 ai, *eſt* □.ad,
1. c. 4. 2 gK, *eſt* □.ac,
hyp. ab π ac 2|2 ac π cb,
17. 6 □gK 2|2 ▭cm,
hyp. ab ⊔ al 2|2, 2ah,
1. 6 ▭an 2|2, 2▭aK,
43. 1 ▭an 2|2 aK + ig,
2. a. 1 am 2|2 *gnom.* afi,
1. c. 4. 2 □.am 2|2, 4□.ad,
concl. 2. a. 1 ec □.dc 2|2, 5□.ad.

THEOR. II. PROPOS. II.

Si recta linea ſui ipſius ſegmenti quintuplum poſſit; duplæ prædicti ſegmenti extrema ac media ratione ſectæ, maius ſegmentum reliqua pars eſt eius, quæ à principio rectæ.

Si vne ligne droicte peut le quintuple de ſon ſegment, la ligne double dudit ſegment eſtant couppée en la moyenne & extreme raiſon, le plus grand ſegment ſera l'autre partie de la ligne premierement donnee.

Hypoth.

□.dc 2|2, 5□.ad,
ab 2|2, 2ad. α

Req. π. demonſtr.

ab π ac 2|2 ac π cb,

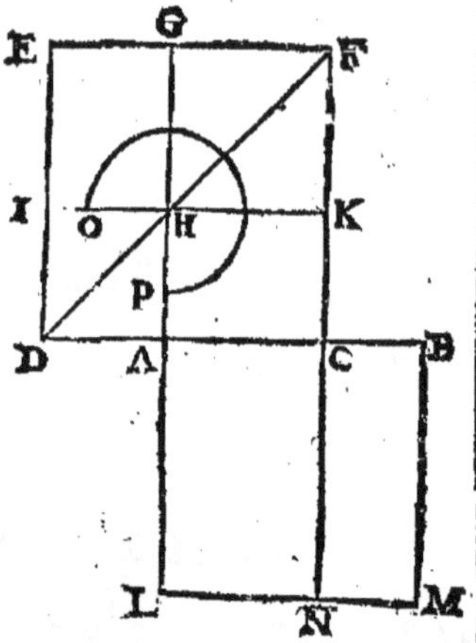

præpar. est sml. præpar.. propos. præced.
Demonstr.

1.c.4.2	ai, est □.ad,
1.c.4.2	gk, est □.ac,
hyp.	ab, ⊔ al 2|2, 2ah,
1.6	▭.an 2|2, 2▭ak,
43.1	▭.an 2|2 { ▭.ak + ▭.ig, β
hyp.	□ec 2|2, 5□ai,
α1.c.4.2	□am 2|2, 4□ad,
3 a.1	□am 2|2 *gnom.* afi,
β.3.a.1	▭.cm 2|2 gk□.ac,
concl. 17.6	ab π ac 2|2 ac π cb.

THEOR. III. PROPOS. III.

Si recta linea ſecundum extremam ac mediam rationem ſecetur; minus ſegmentum aſſumens dimidiam majoris ſegmenti, quintuplum poteſt eius, quod à dimidia majoris ſegmenti deſcribitur quadrati.

Si vne ligne droicte eſt couppee, ſelon la moyenne & extreme raiſon; la ligne faite du moindre ſegment & de la moitié du plus grand, peut le quintuple du quarré deſcrit de la moitié du plus grand ſegment.

Hypoth.
ab, eſt — *propoſ.*
ba π ac 2|2 ac π cb,

ad 2|2 dc. α
Req. π. demonſtr.
□.db 2|2, 5□.dc.

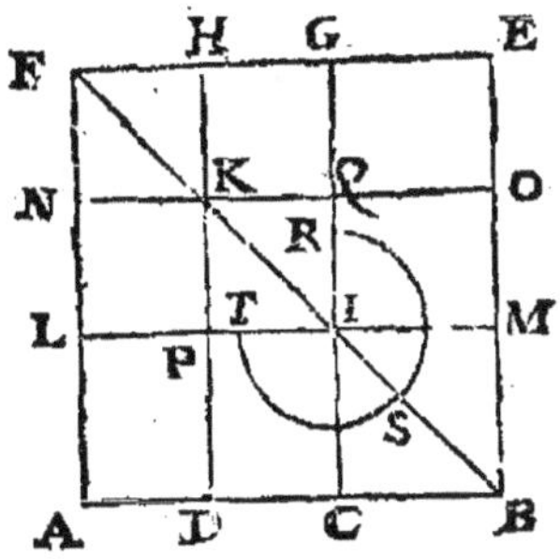

Præpar.

46. 1	ae, *eſt* □.ab,
1. p. 1	bf, *eſt diamet.*
31. 1	cg & dh *ſnt* ═ be,
31. 1	lim ═ ab,
31. 1	nko ═ ab.

Demonſtr.

1. c. 4. 2	lg, *eſt* □.ac,
1. c. 4. 2	pq, *eſt* □.dc,
1. c. 4. 2	do, *eſt* □.db,
hyp.	ab π ac 2|2 ac π cb,
17. 6	▭am 2|2 □lg,
α 1. ſ. 4. 2	□lg 2|2, 4□pq,
1. a. 1	▭am 2|2, 4□pq,
α. 36. 1	▭ap 2|2 ▭di, ▭io,
1. a. f	*gnom.* pbq 2|2, 4□pq
concl. 2. a. 1	do□.db 2|2, 5□.dc.

THEOR. IV. PROPOS. IV.

Si recta linea ſecundum extremam & mediam rationem ſecetur; quod à tota, quodque à minore ſegmento, ſimul vtraque quadrata, tripla ſunt eius, quod à majore ſegmento deſcribitur, quadrati.

Si vne ligne droicte eſt couppee ſelon la moyenne & extreme raiſon; le quarré de la toute, & le quarré du petit ſegment enſemble, ſont triples du quarré du plus grand ſegment.

Hypoth.

ad π gd 2|2 gd π ag, α

Req. π. demonſtr.

□.ad + □.ag 2|2, 3□.gd.

Præpar.

46. 1	bd, *eſt* □. ad,

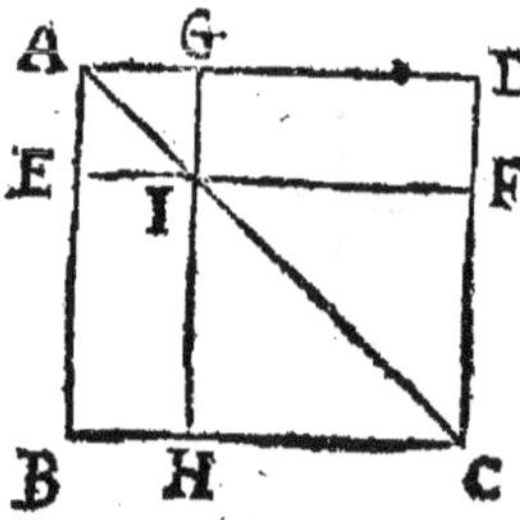

1. p. 1 | ac, *eſt diamet.*
31. 1 | gih ═ ab,
31. 1 | eif ═ ad.

Demonſtr.

α. 17. 6 | ▭af 2|2 □hf,
43. 1 | ▭.af, ▭.ah, □.hf *ſnt* 2|2 ◁e,
7. 2 | □bd + □eg 2|2, 2▭af + □hf, ⊔ 3□;hf,
concl. 1. 2. g | □.ad + □.ag 2|2, 3□;.gd.

THEOR. V. PROPOS. V.

Si recta linea ſecundum extremam & mediam rationem ſecetur, apponatúrque ei æqualis majori ſegmento: tota recta linea ſecundum extremam & mediam rationem ſecatur, & majus ſegmentum eſt, quæ à principio recta linea.

Si vne ligne droicte eſt couppee ſelon la moyenne & extreme raiſon, & qu'on adjouſte à icelle vne ligne egale au plus grand ſegment: la totale eſt couppee en la moyenne & extreme raiſon, & le plus grand ſegment eſt la ligne droicte, qui eſtoit propoſee au commencement.

Hypoth.

ab, *eſt* — *propoſ.*

ab π ac 2|2 ac π cb, α

ad 2|2 ac.

Req. π. demonſtr.

db π ab 2|2 ab π ad.

Demonſtr.

α. hyp.	ab π ad 2∣2 ac π cb,	concl. 18. 5	db π ab 2∣2 ab π ac,
c. 4. 5	ad π ab 2∣2 cb π ac,		∐ ad.

THEOR. VI. PROPOS. VI.

Si recta linea rationalis extrema ac media ratione secetur; vtrumque segmentorum irrationalis linea est, quæ vocatur apotome.

Si vne ligne droicte rationelle est couppee en la moyenne & extreme raison; l'vn & l'autre segment est ligne irrationelle, laquelle est appellee apotome ou residu.

		1. 13	□.dc 2∣2, 5□.da, β
	D A C B	6. 10	□.dc, *comm.* □.da, γ
		hyp.	ab, *est ration.*
	Hypoth.	α 5.12.10	ad, *est ration.*
	ab, *est ration. propos.*	γ 5.12.10	dc, *est ration.*
	ab π ac 2∣2 ac π cb.	β. 9.10	dc, *incomm.* da,
	Req. π. demonstr.	1. concl. 74. 10	ac, *est apotom.*
	ac & cb *sint apotom;*	hyp.	ab π ac 2∣2 ac π cb,
	Præpar.	17. 6	□.ac 2∣2 ▭.abc,
3. 1	ad 2∣2, ½ab. α	13. 6	ab, *msur:* □.ac p bc,
	Demonstr.	2 concl. 98.10	bc, *est apotom. pr.*

THEOR. VII. PROPOS. VII.

Si pentagoni æquilateri tres anguli, siue qui deinceps, siue qui non deinceps sint, æquales fuerint; æquiangulum erit ipſum pentagonum.

Si trois angles d'vn pentagone equilateral, pris comme on voudra ſont egaux; il ſera equiangle.

Hypoth.

abcde, *eſt* 5∠, *æquil.*

arbitr. ∠a, ∠bcd, ∠cde } *ſnt* 2|2 ⸗e.

Req. π. *demonſtr.*

5∠abcde, *eſt æquiāg.*

Præpar.

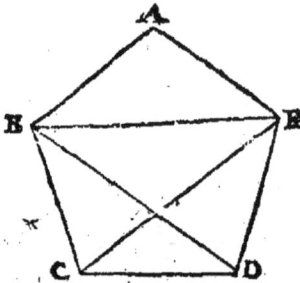

1. p. 1	be, bd, ce *ſnt* —.
	Demonſtr.
4. 1	be, bd, ce *ſnt* 2|2 ⸗e,
8. 1	<dbc 2|2 <dec,
5. 1	<abe 2|2 <aeb,
8. 1	<ceb 2|2 <dbe,
1. concl 2. a. 1	<abc 2|2 <aed, α
8. 1	<abe 2|2 <dce,
5. 1	<cbe 2|2 <bce,
2 concl. 2. a. 1	<abc 2|2 <bcd, β
3. concl. αβ. 1. a. 1	<a, <bcd, <cde, <aed, <abc } *ſnt* 2|2 ⸗e.

THEOR. VIII. PROPOS. VIII.

Si pentagoni æquilateri, & æquianguli duos angulos, qui deinceps ſint, ſubtendant rectæ lineæ: hæ extrema ac media ratione ſe mutuo ſecant, & majora ipſarum ſegmenta æqualia ſunt pentagoni lateri.

Si deux lignes droictes ſouſtendent deux angles d'vn pentagone equiangle & equilateral, leſquels ſ'entreſui-

uent ; icelles se couppent l'vne l'autre en la moyenne & extreme raison, & les plus grands segments d'icelles sont egaux du costé du pentagone.

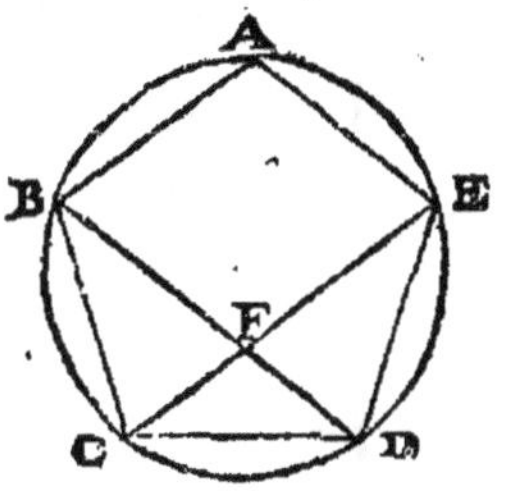

Hypoth.

abcde, *est* 5<, *æquilat.* & *æquiang.*
bd & ce *snt* —.

Req. π. demonstr.

bd π bf 2|2 bf π fd,
u ec π ef 2|2 ef π fc.

Præpar.

14. 4 abd, *est* ⊙ *circscri.*

Demonstr.

28. 3 ab,bc,cd, de,ea *snt* ⌒ 2|2 ⌒de,
27. 3 <fcd 2|2 <fdc,
32. 1 <bfc 2|2 <fcd + <fdc,
1. a. f <bfc 2|2, 2<fcd,
2. a. 1 ⌒bae 2|2, 2 ⌒ed,
33. 6 <bcf 2|2, 2<fcd,
1. a. 1 <bfc 2|2 <bcf,
5. 1 bf 2|2 bc,
27. 3 Δbcd *æquiãg.* Δcfd.
1. concl. bd π dc, u bf,
4. 6 cd, u bf π fd, α
2 concl. d. α ec π ef 2|2 ef π fc.

THEOR. IX. PROPOS. IX.

Si hexagoni latus, & decagoni, in eodem circulo descriptorum, componantur: tota recta linea extrema ac media ratione secatur, & majus eius segmentum est hexagoni latus.

Si le costé de l'exagone, & le costé du decagone, inscrits en vn mesme cercle sont composez; la ligne droicte totale est couppee en la moyenne & extreme raison, & le plus grand segment d'icelle est le costé de l'hexagone.

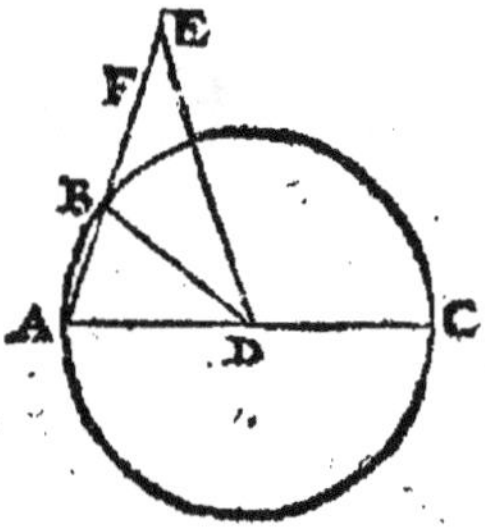

Hypoth.

dabc, *est* ⊙,
ab, *est* γ. 10<, α
abe, *est* —,
bd, ∥ be, *est* γ. 6<. β

Req. π. demonstr.

ae π be 2|2 be π ab.

Præpar.

1. p. 1 adc, *est diamet.*
1. p. 1 db & de *snt* —;

Demonstr.

α. hyp. ⌒ab, *est* $\frac{1}{5}$. ⌒abc,
27. 3 <bdc 2|2, 4<bda,
32. 1 <bdc 2|2 { <dab +<dba,
1. a. 1 <abd 2|2, 2<bda,
32. 1 <abd 2|2 { <bed +<bde,
β. 5. 1 <bde 2|2 bed,
32. 1 <abd 2|2, 2<bde,
1. a. 1 <ade 2|2 { <abd ∥ <dae,
32. 1 Δade *æquiag.* Δadb,
concl. 4. 6 ae π | ad, ∥ be, ad, ∥ be π | ab,

COROLL.

Hinc perspicuum est, si latus hexagoni alicuius circuli secetur extrema ac media ratione; majus illius segmentum esse latus decagoni eiusdem circuli.

De ceste demonstration il est manifeste que si le costé de l'hexagone de quelque cercle est couppé en la moyenne & extreme raison, son plus grand segment sera le costé du decogone descrit au mesme cercle.

	Præpar.		*Demonſtr.*
3. 1	bf 2|2 ab. γ. 10 <.	9. 13	ae π be 2|2 be π bf,
		concl. 19. 5	be π bf 2|2 bf π fe.

THEOR. X. PROPOS. X.

Si in circulo pentagonum æquilaterum deſcribatur; pentagoni latus poteſt & latus hexagoni, & latus decagoni, in eodem circulo deſcriptorum.

Si vn pentagone equilateral eſt inſcrit au cercle; le coſté du pentagone, peut le coſté de l'hexagone, & le coſté du decagone inſcrits au meſme cercle.

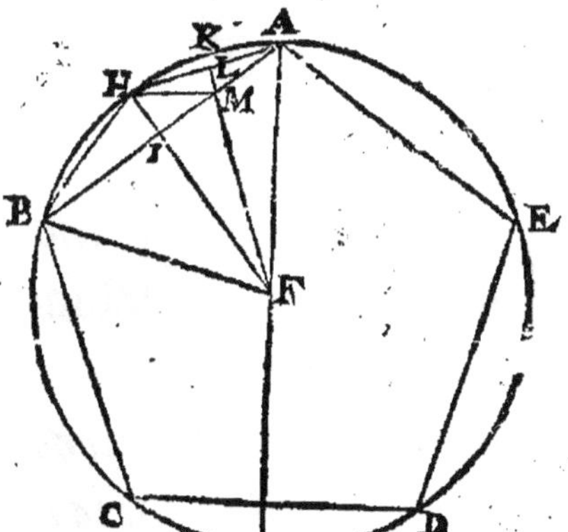

		30. 3	◠ ak 2|2 ◠ kh, β
		1. p. 1	fk, fh, fb; ah, bh, hm } ſnt —
			Req. π. demonſtr.
			□.ab 2|2 { □.fb + □.ah.
			Demonſtr.
		28. 3	◠ abc 2|2 ◠ aed,
	Hypoth.	3. a. 1	◠ cg 2|2 ◠ gd,
	fabce, *eſt* ⊙, abcde, *eſt* 5∠, *æquil.*	α. 7. a. 1	cg, ah, hb } ſnt ◠ 2|2 de,
	Præpar.	β 20. a. b	◠ bcg 2|2, 2 ◠ bhk
1 & 2. p. 1	afg, *eſt diamet.*	33. 6	<bfg 2|2, 2<bfk,
30. 3	◠ ah 2|2 ◠ hb, α.	20. 6	<bfg 2|2, 2<bag,

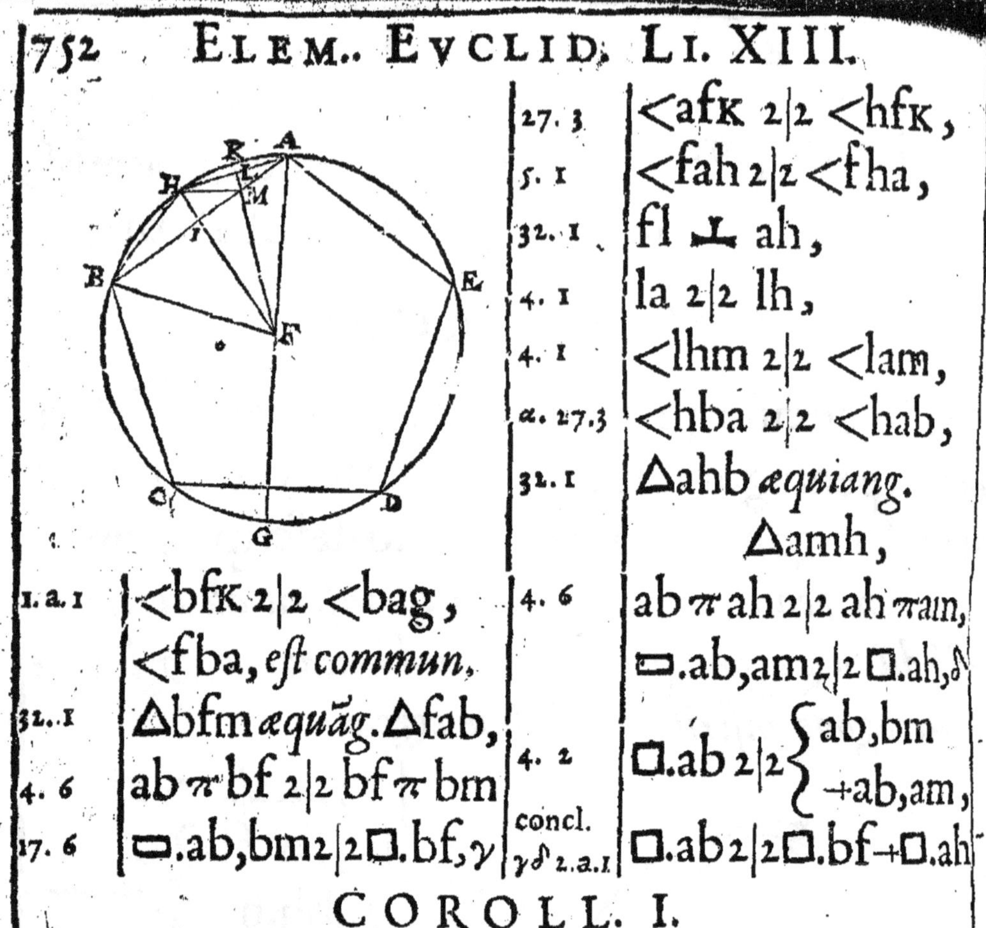

1. a. 1	<bfk 2|2 <bag,
	<fba, *est commun.*
32. 1	Δbfm *æquāg.* Δfab,
4. 6	ab π bf 2|2 bf π bm
17. 6	▭.ab,bm 2|2 □.bf, γ

27. 3	<afk 2|2 <hfk,
5. 1	<fah 2|2 <fha,
32. 1	fl ⊥ ah,
4. 1	la 2|2 lh,
4. 1	<lhm 2|2 <lam,
α. 27. 3	<hba 2|2 <hab,
32. 1	Δahb *æquiang.* Δamh,
4. 6	ab π ah 2|2 ah π am,
	▭.ab,am 2|2 □.ah, δ
4. 2	□.ab 2|2 { ab,bm + ab,am,
concl. γδ 2. a. 1	□.ab 2|2 □.bf + □.ah

COROLL. I.

Hinc ſequitur, lineam rectam, quæ ex centro diuidit arcum quempiam bifariam, diuidere quoque rectam illi arcui ſubtenſam bifariam, & ad angulos rectos.

De ceſte demonſtration ſ'enſuit que la ligne droicte menee du centre qui diuiſe vn arc en deux egalement, diuiſe auſsi la ligne droicte ſouſtendante iceluy, à angles droicts & en deux egalement.

COROLL. II.

Perſpicuum quoque eſt, diametrum circuli ex angulo quouis pentagoni ductam diuidere & arcum, quem latus pentagoni illi angulo oppoſitum ſubtendit, & latus ipſum oppoſitum bifariam, & ad angulos rectos.

Il eſt manifeſte auſsi que le diametre du cercle mené de l'angle du du pentagone diuise en deux egalement l'arc que le costé opposé à iceluy angle soustend, & außi ledit costé en deux egalement, & à angles droicts.

SCHOL.

Demonstratio praxis vndecimæ propositionis libri quarti quam in hunc locum demonstrandam distulimus.

Demonstration de la practique de l'vnziesme proposition du quatriesme liure, que nous auons remise à demonstrer icy.

Demonstr.

	▭.bfc+□.ec } *snt* 2|2 *e*	47. 1	□.df 2|2 □.cd+□.cf
6. 2	□.ef, ⊔ □.ed	concl.	
47. 1	□.dc+□.ec	10. 13	df, *est* γ. 5<.
1. a. f	□.cb+□.ec		
3. a. 1	▭bfc 2|2 □.cb,		
17. 6	fb π cb 2|2 cb π fc,		
c.15. 4	cb, ⊔ cd, *est* γ. 6<,		
9. 13	cf, *est* γ. 10<,		

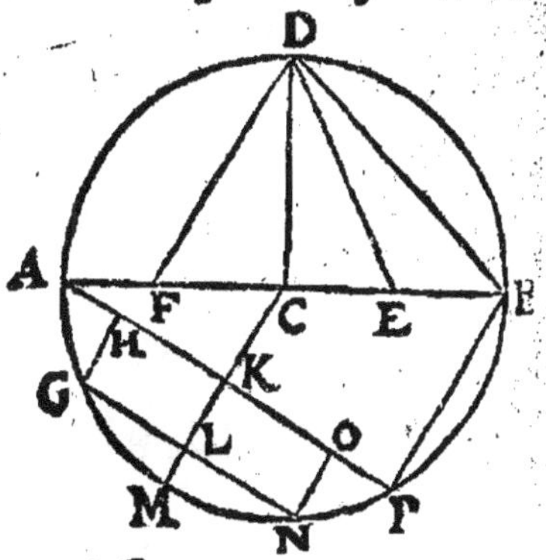

THEOR. XI. PROPOS. XI.

Si in circulo rationalem habente diametrum, pentagonum æquilaterum describatur; pentagoni latus irrationalis est linea, quæ vocatur minor.

Si au cercle duquel le diametre est rationel, est inscrit vn pentagone equilateral, le costé du pentagone est ligne irrationelle, appellee mineure.

Hypoth.		fabcd, *est* ⊙,

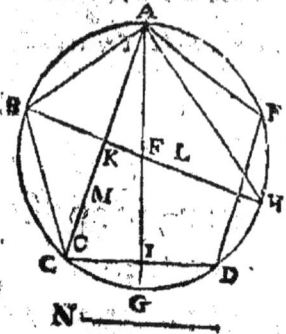

diamet. ag, *est ration.*
abcde, *est* 5∠ *inscri.* in ⊙.
Req. π. *demonstr.*
ab, *est min.*

Præpar.

1. p. 1	bfh, ac, ah *snt* —— ;
s. 10. 6	fl 2|2, $\frac{1}{4}$ fh,
s. 10. 6	cm 2|2, $\frac{1}{4}$ ca,
3. 1	ac 2|2 cd + p,
6. app.	□.bl 2|2 □.kl + □.n.

Demonstr.

c. 10. 13	akf, aic *snt* ⊥ ;
	ci π fk }
4. 6	ca π fa } *snt raõ;*
7. 5	ca π fb } 2|2 in e,
15. 5	cm π fl }
11. 5	ci π fk 2|2 cm π fl,
16. 5	ci π cm 2|2 fk π fl,
15. 5	cd π ck 2|2 fk π fl,

18. 5	cd + ck π ck 2|2 kl π fl	
	□.aggre.. }	
22. 6	cd + ck } π □.ck,	
	□.kl π □.fl,	α
8. 13	ac π cd 2|2 cd π p,	
	□.aggreg.. } 2|2, 5□.	
1. 13	cd + ck } ck,	
α	□.kl 2|2 5□.fl,	β
hyp.	bh, *est ration.*	
arbitr.	bh, *est* 8,	
7. a. 1	fh, *est* 4,	
7. a. 1	fl, *est* 1,	
2. a. 1	bl, *est* 5,	
1. s. 1. d. 2	□.bl, *est* 25,	γ
9. 10	bl, *comm.* fl,	δ
1. s. 1. d. 2	□.fl, *est* 1,	
β	□.kl, *est* 5,	ε
9. 10	kl, *incomm.* fl,	
13. 10	bl, *incomm.* kl,	
γ ε	bl, *comm.* kl in □,	
74. 10	bk, *est apotom.*	
74. 10	kl, *est congruen.*	
constr.	□.bl 2|2 □.kl + □.n,	
1. a. 1	□.kl + □.n *snt* 25,	
3. a. 1	□.n, *est* 20,	θ

9.10 bl, *incomm.* n, — c. 8. 6 — □.ab 2|2 ▭.hbk,
10 bl, *comm.* n *in* □, — concl. 95.10 — ab, *est min.*
bk, *est apotom.* 4,

THEOR. XII. PROPOS. XII.

Si in circulo triangulum æquilaterum deſcribatur; trianguli latus potentia triplum eſt eius lineæ, quæ ex centro circuli ducitur.

Si au cercle vn triangle equilateral eſt inſcrit; le coſté du triangle eſt triple en puiſſance à la ligne menee du centre du cercle à la circonference.

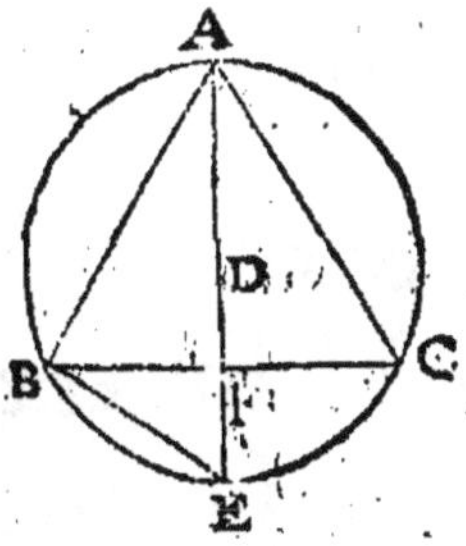

Hypoth.

dabec, *eſt* ⊙,
abc, *eſt* △ *inſcri: in* ⊙.

Req. π. demonſtr.

□.ab 2|2, 3; □.ad.

Præpar.

1&2.p.1 ade, *eſt diamet.*
1.p.1 be, *eſt* ——.

Demonſtr.

c.10.13 ◠ be 2|2 ◠ ec,
c.10.13 bf 2|2 fc,
c.10.13 af ⊥ bc,
c.15.4 be 2|2 ed,
1.ſ.4.2 □.ae 2|2, 4; □;.be,
47.1 □.ae 2|2 □.be + □.ab
concl. 3.a.1 □.ab 2|2, 3□;.be ⊔ ad

Coroll. 1.

□.ae π □.ab 2|2, 4 π 3

Demonſtr.

ſuppoſ. □.ab, *eſt* 3, α
12.13 □.ad, *eſt* 1,
1.ſ.4.2 □.ae, *eſt* 4, β

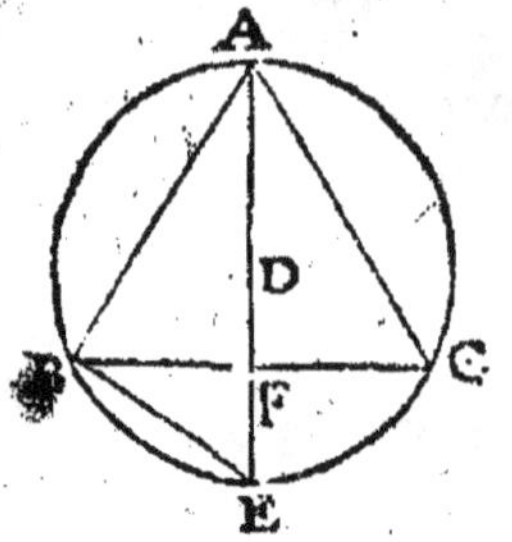

concl. αβ □.ae π □.ab 2|2,4π3

Coroll. 2.

□.ab π □.af 2|2,4π3

Demonſtr.

c. 8 6 ea π ab 2|2 ab π af,

concl. 11. 5 □.ab π □.af 2|2,4π3.

Coroll. 3.

df 2|2 fe.

Demonſtr.

15. 4 △ebd, *eſt æquilat.*

c. 3. 3 bf ⊥ ed,

c. 3. 3 ef 2|2 fd.

Coroll. 4.

af 2|2, 3df.

Demonſtr.

3. c. 12. 13 ad, ∐ de 2|2, 2df,

concl. 2. a. 1 af 2|2, 3df.

PROBL. I. PROPOS. XIII.

Pyramidem conſtituere, & data ſphæra complecti; & demonſtrare, quòd ſphæræ diameter potentia ſit ſeſquialtera lateris ipſius pyramidis.

Deſcrire vne pyramide, & l'enuironner d'vne ſphere donnee; & monſtrer que le diametre de la ſphere, eſt ſeſquialtere en puiſſance au coſté de la pyramide.

Hypoth.

ab, *eſt diamet.. ſphær.* D.

Conſtr.

1. 10 al 2|2 lb,

3. p. 1 ladb, *eſt ſemic.*

c. 10. 6 ac 2|2, 2cb,

11. 1 cd ⊥ ab,

1. p. 1 ad & db *ſnt* —,

3. 1 he 2|2 cd,

3. p. 1 hefg, *eſt* ⊙,

c. 15. 4 efg, *eſt* △ *æquilat.* α

12. 11 hi ⊥ *plan..* ⊙ efg,

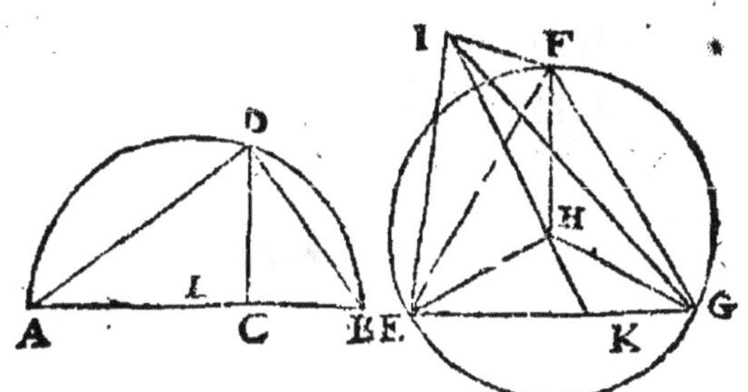

3. 1	hi 2|2 ca,
2. p. 1	ihK, *eſt* —,
3. 1	iK 2|2 ab,
1. p. 1	ie, if, ig *ſnt* —,
ſymp.	*req. eſt pyram.* egfi.
	Demonſtr.
3. d. 11	ihe, ihf, ihg *ſnt* ⌋;
conſtr. & 15. d. 1	cd, he / hf, hg } *ſnt* 2|2 ∢*e*,
conſtr.	ih 2|2 ac,
47. 1	ad, ie, if, ig *ſnt* 2|2 ∢*e*,
20. 6	ac π | cb, / □.ac π | □.cd,
conſtr.	ac 2|2, 2cb,
14. 5	□.ac 2|2, 2□.cd,
2. a. 1	□.ac +□.cd } 2|2, 3□.cd,

47. 1	□.ad 2|2, 3□.cd,
12. 13	□.ef 2|2, 3□.eh, Ⅱ cd
1. a. 1	□.ad 2|2 □ef,
ſ. 46. 1	ad 2|2 ef,
concl. α. 1. a. 1	*pyram.* efgi, *eſt æquil.*
ſuppoſ.	•c, *eſt* ∢*n* •h,
ſuppoſ.	•a, *eſt* ∢*n* •i,
ɔ. 8. a. 1	•b, *eſt* ∢*n* •K,
c. 15. d. 1	•d, *eſt* ∢*n* ◠ efg,
concl. 31. d. 11	*pyram.* egfi, *eſt* ∢*n* *ſphær.* abd,
conſtr.	ba π ac 2|2, 3 π 2,
c. 8. 6	ba π | ac, / □.ba π | □.ad,
3 concl. 11. 5	□.ba π | □.ad, / 3 π | 2,

COROLL. I.

Hinc colligemus, diametrum ſphæræ eſſe potentia quadruplam ſeſquialteram ſemidiametri circuli circa basin pyramidis descripti.

De cecy on peut colliger que le diametre de la sphere est quadruple sesquialtere en puissance du demidiametre du cercle descrit à l'entour de la base de la pyramide.

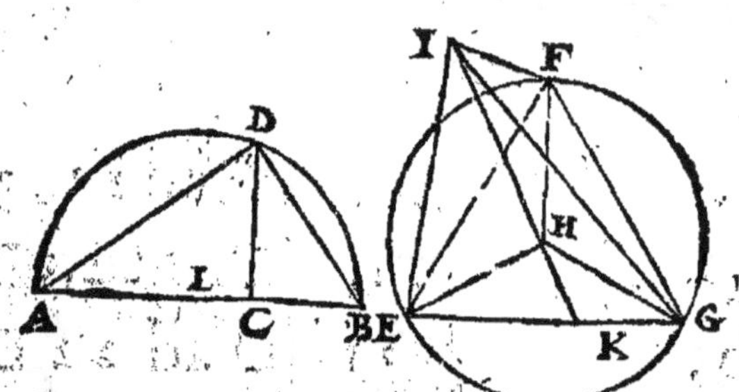

Req. π. demonstr.

□.ab π □.hf 2|2, 9 π 2.

Demonstr.

arbitr.	□.ab, *est* 9,		
13. 13	□.ac, ɪɪ □.ef, *est* 6,		
12. 13	□.hf, *est* 2,		
concl. 2.f.7.5	□.ab π 9 π	□.hf, 2.	

COROLL. II.

Rursus perpendicularis ex centro sphæræ ad planum basis pyramidis demissa, sexta pars erit diametri sphæræ, & tertia pars semidiametri.

Derechef, la perpendiculaire menee du centre de la sphere au plan de la base de la pyramide sera la sixiesme partie du diametre de la sphere, & la tierce partie du demidiametre.

Req. π. demonstr.

ab π lc 2|2, 6 π 1,

al π lc 2|2, 3 π 1.

Demonstr.

arbitr.	ab, *est* 6, α
7. a. 1	al, ɪɪ lb, *est* 3,
13. 13	ac, ɪɪ hi, *est* 4, α
3. a. 1	lc, *est* 1,
1. concl. 2.f.7.5	ab π lc 2|2, 6 π 1,
2 concl. 2.f.7.5	al π lc 2|2, 3 π 1.

COROLL. III.

21.ſ7.5 | ab π hi 2|2 6 π 4, ⊔ 3 π 2.

COROLL. IV.

2.ſ7.5 | □.ab π □.hi 2|2, 36 π 16, ⊔ 9 π 4.

PROBL. II. PROPOS. XIV.

Octaedrum conſtituere, & ſphæra complecti, qua & pyramidem; & demonſtrare, quod ſphæræ diameter potentia ſit dupla lateris ipſius octaedri.

Deſcrire vn octaedre, & l'enuironner d'vne meſme ſphere que la pyramide, & monſtrer que le diametre de la ſphere eſt double en puiſſance, du coſté d'iceluy octaedre.

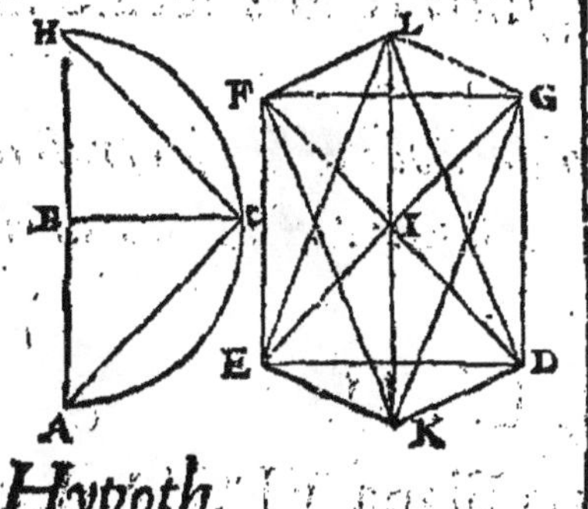

Hypoth.

ah, *eſt diamet. ſphær. D.*

Conſtr.

10. 1 | ab 2|2 bh,
3. p. 1 | bhca, *eſt ſemic.*
1. p. 1 | ac, hc *ſnt* ——;
4. 1 | ac 2|2 hc,
3. 1 | ed 2|2 ac, ⊔ hc,
46. 1 | efgd, *eſt* □.ed,
1. p. 1 | df, eg *ſnt diamet;*
12. 11 | il ⊥ *plan..* □efgd,
3. 1 | il 2|2 ab, ⊔ bc,
2. p. 1 | lik, *eſt* ——,
3. 1 | ik 2|2 il,
1. p. 1 | ke, kf, kg, kd } *ſnt* ; le, lf, lg, ld } ——;
ſymp. | kefgdl, *eſt octaedr.*

Demonſtr.

conſtr. | ed, ef, ac, ch *ſnt* 2|2 de

4. 1 | eg, ⊔ fd 2|2 ah,
15.d.1,& constr. | ab, bh, bc, ie, if, ig, id, il, ik ſnt 2|2 {e,
4. 1 | le,lf,lg,ld,ke,kf,kg,kd,ef,fg,gd,de ſnt 2|2 {e,
23.d.1 | lef,lfg,lgd,lde,kef,kfg,kgd,kde ſnt △ æquilat;
2.concl. 27.d.11 | kefgdl, *eſt octaedr.*
ſuppoſ. | • b, *eſt {n* i,
ſuppoſ. | • h, *eſt {n* l,
2.8.a.1 | • a, *eſt {n* k,
2 concl. c.15. ſt.1 | • c, *eſt* ◠.. ⊙ efgd,
3.concl. 47. 1 | □.ah, ⊔ □.lk 2|2, 2□.ld, ⊔ 2□.ac.

COROLL. I.

Ex dictis manifeſtum eſt, in octaedro tres diametros EG, FD, LK ſe mutuò ad angulos rectos ſecare in centro ſphæræ.

Dés ſuſdits il eſt manifeſte qu'en l'octaedre les trois diametres EG, FD, LK ſe coupent l'vn l'autre à angles droicts au centre de la ſphere.

COROLL. II.

Perſpicuum quoque eſt tria plana EFGD, LEKG, LFKD eſſe quadrata ſe mutuò ad angulos rectos ſecantia.

Il eſt manifeſte auſsi que les trois plans EFGD, LEKG, LFKD ſont quarrez qui s'entrecouppent l'vn l'autre à angles droicts.

COROLL. III.

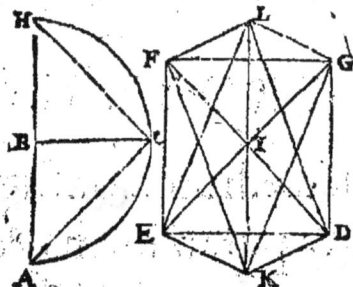

Octaedrum diuiditur in duas pyramides ſimiles &

æquales EFGDL & EFGDK quarum basis communis est quadratum EFGD.

L'octaedre est diuisé en deux pyramides semblables & egales EFGDL & EFGDK, ayant pour base commune le quarré EFGD.

COROLL. IV.

Denique sequitur, bases octaedri oppositas esse inter se parallelas.

Finalement il s'ensuit que les bases opposees de l'octaedre sont paralleles entr'elles.

Demonstr.

29. d. 1 | ed = fg, ek = lg, dk = fl,
concl.
15. 11 | Δfgl = Δedk, *&c.*

PROBL. III. PROPOS. XV.

Cubum constituere, & sphæra complecti qua & priores figuras; & demonstrare quod sphæræ diameter potentia sit tripla lateris ipsius cubi.

Descrire vn cube, & l'enuironner d'vne mesme sphere que les precedentes figures; & demonstrer que le diametre de la spere est triple en puissance du costé d'iceluy cube.

Hypoth.

ab, *est diamet. sphær. D.*

Constr.

ſ. 10. 6 | bd 2|2, 2ad,

3. p. 1 | acb, *est semic.*
11. 10 | dc ⊥ ab,
1. p. 1 | ad & bc *snt* —,
3. 1 | ef 2|2 ac,
46. 1 | efgh, *est* □.ef,

12.11	ei, fK, hm, gl *ſnt* 2|2 ef & ⊥ □efgh,
1.p.1	iK, Kl, lm, im *ſnt* —;
ſymp.	efghiklm, *eſt cub. req.*
	Præpar.
1.p.1	eK, fi, hl, mg *ſnt diamet;*
1p1 & 3.1	on, *eſt* —, & op 2|2 pn,
1.p.1	pf, pK, pi, pe, pg, pl, pm, ph *ſnt* —.
	Demonſtr.
33.1, & 15.11	iKlm, *eſt* □ 2|2 & = □efgh,
28.11, & 39.11	on, *eſt interſect.. plan.* eklh & fimg,
c.39.11	p, *eſt centr.. cub.*
c.39.11	epl, fpm, gpi, hpK *ſnt* —,
47.1	□.el 2|2 □.eK + □.kl,
47.1	□.fm 2|2 □.fi + □.im,
47.1	el, fm, ig, hK *ſnt diamet.*, 2|2, ſe,
c.39.11	pf, pK, pi, pe, pg, pl, pm, ph *ſnt* 2|2 ſe,
D.15.d.1	p, *eſt centr.* & fm, el, &c. *ſnt diamet;, ſphær.*
1.concl. c.15.d.1	e, f, g, h, i, k, l, m *ſnt* ⊙; *in ſuperfic.. ſphær.*
conſtr.	ac, ef, fK, kl, &c. *ſnt* 2|2 ſe,
conſtr.	ba π da 2|2, 3 π 1,
c.8.6	ba π da 2|2 □.ba π □.ac,
14.5	□.ba 2|2, 3□.ac, ⊔ 3□.ef,
47.1	3□.ef 2|2 □.ek + □.ki, α
47.1	□.ek + □.ki 2|2 □el, β
1.a.1	□.ba 2|2 □.el,

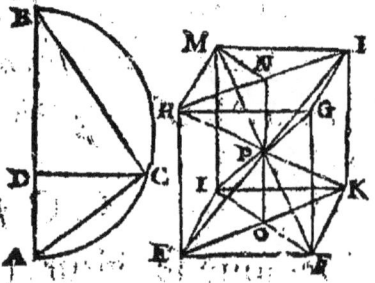

2 concl. f. 46. 1	ba 2|2 el, 11 fm,	3. concl αβ	□.el, 11 ba 2|2, 3 □.ef.

COROLL. I.

Ex his manifeſtum eſt, omnes diametros cubi inter ſe eſſe æquales, ſeſeque mutuò bifariam in centro ſphæræ ſecare. Atque eadem ratione rectas, quæ centra quadratorum oppoſitorum conjungunt, bifariam diuidi in eodem centro.

De cecy eſt manifeſte, que tous les diametres du cube ſont egaux entr'eux, & ſe couppent en deux egalement au centre de la ſphere: & par meſme raiſon, que les lignes droictes conjoignantes les centres des quarrez, ſe diuiſent egalement au meſme centre.

COROLL. II.

Rurſus potentia diametri ſphæræ, ſeu cubi, æqualis eſt potentiis laterum tetraedri, & cubi ſimul ſumptis.

Derechef, la puiſſance du diametre de la ſphere, ou du cube, eſt egale aux puiſſances des coſtez de la pyramide & du cube enſemble.

	Demonſtr.	15. 13	ac, *eſt* γ. *cub.*
hyp.	ab, *eſt diamet. ſphær.*	47. 1	□.ab 2|2 { □.bc + □.ac.
13. 13	bc, *eſt* γ. *pyram.*		

PROBL. IV. PROPOS. XVI.

Icoſaedrum conſtituere, & ſphæra complecti, qua & antedictas figuras; & demonſtrare, quod icoſaedri latus irrationalis eſt linea, quæ vocatur minor.

Descrire vn icosaedre, & l'enuironner d'une mesme sphere que les figures deuant dictes ; & monstrer que le costé de l'icosaedre est ligne irrationelle, laquelle est appellee mineure.

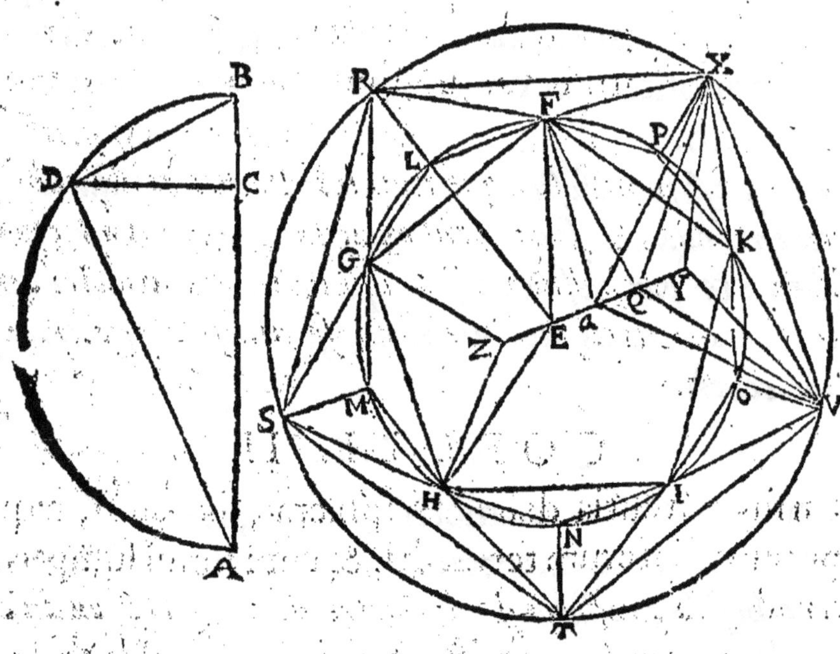

Hypoth.

ab, *est diamet. sphær.*

Constr.

s.10.10 ab 2|2, 5cb,

3.p.1 adb, *est semic.*

11.1 cd ⊥ ab,

1.p.1 ad & db *snt* —,

3.1 ef ⊥ bd,

3.p.1 efkng, *est* ⊙,

11.4 fkihg, *est* 5< *æquilat. inscri. in* ⊙fnkng, a

30.3	◠fl 2|2 ◠lg, ◠gm 2|2 ◠mh, &c.
30.3, & 1.p.1	flgmhniokp, *eſt* 10∠, *æquilat. inſcri.* đn ⊙,
12.11, & 3.1	ef, u bd, eq, lr / mſ, nt, ou, px } *ſnt* 2|2 đe, & ⊥ *plan..* ⊙fnkg, β
1.p.1	rſ, ſt, tu, ux, xr *ſnt* —,
1.p.1	fx, fr, gr, gſ, hſ, ht, it, iu, ku, kx *ſnt* —;
2.p.1	zeqy, *eſt* —,
3.1	fl, ez, qy *ſnt* 2|2 đe,
1.p.1	zg, zh, zi, zk, zf *ſnt* —;
1.p.1	yu, yx, yr, yſ, yt *ſnt* —,
ſymp.	zghikfyuxrſt, *eſt req.*
	Præpar.
1.p.3.	eg, eh, ei, ek, ef, qx, qr, qſ, qt, qu *ſnt* —,
10.1	eα 2|2 αq,
1.p.1	αf, αx, αu *ſnt* —,
3.p.1	qxrſtu, *eſt* ⊙.
	Demonſtr.
β.cōſtr. & 6.11	eq, lr, mſ, nt, ou, px *ſnt* 2|2 & = đe,
33.1	el, qr, em, qſ, en, qt, eo, qu, ep, qx *ſnt* 2|2 & = đe
1.d.3.& 15.11	qxrſtu & eplmno *ſnt* ⊙, 2|2 & = đe, γ
33.1	fg, u lm, rſ, mn, ſt, no, tu, op, ux, pl, xr *ſnt* 2|2 đe, δ
α.1.a.b	rſtux, *eſt* 5< *æquilat.*
conſtr.	lr 2|2 eq, u ef,
β.47.1	□.fr 2|2 □.fl + □.lr, u □.ef,
10.13	□.fg 2|2 □.fl + □.ef,

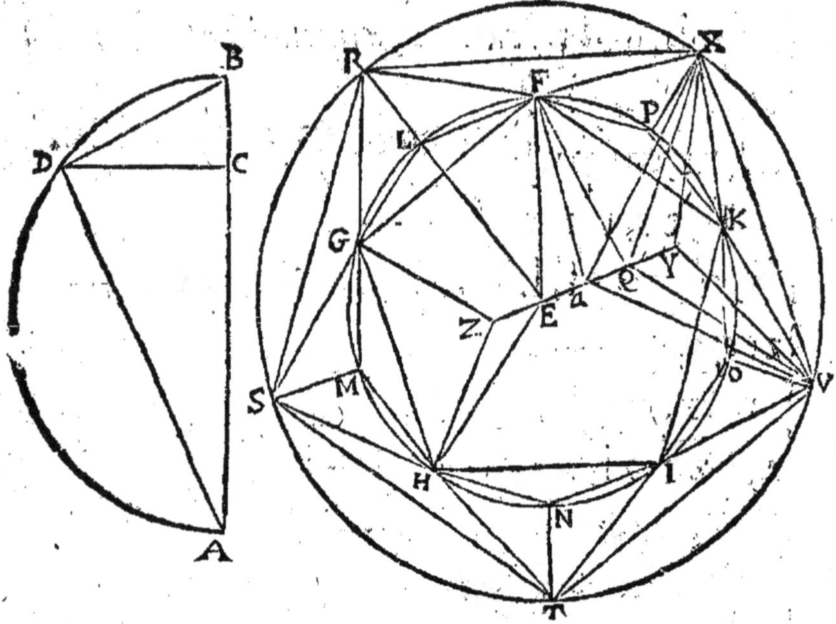

1. a. 1	□.fr 2|2 □.fg, & fr 2|2 fg,
δ. 1. a. b	rſ, fg, fr, rg, gſ, gh, ſh, ſt, &c. *ſnt* 2|2 *ſe*,
conſtr.	<fey, *eſt* ⌋,
ↄ.14.11	xqy, *eſt* ⌋,
47. 1	□.xy 2|2 □.qx + □.qy,
10. 13	□.ux, ⊔ □.fg 2|2 □.qx + □.qy,
1. a. 1	□.xy 2|2 □.ux, ⊔ □.fg,
ſ. 46. 1	xy 2|2 ux, θ
d. θ	zg 2|2 gh, κ
1. concl. ιθκ	*icoſaedr. eſt æquilat.*
15. d. 1	qx, 2|2 qu,
29. 1	<eqx & <equ *ſnt* ⌋,
47. 1	αx 2|2 αu, λ
d. λ	ax, αr, αſ, αt, αu, αf, αg, αh, αi, αk *ſnt* 2|2 *ſe*, μ

9.13	zq π qe 2|2 qe π ze,
3.13	□.zα 2|2 5□.ea, ν
1.ſ.4.2	□.ef 2|2 4□.ea,
47.1	□.αf 2|2 □.ef + □.eα,
1.a.1	□.zα 2|2 □.αf,
ſ.46.1	zα 2|2 αf, ϖ
2 concl. μϖ	α, *eſt centr.. icoſaedr.* ⊔ *centr.. ſphær.*
15.5	zα π αe 2|2 zy π qe,
22.6	□.zα π □αe 2|2 □.zy π □.qe,
ν	□.zα 2|2 5□.ea,
14.5	□.zy 2|2, 5□.qe, ⊔ 5□.bd,
22.6	□.ab π □.bd 2|2 ab π bc,
conſtr.	ab 2|2 5bc,
14.6	□.ab 2|2, 5□.bd, ρ
1.a.1	□.zy 2|2 □.ab,
3.concl. ſ.46.1	zy 2|2 ab,
hyp.	ab, *eſt ration.*
ρ	□.ab 2|2 5□.bd, ⊔ 5□.ef,
ſ.12.10	ef, *eſt ration.*
4concl. 11.13	fg, *eſt minr.*

COROLL. I.

Ex dictis infertur, ſphæræ diametrum eſſe potentia quintuplum ſemidiametri circuli quinque latera icoſaedri ambientis.

De cecy on peut colliger, que le diametre de la ſphere eſt quin-

tuple en puissance du demidiametre qui enuironne les costez de l'icosaedre.

COROLL. II.

Item manifestum est sphæræ diametrum esse compositam ex latere hexagoni, hoc est, ex semidiametro, & duobus lateribus decagoni circuli ambientis quinque latera icosaedri.

Pareillement il est manifeste que le diametre de la sphere est composé du costé de l'hexagone, c'est à dire, du demidiametre, & de deux costez du decagone du cercle qui enuironne les cinq costez de l'icosaedre.

COROLL. III.

Constat denique latera icosaedri opposita, qualia sunt RX, HI, esse parallela.

Il appert finalement que les costez de l'icosaedre opposez, comme sont RX, HI sont paralleles.

	Demonstr.		
		c.27.3	hi = lp,
33. 1	rx = lp,	concl. 9. 11	rx = hi.

PROBL. V. PROPOS. XVII.

Dodecaedrum constituere, & sphæra complecti, qua & prædictas figuras; & demonstrare, quod dodecaedri latus irrationalis est linea, quæ vocatur apotome.

Descrire vn dodecaedre, & l'enuironner d'vne mesme sphere que les figures deuant dites; & monstrer que le costé du dodecaedre est ligne irrationelle, laquelle est appellee residu.

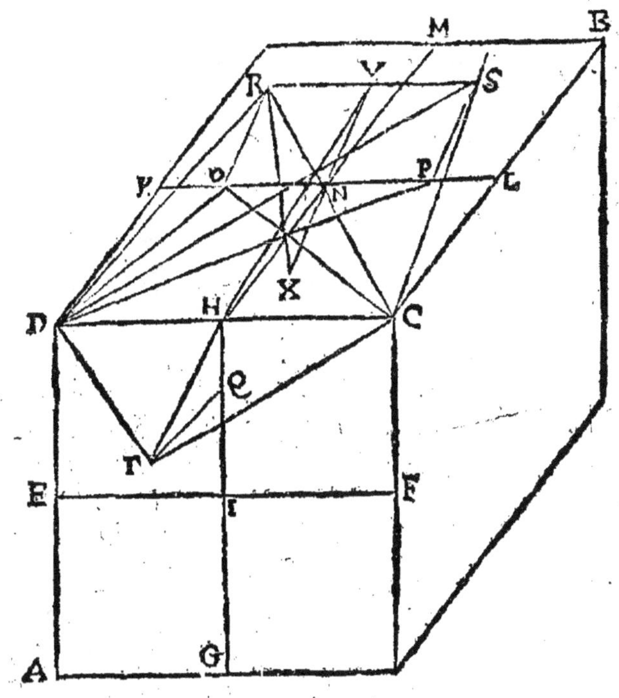

Constr.

15. 13 ab, *est cub. inscri. in sphær.*
10. 1 ae, ed, dk, dh, hc, cl, lb, bm, ag, cf, *&c. snt* 2|2 æ,
1. p. 1 kl, mh, hg, ef *snt* ——,
30. 6 hi π iq 2|2 iq π qh,
3. p. 1 iq, no, np *snt* 2|2 æ,
11. 11 or, ps *snt* ⊥, *plan.* db, *&* qt *est* ⊥ *plan.* ac,
3. 1 iq, qt, no, np, or, ps *snt* 2|2 æ,
1. p. 1 dr, rs, sc, ct, dt *sdt* ——,
symp. drsct, *est* 5<, *æquilat. & æquiang.. dodecaedr.*

Præpar.

31. 1 nu ═ or, ll ps,
1. p. 1 ds, do, dp, cr, cp, hu, ht *snt* ——,

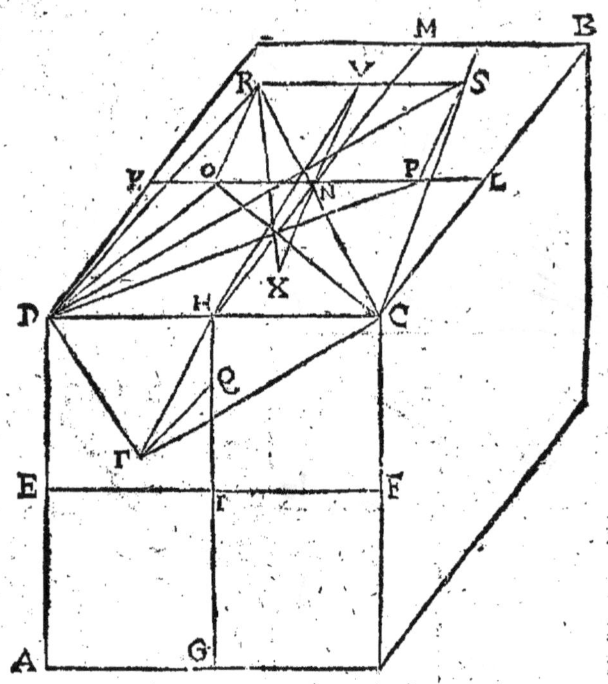

2.p.1. & 39. 11 | unx, *est* —— *q secat. diamet. . cub. in* x ;

1.p.1 | rx, *est* ——.

Demonstr.

7.a.1 | ae, dK, Kn *snt* ꝗe,

constr. | or 2|2 on,

47.1 | □.do 2|2 □.Ko + □.dk,

1.a.f | □.Ko + □.dk 2|2 □.Ko + □kn,

4.13 | □.Ko + □.kn 2|2, 3□.on, ц 3□.or,

1.a.1 | □.do 2|2, □3.or, α

2.a.1 | □.do + □.or 2|2, 4□.or,

47.1 | □.dr 2|2 □.do + □.or,

f.4.2 | □.op, ц □.rſ 2|2 4□.or,

6.a.1 | □.dr 2|2 □.rſ,

ſ.46.1	dr 2|2 rſ, β
d. α 1.concl	□.cſ 2|2 4□.pſ, □.ct 2|2, 4□.tq, &c.
d. β	dr, rſ, ſc, ct, tp *ſnt* 2|2 de,
6.11, & 7.11	tqhnu, *eſt plan.*
conſtr.	hi π iq 2|2 iq, ⊔ tq π qh,
conſtr.	hn π nu 2|2 tq π qh,
6.11	tq ═ hn, & qh ═ nu,
32.6	thu, *eſt* —,
1. & 2.11	dtcſr, *eſt plan.*
5.13	pk π kn 2|2 kn π np,
47.1	□.dſ 2|2 □.dp + □.pſ, γ
1.a.f	□.dp + □.pſ, □.dp + □.pn,
47.1	□.dp + □.pn 2|2 □.dk + □.kp + □.pn,
4.13	□.dκ + □.kp + □.pn 2|2 □.dκ + 3□.kn,
ſ.4.2	□.dk + 3□κn 2|2, 4□.dκ, ⊔ 4□.dh, ⊔ □.dc,
γ.1.a.1	□.dſ 2|2 □.dc,
ſ.46.1	dſ 2|2 dc,
8.1	<drſ 2|2 <dtc, δ
d.	<cſr 2|2 <dtc,
2 concl. 7.13	5<, dtcſr, *eſt æquiang.*
15.13	x, *eſt centr.. cub.* ⊔.. *ſphær. circſcri.. cub.*
15.13	ax, dx, cx, *&c. ſnt ſemidiamet;. cub.*
15.13	xn 2|2 ih, ⊔ kn,
1.a.1	xu 2|2 kp,
47.1	□.rx 2|2 □.xu + □.ru, ε

1. a. f | □.xu + □.ru 2|2 □.xu + □.np,
1. a. f | □.xu + □.np 2|2 □.kp + □.np,
4. 13 | □.kp + □.np 2|2 3□.kn,
15. 13 | 3□.kn 2|2 □.ax, ⊔ □.dx, ⊔ □.cx, &c.
6. 1.a.1 | □.rx 2|2 □.ax, ⊔ □.dx, ⊔ □.zx, &c.
ſ. 46.1 | rx, ax, dx, cx, *&c. ſnt* 2|2 ꝺe, θ
d. θ | xſ, xt, ax *ſnt* 2|2 ꝺe,
1. concl. c.15.d.1 | x, *eſt centr.. ſphær. cirſcri.. dodecaedr.*
conſtr. | kn π no 2|2 no π ok,
15. 5 | kl π op 2|2 op π ok + pl,
hyp. | ab, *diamet.. ſphær. eſt ration.*
15. 13 | □.ab 2|2 3□.kl,
ſ. 12. 10 | kl, *eſt ration.*
4 concl. 6. 13 | op, ⊔ rſ, *eſt apotom.*

Si igitur methodo, qua cõſtructum eſt pentagonum DTCSR, fabricentur duodecim ſimilia pentagona tangentia duodecim cubi latera, conſtitutum erit dodecaedrum quæſitum.

Partant ſi par la methode par laquelle le pentagone DTCSR a eſté conſtruit, on deſcrit douze pentagones ſemblables ſur les douze coſtez du cube, on aura le dodecaedre requis.

COROLL. I.

Perſpicuum eſt ex demonſtratis, ſi latus cubi ſecetur extrema ac media ratione, maius ſegmentum eſſe latus dodecaedri in eadem ſphæra deſcripti.

Il ſ'enſuit de ceſte demonſtration que ſi le coſté du cube eſt couppé en la moyenne & extreme raiſon, que le plus grand ſegment eſt le coſté du dodecaedre inſcrit en la meſme ſphere.

COROLL. II.

Sequitur etiam, ſi rectæ lineæ ſectæ extrema ac media ratione, minus ſegmentum ſit latus dodecaedri, maius ſegmentum eſſe latus cubi eiuſdem ſphæræ.

Il s'enſuit auſſi, que ſi d'vne ligne droicte couppee en la moyenne & extreme raiſon, le moindre ſegment eſt le coſté du dodecaedre, le plus grand ſegment ſera le coſté du cube inſcrit en la meſme ſphere.

COROLL. III.

Liquet etiam latus cubi æquale eſſe lineæ rectæ ſubtendenti angulum pentagoni dodecaedri eadem ſphæra comprehenſi.

Il eſt manifeſte auſſi que le coſté du cube eſt egal à la ligne droicte ſubtendante l'angle du pentagone du dodecaedre inſcrit en la meſme ſphere.

PROBL. VI. PROPOS. XVIII.

Latera quinque figurarum exponere, & inter ſe comparare.

Expoſer les coſtez des cinq figures precedentes, & les comparer entr'eux.

<table>
<tr><td></td><td>Conſtr.</td><td>3. 1</td><td>bg 2|2 ab,</td></tr>
<tr><td>arbitr.</td><td>ab, eſt diamet. ſphær.</td><td>1. p. 1</td><td>cg, eſt ——,</td></tr>
<tr><td>3. p. 1</td><td>caeb, eſt ſemic.</td><td>12. 1</td><td>hi ⊥ ab,</td></tr>
<tr><td>f 10. 6</td><td>ab 2|2, 3ad,</td><td>3. 1</td><td>ck 2|2 ci,</td></tr>
<tr><td>11. 1</td><td>ce, df, bg ſnt ⊥ ab,</td><td>11. 1</td><td>kl ⊥ ab,</td></tr>
<tr><td>1. p. 1</td><td>af, ae, be, bf ſnt ——,</td><td>1. p. 1</td><td>al, eſt ——,</td></tr>
</table>

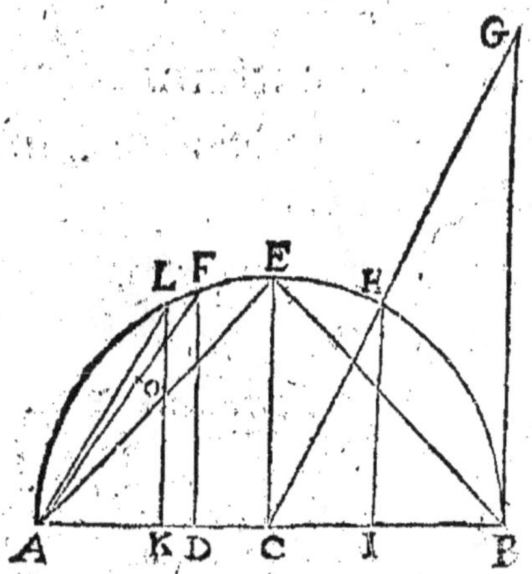

30. 6	fa π ao 2|2 ao π of,
	Demonstr.
constr.	ab π bd 2|2, 3 π 2,
c. 8. 6	□.ab π | □.bf, ab π | bd,
11. 5	□.ab π □.bf 2|2, 3π2
1.concl. 13. 13	bf, *est* γ. *pyram.* α
15. d. 1	ab 2|2, 2cb,
c. 8. 6	□.ab 2|2, 2□.be,
2 concl. 14. 13	be, *est* γ. *octaedr.* β
constr.	ab 2|2, 3ad,
c. 8. 6	□.ab 2|2, 3□.af,
3.concl. 15. 13	af, *est* γ. *exaedr.* γ
constr.	af π ao 2|2 ao π of,
4.cõcl. c 17. 13	ao, *est* γ. *dodecaedr.*
constr.	bg 2|2 ba,
15. d. 1	bg 2|2, 2bc,

4. 6	gb π bc 2|2 hi π ic,
14. 5	hi 2|2, 2ci, ⊔ 2ck, δ
f. 4. 2	□.hi 2|2, 4□.ci,
47. 1	□.hc, ⊔ □.ac } 2|2, 5□.ci,
15 d. 1, & constr.	ab 2|2, 2ac, ki 2|2, 2ci
15. 5	□.ab 2|2, 5□.ki, ε
c. 16. 13	ki, *est semidiamet.* ⊙ *circscri.* 5<.. *icosaedr.*
c. 16. 13	ak, ⊔ ib, *est* γ. 10< *inscri.* in ⊙,
constr.	ki 2|2, 2ci,
δ	hi 2|2, 2ci,
6. a. 1	ki 2|2 hi, ⊔ kl,
10. 13	al, *est* γ. 5∠ *inscri.* in ⊙
5 concl. 16. 13	al, *est* γ. *icosaedr.*
arbitr.	□.ab, *est* 6,
13. 13	ab π | bd 3 | 2 □.ab π | □.bf, 6 | 4
	ab π | bc, 2 | 1
14. 13	□.ab π | □.be, 6 | 3

αβγ	□.bf, *est* 4, □.be, *est* 3, □.af, *est* 2,
15. 6	ab π ad 2|2 □.ab π □.af,
	3 1 6 2
f.12.10 9. 10	bf, be, af *snt ration; comm; in* □,
constr. c. 8. 6	3ad 2|2 ab, 3□.af 2|2 □.ab,
ε	5□.kl, ⊔ 5□.ki 2|2 □.ab,
1. a. 1	3□.af 2|2 5□.kl, θ
constr.	ao 3|2 of,
1. 6	▭.af,ao 3|2 ▭.af,of,
4. a. 1	▭.af, ao + ▭.af, of 3|2, 2▭.af, of,
1. 2	□.af 2|2 ▭.af, ao + ▭.af, of,
17. 6	2□.ao 2|2, 2▭.af, of,
1. a. f	□.af 3|2, 2□.ao,
θ. 15. 5	3□.af, ⊔ 5□.kl 3|2, 6□.ao,
f. 46. 1 4. a. c	kl 3|2 ao, al 3|2 ao.

Explicat. p nr;

arbitr.	□.ab, *est* 60,	15. 13	□.af, *est* 20,
13. 13	□.bf, *est* 40,	16. 13	□.al, *est* 30 ~ √.180,
14. 13	□.be, *est* 30,	17. 13	□.ao, *est* 30 ~ √.500.

SCHOL.

Præter dictas quinque figuras, non posse aliam constitui figuram solidam, quæ planis & æquilateris & æquiangulis contineatur inter se æqualibus hac ratione demonstratur.

On demonstrera comme s'ensuit, qu'outre les cinq figures desia dittes, on ne peut constituer d'autre figure, laquelle soit contenuë des figures equilateres & equiangles egales entr'elles.

Ex duobus triangulis, vel ex duabus figuris aliis, ſolidus angulus conſtitui non poteſt, cùm ſaltem tres anguli plani requirantur ad ſolidi anguli conſtitutionem.

On ne peut conſtituer vn angle ſolide de deux triangles, ou de deux autres plans, veu qu'il faut à tout le moins trois plans pour faire vn angle ſolide.

Ex tribus autem triangulis æquilateris, conſtat pyramidis angulus.

Mais de trois triangles equilateres eſt fait l'angle de la pyramide.

Ex quatuor, octaedri angulus.

De quatre, l'angle de l'octaedre.

Ex quinque, angulus icoſaedri.

De cinq l'angle de l'icoſaedre.

Ex ſex autem huiuſmodi triangulis ad idem punctum coeuntibus fieri non poteſt angulus ſolidus. Cùm enim trianguli æquilateri angulus contineat duas tertias partes vnius recti erunt eiuſmodi anguli ſex, duodecim tertiæ partes vnius recti, hoc eſt, erunt quatuor rectis æquales. Quare ex ipſis nullus angulus ſolidus conſtituetur, nam ſolidus omnis angulus minoribus quàm quatuor rectis angulis continetur. Multò ergo minus ex pluribus, quam ſex planis eiuſmodi angulis, ſolidus angulus conſtabit.

Mais de ſix triangles equilateres conſtituez à vn poinct vn angle ſolide ne ſe peut faire. Car l'angle d'vn triangle equilatere eſtant les deux tiers d'vn droict, ſix tels angles ſeront douze tierces d'vn droict, c'eſt à dire qu'ils ſeront egaux à quatre droicts; partant d'iceux il ne ſera conſtitué aucun angle ſolide: Car tout angle ſolide eſt contenu ſous des angles plans moindres que quatre droicts: à plus forte raiſon vn angle ſolide ne pourra eſtre conſtitué de plus de ſix tels angles plans.

Ex tribus quadratis, cubi angulus conficitur: ex quatuor autem quadratis nullus angulus ſolidus conſtitui poteſt ſunt enim æquales quatuor rectis. Multò ergo minus ex pluribus, quam quatuor eiuſmodi angu-

L'angle du cube eſt contenu de trois quarrez, mais de quatre quarrez il ne ſe peut faire aucun angle ſolide, à cauſe qu'ils ſont egaux à quatre droicts. Par conſequent il ne s'en fera aucun angle ſolide de plus de lis, ſolidus angulus conſtabit.

Ex tribus denique pentagonis æquilateris, & æquiangulis, dodecaedri angulus componitur.

Sed ex quatuor huiuſmodi angulis, nullus ſolidus angulus confici poteſt. Cùm enim vnus, maior eſt recto, erunt quatuor maiores quatuor rectis. Quare nullus angulus ſolidus ex ipſis cõſtituetur; ac propterea multò minus ex pluribus, quã quatuor eiuſmodi angulis, ſolidus angulus conſtabit. Nec ſanè ex aliis figuris æquilateris, & æquiangulis cõſtitui poterit angulus ſolidus. Nam cùm ſex anguli hexagoni æquales ſint octo rectis; ac proinde vnus angulus contineat vnũ rectum, ac præterea tertiam partem vnius recti; continebunt tres anguli eiuſmodi quatuor rectos; quare ex ipſis nullo modo componetur angulus ſolidus; atque idcirco multò minus ex pluribus eiuſmodi angulis quam tribus, angulus ſolidus conficietur; neque propterea ex aliis polygonis.

Quamobrem perſpicuum eſt, præter dictas quinque figuras, aliam figuram ſolidam non poſſe conſtitui, quæ planis æquilateris, & æquiangulis inter ſe æqualibus contineatur.

VT AVTEM innoteſcat nu-

quatre tels angles.

L'angle du dodecaedre eſt contenu de trois pentagones equilateres & equiangles.

Mais de quatre angles du pentagone il ne ſe peut faire aucun angle ſolide, car chacun d'iceux eſtant plus grand que le droict, quatre enſemble ſeront plus grands que quatre droicts; & par conſequent ils ne pourront conſtituer aucun angle ſolide. Pour la meſme raiſon vn angle ſolide ne pourra eſtre conſtitué de plus de quatre tels angles: on ne pourra auſſi conſtituer aucun angle ſolide d'angles plans d'autres figures; car ſix angles de l'hexagone eſtant egaux à huict droicts vn chacun d'iceux contiendra vn droict, & le tiers d'vn droict, & par conſequent les trois vaudront quatre droicts; partant il ne s'en pourra faire aucun angle ſolide d'iceux; à plus forte raiſon il ne s'en fera point de plus de trois tels angles; pour les meſmes raiſons il ne s'en fera point d'autres polygones.

Donc il eſt manifeſte qu'outre les figures deſia dites, aucune autre figure ſolide contenuë de figures equilateres & equiangles egales entre elles ne peut eſtre conſtituee.

POVR *trouuer le nombre des*

merus laterum cuiuslibet figuræ regularis; multiplicandæ sunt omnes bases in vnius basis latera, producti enim dimidium erit laterum omnium basium numerus: si enim 12. pentagona dodecaedrum constituentia multiplicentur per 5. numerum laterum vnius pentagoni fient 60. quorum dimidium est 30. numerus laterum dodecaedri.

Inuenietur quoque numerus angulorum solidorum, si prædictus productus diuidatur per numerum angulorum planorum, qui simul coeunt ad angulum solidum constituendum: hac regula inuenietur omnes angulos dodecaedri esse viginti.

Obseruatione quoque dignum est, cubum & octaedrum reciproca esse, quod ad bases attinet, & ad angulos solidos. Nam quod bases in vno continentur, tot anguli solidi in altero reperiuntur; & contrà: Vt cubus habet sex bases, & octo angulos solidos: octaedrum vero octo continet bases, & sex angulos solidos. Sic etiam reciproca sunt icosaedrum & dodecaedrum. Nam icosaedrum habet 20. bases, & 12. angulos solidos, at dodecaedrum 12. bases possidet, & 20. angulos solidos. Vnde se-

costez de chaque figure reguliere il faut multiplier le nombre de toutes les bases par le nombre des costez de chaque base, & la moitié du produit sera le requis; car par exẽple, si on multiplie douze nombres des bases du dodecaedre, par cinq nombres des costez d'vn pentagone, le produit sera soixante, dont la moitié est trente, nombre des costez du dodecaedre.

On trouuera aussi le nombre des angles solides, si on diuise ledit produit par le nombre des angles plans qui concurrent en chaque angle solide, ce faisant on trouuera que tous les angles solides du dodecaedre sont vingt.

C'est encore vne chose qui merite d'estre remarquee, que le cube & l'octaedre sont reciproques en leurs bases & angles solides. Car le nombre des bases de l'vn est egal au nombre des angles solides de l'autre; & au contraire, ainsi le cube a six bases & huict angles solides: & l'octaedre contient huict bases & six angles solides. Pareillement l'icosaedre & le dodecaedre sont reciproques: Car l'icosaedre a vingt bases & douze angles solides, & le dodecaedre a douze bases & vingt angles solides: d'où s'ensuit que le nombre quitur numerum basium quinque figurarum regularium esse æqualem numero angulorum solidorum earumdem quinque figurarum.

des bases des cinq figures regulieres est egal au nombre des angles solides des mesmes cinq figures.

Proportiones sphæræ, & quinque figurarum regularium eidem inscriptarum.

Proportions de la sphere, & de cinq figures regulieres inscrites en icelle.

diamet.. sphær. est 2,

◠.. ⊙, *maj. est* 628318$^{\prime\prime\prime\prime\prime}$,

superfic.. ⊙, *maj. est* 314159$^{\prime\prime\prime\prime\prime}$,

superfic.. sphær. est 1256637$^{\prime\prime\prime\prime\prime}$,

solidit.. sphær. 41879$^{\prime\prime\prime\prime\prime}$,

γ. *tetraedr. est* 162299$^{\prime\prime\prime\prime\prime}$,

superfic. tetraedr. est 46188$^{\prime\prime\prime\prime\prime}$,

solidit. tetraedr. est 5132$^{\prime\prime\prime\prime\prime}$,

γ. *exaedr. est* 11547$^{\prime\prime\prime\prime\prime}$,

superfic.. exaedr. est 8,

solidit.. exaedr. est 15396$^{\prime\prime\prime\prime\prime}$,

γ. *octaedr. est* 141421$^{\prime\prime\prime\prime\prime}$,

superfic. octaedr. est 69282$^{\prime\prime\prime\prime\prime}$,

solidit. octaedr. est 133333$^{\prime\prime\prime\prime\prime}$,

γ. *dodecaedr. est* 71364$^{\prime\prime\prime\prime\prime}$,

superfic.. dodecaedr. est 1051462$^{\prime\prime\prime\prime\prime}$,

solidit. dodecaedr. est 278516$^{\prime\prime\prime\prime\prime}$,

v. icosaedr. est $105146'''''$,
superfic.. icosaedr. est $957454'''''$,
solidit.. icosaedr. est $253615'''''$.

COROLL.

Ex his quinque corporibus eidem sphæræ inscriptis, ratione magnitudinum laterum, tetraedrum est primum, octaedrum secũdum, cubus siue exaedrum tertium, icosaedrum quartum, & dodecaedrum quintum.

Ratione superficierum, dodecaedrum est primum, icosaedrum secundum, octaedrum tertium, exaedrum quartum, tetraedrum quintum.

Ratione soliditatum, dodecaedrum est primum, icosaedrum secundum, exaedrum tertium, octaedrum quartum, tetraedrum quintum.

Superficies cubi est dupla quadrati ex diametro sphæræ, & soliditas eiusdem cubi est tripla soliditatis tetraedri, & ad soliditatem octaedri se habet, vt sua superficies ad octaedri superficiem, siue vt suum latus ad semidiametrum sphæræ. Octaedrum autem ad triplum tetraedri est, vt latus octaedri ad latus tetraedri.

De ces cinq corps inscrits en la mesme sphere, à raison des grandeurs des costez, le premier est le tetraedre, le second l'octaedre, le troisiesme le cube ou exaedre, le quatriesme l'icosaedre, & le cinquiesme le dodecaedre.

A raison des superficies, le dodecaedre est le premier, l'icosaedre le second, l'octaedre le troisiesme, l'exaedre le quatriesme, & le tetraedre le cinquiesme.

A raison des soliditez, le dodecaedre est le premier, l'icosaedre le second, l'exaedre le troisiesme, l'octaedre le quatriesme, & le tetraedre le cinquiesme.

La superficie du cube est double du quarré du diametre de la sphere, & la solidité du mesme cube est triple de la solidité du tetraedre, & est à la solidité de l'octaedre comme est sa superficie à la superficie de l'octaedre, ou son costé au semidiametre de la sphere. Mais l'octaedre est au triple du tetraedre comme le costé de l'octaedre au costé du tetraedre.

SCHOL.

Quod ſi ex charta conficiantur quinque figuræ æquilateræ & æquiangulæ, ſimiles his quæ ſunt in ſubjecta figura, componentur quinque figuræ ſolidæ, ſi ritè complicentur.

Que ſi auec de la carte on fait cinq figures equilateres & equiangles ſemblables à celles qui ſont en la figure ſuiuante, en les pliant comme il faut, il s'en fera les cinq corps reguliers.

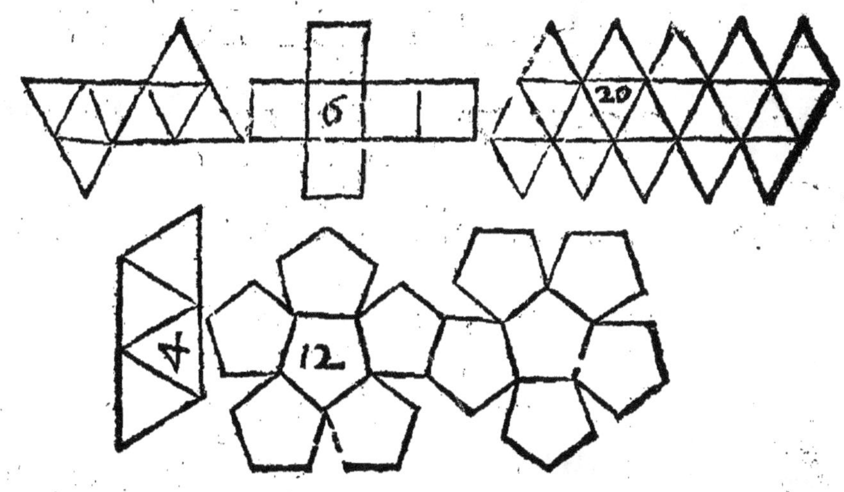

EVCLIDIS ELEMENTORVM

LIBER QVARTVSDECIMVS.

QVATORZIESME LIVRE DES ELEMENTS D'EVCLIDE.

THEOR. I. PROPOS. I.

QVÆ ex centro circuli cuiuſpiam in pentagoni eidem circulo inſcripti latus perpendicularis ducitur, dimidia eſt vtriuſque lineæ ſimul, & lateris hexagoni, & lateris decagoni eidem circulo inſcripti.

La ligne droicte perpendiculaire menee du centre au coſté du pentagone inſcrit au cercle eſt la moitié de l'aggregé de deux lignes, ſçauoir du coſté de l'hexagone & du coſté du decagone, inſcrits au meſme cercle.

Hypoth.		*Præpar.*
dabc, *eſt* ⊙,	1. p. 1	bc, *eſt* —,
⌒bec 2|2, ⅕. ⊙abeca, α	11. 1	ade ⊥ bc,

		α. 15.5	⌒ec 2|2, $\frac{1}{5}$. ⌒eca,
		α	ec, *eſt* γ. 10 < *inſcri. in* ⊙,
		17.5	⌒ac 2|2 4 ⌒ec, γ
		β. 4.1	cg 2|2 ce,
3.1	fg 2|2 fe, β	5.1	{ <cge, ceg, ecd *ſnt* <; 2|2 *ſe*,
1.p.1	ce & cg *ſnt* ——.	32.1	<ecg 2|2 <edc,
	Req. π. demonſtr.	20.3	<ced 2|2, 2<cda,
	df 2|2, $\frac{1}{2}$de —+ $\frac{1}{2}$ec.	γ. 1.a.f	<ecd 2|2, 2<ecg,
	Demonſtr.	3.a.b	<ecg 2|2 <gcd,
conſtr.	df ⊥ bc,	6.1	dg 2|2 gc, ꟾꟾ ce,
3.3, & 4.1	bf 2|2 fc, be 2|2 ec,	conſtr.	gf 2|2 fe,
28.3	⌒be 2|2 ⌒ec,	concl. 2.a.1	df 2|2 ce —+ fe.

THEOR. II. PROPOS. II.

Si binæ rectæ lineæ extrema ac media ratione ſecentur, ipſæ ſimiliter ſecabuntur, in eaſdem ſcilicet proportiones.

Si deux lignes droictes ſont couppees en la moyenne & extreme raiſon; elles ſeront ſemblablement couppees, ſçauoir en meſmes proportions.

Hypoth.	*Req. π. demonſtr.*
ab π ag 2|2 ag π gb	ag π gb 2|2 dh π he
de π dh 2|2 dh π he	*Præpar.*

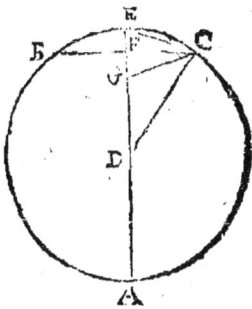

		1. a. 1	□.ac 2|2, 5□.ag, a
	A G B C / D H E F	d. α	□.df 2|2, 5□.dh,
		22.5&6	ac π ag 2|2 df π dh,
3. 1	bc 2|2 bg,		ac + ag π | ag,
3. 1	ef 2|2 eh.	18. 5	df + dh π | dh,
	Demonstr.	2. a. 1	ac + ag 2|2, 2ab,
17. 6	▭.abg 2|2 □.ag,	2. a. 1	dh + df 2|2, 2de,
8. 2	□.ac 2|2 { 4▭.abg, + □.ag,	7. 5	2ab π | ag, 2de π | dh,
6. a. 2	5□.ag 2|2 { 4▭.abg + □.ag,	22. 5	ab π ag 2|2 de π dh,
		concl. 17. 5	ag π gb 2|2 dh π he.

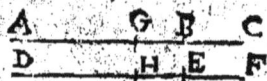

THEOR. III. PROPOS. III.

Idem circulus comprehendit & dodecaedri pentagonum, & icoſaedri triangulum, eidem ſphæræ inſcriptorum.

Vn meſme cercle contient le pentagone du dodecaedre, & le triangle de l'icoſaedre inſcrits en vne meſme ſphere.

	Hypoth.		*Præpar.*
	ik, *eſt diamet.. ſphær.*	1&2. p. 1	ag, *eſt diamet.*
	lmn, *eſt* △.. *icoſaedr.*	1. p. 1	ac & cg *ſnt* —,
	abcde, *eſt* 5<.. *dodecaedr.*	8. app.	□.ik 2|2 5□.op, a
	rlmn, fabd *ſnt* ⊙; *circſcri;*	30. 6	op π oq 2|2 oq π qp
	Req. π. demonſtr.		*Demonſtr.*
	⊙abd 2|2 ⊙lmn.	2 c. 10. 13	ch 2|2 hd,

⊙cg

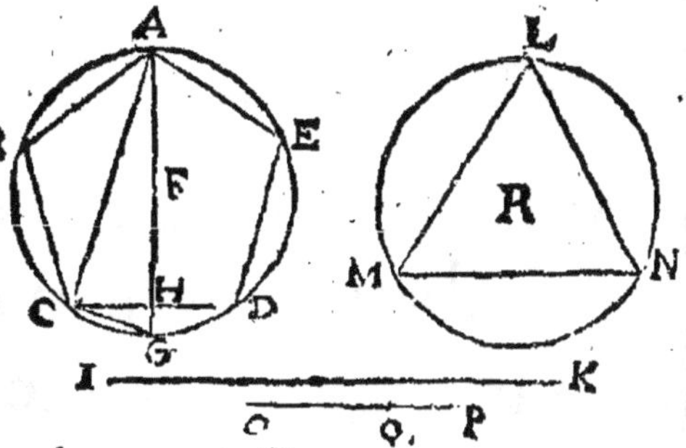

1c.10.13	∩cg 2|2 ∩gd,
47.1	□.ac+□.cg 2|2 □.ag,
1.f.4.2	□.ag 2|2, 4□.fg,
1.a.1	□.ac +□.cg } 2|2, 4□.fg,
1.a 1	□.ac+□.cg+□.fg 2|2, 5□.fg,
10.13	□.ab 2|2 □.cg+□.fg,
1.a.f	□.ac+□.ab 2|2, 5□.fg, β
c.16.13	op, *est semidiamet..* ⊙, *circscri.* 5<.. *icosaedr.*
7.13	ca π ab 2|2 ab π ca~ab,
constr.	op π oq 2|2 oq π qp,
2.14	ca π op 2|2 ab π oq,
22.6	□.ac π □.op 2|2 □.ab π □.oq,
4.5	3□.ac π 5□.op 2|2, 3□.ab π 5□.oq,
α.15.3	□ ik, 3□.ac, 5□.op *snt* ⊰*e*, γ
2.14	3□.ac π 5□.op 2|2, 3□.ab π 5□.oq,
γ.14 5	3□.ab 2|2 5□.oq, δ
1.c.16.13	ml 2|2 γ. 5< *inscri.* ⊰*n* ⊙.. *semidiamet.* op, ε
12.13	15□.rm 2|2, 5□.ml,
6.10.13	5□.ml 2|2, 5□.op+5□.oq,
γδ	5□.op+5□.oq 2|2, 3□.ac+3□.ab,
β.15.5	3□.ac+3□.ab 2|2, 15□.fg,
1.a.1	15□.rm 2|2 15□.fg,
15.5	□.rm 2|2 □.fg,
concl. f.46.1	rm 2|2 fg.

THEOR. IV. PROPOS. IV.

Si ex centro circuli triangulum icoſaedri circumſcribentis, perpendicularis ducatur ad vnum latus trianguli; erit quod ſub dicto latere, & perpendiculari comprehenditur rectangulum trigeſies ſumptum, icoſaedri ſuperficiei æquale.

Si du centre du cercle circonſcrit à l'entour du pentagone du dodecaedre, eſt menee vne ligne droicte perpendiculaire à vn coſté d'iceluy pentagone; trente fois le rectangle contenu ſous ledit coſté & la perpendiculaire, ſera egal à la ſuperficie du dodecaedre.

Hypoth.

abcde, *eſt* 5<.. *dodecaedr.*

fabd, *eſt* ⊙ *circſcri.*

fa, fb, fc, fd, fe *ſnt* —;

fg ⊥ cd.

Req. π. *demonſtr.*

30▭. cd, fg 2|2 *ſuperfic. dodecaedr.*

Demonſtr.

c. 8. 1 cfd, dfe, efa, afb, bfc *ſnt* △; 2|2 de,

41. 1 ▭.cd, fg 2|2, 2△cfd,

15. 5 30▭.cd, fg 2|2, 60△cfd,

6. a. 1 60△cfd 2|2, 12 *pentag*; abcde,

17. 13 12 *pentagon*; abcde 2|2 *ſuperfic. dodecaedr.*

concl. 1. a. 1 | 30 ▭.cd, fg 2|2 *superfic. dodecaedr.*

Hypoth. 2.

ihK, *est* △.. *icosaedr.*

lihK, *est* ⊙ *cirscri.*

li, lh, lK *snt* —,

lm ⊥ hK.

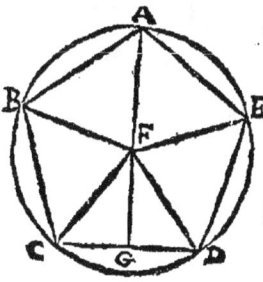

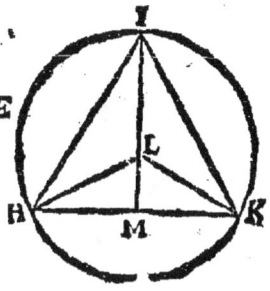

Req. π. demonstr.

30▭.hK, lm 2|2 *superfic.. icosaedr.*

Demonstr.

41. 1 | ▭.hk, lm 2|2, 2△lhk,

15. 5 | 30▭.hk, lm 2|2, 60△lhk,

16. 13 | 60△lhk 2|2 *superfic. icosaedr.*

concl. 1. a. 1 | 30▭.hk, lm 2|2 *superfic. icosaedr.*

Coroll.

	▭.cd, fg π	▭.hk, lm,
15. 5	*superfic.. dodecaedr.* π	*superfic.. icosaedr.*

THEOR. V. PROPOS. V.

Superficies dodecaedri ad superficiem icosaedri in eadem sphæra descripti, eandem proportionem habet, quam latus cubi ad latus icosaedri.

Comme la superficie du dodecaedre est à la superficie de l'icosaedre, ainsi le costé du cube est au costé de l'icosaedre inscrits en vne mesme sphere.

Præpar.

suppos. eabcd, *est* ⊙ *cirscri.* 5∠.. *docaedr.* & △.. *icosaedr.* α

c.15.4 ∩ abcd 2|2, $\frac{1}{3}$.. ⊙,

11.4 ∩ bcd 2|2, $\frac{1}{5}$.. ⊙,

1.p.1 ad & bd *snt* —,

α ad, *est* γ. *icosaedr.*

12.1 ef ⊥ ad,

12.1 egc ⊥ bd,

1.p.1 cd, *est* —,

c.10.13 ∩ bc 2|2 ∩ cd,

suppos. h, *est* γ.. *extraedr. inscri. in sphær.*

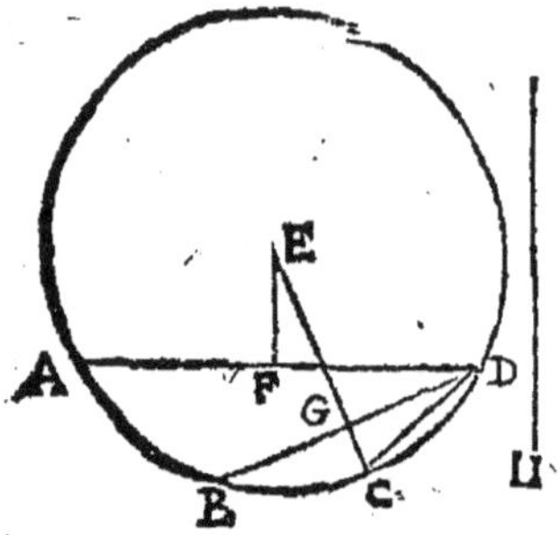

Req. π. demonstr.

h π ad 2|2 *superfic.. dodecaedr.* π *superfic.. icosaedr.*

Demonstr.

9.13 ec + cd π ec 2|2 ec π cd,

c.12.13 ef 2|2, $\frac{1}{2}$ ec, eg 2|2, $\frac{1}{2}$. ec + cd,

1.14 eg π ef 2|2 ef π eg ~ ef,

15.5 h π bd 2|2 bd π h ~ bd,

c.17.13 h π bd 2|2 eg π ef,

2.14 ▭.h, ef 2|2 ▭.bd, eg,

16.6 h π ad 2|2 ▭.h, ef π ▭.ad, ef,

1.6 h π ad 2|2 ▭.bd, eg π ▭.ad, ef,

7.5 ▭.bd, eg π | ▭.ad, ef,

c.4.14 *superfic.. dodecaedr.* π | *superfic.. icosaedr.*

concl. 11.5 h π ad 2|2 *superfic.. dodecaedr.* π *superfic. icosaedr.*

THEOR. VI. PROPOS. VI.

Si recta linea ſecetur extrema ac media ratione; erit vt recta potens id, quod à tota, & id quod à majori ſegmento, ad rectam potentem id, quod à tota, & id quod à minori ſegmento, ita latus cubi ad latus icoſaedri eidẽ ſphæræ cum cubo inſcripti.

Si vne ligne droicte eſt couppee en la moyenne & extreme raiſon; la ligne qui peut la toute & le plus grand ſegment ſera à la ligne qui peut la toute & le moindre ſegment, comme le coſté du cube au coſté de l'icoſaedre inſcrit en vne meſme ſphere que le cube.

Præpar.

arbitr. abfl, *eſt* ⊙,

ſuppoſ. bfghi, *eſt* 5<... *dodecaedr.*

3. 14 bkl, *eſt* △.. *icoſaedr.*

c.17.13 bg √. *cub. inſcri. in ſphær.*

30. 6 ab π ac 2|2 ac π bc,

5. app. □.e 2|2 □.ab + □.bc.

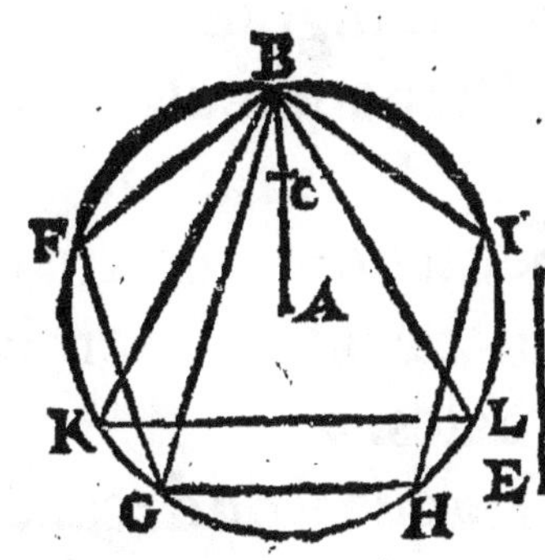

Req. π. demonſtr.

bg π bK 2|2 bf π e.

Demonſtr.

12. 13 □.bK 2|2, 3□.ab,

4. 13 □.ab + □.bc, II □.e 2|2, 3□.ac,

15. 5 □.bK π □.e 2|2 □.ab π □.ac,

2.14 |□.bg π □.bf 2|2 □.ab π □.ac,

11.5 |□.bg π □.bf 2|2 □.bk π □.e,

16.5 |□.bg π □.bk 2|2 □.bf π □.e,

concl. 22.6 |bg π bk 2|2 bf π e.

THEOR. VII. PROPOS. VII.

Dodecaedrum ad icoſaedrum, eſt vt cubi latus ad latus icoſaedri; in vna eadémque ſphæra inſcripti.

Le dodecaedre à l'icoſaedre eſt comme le coſté du cube au coſté de l'icoſaedre inſcrit en la meſme ſphere.

Demonſtratio.

Idem circulus comprehendit & dodecaedri pentagonum, & icoſaedri triangulum. α

Perpendiculares à centro ſphæræ ad plana pentagoni & trianguli ductæ ſunt inter ſe æquales. β

Itaque ſi dodecaedrum & icoſaedrum intelligantur eſſe diuiſa in pyramides, ductis rectis à centro ſphæræ ad omnes angulos, altitudines omnium pyramidum erunt inter ſe æquales. γ

α. 3.14

β. 47.1

γ. 2.d.6

Demonſtration.

Vn meſme cercle comprẽd le pentagone du dodecaedre, & le triangle de l'icoſaedre. α

La perpendiculaire menee du centre de la ſphere aux plans deſdits pentagones & triangles ſont egales entr'elles. β

Partant ſi le dodecaedre & l'iſocaedre ſont diuiſez en pyramides, menant des lignes droictes du centre de la ſphere à tous les angles, les hauteurs de toutes les pyramides ſeront egales entr'elles. γ

Cùm igitur pyramides eiuſdem altitudinis ſint inter ſe vt baſes, δ & ſuperficies dodecaedri ſit æqualis 12, pentagonis ſuperficies verò icoſaedri 20, triangulis erit dodecaedrum ad icoſaedrum vt ſuperficies dodecaedri ad ſuperficiem icoſaedri, vel vt latus cubi ad latus icoſaedri.

δ. 5. & 6 12

ε. 5. 14

Par conſequent puis que les pyramides de meſme hauteur ſont l'vne à l'autre comme leurs baſes, δ & que la ſuperficie du dodecaedre eſt egal à 12 pentagones, & la ſuperficie de l'icoſaedre à 20 triangles, le dodecaedre ſera à l'icoſaedre comme la ſuperficie du dodecaedre à la ſuperficie de l'iſocaedre, ou comme le coſté du cube au coſté de l'icoſaedre.

THEOR. VIII. PROPOS. VIII.

Idem circulus comprehendit & cubi quadratum, & octaedri triangulum eiuſdem ſphæræ.

Vn meſme cercle contient le quarré du cube, & le triangle de l'octaedre inſcrits en vne meſme ſphere.

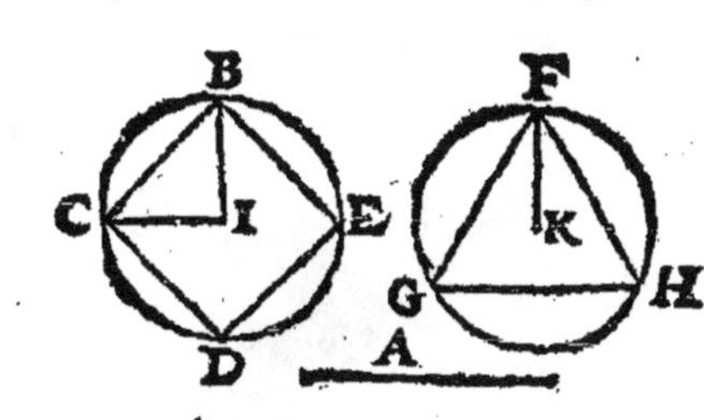

Hypoth.

a, *eſt diamet.. ſphær.*

bd, *eſt* □. *cub. inſcri. in ſphær.*

fgh, *eſt* △. *octaedr. inſcri. in ſphær.*

ibedc & kfhg *ſnt* ⊙; *circſcri;*

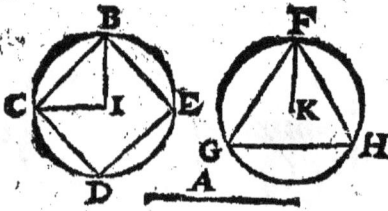

Req. π. demonſtr.

⊙cbed 2|2 ⊙gfh.

Demonſtr.

6. 4 <bic, *eſt* ⊥,

15. 13	□.a 2|2, 3□.bc,
47. 1	□.bc 2|2, 2□.bi,
2. a. 1	□.a 2|2, 6□.bi, a
14. 13	□.a 2|2, 2□.gf,
12. 15	□.gf 2|2, 3□.fk,
2. a. 1	□.a 2|2, 6□.fk,
7. a. 1	□.bi 2|2 □.fk,
ſ.46.1	bi 2|2 fk,
concl. 1. d. 5	⊙cbed 2|2 ⊙gfh.

EVCLIDIS ELEMENTORVM LIBER DECIMVSQVINTVS.

LE QVINZIESME LIVRE DES ELEMENTS D'EVCLIDE.

PROBL. I. PROPOS. I.

IN dato cubo pyramidem describere.

En vn cube donné inscrire vne pyramide.

Hypoth.

abghdcfe, *est cub. D.*

Constr.

1. p. 1 ca, cg, ce, ag, ge, ea *snt* ——;

symp. *Req. est pyram.* agec.

Demonstr.

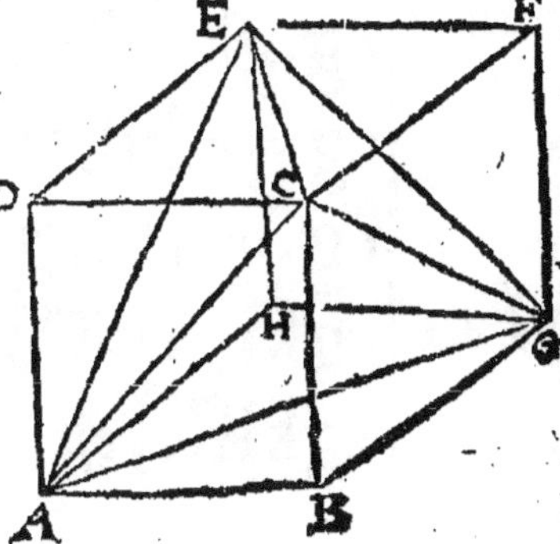

constr. ca, *est diamet*.. □.abcd,
cg, *est diamet*.. □.bgfc,
ce, *est diamet*.. □. dcfe,
ag, *est diamet*.. □. abgh,

constr.	ge, *eſt diamet..* □.hgfe, ea, *eſt diamet..* □.ahed,
47. 1	ca, cg, ce, ag, ge, ea *ſnt* 2|2 ◁e,
concl. 31. 11	*pyram.* agec, *eſt inſcri.* ◁*n cub.* abhdcfe.

PROBL. II. PROPOS. II.

In data pyramide octaedrum deſcribere.

En vne pyramide donnee deſcrire vn octaedre.

	Hypoth.
	abdc, *eſt pyram.* D.
	Conſtr.
10. 1	ae 2|2 eb, bf 2|2 fd, dg 2|2 ga, ah 2|2 hc, bi 2|2 ic, dk 2|2 kc,
1. p. 1	ef, fg, ge, ei, ih, he, fk, ki, if, gh, hk, kg *ſnt* —,
ſymp.	*Req. eſt octaedr.* egkifh.
	Demonſtr.
7. a. 1, & 4. 1	eg, gk, ki, ei, fe, fg, fk, fi, he, hg, hk, hi *ſnt* 2|2 ◁e,
2. 6	eg ═ bd, ik ═ bd, ei ═ ac, gk ═ ac,
9. 11	eg ═ ik, & ei ═ gk,
29. d. 1	egki, *eſt* □,
concl. 31. 11	egkifh, *eſt octaedr. inſcri.* ◁*n pyram.* abdc.

PROBL. III. PROPOS. III.

In dato cubo octaedrum deſcribere.

En vn cube donné deſcrire vn octaedre.

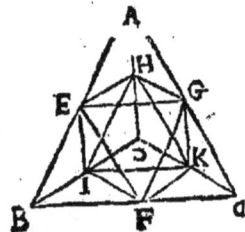

Hypoth.

chgbdefa, *est cub. D.*

Constr.

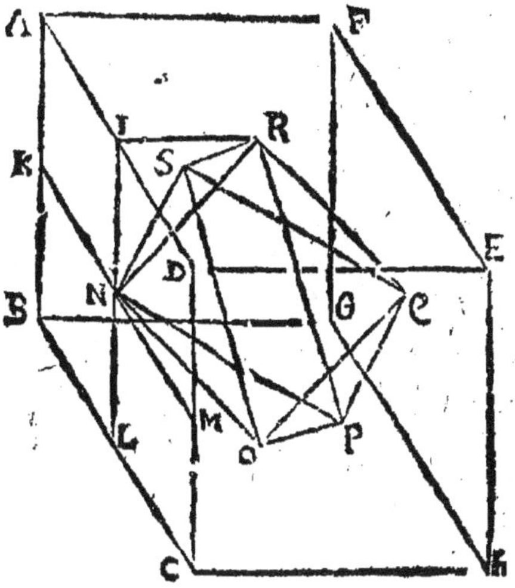

10. 1 aK 2|2 Kb, ai 2|2 id,

10. 1 bl 2|2 lc, cm 2|2 md,

1. p. 1 Km *&* il *snt* —,

8. 4 n, *est centr..* □.bcda,

8. 4 p, *est centr..* □.ched,

8. 4 q, *est centr..* □.hgfe,

8. 4 ſ, *est centr..* □.bgfa,

8. 4 o, *est centr..* □.chgb,

8. 4 r, *est centr..* □.defa,

1. p. 1 np, pq, qſ, ſn, on, op, oq, oſ, rn, rp, rq, rſ *snt* —;

ſymp. *Req. est octaedr.* npqſor,

Demonstr.

7. a. 1 mn, ni, ir, *&c. snt* 2|2 ⫞e,

4. 1 np, pq, qſ, ſn, on, op, oq, oſ, rn, rp, rq, rſ *snt* 2|2 ⫞e

29. 1 npqſ, *est* □,

concl. 31. 11 npqſor, *est octaedr. inscri.* ⫞*n cub.* chgbdefa.

PROBL. IV. PROPOS. IV.

In dato octaedro cubum inſcribere.

En vn octaedre donné inſcrire vn cube.

Hypoth.

abcdef, *est octaedr. D.*

Constr.

10. 1 el 2|2 la, em 2|2 mb, en 2|2 nc, eo 2|2 od,
1. p. 1 lm, mn, no, ol *snt* —,
10. 1 lg 2|2 gm, mh 2|2 hn,
10. 1 nk 2|2 ko, oi 2|2 il,
1. p. 1 gh, hk, ki, ig *snt* —.

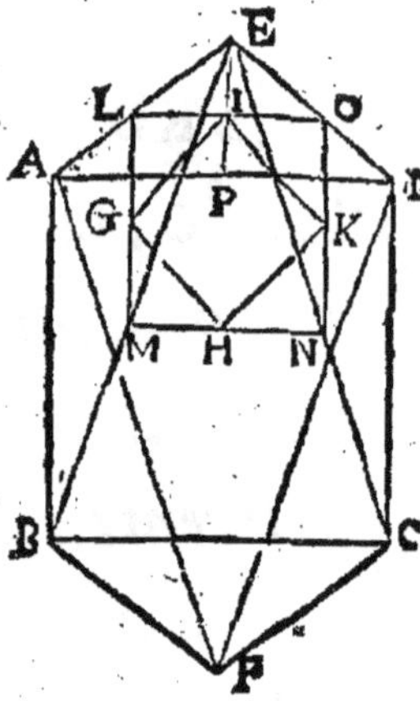

Demonstr.

4. 1 lm, mn, no, ol *snt* 2|2 ∢e,
4. 1 gh, hk, ki, ig *snt* 2|2 ∢e,
2. 6 lm = ab, on = dc, ∥ ab,
29. d. 1 lmno, *est* □,
29. d. 1 ghki, *est* □.. *cub. req.*

Quod si eadem arte, in reliquis quinque pyramidibus octaedri, centra triangulorum rectis coniungantur, describentur quadrata similia & æqualia quadrato GHKI: Quare sex huiusmodi quadrata cubũ component; qui quidem intra octaedrum descriptus erit, cùm octo eius anguli tangant octo octaedri bases in earum cẽtris. Quare in dato octaedro cubum descripsimus, quod faciendum erat.

Que si en la mesme maniere aux autres cinq pyramides de l'octaedre, les centres des triangles sont conjoincts par des lignes droictes, on descrira des quarrez semblables & egaux au quarré GHKI; parquoy six tels quarrez composeront vn cube, lequel sera descrit en l'octaedre, puis que les huict angles d'iceluy touchent les huict bases de l'octaedre à leurs centres: Partant en l'octaedre donné nous auons descrit vn cube, ce qu'il faloit faire.

PROBL. V. PROPOS. V.

In dato icoſaedro, dodecaedrum inſcribere.

En vn icoſaedre donné inſcrire vn dodecaedre.

Hypoth.

abcde, *eſt pentagon.. icoſaedr.*

abcdef, *eſt pyram.. icoſaedr.*

Conſtr.

5. 4 g, h, i, K, l *ſnt centr*; Δ; afb, bfc, cfd, dfe, efa,

1. p. 1 gh, hi, iK, Kl, lg *ſnt* —,

ſymp. ghik, *eſt pẽtag..dodecaedr..req.*

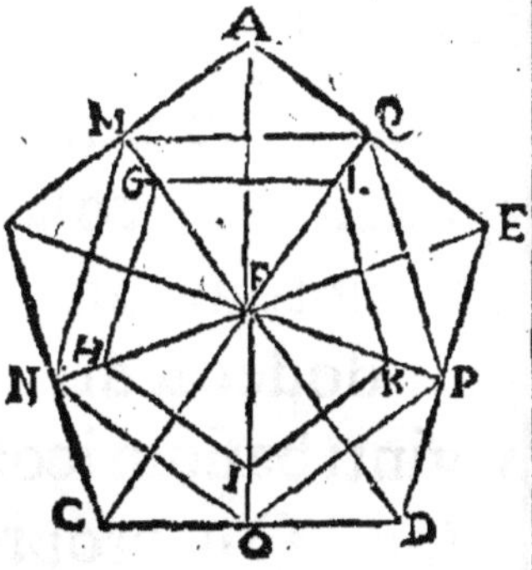

Præpar.

1. p. 1 fgm, fhn, fio, fKp, flq *ſnt* —

1. p. 1 mn, no, op, pq, qm *ſnt* —,

Demonſtr.

c. 3. 3 am 2|2 mb, bn 2|2 nc, co 2|2 od,

c. 3. 3 dp 2|2 pe, eq 2|2 qa,

4. 1 mn, no, op, pq, qm *ſnt* 2|2 *ɋe*,

32. 1 fba, fbc, fcb, fcd, *&c. ſnt* <; 2|2 *ɋe*,

7. a. 1 bm 2|2 bn,

bf, *commun.*

4. 1 fm 2|2 fn, *a*

d. *a* fm, fn, fo, fp, fq *ſnt* 2|2 *ɋe*,

8. 1 mfn, nfo, ofp, pfq, qfm *ſnt* <; 2|2 *ɋe*,

12. 13 fg, fh, fi, fK, fl *ſnt* 2|2 *ɋe*,

4. gh, hi, ik, kl, lg *snt* 2|2 *ꝗe*,
31.d.11 ghikl, *est pentagon. req.*

Quod ſi eadem arte, in reliquis vndecim pyramidibus icoſaedri, centra triangulorum rectis connectentur lineis, deſcribentur pentagona æqualia & ſimilia pentagono GHIKL, quamobrem duodecim huiuſmodi pentagona dodecaedrum conſtituent: quòd quidem in icoſaedro erit deſcriptum cum viginti anguli dodecaedri in centris viginti baſium icoſaedri cõſiſtant. Quapropter in dato icoſaedro dodecaedrum deſcripſimus.

Que ſi en la meſme maniere, aux autres vnze pyramides de l'icoſaedre, on conjoint des lignes droictes aux centres des triangles, on deſcrira des pentagones egaux & ſemblables au pentagone GHIKL: Parquoy douze pentagones conſtitueront vn dodecaedre, lequel ſera inſcrit en l'icoſaedre, les vingt angles du dodecaedre eſtans conſtituez aux centres des vingt baſes de l'icoſaedre. Donc en l'icoſaedre donné nous auons inſcrit vn dodecaedre; ce qu'il falloit faire.

SCHOL.

Quoniam in nulla propoſitione horum Elementorum rectilinea cum curuilineis comparantur ſubnectam, hic duo problemata in quibus rectilinea curuilineis æquantur.

A cauſe qu'il n'y a aucune propoſition en ces Elements où les rectilignes ſoient comparez auec les curuilignes, ie mettray icy deux problemes où les rectilignes ſont egaux aux curuilignes.

Dato angulo rectilineo æqualem angulum curuilineum deſcribere.

Deſcrire vn angle rectiligne egal à vn angle curuiligne donné.

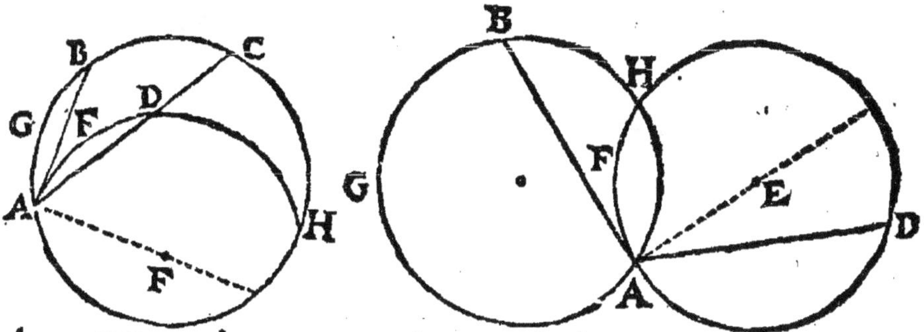

Hypoth.

dab, *eſt* <, *rectili.* D.

Req. eſt <dfagb.

Conſtr.

11. 1 ae ⊥ ab,

arbitr. e, *eſt* • ꝗ*n* ae,

3. p. 1 eadh, *eſt* ⊙,

3. 1 ab 2|2 ad,

3. p. 1 ⊙abh 2|2 ⊙adh,

ſymp. <fag, *eſt* 2|2 <dab.

Demonſtr.

24. 3 <bag 2|2 <daf,

concl. 2. a. 1 <fag 2|2 <dab.

Dato rectilineo æquale curuilineum deſcribere.

Deſcrire vn curuiligne egal à vn rectiligne donné.

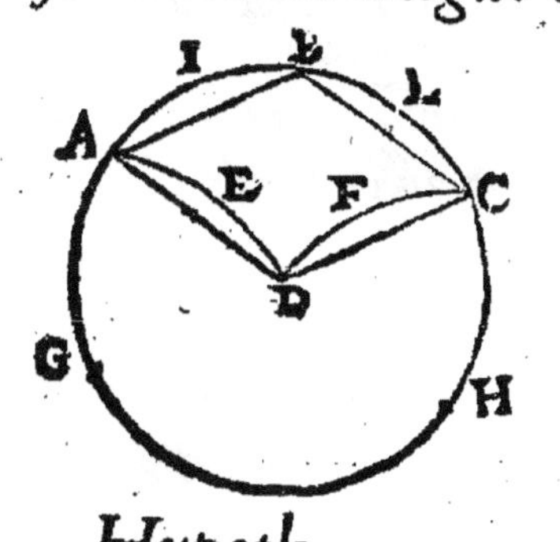

Hypoth.

rhombus abcd, *eſt rectili. D.*

db 2|2 da, ıı dc.

Conſtr.

3. p. 1 dabc, *eſt* ⊙,

3. p. 1 ba, ag, ch *ſnt* 2|2 ꝗ*e*,

1. 4 ad, ag, ch *ſnt* 2|2 ꝗ*e*,

3. p. 1 gaed, hcfd *ſnt* ⊙;

ſymp. *req. eſt* aedfcli.

Demonſtr.

24. 3 aed, dfc } aib, blc } *ſnt* ⌓; 2|2 ꝗe

concl. 2. a. 1 aedfcli 2|2 abcd.

Aliter. — *Autrement.*

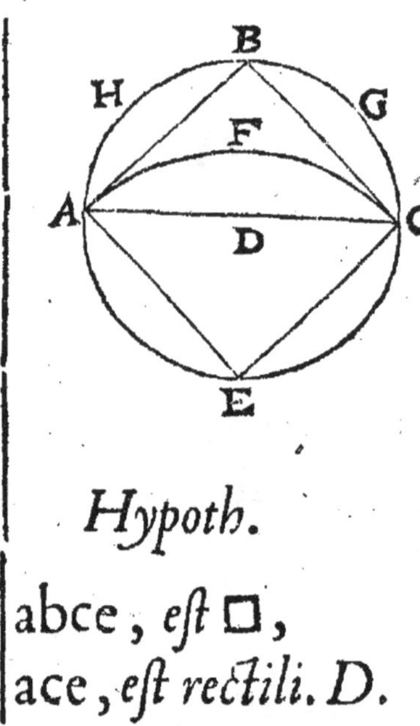

Hypoth.

abce, *eſt* □,
ace, *eſt rectili. D.*

	Conſtr.
8. 4	dabce, *eſt* ⊙,
3. p. 1	eafc, *eſt* ⊙,
ſymp.	*req. eſt* afcgbha.
	Demonſtr.
47. 1	□.ea 2|2, 2□.ad,
2. 12	⊙eafc 2|2, 2⊙dabc,
7. a. 1	*ſectr.* eafc & *ſemic.* abc } *ſnt* 2|2 *de*,
concl. 3. a. 1	afcgh 2|2 △ace.

Inuentio quadraturæ huius lunulæ, quæ eſt circulorum in ratione dupla exiſtentium, refertur ad Hippocratem Chium; ſed Franciſcus Vieta variorum 8. cap. 9. dedit artem generalem quadrandi lunulas circulorum in data quacunque ratione multipla exiſtentium.

On attribue à Hippocrate la quadrature de ceſte lune, qui eſt compris de deux cercles qui ſont en raiſon double: Mais Monſieur Viete au 8. des diuerſes reſponſes a donné vne methode generale de quarrer les lunes des cercles multiples en telle raiſon qu'on voudra.

Finis decimiquinti & vltimi Elementorum Euclidis.

Fin du quinzieſme & dernier liure des Elements d'Euclide.

EVCLIDIS DATA.

LES DATES D'EVCLIDE.

DEFINIT. I.

DATA magnitudine dicuntur spatia, lineæ, angulique, quibus æqualia possumus inuenire

LES espaces, les lignes, & les angles, ausquels nous en pouuons trouuer d'egaux, sont dits estre donnez de grandeur.

Datum, hypothesis, ordinatum, porimum, poriston, effabile, cognitum, sunt eiusdem ferè significationis.

Le donné, l'hypothese, l'ordonné, le porime, le poriste, l'effable, le cognu, signifient presque la mesme chose.

Datum est cui æquale possumus inuenire.

Le donné est vne grandeur à laquelle on peut trouuer vne autre grandeur egale.

Hypothesis est quod à proponente conceditur.

L'hypothese est ce qui est concedé par celuy qui propose.

Ordinatum siue determinatum est quod pluribus modis esse non potest.

L'ordonné ou determiné est ce qui ne peut estre en plusieurs façons.

Porimon est quod construi potest.

Le porime est ce que nous pouuons faire & construire.

Aporon opponitur porimo, significátque id cuius factio nondum est inuenta.

L'apore est opposé au porime, & signifie ce qui a encore sa construction inconnuë.

Poriston est factibile quod fieri posse non dubitamus,

Le poriste est ce que nous sçauons estre faisable, encore que sa

quamuis eius factio ignoretur.

Effabile est quod numero rationali potest exprimi.

Cognitum est quod numero rationali, vel irrationali possumus exprimere.

construction soit inconnüe.

L'effable est ce qui peut estre exprimé par nombres rationaux.

Le connu est ce que nous pouuons exprimer par nombres rationaux, ou irrationaux.

DEFINIT. II.

Ratio dari dicitur, cui possumus eandem inuenire.

Vne raison est ditte estre donnee si nous pouuons trouuer vne mesme, ou egale à icelle.

DEFINIT. III.

Rectilineæ figuræ specie dari dicuntur, quarum & singuli anguli dati sunt, & laterum rationes ad inuicem datæ sunt.

Les figures rectilignes dont les angles sont donnez, & aussi les raisons que les costez ont entr'eux, sont dites estre donnees d'espece.

COROLL.

Hinc sequitur figurarum specie datarum dari quoque angulos, & laterum rationes.

D'icy s'ensuit que des figures donnees d'espece, les angles, & les raisons des costez sont aussi donnez.

DEFINIT. IV.

Positione dari dicuntur puncta, lineæ, angulique, quæ eundem situm semper obtinent.

Les poincts, les lignes, & les angles qui sont tousiours en mesme lieu sont dits estre donnez de position.

Puncta non aliter dantur quàm positione.

Anguli positione dati dantur

Les poincts ne peuuent estre donnez autrement que de position.

Les angles donnez de position sont

quoque magnitudine, ſed lineæ rectæ, poſitione datæ, non magnitudine quoque dantur.

außi donnez de grandeur; mais les lignes droictes donnees de poſition ne ſont pas außi donnees de grandeur.

DEFINIT. V.

Circulus magnitudine dari dicitur, cuius ea quæ ex centro datur magnitudine.

Vn cercle eſt dit eſtre donné de grandeur, lors que le demy-diametre eſt donné de grandeur.

DEFINIT. VI.

Poſitione & magnitudine dari dicitur circulus, cuius datur centrum poſitione, & ea quæ ex centro magnitudine.

Vn cercle eſt dit eſtre donné de poſition & de grandeur, lors que le centre eſt donné de poſition, & le demy-diametre de grandeur.

Omnis circulus poſitione datus datur quoque magnitudine, ſed non contrà, circulus magnitudine datus omnino & poſitione datur.

Tout cercle donné de poſition eſt außi donné de grandeur, mais non au contraire, ſi le cercle eſt donné de grandeur n'eſt pas außi donné de poſition.

DEFINIT. VII.

Circuli ſegmenta magnitudine dari dicuntur, in quibus dati ſunt magnitudine anguli, atque ſegmentorum baſes.

Les ſegments des cercles auſquels les angles & les baſes ſont donnees de grandeur ſont dits eſtre donnez de grandeur.

DEFINIT. VIII.

Poſitione & magnitudine dari dicuntur circuli ſe-

Les ſegments de cercle, auſquels les angles ſont don-

gmenta, in quibus anguli magnitudine dati sunt, & segmentorum bases positione & magnitudine.

nez de grandeur, & les bases des segments de position & de grandeur, sont dits estre donnez de position & de grãdeur.

DEFINIT. IX.

Magnitudo magnitudine major est, datâ, quando ablata data, reliqua eidem æqualis est.

Vne grandeur est plus grande qu'vne autre, d'vne grandeur donnee, lors qu'en ayant osté la donnee, le reste est egal à ceste autre.

hyp. | df, ef *snt magd; propos;*
hyp. | de, *est magd. D.*
9. d. d | df, *est* 3|2 ef.. *magd. D.* α

D E F

Explicatio notarum.

α | DF est major EF magnitudine data.

Explication des notes.

α | *DF est plus grand que EF d'vne grandeur donnee.*

DEFINIT. X.

Magnitudo magnitudine minor est, datâ, quando adiuncta data, tota eidem æqualis est.

Vne grandeur est plus petite qu'vne autre, d'vne grandeur donnee, lors qu'ayant adiousté la donnee à icelle, la toute est egale à ceste autre.

DEFINIT. XI.

Magnitudo magnitudine major est, datâ, quàm in ratione, quando ablata data

Vne grandeur est dite plus grãde qu'vne autre grandeur, d'vne donnee, qu'en raison, si

reliqua ad eandem habet rationem datam.

ayant retranchee la donnee, le reste à cette autre a vne raison donnee.

hyp. | ad, *est magd*. D.
hyp. | ac, *est* 3|2 cb.. D.*q*.⊰*n.raõ*. α
11. d.d | *raõ*. dc π cb, *est* D.

A D C B

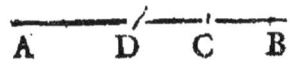

Explicatio notarum.

α | AC est major CB data quàm in ratione.

Explication des notes.

α | *AC est plus grand que CB d'vne donnee qu'en raison.*

DEFINIT. XII.

Magnitudo magnitudine minor est data, quàm in ratione, quando adjuncta data, tota ad eandem rationem habet datam.

Vne grandeur est plus petite qu'vne autre grandeur, d'vne donnee qu'en raison, si adjoustant la donnee la toute à ceste autre a vne raison donnee.

hyp. | ad, *est magd*. D.
hyp. | dc, *est* 2|3 cb.. *D*. *q*⊰*n. raõ*.
12. d.d | *raõ*. ac π cb, *est* D.

A D C B

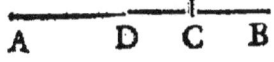

PROPOS. I.

Datarum magnitudinum, ad inuicem data ratio est.

Des grandeurs donnees, la raison qu'elles ont entr'elles est aussi donnee.

Hypoth.
a & b *snt magd*; D;
Req. π. *demonstr*.

A——
B——
C——
D——

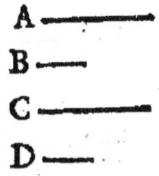

raõ. a π b, *est* D.		*Demonstr.*
Præpar.	5.7.5	c π d 2|2 a π b,
c 2|2 a, & d 2|2 b.	concl. 2. d. d	*raõ.* a π b, *est* D.

PROPOS. II.

Si data magnitudo, ad aliam aliquam magnitudinem habeat ratione datã; datur etiam hæc alia, magnitudine.

Si vne grandeur donnee, a quelque autre grandeur à vne raison donnee, ceste autre sera aussi donnee, de grandeur.

A ——— B — C ——— D —	5. 1 12. 6	*Præpar.* c 2|2 a, a π b 2|2 c π d.
Hypoth.		*Demonstr.*
a, *est magd.* D.	constr.	a π b 2|2 c π d,
a π b, *est raõ.* D.	constr	a 2|2 c,
Req. π. *demonstr.*	9. 5	b 2|2 d,
magd. b, *est* D.	concl. 1. d. d	*magd.* b, *est* D.

PROPOS. III.

Si quotlibet datæ magnitudines componantur, etiam ea dabitur, quæ ex his componitur magnitudo.

Si quelconques grandeurs donnees sont adjoustees ensemble, la grandeur composee d'icelles sera aussi donnee.

A C B D F E		ac & cb *snt magd;* D;
		Req. π. *demonstr.*
Hypoth.		ab, *est* D.

	Præpar.		*Demonſtr.*
3. 1	df 2|2 ac,	2. a. 1	de 2|2 ab,
3. 1	fe 2|2 cb.	concl. 1. d. d	ab *eſt* D.

PROPOS. IV.

Si à data magnitudine, data magnitudo auferatur, etiam ea dabitur quæ reliqua eſt magnitudo.

Si d'vne grandeur donnee, vne grandeur donnee eſt oſtee, le reſte ſera außi donné.

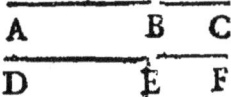

A B C

D E F

		Præpar.
	3. 1	df 2|2 ac,
Hypoth.	3. 1	de 2|2 ab.
ac & ab *ſnt magd;* D;		*Demonſtr.*
Req. π. *demonſtr.*	3. a. 1	ef 2|2 bc,
bc *eſt* D.	concl. 1. d. d	bc *eſt* D.

PROPOS. V.

Si magnitudo ad ſui ipſius aliquam partem habeat rationem datam, etiam ad reliquam habebit rationem datam.

Si la raiſon d'vne grandeur à quelque partie d'icelle eſt donnee, la raiſon qu'elle a à l'autre partie ſera außi donnee.

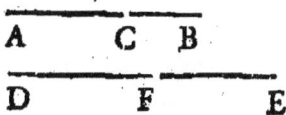

A C B

D F E

		Req. π. *demonſtr.*
		raō.. ab π ac, *eſt* D.
		Præpar.
Hypoth.	arbitr.	de, *eſt* ——,
ab π bc, *eſt raō*. D.	12. 6	ab π bc 2|2 de π ef.

	Demonstr.	1. c.19.5	de π df 2|2 ab π ac,
constr.	de π ef 2|2 ab π ac,	concl. 2. d. d	raõ. ab π ac est D.

PROPOS. VI.

Si componantur duæ magnitudines habentes ad inuicem rationem datam, & quæ ex his componitur magnitudo, habebit ad vtramque rationem datam.

Si deux grandeurs ayant entr'elles vne raison donnee sont composées, aussi la grandeur composee d'icelles aura à l'vne & à l'autre d'icelles la raison donnee.

A C B

D F E

		Præpar.
	arbitr.	df, est —,
	12. 6	ac π cb 2|2 df π fe.
		Demonstr.
Hypoth.	constr.	df π fe 2|2 ac π cb,
raõ.. ac π cb, est D.	18. 5	de π fe 2|2 ab π cb,
Req. π. demonstr.	c.19.5	de π df 2|2 ab π ac,
raõ.. ab π cb, est D.	concl. 2. d.d	raõ;. ab π cb, &
raõ., ab π ac snt D.		ab π ac snt D;

PROPOS. VII.

Si data magnitudo data ratione secetur, vtrumque segmentorum datum est.

Si vne grandeur donnee est couppee selon vne raison donnee, chaque segment donné.

Hypoth.		raõ.. de π ef, est D.
df, est magd. D.		*Req. π. demonstr.*

<table>
<tr><td></td><td>18. 5</td><td>raõ.. df π ef, eſt D.</td></tr>
<tr><td>D E F</td><td>hyp.</td><td>df, eſt D. α</td></tr>
<tr><td>de & ef ſnt D.</td><td>1. concl.</td><td>ef, eſt D.</td></tr>
<tr><td>Demonſtr.</td><td>2. d
c. 19. 5</td><td>raõ.. df π de, eſt D.</td></tr>
<tr><td>hyp. raõ.. de π ef, eſt D.</td><td>2 concl.
α. 2. d</td><td>de, eſt D.</td></tr>
</table>

PROPOS. VIII.

Quæ ad idem rationem habent datam, habebunt ad inuicem rationem datam.

Les grandeurs qui ont raiſon donnee à vne meſme grandeur, elles auront außi raiſon donnee entr'elles.

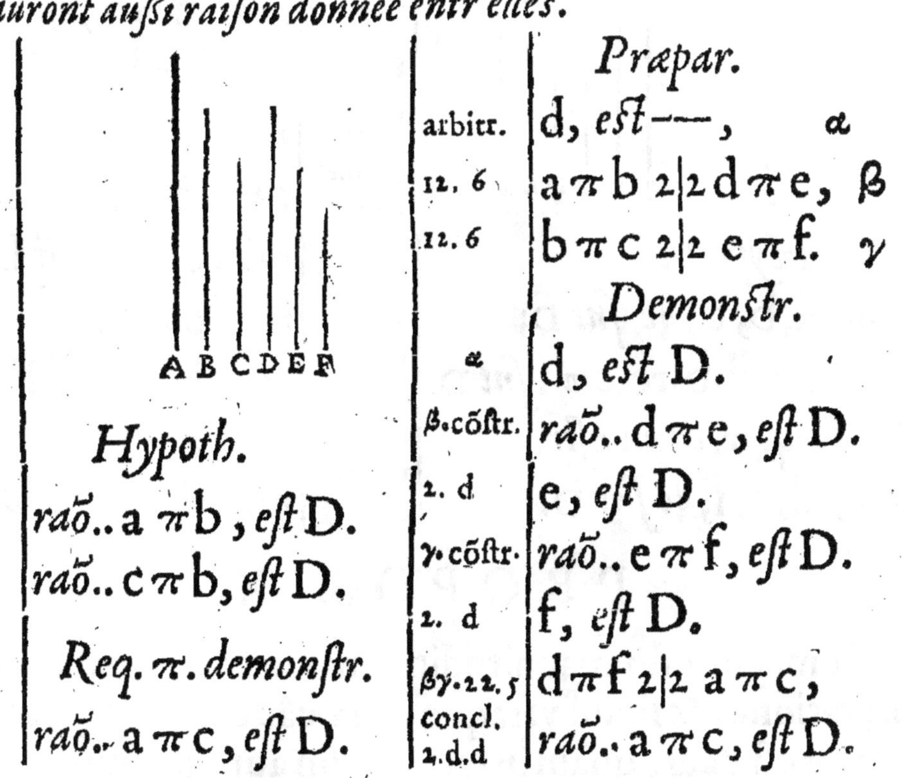

<table>
<tr><td></td><td></td><td>Præpar.</td></tr>
<tr><td></td><td>arbitr.</td><td>d, eſt ——, α</td></tr>
<tr><td></td><td>12. 6</td><td>a π b 2|2 d π e, β</td></tr>
<tr><td></td><td>12. 6</td><td>b π c 2|2 e π f. γ</td></tr>
<tr><td></td><td></td><td>Demonſtr.</td></tr>
<tr><td></td><td>α</td><td>d, eſt D.</td></tr>
<tr><td>Hypoth.</td><td>β. cõſtr.</td><td>raõ.. d π e, eſt D.</td></tr>
<tr><td>raõ.. a π b, eſt D.</td><td>2. d</td><td>e, eſt D.</td></tr>
<tr><td>raõ.. c π b, eſt D.</td><td>γ. cõſtr.</td><td>raõ.. e π f, eſt D.</td></tr>
<tr><td></td><td>2. d</td><td>f, eſt D.</td></tr>
<tr><td>Req. π. demonſtr.</td><td>βγ. 22. 5</td><td>d π f 2|2 a π c,</td></tr>
<tr><td>raõ.. a π c, eſt D.</td><td>concl.
2. d. d</td><td>raõ.. a π c, eſt D.</td></tr>
</table>

PROPOS. IX.

Si duæ pluresve magnitudines ad inuicem habeant

rationem datam, habeant autem illæ magnitudines ad alias quaſdam magnitudines rationes datas, etſi non eaſdem, illæ aliæ magnitudines, etiam ad inuicem habebunt rationes datas.

Si deux ou plusieurs grandeurs ont entr'elles la raiſon donnee, & que les meſmes grandeurs ayent à quelques autres grandeurs des raiſons donnees, encore que ce ne ſoient les meſmes, icelles autres grandeurs auront auſsi entr'elles la raiſon donnee.

A B C D E F

Hypoth.

raō;. a, b, c, ꝗe *ſnt* D;

raō;. a π d, b π e, c π f *ſnt* D.

Req. π. demonſtr.

raō;. d, e, f, ꝗe *ſnt* D.

	Demonſtr.	
hyp.	*raō*.. d π a, *eſt* D.	
hyp.	*raō*.. b π a, *eſt* D.	
8. d	*rō*.. d π b, *eſt* D.	
hyp.	*raō*.. e π b, *eſt* D.	α
1. concl 8. d	*raō*.. d π e, *eſt* D.	β
hyp.	*raō*.. c π b, *eſt* D.	
α. 8. d	*raō*.. e π c, *eſt* D.	
hyp.	*raō*.. f π c, *eſt* D.	
2 concl. 8. d	*raō*.. e π f, *eſt* D.	γ
3. concl. βγ. 8. d	*raō*.. d π f, *eſt* D.	

PROPOS. X.

Si magnitudo magnitudine major fuerit, datâ, quàm in ratione, & ſimul vtraque, illâ eâdem α magnitudine major eſt data, quàm in ratione: ſin autem ſimul vtraque magnitudo, eadem magnitudine α major fuerit, datâ, quàm in ratione, & reliqua illa eadem α major erit, datâ, quàm in ratione, aut reliqua β data eſt, cum conſequente γ, ad quam habet altera magnitudo α rationem datam.

Si vne grandeur est plus grande qu'vne grandeur, d'vne donnee qu'en raison, la composee de deux sera aussi plus grande que la mesme α d'vne donnee qu'en raison: Que si la composee est plus grande que la mesme, α d'vne donnee, qu'en raison, le reste β sera aussi ou plus grande que la mesme d'vne donnee qu'en raison, ou bien le reste est donné auec le consequent γ, auquel l'autre grandeur α a la raison donnee.

α Per illâ eadem, quæ & altera magnitudo dicitur, intelligitur consequens rationis propositæ.

β Reliqua, est excessus quo antecedens vnà cum data excedit consequens rationis propositæ.

γ Cum consequente ad quam &c. est excessus quo consequens rationis propositæ superat antecedens eiusdem rationis propositæ.

α *Par ce mot la mesme, ou l'autre grandeur, il faut entendre le consequent de la raison proposee.*

β *Par ce mot le reste se doit entendre l'exces par lequel l'antecedent auec le donné excede le consequent de la raison proposee.*

γ *Le consequent auquel, &c. est l'exces par lequel le consequent de la raison proposee surpasse l'antecedent de la mesme raison proposee.*

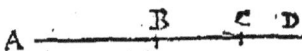

A —— B —— C —— D

Hypoth. 1.

ab, *est magd.* D.

ac 3|2 cd..D.*q* ⊰*n rāo*.

Req. π. demonstr.

ad 3|2 cd..D.*q* ⊰*n rāo*.

Demonstr.

11.d.d *rāo*.. bc π cd, *est* D.

18.5 *rāo*..bd π cd, *est* D.

1.concl. 11.d.d ad 3|2 cd.D.*q* ⊰*n rāo*.

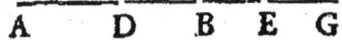

A —— D —— B —— E —— G

Hypoth. 2.

ad, *est magd.* D.

ag 3|2 bg..D.*q* ⊰*n rāo*.

Req. π. demonstr.

ab 3|2 bg..D.*q* ⊰*n rāo*.

A D B E G

Demonstr.

11. d. d rão..dg π bg, *est* D.

17. *si* rão..db π bg, *est* D.

2 concl. 11. d. d ab 3|2 bg..D.*q*{*n* rão.

Hypoth. 3.

ae, *est magd*. D.

ag 3|2 bg..D.*q*{*n* rão.

Req. π. demonstr.

rão.. bg π be, *est* D.

Demonstr.

11. d.d rão..eg π bg, *est* D.

3. concl 1. f.18.5 rão..bg π be, *est* D.

PROPOS. XI.

Si magnitudo magnitudine major sit, datâ, quàm in ratione, eadem simul vtrâque major erit, datâ, quàm in ratione. Et si eadem simul vtraque major sit, datâ, quàm ratione, eadem reliquâ magnitudine major erit, datâ, quàm in ratione.

Si vne grandeur est plus grande qu'vne grandeur, d'vne donnee, qu'en raison, la mesme sera plus grande que les deux ensemble, d'vne donnee, qu'en raison. Et si la mesme grandeur est plus grande que les deux ensemble, d'vne donnee qu'en raison, ceste mesme grandeur sera aussi plus grande que le reste, d'vne donnee, qu'en raison.

A D B E G

Hypoth. 1.

ab, *est magd*. D.

ae 3|2 eg.. D. *q*{*n* rão,

Req. π. demonstr.

ae 3|2 bg.. D. *q*{*n* rão.

Demonstr.

11. d.d rão.. be π eg, *est* D.

1. f.18.5 rão..be π bg, *est* D.

2. concl. 11. d. d ae 3|2 bg..D.*q*{*n* rão.

Hypoth. 2.

ab, *est magd*. D.

ae 3|2 bg..D.*q*{*n* rão.

Req. π. demonstr.	11. d.d	rão.. be π bg, est D.
ae 3|2 eg.. D. q ⊰n rão.	2.17.s.5	rão.. be π eg, est D.
Demonstr.	2 concl. 11.d.d	ae 3|2 eg.. D. q ⊰n rão.

PROPOS. XII.

Si fuerint tres magnitudines, & prima quidem cum secunda data sit, secunda quoque cum tertia data sit, aut prima tertiæ æqualis est, aut altera alterâ major datâ.

S'il y a trois grandeurs, & que la premiere auec la seconde soit donnee, & aussi la seconde auec la troisiesme soit donnee, ou la premiere sera egale à la troisiesme, ou bien l'vne est plus grande que l'autre d'vne donnee.

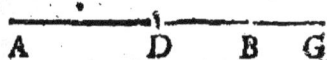

A D B G

Hypoth.

ab, *est* D.

dg, *est* D.

Req. π. demonstr.

ad 2|2 bg,

II ad.~:bg, *est* D.

	Demonstr.
suppos.	ab 2|2 dg,
1. concl. 3. a. 1	ad 2|2 bg,
suppos.	ab 3|2 dg,
hyp.	ab & dg *snt* D;
4. d	ab.~:dg, *est* D, α
18. a. 1	ad~bg 2|2 ab~dg,
2 concl. α. 2. d	ad.~:bg, *est* D.

PROPOS. XIII.

Si fuerint tres magnitudines, & earum prima ad secundam habent rationem datam, secunda autem tertiâ major sit, datâ, quàm in ratione, prima quoque major erit tertiâ, datâ, quàm in ratione.

S'il y a trois grandeurs, & que la premiere d'icelles à la seconde soit en raison donnee, mais que la seconde soit plus grande que la troisiesme, d'vne donnee qu'en raison; la premiere sera aussi plus grande que la troisiesme, d'vne donnee qu'en raison.

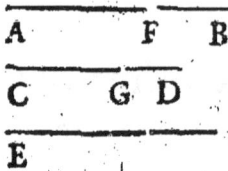

A F B

C G D

E

Hypoth.

dg, *est* D.

rão. ab π cd, *est* D.

cd 3|2 e.. D. *q* *'n rão.*

Req. π. *demonstr.*

ab 3|2 e.. D. *q* *'n rão.*

Præpar.

dc π gc 2|2 ba π fa.

Demonstr.

constr.	dc π gc 2|2 ba π fa,
16. 5	dc π ba 2|2 gc π fa, α
19. 5	dg π bf 2|2 dc π ba,
hyp.	dg, *est* D.
2 d	bf, *est* D. β
hyp.	*rão*.. ab π cd, *est* D.
α	fa π gc 2|2. ab π cd,
2. d. d	*rão*.. fa π gc, *est* D.
hyp.	*rão*.. gc π e, *est* D.
8. d	*rão*.. fa π e, *est* D.
β	bf, *est* D.
concl. 11. d d	ab 3|2 e.. D. *q* *'n rão.*

PROPOS. XIV.

Si duæ magnitudines ad inuicem habeant rationem datam, vtrique autem illarum adiiciatur data magnitudo: totæ ad inuicem aut habebunt rationem datam, aut altera alterâ major erit, datâ, quàm in ratione.

Si deux grandeurs sont l'vne à l'autre en la raison donnee, & qu'à chacune d'icelles on adjouste vne grandeur donnee: ou les tous seront l'vne à l'autre en la raison donnee, ou l'vne sera plus grande que l'autre d'vne donnee qu'en raison.

B A H E

D G F

Hypoth.	1suppo.	ab π gd 2|2 ae π gf,
rão.. ab π gd, *est* D.	11. 5	be π df 2|2 ab π gd,
ae & gf *snt* D;	hyp.	*rão..*ab π gd, *est* D.
Req. π. demonstr.	1.concl. 2. d	*rão..*be π df, *est* D.
rão . be π df, *est* D.	2 suppo.	ab π gd 2|2 ah π gf, α
II be, *est* 3|2 df.. D.	11. 5	bh π df 2|2 ab π gd,
q ∢*n rão.*	hyp.	*rão..*ab π gd, *est* D.
Demonstr.	2. d.d	*rão..*bh π df, *est* D.
	α. 2. d	ah, *est* D.
	4. d	he, *est* D.
	2concl. 11.d.d	be 3|2 df..D. *q* ∢*n rão.*

PROPOS. XV.

Si duæ magnitudines habeant ad inuicem rationem datam, & ab vtraque earum auferatur data magnitudo; reliquæ magnitudines, ad inuicem habebunt aut rationem datam, aut altera alterâ major erit, datâ, quàm in ratione.

Si deux grandeurs ont entr'elles vne raison donnee, & que de chacune d'icelles on oste vne grandeur donnee: ou les restes seront l'vn à l'autre en raison donnee, ou l'vn sera plus grand que l'autre d'vne donnee qu'en raison.

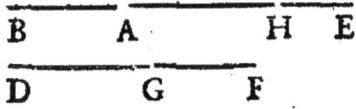

Hypoth.		II bh, *est* 3|2 dg.. D.
*rao..*be π df, *est* D.		*q* ∢*n rao.*
eh & fg *snt* D.		*Demonstr.*
Req. π. demonstr.	1suppo.	be π df 2|2 eh π fg,
*rao..*bh π dg, *est* D.	19. 5	bh π dg 2|2 be π df,

	B A H E / D G F	hyp.	*rao*..be π df, *est* D.
		2. d	*rao*..ab π gd, *est* D.
hyp.	*rao*..be π df, *est* D.	α. 2. d	ea, *est* D.
1. concl. 2. d	*rao*..bh π dg, *est* D.	hyp.	eh, *est* D.
2 suppo.	be π df 2|2 ea π gf, α	4. d	ha, *est* D.
19. 5	ab π gd 2|2 be π df,	2 concl. 11.d.d	bh 3|2 dg..D.*q* ∢*n rao*.

PROPOS. XVI.

Si duæ magnitudines ad inuicem habeant rationem datam, & ab vna quidem illarum auferatur data magnitudo, alteri autem ipsarũ adiiciatur data magnitudo, tota residua magnitudine major erit, datâ, quàm in ratione.

Si deux grandeurs ont entr'elles vne raison donnee, & que de l'vne d'icelles on retranche vne grandeur donnee, mais à l'autre on adjouste vne grandeur donnee, le tout sera plus grand que le reste d'vne donnee qu'en raison.

		Præpar.
B A H E / D G F	12. 6.	df π bh 2|2 gf π ah. α
		Demonstr.
	hyp.	gf, *est* D.
Hypoth.	α. 2. d	ah, *est* D.
	3. d	ae, *est* D. β
rao. bh π df, *est* D.	α. 19. 5.	bh π df 2|2 ba π dg,
he & gf *snt* D;	hyp.	*rao*. bh π df, *est* D.
Req. π. demonstr.	2. d. d	*rao*. ba π dg, *est* D.
be 3|2 dg..D *q* ∢*n rao*.	concl. β. 11. d. d	be 3|2 dg..D.*q* ∢*n rao*.

PRO-

PROPOS. XVII.

Si fuerint tres magnitudines, & prima quidem ſecunda major ſit, data, quàm in ratione, tertia quoque eadem ſecunda major ſit, data, quàm in ratione, prima ad tertiam, aut rationem habebit datam, aut altera altera major erit, data, quàm in ratione.

S'il y a trois grandeurs, & que la premiere ſoit plus grande que la ſeconde, d'vne donnee qu'en raiſon, & la troiſieſme ſoit auſsi plus grande que la ſeconde d'vne donnee qu'en raiſon; la premiere à la troiſieſme aura la raiſon donnee, ou l'vne ſera plus grande que l'autre d'vne donnee qu'en raiſon.

A H B

C E D

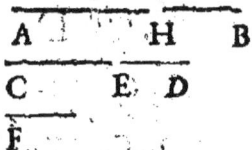

F

Hypoth.

bh & de *ſnt* D;

ab 3|2 f..D. *q{n rao.*

cd 3|2 f..D. *q{n rao.*

Req. π. *demonſtr.*

*rao..*ab π cd, *eſt* D.

Ll ab 3|2 cd..D.

q{n rao.

Demonſtr.

11 d.d *rao..*ah π f, *eſt* D.

11.d.d *rao..*ce π f, *eſt* D.

8. d *rao..*ah π ce, *eſt* D.

concl. 14. d. Ll *rao..*ab π cd, *eſt* D

Ll ab 3|2 cd. D.

q{n rao.

PROPOS. XVIII.

Si fuerint tres magnitudines, atque ex his vna vtrâque reliquarum major ſit, data, quàm in ratione, reliquæ duæ aut datam rationem habebunt ad inuicem, aut altera altera major erit, data, quàm in ratione.

S'il y a trois grandeurs, & que l'vne d'icelles soit plus grande que chacune des deux autres d'vne donnee qu'en raison; les deux autres ou elles seront en raison donnee, ou l'vne sera plus grande que l'autre d'vne donnee qu'en raison.

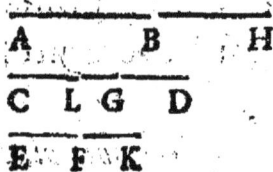

A B H
C L G D
E F K

Hypoth.

dg & dl *snt* D;
cd 3|2 ab..D. *q* ⊰*n rao.*
cd 3|2 ef..D. *q* ⊰*n rao.*

Req. π. demonstr.

rao..ab π ef, *est* D.
⁞⁞ ab 3|2 ef..D. *q* ⊰*n rao.*

Præpar.

12. 6	cg π ab 2|2 gd π bh, α
12. 6	cl π ef 2|2 ld π fK,
	Demonstr.
α. 12. 5	cg π ab 2|2 cd π ah,
11. d.d	*rao*..cg π ab, *est* D. β
2. d.d	*rao*..cd π ah, *est* D. γ
αβ 2. d.d	*rão*. gd π bh, *est* D.
hyp.	gd, *est* D.
2. d	bh, *est* D. δ
d. δ	fK, *est* D. ε
d. δ	*rão*..cd π ek, *est* D.
γ. 8. d	*rão*..ab π eK, *est* D.
concl.	ab 3|2 ef..D. *q* ⊰*n rão.*
δ 8. 15. d	⁞⁞ *rao*..ab π ef, *est* D.

PROPOS. XIX.

Si fuerint tres magnitudines, & prima quidem magnitudo, secunda magnitudine major sit, data, quàm in ratione: sit quoque secunda major tertia, data, quàm in ratione; prima magnitudo, tertia magnitudine, major erit, data, quàm in ratione.

S'il y a trois grandeurs, & que la premiere grandeur soit plus grande que la seconde d'vne donnee qu'en raison; & soit aussi la seconde plus grande que la troisiesme d'vne donnee qu'en raison; la premiere grandeur sera plus grande que la troisiesme d'vne donnee qu'en raison.

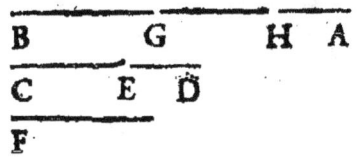

B G H A	hyp.	de, *est* D.
C E D	α. 2.d.d	*rao..* de π hg, *est* D.
F	2. d	gh, *est* D.
Hypoth.	hyp.	ah, *est* D.
ha, ed *snt* D;	3. d	ag, *est* D. β
ab 3|2 dc.. D. *q* ⸦*n rao.*	α. c.4.5	hg π de 2|2 bh π cd
dc 3|2 f.. D. *q* ⸦*n rao.*	19. 5	gb π ec 2|2 bh π cd,
Req. π. *demonstr.*	11. d.d	*rao..* bh π cd, *est* D.
ab 3|2 f.. D. *q* ⸦*n rao.*	2. d. d	*rao..* gb π ec, *est* D.
Præpar.	11.d.d	*rao..* f π ec, *est* D.
12. 6 | cd π bh 2|2 de π hg, α	8. d	*rao..* gb π f, *est* D.
Demonstr.	concl. β.11.d.d	ab 3|2 f.. D. *q* ⸦*n rao.*

PROPOS. XX.

Si datæ fuerint duæ magnitudines, & auferantur ab ipsis magnitudines habentes ad inuicem rationem datam, residuæ magnitudines aut habebunt ad inuicem rationem datam, aut altera alterâ major erit, datâ, quàm in ratione.

Si deux grandeurs sont donnees, & que d'icelles on oste des grandeurs ayans entr'elles vne raison donnee; les restes seront l'vn à l'autre ou en la raison donnee, ou l'vn sera plus grand que l'autre d'vne donnee qu'en raison.

Hypoth.	*rao..* he π gc, *est* D.
be & dc *snt* D;	*Req.* π. *demonstr.*

B A H E
D G C

raō.. bh π dg, *est* D.
ц bh 3|2 dg..D. *q* ∢*n raō*.
Demonstr.

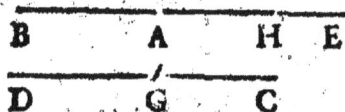

1 suppo.	he π gc 2|2 be π dc,	hyp.	*raō*..he π gc, *est* D. β
19. 5	bh π dg 2|2 he π gc,	2. d. d	*raō*..ae π dc, *est* D.
hyp.	*raō*..he π gc, *est* D.	hyp.	dc, *est* D.
1. concl. 2. d. d	*raō*..bh π dg, *est* D.	2. d	ae, *est* D.
2 suppo.	he π gc 2|2 ae π dc, α	hyp.	be, *est* D.
		4. d	ab, *est* D. γ
		α	he π gc 2|2 ae π dc,
		19. 5	ah π dg 2|2 he π gc,
		β. 2. d	*raō*..ah π dg, *est* D.
		γ. 11. d. d	bh 3|2 dg..D *q* ∢*n raō*

PROPOS. XXI.

Si fuerint duæ magnitudines datæ, & adjiciantur ipsis aliæ magnitudines, habentes ad inuicem rationem datam, totæ aut habebunt ad inuicem rationem datam, aut altera alterâ major erit, datâ quàm in ratione.

S'il y a deux grandeurs donnees, & qu'à icelles on adjouste d'autres grandeurs ayans entr'elles vne raison donnee, ou les toutes seront en la raison donnee, ou l'vne sera plus grande que l'autre d'vne donnee qu'en raison.

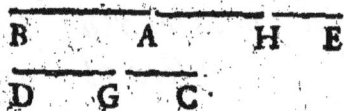

B A H E
D G C

Hypoth.
hb & gd *snt* D.

raō..he π gc, *est* D.

Req. π. demonstr.

raō..be π dc, *est* D.
ц be 3|2 dc..D. *q* ∢*n raō*.

	Demonstr.	2. d	ha, est D.
1 suppo.	he π gc 2|2 hb π gd,	hyp.	hb, est D.
12. 5	be π dc 2|2 he π gc,	4. d	ab, est D. β
hyp.	*raõ*..he π gc, *est* D.	α	he π gc 2|2 ha π gd,
1. concl. 2. d. d	*raõ*..be π dc, *est* D.	12. 5	ae π dc 2|2 he π gc,
2 suppo.	he π gc 2|2 ha π gd, α	hyp.	*raõ*..he π gc, *est* D.
2. d. d	*raõ*..ha π gd, *est* D.	2. d	*raõ*..ae π dc, *est* D.
hyp.	gd, *est* D.	2 concl. β. 11. d. d	be 3|2 dc..D.q <n *raõ*.

PROPOS. XXII.

Si duæ magnitudines, ad aliam aliquam magnitudinem habeant rationem datam; & simul vtraque ad eandem habebit rationem datam.

Si deux grandeurs ont à quelque autre grandeur vne raison donnee, & les deux ensemble à la mesme auront vne raison donnee.

D E F A

			rão. df π a, *est* D.
	Hypoth.		*Demonstr.*
	raõ..de π a, *est* D. α	αβ. 8. d	*rão*..de π ef, *est* D.
	raõ..ef π a, *est* D. β	6. d	*rão*..df π ef, *est* D.
	Req. π. *demonstr.*	hyp.	*rão*..ef π a, *est* D.
		concl. 8. d	*rão*..df π a, *est* D.

PROPOS. XXIII.

Si totum ad totum, habeat rationem datam, habeant autem & partes ad partes rationes datas, etsi non easdem; habebunt omnia ad omnia rationes datas.

Si le tout au tout a la raiſon donnee, & que les parties aux parties ont auſsi des raiſons donnees, encore que ce ne ſoient les meſmes; les raiſons d'vne chacune grandeur à toutes les autres seront auſsi donnees.

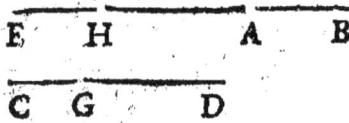

E H A B

C G D

Hypoth.

rão..eb π cd, *eſt* D.

rão..eh π cg, *eſt* D.

rão..hb π gd, *eſt* D.

Req. π demonſtr.

rão;.eh, hb, cg, gd *ſnt* D;

Præpar.

12. 6	cg π eh 2|2 cd π ea.

Demonſtr.

c. 4. 5	eh π cg 2|2 ea π cd, α
19. 5	ha π gd 2|2 eh π cg,
hyp.	rão..eh π cg, *eſt* D.
2. d. d	rão..ha π gd, *eſt* D.
hyp.	rão..hb π gd, *eſt* D.
8. d	rão..hb π ha, *eſt* D.
5. d	rão..hb π ab, *eſt* D. β
hyp.	rão..eb π cd, *eſt* D.
α	rão..ea π cd, *eſt* D.
8. d	rão..ea π eb, *eſt* D.
6. d	rão..eb π ab, *eſt* D.
β	rao..hb π ab, *eſt* D.
1. concl. 8. d	rao..eb π hb, *eſt* D.
2 concl. 4. d	rao..eb π eh, *eſt* D.
3. concl. 8. d	rao..eh π hb, *eſt* D.
hyp.	rao..eh π cg, *eſt* D.
4 concl. 8. d	rao..hb π cg, *eſt* D.

PROPOS. XXIV.

Si tres rectæ lineæ proportionales fuerint, prima autem ad tertiam habeat rationem datam, & ad ſecundam habebit rationem datam.

Si trois lignes ſont proportionelles, & que la premiere à la troiſieſme aye vne raiſon donnee, elle aura auſsi à la ſeconde vne raiſon donnee.

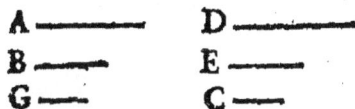

A—— D——
B—— E——
G—— C——

Hypoth.

a π b 2|2 b π g,
rão. a π g, *est* D.

Req. π. demonstr.

raõ. a π b, *est* D.

	Demonstr.
hyp.	*raõ*. a π g, *est* D.
1. 6	a π g 2|2 □.a π ▭.ag
1. d	*raõ*.. □.a π ▭.a,g, *est* D.
17. 6	□.b 2|2 ▭.a,g,
7. 5	*raõ*.. □.a π □.b, *est* D.
concl. 1. d	*raõ*.. a π b, *est* D.

PROPOS. XXV.

Si duæ rectæ positione datæ, se mutuò inuicẽ seuerint, punctum in quo se inuicem secant, positione datum est.

Si deux lignes droites donnees de position se couppent l'vne l'autre, le poinct où elles s'entrecouppent est donné de position.

Etenim duæ lineæ positione datæ A B, CD secanto se inuicem in puncto E. Dico datum esse punctum E. Si enim punctum E, diuersas possit habere positiones necesse est saltem & altera rectarum A B, CD diuersas habere positiones quod est cõtra hypothesin, igitur datum est punctũ E.

C
E
A B
D

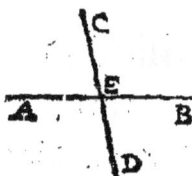

Car soit les deux lignes AB, CD qui s'entrecouppent en E. Ie dis que le poinct E est donné. Car si le poinct E peut auoir diuerses positions, il sera necessaire qu'à tout le moins l'vne des lignes AB, CD aye diuerses positions, ce qui est contre l'hypothese, partant le poinct E est donné.

SCHOL.

Eodem modo ostendetur punctum intersectionis, cuiuscumque

binarum linearum positione datarum, & in vno tantùm puncto se mutuò secantium esse datum.

Par la mesme methode se pourra demonstrer que le poinct de l'intersection de deux quelconques lignes qui ne s'entrecouppent qu'en vn poinct, est donné.

PROPOS. XXVI.

Si lineæ rectæ extremitates positione datæ sint, recta positione, & magnitudine data est.

Si les extremitez d'vne ligne droicte sont donnees de position, la ligne droicte est donnee de position & grandeur.

A ——— B		ab, *est* D.. *posit.* & .. *magd.*
Hypoth.		*Demonstr.*
•; a & b *sint* D; *posit.*	concl. 14. a. 1	ab, *est* D.. *posit.* & *magd.*
Req. π. *demonstr.*		

PROPOS. XXVII.

Si datæ rectæ lineæ positione & magnitudine, data fuerit vna extremitas, & altera extremitas data erit.

Si d'vne ligne droicte donnee de position & grandeur; l'vne des extremitez est donnee, l'autre extremité sera aussi donnee.

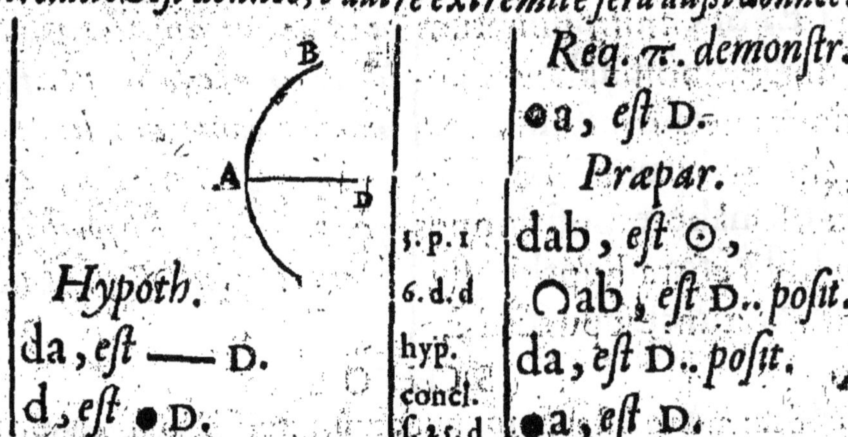

		Req. π. *demonstr.*
		•a, *est* D.
		Præpar.
	5. p. 1	dab, *est* ⊙,
Hypoth.	6. d. d	⌒ab, *est* D.. *posit.*
da, *est* — D.	hyp.	da, *est* D.. *posit.*
d, *est* • D.	concl. f. 25. d	•a, *est* D.

PROPOS. XXVIII.

Si per datum punctum contra datam positione rectam, agatur recta linea; acta recta positione data est.

Si par vn poinct donné est menee vne ligne droicte parallele à vne ligne droicte donnee de position; la ligne droicte menee sera donnee de position.

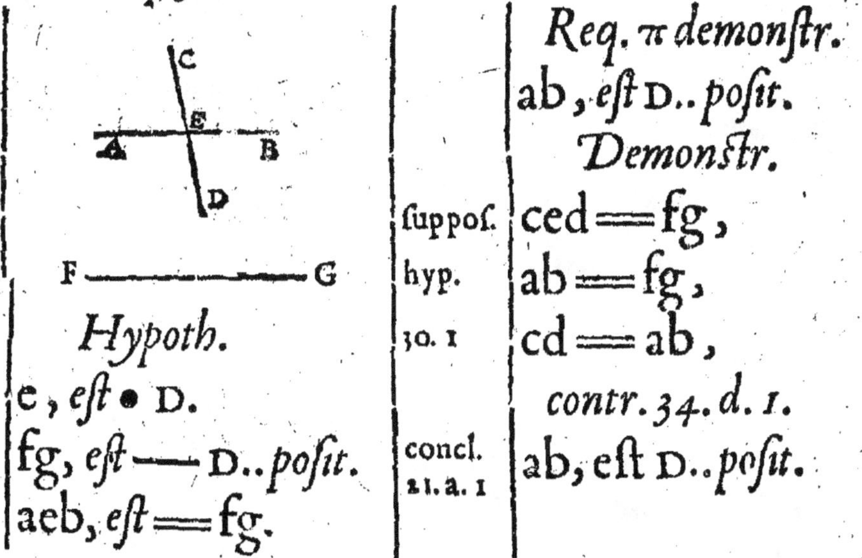

Hypoth.		*Req. π demonstr.*
e, *est* • D.		ab, *est* D.. *posit.*
fg, *est* — D.. *posit.*		*Demonstr.*
aeb, *est* ══ fg.	suppos.	ced ══ fg,
	hyp.	ab ══ fg,
	30. 1	cd ══ ab,
		contr. 34. d. 1.
	concl. 21. a. 1	ab, est D.. *posit.*

PROPOS. XXIX.

Si ad positione datam rectam, datumque in ea punctum, agatur recta linea, quæ faciat angulum datum, acta linea positione data est.

Si à vne ligne droicte donnee de position, & à vn poinct donné en icelle est menee vne ligne droicte faisant vn angle donné; la ligne droicte menee est donnee de position.

Hypoth.		<adc, *est* D.
cd, *est* — D.. *posit.*		*Req. π. demonstr.*
a, *est* • D.		ab, *est* D.. *posit.*

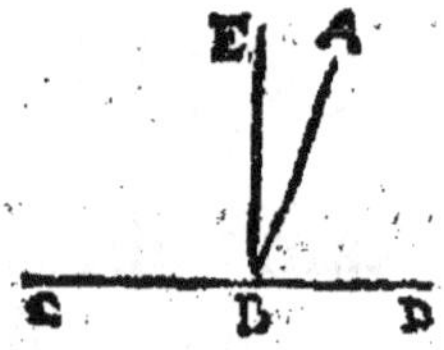

Demonstr.

suppos. <dbe 2|2 <D.
hyp. <dba 2|2 <D.
1. a. 1 <dbe 2|2 <dba, *contr. 9. a. 1.*
concl. 21. a. 1 ba, *est* D..*posit.*

SCHOL.

In hac propositione partes ad quas angulus datus est constitutus debent esse datæ.

En ceste proposition il faut aussi qu'il soit connu de quelle part est l'angle donné.

PROPOS. XXX.

Si à dato puncto, in datam positione rectam, agatur recta linea, quæ faciat angulum datum, acta linea positione data est.

Si d'vn poinct donné, on mene vne ligne droite à vne ligne droicte donnee de position faisant vn angle donné, la ligne menee sera donnee de position.

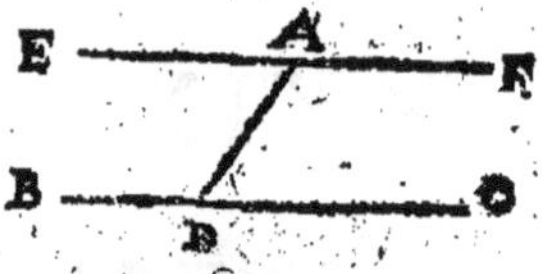

Hypoth.
bc, *est* — D..*posit.*
a, *est* • D.
<adc, *est* D.

Req. π. demonstr.
ad, *est* D..*posit.*

Præpar.
31. 1 eaf == bc.

Demonstr.
hyp. bc, *est* D..*posit.*
constr. ef == bc,
28. d ef, *est* D..*posit.*
hyp. <adc, *est* D.
29. 1 <dae 2|2 <adc,
1. d. d <dae, *est* D.
hyp. • a, *est* D.
concl. 29. d ad, *est* D..*posit.*

PROPOS. XXXI.

Si à dato puncto, in datam poſitione rectam, data magnitudine recta ducatur; poſitione quoque data erit.

Si d'vn poinct donné on tire vne ligne droite, donnee de grandeur, ſur vne ligne droite donnee de poſition; elle ſera auſſi donnee de poſition.

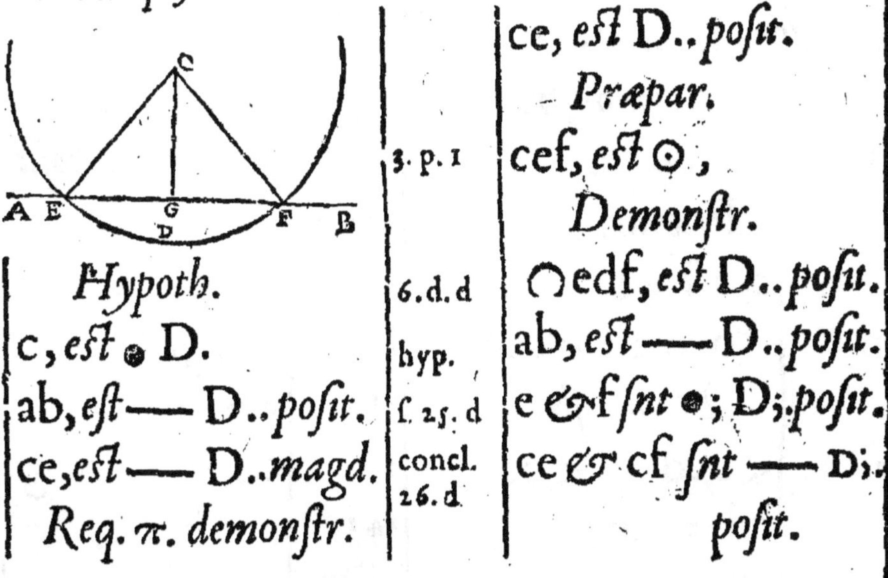

Hypoth.
c, *eſt* • D.
ab, *eſt* — D.. *poſit.*
ce, *eſt* — D.. *magd.*
Req. π. demonſtr.
ce, *eſt* D.. *poſit.*

Præpar.

3. p. 1 — cef, *eſt* ⊙,

Demonſtr.

6. d. d — ◠ edf, *eſt* D.. *poſit.*
hyp. — ab, *eſt* — D.. *poſit.*
ſ. 25. d — e & f *ſnt* •; D;. *poſit.*
concl. 26. d — ce & cf *ſnt* — D;. *poſit.*

SCHOL.

Si data linea ſit major perpendiculari CG, non erit data poſitione, niſi præſcribatur ad quam partem perpendicularis CG ſit ducenda: cùm enim CF ſit æqualis CE data recta poterit habere duplicem poſitionem.

Si la ligne droicte donnee eſt plus grande que la perpendiculaire CG, elle ne ſera pas donnee de poſition, ſi on ne preſcrit de quelle part de la perpendiculaire CG elle doit eſtre menee: Car à cauſe que CF eſt egale à CE la ligne droicte donnee pourra auoir deux poſitions.

PROPOS. XXXII.

Si in datas poſitione parallelas rectas, agatur recta linea quæ faciat angulos datos, acta recta magnitudine data eſt.

Si ſur lignes droictes paralleles, donnees de poſition, on mene vne ligne droicte faiſant angles donnez, la ligne droicte menee eſt donnee de grandeur.

Hypoth.

ab & gf ſnt D; *poſit.*

ab == gf,

bae & aef ſnt <; D;

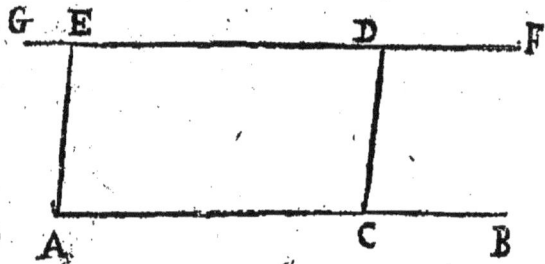

Req. π. demonſtr.

ae, *eſt* D.. *magd.*

Præpar.

arbitr.	c, *eſt* • D. ſn ab,
23. 1	<bcd 2|2 <cae.
	Demonſtr.
conſtr.	<bcd 2|2 <bae,
29. 1	cd == ae,
hyp.	<bae, *eſt* D.
1. d. d	<bcd, *eſt* D.
hyp.	ab, *eſt* D.. *poſit.*
conſtr.	• c, *eſt* D.
29 d	cd, *eſt* D.. *poſit.*
hyp.	gf, *eſt* D.. *poſit.*
25. d	• d, *eſt* D.
26. d	cd, *eſt* D.. *magd.*
34 1	ae 2|2 cd,
concl. 1. d d	ae, *eſt* D.. *magd.*

PROPOS. XXXIII.

Si in datas poſitione parallelas rectas, agatur magnitudine data recta, faciet angulos datos.

Si ſur lignes droictes paralleles donnees de poſition on mene vne ligne droicte donnee de grandeur, elle fera les angles donnez.

Hypoth.

ab & gf ſnt D;. *poſit.*

ab == gf,

ec, *eſt* D. *magd.*

Req. π. demonſtr.

<bec & <ecf ſnt D.

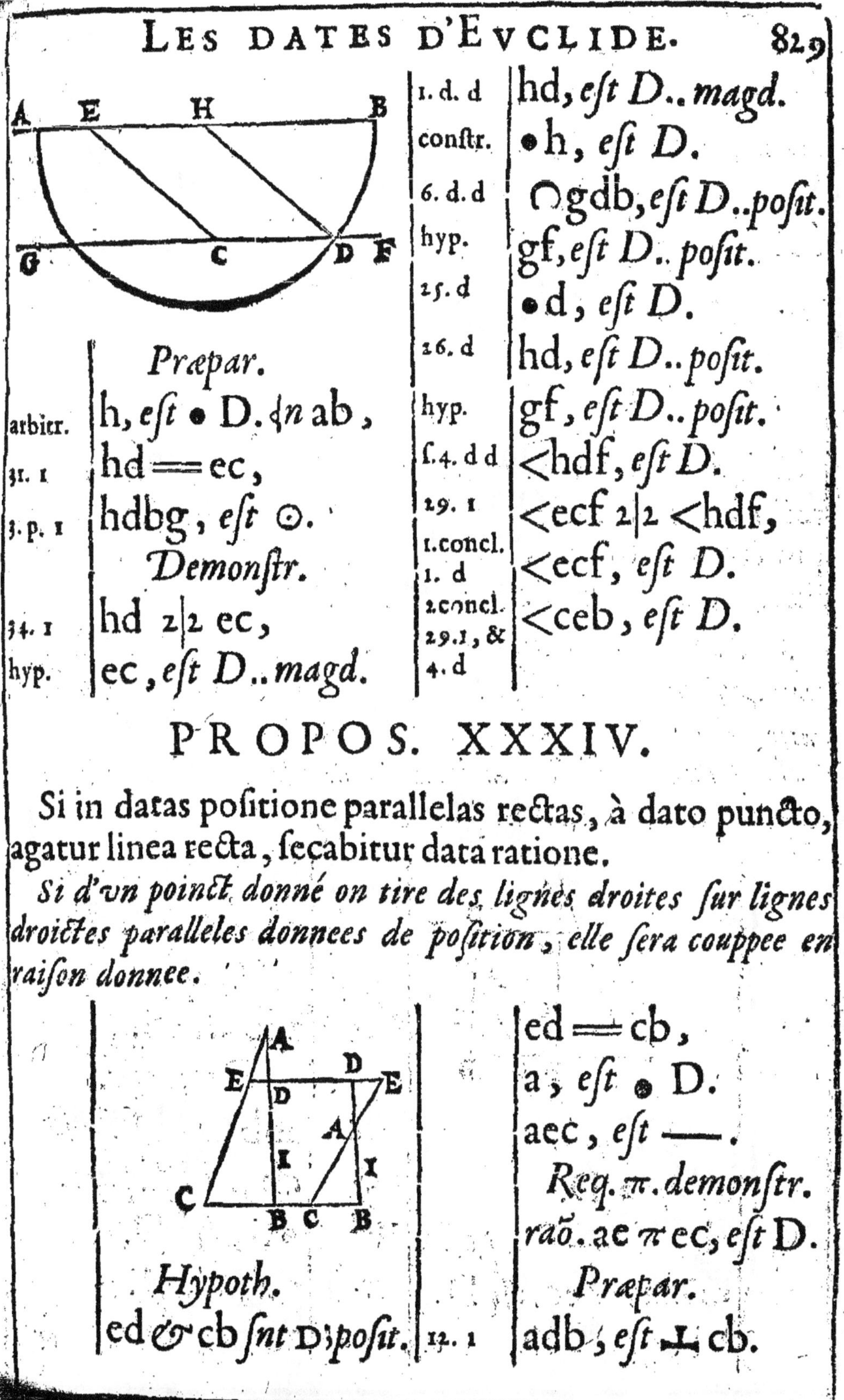

	Præpar.
arbitr.	h, *est* • D. *in* ab,
31. 1	hd ═ ec,
3. p. 1	hdbg, *est* ⊙.
	Demonstr.
34. 1	hd 2|2 ec,
hyp.	ec, *est D.. magd.*
1. d. d	hd, *est D.. magd.*
constr.	• h, *est D.*
6. d. d	∩gdb, *est D.. posit.*
hyp.	gf, *est D.. posit.*
25. d	• d, *est D.*
26. d	hd, *est D.. posit.*
hyp.	gf, *est D.. posit.*
s.4. d d	<hdf, *est D.*
29. 1	<ecf 2|2 <hdf,
1. concl. 1. d	<ecf, *est D.*
2. concl. 29. 1, & 4. d	<ceb, *est D.*

PROPOS. XXXIV.

Si in datas positione parallelas rectas, à dato puncto, agatur linea recta, secabitur data ratione.

Si d'vn poinct donné on tire des lignes droites sur lignes droictes paralleles donnees de position, elle sera couppee en raison donnee.

	Hypoth.
	ed & cb *sunt* D. *posit.*
	ed ═ cb,
	a, *est* • D.
	aec, *est* —.
	Req. π. demonstr.
	raō. ae π ec, *est* D.
	Præpar.
12. 1	adb, *est* ⊥ cb.

	Demonſtr.	26. d	ad & db ſnt D;
10. d	adb, eſt D.	1. d	raō..ad π db, eſt D.
hyp.	ed & cb ſnt D;.poſit.	2.& 4.6	ae π ec 2|2 ad π db,
25. d	•; d & b ſnt D;	concl. 2. d. d	raō..ae π ec, eſt D.
hyp.	• a, eſt D.		

PROPOS. XXXV.

Si à dato puncto, in datam poſitione rectam, agatur recta linea, ſecetúrque data ratione, agatur autem per punctum ſectionis, contra datam poſitione rectam, recta linea; acta linea poſitione data eſt.

Si d'vn poinct donné, ſur vne ligne droite donnee de poſition, eſt menee vne ligne droite, laquelle ſoit couppee en la raiſon donnee, & que par le poinct de ſection ſoit menee vne ligne droite parallele à la ligne droite donnee de poſition; la ligne menee eſt donnee de poſition.

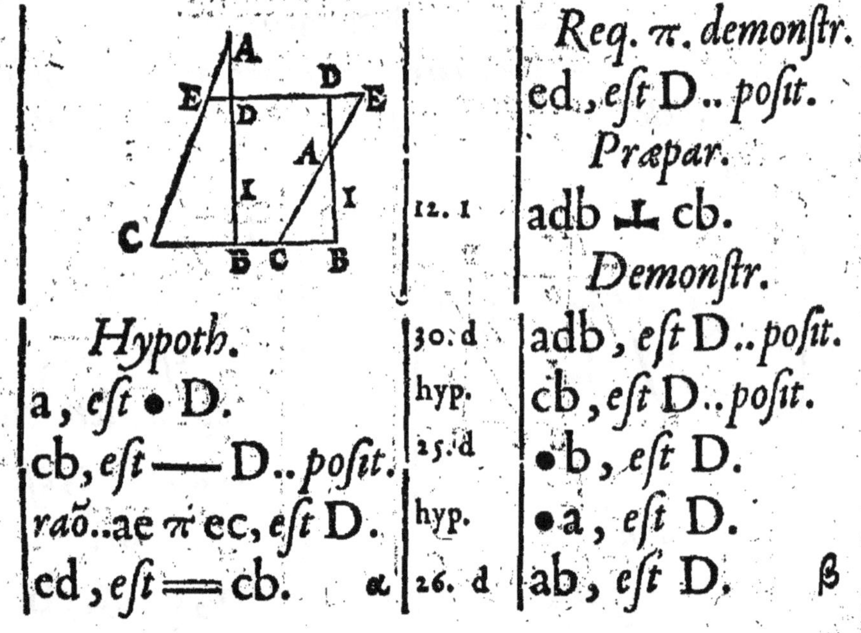

			Req. π. demonſtr.
			ed., eſt D.. poſit.
			Præpar.
		12. 1	adb ⊥ cb.
			Demonſtr.
	Hypoth.	30. d	adb, eſt D.. poſit.
	a, eſt • D.	hyp.	cb, eſt D.. poſit.
	cb, eſt — D.. poſit.	25. d	•b, eſt D.
	raō..ae π ec, eſt D.	hyp.	•a, eſt D.
	ed, eſt ═ cb. α	26. d	ab, eſt D. β

2.& 4.6	ae π ec 2|2 ad π db,	2. d	ad, *est* D. *magd.*
hyp.	*rão*..ae π ec, *est* D.	30. d	ad, *est* D.. *posit.*
2. d	*rão*..ad π db, *est* D.	hyp.	• a, *est* D.
17&18.5	*rão*..ab π ad, *est* D.	27. d	• d, *est* D.
6	ab, *est* D.. *magd.*	concl. α. 28. d	ed, *est* D.. *posit.*

PROPOS. XXXVI.

Si à dato puncto in datam positione rectam lineam, agatur recta linea, adjiciatur autem ipsi aliqua recta, quæ ad illam habeat rationem datam, per extremitatem autem adjectæ lineæ, agatur contra datam positione rectam linea recta: acta linea positione data est.

Si d'vn poinct donné, sur vne ligne droite donnee de position on mene vne ligne droite, & qu'on luy adjouste quelque ligne droite, qui soit à icelle en la raison donnee, & que par l'extremité de l'adjoustee on mene vne ligne droite parallele à la ligne droite donnee de position: la ligne menee est donnee de position.

Hypoth.	
a, *est* • D.	*rao*.ae π ac, *est* D.
cb, *est* —, D.. *posit.*	ed ═ cb.
ac, *est* —,	*Req.* π. *demonstr.*
cae, *est* —,	ed, *est* D.. *posit.*

Demonstratio huius propositionis non differt à demonstratione præcedentis, si loco primæ figuræ assumatur secunda.

La demonstration de ceste proposition ne differe point de la demonstration de la precedente, si au lieu de la premiere figure on prend la seconde.

PROPOS. XXXVII.

Si in datas positione parallelas rectas, agatur recta linea, & secetur ratione datâ, agatur autem per sectionis punctum contra datas positione rectas linea recta; acta recta linea positione data est.

Si sur lignes droites paralleles, donnees de position, est menee vne ligne droite, & qu'elle soit couppee en raison donnee, & par le poinct de diuision soit menee vne ligne droite parallele aux lignes donnees de position; la ligne droite menee est donnee de position.

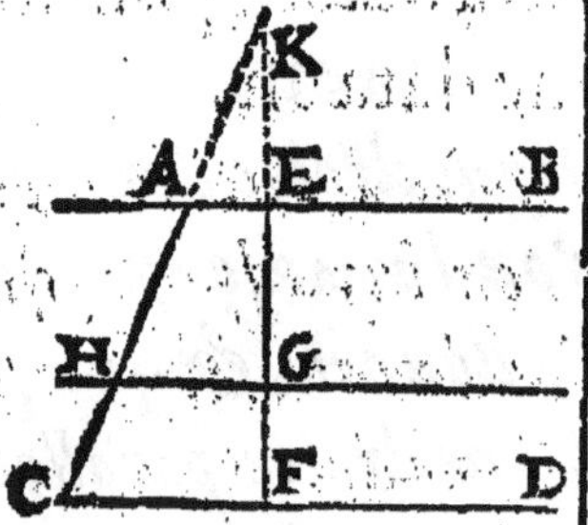

Hypoth.

ab & cd *snt* D; *posit.*

ab, *est* ═ cd,

rão. ah π hc, *est D.*

hg, *est* ═ ab, II cd.

Req. π. demonstr.

hg, *est D.. posit.*

Præpar.

arbitr. • e, *est D.* ∤n ab, α

31.1 ef ⊥ cd. β

Demonstr.

34. d. 1	ef, *est* ═ ac,
	II • K, *est intersect.*
30. d	ef, *est D.. posit.*
hyp.	cd, *est* D.. *posit.*
25. d	• f, *est D.*
α	• e, *est* D.
26. d	ef, *est* D. β
2. 6	ch π hk 2|2 fg π gk,
c. 4. 6	hK π aK 2|2 gK π eK,
2. 6	aK π ha 2|2 eK π ge,
22. 5	ch π ha 2|2 fg π ge, γ
hyp.	*rão*. ch π ha, *est* D.
2. d	*rão*.. fg π ge, *est* D.
β	fe, *est* D.

7. d	fg & ge ſnt D;	concl. 28. d	hg, eſt D.. poſit.
30. d	fe, eſt D.. poſit.		*Coroll.*
α	●e, eſt D.	hyp. concl.	cf,hg,ae ſnt ═ ⫞e,
26. d	●g, eſt D.	γ	ch π ha 2|2 fg π ge.

PROPOS. XXXVIII.

Si in datas poſitione parallelas rectas, agatur recta linea, adjiciatur autem ipſi quædam recta, quæ ad illam quæ acta eſt habeat rationem datam, per extremitatem autem adjectæ agatur contra datas poſitione parallelas recta linea; acta recta linea eſt data poſitione.

Si ſur lignes droites paralleles donnees de poſition, eſt menee vne ligne droite, & qu'on luy adjouſte quelque ligne droite, qui ſoit en raiſon donnee à icelle ligne menee, & par l'extremité de l'adjouſtee ſoit menee vne ligne droite parallele aux lignes donnees de poſition; la ligne droite menee eſt donnee de poſition.

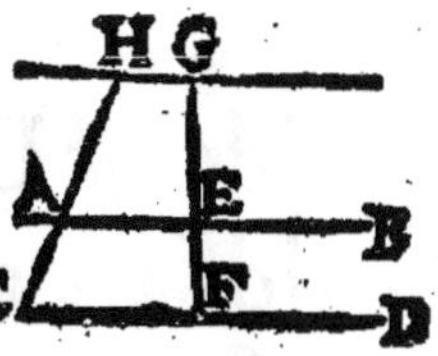

		Præpar.
	arbitr.	e, eſt ● D. ⫞n ab, α
	12. 1	ef ⊥ cd,
Hypoth.	2. p. 1	feg, eſt ——.
ab & cd ſnt D; poſit.		*Demonſtr.*
ab, eſt ═ cd,	30 d	ef eſt D.. poſit.
rão.ha π ac, eſt D.	hyp.	cd eſt D.. poſit.
hg, eſt ═ ab, II cd.	25. d	●f eſt D.
Req. π. demonſtr.	26. d	ef eſt D. β
hg, eſt D.. poſit.	c.37.d	fe π eg 2|2 ca π ah,

hyp.	*raõ*..ca π ah *est* D.	30. d	eg *est* D..*posit.*
2. d	*raõ*..fe π eg *est* D.	*a*	•e, *est* D.
b	fe *est* D.	26. d	•g *est* D.
2. d	eg *est* D.. *magd.*	concl. 28. d	hg *est* D..*posit.*

PROPOS. XXXIX.

Si trianguli singula latera magnitudine data sint, triangulum specie datum est.

Si chaques costez d'vn triangle sont donnez de grandeur; le triangle est donné d'espece.

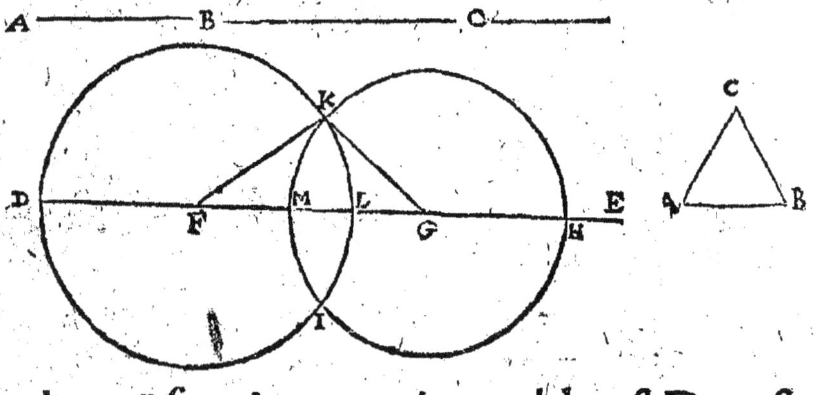

A B O K C D M L E F G H A B I

	Hypoth.	2. p. 1	de *est* D..*posit.*
	abc *est* Δ,	3. 1.	df 2|2 ab,
	ab,ac,cb *sunt* D.. *magd.*	3. 1	fg 2|2 ac,
		3. 1	gh 2|2 cb,
	Req. π. *demonstr.*	3. p. 1	fdkl *est* ⊙,
	Δabc *est* D..*spec.*	3. p. 1	ghkm *est* ⊙.
	Præpar.		*Demonstr.*
		hyp.	ab *est* D.
arbitr.	•d, *est* D.	constr.	df 2|2 ab,

1.d.d	df *est* D.
constr.	de *est* D..*posit.*
constr.	d *est* •D.
27.d	f *est* •D.
constr.	fg 2|2 ac,
hyp.	ac *est* D.
1.d.d	fg *est* D.
27.d	g *est* •D.
hyp.	cb *est* D.
constr.	gh 2|2 cb,
1.d.d	gh *est* D.
27.d	h, *est* •D. *posit.*
6.d.d	fdk & ghk *snt* ⊙; D; *posit.*
25.d	k, *est* •D.
26.d	fk, fg, gk *snt* D; *posit.* & *magd.*
1.29.d & 3.d.d	Δfgk *est* D..*spec.*
8.1, & 3.d.d	abc } fgk } *snt* Δ; 2|2 & *sml*; de.
concl. 3.d.d	Δabc *est* D..*spec.*

PROPOS. XL.

Si trianguli singuli anguli magnitudine dati sint, triangulum specie datum est.

Si chaques angles d'vn triangle sont donnez de grandeur, le triangle sera donné d'espece.

A B C D E F

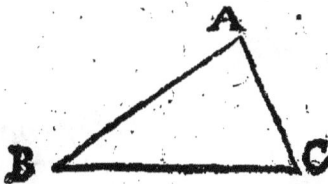

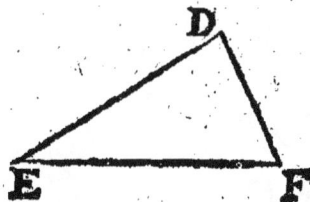

Hypoth.		*Præpar.*	
a,b,c *snt* ∠; D; *magd.*	arbitr.	ef *est* D..*posit.* & *magd.*	α
Req. π. *demonstr.*	23.1	<e 2|2 <b,	β
Δabc *est* D..*spec.*	23.1	<f 2|2 <c,	γ

	Demonſtr.		
c. 32, 1	<d 2|2 <a,	1. d	de π ef, ef π fd, de π df } *ſnt raõ;* D;
7.1.d.d	∠e,∠f *ſnt* D;.*magd.*		
29. d	ed,fd *ſnt* D;*poſit.*	3. d	Δedf *eſt* D..*ſpec.*
25. d	•d *eſt* D..*poſit.*	4. 6, & 1.d.6	Δabc *ſml* Δdef,
4.26.d.	ef,ed, fd *ſnt* D;.*poſit.& magd.*	concl. 3.d.d	Δabc *eſt* D..*ſpec.*

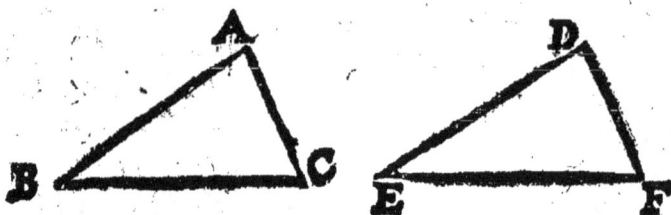

PROPOS. XLI.

Si triangulum vnum angulum datum habeat, circa datum autem angulum duo latera ad inuicem habeant rationem datam, triangulum ſpecie datum eſt.

Si le triangle a vn angle donné, & que les deux coſtez qui ſont à l'entour de l'angle donné, ayent entr'eux vne raiſon donnée, le triangle eſt donné d'eſpece.

Hypoth.		*Præpar.*
<a *eſt D.*	arbitr.	ed *eſt* D..*poſit. & magd.* α
*raõ.*ab π ac *eſt D.*		
	23. 1	<edf 2|2 <a,
Req. π. demonſtr.	12. 6	abπac 2|2 deπdf, β
Δabc *eſt D..ſpec.*	1. p. 1.	ef *eſt* —.

Demonstr.

hyp. | <a *est* D.

1.d.d | <d *est* D.

29.d | df *est* D. *posit.*

hyp. | *raõ*. ab π ac *est* D.

β. 2.d.d | *raõ*. de π df *est* D.

constr. | de *est* D.

2.d | df *est* D. *magd.*

α. 27.d | •f *est* D.

26.d | df, ef *snt* D;. *posit.* *& magd.*

39.d | △def *est* D.. *spec.*

6.6 | △abc *sml* △def.

concl. 3.d.d | △abc *est* D.. *spec.*

PROPOS. XLII.

Si trianguli latera ad inuicem habeant rationem datam, triangulum ſpecie datum eſt.

Si les coſtez d'vn triangle ſont entr'eux en raiſon donnée, le triangle ſera donné d'eſpece.

Hypoth.

abc *est* △.

ab π bc }
ab π ac } *snt raõ*; *D*;
bc π ca }

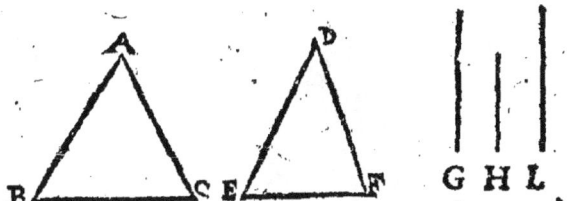

Req. π. demonstr.

△abc *est* D.. *spec.*

Præpar.

arbitr. | g *est* D.. *magd.*

12.6 | ab π bc 2|2 g π h,

12.6 | bc π ca 2|2 h π l,

22.1 | de 2|2 g, ef 2|2 h, df 2|2 l.

Demonstr.

constr. | g *est* D.

2.d | h & l *snt* D;

1.d.d | de, ef, df *snt* D;

39.d | △def *est* D.. *spec.* α

constr.	ab π bc 2|2 g π h,	11.5	bc π ca 2|2 ef π fd,
7.5	de π ef 2|2 g π h,	22.5	ab π ac 2|2 de π df,
11.5	ab π bc 2|2 de π ef,	5.6	Δabc *sml* Δdef,
constr.	bc π ca 2|2 h π l,	α	Δdef *est* D ..*spec.*
7.5	ef π fd 2|2 h π l,	concl. 3.d.d	Δabc *est* D..*spec.*

PROPOS. XLIII.

Si trianguli rectanguli circa vnum acutorum angulorum, latera ad inuicem habeant rationem datam, triangulum ſpecie datum eſt.

Si les coſtez d'alentour vn des angles aigus d'vn triangle rectangle, ont entr'eux vne raiſon donnée, le triangle eſt donné d'eſpece.

Hypoth.

abc *eſt* Δ*rectang.*

<bac *eſt* ⊥.

raõ. bc π ba *eſt* D.

Req. π. *demonſtr.*

Δabc *eſt* D..*ſpec.*

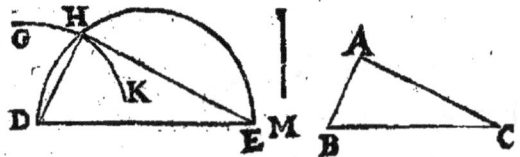

Præpar.

arbitr.	de *eſt* D..*poſit.* & *magd.*
3.p.1	dhe *eſt ſemic.*
12.6	bc π ba 2|2 de π m,
19.1	bc 3|2 ba,
14.5	de 3|2 m,
1.4	dh 2|2 m,
1.p.1	eh *eſt* —,
3.p.1	dhgk *eſt* ⊙.

Demonſtr.

6.d.d	dhe *eſt* ◠ D..*poſit.*
6.d.d	ghk *eſt* ◠ D..*poſit.*
25.d	•h *eſt* D.
	d & e *ſnt* •;D;

26. d	de, dh, he *snt* D; *posit.* *& magd.*
39. d	Δdeh *est* D.. *spec.*

7. 6	Δabc *sml* Δdeh,
concl. 3. d. d	Δabc *est* D.. *spec.*

PROPOS. XLIV.

Si triangulum habeat vnum angulum datum, circa alium autem angulum, latera ad inuicem habeant rationem datam, triangulum specie datum est.

Si vn triangle a vn angle donné, & que les costez à l'entour d'vn autre angle ayent entreux vne raison donnée, le triangle est donné d'espece.

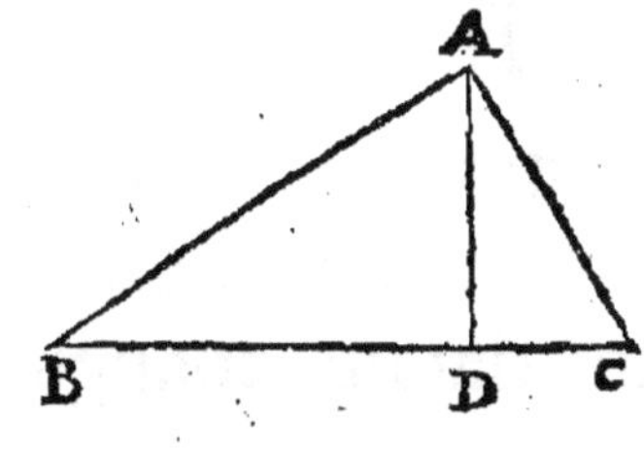

Hypoth.

bac *est* Δ.

<abc *est* D.

raõ. ba π ac *est* D.

Req. π. demonstr.

Δabc *est* D.. *spec.*

Demonstr.

1. supp.	<abc *est* 2|3 ⌋.
12. 1	ad ⊥ bc,
12. a. 1	<adb *est* D.
hyp.	<abc *est* D.
c. 32. 1	<bad *est* D.
40. d	Δadb *est* D.. *spec.*
c. 3. d. d	*raõ.* ba π ad *est* D.
hyp.	*raõ.* ba π ac *est* D.
8. d	*raõ.* ad π ac *est* D.
constr.	<adc *est* ⌋.
43. d	Δadc *est* D.. *spec.*
c. 3. d. d	<acd *est* D.
hyp.	<abc *est* D.
32. 1	<bac *est* D.
1. concl. 40. d	Δbac *est* D.. *spec.*

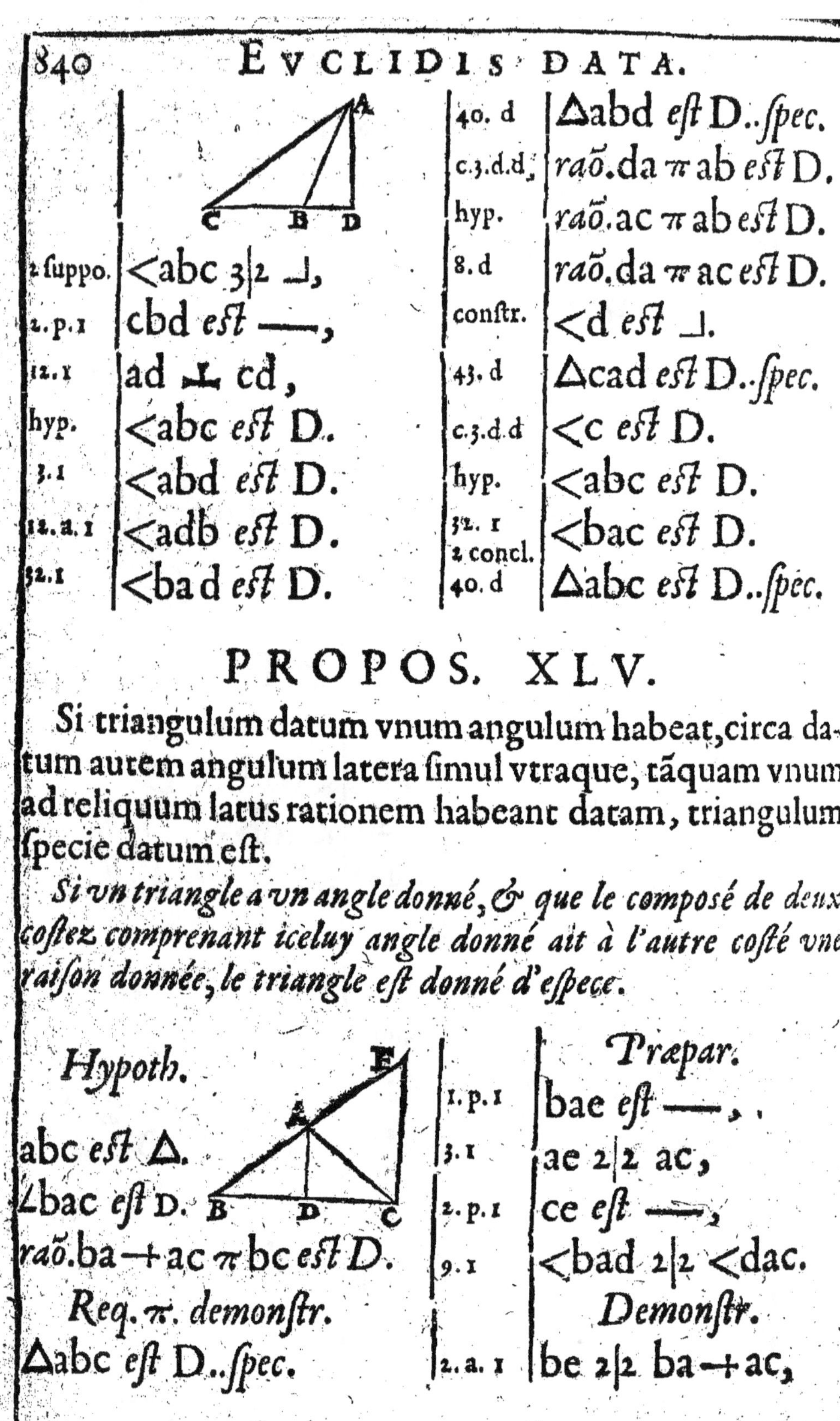

2 suppo.	<abc 3|2 ⊥,
2.p.1	cbd *est* —,
12.1	ad ⊥ cd,
hyp.	<abc *est* D.
3.1	<abd *est* D.
12.a.1	<adb *est* D.
32.1	<bad *est* D.

40. d	△abd *est* D..*spec.*
c.3.d.d.	*raõ*.da π ab *est* D.
hyp.	*raõ*.ac π ab *est* D.
8.d	*raõ*.da π ac *est* D.
constr.	<d *est* ⊥.
43.d	△cad *est* D..*spec.*
c.3.d.d	<c *est* D.
hyp.	<abc *est* D.
32.1	<bac *est* D.
2 concl. 40.d	△abc *est* D..*spec.*

PROPOS. XLV.

Si triangulum datum vnum angulum habeat, circa datum autem angulum latera ſimul vtraque, tãquam vnum ad reliquum latus rationem habeant datam, triangulum ſpecie datum eſt.

Si vn triangle a vn angle donné, & que le composé de deux coſtez comprenant iceluy angle donné ait à l'autre coſté vne raiſon donnée, le triangle eſt donné d'eſpece.

Hypoth.

abc *est* △.
∠bac *eſt* D.
raõ.ba + ac π bc *est* D.

Req. π. demonſtr.

△abc *eſt* D..*ſpec.*

Præpar.

1.p.1	bae *eſt* —,
3.1	ae 2|2 ac,
2.p.1	ce *eſt* —,
9.1	<bad 2|2 <dac.

Demonſtr.

2.a.1	be 2|2 ba + ac,

3.6	ba π ac 2|2 bd π dc,	44. d	Δabd *est* D.. *spec.*
16.5	ba π bd 2|2 ac π dc	c.3.d.d	<b *est* D.
12.5	be π bc 2|2 ba π bd	hyp.	<bac *est* D.
hyp.	*raõ.* be π bc *est* D.	32.1	<bca *est* D.
2. d	*raõ.* ba π bd *est* D.	concl. 40.d	Δabc *est* D.. *spec.*
hyp.	<bad *est* D.		

PROPOS. XLVI.

Si triangulum datum vnum angulum habeat, circa alium autem angulum latera, ſimul vtraque tanquam vnum, habeant ad reliquum rationem datam, triangulum ſpecie datum eſt.

Si vn triangle a vn angle donné, & que la composée de deux coſtez d'alentour vn autre angle ait à l'autre coſté vne raiſon donnée, le triangle eſt donné d'eſpece.

	Hypoth.		*Demonſtr.*
	abc *eſt* Δ.	1. a. 1	be 2|2 ba -+ ac,
	<b *eſt* D.	3. 3	ba π ac 2|2 bd π dc,
	raõ. ba -+ ac π bc *eſt* D.	16. 5	ba π bd 2|2 ac π dc,
	Req. π. demonſtr.	12. 5	be π bc 2|2 ba π bd,
	Δabc *eſt* D.. *ſpec.*	hyp.	*raõ.* be π bc *eſt* D.
	Præpar.	2. d. d	*raõ.* ba π bd *eſt* D.
2. p. 1	bae *eſt* —,	hyp.	<b *est* D.
3. 1	ae 2|2 ac,	41. d	Δabd *eſt* D.. *ſpec.*
1. p. 1	ce *eſt* —,	c, 3. d. d	<bad *est* D.
9. 1	<bad 2|2 <dac.	3. d	<bac *eſt* D.

32. 1 | <bca *est* D.

concl. 40. d | Δabc *est* D.. *spec.*

PROPOS. XLVII.

Data rectilinea specie, in data specie triangula diuiduntur.

Les rectilignes donnez d'espece, se diuisent en triangles donnez d'espece.

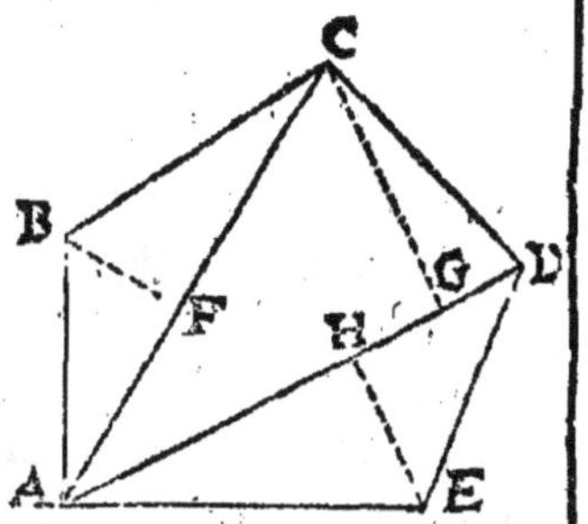

Hypoth.

abcde *est rectil. D.. spec.*

Præpar.

1. p. 1 | ac & ad *snt* —,

Req. π. demonstr.

abc, acd, ade *snt* Δ; D;. *spec.*

Demonstr.

c. 3 d. d | <abc *est* D.

c. 3. d. d | *raō.* ab π bc *est* D.

1. concl. 41. d | Δabc *est* D. *spec.* α

c. 3. d. d | <acb *est* D.

c. 3. d. d | <bcd *est* D.

4. d | <acd *est* D. β

c. 3 d. d | *raō.* bc π cd *est* D.

α. 3. d. d | *raō.* bc π ac *est* D.

8. d | *raō.* ac π cd *est* D.

2. concl. β. 41. d | Δacd *est* D.. *spec.* γ

3. concl. d. γ | Δade *est* D.. *spec.*

PROPOS. XLVIII.

Si ab eadem rectâ describantur triangula data specie, habebunt ad inuicem rationem datam.

Si sur vne mesme ligne droite sont descripts des triangles donnez d'espece, ils auront l'vn à l'autre la raison donnée.

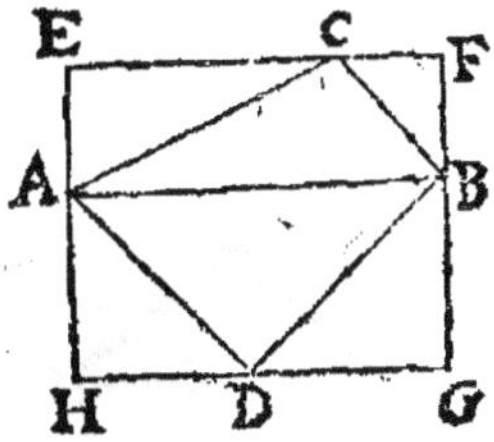

Hypoth.

abc, abd *snt* Δ; D; *spec.*

Req. π *demonstr.*

*raõ.*abc π abd *est* D.

Præpar.

11.1 eah, fbg *snt* ⊥ ab,

31.1 ecf & hdg = ab.

Demonstr.

hyp. Δabc *est* D.. *spec.* α

o.3.d.d <cab *est* D.

constr. <bae *est* D.

4.d <cae *est* D.

2.s.29.1 <aef *est* ⊥.

32.1 <ace *est* D.

40.d Δaec *est* D.. *spec.*

3.d.d *raõ.*ae π ac *est* D.

α.3.d.d *raõ.*ab π ac *est* D.

8.d *raõ.*ae π ab *est* D. β

d.β *raõ.*ah π ab *est* D.

8.d *raõ.*ae π ah *est* D.

s.1.6 ae π | ah
Δabc π | Δabd

concl. 2.d.d *raõ.* Δabc π Δabd *est* D.

PROPOS. XLIX.

Si ab eadem rectâ, duo rectilinea quælibet data specie describantur, habebunt ad inuicem rationem datam.

Si sur vne mesme ligne droite sont descrits deux quelconques rectilignes donnez d'espece, ils auront entr'eux vne raison donnée.

Hypoth.

ab *est* — *propos.*

abcge *est rectili.* D.. *spec.*

abd *est rectili.* D.. *spec.*

Req. π. *demonstr.*

*raõ.*abcge π abd *est* D.

Præpar.

1.p.1 ec, eb *snt* —.

Demonstr.

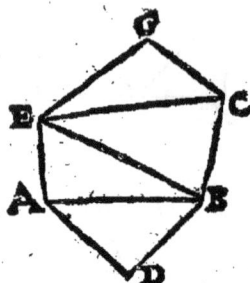

47.d egc, ecb, eba *snt* Δ; D;. *spec.*
4.d *rao.* egc π ecb *est* D.
18.5 *rao.* egcb π ecb *est* D.
47.d *rao.* ecb π eba *est* D.
22.5 *rao.* egcb π eba *est* D.
18.5 *rao.* egcba π eba *est* D.
48.d *rao.* eba π abd *est* D.
concl. 22.5 *rao.* egcba π abd *est* D.

PROPOS. L.

Si duæ rectæ lineæ ad inuicem habeant rationem datam, & ab illis similia, similiterque descripta rectilinea habebunt ad inuicem rationem datam.

Si deux lignes droites ont entr'elles vne raison donnée, les rectilignes semblables, & semblablement descrits sur icelles, auront entr'eux vne raison donnée.

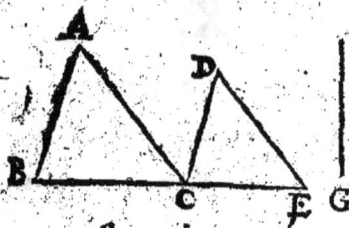

Hypoth.

rao. bc π ce *est* D.
abc *sml* dce,
bc *homolog.* ce.

Req. π. demonstr.

rao. abc π dce *est* D.

Præpar.

11.6 bc π ce 2|2 ce π g.

Demonstr.

hyp. *rao.* bc π ce *est* D.
2.d.d *rao.* ce π g *est* D.
8.d *rao.* bc π g *est* D.
c.20 6 abc π dce 2|2 bc π g
concl. 2.d.d *rao.* abc π dce *est* D.

PROPOS. LI.

Si duæ rectæ lineæ habeant ad inuicem rationem datam, & ab illis rectilinea quæcunque specie data describantur, habebunt ad inuicem rationem datam.

Si deux lignes droites ont entr'elles vne raison donnée, les rectilignes descrits sur icelles donnez d'espece, auront entr'eux vne raison donnée.

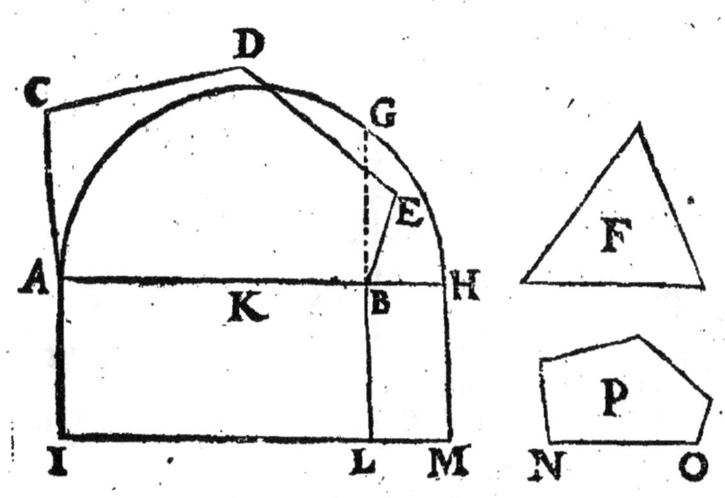

Hypoth.		*Præpar.*
rao.ab π no *est* D.	18. 6	abedc *sml* p. α
abli & p *snt rectili*.D;.*spec*.		*Demonstr.*
ab *homolog*.no.	α	abedc *est* D..*spec*.
	49.d	*rao*.abli π abedc *est* D.
Req. π. *demonstr.*		
rao.abli π p *est* D.	50.d	*rao*.p π abedc *est* D.
	concl. 8.d	*rao*.abli π p *est* D.

PROPOS. LII.

Si à data magnitudine recta, data figura specie describatur, descripta figura magnitudine data est.

Si sur vne ligne droite donnée de grandeur, est descrite vne figure donnée d'espece, la figure descrite sera donnée de grandeur.

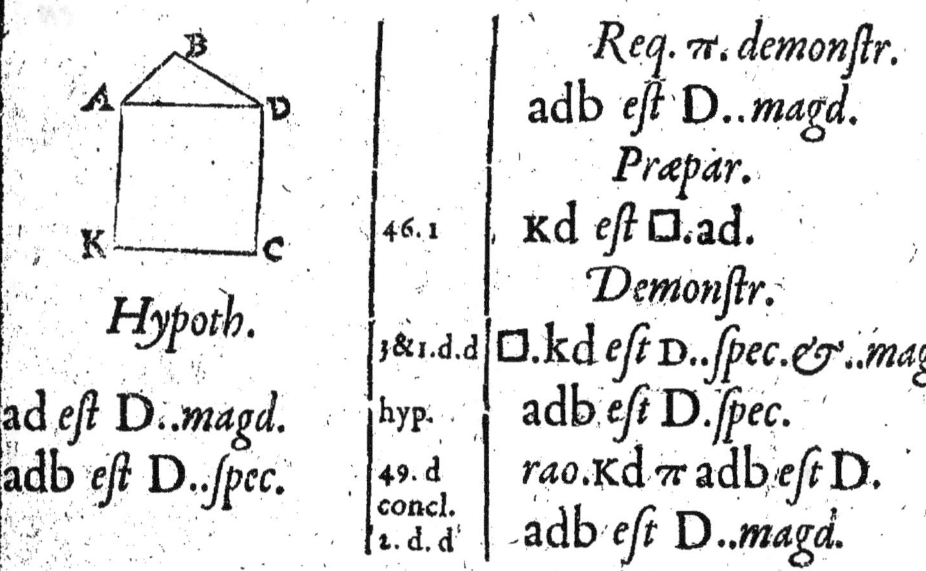

Hypoth.

ad *est* D..*magd.*
adb *est* D..*spec.*

Req. π. *demonstr.*

adb *est* D..*magd.*

Præpar.

46. 1 | Kd *est* □.ad.

Demonstr.

3&1.d.d | □.kd *est* D..*spec.* & ..*magd.*
hyp. | adb *est* D.*spec.*
49. d | *rao.*Kd π adb *est* D.
concl. 2. d. d | adb *est* D..*magd.*

PROPOS. LIII.

Si duæ figuræ specie datæ fuerint, & vnum latus vnius ad vnum latus alterius habuerit rationem datam, reliqua quoque latera, ad reliqua latera habebunt rationes datas.

Si deux figures sont données en espece, & vn costé de l'vne à vn costé de l'autre aye la raison donnée, & les autres costez aux autres costez auront aussi raisons données.

Hypoth.

ac, hf *snt* D; *spec.*

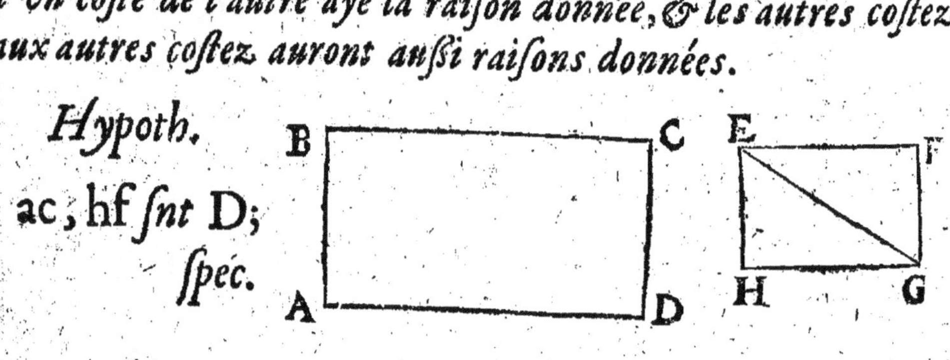

	rao.ad π hg *est* D.	hyp.	*rao*.ad π hg *est* D.
	Req.π. demonstr.	8.d	*rao*.ab π hg *est* D.
	rao.ab π he *est* D.	3.d.d concl.	*rao*.he π hg *est* D.
	Demonstr.	8.d	*rao*.ab π he *est* D.
3.d.d	*rao*.ad π ab *est* D.		

PROPOS. LIV.

Si duæ figuræ datæ specie, ad inuicem habuerint rationem datam, etiam earum latera ad inuicem habebunt rationem datam.

Si deux figures données d'espece, ont entr'elles vne raison donnée, leurs costez seront aussi en raison donnée.

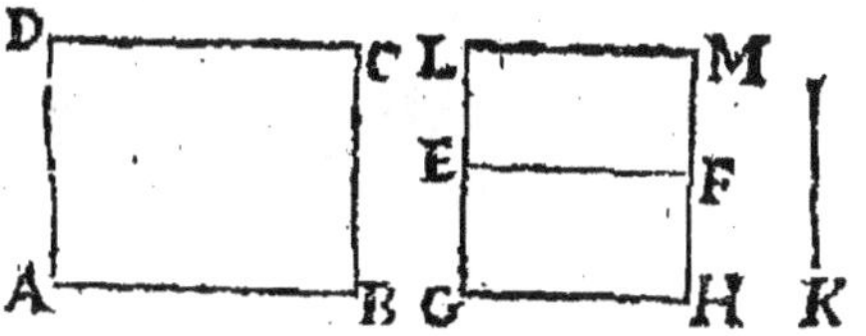

D C L M E F A B G H K

Hypoth.

ac, eh *snt* D; *spec.*

rao.ac π eh *est* D.

Req.π.demonstr.

rao;. ad π eg *est* D.

Demonstr.

suppos.	eh *sml* ac,
suppos.	ef *homol.* ab,
11.6	ab π ef 2|2 ef π K,
c.20.6	ac π eh 2|2 ab π k,

hyp.	*rao*.ac π eh *est* D.
2.d.d 1.concl.	*rao*.ab π K *est* D.
24.d	*rao*.ab π ef *est* D.
2 concl. 53.d	*rao*.ad π eg *est* D. α
suppos.	eh *n̄ est sml* ac.
18.6	em *sml* ac, β
hyp.	ac *est* D.. *spec.*
β.3.d.d	em *est* D.. *spec.*
hyp.	eh *est* D.. *spec.*
49.d	*rao*.em π eh *est* D.
hyp.	*rao*.ac π eh *est* D.
8.d 1.concl.	*rao*.ac π em *est* D.
d. α	*rao*.ab π ef *est* D.
2 concl. 53.d	*rao*.ad π eg *est* D.

PROPOS. LV.

Si spatium magnitudine & specie datum fuerit, eius latera magnitudine data erunt.

Si vn espace est donné de grandeur & d'espece, les costez d'iceluy seront donnez de grandeur.

Hypoth.

cdfe *est* D..*magd.&..spec.*

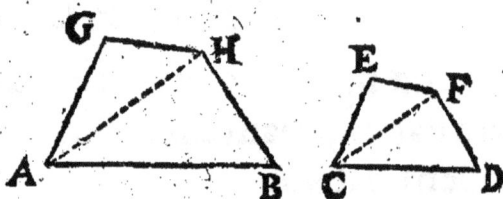

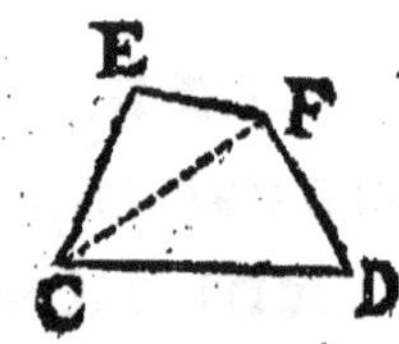

Req.π.demonstr.

cd,ce,ef,fd *snt* D;.*magd.*

	Præpar.
arbitr.	ab *est* D..*magd.&..spec.*
18.6	abhg *sml* cdfe.
	Demonstr.
hyp.	cdfe *est* D..*spec.*
3.d.d	abhg *est* D..*spec.*
52.d	abhg *est* D..*magd.*
hyp.	cdfe *est* D..*magd.*
1.d	*rao.* abhg π cdfe *est* D.
54.d.	*rao.*ab π cd *est* D.
constr. 1.concl.	ab *est* D.
2.d.	cd *est* D. α
2 concl. d. α	ce,ef,fd *snt* D;

PROPOS. LVI.

Si duo æquiangula parallelogramma habuerint ad inuicem rationem datam, est vt primi latus ad secundi latus, ita reliquum secundi latus ad eam, ad quam alterum primi latus habet rationem datam, quam habet parallelogrammum ad parallelogrammum.

Si deux parallelogrammes equiangles ont entr'eux vne raison donnée, comme vn costé du premier est au costé du second, ainsi

ainsi l'autre costé du second est à vne ligne, à laquelle l'autre costé du premier a la raison donnée du parallelogramme au parallelogramme.

Hypoth.

◊ac *æquiang.* ◊bf,
rao. ◊ac π ◊bf *est* D.

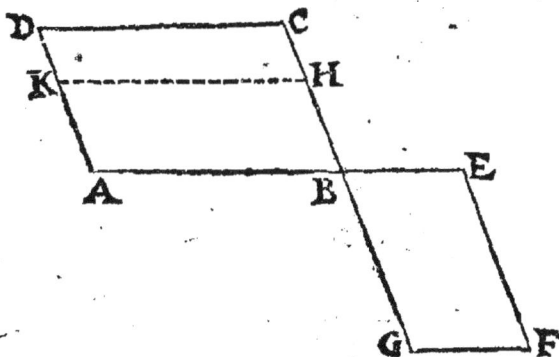

Præpar.

2. p. 1	abe *est* ——, α
12. 6	ab π be 2|2 gb π bh, β
31. 1	kh ═ ab.
	Req. π. *demonstr.*
	rao. cb π bh *est* D.
	Demonstr.
hyp.	<abc 2|2 <gbe,
α 1. s. 15. 1	cbg *est* ——,
β. 14. 6	◊ah 2|2 ◊bf,
hyp.	*rao.* ◊ac π ◊bf *est* D.
7. 5	*rao.* ◊ac π ◊ah *est* D.
1. 6	cb π bh 2|2 ac π ah,
concl. 2. d. d.	*rao.* cb π bh *est* D.
	Coroll.
1. 6	cb π | bh ◊ac π | ◊ah, ıı ◊bf.

PROPOS. LVII.

Si datum spatium ad datam rectam applicatum fuerit in angulo dato, datur altitudo applicationis.

Si vn espace donné est appliqué à vne ligne droite donnée en angle donné, la latitude de l'application est donnée.

Hypoth.

◊abcd *est* D.
ab *est* —— D.
<dab *est* D.

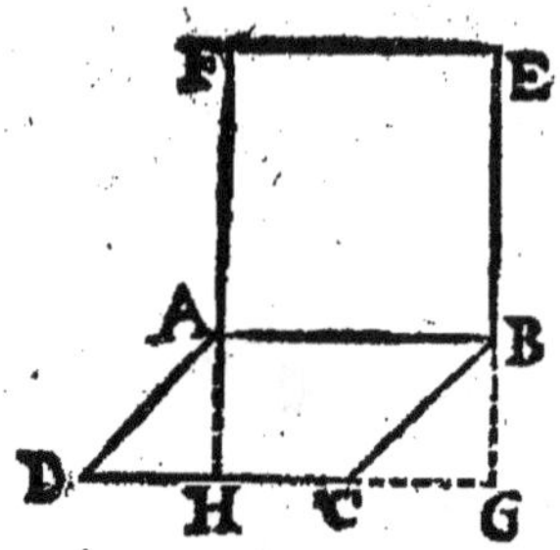

	Req.π.demonstr.
	ad *est* D.
	Præpar.
46.1	ae *est* □.ab,
2. p.1	fah & ebg *snt* ——,
2. p.1	dcg *est* ——,
	Demonstr.
52. d	fb *est* □.D.
hyp.	◊abcd *est* D.

1. d	*rao*.□.fb π ◊abcd *est* D.
35.1	◊abgh 2|2 ◊abcd,
8.d	*rao*.□.fb π ◊ag *est* D.
1. 6	fb π ag 2|2 fa π ah,
2.d.d	*rao*.fa, ∥ ab π ah *est* D. α
12.a.1	<hab *est* D.
hyp.	<dab *est* D.
4.d	<dah *est* D.
12.a.1	<dha *est* D.
32.1	<d *est* D.
40. d	*rao*.da π ah *est* D.
α.8.d	*rao*.ad π ab *est* D.
hyp.	ab *est* D.
concl. 2.d	ad *est* D.

PROPOS. LVIII.

Si datum ad datam rectam applicetur, deficiens datâ specie figurâ, latitudines defectus datæ sunt.

Si une figure donnée est appliquée à une ligne droite donnée, defaillant d'une figure donnée d'espece, les latitudes du defaut sont données.

Hypoth.	
adhl *est spac.* D.	ab *est* —— D.
	dbih *est* D. *spec.*

	Req.π.demonſtr.
	db & dh *ſnt* D.
	Præpar.
10. 1	ac 2|2 cb,
28. 6	cf *ſml.* di,
28. 6	cb *homolog.* db,
28. 6	bhe,li,dg *ſnt* —.
	Demonſtr.
hyp.	ab *eſt D.*
2. d	cb *eſt D.* α

hyp.	di *eſt D..ſpec.*
conſtr.	cf *ſml.* di,
3.d.d	cf *eſt D..ſpec.*
52. d	cf *eſt D..magd.* β
36. 1	aK 2|2 ci,Ⅱ df,
2. a. 1	ah 2|2 *gnom.*kbg,
2. a. 1	ah + kg 2|2 cf,
β.1.d.d	ah + Kg *eſt D.*
hyp.	ah *eſt D.*
4. d	Kg *eſt D.magd.*
24. 6	Kg *eſt D..magd.& ſpec.*
55.d 1.concl.	Kh,Ⅱ cd *eſt D.*
α. 4. d	db *eſt D.*
3. d. d	*rao.*db π dh *eſt D.*
2 concl. 2.d	dh *eſt D.*

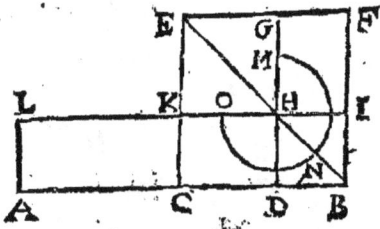

PROPOS. LIX.

Si datum ad datam rectam applicetur, excedens data ſpecie figura, latitudines exceſſus datæ ſunt.

Si vne figure donnée eſt appliquée à vne ligne droite donnée, excedant d'vne figure donnée d'eſpece, les latitudes de l'excez ſont données.

Hypoth.	lh *eſt* — *D.*
adil *eſt ſpac. D.*	bdih *eſt D..ſpec.*

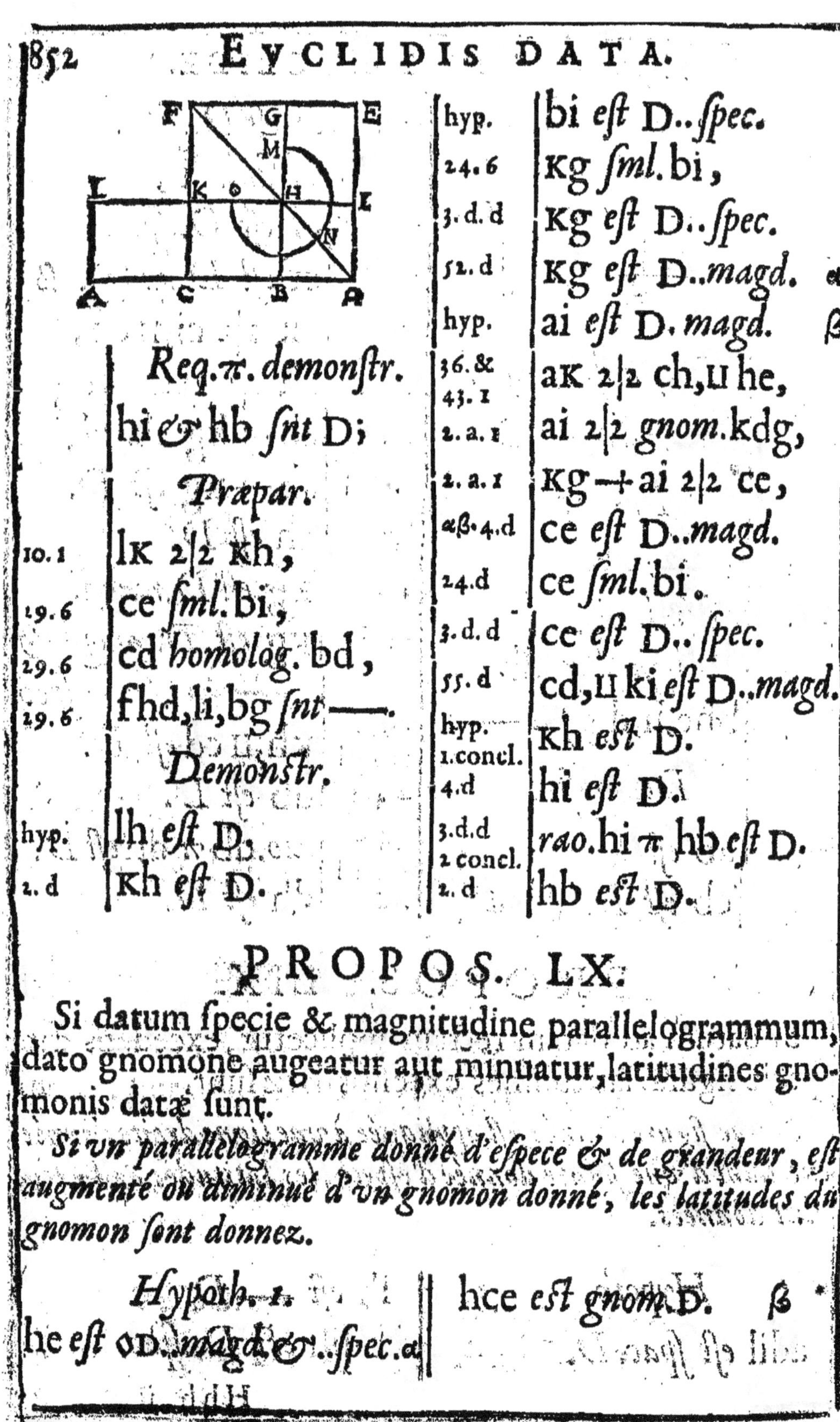

	Req.π.demonstr.
	hi & hb *snt* D;
	Præpar.
10.1	lK 2|2 Kh,
19.6	ce *sml.* bi,
29.6	cd *homolog.* bd,
29.6	fhd, li, bg *snt* —.
	Demonstr.
hyp.	lh *est* D.
2. d	Kh *est* D.

hyp.	bi *est* D..*spec.*	
24.6	Kg *sml.* bi,	
3. d. d	Kg *est* D..*spec.*	
52. d	Kg *est* D..*magd.*	α
hyp.	ai *est* D. *magd.*	β
36. & 43. 1	aK 2|2 ch, ‖ he,	
2. a. 1	ai 2|2 *gnom.* kdg,	
2. a. 1	Kg + ai 2|2 ce,	
αβ. 4. d	ce *est* D..*magd.*	
24. d	ce *sml.* bi.	
3. d. d	ce *est* D.. *spec.*	
55. d	cd, ‖ ki *est* D..*magd.*	
hyp. 1. concl.	Kh *est* D.	
4. d	hi *est* D.	
3. d. d 2 concl.	*rao.* hi π hb *est* D.	
2. d	hb *est* D.	

PROPOS. LX.

Si datum ſpecie & magnitudine parallelogrammum, dato gnomone augeatur aut minuatur, latitudines gnomonis datæ ſunt.

Si vn parallelogramme donné d'eſpece & de grandeur, eſt augmenté ou diminué d'vn gnomon donné, les latitudes du gnomon ſont donnez.

Hypoth. 1.	hce *est gnom.* D. β
he *eſt* ○D..*magd.* & ..*ſpec.* α	

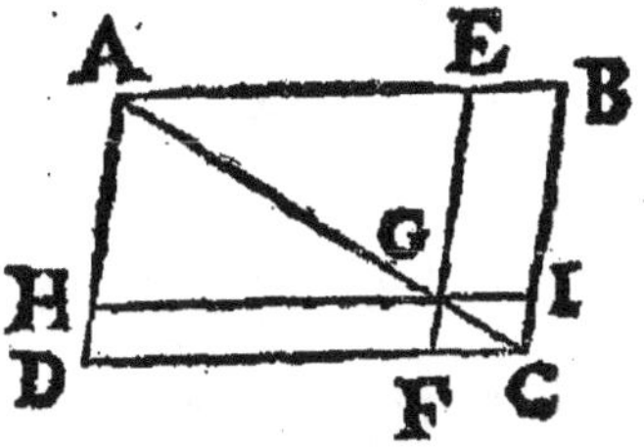

Req.π.demonstr.
hd & eb *snt* D;

Demonstr.

αβ.3.d ◊db *est* D..*magd.*
24.6 ◊db *sml.*◊he,
hyp. ◊he *est* D..*spec.*
3.d.d ◊db *est* D..*spec.*
55.d ad,ab *snt* D;
α.55.d ah,ae *snt* D;
concl. 4.d hd & eb *snt* D;

Hypoth.2.

db *est*◊D..*magd.*&..*spec.*γ
hce *est gnom.*D. δ

Req.π.demonstr.
hd, eb *snt* D;

Demonstr.

γδ.4.d ◊.he *est* D..*magd.*
24.6 ◊he *sml.*◊db,
hyp. ◊db *est* D..*spec.*
3.d.d ◊he *est* D..*spec.*
55.d ah,ae *snt* D;
γ.55.d ad,ab *snt* D;
concl. 4.d hd & eb *snt* D;

PROPOS. LXI.

Si ad datæ ſpecie figuræ vnum latus applicetur parallelogrammum ſpatium, in angulo dato, habeat autem data figura ad parallelogrammum rationem datam, parallelogrammum ſpecie datum eſt.

Si à vn coſté d'vne figure donnée d'eſpece eſt appliqué vn parallelogramme, en vn angle donné, & que la figure donnee ſoit au parallelogramme en raiſon donnee, le parallelogramme ſera donné d'eſpece.

Hypoth.
gbac *est figur.propos.*
gbde *est* ◊ *appli.*
egb *est* < *D.*

rao.gbac π ◊gd *eſt* D.

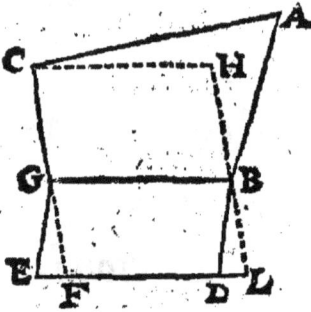

Req. π. *demonſtr.*

◊gd *eſt* D..*ſpec.*

Præpar.

2.p.1	cgf *eſt* —,
31.1	hbl ═ cf,
31.1	ch ═ gb,
2.p.1	edl *eſt* —.

Demonſtr.

3.d.d	<cgb *eſt* D.
3.d.d	*rao*.cg π gb *eſt* D.
34.1 & 3.d.d	◊cgbh *eſt* D..*ſpec.*
hyp.	acgb *eſt* D..*ſpec.*
49.d	*rao*.abgc π ◊gh *eſt* D
hyp.	*rao*.abgc π ◊gd *eſt* D
35.1	◊gd 2|2 ◊gl,
8.d	*rao*.◊gh π ◊gl *eſt* D
1.6	cg π gf 2|2 gh π gl,
2.d.d	*rao*.cg π gf *eſt* D.
3.d.d	*rao*.cg π gb *eſt* D.
8.d	*rao*.gb π gf *eſt* D.
13.1	<bgf *eſt* D.
hyp.	<bge *eſt* D.
4d&13.1	<egf *&* efg *ſint* D.
32.1	<e *eſt* D.
40.d	Δegf *eſt* D..*ſpec.*
3.d.d	*rao*.eg π gf *eſt* D.
8.d	*rao*.eg π gb *eſt* D.
hyp.	<egb *eſt* D.
concl. 3.d.d	◊gd *eſt* D..*ſpec.*

PROPOS. LXII.

Si duæ rectæ ad inuicem habeant rationem datam, & ab vna quidem data ſpecie figura deſcripta ſit, ab altera autem ſpatium parallelogrammum in angulo dato, habeat autem figura ad parallelogrammum rationem datam, parallelogrammum ſpecie datum eſt.

Si deux lignes droites ont entr'elles vne raiſon donnee, & ſur l'vne d'icelles eſt deſcrite vne figure donnee d'eſpece, & ſur l'autre vn parallelogramme en angle donné, & que la raiſon de la figure au parallelogramme ſoit donnee, le parallelogramme ſera donné d'eſpece.

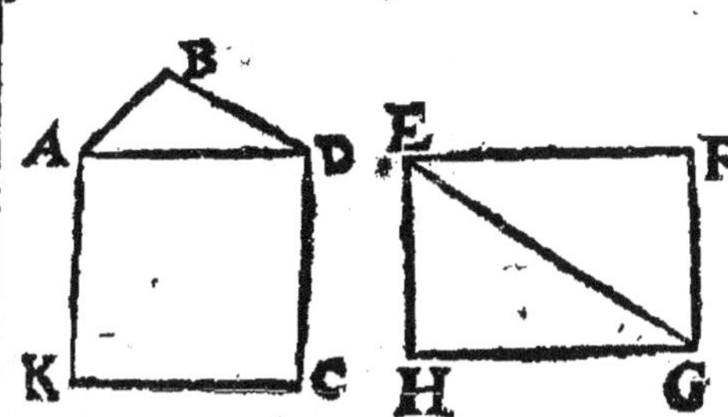

Hypoth.

rao.ad π ef *eſt* D.
adb *eſt figur*.D..*ſpec.*
<efg *eſt* D.
rao.adb π ▱eg *eſt* D.

Req.π,demonſtr.

▱eg *eſt* D..*ſpec.*

Præpar.

18. 6	▱ac *ſml.* ▱eg,
18. 6	ad *homolog.* ef.

Demonſtr.

hyp.	*rao*.ad π ef *eſt* D.
50. d	*rao*.ac π eg *eſt* D.
hyp.	*rao*.adb π eg *eſt* D.
8. d	*rao*.adb π ac *eſt* D.
hyp.	<efg, II adc *eſt* D.
hyp.	adb *eſt* D..*ſpec.*
61. d	ac *eſt* D..*ſpec.*
concl. 3. d. d	eg *eſt* D..*ſpec.*

PROPOS. LXIII.

Si triangulum ſpecie datum ſit, quod ab vnoquoque laterum deſcribitur quadratum, ad triangulum habebit rationem datam.

Si vn triangle eſt donné d'eſpece, les quarrez de chaque coſté ſont en la raiſon donnee au triangle.

Hypoth.

abg *eſt* △D..*ſpec.*

bd, ac, af *ſnt* □;

Req. π. demonstr.

raō. □bd π △abg *est* D.
raō. □ac π △abg *est* D.
raō. □af π △abg *est* D.

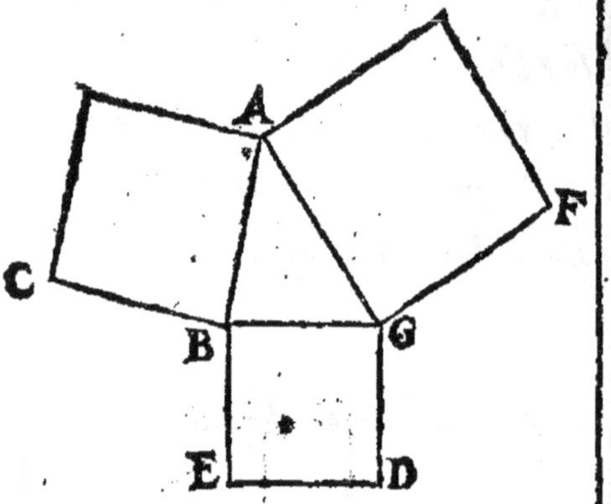

Demonstr.

3. d. d	□bd *est* D.. *spec.*
hyp.	△abg *est* D.. *spec.*
1. concl. 49. d	raō. □bd π △abg *est* D. α
2. concl. d. α	raō. □ac π △abg *est* D.
3. concl. d. α	raō. □af π △abg *est* D.

PROPOS. LXIV.

Si triangulum angulum obtusum datum habeat, illud spatium quo latus obtusum angulum subtendens, magis potest quam latera obtusum angulum abientia, ad triangulum habebit rationem datam.

Si vn triangle a vn angle obtus donné, l'espace par lequel le quarré du costé qui soustient l'angle obtus excede les quarrez des costez qui contiennent l'angle obtus, est en raison donnee au triangle.

Hypoth.

abc *est* △ *propos.*
∠abc 3|2 ⊥, *est* D.

Præpar.

2. p. 1	cbd *est* —,
12. 1	ad ⊥ cd,

12.2 □.ac 2|2 □.cb + □.ab + 2▭.cbd,
41.1 ▭.cb,ad 2|2 2△abc. α

Req. π. demonstr.

*raõ.*2▭.cbd π △abc *est* D.

Demonstr.

hyp. <abc *est* D.
13.1 <abd *est* D.
12.a.1 <d *est* D.
32.1 <bad *est* D.
40.d △bad *est* D.. *spec.*
3.d.d *raõ.* bd π da *est* D.
1.6 bd π da 2|2 ▭.bd,cb π ▭.da,cb,
2.d.d *raõ.*▭.bd,cb π ▭.da,cb *est* D.
8.d *raõ.*2▭.bd,cb π ▭.da,cb *est* D.
α.8.d *raõ.*2▭.bd, cb π 2△abc *est* D.
concl. 8.d *raõ.*2▭bd,cb π △abc *est* D.

PROPOS. LXV.

Si triangulum angulum acutum datum habeat, illud ſpatium quo latus angulum acutum ſubtendens, minus poteſt quam latera angulum acutum ambientia, habebit ad triangulum rationem datam.

Si vn triangle a vn angle aigu donné, l'eſpace par lequel le quarré du coſté qui ſouſtient l'angle aigu eſt moindre que les quarrez des coſtez qui contiennent l'angle aigu, eſt en raiſon donnee au triangle.

Hypoth.

abc *est* △*propos.*

<acb 2|3 ⊥, *est* D.

Præpar.

12. 1 ad ⊥ bc,

13. 2 □.ab+2▭.bc, cd 2|2 □.ac+□.bc,

41. 1 ▭.bc, ad 2|2 2△abc. *α*

Req. π. demonstr.

*rao.*2▭.bc, cd π △abc *est* D.

Demonstr.

hyp. <acd *est* D.

12.a.1 <adc *est* D.

32. 1 <dac *est* D.

40.d △adc *est* D.. *spec.*

3.d.d *rao.*cd π ad *est* D.

1. 6 cd π ad 2|2 ▭.cd,bc π ▭.ad,bc,

2. d.d *rao.*▭.cd, bc π ▭.ad, bc *est* D.

8. d *rao.*2▭.bc,cd π ▭.ad, bc *est* D.

α.8.d *rao.*2▭.bc,cd π 2△.abc *est* D.

concl. 8. d *rao.*2▭.bc, cd π △abc *est* D.

PROPOS. LXVI.

Si triangulum habuerit angulum datum, quod sub rectis datum angulum comprehendentibus continetur rectangulum, habebit ad triangulum rationem datam.

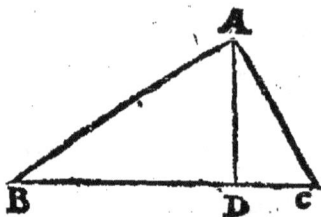

Si vn triangle a vn angle donné, le rectangle contenu sous les costez qui contiennent l'angle donné, est au triangle en raison donnée.

Hypoth.		*Præpar.*
abc *est* △ *propos.*	12. 1	ad ⊥ bc.
<c *est* D.		*Demonstr.*
	hyp.	<c *est* D.
Req. π. demonstr.	12. a. 1	<adc *est* D.
rao. ▭.bc,ac π △abc *est* D.	32. 1	<dac *est* D.
	40. d	△adc *est* D.. *spec.*
	3.d.d	*rao.*ac π ad *est* D.

1. 6	ac π ad 2|2 ▭.ac, bc π ▭.ad,bc,
2. d. d	*rao,* ▭.ac, bc π ▭.ad, bc *est* D.
41. 1.	2△abc 2|2 ▭.ad, bc,
8. d	*rao.*▭.ac,bc π 2△abc *est* D,
concl. 8.d	*rao.*▭.ac,bc π △abc *est* D.

PROPOS. LXVII.

Si triangulum habuerit datum angulum, illud spatium quo duo datum angulum comprehendentia latera, tanquam vna recta, plus possunt quam quadratum à reliquo latere, ad triangulum habebit rationem datam.

Si vn triangle a vn angle donné, l'espace par lequel le quarré de la ligne composee des deux costez comprenants l'angle donné excede le quarré de l'autre costé, est en raison donnée au triangle.

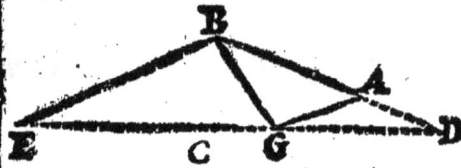

	Hypoth.
	abg *est* △ *propos.*
	<bag *est* D.
	Præpar.
2. p. 1	bad *est* —,
3. 1	ad 2|2 ag, α
1 & 2. p. 1	dge *est* —,
31. 1	be ═ ag,
5. 1	<adg 2|2 <agd,
29. 1	<e 2|2 <agd,
6. 1	bd 2|2 be,
2. a. 1	bd 2|2 ba + ag,
12. 1	bc ⊥ ed,
3. 3	ec 2|2 cd,
5. 2	▭.dge + □.cg } 2|2 □.cd.
2. a. 1	□.bd 2|2 { □.bg + ▭.dge
	Req. π. demonstr.
	rao.▭.dge π △abg *est* D.
	Demonstr.
hyp.	<bag *est* D.
13. 1	<gad *est* D.
32. 1	<gab 2|2 2<d,
2. d.	<d *est* D.
40. d	△agd *est* D.. *spec.*
3. d. d	*rao.*ad π dg *est* D.

50. d.	*rao.*□.da π □.dg *est* D.
1. 6	▭.ba,ad π □.ad 2|2 ba π ad,
2. 6	ba π ad 2|2 eg π gd,
1. 6	eg π gd 2|2 ▭.eg,gd π □.gd,
11. 5	▭.ba,ad π □.ad 2|2 ▭.eg,gd π □.gd,
16. 5	▭.ba,ad π ▭.eg,gd 2|2 □.ad π □.gd,
2.d.d	*rao.*▭.ba,ad, ⊔ ▭.ba,ag π ▭.eg,gd *est* D.
66. d	*rao.*▭.ba,ad π △abg *est* D.
concl. 8.d	*rao.*eg,gd π △abg *est* D.

PROPOS. LXVIII.

Si duo parallelogramma æquiangula habeant ad inuicem rationem datam, & vnum latus ad vnum latus habeat rationem datam, & reliquum latus ad reliquum latus habebit rationem datam.

Si deux parallelogrammes equiangles ont entr'eux vne raison donnee, & qu'vn costé ait aussi vne raison donnee à vn costé, l'autre costé aura aussi vne raison donnee à l'autre costé.

Hypoth.

◊ac *æquiang.* ◊bf,
raõ. ◊ac π ◊bf *est* D.
raõ. ab π be *est* D.

Req. π. demonstr.

raõ. cb π bg *est* D.

Præpar.

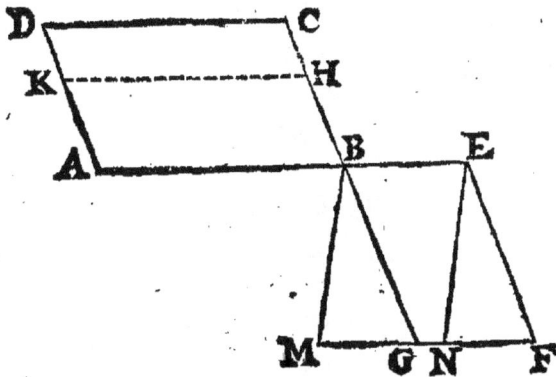

2. p. 1	abe *est* —, α
12. 6	ab π be 2|2 bg π bh, β
31. 1	kh = ab.

Demonstr.

hyp.	<abc 2|2 <gbe,
α. 15. 15. 1	cbg *est* —,
β. 14. 6	◊ah 2|2 ◊bf,
β. hyp.	raõ. ab π be, } *est* D.
	II gb π bh } *est* D.
56. d	raõ. cb π hb *est* D.
concl. 8. d	raõ. cb π bg *est* D.

PROPOS. LXIX.

Si duo parallelogramma datos angulos habeant, & ad inuicem rationem datam, habeat autem & vnum latus ad vnum latus rationem datam, & reliquum latus ad reliquum latus habebit rationem datam.

Si deux parallelogrammes ayans les angles donnez, ont entr'eux vne raison donnee, & qu'vn costé ait aussi vne raison donnee à vn costé, l'autre costé aura aussi vne raison donnee à l'autre costé.

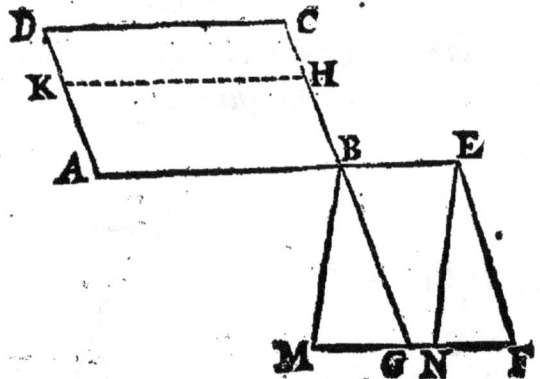

Hypoth.

ac & bn *snt* ◊; *propos*;

abc & mbe *snt* <; D;

raõ. ◊ac π ◊bn *est* D.

raõ. ab π be *est* D.

Req. π. *demonstr.*

raõ. cb π bm *est* D.

Præpar.

2. p. 1	abe, cbg *snt* —,
2. p. 1	mnf *est* —,
31. 1	ef = bg.

Demonstr.

15. 1	<abc 2|2 <gbe,
35. 1	◊bn 2|2 ◊bf,
hyp.	*raõ*. ac π bn *est* D.
7. 5	*raõ*. ac π bf *est* D.
hyp.	*rao*. ab π be *est* D.
68. d	*rao*. cb π bg *est* D. α
hyp.	<abc, ıı <gbe *est* D.
hyp.	<mbe *est* D. β
4. d	<mbg *est* D.
β. 19. 1	<bmg *est* D.
40. d	Δbmg *est* D. *spec.*
3. d. d	*rao*. bm π bg *est* D.
concl. α. 8. d	*rao*. cb π bm *est* D.

PROPOS. LXX.

Si duorum parallelogrammorum circa æquales angulos, aut circa inæquales quidem, datos tamen, latera ad inuicem habeant rationem datam, & ipsa parallelogramma habebunt ad inuicem rationem datam.

Si les costez de deux parallelogrammes à l'entour des angles egaux, ou à l'entour des angles inegaux mais donnez, ont entr'eux une raison donnee, les parallelogrammes auront aussi entr'eux une raison donnee.

Hypoth. 1.		*Hypoth. 2.*	
	ac, bf *snt* ◊; *propos;*		ac, bn *snt* ◊; *propos;*
	<abc 2|2 <gbe,		abc & mbe *snt* <; D;
	rao. ab π be *est* D.		*rao.* ab π be *est* D.
	rao. cb π bg *est* D.		*rao.* cb π bm *est* D.
	Req. π. demonstr.		*Req. π. demonstr.*
	rao. ◊ac π ◊bf *est* D.		*rao.* ◊ac π ◊bn *est* D.
	Præpar.		*Præpar.*
2. p. 1	abe *est* ——, α	2. p. 1	abe, cbg *snt* ——,
12. 6	ab π be 2|2 bg π bh, β	2. p. 1	mnf *est* ——,
31. 1	kh ═ ab.	31. 1	ef ═ bg.
	Demonstr.		*Demonstr.*
α, 1f. 15. 1	cbg *est* ——,	hyp.	<abc, II gbe *est* D.
β. hyp.	*rao.* ab π be } *est* D.	hyp.	<mbe *est* D. δ
	II gb π bh }	4. d	<mbg *est* D.
hyp.	*rao.* cb π bg *est* D.	δ. 29. 1	<bmg *est* D.
8. d	*rao.* cb π bh *est* D.	40. d	Δbmg *est* D. . *spec.*
1. 9	*rao.* ◊ac π ◊ah *est* D.	3. d. d	*raõ.* bg π bm *est* D.
β. 14. 6 concl.	◊ah 2|2 ◊bf,	hyp.	*rao.* cb π bm *est* D.
7. 5	*rao.* ◊ac π ◊bf *est* D. γ	8. d	*rao.* cb π bg *est* D.

hyp.	*rao.*ab π be *est* D.	35. 1 2 concl.	◊bn 2|2 ◊bf,
α	*rao.*ac π bf *est* D.	7. 5	*rao.* ◊ac π ◊bf *est* D.

PROPOS. LXXI.

Si duorum triangulorum circa æquales angulos, aut circa inæquales quidem, datos tamen, latera ad inuicem habeant rationem datam, & ipsa triangula habebunt ad inuicem rationem datam.

Si les costez de deux triangles à l'entour des angles egaux, ou à l'entour des angles inegaux mais donnez, ont entr'eux vne raison donnee, les triangles ont aussi entr'eux vne raison donnee.

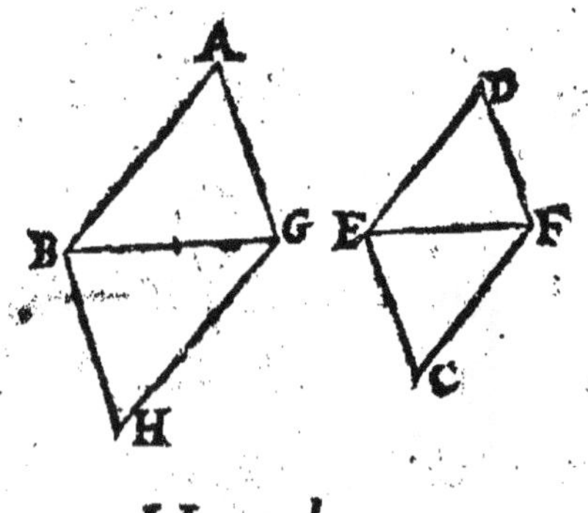

Req. π. demonstr.

rao. Δabg π Δdef *est* D.

Præpar.

31. 1	ah & dc *snt* ◊;

Demonstr.

Hypoth.

abg, def *snt* Δ; *propos;*

<a 2|2 <d.

II a & d *snt* <; D;

*rao.*ab π de *est* D.

*rao.*ag π df *est* D.

70. d	*rao.* ◊ah π ◊dc *est* D. α
34. 1	◊ah 2|2 2Δabg,
34. 1	◊dc 2|2 2Δdef,
concl. α 15. 1	*rao.* Δabg π Δdef *est* D.

PROPOS. LXXII.

Si duorum triangulorum, & bases fuerint in ratione data, & actæ ab angulis ad bases quæ faciant angulos æquales

les,aut inæquales quidem, ſed tamen datos, habeant ad inuicem rationem datam; & ipſa triangula ad inuicem habebunt rationem datam.

Si de deux triangles les baſes ſont en raiſon donnee, & außi les lignes menees des ſommes aux baſes, ſoit qu'elles facent angles egaux, ou angles inegaux mais donnez, les triangles auront entr'eux vne raiſon donnee.

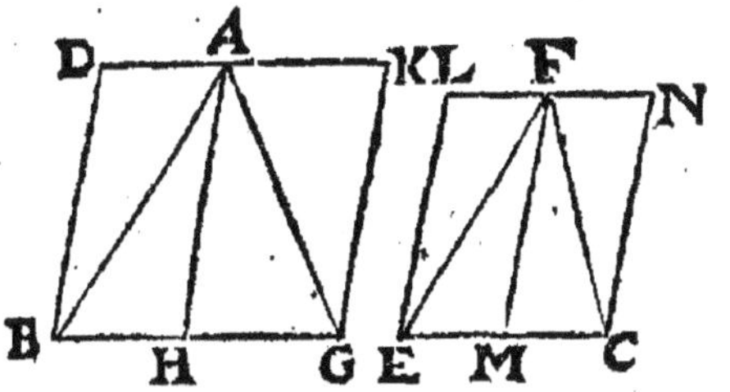

		Præpar.
	31. 1	bd ═ ha,
	31. 1	el ═ mf,
	31. 1	dg & lc *ſnt* ◊;
Hypoth.		*Demonſtr.*
abg, & fec *ſnt* △; *propoſ*;	α. 29. 1	<dbg 2|2 <lec,
<ahg 2|2 <fmc, α		II dbg, lec *ſnt* <; D;
II ahg & fmc *ſnt* <; D; α	hyp.	*rao*. ah π fm *eſt* D.
raō. bg π ec *eſt* D.	ſ. 7. 5	*rao*. db π le *eſt* D.
rao. ah π fm *eſt* D.	hyp.	*rao* bg π ec *eſt* D.
Req. π. demonſtr.	70. d concl.	*rao*. ◊ dg π ◊ lc *eſt* D.
rao. △abg π △fec *eſt* D.	15. 5	*rao*. △abg π fec *eſt* D.

PROPOS. LXXIII.

Si duorum parallelogrammorum, circa æquales angulos, aut circa inæquales quidem, ſed tamen datos, latera ad inuicem ita ſe habeāt, vt ſit quemadmodum primi latus ad ſecundi latus, ita reliquum ſecundi latus ad aliam aliquam rectam, habeat autem & reliquum primi latus ad eandem rectam rationem datam, & ipsa parallelogramma habebunt ad inuicem rationem datam.

Si les costez de deux parallelogrammes à l'entour des angles egaux, ou à l'entour des angles inegaux mais donnez, sont tellement entr'eux que le costé du premier est au costé du second, comme l'autre costé du second est à quelque ligne droite, & que l'autre costé du premier à icelle ligne droite ait vne raison donnee, iceux parallelogrammes auront aussi entr'eux vne raison donnee.

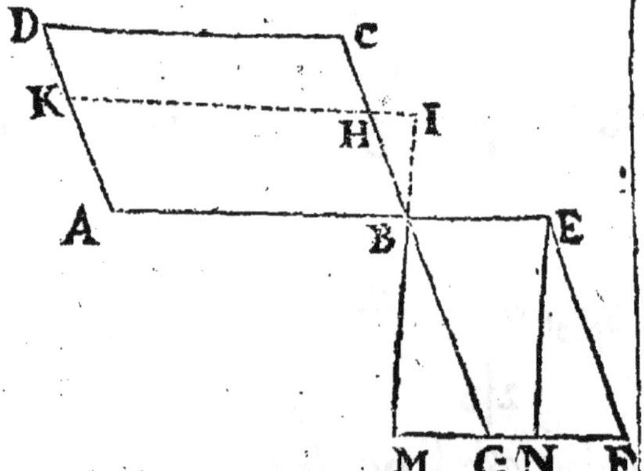

Hypoth. 1.

ac, bf *snt* ◇; *propos;*
<abc 2|2 <gbe,
ab π be 2|2 gb π bh,
rao. cb π bh *est* D.

Req. π. demonstr.

rao. ◇ac π ◇bf *est* D.

Demonstr.

c. 56. d | cb π bh 2|2 ac π bf,
hyp. | *rao.* cb π bh *est* D.
concl. 2. d. d | *rao.* ac π bf *est* D. α

Hypoth. 2.

ac, bn *snt* ◇; *propos;*
abc, mbe *snt* <; D;
ab π be 2|2 mb π bi,
rao. cb π ib *est* D.

Req. π. demonstr.

rao. ◇ac π ◇bn *est* D.

Præpar.

31. 1 | ik ═ ab,
2. p. 1 | cbg, mnf *snt* —,
31. 1 | ef ═ bg.

Demonstr.

hyp. | <mbe, ıı <abi *est* D.
hyp. | <abh *est* D. β
4. d | <hbi *est* D.

8.29.1	<bhi *est* D.	8.d	*rao*.cb π bh *est* D,
40.d	Δbhi *est* D..*spec*.	α	*rao*.ac π bf *est* D.
3.d.d	*rao*.bh π bi *est* D.	35.1	bn 2|2 bf,
hyp.	*rao*.cb π bi *est* D.	concl. 7.5	*rao*.ac π bn *est* D.

PROPOS. LXXIV.

Si duo parallelogramma datam rationem habeant, aut in æqualibus angulis, aut inæqualibus quidem, ſed tamen datis, erit vt primi latus ad ſecundi latus, ita alterum ſecundi latus ad eam ad quam reliquum primi latus rationem habet datam.

Si deux parallelogrammes ont ont entr'eux vne raiſon donnee, ou en angles egaux, ou en inegaux, mais donnez, le coſté du premier ſera au coſté du ſecond, comme l'autre coſté du ſecond eſt à vne ligne droite à laquelle l'autre coſté du premier a raiſon donnee.

Hypoth.

ac, bf *ſnt* ◊; *propoſ*;
<abc 2|2 <gbe,
ab π be 2|2 gb π bh,
rao. ac π bf *eſt* Δ.

Req. π. demonſtr.

raō.cd π bh *eſt* D.

Demonſtr.

concl. 56.d	*rao*.cb π bh *eſt* D.

Hypoth. 2.

ac, bn *ſnt* ◊; *propoſ*;
abc, mbe *ſnt* <; D;
ab π be 2|2 mb π bi,
rao.ac π bn *eſt* D.

Req. π. demonſtr.

rao. cb π bi *eſt* D.

Præpar.

2.p.1	abe, mbi *ſnt* —,
31.1	iK ═ ab,
2.p.1	cbg, mnf *ſnt* —,
31.1	ef ═ bg.

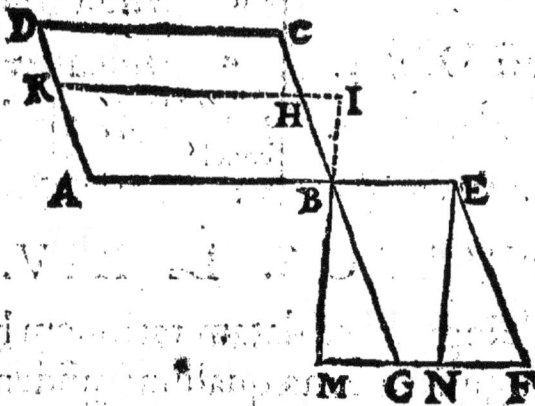

<table>
<tr><td></td><td>Demonstr.</td><td>35.1</td><td>◇bf 2|2 ◇bn,</td></tr>
<tr><td>hyp.</td><td><mbe, ıı ∠abi est D.</td><td>7.5</td><td>rao. ac π bf est D. β</td></tr>
<tr><td>hyp.</td><td><abh, ıı bhi est D.</td><td>hyp.</td><td>ab π be 2|2 mb π bi,</td></tr>
<tr><td>4.d</td><td><hbi est D.</td><td>4.6</td><td>mb π bi 2|2 gb π bh,</td></tr>
<tr><td>40.d</td><td>△bhi est D.. spec.</td><td>11.5</td><td>mb π be 2|2 gb π bh</td></tr>
<tr><td>3.d.d</td><td>rao. bi π bh est D. α</td><td>β.56.d
concl.</td><td>rao. cb π bh est D.</td></tr>
<tr><td>hyp.</td><td>rao. ac π bn est D.</td><td>α.8.d</td><td>rao. cb π bi est D.</td></tr>
</table>

PROPOS. LXXV.

Si duo triangula ad inuicem habeant rationem datam, aut in angulis æqualibus, aut inæqualibus quidem, sed tamen datis, erit vt primi latus ad secundi latus, ita alterum secundi latus, ad eam rectam ad quam reliquum primi latus habet rationem datam.

Si deux triangles ont entr'eux une raison donnee, ou en angles egaux, ou en angles inegaux, mais donnez, le costé du premier sera au costé du second, comme l'autre costé du second est à une ligne droite à laquelle l'autre costé du premier a raison donnee.

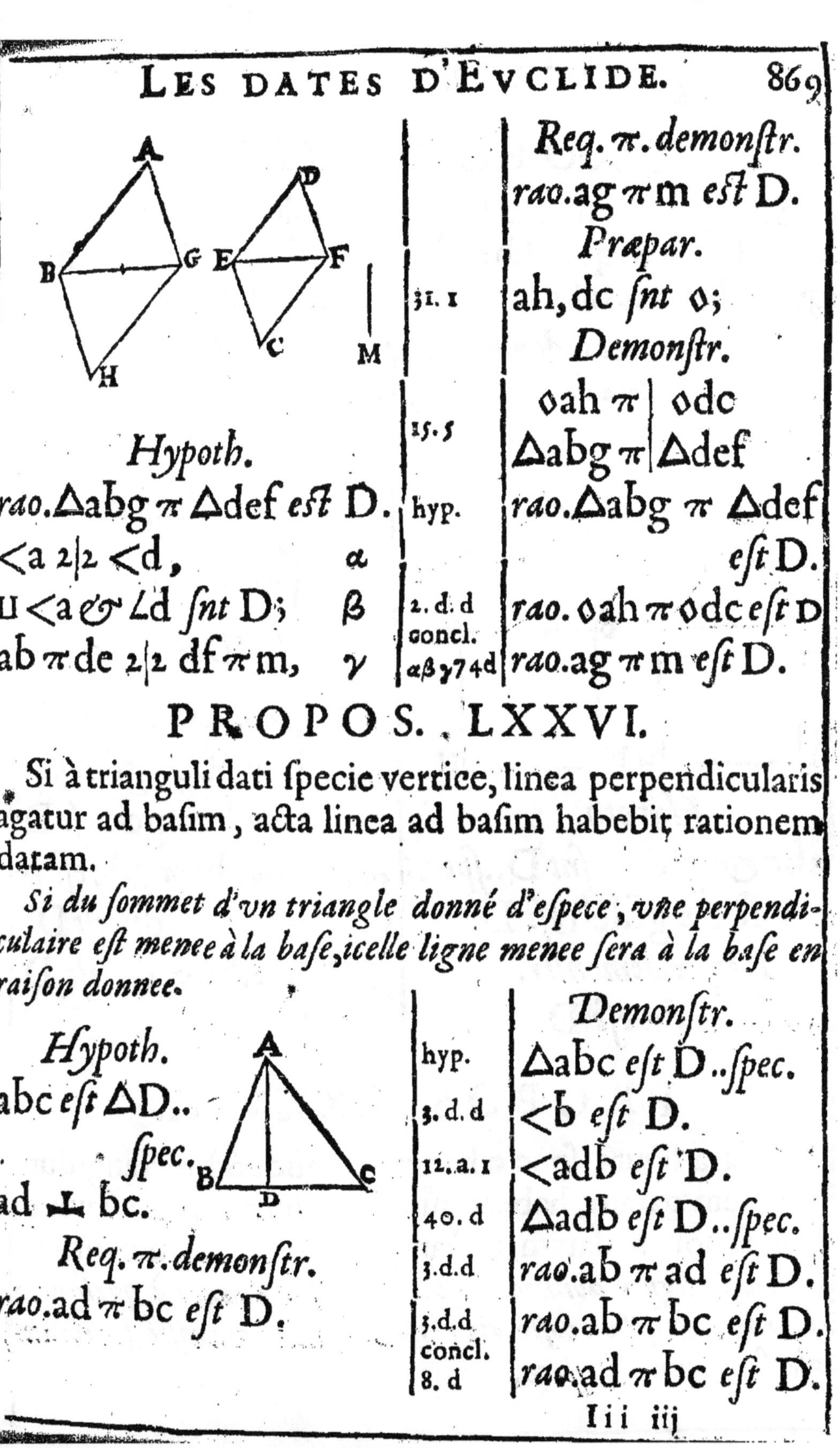

Hypoth.

*rao.*Δabg π Δdef *est* D.

<a 2|2 <d, α

ц <a & ∠d *snt* D; β

ab π de 2|2 df π m, γ

	Req. π. demonstr.
	*rao.*ag π m *est* D.
	Præpar.
31. 1	ah, dc *snt* ◇;
	Demonstr.
15. 5	◇ah π | ◇dc / Δabg π | Δdef
hyp.	*rao.*Δabg π Δdef *est* D.
2. d. d	*rao.* ◇ah π ◇dc *est* D
concl. αβγ74d	*rao.*ag π m *est* D.

PROPOS. LXXVI.

Si à trianguli dati ſpecie vertice, linea perpendicularis agatur ad baſim, acta linea ad baſim habebit rationem datam.

Si du ſommet d'vn triangle donné d'eſpece, vne perpendiculaire eſt menee à la baſe, icelle ligne menee ſera à la baſe en raiſon donnee.

Hypoth.

abc *eſt* ΔD.. *ſpec.*

ad ⊥ bc.

Req. π. demonſtr.

*rao.*ad π bc *eſt* D.

	Demonſtr.
hyp.	Δabc *eſt* D.. *ſpec.*
3. d. d	<b *eſt* D.
12. a. 1	<adb *eſt* D.
40. d	Δadb *eſt* D.. *ſpec.*
3. d. d	*rao.*ab π ad *eſt* D.
3. d. d	*rao.*ab π bc *eſt* D.
concl. 8. d	*rao.*ad π bc *eſt* D.

PROPOS. LXXVII.

Si datæ duæ figuræ ſpecie ad inuicem habeant rationem datam, & quodlibet latus vnius harum figurarum, ad quodlibet latus alterius habebit rationem datam.

Si deux figures donnees d'eſpece ont entr'elles vne raiſon donnee, auſsi ſera donnee la raiſon duquel on voudra des coſtez de l'vn, auquel on voudra des coſtez de l'autre.

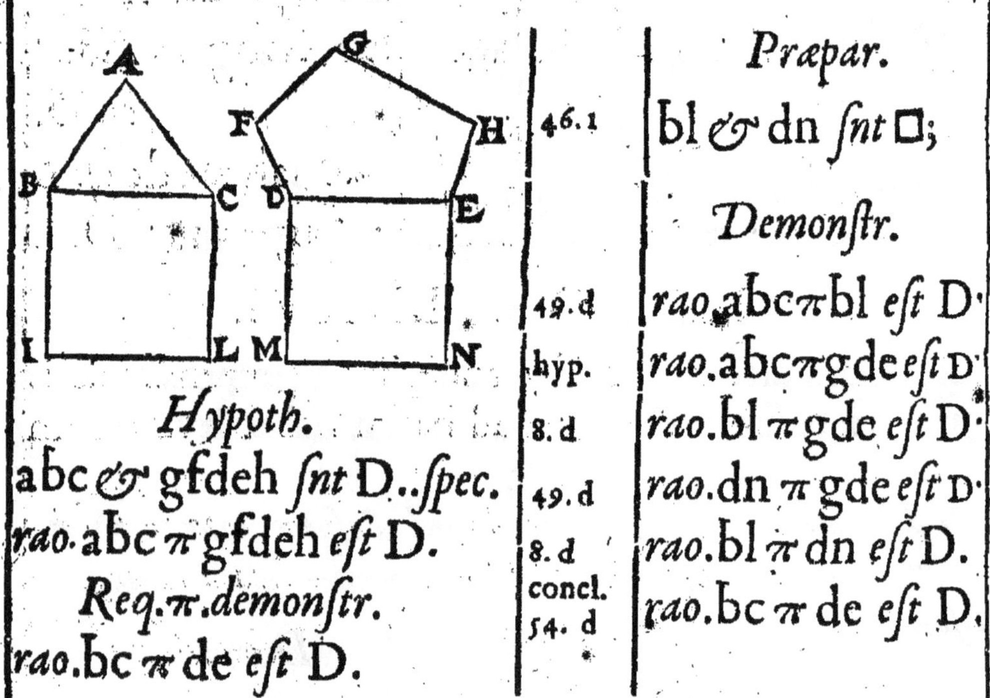

Hypoth.

abc & gfdeh *ſnt* D..*ſpec.*

rao. abc π gfdeh *eſt* D.

Req.π.demonſtr.

*rao.*bc π de *eſt* D.

Præpar.

46.1	bl & dn *ſnt* □;

Demonſtr.

49.d	*rao.*abc π bl *eſt* D.
hyp.	*rao.*abc π gde *eſt* D.
8.d	*rao.*bl π gde *eſt* D.
49.d	*rao.*dn π gde *eſt* D.
8.d	*rao.*bl π dn *eſt* D.
concl. 54.d	*rao.*bc π de *eſt* D.

PROPOS. LXXVIII.

Si data figura ſpecie habeat ad aliquod rectangulum rationem datam, habeat autem & vnum latus ad vnum latus rationem datam, rectangulum ſpecie datum eſt.

Si vne figure donnee d'eſpece a raiſon donnee à quelque rectangle, & qu'vn coſté ait raiſon donnee à vn coſté, le rectangle ſera donné d'eſpece.

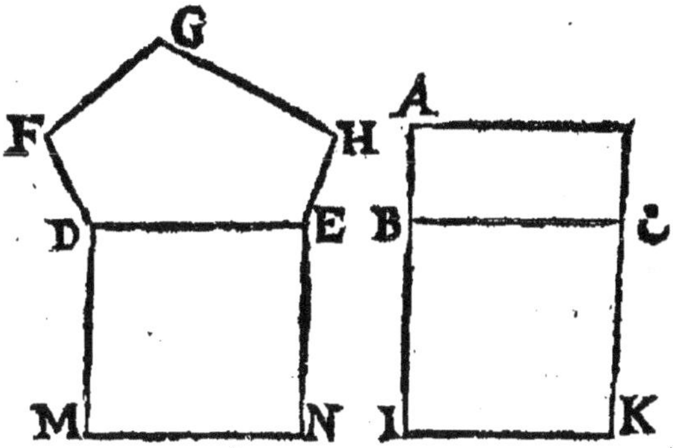

Hypoth.

gfdeh *est* D.. *spec.*
*rao.*gde π ▭ac *est* D.
*rao.*de π bc *est* D.

Req.π.demonstr.

▭ac *est* D.. *spec.*

Præpar.

46.1	dn *est* □.de,
2. p. 1	abi *est* ——,
4.app.	▭bK 2|2 □dn.

Demonstr.

49.d	*rao.*gde π dn *est* D.
hyp.	*rao.*gde π ac *est* D.
8.d	*rao.*dn π ac *est* D.
constr.	dn 2|2 bK,
7.5	*rao.*bk π ac *est* D.
c. 6	*rao.*bi π ba *est* D. α
14.6	de π bc 2|2 bi π dm,
hyp.	*rao.*de π bc *est* D. β
2.d.d	*rao.*bi π dm *est* D.
α.8.d.	*rao.*dm, II de π ab *est* D.
β.8.d.	*rao.*ab π bc *est* D.
concl. 3.d.d	▭ac *est* D.. *spec.*

PROPOS. LXXIX.

Si duo triangula vnum angulum vni angulo æqualem habeant, ab æqualibus autem angulis, ad bases perpendiculares agantur, sitque vt primi trianguli basis ad perpendicularem, ita & alterius trianguli basis ad perpendicularem, illa triangula æquiangula sunt.

Si deux triangles ont vne angle egal à vn angle, & des angles egaux soient menees des perpendiculaires aux bases, & que la base du premier triangle soit à sa perpendiculaire comme la base du second triangle est à sa perpendiculaire, iceux triangles sont equiangles.

Hypoth.

abe,gef *ſnt* Δ; *propoſ;*
<bac 2|2 <egf,
ad ⊥ bc, gl ⊥ ef,
bc π ad 2|2 ef π gl.

Req.π.demonſtr.

Δabc *æquiang.* Δgef.

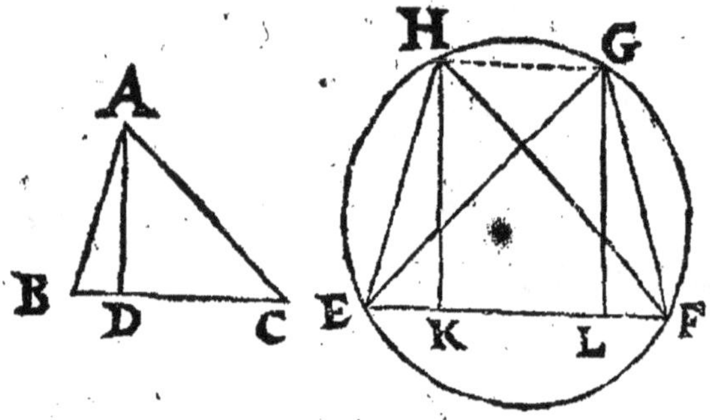

Præpar.

23.1	<feh 2|2 <b,
t.p.1	hf, hg *ſnt* —,
12.1	hk ⊥ ef,

Demonſtr.

21.3	<ehf 2|2 <egf,
hyp.	<bac 2|2 <egf,
1.a.1	<ehf 2|2 <bac,
conſtr.	<hef 2|2 <b,
32.1	Δehf*æquiãg.*Δabc,α
4.6	eK π Kh 2|2 bd π da,
4.6	fK π Kh 2|2 cd π da,
24.5	ef π kh 2|2 bc π da,
hyp.	ef π lg 2|2 bc π da,
9.5	Kh 2|2 lg,
28.1	Kh ═ lg,
33.1	hg ═ ef,
29.1	<egh 2|2 <gef,
26.3	◠eh 2|2 ◠fg,
27.3	<efh 2|2 <gef,
21.3	<ehf 2|2 <egf,
32.1	Δehf *æquiãg.*Δegf,
α	Δehf *æquiãg.* Δabc,
concl. 21.6	Δ.abc*æquiãg.*Δegf

PROPOS. LXXX.

Si triangulum datum vnum angulum habuerit, quod autem ſub lateribus datum angulum comprehendentibus continetur rectangulum, habeat ad quadratum reliqui lateris rationem datam, triangulum ſpecie datum eſt.

Si vn triangle a vn angle donné, & que le rectangle contenu sous les costez qui comprennent l'angle donné soit en raison donnee au quarré de l'autre costé, le triangle sera donné d'espece.

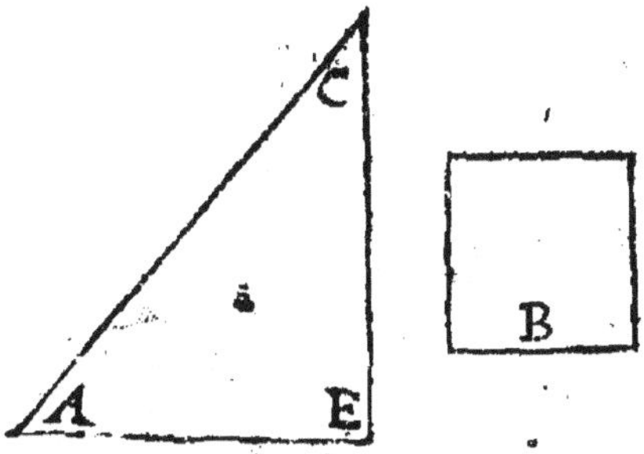

Hypoth.

aec *est* △ *propos.*

<c *est* D.

rao. ▭.ac,ce π □.ae *est* D.

Req. π. demonstr.

△ aec *est* D.. *spec.*

Præpar.

6.app. | □.ae + □b 2|2 □.ac + ce,

Demonstr.

hyp. | <c *est* D.

67.d | *raō.* △ace π □b *est* D.

66.d | *raō.* △ace π ▭.ca,ce *est* D.

8.d | *rao.* □b π ▭.ca,ce *est* D.

hyp. | *rao.* □.ae π ▭.ca, ce *est* D.

8.d | *rao.* □b π □.ae *est* D.

18.5 | *rao.* □b + □.ae π □.ae *est* D.

constr. | □b + □.ae 2|2 □.ac + ce,

7.5 | *rao.* □.ac + ce π □.ae *est* D.

54.d | *rao.* ac + ce π ae *est* D.

hyp. | <c *est* D.

concl. 46.d | aec *est* △ D.. *spec.*

PROPOS. LXXXI.

Si tres rectæ proportionales, tribus rectis proportionalibus, extremas habuerint in ratione datâ, medias quoque habebunt in ratione data. Et si extrema ad extremam, & media ad mediam habeat rationem datam, & reliqua ad reliquam habebit rationem datam.

Si de trois lignes droites proportionelles, les extremes sont en raison donnee aux extremes de trois autres lignes droites proportionelles, elles auront aussi les moyẽnes en raison donnee. Et si vn extreme à vn extreme, & la moyenne à la moyenne a raison donnee, l'autre aura aussi à l'autre vne raison donnee.

Hypoth. commun.

a,b,c *snt proport;* α

d,e,f *snt proport;* β

Hypoth. 1.

raō. a π d *est* D. γ

rao. c π f *est* D. γ

A B C D E F

Req. π. demonstr.

rao. b π e *est* D.

Demonstr.

α.17.6 □.b 2|2 ▭.a, c,

β.17.6 □.e 2|2 ▭.d, f,

γ.70.d *rao.* ▭.a, c π ▭.d, f *est* D.

7.5 *rao.* □.b π □.e *est* D.

concl. 54.d *rao.* b π e *est* D.

Hypoth. 2.

rao. a π d *est* D.

rao. b π e *est* D.

Req. π. demonstr.

rao. c π f *est* D.

Demonstr.

hyp.	*rao.* b π e *est* D.
51.1	*rao.* □.b π □.e *est* D.
7.5	*rao.* ▭.a, c π ▭.d, f *est* D.
hyp.	*rao.* a π d *est* D.
2 concl. 68. d	*rao.* c π f *est* D.

PROPOS. LXXXII.

Si quatuor rectæ proportionales fuerint, erit vt prima ad eam ad quam secunda rationem habet datam, ita tertia ad eam ad quam quarta rationem habet datam.

Si quatre lignes droites sont proportionelles, comme la premiere est à celle à laquelle la seconde a raison donnee, ainsi la troisiesme est à celle à laquelle la quatriesme a raison donnee.

Hypoth.

a π b 2|2 d π e, α

b π c 2|2 e π f, à

rao. b π c *est* D.

Req. π. demonstr.

rao. e π f *est* D.

a π c 2|2 d π f,

Demonstr.

hyp. | b π c 2|2 e π f,

hyp. | *rao.* b π c *est* D.

2. d. d | *rao* e π f *est* D.

concl. α. 22. 5 | a π c 2|2 d π f.

PROPOS. LXXXIII.

Si quatuor rectæ, ita ad inuicem se habeant vt tribus ex iis quibuscunque sumptis, & quarta ipsis proportionali acceptâ, ad quam reliqua è quatuor rectis rationem habet datam, erit vt quarta ad tertiam, ita secunda ad eam ad quam habet prima rationem datam.

Si on trouue vne quatriesme proportionelle, à trois quelconques on voudra de quatre lignes proposees, à laquelle celle qui reste ait vne raison donnée; comme la quatriesme des lignes proposees sera à la tierce, ainsi la seconde sera à celle à laquelle la premiere a raison donnee.

F A B C D E

Hypoth.

a,b,c,d *snt* —— ;*propos*;

a π b 2|2 c π e,

raō.d π e *est* D.

d π c 2|2 b π f.

Req.π.demonstr.

rao.a π f *est* D.

Demonstr.

hyp.	a π b 2|2 c π e,
16.6	▭.a,e 2|2 ▭.b,c, α
1.6	▭.a,e π ▭.a,d 2|2 e π d,
hyp.	*rao*.e π d *est* D.
2.d.d	*rao*.▭.a,e π ▭.a,d *est* D.
α.7.5	*rao*.▭.a,d π ▭.b,c *est* D.
hyp.	d π c 2|2 b π f,
concl. 56.d.	*rao*.a π f *est* D.

PROPOS. LXXXIV.

Si duæ rectæ datum spatium comprehendant in angulo dato, sit autem altera alterâ maior datâ, etiam vnaquæque ipsarum data erit.

Si deux lignes droites contiennent vn espace en angle donné, & que l'vne soit plus grande que l'autre d'vne grandeur donnee, vne chacune d'icelles sera aussi donnee.

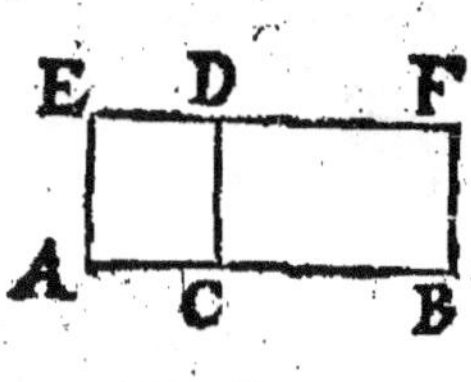

E D F

A C B

Hypoth.

ab,ae *snt* —— ;*propos*;

eb *est* ◊ D.

<a *est* D.

ae 2|2 ac,

cb *est* —— D.

Req. π. demonstr.

ae, & ab *snt* D.

Præpar.

31.1	cd ═ ae.

	Demonstr.		
hyp.	<a est D.	hyp. 1.concl.	cb est —— D:
3. d.d	◊ec est D..spec.	59. d	ac,⊔ ae est D.
hyp.	◊eb est D.	hyp. 2 concl.	cb est D.
		3. d	ab est D.

PROPOS. LXXXV.

Si duæ rectæ datum spatium comprehendant in angulo dato, sit autem simul vtraque data, & earum quoque vnaquæque data erit.

Si deux lignes droites comprennent vn espace donné en angle donné, & que la composee de deux ensemble soit donnee, vne chacune d'icelles sera aussi donnee.

F D E

B C A

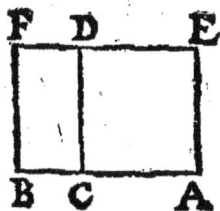

Hypoth.

dc,cb snt —— propos.
db est ◊.D.
<dcb est D.
bca est ——,
ac 2|2 cd,
ab est D.

	Req. π. demonstr.
	dc & cb snt D;
	Præpar.
2. p. 1	fde est ——,
31. 1	ae ═ cd.
	Demonstr.
hyp.	ac 2|2 cd,
hyp.	<dcb, ⊔ dca est D.
3. d. d	ad est D. .spec.
hyp. 1.concl.	ab est D.
58. d 2 concl.	ac,⊔ cd est D.
4. d	cb est D.

PROPOS. LXXXVI.

Si duæ rectæ datum ſpatium comprehendant in angulo dato, quadratum autem vnius quadrato alterius maius ſit dato, quam in ratione. & vtraque ipſarum data erit.

Si deux lignes droites comprennent vn eſpace donné en angle donné, & que le quarré de l'vn ſoit plus grand que le quarré de l'autre d'vn donné qu'en raiſon, vne chacune d'icelles ſera auſſi donnee.

Hypoth.

ab & ad ſnt —— propoſ;

bd eſt ◊ D.

<a eſt D.

▭.da,ae eſt D.

□.ad 3|2 □.ab..D.q.ⅆn rao.

B C A E D

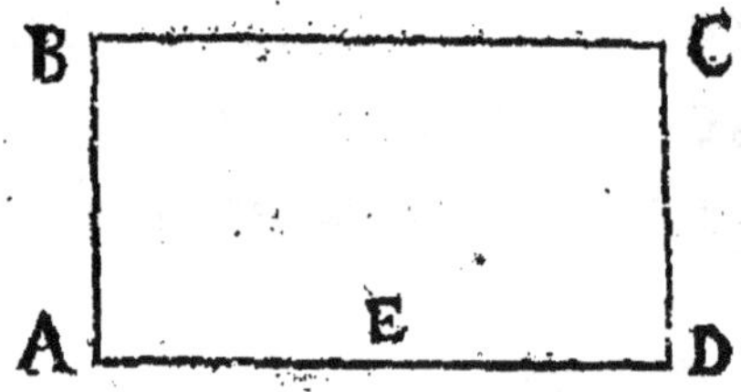

Req. π. demonſtr.

ab, ad ſnt ——; D;

Demonſtr.

hyp. ◊bd eſt D.

hyp. ▭.da,ae eſt D.

1. d rao.◊bd π ▭.da,ae eſt D.

69. d rao.ab π ae eſt D.

51. d rao.□.ab π □.ae eſt D.

11. d rao.□.ab π ▭.ad,ed eſt D.

8. d rao.▭.ad,ed π □.ae eſt D.

8. d rao.4▭.ad,ed π □.ae eſt D.

18.5	*rao*.4▭.ad,ed + □.ae π □.ae *eſt* D.
8.2	□.ad + ed 2|2 4▭.ad,ed + □.ae,
2.d.d	*rao*.□.ad + ed π □.ae *eſt* D.
54.d	*rao*.ad + ed π ae *eſt* D.
18.5	*rao*.2ad π ae *eſt* D.
8.d	*rao*.ad π ae *eſt* D.
1.6	▭.ad,ae π □.ae 2|2 ad π ae,
2.d.d	*rao*.▭.ad,ae π □.ae *eſt* D.
hyp.	▭.ad,ae *eſt* D.
1.d.d	□.ae *eſt* D.
55.d	ae *eſt* D.
1.concl. 57.d	ad *eſt* D.
hyp.	<a *eſt* D.
2 concl. 57.d	ab *eſt* D.

PROPOS. LXXXVII.

Si duæ rectæ datum ſpatium comprehendant in angulo dato, poſſit autem altera alterâ maius dato, earum vtraque data erit.

Si deux lignes droites comprennent vn eſpace donné en angle donné, & que l'vne puiſſe plus que l'autre d'vn donné, auſſi chacune d'icelles ſera donnée.

Hypoth.

ab,ad *ſnt* —; *propoſ;*
bd *eſt* ◊ D. <a *eſt* D.
▭.da, ae *eſt* D.
□.ad~□.ab 2|2 ▭.ad,ae, α

Req.π. demonſtr.

ab,ad *ſnt* D.

Demonſtr.

hyp.	◊bd *eſt* D.
hyp.	▭.da,ae *eſt* D.
1. d.	*rao*.◊bd π ▭.da,ae *eſt* D.
69.d	*rao*.abπae *eſt* D.
51.d	*rao*.□.abπ□.ae *eſt* D

2.1.2 | □.ab 2|2 ▭.ad,ed,
8.d | rao.▭.ad,ed π □.ae *est* D
8.d | rao. 4▭. ad, ed π □.ae *est* D.
18.5 | rao.▭.ad,ed + □.ae π □.ae *est* D.
8.2 | □.ad + ed 2|2 4▭.ad,ed + □.ae,
2.d.d | rao.□.ad + ed π □.ae *est* D.
54.d | rao.ad + ed π ae *est* D.
18.5 | rao.2ad π ae *est* D.
8.d | rao.ad π ae *est* D.
1.6 | ▭.ad,ae π □.ae 2|2 ad π ae,
2.d.d | rao.▭.ad,ae π □.ae *est* D.
hyp. | ▭.ad,ae *est* D.
1.d.d | □.ae *est* D.
55.d | ae *est* D.

1. concl. 57.d | ad *est* D.
hyp. | <a *est* D.
2. concl. 57.d | ab *est* D.

PROPOS. LXXXVIII.

Si in circulum magnitudine datum, acta sit recta linea quæ segmentum auferat, quod datum angulum comprehendat, acta recta linea magnitudine data est.

Si en vn cercle donné est menee vne ligne droite qui retranche vn segment, qui comprend vn angle donné, la ligne droite menee est donnee de grandeur.

Hypoth.
cfed *est* ⊙.D.
ce *est* inscri. in ⊙cfd,
<cfe *est* D.

Req.

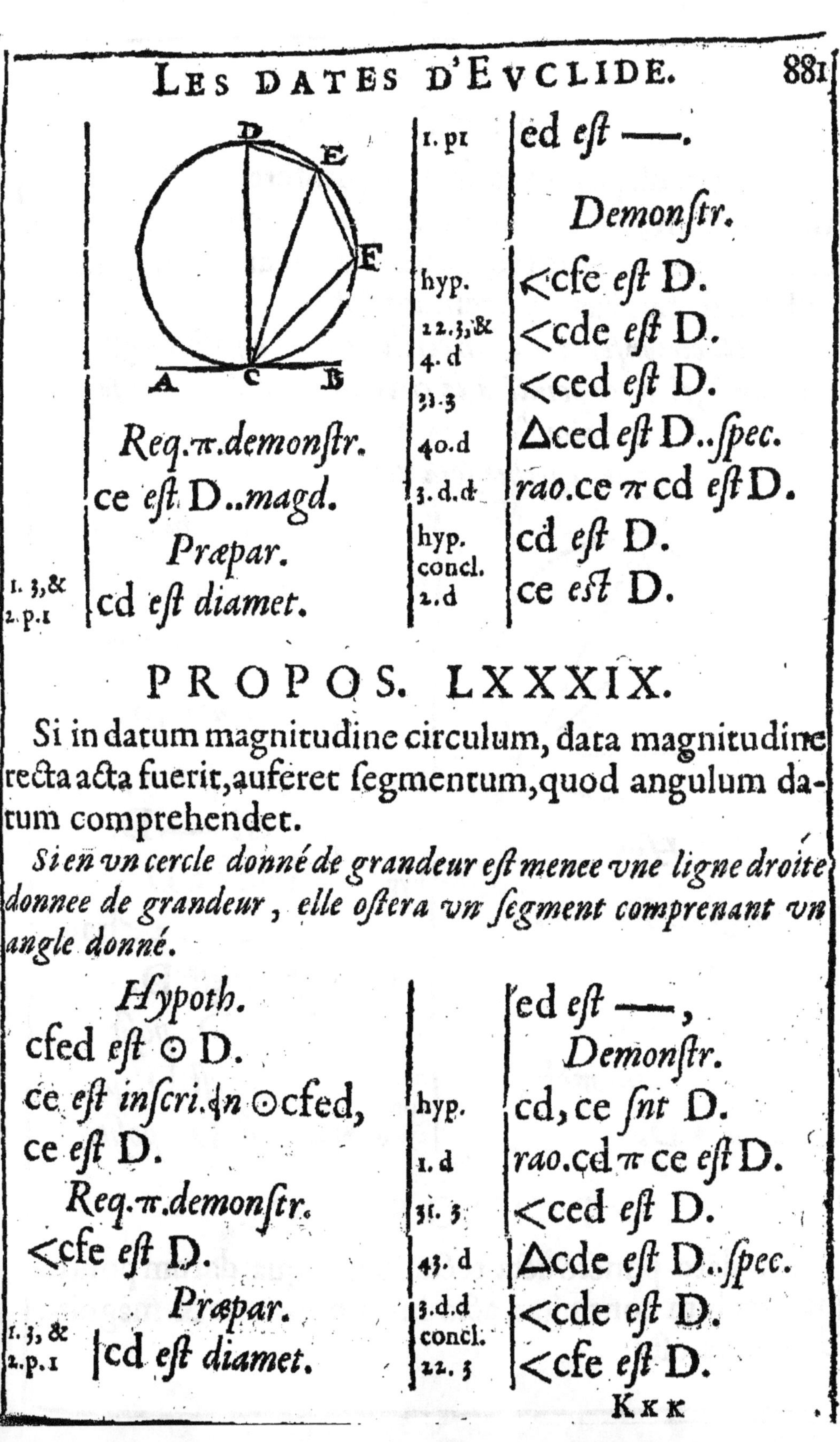

Req.π.demonstr.

ce *est* D..*magd.*

Præpar.

1. 3,& 2. p.1 cd *est diamet.*

ed *est* —.

Demonstr.

hyp. <cfe *est* D.

22.3,& 4.d <cde *est* D.

31.3 <ced *est* D.

40.d △ced *est* D..*spec.*

3.d.d *rao.*ce π cd *est* D.

hyp. cd *est* D.

concl. 2.d ce *est* D.

PROPOS. LXXXIX.

Si in datum magnitudine circulum, data magnitudine recta acta fuerit, auferet segmentum, quod angulum datum comprehendet.

Si en vn cercle donné de grandeur est menee vne ligne droite donnee de grandeur, elle ostera vn segment comprenant vn angle donné.

Hypoth.

cfed *est* ⊙ D.

ce *est inscri.in* ⊙cfed,

ce *est* D.

Req.π.demonstr.

<cfe *est* D.

Præpar.

1. 3, & 2.p.1 cd *est diamet.*

ed *est* —,

Demonstr.

hyp. cd, ce *sint* D.

1.d *rao.*cd π ce *est* D.

31. 3 <ced *est* D.

43. d △cde *est* D..*spec.*

3.d.d <cde *est* D.

concl. 22. 3 <cfe *est* D.

PROPOS. XC.

Si in circuli positione dati circumferentiâ datum fuerit punctum, ab eo autem puncto ad circumferentiam circuli inflexa fuerit recta, quæ datum angulum efficiat, inflexæ rectæ altera extremitas data est.

Si en la circonference d'vn cercle donné de position est donné vn poinct, & de ce poinct à la circonference du cercle se reflechisse vne ligne droite faisant vn angle donné, l'autre extremité d'icelle ligne reflechie sera donnee.

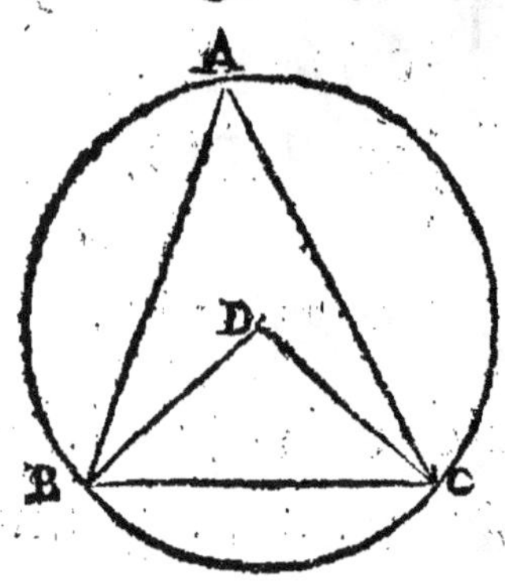

Hypoth.

bac est ⊙ D.. *posit.*
b est ● D. in ∩,
<bac est D.

Req. π. demonstr.

c est ● D.

	Præpar.
1. 3	d *est centr*.. ⊙.
1. p. 1	db, dc *snt* —.
	Demonstr.
hyp.	b & d *snt* ●; D;
26. d	bd *est* — D.
hyp.	<bac *est* D.
20. 3	<bdc 2|2 2<bac,
2. d	<bdc *est* D.
29. d	dc *est* D.. *posit.*
hyp.	⊙abc *est* D.. *posit.*
concl. 25. d	●c *est* D.. *posit.*

PROPOS. XCI.

Si à dato puncto acta recta fuerit, quæ datum positione circulum contingat, acta linea positione & magnitudine data est.

Si d'vn poinct donné est menee vne ligne droite, qui touche vn cercle donné de position, la ligne menee est donnee de position & grandeur.

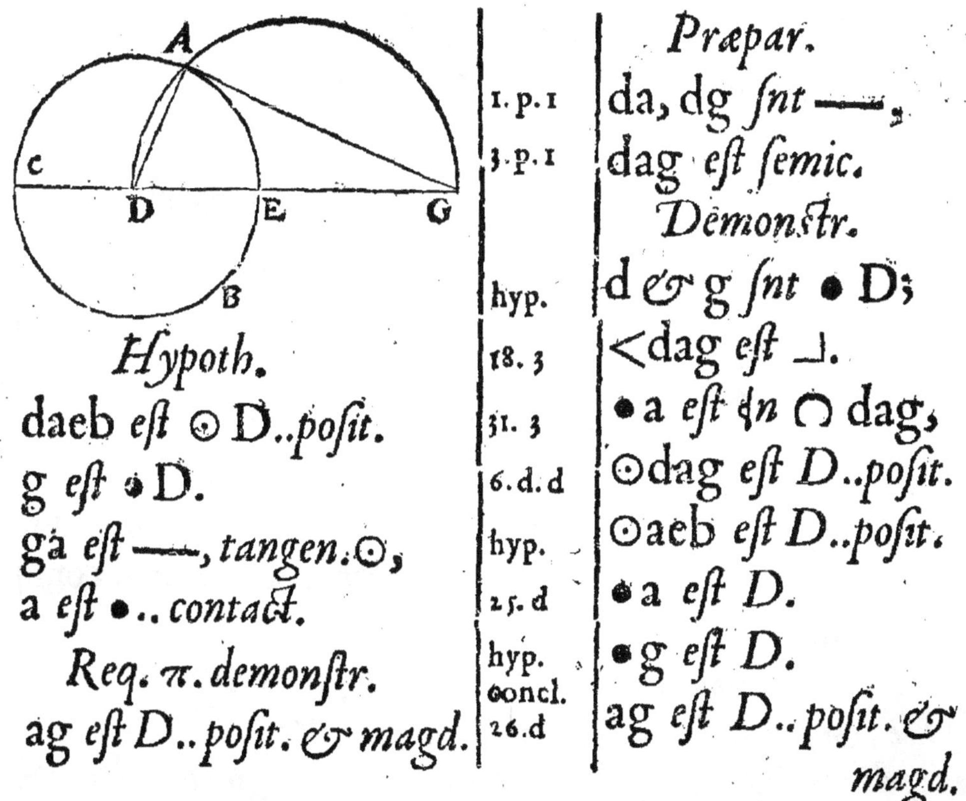

Hypoth.

daeb *est* ⊙ D..*posit.*
g *est* • D.
ga *est* ——, *tangen.* ⊙,
a *est* •.. *contact.*

Req. π. demonstr.

ag *est D..posit. & magd.*

Præpar.

1. p. 1	da, dg *snt* ——,
3. p. 1	dag *est semic.*
	Demonstr.
hyp.	d & g *snt* • D;
18. 3	<dag *est* ⊥.
31. 3	• a *est in* ⌒ dag,
6. d. d	⊙dag *est D..posit.*
hyp.	⊙aeb *est D..posit.*
25. d	• a *est D.*
hyp.	• g *est D.*
concl. 26. d	ag *est D..posit. & magd.*

PROPOS. XCII.

Si extra circulum positione datum accipiatur aliquod punctum, à dato autem puncto in circulum producatur quædam recta, datum est id quod sub actâ linea, & ea quæ inter punctum & conuexam peripheriam comprehenditur rectangulum.

Si quelque poinct est pris hors vn cercle donné de position, & du poinct donné est menee quelque ligne droite à la superficie concaue du cercle, le rectangle contenu sous la ligne menee, & la partie comprise entre le poinct & la circonference conuexe est donné.

Hypoth.

bfe *est* ⊙.D.

a *est* •D.

ae *est* — *arbitr.*

Req. π. *demonstr.*

▭.eaf *est* D.

Præpar.

17.3	ab *tang:* ⊙bfe,
	Demonstr.
91.d	ab *est* D..*posit.* & *magd.*
52.d	□.ab *est* D.
36 3	▭.eaf 2|2 □.ab,
concl. 2.d.d	▭.eaf *est* D.

PROPOS. XCIII.

Si intra datum positione circulum, sumatur aliquod datum punctum, per punctum autem agatur in circulum aliqua recta, quod sub segmentis actæ rectæ lineæ comprehenditur rectangulum datum est.

Si dans vn cercle donné de position on prend quelque poinct donné, & par iceluy est menee vne ligne droite à la circonference du cercle, le rectangle contenu sous les segments de la ligne menee est donné.

Hypoth.

cabcd *est* ⊙ D.

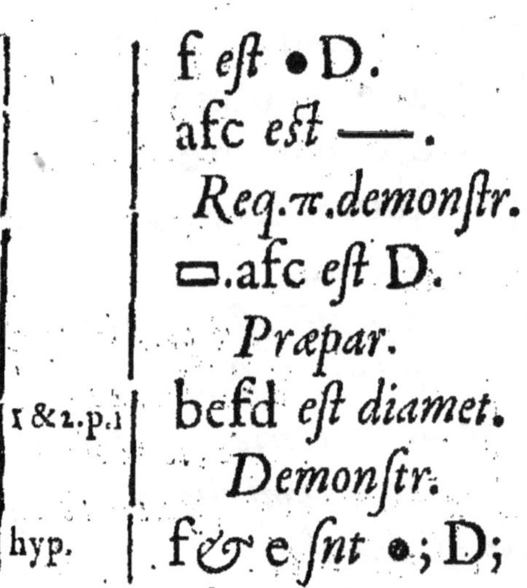

	f *est* •D.
	afc *est* —.
	Req. π. *demonstr.*
	▭.afc *est* D.
	Præpar.
1 & 2.p.1	befd *est diamet.*
	Demonstr.
hyp.	f & e *sunt* •; D;

26. d	fe *est* —— D.	52. d	▭.dfb *est* D.
9. d.d	eb, ‖ ed *est* —— D.	35. 3 concl.	▭.afc 2|2 ▭.dfb.
3.& 4. d	fb, fd *snt* —— D;	2. d. d	▭.afc *est* D.

PROPOS. XCIV.

Si in circulum magnitudine datum agatur recta linea, quæ segmentum auferat quod angulum datum comprehendat, angulus autem qui in segmento consistit bifariam secetur, simul vtraque rectarum quæ angulum datum comprehendunt, ad lineam quæ angulum bifariam secat, habebit rationem datam: & quod, sub simul vtrisque quæ datum angulum comprehendunt rectis, & infernè abscisâ ab eâ quæ angulum in circumferentia datum bifariam secat, rectangulum datum erit.

Si en vn cercle donné de grandeur est menee vne ligne droite, laquelle retranche vn segment qui contienne vn angle donné, & que l'angle qui est au segment soit diuisé en deux parties egales, le composé des deux lignes contenans l'angle donné, aura vne raison donnee à la ligne qui diuise iceluy angle en deux egalement, & le rectangle contenu sous la composee des deux lignes qui comprennent l'angle donné, & la partie inferieure de la coupante est donné.

Hypoth.

bacd *est* ⊙ D.

<bac *est* D.

<bad 2|2 <dac.

Req. π. demonstr.

raō. ba + ac π ad *est* D.

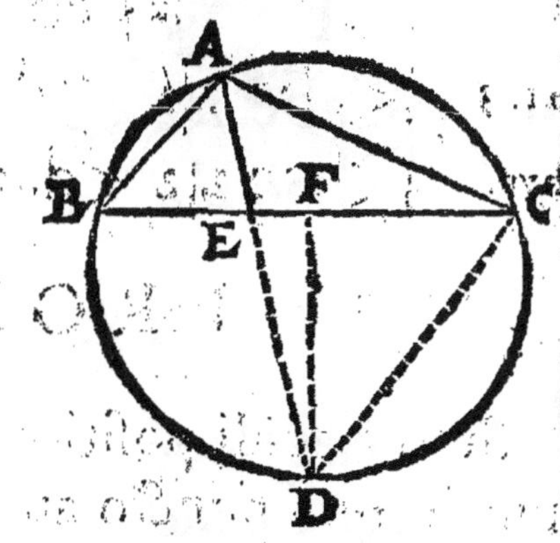

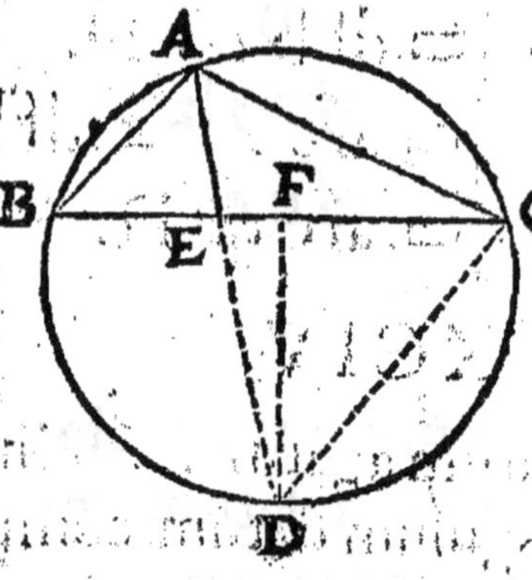

	▭.ba + ac, ed *est* D.
	Præpar.
1.p.1	cd *est* ——.
	Demonstr.
hyp.	<bac *est* D.
88.d	bc *est* D.
2.d	<cad *est* D.
90.d	cd *est* D.
3.6	ca π ab 2|2 ce π eb,
16.5	ca π ce 2|2 ab π eb,
12.5	ca + ab π | cb α ab π | eb
21.3	<abe 2|2 <adc,
hyp.	<bae 2|2 <dac,

32.1	△abe *æquiãg.* △adc
4.6	ab π eb 2|2 ad π dc,
α.11.5	ca + ab π | cb ad π | dc
16.5	ca + ab π | ad cb π | dc
1.d 1.concl.	*raõ.* cb π dc *est* D.
2.d.d	*raõ.* ca + ab π ad *est* D.
21.3	<abe 2|2 <edc,
15.1	<aeb 2|2 <dec.
32.1	△aeb *æquiãg.* △dec
4.6	cd π de 2|2 ab π be,
α.12.5	ab π | be ca + ab π | cb
11.5	cd π | de ca + ab π | cb
16.6	▭.ca + ab, de 2|2 ▭.cd, cb.
52.d 2 concl.	▭.cd, cb *est* D.
1.d.d	▭.ca + ab, de *est* D.

PROPOS. XCV.

Si in circuli positione dati diametro sumatur datum punctum, à puncto autem in circulum producatur quædam recta, & agatur à sectione ad rectos angulos in productam rectam linea, per punctum autem in quo linea quæ ad rectos angulos consistit occurrit circumferentiæ circuli, agatur parallela productæ rectæ, datum est illud punctum, in quo parallela occurrit ipsi diametro, & quod sub parallelis lineis comprehenditur rectangulum datum est.

Si au diametre d'vn cercle donné de position on prend vn poinct donné, & que d'iceluy poinct on tire quelque ligne droite à la circonference du cercle & de la section vne autre qui luy soit perpendiculaire, & par le poinct auquel la perpendiculaire rencontre la circonference on meine vne ligne droite parallele à la premiere ligne tiree, le poinct où la parallele rencontre le diametre est donné, & le rectangle contenu sous les paralleles est aussi donné.

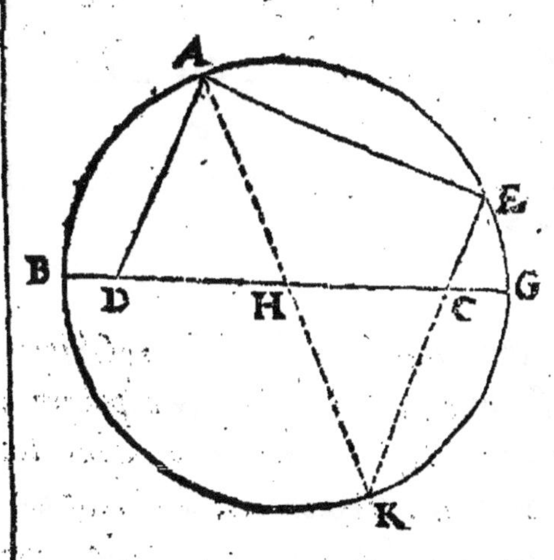

Hypoth.

bagk *est* ⊙.

bg *est diamet.*

d *est* ● D.

da *est* —— *arbitr.*

dae *est* ⊥.

ec ═ ad.

Req. π. *demonstr.*

● c *est D.*

▭. ad, ec *est D.*

Præpar.

2. p. 1	eck *est* ——,
1. p. 1	ak *est* ——.

Demonstr.

hyp.	<dae *est* ⊥.
29. 1	<aek *est* ⊥,

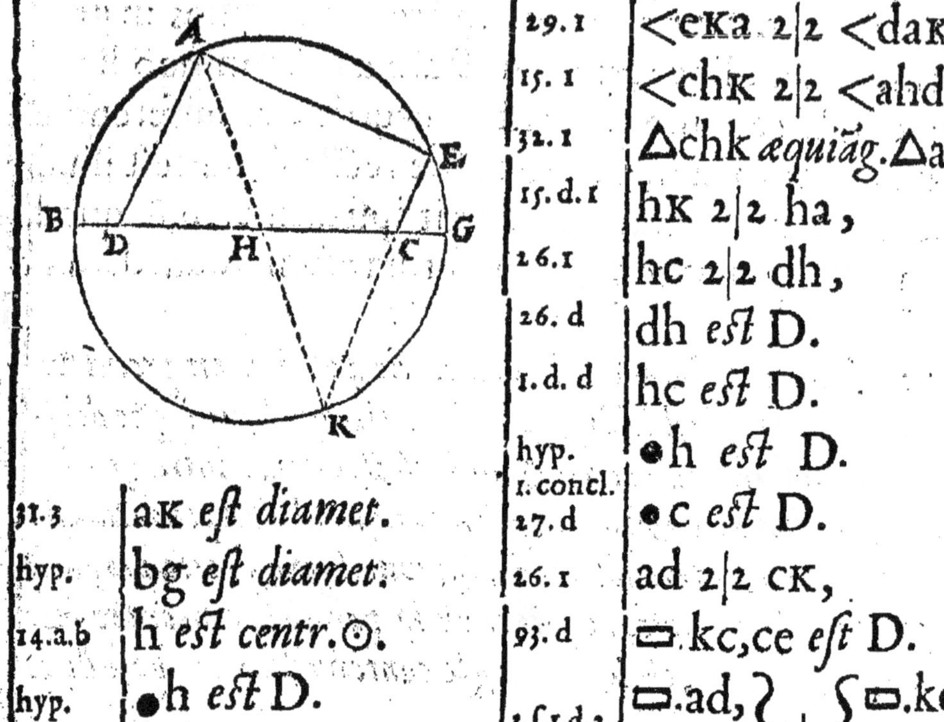

31.3	aK *est diamet.*
hyp.	bg *est diamet.*
14.a.b	h *est centr.*⊙.
hyp.	●h *est* D.
hyp.	●d *est* D.
26.d	dh *est* —— D.

29.1	<eKa 2|2 <daK,
15.1	<chK 2|2 <ahd,
32.1	△chk *æquiãg.* △ahd
15.d.1	hK 2|2 ha,
26.1	hc 2|2 dh,
26.d	dh *est* D.
1.d.d	hc *est* D.
hyp.	●h *est* D.
1. concl. 27.d	●c *est* D.
26.1	ad 2|2 cK,
93.d	▭.kc,ce *est* D.
3.f.1.d.2	▭.ad, ce } 2|2 { ▭.kc, ce
2 concl. 1.d.d	▭.ad,ce *est* D.

FIN.

Cùm locus ἀναλυόμενος, hoc est resolutus, sit propria quædam materia post communium elementorum constitutionem iis parata, qui in geometricis sibi comparare volunt vim ac facultatem inueniendi problemata quæ ipsis proponuntur: sitque liber datorum, quem exposuimus, primus eorum qui pertinent ad locum resolutum; non

Veu que le traicté de resolution est une certaine matiere propre à ceux, lesquels ayant apprins les communs elements, desirent acquerir la faculté de resoudre toute sorte de problemes geometriques qu'on leur pourroit proposer, & que le liure des Dates que nous auons expliqué est le premier de ceux qui appartiennent au traicté des Resolutions; i'estime que ie ne abs re me facturum existimo, si huic libro datorum subnectam alios quoque libros ad locum resolutum pertinētes, quos olim Apollonius Pergæus magnus (vt eum veteres appellabant) geometra excogitauerat, quorum nonnulli, cùm iniuria temporis periissent, ab egregiis geometris huius seculi sunt restituti, quos hîc nostra methodo demonstratos exhibemus, quibus subiunxi etiam angularium sectionum doctrinam à Francisco Vieta inuentam, nec ab vllo priùs agnitam, quam Andersonus demonstrationibus illustrauerat: quæ doctrina ob admirabilem congruentiam numerorum, ex progressione geometrica certa ratione deductorum, cum subtensis ab eadem diametri extremitate ad terminos circumferentiarum æquali excessu in infinitum progredientium ductis, Mysterium angularium sectionum ab authore Vieta est nuncupata.

feray chose mal conuenable, si en suitte des Dates ie mettois aussi d'autres liures qui appartiennent au mesme traicté de Resolution, qu'anciennement Apollonius Pergeus (nommé par les anciens grand geometre) auoit composé, quelques-vns desquels ayant esté perdus ont esté restituez par des excellens Mathematiciens de ce siecle, qui sont ceux que nous mettrons icy en suite, demonstrez par nostre methode: & en suitte d'iceux i'ay aussi adiousté la doctrine de la section des angles inuentée par Monsieur Viete, & incognue à tous ceux qui l'ont precedé, & à laquelle Anderson auoit adiousté les demonstrations, laquelle doctrine a esté nōmée par son autheur Viete, Mystere de la section des angles, à cause de la conuenance admirable des nombres des progressions geometriques, prinses par certaine methode vniuerselle, auec les subtendantes tirées de la mesme extremité du diametre aux termes des circonferences qui s'entresuiuent à l'infiny en progression arithmetique.

APOLLONII PERGÆI DE DETERMINATA SECTIONE geometria, à Vvilebrodo Snelio restituta.

LA GEOMETRIE DE LA SECTION DETERMINEE *d'Apollonius Pergeus, restituée par Vvilebrodus Snelius.*

PROBL. I.

DATAM rectam lineam infinitam vnico puncto secare, vt è rectis ad data duo puncta absumptis, vnius quadratum, ad rectangulum sub reliqua & data externa comprehensum rationem habeat datam.

EN une ligne droite infinie deux poincts estans donnez, trouuer vn troisiesme poinct estoigné des deux poincts donnez de telles distances, que le quarré de l'vne des distances, au rectangle de l'autre distance & d'vne ligne donnee soit en raison donnee.

Hypoth.

lf *est* — *infini.*

b,f *snt* ⊙; D; *in* lf,

bl *est* — *D.*

ab π bl *est rao. D.*

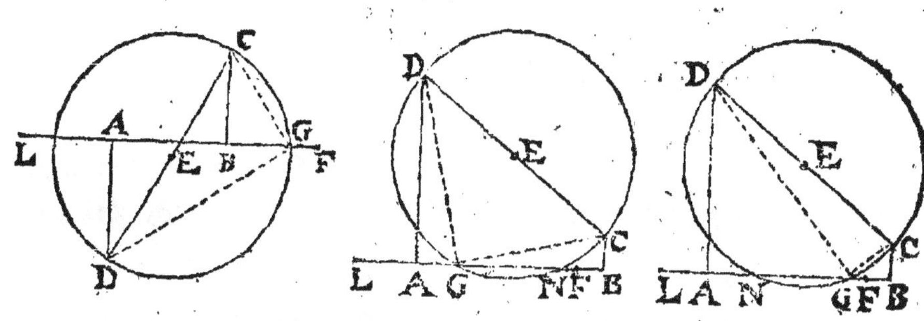

Req. π. fa.

□.gb π ▭.gf,bl 2|2 ab π bl.

Conſtr.

11.1 ad,bc *ſnt* ⊥ lf,

3.1 ad 2|2 ab,

3.1 bc 2|2 bf,

1.p.1 dc *eſt* ——,

10.1 de 2|2 ec,

3.p.1 edcg *eſt* ⊙.

ſymp. g *eſt* • *req.*

Præpar.

1.p.1 dg & cg *ſnt* ——.

Demonſtr.

conſtr. ∠dag & ∠cbg *ſnt* ⌋.

32.1 ∠bgc+∠bcg 2|2 ⌋.

31.3 ∠bgc+∠agd 2|2 ⌋.

3.a.1 ∠bcg 2|2 ∠agd,

32.1 △bcg *æquiãg.* △agd

4.6 bc, ıı fb π bg 2|2 ag π ad, ıı ab,

17&18.5 fg π bg 2|2 bg π ab,

16.6 □.bg 2|2 ▭.fg, ab,

1.6 ▭.fg,ab π ▭.fg,bl 2|2 ab π bl.

concl. 1.a.f □.bg π ▭.fg, bl 2|2 ab π bl.

PROBL. II.

Datam rectam lineam infinitam vnico puncto ſecare, vt è rectis ad data tria puncta abſumptis quod ſub vna ipsarum & data externa, ad id quod sub duabus reliquis comprehenditur rationem habeat datam.

En vne ligne droite infinie trois poincts estans donnez, trouuer vn quatriesme poinct esloigné des trois poincts donnez de telles distances, que le rectangle contenu sous l'vne d'icelles & l'externe donnee, au rectangle contenu sous les deux autres soit en raison donnee.

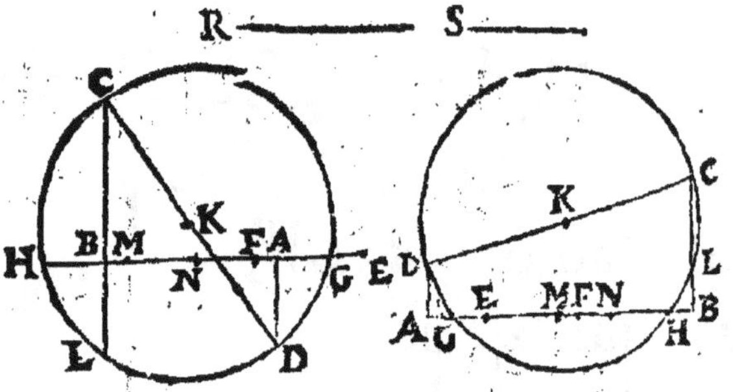

Hypoth.

ab *est* —— *infini.*

a,e,m *snt* • *D.* *in* ab,

r *est* —— *D.*

r π ſ *est rao. D.*

Req. π. fa.		*Demonstr.*
▭.ag,r π ge, gm 2|2 r π ſ.	constr.	am,bc,bf *snt* 2|2 ⫞e. α
Constr.	3. a. 1	af 2|2 bm,
3. 1 | mn 2|2 ae,	constr. 2. &	mn,ae,ad *snt* 2|2 ⫞e.
3. 1 | nb 2|2 ſ,	3. a. 1	ef 2|2 bn, ε
11. 1 | ad & bc ⊥ ab,	22. app.	ag 2|2 bh,
3. 1 | ad 2|2 ae,	22. app.	ad 2|2 bl,
3. 1 | bc 2|2 am,		▭.ag,gb, β
1. p. 1 | dc *est* ——,	3.ſ.1.d.2	▭.gb,bh,
3. p. 1 | kdgc *est* ⊙.	35. 3. & c.36.3	▭.cb,bl, *snt* 2|2 ⫞e
ſymp. | g *est* • *req.*	α 3.ſ.1.d2	▭.bf,ae, γ
Præpar.	3.ſ.1.d.2	▭.am,ae, δ
3. 1 | bf 2|2 bc.	89.16.6	ae π ag 2|2 gb π bf,

17&18.5 | ae π ge 2|2 gb π gf, θ

βδ.16.6 | ae π gb 2|2 ag π am, θ

θ.11.5 | ge π gf 2|2 ag π am,

17&18.5 | ge π ef 2|2 ag π gm,

16.6 | ▭.ge, gm 2|2 ▭.ef, ag,

e3.ſ.1d.2 | ▭.nb, ag 2|2 ▭.ef, ag,

1.a.1 | ▭.ge,gm 2|2 ▭.nb, ag,

1.6 | ▭.ag,r π ▭.ag, nb 2|2 r π nb,

concl.

1.a.f | ▭.ag, r π ▭.ge, gm 2|2 r π nb, 11ſ.

PROBL. III.

Datam rectam lineam infinitam vnico puncto ſecare, vt è rectis ad data in ipſa tria puncta abſumptis, rectangulum ſub duabus comprehenſum, ad reliquæ quadratum rationem habeat datam.

En vne ligne droite infinie trois poincts eſtans donnez, trouuer vn quatrieſme poinct eſloigné des trois poincts donnez de telles diſtances, que le rectangle contenu ſous deux d'icelles au quarré de l'autre ſoit en raiſon donnee.

Hypoth.

ab *eſt* — *infini.*

a,d,b *ſnt* • *D.* ⊰*n* ab,

dc π cb *eſt raõ. D.*

Req. π. *fa.*

▭.ga,gd π □.gb 2|2 dc π cb,

A C D G B

A D G B C

A G D C B

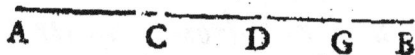

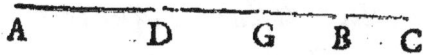

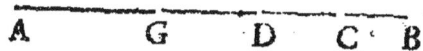

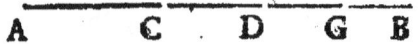

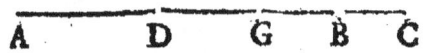

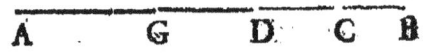

A C D G B

A D G B C

A G D C B

Constr.

2.deter. ▭.ab, gd π ▭.gb, gc 2|2 db π bc. α

symp. g *est* ● *req.*

Demonstr.

α 23app. ▭.gc, bd π ▭.bc, gd 2|2 ab π gb,

18.app. ▭.gc, bd 2|2 ▭.cb, dg + ▭.cd, gb,

17&18.5 ▭.gb, cd π ▭.bc, gd 2|2 ag π gb,

concl. 23.app. ▭.ag, gd π □.gb 2|2 dc π cb.

PROBL. IV.

Datam rectam lineam infinitam vno puncto secare, vt è rectis ad data in ipsa quatuor puncta absumptis, rectangulum sub duabus optatis comprehensum, ad rectangulum sub reliquis rationem habeat datam.

En vne ligne droite infinie quatre poincts estans donnez, trouuer vn cinquiesme poinct esloigné des quatre poincts donnez de telles distances, que le rectangle contenu sous deux d'icelles, au rectangle contenu sous les deux autres soit en raison donnee.

Hypoth.

ab *est* — *infini.*

a, d, c, b *snt* ● D. *in* ab.

ae π ed *est rao.* D.

A G E D C B A E G B D C

E A B G D C

Req. π. fa.

▭.ga,gb π ▭.gd, gc 2|2 ae π ed.

Constr.

2.deter. ▭.gb, ge π ▭.bc, gd 2|2 ae π ad. α

symp. g *est* •D.

Demonstr.

α23app. bg π bc 2|2 ▭.ae, gd π ▭.ad, ge,

18. app. ▭.ae, gd 2|2 ▭.ad, ge + ▭.ag, ed,

7.5 bg π bc 2|2 ▭.ad, ge + ▭.ag, ed π ▭.ad, ge,

c.19.5 bg π gc 2|2 ▭.gd, ae π ▭.ag, de,

concl. 23.app. ▭.gb, ag π ▭.gd, gc 2|2 ae π ed.

APOLLONII PERGÆI DE PROPORTIONIS SECTIONE geometria, à Vvilebrodo Snelio restituta.

LA GEOMETRIE D'APOLLONIVS PERGEVS DE LA SECTION DE LA *proportion, restituée par Vvilebrodus Snelius.*

PROBL. I.

DATIS duabus rectis annuentibus per datum extra ipsas punctum rectam educere, quæ ad earum concursum intercipiat segmenta in ratione imperata.

ESTANT *donnees deux lignes inclinees l'vne à l'autre, mener vne ligne droite par vn poinct donné hors d'icelles, qui les couppe en sorte que les segments compris entre la ligne menee & le poinct où se rencontrent les deux lignes inclinees, soient en raison donnee.*

Hypoth.

ab, cb *snt* — *propos*;

d *est* • D.

r π s *est raõ*. D.

Req. π. *fa.*

ab π be 2|2 r π s.

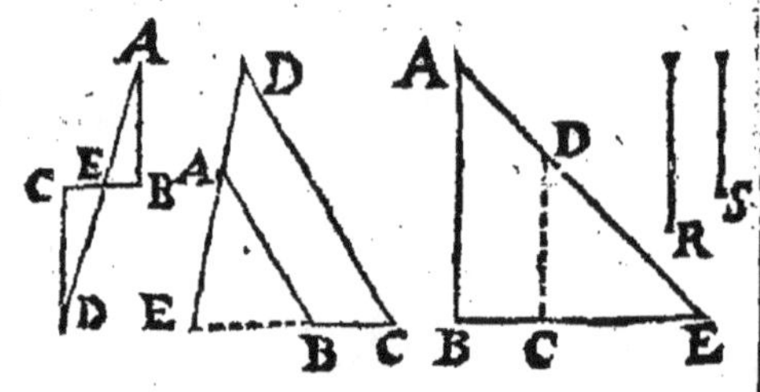

Constr.

Conſtr.

31. 1 dc ═ ab,
12. 6 r π ſ 2|2 dc π ce.
ſymp. *Req. eſt* —— dea.

Demonſtr.

29. 1 △dce *æquiāg.* △abe,
4. 6 ab π be 2|2 dc π ce,
conſtr. r π ſ 2|2 dc π ec,
concl. 11. 5 ab π be 2|2 r π ſ.

PROBL. II.

Per datum extrà punctum rectam ducere, quæ ad duos terminos in rectis parallelis datos intercipiat ſegmenta in ratione data.

Eſtant donnees deux lignes droites paralleles mener vne ligne droite par vn poinct donné hors d'icelles qui les couppe en ſorte, que les ſegments compris entre la ligne menee & les termes donnez aux paralleles, ſoient en raiſon donnee.

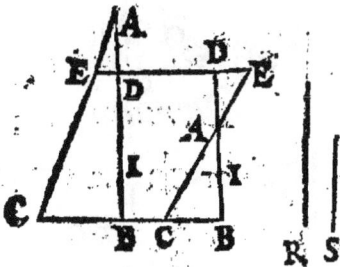

Req. π. *fa.*
bc π de 2|2 r π ſ.

Conſtr.

t. p. 1 ce *eſt* ——,
12. 6 ca π ae 2|2 r π ſ.
t. p. 1 aib *eſt* ——,
ſymp. *Req. eſt* aib.

Demonſtr.

29. 1 △ade *æquiāg.* △abc
4. 6 bc π de 2|2 ca π ae.
conſtr. ca π ae 2|2 r π ſ.
concl. 11. 5 bc π de 2|2 r π ſ.

Hypoth.

ed ═ cb,
e & c *ſnt term*; D. *in* ed & cb,
i *eſt* • D.
r π ſ *eſt raō*: D.

PROBL. III.

Datis duobus rectis annuentibus per datum extra ipſas punctum rectam ducere, quæ ab expoſitis ad duos datos in iiſdem terminos intercipiat ſegmenta in ratione imperata.

Eſtant donnees deux lignes droites inclinees l'vne à l'autre, mener vne ligne droite par vn poinct donné hors d'icelles, qui les couppe en ſorte, que les ſegments compris entre la ligne menee & deux poincts donnez en icelles, ſoient en raiſon donnee.

Hypoth.

be, fh *ſnt* —— D; *inclin;*
g & u *ſnt* • D. *in* be, fh.
d *eſt* • D. *extr.* be, fh.

Req. π. fq.

bg π cu 2|2 r π ſ.

ſymp.	*Req. eſt* cdb.

Conſtr.

2. p. 1	bea, cfa *ſnt* ——,
31. 1	de == ac, df == ba,
12. 6	r π ſ 2|2 ge π m, α
25e. det.	▭. hc, m 2|2 { ▭. cf, cu. β

Demonſtr.

25. app.	gb π ch 2|2 ge π cf,
16. 5	gb π ge 2|2 ch π cf,
β. 14. 6	cu π m 2|2 ch π cf,
11. 5	gb π ge 2|2 cu π m,
16. 5	bg π cu 2|2 ge π m,
concl. α. 11. 5	bg π cu 2|2 r π ſ.

APOLLONII PERGÆI DE SPATII SECTIONE GEOmetria, à Vvilebrodo Snelio restituta.

LA GEOMETRIE D'APOLLONIVS PERGEVS DE LA SECTION DE *l'espace, restituée par Vvilebrodus Snelius.*

PROBL. I.

DATIS duabus rectis per datum in alterutra punctum rectam è ducere, quæ ad datos in expositis terminos absumat segmenta datum spatium comprehendentia.

ESTANT *proposees deux lignes droites, mener vne ligne droite par vn poinct donné en l'vne d'icelles, qui les couppe en sorte que le rectangle contenu sous les segments compris entre la ligne menee, & les termes donnez dans les lignes proposeet, soit egal à vn espace donné.*

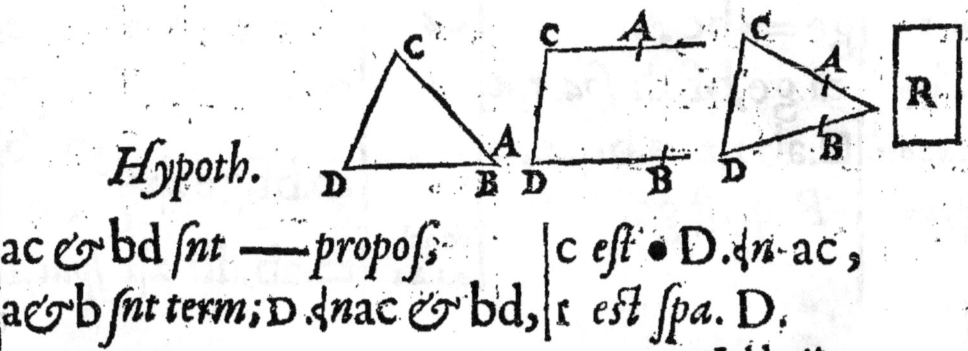

Hypoth.

ac & bd *snt* — *propos*, | c *est* • D. ⫞n ac,
a & b *snt term*; D ⫞n ac & bd, | r *est spa.* D.

	Req. π. fa.	1. p. 1	cd *est* ——,
	▭.ca,db 2|2 r.	symp.	cd *est req.*
	Constr.		*Demonstr.*
4. app.	▭.ca,db 2|2 r,	concl. constr.	▭.ca,db 2|2 r.

PROBL. II.

Datis duabus rectis per datum punctum educere rectam, quæ ad earum concursum intercipiat segmenta spatium datum comprehendentia.

Estant donnees deux lignes droites, mener vne ligne droite qui les couppe en sorte, que le rectangle contenu sous les segments compris entre la ligne menee & leur poinct de concours, soit egal à vn espace donné.

Hypoth.

ab & cb *snt* —— *propos;*
g *est* •D.

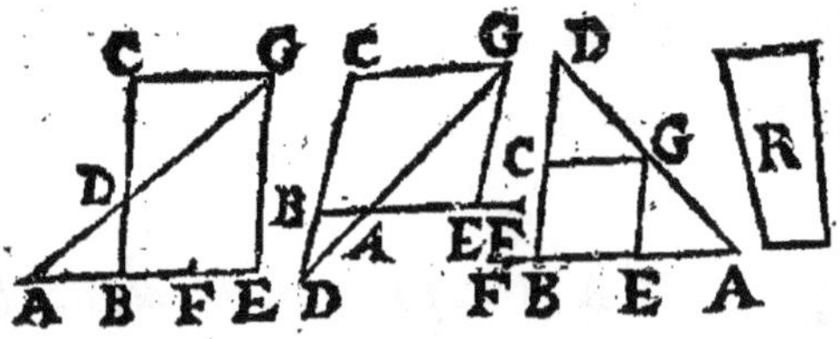

Req. π. fa.

▭.ab, db 2|2 *spa.* r,

	Constr.
31. 1	ge ═ bc,
4. app.	▭.ge,bf 2|2 *spa.* r, α
1 sec. det.	□.ab 2|2 ▭.bf,ae, β
symp.	*Req. est* ga.

	Demonstr.
β. 17. 6	bf π ab 2|2 ab π ae,
29. 1	Δabd *æquiāg.* Δaeg
4. 6	db π ge 2|2 ab π ae,
11. 5	bf π ab 2|2 db π ge,
16. 6	▭.bf,ge 2|2 { ▭.ab, db.
concl. α. 1. a. 1	▭.ab,db 2|2 *spac.* r.

COROLL.

Hinc patet methodus, triangulum per rectam, à puncto extra vel intra triangulum dato, eductam, diuidendi data ratione.

D'icy eſt manifeſte la methode de diuiſer vn triangle en la raiſon donnee, par vne ligne tiree d'vn poinct donné hors, ou dans le triangle.

Hypoth.

abc *eſt* △D.

g *eſt* ●D.

r π ſ *eſt raõ*.D.

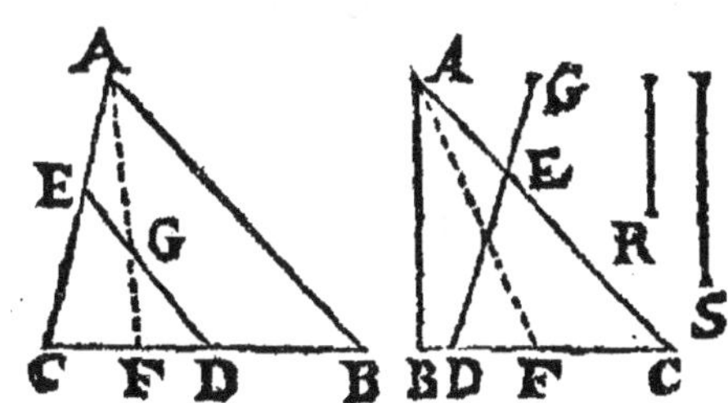

Req. π. fa.

ecd π edba 2|2 r π ſ.

Conſtr.

10. 6 | cf π fb 2|2 r π ſ, α

2ſec.ſpa | ▭.ec,cd 2|2 { ▭.ac, cf. β }

ſymp. | *Req.eſt* ged.

Demonſtr.

β.16.6 | ec π cf 2|2 ac π cd,

15. 6 | △ecd 2|2 △acf,

3. a. 1 | edba 2|2 △afb,

7. 5 | △ecd π | edba
| △acf π | △afb

concl. 11 5 | △ecd π edba 2|2 r π ſ

1. 6 | acf π afb 2|2 cf π fb

conſtr. α. conc. 11. 5 | cf π fb 2|2 r π ſ,
| △ecd π edba 2|2 r π ſ.

PROBL. III.

A datis duabus parallelis recta per punctum quod in neutra earum ſit acta, ad datos in ipſis terminos abſumere ſegmenta datum ſpatium comprehendentia.

Eſtant donnees deux lignes droites paralleles, mener vne ligne droite par vn poinct donné hors d'icelles, qui les couppe en ſorte, que le rectangle contenu ſous les ſegments, compris entre la ligne menee & les termes donnez aux paralleles, soit egal à vn espace donné.

Hypoth. commun.		*Hypoth. 1.*
ed ═ cb,		aec *est* —.
e & c *snt term*;D;		*Req.π.fa.*
a *est* • D.		▭.ed,cb 2|2 *spac*.r.
r *est spac*. D.		*Constr.*
	25.6	▭.ed,cb 2|2 r & *sml*. ▭.ca, ae. } a
		Demonstr.
	constr. concl.	ae π ed 2|2 ac π cb,
	9.a.1	adb *est* —,
	concl. constr.	▭.ed, cb 2|2 r.

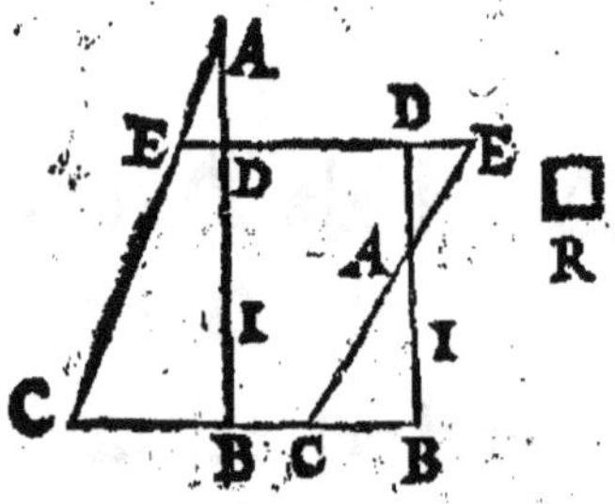

Hypoth. 2.

aec $\tilde{n}$ *est* —.

Req.π.fa.

▭.ed,cb 2|2 *spac*. r.

Constr.

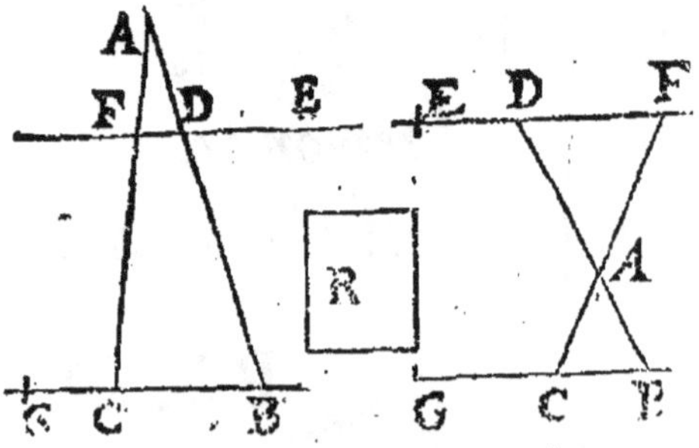

1.p.1	afc *est* —;		
4.app.	▭.ac,cg 2|2 *spac*.r.β	4.6	ac π cb 2|2 af π fd,
4.app.	▭.fd,de 2|2 ▭.af,cg	11.5	de π cg 2|2 ac π cb,
1.p.1	adb *est* —.	16.6	▭.de,cb 2|2 ▭.cg,ac
	Demonstr.	constr.	*spac*.r 2|2 ▭.ac, cg,
16.6	de π cg 2|2 af π fd.	concl. 1.a.1	▭.de,cb 2|2 *spac*.r.

PROBL. IV.

Datis duabus rectis annuentibus per punctum extra ipsas datum rectam ducere, quæ ad datos in ipsis terminos absumat segmenta datum spatium comprehendentia.

Estant donnees deux lignes droites inclinees l'vne à l'autre, mener vne ligne droite par vn poinct donné hors d'icelles, qui retrãche d'icelles deux segmẽts, terminez par deux poincts dõnez en icelles, comprenants vn rectangle egal à vn espace donné.

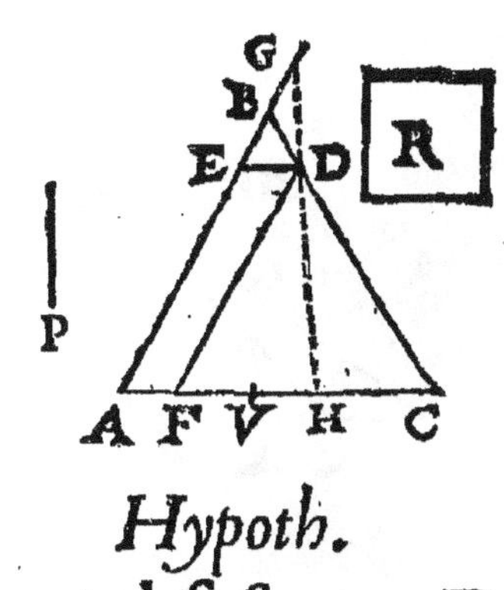

Hypoth.

be & hf *snt* —— D;
b & u *snt term*; D;
d *est* • D.

Req. π. *fa.*

▭.hu,bg 2|2 *spac.* r.

Constr.

1&2.p.1	bdc *est* ——,
31. 1	df ═ ab,
31. 1	de ═ ac,
4. app.	▭.be,p 2|2 *spac.* r.
2 se.det.	▭.p,hf 2|2 { ▭.hu, hc. α
1 &2.p.1	gdh *est* ——,
symp.	*Req. est* gdh.

Demonstr.

25. app.	ch π hf 2|2 bg π be,
α.16.6	ch π hf 2|2 p π hu,
11. 5	p π hu 2|2 bg π be,
α.16.6	▭.hu,bg 2|2 { ▭.p, be.
constr.	*spac.* r 2|2 ▭. p,be.
1.concl. 1. a. 1	▭.hu,bg 2|2 *spac.* r.

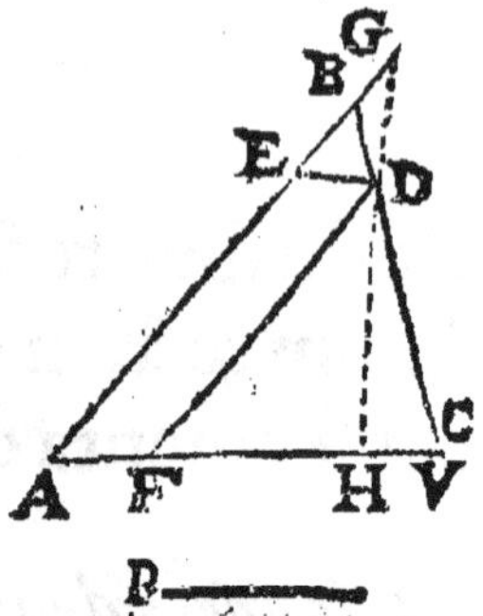

suppos.	u *est* ⫞*n* c.
1 sec. det	▭.p,hf 2|2 □.hu,
25. app.	uh, ⊔ ch π hf 2|2 gb π be,
4.16.6	hu π hf 2|2 p π hc,
11. 5	gb π be 2|2 p π hc,
16.6	▭.gb,hc 2|2 ▭.be,p,
constr.	*spac.* r 2|2 ▭.be, p,
2 concl. 1.a.1	▭.gb,hc 2|2 *spac.* r.

suppos.	b & u *snt* ⫞*n* e & f,
arbitr.	q & h *snt* ⫞*n* af.
	dq & dh *snt* —.
	Req. π. demonstr.
	▭.ek,qu 2|2 ▭.eg,hu.
	Demonstr.
4. 6	hu π ud 2|2 de π eg.
16. 6	▭.hu, eg 2|2 ▭.ud,de,
4. 6	qu π ud 2|2 de π ek,
16. 6	▭.qu, ek 2|2 ▭.ud,de,
1 concl. 1. a, 1	▭.hu, eg 2|2 ▭.qu, ek.

APOLLONII PERGÆI
INCLINATIONVM GEOMETRIA, à Marino Ghetaldo restituta.

LA GEOMETRIE D'INCLINATIONS D'APOLLONIVS PERGEVS, RESTITVEE *par Marinus Ghetaldus.*

PROBL. I.

IN dato circulo aptare rectam lineam magnitudine datam, quæ ad datum punctum pertingat.

EN vn cercle donné accommoder vne ligne droite donnee, qui appartienne à vn poinct donné.

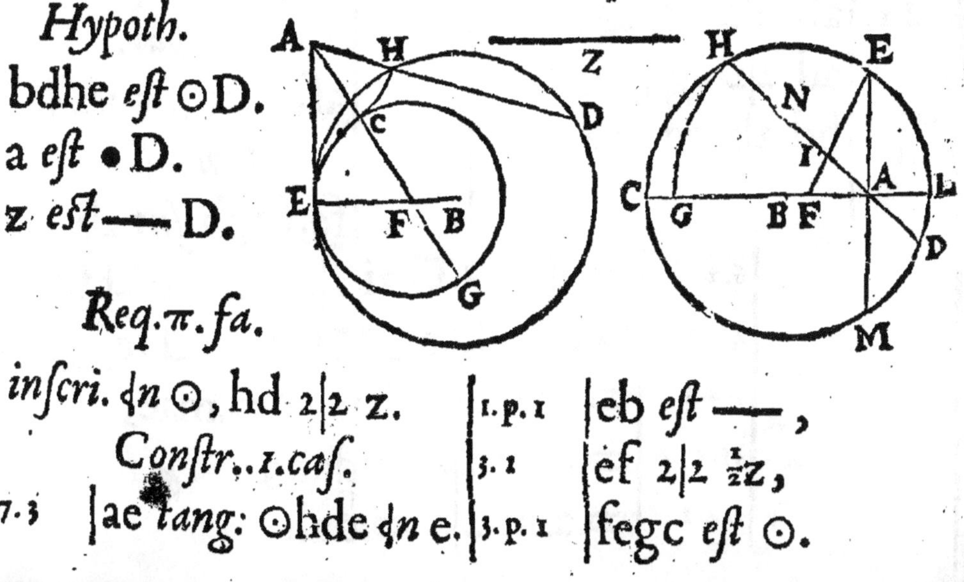

Hypoth.
bdhe *est* ⊙D.
a *est* •D.
z *est*—— D.

Req.π.fa.

	inscri. ⫛*n* ⊙, hd 2|2 z.	1.p.1	eb *est* ——,
	Constr..1.cas.	3.1	ef 2|2 $\frac{1}{2}$z,
17.3	ae *tang:* ⊙hde ⫛*n* e.	3.p.1	fegc *est* ⊙.

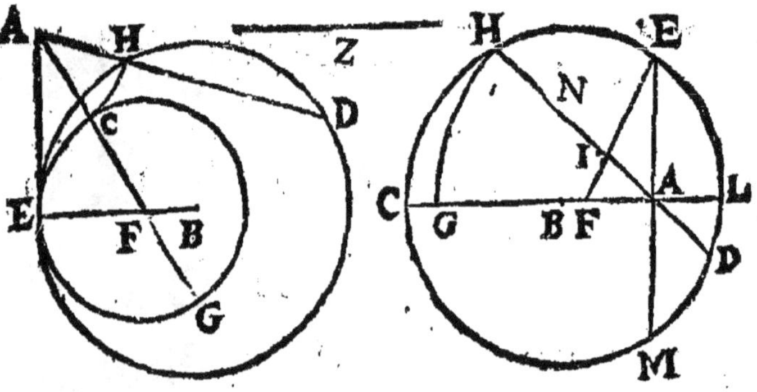

3.p.1	ach *est* ⌒.
1&2.p.1	ahd *est* —,
ſymp.	*Req. eſt* hd.
	Demonſtr.
18.3	ae *tang:* ⊙ceg,
conſtr.	ae *tang:* ⊙hed,
36.3	▭.gac 2|2 □.ae,
36.3	▭.dah 2|2 □.ae,
1.a.1	▭.dah 2|2 ▭.gac.
15.d.1	ah 2|2 ac,
1.6	ad 2|2 ag,
1.concl. 3.a.1	hd 2|2 cg, ıı z.

	Determinat.
	z $\tilde{n}$ *eſt* 3|2 2eb.
	Conſtr..2.caſ
1&2.p.1	cal *eſt diamet.*
11.1	eam ⊥ cl,
3.p.1	ef 2|2 ½z,
3.1	fg 2|2 fe,
3.p.1	agh *eſt* ⌒.
2.p.1	had *eſt* —,
ſymp.	*Req. eſt* hd.
	Præpar.
3.1	af,ai,in *ſnt* 2|2 de.
	Demonſtr.
3.a.1	fe,fg,ih *ſnt* 2|2 de.
6.2	▭.ahn + □.ai 2|2 □.ih, ıı □.fe,
47.1	□.ae + □.af, ıı □.ai 2|2 □.fe,
3.a.1	▭.ahn 2|2 □.ae, ıı ▭.mae,
35.3	▭.mae 2|2 ▭.dah,
1.a.1	▭.ahn 2|2 ▭.dah.

1. 6	nh 2|2 ad,		*Determinat.*
2. a. 1	ih, id, fe *snt* 2|2 de.		z ñ *est* 3|2 cl, 11 2|3 em.
2 concl.			
6. a. 1	hd 2|2 z,		

PROBL. II.

Dato semicirculo, & recta linea sit ipsius basi perpendicularis, inter ipsam perpendicularem, & circumferentiam semicirculi ponere rectam lineam magnitudine datam, quæ ad semicirculi angulum pertingat.

Vne ligne droite estant perpendiculaire à la base d'vn demy cercle donné, mener vne ligne droite par l'angle du demy cercle, en sorte que la partie d'icelle comprise entre la perpendiculaire & la circonference du demy cercle, soit egale à vne ligne droite donnee.

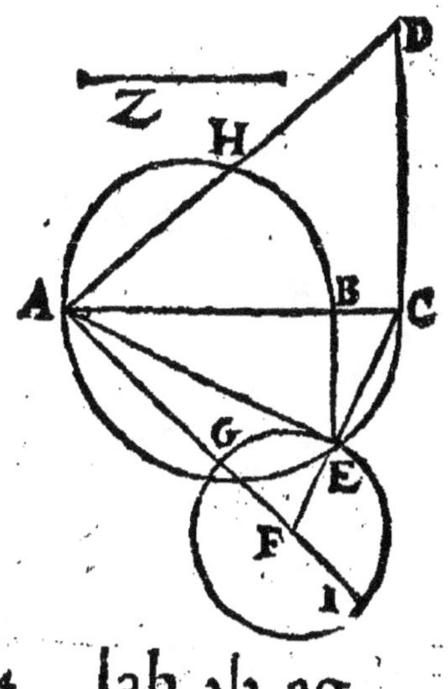

Hypoth..1.cas.

ahb *est semic.* D.

z *est* —— D.

cd ⊥ ac,

Req.est hd 2|2 z.

Constr.

3. p. 1 aec *est semic.*

11. 1 be ⊥ ac,

2. p. 1 cef & ae *snt* ——,

3. 1 ef 2|2 $\frac{1}{2}$z, α

3. p. 1 feg *est* ○.

1 & 2. p. 1 afi *est* ——.

1. 4 ah 2|2 ag,

2. p. 1 ahd *est* ——,

symp. *Req.est* hd.

Demonstr.

36. 3 ▭.iag 2|2 □.ae, β

c. 8. 6. & 17.6	□.ae 2|2 ▭.cab. β
20.app.	▭.cab 2|2 ▭.dah,
1.a.1	▭.iag 2|2 ▭.dah,
constr.	ah 2|2 ag,
1. 6 1.concl.	ad 2|2 ai,
4.3.a.1.	hd 2|2 gi, ⊔ z,
suppos.	z *ñ est* 2|3 bc, γ

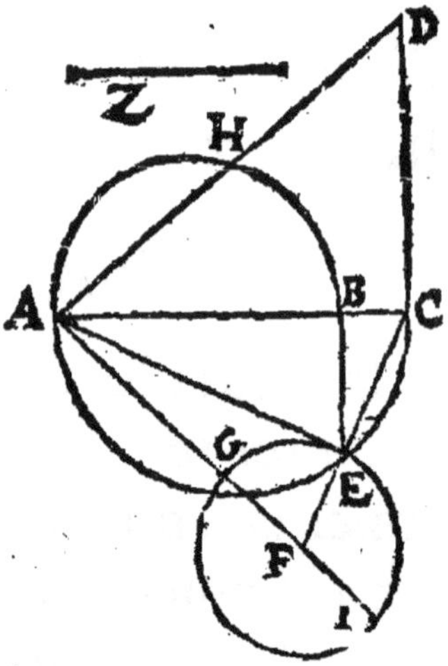

Req. π. demonstr.

ag *est* 2|3 ab,

Demonstr.

suppos.	ag 2|2 ab,
γ.hyp.	ig 3|2 bc,
4.a.1	ia 3|2 ca,
1. 6	▭.iag 3|2 ▭.cab,
	contr. demonstr. β

concl. 21.a.1	ag *est* 2|3 ab.
	Req. π. demonstr.
	bc *est* 2|3 hd.
	Demonstr.
19. 1	ac 2|3 ad,
15. 3	ab 3|2 ah,
5.a.c	bc 2|3 hd.

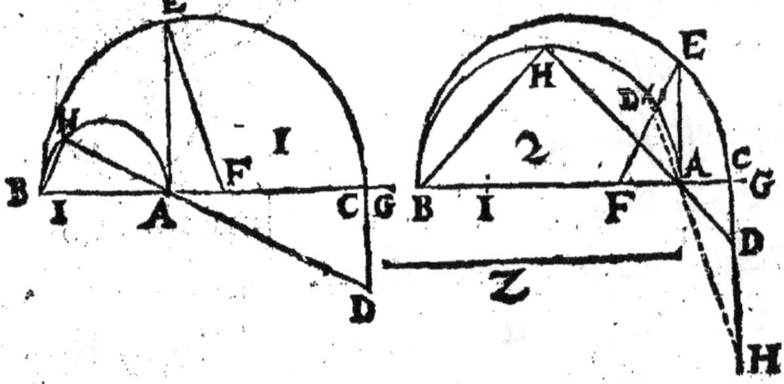

Hypoth. 2. cas.

bha *est semic.* D.

cd ⊥ bac,

z *est* — D.

Req. π. fa.

had 2|2 z,

Constr.

3.p.1 bec *est semic.*
11.1 ae ⊥ bc,
3.p.1 ef 2|2 ½z,
3.1 fg 2|2 ef, ⊔ ½z,
3.p.1 ad 2|2 ag,
2.p.1 dah *est* ——,
symp. *Req. est* dah.

Præpar.

1.4 bh *est* ——,
3.1 fi 2|2 fg, ⊔ fe.

Demonstr.

5.2 ▭.iag + □.af } 2|2 { □.fg, ⊔ □.fe.
47.1 □.ae + □.af 2|2 □.fe
3.a.1 ▭.iag 2|2 □.ae,
c.5.2 □.ae 2|2 ▭.bac, δ
16.6 ▭.bac 2|2 ▭.had, δ
1.a.1 ▭.iag 2|2 ▭.had,
constr. ad 2|2 ag,

1.6 concl. ha 2|2 ia,
2.a.1 hd 2|2 ig, ⊔ z.

Req. π. demonstr.

z, ⊔ hd *ñ est* 2|3 2ac.

Demonstr.

δ □.ae 2|2 ▭.had,
17.6 concl. ha π ae 2|2 ae π ad,
25.5 hd 3|2 2ae. ε
suppos. ac 3|2 ab.

Req. π. demonstr.

z, ⊔ hd 3|2 bc.

Demonstr.

19.1 ad 3|2 ac,
4.6 concl. ad π ac 2|2 ab π ah,
25.5 hd 3|2 bc,
suppos. ab 3|2 ac. θ

Req. π. demonstr.

z, ⊔ hd 3|2 ac.

Demonstr.

ε z, ⊔ hd 3|2 2ae,
θ ae 3|2 ac,
concl. 1.a.c z, ⊔ hd 3|2 ac.

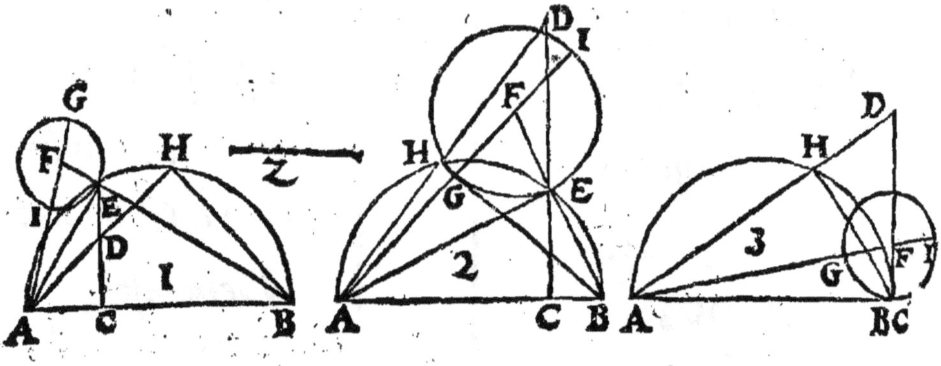

	Hypoth. 3.*caſ.*
	ahb *eſt ſemic.*D.
	dc ⊥ ab
	z *eſt* — D.
	Req. π. *fa.*
	dh 2|2 z:
	Conſtr.
2. p. 1	bef *eſt* —,
3. 1	ef 2|2 $\frac{1}{2}$z,
3. p. 1	feig *eſt* ⊙,
3. p. 1	ad 2|2 ai,
2. p. 1	adh *eſt* —.
	Præpar.
1. p. 1	ae & bh *ſnt* —.
	Demonſtr.
31. 3	ahb, acd *ſnt* ⌐;
hyp.	△ahb *æquiāg.* △acd

36. 3	▭.gai 2|2 □.ae,
c. 8. 6, & 17. 6	□.ae 2|2 ▭.bac,
16. 6	▭.bac 2|2 ▭.had,
1. a. 1	▭.gai 2|2 ▭.had,
conſtr.	ad 2|2 ai,
1. 6	ha 2|2 ga,
concl. 3. a. 1	dh 2|2 ig,
ſuppoſ.	z, ⊔ ig 2|3 cb, *a*
	Req. π. *demonſtr.*
	ai 3|2 ac.
	Demonſtr.
ſuppoſ.	ai ñ *eſt* 3|2 ac,
a	ig 2|3 cb,
4. a. 1	ag 2|3 ab,
1. 6	▭.bac 2|3 { ▭.iag, ⊔ □.ae,
	contr. 16. 6.
concl. 21. a. 1	ai 3|2 ac.

SCHOL.

Quamuis ſegmentum datum non ſit ſemicirculus, ſi angulus quem recta linea cum ipſius baſe conſtituit, ſit æqualis ei quem datum ſegmentum ſuſcipit, ſolutio problematis non erit difficilior, vt perſpicuum eſt ex ſubiectis ſegmenris.

Encore que le ſegment donné ne ſoit vn demy cercle, ſi l'angle que faict la ligne droite auec ſa baſe eſt egal à l'angle dont eſt capable le ſegment, la ſolution du probleme ne ſera pas plus difficile, comme il appert des ſegments ſuiuants.

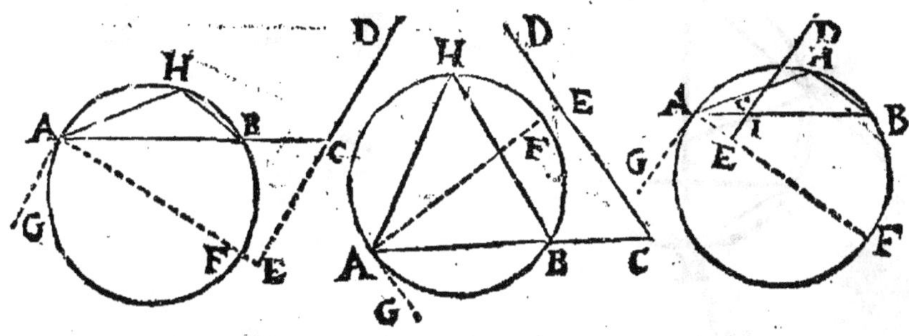

Hypoth.

ahb *eſt ſegm.* D.

<acd 2|2 <ahb.

ahf *eſt ſemic.*

Req. π. demonſtr.

dce *eſt* ⊥ *diamet.* afe,

Præpar.

25.3 | ahbf *eſt* ⊙

1 &2. p. 1 | af *eſt diamet.*

11. 1 | ag ⊥ af,

2. p. 1 | dce & afe *ſnt* —.

Demonſtr.

1. concl. constr. | ahf *eſt ſemic.*

c. 16. 3 | ag *tang:* ⊙ ahf.

32. 3 | <bag 2|2 <ahb,

hyp. | <acd 2|2 <ahb,

1. a. 1 | <bag 2|2 <acd,

27. 1 | ag = de,

29. 1 | <aed 2|2. <eag,

conſtr. | <eag *eſt* ⊣.

2 concl. 12. a. b | aed *eſt* ⊣.

PROBL. III.

Rhombo dato, & vno latere producto, aptare sub angulo exteriori magnitudine datam rectam lineam, quæ ad oppositum angulum pertingat.

Vn rhombe estant donné, & vn costé prolongé, accommoder en l'angle externe vne ligne droite donnee en grandeur qui appartienne à l'angle opposé.

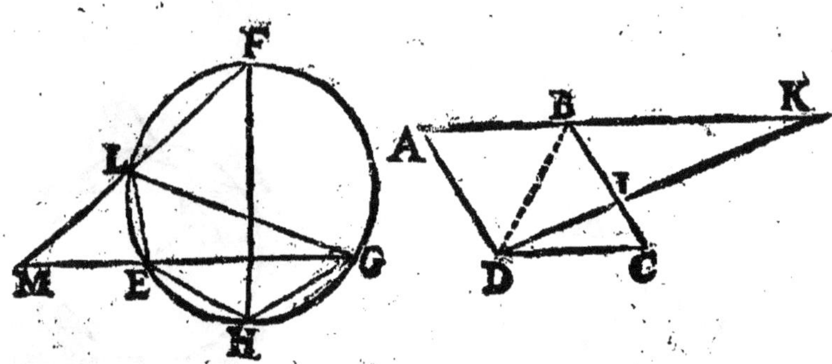

Hypoth.

abcd *est rhomb.* D.
abk *est* —,
eg *est* — D.
dik *est* —.

Req. π. fa.

ik 2|2 eg.

Constr.

1. p. 1 | bd *est* —,
33. 3 | efg *est* ◠ *capa.*. ∠cbk
10&11. 1 | fh *est diamet.* ⊥ eg,
2. p. 1 | gem *est* —,
2. incli. | flm *est* —, & lm 2|2 bd, α
1. p. 1 | le, eh, hg, lg *snt* —,
3. 1 | bk 2|2 lg, β
1. p. 1 | dik *est* —,
symp. | *Req. est* ik.

Demonstr.

constr. | <elg 2|2 <cbk, γ
22. 3 | <elg + ∠ehg 2|2 2⌋
13. 1 | ∠cbk + ∠cba 2|2 2⌋
3. a. 1 | <ehg 2|2 <abc,

<ehf

7.a.1 <ehf 2|2 <dbc, δ
3.d.4 ehfl *est* 4< *in* ⊙.
ʃ.22.3 <elm 2|2 <ehf,
δ.1.a.1 <elm 2|2 <dbc,

1.a.1 <mlg 2|2 <dbκ,
αβ.4.1 <lgm 2|2 <bκd,
concl.
γ.26.1 iκ 2|2 eg.

PROBL. IV.

Rhombo dato, & duobus lateribus productis, aptare sub angulo interiori, magnitudine datam rectam lineam quæ ad oppositum angulum pertingat.

Vn rhombe estant donné, & deux de ses costez prolongez, accommoder en l'angle des costez prolongez vne ligne droite donnee qui appartienne à l'angle opposé.

Hypoth.
abcd *est rhomb.* D.
bd *est diamet.*
eg *est* —— D.

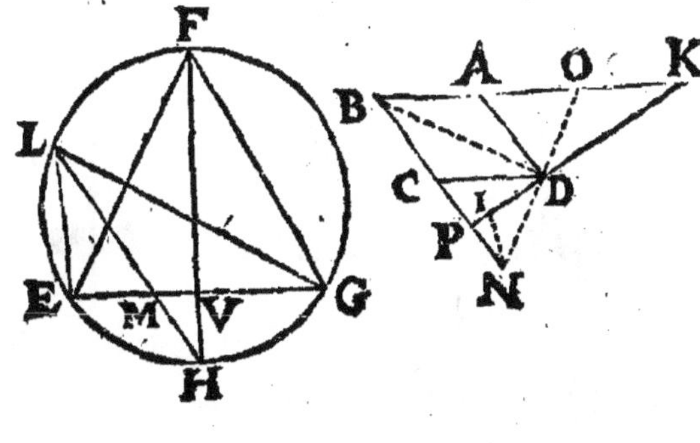

Req. π. fa.
pk 2|2 eg.
Constr.
2.p.1 baκ & bcn *snt* ——,
11.1 ndo ⊥ bd,
33.3 efg *est* ⌓ *capa.* ∠cba
10&11.1 fh *est diamet.* ⊥ eg,
2. incli. hml *est* ——, &
ml 2|2 bd, α

1.p.1 lg, le *snt* ——,
3.1 bκ 2|2 lg, β
1&2.p.1 kdp *est* ——,
symp. *Req. est* pk.
Demonstr.
constr. <elg 2|2 <pbκ,
27.3 <hlg 2|2 <hle,
8.1 <dba 2|2 <dbc,

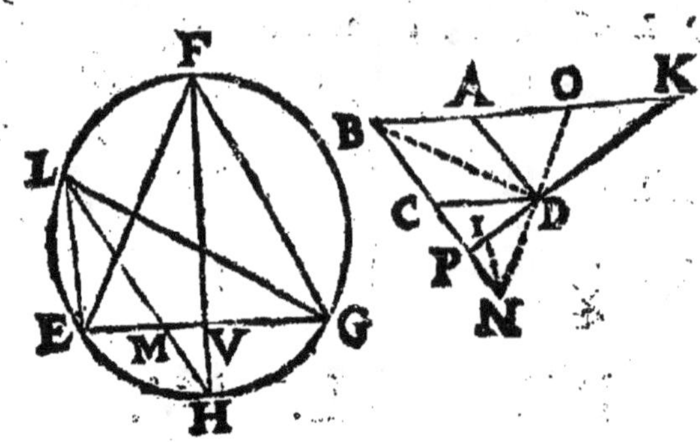

7.a.1 <mlg 2|2 <dbK,
αβ.4.1 <mgl 2|2 <dKb,
constr. concl. <elg 2|2 <pbk,
β.26.1 pK 2|2 eg.

suppos. eg *n̄ est* 2|3 no.

Req.π.demonstr.

uf *est* 3|2 db,
pk *est* 3|2 no.

Præpar.

1.p.1 fg & fe *snt* —,
23.1 <dni 2|2 <K.

Demonstr.

constr. <efg 2|2 <nbo,
7.a.1 <ufg 2|2 <dbo,
constr. fue & bdo *snt* ⊥;
32.1 Δfug *æquiāg.* Δbdo
4.6 guπuf 2|2 odπdb.α
hyp. eg 3|2 no,
7.a.b 1.concl. ug 3|2 do,
α.14.6 uf 3|2 db,
26.1 nd 2|2 do,
19.1 dK 3|2 do, II dn.
constr. <dni 2|2 <K,
4.6 Kd π do 2|2 ndπdi,
25.5 iK 3|2 no,
2 concl. 1.a.e pK 3|2 no.

APOLLONII PERGÆI TACTIONVM GEOMETRIA, à Francisco Vieta restituta.

LA GEOMETRIE DES ATTOVchements d'Apollonius Pergeus, restituée par François Viete.

PROBL. I.

PER data duo puncta circulum magnitudine datum describere.

PAR deux poincts donnez descrire vn cercle de grandeur donné.

Hypoth. B ———

a & d *snt* •; D;
b *est* — D.
Req. est ⊙ fad & fa 2|2 b.

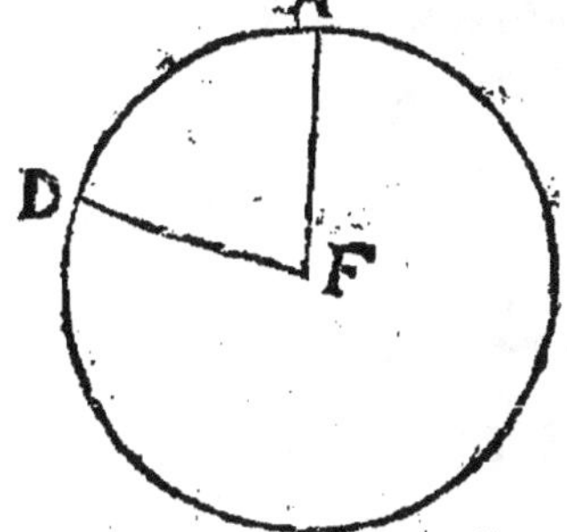

Constr.

22. 1	af, df, b *snt* 2|2 ſe.		*Demonstr.*
3. p. 1	fad *est* ⊙.	hyp.	b *est* — D.
symp.	*Req. est* ⊙ad.	constr.	fa 2|2 b,

2.d	fa *eſt* D.	*Determinat.*
concl. 6.d.d	⊙ad *eſt* D.	ad n̄ *eſt* 3|2 2b.

PROBL. II.

Datis duabus rectis lineis, circulum magnitudine datum deſcribere, qui datas rectas contingat.

Eſtant donnees deux lignes droites, deſcrire vn cercle de grandeur donné, qui touche les deux lignes donnees.

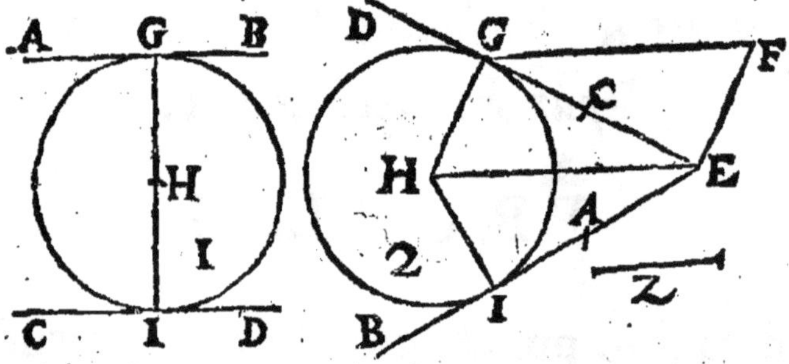

	Hypoth.		*Conſtr..2.caſ.*
	ab & cd *ſnt* — D..*poſit.*	ſuppoſ.	dc,ba n̄ *ſnt* ═ de.
	z *eſt* — D.	0.34.d.1	deb *eſt* <,
	Req. eſt ⊙hgi.	9.1	<ceh 2|2 <heb,
	Conſtr..1.caſ.	11.1	ef ⊥ de,
ſuppoſ.	ab ═ cd,	3.1	ef 2|2 z,
11.1	gi ⊥ ab,	31.1	fg ═ eh,
10.1	gh 2|2 hi,	11.1	gh ⊥ de,
ſymp.	*Req. eſt* ⊙gi.	3.p.1	hgi *eſt* ⊙.
	Demonſtr.	ſymp.	*Req. eſt* ⊙hgi.
29.1	gi ⊥ cd,		*Præpar.*
concl. c.16.3	⊙gi *tang*: ab & cd.	12.1	hi ⊥ be.

Demonstr.

12.a.1	<hge 2|2 <gef,
34.1	hg ═ & 2|2 ef.
constr. 1.concl.	z 2|2 ef,
1.a.1	hg 2|2 z,
26.1 2 concl. c.16.3	hi 2|2 hg, ⊙gi *tang:* dc & ba.

Determinat.

In 1. figur.

2z 2|2 gi.

PROBL. III.

Datis duobus circulis tertium circulum magnitudine datum describere, qui datos circulos contingat.

Estant donnez deux cercles, descrire vn troisiesme cercle de grandeur donné, qui touche les deux costez donnez.

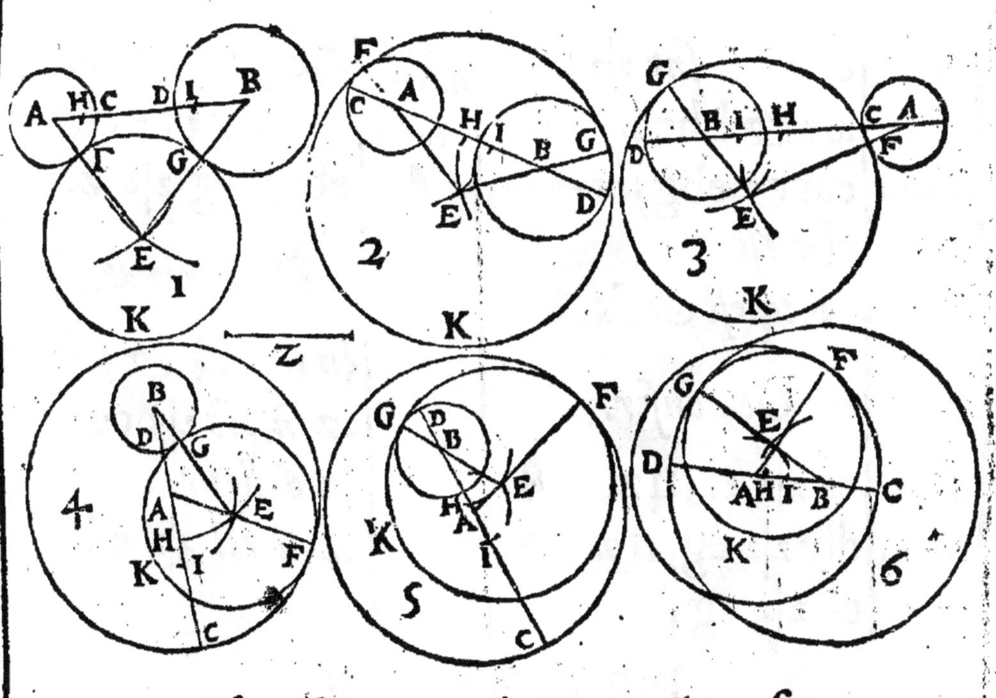

Hypoth.

acf & bdg *snt* ⊙; D;

z *st.* — D.

Req. est ⊙efg.

Constr.

1.&2.p.1	abcd *est* —,

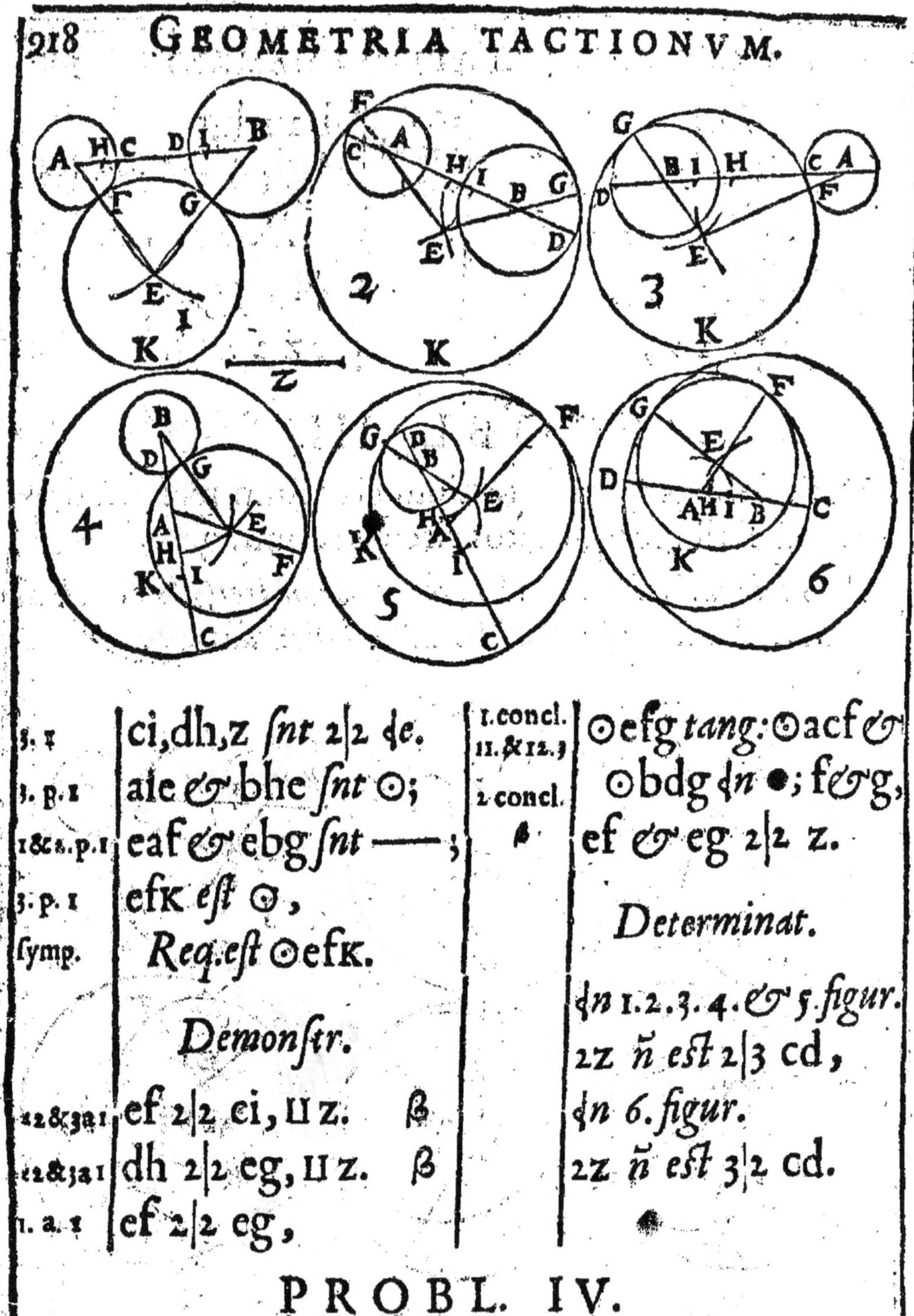

5. 4	ci, dh, z ſnt 2|2 ɋe.	1. concl. 11. & 12. 3	⊙efg *tang:* ⊙acf &
3. p. 1	aie & bhe ſnt ⊙;	2. concl.	⊙bdg ɋn ●; f & g,
1 & 2. p. 1	eaf & ebg ſnt ——;	●	ef & eg 2|2 z.
3. p. 1	efk *eſt* ⊙,		*Determinat.*
ſymp.	*Req. eſt* ⊙efk.		ɋn 1. 2. 3. 4. & 5. *figur.*
	Demonſtr.		2z ñ *eſt* 2|3 cd,
12 & 3 a 1	ef 2|2 ei, ⊔ z. β		ɋn 6. *figur.*
12 & 3 a 1	dh 2|2 eg, ⊔ z. β		2z ñ *eſt* 3|2 cd.
1. a. 1	ef 2|2 eg,		

PROBL. IV.

Dato puncto, & recta linea, circulum magnitudine datum deſcribere, qui per datum punctum tranſiens datam rectam contingat.

Vn poinct estant donné, & vne ligne droite, descrire vn cercle donné, qui passant par le poinct donné touche la ligne donnee.

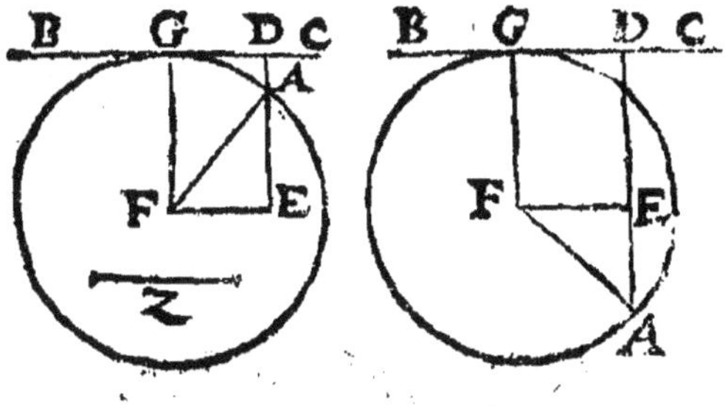

Hypoth.

a *est* • D.

bc *est* —— D.. *posit.*

z *est* —— D. 2|2 gf,

Req. est ⊙fag.

	Constr.			*Demonstr.*
12. 1	ad *est* ⊥ bc,		αβ. 34. 1	fg 2|2 ed, ⊔ z,
3. 1	de 2|2 z,		constr.	af 2|2 z,
31. 1	ef ═ bc,	α	1. a. 1	fa 2|2 fg,
3. p. 1	af 2|2 z,		constr.	<edg *est* ⌋,
3. p. 1	fag *est* ⊙,		29. 1	<fgd *est* ⌋,
symp.	*Req. est* ⊙fag.		concl. c. 16. 3	⊙fag *tang:* bc *in* g.
	Præpar.			*Determinat.*
31. 1	fg ═ ed.	β		2z *n̄ est* 2|3 ad.

PROBL. V.

Dato puncto & circulo, alterum circulum magnitudine datum describere, qui per datum punctum transiens circulum datum contingat.

Estant donné vn poinct & vn cercle, descrire vn autre cercle donné par le poinct donné qui touche le cercle donné.

Hypoth.	bce *est* ⊙ D.
a *est* • D.	z *est* —— D.

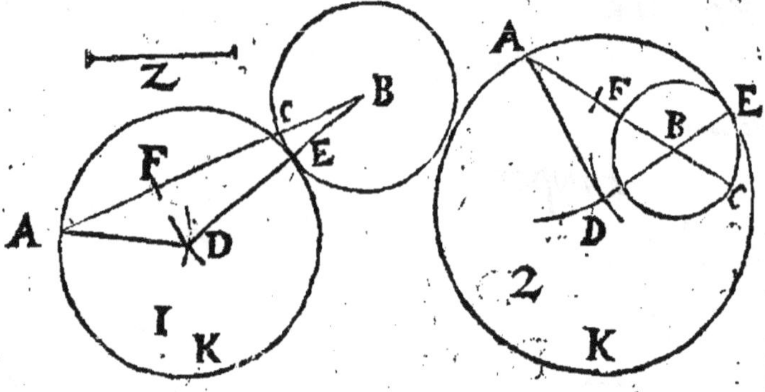

Z
A B C D E F I K
A B C D E F K 2

Req. est ⊙ dae.

Constr.

1&2.p.1	abc *est* —— ,
3. 1	cf 2|2 z,
3.p.1	bfd *est* ⊙ ,
3.p.1	ad 2|2 z,
1.p.1	da & db *sunt* —— ,
3.p.1	dae *est* ⊙.
symp.	*Req. est* ⊙ dae.

Demonstr.

constr.	bd 2|2 bf,
2&3.a.1	ed 2|2 cf, ⊔ z,
constr.	da 2|2 z, ⊔ ed,
concl. 11 & 12.3	⊙ dae *tang:* ⊙ bec.

A B D E F K C 3

Determinat.

2z *n̄ est* 2\|3 ca.

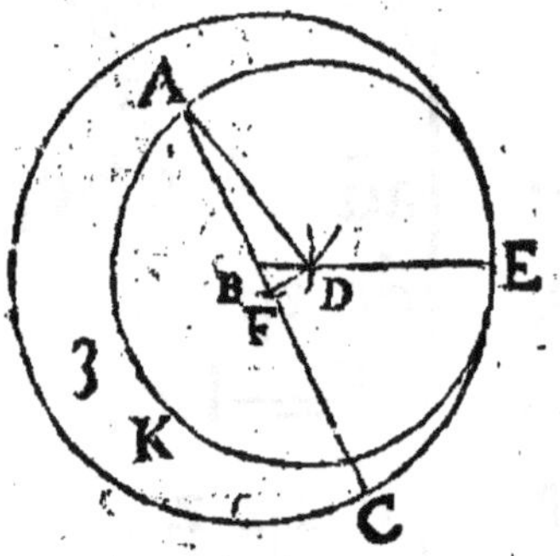

PROBL. VI.

Datis positione recta linea & circulo, alterum circulum magnitudine datum describere, qui datam rectam lineam ac datum circulum contingat.

Estant donnez de position vne ligne droite & vn cercle, descrire vn autre cercle donné, qui touche la ligne droite donnee & le cercle donné.

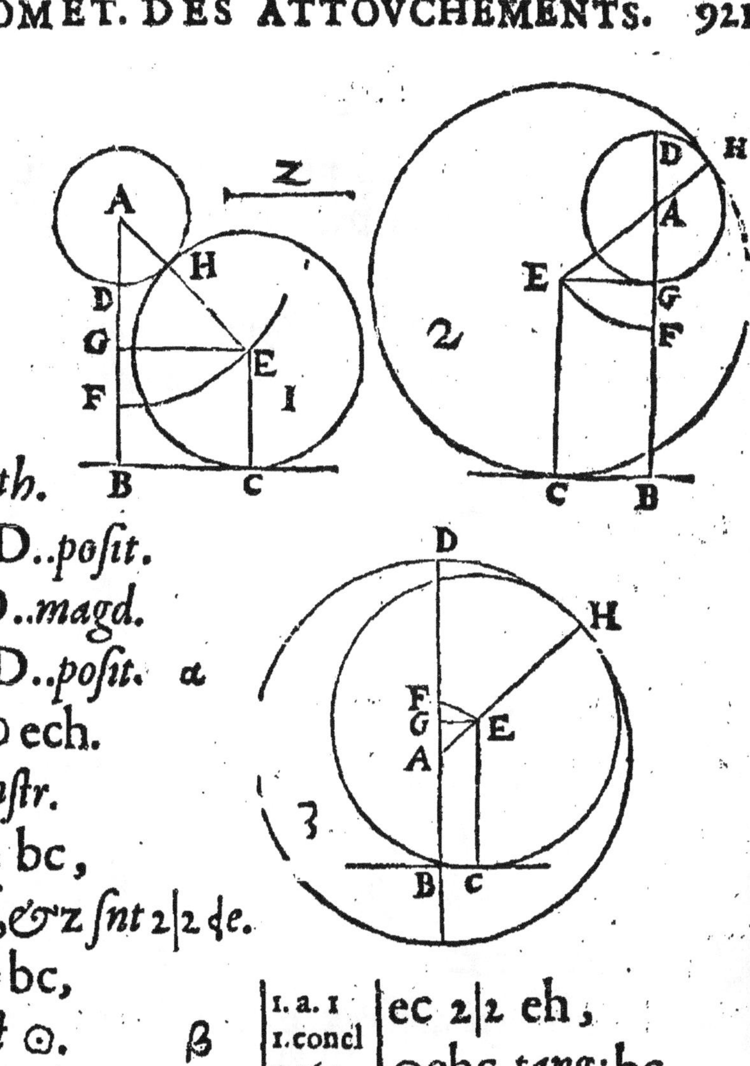

Hypoth.

bc *est* —— D..*posit.*
z *est* —— D..*magd.*
adh *est* ⊙ D..*posit.* α
Req. est ⊙ ech.

Constr.

12. 1 | ab ⊥ bc,
3. 1 | bg, df, & z *sunt* 2|2 æ.
31. 1 | ge ═ bc,
3. p. 1 | afe *est* ⊙. β
1 & 2. p. 1 | aeh *est* ——,
3. p. 1 | ehc *est* ⊙.
symp. | *Req. est* ⊙ehc.

Præpar.

12. 1 | ec ⊥ bc,

Demonstr.

αβ. 2. a. 1 | he 2|2 df, ⊔ z.
34. 1 | ec 2|2 gb, ⊔ z,
1. a. 1 | ec 2|2 eh,
1. concl | ⊙ehc *tang:* bc,
c. 16 3 / 2 concl. | ⊙ehc *tang:* ⊙adh,
11 & 12. 3 |

Determinat.

In 1. & 2. *figur.*
z *ñ est* 3|2 bd,
In 3. *figur.*
2z *ñ est* 3|2 bd.

In 2. *figur.* bc *est extr.* ⊙D.
In 3. *figur.* bc *est in* ⊙D.

PROBL. VII.

Datis tribus punctis per eadem circulum describere: oportet autem data tria puncta non existere in eadem lineâ rectâ.

Descrire vn cercle par trois poincts donnez, mais il ne faut pas que tous trois soient en vne ligne droite.

Hypoth.

a,b,c *snt* ●; D;

Req. est ⊙abc.

Constr.

1. p. 1 | ab,ac,bc *snt* ——,

s. 4 | abc *est* ⊙*p* ●; a,b,c,

symp. | *Req. est* ⊙abc.

Demonstr.

hyp. | abc *est* △.

concl. constr. | ⊙abc *est descript. p* ●; a, b, c.

PROBL. VIII.

Datis duobus punctis, & linea recta, per data puncta circulum describere, quem data linea recta contingat.

Estant donnez deux poincts & vne ligne droite, descrire vn cercle par les poincts donnez, qui touche la ligne droite donnee.

Hypoth.

a & b *snt* ● D;

cf *est* —— D. *posit.*

Req. est ⊙abc.

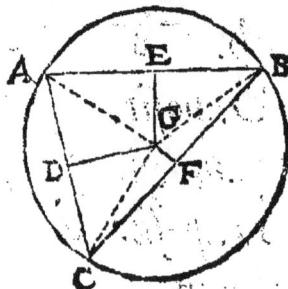

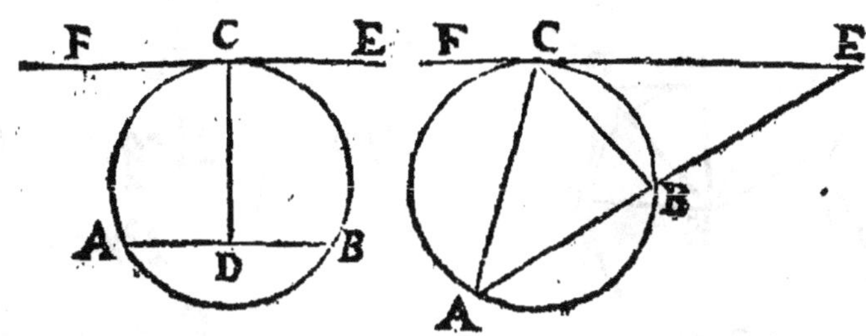

	Constr..1.cas.
suppos.	ab ═ cf,
10.1	ad 2|2 db,
11.1	dc ⊥ ab,
5.4	abc *est* ⊙,
symp.	*Req.est* ⊙ abc.
	Demonstr.
concl. c.16.3	⊙abc *tang:* fc,

	Constr..2.cas.
suppos.	ab *ñ est* ═ cf,
ɔ.34.d.1	e *est intersect.*
14.2	□.ec 2|2 ▭.aeb.
5.4	abc *est* ⊙.
symp.	*Req.est* ⊙abc.
	Demonstr.
concl. α.37.3	ec *tang:* ⊙abc.

PROBL. IX.

Datis tribus lineis rectis, describere circulum quem harum vnaquæque contingat. Oportet autem datas lineas rectas non esse parallelas.

Estant donnees trois lignes droites, descrire vn cercle qui soit touché par vne chacune des trois lignes donnees. Mais il ne faut pas que les lignes droites donnees soient paralleles.

Hypoth.

ab,cd,bd *snt* — D.

b & d *snt intersect.*

Req.est ⊙eafc.

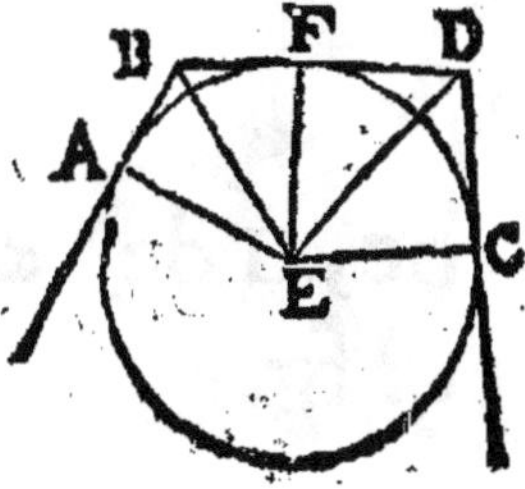

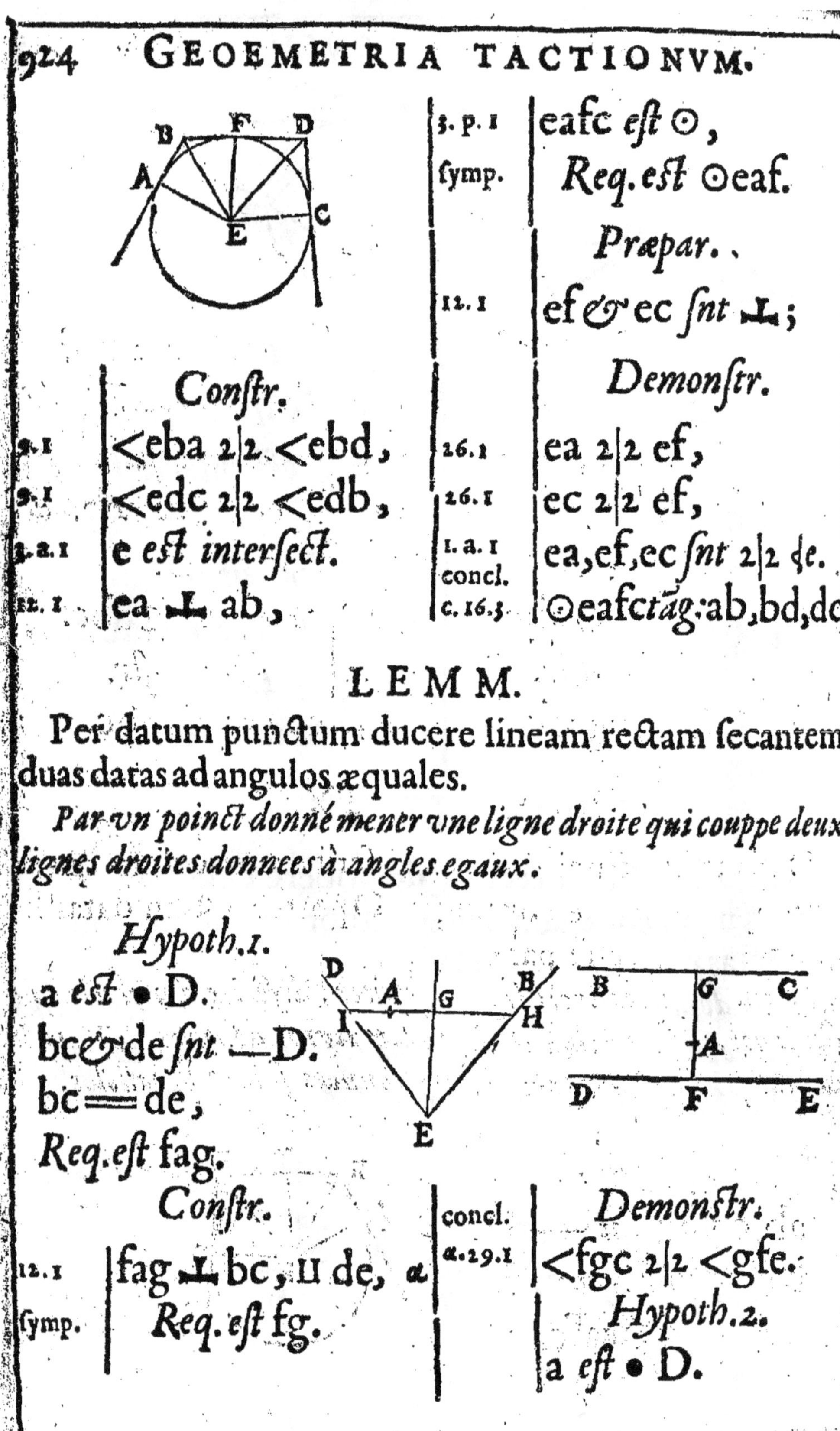

Constr.

9.1 <eba 2|2 <ebd,
9.1 <edc 2|2 <edb,
1.a.1 e *est interfect.*
12.1 ea ⊥ ab,

3.p.1 eafc *est* ⊙,
fymp. *Req. est* ⊙eaf.

Præpar.

12.1 ef & ec *snt* ⊥;

Demonstr.

26.1 ea 2|2 ef,
26.1 ec 2|2 ef,
1.a.1 ea,ef,ec *snt* 2|2 de.
concl. c.16.3 ⊙eafc *tag.* ab,bd,dc

LEMM.

Per datum punctum ducere lineam rectam fecantem duas datas ad angulos æquales.

Par vn poinct donné mener vne ligne droite qui couppe deux lignes droites donnees à angles egaux.

Hypoth.1.

a *est* • D.
bc & de *snt* — D.
bc ═ de,
Req. est fag.

Constr.

12.1 fag ⊥ bc, II de, α
fymp. *Req. est* fg.

Demonstr.

concl. α.29.1 <fgc 2|2 <gfe.

Hypoth.2.

a *est* • D.

de & be *snt* —— D;
Req. est iah.

12. 1 iah ⊥ ag. γ
Req. est iah.

Constr.

9. 1 <ged 2|2 <geb. β

concl.

Demonstr.

βγ.32.1 <eig 2|2 <ehg.

PROBL. X.

Datis duabus lineis rectis, & puncto, per datum punctum circulum describere, quem datæ duæ lineæ rectæ contingant.

Estant donnees deux lignes droites, & vn poinct, descrire vn cercle par le poinct donné, qui touche les deux lignes droites donnees.

Hypoth.

a *est* • D.
bc & de *snt* — D.
Req. est ⊙nmlo.

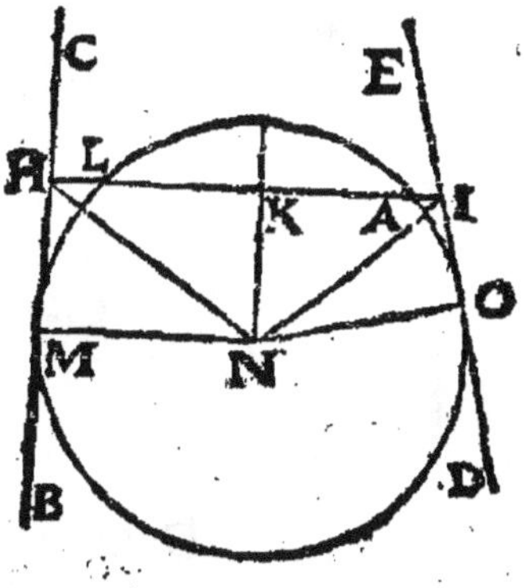

Constr.

1. 9. t. ∠aid 2|2 ∠ahb. α
10. 1 hk 2|2 ki. β
3. 1 ak 2|2 kl.
8. t. ⊙alm *tang:* bc,
symp. *Req. est* ⊙nal.

Præpar.

1. p. 1 ni & nh *snt* —,

12. 1 nm ⊥ bc. δ
12. 1 no ⊥ de. δ

Demonstr.

5. 3 <nki 2|2 <nkh,
β. 4. 1 nh 2|2 ni, ε
β. 4. 1 <khn 2|2 <kin,
α. 3. a. 1 <nhm 2|2 nio.

ſ 8.26.1	no 2|2 nm,
concl. c.16.3	⊙nal *tang:* bc & be.

PROBL. XI.

Dato circulo, & duabus lineis, deſcribere circulum quem datus circulus, & datæ duæ lineæ rectæ contingãt.

Eſtant donné vn cercle, & deux lignes droites, deſcrire vn cercle qui touche le cercle donné, & les deux lignes droites donnees.

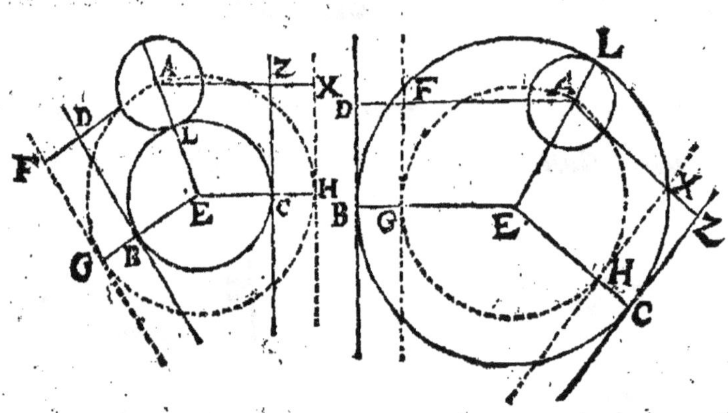

	Hypoth.	10.1	⊙eagh *tang:* fg, xh.
	⊙al *eſt* D.	1.p.1	ea *eſt* —,
	zc & db *ſnt* — D.	3.p.1	elbc *eſt* ⊙.
	Req. eſt ⊙eblc.	ſymp.	*Req. eſt* ⊙blc.
	Conſtr.		*Demonſtr.*
12.2	ad ⊥ db,	2&3.a.1	eb,ec,el *ſnt* 2|2 ⊰e,
12.1	az ⊥ zc,	29.1	<ebd 2|2 <egf,
3.1	al,df,zx *ſnt* 2|2 ⊰e,	29.1	<ecz 2|2 <ehx,
31.1	fg ═ db,	1.concl. c.26.1	⊙blc *tang:* db,zc,
31.1	xh ═ zc,	2 concl. 11.&12.3	⊙blc *tang:* ⊙al.

LEMM. I.

Si duo circuli ſe mutuò ſecent, à puncto autem ſectionis ducatur per centrum vnius circulorum linea recta, ea non tranſibit per alterius circuli centrum.

Si deux cercles ſe touchent l'vn l'autre, la ligne droite menee de la ſection par le centre de l'vn des cercles ne paſſera pas par le centre de l'autre cercle.

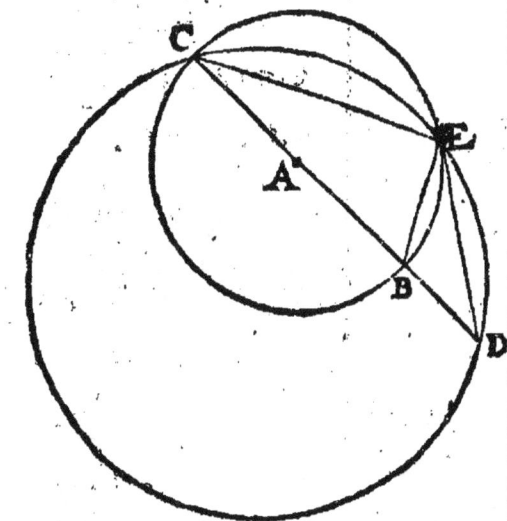

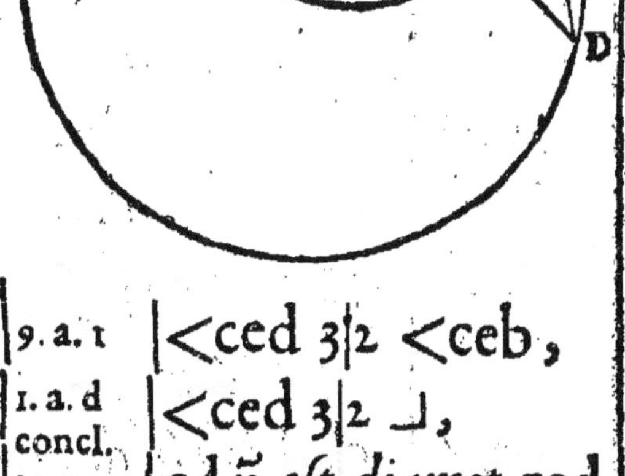

Hypoth.

aceb *&* ced *ſnt* ⊙;
c *&* e *ſnt interſect*;
cad *eſt* —.

Req. π. *demonſtr.*
centr.. ⊙ced *n̄ eſt in* cd.

Præpar.

1. p. 1 | ce, eb, ed *ſnt* —.

Demonſtr.

31. 3 | <ceb *eſt* ⌟,
9. a. 1 | <ced 3|2 <ceb,
1. a. d concl. | <ced 3|2 ⌟,
31. 3 | cd *n̄ eſt diamet.* ced.

LEMM. II.

Si duo circuli ſeſe mutuò ſecent, à puncto autem ſectionis ducatur linea recta vtrumque circulum ſecans, erunt diſſimilia circulorum ſegmenta.

Si deux cercles ſe couppent l'vn l'autre, & qu'vne ligne droite menee par la ſection couppe les deux cercles, elle les couppera en ſegments diſſemblables.

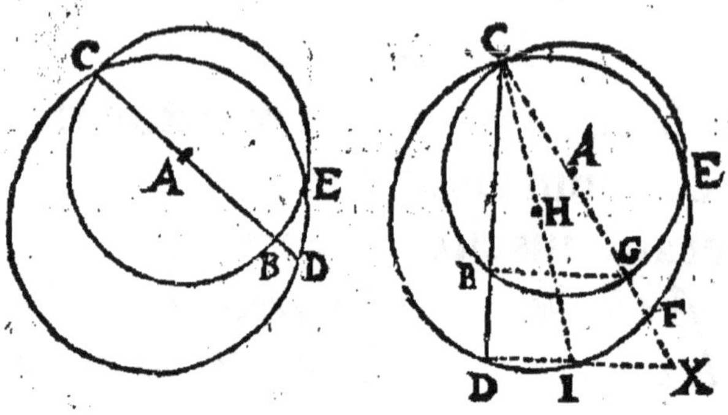

Hypoth.

ceb & ced *snt* ⊙.

cd *est* —.

Req. π. demonstr.

⌓ ceb *ñ est sml.* ⌓ ced.

Demonstr..1.cas.

suppos. | cb *est diamet..*⊙ceb,

l.1.t. | cad *ñ est diamet..*⊙ced,

1.concl. 31.3, & 10.d.3 | ⌓ ceb *ñ est sml.* ⌓ ced.

Demonstr..2.cas.

suppos. | cbd *ñ est diamet.*

l.1.11.t. | cg *est diamet..*⊙acbg,

1. 3 | ci *est diamet..*⊙hcdi,

31.3, & 12.a.1 | <cbg 2|2 <cdi,

9. a. 1 | <dcg 3|2 <dci,

5. a. b | <dic 3|2 <bge,

2 concl. 10.d.3 | ⌓ bec *ñ sml.* ⌓ dec.

LEMM.

LEMM. III.

Si per crura trianguli agatur recta basi parallela, itavt duo constituantur sub eodem vertice similia triangula, qui circa triangulum vnum describetur circulus tangetur in vertice communi à circulo qui circa triangulum alterum describetur.

Si deux costez d'vn triangle sont conjoints par vne ligne parallele à la base, en sorte que sous vn mesme sommet soient constituez deux triangles semblables, le cercle qui sera descrit à l'entour de l'vn des triangles sera touché au sommet commun par le cercle descrit à l'entour de l'autre triangle.

Hypoth.

abd *est* △,
daf & bae *snt* —,
ef ═ db, α
adb & aef *snt* ⊙;

Req. π. demonstr.

⊙abd *tang:* ⊙aef *in* a.

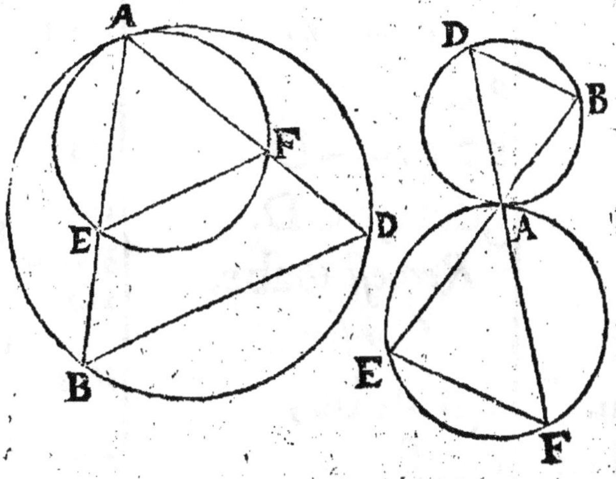

A D B F E D A E B F

Demonstr.

α.19.1 | <abd 2|2 <aef,

10.d.3 concl. 2.2 | △ afe *sml.* △ adb.
⊙abd *tang:* ⊙aef *in* a.

PROBL. XII.

Datis puncto, lineâ rectâ, & circulo, per datum punctum describere circulum, quem data linea recta & datus circulus contingant.

Estant donnez vn poinct, vne ligne droite, & vn cercle, descrire par le poinct donné vn cercle, qui touche la ligne droite donnee & le cercle donné.

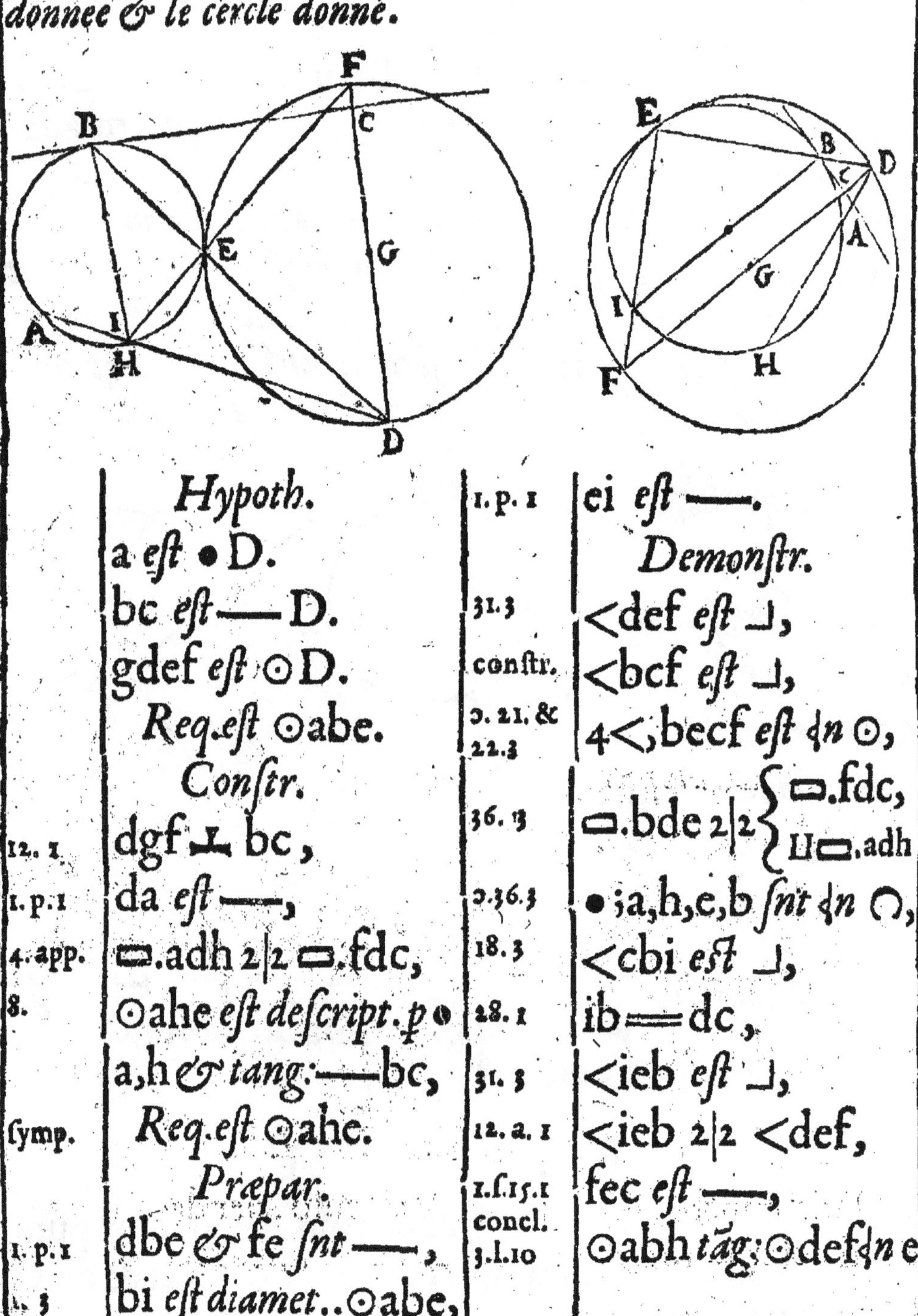

	Hypoth.	1. p. 1	ei *est* ——.
	a *est* ● D.		*Demonstr.*
	bc *est* —— D.	31. 3	<def *est* ⌐,
	gdef *est* ⊙ D.	constr.	<bcf *est* ⌐,
	Req. est ⊙ abe.	2. 21. & 22. 3	4<, becf *est in* ⊙,
	Constr.		
12. 1.	dgf ⊥ bc,	36. 3	▭. bde 2|2 { ▭. fdc, ⌊⌋ ▭. adh
1. p. 1	da *est* ——,	2. 36. 3	● ; a, h, e, b *snt in* ◠,
4. app.	▭. adh 2|2 ▭. fdc,	18. 3	<cbi *est* ⌐,
8.	⊙ ahe *est descript. p* ●	28. 1	ib ═ dc,
	a, h & *tang.* —— bc,	31. 3	<ieb *est* ⌐,
symp.	*Req. est* ⊙ ahe.	12. a. 1	<ieb 2|2 <def,
	Præpar.	1. s. 15. 1	fec *est* ——,
1. p. 1	dbe & fe *snt* ——,	concl. 3. l. 10	⊙ abh *tãg.* ⊙ def *in* e
1. 3	bi *est diamet.* . ⊙ abe,		

PROBL. XIII.

Datis duobus circulis, & lineâ rectâ, describere tertium circulum, quem duo dati, & data linea recta contingant.

Estant donnez deux cercles, & vne ligne droite, descrire vn troisiesme cercle, qui touche les deux cercles donnez, & la ligne droite donnee.

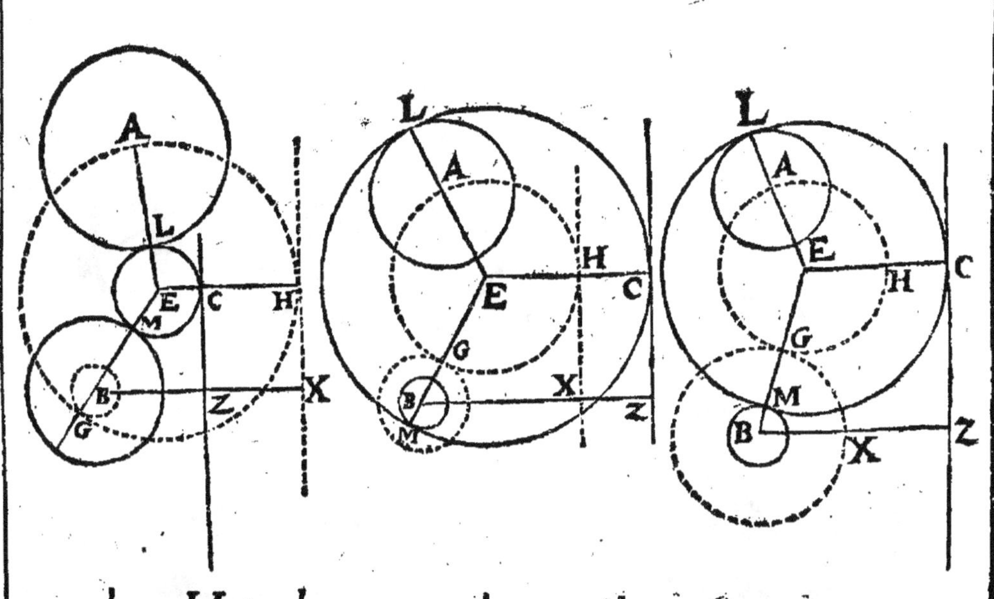

Hypoth.
al, bm *snt* ⊙; D;
cz *est* — D..*posit.*
Req. est ⊙emcl.

Constr.
12.1 bz ⊥ cz,
3.1 zx 2|2 al,
31.1 hx = cz,
3.1 bg 2|2 al~bm,
ꞁꞁ al.~:bm.

3.p.1 bg *est* ⊙,
12.1. ⊙eagh *est descript.* p
a & *tāg:* ⊙bg & hx,
3.p.1 eclm *est* ⊙,
symp. *Req. est* ⊙eclm.

Demonstr.
2&3.a.1 ec, el, em *snt* 2|2 ∢e.
1.concl. c.16.3 ⊙mcl *tang:* ez,
2 concl. 11&12.3 ⊙mcl *tang:* ⊙al & ⊙bm.

PROBL. XIV.

Datis duobus punctis & circulo, per data duo puncta circulum deſcribere, qui datum contingat.

Eſtant donnez deux poincts & vn cercle, deſcrire vn cercle par les deux poincts donnez, qui touche le cercle donné.

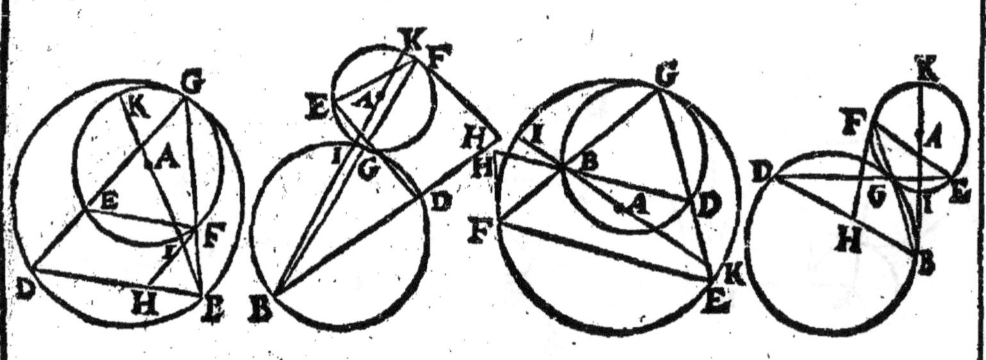

	Hypoth.		*Præpar.*
	b & d *ſnt* •;D;	1. p. 1	ef *eſt* —.
	aefg *eſt* ⊙D.		
	Req. eſt ⊙bgd.		*Demonſtr.*
	Conſtr.	conſtr.	▭.dbh 2|2 ▭.kbi,
1. p. 1	db & ab *ſnt* —,	35&36.3	▭.gbf 2|2 ▭.kbi,
2. p. 1	abki *eſt* —,	1. a. 1	▭.dbh 2|2 ▭.gbf,
4. app.	▭.dbh 2|2 ▭.kbi,	2.35.& 36. 3	•;d, g, f, h *ſnt in* ⊙,
17. 3	hf *tang:* ⊙gef,	ſ.22.3, & 21. 3	<hfb 2|2 <gdb,
1&2. p. 1	bfg, dge *ſnt* —,	32. 3	<hfb 2|2 <gef,
7. c.	⊙gbd *eſt deſcript. p*	1. a. 1	<gef 2|2 <gdb,
	•;g, b, d,	32. 3	△.gdb *ſml.* △gef,
ſymp.	*Req. eſt* ⊙gdb.	concl. 3. l. 11. t	⊙bdg *tang:* ⊙efg.

PROBL. XV.

Datis duobus circulis & puncto, per datum punctum circulum describere, quem duo dati circuli contingant.

Estant donnez deux cercles & vn poinct, descrire vn cercle par le poinct donné, qui touche les deux cercles donnez.

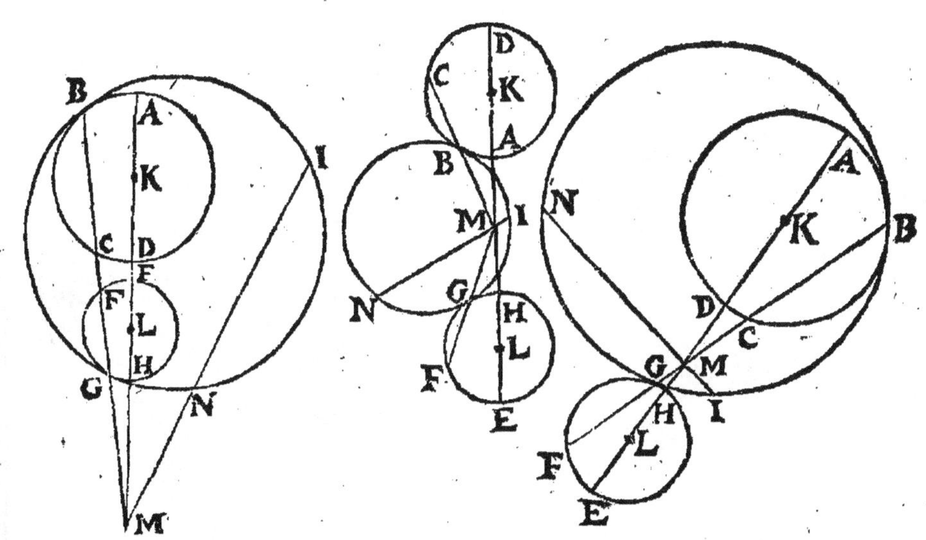

Hypoth.

Kabc, & lefg *sunt* ⊙; D;
i *est* • D.

Req. est ⊙ibg.

Constr.

1&2.p.1 klam *est* ——,
21.app. ka π le 2|2 Km π lm,
1.p.1 mi *est* ——,
4.app. ▭.imn 2|2 ▭.amh,
14.t. ⊙inb *est descript.* p i

& n, & *tang:* ⊙abc
symp. *Req. est* ⊙inb.

Præpar.

constr. b *est* •..*contact.*
1.p.1 mbc *est* ——.

Demonstr.

14.a.b •; h & g *sunt* ⫞*n* ⊙efg,
21.app. ▭.bmg 2|2 ▭. amh
constr. ▭.imn 2|2 ▭.amh,
1.a.1 ▭.bmg 2|2 ▭.imn,

c.35.& 56.3	•; i,n,g,b *ſnt* ⟨*n* ⊙inb	21. app.	⌓ fg *ſml.* ⌓ bc,
conſtr.	b *eſt* •..*contact.*	21.6 concl.	⌓ fg *ſml.* ⌓ bg,
21.app.	⌓ bg *ſml.* ⌓ bc,	2.1.11.t.	⊙fgh *tāg:* ⊙bgi⟨*n* g

PROBL. XVI.

Datis tribus circulis, deſcribere quartum circulum quem illi contingant.

Trois cercles eſtant donnez, deſcrire vn quatrieſme qui les touche.

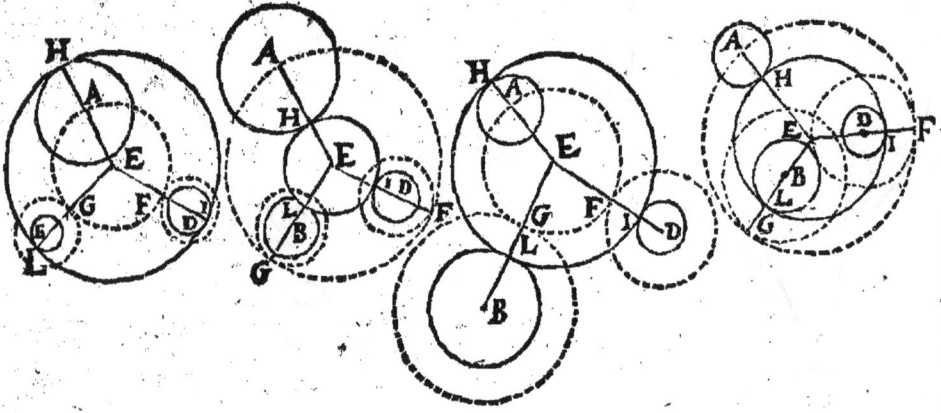

	Hypoth.	15. c.	⊙eagf *eſt deſcript.* ꝑ
	ah,bl,di *ſnt* ⊙;D;		a *&* *tāg:* ⊙;bg *&* df
	Req. eſt ⊙ehli.	1& 2.p.1	eah,ebl,edi *ſnt* —,
	Conſtr.	3. p.1	ehli *eſt* ⊙.
3. 1	df 2|2 ah.~:di,	ſymp.	*Req. eſt* ⊙ehli.
	ıı ah—+di,		
3.p.1	df *eſt* ⊙.		*Demonſtr.*
3. 1	bg 2|2 ah.~:bl, ıı ah	2& 3.a.1 concl.	eh,el,ei *ſnt* 2|2 ⟨e,
	—+bl,	11 &12 3	⊙hli *tang:* ⊙ah,
3.p.1	bg *eſt* ⊙,		⊙bl *&* ⊙di.

ANGVLARIVM SECTIONVM doctrina.

LA DOCTRINE DE LA SECTION des angles.

THEOR. I.

SI fuerint triangula rectangula, quorum primi angulus acutus, differat ab acuto secundi per acutum tertij, & sit excessus penes primum, latera tertij recipiunt hanc similitudinem.

Hypothenusa, fit similis rectangulo sub hypothenusis primi & secundi.

Perpendiculum, simile rectangulo sub perpendiculo primi & base secundi, minus rectangulo sub perpendiculo secundi & base primi.

Basis, rectangulo sub basibus primi & secundi, plus rectangulo sub perpendiculis eorundem.

S'IL y a trois triangles rectangles, & que l'angle aigu du premier excede l'angle aigu du second par l'angle aigu du troisiesme, les costez du troisiesme sont comme s'ensuit.

L'hypothenuse, est semblable au rectangle contenu sous les hypothenuses du premier & second.

La perpendiculaire, est semblable au rectangle contenu sous la perpendiculaire du premier & la base du second, moins le rectangle sous la perpendiculaire du second & la base du premier.

La base, est semblable au rectangle des bases du premier & second, plus le rectangle des perpendiculaires des mesmes.

Perpendiculum est latus cui acutus angulus subtenditur, basis verò quæ reliquum è recto subtendit.

La perpendiculaire est le costé qui soustient l'angle aigu, & la base est celuy qui est opposé au complement de l'angle aigu.

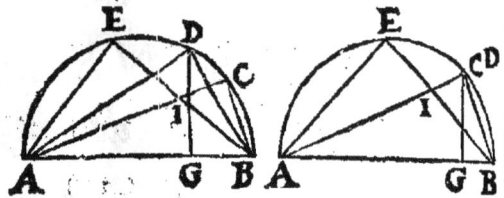

Hypoth.

aecb *est semic.*

⌒bc 2|2 ⌒de, α

ae,ad,ac, bc,bd,be *snt* —;

aeb,adb,acb *snt* △; *propos;*

Req. π. demonstr.

□.ab π ▭.ad,eb. ~ ▭.bd,ae 2|2 ab π bc,

□.ab π ▭.ad,ae. + ▭.be,bd 2|2 ab π ac.

Præpar.

12&31.1 dg ⊥ ab.

Demonstr.

12.2.1 ∠aei, ∠adb, ∠icb, ∠dgb, ∠dga *snt* 2|2 ∟e.

α.27.3 ∠eai 2|2 ∠dab,

32.1 △agd, △bgd, △abd, △aei, △bic *snt æquiang;*

4.6 ad π db 2|2 ae π ei,

16.6 ▭.ad,ei 2|2 ▭.db,ae. β

4.6 ab π ad 2|2 bi π bc,

16.6 ▭.ab,bc 2|2 ▭.ad, bi. γ

β
1.2 ▭.ad,eb 2|2 { ▭.ad,ei, ꞁꞁ ▭.db,ae,
γ + ▭.ad,ib, ꞁꞁ ▭.ab,bc.

▭.db,ae *commun. ʃubtr.*

3. a. 1 ▭.ad,eb ~ ▭.db,ae 2|2 ▭.ab, bc,

c.20.6 □.ab π ▭.ab,bc 2|2 ab π bc,

1.concl.
7.5 □.ab π ▭.ad,eb. ~ ▭.db,ae 2|2 ab π bc. δ

4.6 ad π ag 2|2 ai π ae,

16.6 ▭.ad,ae 2|2 ▭.ag,ai, ε

4.6 gb π db 2|2 ei π ai,

16.6 ▭.gb,ai 2|2 ▭.db,ei. θ

4.6 ib π ic 2|2 ab π db,

16.6 ▭.db,ib 2|2 ▭.ab,ic. κ

κ
1.2 ▭.ab,ac 2|2 { ▭.ab,ic, ⊔ ▭.db,ib,
+ ▭.ab,ai, ⊔ ▭.ag,ai, + ▭.gb,ai, }

ε ▭.ag,ai 2|2 ▭.ad,ae,

1.a.f ▭.ab,ac 2|2 ▭.db,ib. + ▭.ad,ae. + ▭.gb,ai,

θ ▭.gb,ai 2|2 ▭.db, ei,

1.a.f ▭.ab,ac 2|2 ▭.db, ib. + ▭.ad,ae. + ▭.db,ei,

1.2 ▭.db.eb 2|2 ▭.db,ib. + ▭.db,ei,

1.a.f ▭.ab,ac 2|2 ▭.db,eb. + ▭.ad,ae.

c.20.6 □.ab π ▭.ab,ac 2|2 ab π ac,

2 concl.
7.5 □.ab π ▭.db,eb. + ▭.ad,ae 2|2 ab π ac.

SCHOL.

Eadem eʃt demonʃtrationis vis, cùm triangulorum diuerʃæ ʃunt hypothenuʃæ.

Encore que les hypothenuʃes ʃoient inegales, la meʃme demonʃtration y pourra ʃeruir.

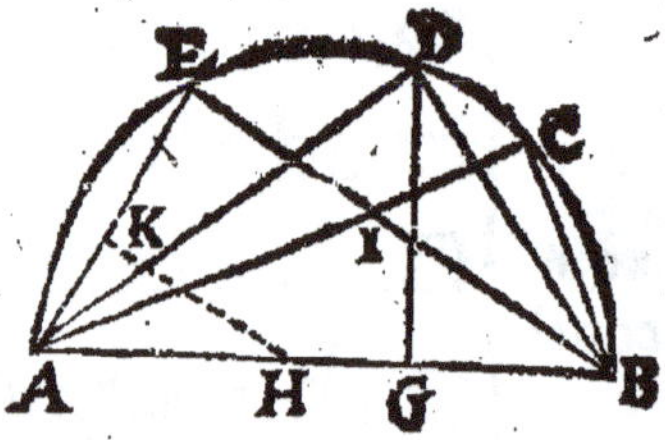

ab π ah }
c. 4. 6 eb π Kh } *ſnt raũ; 2|2 de.*
c. 4. 6 ae π aK }

1. 6 □.ab π ▭.ah,ab 2|2 ▭.eb,ad π ▭ kh,ad.

1. 6 ▭.eb,ad π ▭.Kh,ad 2|2 ▭.ae,db π ▭.aK,db,

▭.ae, db π | ▭.ak, db,

19. 5 ▭.eb,ad.~▭.ae,db π | ▭.kh,ad.~▭.aK,db.

22. 5 □.ab π | ▭.eb,ad.~▭.ae,db,

1. concl. ▭.ah,ab π | ▭.Kh,ad.~▭.aK,db,

d. 11. 5 ▭.ah,ab π ▭.Kh,ad.~▭.aK,db 2|2 ab π bc. x

2 concl.
d. x ▭.ah,ab π ▭.db,kh. -+ ▭.ad,aK 2|2 ab π ac.

THEOR. II.

Si fuerint tria triangula rectangula, quorum primi angulus acutus adiunctus acuto ſecundi, æquet acutum tertij, latera tertij recipiunt hanc ſimilitudinem.

Hypothenuſa, ſit ſimilis rectangulo ſub hypothenuſis primi & ſecundi.

Perpendiculum, ſimile rectangulo ſub perpendiculo primi & baſe ſecundi, plus rectangulo ſub perpendiculo ſecundi & baſe primi.

Baſis, rectangulo ſub baſibus primi & ſecundi, minus rectangulo ſub perpendiculis eorundem.

S'il y a trois triangles rectangles, & que l'angle aigu du premier auec l'angle aigu du ſecond ſoit égal à l'angle aigu du troiſieſme, les coſtez du troiſieſme ſont comme s'enſuit.

L'hypothenuse, est semblable au rectangle contenu sous les hypothenuses du premier & second.

La perpendiculaire, est semblable au rectangle contenu sous la perpendiculaire du premier & la base du second, plus le rectangle sous la perpendiculaire du second & la base du premier.

La base est semblable au rectangle des bases du premier & second, moins le rectangle des perpendiculaires des mesmes.

Hypoth.

aecb *est semic.*

⌒bc 2|2 ⌒de,

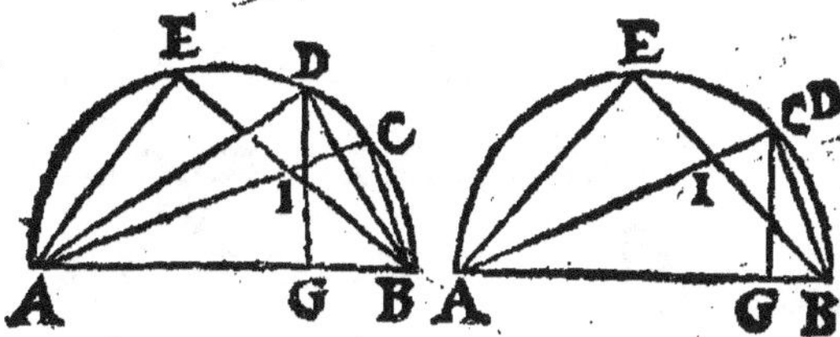

ae, ad, ac, bc, bd, be *snt* ——;

acb, adb, aeb *snt* △; *propos;*

Req. π. demonstr.

□.ab π ▭.ad,cb. + ▭.db,ac 2|2 ab π eb,

□.ab π ▭.ad,ac. ~ ▭.cb,db 2|2 ab π ae.

Præpar.

12. 1 | dg ⊥ ab.

Demonstr.

4.6 | db π gb 2|2 bi π ic,

16.6 | ▭.db,ic 2|2 ▭.gb,bi. α

4.6 | ab π db 2|2 ai π ie,

16.6 | ▭.ab,ie 2|2 ▭.db,ai. β

4.6 | ad π ag 2|2 bi π bc,

16.6 | ▭.ad,bc 2|2 ▭.ag,bi. γ

1.2 ▭.ab,eb 2|2 ▭.ab,ei. + ▭.ab,ib,
1.2 ▭.ab,ib 2|2 ▭.ag,ib. + ▭.gb,ib,
α ▭.gb,ib 2|2 ▭.db,ic,
1.a.f ▭.ab,eb 2|2 ▭.ab,ei. + ▭.ag,ib. + ▭.db,ic,
β ▭.ab,ei 2|2 ▭.db,ai,
1.2 ▭.db,ai. + ▭.db,ic 2|2 ▭.db,ac,
1.a.f ▭.ab,eb 2|2 ▭.db,ac. + ▭.ag,ib,
γ ▭.ag,ib 2|2 ▭.ad,bc,
1.a.f ▭.ab,eb 2|2 ▭.db,ac. + ▭.ad,bc,
c.20.6 1.concl. □.ab π ▭.ab,eb 2|2 ab π eb,
7.5 □.ab π ▭.db,ac. + ▭.ad,bc 2|2 ab π eb,
4.6 ad π db 2|2 cb π ic,
16.6 ▭.ad,ic 2|2 ▭.db,cb. δ
4.6 ab π ad 2|2 ai π ae,
16.6 ▭.ab,ae 2|2 ▭.ad,ai ε
1.2 ▭.ad,ac 2|2 ▭.ad,ai. + ▭.ad,ic,
ε ▭.ad,ai 2|2 ▭.ab,ae,
δ ▭.ad,ic 2|2 ▭.db,cb,
1.a.f ▭.ad,ac 2|2 ▭.ab,ae. + ▭.db,cb,
▭.db,cb *commun. ſubtr.*
3.a.1 ▭.ad,ac. ∼ ▭.db,cb 2|2 ▭.ab,ae,
c.20.6 2.concl. □.ab π ▭ ab,ae 2|2 ab π ae,
7.5 □.ab π ▭ ad,ac. ∼ ▭.db,cb 2|2 ab π ae.

SCHOL.

Cùm autem factorum nequit fieri subtractio, argumentum est angulum multiplum esse obtusum, eoque casu nihilominus excessus factorum adsignabitur lateri, & angulus subtensus intelligetur exterior multipli.

Que s'il arriue que la soustraction ne se puisse faire, le multiple de l'angle aigu sera obtus, & neantmoins il faudra soustraire le plus petit nombre du plus grand, & attribuer le reste au costé, & l'angle multiple sera l'externe de celuy que soustient le costé.

Hypoth.

acbd *est* ⊙.

ab *est diamet.*

⌒bc 2|2 ⌒cad, α

bce, ac, bd, dae *snt* —;

bca & bda *snt* △; *propo*;

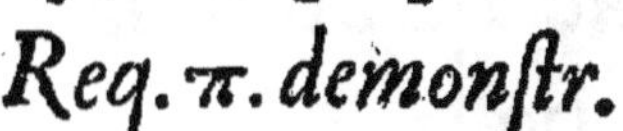

Req. π. demonstr.

□.ab π □.bc∼□.ac 2|2 ab π ad,

□.ab π 2▭.ac,bc 2|2 ab π bd.

Demonstr.

31.3 <edb & <ace *snt* ⊥;

<e *est commun.*

32.1 <eac 2|2 <ebd,

α.27.3 <cab 2|2 <ebd,

32.1 △eac, △ebd, △cab *snt æquiang*;

26.1 bc 2|2 ce, & ab 2|2 ae. β

4.6 ae π ec 2|2 be π de,

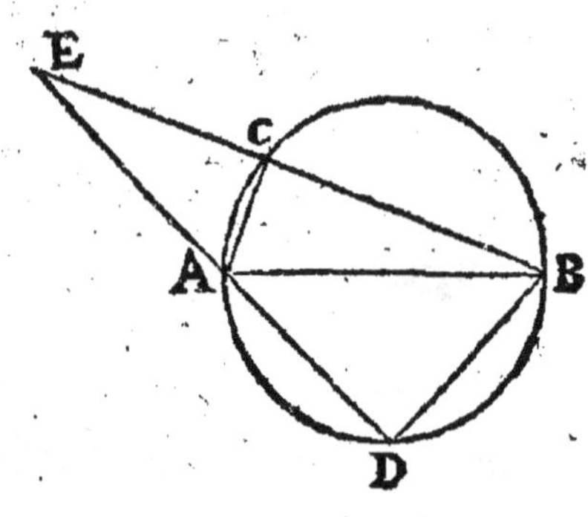

16. 6 ▭.ae,de 2|2 ▭.ec,be ,

1. 2 2□.bc 2|2 ▭.bec, ıı ▭.dea ,

β. 1.2 ▭.dea 2|2 □.ae + ▭.da,ae, ıı ▭.da,ab ,

1. a. f 2□.bc 2|2 ▭.da,ab. + □.ae, ıı □.ab ,

□.ab *commun. ſubtr.*

3. a. 1 □.bc ~ □.ac 2|2 ▭.da,ab ,

c.20.6 □.ab π ▭.da,ab 2|2 ab π da ,

1.concl

c.20.6 □.ab π □.bc ~ □.ac 2|2 ab π da ,

4. 6 ac π ae 2|2 db π be ,

16. 6 ▭.ac,be 2|2 ▭.ae,db ,

1. 6 2▭.bc,ac 2|2 ▭.be,ac, ıı ▭.ae,db, ıı ▭.ab,db,

c.20.6 □.ab π ▭.ab,db 2|2 ab π db,

2 concl.

c.20.6 □.ab π 2▭.bc,ac 2|2 ab π db.

In hoc ſecundo caſu, non quadratum BC, ex quadrato AC, vt poſtulat ſecundum theorema, ſed contrà quadratum AC ex quadrato BC ſubducitur.

En ce ſecond cas, ce n'eſt pas le quarré de BC qui s'oſte du quarré de AC, comme demande le ſecond theoreme, mais au contraire on oſte le quarré de AC du quarré de BC.

THEOR. III.

Si fuerint triangula rectangula quotcunque, & horum secundi angulus acutus sit duplus ad acutum primi, tertij triplus, quarti quadruplus, quinti quintuplus, & eo continuò naturali progressu, primi autem trianguli perpendiculum statuatur prima proportionalium, basis eiusdem secunda, eaque series continuetur.

In secundo, erit basis ad perpendiculum, vt tertia minus prima, ad secundam bis.

In tertio, vt quarta minus secunda ter, ad tertiam ter, minus prima.

In quarto, vt quinta minus tertia sexies, plus prima, ad quartam quater, minus secunda quater.

In quinto, vt sexta minus quarta decies, plus secunda quinquies, ad quintam quinquies, minus tertia decies, plus prima.

Et ita in infinitum, distributis successiuè in duas partes proportionalibus, secundum earum seriem, vtrobique primum adfirmatis deinde negatis, & sumptis multiplicibus, vt ordo graduum in artificiosa genesi potestatum, quibus eæ addicuntur exigit.

S'il y a tant de triangles rectangles qu'on voudra, & que l'angle aigu du second d'iceux soit double de l'angle aigu du premier, celuy du troisiesme triple, du quatriesme quadruple, cinquiesme quintuple, & ainsi de suite, suiuant la progression naturelle, & que la perpendiculaire du premier triangle soit la premiere proportionelle, la base du mesme la seconde, & que ceste suite soit continuée.

Au second, la base sera à la perpendiculaire, comme la troisiesme, à la seconde deux fois.

Au troisiesme, comme la quatriesme moins la seconde trois fois, à la troisiesme trois fois, moins la premiere.

Au quatriesme, comme la cinquiesme moins la troisiesme six fois, plus la premiere, à la quatriesme quatre fois, moins la seconde quatre fois.

Au cinquiesme, comme la sixiesme, moins la quatriesme dix fois, plus la seconde cinq fois, à la cinquiesme cinq fois, moins la troisiesme dix fois, plus la premiere.

Et ainsi à l'infiny, distribuant en deux parties les proportionelles, selon leur suite, & donnant à l'vne & à l'autre premierement le signe de plus, puis celuy de moins, & prenant les multiples, comme requiert l'ordre des degrez en la generation artificielle des puissances ausquelles elles appartiennent.

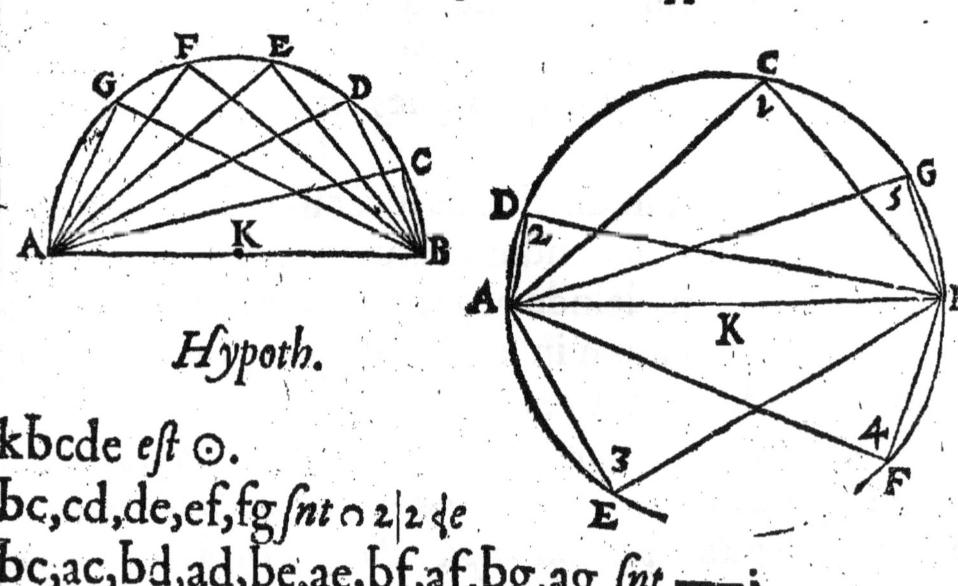

Hypoth.

kbcde *est* ⊙.

bc, cd, de, ef, fg *snt* ∩ 2|2 ⊰e

bc, ac, bd, ad, be, ae, bf, af, bg, ag *snt* —;

l, m, n, p, q, r, ſ, t *snt contin. proport*; ⊰*n raõ*. bc π ac.

1, 2, 3, 4, 5, 6, 7, 8, *ord.. proport*;

Req. π. *demonstr.*

⊰*n* 2. △. bd π ad 2|2 2m π n~l,

⊰*n* 3. △

$\triangleleft n$ 3. Δ. be π ae 2|2 3n~l π p~3m,

$\triangleleft n$ 4. Δ. bf π af 2|2 4p~4m π q~6n+l,

$\triangleleft n$ 5. Δ. bg π ag 2|2 5q~10n+l π r~10 p, &c.

Demonstr.

Hoc theorema eſt conſectarium præcedẽtis theorematis, cuius veritas erit perſpicua, ſi poſita ratione L ad M, vt BC ad AC, inueniantur continuè proportionalis per 2. octaui, latera verò triangulorum per præcedentem, inſtituta operatione ſic.

Ce theoreme eſt vn corollaire du precedent, dont la verité ſera manifeſte, ſi ayant ſupposé que L à M ſoit comme BC à AC, on trouue pluſieurs termes continuellemẽt proportionaux par la 2. du 8. & auſſi les coſtez des triangles par la precedente comme s'enſuit.

hyp.	bc π ac 2|2 l π m,
1.concl. 2.ang.	bd π ad 2|2 2lm π m2~l2,
2.ang.	be 2|2 ▭.ad,bc.+▭.bd,ac,
3.f.1.d.2	▭.ad, bc.+▭.bd, ac 2|2 3m2l~l3,
1. a. 1	be 2|2 3m2l~l3. *a.*
3.f.1.d.2	▭.ad,ac 2|2 m3~l2m,
3.f.1.d.2	▭.bd,bc 2|2 2l2m,
2.ang. 2 concl.	ae 2|2 ▭.ad,ac.~▭.bd,bc,
a.3.a.1	ae 2|2 m3~3l2m,
3.f.1.d.2	▭.ae, bc 2|2 m3l~3l3m,
3.f.1.d.2	▭.be,ac 2|2 3m3l~l3m,

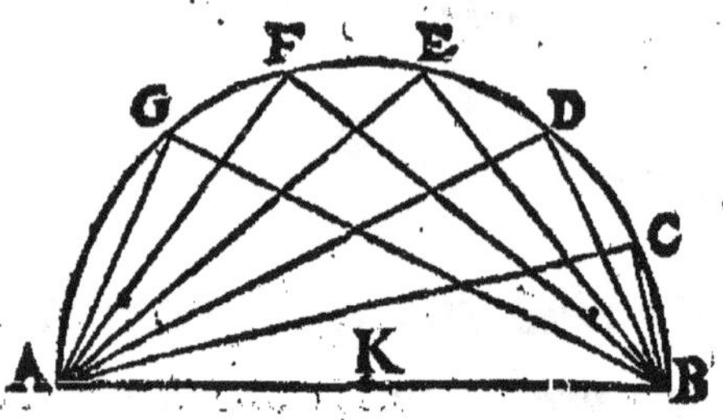

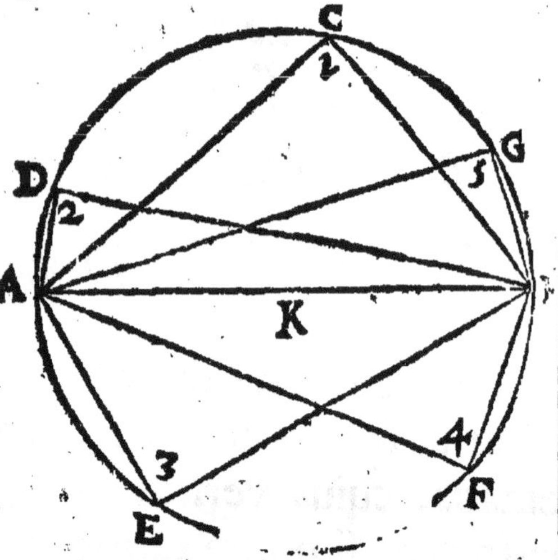

2.ang. | bf 2|2 ▭.ae,bc.-+▭.be,ac,
1.a.1 | bf 2|2 4m3l.~4l3m. β
3.ſ.1.d.2 | ▭.ae,ac 2|2 m4~3l2m2,
3.ſ.1 d.2 | ▭.be, bc 2|2 3m2l2~l4,
2.ang. 3.concl. | af 2|2 ▭.ae,ac.~▭.be,bc,
β.1.a.1 | af 2|2 m4~6m2l2-+l4,
3.ſ.1.d.2 | ▭ af,bc 2|2 m4l~6m2l3-+l5,
3.ſ.1.d.2 | ▭.bf, ac 2|2 4m4l~4l3m2,
2.ang. | bg 2|2 ▭.af,bc.-+▭.bf, ac,
1.a.1 | bg 2|2 5m4l~10l3m2-+l5. γ
3.ſ.1.d.2 | ▭.af,ac 2|2 m5~6m3l2-+l4m,
3.ſ.1.d.2 | ▭.bf,bc 2|2 4m3l2~4l4m,
2.ang. 4concl. | ag 2|2 ▭.af,ac.~▭.bf,bc,
γ.1.a.1 | ag 2|2 m5~10m3l2-+5l4m.

Contin. proport; in raō. L π M.

2.8 || l2, lm, m2 *ſnt contin. proport;*

1.8 l^3, l^2m, lm^2, m^3 *ſnt contin. proport;*
2.8 l^4, l^3m, l^2m^2, lm^3, m^4,
2.8 l^5, l^4m, l^3m^2, l^2m^3, lm^4, m^5,
l m, n, p, q, r,
1 2, 3, 4, 5, 6.

Duæ tabellæ multiplicium quarum beneficio tertium theorema in infinitum poteſt continuari.

Deux tables des multiples, par le moyen deſquelles le troiſieſme theoreme peut eſtre continué à l'infiny.

Tab.. perpend;

∢*n* 1. Δ.	bc	ac	~	-+					
∢*n* 2. Δ.		2		bd					
∢*n* 3. Δ.	1		3		be				
∢*n* 4. Δ.		4		4		bf			
∢*n* 5. Δ.	1		10		5		bg		
∢*n* 6. Δ.		6		20		6			
∢*n* 7. Δ.	1		21		35		7		
∢*n* 8. Δ.		8		56		56		8	
∢*n* 9. Δ.	1		36		126		84		9
	l	m	n	p	q	r	ſ	t	u
	1	2	3	4	5	6	7	8	9

Tab.. baſ;

In 1. Δ.	bc	ac	~	-+						
In 2. Δ.	1		1	ad						
In 3. Δ.		3		1	ae					
In 4. Δ.	1		6		1	af				
In 5. Δ.		5		10		1	ag			
In 6. Δ.	1		15		15		1			
In 7. Δ.		7		35		21		1		
In 8. Δ.	1		28		70		28		1	
In 9. Δ.		9		84		126		36		1
	l	m	n	p	q	r	ſ	t	u	x
	1	2	3	4	5	6	7	8	9	10

Geneſis numerorum harum duarum tabellarum.

Generation des nombres de ces deux tables.

Numeri intermedii huius tabellæ gignuntur ex additione proximè ſuperiorum collateralium.

Les nombres entremoyens de ceſte table ſont engendrez de l'addition des prochains ſuperieurs collateraux.

∢n 1. Δ.	
∢n 2. Δ.	2,
∢n 3. Δ.	3, 3
∢n 4. Δ.	4, 6, 4
∢n 5. Δ.	5, 10, 10, 5
∢n 6. Δ.	6, 15, 20, 15, 6
∢n 7. Δ.	7, 21, 35, 35, 21, 7
∢n 8. Δ.	8, 28, 56, 70, 56, 28, 8
∢n 9. Δ.	9, 36, 84, 126, 126, 84, 36, 9.

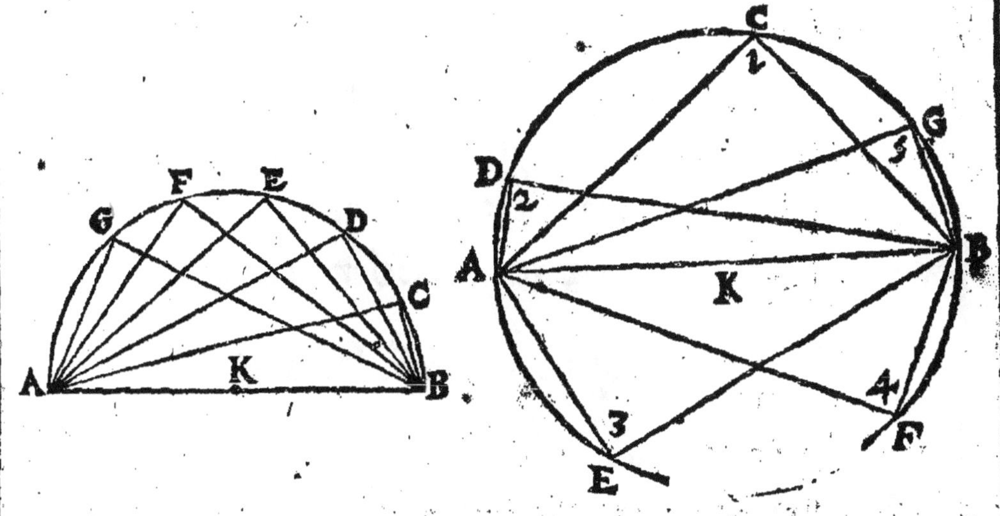

Vsus tabellarum. *Vsage des tables.*

hyp.	l,m,n,p,q,r,s,t,u,x *snt contin.proport; ∢n raõ.* bc π ac,
hyp.	bc π ac 2|2 l π m.
∢n 2. Δ.	bd π ad 2|2 2m π n~l,
∢n 3. Δ.	be π ae 2|2 3n~l π p~3m,
∢n 4. Δ.	bf π af 2|2 4p~4m π q~6n+l,
∢n 5. Δ.	bg π ag 2|2 5q~10n+l π r~10p+5m, *&c.*

Nr; proport; ꝗn raō. bc π ac.

1. Δ.	10 π 24 *est raō.* D.
2. Δ.	100, 240, 576 *ſnt proport;*
3. Δ.	1000, 2400, 5760, 13824,
4. Δ.	1000, 24000, 57600, 138240, 331776,
5. Δ.	100000, 240000, 576000, 1382400, 3317760.

l m n p q

Proport; laterum, ɪɪ *des coſtez.*. Δ;

hyp.	bc π ac 2|2. 10 π 24,
ꝗn 2. Δ.	bd π ad 2|2 480 π 476,
ꝗn 3. Δ.	be π ae 2|2 17180 π 6624,
ꝗn 4. Δ.	bf π af 2|2 543360 π 3824,
ꝗn 5. Δ.	bg π ag 2|2 10928800 π 4661376.

Nr; proport; ꝗn raō. bc π ac.

1. Δ.	9 π 10 *est raō. D.*
2. Δ.	81, 90, 100 *ſnt proport;*
3. Δ.	729, 810, 900, 1000,
4. Δ.	6561, 7290, 8100, 9000, 10000,
5. Δ.	59049, 65610, 72900, 81000, 90000, 100000

l m n p q r

Proport; laterum, ɪɪ *des coſtez.*. Δ;

hyp.	bc π ac 2|2 9 π 10,

In 2. Δ. | bd π ad 2|2 180 π 19,
In 3. Δ. | be π ae 1971 π 1430,
In 4. Δ. | bf π af 2|2 6840 π 32039,
In 5. Δ. | bg π ag 2|2 219951 π 381950.

THEOR. IV.

Si à termino diametri ſumantur in circulo circumferentiæ quotcunque æquales, & ab altera extremitate educantur rectæ lineæ ad ſumptarum circumferentiarum æqualium terminos, erit vt ſemidiameter ad rectam à iam dicta extremitate eductam diametro proximam, ita quælibet intermedia, ad ſummam duarum, in eadem ſemiperipheria ſibi vtrinque proximarum. At, ſi educta ſit minor ſubtensâ vnius æqualium partiũ, erit in prædicta ratione ad differentiam duarum ſibi vtrinque proximarum.

Si en la circonference d'vn cercle commençant à l'extremité du diametre ſont priſes pluſieurs circonferences egales, & de l'autre extremité du diametre ſoient menees des ſubtendantes aux poincts qui terminent les circonferences egales : comme le ſemidiametre ſera à la ſubtendante plus proche du diametre, ainſi chaque ſubtendante ſera à la ſomme de deux ſubtendantes collaterales. Mais, ſi la ſubtendante menee eſt plus petite que celle de l'vne des parties egales, elle ſera en ladite raiſon à la difference de deux ſubtendantes collaterales.

Hypoth. 1. caſ. 1.	*Req. π. demonſtr.*
cagm *eſt* ⊙.	cb π ad } *ſnt raõ.*
bd, de, ef *ſnt* ⌒ 2|2 ∤e,	ad π ab + ae } 2|2 ∤e.
acb, ad, ae, af *ſnt* —.	ae π ad + af }

Præpar.

11. 1 | lcg ⊥ ab,
1. 4 | bd, gh, lm, hk *ſnt* 2|2 ⊰e
1. p. 2 | lh, hm, mκ, bd *ſnt* —
12. 1 | cn ⊥ mκ.

Demonſtr.

29. 3 | lh 2|2 ad, hm 2|2 ae,
29. 3 | mk 2|2 af,
c. 26. 3 | mh = lg, mκ = lb,
31. 3 | <adb *eſt* ⊣.
conſtr. & 29. 1 | cnκ & cpl *ſnt* ⊣.
3. 3 | mr 2|2 rh, lp 2|2 ph, mn 2|2 nκ,
27. 3 | bad, glh, lhm, hmκ *ſnt* < 2|2 ⊰e.
32. 1 | adb, lcq, hrq, hpo, mno *ſnt* Δ; *æquiang;*

| ab π ad,
| ql π lc. α
4. 6 | qh π hr. α } *ſnt raō; 2|2 ⊰e,*
| oh π hp. β
| om π mn. β

α. 12. 5 | ab π ad 2|2 lh π lc + hr,
22. 5 | ab π 2ad 2|2 lh π lg + hm,
1. concl. 15. 5 | cb π ad 2|2 lh π lg + hm, ⊔ π ab + ae,
β. 12. 5 | ab π ad 2|2 mh π hp + mn,
22. 5 | ab π 2ad 2|2 mh π hl + mκ,
2. concl. 15. 5 | cb π ad 2|2 mh π hl + mk, ⊔ ad + af.

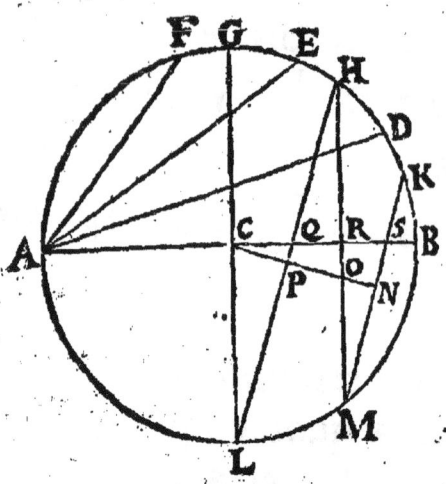

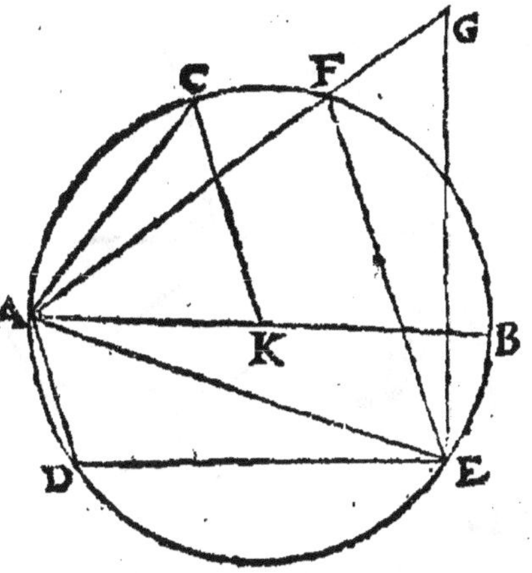

Hypoth. 1. caſ. 2.

kbcd *eſt* ⊙,
bc,cd,de,ef *ſnt* ⌒ 2|2 ⫞e,
akb,ac,ad,ae,afg *ſnt* ——.

Req. π. demonſtr.

aK π ac 2|2 ae π af+ad.

Præpar.

3. p. 1	eg 2|2 ea.	α
1. p. 1	de *eſt* ——.	

Demonſtr.

hyp.	⌒bfc 2|2 ⌒ebf,
27. 3	<Kac 2|2 <eag,
5. 1	<kca 2|2 <Kac,
α. 5. 1	<ega 2|2 <eag,
32. 1	Δeag *ſml.* ΔKac,
1. concl. 4. 6	aK π ac 2|2 ae π ag,
27. 3	∠ead 2|2 ∠eag, ꟾꟾ ∠g
C. 22. 3	<efg 2|2 <eda,
32. 1	Δefg *ſml.* Δead,
28. 3 2 concl.	ef 2|2 ed,
26. 1	fg 2|2 ad. β
hyp.	⌒bfc 2|2 ⌒ebf,
27. 3	<Kac 2|2 <eag,
5. 1	<kca 2|2 <Kac,
α. 5. 1	<ega 2|2 <eag,
31. 1	Δeag *ſml.* Δkac,
3. concl. 4 6	aK π | ac,
β	ae π | ag, ꟾꟾ af+ad.

Hypoth. 2.

Kcah *eſt* ⊙.
fa,ab,bd,dh *ſnt* ⌒ 2|2 ⫞e.
ckf, ca, cb, cd, ch *ſnt* ——.

Req. π. demonſtr.

Kc π ca 2|2 cb π ca~cd,
Kc π ca 2|2 cd π ch~cb.

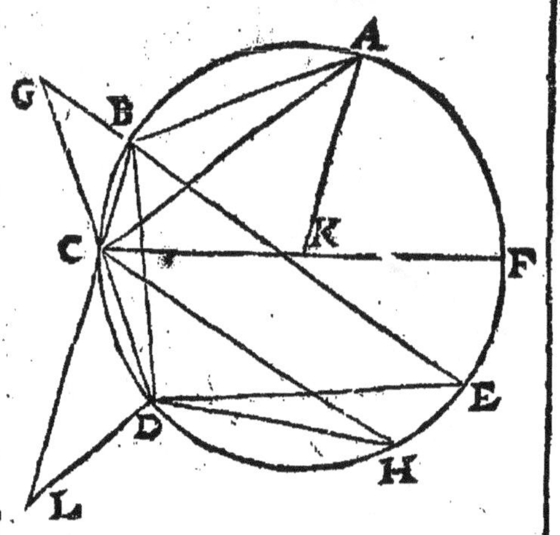

Præpar.

2. p. 1 dcg & bcl *snt* ——,

3. p. 1 bg 2|2 bc, dl 2|2 dc. α

3&4. p. 1 gbe & ld *snt* ——,

1. p. 1 ab, bd, de, dh *snt* ——.

Demonstr.

c. 22. 3 ∠bcg, ɪɪ ∠g 2|2 ∠bed,

27. 3, & 5. 1 fca, acb, hcd, bed, bcg, g, dcl, l *snt* <; 2|2 {e. β

32. 1 cbg, cdl, cka *snt* Δ; *æquiang*; γ

21. 3 <bac 2|2 <bdc,

β. 32. 1 Δdbg *æquiang*. Δcab,

2. 26. 1 dg 2|2 ca,

3. a. 1 1. concl. ca~cd 2|2 cg,

γ. 4. 6 ck π ca 2|2 cb π cg, ɪɪ ca~cd.

21. 3 <cbd 2|2 <chd,

32. 1 Δbdl *æquiang*. Δcdh,

2. 26. 1 bl 2|2 ch,

3. a. 1 2. concl. ch~cb 2|2 cl,

γ. 4. 6 ck π ca 2|2 cd π cl, ɪɪ ch~cb.

SCHOL.

Quamuis æquales arcus non ſumant initium ab extremitate diametri, non mutentur concluſiones quarti theorematis, vt pateet ex ſequente demonſtratione eiuſdem theorematis proponendo ſic.

Encore que les arcs egaux ne prennent leurs commencements de l'extremité du diametre, les meſmes concluſions du quatrieſme theoreme arriueront, comme il appert de la demonſtration ſuiuante du meſme theoreme le propoſant ainſi.

Si in circumferentia circuli ſumantur duo arcus continui inter ſe æquales, recta ab extremitate diametri ad communem illorum terminum ducta, erit ad aggregatum vel differentiam rectarum ab eadem extremitate diametri ad reliquos æqualium arcuum terminos ductarum, vt ſemidiameter ad ſubtenſam complementi ad ſemicirculum vnius æqualium arcuum.

Si en la circonference d'vn cercle ſont pris deux arcs de ſuite egaux entr'eux, la ligne droite menee de l'extremité du diametre au commun terme ſera à l'aggregé ou difference des lignes droites, menees de la meſme extremité du diametre aux deux autres termes des arcs egaux, comme le ſemidiametre à la ſubtendante du complement iuſques à 180. degrez de l'vn des arcs egaux.

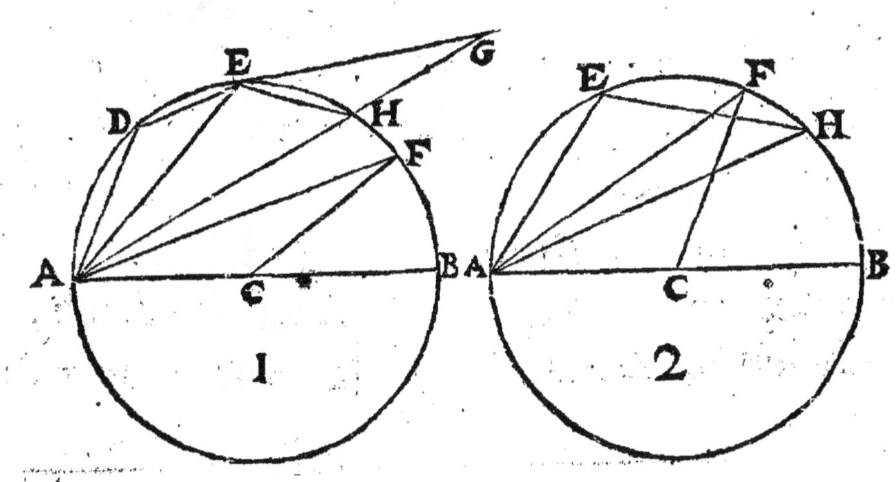

Hypoth..1.caſ.	bf 2|2 ed, II eh. a
cae *eſt* ⊙.	cf, af *ſnt* ——;
ed 2|2 . eh,	*Req.π. demonſtr.*
ad,ae,ah *ſnt* ——;	cf π af 2|2 ae π ah + ad.
acb *eſt diamet.*	

Præpar. in n. 1. figur.

2. p. 1 ahg *eſt* —,

3. p. 1 eg 2|2 ae.

Demonſtr.

conſtr. ae 2|2 eg,

5. 1 <ega 2|2 <eah, ⅠⅠ <ead,

f. 22. 3 <ehg 2|2 <eda,

32. 1 Δehg *ſml.* Δeda,

28. 3 eh 2|2 ed,

26. 1 hg 2|2 ad,

2. a. 1 ag 2|2 ah + ad,

α. 27. 3 <caf 2|2 <hae,

32. 2 Δcaf *ſml.* aeg,

1. concl. 4. 6 ac π af 2|2 ae π ag, ⅠⅠ ah + ad.

In n. 2. figur.

α. 27. 3 Δacf *ſml.* Δaeh,

2 concl. 4. 6 ac π af 2|2 ae π ah.

Hypoth. 2. caſ.

cae *eſt* ⊙.

ed 2|2 eh,

ad, ae, ah *ſnt* —,

acb *eſt diamet.*

bf 2|2 ed, ⅠⅠ eh,

cf, af *ſnt* —.

Req. π. demonſtr.

cf π af 2|2 ae π ah ~ ad.

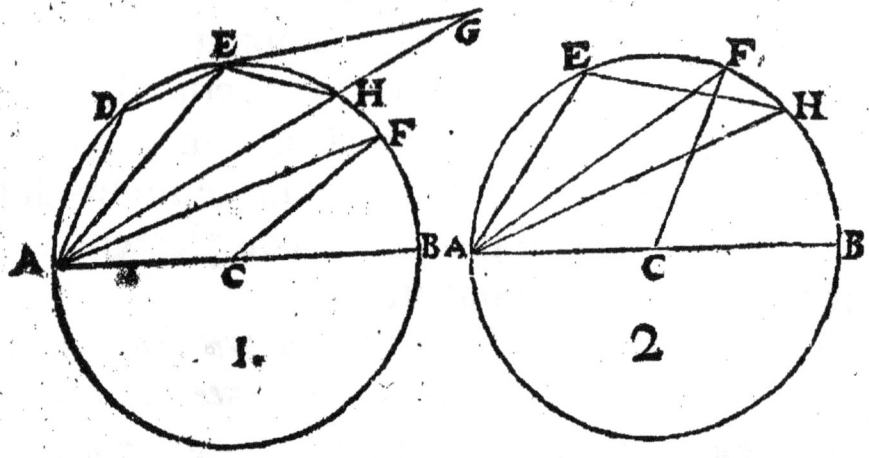

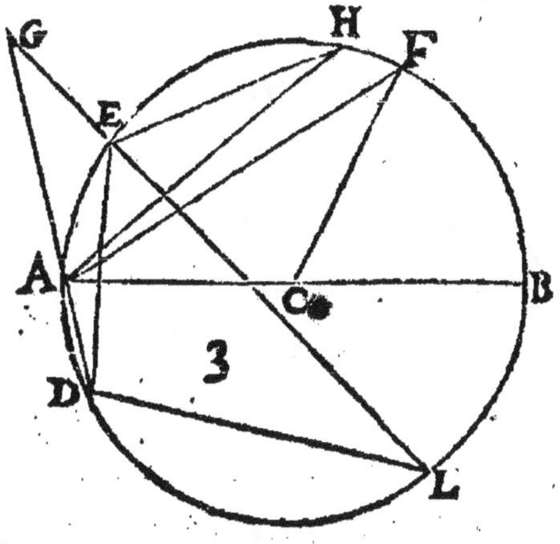

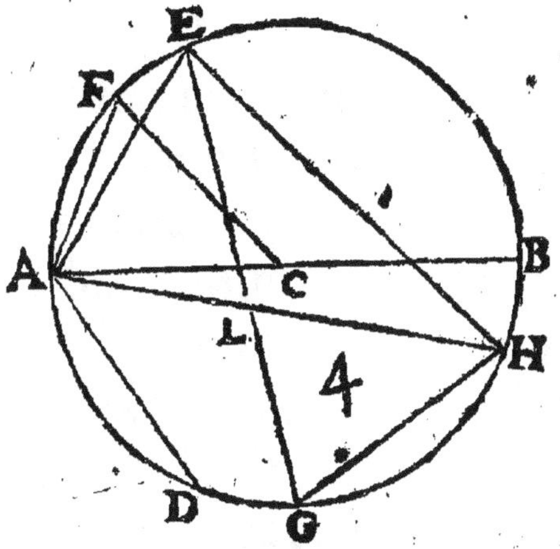

Præpar. in. 3. figur.

2. p. 1	dag *est* —,
3. p. 1	eg 2|2 ea. α
2. p. 1	gel *est* —,
1. p. 1	dl *est* —.

Demonstr.

α. s. 22. 3	∠eag, ıı ∠g 2|2 ∠eld,
27. 3	<eld 2|2 <eah,
27. 3	<eha 2|2 <eda,
32. 1	Δdeg *sml.* Δeah,
α. 26. 1	ah 2|2 dg,
3. a. 1	ah~ad 2|2 ag. β
27. 3	∠caf 2|2 ∠eah ıı ∠eag
32. 1	Δcaf *sml.* Δeag,
1. concl. 4. 6	cfπaf 2|2 ae π ag, ıı
β	cfπaf 2|2 aeπah~ad

Præpar. in. 4. figur.

1. 4	hg 2|2 ad,
1. p. 1	eg *est* —.

Req. π. demonstr.

cfπaf 2|2 aeπal, ıı ah~ad.

Demonstr.

2. 2. 1	ag 2|2 dh,
2. s. 6. 2	2af 2|2 ag,
20. 3	<aeg 2|2 <acf,
27. 3	<lae 2|2 <caf,
32. 1	Δlae *sml.* Δafc.
21. 3	<lhg 2|2 <aeg,
32. 1	Δglh *sml.* Δacf,
6. 1	lh 2|2 hg, ıı ad,
3. a. 1	al 2|2 ah~ad,
2 concl. 4. 6	ac π af 2|2 ae π al, ıı ah~ad.

THEOR. V.

Si à termino diametri ſumantur in circulo circumferentiæ quotcunque æquales, & ab altera extremitate educantur lineæ rectæ ad ſumptarum circumferentiarum æqualium terminos, eductæ fiunt baſes triangulorum, quorum communis hypothenuſa eſt diameter, ac baſis quidem diametro proximior intelligitur baſis anguli ſimpli, ſuccedens dupli, & eo continuò ordine: conſtituatur autem ſeries rectarum linearum continuè proportionalium, quarum prima ſit æqualis ſemidiametro, ſecunda, baſi anguli ſimpli, is reliquarum baſium ordine ſuccedentium erit progreſſus.

Tertia continuè proportionalium, minus prima bis, erit æqualis baſi anguli dupli.

Quarta, minus ſecunda ter, baſi anguli tripli.

Quinta, minus tertia quater, plus prima bis, baſi anguli quadrupli.

Et ita in infinitum, vt per loca proportionalium imparia noua affectio ſuccedat, affirmatæ negata, negatæ affirmata, & proportionales illæ ſint ſemper alternæ, & multiplices quidem, in prima adfectione, per vnitatis crementum, in ſecunda, per numeros triangulos, in tertia, per numeros pyramydales, in quarta, per numeros triangulo-triangulos, in quinta, per numeros triangulo-pyramidales: non quidem ab vnitate, vt in poteſtatum geneſi, ſed à binario ſuum ducentes incrementum.

Si de l'extremité du diametre ſont priſes au cercle tant de circonferences qu'on voudra egales entr'elles, & de l'autre extremité ſoient menees des lignes droites aux termes d'icelles circonferences egales, icelles lignes menees ſeront baſes des triangles, dont l'hypothenuse commune est le diametre, & la base plus proche du diametre s'entend estre la base de l'angle simple, la suiuante du double, & selon cet ordre à l'infiny: que si on trouue des lignes droites continuellement proportionelles, la premiere desquelles soit egale au semidiametre, la seconde, à la base de l'angle simple, les autres bases qui s'entresuiuront seront telles.

La troisiesme des continuellement proportionelles, moins la premiere deux fois, sera egale à la base de l'angle double.

La quatriesme, moins la seconde trois fois, à la base de l'angle triple.

La cinquiesme, moins la troisiesme quatre fois, plus la premiere deux fois, à la base de l'angle quadruple.

Et ainsi à l'infiny, en sorte qu'aux lieux impairs des proportionelles arriue nouuelle affection, à l'affirmee la niee, à la niee l'affirmee, & qu'icelles proportionelles soient tousiours alternes, sçauoir les multiples, en la premiere affection par l'augmentation de l'vnité, en la seconde, par nombres triangulaires, en la troisiesme; par nombres pyramidaux, en la quatriesme, par nombres triangles-triangles, en la cinquiesme, par nombres triangles-pyramidaux: commençant leur augmentation non de l'vnité, comme en la generation des puissances, mais de deux.

Hypoth.

kbce *est* ⊙.

bc, cd, de, ef, fg *snt* ◠ 2|2 ꝗe.

bc, ac. bd, ad. be, ae. bf, af. bg, ag *snt* ═,

l, m, n, p, q, r, ſ, t *snt contin. proport;* ꝗ*n rao.* kb π ac.

1, 2, 3, 4, 5, 6, 7, 8, *ord.. proport;*

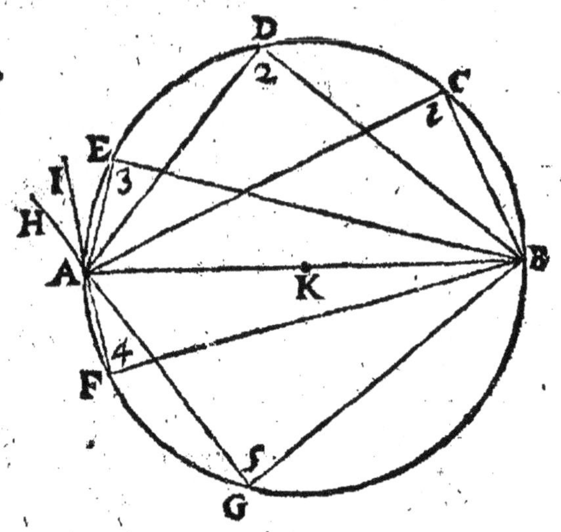

Req. π. demonstr.

In 2. Δ.	kb π ad 2|2 l π n~2l,
In 3. Δ.	kb π ae 2|2 l π p~3m,
In 4. Δ.	kb π af 2|2 l π q~4n+2l,
In 5. Δ.	kb π ag 2|2 l π r~5p+5m, &c.

Demonstr.

Hoc theorema est quoque consectarium præcedentis theorematis, nec aliter demonstratur quam tertium theorema : quamobrem exhibemus tantùm tabellam cuius beneficio hoc quintum theorema potest continuari in infinitum.

Ce theoreme est aussi vn corollaire du theoreme precedent, & se demonstre comme le troisiesme : partant nous donnerons seulement vne table, par le moyen de laquelle ce cinquiesme theoreme peut estre continué iusqu'à l'infiny.

Numeri intercepti inter progressiones 3, 5, 7, 9, & 3, 4, 5, 6, &c.

Les nombres compris entre les progressions 3, 5, 7, 9, & 3, 4, 5, 6, &c. pro-

procreantur ex additione duorum proximè superiorum, quorum vnius est directè supra in eadem columna, alter verò est in proxima columna ad sinistram.

sont engendrez de l'addition de deux prochains superieurs, l'vn desquels est directement au dessus en la mesme colomne, & l'autre est en la prochaine colomne du costé gauche.

Tab.. bas;

In 1. Δ.	Kc π a			~	+					
In 2. Δ.	2		1	ad						
In 3. Δ.		3		1	ae					
In 4. Δ.	2		4		1	af				
In 5. Δ.		5		5		1	ag			
In 6. Δ.	2		9		6		1			
In 7. Δ.		7		14		7		1		
In 8. Δ.	2		16		20		8		1	
In 9. Δ.		9		30		27		9		1
	l	m	n	p	q	r	s	t	u	x
	1	2	3	4	5	6	7	8	9	10

Vsus tabellæ. *Vsage de la table.*

hyp | l, m, n, p, q, r, s, t, u, x *sont contin. proport, in raō.* Kb π ac.

In 2. Δ. | kb π ad 2|2 l π n ~ 2l,

In 3. Δ. | Kb π ae 2|2 l π p ~ 3m,

∢n 4. △.	kb π af 2|2 l π q ~ 4n + 2l,
∢n 5. △.	kb π ag 2|2 l π r ~ 5p + 5m, &c.

Nr; proport; ∢n raõ. kb π ac.

1. △.	7 π 10, *est raõ. D.*
2. △.	49, 70, 100 *snt proport;*
3. △.	343, 490, 700, 1000 *snt contin. proport;*
4. △.	2401, 3430, 4900, 7000, 10000,
5. △.	16807, 24010, 34300, 49000, 70000, 100000
	l m n p q r

Proport; laterum, ⊔ *des costez.. △;*

hyp.	kb π ac 2|2 7 π 10,
∢n 2. △.	kb π ad 2|2 49 π 2,
∢n 3. △.	kb π ae 2|2 343 π 470,
∢n 4. △.	kb π af 2|2 2401 π 479[illegible]
∢n 5. △.	kb π ag 2|2 16807 π 2495[illegible].

THEOR. VI.

Si à termino diametri sumantur in peripheria circuli partes quotcunque æquales, & ab eiusdem diametri extremis educantur rectæ ad singula sectionum puncta: erit vt semidiameter ad subtensam partium æqualium vni, ita reliquarum quælibet ab alterutro diametri termino educta, præter diametrum, aut diametro proximam, ad differentiam duarum à reliquo eiusdem termino eductarum ad sectiones sibi vtrinque proximas: At ita diameter ipſa quum in ſectionem æqualem incidit, vel quum non incidit, eĩ proxima in ſectionem incidens, ad ſummam duarum ab altero diametri termino, ad proximas vtrinque ſectiones eductarum.

Si en la circonference d'vn cercle ſont pris pluſieurs arcs egaux entr'eux, & des extremitez du meſme diametre ſont menees des ſubtendantes à tous les poincts de diuiſions: comme le ſemidiametre ſera à la ſubtendante d'vn des arcs egaux, ainſi vne chacune des autres ſubtendantes, excepté le diametre, ou la plus proche du diametre, à la difference des deux ſubtendantes collaterales tirees de l'autre extremité du diametre: Mais ainſi ſera le diametre, quand il tombe au poinct de la diuiſion egale, ou la plus proche du diametre quand il ne tombe point, à la ſomme de deux ſubtendantes collaterales tirees de l'autre extremité du diametre.

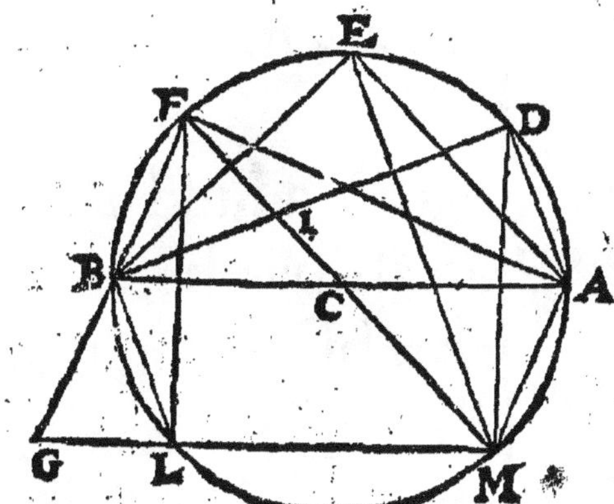

Hypoth. 1.

cbem *eſt* ⊙.

ad, de, ef, fb, bl, am *ſnt* ⌒ 2|2 ⊄e.

ad, ae, af, bf, be, bd, bl, fl *ſnt* ——.

Req. π. demonſtr.

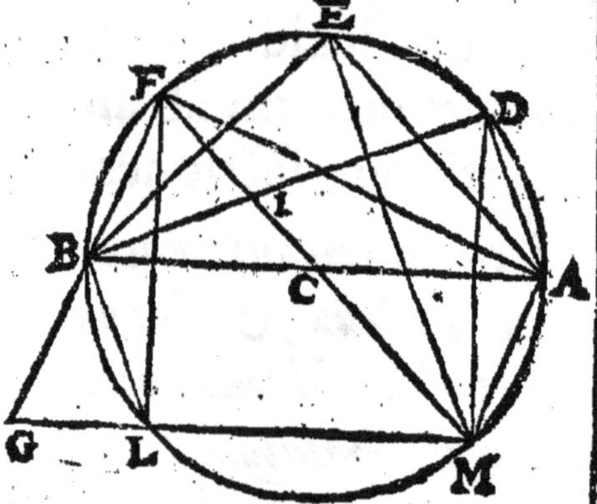

ca π ad,
ad π ba∼be,
ae π bd∼bf, } *ſnt raō. 2|2 qe.*
af π be,
ab π bf+bl.

Præpar.

1& 2.a.1 | ma, md, me, mf, mlg, fbg, al *ſnt* —.

Demonſtr.

27.3 | fbc, bam, bem, *ſnt* <; 2|2 qe.
20 & 21. 3. & 2.2.3 | bcf, ema, eba, fbd, fmg, fal, gbl *ſnt* <; 2|2 qe.
32. 1 | bcf, amh, beh, mdi, fbi, mfg, afl *ſnt* △; *æquiang.*
5. 1 | am 2|2 mh, be 2|2 bh, bf 2|2 bi, mf 2|2 mg, bg 2|2 bl,
29. 3 | ma 2|2 ad, md 2|2 ae, me 2|2 af, mf 2|2 ab,
2.& 3.a.1 1. concl. | ah 2|2 ba∼be, id 2|2 bd∼bf, fg 2|2 bf+bl,
4. 6 2 concl. | cb π bf 2|2 am, ш ad π ah,
4. 6 3. concl. | cb π bf 2|2 af π fl, ш be,
4. 6 | cb π bf 2|2 mf, ш ab π fg, ш fb+bl.

Hypoth.. 2. caſ. 1.

cafhd *eſt* ⊙.
af, fg, gh, hp, ad *ſnt* ⌒ 2|2 qe.
acb, af, ag, ah, ap, bf, bg, bh, bp, cf *ſnt* —;

Req. π. demonstr.

ca π af,
ah π bg +bp
bh π ap~ag
} *snt* raō 2|2 de.

Præpar.

1& 2.p.1 | df, dg, dh, dpe, gbe *snt* ——.

Demonstr.

21& 27.3. | acf, gde, hbf *snt* <; 2|2 de.
f.22.3 | <ebp 2|2 <gdp,
27.3 | caf, bgd, bhi *snt* <; 2|2 de.
32.1 | acf, dge, bhi, dfi, ebp *snt* Δ; *æquiang;* α
29.3.& 6.1 | ag, df, di *snt* 2|2 de.
α.29.3 | ah, dg, de *snt* 2|2 de.
29.3 | dh 2|2 ap,
29.3 | ge 2|2 gb +bp, hi 2|2 ap~ag,
1. concl. 4.6 | ca π af 2|2 dg, ıı ah π ge, ıı gb +bp,
2 concl. 4.6 | ca π af 2|2 bh π hi, ıı ap~ag.

Hypoth. 2. cas. 2.

lacd *est* ⊙.
ac, cbd *snt* ∩ 2|2 de. α
aib, ac, bc, bd *snt* ——.

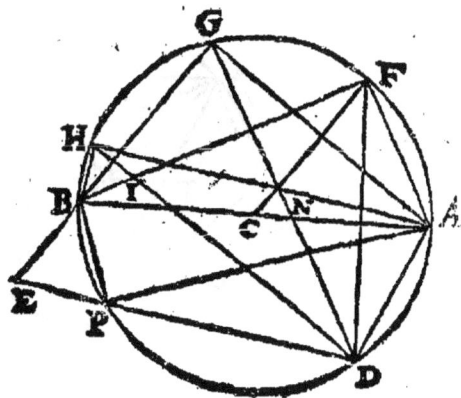

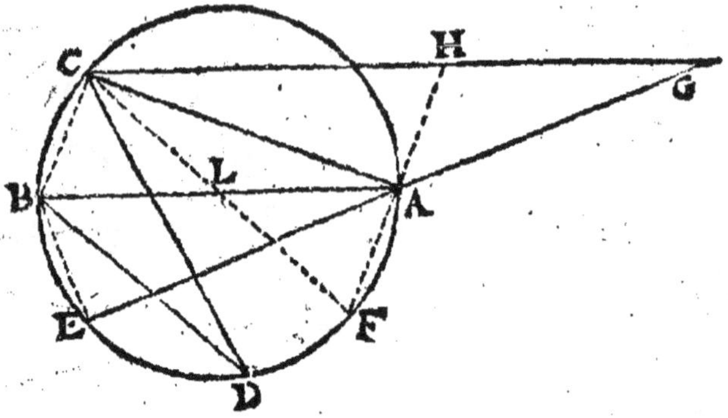

Req. π. demonstr.

al π ac 2|2 ac π ba + bd.

Præpar.

3.p.1 | ◠be 2|2 ◠bc.

1& 2.p.1 | eag, clf, fah, be, cd *ſnt* —,

3.1 | ag 2|2 ac. β

Demonstr.

ſ. 22.3 | ∠cla ⊔ ∠cbe 2|2 ∠cag

β.32.1 | △cag *ſml.* △alc.

31.3 | bca & caf *ſnt* ⊥;

28.1 | fah = bc,

22.3, & 32.1 | <bac, ⊔ bae } 2|2 <g, δ

27.1 | cg = ba,

34.1 | ah 2|2 bc. γ

δ.21.3 | <g 2|2 <bdc,

α.3.a.1 | ◠bc, ⊔ be 2|2 ◠df

27.3 | <bcd 2|2 <eaf, ⊔ <hag,

32.1 | △ahg *ſml.* △bcd. γ

γ.26.1 | hg 2|2 bd.

concl. 4.6 | al π | ac
ac π | cg, ⊔ ba + bd

THEOR. VII.

Si fuerint triangula rectangula æqualis hypothenuſæ, quorum primi angulus acutus ſit in ſubmultipla ratione ad angulos acutos ſuccedentium ordine triangulorum, ad acutum videlicet ſecundi ſubduplus, tertij ſubtriplus, quarti ſubquadruplus, & eo continuò ordine; conſtituatur autem ſeries rectarum continuè proportionalium, quarum prima ſit æqualis ſemihypothenuſæ, ſecunda perpendiculo anguli primi, inter ſuccedentes continuè proportionales & ſuccedentium triangulorum baſes, ac perpendicula hæc erit æqualitas.

Prima bis, minus tertiâ continuè proportionalium, erit æqualis baſi trianguli ſecundi.

Secunda ter minus quarta, perpendiculo trianguli tertij.

Prima bis minus tertiâ quater, plus quinta, baſi trianguli quarti.

Secunda quinquies, minus quarta quinquies, plus ſextâ, perpendiculo trianguli quinti.

Et ita in infinitum, inuerſo eo qui in quinto theoremate expoſitus eſt ordine.

S'il y a des triangles rectangles d'hypothenuſes egales, l'angle aigu du premier deſquels ſoit en raiſon ſubmultiple aux angles aigus des triangles ſuiuants, ſçauoir ſubdouble de l'aigu du ſecond, du troiſieſme ſubtriple, du quatrieſme ſubquadruple, & ainſi de ſuite: & ſoit conſtituee la ſuite des lignes droites continuellement proportionelles, la premiere deſquelles ſoit egale à la moitié de l'hypothenuſe, la ſeconde à la perpendiculaire du premier angle: entre les continuellement proportionelles, & les baſes & perpendicules qui arriueront ſuiuant cet ordre, l'egalité ſera telle.

La premiere deux fois, moins la troiſieſme proportionelle, ſera egale à la baſe du ſecond triangle.

La ſeconde, trois fois moins la quatrieſme, à la perpendiculaire du troiſieſme triangle.

La premiere deux fois, moins la troiſieſme quatre fois,

plus la cinquiesme, à la base du triangle quatriesme.

La seconde cinq fois, moins la quatriesme cinq fois, plus la sixiesme, à la perpendiculaire du cinquiesme triangle.

Et ainsi à l'infiny, au rebours de l'ordre qui a esté exposé au cinquiesme theoreme.

F E G D C A K B

Hypoth.

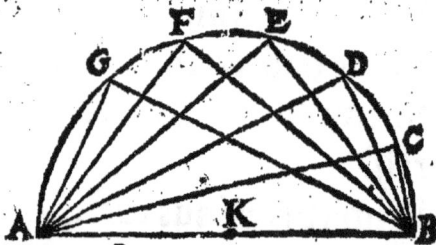

KBCE *est* ⊙.

bc, cd, de, ef, fg *snt* ∩ 2|2 ꝗe.

bc, ac. bd, ad. be, ae. bf, af. bg, ag *snt* —.

l, m, n, p, q, r, ſ, t *snt contin. proport; ꝗn raõ.* KB π bc.

1, 2, 3, 4, 5, 6, 7, 8, *ord. proport;*

Req. π. demonstr.

ꝗn 2.Δ. | KB π ad 2|2 l π 2l∼n,

ꝗn 3.Δ. | KB π be 2|2 l π 3m∼p,

ꝗn 4.Δ. | kb π af 2|2 l π 2l∼4n+q,

ꝗn 5.Δ. | kb π bg 2|2 l π 5m∼5p+r.

Demonstr.

Ad demonſtrationem huius theorematis, inuenienda ſunt per ſextum theorema latera triangulorum AD, BE, AF & BG, deinde conſtituta ſerie continuè proportionalium, perſpicua erit veritas theorematis. Tabella verò qua hoc theorema

Pour demonstrer ce theoreme, il faut trouuer par le sixiesme theoreme les costez des triangles, à sçauoir AD, BE, AF & BG, puis ayant constitué les proportionaux, la verité du theoreme sera manifeste. La table par le moyen de laquelle ce theoreme est

in infinitum continuatur non differt à tabella quinti theorematis quam hîc ob oculos ponam.

continué à l'infiny, ne differe point de la table du cinquiesme theoreme que ie mettray icy.

Tab..baſ; & perpend;

∢n 1. Δ.	kb	bc	-+	~						
∢n 2. Δ.	2		1	ad						
∢n 3. Δ.		3		1	be					
∢n 4. Δ.	2		4		1	af				
∢n 5. Δ.		5		5		1	bg			
∢n 6. Δ.	2		9		6		1			
∢n 7. Δ.		7		14		9		1		
∢n 8. Δ.	2		16		20		8		1	
∢n 9. Δ.		9		30		27		9		1
	l	m	n	p	q	r	ſ	t	u	x
	1	2	3	4	5	6	7	8	9	10

Vſus, 11 Vſage.. tab;

hyp.	l,m,n,p,q,r,ſ,t,u,x *ſnt contin.proport; ∢n raō.* kb π bc,
∢n 2. Δ.	kb π ad 2|2 l π 2l~n,
∢n 3. Δ.	kb π be 2|2 l π 3m~p,

In 4. Δ. | kb π af 2|2 l π 2l~4n+q,
In 5. Δ. | kb π bg 2|2 l π 5m~5p+r.

Nr; propert; In raō. kb π bc.

1. Δ. | 4 π 5 *est raō. D.*
2. Δ. | 16, 20, 25 *snt proport.*
3. Δ. | 64, 80, 100, 125,
4. Δ. | 256, 320, 400, 500, 625,
5. Δ. | 1024, 1280, 1600, 2000, 2500, 3125,
l, m, n, p, q, r.

Proport; laterum, II *des costez..*Δ;

hyp. | kb π bc 2|2 4 π 5.
In 2. Δ. | kb π ad 2|2 16 π 7,
In 3. Δ. | kb π be 2|2 64 π 15.
In 4. Δ. | kb π af 2|2 256 π 463,
In 5. Δ. | kb π bg 2|2 1024 π 525.

THEOR. VIII.

Si à puncto in peripheria circuli, sumantur segmenta quotcunque æqualia, & ab eodem ad singula sectionum puncta rectæ educantur: erit vt minima ad sibi proximam, ita reliquarum quæuis à minima deinceps, ad summam duarum sibi vtrinque proximarum.

Si en la circonference d'vn cercle commençant à vn poinct sont pris plusieurs arcs egaux entr'eux, & du mesme poinct sont menees des lignes droites à chaque poinct de diuision:

comme la plus petite ſubtendante eſt à celle qui luy eſt plus proche, ainſi vne chacune des autres ſera à la ſomme de ſes deux prochaines collaterales.

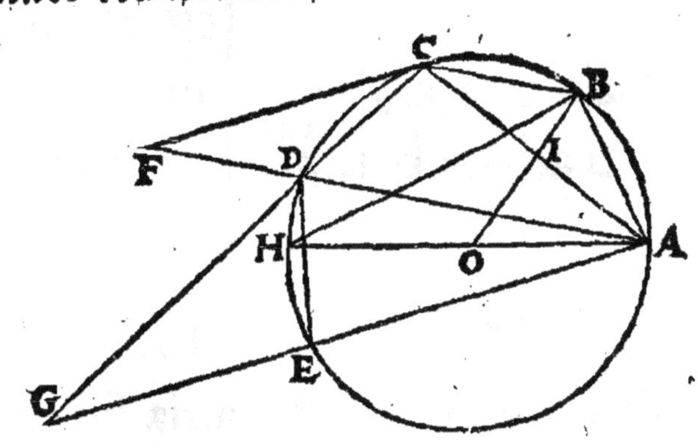

Hypoth.

oace *eſt* ⊙, *&* ah *eſt diamet.*

ab, bc, cd, de *ſnt* ⌒ 2|2 ꝺe.

ab, ac, ad, ae *ſnt* —.

Req.π.demonſtr.

ab π ac 2|2 ac π ab + ad,

ab π ac 2|2 ad π ac + ae.

Præpar.

1&2.p.1 | bc, cdg, de, adf, aeg *ſnt* —,

3.p.1 | cf 2|2 ca, *&* dg 2|2 da. α

Demonſtr.

29.3 | ab, bc, cd, de *ſnt* 2|2 ꝺe.

27.3 | bac, acb, cad, dae *ſnt* < 2|2 ꝺe.

α.5.1 | <cfa 2|2 <caf, *&* <dga 2|2 <dag,

32.1 | abc, acf, adg *ſnt* Δ; æquiang;

C.22.3 | <cdf 2|2 <abc.

32.1	△cdf *sml.* △abc,	c.22.3	<deg 2|2 <acd,
26.1	df 2|2 ab,	32. 1	△acd *sml.* △deg,
2. a. 1	af 2|2 ad + ab,	26. 1	eg 2|2 ac,
1. concl. 4. 6	ab π ac 2|2 ac π af,	2. a. 1	ag 2|2 ae + ac,
	ıı ad + ab,	2 concl. 4. 6	ab π ac 2|2 ad π ag,
			ıı ae + ac.

THEOR. IX.

Si à puncto in circuli circumferentia ſumantur partes quotcunque æquales, & ab eodem educantur rectæ lineæ ad ſumptarum circumferentiarum æqualium terminos: conſtituatur autem ſeries linearum rectarum continuè proportionalium, quarum prima ſit æqualis minimæ eductæ, ſecunda à minima ſecundæ, is reliquarum eductarum ordine ſuccedentium erit progreſſus.

Tertia continuè proportionalium, minus prima, erit æqualis tertiæ.

Quarta minus ſecunda bis, quartæ.

Quinta minus tertia ter, plus prima, quintæ.

Et ita in infinitum, ſecundum numeros in quinto theoremate expoſitos.

Si en la circonference d'vn cercle commençant à vn poinct ſont priſes tant de parties egales qu'on voudra, & que du meſme poinct ſoient menees des lignes droites aux termes d'icelles circonferences egales: & ſoit faite vne ſuite de lignes droites continuellement proportionelles, la premiere deſquelles ſoit egale à la moindre d'icelles lignes menees, la ſeconde à la premiere ſuiuante, la ſuite des autres lignes menees ſera telle que s'enſuit.

La troiſieſme des continuellement proportionelles, moins la premiere, ſera egale à la troiſieſme.

La quatrieſme, moins deux fois la ſeconde, à la quatrieſme.

La cinquieſme, moins la troiſieſme trois fois, plus la premiere, à la cinquieſme.

Et ainſi à l'infiny, ſelon les nombres expoſez au cinquieſme theoreme.

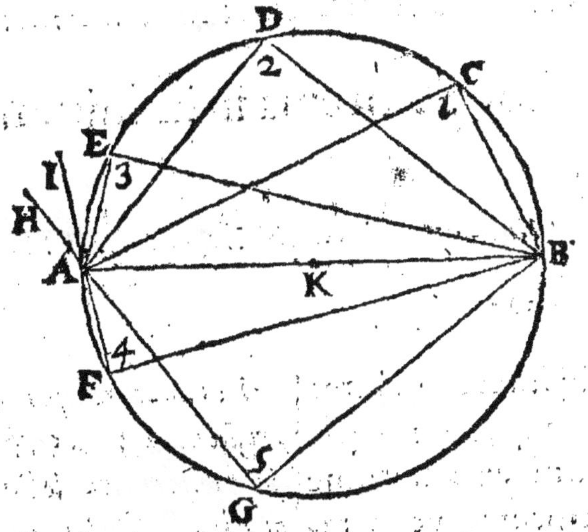

Hypoth.

Kbce *eſt* ⊙.

bc, cd, de, ef, fg *ſnt* ⌒ 2|2 *ꝗe.*

bc, bd, be, bf, bg, ag *ſnt* —.

l, m, n, p, q, r, ſ, t *ſnt contin. propori; ꝗn raō.* bc π bd.

1, 2, 3, 4, 5, 6, 7, 8, *ord.. proport;*

Req. π. demonſtr.

ꝗn 3. Δ. | bc π be 2|2 l π n~l,

ꝗn 4. Δ. | bc π bf 2|2 l π p~2m,

ꝗn 5. Δ. | bc π bg 2|2 l π q~3n+l.

Demonstr.

Ad demonstrationem huius theorematis, inueniēdæ sunt per octauum theorema subtensæ BE, BF & BG, deinde constituta serie continuè proportionalium innotescet veritas theorematis.

Pour demonstrer ce theoreme, il faut trouuer par l'huictiesme theoreme les subtendantes, à sçauoir BE, BF & BG, puis ayant constitué les proportionaux on recognoistra la verité du theoreme.

Tabella qua hoc theorema in infinitum continuatur.

Table par le moyen de laquelle ce theoreme est continué à l'infiny.

Numeri medij intercepti inter progressiones 2,3,4,5, & 2,3,4,5,6, &c. gignuntur ex additione proximè superiorum, vt in tabellis 5 & 7 theorematum.

Les nombres qui sont entre les progreßions 2,3, 4, 5, & 2,3,4, 5, 6, &c. sont engendrez de l'addition des deux prochains superieurs, comme aux tables du 5 & 7 theoremes.

Tab.. ſubtenſarum, ꟾꟾ *des ſubtendantes.*

ꝗn 3. Δ.	1		1	be	~	+				
ꝗn 4. Δ.		2		1	bf					
ꝗn 5. Δ.	1		3		1	bg				
ꝗn 6. Δ.		3		4		1				
ꝗn 7. Δ.	1		6		5		1			
ꝗn 8. Δ.		4		10		6		1		
ꝗn 9. Δ.	1		10		15		7		1	
ꝗn 10. Δ		5		20		21		8		1
	l	m	n	p	q	r	ſ	t	u	x
	1	2	3	4	5	6	7	8	9	10

Vſus, ꟾꟾ *Vſage.. tab.*

hyp.	l, m, n, p, q, r, ſ, t, u, x *ſnt contin. proport;* ꝗn *raõ.* bc π cd.
ꝗn 3. Δ.	bc π be 2|2 l π n~l,
ꝗn 4. Δ.	bc π bf 2|2 l π p~2m,
ꝗn 5. Δ.	bc π bg 2|2 l π q~3n+l, *&c.*

Nr; proport; 𝔡n raõ. bc π cd.

2. Δ.	5 π 9 *est raõ. D.*
3. Δ.	25, 45, 81 *snt proport;*
4. Δ.	125, 225, 405, 729.
5. Δ.	625, 1125, 2025, 3645, 6561.
	l, m, n, p, q.

Proport.. subten;

hyp.	bc π bd 2	2 5 π 9,
𝔡n 3. Δ.	bc π be 2	2 25 π 56,
𝔡n 4. Δ.	bc π bf 2	2 125 π 279,
𝔡n 5. Δ.	bc π bg 2	2 625 π 1111.

SCHOL. I.

Numeri proportionales tum in hoc, tum in tertio & quinto theoremate, ſumuntur progrediendo à dextra ad ſiniſtram, in ſeptimo verò theoremate progrediendo à ſiniſtra ad dextram: & cùm negata præpolent adfirmatis ſubtrahuntur adfirmata ex negatis.

En ce theoreme, & auſsi au troiſieſme & cinquieſme, on prend les nombres proportionaux de droict à gauche: mais au ſeptieſme theoreme, on les prend de gauche à droict: & quãd ceux qui ſont marquez par moins excedent ceux qui ſont marquez par plus, on oſte ceux qui ſont marquez par plus de ceux qui ſont marquez par moins.

SCHOL. II.

Si in tertio theoremate primum triangulum ſit Iſoſcele, reliqua omnia triãgula erunt quoque Iſoſcelia, nempe 3, 5, 7, 9, 11,

Si au troiſieſme theoreme le premier triangle eſt Iſoſcele, tous les autres triangles ſeront auſsi Iſoſceles, à ſçauoir le 3, 5, 7, 9, 11, &c.

&c.

&c. nec vllum triangulum erit in aliis locis, nimirum in 2, 6, 10, 14, &c. ob defectum basium: in quarto, 8, 12, 16, &c. ob defectum perpendiculorum. Vnde sequitur, vbi triangulum caret basi, ibi numeros affirmatos tabellæ basium, esse æquales negatis: vbi verò triangulum caret perpendiculo, ibi quoque numeros affirmatos tabulæ perpendiculorum æquari negatis. In reliquis verò locis, numeros, qui ex differentiis affirmatorum & negatorum cedunt basibus, & perpendiculis, esse inter se æquales.

& n'y aura aucun triangle aux autres endroits, à sçauoir au second, 6, 10, 14, &c. pource qu'en ces lieux il n'y a point de base: & au 4, 8, 12, 16, &c. à cause qu'il n'y a point de perpendiculaire. D'où s'ensuit, qu'aux endroicts où les triangles n'ont point de base, les nombres de plus de la table des bases sont egaux aux nombres de moins: & de mesme aux endroits où les triangles n'ont point de perpendiculaire, les nombres de plus de la table des perpendiculaires sont egaux aux nombres de moins: & aux autres endroits, les nombres qui viennent aux bases & perpendiculaires, des differences de plus & de moins sont egaux entr'eux.

SCHOL. III.

In quinto theoremate si prima basis sit æqualis semidiametro, secunda, 4, 5, 7, 8, 10, 11, &c. erunt quoque æquales semidiametro: tertia verò 6, 9, 12, &c. æquabuntur diametro. Vnde sequitur, in tabella multiplicium quinti & septimi theorematis, differentias numerorum affirmatorum & negatorum, pertinentium ad bases, esse binarium, vel vnitatem, binarium in basibus tertia, 6. 9, 12, 15, &c. & in cæteris vnitatem.

Si au cinquiesme theoreme la premiere base est egale au semidiametre, la 2, 4, 5, 7, 8, 10, 11, &c. seront aussi egales au semidiametre: & la 3, 6, 9, 12, &c. au diametre. D'où s'ensuit qu'en la table des multiples des cinquiesme & septiesme theoremes, les differences des nombres de plus & de moins appartenantes aux bases, sont deux, ou l'vnité, à sçauoir le deux aux bases, troisiesme, 6, 9, 12, 15, &c. & aux autres l'vnité.

THEOR. X.

Si ſecetur ſemicircunferentia in partes quotcunque æquales, & ab altero diametri termino educantur rectæ ad quælibet ſectionum puncta; eſt vt minima educta ad diametrum, ita compoſita ex diametro, minima, & maxima, ad compoſitam ex omnibus eductis duplam.

Si la demy-circonference eſt coupée en tant de parties egales qu'on voudra, & de l'vne des extremitez du diametre ſont menées des ſubtendantes à tous les poincts des diuiſions: la plus petite ſubtendante ſera au diametre, comme l'aggregée du diametre, & de la plus petite & plus grande ſubtendante, au double de la ſomme de toutes les ſubtendantes.

Hypoth.

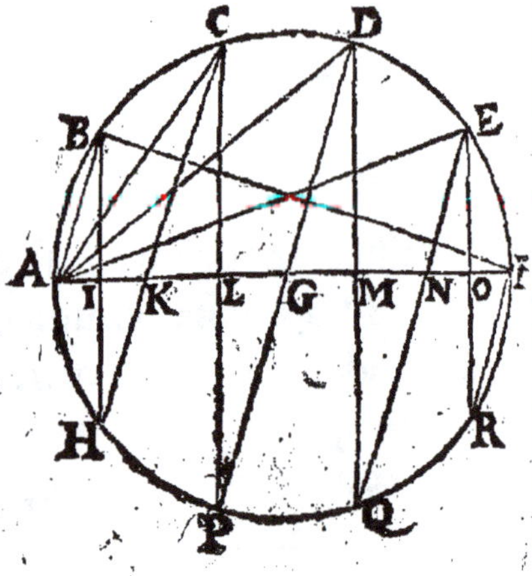

gacr *eſt* ⊙.
af *eſt diamet.*
ab, bc, cd, de, ef *ſnt* ⌒; 2|2 ꝗe.
ab, ac, ad, ae *ſnt* —.

Req. π. demonſtr.

$$
\begin{array}{rl}
ab \quad \pi & af. \\
af + ab + bf \; \pi & 2ab + 2ac + 2ad + 2ae + 2af.
\end{array}
$$

Præpar.

1. 4 | ba, ah, hp, pq, qr, rf *ſnt* ⌒; 2|2 ꝗe.
1. p. 1 | bh, hc, cp, pd, dq, qe, er, rf *ſnt* —.

Demonstr.

29.5 bh, Ц er 2|2 ac, hc, Ц qe 2|2 ad.
29.3 cp, Ц dq 2|2 ae, rf 2|2 ab.
s.26.3 bh, cp, dq, er *snt* ═══ ǂe.
s.26.3 ab, hc, pd, qe, rf *snt* ═══ ǂe.
29. & 15. 1 aib, kih, klc, lpg, gmd, mnq, noe, orf *snt* △; *sml*; ǂe.

ab π bf
ai π ib
ik π ih
kl π cl
4.6 lg π lp } *snt raõ*; 2|2 ǂe.
gm π md
mn π mq
no π oe
of π or

12.5 ab π bf 2|2 af π bh + cp + dq + er. α
16.5 ab π af 2|2 bf π bh + cp + dq + er. β

ab π af
ai π ab
ik π kh
kl π kc
4.6 lg π gp } *snt raõ*; 2|2 ǂe.
gm π gd
mn π nq
no π ne
of π fr.

12. 5 | ab π af 2|2 ab + af π af + 2ab + hc + dp + eq. γ

concl. β. 12. 5 | ab π af 2|2 af + ab + bf π { 2ab + 2ac + 2ad + 2ae + 2af.

Coroll. 1.

α | ab π bf 2|2 af π bh + cp + dq + er.

Coroll. 2.

γ. 2 & 17. 5 | ab π af 2|2 af π ab + hc + pd + qe + rf. δ

Hypoth.

ab *est diamet.*

bd, de, ef,
bg, gh, hk } *sint* 2|2 de.

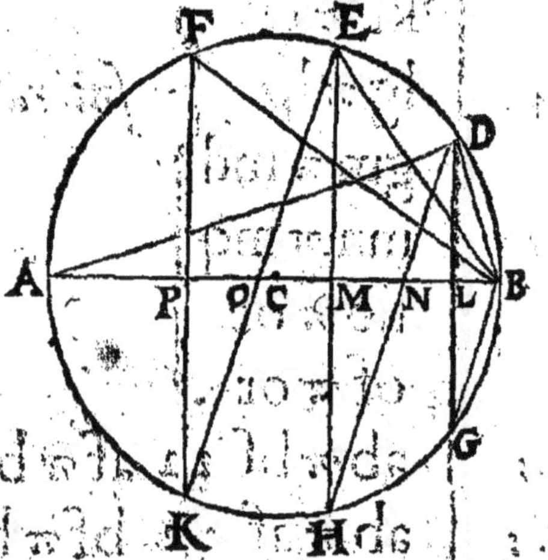

Coroll. 3.

d. α | bd π da 2|2 bp π gd + he + kp.

Coroll. 4.

d. δ | bd π ba 2|2 bp π bg + hd + ke.

THEOR. XI.

Hypoth.

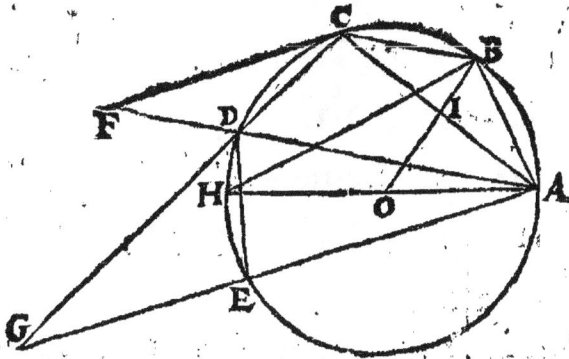

oace *eſt* ⊙.
ab, bc, cd, de *ſnt* ⌒ 2|2 *ſe.*
aoh, ab, ac, adf, aeg, bo, bh *ſnt* —.

Req. π. demonſtr.

ab π ad 2|2 □.ah π 3□.ah∼4□.ab.
ab π ae 2|2 *cub.*ao π *cub.*hb∼2hb,□.ao.

Præpar.

1. p. 1 bc, cd, de *ſnt* —.
3. p. 1 cf 2|2 ca, dg 2|2 da.

Demonſtr.

27. 3 hob, abc, acf, adg, cdf *ſnt* △; *æquiang; ſe.*
conſtr. & 29. 3 df 2|2 dc, ∥ ab.
4. 6 ab π ac 2|2 ac π af.

c.20.6 ab π af 2|2 □.ab π □.ac, II □.bo π □.bh.

aif.17.5 ab π ad 2|2 □.bo π □.bh~□.bo.

15.5 ab π ad 2|2 4□.bo π 4□.bh~4□.bo. β

1.f.4.2 4□.bo 2|2 □.ah.

1.a.f ab π ad 2|2 □.ah π 4□.bh~4□.bo.

47.1 4□.bh 2|2 4□.ah~4□.ab.

f.4.2 4□.bo 2|2 □.ah.

47.1 1.concl. 4□.bh~4□.bo 2|2 3□.ah~4□.ab.

β.1.a.f ab π ad 2|2 □.ah π 3□.ah~4□.ab.

27.3 <ahb 2|2 <bac.

32.1 △ahb *fml.* △aib.

4.6 ah π hb 2|2 ab π ai.

16.6 ai 2|2 $\frac{hb, ab}{ah}$

6.2.1 ac 2|2 $\frac{hb, ab}{ao}$ γ

4.6 ab π ac 2|2 ac π af.

7.5 ab π $\frac{hb,ab}{ao}$ 2|2 $\frac{hb,ab}{ao}$ π af.

16.6 af 2|2 $\frac{hb2,ab2}{ab,ao2}$

df, II ab *commun. fubtr.*

mõstratione, esse ipsammet ignotam, siue quæsitam magnitudinem : vnde sequitur in hac propositione, rationem quadrati rectæ AB ad rectangulum ADE esse datam ex hypothesi.

la demõstration, soit celle qu'on desire trouuer : d'où s'ensuit qu'en ceste proposition, la raison du quarré de la ligne droite AB au rectangle ADE est donnée par l'hypothese.

In secunda linea sequentis paginæ, $\square$. ad + ed, significat quadratum lineæ compositæ ex AD & ED. Eademque erit significatio in aliis similibus notis.

En la seconde ligne de la page suiuante, $\square$.ad + ed, signifie le quarré de la ligne composée de AD & ED. Et faut tousiours entendre de mesme où les notes seront semblables à celles-cy.

Pag. 880.

In hanc paginam transferenda est figura præcedentis paginæ.

Il faut mettre en ceste page la figure de la page precedente.

Pag. 895. demonstr.

In secunda & tertia figura huius demonstrationis signum + transmutãdum est in signũ .∼: & citatio c.19.5. in 17 & 18.5.

En la seconde & troisiesme figure de ceste demonstration il faut changer le signe de + au signe de .∼: & la citation c.19.5. en la 17 & 18. du 5.

Pag. 964.

In intersectione linearum AB & EM huius paginæ, apponenda est littera H.

En l'intersection des lignes AB & EM de ceste page, il faut mettre la lettre H.

FIN.

5.p.7	▭.ſ,g *eſt* l,	3.p.7	▭.t,f *eſt* n,
3.p.7	e *mſur:* K ꝑ t.	d. δ	m,l,k,n *ſnt nr; req.*

Pag. 509. lin. 18. b.*comm.* a ꝗn □.

comm. ꝗn □. ſignificat ſemper rectas potẽtia commenſurabiles, & longitudine incommenſurabiles.

comm. ꝗn □. ſignifie touſjours des lignes droites commenſurables en puiſſance, & incommenſurables en longitude.

Pag. 839. propoſ. 44.

Niſi datus angulus fuerit maior acuto, triangula huius propoſitionis, necnon ſequentis atque octogeſimæ erunt ambigua, id eſt data ex hypotheſi in duobus diuerſis triangulis reperiri poterunt, vt colligitur ex ſeptima ſexti.

Si l'angle donné n'excede vn angle aigu, les triangles de ceſte propoſition, & auſſi ceux de la ſuiuante, & de 80 propoſition ſeront ambigus, c'eſt à dire, que les choſes données d'hypotheſe ſe pourront trouuer en deux diuers triangles, comme il appert de la ſeptieſme du ſixieſme.

Pag. 878. lin. 23. *raõ.*□.ab π ▭.ad,ed *eſt D.*ꝑ *hyp.*

Vt in Algebra ſpecioſa, littera A deſignat magnitudinem ignotam ſiue quæſitam, ſic in hoc libro Datorum, ſi beneficio eorũ, quæ data ſunt in propoſitione, poſſit inueniri aliqua magnitudo, fingendum eſt magnitudinem, qua vtimur in de-

De meſme qu'en l'Algebre ſpecieuſe, la lettre A repreſente la quantité incognuë qu'on deſire trouuer, ainſi en ce liure des Dates, ſi par le moyen des choſes données en la propoſition on peut trouuer quelque grandeur, il faut imaginer, que la grandeur auec laquelle on fait

Pag. 416. propos. 4.

Constructiones huius problematis instituendæ sunt sic,	*Les constructions de ce probleme se doiuent faire ainsi,*

Hypoth. 1. constr.

36.7	e *est mi. diuidu..* b *&* c,	
3.p.7	b *msur:* e *p* h. α	
3.p.7	▭.a,h *est F.*	A,6. B,5. C,4. D,3.
3.p.7	c *msur:* e *p* m,	H,4. F,24. E,20. G,15.
3.p.7	▭.d,m *est* g.	M,5. I... K... L...

1. cas.. hypoth. 2. constr.

A,6. B,5. C,4. D,3. E,5. F,7.
H,24. G,20. I,15. K,21: M,3.

cōstr. ♪	h, g, i, *snt mi.* {*n raō;* a π b, *&* c π d,
3.p.7	e *msur:* i *p* m,
3.p.7	▭.m, f *est* K.

2. cas. hypoth. 2. constr.

A,6. B,5. C,4. D,3. E,2. F,7.
S,2: H,24. G,20. I,15: T,15.
M,48. L,40. K,30. N,105.
O... P... Q... R...

suppos.	e, *ñ msur:* i,	3.p.7	i, *msur:* K *p* ſ,
6.7	k *est mi. diuidu..* i *&* e,	3.p.7	▭.ſ,h *est* m,

tum sit in hac propositione, esse BC ad CD, vt BG ad GD.

a esté demonstré en ceste proposition que BC est à CD, comme BG à GD.

Pag. 367. lin. 15. a, *par..*b 2|2 e *par..*f, *&c.*

In hoc exemplo, & aliis similibus, nota 2|2, non significat numerum A esse æqualem numero E, sed denotat tantùm numeros A & E esse similes siue easdem partes numerorum B & F : & quoniam similes siue eædem partes eandem proportionem habent, ad numeros quorum sunt eædem partes, nota *par.* vel *part.* poterit transmutari in notam π, qua transmutatione facta, in proposito exemplo erit

En cet exemple, & autres semblables, la note d'egalité 2|2, ne signifie pas que A est egal au nombre E, mais elle monstre seulement que les nombres A & E sont semblables, ou mesmes parties des nombres B & F : & parce que les semblables ou mesmes parties ont mesme proportion aux nombres dont elles sont parties, la note par, *ou* part. *se pourra changer en la note* π, *laquelle transmutation estant faite, en l'exemple proposé les proportionaux seront*

a π b 2|2 e π f,

Pari ratione, si propositæ similes partes se habeant sic,

Pour la mesme raison, si les parties sẽblables sont les suiuãtes,

a + d, *par..* bc + gm 2|2 a, *par..* bc ⫫ d, *par..* gm,

facta transmutatione erit

ayant fait la transmutation les proportionaux seront

a + d π bc + gm 2|2 a π bc ⫫ d π gm.

1.6	ae π ec 2|2 △ade π △ecd,
11.5	△ade π △dbe 2|2 △ade π △ecd,
9.5	△dbe 2|2 △ecd,
concl. 39.1	de ═ bc.

Pag. 282. *schol.*

Demonstrandum quoque erat in hoc scholio rectangula A E in E B, & A B in E D esse inter se æqualia, sic.

Il falloit aussi demonstrer en ce scholie que les rectangles contenus sous AE, EB, & sous AB, E D sont egaux entr'eux, ainsi,

4.6	ae π ed 2|2 ab π eb	concl. 16.6	▭.ae,eb 2|2 ▭.ab,ed

Pag. 313. *lin.* 14. bfa & bcd *snt semic.*

Centrũ semicirculi BCD, per coroll. 1. tertij, est in intersectione diametri BD, & alterius rectæ bifariam & ad angulos rectos secantis rectam BC.

Le centre du demy cercle B C D, par le corollaire de la premiere du 3, est en l'intersection du diametre BD, & de la ligne droite, qui couppe BC egalement & en angles droits.

Pag. 339. *propos.* 33.

In figura huius propositionis desunt rectæ lineæ HB, GB, & GC, quibus ductis perspicuum est per tertiam sexti, angulum CGB esse æqualem angulo CGD. Cùm demonstra-

En la figure de ceste proposition il faut adjouster les lignes droites H B, GB & GC, lesquelles estant tirées, il sera manifeste par la troisiesme du sixiesme que l'angle CGB est egal à l'angle CGD. Veu qu'il

Pag. 238. schol. 3. propos. 23.

In demonſtratione huius ſcholij, quæſitum ad demonſtrandũ aſſumptum eſt pro hypotheſi; itaque reſtituenda eſt demonſtratio ſic.

En la demonſtration de ce ſcholie, le requis à demonſtrer a eſté pris pour hypotheſe, partant on reſtituera la demonſtration comme s'enſuit.

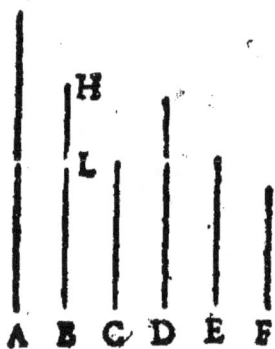

A B C D E F
H L

Demonſtr.

ſuppoſ.	a π bl 2|2 d π e. β
hyp.	a π c 2|2 d π f,
c. 4. 5	c π a 2|2 f π d,
β. 12. 5	c π bl 2|2 f π e,
c. 4. 5	bl π c 2|2 e π f,
hyp.	d π e 2|2 e π f,
11. 5	bl π c 2|2 d π e,
β. 11. 5	a π bl 2|2 bl π c,
hyp.	a π bh 2|2 bh π c,
8. 5	a π bl 3|2 a π bh,
13. 5	bl π c 3|2 bh π c, γ
γ. 10. 5	bl 3|2 bh
	contr. 9. a. 1
concl. 21. a. 1	a π bh 2|2 d π e.

Pag. 257. propoſ. 2.

In ſecunda demonſtratione huius propoſitionis deeſt concluſio, continuãda enim erat demonſtratio vſque ad finem ſic:

En la seconde demonſtration de ceſte propoſition la concluſion manque, car il la faut continuer iuſques à la fin ainſi:

Demonſtr.

1. 6	Δade π Δdbe 2|2 ad π db,
hyp.	ad π db 2|2 ae π ec,

dum erat 27 propositioni, nam angulus ACB per 27, non per 26 tertij est æqualis angulo CAD.

en suite de la 27. proposition, car l'angle ACB est egal à l'angle CAD par la 27. & non par la 26. du 3.

Pag. 173.

In figura huius paginæ ducendæ sunt rectæ GA & GC.

En la figure de ceste page faut tirer les lignes droictes GA & GC.

Pag. 205. lin. 20. a *multipl..* b 2|2 e *multipl..* f, &c.

In hoc exemplo, & aliis similibus nota æqualitatis 2|2 non significat magnitudinem A esse æqualem magnitudini E, sed denotat tantùm, A & E esse æquè multiplices magnitudinum B & F: & quoniam æquè multiplices eandem habent proportionem ad magnitudines quarum sunt æquè multiplices, nota *multipl..* poterit transmutari in notam π, ac proindè in hoc exemplo erit

En cét exemple & autres semblables la note d'egalité 2|2 ne signifie pas que la grandeur A est egale à la grandeur E, mais elle denote seulement, que A & E sont equimultiples des grandeurs B & F: & parce que les equimultiples ont mesme proportion aux grandeurs dont elles sont equimultiples, la note multipl.. *se pourra changer en la note π, & par consequent en cet exemple il y aura mesme proportion de*

a π b 2|2 e π f.

Facta eadem transmutatione in vltima linea sequentis paginæ erit,

Faisant la mesme transmutation en la derniere ligne de la page suiuante, la proportion sera comme

ab π e 2|2 ab + cd π e + f.

4. 1 ergo 3. a. 1	*In* Δbdc *&* Δcfb, <bcd *est* 2|2 <cbf, <acb *est* 2|2 <abc.

Pag. 5. *lin.* 24. α | dc 2|2 bf,

Citatio α denotat, iam demonstratum esse è regione alterius litteræ α, dc esse æqualem bf.

La citation α signifie que vis à vis de l'autre lettre α, il a desia esté demonstré que d c est egal à b f.

Pag. 6. *lin.* 14. |α.1.α.1.| <a 2|2 <b.

Citatio α significat angulum C, cui æqualis est vterque angulorum A & B, reperiri in proxima præcedente linea, & è regione alterius litteræ α.

La citation α monstre que l'angle C, auquel chacun des angles A & B est egal, se trouue en la prochaine ligne precedente, & vis à vis de l'autre lettre α.

Pag. 56. *lin.* 13. *&* 14. | d.α. | Δace 2|2 Δicb.

d. α. id est demonstratio α, significat, iisdem medijs quibus demonstratum est triangulum ABD esse æquale triangulo FBC, (cui respondet altera α) demonstrandum quoque esse triangulum ACE esse æquale triangulo ICB. Sic quoque intelligenda est d.β.

d. α. c'est à dire, la demonstration α signifie, qu'il faut demonstrer que le triangle ACE est egal au triangle ICB, par les mesmes principes par lesquels on a demonstré, que le triangle ABD (auquel correspond l'autre lettre α) est egal au triangle FBC. Il faut entendre de mesme d.β.

Pag. 134. *schol.*

Hoc scholium subjicien-

Ce scholie se deuoit mettre

A punctoC, ad punctum A, ducatur recta CA.	1. p. 1	*Du poinct C au poinct A, ſoit tirée la ligne droite CA.*
Super recta CA, deſcribatur triãgulum æquilaterum CAD.	1. p. 1	*Sur la ligne droite CA, ſoit deſcrit le triangle equilateral CAD.*
Recta DC producatur in directum, vſque ad circumferentiam E.	2. p. 1	*La ligne droite DC ſoit continuée directement iuſques à la circonferẽce E.*
Centro D, & interuallo DE, deſcribatur circulus EGH.	3. p. 1	*Du centre D, & interualle DE, ſoit deſcrit le cercle EGH.*
Recta DA producatur in directum quantum libuerit verſus F.	2. p. 1	*La ligne droite DA ſoit continuée directement tãt qu'on voudra vers F.*
Dico rectam AG eſſe æqualem rectæ BC. & ſic ſemper loquẽdum eſt, vbi poſtulata, aut problemata citantur.	ſymp.	*Ie dis que la ligne droite AG eſt egale à la ligne droite BC. & faut touſiours parler ainſi, ou la citation ſera poſtulat ou probleme.*

Pag. 4. *lin.* 15. | 9.a.1 | b eſt ⊣n e

Hîc citatio 9.a.1. ſignificat, ſi punctum B non incideret in punctum E, partem fore æqualem toti, quod eſt contrà 9.a.1.

Icy la citation du 9.ax.1. ſignifie, que ſi le poinct B ne tomboit ſur le poinct E, la partie ſeroit egale au tout, ce qui eſt contre le 9.ax.1.

Pag. 5. *propoſ.* 5.

4.1 | ⊣n △dac & △fab, <acd eſt 2|2 <abf,

Pag.	Lin.	Err.	Corr.
971	12	bc, cdg	bc, cd
975	4	bc π cd	bc π bd
976	1	bc π cd	bc π bd.

Annotationes in primum cursus Mathematici tomum.

Annotations sur le premier tome du cours Mathematique.

Pag. 2. prop. 2. constr.

In demonstrationibus Mathematicis sunt septem citationum genera, scilicet, postulata, problemata, definitiones, axiomata, theoremata, hypotheses, & constructiones : quorum duo priora, ad constructionem, aut præparationem, reliqua quinque ad demonstrationem pertinent. Solemusque vti in constructione & preparatione verbis imperandi, vt in constructione huius secundæ propositionis, loquimur sic :

Aux demonstrations Mathematiques il y a sept genres de citations, à sçauoir, les postulats, les problemes, les definitions, les axiomes, les theoremes, les hypotheses, & les constructions : desquels les deux premiers appartiennent à la construction, ou preparation, & les cinq autres à la demonstration. En la construction ou preparation on vse de paroles de commandement, comme en la construction de ceste seconde proposition, on parle ainsi :

Centro C, & interuallo rectæ CB describatur circulus BE.	3. p. 1	*Du centre C, & interualle de la ligne droite CB, soit descrit le cercle BE.*

Pag.	*Lin.*	*Err.*	*Corr.*
730	3	tx π tr	tx π pr.
730	26	lo, lm *ſnt*	lo, pm *ſnt*
732	1	mf 2|2 fn	lm 2|2 fn
732	18	bca & efo *ſnt*	bca & efd *ſnt*
732	22	*cylindr.* eh	*cylindr.* bh
737	8. 1	xc 2|2 yc	xc 2|2 yn
740	8	*diamet.* π.	*diamet.* bc. π.
758	5. 2	□.ac	□.ad
769	9	*ſdt* ——	*ſnt* ——
771	3	tp *ſnt*	td *ſnt*
771	12	-+ □.pſ, □.dp	-+ □.pſ 2|2 □. dp
772	5	□.zx, *&c.*	□.cx, *&c.*
783	9. 2	2|2 2<cda	2|2 <cde
785	4	2|2 4□ fg	2|2 4□.fg
808	2. 1	ab π ac	ab π bc
825	22. 2	<adc *eſt D.*	<abd *eſt D.*
825	24. 1	a *eſt* • *D.*	b *eſt* • *D.*
864	2. 2	π ◦ bf *eſt D.*	π ◦ bn *eſt D.*
880	4	*rao.* ▭.ad, ed	*rao.* 4▭ ad, ed
895	5	g *eſt* • *D.*	g *eſt* • *req.*
921	6. 2	z *ñ eſt* 3|2 bd	2z *ñ eſt* 2|3 bd
925	12. 2	nm ⊥ bc	nm *eſt* ——
926	2	*tang.* bc & be	*tang.*: de
961	7	kc π a	kb π ac

ERR.. TOM. I.

Pag.	*Lin.*	*Err.*	*Corr.*
560	22	d *comm.* h	de *comm.* h
564	19.2	ag, ge, ec	ag, ge, ae.
572	23	▭.om, op, *est*	▭.om, mp, *est*
573	11	lm 2∣2 cb	lm 2∣2 mg
584	15.1	ae 3∣2 cb	ac 3∣2 cb
603	6.1	*demonstr.* 81. 10	*demonstr.* 82. 10
610	14	*demonstr.* 51. 10	*demonstr.* 88. 10
612	20.1	▭.ag. *comm.*	▭. ah, *comm.*
618	23.2	2∣2 □.mk	2∣2 □.ml
624	9.2	▭.abc *est*	▭.acb, *est*
628	23	□.ac+bc	□.ac+□.bc
634	8	▭.a, *est*	▭.b, *est*
641	10.1	▭. ac,ab	▭. ac, cb
642	20.2	*l'espace AC*	*l'espace AD*
666	14.2	<gai *est* ⅃	<iga, *est* ⅃
684	15	∥ <ogr	∥ <ugr
696	11.1	gp, pb	hq, qb
696	7.2	dt 2∣2 tb	ot 2∣2 tq
700	5.2	<acb 2∣2	<alb 2∣2
700	17.2	2∣3 Δacb	2∣3 2Δacb
703	3.2	2∣2 r	2∣3 r
704	6	afu 2∣2	afu 2∣3
709	20	*pyram.* abc	*pyram.* abcd
714	17	*pyram.* dfe	*pyram.* dfec.

Pag.	Lin.	Err.	Corr.
312	11. 2	h π bh	h π bg
318	10.2	1, ag, bf	d, ad, bd
342	20	ac, ab 2|2	ac, bd 2|2
347	9	cei ⊔ cel	cei ⊔ cgl
396	14. 2	*ſnt pr.π de*	*ſnt pr. de.*
404	17. 2	*diuidu* a & b	*diuidu* a & b. μ
425	18	*raõ..*a π d	*raõ..*a π b
427	22	g, h. i, *ſnt*	g, h, t. *ſnt*
448	23.1	d. *eſt nr.cub.*	c. *eſt nr. cub.*
463	8. 1	e *eſt nr.pr.*	e *eſt nr.pr.* a
471	18. 2	cd *eſt nr.impa.*	cb *eſt nr. impa.*
482	1. 2	u+b+b	u+a+b
496	14.2	g *mſur:* cd,	g *mſur:* cd, g *mſur:* ed,
507	2. 2	d *eſt nr.req.*	d *eſt*—*req.*
508	2. 1	c—	E—
525	9. 2	ac ⊔ de	ac ⊔ dc
532	20.2	□.2|2 ce	2|2 □.ce
537	23	—*comm.* a	—*comm.* c
540	17.2	□.ab *eſt* 6	ab *eſt* 6
542	20	da ⊥ ab	da ⊥ ab, & bac *eſt ſemic.*
543	18	▭. ab, bc	▭.ab, ac
544	4. 2	*incõm.*▭.ba, ac	*incomm.*□.bc
552	12. 2	▭.eg	▭. eh
555	9. 2	fh 3|2 hk	fh 3|2 hg

Pag.	*Lin.*	*Err.*	*Corr.*	*Pag.*	*Lin.*	*Err.*	*Corr.*
662	1.2	4.11	2.11	795	14	29.1	29.d.1
669	7	α	α.d.4.11	863	8.1	1.9	1.6
696	2.2	26.1	34.1	873	13	46.d	45.d
696	3.2	26.1	4.1	878	6	11.d	11.d.d
715	2	9.a.1	19.a.1	914	7.2	14.6	14.5
715	3	9.a.1	19.a.1	922	4	hyp.	20.d.1
725	3	ſ.7.12	2.ſ.7.11	925	3.2	12.1	1.p.1
728	8	d.11	3.d.11	926	11.2	c.26.1	c.16.3
736	4	46.3	26.3	929	3.2.	2.2	2.2.l 11.t
737	9.2	32.1	20.1	930	4.1	8	8.t
751	11	20.6	20.3	930	7.1	3	1& 2.p.1
752	9 2	4.2	1.2	940	10	c.20.6	1.6
762	5	& 3.1	& 10.1	940	21	c.20 6	1.6
771	19	d	d.δ	942	6	c.20.6	1.6
785	14	15.3	15.13	942	7	c.20.6	1.6
788	13	1.14	& 2.14	942	11	c.20.6	1.6

In demonſtrationibus. *Aux demonſtrations.*

<table>
<tr><th>Pag.</th><th>Lin.</th><th>Err.</th><th>Corr.</th></tr>
<tr><td>19</td><td>3.2</td><td><ecd 2|2 <ead</td><td><ecd 3|2 <eab</td></tr>
<tr><td>99</td><td>15</td><td><bfc 2|2 $\frac{2}{3}$..2 ⌋</td><td><bfc 2|2 $\frac{2}{3}$..2 ⌋</td></tr>
<tr><td>153</td><td>8.2</td><td><l 2|3 def</td><td><l 2|2 <def</td></tr>
<tr><td>155</td><td>1.1</td><td>ac ⊔ ae</td><td>ag ⊔ ae</td></tr>
<tr><td>161</td><td>1</td><td>adde, adiouſtez. | 32.3</td><td><cad 2|2 <cdb. a</td></tr>
<tr><td>174</td><td>14.1</td><td>△ rectang. abc</td><td>△ rectangl. abe</td></tr>
<tr><td>187</td><td>21.2</td><td>a π b 2|2 e π d</td><td>a π b 2|2 c π d</td></tr>
<tr><td>233</td><td>18.1</td><td>l multipl.. e</td><td>l multipl.. c</td></tr>
<tr><td>257</td><td>7.2</td><td>ae π ae</td><td>ae π ec</td></tr>
<tr><td>309</td><td>15.1</td><td>cda π hil</td><td>cda π hikg</td></tr>
</table>

ERR.. TOM. I.

Pag.	*Lin.*	*Err.*	*Corr.*
730	7.2	*cylindre raiſon*	*cylindre en raiſon*
749	3	*egaux du coſté*	*egaux au coſté*
768	1	*qui enuironne les*	*du cercle qui enuironne les cinq*
808	18	*ſegment donné*	*ſegment eſt donné*
813	20	habent	habeat
821	23	etſi non eaſdem	non autem eaſdem
822	2	*encore que ce ne ſoient*	*mais non*
898	1	duobus rectis	duabus rectis
915	11	*grandeur donné*	*grandeur donnée*
917	10	*deux coſtez donnez*	*deux cercles donnez*
972	17	in quinto theoremate	in ſequente tabella
973	6	*au 5. theoreme*	*en la table ſuiuante*

In citationibus. *Aux citations.*

Pag.	*Lin.*	*Err.*	*Corr.*	*Pag.*	*Lin.*	*Err.*	*Corr.*
29	8	24.2	24.1	331	14	pyh.	hyp.
43	6.2	29.1	27.1	339	8.1	19.6	19.5
45	2	ſ.31.a.1	ſ.32.1	342	7	23.1	21.3
52	1.1	44.1	42.1	399	5	11.d.4	11.d.7
86	2	10.1	3.1	412	15	1.18	1.8
86	16	19.a.1	12.a.b	416	3	22.a.1	1.a.1
120	6.1	1.a.b	1.a.c	438	10.1	9.a.4	9.a.7
124	6	c.38.d.1	c.15.d.1	464	5	21.8	2.8
127	8	20.a.1	20.a.b	472	3	24.7	24.9
160	13	6.1	5.1	494	2	11.p.10	1.p.10
174	9	1.a f	1.a.1	516	4	28.6	ſ 28.6
212	2.2	9.5	7.5	527	10	16.10	17.10
223	4	10.5	9.a.1	534	6.2	21.7	21.d.7
259	2.2	29.1	28.1	551	11	ſ.27.30	1.ſ.27.10
259	7.2	29.1	28.1	562	7	14.6	14.5
267	2	29.1	27.1	573	17	1.a.b	1.a.c
284	7	1.ſ.23.5	2.ſ.23.5	590	1	c.26.10	l.16.10
309	4	11.6	12.6	625	4.1	25.10	23.10
310	2.1	11.6	12.6	637	6	14.6	14.5
320	10	4.2	5.2	659	8	3.d.1	3.d.11

Errata accuratius obseruata dum relegerem hunc cursum, cum annotationibus.

Les erreurs que i'ay obserué plus exactement en relisant ce cours, auec annotations.

In textu. *Au texte.*

Pag.	*Lin.*	*Err.*	*Corr.*
b. 8	8	sementum	segmentum
c. 5	18.2	*l'angle A est droict*	*l'angle A est rectiligne*
c. 7	14.2	*superficie du*	*superficie : la superficie du*
c. 12	6.2	*sous trois costez*	*sous quatre costez*
d. 3	13.2	*opposez, &*	*opposez paralleles, &*
d. 4	1.2	*trapeze scale*	*trapeze scalene*
d. 8	5.1	aliquid :	aliquid : Explicatio quæsiti :
d. 8	6.2	*donnée :*	*donnée : L'explication du requis :*
d. 9	9.2	*parce que postulat*	*parce qu'au postulat*
d. 10	19.1	ab hypothesim	ad hypothesim
e. 6	12. 2	*aussi doubles*	*aussi egales*
19	15	lineas rectas quàm duas	lineæ rectæ quàm duæ
44	26	*en nostre pair*	*en nombre pair*
123	19	*plus que*	*plus grand que*
193	13	qualibuscunque	qualiscunque
349	7	secundam quam	secundum quam
370	5.2	*par lequel il mesure*	*qu'il mesure*
426	8	*le quarré*	*le quarre quarré*
453	3	*est quarré*	*est quarre quarré*
471	19	à pari	ab impari
471	20	impar erit	par erit
556	13.1	si vero majus	si vero minus
588	7	*entr'eux*	*entr'elles*
589	18.1	*commun.*	*comm.*
605	20.2	*nom du*	*noms des binomes du*

Rrr

dudit Herigone, & desirant le traicter fauorablement, luy auons permis & permettons par ces presentes de faire imprimer, & vendre par tel Imprimeur & Libraire que bon luy semblera sondit Cours & parties d'iceluy, pendãt le tẽps & espace de neuf ans consecutifs, à compter du iour & datte qu'ils serõt paracheuez d'imprimer, faisant pour cet effect tres-expresses inhibitiõs & defenses à tous Imprimeurs & Libraires de nostre Royaume, & à tous autres de quelque qualité & cõdition qu'ils soient, d'imprimer ou faire imprimer en quelque maniere que ce soit, vẽdre ou distribuer sõdit Cours, ou partie d'iceluy, dãs ledit tẽps sans le consentemẽt de l'Exposant, sur peine aux contreuenãs de deux mil liures d'amẽde, applicables moitié à Nous, & l'autre moitié audit Exposant, & de tous despens, dommages & interests, & confiscation des Exemplaires, qui se trouueront imprimez & mis en vente au preiudice des presentes. Mesmes si aucuns Imprimeurs ou Libraires, soit de ce Royaume ou traffiquans en iceluy, sont trouuez saisis d'autre impression desdits Liures que de celle qu'aura faict faire ledit Herigone, ils seront condamnez en pareille amende & confiscation que dessus. Voulons en outre qu'en mettant au commencement ou à la fin d'iceux Liures vn bref Extraict des presentes, qu'elles soient tenuës pour signifiées & venuës à la cognoissance de tous, à la charge de mettre deux Exemplaires de chacun desdits Liures en nostre Bibliotheque gardée aux Cordeliers de nostre bonne ville de Paris, auparauant que de les exposer en vente, suiuant nostre Reglement, à peine d'estre descheu du present priuilege. SI VOUS mandons, ordonnons & enioignons que dudit present Priuilege vous faciez iouïr & vser ledit Exposant plainement & paisiblement, nonobstãt oppositions ou appellations quelconques, & sans preiudice d'icelles: CAR tel est nostre plaisir. DONNÉ à Paris le 29. iour de Decembre l'an de grace mil six cens trente-trois: & de nostre Regne le vingt-quatriesme.

Par le Roy en son Conseil,

CLERSELIER.

PRIVILEGE DU ROY.

LOVIS PAR LA GRACE DE DIEV ROY DE FRANCE ET DE NAVARRE, A nos amez & feaux Conseillers les Gens tenans nos Cours de Parlement à Paris, Thoulouze, Bourdeaux, Roüen, Dijon, Grenoble, Aix, Rennes, Pau & Mets; Preuost de Paris, Seneschaux de Lion, Thoulouze, Guyenne, Anjou, Baillifs de Roüen, Orleans, Touraine, & à tous nos autres Baillifs, Seneschaux, Preuosts, leurs Lieutenans, & chacun d'eux ainsi qu'il appartiendra, Salut. Nostre bien aimé PIERRE HERIGONE Mathematicien nous a fait remonstrer qu'il a fait & composé vn Cours Mathematique, demonstré d'vne nouuelle methode par Notes reelles & vniuerselles, qui peuuent estre entenduës facilement sans l'vsage d'aucune langue, lequel Cours est diuisé en cinq Tomes. Le premier desquels contient, *Les quinze Liures des Elements d'Euclide: Vn Appendix de la Geometrie des Plans: Les Dates d'Euclide: Cinq Liures d'Apollonius Pergeus, du lieu resolu: & la Doctrine de la Section des Angles.* Le second comprend, *L'Arithmetique practique: Le Calcul Ecclesiastique: L'Algebre, tant vulgaire que specieuse, auec la methode de composer & faire les Demonstratiõs par le retour & repetition des vestiges de l'Analyse.* Le troisiesme, *La construction & vsage des Tables des Sinus & Logarithmes: La Geometrie practique: Les Fortifications: La Milice: & les Mechaniques.* Le quatriesme, *La Doctrine de la Sphere du Monde: La Geographie, & l'art de Nauiger.* Et le cinquiesme, *L'Optique: la Catoptrique: la Dioptrique: la Perspectiue: trois Liures des Spheriques de Theodose: auec vn Traicté de la mesure des Triangles Spheriques: la Theorie des Planetes: la Gnomonique: & la Musique.* Lequel Cours contenant toutes ces parties l'Exposant desireroit donner au public; mais il craint, qu'apres l'auoir fait imprimer, quelque autre ne les fist aussi imprimer, & par ce moyen le frustrer de son labeur, & des frais qu'il a fait pour le mettre en lumiere: Nous requerãt tres-humblemẽt luy vouloir sur ce pouruoir de nos Lettres necessaires. A ces causes, inclinans à la supplication

Series consecutionum secundæ demonstrationis 7. propos. 2. lib. instituenda erat sic. *La suite des consequences en la seconde demonstration de la 7. propos. du 2. liure, se deuoit faire ainsi.*		
		□.ad+□.db+2▭.adb. α
	4. 2	□.ab
	1. s. 4. 2	4□.ce
	47. 1	4□.cd+4□.ed
	1. s. 4. 2	□.fd+4□.ed
	s. 5. 2	□.fd+4▭.adb. α

snt 2|2 de.

In 22. propos. appendicis demonstrandũ quoque erat GR esse æqualem SH, sic. *En la 22. propos. de l'appendix il faloit außi demonstrer que GR est egal à SH, ainsi.*		
	3. 3	gm 2|2 mh.
	3. 3	dn, ⊔ rm 2|2 nb, ⊔ ms.
	concl. 3. a. 1	gr 2|2 sh.

Reperietur quoque, in prioribus elementorum libris, *n* pro ñ, *simil.* pro *sml*, *par.* pro *part.* quæ & alia minutiora errata lectoris iudicio relinquemus emẽdanda. In figuris verò si quid deest dignoscetur ex præparationibus.

On trouuera außi aux premiers liures des Elements, n *pour* ñ, simil. *pour* sml, par. *pour* part. *lesquels & autres moindres erreurs, ie laisseray à corriger au Lecteur. Pour ce qui est des figures, les preparations monstreront s'il y manque quelque chose.*

In Prolegomenis.

Pagina 9..a. linea vltima, Mathematis, *scri.* Mathematicis.
Pag. 4..b. linea 7. cognitionem, *scri.* cognationem.
Pag. 6..b. linea 7. impariter impariter, *scri.* impariter impar.

Errata in citationibus corrigenda.

Les erreurs à corriger aux citations.

Pag.	Lin.	Err.	Corr.	Pag.	Lin.	Err.	Corr.
3	17	ſym.	ſymp.	124	5	c.38.d.1	c.15.d.1
29	19	24.a	24.1	174	24	1.a.f	1.a.1
43	11	29.1	27.1	320	19	4.2	5.2
45	17	ſ.32.a.1	ſ.32.1	331	23	pyh.	hyp.
52	10	44.1	42.1	438	13	[illegible].a.4	9.a.7
86	25	19.a.1	12.a.1	494	7	11.p.11	1.p.10
120	16	1.a.b	1.a.c	922	15	hyp.	20.d.1

Errata in demonstrationibus corrigenda.

Les erreurs à corriger aux demonstrations.

pag.	*li.*	*Err.*	*Corr.*	*pag.*	*li.*	*Err.*	*Corr.*
11	2	△	$<$	487	13	*commun*	*comm.*
19	3	2|2	3|2	540	17	□ab	ab
31	25	$<$ab	ab	732	18	efo	efd
87	19	ad 3|2db		779	13	41879	418879
92	22	eb	□.eb	779	14	162299	163299
99	15	$\frac{2}{3}$	$\frac{1}{3}$	779	15	$46188'''''$	$46188''''$
100	4	□bc	+□.bc	779	16	$5132'''''$	$5132''''$
120	7	*controu.*	*contr.*	779	17	$11547'''''$	$11547''''$
174	18	abc	abe	779	19	$15396'''''$	$15396''''$
187	23	e π d	c π d	779	21	$69282'''''$	$69282''''$
312	18	bh	bg	961	7	kc π a	kb π ac
318	11	i. ag,bf	d.af,bg	975	20	ccl	bd

Errata corrigenda in textu.

pagina	*linea*	*err.*	*corr.*
43	15	expeditus	expeditius
44	22	latebra	latera
71	16	cuius	cuiuis
72	3	cuius	cuiuis
118	23	intus	exterius
166	24	pentagone	pentagono
282	9	mediam	medium
316	7	inuenient	inuenire
778	22	quod	quot
823	25	cuiuſcumque	quarumcunque
935	6	triangula	tria triangula
961	3	vnius	vnus

Textus 50. propoſ. 10. lib. eſt.

Inuenire ex binis nominibus ſecundam.

Les erreurs à corriger au texte.

page	ligne	err.	corr.
71	4	*la ſomme*	*la moitié de la ſomme*
192	13	*ſeconde*	*troiſieſme*
362	20	*aux*	*en*
476	13	*de ceſte*	*d'icelle*

Le texte de la 50. prop. du 10. liure eſt.

Trouuer vn binome ſecond.

3. a. 1 | ad 2|2 $\frac{hb2,ab2\sim ab2,ao2}{ab,ao2}$

4. 6 | ab π ac 2|2 ad π ag.

γ. 16. 6 | ag 2|2 $\frac{hb3,ab3\sim ab3,ao2,hb}{ab2, ao3.}$

15. 5 | ag 2|2 $\frac{hb3,ab\sim ab,hb,ao2}{ao3}$

ε. 21. 3 & 32. 1 | Δged *sml.* Δacd.

α. 26. 1 | ge 2|2 ac.

ge, II ac *commun. subtr.*

3. a. 1 | ae 2|2 $\frac{hb3,ab\sim 2ab,hb,ao2}{ao3}$ δ

15. 5 | ab 2|2 $\frac{ab, ao3.}{ao3.}$ ε

δε. 7. 5. | ab π ae 2|2 ab,ao3 π ab,hb3~2ab,hb,ao2.

2 concl. 15. 5 | ab π ae 2|2 ao3 π hb3~2hb,ao2.

Ex hoc theoremate pendet analyticum illud artificium generale quadrandi lunulas, quod attigit Vieta variorum 8. cap. 9.

De ce theoreme depend la methode generale de quarrer les Lunes, qu'a donné Viete au 8. de diuerses responses, chap. 9.

FIN.